ଦେଶ ବିକାଶରେ କୃଷି ଓ ସମବାୟ

ଦେଶ ବିକାଶରେ କୃଷି ଓ ସମବାୟ

ପ୍ରତାପ ଚନ୍ଦ୍ର ସାମଲ

ଏମ୍.ଏ.ଏଲ୍.ଏଲ୍.ବି.

ସ୍ତମ୍ଭକାର, ବରିଷ୍ଠ ସମବାୟବିତ୍ ଓ ପୂର୍ବତନ ବ୍ୟାଙ୍କ ଡାଇରେକ୍ଟର

ବ୍ଲାକ୍ ଇଗଲ୍ ବୁକ୍ସ

ଭୁବନେଶ୍ୱର, ଓଡ଼ିଶା

BLACK EAGLE BOOKS

Dublin, USA

ଦେଶ ବିକାଶରେ କୃଷି ଓ ସମବାୟ / ପ୍ରତାପ ଚନ୍ଦ୍ର ସାମଲ

ବ୍ଲାକ୍ ଇଗଲ୍ ବୁକ୍ସ : ଭୁବନେଶ୍ୱର, ଓଡ଼ିଶା ● ଡବ୍ଲିନ୍, ଯୁକ୍ତରାଷ୍ଟ୍ର ଆମେରିକା

BLACK EAGLE BOOKS

USA address:
7464 Wisdom Lane
Dublin, OH 43016

India address:
E/312, Trident Galaxy, Kalinga Nagar,
Bhubaneswar-751003, Odisha, India

E-mail: info@blackeaglebooks.org
Website: www.blackeaglebooks.org

First International Edition Published by
BLACK EAGLE BOOKS, 2025

DESHA BIKASHARE KRUSHI O SAMABAYA
by Pratap Chandra Samal
Cell: 9090325802

Cover : **JM Printer**
Interior Design: Ezy's Publication

ISBN- 978-1-64560-717-5 (Paperback)

Printed in the United States of America

ଉତ୍ସର୍ଗ

ବୋଉର ସ୍ନେହ ଓ ବାପାଙ୍କର ଆକଟ ମୋତେ ପାଠପଢ଼ି ଜଣେ ଉଚ୍ଚଶିକ୍ଷିତ ହୋଇ ସରକାରୀ ଚାକିରି କରିବାର ପ୍ରେରଣା ଯୋଗାଇଥିଲା । ଗାଁ ସ୍କୁଲରୁ ଘନ ସାର୍‌ଙ୍କ ଶିକ୍ଷାଦାନରେ ତୃତୀୟ ଶ୍ରେଣୀ ପାସ୍ କରି କସର୍ଦା ଲକ୍ଷ୍ମୀନାରାୟଣ ବିଦ୍ୟାପୀଠରେ ଚତୁର୍ଥ ଶ୍ରେଣୀରେ ନାମ ଲେଖାଇ ସେଠାରୁ ଏକାଦଶ ଶ୍ରେଣୀର ବୋର୍ଡ଼ ପରୀକ୍ଷାରେ ଦ୍ୱିତୀୟ ଶ୍ରେଣୀରେ ଉତ୍ତର୍ଣ୍ଣ ହେଲି । ସ୍କୁଲରେ ପାଠପଢ଼ିବା ବେଳେ ଦୀନବନ୍ଧୁ ସାର୍, ତ୍ରିଲୋଚନ ସାର୍, ଶରତ ସାର୍, ପାତ୍ର ସାର୍, ମୁଖୀ ସାର୍, ରଜତ ସାର୍, ରାମ ସାର୍, ବନ ସାର୍, ଶ୍ୟାମ ସାର୍, ଦେବରାଜ ପଣ୍ଡିତେ, ବୃନ୍ଦାବନ ସାର୍ ଓ ଗଙ୍ଗାଧର ସାର୍‌ଙ୍କ ଆଦର୍ଶବାଦ ନୀତିଶିକ୍ଷାକୁ ମୁଣ୍ଡପାତି ଗ୍ରହଣ କରିନେଇଥିଲି ଭବିଷ୍ୟତରେ ଜଣେ ଭଲ ମଣିଷ ହେବି ବୋଲି । ୧୯୭୮ ମସିହାରେ କଲେଜ ଶିକ୍ଷା ଆରମ୍ଭ କରି ସମ୍ବଲପୁର ବିଶ୍ୱବିଦ୍ୟାଳୟରୁ ଅର୍ଥନୀତିରେ ଏମ୍.ଏ. (୧୯୮୪ ମସିହା) ଓ କଟକରୁ ଆଇନ୍ ଶିକ୍ଷାରେ ସ୍ନାତକ ଡିଗ୍ରୀ (୧୯୮୭) ମସିହାରେ ସମାପ୍ତ କରି ଏକ ବେସରକାରୀ କଲେଜରେ ଅଧ୍ୟାପକ ରୂପେ ଚାକିରି ଜୀବନ ଆରମ୍ଭ କରିଥିଲି । ଏମ୍.ବି.ଏ. ପଢ଼ିବା ପାଇଁ ଆଗ୍ରହ ବଢ଼ିଥିଲେ ମଧ୍ୟ ଘରର ଆର୍ଥିକ ପରିସ୍ଥିତି ଖରାପ ଥିବାରୁ ବାହାର ରାଜ୍ୟକୁ ଯାଇ ଉଚ୍ଚଶିକ୍ଷା ଲାଭ କରିବା ମୋ ପକ୍ଷେ କଷ୍ଟକର ବ୍ୟାପାର ହୋଇଥିବାରୁ ମୁଁ ମାଡ୍ରାସ ଯାଇ ଶିକ୍ଷାଲାଭ କରିବା ପାଇଁ ତତ୍କାଳୀନ ମୁଖ୍ୟମନ୍ତ୍ରୀ ବିଜୁ ପଟ୍ଟନାୟକଙ୍କୁ ଦେଖା କରିଥିଲି ତାଙ୍କ ଠାରୁ କିଛି ଆର୍ଥିକ ସାହାଯ୍ୟ ପାଇବା ନିମନ୍ତେ । ମାତ୍ର ଦେଖାହେଲେ ସତ ଏବଂ ପ୍ରତିଶ୍ରୁତି ମିଳିଲାରୁ ଘରକୁ ଫେରି ଚାରିଦିନ ପରେ ପୁନଃ ଦେଖା କରିବାକୁ ଯାଇ ତାଙ୍କର ବ୍ୟକ୍ତିଗତ ସଚିବଙ୍କ ଠାରୁ ଯେଉଁ ପତ୍ର ଖଣ୍ଡକ ହାସଲ କଲି, ତାହା ଥିଲା ଏକ ସମବାୟ ବ୍ୟାଙ୍କର ପରିଚାଳନା ପରିଷଦକୁ ସରକାରୀ ମନୋନୀତ ନିର୍ଦ୍ଦେଶକ ରୂପେ ନିଯୁକ୍ତି ପତ୍ର । ୧୯୯୦ ମସିହାରୁ ସ୍ୱର୍ଗତଃ ବିଜୁ ପଟ୍ଟନାୟକଙ୍କ ନୀତି ଆଦର୍ଶରେ ଅନୁପ୍ରାଣୀତ ହୋଇଥିଲି । ତତ୍‌ପରେ ଓଡ଼ିଶାର ମୁଖ୍ୟମନ୍ତ୍ରୀ ନବୀନ ପଟ୍ଟନାୟକଙ୍କ ନୀତି ଆଦର୍ଶକୁ ପାଥେୟ କରି ବିଜୁ ଜନତା ଦଳରେ କଟକ ଜିଲ୍ଲାର ସାଧାରଣ ସଂପାଦକ ରୂପେ

ଯୋଗଦେବା ସଙ୍ଗେ ସଙ୍ଗେ ବିଭିନ୍ନ ସମବାୟ ଅନୁଷ୍ଠାନର ପରିଚାଳନା ପରିଷଦରେ ସ୍ଥାନ ପାଇଲି । ସମବାୟ କ୍ଷେତ୍ରରେ ବିଶେଷ ଜ୍ଞାନ ଆରୋହଣ କରିବା ପାଇଁ ବିଭିନ୍ନ ରାଜ୍ୟ ଗ୍ରସ୍ତ କରିଥିଲି । ବିଭିନ୍ନ ସୂତ୍ରରୁ ଆହୋରଣ କରିଥିବା ଜ୍ଞାନକୁ ପାଥେୟ କରି କିଛି ସମବାୟଭିତ୍ତିକ ଅନୁଚ୍ଛେଦ ଗୁଡ଼ିକ ଲେଖି ବିଭିନ୍ନ ଖବର କାଗଜ ମାନଙ୍କରେ ପ୍ରକାଶନ ପାଇଁ ଚେଷ୍ଟା କରିବାରୁ ସେଗୁଡ଼ିକ ବିଭିନ୍ନ ସମୟରେ ଦୈନିକ ଖବର କାଗଜ ଯଥା – ସମାଜ, ସମ୍ବାଦ, ପ୍ରଗତିବାଦୀ, ଧରିତ୍ରୀ, ସକାଳ ଓ ଓଡ଼ିଶା ଏକ୍ସପ୍ରେସ୍‌ରେ ପ୍ରକାଶ ପାଇଥିଲା। ସେହି ଅନୁଚ୍ଛେଦଗୁଡ଼ିକୁ ଏକତ୍ର କରି ୨୦୨୩ ମସିହା ଜାତୀୟ ସମବାୟ ସପ୍ତାହରେ 'ଅର୍ଥନୀତିରେ ସମବାୟ' ନାମକ ଏକ ସମବାୟଭିତ୍ତିକ ପୁସ୍ତକ ତତ୍କାଳୀନ ମୁଖ୍ୟମନ୍ତ୍ରୀ ନବୀନ ପଟ୍ଟନାୟକଙ୍କ ସହିତ ସମବାୟ ମନ୍ତ୍ରୀ ଅତନୁ ସବ୍ୟସଚୀ ନାୟକ ଓ ମନ୍ତ୍ରୀ ଅଶୋକ ପଣ୍ଡାଙ୍କ ଉପସ୍ଥିତିରେ ପୁସ୍ତକଟି ଉନ୍ମୋଚନ କରାଯାଇଥିଲା । ଚଳିତବର୍ଷ ମଧ୍ୟ ଦୁଇଖଣ୍ଡ ପୁସ୍ତକ ଯଥା 'ଦେଶ ବିକାଶରେ କୃଷି ଓ ସମବାୟ' (ଓଡ଼ିଆ ଭାଷାରେ) ଓ 'Golden Opportunities in Co-Operative' (ଇଂରାଜୀ ଭାଷାରେ) ଜାତୀୟ ସମବାୟ ସପ୍ତାହ-୨୦୨୪ରେ ପ୍ରକାଶ ପାଉଅଛି । ଯେଉଁମାନଙ୍କ ସ୍ନେହ, ଶ୍ରଦ୍ଧା, ଆଦର ଓ ନୀତିଶିକ୍ଷା ମୋତେ ଆଗକୁ ବଢ଼ାଇଥିଲା ସେମାନଙ୍କ ମଧ୍ୟରେ ଥିଲେ ମୋର ସମବାୟ ଗୁରୁ ଡାକ୍ତର ଯୋଗେଶ ଚନ୍ଦ୍ର ରାଉତ, ପୂର୍ବତନ କୃଷି ଓ ସମବାୟ ମନ୍ତ୍ରୀ ଡକ୍ଟର ଅରବିନ୍ଦ ଢାଲି, ପୂର୍ବତନ ସମବାୟ ମନ୍ତ୍ରୀ ସୂର୍ଯ୍ୟ ପାତ୍ର ଓ ଅତନୁ ସବ୍ୟସାଚୀ ନାୟକ ଏବଂ ବର୍ତ୍ତମାନ ଓଡ଼ିଶାର ସମବାୟ, ବୟନ, ହସ୍ତତନ୍ତ ଓ ହସ୍ତଶିଳ୍ପ ବିଭାଗର ମନ୍ତ୍ରୀ ପ୍ରଦୀପ କୁମାର ବଳସାମନ୍ତ ଓ ଭାରତୀୟ ପ୍ରଶାସନିକ ଅଧିକାରୀମାନଙ୍କ ମଧ୍ୟରେ ଥିଲେ ବେଣୁଧର ମିଶ୍ର, ହୃଶିକେଷ ତ୍ରିପାଠୀ, ଅଶ୍ୱିନୀ ବୈଷ୍ଣବ, ନୀତିନ୍ ଚନ୍ଦ୍ର, ସଞ୍ଜିବ ଚୋପ୍ରା, ବିଷ୍ଣୁପଦ ସେଠୀ, ଅରବିନ୍ଦ ଅଗ୍ରୱାଲ, ସୁଦର୍ଶନ ନାୟକ, ସୁରେଶ ଚନ୍ଦ୍ର ମନ୍ତ୍ରୀ, ରାଜେଶ ପ୍ରଭାକର ପାଟିଲ, ପ୍ରଭୁ କଲ୍ୟାଣ ପଟ୍ଟନାୟକ ଓ ସମବାୟ ବ୍ୟାଙ୍କ ଅଧିକାରୀ ବୀରକିଶୋର ରାୟ, ସତ୍ୟନାରାୟଣ ପଣ୍ଡା, ହୃଦୟଚନ୍ଦ୍ର ମିଶ୍ର, ସମବାୟ ବିଭାଗର ଅଧିକାରୀ ବୀରେଶ୍ୱର ମହାନ୍ତି, ସୁଶାନ୍ତ କୁମାର ପଣ୍ଡା, ଆଇନ ଅଧିକାରୀ ବିରଜା ପ୍ରସାଦ ଶତପଥୀ, ଦୁର୍ଗା ପ୍ରସାଦ ମହାପାତ୍ର ଓ ସ୍ୱାସ୍ଥ୍ୟ ବିଭାଗରେ ଜନସେବାର ଡାକ୍ତର ବନ୍ଧୁମାନଙ୍କ ମଧ୍ୟରେ ଡକ୍ଟର ଜୟନ୍ତକୁମାର ପଣ୍ଡା, ଡକ୍ଟର ଜୟନ୍ତ ବିଶ୍ୱାଳ ଓ ଡକ୍ଟର ବିନୋଦ ମହାପାତ୍ର ଅନ୍ୟତମ । ଦୁଇଟିଯାକ ପୁସ୍ତକ ସମସ୍ତ ବନ୍ଧୁମାନଙ୍କର ଶୁଭମନାସୀ ଭଗବାନ୍ ପ୍ରଭୁ ଶ୍ରୀ ଜଗନ୍ନାଥଙ୍କ ପାଦତଳେ ଉତ୍ସର୍ଗ କରୁଛି ।

ପ୍ରତାପ ଚନ୍ଦ୍ର ସାମଲ

SHRI KANAK VARDHAN SINGH DEO

DEPUTY CHIEF MINISTER

Agriculture & Farmers'
Empowerment, Energy

Telephone : 0674-2390051 (O)
PBX No. :
Mobile No. :

D.O. No. ..../DCMAFE&E.

BHUBANESWAR

Date 18.11.2024

Message

I am glad to know that on the occasion of All India Cooperative Week- 2024 two books penned by Shri Pratap Chandra Samal, "ଦେଶ ବିକାଶରେ କୃଷି ଓ ସମବାୟ" and "Golden Opportunities in cooperative" is to be published.

Cooperatives bring people together in a democratic and equal way. Cooperatives are based on the values of self- help, self-responsibility, democracy, equality and solidarity while securing food security of the people. I hope, these books will provide insightful information on cooperatives.

I extend my best wishes to Shri Pratap Chandra Samal for publishing two insightful books on Cooperatives.

(K.V. Singh Deo)

ଶ୍ରୀମତୀ ପ୍ରଭାତୀ ପରିଡା

ଉପ ମୁଖ୍ୟମନ୍ତ୍ରୀ

ମହିଳା ଓ ଶିଶୁ ବିକାଶ, ମିଶନ ଶକ୍ତି, ପର୍ଯ୍ୟଟନ

ଦୂରଭାଷ : ୦୬୭୪-୨୫୩୬୬୪୨

ପି.ବି.ଏକ୍ସ. ନଂ. :

ମୋବାଇଲ ନଂ. :

ପତ୍ର ସଂଖ୍ୟା ..../ଉମୁମମଶିବିମିଶପ.

ଭୁବନେଶ୍ୱର

ତାରିଖ ୧୧.୧୧.୨୦୨୪

ବାର୍ତ୍ତା

ନିଖିଳ ଭାରତ ସମବାୟ ସପ୍ତାହ – ୨୦୨୪ ପାଳନ ଅବସରରେ ପ୍ରତାପ ଚନ୍ଦ୍ର ସାମଲଙ୍କ ଦ୍ୱାରା ଲିଖିତ ଦୁଇଟି ପୁସ୍ତକ – "ଦେଶ ବିକାଶରେ କୃଷି ଓ ସମବାୟ" ଓ "GOLDEN OPPORTUNITIES IN COOPERATIVE" ଉନ୍ମୋଚିତ ହେଉଥିବା ଜାଣି ମୁଁ ଅତ୍ୟନ୍ତ ଆନନ୍ଦିତ।

ଗ୍ରାମୀଣ କୃଷିଭିତ୍ତିକ ଅର୍ଥନୀତିରେ ପରିବର୍ତ୍ତନ ଆଣିବାରେ ସମବାୟ ସମିତିର ଭୂମିକା ଅତ୍ୟନ୍ତ ଗୁରୁତ୍ୱପୂର୍ଣ୍ଣ । କୃଷି, ଆନୁଷଙ୍ଗିକ କୃଷି, ଗ୍ରାମୀଣ ଶିଳ୍ପ ଓ ଉଦ୍ୟୋଗର ବିକାଶଧାରାକୁ ସୁଦୃଢ କରିବା ସହ ଗ୍ରାମାଞ୍ଚଳରେ ବସବାସ କରୁଥିବା ଜନସାଧାରଣଙ୍କ ଆର୍ଥିକ ମାନଦଣ୍ଡକୁ ସଶକ୍ତ କରିବା କ୍ଷେତ୍ରରେ ସମବାୟ ସମିତିଗୁଡିକର ଅବଦାନ ପ୍ରଶଂସନୀୟ । ଏହି ପରିପ୍ରେକ୍ଷୀରେ ଏହି ପୁସ୍ତକଦ୍ୱୟ ରାଜ୍ୟର ଜନସାଧାରଣ ଓ ସମବାୟମାନଙ୍କ ଦ୍ୱାରା ବିଶେଷ ଭାବେ ଆଦୃତ ହେବ ବୋଲି ମୋର ଆଶା ଓ ବିଶ୍ୱାସ ।

ଏହି ଅବସରରେ ମୁଁ ପ୍ରତାପ ଚନ୍ଦ୍ର ସାମଲଙ୍କୁ ଶୁଭେଚ୍ଛା ଜଣାଇବା ସହ ଏହି ଭଳି ଆହୁରି ଅନେକ ଉପାଦେୟ ପୁସ୍ତକ ରଚନା କରନ୍ତୁ ବୋଲି କାମନା କରୁଛି ।

(ପ୍ରଭାତୀ ପରିଡା)

ଶ୍ରୀ ସୁରେଶ ପୂଜାରୀ

ମନ୍ତ୍ରୀ

ରାଜସ୍ୱ ଏବଂ ବିପର୍ଯ୍ୟୟ ପରିଚାଳନା

ଦୂରଭାଷ :

ପି.ବି.ଏକ୍ସ. ନଂ. :

ମୋବାଇଲ ନଂ. :

ପତ୍ର ସଂଖ୍ୟା ..../ମରାବିପ.

ଭୁବନେଶ୍ୱର

ତାରିଖ ୧୨-୧୧-୨୦୨୪

ବାର୍ତ୍ତା

ଚଳିତ ବର୍ଷ ଜାତୀୟ ସମବାୟ ସପ୍ତାହ ପାଳନ ଅବସରରେ ବିଶିଷ୍ଟ ଗ୍ରନ୍ଥକାର ଶ୍ରୀଯୁକ୍ତ ପ୍ରତାପ ଚନ୍ଦ୍ର ସାମଲଙ୍କ ରଚିତ ଦୁଇଟି ପୁସ୍ତକ 'ଦେଶ ବିଦେଶରେ କୃଷି ଓ ସମବାୟ' ଏବଂ "Golden Oppertunities in Cooperative" ଉନ୍ମୋଚିତ ହେଉଥିବା ଜାଣି ମୁଁ ଅତ୍ୟନ୍ତ ଆନନ୍ଦିତ ।

ପ୍ରାକ୍ ସ୍ୱାଧୀନତା କାଳରୁ ଜାତିର ପିତା ମହାତ୍ମା ଗାନ୍ଧୀ ଏବଂ ଉତ୍କଳଗୌରବ ମଧୁବାବୁଙ୍କ ଭଳି ନେତାମାନେ ସମବାୟ ଆନ୍ଦୋଳନର ଆଦ୍ୟ ପ୍ରବକ୍ତା ଥିଲେ । ମଣିଷ ନିଜ ଗୋଡ଼ରେ ଛିଡ଼ା ହେଉ । ସମସ୍ତେ ଆତ୍ମନିର୍ଭରଶୀଳ ହୁଅନ୍ତୁ ଏବଂ ସମ-ଅଧିକାର ଉପଭୋଗ କରନ୍ତୁ- ଏହାକୁ ଚରିତାର୍ଥ କରିବା ଉଦ୍ଦେଶ୍ୟରେ ଏବଂ ସମାଜର ଏକ ବୃହତ୍ତମ ଅଂଶର ଉନ୍ନତି ନିମନ୍ତେ ସମବାୟ ନୀତିକୁ ଅର୍ଥନୀତିର ଅଙ୍ଗ କରିବାକୁ ପଡ଼ିବ । ଆଧୁନିକ ଯୁଗରେ ସମବାୟର ପରିସର ଅତ୍ୟନ୍ତ ବ୍ୟାପ୍ତ । କୃଷି, ମତ୍ସ୍ୟ, ଗୋପାଳନ, ବୟନ, ନିର୍ମାଣ ଆଦି ଅନେକ କ୍ଷେତ୍ରରେ ସମବାୟ ଦ୍ୱାରା ପରିଚାଳିତ । ସମବାୟକୁ ଏକ ଆନ୍ଦୋଳନର ରୂପ ଦେବା ନିମନ୍ତେ ସମାଜର ପ୍ରତ୍ୟେକ ସ୍ତରର ଲୋକମାନଙ୍କର ଆଗ୍ରହ ବୃଦ୍ଧି କରିବା ପାଇଁ ପ୍ରତ୍ୟେକ ସ୍ତରରେ ଉଦ୍ୟମ ହେବା ଆବଶ୍ୟକ । ଏହି ପରିପ୍ରେକ୍ଷୀରେ ଶ୍ରୀଯୁକ୍ତ ପ୍ରତାପ ଚନ୍ଦ୍ର ସାମଲଙ୍କ ରଚିତ ପୁସ୍ତକ ଦୁଇଟି ରାଜ୍ୟରେ ସମବାୟର ପରିସରକୁ ବ୍ୟାପକ କରିବାରେ ସହାୟକ ହେବ ବୋଲି ମୋର ଆଶା ।

ମୁଁ ଶ୍ରୀଯୁକ୍ତ ପ୍ରତାପ ଚନ୍ଦ୍ର ସାମଲଙ୍କୁ ଶୁଭେଚ୍ଛା ଜଣାଇବା ସହ ତାଙ୍କ ରଚିତ ପୁସ୍ତକ ଦୁଇଟିର ପାଠକୀୟ ଆଦୃତି କାମନା କରୁଛି ।

ସୁରେଶ ପୂଜାରୀ

(ସୁରେଶ ପୂଜାରୀ)

ଶ୍ରୀ ରବି ନାରାୟଣ ନାଏକ

ମନ୍ତ୍ରୀ

ଗ୍ରାମ୍ୟ ଉନ୍ନୟନ, ପଞ୍ଚାୟତି ରାଜ ଏବଂ

ପାନୀୟ ଜଳ

ଦୂରଭାଷ :

ପିବିଏକ୍ସ ନଂ. :

ମୋବାଇଲ ନଂ. :

ପତ୍ର ସଂଖ୍ୟା........................../ମଗ୍ରାଉପରାପାଜ

ଭୁବନେଶ୍ୱର

ତାରିଖ..........6/11/14........

ବାର୍ତ୍ତା

ଜାତୀୟ ସମବାୟ ସପ୍ତାହ ଅବସରରେ ବରିଷ୍ଠ ଲେଖକ ଶ୍ରୀ ପ୍ରତାପ ଚନ୍ଦ୍ର ସାମଲଙ୍କ ଦ୍ୱାରା ଲିଖିତ ପୁସ୍ତକ "ଦେଶ ବିକାଶରେ କୃଷି ଓ ସମବାୟ" ପ୍ରକାଶିତ ହେଉଥିବା ଜାଣି ମୁଁ ଅତ୍ୟନ୍ତ ଆନନ୍ଦିତ ।

ସମବାୟ ହେଉଛି ଏକ ପ୍ରାମାଣିକ ବିକାଶମୂଳକ ଦର୍ଶନ । ବର୍ତ୍ତମାନ ଏହା ଏକ ଜନ ଆନ୍ଦୋଳନରେ ପରିଣତ ହୋଇ ସାରିଛି । ଏହା ଜନସାଧାରଣଙ୍କ ସାମାଜିକ- ଅର୍ଥନୈତିକ ବିକାଶକୁ ପ୍ରୋତ୍ସାହିତ କରୁଛି । ସମାଜର ସାମଗ୍ରିକ ଅଭିବୃଦ୍ଧିରେ ସମବାୟ ଆନ୍ଦୋଳନର ଭୂମିକା ସର୍ବଜନବିଦିତ ଅଟେ ।

ଏହି ଭଳି ଏକ ବିଷୟରେ ନିଜର ପାଣ୍ଡିତ୍ୟପୂର୍ଣ୍ଣ ପ୍ରୟାସ ବଳରେ "ଦେଶ ବିକାଶରେ କୃଷି ଓ ସମବାୟ" ଭଳି ଏକ ପୁସ୍ତକ ରଚନା କରିଥିବାରୁ ମୁଁ ଲେଖକଙ୍କୁ ଶୁଭେଚ୍ଛା ଜଣାଉଛି ଓ ପୁସ୍ତକର ପାଠକୀୟ ଆଦୃତି କାମନା କରୁଛି ।

(ରବି ନାରାୟଣ ନାଏକ)

ଶ୍ରୀ କୃଷ୍ଣ ଚନ୍ଦ୍ର ପାତ୍ର

ମନ୍ତ୍ରୀ

ଖାଦ୍ୟ ଯୋଗାଣ ଏବଂ ଖାଉଟି କଲ୍ୟାଣ,
ବିଜ୍ଞାନ ଓ ବୈଷୟିକ

ଦୂରଭାଷ : (୦୬୭୪) ୨୫୩୬୯୭୫
ଇ.ପି.ଏ.ବି.ଏକ୍ସ : ୨୩୨୨୧୮୨
ମୋବାଇଲ ନଂ. :

ପତ୍ର ସଂଖ୍ୟା......................../ମଖାଯୋଖାକବିବୈ

ଭୁବନେଶ୍ୱର
ତାରିଖ......୦୨/୧୧/୨୦୨୪......

ବାର୍ତ୍ତା

ଜାତୀୟ ସମବାୟ ସପ୍ତାହ ଆସନ୍ତା ନଭେମ୍ବର ୧୪ରୁ ୨୦ ତାରିଖ ପର୍ଯ୍ୟନ୍ତ ପାଳନ ଅବସରରେ ଲେଖକ ଶ୍ରୀ ପ୍ରତାପ ଚନ୍ଦ୍ର ସାମଲଙ୍କ ଦ୍ୱାରା ରଚିତ 'ଦେଶ ବିକାଶରେ କୃଷି ଓ ସମବାୟ' ପୁସ୍ତକ ଉନ୍ମୋଚିତ ହେବା ଜାଣି ମୁଁ ଆନନ୍ଦିତ ।

ଉକ୍ତ ପୁସ୍ତକରେ କୃଷି ଓ ସମବାୟ ସଂପର୍କରେ ବିଭିନ୍ନ ଦରକାରୀ ତଥ୍ୟ ଉପଲବ୍ଧ ରହିଛି । ଏହା କୃଷକ, ଛାତ୍ରଛାତ୍ରୀ, ସରକାରୀ ଅଧିକାରୀ ତଥା ସବୁବର୍ଗର ବ୍ୟକ୍ତିବିଶେଷ ମାନଙ୍କ ପାଇଁ ଉପାଦେୟ ହୋଇପାରିବ ବୋଲି ମୋର ଆଶା ।

ଏହି ଅବସରରେ ଲେଖକ ଶ୍ରୀ ପ୍ରତାପ ଚନ୍ଦ୍ର ସାମଲ ଓ ପୁସ୍ତକ ସହ ଜଡ଼ିତ ସମସ୍ତଙ୍କୁ ଅଭିନନ୍ଦନ ଜଣାଇବା ସହ ପୁସ୍ତକ ଉନ୍ମୋଚନର ସର୍ବସଫଳତା କାମନା କରୁଛି ।

(କୃଷ୍ଣ ଚନ୍ଦ୍ର ପାତ୍ର)

ଡା. କୃଷ୍ଣ ଚନ୍ଦ୍ର ମହାପାତ୍ର

ମନ୍ତ୍ରୀ

ଗୃହ ଓ ନଗର ଉନ୍ନୟନ

ସାଧାରଣ ଉଦ୍ୟୋଗ, ଓଡ଼ିଶା

ଦୂରଭାଷ : ୦୬୭୪-୨୫୩୬୯୫୨(O)

ପି.ବି.ଏକ୍ସ. ନଂ. : ୦୬୭୪-୨୩୯୦୫୨୫(A)

ମୋବାଇଲ ନଂ.: +୯୧ ୭୦୦୮୨୫୧୮୭୦

୯୪୩୭୯୬୦୭୫୨

ପତ୍ର ସଂଖ୍ୟା ..../ମଗୃନଉସାଉ.

ଭୁବନେଶ୍ୱର

ତାରିଖ ୧୩-୧୧-୨୦୨୪

"ବାର୍ତ୍ତା"

ଜାତୀୟ ସମବାୟ ସପ୍ତାହ ଆସନ୍ତା ନଭେମ୍ବର ୧୪ ରୁ ୨୦ ତାରିଖ ପର୍ଯ୍ୟନ୍ତ ପାଳନ ଅବସରରେ ଲେଖକ ଶ୍ରୀ ପ୍ରତାପ ଚନ୍ଦ୍ର ସାମଲଙ୍କ ଦ୍ୱାରା ରଚିତ ' ଦେଶ ବିକାଶରେ କୃଷି ଓ ସମବାୟ ' ପୁସ୍ତକ ଉନ୍ମୋଚିତ ହେବା ଜାଣି ମୁଁ ଆନନ୍ଦିତ ।

ଉକ୍ତ ପୁସ୍ତକରେ କୃଷି ଓ ସମବାୟ ସମ୍ପର୍କରେ ବିଭିନ୍ନ ଦରକାରୀ ତଥ୍ୟ ଉପଲବ୍ଧ ରହିଛି । ଏହା କୃଷକ, ଛାତ୍ରଛାତ୍ରୀ, ସରକାରୀ ଅଧିକାରୀ ତଥା ସବୁବର୍ଗର ବ୍ୟକ୍ତିବିଶେଷ ମାନଙ୍କ ପାଇଁ ଉପାଦେୟ ହୋଇପାରିବ ବୋଲି ମୋର ଆଶା ।

ଏହି ଅବସରରେ ଲେଖକ ଶ୍ରୀ ପ୍ରତାପ ଚନ୍ଦ୍ର ସାମଲ ଓ ପୁସ୍ତକ ସହ ଜଡିତ ସମସ୍ତଙ୍କୁ ଅଭିନନ୍ଦନ ଜଣାଇବା ସହ ପୁସ୍ତକ ଉନ୍ମୋଚନର ସର୍ବସଫଳତା କାମନା କରୁଛି ।

(ଡା. କୃଷ୍ଣ ଚନ୍ଦ୍ର ମହାପାତ୍ର)

ଡ଼. ମୁକେଶ ମହାଲିଙ୍ଗ

ମନ୍ତ୍ରୀ

ସ୍ୱାସ୍ଥ୍ୟ ଓ ପରିବାର କଲ୍ୟାଣ

ସଂସଦୀୟ ବ୍ୟାପାର

ବୈଦ୍ୟୁତିକ ଅଣୁ ବିଜ୍ଞାନ ତଥା

ସୂଚନା ଏବଂ ପ୍ରଯୁକ୍ତି ବିଦ୍ୟା

ଦୂରଭାଷ :

ପି.ବି.ଏକ୍ସ. ନଂ. :

ମୋବାଇଲ ନଂ. : ୭୩୭୨୦୫୧୦୦୪

ପତ୍ର ସଂଖ୍ୟା ୬୨୪.../ମସ୍ୱାପକସଂବ୍ୟାବୈଅବିସୂପ୍ରବି.

ଭୁବନେଶ୍ୱର

ତାରିଖ...୧୨/୧୧/୨୦୨୧...

ବାର୍ତ୍ତା

ରାଜ୍ୟର କୃଷି ଓ ସମବାୟ କ୍ଷେତ୍ରର ଉନ୍ନତି ପାଇଁ କାର୍ଯ୍ୟରତ ଶ୍ରୀ ପ୍ରତାପ ଚନ୍ଦ୍ର ସାମଲଙ୍କ ଦ୍ୱାରା ଲିଖିତ ପୁସ୍ତକ "ଦେଶ ବିକାଶରେ କୃଷି ଓ ସମବାୟ" ଏବଂ "*Golden Opportunities in Cooperative*" ଜାତୀୟ ସମବାୟ ସପ୍ତାହ ପାଳନର ଶୁଭ ଅବସରରେ ଉନ୍ମୋଚିତ ହେବାକୁ ଯାଉଥିବାର ଜାଣି ମୁଁ ବିଶେଷ ଆନନ୍ଦିତ ।

କୃଷି ଓ ସମବାୟ ପରସ୍ପରର ପରିପୂରକ ଏବଂ ଉଭୟ କ୍ଷେତ୍ରର ବିକାଶ ସମାନ୍ତରାଳ ଭାବରେ ହୋଇଥାଏ । କୃଷି ଓ ସମବାୟ କ୍ଷେତ୍ରରେ ପରିବାର ପ୍ରତିପୋଷଣ ପାଇଁ ବାଣିଜକ ଲାଭ ଅପରିହାର୍ଯ୍ୟ । ବାଣିଜକ ଲାଭ ସହିତ ଜଣେ ଅର୍ଥନୈତିକ ଅନଗ୍ରସର ବ୍ୟକ୍ତିର ପେଟରେ ଆହାର ଦେବାର ଆତ୍ମିକ ଆନନ୍ଦକୁ ଏକାକାର କରିପାରିଲେ ମହାମନୀଷୀମାନଙ୍କର ଆକାଂକ୍ଷିତ ଭାରତ ଭଳି ଗ୍ରାମବହୁଳ ଦେଶର ପ୍ରକୃତ ବିକାଶ ହୋଇପାରିବ ବୋଲି ମୋର ବିଶ୍ୱାସ ।

"ଦେଶ ବିକାଶରେ କୃଷି ଓ ସମବାୟ" ଏବଂ "*Golden Opportunities in Cooperative*" ପୁସ୍ତକ ଦ୍ୱୟର ଲେଖକଙ୍କୁ ସାଧୁବାଦ ଜ୍ଞାପନ କରିବା ସହ ବ୍ୟାପକ ପାଠକୀୟ ଆଦୃତି କାମନା କରୁଛି ।

ମୁକେଶ ମହାଲିଙ୍ଗ

(ଡ଼ଃ ମୁକେଶ ମହାଲିଙ୍ଗ)

ବିଭୂତି ଭୂଷଣ ଜେନା

ମନ୍ତ୍ରୀ

ବାଣିଜ୍ୟ ଏବଂ ପରିବହନ

ଇସ୍ପାତ ଏବଂ ଖଣି

ଦୂରଭାଷ :

ପି.ବି.ଏକ୍ସ. ନଂ. :

ମୋବାଇଲ ନଂ. :

ପତ୍ର ସଂଖ୍ୟା ..../ମବାପଇଖ.

ଭୁବନେଶ୍ୱର

ତାରିଖ......୧୪.୧୧.୨୦୨୫.......

ବାର୍ତ୍ତା

ଲେଖକ ଶ୍ରୀ ପ୍ରତାପ ଚନ୍ଦ୍ର ସାମଲଙ୍କ ଦ୍ୱାରା ରଚିତ ପୁସ୍ତକ "ଦେଶ ବିକାଶରେ କୃଷି ଓ ମବାୟ" ପୁସ୍ତକ ପ୍ରକାଶନ ହେଉଥିବା ଜାଣି ମୁଁ ଆନନ୍ଦିତ।

ଆମ ଦେଶ ଏକ କୃଷି ପ୍ରଧାନ ଦେଶ ଏବଂ କୃଷିକୁ ସଂଗଠିତ କରିବାରେ ସମବାୟ କ୍ଷେତ୍ରର ଶେଷ ଭୂମିକା ରହିଛି। ଶ୍ରୀ ସାମଲଙ୍କ ଦ୍ୱାରା ରଚିତ ଏହି ପୁସ୍ତକରେ କୃଷି ଏବଂ ସମବାୟ ସମ୍ପର୍କରେ ନେକ ଉପାଦେୟ ତଥ୍ୟ ଉପଲବ୍ଧ ଅଛି। ଏହି ପୁସ୍ତକ ଛାତ୍ରଛାତ୍ରୀ, କୃଷକ ଏବଂ ସମବାୟ କ୍ଷେତ୍ରରେ ମ କରୁଥିବା ବ୍ୟକ୍ତିବିଶେଷ ମାନଙ୍କ ପାଇଁ ଉପାଦେୟ ହେବ ବୋଲି ଆଶା କରୁଛି।

ଏହି ଅବସରରେ ଲେଖକ ଶ୍ରୀ ପ୍ରତାପ ଚନ୍ଦ୍ର ସାମଲ ଏବଂ ପୁସ୍ତକ ସହ ଜଡିତ ସମସ୍ତଙ୍କୁ ଭିନନ୍ଦନ ଜଣେଇବା ସହ ପୁସ୍ତକର ସର୍ବସଫଳତା କାମନା କରୁଛି।

(ବିଭୂତି ଭୂଷଣ ଜେନା)

ଶ୍ରୀ ପ୍ରଦିପ ବଳ ସାମନ୍ତ

ରାଷ୍ଟ୍ରମନ୍ତ୍ରୀ (ସ୍ୱାଧୀନ)

ସମବାୟ, ହସ୍ତତନ୍ତ, ବୟନ ଓ ହସ୍ତଶିଳ୍ପ

ଦୂରଭାଷ :

ପି.ବି.ଏକ୍ସ. ନଂ. :

ମୋବାଇଲ ନଂ. :

ପତ୍ର ସଂଖ୍ୟା ..../ରାମସହବହ.

ଭୁବନେଶ୍ୱର

ତାରିଖ ୩୦. ୧୦. ୨୦୨୪

ବାର୍ତ୍ତା

ବିଶିଷ୍ଟ ସମବାୟବିତ୍ ଶ୍ରୀଯୁକ୍ତ ପ୍ରତାପ ଚନ୍ଦ୍ର ସାମଲଙ୍କ ଅନୁଭବର ପ୍ରାଙ୍ଗବେଦୀରୁ ନିଃସୃତ "ଦେଶ ବିକାଶରେ କୃଷି ଓ ସମବାୟ" ପୁସ୍ତକର ଶୁଭ ପ୍ରକାଶନ ଅବସରରେ ଲେଖକ ଶ୍ରୀଯୁକ୍ତ ସାମଲଙ୍କୁ ଅନେକ ଅନେକ ଶୁଭେଚ୍ଛା ଓ ଅଭିନନ୍ଦନ ଜଣାଉଛି ।

ସମବାୟ ଏକ କ୍ରାନ୍ତିକାରୀ ଦର୍ଶନ । ଗୋଷ୍ଠୀଗତ ପ୍ରୟାସରେ ଅର୍ଥନୈତିକ ଅଭିବୃଦ୍ଧି ହିଁ ଏହାର ଅନ୍ତଃସ୍ୱର । କୃଷି ଓ କୃଷକର ବିକାଶ ପାଇଁ ଏହା ଅଙ୍ଗୀକାରବଦ୍ଧ ପୁଣି ଅଣକୃଷି କ୍ଷେତ୍ରରେ ପ୍ରଗତି ପାଇଁ ଏହା ପ୍ରତିଶ୍ରୁତିବଦ୍ଧ । ସମବାୟ ଆନ୍ଦୋଳନକୁ ଅଧିକ କ୍ରିୟାଶୀଳ କରିବା ପାଇଁ ବିଶିଷ୍ଟ ସମବାୟବିତ୍ ଶ୍ରୀଯୁକ୍ତ ପ୍ରତାପ ଚନ୍ଦ୍ର ସାମଲଙ୍କ ଦ୍ୱାରା ରଚିତ ପୁସ୍ତକ ନିଶ୍ଚିତରୂପେ ପ୍ରେରଣା ଯୋଗାଇବ ଏବଂ ତାଙ୍କ ପ୍ରଶଂସନୀୟ ପ୍ରୟାସ ପାଇଁ ସାଧୁବାଦ ଜଣାଉଛି ।

"ଦେଶ ବିକାଶରେ କୃଷି ଓ ସମବାୟ" ପୁସ୍ତକର ବିପୁଳ ପାଠକୀୟ ଆଦୃତି କାମନା କରିବା ସହ ଲେଖକଙ୍କ ଦୀର୍ଘ ସର୍ଜନଶୀଳ ଜୀବନ କାମନା କରୁଛି ।

ପ୍ରଦିପ ବଳ ସାମନ୍ତ

୩୦/୧୦/୨୦୨୪

(ପ୍ରଦିପ ବଳ ସାମନ୍ତ)

ଖୋର୍ଦ୍ଧା କେନ୍ଦ୍ର ସମବାୟ ବ୍ୟାଙ୍କ ଲିଃ.,ଖୋର୍ଦ୍ଧା

Regn.No.95 PU Dt.22.03.1912,RBI Licence No. RPCD/BBSR/15/2011-12 Dt.02.05.2012
E -mail ID-khordhaccbank@gmail.com ,ceo@khordhaccbank.com

ରିଜର୍ଭ ବ୍ୟାଙ୍କ ଦ୍ୱାରା ଲାଇସେନ୍ସ ପ୍ରାପ୍ତ　　　　　　　　　୧୧୩ ବର୍ଷର ଅଗ୍ରଣୀ ବ୍ୟାଙ୍କ

ବ୍ୟାଙ୍କରେ ଉପଲବ୍ଧ ସୁବିଧା ଓ ସୁଯୋଗ

୧. CBS ଦ୍ୱାରା ୧୮ ଗୋଟି ଶାଖା,୩ ଗୋଟି ସମ୍ପ୍ରସାରିତ ଶାଖା ଓ ଅନୁବନ୍ଧିତ ୧୯୬ଗୋଟି PACS ରେ କୃଷି ଓ ବ୍ୟାଙ୍କିଙ୍ଗ ସେବା ପ୍ରଦାନ ।
୨. ୧, ୦୦,୦୦୦/- ଟଙ୍କା ପର୍ଯ୍ୟନ୍ତ ସମିତିରୁ କୃଷି ଋଣ ନେଇ ଠିକ ସମୟରେ ପରିଶୋଧ କଲେ ସୁଧ ଦେୟ ମୁକ୍ତ ଅଟେ ।
୩. ୧, ୦୦,୦୦୧/- ଟଙ୍କାରୁ ୩, ୦୦,୦୦୦/- ଟଙ୍କା ଋଣ ଉପରେ ମାତ୍ର ୨ ପ୍ରତିଶତ ହାରରେ ସୁଧ, ଭାଗଚାଷୀ ଓ ଭୂମିହୀନ ଚାଷୀଙ୍କୁ ବଳରାମ ଯୋଜନା ମାଧ୍ୟମରେ କୃଷି ଋଣ ପ୍ରଦାନ ।
୪. କୃଷକମାନଙ୍କ ପାଇଁ ପ୍ରଧାନମନ୍ତ୍ରୀ ଫସଲବୀମା ,ଦୁର୍ଘଟଣାଜନିତ ବୀମା ଓ ଜୀବନ ବୀମା ଉପଲବ୍ଧ ।
୫.ସରକାରୀ ମୂଲ୍ୟରେ ସମିତି ରେ ବିହନ,ରାସାୟନିକ ସାର ,ଜୈବିକ ସାର ଓ କୀଟନାଶକ ଔଷଧ ଯୋଗାଣ ବ୍ୟବସ୍ଥା ।
୬.କୃଷି ଆନୁସଙ୍ଗିକ ମିଆଦୀ ଋଣ ଯଥା ଗାଈ,ଛେଳି ,ମେଣ୍ଢା ପାଳନ ,କୃଷି ଯନ୍ତ୍ରପାତି ,ପୋଖରୀ ଖୋଳା,ମାଛ ଚାଷ ,ଫଳ ,ଛତୁ ଚାଷ ,ପାନବରଜ ଓ ଜଳସେଚନ ନିମିତ୍ତ ଋଣର କିସ୍ତି ଠିକ ସମୟରେ ପରିଶୋଧ କଲେ ଶତକଡା ୩ ଟଙ୍କା ସୁଧ ରିହାତି ବ୍ୟବସ୍ଥା ।
୭.ସମସ୍ତ ପ୍ରକାର ବ୍ୟବସାୟିକ ଭିତ୍ତିକ ଋଣ,ଗୃହ ଉପକରଣ କ୍ରୟ ଋଣ ,ଚକ୍ରବାହ ଋଣ ଓ ସମ୍ପତ୍ତି ବନ୍ଧକ ଋଣ ଅତି କମ ସୁଧ ରେ ଉପଲବ୍ଧ ।
୮. ଅତି ସହଜ ,ସରଳୀକୃତ କାଗଜାତ ଓ କମ ସୁଧ ରେ ୨ଚକିଆ ଓ ୪ ଚକିଆ ଯାନ ପାଇଁ ଋଣ ଉପଲବ୍ଧ ।
୯.ସ୍ୱର୍ଣ୍ଣ ବନ୍ଧକ ଋଣ ଅନ୍ୟ ବ୍ୟାଙ୍କ ତୁଳନାରେ ସ୍ୱଳ୍ପ ସୁଧ ଶତକଡା ମାସିକ ୮.୧ ହାରରେ ପ୍ରଦାନ ।
୧୦.ମିଶନ ଶକ୍ତି ମାଧ୍ୟମରେ ମହିଳା ସ୍ୱୟଂ ସହାୟକ ଗୋଷ୍ଠୀକୁ ୫,୦୦,୦୦୦/- ଟଙ୍କା ପର୍ଯ୍ୟନ୍ତ ବିନା ସୁଧରେ ଋଣ ।
୧୧. ଆର୍ଥିକ ସ୍ୱାବଲମ୍ବନ ପାଇଁ କ୍ଷୁଦ୍ର ବ୍ୟବସାୟ ଋଣ ବିନା ବନ୍ଧକରେ ୧,୦୦,୦୦୦ /-ଟଙ୍କା ପର୍ଯ୍ୟନ୍ତ ଋଣ ଉପଲବ୍ଧ ।
୧୨.IMPS ,NEFT ,RTGS ,AEPS ,PoS ,CTS Clearing ,ATM, Micro ATM ଓ RuPay କାର୍ଡ ମାଧ୍ୟମରେ ଉନ୍ନତ ବ୍ୟାଙ୍କିଙ୍ଗ ସେବା ଉପଲବ୍ଧ ।
୧୩. ସଦର ଶାଖା, ଭୁବନେଶ୍ୱର ମହିଳା ଶାଖା ଓ ଖୋର୍ଦ୍ଧା ମହିଳା ଶାଖା ଠାରେ **Safe Deposit Locker** ଉପଲବ୍ଧ ।
୧୪.ସର୍ବନିମ୍ନ ସହାୟକ ମୂଲ୍ୟ (MSP) ରେ ସମିତି ମାନଙ୍କ ଦ୍ୱାରା ଖରିଫ ଓ ରବି ଫସଲ କ୍ରୟ କରି **DBT** ଦ୍ୱାରା ଅର୍ଥ ପ୍ରଦାନ ।
୧୫.ମିଆଦୀ ଜମା (**Fixed Deposit**) ଓ ସଂଚୟ ଜମା(**Saving Deposit**) ଉପରେ ଅନ୍ୟାନ୍ୟ ବାଣିଜ୍ୟିକ ଓ ଗ୍ରାମ୍ୟ ବ୍ୟାଙ୍କ ଠାରୁ ଅଧିକ ସୁଧ ଦେବା ସହିତ ଜମା ରାଶି ବୀମା ଦ୍ୱାରା ସୁରକ୍ଷିତ(**DICGC**) ଓ ବରିଷ୍ଠ ନାଗରିକମାନଙ୍କ ପାଇଁ ମିଆଦୀ ଜମା ଉପରେ ୦.୫ ପ୍ରତିଶତ ଅଧିକ ସୁଧ ପ୍ରଦାନ କରାଯାଏ ।

ଅଧିକ ବିବରଣୀ ନିମନ୍ତେ ନିକଟସ୍ଥ ଶାଖା / ବ୍ୟାଙ୍କ ମୁଖ୍ୟ କାର୍ଯ୍ୟାଳୟ ସହ ଯୋଗାଯୋଗ କରନ୍ତୁ ।

ଶ୍ରୀ ସାରଥୀ ଶତପଥୀ
ମୁଖ୍ୟ କାର୍ଯ୍ୟ ନିର୍ବାହୀ ଅଧିକାରୀ
ଖୋର୍ଦ୍ଧା କେନ୍ଦ୍ର ସମବାୟ ବ୍ୟାଙ୍କ ଲିଃ.

ଶ୍ରୀଯୁକ୍ତ ଅଭିଷେକ ସିଂହ ସାମନ୍ତ
ସଭାପତି
ଖୋର୍ଦ୍ଧା କେନ୍ଦ୍ର ସମବାୟ ବ୍ୟାଙ୍କ ଲିଃ.

ସୂଚିପତ୍ର

ଆଦର୍ଶ ନେତୃତ୍ୱ ସମବାୟର ମୂଳ	୨୧
ସମବାୟରେ ନୀରବ ବିପ୍ଳବ	୨୫
ବିଦେଶ ସମବାୟ ସହିତ ଭାରତର ସମବାୟ	୨୯
କୃଷି ଉତ୍ପାଦନ ଓ ଶୀତଳ ଭଣ୍ଡାର	୩୪
ହାଓ୍ୱା ନିର୍ବାଚନ	୩୯
ଫସଲ ମରୁଡ଼ିରେ ଚାଷୀର ଖେଦୋକ୍ତି	୪୪
ସମବାୟ ଆନ୍ଦୋଳନ ଓ ରାଜନୀତି	୪୭
ସମବାୟରେ ଉତ୍ତର ଦାୟୀ କିଏ ?	୫୦
ଆଦିବାସୀଙ୍କ ଆର୍ଥିକ ବିକାଶରେ ସମବାୟ	୫୫
ଅପନିନ୍ଦାରୁ ସମବାୟର ମୁକ୍ତି କେବେ ?	୬୦
ଗଣତନ୍ତ୍ରରେ ନିର୍ବାଚିତ ପରିଚାଳନା ପରିଷଦ କ୍ଷମତାପ୍ରାପ୍ତ	୬୭
ଶିଉଳି ଚାଷର ଚାହିଦା ଓ ସୁଯୋଗ	୭୨
କୃଷିଋଣ ଅଭିବୃଦ୍ଧିରେ କାଗଜ କଲମ ବାଧକ	୭୬
ଡ଼ିଶାରେ ସମବାୟ ସମିତିର ସମସ୍ୟା ଓ ସମାଧାନ	୮୦
ଗ୍ରାମୀଣ ଭାରତର ମେରୁଦଣ୍ଡ ସମବାୟ ବ୍ୟାଙ୍କ	୯୦
ଦୁଗ୍ଧ ସମବାୟ ସମିତି କାହା ହିତରେ	୯୪
ପରିବେଶ ଅନୁକୂଳ କାଚଘର ଚାଷ	୯୯
ସମବାୟ ଆନ୍ଦୋଳନରେ କଣ୍ଟକ	୧୦୨
ଓଡ଼ିଶାରେ କୃଷିଭିତ୍ତିକ ଶିଳ୍ପର ସମ୍ଭାବନା	୧୦୮
ଶବ ସଂସ୍କାର ସମବାୟ ସମିତି	୧୧୩
ସମବାୟ ଆଇନରେ ପ୍ରକୃତ ମାଲିକ	୧୧୬
ବହୁମୁଖୀ ସେବା ସମବାୟ ସମିତି	୧୨୦
ସମବାୟରେ ଅର୍ଥନୈତିକ ସମାନତା	୧୨୪

ଓଡ଼ିଶାରେ ସଫଳ କୃଷିନୀତି ୧୨୮

ଛାତ୍ର ସମବାୟ ସମିତି ୧୩୩

କଲାପାଣିର ଦେଶ ୧୩୭

ସମବାୟ ଭୋଜନାଳୟ ୧୪୧

ମାଲେସିଆରେ ସମବାୟ ବ୍ୟାଙ୍କ ୧୪୪

ଅବୁଝା ସମବାୟ ଆଇନ୍ ୧୪୭

ସମବାୟ ଆଇନ୍ ଓ ବିଭାଗୀୟ ଅଧିକାରୀ ୧୫୧

ଓଡ଼ିଶାରେ ଛତ୍ରଚାଷ ୧୫୬

ଜଳସେଚିତ ସମବାୟ ସମିତି ୧୬୦

ସମବାୟ ରଣ ଓ ଫସଲ କିଣାବିକା ୧୬୫

ସମବାୟ ବ୍ୟାଙ୍କ ଓ ଭୂ-ବନ୍ଧକ ବ୍ୟାଙ୍କ ୧୭୦

ଫିଲିପାଇନ୍‌ରେ ଗ୍ରାମ୍ୟ ବ୍ୟାଙ୍କ ୧୭୫

ସମବାୟର ଭୂସ୍ୱର୍ଗ ଥାଇଲାନ୍ଡ ୧୭୮

ସମବାୟରେ ହସ୍ତତନ୍ତ ଲୁଗା ୧୮୩

ସମବାୟରେ କୃଷିର ବିକାଶ ୧୮୮

ମୁକ୍ତି ଆନ୍ଦୋଳନରେ ସମବାୟ ୧୯୩

ସମବାୟର ଅନୁଢ଼ିଶାଳା ଓଡ଼ିଶା ୧୯୮

ସମାଜବାଦ ଓ ସମବାୟ ୨୦୨

ଦେଶ ପ୍ରଗତିରେ ନାରୀ ୨୦୬

ସମବାୟରେ ଅଣକୃଷି ଉଦ୍ୟୋଗ ୨୦୯

ସମାଜସେବୀ ହିଁ କୃଷିର ମାର୍ଗଦର୍ଶକ ୨୧୪

ନାରୀ ଶସକ୍ତିକରଣ ଓ ଗୋଷ୍ଠୀ ଗଠନ ୨୧୮

ଛେଲି ପାଳନରେ ହଟିବ ଦାରିଦ୍ର ୨୨୧

ଭୂମି ବ୍ୟାଙ୍କ ବନାମ୍ ଭୂମି ସଂସ୍କାର ୨୨୫

ସମବାୟରେ କୃଷି ଉତ୍ପାଦନ ୨୩୦

ଗରିବ ହଟାଅ ସରକାରୀ ଯୋଜନା ୨୩୬

ଓଡ଼ିଶାରେ ସମବାୟ ଆନ୍ଦୋଳନ ୨୪୪

ବାଉଁଶ ନଳକୂପ ସମବାୟ ସମିତି ୨୪୯

ସମବାୟରେ ଇଫ୍‌କୋ ସାର କାରଖାନା ୨୫୭

ଜାତି ଓ ରାଜନୀତି ୨୫୯

କାଟି ନଜାଣି କଟୁରୀ ଦୋଷ	୨୬୩
କୃଷିରେ ଡଙ୍କେଲ ପ୍ରସ୍ତାବ	୨୬୧
ସମବାୟରେ ଗୃହନିର୍ମାଣ	୨୭୬
ଶାସନରେ ପରିବର୍ତ୍ତନ	୨୮୦
ଗୋଷ୍ଠୀ ଉନ୍ନୟନ ଯୋଜନାର ସଫଳତା	୨୮୬
ପଞ୍ଜାବରେ ସମବାୟ	୨୯୦
ସମବାୟରେ ରାଷ୍ଟ୍ରୀୟ କୃଷି ଯୋଜନା	୨୯୩
ସମବାୟ ଆଇନରେ ସହଯୋଗ	୨୯୭
ନିର୍ବାଚିତ ପ୍ରତିନିଧି ପଦର ମହତ୍ତ୍ୱ	୩୦୧
ଦେଶ ପ୍ରଗତିରେ ସମବାୟ	୩୦୫
ସମବାୟ କାର୍ଯ୍ୟ କ୍ଷେତ୍ରରେ ଉପାଧି	୩୧୦
କୃଷି ଓ ସମବାୟ ପରିପୂରକ	୩୧୬
ଆଇନ ପଢ଼ି ନ ବୁଝିଲେ ଫଳ ଶୂନ	୩୨୪
ଜନସେବାରେ ସମବାୟ	୩୩୧
ନାରୀ ଜାତି ପାଇଁ ଭୋଟ୍ ଅଧିକାର	୩୩୬
ମଧୁସୂଦନ ଥିଲେ ନିର୍ଭୀକ ଓଡ଼ିଆ	୩୪୦
ମହିଳା ସମବାୟ ସମିତି	୩୪୬
ଓଡ଼ିଶାରେ ଚିନିକଳ ବନ୍ଦର ଅନ୍ତରାଳେ	୩୪୯
ଓଡ଼ିଶା ସମବାୟରେ ପଶ୍ଚାଦ ଗତି	୩୫୫
ସିଙ୍ଗାପୁରରେ ସମବାୟ	୩୬୧
ଦାରିଦ୍ର୍ୟ ଦୂରୀକରଣ ଓ ଆତ୍ମ ନିଯୁକ୍ତି	୩୬୫
ସମବାୟରେ ପରଦେଶୀ ନିଯୁକ୍ତି	୩୬୯
ସମବାୟର ଭଗୀରଥ ଓଡ଼ିଶା	୩୭୩
ଓଡ଼ିଆ ଅସ୍ମିତାର ପ୍ରବର୍ତ୍ତକ ମଧୁସୂଦନ	୩୭୬
ସମବାୟ ଓ ଅନ୍ତର୍ଭୁକ୍ତି ବିକାଶ	୩୮୨

ଆଦର୍ଶ ନେତୃତ୍ୱ ସମବାୟର ମୂଳ

ଗଭୀରଭାବେ ଚିନ୍ତାକଲେ ଅନୁଭୂତ ହୁଏ ଯେ, ଆମ ଭାରତୀୟ ସଂସ୍କୃତି ଆଜି ଅତିମାତ୍ରାରେ ବିପର୍ଯ୍ୟସ୍ତ । ଆମ ସ୍ୱାଧୀନତା ଓ ଗଣତାନ୍ତ୍ରିକ ଶାସନ କଥା ଭାବିଲେ ଆଶ୍ଚର୍ଯ୍ୟ ଲାଗେ । ଯୁଗବତାର ଭଗବାନ ଶ୍ରୀ ସତ୍ୟସାଇ ବାବା ତାଙ୍କର ଦିବ୍ୟ ସମ୍ଭାଷଣରେ ଥରେ କହିଥିଲେ – "ଭାରତ ସ୍ୱାଧୀନ ହେବାର ଅନେକ ବର୍ଷ ବିତିଗଲାଣି କିନ୍ତୁ ଆମେ ପ୍ରକୃତରେ ସ୍ୱାଧୀନ ଓ ଆତ୍ମନିର୍ଭରଶୀଳ ହୋଇନାହୁଁ । ପୁରୁଣା ବ୍ରିଟିଶ ଶାସନ ସମୟ ଓ ବର୍ତ୍ତମାନ ମଧ୍ୟରେ ଗୋଟିଏ ମାତ୍ର ପାର୍ଥକ୍ୟ ଅଛି । ସେତେବେଳେ ଆମେ ଆମ ଦେଶବାସୀଙ୍କୁ ହଇରାଣ କରୁଥିବା ଗୋରା ଶାସକମାନଙ୍କୁ ଦୋଷ ଦେଉଥିଲୁ କିନ୍ତୁ ଆଜି ଆମର ଲୋକମାନେ ଆମ ଉପରେ ଅତ୍ୟାଚାର କରିବା ଫଳରେ ଆମେ ଦୁର୍ଦ୍ଦଶାର ସମ୍ମୁଖୀନ ହେଉଛେ । ଆଜି ଆମ ଜୀବନ ବିଭିନ୍ନତା ଓ ବିଭେଦରେ ଛନ୍ଦାୟିତ । ସବୁଆଡ଼େ ଦ୍ୱେଷର ରାଜୁତି ଚାଲିଛି ।"

ବ୍ରିଟିଶମାନଙ୍କୁ ଘଉଡ଼ାଇ ଆମେ ଶାସନ ଖସଡ଼ା ତିଆରି କଲେ, ଗଣତନ୍ତ୍ର ରାଷ୍ଟ୍ର ବୋଲି ଡିଣ୍ଡିମ ପିଟିଦେଲେ, କିନ୍ତୁ ଗଣତନ୍ତ୍ର ବଦଳରେ ବିସ୍ତାରଲାଭ କରିଛନ୍ତି ଖାଲି ସ୍ୱାର୍ଥ ଚିନ୍ତା କରୁଥିବା ମଣିଷମାନେ । ଯାହାର ଫଳସ୍ୱରୂପ ଦେଶ ଓ ଦେଶବାସୀଙ୍କ ସର୍ବନାଶ କରି ସ୍ୱାର୍ଥକୁ ବଳିଷ୍ଠ କରିବାର ବିଭିନ୍ନ ଉପାୟ ଅବଲମ୍ବନ କରାଯାଉଛି । ଯଥା – କନ୍ୟାଭ୍ରୂଣ ହତ୍ୟାକାରୀ ଡାକ୍ତର, ନର୍ସ ଓ ହସ୍ପିଟାଲ୍ ମାଲିକ ଧନୀ ହେଉଛନ୍ତି । ନକଲି ଔଷଧ ତିଆରି କରି କିଏ କୋଟିପତି ହେଲାଣି ତ ନକଲି ନାମରେ ଜମି ନେଇ କିଏ ଦେଶରୁ ଅଧା ଖାଇସାରିଲାଣି । ତାହା ମଧ୍ୟ ସମବାୟ ବିଭାଗରେ ବାଦ୍ ପଡ଼ନ୍ତା ବା କିପରି ? ଏହି ନିକଟ ଅତୀତ ନଭେମ୍ବର ମାସରେ ରାଜ୍ୟସରକାରଙ୍କର ସମବାୟ ବିଭାଗ ଦ୍ୱାରା ଜାତୀୟ ସମବାୟ ସପ୍ତାହ ପାଳନ ଅବସରରେ ସାତଦିନ ପାଇଁ ୩୭ ଲକ୍ଷ ଟଙ୍କାର ଖର୍ଚ୍ଚ ଅଟକଳର ଟେଣ୍ଡର ପାସ୍ ହୋଇଥିଲେ ମଧ୍ୟ କିଛି

ବରିଷ୍ଠ ଅଧିକାରୀ କୁଚକ୍ରରେ ପେମେଣ୍ଟ କରିବାକୁ ବସଲେଣି ୨ କୋଟି ୭୭ ଲକ୍ଷ ଟଙ୍କା । ରାଜ୍ୟ ସମବାୟ ନିବନ୍ଧକ ତ୍ରିସ୍ତରୀୟ ସମବାୟ ସମିତି ପରିଚାଳନା ମଣ୍ଡଳୀଙ୍କ ଟ୍ରେନିଂ ପାଇଁ ରଖିଥିବା ୧ କୋଟି ୩୦ ଲକ୍ଷ ଟଙ୍କାକୁ ସେମାନଙ୍କ ଟ୍ରେନିଂରେ ଖର୍ଚ୍ଚ ନକରି ଚଞ୍ଚକତା କରି ସମବାୟ ବିଭାଗର କର୍ମଚାରୀମାନଙ୍କୁ ବିଭିନ୍ନ ରାଜ୍ୟ ପରିଭ୍ରମଣରେ ପଠାଇ ଖର୍ଚ୍ଚ କରୁଛନ୍ତି । ତାହା କେଉଁ ଆଳରେ କରାଯାଇଅଛି ଏକ ପ୍ରଶ୍ନବାଚୀ ସୃଷ୍ଟି ହୋଇଅଛି । ସମବାୟରେ ସଂପୃକ୍ତ ଥିବା ବ୍ୟକ୍ତିମାନଙ୍କ ଦ୍ୱାରା ସମବାୟ ସପ୍ତାହ ପାଳନ କରିବା ପାଇଁ ଥିଲେ ମଧ୍ୟ ସରକାରୀ ଅଧିକାରୀଙ୍କ ଦ୍ୱାରା ପାଳନ ଅବସରରେ ଏ ମୁନାଫାଖୋର ବ୍ୟବସାୟ କରିବାର କି ଯଥାର୍ଥ । ରାଜ୍ୟରେ ଜଣେ ନିର୍ଭୀକ, ସଚ୍ଚୋଟ, ବରିଷ୍ଠ, ଦକ୍ଷ, ଜ୍ଞାନୀଗୁଣି ଓ ସମବାୟ ସଂସ୍କାରକ ମନ୍ତ୍ରୀ ଥିଲେ ମଧ୍ୟ ସମବାୟ ବିଭାଗରେ ଦୀର୍ଘ ୬ ବର୍ଷ ଧରି ଉଚ୍ଚ ପଦବୀରେ ଥିବା ବରିଷ୍ଠ ପ୍ରଶାସକ ଜଣକ ଦୁର୍ନିତୀର ଉଚ୍ଚ ଆସନରେ ବସିଥିଲେ ମଧ୍ୟ ସମବାୟ ମନ୍ତ୍ରୀଙ୍କ ବିନା ଅଗୋଚରରେ ଗଳାବାଟ ତିଆରି କରି ମୋଟା ଅଙ୍କର ଦୁର୍ନିତୀ କରିବାର ଚେର ପଦାକୁ ଆସିଯାଇଛି । ତାଙ୍କୁ ସହଯୋଗ କରୁଛନ୍ତି ସମବାୟ ବିଭାଗରେ ଦୀର୍ଘ ୪ ବର୍ଷ ଧରି କାର୍ଯ୍ୟ କରୁଥିଲେ ଆଉ ଜଣେ ବରିଷ୍ଠ ପ୍ରଶାସିକା । ରାଜ୍ୟ ସମବାୟ ନିବନ୍ଧକ ମଧ୍ୟ ନୀରବଦ୍ରଷ୍ଟା । ଏସବୁ ଚିନ୍ତାକଲେ ବିଚରା ଗରିବ ଜନସାଧାରଣ ନା ଶାନ୍ତିରେ ମରିପାରୁଛନ୍ତି ନା ଶାନ୍ତିରେ ବଞ୍ଚିପାରୁଛନ୍ତି । ସମବାୟ ରାଜନୀତିର ସତୀତ୍ୱ କେବେଠାରୁ ଏ ଦେଶରେ ନଷ୍ଟ ହୋଇସାରିଲାଣି । ସମବାୟ ବିଭାଗଟି ଆଜି ଲୋକମାନଙ୍କ ଚକ୍ଷୁରେ ଘୃଣିତ ।

କୁହାଯାଏ ସମବାୟ ଗଣତନ୍ତ୍ର ରାଷ୍ଟ୍ରର ଏକ କ୍ଷୁଦ୍ର ପ୍ରତିରୂପ ଏବଂ ରାଜନୀତିଭୁକ୍ତ ଏକ ଆଦର୍ଶ ଅନୁଷ୍ଠାନ ଯାହାକି, 'ଗଣ ପାଇଁ ଜଣ ଜଣ ପାଇଁ ଗଣ' ମୂଳମନ୍ତ୍ରକୁ ଆଧାର କରି ପରିଚାଳିତ । ସମବାୟ ଜନ୍ମ ହୋଇଥିଲା ନ୍ୟସ୍ତସ୍ୱାର୍ଥ ଶୋଷକ ସାହୁକାର ଗୋଷ୍ଠୀରର ରାକ୍ଷସମାନଙ୍କ କବଳରୁ ଗରିବ ଚାଷୀଙ୍କୁ ମୁକ୍ତ କରାଇ ଉପଯୁକ୍ତ ପରିମାଣର କୃଷିରଣ ଦେଇ କୃଷି ଓ କୃଷକମାନଙ୍କୁ ବଞ୍ଚାଇ ରଖିବା ଉଦ୍ଦେଶ୍ୟରେ, କୃଷିଭିତ୍ତିକ ରାଷ୍ଟ୍ରରୂପେ ଆମ ଦେଶର ପରିଚୟକୁ ଅକ୍ଷୁର୍ଣ୍ଣ ରଖିବା ଉଦ୍ଦେଶ୍ୟରେ । ସମବାୟର ମୂଳମନ୍ତ୍ର ସହଯୋଗ, ସମବାୟର ଅର୍ଥ ସଦ୍‌ଯୋଗ ଓ ଭିତ୍ତିକୁ ସୁଦୃଢ଼ କରିବା ସମବାୟ କାରଣ ଓ ଫଳାଫଳ ଏ ସମସ୍ତର ମୂଳ ସହଯୋଗ । ସମବାୟ ଆଜି ଶସ୍ତା ରାଜନୀତିର ପଶାପାଲିରେ କ୍ଷତବିକ୍ଷତ । ନଦୀ ସୂଅର ଭଉଁରିରେ ଗଛଟି ପଡ଼ି ଯେପରି ନିଜର ଅସ୍ତିତ୍ୱ ହଜାଇ କୂଳ କିନାରା ନପାଇ ଭାସି ଭାସି ନଈ ମଝିରେ ଅଦୃଶ୍ୟ ହୋଇଯାଏ ସମବାୟ ଆଜି କୁଚକ୍ରୀର ଚକ୍ରାନ୍ତରେ ପେଶିହୋଇ ତଳିତଳାନ୍ତ ହୋଇ ମୂଳମନ୍ତ୍ରଠାରୁ ଦୂରରେ । ସମବାୟର ସଭ୍ୟମାନଙ୍କ ମଧ୍ୟରେ ପୂର୍ଣ୍ଣପ୍ରାଣ ଏକତାର ଅଭାବ । ଗଣତାନ୍ତ୍ରିକ

ଉପାୟରେ ନିର୍ବାଚିତ ପରିଚାଳନା ପରିଷଦ ବିଭିନ୍ନତା ଓ ଦ୍ୱେଷଶୂନ୍ୟ ହୋଇ କର୍ମଚାରୀଙ୍କ ହାତମୁଠାରେ କ୍ରୀଡ଼ନକ ସାଜିଛି । ପରିଚାଳନା ପରିଷଦକୁ ନିର୍ବାଚିତ ସଭ୍ୟମାନେ ଚା' କପେ ପିଇବାକୁ ହେଲେ ନିଜ ପକେଟ୍‌ରୁ ପଇସା ଖର୍ଚ୍ଚ କରୁଥିବା ବେଳେ ମୁଖ୍ୟ କାର୍ଯ୍ୟନିର୍ବାହୀ ଓ କର୍ମଚାରୀମାନେ ପାଉଥିବା ମୋଟା ଅଙ୍କର ଦରମାରେ ଅଯଶ କରୁଛନ୍ତି । ସରକାର ଏଥିପ୍ରତି ଗୁରୁତ୍ୱର ସହିତ ବିଚାର କରି ପଦକ୍ଷେପ ନେଲେ ସମବାୟରେ ସଂସ୍କାର ଆଉପାଦେ ଆଗେଇ ପାରନ୍ତା । ଏହାର ଉତ୍ତର ବାହାର କରିବା କଷ୍ଟକର । କିନ୍ତୁ ଏ ସବୁର ନିରାକରଣ ପାଇଁ ସମବାୟ ଏବେର ସମବାୟ ମନ୍ତ୍ରୀ ନିଜ ଜିଦ୍‌ରେ ଅଟଳ ରହି ସଂସ୍କାର ପାଇଁ ଆପ୍ରାଣ ଉଦ୍ୟମ ଓ ନିଷ୍ଠାପରତା ଆଜି ଲୋକମାନଙ୍କ ମଧ୍ୟରେ ଆଲୋଚ୍ୟର ବିଷୟ । କାରଣ ସେ ଜଣେ ନିଷ୍ଠାପର ସଚ୍ଚୋଟ କର୍ମଯୋଗୀ ଗାନ୍ଧିବାଦୀ ସ୍ୱାଧୀନତା ସଂଗ୍ରାମୀଙ୍କର ପୁଅ ହିସାବରେ ଦୁର୍ନିତୀର ବହୁ ଦୂରରେ । ଖୁବ୍ କମ୍ ସମୟ ପାଇଁ ବିଭାଗରେ ପରିଚିତ ଓ ଦୁର୍ନିତୀଗ୍ରସ୍ତ କର୍ମଚାରୀଙ୍କ ଭିତରେ ତ୍ରସ୍ତ ସୃଷ୍ଟି ହୋଇଛି । କମ୍ ସମୟ ପାଇଥିଲେ ମଧ୍ୟ ଦୁର୍ନିତୀ ହଟାଇବା ସହିତ ଜନସାଧାରଣଙ୍କୁ ନ୍ୟାୟ ଦେବାପାଇଁ ଆପ୍ରାଣ ଉଦ୍ୟମ ଚଳାଇଛନ୍ତି । ତାହା ତାଙ୍କପାଇଁ ସ୍ୱାଗତଯୋଗ୍ୟ ପଦକ୍ଷେପ ହୋଇଛି । ଯେତେ ଗଳାବାଟରେ ଦୁର୍ନିତୀଗ୍ରସ୍ତ କର୍ମଚାରୀ ଦୁର୍ନିତୀକୁ ପ୍ରୋତ୍ସାହନ ଦେବାପାଇଁ ଚେଷ୍ଟାକଲେ ମଧ୍ୟ ଦୁର୍ନିତୀ ପଦାକୁ ଆସିଯାଉଛି । ସମବାୟକୁ ଦୁର୍ନିତୀମୁକ୍ତ କରିବା ପାଇଁ ରାଜ୍ୟ ସରକାର ଚାହିଁଥିଲେ ମଧ୍ୟ ଦୁର୍ନିତୀର ଜୀବାଣୁ ଏତେ ଗଭୀରଭାବେ ସମବାୟକୁ ସଂକ୍ରମିତ କରିଚାଲିଛି ଯେ ତାହାର ସଂପୂର୍ଣ୍ଣ ନିରାକରଣ ବର୍ତ୍ତମାନ ଏକ କଠିନ ବ୍ୟାପାର ।

ପ୍ରତିନିଧି ବା ନେତା ପଦର ସ୍ୱାତନ୍ତ୍ର୍ୟ ଓ ମହତ୍ତ୍ୱ ବୁଝାଇବାକୁ ଯାଇ କୁଳବୃଦ୍ଧ ମଧୁସୂଦନ ଦାସ ଏକଦା କହିଥିଲେ "ଯେତେବେଳେ ଜଣେ ବ୍ୟକ୍ତି ପ୍ରତିନିଧି ପଦରେ ନିର୍ବାଚିତ ହୁଅନ୍ତି ସେତେବେଳେ ସେ ତାଙ୍କର ନିଜ ଇଚ୍ଛା ବା ବାସନାକୁ ପ୍ରତିନିଧିତ୍ୱ କରନ୍ତି ନାହିଁ, ଜନତାଙ୍କର ଅଭାବ ଅସୁବିଧା, ଆଶା ଆକାଂକ୍ଷା ଓ ଅଧିକାର ହିଁ ପ୍ରତିନିଧିତ୍ୱ କରିଥାନ୍ତି। ଜଣେ ପ୍ରତିନିଧି ପ୍ରଥମେ ସ୍ୱୟଂକୁ ହିଁ ନିୟନ୍ତ୍ରିତ କରିବା ଉଚିତ୍ । ସେ ନିଜକୁ ନିଜେ କହିବା ଉଚିତ୍ ମୋର ଇଚ୍ଛା, ଆବଶ୍ୟକତା ଓ ଚାହିଦା କିଛି ନାହିଁ । ପ୍ରଥମେ ମୋ ପାଇଁ ଯାହା ଆବଶ୍ୟକ ତାହାକୁ ସ୍ଥଗିତ ରଖି ମୋତେ ନିର୍ବାଚିତ କରିଥିବା ବ୍ୟକ୍ତିମାନଙ୍କୁ ତାହା ପ୍ରାପ୍ତ ହେଉ। ମୋର ଅଧିକାର ମୋତେ ନିର୍ବାଚିତ କରିଥିବା ବ୍ୟକ୍ତିମାନଙ୍କର ଉଦ୍ଦେଶ୍ୟରେ ବିନିଯୁକ୍ତ ହୋଇ ସେହିମାନଙ୍କର ଅଧିକାରକୁ ସାବ୍ୟସ୍ତ କରୁ" ବାସ୍ତବିକ୍ ସେଭଳି ଜଣେ ପ୍ରତିନିଧି ଥିଲେ ନିଜେ ମଧୁବାବୁ ।

ସମବାୟ ନେତା ପରିଚାଳନା ପରିଷଦକୁ ନିର୍ବାଚିତ ହୋଇସାରିବା ପରେ

ଅନେକ କ୍ଷେତ୍ରରେ ସଭ୍ୟଙ୍କ ବଦଳରେ ନିଜକୁ ସମବାୟର ସର୍ବେସର୍ବା ଓ ମାଲିକ ବୋଲି ଭାବିବା ଉଚିତ୍ ନୁହେଁ । ଆଦର୍ଶ ନେତୃତ୍ୱ ଆଜି ସମବାୟର ବିକାଶ ପାଇଁ ଏକାନ୍ତ ପ୍ରୟୋଜନ । ପରିଚାଳନା ପରିଷଦର ଦୃଢ଼ ନେତୃତ୍ୱ, ସଚ୍ଚୋଟତା ଓ କାର୍ଯ୍ୟଦକ୍ଷତାକୁ ସମ୍ମାନ ଦେଇ କର୍ମଚାରୀମାନେ କାର୍ଯ୍ୟ କରିଚାଲିଲେ ସମବାୟରୁ ଦୁର୍ନିତୀ ଦୂରେଇବା ସଙ୍ଗେ ସଙ୍ଗେ ସଂସ୍କାର ଆଗେଇପାରିବ । କାରଣ ଦେଶ, ଜାତି ଓ ରାଜ୍ୟର ଅର୍ଥନୈତିକ ଜାଗରଣ ପାଇଁ ଦୃଢ଼ ସମବାୟ ନେତୃତ୍ୱ ଏକାନ୍ତ ବିକଳ୍ପ । ତେଣୁ ରକ୍ଷକର ଖୋଳପା ପିନ୍ଧିଥିବା ଭକ୍ଷକମାନଙ୍କୁ ଏ କ୍ଷେତ୍ରରୁ ବିଦା ନକଲେ ଜନସାଧାରଣ ଆଦୌ ସମବାୟ ଆନ୍ଦୋଳନର ସ୍ୱାଦ ଚାଖିପାରିବେ ନାହିଁ । ଖୁବ୍ କମ୍ ଦିନ ପୂର୍ବରୁ ଜଣେ ଦକ୍ଷ ଭାରତୀୟ ପ୍ରଶାସନିକ ସେବାର ବରିଷ୍ଠ ଅଧିକାରୀ ସମବାୟ ବିଭାଗରେ ଶାସନ ସଚିବ ଭାବେ ଯୋଗ ଦେଇଥିବାରୁ ମନ୍ତ୍ରୀଙ୍କ ନିର୍ଦ୍ଦେଶରେ ସଂସ୍କାର ଆଣିବା ପାଇଁ ଚେଷ୍ଟା ଚଳାଇଛନ୍ତି । ବିଧିବଦ୍ଧ ତଦନ୍ତ ପରେ ଦୋଷୀ ଅଧିକାରୀଙ୍କୁ ଚିହ୍ନଟ କରାଇ ତାଙ୍କ ବିରୁଦ୍ଧରେ ଦୃଢ଼ କାର୍ଯ୍ୟାନୁଷ୍ଠାନ ସହିତ ବିଭାଗରୁ ବଦଳି ପାଇଁ ସରକାରଙ୍କୁ ସୁପାରିଶ କରିପାରିଲେ ସମବାୟରେ ସଂସ୍କାରକ ରୂପେ ପରିଗଣିତ ହେବା ସଙ୍ଗେ ସଙ୍ଗେ ଏହାହିଁ ଆଦର୍ଶ ନେତୃତ୍ୱର ଦୃଷ୍ଟାନ୍ତ ମୂଳମନ୍ତ୍ର ହୋଇପାରିବ ବୋଲି ଜନସାଧାରଣଙ୍କ ମନରେ ଆଶାର ସଞ୍ଚାର ହୋଇପାରବ ।

'ସମାଜ' - ତା୧୫.୦୩.୨୦୨୪ରେ ପ୍ରକାଶିତ

ସମବାୟରେ ନୀରବ ବିପ୍ଲବ

ବିଷୟ ବସ୍ତୁଟି ନ ପଢ଼ିଲେ ସହଜରେ ଜାଣିହୁଏ ନାହିଁ । କୁବେରର ବିଶାଳ ଧନ ଭଣ୍ଡାରକୁ ସହଜେ ଆକଳନ କରିହୁଏ ନାହିଁ । ଶ୍ରୀକୃଷ୍ଣଙ୍କର ବାଲ୍ୟବନ୍ଧୁ ସୁଦାମା ସ୍ତ୍ରୀ ସୁମତିର କଥାରେ ଯାଇ ପହଞ୍ଚି ଥିଲେ ଶ୍ରୀକୃଷ୍ଣଙ୍କ ନିକଟରେ କିଛି ମାଗିବା ପାଇଁ । ସୁଦାମା ସାହାସ ଜୁଟାଇ ପାରିଲେ ନାହିଁ ଶ୍ରୀକୃଷ୍ଣଙ୍କୁ କିଛି ମାଗିବା ପାଇଁ, ସୁଦାମା ମନ ଭିତରେ ଭାବୁଥାନ୍ତି ସେ ଶ୍ରୀକୃଷ୍ଣଙ୍କୁ କ'ଣ ମାଗିବେ ? କଣ ବା ଶ୍ରୀକୃଷ୍ଣ ତାଙ୍କୁ ଦେବେ, କେବେ ଦେବେ, ଯାହା ଦେବେ ତାହା ତାଙ୍କ ଚଳିବା ପାଇଁ କେତେ ଦିନ ଯିବ ? ମନରେ ଡର ଓ ଛାତି ଧଡ଼ ଧଡ଼ ହେଉଥାଏ । ମାଗିଲେ ମାଗିବେ କାଣିଚାଏ । ସୁଦାମାଙ୍କର ଆଖିରେ ଲୁହ ଓ ପେଟରେ ଭୋକ ଦେଖି ଶ୍ରୀକୃଷ୍ଣ ଜାଣିପାରିଲେ ସୁଦାମାଙ୍କ ମନର କଥା । ସୁଦାମା କିଛି ନ ମାଗି ମଧ ଘରକୁ ଫେରି ଦେଖିଲେ ନିଜର ଦାରିଦ୍ର୍ୟ ଦୂରୀକରଣ । ସେହିପରି ଅର୍ଥନୀତିରେ ପ୍ରଫେସର ମହମ୍ମଦ ୟୁନୁସ୍‌ଙ୍କ ମୌଳିକ ଅବଦାନକୁ ଆମେ ଦେଖୁ । ସମାଜରେ ଅଛନ୍ତି ଅସଂଖ୍ୟ ଲୋକ ଯେଉଁମାନେ ଭିକାରୀ, ସେମାନେ ପୁଣି ବଞ୍ଚି ରହିବେ କିପରି ? କିଏ ସାହାଯ୍ୟ ଦେବ ? କେତେ ଦେବ ? ସେ ସବୁକୁ ସମାଧନ କରିଛନ୍ତି ୟୁନୁସ୍ । ପ୍ରଫେସର ମହମ୍ମଦ ୟୁନୁସ୍ ଆଜି ସୁଦାମା ରୂପେ ଜନ୍ମ ନେଇଛନ୍ତି ବନ୍ଧୁ ଶ୍ରୀକୃଷ୍ଣ ରୂପରେ । ବିଶ୍ୱରେ ଅଛନ୍ତି ଅଗଣିତ, ବୁଭୁକ୍ଷୁ, ବିଧବା, ଅସହାୟା ନାରୀ ଓ ନିର୍ଯ୍ୟାତିତା ଦୁଃଖିନୀ ରମଣୀ। ସେମାନେ କର୍ମଠ, କିଛି କରି କିଛି ଖାଇ ବଞ୍ଚିବେ, ତାଙ୍କୁ ଦେଖିବାକୁ କେହି ନାହିଁ । ସେମାନଙ୍କର ଆର୍ତ୍ତ ଚିତ୍କାର ଗୁହାରୀ କାହାକୁ ଶୁଭୁନାହିଁ । ସମସ୍ତେ ନିଜ ନିଜ ବାଟରେ ଚାଲିଛନ୍ତି । କିନ୍ତୁ ବାଲାଂଦେଶର ଅର୍ଥନୀତିଜ୍ଞ ପ୍ରଫେସର ମହମ୍ମଦ ୟୁନୁସ୍‌ଙ୍କ କାନରେ ବାଜିଛି ସେମାନଙ୍କର ଆର୍ତ୍ତ ଚିତ୍କାର, ସେମାନଙ୍କୁ ବାଟ ଦେଖାଇ ଅଛନ୍ତି ବଞ୍ଚିବା ପାଇଁ ଏବଂ ସେମାନଙ୍କ ଆଖିରୁ ଲୁହ ପୋଛି ଦେଇଛନ୍ତି ।

ପ୍ରଫେସର ମହମ୍ମଦ ୟୁନୁସ୍ ବାଲାଂଦେଶର ଚଟ ଗ୍ରାମରେ ୧୯୪୦ ମସିହାରେ ଜନ୍ମଗ୍ରହଣ କରିଥିଲେ। ତାଙ୍କର ବାପା ଥିଲେ ଜଣେ ବଣିଆ, ସେ ପୁଅର ପାଠ ପଢ଼ାରେ ସବୁପ୍ରକାର ସହାୟତା ଯୋଗାଇ ଦେଇ ଅଛନ୍ତି । ତାଙ୍କର ମାତାଙ୍କ ନାମ ସୋଫିଆ ଖାତୁନ୍ । ପିଲାବେଳେ ୟୁନୁସ୍ ସ୍କୁଲରେ ଜଣେ ମେଧାବୀ ଛାତ୍ର ଥିଲେ । ସ୍କୁଲ୍ ପାଠ ଶେଷ କରି ଢାକା ବିଶ୍ୱବିଦ୍ୟାଳୟରୁ ଅର୍ଥନୀତିରେ ଏମ୍.ଏ. ପାସ୍ କରିଥିଲେ । ୧୯୬୫ ମସିହାରେ ୟୁନୁସ୍ ଫୁଲବ୍ରାଇଟି ସ୍କଲାରସିପ ପାଇ ଆମେରିକା ଯାତ୍ରାକଲେ ଉଚ୍ଚଶିକ୍ଷା ପାଇଁ । ପ୍ରଫେସର ୟୁନୁସ୍ ଜଣେ ସରଳ ଓ ସୁଶୀଳ ଧରଣର ପିଲା ଥିଲେ । ତାଙ୍କର ଖାଦ୍ୟ ମଧ ସେପରି ଆଡ଼ମ୍ବର ନଥିଲା । ସେ ସର୍ବଦା ସାଧା ସିଧା ଖାଦ୍ୟ ଖାଇ ସନ୍ତୁଷ୍ଟ ଥିଲେ । ସେ ଟେଏନ୍‌ସି ଅନ୍ତର୍ଗତ ନ୍ୟାଶଭିଲର ଭ୍ୟାଣ୍ଡର ବିଲ୍‌ଟି ବିଶ୍ୱବିଦ୍ୟାଳୟରୁ ଡକ୍ଟରେଟ ଉପାଧି ପାଇ ବାଲାଂଦେଶର ଚଟ ଗ୍ରାମସ୍ଥିତ ବିଶ୍ୱବିଦ୍ୟାଳୟକୁ ଫେରି ଆସିଥିଲେ ୧୯୭୨ ମସିହାରେ । ଚଟ ଗ୍ରାମ ବିଶ୍ୱବିଦ୍ୟାଳୟରେ ଅର୍ଥନୀତି ବିଭାଗର ମୁଖ୍ୟ ପଦବୀରେ ଅବସ୍ଥାପିତ ହୋଇଥିଲେ ।

ୟୁନୁସ୍ ଚାକିରୀ କରିବାର ଦୁଇବର୍ଷ ପରେ ୧୯୭୪ ମସିହାରେ ବାଲାଂଦଶେରେ ଅକାଳ ମରୁଡ଼ି ପଡ଼ିଥିଲା । ଯାହାଫଳରେ ଦେଶର ଅର୍ଥନୀତିର ମୂଳଦୁଆକୁ ଦୋହଲାଇ ଦେଇଥିଲା । ଲୋକମାନଙ୍କର ସେହି ମରୁଡ଼ି ଓ ଦୁଃଖ ଦୁର୍ଦ୍ଦଶା ଦେଖି ସେମାନଙ୍କୁ ଅକାଳମୃତ୍ୟୁ ଦାଉରୁ ଜୀବନ ବଞ୍ଚାଇବା ପାଇଁ ୟୁନୁସ୍ ପଦାକୁ ବାହାରି ପଡ଼ିଥିଲେ । ଏହାର ନିରାକରଣ ପାଇଁ ବାଲାଂଦେଶ ସରକାରଙ୍କ ନିଷ୍ପତ୍ତି କ୍ରମେ ୧୯୭୬ ମସିହାରେ ବାଲାଂଦେଶରେ ଗ୍ରାମୀଣ ବ୍ୟାଙ୍କ ସ୍ଥାପନ କରାଗଲା । ୟୁନୁସ୍ ପ୍ରସ୍ତାବ ଦେଲେ ଯେ ଗ୍ରାମୀଣ ବ୍ୟାଙ୍କ ଜରିଆରେ ଗରୀବ ଲୋକଙ୍କୁ ଋଣ ଦିଆଯାଉ, ଯାହାଫଳରେ ଗରିବ ଲୋକେ ସ୍ୱଳ୍ପ ଋଣ ନେଇ କିଛି ଅର୍ଥ ଉପାର୍ଜନ କରି ବଞ୍ଚିଯିବେ ।

ଚଟଗ୍ରାମ ବିଶ୍ୱବିଦ୍ୟାଳୟ ନିକଟରେ ଜୋରବରା ଗ୍ରାମ । ଆଖି ଆଗରେ ଲୋକମନେ ଅନାହାରରେ, ଅର୍ଦ୍ଧହାରରେ ପୋକମାଛି ପରି ମରିଯାଉଥାନ୍ତି । ପ୍ରଫେସର ୟୁନୁସ୍ ନିଜ ଆଖିରେ ଏସବୁ ଦେଖି ଦୁଃଖରେ ଭାଙ୍ଗି ପଡ଼ିଥିଲେ । ସେ ଭାବିଲେ ମଣିଷ ସମାଜ ପାଇଁ ପଢିଥିବା ବିଦ୍ୟାର ପ୍ରୟୋଜନ ନହୋଇ ପାରିଲେ ସେହି ବିଦ୍ୟାର ପଢାଶୁଣାର ବା କି ପ୍ରୟୋଜନ ? ପ୍ରଫେସର ୟୁନୁସ ଆଉ ବିଳମ୍ବ ନକରି ବାହାରି ପଡ଼ିଲେ ଲୋକମାନଙ୍କର ସେବା କରିବା ପାଇଁ । ଏହା ଥିଲା ତାଙ୍କର ମନସ୍ତାତ୍ତ୍ୱିକ ଅଭିବ୍ୟକ୍ତି । ସେ ଯାଇ ଯୋବରା ଗ୍ରାମରେ ଦେଖିଲେ ସେଠାକାର ବାସିନ୍ଦାମାନେ ବାଉଁଶ ପାତିଆରେ କୁଲା, ଡାଲା, ଟୋପି, ଭୋଗେଇ, ଗାଣ୍ଡୁଆ ଓ ଟୋକେଇ ଆଦି

ଜିନିଷମାନ ବୁଣୁଛନ୍ତି । ସେମାନେ ଗରିବ ହେତୁ ଏ ସବୁ କଞ୍ଚାମାଲ କିଣିବା ପାଇଁ ମହାଜନ ମାନଙ୍କଠାରୁ ଅଧିକ ସୁଧରେ ଋଣ ଆଣି ନିଜର ବ୍ୟବସାୟ କରୁଛନ୍ତି । ସେଠାକାର ଲୋକମାନେ ଯାହା ରୋଜଗାର କରନ୍ତି ମହାଜନମାନଙ୍କ ଠାରୁ ଆଣିଥିବା ମୂଳ ଉପରେ ଚଢ଼ା ଦରର ସୁଧ ଶୁଝିବା ସାର ହୁଏ । ଶେଷରେ ସେମାନେ ଯେଉଁ ଗରିବକୁ ସେହି ଗରିବ ହୋଇ ରହିଥାନ୍ତି । ପ୍ରଫେସର ୟୁନୁସ୍ ବ୍ୟାଙ୍କମାନଙ୍କୁ ରାଜି କରାଇଲେ ଏହି ଗରିବମାନଙ୍କୁ ସ୍ୱଳ୍ପ ଋଣ ଦେବାପାଇଁ । କିନ୍ତୁ ବ୍ୟାଙ୍କମାନେ ଏହାକୁ ଅନୁକରଣ କରି ଅଳ୍ପ ଅଳ୍ପ କରି ସେହି ଗରିବ ଲୋକମାନଙ୍କୁ ଋଣ ଦେଇଚାଲିଲେ । ଫଳରେ ସେହି ଗ୍ରାମର ନାରୀମାନେ ରୋଜଗାର ବଢ଼ାଇ ବ୍ୟାଙ୍କ ଋଣ ଶୁଝିବା ସହ ନିଜେ ବି ପଇସା ପାଇ ଘର ସଂସାର ଚଳାଇଲେ । ଯାହା ଫଳରେ ଗ୍ରାମୀଣ ବ୍ୟାଙ୍କମାନେ ଆଗେଇ ଆସିଲେ ସେହି ଲୋକମାନଙ୍କୁ ସ୍ୱଳ୍ପ ଋଣ ଦେବା ପାଇଁ । ଜଣାଯାଏ ପ୍ରାରମ୍ଭରୁ ୪୨ ଜଣ ମହିଳାଙ୍କୁ ଅଧିକ ସୁଧ ଦେବାରୁ ବଞ୍ଚାଇବାକୁ ଯାଇ ପ୍ରଫେସର ୟୁନୁସ୍ ନିଜେ ୨୭ ଡଲାର ସେମାନଙ୍କର ସୁଧ ବାବଦକୁ ଶୁଝି ଦେଇଥିଲେ । ତାପରେ ସେଭଳି ଅବସ୍ଥା ଆଉ ଆସି ନାହିଁ ।

ୟୁନୁସ୍‌ଙ୍କ ଏହି ଋଣ ବ୍ୟବସ୍ଥାକୁ ସମଗ୍ର ପୃଥିବୀ ଅନୁକରଣ କରିପାରିଛି । ସବୁ ଗ୍ରାମୀଣ ବ୍ୟାଙ୍କମାନେ ଆଗେଇ ଆସିଲେଣି ଗରିବ ମହିଳାମାନଙ୍କୁ ଗ୍ରୁପ୍ ମାଧ୍ୟମରେ ଋଣ ଦେବାପାଇଁ । ପୃଥିବୀର ପ୍ରାୟ ୫୫ଟି ଦେଶରେ ଗ୍ରାମୀଣ ବ୍ୟାଙ୍କମାନଙ୍କ ଦ୍ୱାରା ସ୍ୱଳ୍ପ ଋଣର ବ୍ୟବସ୍ଥା ବ୍ୟାପିଯାଇଛି । ଏହାକୁ ମାଇକ୍ରୋକ୍ରେଡିଟ ବା କ୍ଷୁଦ୍ର ଋଣ ବୋଲି କୁହାଯାଉଛି । ଭାରତରେ ମଧ୍ୟ ପ୍ରଫେସର ୟୁନୁସ୍‌ଙ୍କର ଏହି ମାଇକ୍ରୋଫାଇନାନ୍ସ ଋଣ ଅନେକ ବ୍ୟାଙ୍କମାନେ ଦେଉଛନ୍ତି । ଏହାକୁ ଓଡ଼ିଶାର ରାଜ୍ୟ ସମବାୟ ବ୍ୟାଙ୍କ, ଜିଲ୍ଲା କେନ୍ଦ୍ର ସମବାୟ ବ୍ୟାଙ୍କ ଓ ପ୍ରାଥମିକ ସେବା ସମିତିମାନେ ସାଦରେ ଗ୍ରହଣ କରି ପୃଥିବୀ ପାଇଁ ଏକ ଆଦର୍ଶ ପାଲଟିଛନ୍ତି ।

୧୯୯୯ ମସିହାରେ ପ୍ରଫେସର ମହମ୍ମଦ ୟୁନୁସ୍‌ଙ୍କୁ ଇନ୍ଦିରାଗାନ୍ଧୀ ପୁରସ୍କାର ପ୍ରଦାନ କରାଯାଇଥିଲା । ଭାରତର ଇଲ୍ଲାଭଟ୍ଟ ମଧ୍ୟ ପ୍ରଫେସର ୟୁନୁସ୍‌ଙ୍କ ସହ ମିଶି କ୍ଷୁଦ୍ର ଋଣ ମାଧ୍ୟମରେ ଦାରିଦ୍ର୍ୟ ଦୂରୀକରଣ ପାଇଁ କାମ କରିଥିଲେ । ଇଲ୍ଲାଭଟ୍ଟ ଭାରତରେ ସେବା ବ୍ୟାଙ୍କ ନାମରେ ଏକ ବ୍ୟାଙ୍କ ସ୍ଥାପନ କରିଛନ୍ତି । ଜନସାଖାତୁନଙ୍କ ଅର୍ଥନୈତିକ ଅଭିବୃଦ୍ଧି ଏହାର ଉଦାହରଣ । ଜନସାଖାତୁନଙ୍କ ସ୍ୱାମୀଙ୍କର କୌଣସି କାରଣରୁ ଚାକିରୀ ଚାଲିଯିବାରୁ କିପରି ପରିବାର ଚଳାଇବେ ଏହି ଚିନ୍ତାରେ ଥିବାବେଳେ ଜନୈକ ବ୍ୟକ୍ତିଙ୍କ ପରାମର୍ଶରେ ସେବା ବ୍ୟାଙ୍କ ସହିତ ଯୋଗାଯୋଗ କରି ପ୍ରଥମେ ବ୍ୟାଙ୍କରୁ ୨୦୦୦ ଟଙ୍କା ଋଣ ଆଣି ବ୍ୟବସାୟ ଆରମ୍ଭ କଲେ । ପାଇଥିବା ଋଣ ଟଙ୍କାରେ

ଗୋଟିଏ ସାଇକେଲ ରିକ୍‌ସା ସହ ଗୋଟିଏ କୁକୁଡ଼ା ଫାର୍ମ ଆରମ୍ଭ କଲେ । ଏବେ ୩୦୦୦୦ ରୁ ଅଧିକ କୁକୁଡ଼ା ରଖି ଅଣ୍ଡା ପାଇବା ସହିତ କୁକୁଡ଼ା ମାଂସ ବ୍ୟବସାୟ କରି ୫୦ ଗୋଟି ଅଟୋ ରିକ୍‌ସା କରିପାରିଛନ୍ତି ।

୨୦୦୬ ମସିହାରେ ପ୍ରଫେସର ମହମ୍ମଦ ୟୁନୁସ୍‌ଙ୍କୁ ଗ୍ରାମୀଣ ବ୍ୟାଙ୍କର ପିତାମହ ମାନ୍ୟତା ଦିଆଗଲା ଏବଂ ସେହିବର୍ଷ ନିଜ ସେବାପାଇଁ ନୋବେଲ୍ ପୁରସ୍କାର ଓ ୧୪ ଲକ୍ଷ ଡଲାର ପାଇଲେ । ସେହି ଟଙ୍କାରେ ପ୍ରଫେସର ୟୁନୁସ୍ ବାଲାଂଦେଶ ଗରିବ ଦୁଃଖୀରଙ୍କଙ୍କ ଦୁଃଖ ଦୂର କରିବା ନିମନ୍ତେ ଖର୍ଚ୍ଚ କରିବାର ସୁଯୋଗ ପାଇଥିଲେ । ପ୍ରଫେସର ୟୁନୁସ୍‌ଙ୍କ ଅଧକ୍ଷତାରେ ୧୯୯୭ ମସିହାରେ ଓ୍ୱାସିଂଟନରେ ଗୋଟିଏ ମାଇକ୍ରୋ କ୍ରେଡିଟ କମିଟି ଗଠିତ ହୋଇଥିଲା । ସେହି କମିଟି ୨୦୦୫ ମସିହା ମଧ୍ୟରେ ୧୦ କୋଟି ଦରିଦ୍ର ମଣିଷଙ୍କୁ ଦାରିଦ୍ର୍ୟର ଶିକୁଳି ମଧ୍ୟରୁ ମୁକ୍ତ କରିଥିଲା । ପ୍ରଫେସର ୟୁନୁସ୍ ସମବାୟ ମାଧ୍ୟମରେ ନାରୀ ଶସକ୍ତିକରଣର ସୁଯୋଗ ସୃଷ୍ଟି କରିପାରିଛନ୍ତି । ଏହା ସମବାୟରେ ଏକ ନିରବ ବିପ୍ଳବ ବୋଲି କୁହାଯାଏ ।

'ଓଡ଼ିଶା ଏକ୍ସପ୍ରେସ୍' - ତା୨୨.୦୪.୨୦୨୪ରେ ପ୍ରକାଶିତ

ବିଦେଶ ସମବାୟ ସହିତ ଭାରତର ସମବାୟ

ଭାରତୀୟ କୃଷି ଶିକ୍ଷାସଂସ୍ଥା ତଥା ଜାତୀୟ ରାଜ୍ୟ ସମବାୟ ବ୍ୟାଙ୍କ ସଂଘ କୃଷି ଓ ସମବାୟରେ ପ୍ରତ୍ୟେକ୍ଷ ଜ୍ଞାନ ବୃଦ୍ଧିର ଆବଶ୍ୟକତା ଦେଖାଦେଇଛି। ବିଦେଶ ସମବାୟ ନୀତି ସହିତ ଭାରତର ସମବାୟ ନୀତିର ସମ୍ୟକ ସାମଞ୍ଜସ୍ୟ ଥିଲେ ମଧ୍ୟ ତାହା ପଛରେ ପଡିଯାଇଛି। ଭାରତ କୃଷି ପ୍ରଧାନ ଦେଶ ହେଲେ ମଧ୍ୟ କୃଷିର ଅଗ୍ରଗତି ପାଇଁ ନୀତିଗୁଡ଼ିକ ସୁଫଳ ଦେଇପାରୁ ନାହିଁ। କେନ୍ଦ୍ର ସରକାରଙ୍କ ସହିତ ରାଜ୍ୟ ସରକାରମାନେ ବିଦେଶ ରାଷ୍ଟ୍ରର ସମବାୟ ନୀତିକୁ ଆଗେଇନେବାକୁ ଆଗେଇ ଆସିବା ଦରକାର ।

ଡେନମାର୍କ ଏକ କୃଷି ପ୍ରଧାନ ଦେଶ । ସେଠାରେ ସମବାୟ ନିବନ୍ଧକ ନାହାନ୍ତି। ସମବାୟ ସମିତିମାନେ ସ୍ୱୟଂଚାଳିତ, ଆତ୍ମନିର୍ଭରଶୀଳ ଓ ସ୍ୱେଚ୍ଛାକୃତ ଅନୁଷ୍ଠାନ । ସମିତି ମାନେ ସାଧାରଣ ସଭାର ଗୃହୀତ ଉପବିଧି ଅନୁଯାୟୀ ଚାଳିତ। ବ୍ୟବସାୟ ଦୃଷ୍ଟେ ଦୁର୍ବଳ ହେଲେ ସମିତିମାନେ ଆପେ ଭାଙ୍ଗିଯାନ୍ତି କିମ୍ବା ଦୁଇ କି ତିନି ସମିତି ଆପଣାଛାଏଁ ମିଶିଯାନ୍ତି ବାର୍ଷିକ ସାଧାରଣ ସଭାର ପ୍ରସ୍ତାବ ମୁତାବକ। ବ୍ୟବସାୟୀ ମାନଙ୍କ ସହିତ ପ୍ରତିଦ୍ୱନ୍ଦିତା କରି ଶସ୍ତାରେ ଲୋକଙ୍କ ଆବଶ୍ୟକ ଜିନିଷ ଯୋଗାଇବା ପାଇଁ ଡେନମାର୍କର ଖାଉଟି ମହାସଂଘ ନିଜେ ଜିନିଷ ପ୍ରସ୍ତୁତ କରି ଖାଉଟି ସେବା ସମବାୟ ସମିତିକୁ ଯୋଗାଇ ଥାଆନ୍ତି । ସରକାରଙ୍କର ସମିତିମାନଙ୍କ ଉପରେ କର୍ତ୍ତୃତ୍ୱ ନଥାଏ କିମ୍ବା ସମିତିମାନଙ୍କୁ ସରକାରୀ ଅନୁଦାନ ଦିଅନ୍ତି ନାହିଁ । ସମିତିମାନେ ନିଜେ ଅଡିଟର ନିଯୁକ୍ତି କରି ହିସାବ ସମୀକ୍ଷା କରନ୍ତି ଓ ପ୍ରତିବର୍ଷ ସାଧାରଣ ସଭାରେ ସଭ୍ୟମାନଙ୍କୁ ହିସାବ ଅବଗତ କରାନ୍ତି। ଆମ ଦେଶରେ ସମବାୟ ନିବନ୍ଧକ ସରକାରୀ ଚାପରେ ସମିତିମାନଙ୍କ ପ୍ରତି ଆଶୁ ପଦକ୍ଷେପ ନିଅନ୍ତି ନାହିଁ, ଫଳରେ ଅବ୍ୟବସ୍ଥା ଓ ଅର୍ଥ ତୋଷାରପାତ ବୃଦ୍ଧି ପାଉଛି ।

ବ୍ରିଟେନରେ ସମବାୟ ନିବନ୍ଧକ ଥିଲେ ହେଁ ସେ କେବଳ ସମବାୟ ସମିତିମାନଙ୍କର ପଞ୍ଜିକରଣ କରିବା ବ୍ୟତିତ ଅନ୍ୟ କର୍ତ୍ତୃତ୍ୱ ନଥାଏ । ସମିତିମାନଙ୍କ ମଧ୍ୟରେ ବ୍ୟବସାୟରେ ପ୍ରତିଦ୍ୱନ୍ଦ୍ୱିତା ଦେଖାଯାଏ । ଏପରିକି ଦୁଗ୍ଧ ସମବାୟ ସମିତିମାନେ ପ୍ରତିଦିନ ଭୋରରୁ ଗ୍ରାହକମାନଙ୍କ ଘରେ ଦୁଗ୍ଧ ଯୋଗାଇଥାନ୍ତି, ମାତ୍ର ଭାରତରେ ଦୁଗ୍ଧ ବନ୍ୟା ସୃଷ୍ଟି ହୋଇଥିଲେ ହେଁ ସମିତି ଦ୍ୱାରଦେଶରେ ଦୁଗ୍ଧ ଯୋଗାନ୍ତି ନାହିଁ ।

ସ୍ୱିଡେନରେ ବ୍ୟାଙ୍କମାନେ ଉପଭୋକ୍ତାମାନଙ୍କ ରୁଚି ଅନୁଯାୟୀ ପ୍ରକଳ୍ପ ମଞ୍ଜୁର କରନ୍ତି । ବ୍ୟାଙ୍କ ଜଣେ ୨୧ ବର୍ଷିଆ କୃଷି ସ୍ନାତକଙ୍କୁ ୪୦ ଗୋଟି ଦୁଧିଆଳି ଗାଈ ଓ ଗୁହାଳ ପାଇଁ ବିନା ଜାମିନୀରେ ଟଙ୍କା ମଞ୍ଜୁର କରି ଋଣ ଯୋଗାନ୍ତି । ସରକାର ପ୍ରକଳ୍ପ ପାଇଁ ଜମି ଯୋଗାଇ ଦେଇ ଥାଆନ୍ତି। କୃଷକ ନିଜେ କରିଥିବା ଜମିରେ ଫସଲର ବୀମା କରିଥାନ୍ତି । ଏହା ଜମିଓ୍ୱାରି ଫସଲ ବୀମା ହୋଇଥାଏ ଓ ଫସଲ କ୍ଷତି ହେଲେ ବୀମା କମ୍ପାନୀକୁ ଜଣାଇବା ଦ୍ୱାରା ଚାଷୀ ବୀମା କମ୍ପାନୀ ଠାରୁ ଫସଲ ବୀମା ରାଶି ସିଧାସଳଖ ପାଇଥାଆନ୍ତି । ଆମ ଦେଶରେ ଫସଲ କ୍ଷତି ହେଲେ ମଧ୍ୟ ବୀମା କମ୍ପାନୀର ମନମୁଖୀ କିମ୍ବା ରାଜନୈତିକ ଚାପରେ ଘୋଷଣା କରାଯାଏ, ଫଳରେ ଆମ ସରକାର ଫସଲବୀମା ବାବଦକୁ ବହୁ ଅର୍ଥ ବୀମା କମ୍ପାନୀମାନଙ୍କୁ ଦେଉଥିଲେ ମଧ୍ୟ ଅନେକ କ୍ଷେତ୍ରରେ ଚାଷୀ ବୀମା କମ୍ପାନୀ ଠାରୁ ଫସଲ କ୍ଷତିପୂରଣ ବାବଦକୁ ପ୍ରକୃତ କ୍ଷତିପୂରଣ ରାଶି ନପାଇ ଦେବାଳିଆ ହୋଇଯାଏ ।

ଜର୍ମାନୀରେ ମାତ୍ର ୪ ଭାଗ ଲୋକ କୃଷି ଉତ୍ପାଦନ କରନ୍ତି। ଯାନ୍ତ୍ରିକ ଚାଷର ବ୍ୟାପକ ପ୍ରଚଳନ ହେତୁ କୃଷି ବିଶ୍ୱବିଦ୍ୟାଳୟରେ ବ୍ୟବହାରିକ ଜ୍ଞାନରେ ଗୁରୁତ୍ୱ ଦିଆଯାଏ । କୃଷି ବିଶ୍ୱବିଦ୍ୟାଳୟର ଛାତ୍ରଛାତ୍ରୀମାନେ ବିଭିନ୍ନ କୃଷି ଯନ୍ତ୍ରପାତି ଚଳାଇବାରେ ଉପଯୁକ୍ତ ତାଲିମ ପାଇ ବୈଜ୍ଞାନିକ ପଦ୍ଧତିରେ ନିଜେ ଜମି ଚାଷ କରନ୍ତି । ଜର୍ମାନୀ କୃଷି ଋଣ ସମବାୟ ସମିତିର ଜନ୍ମଦାତା ଭାବରେ ବିଶ୍ୱରେ ପରିଚିତ। ଆମ ଦେଶରେ ଛାତ୍ରଛାତ୍ରୀମାନେ କୃଷିରେ ଆତ୍ମ ନିର୍ଭରଶୀଳ ହେବାକୁ କୁଣ୍ଠାବୋଧ କରୁଛନ୍ତି ।

ହଲାଣ୍ଡ ଦେଶ ରାଇନା ନଦୀ ଡେଲ୍‌ଟାରେ ଅବସ୍ଥିତ। ହଲାଣ୍ଡରେ ବୃହତ୍ତ ଶିଳ୍ପ କାରଖାନା ନାହିଁ । ଲୋକମାନେ ଶତକଡ଼ା ୬୦ ଭାଗ ଜମିରେ ଘାଷଚାଷ କରି ଦୁଧିଆଳି ଗାଈ ପାଳନ କରନ୍ତି । ହଲାଣ୍ଡବାସୀମାନେ ବହୁ ପରିମାଣର ଦୁଗ୍ଧ ଉତ୍ପାଦନ କରି ବିଦେଶକୁ ଦୁଗ୍ଧଜାତ ପଦାର୍ଥ ରପ୍ତାନି କରି ଉନ୍ନତ ଦେଶରେ ପରିଣତ ହୋଇଛନ୍ତି । ଏପରିକି ଅଗଭୀର ସମୁଦ୍ରରେ ବନ୍ଧ ପକାଇ ପମ୍ପରେ ପାଣି ଶୁଖାଇ

ସମୁଦ୍ର ଜମିକୁ ଚାରଣ ଜମିରେ ପରିଣତ କରିଛନ୍ତି । ପବନଚାଳିତ ଏବଂ ଆଧୁନିକ ବିଦ୍ୟୁତଚାଳିତ ପମ୍ପରେ ଖାଲୁଆ ଅଞ୍ଚଳରୁ ଜଳ ନିଷ୍କାସନ କରି ବୃହତ୍ତ ଚାଷ ବା ଚାରଣ ଜମି ସୃଷ୍ଟି ସହିତ ପ୍ରତ୍ୟେକ ଘର ନିକଟକୁ ପିଚୁରାସ୍ତା କରିବାକୁ ସକ୍ଷମ ହୋଇଛନ୍ତି। ହଲାଣ୍ଡର ଆଧୁନିକ ଦୁଗ୍ଧ ଉତ୍ପାଦନ ପ୍ରଣାଳୀକୁ ଭାରତର ଦୁଗ୍ଧ ଚାଷୀମାନେ ଅନୁକରଣ କରୁଛନ୍ତି । ହଲାଣ୍ଡ ନିୟନ୍ତ୍ରିତ ସମବାୟ ବଜାର କମିଟିମାନ ନିଲାମ ସୂତ୍ରରେ ଚାଷୀମାନଙ୍କୁ ସର୍ବୋଚ୍ଚ ଦରରେ ଫସଲ ବିକ୍ରି କରିବାର ସୁବିଧା ଦେଉଛନ୍ତି ଏବଂ ଫସଲ ବିକ୍ରୀ କରିଲେ ବଜାର କମିଟି ନିଜ ପାଣ୍ଠି ଅର୍ଥରେ ସହାୟକ ଦରରେ ଚାଷୀର ଫସଲ କିଣିନିଏ । ମାତ୍ର ଭାରତରେ ନିୟନ୍ତ୍ରିତ ବଜାର କମିଟିମାନଙ୍କରେ ସରକାରୀ ଅଧିକାରୀମାନେ ପରିଚାଳନାର ଶୀର୍ଷରେ ଥାଇ ଚାଷୀଙ୍କ ଠାରୁ ତୋଳା ବା Market Fees ଆଦାୟ କରିବା ବ୍ୟତିତ କିଛି କରନ୍ତି ନାହିଁ ।

ପୂର୍ବତନ ସୋଭିଏତ ଦେଶରେ ସମବାୟ କୋଠଚାଷ ଓ ଖାଉଟି ସମବାୟ ସମିତିରେ ଖାଦ୍ୟ ପଦାର୍ଥ ଯୋଗାଣ ପାଇଁ କର୍ମଚାରୀ ଓ ଶ୍ରମିକମାନଙ୍କ ନିଯୁକ୍ତି ଉପରେ ଧ୍ୟାନ ଦେଇଥାନ୍ତି । ବଜାର ଭିତ୍ତିକ ଅର୍ଥନୀତି ପ୍ରଚଳନ କରାଯାଇଛି। ଅଧିକ ଉତ୍ପାଦନ ପାଇଁ ଚାଷୀକୁ ଜମିର ମାଲିକ କରାଗଲାଣି। ଆମ ଦେଶରେ ଦିଗ୍‌ଦର୍ଶନ ଅଭାବରୁ ପରିଚାଳନା କମିଟି ସମିତିକୁ ଠିକ୍ ରୂପେ ନଚଳାଇ ପାରୁଥିବାରୁ ସମବାୟ ଦୁର୍ବଳ ହେଉଛି। ରାଷ୍ଟ୍ରିୟ କାରଖାନାମାନ କ୍ଷତିରେ ଚାଲିବାରୁ ଭାରତ ସରକାର ଉଦାର ଅର୍ଥନୀତି ପ୍ରଚଳନ କରିବାକୁ ବାଧ୍ୟ ହେଉଛନ୍ତି।

ଆମେରିକା ଏକ ପୁଞ୍ଜିବାଦୀ ଦେଶ ହୋଇଥିବାରୁ ସମବାୟ ବହୁଳ ପ୍ରଚଳନ ହୋଇନାହିଁ । ସ୍ୱଳ୍ପ ସଂଖ୍ୟକ ସମବାୟ ସମିତି ସଫଳତା ଅର୍ଜନ କରିଛନ୍ତି। ଆମେରିକାର ଗ୍ରାମମାନଙ୍କରେ ଯୋଗାଯୋଗର ଉନ୍ନତି ପାଇଁ ଟେଲିଫୋନ୍ ସମବାୟ ସମିତି ମାନ ଗଠନ କରାଯାଇଛି। ଆମେରିକାରେ ଛାତ୍ରମାନେ ସମବାୟ ସମିତି ଗଠନ ପାଇଁ ବ୍ୟାଙ୍କ ଋଣ ନେଇ ଛାତ୍ରାବାସ ନିର୍ମାଣ କରି ବ୍ୟାଙ୍କ ଋଣ ଶୁଝୁଛନ୍ତି। ବିଦ୍ୟୁତ୍ ଶକ୍ତିର ଦ୍ରୁତ ପ୍ରସାରଣ ପାଇଁ ବିଦ୍ୟୁତ୍ ଉତ୍ପାଦନ ଓ ବଣ୍ଟନ ସମବାୟ ସମିତି ଗଠନ କରାଯାଇଅଛି। ଶବ ସଂସ୍କାର ପାଇଁ ସମବାୟ ସମିତି ଗଠନ କରାଯାଇ ସେବା ଯୋଗାଇ ଦିଆଯାଉଛି। କାରଣ ସେଠାରେ ଶବ ସଂସ୍କାର ପାଇଁ ଉଚ୍ଚା ଦରରେ ଜମି କିଣି ଶବ ସଂସ୍କାର କରାଯାଏ ।

ଜାପାନରେ ସମବାୟ ବ୍ୟାଙ୍କ, କୃଷି, ମତ୍ସ୍ୟ, ସ୍ୱାସ୍ଥ୍ୟ ଓ ବୀମା ପ୍ରଭୃତି ବିଭିନ୍ନ ସମବାୟ ସମିତିମାନ ଉତ୍ତମ ଭାବରେ ପରିଚାଳିତ ହେଉଛନ୍ତି। ଜାପାନରେ ଶତକଡ଼ା ୧ ଭାଗ ଲୋକ ଚିକିତ୍ସା ସମବାୟ ହାସପାତାଳରେ ଚିକିତ୍ସିତ ହେଉଛନ୍ତି। ଜାପାନରେ

ବିଭିନ୍ନ ପ୍ରକଳ୍ପରେ ଋଣର ସତ ପ୍ରତିଶତ ବିନିଯୋଗ ହୋଇ ଠିକ୍ ସମୟରେ ଶୁଝିବା ପ୍ରଥା ପ୍ରଚଳିତ। ଭାରତରେ ଋଣ ନ ଶୁଝିବା ଓ ଅସତ୍ ଉପାୟରେ ବିନିଯୋଗ ଲୋକଧର୍ମ ହୋଇଗଲାଣି। ଫଳରେ ସମବାୟ ସମିତିମାନେ ଦୁର୍ବଳ ହୋଇଗଲେଣି । ବାଣିଜ୍ୟିକ ବ୍ୟାଙ୍କମାନେ ସିଭିଲ କୋର୍ଟରେ ଋଣ ଖିଲାପିମାନଙ୍କ ବିରୁଦ୍ଧରେ ମୋକଦ୍ଦମା କରି ଋଣ ଅସୁଲ କରିପାରୁଛନ୍ତି। କିନ୍ତୁ ଆମର ସମବାୟ ନିବନ୍ଧକ ଓ ତାଙ୍କର ସହଯୋଗୀମାନେ ଋଣ ଛାଡ଼ପରେ ସରକାରଙ୍କ ଅସ୍ଥିର ନୀତି ହେତୁ ଋଣିମାନଙ୍କ ବିରୁଦ୍ଧରେ କାର୍ଯ୍ୟାନୁଷ୍ଠାନ ନେଇପାରୁନାହାନ୍ତି। ପରନ୍ତୁ ବ୍ୟାଙ୍କର କର୍ମକର୍ତ୍ତା ଋଣିମାନଙ୍କ ଠାରୁ ଲାଞ୍ଚ ନେଉଥିବାରୁ ଋଣ ଅସୁଲରେ ଟାଳଟୁଳ ନୀତି ଅବଲମ୍ବନ କରୁଛନ୍ତି । ତେଣୁ ଆମଦେଶ ଫିଲିପାଇନ୍ସ, ଶ୍ରୀଲଙ୍କା ଏବଂ ଥାଇଲାଣ୍ଡ ପରି ଦେଶରେ ପରସ୍ପର ସାହାଯ୍ୟ ଗୋଷ୍ଠୀ (SHG) ପରି ରିଜର୍ଭବ୍ୟାଙ୍କ ଓ ନାବାର୍ଡ଼ ଋଣର ସତ୍‌ବିନିଯୋଗ ଓ ଅସୁଲ ତ୍ୱରାନ୍ୱିତ ପାଇଁ ସ୍ୱେଚ୍ଛାସେବୀ ସଂଗଠନକୁ ଋଣ ଦେବାକୁ ଉତ୍ସାହିତ କଲେଣି। ଶୀର୍ଷ ସମବାୟ ସମିତିର ମନୋମୁଖୀ ଓ ଲାଭଖୋର ନୀତିରେ କେନ୍ଦ୍ର ଓ ପ୍ରାଥମିକ ସମିତିମାନେ କ୍ଷତି ସହୁଛନ୍ତି।

ସିଙ୍ଗାପୁରରେ ବଡ଼ ବଡ଼ ସମବାୟ ଖାଉଟି ଦୋକାନ ସୁରୁଖୁରୁରେ ଚାଲିଛି। ଗ୍ରାହକମାନେ ନିଜେ ନିଜ ପସନ୍ଦ ମୁତାବକ ଜିନିଷ ବାଛି କ୍ୟାସିୟରଙ୍କୁ ଟଙ୍କା ଦିଅନ୍ତି, ଫଳରେ ପରିଚାଳନାରେ କର୍ମଚାରୀ ସଂଖ୍ୟା ସିମିତ ହେତୁ ସମିତି ଲାଭ କରୁଛନ୍ତି ଓ ପ୍ରତିଦ୍ୱନ୍ଦିତା ଭିତ୍ତିରେ ଗ୍ରାହକମାନଙ୍କୁ ବଜାର ଦରଠାରୁ ଶସ୍ତାରେ ଜିନିଷ ଯୋଗାଉଛନ୍ତି।

ଚୀନ୍‌ରେ ସମବାୟ ଓ ଗୋଷ୍ଠୀ ଉନ୍ନୟନ ଯୋଜନା ଦ୍ୱାରା କୃଷି ଉତ୍ପାଦନ ଆଶାତିତଭାବେ ବୃଦ୍ଧି ପାଉଛି । ଦାୟିତ୍ୱବୋଧ (System of Responsibility of Production) ଭିତ୍ତିରେ କର୍ମକର୍ତ୍ତାମାନେ କାର୍ଯ୍ୟ କରନ୍ତି, ଉତ୍ପାଦନ ଲକ୍ଷ ହାସଲ କରି ନପାରିଲେ ଉକ୍ତ କର୍ମକର୍ତ୍ତାମାନେ ଦାୟିତ୍ୱରୁ ଅପସରି ଯାଆନ୍ତି ଓ ଅନ୍ୟ କର୍ମକର୍ତ୍ତା ଦାୟିତ୍ୱ ତୁଲାନ୍ତି । ଆମ ଦେଶରେ ଦାୟିତ୍ୱବୋଧ Accountability ଉପରେ ଗୁରୁତ୍ୱ ଦିଆଯାଉ ନଥିବାରୁ ସମବାୟ ସମିତିମାନେ ଦୁର୍ବଳ ହେଉଛନ୍ତି।

୧୯୭୧ ମସିହାରେ ଦକ୍ଷିଣ କୋରିଆ ସମବାୟର ପୁନଃ ଗଠିତ ହୋଇଥିଲା । ଋଣ, ସାର, ବିହନ, ବାଣିଜ୍ୟ, ଖାଉଟି ପଦାର୍ଥ ବଣ୍ଟନ, କୃଷି ଭିତ୍ତିକ ଶିଳ୍ପ ଓ ଆନୁସଙ୍ଗିକ କୃଷିରେ ସମିତିମାନେ ସେବେଠାରୁ ବେଶ୍ ସଫଳତା ହାସଲ କରିଛନ୍ତି । ତଦାନୀନ୍ତନ ପ୍ରେସିଡେଣ୍ଟ ସ୍ୱର୍ଗତଃ ପାର୍କଙ୍କ ପ୍ରେରଣାରେ ମନ୍ତ୍ରୀ, ତଥା ନେତା ଓ ସମସ୍ତ କର୍ମଚାରୀ ସମବାୟକୁ ସଫଳ କରିବା ପାଇଁ ଉପଯୁକ୍ତ ତାଲିମ ପ୍ରାପ୍ତ ହୋଇଥିଲେ, ଫଳରେ ଦେଶରେ ଦରିଦ୍ର ଲୋପପାଇଛି ।

ଏ ସବୁକୁ ଆଖି ଆଗରେ ରଖି ସମବାୟକୁ ସ୍ୱୟଂକ୍ରିୟ କରିବା ପାଇଁ କେନ୍ଦ୍ର ସରକାର ଓ ରାଜ୍ୟ ସରକାରମାନେ ଆଗେଇ ଆସିଲେ ସମବାୟର ସଫଳ ଭାରତୀୟମାନେ ଖୁବ୍ ଶୀଘ୍ର ପାଇ ପାରିବେ ବୋଲି ଆଶା କରାଯାଏ । ଯାହାର ଆବଶ୍ୟକତା ଦେଖାଦେଇଛି ।

'ଓଡ଼ିଶା ଏକ୍ସପ୍ରେସ୍' - ତା୧୭.୦୫.୨୦୨୪ରେ ପ୍ରକାଶିତ

■

କୃଷି ଉତ୍ପାଦନ ଓ ଶୀତଳ ଭଣ୍ଡାର

ମନୁଷ୍ୟ ବଞ୍ଚିବାକୁ ହେଲେ ଖାଦ୍ୟର ଆବଶ୍ୟକତା ହୁଏ। ତାହା ଭାତ, ରୁଟି, ମାଛ, ମାଂସ, ପନିପରିବା, ଅଣ୍ଡା, କ୍ଷୀର ହୋଇପାରେ ନଚେତ ଶୁଖିଲା ଖାଦ୍ୟ। ମାତ୍ର ଆହାର ବିନା ବଞ୍ଚିବା କଷ୍ଟକର। ପୃଥିବୀର ଅଧିକାଂଶ ରାଷ୍ଟ୍ର କୃଷି ଉପରେ ନିର୍ଭର କରନ୍ତି। ଜନସଂଖ୍ୟା ଦିନକୁ ଦିନ ବୃଦ୍ଧି ପାଉଥିବାରୁ ଖାଦ୍ୟ ପଦାର୍ଥ ବି ସେଇ ତୁଳନାରେ ଆବଶ୍ୟକ ହୋଇଥାଏ। ସମୟ ସମୟରେ ଖାଦ୍ୟ ପଦାର୍ଥର ଅଭାବି ଦେଖାଦିଏ, ଆବଶ୍ୟକ ତୁଳନାରେ ବଜାରରେ କମ୍ ଖାଦ୍ୟ ପଦାର୍ଥ ମିଳିଲେ ଦରଦାମ ବୃଦ୍ଧି ହୁଏ ଏବଂ ବହୁଳ ପରିମାଣର ପଦାର୍ଥ ବଜାରରେ ଦେଖାଦେଲେ ମୂଲ୍ୟ କମି ଯାଇଥାଏ। ଫସଲର ଚାହିଦା ତୁଳନାରେ ଉତ୍ପାଦନ ବୃଦ୍ଧି ହେଲେ ବଳକା ଖାଦ୍ୟ ପଦାର୍ଥ ବା କୃଷିଜାତ ପଦାର୍ଥ କିପରି ସଂରକ୍ଷଣ କରାଯାଇପାରିବ ତାହା ଥିଲା ମୂଳ ଲକ୍ଷ । ଦିନ ଓ ରାତିର ତାପମାତ୍ରା କମ୍ ବେଶି ହେଉଥିବାରୁ ତାହାକୁ ଏକ ନିର୍ଦ୍ଦିଷ୍ଟ ତାପମାତ୍ରାରେ ସଂରକ୍ଷଣ କରି ଖାଦ୍ୟ ପଦାର୍ଥ ବା କୃଷିଜାତ ପଦାର୍ଥ ରଖିବା ପାଇଁ ଚିନ୍ତା କରାଗଲା। ତାପମାତ୍ରାକୁ କମ ବେଶି କରିବା ପାଇଁ ବୈଜ୍ଞାନିକ ପ୍ରଣାଳୀ ଆବଶ୍ୟକତା ହେଲା । ତେଣୁ ବିଜ୍ଞାନ ଦ୍ୱାରା ଏହା ସମ୍ଭବ ବୋଲି ମାନବ ଚିନ୍ତା କରୁଥିବା ବେଳେ ୧୮୨୦ ମସିହାରେ ମାଇକେଲ ଫାରାଡ଼େ ନାମକ ଉଦ୍ଭାବକ ଲିକୁଫାଇଙ୍ଗ ଗ୍ୟାସର ପ୍ରଚଳନରେ ଭେପର କମ୍ପ୍ରେସନ ରେଫ୍ରିଜେରେସନ ତିଆରି କରିଥିଲେ। ତାହାର କାମ ହେଉଛି ବାହାର ତାପମାତ୍ରାକୁ ଉକ୍ତ ରେଫ୍ରିଜରେସନ ପ୍ରଣାଳୀରେ ନିୟନ୍ତ୍ରଣ କରି ଅତିକମ୍‌ରେ ୨ ସେଣ୍ଟିଗ୍ରେଡ଼ ଓ ଅତିବେଶିରେ ୮ ସେଣ୍ଟିଗ୍ରେଡ଼ ତାପମାତ୍ରାରେ ଖାଦ୍ୟ ପଦାର୍ଥ ଉକ୍ତ ମେସିନରେ ସାଇତି ରଖିବା। ୧୮୩୪ ମସିହାରେ ଛୋଟ ଆକାରରେ ଏକ ରେଫ୍ରିଜରେସନ ମେସିନ୍ ତିଆରି କରାଯାଇ ତା ମଧ୍ୟରେ ଖାଦ୍ୟ ପଦାର୍ଥ ରଖି ପରୀକ୍ଷା କରାଯାଇଥିଲା। ତାହା ସଫଳ ହେଲାପରେ ସ୍ଥାନ ଅନୁସାରେ ଉକ୍ତ ମେସିନର ଆକାର

ଛୋଟ କିମ୍ବା ବଡ଼ କରାଯାଇ ବୈଜ୍ଞାନିକ ପ୍ରଣାଳୀରେ ଶିତଳ ଭଣ୍ଡାର ଯନ୍ତ୍ରାଂଶ ତିଆରିରେ ହାଇଡ୍ରୋକ୍ଲୋରଫ୍ଲୋର କାର୍ବନ (HCFC) ଓ ଏହା ମଧ୍ୟରେ ତରଳ ଆମୋନିଆ ମଧ୍ୟ ବ୍ୟବହାର କରାଯାଇଥିଲା। ଏହାପରେ ସ୍ଥାନ ଅନୁସାରେ ବୃହତ୍ତ କୁଲିଙ୍ଗ ମେସିନ୍ ପରିକଳ୍ପନା କରାଯାଇ ଶିଳଭଣ୍ଡାର ନିର୍ମାଣ କରାଯାଇ ଏହା ମଧ୍ୟରେ ଖାଦ୍ୟ ପଦାର୍ଥ, ଫଳ, ପନିପରିବା ଓ ଅନ୍ୟାନ୍ୟ କୃଷିଜାତ ପଦାର୍ଥ ସାଇତି ରଖାଯିବା ପାଇଁ ବ୍ୟବସ୍ଥା କରାଗଲା। ସମଗ୍ର ଭାରତବର୍ଷରେ ଜନସଂଖ୍ୟା ତୁଳନାରେ ଅଧିକ ଶିତଳ ଭଣ୍ଡାର ପ୍ରତିଷ୍ଠାର ଆବଶ୍ୟକତା ଦେଖାଦେଇଛି।

ଇଂରେଜ ଶାସନ ଅମଳରେ ୧୮୯୨ ମସିହାରେ ପ୍ରଥମ ଶିତଳ ଭଣ୍ଡାର କଲିକତାରେ ଆରମ୍ଭ କରାଯାଇଥିଲା। ପ୍ରଥମେ ମାଂସକୁ କିପରି ଥଣ୍ଡାରେ ଅଧିକ ସମୟ ରଖାଯାଇପାରିବ ସେ ବ୍ୟବସ୍ଥା କରାଯାଇ ପରବର୍ତ୍ତୀ ସମୟରେ ଅନ୍ୟାନ୍ୟ ପଦାର୍ଥ ରଖାଯିବା ପାଇଁ ବ୍ୟବସ୍ଥା କରାଯାଇଥିଲା। ୧୯୬୫ ମସିହା ପରେ ଫ୍ରିଜର ଓ କୋଲଡ ରୁମ୍ ବ୍ୟବସ୍ଥା ଆରମ୍ଭ କରାଯାଇ ବଡ଼ ବଡ଼ କୋଠରୀକୁ ନିବୁଜ କରାଯାଇ ତା' ଭିତରେ ପଦାର୍ଥମାନ ଗଚ୍ଛିତ ରଖାଯିବା ଆରମ୍ଭ କରାଗଲା।

ଓଡ଼ିଶାର କନ୍ଧମାଳ ଜିଲ୍ଲାର ଜି.ଉଦୟଗିରି ଠାରେ ୧୯୮୧ ମସିହାରେ ୧ ଏକର ୭୩ ଡିସିମିଲ ଜମି ଉପରେ ଉଦ୍ୟାନ କୃଷି ବିଭାଗ ସହାୟତାରେ ୯୮୦ ମେଟ୍ରିକ୍ ଟନ୍ କ୍ଷମତା ବିଶିଷ୍ଟ ପ୍ରଥମ କୋଲଡ୍ ଷ୍ଟୋର ବା ଶିତଳ ଭଣ୍ଡାର ଆରମ୍ଭ କରାଯାଇଥିଲା (AMCS) ଏଜେନ୍ସି ମାର୍କେଟିଙ୍ଗ କୋ-ଅପରେଟିଭ୍ ସୋସାଇଟି ଦ୍ୱାରା। କନ୍ଧମାଳ ଜିଲ୍ଲା ସମୁଦ୍ର ପତନଠାରୁ ଉଚ୍ଚରେ ଥିବାରୁ ସେଠାରେ ଜଳବାୟୁ ସାଧାରଣତଃ ବର୍ଷର ଅଧିକାଂଶ ସମୟରେ ଥଣ୍ଡା ଥାଏ। କନ୍ଧମାଳର ଚାଷୀମାନେ ବାଡ଼ିର ଖତସାର ବ୍ୟବହାର କରି ପନିପରିବା ଯଥା ପିଆଜ, ବିନ, ବନ୍ଧାକୋବି, ଫୁଲକୋବି, ବିଲାତି ବାଇଗଣ, ବାଇଗଣ ଓ ଆଳୁ ପ୍ରଭୃତି ପନିପରିବା ଉତ୍ପାଦନ କରୁଥିଲେ। ମାତ୍ର ବିକ୍ରିପାଇଁ ବଜାର ସୁବିଧା ଏବଂ ଗମନାଗମନ ସୁବିଧା ନଥିବାରୁ ଅଧିକାଂଶ ସମୟରେ ଉତ୍ପାଦିତ ପନିପରିବାକୁ କମ୍ ମୂଲ୍ୟରେ ଗ୍ରାହକମାନଙ୍କୁ ବିକ୍ରି କରିଦେଉଥିଲେ। ସମୟେ ସମୟେ ଉକ୍ତ ପଦାର୍ଥଗୁଡ଼ିକ ପଚିସଢ଼ି ନଷ୍ଟ ହୋଇଯାଉଥିଲା। ଜି. ଉଦୟଗିରିରେ ସ୍ଥାପିତ ଶିତଳ ଭଣ୍ଡାରରେ ଟିକାବାଲି, ରାଇକିଆ ଓ ଚକାପାଦର ଚାଷୀମାନେ ଉତ୍ପାଦିତ ପରିବାଗୁଡ଼ିକୁ ସଂରକ୍ଷଣ ରଖୁଥିଲେ। ଫଳରେ ଚାଷୀମାନେ ଉତ୍ପାଦନ କରୁଥିବା ପନିପରିବାକୁ ବେପାରି ମାନଙ୍କୁ ନଦେଇ ଶିତଳ ଭଣ୍ଡାରରେ ଗଚ୍ଛିତ ରଖି ବଜାର ଚାହିଦା ଅନୁସାରେ ବିକ୍ରିକଲେ। କ୍ଷତି ସହୁଥିବା ଚାଷୀମାନଙ୍କର ମନୋବଳ ବଢ଼ିଲା ଶିତଳଭଣ୍ଡାର ବ୍ୟବହାର କରିବାକୁ। ମଧ୍ୟସ୍ଥି ବେପାରିମାନଙ୍କର ମୁନାଫାଖୋର ମନୋବୃତ୍ତିରୁ ଚାଷିମାନେ କେତେକାଂଶରେ

ମୁକ୍ତି ପାଇଲେ। ଏହାପରେ ଶିତଳଭଣ୍ଡାର ଚାହିଦାକୁ ଦେଖି କେନ୍ଦ୍ର ସରକାର ରାଷ୍ଟ୍ରିୟ କୃଷି ବିକାଶ ଯୋଜନାରେ ନାବାର୍ଡ଼ ବା ଜାତୀୟ କୃଷି ଓ ଗ୍ରାମ୍ୟ ଉନ୍ନୟନ ବ୍ୟାଙ୍କ ସହାୟତାରେ ପ୍ରଥମେ ଆଦିବାସୀ ଅଞ୍ଚଳଗୁଡ଼ିକରେ ସମନ୍ୱିତ ଆଦିବାସୀ ଉନ୍ନୟନ ସଂସ୍ଥା ଓ ସମବାୟ ବିଭାଗ ମାଧ୍ୟମରେ ସମସ୍ତ ଖର୍ଚ୍ଚ ଉପରେ ରିହାତି ୫୦ ରୁ ୭୦ ଭାଗ ଦେବାକୁ ଯୋଜନା ପ୍ରଣୟନ କରି ବ୍ୟକ୍ତିଗତ ଭାବେ ଓ ସମବାୟ ସମିତି ମାଧ୍ୟମରେ ଶିତଳ ଭଣ୍ଡାର ସ୍ଥାପନ କଲେ।

କଟକ ଜିଲ୍ଲାର ଜଗତପୁର ଠାରେ ରାଜ୍ୟ ସକାରଙ୍କ ସମବାୟ ବିଭାଗ ଅଧୀନ ମାର୍କଫେଡ ଦ୍ୱାରା ୧୯୯୬ ମସିହାରେ ୪ ଏକର ଜମି ଉପରେ ୪୦୦୦ ମେଟ୍ରିକ ଟନ କ୍ଷମତା ବିଶିଷ୍ଟ ଏକ ଶିତଳ ଭଣ୍ଡାର ନିର୍ମାଣ କଲେ । (LTAP & RKVY) ଯୋଜନାରେ ୧୯୯୮ ମସିହାରେ ୪ ଏକର ୩୮ ଡିସିମିଲ ଜମି ଉପରେ ରାୟଗଡ଼ାଠାରେ ୫୦୦୦ ମେଟ୍ରିକଟନ କ୍ଷମତା ବିଶିଷ୍ଟ ଶିତଳ ଭଣ୍ଡାର ଯୋଜନାରେ ବିଭିନ୍ନ ପଦାର୍ଥ ରଖିବା ପାଇଁ, ୨୦୦୨ ମସିହାରେ ଭୁବନେଶ୍ୱରର ପଟିଆ ଅଞ୍ଚଳରେ ୨ ଏକର ୬୭ ଡିସିମିଲ ଜମି ଉପରେ ୫୦୦୦ ମେଟ୍ରିକ ଟନ କ୍ଷମତା ବିଶିଷ୍ଟ ଶିତଳଭଣ୍ଡାର (NCDC) ରାଷ୍ଟ୍ରିୟ ସମବାୟ ଉନ୍ନୟନ ନିଗମର ଆର୍ଥିକ ଅନୁଦାନରେ ପ୍ରତିଷ୍ଠା କଲେ। ୩ଟି ଯାକ ଶିତଳ ଭଣ୍ଡାର ଯେନତେନ ପ୍ରକାରେ ଭଡ଼ା ସୂତ୍ରରେ କାର୍ଯ୍ୟକାରୀ କରାଯାଉଛି। ଝାରସୁଗୁଡ଼ା ଠାରେ ୨ ଏକର ୧୬ ଡିସିମିଲ ଜମି ଉପରେ ଝାରସୁଗୁଡ଼ା ଆଳୁ ଉତ୍ପାଦନ ଓ ମାର୍କେଟିଙ୍ଗ ସମବାୟ ସମିତି ଲିଃ ଦ୍ୱାରା ୭୫୦ ମେଟ୍ରିକ୍ ଟନ କ୍ଷମତା ବିଶିଷ୍ଟ ଶିତଳ ଭଣ୍ଡାର, କୋରାପୁଟ ଜିଲ୍ଲାର ଜୟପୁର ଠାରେ ଜୟପୁର ସମବାୟ ଶିତଳ ଭଣ୍ଡାର ଓ ମାର୍କେଟିଙ୍ଗ ସମବାୟ ସମିତି ଲିଃ. ଦ୍ୱାରା ୧ ଏକର ୮୫ ଡିସିମିଲ ଜମି ଉପରେ ୬୦୦ ମେଟ୍ରିକ୍ ଟନ କ୍ଷମତା ବିଶିଷ୍ଟ, ବରଗଡ଼ ଜିଲ୍ଲାର ବରପାଲିଠାରେ ବରପାଲି ସମବାୟ ଶିତଳ ଭଣ୍ଡାର ଦ୍ୱାରା ୨ ଏକର ଜମି ଉପରେ ୩୦୦ ମେଟ୍ରିକ୍ ଟନ କ୍ଷମତା ବିଶିଷ୍ଟ, ଗଞ୍ଜାମ ଜିଲ୍ଲାର ବ୍ରହ୍ମପୁର ନିକଟ ଆମ୍ବପୁଆ ଠାରେ ବ୍ରହ୍ମପୁର ବହୁମୁଖୀ ଶିତଳ ଭଣ୍ଡାର ୧ ଏକର ୪୬ ଡିସିମିଲ ଜମି ଉପରେ ୨୦୦୦ ମେଟ୍ରିକ୍ ଟନ କ୍ଷମତା ବିଶିଷ୍ଟ, ପୁରୀ ଜିଲ୍ଲାର ସାତଶଙ୍ଖ ଠାରେ ଉତ୍ତରାୟଣୀ ଆଳୁ ଉତ୍ପାଦନ ଓ ମାର୍କେଟିଙ୍ଗ ସମବାୟ ସମିତି ଦ୍ୱାରା ୧ ଏକର ୫୮ ଡିସିମିଲ ଜମି ଉପରେ ୨୦୦୦ ମେଟ୍ରିକ୍ ଟନ କ୍ଷମତା ବିଶିଷ୍ଟ, କଟକ ଜିଲ୍ଲାର ୪୨ ମୌଜାଠାରେ ୪୨ ମୌଜା ଆଳୁ ଉତ୍ପାଦନ ଓ ମାର୍କେଟିଙ୍ଗ ସମବାୟ ସମିତି ଦ୍ୱାରା ୫ ଏକର ୪୫୦ ଡିସିମିଲ ଜମି ଉପରେ ୩୦୦୦ ମେଟ୍ରିକ୍ ଟନ କ୍ଷମତା ବିଶିଷ୍ଟ, ଆଠଗଡ଼ ଠାରେ ଆଠଗଡ଼ ଆଳୁ ଉତ୍ପାଦନ ଓ ମାର୍କେଟିଙ୍ଗ ସମବାୟ ସମିତି ୧ ଏକର

୩୩ ଡିସିମିଲ ଜମି ଉପରେ ୨୦୦୦ ମେଟ୍ରିକ୍ ଟନ କ୍ଷମତା ବିଶିଷ୍ଟ, ବାଙ୍କୀରେ ବାଙ୍କୀ ଆଳୁ ଉତ୍ପାଦନ ଓ ମାର୍କେଟିଙ୍ଗ ସମବାୟ ସମିତି ଦ୍ୱାରା ୨ ଏକର ୯୮ ଡିସିମିଲ ଜମି ଉପରେ ୬୦୦ ମେଟ୍ରିକ୍ ଟନ କ୍ଷମତା ବିଶିଷ୍ଟ, ବାରଙ୍ଗ ବ୍ଲକ୍‌ର ବ୍ରାହ୍ମଣ ଝରିଲୋ ଠାରେ ଲକ୍ଷେଶ୍ୱର ଶିତଳ ଭଣ୍ଡାର ଓ ବାଣିଜ୍ୟ ସମବାୟ ସମିତି ଦ୍ୱାରା ୪ ଏକର ୨୧ ଡିସିମିଲ ଜମି ଉପରେ ୨୫୦୦ ମେଟ୍ରିକ୍ ଟନ କ୍ଷମତା ବିଶିଷ୍ଟ, ପୁରୀ ଜିଲ୍ଲାର ନିମାପଡ଼ା ଠାରେ ନିମାପଡ଼ା ବହୁମୁଖୀ ଶିତଳ ଭଣ୍ଡାର ଓ ମାର୍କେଟିଙ୍ଗ ସମବାୟ ସମିତି ଦ୍ୱାରା ୨ ଏକର ୦୨ ଡିସିମିଲ ଜମି ଉପରେ ୨୫୦୦ ମେଟ୍ରିକ୍ ଟନ କ୍ଷମତା ବିଶିଷ୍ଟ, ଢେଙ୍କାନାଳ ଜିଲ୍ଲାର ହିନ୍ଦୋଳ ଠାରେ ହିନ୍ଦୋଳ ରୋଡ଼ ଆଳୁ ଉତ୍ପାଦନ ଓ ମାର୍କେଟିଙ୍ଗ ସମବାୟ ସମିତି ୩ ଏକର ୫୪ ଡେସିମିଲ୍ ଜମି ଉପରେ ୨୦୦୦ ମେଟ୍ରିକ୍ ଟନ କ୍ଷମତା ବିଶିଷ୍ଟ, ସୁନ୍ଦରଗଡ଼ ଜିଲ୍ଲାର ବଣାଇ ନିକଟ ରାଜମୁଣ୍ଡା ଠାରେ ବଣାଇ ସମବାୟ ଶିତଳ ଭଣ୍ଡାର ଦ୍ୱାରା ୬୦୦ ମେଟ୍ରିକ୍ ଟନ କ୍ଷମତା ବିଶିଷ୍ଟ ଓ ଜଗତସିଂହପୁର ଜିଲ୍ଲାର ମୁକୁନ୍ଦପୁରଠାରେ ଗୋପବନ୍ଧୁ ଶିତଳ ଭଣ୍ଡାର ନାମରେ ୨୫ ଡେସିମିଲି ଜମି ଉପରେ ୪୦୦ ମେଟ୍ରିକ୍ ଟନ କ୍ଷମତା ବିଶିଷ୍ଟ ଓ କଟକ ଜିଲ୍ଲା ସାଲେପୁର ନିକଟ ବହୁଗ୍ରାମ ଠାରେ ବହୁଗ୍ରାମ ଶିତଳ ଭଣ୍ଡାର ସ୍ଥାପନା କରାଯାଇ ନିକଟବର୍ତ୍ତୀ ଚାଷୀମାନଙ୍କୁ ସୁବିଧା ଯୋଗାଇ ଦିଆଯାଇ ପରିଚାଳନାଭାର ସମବାୟ ସମିତି ଉପରେ ନ୍ୟସ୍ତ କରାଯାଇଥିଲା । ସମସ୍ତ ଶିତଳ ଭଣ୍ଡାର ଗୁଡ଼ିକର ପରିଚାଳନାଗତ ତୃଟି ସହିତ ପୁରୁଣା ମେସିନର ବିଦ୍ୟୁତ ଶକ୍ତି ଖର୍ଚ୍ଚ ଅଧିକ ହେତୁ ବିଲ୍ ନ ଦେଇପାରି ଭଙ୍ଗା ଘରେ ଶିତଳ ଭଣ୍ଡାରଗୁଡ଼ିକ କଙ୍କାଳ ଅବସ୍ଥାରେ ଦୃଶ୍ୟମାନ ହେଉଛି । କେତେକ ଶିତଳ ଭଣ୍ଡାର ଉପରେ ବଡ଼ ବଡ଼ ଗଛ ଉଠିଛି, ଜମିଗୁଡ଼ିକ ଅସାମାଜିକ ବ୍ୟକ୍ତିମାନଙ୍କର କବ୍‌ଜାରେ ରହିଛି ଏବଂ ଅଚଳ ମେସିନ୍ ଚୋରି ହୋଇଗଲାଣି, ଘର ଗୁଡ଼ିକରେ ସରୀସୃପ ବାସ କଲେଣି । ଓଡ଼ିଶାର ବ୍ୟକ୍ତିଗତ ଭାବେ ଓ ସମବାୟ ବିଭାଗ ଦ୍ୱାରା ୧୮୦ ଗୋଟି ଶିତଳ ଭଣ୍ଡାର ପ୍ରତିଷ୍ଠା କରାଯାଇଥିଲେ ମଧ୍ୟ ଏହା ମଧ୍ୟରୁ ୩୬ ଗୋଟି ଶିତଳ ଭଣ୍ଡାର କାର୍ଯ୍ୟକ୍ଷମ ହେଉଛି ।

ରାଜ୍ୟ ସରକାର ପ୍ରଥମେ ଜମିଗୁଡ଼ିକୁ ଉଦ୍ଧାର କରି ଉତ୍ତର ପ୍ରଦେଶ ଓ ପଶ୍ଚିମବଙ୍ଗ ଢାଞ୍ଚାରେ ପରିଚାଳନା କରାଯିବା ସହିତ ଅତ୍ୟାଧୁନିକ କୁଲିଙ୍ଗ ମେସିନ୍ ବସାଇ (ଯାହାକି ପବନ ଦ୍ୱାରା ପରିଚାଳିତ), ପରିଚାଳନା ପାଇଁ ଦକ୍ଷ ପରିଚାଳନା କମିଟି ଗଠନ କରି ଉପଯୁକ୍ତ ଦାୟିତ୍ୱ ଦେଲେ ଶିତଳ ଭଣ୍ଡାରଗୁଡ଼ିକ ପୁନଃ କାର୍ଯ୍ୟକ୍ଷମ ହୋଇପାରନ୍ତା ।

ସମବାୟ ଅନୁଷ୍ଠାନଗୁଡ଼ିକ ଉଦ୍ଧାର କରିବା ପାଇଁ ନିକଟରେ ସମବାୟ ମନ୍ତ୍ରୀଙ୍କ ନିର୍ଦ୍ଦେଶରେ ବର୍ତ୍ତମାନର ସମବାୟ ସଚିବ ସମବାୟ ସମିତି ପରିଚାଳନା କରିବା

ଉପରେ ଗୁରୁତ୍ୱ ଦେଇଛନ୍ତି। ପ୍ରଥମ ଦଫାରେ ବିଭିନ୍ନ ସମିତିର ବୋର୍ଡ଼ ମେମ୍ବର ମାନଙ୍କୁ ବମ୍ବେର ପୁନା ଓ ପଞ୍ଜାବ ରାଜ୍ୟରେ ଟ୍ରେନିଂ ପାଇଁ ଦୁଇ ଦଫାରେ ୬୦ ଜଣ ବ୍ୟକ୍ତିଙ୍କୁ ପଠାଇବା ପାଇଁ ମଞ୍ଜୁର କରିସାରିଛନ୍ତି ଏବଂ ନିର୍ବାଚନ ପରେ ଏହା କାର୍ଯ୍ୟକାରୀ ହେବାପାଇଁ ନିର୍ଦ୍ଦେଶ ଦେଇଛନ୍ତି। ଉକ୍ତ ଟ୍ରେନିଂରେ ଖର୍ଚ୍ଚ ପାଇଁ ସମବାୟ ନିବନ୍ଧକ ୧ କୋଟି ୩୦ ଲକ୍ଷ ଟଙ୍କା ବଜେଟ୍‌ରେ ରଖିଛନ୍ତି ମାତ୍ର ଏହାକୁ କାର୍ଯ୍ୟକାରୀ କରାଇ ନଦେବା ପାଇଁ ସମବାୟ ବିଭାଗର କିଛି ଅଧିକାରୀ ଚକ୍ରାନ୍ତ କରି ଉକ୍ତ ଅର୍ଥରେ ନିଜ ପରିବାର ସହ ବାହାର ରାଜ୍ୟକୁ ଅୟସ କରିବା ପାଇଁ ଯିବାକୁ ଯୋଜନାରେ ଅଛନ୍ତି। ଏହାକୁ ସମବାୟ ସଚିବ ଗଭୀର ଭାବରେ ହୃଦୟଙ୍ଗମ କରି କାର୍ଯ୍ୟାନୁଷ୍ଠାନ ଗ୍ରହଣ କରିବା ଆବଶ୍ୟକତା ଦେଖାଦେଇଛି ।

'ସମାଜ' - ତା୨୫.୦୫.୨୦୨୪ରେ ପ୍ରକାଶିତ

ହାଓ୍ୱା ନିର୍ବାଚନ

ଭାରତ ପୃଥିବୀର ଏକ ବୃହତ୍ତମ ଗଣତାନ୍ତ୍ରିକ ରାଷ୍ଟ୍ର। ୧୪୦ କୋଟି ଜନସଂଖ୍ୟା ମଧ୍ୟରୁ ସାବାଳକମାନଙ୍କ ମତଦାନରେ ଲୋକ ପ୍ରତିନିଧିମାନେ ନିର୍ବାଚିତ ହୋଇ ଶାସନ ଭାର ଗ୍ରହଣ କରନ୍ତି ପ୍ରତି ୫ ବର୍ଷ ପାଇଁ। ରାଜ୍ୟରେ ବିଧାନସଭାକୁ ବିଧାୟକମାନେ ଓ ସମଗ୍ର ଭାରତ ବର୍ଷପାଇଁ ପାର୍ଲାମେଣ୍ଟର ଲୋକସଭାକୁ ୫୪୩ ଜଣ ସଦସ୍ୟ ନିର୍ବାଚିତ ହୁଅନ୍ତି ସାଧାରଣ ନିର୍ବାଚନରେ। ମୁଖ୍ୟମନ୍ତ୍ରୀଙ୍କ ଅଧିନରେ ବିଧାୟକମାନଙ୍କ ମଧ୍ୟରୁ ଅତିବେଶିରେ ଶତକଡ଼ା ୧୫ ଭାଗ ମନ୍ତ୍ରୀଭାବେ କାର୍ଯ୍ୟ ତୁଲାନ୍ତି। ସେହି ଅନୁପାତରେ ଲୋକସଭାରେ ପ୍ରଧାନମନ୍ତ୍ରୀଙ୍କ ଅଧିନରେ ତଥା ବିଶ୍ୱାସଭାଜନରେ ମନ୍ତ୍ରୀମଣ୍ଡଳ ଗଠିତ ହୋଇ ଶତକଡ଼ା ୧୫ ଭାଗ ଲୋକସଭା ଓ ରାଜ୍ୟସଭା ସଦସ୍ୟମାନଙ୍କ ମଧ୍ୟରୁ ମନ୍ତ୍ରୀଭାବେ କାର୍ଯ୍ୟ ତୁଲାନ୍ତି । ପାର୍ଲାମେଣ୍ଟର ଆଉ ଏକ ଉଚ୍ଚ ସଦନ ବା ରାଜ୍ୟସଭା ପାଇଁ ବିଧାୟକମାନଙ୍କ ଦ୍ୱାରା ୨୪୦ ଜଣ ସଦସ୍ୟ ପରୋକ୍ଷ ନିର୍ବାଚନରେ ନିର୍ବାଚିତ ହୁଅନ୍ତି ଓ ରାଷ୍ଟ୍ରପତିଙ୍କ ଦ୍ୱାରା ବିଭିନ୍ନ ବିଭାଗରେ ପ୍ରତିଭାବାନ ବ୍ୟକ୍ତିମାନଙ୍କ ମଧ୍ୟରୁ ୧୦ ଜଣ ମନୋନୀତ ସଦସ୍ୟ ଭାବେ ରାଜ୍ୟସଭାରେ ସ୍ଥାନ ପାଆନ୍ତି । ମାତ୍ର ଲୋକସଭା ଓ ରାଜ୍ୟସଭା ପାଇଁ ଗୋଟିଏ ମନ୍ତ୍ରୀମଣ୍ଡଳ କାର୍ଯ୍ୟ ତୁଲାନ୍ତି।

ଓଡ଼ିଶା ଏକ ଭାଷାଭିତ୍ତିକ ସ୍ୱତନ୍ତ୍ର ରାଜ୍ୟ ଘୋଷଣା ପରେ ୧୯୩୬ ମସିହାରେ ଓଡ଼ିଶାରେ ପ୍ରଥମେ ବିଧାନସଭା ନିର୍ବାଚନ ହୋଇଥିଲା। ସମଗ୍ର ଭାରତବର୍ଷରେ ଇଂରେଜ ଶାସନ ଚାଲୁଥିବାରୁ ତାହା ପରାଧିନ ଭାରତ ବର୍ଷପାଇଁ ଥିଲା ଲୋକମାନଙ୍କର ଶାସନ ସେମାନଙ୍କ ହସ୍ତରେ ନ୍ୟସ୍ତ କରିବା। କିନ୍ତୁ ସମସ୍ତ ସାବାଳକମାନଙ୍କୁ ଭୋଟ ଦେବାର ଅଧିକାର ମିଳି ନଥିଲା। ସେତେବେଳେ କେବଳ ଚୌକିଦାରୀ ଟିକସଦାତାମାନେ ଭୋଟର ଥିଲେ। ସେମାନେ ଅଧିକାଂଶ ନିରକ୍ଷର ଥିଲେ ସୁଦ୍ଧା ତାଙ୍କର ନୈତିକ ବଳ ଅଧିକ ଥିଲା। ତେଣୁ ସେମାନେ ବ୍ରିଟିଶ ସରକାରଙ୍କ କ୍ଷମତା ଓ

ଜମିଦାର ମାନଙ୍କ ଅର୍ଥବଳକୁ ଉପେକ୍ଷା କରି ଦେଶ ସ୍ୱାଧୀନ କରିବା ପାଇଁ ଦେଶସେବକ ତଥା ନିସ୍ୱାର୍ଥପର ତଥା ତ୍ୟାଗୀ କଂଗ୍ରେସ ପ୍ରାର୍ଥୀମାନଙ୍କୁ ବହୁ ସଂଖ୍ୟାରେ ଜିତାଇଥିଲେ ।

ସ୍ୱାଧୀନତା ପ୍ରାପ୍ତି ପରେ ୧୯୫୨ ମସିହାରେ ଲୋକସଭା ତଥା ରାଜ୍ୟ ବିଧାନସଭାମାନଙ୍କ ପାଇଁ ଏକକାଳୀନ ସାବଳକ ଭୋଟ ପ୍ରଥାରେ ପ୍ରଥମେ ପ୍ରତିନିଧି ନିର୍ବାଚନ କରାଗଲା । ଏହିପରି ୧୯୭୨ ମସିହା ପର୍ଯ୍ୟନ୍ତ ୫ ଥର ଉଭୟ ଲୋକସଭା ଓ ଅଧିକାଂଶ ରାଜ୍ୟ ବିଧାନସଭା ନିର୍ବାଚନ ଏକ ସଙ୍ଗରେ ହୋଇଥିଲା । ଆର୍ଥିକ ନୀତିଗତ ଶାସନର ସମୀକ୍ଷା ତଥା ପ୍ରାର୍ଥୀର ସମାଜ ସେବାକୁ ଭିତ୍ତିକରି ସାଧାରଣତଃ ଭୋଟରମାନେ ପ୍ରତିନିଧି ନିର୍ବାଚନ କରୁଥିଲେ । ଏଣୁ ଲୋକସଭାର ନିର୍ବାଚନ ଫଳାଫଳ ବିଧାନସଭା ନିର୍ବାଚନକୁ ପ୍ରଭାବିତ କରିବାର ପ୍ରୟାସ ନଥିଲା । ନିର୍ବାଚନ ଖର୍ଚ୍ଚ କମ୍ ହେଉଥିଲା ଏବଂ ଅଫିସରମାନେ ଅଯଥା ଶକ୍ତି ଅପଚୟ ନକରି ଉନ୍ନୟନ ଯୋଜନା କାର୍ଯ୍ୟକାରୀ କରିବାପାଇଁ ଅଧିକ ସମୟ ଦେଉଥିଲେ ।

୧୯୭୭, ୧୯୮୦, ୧୯୮୪, ୧୯୮୯ ମସିହାରେ କେବଳ ଲୋକସଭା ନିର୍ବାଚନ ହୋଇଛି । ଜରୁରୀ କାଳୀନ ପରିସ୍ଥିତି, ଜନତା ଦଳର ଅର୍ନ୍ତଦ୍ୱନ୍ଦ, ଇନ୍ଦିରାଗାନ୍ଧୀଙ୍କ ମୃତ୍ୟୁଜନିତ ଅନୁକମ୍ପା, ଦୁର୍ନିତି ପରି ଗୋଟିଏ ଗୋଟିଏ ବିଷୟ ଉପରେ ଭୋଟରମାନେ କେବଳ ମତାମତ ଦେଇ ଲୋକ ପ୍ରତିନିଧିଙ୍କୁ ଜିତାଇଅଛନ୍ତି । ଆର୍ଥିକନୀତି, ଶାସନର ସମୀକ୍ଷା ଓ ପ୍ରାର୍ଥୀର ଅତୀତ କାର୍ଯ୍ୟକଳାପ ଭୋଟରମାନଙ୍କ ବିଚାରରେ ଗୌଣ ହୋଇଛି । ଫଳରେ ଗଣତନ୍ତ୍ର ଶାସନରେ ଲୋକମାନଙ୍କ ଆକାଂକ୍ଷା ଆଶାନୁରୂପ ହୋଇପାରିନାହିଁ । ହାୱାରେ ନିର୍ବାଚିତ ହୋଇ ଲୋକ ପ୍ରତିନିଧିମାନେ ଜନସେବା ପରିବର୍ତ୍ତେ ନିଜ ସେବା ପ୍ରତି ଅଧିକ ଧ୍ୟାନ ଦେଉଥିବାର ଉପଲବ୍ଧି କରାଯାଉଛି । ଲୋକସଭା ନିର୍ବାଚନରେ ଦଳୀୟ ସରକାରଙ୍କ ହାୱାରେ ଭୋଟରମାନେ ପ୍ରଭାବିତ ନ ହୋଇ ରାଜ୍ୟ ଶାସନର ମୂଲ୍ୟାଙ୍କନ ପାଇଁ ମତ ସାବ୍ୟସ୍ତ କରୁଛନ୍ତି । ୧୯୮୪ ମସିହା ଡିସେମ୍ବର ୨୮ ତାରିଖ ଲୋକସଭା ନିର୍ବାଚନରେ କଂଗ୍ରେସ(ଇ) ଆଶାତୀତ ଭାବେ ସଂଖ୍ୟାଗରିଷ୍ଠ ହାସଲ କରି କେନ୍ଦ୍ର ଶାସନ ଦଖଲ କରିବା ପରେ କଂଗ୍ରେସ (ଇ) ପ୍ରତିନିଧିମାନଙ୍କୁ ପୁନଶ୍ଚ ବିପୁଳ ସଂଖ୍ୟାଗରିଷ୍ଠ କରିବାରେ ସରକାରଙ୍କ ତୃଟି ମାର୍ଜିତ ହୋଇପାରିଲା ନାହିଁ । ଯାହାଫଳରେ ଅଯଥା ୨ ମାସ ବ୍ୟବଧାନରେ ୨ଟି ସାଧାରଣ ନିର୍ବାଚନର ବ୍ୟୟ ଜନସାଧାରଣଙ୍କୁ ବହନ କରିବାକୁ ପଡ଼ିଲା । ଦୃଢ଼ ବିରୋଧୀଦଳ ନ ଥିବାରୁ ଦଳୀୟ ହସ୍ତକ୍ଷେପରେ ସ୍ୱାୟତ୍ତଶାସନ ସଂସ୍ଥା, ସମବାୟ ଅନୁଷ୍ଠାନ ଓ ନିଗମ ମାନଙ୍କ ପରିଚାଳନାରେ ଦଳୀୟ ହସ୍ତକ୍ଷେପରେ ମରଣମୁଖୀ ହୋଇଗଲେ । ନିୟମାନୁଗତ ଠିକାଦାରୀ ପ୍ରଥାର ବିଲୋପ ହୋଇ ଦଳୀୟ ଲୋକମାନଙ୍କ ଦୃଷ୍ଟି ପାଇଁ ନିର୍ମାଣ ପ୍ରକଳ୍ପ ଉଦ୍ଦିଷ୍ଟ ଥିଲା ।

୧୯୮୦ ଓ ୧୯୮୫ ମସିହାରେ ଦୁଇଟି ବିଧାନସଭା ନିର୍ବାଚନରେ ଭୋଟରମାନେ ପ୍ରାର୍ଥୀର ସମାଜସେବା, ଭଲମନ୍ଦ ବିଚାରକୁ ନ ନେଇ ଯେପରି ବିପୁଳ ସଂଖ୍ୟାରେ ଲୋକ ପ୍ରତିନିଧିମାନଙ୍କୁ ହାଓ୍ୱାରେ ବିପୁଳ ସଂଖ୍ୟାରେ ବିର୍ବାଚିତ କରାଇଲେ ତା'ର ଯାହା ପରିଣତି ହେବାର କଥା ତାହାହିଁ ହେଲା। କେନ୍ଦ୍ରରେ ଶାସନରେ ଥିବା ଜନତାଦଳ ସରକାର ଭାଙ୍ଗୀ ୩ ମାସପରେ ୧୯୯୦ ମସିହା ଫେବୃୟାରୀ ୨୭ ତାରିଖରେ ଲୋକସଭା ସହ ଓଡ଼ିଶା ବିଧାନସଭା ନିର୍ବାଚନ ହେବାରୁ ହାଓ୍ୱାରେ ତିନିଚତୁର୍ଥାଂଶ ଜନତାଦଳ ପ୍ରାର୍ଥୀ ଓଡ଼ିଶା ବିଧାନସଭାକୁ ନିର୍ବାଚିତ ହେଲେ। ଏହି ପରିପ୍ରେକ୍ଷୀରେ ବିଜୁ ପଟ୍ଟନାୟକଙ୍କ ଦୃଢ଼ ନେତୃତ୍ୱ ଓଡ଼ିଶାକୁ କିପରି ପ୍ରଗତି ପଥରେ ଆଗେଇ ନେବ ଚିନ୍ତାଧାରାରେ ଶାସନ ପ୍ରଣାଳୀ ଆରମ୍ଭ କରିଥିଲେ। ସେ ଓଡ଼ିଶାର ସର୍ବାଙ୍ଗୀନ ଉନ୍ନତି ତଥା ବେକାରୀମାନଙ୍କ ନିଯୁକ୍ତି ପରିସର ବୃଦ୍ଧି କରିବାକୁ ବ୍ୟାକୁଳ ହୋଇ ପଡିଥିଲେ। ତାଙ୍କର ଧୈର୍ଯ୍ୟ କେତେଦିନ ଅବା ରହିବ ? କାରଣ ୧୯୬୧ ମସିହାରେ ସେ ଓଡ଼ିଶାର ମୁଖ୍ୟମନ୍ତ୍ରୀ ହୋଇ ଚୀନ୍ ଢାଞ୍ଚାରେ ପଞ୍ଚାୟତ ଶିଳ୍ପ ପ୍ରତିଷ୍ଠା କରି ସ୍ଥାନୀୟ ଯୁବକ ଯୁବତୀଙ୍କୁ ନିଯୁକ୍ତି ଦେବାର ଚିନ୍ତା କରିଥିଲେ। କିନ୍ତୁ ସେଗୁଡ଼ିକୁ କାର୍ଯ୍ୟକାରୀ କରିବା ପୂର୍ବରୁ କାମରାଜ ଯୋଜନାରେ ମୁଖ୍ୟମନ୍ତ୍ରୀ ପଦ ସ୍ୱେଚ୍ଛାରେ ଛାଡ଼ିଥିଲେ। ତାଙ୍କ ପରେ ୧୯୯୫ ମସିହାରେ କଂଗ୍ରେସ ସରକାର ଆସିବା ଫଳରେ ସେହି ଶିଳ୍ପ କାରଖାନାଗୁଡ଼ିକ ମୃତ ହୋଇଗଲା।

ଅତୀତରେ ଗଣତନ୍ତ୍ର ଶାସନରେ ୪ଟି ସ୍ତମ୍ଭ ମଧ୍ୟରୁ ଗୋଟିଏ ସ୍ତମ୍ଭ ରୂପେ ବିବେଚିତ ଅଫିସର ତଥା ଅମଲାତନ୍ତ୍ର ରାଜନୈତିକ ସ୍ୱାର୍ଥରେ ନିୟୋଜିତ ହୋଇ ନୈତିକତା ହରାଇଅଛନ୍ତି। ଅଫିସରମାନେ ହାଁ ଜୀ ପରିବର୍ତ୍ତେ ବିବେକ ଖଟାଇ ଆନ୍ତରିକ ସହକାରେ କାର୍ଯ୍ୟ କରିବାକୁ ବିଜୁବାବୁ ନିର୍ଭର ବାଣୀ ଶୁଣାଇଥିଲେ। କିନ୍ତୁ ବିଜୁବାବୁଙ୍କ ଦଳୀୟ ମନ୍ତ୍ରୀ, ବିଧାୟକ ତଥା କର୍ମୀମାନେ ଅଫିସରମାନଙ୍କୁ ନିଷ୍ଠାରେ କାର୍ଯ୍ୟ କରିବାକୁ ସହଯୋଗ କରିବା ଦରକାର ବୋଲି ମତ ସାବ୍ୟସ୍ତ କରିଥିଲେ । ବିଜୁବାବୁ ଦେଶ ସ୍ୱାଧୀନତା ପୂର୍ବ ପୀଢ଼ିର ଜଣେ ବର୍ଷିୟାନ ଅଭିଜ୍ଞ ତଥା ଜବାହରଲାଲ ନେହେରୁଙ୍କ ଆଧୁନିକ ଭାରତ ନିର୍ମାଣର ସହଯୋଗୀ ଥିଲେ। ସେ କାହାଦ୍ୱାରା ପ୍ରଭାବିତ ନ ହୋଇ ବେକାରୀ ଦୂରିଭୂତ କରିବା ସଙ୍ଗେ ସଙ୍ଗେ ଚାଷୀ ମୂଲିଆ ତଥା ଅନ୍ୟାନ୍ୟ ଦୁର୍ବଳ ଶ୍ରେଣୀର ପ୍ରଭୁତ ଆର୍ଥିକ ବିକାଶ ପାଇଁ ଚାଷୀମାନେ ସମବାୟ ବ୍ୟାଙ୍କ ଓ ଅନ୍ୟାନ୍ୟ ବାଣିଜ୍ୟିକ ବ୍ୟାଙ୍କରୁ ନେଇଥିବା ଚାଷଋଣ ସଂପୂର୍ଣ୍ଣଭାବେ ଛାଡ଼ କରିବା ସଙ୍ଗେ ସଙ୍ଗେ ଚାଷୀ ମୂଲିଆ ତଥା ଅନ୍ୟାନ୍ୟ ଦୁର୍ବଳ ଶ୍ରେଣୀର ପ୍ରଭୁତ ଆର୍ଥିକ ବିକାଶ ପାଇଁ ଯୋଜନାମାନ କାର୍ଯ୍ୟକାରୀ କରାଇଥିଲେ।

୨୦୧୪ ମସିହାରୁ କେନ୍ଦ୍ରରେ ବିଜେପି ଶାସନ କରୁଥିଲେ ମଧ୍ୟ ବିଭିନ୍ନ ସମୟରେ ରାଜ୍ୟ ଗୁଡ଼ିକରେ ହେଉଥିବା ବିଧାନସଭା ନିର୍ବାଚନରେ ଭୋଟରମାନେ ହାୱା ନିର୍ବାଚନର ବଶବର୍ତ୍ତୀ ନ ହୋଇ ବିବେକାନୁମୋଦିତ ଭୋଟ ଦାନ ଉପରେ ପ୍ରାଧାନ୍ୟ ଦେଉଛନ୍ତି, ଫଳରେ ସ୍ୱେଚ୍ଛାଚାରିତା ଶାସନରୁ ଦେଶ ମୁକ୍ତି ପାଇଛି । ବିଜୁବାବୁ ଚାଷୀମାନଙ୍କର ସଂପୂର୍ଣ୍ଣରୂପେ ଛାଡ଼ କରିଥିବା ଋଣର ବୋଝ ରଜ୍ୟ ସରକାରଙ୍କ ଉପରେ ବଡ଼ ବୋଝ ହୋଇଥିଲେ ମଧ୍ୟ ସେତେବେଳେ ସମବାୟ ବ୍ୟାଙ୍କମାନଙ୍କ ଦେବାଳିଆରୁ ବଞ୍ଚାଇଥିଲେ। ନାରୀ ଶସକ୍ତୀକରଣ ଯୋଜନା ଆରମ୍ଭ କରି ସେମାନଙ୍କୁ ସାଧାରଣ ନିର୍ବାଚନ ସହ ପଞ୍ଚାୟତରାଜ ନିର୍ବାଚନରେ ନିର୍ବାଚିତ ପ୍ରତିନିଧି ହେବାର ସୁଯୋଗ ଦେଇଥିଲେ। ବିଜୁବାବୁଙ୍କ ଶାସନକାଳ ମଧ୍ୟରେ ପାରଦ୍ୱୀପ ପୋର୍ଟ, ରାଉରକେଲା ଇସ୍ପାତ କାରଖାନା, କୋରାପୁଟ ଜିଲ୍ଲାର ସୁନାବେଢ଼ା ଠାରେ ମିଗ୍ ବିମାନ କାରଖାନା, ବଲାଙ୍ଗୀରର ସଇଁତଳା ଠାରେ ଗୋଳାବାରୁଦ କାରଖାନା, ଚୌଦ୍ୱାରରେ କଳିଙ୍ଗ ଟ୍ୟୁବସ୍, ସାଇକେଲ କାରଖାନା, ଓଡ଼ିଶା ଟେକ୍ସଟାଇଲ କାରଖାନା, ହୀରାକୁଦ ନଦୀବନ୍ଧ ଯୋଜନା ଇତ୍ୟାଦି ବୃହତ୍ତ ଶିଳ୍ପ ପ୍ରତିଷ୍ଠା କରିଥିଲେ ମଧ୍ୟ ୧୯୯୫ ମସିହାର ଜନତାଦଳ ସରକାର ହାରିଯାଇ କଂଗ୍ରେସ ସରକାର ଶାସନକୁ ଆସିଥିଲା । ୨୦୦୦ ମସିହାରୁ ନବୀନ ପଟ୍ଟନାୟକ ରାଜ୍ୟ ବିଧାନସଭା ନିର୍ବାଚନରେ ନିର୍ବାଚିତ ହୋଇ କ୍ଷମତା ଦଖଲ କରିଆସିଛନ୍ତି ଆଜିପର୍ଯ୍ୟନ୍ତ । ସେ ବୁଝିଥିଲେ ସାଧାରଣ ଲୋକମାନଙ୍କ ପାଇଁ କରାଯାଉଥିବା ଯୋଜନା ଯଦି ଲୋକଙ୍କ ପାଖରେ ପହଞ୍ଚିବ ତେବେ ରାଜ୍ୟରୁ ଗରିବଙ୍କ ସଂଖ୍ୟା କମିବା ସଙ୍ଗେ ସଙ୍ଗେ ରାଜ୍ୟର ଆର୍ଥିକ ଅବସ୍ଥାରେ ବୃଦ୍ଧି ଘଟିବ। ବିଭିନ୍ନ ଯୋଜନା ପରେ ଯୋଜନା କରି ଲୋକମାନଙ୍କ ହୃଦୟରେ ସ୍ଥାନ ପାଇଛନ୍ତି। ତାଙ୍କ ପ୍ରତି ଓଡ଼ିଶା ଜନସାଧାରଣଙ୍କର ଭଲପାଇବା ହେତୁ ପୁଣି ଷଷ୍ଠ ଥର ପାଇଁ ୨୦୨୪ ସାଧାରଣ ନିର୍ବାଚନରେ ସଂଖ୍ୟାଗରିଷ୍ଠତା ହାସଲ କରି ଆସନରେ ରହିବା ପାଇଁ ଚେଷ୍ଟିତ। ମାତ୍ର ୨୦୧୪ ମସିହାରୁ ଭାରତୀୟ ଜନତାପାର୍ଟି ଭାରତବର୍ଷରେ ଶାସନରେ ରହିଆସିଥିଲେ ମଧ୍ୟ ଚଳିତ ସାଧାରଣ ନିର୍ବାଚନରେ ସେପରି ଆଖି ଦୃଷ୍ଟିଆଭାବେ ସଫଳ ହେବାର ଆଶା ରଖିଥିଲେ ମଧ୍ୟ ଓଡ଼ିଶାର ଭୋଟରମାନେ ବିବେକାନୁମୋଦିତ ଭୋଟ୍ ଦାନ ଉପରେ ଗୁରୁତ୍ୱାରୋପ କରୁଛନ୍ତି। କାରଣ ଓଡ଼ିଶା ସରକାର ବିଭିନ୍ନ ଯୋଜନା ଯଥା ମମତା ଯୋଜନା, ବିଜୁ ସ୍ୱାସ୍ଥ୍ୟ କଲ୍ୟାଣ ଯୋଜନା, ୧ ଲକ୍ଷ ଟଙ୍କା ପର୍ଯ୍ୟନ୍ତ ଚାଷଋଣ ଉପରେ ସୁଧଛାଡ଼, ୧ ଲକ୍ଷ ୧ ଟଙ୍କାରୁ ୩ଲକ୍ଷ ଟଙ୍କା ପର୍ଯ୍ୟନ୍ତ ଚାଷଋଣ ଉପରେ ଶତକଡ଼ା ୨ ଟଙ୍କା ହିସାବରେ ସୁଧ ପ୍ରଚଳନ, ଛାତ୍ରଛାତ୍ରୀମାନଙ୍କୁ ମାଗଣାରେ ଶିକ୍ଷାଦାନ, ସ୍କୁଲମାନଙ୍କରେ ମଧ୍ୟାହ୍ନ ଭୋଜନ, ଅଙ୍ଗନୱାଡ଼ି ପିଲାମାନଙ୍କୁ

ପୁଷ୍ଟିସାର ଖାଦ୍ୟ ଯୋଗାଣ, ଉଚ୍ଚଶିକ୍ଷା ପାଇଁ ଶିକ୍ଷାବୃତ୍ତି, କଲେଜ ପିଲାମାନଙ୍କ ଖେଳକୁଦ ପାଇଁ ଖେଳ ସାମଗ୍ରୀ ଯୋଗାଣ, ଉଚ୍ଚଶିକ୍ଷା ଛାତ୍ରଛାତ୍ରୀମାନଙ୍କୁ ଛାତ୍ରବୃତ୍ତି ପ୍ରଦାନ, ଓଡ଼ିଶାରେ ୧୨ ଗୋଟି ମେଡିକାଲ୍ କଲେଜ ଦ୍ୱାରା ଡାକ୍ତରୀ ଶିକ୍ଷାର ପ୍ରସାର, ଶବ ସଂସ୍କାର ପାଇଁ ହରିଶ୍ଚନ୍ଦ୍ର ଯୋଜନା, ପ୍ରତିଘରକୁ ପାଇଖାନା ଯୋଗାଣ, ପ୍ରତି ଗ୍ରାମରେ ଭାଗବତ ଟୁଙ୍ଗୀର ପୁନରୁଦ୍ଧାର, ମଠ, ମନ୍ଦିର, ସ୍କୁଲ୍ ଓ କଲେଜର ଭିତ୍ତିଭୂମି ସୁଦୃଢ଼ ଓ ନବୀକରଣ, କଳାକାର, ଭିନ୍ନକ୍ଷମ ଓ ବିଧବାମାନଙ୍କୁ ଭତ୍ତା ପ୍ରଚଳନ ଦ୍ୱାରା ଓଡ଼ିଶାବାସୀ ଅକୁଣ୍ଠରେ ବିଜୁ ଜନତା ଦଳକୁ ଭୋଟ ଦେବର ପଥ ପରିଷ୍କାର ହେବା ଦ୍ୱାରା ଚଳିତ ନିର୍ବାଚନରେ ଶାସନ କ୍ଷମତା ଅକ୍ତିଆର କରିବାର ଆଶା ସଂଚାର ହୋଇଛି ।

ଦେଶ ଅଯଥା ସମ୍ବଳର ବ୍ୟୟ ରୋକିବା ପାଇଁ ସୁସ୍ଥ ଗଣତନ୍ତ୍ର ଶାସନର ବିକାଶ ପରିପ୍ରେକ୍ଷୀରେ ନିର୍ବାଚନ କମିଶନଙ୍କ ସୁପାରିଶ ମତେ ଲୋକସଭା ଓ ବିଧାନସଭାର ନିର୍ବାଚନ ଏକ ସଙ୍ଗରେ କରାଇଲେ ଭଲ ହୁଅନ୍ତା। ଏହା ହୋଇପାରିଲେ ଭାରତର ୧୪୦ କୋଟି ଜନସାଧାରଣଙ୍କ ପ୍ରତି ଆଶୀର୍ବାଦ ହୁଅନ୍ତା ।

'ଓଡ଼ିଶା ଏକ୍ସପ୍ରେସ୍' - ତା୨୭.୦୫.୨୦୨୪ରେ ପ୍ରକାଶିତ

ଫସଲ ମରୁଡ଼ିରେ ଚାଷୀର ଖେଦୋକ୍ତି

ଭାରତ ବର୍ଷରେ ଓଡ଼ିଶା ସମେତ କେତେକ ରାଜ୍ୟ କୃଷି ଉପରେ ନିର୍ଭର କରି ଚଳନ୍ତି । ଶତକଡା ୬୦ ଭାଗ ଲୋକ ନିର୍ଭର କରନ୍ତି ସେମାନଙ୍କର ବାର୍ଷିକ କୃଷି ଆୟ ଉପରେ । ଅନାବୃଷ୍ଟି ଓ ସ୍ୱଳ୍ପ ବୃଷ୍ଟି, ବାତ୍ୟା, ବନ୍ୟା ହେତୁ ବ୍ୟାପକ ଫସଲ ନଷ୍ଟ ହେଉଛି। ଯେତେବେଳେ ଫସଲ ମରୁଡ଼ି ହୁଏ ସେତେବେଳେ ରାଜ୍ୟ ସରକାର, ବିଭିନ୍ନ ଦଳର ରାଜନୈତିକ ନେତା ତଥା ଲୋକ ପ୍ରତିନିଧି ପ୍ରଭୃତି ସମସ୍ତେ ଚଳଚଞ୍ଚଳ ହୋଇପଡ଼ନ୍ତି। ବିଭିନ୍ନ ରାଜ୍ୟ ମୁଖ୍ୟମନ୍ତ୍ରୀମାନେ କେନ୍ଦ୍ରର ସାହାଯ୍ୟ ପାଇଁ ଭାରତର ପ୍ରଧାନମନ୍ତ୍ରୀଙ୍କ ସହିତ ଯୋଗାଯୋଗ କରନ୍ତି ଜାତୀୟ ବିପର୍ଯ୍ୟୟ ପାଣ୍ଠିରୁ ସାହାଯ୍ୟ ପାଇଁ। ଫସଲ କ୍ଷତି ଅନୁସାରେ ଫସଲ ବୀମା କରିଥିବା ଚାଷୀମାନେ ଚାହିଁ ବସନ୍ତି ଫସଲ ବୀମା କମ୍ପାନୀର ସାହାଯ୍ୟକୁ। ଫସଲ ମରୁଡ଼ି ହୋଇଗଲେ ତତ୍‌କ୍ଷଣାତ୍ ରାଜ୍ୟ ସରକାର ଘୋଷଣା କରନ୍ତି ଖୁବ୍ ଶୀଘ୍ର ମରୁଡ଼ି ଅଞ୍ଚଳରେ ସାହାଯ୍ୟ ଦିଆଯିବ ବୋଲି ଓ ବ୍ୟାପକ ରିଲିଫ୍ ସାଙ୍ଗକୁ ଅନାହାରରେ କାହାକୁ ମରିବାକୁ ଦିଆଯିବ ନାହିଁ ବୋଲି। ଓଡ଼ିଶାରେ ୧୯୫୫ ମସିହାରେ ଓ ୧୯୮୨ ମସିହାରେ ଘଟିଥିବା ବନ୍ୟା ଅଭିଜ୍ଞତାରୁ ଜଣାଯାଇଛି ଯେ ବ୍ୟାପକ ରିଲିଫ୍ କାମ ଚାଲିଲେ କ'ଣ ହେବ କେବଳ ବିଭିନ୍ନ ସ୍ତରର କେତେକ ଲୋକ ପ୍ରତିନିଧି, ରାଜନୈତିକ ଦଳର ନେତା, ସଂପୃକ୍ତ ଇଞ୍ଜିନିୟର ଓ କର୍ମଚାରୀ ବୃନ୍ଦ, କଣ୍ଟ୍ରାକ୍ଟର, ଡିଲର, ସରକାରୀ ଅଧିକାରୀ ପ୍ରଭୃତି ବେଶ ଦୁଇ ପଇସା ମୁନାଫା ପାଇଲେ, ମୁଲିଆମାନେ ଖଟି ଖାଇଲେ, ଚାଷୀମାନେ କରଜ ଓ ବ୍ୟାଙ୍କ ଋଣ କିମ୍ବା ଗଚ୍ଛିତ ଧନରେ ଫସଲ କରିଥିଲେ ତାହାତ ମରୁଡ଼ିରେ ଗଲା, ସମସ୍ତେ ଚାଷୀର କାନ୍ଧରେ ବନ୍ଧୁକ ରଖି ନେତା ହେଲେ କିନ୍ତୁ ଚାଷୀର ଭବିଷ୍ୟତ କଥା କେହି ବୁଝିଲେ ନାହିଁ ବରଂ ମାଗଣା ଆଶ୍ୱାସନା ଦେବା ସାର ହେଲା । କାହାର ପୁଷମାସ ତ କାହାର ସର୍ବନାଶ, କଖାରୁ କାଟି ଦାନ ଦେଲାପରି ସରକାର । ଉଠା ଜଳସେଚନ କର

ଖଜଣା ଛାଡରେ ପ୍ରତିଶ୍ରୁତି ଦେଇ ନାମକୁ ମାତ୍ର ଅଧା ଛାଡ଼ କଲେ, ଏହା ସମୁଦ୍ରକୁ ଶଂଖେ ସଦୃଶ । ଏସବୁ ଯୋଜନାରେ କ'ଣ ସମସ୍ତ ମରୁଡ଼ିଗ୍ରସ୍ତ ଚାଷୀମାନେ ଉପକୃତ ହୋଇପାରିଲେ ? କେତେକ ଲୋକଙ୍କୁ ଅଧବସ୍ତାଏ ମିନି କିଟ୍ ସହିତ ସାର ଯୋଗାଯାଇଛି । ଏସବୁ ଯୋଗାଇଥିବା ଲୋକମାନଙ୍କ ମଧ୍ୟରୁ ଅଧିକାଂଶ ଚାଷ ନଥିବାରୁ କି ଫସଲ କରିନଥିବାରୁ ନେଇଥିବା ମିନି କିଟ୍ ସହିତ ସାରକୁ ବଜାରରେ ଅଳ୍ପ ମୂଲ୍ୟରେ ବିକ୍ରୀ କରିଦେଇ ଘରକୁ ଫେରିଲେ । ତାଙ୍କର ବା ଯାଏ କ'ଣ, ଉପଯୁକ୍ତ ମୂଲ୍ୟ ବୁଝିବା ଆବଶ୍ୟକତା ନଥିଲା। ସେମାନେ ଭାବି ନେଇଥିଲେ ନଦୀ ବଢ଼ିରୁ କୁଟା ଖିଏ ପାଇଲେ ସାର । ଏପରି ନୀତିରେ ଉତ୍ପାଦନ ବଢ଼ିବ ବା କିପରି ?

ମରୁଡ଼ିର ପ୍ରତିକାର ପାଇଁ କେନ୍ଦ୍ର ସରକାର ତତ୍କ୍ଷଣାତ୍ ମରୁଡ଼ି ଅଞ୍ଚଳ ଥିବା ଜିଲ୍ଲାର ଜିଲ୍ଲାପାଳଙ୍କ ଠାରୁ ରିପୋର୍ଟ ପଠାଇବାକୁ ନିର୍ଦ୍ଦେଶ ଦେଲେ ମାତ୍ର ଡେରିହେଲେ ମଧ୍ୟ ରିପୋର୍ଟ ପାଇ ଭାରତୀୟ ରିଜର୍ଭ ବ୍ୟାଙ୍କ, ନାବାର୍ଡ଼କୁ ପୁନଃ ଋଣ ଲଗାଣ ପାଇଁ ଅନୁମତି ଦେବାରୁ ସମବାୟ ତଥା ଅନ୍ୟାନ୍ୟ ବ୍ୟାଙ୍କମାନେ ଚାଷୀମାନଙ୍କୁ ପୁନଃ ଋଣ ଯୋଗାଣ ପାଇଁ ପାଣ୍ଠି ଯୋଗାଇଲେ । କ୍ରମାଗତ ଫସଲ ହାନି ହେତୁ ଶତକଡ଼ା ୮୦ ଭାଗ ଚାଷୀ ଋଣ ଭାରରେ ବୁଡ଼ି ଖିଲାପି ହୋଇଗଲେ । ଫସଲ ଋଣ ଛାଡ଼ ନ ହୋଇ ସ୍ୱଳ୍ପକାଳୀନ ଋଣରୁ ମଧ୍ୟକାଳୀନ ଋଣରେ ପରିବର୍ତ୍ତନ କଲେ ବ୍ୟାଙ୍କମାନେ । ମାତ୍ର ସ୍ୱଳ୍ପକାଳୀନ ଋଣ ଉପରେ ସୁଧହାର ଶତକଡ଼ା ୧୧.୫୦ ଟଙ୍କା ହିସାବରେ ସୁଧ ଦେବାକୁ ପଡ଼ିବ ବୋଲି ସମବାୟ ତଥା ଅନ୍ୟାନ୍ୟ ବ୍ୟାଙ୍କମାନେ ଧାର୍ଯ୍ୟ କଲେ । ଫଳରେ ଚାଷୀ ଜୀବନ ମହରଗରୁ ଯାଇ କାନ୍ତାରରେ ପଡ଼ିଲେ। ଏହା କି ପ୍ରକାର ନୀତି ତାହା ସହଜରେ ବୁଝି ପାରନ୍ତି ନାହିଁ ଚାଷୀକୂଳ। ନାବାର୍ଡର ଏ ପ୍ରକାର ନୀତି ଚାଷୀକୂଳକୁ କଟା ଘା'ରେ ଚୂନ ବୋଳିବା ସଦୃଶ। ଫଳରେ ଆଉ ବ୍ୟାଙ୍କରୁ କରଜ ନେଇ ଫସଲ କରିବା ଚାଷୀ ଶକ୍ତିର ବାହାରେ। ଏହି ପରିପ୍ରେକ୍ଷୀରେ ମରୁଡ଼ିଗ୍ରସ୍ତ ଚାଷୀମାନଙ୍କ ପାଇଁ ସରକାରକୁ ବାସ୍ତବତା ଭିତ୍ତିରେ କିଛି କାର୍ଯ୍ୟାନୁଷ୍ଠାନ ପାଇଁ ଦୃଢ଼ ପଦକ୍ଷେପ ନେବା ଦରକାର ଥିଲେ ମଧ୍ୟ ନାବାର୍ଡ଼ରୁ ସ୍ୱଳ୍ପକାଳୀନ ଋଣ ଉପରେ ଶତକଡ଼ା ୭ ଟଙ୍କା ସୁଧ ବଦଳରେ ମଧ୍ୟମକାଳୀନ ଋଣରେ ପରିବର୍ତ୍ତନ କରି ସୁଧହାର ୧୧.୫୦ ଟଙ୍କା କରିଥିବାରୁ ସରକାର ସୁଧଛାଡ଼ ପାଇଁ ଦାବି ଜଣାଇବା ଆବଶ୍ୟକ, ତାହା ହେଉନାହିଁ । ନାବାର୍ଡ ସୁଧହାର କମାଇବା ନୀତି ନିର୍ଦ୍ଧାରଣ କରିବା ଦରକାର । ମରୁଡ଼ି ପରେ ରାଜ୍ୟ ସରକାର ରବି ଓ ଖରିଫ ଫସଲ ଖସଡ଼ା ଆକଳନ କରି ବାଛ ବିଚାର ନକରି ପ୍ରତ୍ୟେକ ମରୁଡ଼ିଗ୍ରସ୍ତ ଚାଷୀଙ୍କର ଜମି ପରିମାଣ ଅନୁଯାୟୀ ଏକର ପିଛା ମାଗଣିରେ ଧାନ, ଗହମ, ଚିନାବାଦାମ, ବିରି, ମୁଗ, ବୁଟ, ସୋରିଷ, ହରଡ଼ ପ୍ରଭୃତି ବିହନ ଓ ୧

ବସ୍ତା ସାର ଯୋଗାଇବା ମାଗଣାରେ ଆବଶ୍ୟକ। ଫଳରେ ଚାଷୀ ଆଂଶିକ କ୍ଷତିପୂରଣ ପାଇବା ସଙ୍ଗେ ସଙ୍ଗେ ପରବର୍ତ୍ତୀ ଫସଲ କରି ଶ୍ରମିକ ମାନଙ୍କୁ କାମ ଦେଇପାରିବେ ଏବଂ ଦେଶରେ ଖାଦ୍ୟ ଅଭାବ ପୂରଣରେ ସାହାଯ୍ୟ କରିପାରିବେ । ଫସଲ କ୍ଷତିକୁ ଆକଳନ କରାଯାଇ ଫସଲ ବୀମା କରିଥିବା ବୀମା କମ୍ପାନୀମାନେ ଯୁଦ୍ଧକାଳୀନ ଭିତ୍ତିରେ ରିପୋର୍ଟ ସଂଗ୍ରହ କରି କ୍ଷତିପୁରଣ ଅର୍ଥକୁ ଚାଷୀର ଆକାଉଣ୍ଟକୁ ଅର୍ଥରାଶି ଯୋଗାଇ ଦେବା ଆବଶ୍ୟକ, ତାହା ହେଲେ ମରୁଡ଼ିଗ୍ରସ୍ତ ଚାଷୀର ଭାଙ୍ଗିଯାଇଥିବା ଅଣ୍ଟା ସଳଖି ହୋଇପାରିବ ।

'ଓଡ଼ିଶା ଏକ୍ସପ୍ରେସ୍' - ତା୨୨.୦୬.୨୦୨୪ରେ ପ୍ରକାଶିତ

ସମବାୟ ଆନ୍ଦୋଳନ ଓ ରାଜନୀତି

ଭାରତ ବର୍ଷରେ ସମବାୟର ପିତା ଉତ୍କଳ ଗୌରବ ମଧୁସୁଦନ ଦାସ କେବେ ଭାବି ନଥିଲେ ତାଙ୍କ ଦ୍ୱାରା ପ୍ରତିଷ୍ଠିତ ମାନସ ପୁତ୍ର ସମବାୟ ଆନ୍ଦୋଳନ ଏମତି ଦିନେ ରସାତଳଗାମୀ ହେବ ବୋଲି । ଅବହେଳିତ, ନିଷ୍ପେସିତ, ଦୁର୍ଦ୍ଦଶା ଗ୍ରସ୍ତ ଏ ଗରିବ, ମୂଲିଆ ଓ ଆର୍ଥିକ ସମ୍ବଳ ବିହିନ ଏ ଦେଶର ଅଗଣିତ ମଣିଷମାନଙ୍କର ଉନ୍ନତି ପାଇଁ ସେ ଯେଉଁ ସ୍ୱପ୍ନ ଦେଖି ସମବାୟ କାର୍ଯ୍ୟକ୍ରମକୁ ଜନ୍ମ ଦେଇଥିଲେ କାଳକ୍ରମେ ତା ଏମିତି ଭୁଷୁଡ଼ି ପଡ଼ିବ ବୋଲି କିଏ ଜାଣିଥିଲା ।

ସମବାୟ ଆନ୍ଦୋଳନକୁ ବିକଶିତ, ଗତିଶୀଳ କରିବା ପାଇଁ ବିଭିନ୍ନ ସମୟରେ ସରକାର ସମବାୟ ଅନୁଷ୍ଠାନ ଗୁଡ଼ିକର କାର୍ଯ୍ୟକାରିତା ବିଷୟରେ ଅନୁସନ୍ଧାନ ଓ ଅନୁଶୀଳନ କରିବା ଏବଂ ସେଗୁଡ଼ିକର କାର୍ଯ୍ୟଦକ୍ଷତା ବୃଦ୍ଧି ପାଇଁ ସୁପାରିଶ କରିବା ନିମନ୍ତେ କମିଟିମାନ ନିଯୁକ୍ତି କରିଅଛନ୍ତି ଓ ଉକ୍ତ କମିଟିମାନଙ୍କ ଦ୍ୱାରା ପ୍ରଦତ୍ତ ସୁପାରିଶକୁ ଭିତ୍ତିକରି ସ୍ୱତନ୍ତ୍ର ପରିଯୋଜନା ମାଧ୍ୟମରେ ସମବାୟ ଆନ୍ଦୋଳନ ଜରିଆରେ ବିଭିନ୍ନ କାର୍ଯ୍ୟକ୍ରମ ଗ୍ରହଣ କରି ଦେଶର ଅର୍ଥନୈତିକ ଓ ସାମାଜିକ ବିକାଶ ପଥରେ ପ୍ରତ୍ୟକ୍ଷ ଭାବରେ ସହାୟକ ହୋଇ ଆସୁଅଛନ୍ତି ।

କିନ୍ତୁ ବିଗତ ବର୍ଷର ରାଜ୍ୟବ୍ୟାପୀ ସମବାୟ ନିର୍ବାଚନ କାର୍ଯ୍ୟକ୍ରମକୁ ଅନୁଧ୍ୟାନ କଲେ ଜଣାଯାଏ ଯେ ଅପର ପକ୍ଷରେ ସମବାୟ ଅନୁଷ୍ଠାନ ଗୁଡ଼ିକ ରାଜନୈତିକ ପେଷାଦାର ଲୋକମାନଙ୍କର ଏକ ଅଭୟାରଣ୍ୟରେ ପରିଣତ ହୋଇଗଲାଣି, ଯଦିଓ ସମବାୟର ମୌଳିକ ନୀତି ସମବାୟ ସଂସ୍ଥାଗୁଡ଼ିକ ମଧ୍ୟରେ ରାଜନୀତିକୁ ସ୍ଥାନ ଦେବାରେ ପକ୍ଷପାତୀ ନୁହେଁ, ତଥାପି ବିଭିନ୍ନ ରାଜନୀତିଜ୍ଞମାନେ ସମବାୟ ନିର୍ବାଚନରେ ଅଜସ୍ର ଟଙ୍କା ଖର୍ଚ୍ଚ କରୁଅଛନ୍ତି । ତେଣୁ ସମବାୟ ସଂସ୍ଥାର ନିର୍ବାଚନ ନିରପେକ୍ଷ ହୋଇପାରୁନାହିଁ,

ଏଥିରେ ଯୋଗ୍ୟ ବ୍ୟକ୍ତିମାନଙ୍କୁ ଅବହେଳା କରାଯାଇ ନୀତିହୀନ, ଅସାଧୁ ଉପାୟ ଓ କୌଶଳ ଅବଲମ୍ବନ କରାଯାଉଅଛି ନିର୍ବାଚନରେ ଜିତିବା ପାଇଁ।

ରାଜନୈତିକ ଗୋଷ୍ଠୀକନ୍ଦଳ ଯୋଗୁ ଅଧିକାଂଶ ସମବାୟ ସଂସ୍ଥାଗୁଡ଼ିକରେ ଅଶାନ୍ତି, ବିଶୃଙ୍ଖଳା ଓ ସଂଘର୍ଷ ସଦାସର୍ବଦା ଲାଗି ରହୁଛି। ରାଜନୈତିକ ପ୍ରଭାବ ସମବାୟକୁ ଘାରିଛି। ସମବାୟ ସଂସ୍ଥା ପରିଚାଳନାରେ ସଦସ୍ୟମାନେ ସ୍ୱାର୍ଥପର ମନୋଭାବ ଗ୍ରହଣ କରି ଋଣ ମଞ୍ଜୁର କରିବାରେ ଅତିମାତ୍ରାରେ ପ୍ରିୟାପ୍ରୀତି ତୋଷଣ କରିଚାଲୁଛନ୍ତି। ଆଜି ସମବାୟ ସଂସ୍ଥାଗୁଡ଼ିକର ଅତିଶୟ ଉଦ୍‌ବେଗ ଜନିତ ପରିସ୍ଥିତି ସୃଷ୍ଟି କରିବା ପାଇଁ ସମସ୍ତେ ବ୍ୟଗ୍ର ଓ ବ୍ୟସ୍ତ। ସମବାୟର ମୂଲ୍ୟବୋଧ ଆଉ ଖୋଜିଲେ ମିଳୁନାହିଁ। ନିଷ୍ଠା, ସେବା, ତ୍ୟାଗ ଓ ଆଦର୍ଶ ଆଜି ସୁଦୂର ପରାହତ। ସମସ୍ତ ପ୍ରକାର ନୀତି, ଆଦର୍ଶ, ଦକ୍ଷତା, ଶିକ୍ଷାଗତ ଯୋଗ୍ୟତା, ସଚ୍ଚୋଟତା ଆଜି ଜଳାଞ୍ଜଳି ଦିଆଗଲାଣି । ସହଯୋଗୀ ମନୋବୃତ୍ତି ଓ ଆଦର୍ଶକୁ ନେଇ ସମୂହ ସ୍ୱାର୍ଥପାଇଁ ଚିନ୍ତା କରୁଛି ବା କିଏ ? ନୀତି ନିଷ୍ଠ ଦିଗ୍‌ଦର୍ଶନ ଗ୍ରହଣ କରିବାକୁ ଆଜି କେହି ପ୍ରସ୍ତୁତ ନୁହନ୍ତି।

ଜାତୀର ପିତା ମହାତ୍ମାଗାନ୍ଧୀ ତାଙ୍କର ଭାଷଣ ପ୍ରସଙ୍ଗରେ ଦିନେ କହିଥିଲେ ଏ ଦେଶର ଶତକଡ଼ା ସତୁରିଭାଗ ଲୋକ ଗ୍ରାମାଞ୍ଚଳରେ ବାସ କରନ୍ତି ଏବଂ ଏମାନଙ୍କର ଆର୍ଥିକ ମାନଦଣ୍ଡକୁ ଉତ୍ଥାନ କରିବାକୁ ହେଲେ ସେମାନଙ୍କ ସାମାଜିକ, ଆର୍ଥିକ ମାନଦଣ୍ଡକୁ ଉଚ୍ଚସ୍ତରକୁ ନ ଆଣିବା ପର୍ଯ୍ୟନ୍ତ ଏ ଦେଶର ବିକାଶ କଥା ଚିନ୍ତା କରି ହେବନାହିଁ। ମାତ୍ର ଏସବୁ ସମ୍ଭବ କେବଳ ସମବାୟକୁ ପ୍ରସାର ଓ କାର୍ଯ୍ୟଦକ୍ଷ କରିବାର ଆବଶ୍ୟକତା ଦେଖାଦେଇଛି। କିନ୍ତୁ ଆଜି ସମବାୟ ଆନ୍ଦୋଳନରେ ଏହି ସମସ୍ତ ଦୁର୍ବଳତା ଥାଇ ମଧ୍ୟ ଗ୍ରାମ୍ୟ ଅର୍ଥନୀତିର କ୍ରମ ବିକାଶର ରାଜପଥ ପାଇଁ ସମବାୟର ଦାନ ଅତୁଳନୀୟ। ସମବାୟ ହିଁ ଏହି ଗ୍ରାମ ବହୁଳ ଭାରତ ବର୍ଷର କୋଟି କୋଟି ଜନତାର ଆଶା ଓ ଭରଷା, ଦାରିଦ୍ର୍ୟ ଓ କଷାଘାତରୁ ମୁକ୍ତି ପାଇବାର ସର୍ବୋତ୍କୃଷ୍ଟ ପନ୍ଥା। କାରଣ ଗ୍ରାମାଞ୍ଚଳରେ ଅନଗ୍ରସର ଓ ପଛୁଆ ଜାତି ଲୋକମାନଙ୍କର ସାମାଜିକ ଓ ଅର୍ଥନୈତିକ ଉନ୍ନତି କଳ୍ପେ ଉଦ୍ଦିଷ୍ଟ ସମବାୟର ଜାତୀୟ ସ୍ତରରେ ଉତ୍ପାଦନ ଓ ବିପଣନରେ ଦାନ ଅତୁଳନୀୟ ଯାହାକି କେବଳ ସମବାୟ ଜରିଆରେ ହିଁ ହୋଇଥାଏ ।

ଏଣୁ ସମବାୟ ଆନ୍ଦୋଳନକୁ ସଫଳକାମୀ କରାଇବା ପାଇଁ ହେଲେ ଏହାକୁ ରାଜନୀତିଠାରୁ ଦୂରେଇ ରଖିବା ଦରକାର। ଏହାର ଅର୍ଥ ନୁହେଁ ଯେ ରାଜନୀତି କରୁଥିବା ସମସ୍ତ ବ୍ୟକ୍ତି ବିଶେଷଙ୍କୁ ସମବାୟ ସଂସ୍ଥା ଗୁଡ଼ିକରେ ପ୍ରବେଶ କରିବାକୁ ବିରୋଧ କରାଯିବ। କିନ୍ତୁ ରାଜନୀତିଜ୍ଞମାନେ ସମବାୟ ସଂସ୍ଥାଗୁଡ଼ିକରେ ରାଜନୀତି ପୁରାଇବା କିମ୍ବା ସମବାୟ ଅନୁଷ୍ଠାନ ଗୁଡ଼ିକରୁ ନିଜ ନିଜର ରାଜନୈତିକ ଫାଇଦା ଉଠାଇବା

କାର୍ଯ୍ୟରୁ ନିବୃତ ରହିବା ଉଚିତ। ଏପରି କାର୍ଯ୍ୟ ସର୍ବଦା ସମବାୟର ମୌଳିକ ନୀତି ବିରୋଧ ଅଟେ। ନିଷ୍ପାପର ସେବା ଓ ସ୍ୱାର୍ଥଠାରୁ ଦୂରେଇ ରହିବା ସମବାୟର ଏକ ମାତ୍ର କାର୍ଯ୍ୟଧାରା ହେବା ଉଚିତ। କାରଣ ଦେଖାଯାଇଛି ଯେ, ଯେଉଁଠି ଜନଗଣ ସ୍ୱତଃ ପ୍ରବୃତ ହୋଇ ନିଃସ୍ୱାର୍ଥପର ମନୋବୃତ୍ତି ନେଇ ସମବାୟ ଆନ୍ଦୋଳନରେ ସାମିଲ ହୋଇଛନ୍ତି ସେଠାରେ ନିଶ୍ଚିତ ଭାବରେ ଏହି ଆନ୍ଦୋଳନ ସଫଳ ଲାଭ କରିଛି। ଯଥା ଗୁଜୁରାଟର ଅମୂଲ ଡାୟରୀ, କର୍ଣ୍ଣାଟକ ରାଜ୍ୟର ନନ୍ଦିନୀ ଡାଏରୀ, ବାହ୍ୟ ପ୍ରଭାବ ରହିତ ସ୍ୱତଃପ୍ରବୃତ୍ତ ଜନଜାଗରଣ ସମବାୟ ସଂସ୍ଥାକୁ ଆଗକୁ ନେଇପାରିଛି। ସମବାୟ ସଂସ୍ଥାଗୁଡ଼ିକର ଶୃଙ୍ଖଳିତ ପରିଚାଳନା ପାଇଁ ସଭ୍ୟମାନେ ଆଗେଇ ଆସିବା ସଙ୍ଗେ ସଙ୍ଗେ ଏଥିପାଇଁ ଉପଯୁକ୍ତ ନେତୃତ୍ୱ ବିକାଶର ବାତାବରଣ ସୃଷ୍ଟି ହେଉ ।

ସର୍ବୋପରି ଏହି ନିକଟ ଅତୀତ ଦୁଇବର୍ଷ ତଳେ ନିର୍ବାଚିତ ହୋଇ ଆସିଥିବା ଯୁବ ନେତୃବୃନ୍ଦ ଓ ପୁରୁଣା ସହଯୋଗୀମାନେ ସମବାୟ ସଂସ୍ଥାଗୁଡ଼ିକୁ ଶକ୍ତିଶାଳୀ କରିବା, ସ୍ୱାବଲମ୍ବନଶୀଳ ଓ ସୁନିୟନ୍ତ୍ରିତ ଏବଂ ସମବାୟ ସଂସ୍ଥାଗୁଡ଼ିକର ବ୍ୟବସାୟ ସଂକ୍ରାନ୍ତୀୟ ଶପଥ ନେବା ବିଧେୟ । ସମବାୟରେ ସଂଶ୍ଲିଷ୍ଟ ସମସ୍ତ ସଭ୍ୟମାନେ ସମବାୟରେ ଦେଖାଦେଇଥିବା ସମସ୍ୟାଗୁଡ଼ିକୁ ସମାଧାନ କରିବା ଆବଶ୍ୟକ । ଓଡ଼ିଆରେ ଏକ ପ୍ରବାଦ ଅଛି "ରାଜା ହେବାର ଅଭିଯାନ ଯାହାର ଅଛି, ଆଶ୍ରିତମାନଙ୍କୁ ରକ୍ଷା କରିବାର କର୍ତ୍ତବ୍ୟ ମଧ୍ୟ ତା'ର ଅଛି।" ଯେତେବେଳ ପର୍ଯ୍ୟନ୍ତ ଆମମାନଙ୍କର କଥା ଓ କାମରେ ସମାନତା ଆସିନି, ସେତେବେଳ ପର୍ଯ୍ୟନ୍ତ ଆମେ ସମବାୟର ସ୍ୱାଦ ଚାଖିପାରିବା ନାହିଁ। କେତେବେଳେ ଶାସକ ଦଳର ବ୍ୟକ୍ତିବିଶେଷ ସଭାପତି ହେଲେଣି ତ କେତେବେଳେ ଏମାନଙ୍କୁ ତୁରନ୍ତ ବହିଷ୍କାର କରାଯାଉ ବୋଲି ସମବାୟ ମନ୍ତ୍ରୀଙ୍କ ନିକଟରେ ଫେରାଦ ହେଲେଣି। ଯାହା ନିକଟ ଅତୀତରେ ଶେଷ ହୋଇଥିବା ସାଧାରଣ ନିର୍ବାଚନରେ ବିଜୟୀ ଦଳକୁ ସମବାୟ ଶାସନରେ ଥିବା ଦଳର ସମର୍ଥକମାନେ ପରିଚାଳନା ପରିଷଦରେ ଥିବାରୁ ସେମାନଙ୍କୁ ବହିଷ୍କାର କରିବା ପାଇଁ ନୂତନ କରି ଜିତିଥିବା ଦଳର ନେତୃବୃନ୍ଦଙ୍କ ନିକଟରେ ଦାବି ଜଣାଇଲେଣି । ଏହା ଦ୍ୱାରା ସମବାୟ ଆନ୍ଦୋଳନ ବାଟବଣା ହେଉଛି। ତେଣୁ ରକ୍ଷକର ଖୋଳପା ପିନ୍ଧିଥିବା ଭକ୍ଷକମାନଙ୍କୁ ଏ କ୍ଷେତ୍ରରୁ ବିଦା ନକଲେ ଜନସାଧାରଣ ଆଦୌ ସମବାୟ ଆନ୍ଦୋଳନର ସ୍ୱାଦ ଚାଖିପାରିବେ ନାହିଁ । ସରକାର ଏହାକୁ ଦୃଢ଼ତାର ସହିତ ବିଚାର କରିପାରିଲେ ସମବାୟ ଆଉ ପାଦେ ଆଗେଇ ପାରିବ ଓ ସମବାୟ ତା'ର ମୂଳ ଲକ୍ଷ୍ୟରେ ପହଞ୍ଚି ପାରିବ।

'ଓଡ଼ିଶା ଏକ୍ସପ୍ରେସ୍' - ତା୦୩.୦୭.୨୦୨୪ରେ ପ୍ରକାଶିତ

■

ସମବାୟରେ ଉତ୍ତର ଦାୟୀ କିଏ ?

ଓଡ଼ିଆରେ ଏକ ପ୍ରବାଦ ଅଛି ଯେ 'ଅନ୍ଧ ଥରେ ସିନା ବାଡ଼ି ହଜାଏ, ଆଉ ମଧ୍ୟ ଓଡ଼ିଆ ଠିକିଲେ ଶିଖନ୍ତି ।' ହେଲେ ଅତି ଦୁଃଖର କଥାଯେ ଆମ ସହଯୋଗୀ ବନ୍ଧୁମାନେ ବାରମ୍ବାର ଠୋକର ଖାଇଲେ ବି ତହିଁରୁ ଏତେ ଟିକିଏ ବି ଶିଖିବାକୁ ନାରାଜ । ଏହି ଦୈତନଗରୀ କଟକ ଓ ଭୁବନେଶ୍ୱର ସହରରେ ବିଗତ ବର୍ଷମାନଙ୍କରେ କେତେ ଯେ ଠକ କ୍ରେଡିଟ କୋ-ଅପରେଟିଭ୍ ଗଢ଼ି ସମବାୟର ସୁନାମକୁ ବିକି ଭାଙ୍ଗି ସାଧାରଣ ଲୋକଙ୍କର କଷ୍ଟ ଅର୍ଜିତ କୋଟି କୋଟି ଟଙ୍କା ଦିନ ଦ୍ୱିପ୍ରହରରେ ଖୋଲାବଜାରରେ ତୋଷାରପାତ କରି ଲୁଟି ଖାଇ ଫେରାର ହୋଇଗଲେଣି ତଥା ଏବେବି ଖାଇ ଚାଲିଛନ୍ତି ତା'ର କଳନା ସମ୍ଭବ ନୁହେଁ । ଖୋଦ ଭୁବନେଶ୍ୱରରେ ଭୁବନେଶ୍ୱର ଅର୍ବାନ କୋ-ଅପରେଟିଭ୍ ବ୍ୟାଙ୍କ ଓ କ୍ୟାପିଟାଲ କ୍ରେଡିଟ୍ କୋ-ଅପରେଟିଭ୍ ସୋସାଇଟିରେ ଅର୍ଥ ଜମା ରଖିଥିବା ଲୋକମାନଙ୍କର ଅବସ୍ଥା ନ କହିଲେ ଚଳେ । ଅର୍ଥ ଜମା ରଖିଥିବା ଲୋକମାନେ ନିଜ ଜମା ଅର୍ଥକୁ ଉଠାଇ ନପାରି କେତେକ ମାନସିକ ଭାରସାମ୍ୟ ହରାଇ ମୃତ୍ୟୁବରଣ କରିଥିଲେ ମଧ୍ୟ କାହାର ହୃଦୟ ତରଳି ନଥିଲା । ଦୂରଦର୍ଶନର ପରଦା ଉପରେ ବି ବେଶ୍ ଖୋଲା ତଥା ପ୍ରାଞ୍ଜଳ ଭାବରେ ଦେଖିବା ପରେ ସାଧାରଣ ଲୋକ ସମବାୟ ଅନୁଷ୍ଠାନରେ ନିଜ ଅର୍ଥ ଜମା କରିବାକୁ କୁଣ୍ଠିତ ହେଉଥିଲେ ଓ ଅନ୍ୟମାନେ ରଖିଥିବା ଅର୍ଥକୁ ଉଠାଇ ନେବାପାଇଁ ବ୍ୟଗ୍ର ହେଉଥିଲେ ମଧ୍ୟ କେହି କାହା କଥା ଶୁଣିନଥିଲେ । କେତେକ କ୍ରେଡିଟ କୋ-ଅପରେଟିଭ ସୋସାଇଟିରେ ଚାକିରି କରିବା ପାଇଁ ଲକ୍ଷ ଲକ୍ଷ ଟଙ୍କା ମାଲିକ ବୋଲାଉଥିବା ଲୋକମାନଙ୍କୁ ଦେଇଥିଲେ ମଧ୍ୟ ଚାକିରି ଗଲାପରେ ସେ ଅର୍ଥ ଆଉ ମିଳିଲା ନାହିଁ। ବିଗତ ବର୍ଷ ମାନଙ୍କରେ ଦୁଇ ସହରରେ ଅନେକ ସଂଖ୍ୟକ ଦୋ ନମ୍ବରୀ କ୍ରେଡିଟ କୋ-ଅପରେଟିଭ ସଂସ୍ଥାମାନ ସଂଗଠିତ ହୋଇ ସମବାୟ ଉପରେ ଆସ୍ଥା ରଖିଥିବା ସାଧାରଣ, ଗରିବ,

ଖଟିଖିଆ, ମେହନତି, ମଜଦୂର ଗୋଷ୍ଠୀର ଝାଳବୁହା ଅର୍ଥକୁ ଚୋରି କରି ଗାଏବ କରିନେବାରେ ସଫଳ ହୋଇଛନ୍ତି ତାର ଏକ ହିସାବ କରି ଦେଖାଯାଇ ପାରିଲେ ପରିସ୍ଥିତି ଯେ କେତେ ଭୟଙ୍କର ତାହା ଅତି ସହଜରେ ବୁଝି ହୁଅନ୍ତା ।

ଏଠାରେ ସ୍ୱତଃ ପ୍ରଶ୍ନ ଉଠେ ଏହା କଣ ଏମିତି ଯୁଗଯୁଗ ଧରି ଚାଲିଥିବ ଓ ଏହି ଡକାୟତିର କଣ ଅନ୍ତନାହିଁ ? ଦେଖିବାର କଥା ଏହି ଯେ ଏହି ଡକାୟତିରେ ଲିପ୍ତଥିବା ଟାଉଟରମାନେ ଧରାଦେବା ପୂର୍ବରୁ ଗାଏବ ହୋଇଯାଉଛନ୍ତି ଓ କିଛିଦିନ ପରେ ସାଧାରଣ ଲୋକମାନଙ୍କର ଭୁଲାମନର ସୁଯୋଗ ନେଇ ସେମାନେ ପୁଣି ଆପଣା କର୍ମ କ୍ଷେତ୍ରକୁ ବାହୁଡ଼ି ଆସୁଛନ୍ତି ଓ ଚୋରୀ ଅର୍ଥର ଅନ୍ୟଥା ଉପଯୋଗ କରି ଆରାମ ଜୀବନ ଅତିବାହିତ କରିବାରେ ସଫଳ ହେଉଛନ୍ତି। କେତେଜଣ ଏହିସବୁ ସଂସ୍ଥାମାନଙ୍କୁ ରୋଜଗାରର ଏକ ନିହାତି ସହଜ ପନ୍ଥା ରୂପେ ଆଦରି ନେଉଛନ୍ତି ।

ଏପରି ଠକାମି କାର୍ଯ୍ୟ କରୁଥିବା ସମବାୟ ସମିତିମାନେ ଗଢାଯାଉଛନ୍ତି କିପରି ? ରାଜ୍ୟ ସମବାୟ ନିବନ୍ଧକ କିମ୍ବା କେନ୍ଦ୍ର ସମବାୟ ନିବନ୍ଧକ ଏପରି ସମିତିମାନଙ୍କୁ ପଞ୍ଜିକରଣ ଦେଉଛନ୍ତି କାହିଁକି ? ଯଦି ବା ଉପର ସ୍ତରରୁ ଚାପ ପ୍ରୟୋଗ ବା ଅନ୍ୟ କିଛି ବିଶେଷ କାରଣରୁ ଏପରି ସମିତିମାନ ଗଢା ହେଉଛି। ଏକ ଘରୋଇ ବ୍ୟବସାୟ ସଂସ୍ଥାରେ କିଛି ଦୁର୍ନୀତି ହେଲେ ଯଦି ତାହାକୁ ନିୟନ୍ତ୍ରଣ କରିବା ପାଇଁ ଆମ ଦେଶରେ ଯଥେଷ୍ଟ ଆଇନଗତ ବ୍ୟବସ୍ଥା ରହିଛି ଓ ଦୋଷୀ ପାଇଁ ଦଣ୍ଡ ବ୍ୟବସ୍ଥା ହୋଇପାରୁଛି, ତେବେ ଆଇନ ସମ୍ମତ ସମବାୟ ସଂସ୍ଥାର ବୋପା ମା ନଥିଲା ପରି ଏମାନେ ଗାଁ ଠାକୁର ଷଣ୍ଢ ପରି କାର୍ଯ୍ୟ କରିଚାଲିଛନ୍ତି ଓ ଏଥିରେ 'ସାରୁ ଭିତରେ ମାରୁ' ଥିବା ନୀତିରେ ଉପର ସ୍ତରର ଭାଗ ରହୁଛି ? ଏହାର ଏକ ଉଚ୍ଚସ୍ତରୀୟ ପୁଙ୍ଖାନୁପୁଙ୍ଖ ତଦନ୍ତ ହେବା ଦରକାର । ଏହି ତଦନ୍ତ ପରିସରରେ ସମସ୍ତ ଠକାମି କରିଥିବା ସମିତିମାନଙ୍କ କାର୍ଯ୍ୟ ଅନ୍ତର୍ଭୁକ୍ତ କରାଯାଉ । ଆମ ଦେଶରେ ଏପରି ଅପକର୍ମକୁ ନିୟନ୍ତ୍ରଣ କରିବା ପାଇଁ କୌଣସି କ୍ଷମତାପ୍ରାପ୍ତ ଅଧିକାରୀ ସାହାସ ଜୁଟାଇ ପାରୁନାହାନ୍ତି । ଯଦି ଆଇନତଃ ଏପରି ବ୍ୟବସ୍ଥା ଗ୍ରହଣର ସୁଯୋଗ ନାହିଁ, ତେବେ ତୁରନ୍ତ ସେହି ଆଇନର ଆବଶ୍ୟକୀୟ ସଂଶୋଧନ କରି ଏହି ଅଭାବ ପୁରଣ ନ କରାଯାଉଛି ବା କାହିଁକି ?

ଦେଖିବାର କଥା ଯେ ଏହିସବୁ ସମିତିରେ ଦୁର୍ନିତୀ ପାଇଁ ମୁଖ୍ୟତଃ ନିମ୍ନୋକ୍ତ ୩ଟି ଉପାୟ ମାଧମରେ ଆଶ୍ରୟ ନିଆଯାଉଛି । (୧) ଏହି ସବୁ ସମବାୟ ଅନୁଷ୍ଠାନ ପ୍ରାୟ ନୂତନ ଭାବେ ପ୍ରତିଷ୍ଠିତ ହୋଇଥିବାରୁ କର୍ମଚାରୀ ନିଯୁକ୍ତି ଆଳରେ ପର୍ଯ୍ୟାପ୍ତ ପରିମାଣର ଅର୍ଥ ସିକ୍ୟୁରିଟି ତଥା ଜମା ଇତ୍ୟାଦି ସଂଗ୍ରହ ଆଳରେ, (୨) ଜମାକାରୀମାନଙ୍କୁ ଅନ୍ୟ ବ୍ୟାଙ୍କ ମାନଙ୍କଠାରୁ ଯଥେଷ୍ଟ ଅଧିକ ହାର ଏପରିକି ୨ଗୁଣ /

୩ ଗୁଣ ସୁଧ ଦେବାର ଲୋଭ ଦେଖାଇ ଓ (୩) ଋଣ ପାଇବା ପାଇଁ ଆଶାୟୀମାନଙ୍କୁ ସୁବିଧାରେ, କମ୍ ସୁଧହାରରେ ତଥା ଲମ୍ବା କିସ୍ତିରେ ଋଣ ଯୋଗାଇବାର ପ୍ରତିଶ୍ରୁତି ଦେଇ ସେମାନଙ୍କ ଠାରୁ ଏଥିପାଇଁ ଅମାନତ ଓ ଅନ୍ୟ ଖର୍ଚ୍ଚ ଆଦାୟ ଇତ୍ୟାଦି ଏମାନଙ୍କର ଦୁର୍ନୀତିର ଏହି ୩ଟି କ୍ଷେତ୍ରକୁ ମୂଳରୁ ଜଗି ଦେଇପାରିଲେ ଏହି ସମସ୍ୟା ଅନେକଟା ନିୟନ୍ତ୍ରିତ ହୋଇଯାଇ ପାରନ୍ତା ଏବଂ ଏପରି ଅଧିକ ସଂଖ୍ୟକ ସମବାୟ ସମିତି ଗଠନର ଲୋଭକୁ ରୋକାଯାଇପାରନ୍ତା । ମାତ୍ର ଏହା କରାଯାଉ ନାହିଁ । ଆମ ବିଭାଗୀୟ ଅଧିକାରୀମାନେ ସମିତିଟି ପଞ୍ଜୀକରଣ କରିଦେଲା ପରେ ସମିତିର ପରବର୍ତ୍ତୀ କାର୍ଯ୍ୟକଳାପ ପ୍ରତି ଆଖି ବୁଜି ଦେଉଛନ୍ତି । ତା'ପରେ ବିରାଡି ହାତରେ ଶୁଖୁଆ ପୋଡା ପରି ଏହାର ସ୍ଥିତି ପାଲଟି ଯାଉଛି ।

ତା'ପରେ ଏହି ସମିତି କେତେକ ନିର୍ଦ୍ଦିଷ୍ଟ ନୀତିରେ ଚାଲିବ, ଏଥିପାଇଁ ଆଇନତଃ ବାଧ ବାଧକତା ବ୍ୟବସ୍ଥା ରହିଛି । ସମବାୟ ଆଇନ ଉପଧାରା ୩ (୩) (ଡି) ଅନୁସାରେ ସମବାୟ ସଂଗଠନ ପାଇଁ ସାଧାରଣ ସଭାରେ ଅନୁସୂଚୀ (ଡି)ରେ ପ୍ରଦତ୍ତ ସମବାୟ ନୀତି ଅନୁସାରେ ସମିତି ଚଳାଇବାକୁ ପରିଚାଳନା ପରିଷଦ ଏକ ଘୋଷଣାନାମା କରିବେ ଓ ପରବର୍ତ୍ତୀ କାଳରେ କରିଥିବା ଏହି ଦୁର୍ନିତୀମୂଳକ କାର୍ଯ୍ୟ ସେହି ଘୋଷିତ ନୀତି ବିରୁଦ୍ଧାଚରଣ କରିବ। ସମବାୟ ଆଇନ ଧାରା ୪୫ରେ ଅଡିଟ, ଧାରା ୪୬ରେ ରିପୋର୍ଟ ରିଟର୍ଣ୍ଣ ଦାଖଲ ଓ ଧାରା ୪୭ରେ ତଦନ୍ତ କାର୍ଯ୍ୟକ୍ରମ କରି ଆଗେ ଏମାନଙ୍କର ଅପରାଧମୂଳକ କାର୍ଯ୍ୟ ବିରୁଦ୍ଧରେ କାର୍ଯ୍ୟକ୍ରମ ଗ୍ରହଣ କରାଯାଇପାରେ ଓ ସର୍ବୋପରି ଧାରା ୪୮ ଓ ୪୯ରେ ରାଜ୍ୟ ସମବାୟ ନିବନ୍ଧକ ସମବାୟ ସମିତି ତଥା ତା'ର କର୍ମଚାରୀ କରିଥିବା ଅପରାଧର ବିଚାର କରି ଦଣ୍ଡ ଦେବାର ବ୍ୟବସ୍ଥା ରହିଛି । ତେଣୁ ଆଇନତଃ ଏମାନଙ୍କୁ ନିୟନ୍ତ୍ରଣ କରିବାକୁ ଆବଶ୍ୟକୀୟ କାର୍ଯ୍ୟକ୍ରମ ଗ୍ରହଣ ଅଭାବରୁ ଏମାନେ ଏପରି ଲଗାମଛଡ଼ା ଘୋଡ଼ାମୁହାଁ ହୋଇଛନ୍ତି ବୋଲି ଜଣାଯାଉଛି । ବରଂ ପ୍ରଚଳିତ ବ୍ୟବସ୍ଥା ଅନୁସାରେ ଅତୀତରେ କେତେଜଣ ଅପରାଧୀଙ୍କୁ ଦଣ୍ଡ ଦିଆଯାଇଛି ତାହା ଦେଖାଯାଉ ଆଉ ଯଦି ନ ଦିଆଯାଇଛି ତାହାର କାରଣ ଅନୁଧ୍ୟାନ କରାଯାଉ ଓ ଭବିଷ୍ୟତରେ ଏହାର ଯେପରି ପୁନରାବୃତ୍ତି ନ ହୁଏ ସେଥିପ୍ରତି ସରକାରଙ୍କ ତରଫରୁ ସଜାଗ ଦୃଷ୍ଟି ରଖାଯାଉ ।

ଏହି ସମବାୟ ସମିତିମାନଙ୍କର ଦାୟିତ୍ୱରେ ଥିବା ଅଧିକାରୀମାନଙ୍କର ଏମାନଙ୍କ ପ୍ରତି ଯଥାର୍ଥ ଦୃଷ୍ଟି ନ ଦେଉଥିବାରୁ ସରକାର ଏମାନଙ୍କ କାର୍ଯ୍ୟକଳାପ ପାଇଁ ଅପମାନିତ ହୋଇ ହରଡ଼ ଘଣାରେ ପଡୁଛନ୍ତି । ଏହି ସମିତିଗୁଡ଼ିକ ବ୍ୟାଙ୍କିଙ୍ଗ ବିଜିନେସ କରୁଥିବାରୁ

ଏମାନେ ବ୍ୟାଙ୍କିଙ୍ଗ ରେଗୁଲେସନ ଆକ୍ଟ ୧୯୪୯ ଅନୁସାରେ ରିଜର୍ଭ ବ୍ୟାଙ୍କରୁ ଅନୁମତି ଆଣିବା ଆବଶ୍ୟକ ।

ଏହି ନିକଟ ଅତୀତରେ ଜଣେ ଭାରତୀୟ ପ୍ରଶାସନିକ ସେବାର ଅଧିକାରୀ ରାଜ୍ୟ ସମବାୟ ନିବନ୍ଧକ ରୂପେ କାର୍ଯ୍ୟକରି ଅବସର ନେବା ପୂର୍ବରୁ କେତେଗୁଡ଼ିଏ ବେନିୟମ କାର୍ଯ୍ୟ କରିଯାଇଛନ୍ତି । ସେଥିମଧ୍ୟରୁ ବିଭିନ୍ନ କେନ୍ଦ୍ର ସମବାୟ ବ୍ୟାଙ୍କମାନଙ୍କୁ ଆବଶ୍ୟକତା ଠାରୁ ଅଧିକ କର୍ମଚାରୀ ନିଯୁକ୍ତି ପାଇଁ ମଞ୍ଜୁରୀ ଦେଇଛନ୍ତି । ସମବାୟ ନିବନ୍ଧକଙ୍କ କାର୍ଯ୍ୟାଳୟରେ କାର୍ଯ୍ୟ କରୁନଥିବା ଜଣେ ସମବାୟ ଉପନିବନ୍ଧକଙ୍କୁ ସମବାୟ ନିବନ୍ଧକଙ୍କ କାର୍ଯ୍ୟାଳୟର କ୍ରୟ କମିଟିରେ ସଦସ୍ୟ ରୂପେ ରଖାଯାଇ ୨୦୨୩-୨୪ ଆର୍ଥିକ ବର୍ଷ ଶେଷ ପୂର୍ବରୁ ୪ କୋଟି ଟଙ୍କାରୁ ଉର୍ଦ୍ଧ୍ୱ ଆବଶ୍ୟକ ନଥିବା କେତେକ ଜିନିଷ ଓ ଅନ୍ୟ କେତେକ ଜିନିଷ କାଗଜପତ୍ରରେ କିଣି ଅବଶିଷ୍ଟ ଅର୍ଥକୁ ନିଜ ନିଜ ମଧ୍ୟରେ ବାଣ୍ଟି ନେଇଛନ୍ତି ।

ଏହିସବୁ ଜିନିଷ କିଣିବା ପାଇଁ ସରକାରୀ ନୀତି ନିୟମକୁ ଜଳାଞ୍ଜଳି ଦେଇ ଦେଇଛନ୍ତି । ଯାହାକୁ ସମବାୟ ମହାସମୀକ୍ଷକଙ୍କ ଦ୍ୱାରା ସମୀକ୍ଷା କରାଯିବାର ଆବଶ୍ୟକ ଓ ଦୁର୍ନିତୀରେ ଲିପ୍ତ କର୍ମଚାରୀଙ୍କୁ ଉପଯୁକ୍ତ ଦଣ୍ଡବିଧାନ ପାଇଁ ସରକାରଙ୍କୁ ସୁପାରିଶ କଲେ ଭବିଷ୍ୟତରେ ଏପରି କାର୍ଯ୍ୟ କରୁଥିବା ବା ଅଭ୍ୟସ୍ତ ବ୍ୟକ୍ତିମାନେ ନିଜକୁ ସୁଧାରି ପାରନ୍ତେ । ଅନ୍ୟ ଏକ ଘଟଣା କ୍ରମେ କଟକ କେନ୍ଦ୍ର ସମବାୟ ବ୍ୟାଙ୍କରେ ଆବଶ୍ୟକ ନଥାଇ ୬୭ କୋଟି ଚତୁର୍ଥ କର୍ମଚାରୀ ନିଯୁକ୍ତି ପାଇଁ ସେହି ସମବାୟ ନିବନ୍ଧକ ମଞ୍ଜୁରୀ ଦେଇଥିବାରୁ ନିର୍ବାଚନ ଆଚରଣ ବିଧି ଲାଗୁ ସମୟରେ ଦୈନିକ ଖବରକାଗଜ 'ସମାଜ'ରେ ନିଯୁକ୍ତି ବିଜ୍ଞାପନ ଦେଇ ପ୍ରାର୍ଥୀମାନଙ୍କ ଦ୍ୱାରା ଦରଖାସ୍ତ ଆହ୍ୱାନ କରାଯାଇ ନିଯୁକ୍ତି ଦେବାପାଇଁ କବାଟ କିଳା କାର୍ଯ୍ୟକ୍ରମ ଚାଲୁ ରହିଛି । ଉକ୍ତ ବ୍ୟାଙ୍କରେ ଡ୍ରାଇଭିଂ ଲାଇସେନ୍ସ ନଥାଇ ଜଣେ ବ୍ୟକ୍ତିଙ୍କୁ ବ୍ୟାଙ୍କର ପୂର୍ବତନ ସଭାପତିଙ୍କ ନିର୍ଦ୍ଦେଶରେ ତତ୍‌କାଳୀନ ମୁଖ୍ୟ କାର୍ଯ୍ୟନିର୍ବାହୀ ତଥା ଓଡ଼ିଶା ରାଜ୍ୟ ସମବାୟ ବ୍ୟାଙ୍କର ଜଣେ ବରିଷ୍ଠ ଅଧିକାରୀ ଡ୍ରାଇଭର ରୂପେ ନିଯୁକ୍ତି ଦେଇଅଛନ୍ତି । ଯାହାକି ଏକ ଅପରାଧିକ କାର୍ଯ୍ୟ ଓ ତଦନ୍ତସାପେକ୍ଷ । ସମବାୟ ଅନୁଷ୍ଠାନମାନଙ୍କରେ ଋଣ ଦୁର୍ନିତୀ ସହିତ ନିଯୁକ୍ତିରେ ଦୁର୍ନିତୀ ବନ୍ଦ ହେବାର ଆବଶ୍ୟକତା ଦେଖାଦେଇଛି । ଆଠଗଡ଼ ଅଞ୍ଚଳର ବିଭିନ୍ନ ସେବା ସମବାୟ ସମିତି ମାନଙ୍କରେ ଋଣ ଦୁର୍ନିତୀ ସହ କଟକ କେନ୍ଦ୍ର ସମବାୟ ବ୍ୟାଙ୍କରେ ବିଭିନ୍ନ ଦୁର୍ନିତୀର ପର୍ଦ୍ଦାଫାସ କରିବା ନୂତନ ସରକାରଙ୍କର ସମବାୟ ମନ୍ତ୍ରୀଙ୍କ ଦ୍ୱାରା ତଦନ୍ତ ଆଦେଶ ଓ କାର୍ଯ୍ୟାନୁଷ୍ଠାନର ଆବଶ୍ୟକତା ଦେଖାଦେଇଛି । ଉକ୍ତ ବ୍ୟାଙ୍କର ରାଜନଗର ଶାଖା ଋଣ ଦୁର୍ନିତୀର ସ୍ୱତନ୍ତ୍ର ସମୀକ୍ଷା ସହ

ନାବାର୍ଡ଼ ଦ୍ୱାରା ଇନ୍ସପେକ୍ସନ କରାଗଲେ ବହୁତ କଥା ପଦାକୁ ଆସିପାରିବ । ଏସବୁ ଅପରାଧିକ କାର୍ଯ୍ୟ ତଦନ୍ତସାପେକ୍ଷ ନଚେତ୍ 'ବାଡ଼ ହୋଇ କ୍ଷେତ ଖାଇବା ସଦୃଶ' ହେବ ।

ଏସବୁ ବିଚାର କଲେ ଜଣାପଡ଼େ ସର୍ବସାଧାରଣଙ୍କ ଧନକୁ ଲୁଟି ଖାଉଥିବା, ଖୁଆଉଥିବା, ନିଜ ବାହୁତଳେ ଆଶ୍ରୟ ଦେବା, ନ ବୁଝି ପଞ୍ଜିକୃତ କରାଇବା, ଦୁର୍ନିତୀ ଦ୍ୱାରା ଅର୍ଥ ଆତ୍ମସାତ୍ କରିଥିବା ସମବାୟ କର୍ମଚାରୀ ତଥା ଅନ୍ୟ ବ୍ୟକ୍ତିଙ୍କୁ ଆଇନର ଗଳି ବାଟରେ ଖସାଇଦେବା ଇତ୍ୟାଦି ପାଇଁ କିଏ ସେ ଉତ୍ତରଦାୟୀ ?

'ଓଡ଼ିଶା ଏକ୍ସପ୍ରେସ୍' - ତା୦୬.୦୭.୨୦୨୪ରେ ପ୍ରକାଶିତ

■

ଆଦିବାସୀଙ୍କ ଆର୍ଥିକ ବିକାଶରେ ସମବାୟ

ପୃଥିବୀର ଅଳ୍ପ ସଂଖ୍ୟକ ଦେଶମାନଙ୍କ ମଧ୍ୟରେ ଭାରତ ବର୍ଷ ଏକ ଆଦିବାସୀ ବହୁଳ ଦେଶ ଭାବରେ ପରିଗଣିତ। ୧୯୮୧ ଜାନସୁମାରୀ ଅନୁଯାୟୀ ସମୁଦାୟ ଲୋକସଂଖ୍ୟାର ଶତକଡ଼ା ୭.୫ ଭାଗ ଅର୍ଥାତ୍ ୫ କୋଟି ୧୬ ଲକ୍ଷ ଆଦିବାସୀ ହୋଇଥିବା ବେଳେ ଶତକଡ଼ା ୮୨ ଭାଗ ଆଦିବାସୀ କେବଳ ମଧ୍ୟପ୍ରଦେଶ, ଓଡ଼ିଶା, ବିହାର, ଗୁଜୁରାଟ ଓ ମହାରାଷ୍ଟ୍ର ପ୍ରଦେଶରେ ବସବାସ କରନ୍ତି। ଆଦିବାସୀମାନଙ୍କ ସଂଖ୍ୟା ଏବେ ବୃଦ୍ଧି ପାଇ ୧୦ କୋଟି ୪୩ ଲକ୍ଷରେ ପହଞ୍ଚିଛି ଏବଂ ୭୦୫ ପ୍ରକାରର ଏହି ଲୋକମାନେ ଭାରତର ବିଭିନ୍ନ ପ୍ରଦେଶରେ ବସବାସ କଲେଣି। ୨୦୨୩ ମସିହା ସୁଧା ଭାରତର ମୋଟ ଜନସଂଖ୍ୟାର ଏମାନଙ୍କ ସଂଖ୍ୟା ଶତକଡ଼ା ୮.୬ ଭାଗ। ଓଡ଼ିଶାରେ ୬୨ ଜାତୀୟ ଆଦିବାସୀ ବାସ କରୁଛନ୍ତି, ୨୦୧୧ ଜନଗଣନା ଅନୁଯାୟୀ ଓଡ଼ିଶାରେ ସ୍ଥାୟୀଭାବେ ବସବାସ କରୁଥିବା ଆଦିବାସୀମାନଙ୍କ ସଂଖ୍ୟା ୯୫୯୦୭୫୬ ଯାହା ମୋଟ ଜନ ସଂଖ୍ୟାର ୨୨ ଭାଗ। ଶତକଡ଼ା ୯୮ ଭାଗ ଆଦିବାସୀ ଗାଁ ଗହଳି ତଥା ଜଙ୍ଗଲରେ ବାସ କରନ୍ତି। ଦେଶ ସ୍ୱାଧୀନ ହେଲା ପୂର୍ବରୁ ଅଧିକାଂଶ ଆଦିବାସୀ ନିରକ୍ଷର, ନିଷ୍ପେସିତ ଓ ଉତ୍କଟ ଦାରିଦ୍ର୍ୟ ଅବସ୍ଥାରେ କାଳ କାଟୁଥିଲେ ଏବଂ କେତେକ ଅଞ୍ଚଳରେ ଅନେକ ଆଦିବାସୀ ଅର୍ଦ୍ଧ ଉଲଗ୍ନ କିମ୍ବା ଖଣ୍ଡେମାତ୍ର କରିହା ପିନ୍ଧି ଶୀତ ଦିନରେ ଜୀବନ ବିତାଉଥିଲେ। ଆଜି କିନ୍ତୁ ସେ ଅବସ୍ଥା ନାହିଁ, ତଥାପି ଆର୍ଥିକ ଅନଟନ ମଧ୍ୟରେ ଜୀବନ ବିତାଇବାକୁ ସେମାନଙ୍କୁ ପଡୁଛି। ଶତକଡ଼ା ୯୩ ଭାଗ ଆଦିବାସୀ କୃଷି ଓ ବନଜାତ ପଦାର୍ଥ ସଂଗ୍ରହ ଓ ବିକ୍ରୀ ଉପରେ ନିର୍ଭର କରୁଛନ୍ତି। ସେମାନେ ମଧ୍ୟ ଆଜିକାଲି ଚାଷ ଉପରେ ନିର୍ଭର କରି ପୁରୁଣାକାଳିଆ ପଦ୍ଧତିରେ ବଳଦ ଲଙ୍ଗଳ ଦ୍ୱାରା ଚାଷ କରୁଛନ୍ତି। ମାତ୍ର ସେମାନେ ପୋଡୁଚାଷ ଉପରେ ନିର୍ଭର କରୁଥିବାରୁ ଜଙ୍ଗଲ ତଥା ମୃତ୍ତିକା କ୍ଷୟ ଘଟୁଛି। ପୁରୁଣା ପଦ୍ଧତି ଚାଷ ହେତୁ

ଏକର ପ୍ରତି କୃଷି ଉତ୍ପାଦନ କମ୍ ମିଳିଥିବାରୁ ଫସଲ ବିକ୍ରୀ ଖୁବ୍ କମ ହୋଇଥାଏ। ତଥାପି ମଦ୍ୟପାନ ଓ ପର୍ବପର୍ବାଣୀରେ ବିଶେଷ ଖର୍ଚ୍ଚ ହେତୁ ଅମଳ ପରେ ଖୁବ୍ ଶସ୍ତାରେ ବେପାରିମାନଙ୍କୁ ଧାନ ବିକ୍ରୀ କରି ପୁଣି ନିଜର ପୂର୍ବ ଚଳଣି ଅନୁସାରେ ବଣର ଫଳମୂଳ ଖାଇ ବଞ୍ଚନ୍ତି, ସେମାନେ ଡାଲି, ତୈଳଜାତୀୟ, ପନିପରିବା, ଫଳ ଓ ଅନ୍ୟାନ୍ୟ ଚାଷ ତଥା ବନଜାତ ପଦାର୍ଥରୁ ଆୟ କରନ୍ତି ଓ ସେଥିରୁ ସାହୁକାରମାନଙ୍କ ଦେଣା ଶୁଝନ୍ତି ।

ପୂର୍ବେ ଆଦିବାସୀମାନେ ସାହୁକାରମାନଙ୍କ ଠାରୁ ଅଗ୍ରୀମ ଋଣ ଆଣି ଫସଲ କରୁଥିଲେ । ଧାନ ଓ ବନଜାତ ପଦାର୍ଥ ଖୁବ୍ କମ୍ ମୂଲ୍ୟରେ ସାହୁକାରମାନଙ୍କୁ ବିକ୍ରି କରି ଦେଉଥିଲେ ସେମାନଙ୍କର ଦେଣା ଶୁଝିବା ପାଇଁ। ଏପରିକି ସାହୁକାରମାନେ ସେମାନଙ୍କୁ ଓଜନରେ ଠକେଇ କରି ନେଉଥିଲେ। କେତେକ ଆଦିବାସୀ କୃଷି ଓ ବନଜାତ ପଦାର୍ଥ ଭାରରେ ବୋହିକରି ସାପ୍ତାହିକ ଅସ୍ଥାୟୀ ହାଟକୁ ନେଇ ବିକ୍ରି କରି ହାଟରୁ ଲୁଗା, କିରୋସିନି ଓ ଅନ୍ୟ ନିତ୍ୟ ବ୍ୟବହାର୍ଯ୍ୟ ଜିନିଷ କିଣୁଥିଲେ । ଦୂର ଦୂରାନ୍ତରୁ ପାଦରେ ଚାଲି ଚାଲି ଯିବାଆସିବା କରୁଥିଲେ ଏବଂ ନିଜ ନିଜର ଛୋଟପିଲାମାନଙ୍କୁ କାଖରେ କାଖେଇ ଯିବାଆସିବା କରୁଥିଲେ ।

ଅସାଧୁ ବ୍ୟବସାୟୀ ତଥା ମହାଜନମାନଙ୍କ କବଳରୁ ଆଦିବାସୀମାନଙ୍କୁ ରକ୍ଷା କରିବା ତଥା ସେମାନଙ୍କର ଦ୍ରୁତ ଆର୍ଥିକ ବିକାଶ ପାଇଁ କେନ୍ଦ୍ର ଓ ରାଜ୍ୟ ସରକାରମାନେ ପଞ୍ଚମ ପଞ୍ଚବାର୍ଷିକ ଯୋଜନାରେ ଆଦିବାସୀ ଉନ୍ନୟନ ବ୍ଲକମାନ କାର୍ଯ୍ୟକାରୀ କଲେ। ସମସ୍ତ ଭାରତ ବର୍ଷରେ ସମନ୍ୱିତ ଆଦିବାସୀ ଉନ୍ନୟନ ସଂସ୍ଥା ITDA କାର୍ଯ୍ୟକାରୀ ହୋଇ ଜଣେ ଜଣେ ପ୍ରକଳ୍ପ ନିର୍ଦ୍ଦେଶକଙ୍କୁ ଦାୟିତ୍ୱରେ ରଖାଗଲା । ସରକାର ସମବାୟ ମାଧ୍ୟମରେ ଆନୁସଙ୍ଗିକ ସଂସ୍ଥା ଜରିଆରେ ସୁଲଭ ସୁଧରେ ଋଣ ଦେବା, ସେମାନଙ୍କ ବନଜାତ ଓ କୃଷିଜାତ ପଦାର୍ଥ ସହାୟକ ଦରରେ କିଣିବା ଓ ସେମାନଙ୍କୁ ଶସ୍ତାରେ ଖାଉଟି ତଥା ନିତ୍ୟବ୍ୟବହାର୍ଯ୍ୟ ପଦାର୍ଥ ଯୋଗାଇବାର ବ୍ୟବସ୍ଥା କଲେ । କେନ୍ଦ୍ର ସରକାର ବାଓ୍ୱା କମିଟି ସମେତ ବିଭିନ୍ନ କମିଟିର ସୁପାରିଶ ମତେ ଗୋଟିଏ ସଂସ୍ଥା ଜରିଆରେ ସମସ୍ତ ପଦାର୍ଥ ଯୋଗାଇବା ପାଇଁ ବହୁବିଧ ଆଦିବାସୀ ସମବାୟ ସମିତିମାନ (LAMPS) ଗଠନ କଲେ । ଭାରତର ବାଣିଜ୍ୟ ବ୍ୟାଙ୍କ ଓ କେତେକ ରାଜ୍ୟ ସମବାୟ ବ୍ୟାଙ୍କ ଆଦିବାସୀମାନଙ୍କୁ ତାରତମ୍ୟ ହାରରେ (Differential Rate of Interest) ଅର୍ଥାତ୍ ଶତକଡ଼ା ୧୨ ଟଙ୍କା ସୁଧ ପରିବର୍ତ୍ତେ ୪ ଟଙ୍କା ସୁଧରେ ଋଣ ଯୋଗାଇ ଦେଲେ । ୩୦.୦୬.୧୯୮୫ ତାରିଖ ସୁଦ୍ଧା ଭାରତବର୍ଷରେ ୨୬୫୦ଟି ପ୍ରାଥମିକ ବୃହଦାକାର ବିବିଧ ଆଦିବାସୀ ସମବାୟ ସମିତି ଗଠିତ ହୋଇ ଆଦିବାସୀମାନଙ୍କୁ ସମସ୍ତ ସୁବିଧା ଯୋଗାଉଛନ୍ତି। କ୍ରମେ ଏହି ସଂଖ୍ୟା ୫୫୧୮ରେ ପହଞ୍ଚିଛି। ଆମ

ଓଡ଼ିଶାରେ ୨୧୫ ଗୋଟି Lamps କାର୍ଯ୍ୟକାରୀ ହେଉଅଛି । ଏତତ୍ ବ୍ୟତୀତ ୧୯୮୩ ମସିହା ଜୁନ ସୁଦ୍ଧା ଓଡ଼ିଶାରେ ୧୫ ଗୋଟି ସମେତ ସମଗ୍ର ଭାରତ ବର୍ଷରେ ୧୬୩୪ ଗୋଟି ବନ ଶ୍ରମିକ ସମବାୟ ସମିତି କାର୍ଯ୍ୟକାରୀ ହେଉଅଛି । ଭାରତରେ ୨୦୨୩ ମସିହା ସୁଦ୍ଧା କଣ୍ଟ୍ରାକ୍ଟ, ନିର୍ମାଣ, ଶ୍ରମିକ ଓ ବନଶ୍ରମିକ ସମବାୟ ସମିତିକୁ ମିଶାଇ ମୋଟ ୪୪,୧୪୩ଗୋଟି ସମବାୟ ସମିତି କାର୍ଯ୍ୟ କରୁଅଛି । ଲ୍ୟାମ୍ପସ (Lamps)ମାନଙ୍କୁ ବନଜାତ ତଥା କୃଷି ପଦାର୍ଥର କିଣାବିକାରେ ସହଯୋଗ କରିବା ପାଇଁ ଆନ୍ଧ୍ରପ୍ରଦେଶ, ଓଡ଼ିଶା, କେରଳ, ମଧ୍ୟପ୍ରଦେଶ, ବିହାର, ମଣିପୁର, ତ୍ରିପୁରା, ମହାରାଷ୍ଟ୍ର ଓ ରାଜସ୍ଥାନ ପ୍ରଭୃତି ରାଜ୍ୟମାନଙ୍କରେ ୧୦ଗୋଟି ରାଜ୍ୟ ଆଦିବାସୀ ଉନ୍ନୟନ ସମବାୟ ନିଗମ (ITDC) Tribal Development Co-operative Corporation ଗଠିତ ହୋଇଅଛି । ୧୯୭୪ ମସିହାରୁ ଜାତୀୟ ଆଦିବାସୀ ଉନ୍ନୟନ ସମବାୟ ନିଗମ ବହୁବିଧ ଆଦିବାସୀ ସମବାୟ ସମିତିମାନଙ୍କୁ ମୂଳଧନର ଅଭିବୃଦ୍ଧି ଓ ଭିତ୍ତିଭୂମି ସୁଦୃଢ଼ କରିବାପାଇଁ ବିଭିନ୍ନ ପ୍ରକାର ସାହାଯ୍ୟ ତଥା ରିହାତି ହାରରେ ଋଣ ଯୋଗାଇ ଦେଉଛନ୍ତି । ଜାତୀୟ ଉନ୍ନୟନ ସମବାୟ ନିଗମ ସମିତିମାନଙ୍କୁ ଅଧିକ ଋଣ ନେଇ କିଣାବିକା କରିବାପାଇଁ ଅଂଶଧନ, ଗୋଦାମ ଗୃହ ନିର୍ମାଣ ଓ ଟ୍ରକ୍ କିଣିବା ପାଇଁ ରିହାତି ହାରରେ ପୁଞ୍ଜିଋଣ ପ୍ରଦାନ କରୁଛି ଏବଂ ବିଭିନ୍ନ କ୍ଷେତ୍ରରେ ସମବାୟ ସମିତି କର୍ମଚାରୀମାନଙ୍କର ତାଲିମ ବ୍ୟବସ୍ଥା ତଥା ପର୍ଯ୍ୟାୟକ୍ରମେ ପରିଚାଳନା ଅନୁଦାନ ଯୋଗାଉଛି । ଏହାଛଡ଼ା କୃଷି ଫସଲର ଉତ୍ପାଦନ, ବନଜାତ ପଦାର୍ଥର ସଂଗ୍ରହ ଓ କିଣାବିକା ପାଇଁ ସମବାୟ ବ୍ୟାଙ୍କମାନେ ଲ୍ୟାମ୍ପସ୍, ଆଦିବାସୀ ତଥା ହରିଜନ ଉନ୍ନୟନ ସମବାୟ ନିଗମମାନଙ୍କୁ ଋଣ ଯୋଗାଉଛନ୍ତି । ଏ ଦିଗରେ ନାବାର୍ଡ଼ ମଧ୍ୟ ପୁନଃ ଅର୍ଥ ଲଗାଣ କରୁଛି । ପୁନଶ୍ଚ ଜାତୀୟ କୃଷି ବାଣିଜ୍ୟ ସମବାୟ ସଂଘ (NAFED) ନାଫେଡ ରାଜ୍ୟ ଆଦିବାସୀ ଉନ୍ନୟନ ସମବାୟ ନିଗମମାନଙ୍କ ଠାରୁ ବିଦେଶରେ ବିକ୍ରୀ କରିବାପାଇଁ ବନଜାତ ପଦାର୍ଥ କିଣୁଛନ୍ତି ଏବଂ ଉକ୍ତ ଜିନିଷମାନ ଲାଭଜନକ ଦରରେ କିପରି ବିକ୍ରି ହୋଇପାରିବ (Marketing Intelligence) ତାହାର ବ୍ୟବସ୍ଥା କରୁଛନ୍ତି, ତଥାପି ବନଜାତ ପଦାର୍ଥର ଉପଯୁକ୍ତ ଦର ତଥା ଠିକ୍ ସମୟରେ ବିକ୍ରୀ ହୋଇପାରୁ ନଥିବାରୁ ୧୯୮୯ ମସିହାରୁ ଜାତୀୟ ଆଦିବାସୀ ସମବାୟ ବାଣିଜ୍ୟ ସଂଘ (National Tribal Co-operative Marketing Federation) ସ୍ୱତନ୍ତ୍ର ଭାବରେ ପ୍ରତିଷ୍ଠିତ ହୋଇ ଆଦିବାସୀ ଉନ୍ନୟନ ସମବାୟ ସଂଘମାନଙ୍କ ଠାରୁ ବନଜାତ ପଦାର୍ଥ କିଣି ଅନ୍ୟ ରାଜ୍ୟମାନଙ୍କରେ କିମ୍ବା ବିଦେଶରେ ବିକ୍ରି କରିବାର ବ୍ୟବସ୍ଥା କରିଛନ୍ତି ।

ଉପରୋକ୍ତ ଆଦିବାସୀ ସମବାୟ ସମିତି ଓ ନିଗମମାନେ ପରିଚାଳନା ଅବ୍ୟବସ୍ଥା

ଯୋଗୁ ଆଦିବାସୀମାନେ ସାହୁକାର, ଦଲାଲମାନଙ୍କ ଠାରୁ ଏ ପର୍ଯ୍ୟନ୍ତ ଋଣ ନେଇ ସୁଝିବାରେ ମୁକ୍ତ ହୋଇପାରି ନାହାନ୍ତି, ଅଧିକାଂଶ କର୍ମଚାରୀମାନଙ୍କର ନିଷ୍ଠା ତଥା ସେବା ମନୋଭାବର ଅଭାବ ହେତୁ ସେମାନେ ଆଦିବାସୀମାନଙ୍କ ସ୍ୱାର୍ଥ ବିନିମୟରେ ନିଜର ଆର୍ଥିକ ଫାଇଦା ପାଇଁ ବେଶୀ ଚେଷ୍ଟିତ । ଓଡ଼ିଶାରେ (ଟ.ଡି.ସି.ସି.) ଆଦିବାସୀ ଉନ୍ନୟନ ସମବାୟ ନିଗମ ବନଜାତ ପଦାର୍ଥ ତଥା ମହୁ, ଝୁଣା, ହରିଡ଼ା, ବାହାଡ଼ା, କେନ୍ଦୁପତ୍ର, ଶାଳପତ୍ର ଇତ୍ୟାଦି ଆଦିବାସୀମାନଙ୍କ ଠାରୁ କ୍ରୟ କରି ନିଜର ବ୍ୟବସାୟ କେନ୍ଦ୍ର ମାଧ୍ୟମରେ ବିକ୍ରି କରୁଛନ୍ତି । ଟି.ଡି.ସି.ସି. କୋରାପୁଟରେ ଆଦିବାସୀଙ୍କ ଦ୍ୱାରା କଫି ଚାଷ କରିବା ପାଇଁ ଉପଯୁକ୍ତ ଶିକ୍ଷା, ଋଣ ଯୋଗାଣ ସହିତ ସେମାନଙ୍କଠାରୁ ଉଚିତ୍ ମୂଲ୍ୟରେ କଫି ଫଳ ସଂଗ୍ରହ କରି ନିଜର ପ୍ରୋସେସିଂ କାରଖାନା ଦ୍ୱାରା ଇନ୍‌ଷ୍ଟାଣ୍ଟ୍ କଫି ସଂଗ୍ରହ କରି ବିକ୍ରି କରୁଛନ୍ତି । ଏହା ଉନ୍ନତମାନର କଫି ହୋଇ ମଧ୍ୟ ସରକାରୀ ସଂସ୍ଥା ଟି.ଡି.ସି.ସି. ମାଧ୍ୟମରେ ବଜାର ଠାରୁ ଯଥେଷ୍ଟ କମ୍ ଦରରେ ବିକ୍ରି କରାଯାଉଛି । କୋରାପୁଟ କଫି ଭାରତ ତଥା ଆନ୍ତର୍ଜାତିକ ବଜାରରେ ଆଦୃତ ଲାଭ କରିଛି ଓ ବଜାରରେ ଏହାର ଚାହିଦା ଯଥେଷ୍ଟ ମାତ୍ରାରେ ବୃଦ୍ଧି ପାଇଛି । ଟି.ଡି.ସି.ସି.ର ପରିଚାଳନା ପାଇଁ ଗଣତାନ୍ତ୍ରିକ ପ୍ରକ୍ରିୟାରେ ଗତ ୨୦୨୩ ମସିହାରେ ନିର୍ବାଚନ କରାଯାଇ ୨୧ ଜଣ (ସଭାପତିଙ୍କ ସହ) ନିର୍ଦ୍ଦେଶକ ନିର୍ବାଚିତ ହୋଇଛନ୍ତି । ମାତ୍ର ସଭାପତି ଓ ଅନ୍ୟ ନିର୍ବାଚିତ ସଦସ୍ୟମାନଙ୍କୁ ଉପଯୁକ୍ତ ସମ୍ମାନ ଦିଆଯାଉନାହିଁ କି ସମବାୟ ବିଭାଗ ଧାର୍ଯ୍ୟ କରିଥିବା ବୈଠକ ଭତ୍ତା ଓ ସଭାପତିଙ୍କୁ ଦରମା ଦେବାପାଇଁ ପରିଚାଳନା ନିର୍ଦ୍ଦେଶକ ଟି.ଡି.ସି.ସି.ର ଜଣେ କର୍ମଚାରୀ ହୋଇ ମଧ୍ୟ କୁଣ୍ଠାବୋଧ କରୁଛନ୍ତି । ସଭାପତି ସୁଦୂର ସୁନ୍ଦରଗଡ଼ ଜିଲ୍ଲାର ହୋଇଥିଲା ବେଳେ ତାଙ୍କୁ ରହିବା ପାଇଁ କ୍ୱାର୍ଟର ମଧ୍ୟ ଦିଆଯାଇନାହିଁ । ପରିଚାଳନା ପରିଷଦର ବୈଠକ ନିର୍ଦ୍ଧାରିତ ସମୟରେ ଡକାଯାଉନାହିଁ । ଏହା ସରକାରୀ ଅଧିକାରୀମାନଙ୍କର ନିର୍ବାଚିତ ପରିଚାଳନା ପରିଷଦ ସଦସ୍ୟମାନଙ୍କ ପ୍ରତି ଅଟହାସ୍ୟ ଓ ବିଦ୍ରୂପ ସଦୃଶ । ସରକାର ଏଥିପ୍ରତି ଦୃଷ୍ଟି ଦେବାରେ ଆବଶ୍ୟକତା ଦେଖାଦେଇଛି ।

ଓଡ଼ିଶା ରାଜ୍ୟ ସମବାୟ ନିବନ୍ଧକଙ୍କ କାର୍ଯ୍ୟକାଳରେ ଆଦିବାସୀ ମାନଙ୍କର ବିଶେଷ ସମସ୍ୟା ସମାଧାନ କରିବା ପାଇଁ ଜଣେ ଉପ ନିବନ୍ଧକଙ୍କୁ ଦାୟିତ୍ୱ ଦିଆଯାଇ ପ୍ରତି ୧୫ ଦିନରେ ଥରେ ରିଭ୍ୟୁ କରାଗଲେ ଦେଖାଦେଇଥିବା ସମସ୍ୟାର ସମାଧାନ ହେବା ସଙ୍ଗେସଙ୍ଗେ ଆଦିବାସୀମାନଙ୍କର ଅର୍ଥନୈତିକ ଅଭିବୃଦ୍ଧି ହୋଇପାରିବ । ଏହା ଓଡ଼ିଶା ରାଜ୍ୟ ସରକାରଙ୍କ ଆଦିବାସୀ ହରିଜନ ଉନ୍ନୟନ ବିଭାଗର ସ୍ୱତନ୍ତ୍ର ନିଷ୍ଠା ଓ ଦାୟିତ୍ୱ । ଆଦିବାସୀ ବହୁଳ ଗ୍ରାମ ପଞ୍ଚାୟତ ଗୁଡ଼ିକରେ ପ୍ରତି ପଞ୍ଚାୟତରେ ଗୋଟିଏ

ଗୋଟିଏ Lamps ଗଠନ କରିବାକୁ ଆବଶ୍ୟକତା ଦେଖାଦେଇଛି । ଫଳରେ Lamps ସଂଖ୍ୟା ବୃଦ୍ଧି ପାଇବ ଓ ଆର୍ଥିକ ବିକାଶ ମଧ୍ୟ ସହଜ ହୋଇପାରିବ । ଏହା ନୂତନ ସରକାରଙ୍କର ସମାଜରେ ଅବହେଳିତ ଆଦିବାସୀ ଲୋକଙ୍କ ପ୍ରତି ଆଶୀର୍ବାଦ ସଦୃଶ ହେବ ।

'ସକାଳ' – ତା ୧୦.୦୭.୨୦୨୪ରେ ପ୍ରକାଶିତ

ଅପନିନ୍ଦାରୁ ସମବାୟର ମୁକ୍ତି କେବେ ?

ଉତ୍କଳ ଗୌରବ ମଧୁସୂଦନ ଦାସଙ୍କ ବଳିଷ୍ଠ ଉଦ୍ୟମ ଯୋଗୁ ସାରା ଭାରତ ବର୍ଷରେ ଗାନ୍ଧିଜୀ, ନେହେରୁ ଓ ଆମ୍ବେଦକରଙ୍କ ପ୍ରେରଣା ପାଇ ଅର୍ଥନୈତିକ ଓ ସାମାଜିକ ବିକାଶରେ ସରକାରୀ ତଥା କର୍ପୋରେଟ ହାଉସଙ୍କ ସହ ସମବାୟ, ଉତ୍ପାଦକ, ବଣ୍ଟନ, ସେବା, ଋଣ ଓ ଅନ୍ୟାନ୍ୟ କ୍ଷେତ୍ର ଉନ୍ନୟନ କାର୍ଯ୍ୟ ସମ୍ପାଦନ ଏଯାବତ୍ କରି ଆସୁଅଛି । ସମବାୟ ଆନ୍ଦୋଳନକୁ ଲୋକାଭୀମୁଖୀ କରିବା ପାଇଁ ସ୍ୱତନ୍ତ୍ରଭାବେ ସମବାୟ ବିଭାଗ ସୃଷ୍ଟି ହେଲା ଓ ଏହି ବିଭାଗର କର୍ମଚାରୀମାନେ ସମବାୟ କାର୍ଯ୍ୟକ୍ରମରେ ଉପାଦେୟତା ସମ୍ପର୍କରେ ଗ୍ରାମାଞ୍ଚଳକୁ ଗ୍ରସ୍ତ କରି ସେବା ସମବାୟ ସମିତି, ମହିଳା ସମବାୟ ବ୍ୟାଙ୍କ, ସମବାୟ ବ୍ୟାଙ୍କ ଓ ସମବାୟ ଖାଉଟି ଭଣ୍ଡାର ସହିତ ସଭ୍ୟମାନେ କିପରି ସହଜରେ ବିଭିନ୍ନ ପ୍ରକାର ଋଣ ସହିତ ଅନ୍ୟାନ୍ୟ ସେବା ପାଇପାରିବେ ଏସବୁ ପାଇଁ ଦିଗ୍‌ଦର୍ଶନ ଦେଲେ। କିନ୍ତୁ କର୍ମଚାରୀମାନଙ୍କ ମଧ୍ୟରୁ କେତେକ ସ୍ୱାର୍ଥନ୍ୱେଷୀ ଓ ମୁନାଫାଖୋର ଓ ସତକୁ ମିଛ, ମିଛକୁ ସତ କରିପାରୁଥିବା ଓ ଉପରିସ୍ଥ କର୍ମଚାରୀମାନଙ୍କୁ ଲାଭ ଅର୍ଥରୁ ଅଂଶ ଦେଇ ସମବାୟକୁ କରାୟତ କରିସାରିଛନ୍ତି ।

ମାତ୍ର ମହାତ୍ମାଗାନ୍ଧୀ କହିଥିଲେ ସବୁ ଗ୍ରାମରେ ଗୋଟିଏ ଗୋଟିଏ ସମବାୟ ସମିତି ରହିବ ଏବଂ ତାହା ସୁଦୃଢ଼ ହେବା ଆବଶ୍ୟକ । ପଣ୍ଡିତ ଜବାହରଲାଲ ନେହେରୁ କହିଥିଲେ ପଞ୍ଚାୟତ, ସ୍କୁଲ ଓ ସମବାୟ ସମିତି ଏ ତିନୋଟି ଗ୍ରାମ ବିକାଶର ମୂଳଦୁଆ । ଏହା ଉପରେ ନିର୍ଭର କରେ ଗ୍ରାମର ଭବିଷ୍ୟତ । ମୂଳଦୁଆ ସୁଦୃଢ଼ ହେଲେ ବିକାଶ ଚିନ୍ତାଧାରା ଆଗେଇ ପାରିବ । ମଧୁସୂଦନଙ୍କ ଇଚ୍ଛା ଥିଲା ଭେଦଭାବ ଭୂଲି ପ୍ରତିଟି ଲୋକଶକ୍ତି ସମାଜ ଗଠନରେ ନିଜକୁ ନିୟୋଜିତ କରି ସମସ୍ତ କାର୍ଯ୍ୟର ସଠିକ୍ କାର୍ଯ୍ୟ, ଗୁଣବତା ଓ ସମୟ ନିର୍ଘଣ୍ଟ ରହିବା ଆବଶ୍ୟକ । ସମବାୟର ସଂଜ୍ଞା, ନୀତି, ମୂଲ୍ୟବୋଧ ଓ ଆଦର୍ଶ ତଥା ମୂଳଲକ୍ଷ ଆଜି ବନ୍ଧାପଡିଛି । ନୀତି ଓ ନୈତିକତା ଆଜି

ହଜିଯାଇଛି । ସତେକି ଏହି ଅର୍ଥନୈତିକ ଓ ଆତ୍ମ ନିଯୁକ୍ତିର ସୁଯୋଗ ସୃଷ୍ଟି କରୁଥିବା ସମବାୟ ଅନୁଷ୍ଠାନଗୁଡ଼ିକ ଆଜି ରାଜନୀତି ଓ ଅମଲାତନ୍ତ୍ରର ହସ୍ତକ୍ଷେପରେ ଉବୁଟୁବୁ ହୋଇ ବିପଦମୁଖୀ । ଏହାର ପରିଚାଳନା ଓ ଦାୟିତ୍ୱ ଯାହା ଉପରେ ନ୍ୟସ୍ତ କରାଗଲା ସେ ହେଲେ ଏହାର ହର୍ତ୍ତା କର୍ତ୍ତା ଓ ଦଇବ ବିଧାତା । ସେମାନଙ୍କ ହସ୍ତ ମାହାଲରେ ମୁଦି ସାଜିଛି ସମବାୟ ଅନୁଷ୍ଠାନ, ସତେକି ତାଙ୍କର ଚିନ୍ତାଧାରା, ତାଙ୍କରି କାର୍ଯ୍ୟ ଓ ହୁକୁମ ହେଉଛି ସମବାୟ ଅନୁଷ୍ଠାନର ଭାଗ୍ୟ ଓ ଭବିଷ୍ୟତ ।

ଉଦାହରଣ ସ୍ୱରୂପ ଚଳିତ ବର୍ଷ ଜାତୀୟ କୃଷି ଓ ଗ୍ରାମ୍ୟ ଉନ୍ନୟନ ବ୍ୟାଙ୍କ (ନାବାର୍ଡ) ଓଡ଼ିଶା ପାଇଁ ଖରିଫ ଋଣ ବାବଦକୁ ରାଜ୍ୟ ସ୍ତରୀୟ ବ୍ୟାଙ୍କରସ କମିଟିରେ ଘୋଷଣା କଲେ ୧୧୦୦୦ କୋଟି ଟଙ୍କା କୃଷି ଋଣ ସମବାୟ ଅନୁଷ୍ଠାନମାନଙ୍କ ମଧ୍ୟମରେ ଚାଷୀମାନଙ୍କୁ ଯୋଗାଇବେ । ଏଠାରେ ସର୍ତ୍ତ ରହିଛି ଯେ କୃଷି ଋଣ ଶୁଝିଥିବା କୃଷକମାନଙ୍କୁ ଋଣ ଯୋଗାଇ ଦିଆଯିବ, ଯେଉଁ ସମବାୟ ସମିତିମାନେ ଶତକଡ଼ା ୬୦ ଭାଗ ଋଣ ଆଦାୟ କରିଥିବେ କେବଳ ସେହି ସେବା ସମବାୟ ସମିତିମାନେ ଋଣ ପାଇବା ପାଇଁ ଯୋଗ୍ୟ ବିବେଚିତ ହେବେ । ମାତ୍ର ଏଠାରେ ସୂଚାଇ ଦିଆଯାଏ ଯେ ପ୍ରକୃତରେ ଚାଷୀମାନେ ନଗଦ ଆକାରରେ ଋଣ ପାଇନାହାନ୍ତି । ଦୀର୍ଘଦିନ ହେଲା କେତେକ ଚାଷୀଙ୍କୁ ଋଣ ଦିଆଯାଇଛି ଓ ଆଉ କେତେକ ନିରୀହ ଚାଷୀମାନଙ୍କ ନାମରେ ସମିତିର ସଂପାଦକଙ୍କ ସହିତ ସମବାୟ ବ୍ୟାଙ୍କର କର୍ମଚାରୀମାନେ ସାମିଲ ହୋଇ ଋଣ ନେଇଛନ୍ତି । ଚାଷୀଙ୍କ ପାଇଁ ଜିଲ୍ଲାସ୍ତରୀୟ ଟେକ୍‌ନିକାଲ କମିଟିରେ ବିଭିନ୍ନ ଫସଲ ପାଇଁ ବାର୍ଷିକ ଋଣ ଖସଡ଼ା ପ୍ରସ୍ତୁତ କରାଯାଇ ପ୍ରତି ସମିତି ଦ୍ୱାରା ଚାଷୀଙ୍କ ନାମରେ କ୍ରେଡିଟ ଲିମିଟ, ପରିଚାଳନା ପରିଷଦ ସହିତ ବ୍ୟାଙ୍କ ଶାଖା ପରିଚାଳକଙ୍କ ଦ୍ୱାରା ମଞ୍ଜୁର କରାଯାଇ ବ୍ୟକ୍ତିଗତ ଆକାଉଣ୍ଟକୁ ଟ୍ରାନ୍ସଫର କରାଯାଏ । ପ୍ରଶ୍ନ ଉଠୁଛି ଚାଷୀମାନେ ସମବାୟ ସମିତିର କର୍ମଚରୀଙ୍କ ଉପରେ ବିଶ୍ୱାସ କରି ସେମାନଙ୍କୁ ଆଗରୁ ଯୋଗାଇ ଦିଆଯାଇଥିବା କିଷାନ କ୍ରେଡିଟ ପାସ୍‌ବୁକ୍, ସମିତିର ଚେକ୍‌ବୁକ୍ ଓ ବ୍ୟାଙ୍କର ଚେକ୍‌ବୁକ୍‌ରେ ଦସ୍ତଖତ କରିଦେଇ ସଂପାଦକଙ୍କୁ ହସ୍ତାନ୍ତର କରିଦିଅନ୍ତି । ସମିତିର ସଂପାଦକ ପୁରୁଣା ଋଣ ଉପରେ ସୁଧ କଷି (ଏକ ଲକ୍ଷ ଟଙ୍କା ପର୍ଯ୍ୟନ୍ତ ଚାଷ ଋଣ ନେଇ ଠିକ୍ ସମୟରେ ଶୁଝୁଥିଲେ ଚାଷୀକୁ ସୁଧ ଦେବାକୁ ପଡ଼ିବ ନାହିଁ) ଚାଷୀର ପାସବୁକ୍‌ରେ ଋଣ ଦେଣ ଓ ନେଣ ଲେଖି ନିଜ ନିକଟରେ ରଖନ୍ତି । ଚାଷୀ କେତେ ଟଙ୍କା ଋଣ ନେଲା ବୋଲି ପ୍ରଶ୍ନକଲେ ମଧ୍ୟ ଉତ୍ତର ମିଳେନାହିଁ । ପ୍ରାଥମିକ ସମବାୟ ସମିତି ଏହି ହିସାବରେ ପି.ଟି. ଦ୍ୱାରା ଶତ ପ୍ରତିଶତ ଋଣ ଆଦାୟ ଓ ଋଣ ଯୋଗାଣ କେନ୍ଦ୍ର ସମବାୟ ବ୍ୟାଙ୍କକୁ ଜଣାଇ ଦିଏ । କେନ୍ଦ୍ର ସମବାୟ ବ୍ୟାଙ୍କ ସମିତିମାନଙ୍କୁ

ଲଗାଣ କରିଥିବା ଋଣ ଉପରେ ଇଣ୍ଟରେଷ୍ଟ ସଲଭେନସନ ହିସାବ କରି ରାଜ୍ୟ ସମବାୟ ବ୍ୟାଙ୍କକୁ ଋଣ ଶୁଝିବା ହିସାବ ଦିଏ । ଏହିପରି ରାଜ୍ୟରେ ୨୭୧୦ ଗୋଟି ପ୍ରାଥମିକ ସେବା ସମବାୟ ସମିତିର ଋଣ ଲଗାଣକୁ ୧୭ ଗୋଟି କେନ୍ଦ୍ର ସମବାୟ ବ୍ୟାଙ୍କ ହିସାବକୁ ନେଇ ରାଜ୍ୟ ସମବାୟ ବ୍ୟାଙ୍କକୁ ଜଣାଇଦିଏ ଏହି କାଗଜ କଲମ ହିସାବକୁ ନେଇ । ରାଜ୍ୟ ସମବାୟ ବ୍ୟାଙ୍କ ପ୍ରତିବର୍ଷ ରାଜ୍ୟପାଇଁ ନାବାର୍ଡ ଦ୍ୱାରା ଖରିଫ୍ ଓ ରବି ଋଣର ହିସାବ ଦେଇ ବାଃ ବାଃ ନେଇ ଚାଲିଛି । ଋଣ ଦେଣ ଓ ନେଣ କାଗଜ କଲମରେ ହିସାବ କରାଯାଇ ମୋଟ ଋଣ ଲଗାଣ ସରକାରଙ୍କୁ ଜଣାଇ ଦିଆଯାଏ । ରାଜ୍ୟ ସମବାୟ ବ୍ୟାଙ୍କ ମୋଟ ଋଣ ଉପରେ ସୁଧ ସହ ୧୭ଟି କେନ୍ଦ୍ର ସମବାୟ ବ୍ୟାଙ୍କରୁ ଋଣ ଅସୁଲ କରେ । କେନ୍ଦ୍ର ସମବାୟ ବ୍ୟାଙ୍କମାନେ ପ୍ରାଥମିକ ସେବା ସମବାୟ ସମିତିମାନଙ୍କୁ ଦେଇଥିବା ମୋଟ୍ ଋଣ ସହିତ ଚାଷୀଙ୍କ ଠାରୁ ପାଇବାକୁ ଥିବା ମୋଟ ଋଣ ସହିତ ମେଳ ଖାଉନାହିଁ । ଏସବୁ ଦେଖି ରାଜ୍ୟ ସମବାୟ ବ୍ୟାଙ୍କ ଓ ପ୍ରାଥମିକ ସମବାୟ ସମିତିମାନଙ୍କ ମଧ୍ୟରେ ୩୬୫୦ କୋଟି ଟଙ୍କା ଅମେଳ ଦେଖାଦେଇଛି ।

ଚାଷୀମାନଙ୍କ ଋଣ ଉପରେ ଶତକଡ଼ା ୧୦ ପ୍ରତିଶତ ଅଂଶଧନକୁ କେନ୍ଦ୍ର ସମବାୟ ବ୍ୟାଙ୍କମାନେ କାଟିନେଇ ରାଜ୍ୟ ସମବାୟ ବ୍ୟାଙ୍କରେ ଜମା ରଖିବା ଦ୍ୱାରା ବିନା ମୋଫତରେ ରାଜ୍ୟ ସମବାୟ ବ୍ୟାଙ୍କ ସମସ୍ତ ଅଂଶଧନ ୩୦୦୦ କୋଟି ଟଙ୍କାକୁ ଅନ୍ୟ ବ୍ୟାଙ୍କ ସହିତ ସେୟାର ବଜାରରେ ଖଟାଇ ବର୍ଷକୁ ପ୍ରାୟ ୩୦୦ କୋଟି ଟଙ୍କା ଆୟ କରୁଥିଲେ ମଧ୍ୟ ପ୍ରକୃତ ଅଂଶଧନର ମାଲିକମାନେ ଏହି ଲାଭରୁ କିଛି ପାଆନ୍ତି ନାହିଁ, ମାତ୍ର ରାଜ୍ୟ ସମବାୟ ବ୍ୟାଙ୍କ ବାର୍ଷିକ ୩୦୦ କୋଟି ଲାଭ ପାଇ ସରକାରଙ୍କର ପ୍ରଶଂସାର ପାତ୍ର ସାଜେ । ରାଜ୍ୟ ସମବାୟ ବ୍ୟାଙ୍କର କର୍ମଚାରୀମାନେ ଏହି ଲାଭକୁ ହିସାବକୁ ନେଇ ମୋଟା ଅଙ୍କର ଦରମା ସର୍ବୋଚ୍ଚ ୩ ଲକ୍ଷ ୫୦ ହଜାର ଟଙ୍କା ପର୍ଯ୍ୟନ୍ତ ମାସିକ ଦରମା ନେଉଛନ୍ତି, ଏହା କେଉଁ ପ୍ରକାର ନ୍ୟାୟ ଯାହା ତଦନ୍ତ ସାପେକ୍ଷ । ଏଥିରେ ମୁଖ୍ୟ କାର୍ପଟଦାର ସାଜିଛନ୍ତି ରାଜ୍ୟ ସମବାୟ ବ୍ୟାଙ୍କର ବରିଷ୍ଠ ଅଧିକାରୀ ଅଶୋକ କୁମାର ଦାସ ଯିଏକି କଟକ କେନ୍ଦ୍ର ସମବାୟ ବ୍ୟାଙ୍କରେ ସି.ଇ.ଓ ଭାବେ କାର୍ଯ୍ୟକରି କିଛି ଲୋକଙ୍କୁ ବେନିୟମଭାବେ ନିଯୁକ୍ତି ଦେଇଛନ୍ତି ଓ ବାଲେଶ୍ୱର କେନ୍ଦ୍ର ସମବାୟ ବ୍ୟାଙ୍କର ସି.ଇ.ଓ ଥିଲାବେଳେ ଚନ୍ଦନେଶ୍ୱର ବ୍ରାଞ୍ଚରେ ହୋଇଥିବା ୪କୋଟି ୬୭ଲକ୍ଷ ଟଙ୍କା ଋଣ ଦୁର୍ନିତୀରେ ସଂପୃକ୍ତ ଥାଇ ଓଡ଼ିଶା ରାଜ୍ୟ ସମବାୟ ବ୍ୟାଙ୍କର ସଭାପତିଙ୍କ ଛତ୍ରଛାୟା ତଳେ ରହି ନିଜ ମୁଣ୍ଡରୁ ଦୋଷ ଦୂର କରିବା ପାଇଁ ମୁଖ୍ୟ କାର୍ଯ୍ୟାଳୟରେ ଯୋଗ ଦେଇଛନ୍ତି ।

ବୈଦ୍ୟନାଥ କମିଟିର ରିପୋର୍ଟକୁ କେନ୍ଦ୍ର ସରକାର ଲାଗୁକରି ପ୍ରାଥମିକ ସମିତି ଓ କେନ୍ଦ୍ର ସମବାୟ ବ୍ୟାଙ୍କ ଓ ରାଜ୍ୟ ସମବାୟ ବ୍ୟାଙ୍କ ମଧ୍ୟରେ ଥିବା ଅମେଳ ଅର୍ଥ ଯୋଗାଇ ଦେଇଥିଲେ ପ୍ରାଥମିକ ସମିତିମାନେ ଆତ୍ମ ନିର୍ଭରଶୀଳ ଓ ସତ୍‌ପଥରେ କାର୍ଯ୍ୟକ୍ଷମ ହୋଇପାରିବ ବୋଲି । ମାତ୍ର ରାଜ୍ୟ ସମବାୟ ବ୍ୟାଙ୍କ ଏ ସୁଯୋଗ କେନ୍ଦ୍ର ସମବାୟ ବ୍ୟାଙ୍କ ଓ ପ୍ରାଥମିକ ସମବାୟ ସମିତିମାନଙ୍କୁ ଦେଲେ ନାହିଁ। ଫିଟ ଆଣ୍ଡ୍ ପ୍ରପର କ୍ରାଇଟେରିଆ ଅନୁସାରେ ଯୋଗ୍ୟତା ନଥାଇ ରାଜ୍ୟ ସମବାୟ ବ୍ୟାଙ୍କ ନିଜ କର୍ମଚାରୀମାନଙ୍କୁ ସମସ୍ତ ୧୭ ଗୋଟି କେନ୍ଦ୍ର ସମବାୟ ବ୍ୟାଙ୍କର ମୁଖ୍ୟ କାର୍ଯ୍ୟନିର୍ବାହୀ ରୂପେ ନିଯୁକ୍ତି ଦେବା ଦ୍ୱାରା ସେମାନେ ରାଜ୍ୟ ସମବାୟ ବ୍ୟାଙ୍କ ଦୋଷକୁ ଘୋଡ଼ାଇ ରଖିବାରେ ବ୍ୟସ୍ତ । ରାଜ୍ୟ ସମବାୟ ବ୍ୟାଙ୍କ କୌଣସି କେନ୍ଦ୍ର ସମବାୟ ବ୍ୟାଙ୍କକୁ ସୁଯୋଗ ଦେଲେ ନାହିଁ ନିଜର ମୁଖ୍ୟ କାର୍ଯ୍ୟନିର୍ବାହୀ ମାନଙ୍କୁ ନିଯୁକ୍ତି ଦେବାପାଇଁ। ରାଜ୍ୟ ସମବାୟ ବ୍ୟାଙ୍କ ନିଜ କର୍ମଚାରୀମାନଙ୍କ ମାଧ୍ୟମରେ ସମସ୍ତ କେନ୍ଦ୍ର ସମବାୟ ବ୍ୟାଙ୍କକୁ ଲୁଟି ଚାଲିଥିଲେ ମଧ୍ୟ ଗତ ସରକାର ନୀରବ ସାଜିଥିଲେ।

ରାଜ୍ୟ ସମବାୟ ନିବନ୍ଧକ ଚିଠି ନଂ XXX-୬ /୨୦୧୩/୩୧୪୨/ବ୍ୟାଙ୍କ-୧୦ ତା୨୦.୧୨.୨୦୧୩ରିଖରେ ଏକ ସର୍କୁଲାର୍ ଜାରି କରିଥିଲେ । ଯାହାର ସାରମର୍ମ ହେଉଛି ପ୍ରାଥମିକ କୃଷି ସମବାୟ ସମିତିମାନେ ଋଣୀ କୃଷକମାନଙ୍କ ଠାରୁ ଆଦାୟ କରିଥିବା ଶତକଡ଼ା ୧୦ ଅଂଶଧନରୁ ୫୦ ଭାଗ କେନ୍ଦ୍ର ସମବାୟ ବ୍ୟାଙ୍କମାନେ ଓ ଅବଶିଷ୍ଟ ୫୦ ଭାଗ ସମବାୟ ସମିତିମାନେ ଅନ୍ୟତ୍ର ବିନିଯୋଗ କରି ତା' ଉପରେ ପାଉଥିବା ଲାଭକୁ ନିଜ ଆୟରେ ଯୋଗ କରିବେ । ମାତ୍ର ଉକ୍ତ ସର୍କୁଲାରକୁ କୌଣସି କେନ୍ଦ୍ର ସମବାୟ ବ୍ୟାଙ୍କମାନେ ନ ମାନି ଶତକଡ଼ା ୧୦ ଅଂଶଧନକୁ ନିଜର କରି ରାଜ୍ୟ ସମବାୟ ବ୍ୟାଙ୍କରେ ରଖିବା ଦ୍ୱାରା ଏହା ସରକାରଙ୍କ ନୀତି ବିରୁଦ୍ଧ କାର୍ଯ୍ୟ ହୋଇଥିବାରୁ ନୂତନ ସରକାର ଏହା ଉପରେ ଦୃଷ୍ଟାନ୍ତମୂଳକ ପଦକ୍ଷେପ ନେବା ଆବଶ୍ୟକ ଏବଂ ତୁରନ୍ତ କାର୍ଯ୍ୟକାରୀ ହେଲେ ପ୍ରାଥମିକ ସମବାୟ ସମିତିମାନେ ବାର୍ଷିକ କ୍ଷତିରୁ ମୁକ୍ତି ପାଇପାରିବେ ଓ ଏହାର ସଭ୍ୟମାନେ ଲାଭାଂଶରୁ ନିଜ ଅଂଶ ଉପଭୋଗ କରିପାରିବେ।

ପ୍ରାଥମିକ ସମବାୟ ସମିତି, କେନ୍ଦ୍ର ସମବାୟ ସମିତି ଓ ଶୀର୍ଷ ସମବାୟ ସମିତିମାନଙ୍କ କାର୍ଯ୍ୟଦକ୍ଷତା ବଢ଼ାଇବା ପାଇଁ ପର୍ଯ୍ୟାୟ କ୍ରମେ ସମସ୍ତ ସମିତିର ପରିଚାଳନା ପରିଷଦ ସଦସ୍ୟଙ୍କ ସହିତ ସମବାୟ ବିଭାଗର କର୍ମଚାରୀ ଓ ସମବାୟ ସମିତିର କର୍ମଚାରୀମାନଙ୍କୁ ଶିକ୍ଷା, ଗବେଷଣା ଓ ପ୍ରଶିକ୍ଷଣ ଦେବାକୁ ଏ ବାବଦରେ ୨୦୨୩-୨୪ ଆର୍ଥିକ ବର୍ଷପାଇଁ ୧କୋଟି ୩୦ ଲକ୍ଷ ଟଙ୍କା ବଜେଟ୍‌ରେ ରଖାଯାଇଥିଲା ସମବାୟ ମନ୍ତ୍ରୀଙ୍କ ମଞ୍ଜୁରୀ ପରେ । ପ୍ରଥମ ଦଫାରେ ୬୦ ଜଣ ବିଭିନ୍ନ

ସମିତିର ପରିଚାଳନା ପରିଷଦର ସଦସ୍ୟମାନଙ୍କୁ ଦୁଇଟି ଗୋଷ୍ଠୀରେ ମହାରାଷ୍ଟ୍ରର ପୁନା ଓ ପଞ୍ଜାବରେ ପ୍ରଶିକ୍ଷଣ ଦେବାପାଇଁ କାର୍ଯ୍ୟ ଖସଡ଼ା ପ୍ରସ୍ତୁତ କରାଯାଇ ସମବାୟ ସଚିବଙ୍କ ଆପ୍ରୁଭାଲ୍ ନିଆଯାଇଥିଲା ଗତ ଫେବୃୟାରୀ ମାସରେ। ମାତ୍ର ସମବାୟ ବିଭାଗରେ କାର୍ଯ୍ୟ କରୁଥିବା ସ୍ୱତନ୍ତ୍ର ଶାସନ ସଚିବ ବିଭିନ୍ନ ଆଳ ଦେଖାଇ ଫାଇଲଟିକୁ ସମବାୟ ନିବନ୍ଧକଙ୍କ କାର୍ଯ୍ୟାଳୟରୁ ମଗାଇ ନେଇ ଲୁଚାଇ ଦେଇଥିଲେ। ଯାହା ଫଳରେ ପ୍ରଥମ ଗୋଷ୍ଠୀ ପ୍ରଶିକ୍ଷଣ ପାଇଁ ପୁନା ଯିବାକୁ ଯାତାୟତ ଟିକେଟ୍ କରିବା ପାଇଁ ଆବଶ୍ୟକ ହେଉଥିବାରୁ ଫାଇଲଟି ମିଳି ନଥିଲା। ଫଳରେ ଯିବାକୁ ଥିବା ସଦସ୍ୟମାନେ ଏଥିରୁ ବଞ୍ଚିତ ହୋଇଥିଲେ। ଯାହାଫଳରେ ନିର୍ବାଚନ ପୂର୍ବରୁ ସମବାୟ ବିଭାଗର କିଛି କର୍ମଚାରୀଙ୍କୁ ତେଲେଙ୍ଗାନା ଯିବାପାଇଁ ସ୍ୱତନ୍ତ୍ର ଶାସନ ସଚିବ ସୁଯୋଗ ଦେଇଥିଲେ । ନିର୍ବାଚନ ପୂର୍ବରୁ ସେହି ଅର୍ଥରୁ ଖର୍ଚ୍ଚ କରି ନିର୍ବାଚନ ପରେ ସ୍ୱତନ୍ତ୍ର ଶାସନ ସଚିବଙ୍କ ଅଧ୍ୟକ୍ଷତାରେ ୫ଜଣ ସଦସ୍ୟ କେରଳକୁ, ଅତିରିକ୍ତ ନିବନ୍ଧକ ଭକ୍ତବନ୍ଧୁ ସାହୁଙ୍କ ଟିମ୍‌ରେ ୫ଜଣଙ୍କୁ କର୍ଣ୍ଣାଟକ, ଅତିରିକ୍ତ ସଚିବ ଧରିତ୍ରୀ ମିଶ୍ରଙ୍କ ଟିମ୍‌ରେ ୪ଜଣ ମହାରାଷ୍ଟ୍ରକୁ ଓ ଅତିରିକ୍ତ ସଚିବ ସୁଭ୍ରା ମହାନ୍ତିଙ୍କ ଟିମ୍‌ରେ ୫ଜଣ ସମବାୟ ବିଭାଗର କର୍ମଚାରୀଙ୍କୁ ତାମିଲନାଡୁ ଯିବାପାଇଁ ବ୍ୟବସ୍ଥା କରାଯାଇଛି । ସମବାୟ ଅନୁଷ୍ଠାନକୁ ପରିଚାଳନା କରୁଥିବା ସଦସ୍ୟମାନଙ୍କୁ ନ ପଠାଇବାର ଉଦ୍ଦେଶ୍ୟ ସେହି ଅଧିକାରୀ ଜଣଙ୍କର ମନରେ କ'ଣ ଥାଇପାରେ ତାହା ଏକ ପ୍ରଶ୍ନବାଚୀ ସୃଷ୍ଟି ହୋଇଛି । ବିଭିନ୍ନ ସମବାୟ ସମିତିର ପରିଚାଳନା ପରିଷଦର ସଭ୍ୟମାନେ ବିଭିନ୍ନ ରାଜ୍ୟରୁ ଟ୍ରେନିଂ ପାଇଁ ନିଜ ଅନୁଷ୍ଠାନକୁ ସୁଚାରୁ ରୂପେ ପରିଚାଳନା କରିବା ପଛକୁ ପକାଇ କେଉଁ ପରିପ୍ରେକ୍ଷୀରେ ସରକାରୀ କର୍ମଚାରୀମାନେ ନିଜର ଅୟସ ମେଣ୍ଟାଇବା ପାଇଁ ବିଭିନ୍ନ ରାଜ୍ୟକୁ ଯାଇ ଅଯଥାରେ ଟଙ୍କା ଖର୍ଚ୍ଚ କରିବା କିବା ଯଥାର୍ଥ ଅଛି । ବିଭିନ୍ନ ସମୟରେ ସରକାରୀ ପଇସାରେ ଟ୍ରେନିଂ ନେବା ଦ୍ୱାରା ସରକାରଙ୍କ କି କି ଉପକାର ହୋଇଛି ତାହା ମଧ୍ୟ ନୂତନ ସରକାରଙ୍କ ଦ୍ୱାରା ତଦନ୍ତ ସାପେକ୍ଷ । ଏପରିକି ସେହି ଅଧିକାରୀ ଜଣଙ୍କ ଗତ ବି.ଜେ.ଡି ସରକାରର ସୁପାରିଶରେ ୬ ବର୍ଷ ହେବ ସମବାୟ ବିଭାଗରେ କାର୍ଯ୍ୟ କରୁଥିଲେ ମଧ୍ୟ କେଉଁ ଆକ୍ଷେପ ନେଇ ସମବାୟ ସମିତିର ପରିଚାଳନା ପରିଷଦର ସଦସ୍ୟମାନଙ୍କୁ ବି.ଜେ.ଡି ଲୋକ କହି ସେମାନଙ୍କ ଟ୍ରେନିଂ ଫାଇଲକୁ ଲୁଚାଇ ସଦସ୍ୟମାନଙ୍କୁ ସେଥିରୁ ନିବୃତ୍ତ କଲେ ତାହା ମଧ୍ୟ ତଦନ୍ତ ପରିସର ହେବା ଆବଶ୍ୟକ । ବିନା ଦଳୀୟ ସଙ୍କେତରେ ନିର୍ବାଚନରେ ଜିତିଥିବା ବିଭିନ୍ନ ସମିତିର ପରିଚାଳନା ପରିଷଦର ସଦସ୍ୟମାନଙ୍କ ପ୍ରତି ସେହି ଅଧିକାରୀ ଜଣଙ୍କର ଏ ପ୍ରକାର ହୀନ ଚକ୍ରାନ୍ତ ମନ୍ତବ୍ୟ ଅତି ଦୁଃଖଦ ଏବଂ ଚଳିତ ସରକାରଙ୍କ ଦ୍ୱାରା ତଦନ୍ତ ସାପେକ୍ଷ । ସମବାୟ ବିଭାଗରେ

ଅତିରିକ୍ତ ସଚିବଭାବେ ଦୀର୍ଘ ୫ ବର୍ଷ ହେବ ଜଣେ ମହିଳା ଅତିରିକ୍ତ ଶାସନ ସଚିବ କାର୍ଯ୍ୟକରି ଆସୁଥିଲେ ମଧ୍ୟ ସେ ବିଭାଗରୁ ଅନ୍ୟ ବିଭାଗକୁ ବଦଳି ରଦ୍ଦ କରିବା ପାଇଁ ତୃତୀୟ ମହଲାର ସାହାଯ୍ୟ ନେଇ ସମବାୟ ବିଭାଗରେ ରହିଛନ୍ତି । ତାଙ୍କ ଦ୍ୱାରା ବିଭିନ୍ନ କର୍ମଚାରୀଙ୍କର ବଦଳି, ବିଭାଗୀୟ ପଦୋନ୍ନତି ହେଉଥିବାରୁ ତାଙ୍କ ମାଧ୍ୟମରେ ମୋଟା ଅଙ୍କର ଉତ୍କୋଚ ବରିଷ୍ଠ ବିଭାଗୀୟ ଅଧିକାରୀ ଆଦାୟ କରିଛନ୍ତି ।

ସ୍ୱତନ୍ତ୍ର ଶାସନ ସଚିବ 5T ଆଳରେ କିଛି ବ୍ୟକ୍ତିଙ୍କୁ ମୋଟା ଅଙ୍କର ଦରମାରେ ଏଜେନ୍ସି ମାଧ୍ୟମରେ ନିଯୁକ୍ତି ଦେଇ ସେମାନଙ୍କୁ ମାର୍କଫେଡ୍ କାର୍ଯ୍ୟାଳୟରେ କାର୍ଯ୍ୟ କରିବାପାଇଁ ବସାଇ ଏ ବାବଦରେ ମାସକୁ ହାରାହାରି ୧ କୋଟି ଟଙ୍କା ଖର୍ଚ୍ଚ କରିଆସୁଛନ୍ତି । ଏଠାରେ ସୂଚାଇ ଦିଆଯାଇପାରେ ସେହି ଅଧିକାରୀ ଜଣଙ୍କ ମାର୍କଫେଡ୍‌ରେ ପରିଚାଳନା ନିର୍ଦ୍ଦେଶକ ରୂପେ ଆଗରୁ କାର୍ଯ୍ୟ କରୁଥିଲେ ଓ ବିଭାଗ ଉପରେ ନିଜର ଆଧିପତ୍ୟ ବିସ୍ତାର କରିଛନ୍ତି । ଅନ୍ୟ ଏକ ଘଟଣା କ୍ରମେ ସମବାୟ ବିଭାଗରେ ମଧ୍ୟ ସାମାଜିକ ଗଣମାଧ୍ୟମ ଆଳରେ କିଛି ବ୍ୟକ୍ତିଙ୍କୁ ଏଜେନ୍ସି ମାଧ୍ୟମରେ ମୋଟା ଅଙ୍କର ଦରମାରେ ନିଯୁକ୍ତି ଦେଇ ମାସକୁ ୧କୋଟିରୁ ଊର୍ଦ୍ଧ୍ୱ ଟଙ୍କା ଖର୍ଚ୍ଚ କରି ଆସୁଛନ୍ତି । ଏହା ମଧ୍ୟ ଏକ ବେନିୟମ କାର୍ଯ୍ୟ ଓ ଅଯଥା ଖର୍ଚ୍ଚ । ଉକ୍ତ ଖର୍ଚ୍ଚରୁ ସିଂହଭାଗ ସେହି ଅଧିକାରୀ ଜଣଙ୍କ ନିଜ ପକେଟ୍‌ରେ ପୁରାଉଛନ୍ତି ।

ଗତ ୨୦୨୩ ମସିହା ନଭେମ୍ବର ୧୪ରୁ ୨୦ ତାରିଖ ପର୍ଯ୍ୟନ୍ତ ଜାତୀୟ ସମବାୟ ସପ୍ତାହ ପାଳନ ଅବସରରେ ସ୍ୱତନ୍ତ୍ର ଶାସନ ସଚିବ ଭୁବନେଶ୍ୱରରେ ନଭେମ୍ବର ୧୪ ଓ ୧୫ ଦୁଇଦିନ ଧରି ସମବାୟ ସପ୍ତାହ ପାଳନ କରିବା ପାଇଁ ଦିନଧାର୍ଯ୍ୟ କଲେ ଏବଂ ସେଥିରେ ବିଭିନ୍ନ ବାବଦରେ ଖର୍ଚ୍ଚ କରିବା ପାଇଁ ୧କୋଟି ୬୫ଲକ୍ଷ ଟଙ୍କାର ବଜେଟ୍ ଅଟକଳ କରାଯାଇଥିଲା । ଏହାକୁ ଆଖି ଆଗରେ ରଖି ସେହି ଅଧିକାରୀ ଜଣଙ୍କ ନିଜର ଜଣେ ସମ୍ପର୍କୀୟଙ୍କୁ Mute Entertainment ନାମରେ ଏକ ଇଭେଣ୍ଟ ମ୍ୟାନେଜମେଣ୍ଟ ସଂସ୍ଥାକୁ ୧କୋଟି ୩୭ଲକ୍ଷ ଟଙ୍କାରେ ଟେଣ୍ଡର ଦେଇଥିଲେ । ଏହି ଖର୍ଚ୍ଚରେ ରଖାଯାଇଥିବା ବିଭିନ୍ନ ଜିଲ୍ଲାରୁ ୫ ହଜାର ସମବାୟ ପ୍ରେମୀଙ୍କୁ ଯିବା ଆସିବା ପାଇଁ ଖର୍ଚ୍ଚ ବାବଦକୁ ୯୦ଲକ୍ଷ ଟଙ୍କା ରଖାଯାଇଥିଲେ ମଧ୍ୟ ପ୍ରକୃତପକ୍ଷେ ଭୁବନେଶ୍ୱର ଆଖପାଖ ଅଞ୍ଚଳରୁ ୨ ହଜାର ସମବାୟ ପ୍ରେମୀ ଯୋଗ ଦେଇଥିଲେ। ଦୂର ଦୂରାନ୍ତରୁ ସମବାୟ ପ୍ରେମୀମାନେ ଆସିବା ପାଇଁ କୌଣସି ଖର୍ଚ୍ଚ କରାଯାଇ ନଥିଲେ ମଧ୍ୟ ଏ ବାବଦକୁ ସମସ୍ତ ସରକାରୀ ଅର୍ଥ ଖର୍ଚ୍ଚ ହୋଇଛି ବୋଲି ସେହି ଅଧିକାରୀ ଜଣଙ୍କ ବିଲ୍ ପ୍ରସ୍ତୁତ କରିଅଛନ୍ତି । ୩୦ଟି ଜିଲ୍ଲାରେ ସମବାୟ ରଥ ବୁଲାଇବା ପାଇଁ ବ୍ୟବସ୍ଥା ଥିଲେ ମଧ୍ୟ ୭ଟି ସମବାୟ ରଥ ୧୫ ତାରିଖରୁ ୨ଦିନ

ଧରି ବିଭିନ୍ନ ଜିଲ୍ଲା ବୁଲାଯାଇ ୩୦ଟି ରଥ ବାବଦରେ ଖର୍ଚ୍ଚ ବିଲ୍ କରାଯାଇଅଛି । ସଭାରେ ଯୋଗଦେଇଥିବା ଲୋକମାନଙ୍କୁ ଖାଦ୍ୟ ଯୋଗାଇବାରେ ଅବ୍ୟବସ୍ଥା କରାଯାଇଥିବାରୁ ବହୁତ ଲୋକ ନିଜ ପକେଟ୍‌ରୁ ପଇସା ଖର୍ଚ୍ଚ କରିଥିଲେ । ସଚିବାଳୟର କେତେକ ଓ.ଏ.ଏସ୍. ଅଫିସରମାନଙ୍କୁ ଏକ ବ୍ୟାଗ୍ ସହ Adidasର ଗଞ୍ଜି ଓ ଅନ୍ୟାନ୍ୟ ସାମଗ୍ରୀ ଉପହାର ସ୍ୱରୂପ ସେହି ଅଧିକାରୀ ଜଣଙ୍କ ଏହି ପଇସାରୁ କିଣି ବାଣ୍ଟିଥିଲେ । ଉକ୍ତ ସଭାପାଇଁ ୫ଲକ୍ଷ ଲିଫ୍‌ଲେଟ୍ ଛପାଯିବା ପାଇଁ ନିର୍ଦ୍ଦେଶ ଥିଲେ ମଧ୍ୟ ସେହି ଅଧିକାରୀ ଜଣଙ୍କ ନିର୍ଦ୍ଦେଶରେ ରାଜ୍ୟ ସମବାୟ ସଂଘର କାର୍ଯ୍ୟକାରୀ ସଂପାଦକଙ୍କ ମାର୍ଫତରେ ଦେଢ଼ଲକ୍ଷ ଲିଫ୍‌ଲେଟ୍ ଛପାଯାଇ କୌଣସି ଜିଲ୍ଲାକୁ ପଠା ନଯାଇ ସଭାସ୍ଥଳରେ ରଖାଯାଇଥିଲେ ମଧ୍ୟ ୫ ଲକ୍ଷ ଲିଫ୍‌ଲେଟ୍‌ର ବିଲ୍ ଦାଖଲ କରାଯାଇଛି। ସମବାୟ ସପ୍ତାହ ପାଳନ ପାଇଁ ନାମକୁ ମାତ୍ର ୪ଟି କମିଟି କରି ସମସ୍ତ କମିଟିର କ୍ଷମତା ନିଜେ ଉପଭୋଗ କରିଛନ୍ତି ସେହି ଅଧିକାରୀ ଜଣଙ୍କ । ଯାହାଦ୍ୱାରା ବିଭିନ୍ନ ପ୍ରକାର ଖର୍ଚ୍ଚ ପାଇଁ ଅଟକଳ କରାଯାଇଥିବା ୧କୋଟି ୬୫ଲକ୍ଷ ଟଙ୍କା ପ୍ରକୃତରେ ଖର୍ଚ୍ଚ ହୋଇନଥିଲେ ମଧ୍ୟ ତିନିମାସ ପରେ ଟେଣ୍ଡର ପାଇଥିବା ବ୍ୟକ୍ତି ଜଣକ ୨କୋଟି ୭୭ଲକ୍ଷ ଟଙ୍କାର ବିଲ୍ ଦେଇ ପେମେଣ୍ଟ ନେବାପାଇଁ ସେହି ଅଧିକାରୀ ଜଣଙ୍କ ଦ୍ୱାରା ବିଭାଗୀୟ ଅଧିକାରୀମାନଙ୍କ ଉପରେ ଚାପ ପ୍ରୟୋଗ କରିବା ଜାରି ରଖିଛନ୍ତି। କେଉଁ ଆଳରେ ସେହି ଅଧିକାରୀ ଜଣଙ୍କ ୨କୋଟି ୭୭ଲକ୍ଷ ଟଙ୍କା ପେମେଣ୍ଟ କରିବାପାଇଁ ଆଗଭର। ନୂତନ ସରକାରଙ୍କ ପାଇଁ ଏହା ଏକ ଆତ୍ମଘାତୀ କାର୍ଯ୍ୟ ହୋଇଥିବାରୁ ଏ ଦିଗରେ ଉପଯୁକ୍ତ ତଦନ୍ତ ପାଇଁ ନୂତନ ସରକାରଙ୍କ ଠାରୁ ଜନସାଧାରଣ ନ୍ୟାୟ ପାଇବେ ବୋଲି ଆଶା ବାନ୍ଧି ବସିଛନ୍ତି । ଏହା ଭିଜିଲାନ୍ସ ଦ୍ୱାରା କିମ୍ବା ସରକାରଙ୍କ ବିଶ୍ୱାସଭାଜନ ଅଧିକାରୀଙ୍କ ଦ୍ୱାରା ତଦନ୍ତ କରାଗଲେ ବିଭିନ୍ନ ପ୍ରକାର ଦୁର୍ନୀତିର ପରଦା ଲୋକଲୋଚନକୁ ଆସିପାରିବ ।

ଏହା ମଧ୍ୟରେ ଗତ ସାଧାରଣ ନିର୍ବାଚନରେ ସରକାର ବଦଳିଥିବାରୁ ଗତ ସରକାରରେ ହାତବାରିସି ସାଜିଥିବା ଅଧିକାରୀମାନେ ନିଜ ଦେହରୁ ଦୁର୍ନୀତିର ପଙ୍କ ଧୋଇବା ପାଇଁ ବିଭିନ୍ନ ଗଳିବାଟରେ ନୂତନ ସରକାରଙ୍କର ଆଶ୍ରିତ ହେବାପାଇଁ ଚେଷ୍ଟା ଜାରି ରଖିଛନ୍ତି । ଫଳରେ ସମବାୟ ବିଭାଗଟି ଦୀର୍ଘଦିନ ହେଲା ଦୁର୍ନୀତିର ଗନ୍ତାଘରରେ କାର୍ଯ୍ୟକରି କିଛି ମୁଷ୍ଟିମେୟ ଅସାଧୁ କର୍ମଚାରୀଙ୍କ ପାଇଁ ସମଗ୍ର ବିଭାଗଟି ବଦନାମୀ ହୋଇଥିଲେ ମଧ୍ୟ ସଚ୍ଚୋଟ ଅଧିକାରୀମାନେ ତୁଚ୍ଛାକୁ ଅପବାଦ ମୁଣ୍ଡାଉଛନ୍ତି। ଦେଖିବାର କଥା ଏ ଅପନିନ୍ଦାରୁ ସମବାୟର ମୁକ୍ତି କେବେ ?

'ଓଡ଼ିଶା ଏକ୍ସପ୍ରେସ୍' - ତା୧୨.୦୭ ଓ ୧୩.୦୭.୨୦୨୪ରେ ପ୍ରକାଶିତ

ଗଣତନ୍ତ୍ରରେ ନିର୍ବାଚିତ ପରିଚାଳନା ପରିଷଦ କ୍ଷମତାପ୍ରାପ୍ତ

ପୃଥିବୀର ଅଳ୍ପ ସଂଖ୍ୟକ ଦେଶମାନଙ୍କ ମଧ୍ୟରେ ଭାରତ ବର୍ଷ ଏକ ଆଦିବାସୀ ବହୁଳ ଦେଶ ଭାବରେ ପରିଗଣିତ। ୧୯୮୧ ଜାନସୁମାରୀ ଅନୁଯାୟୀ ସମୁଦାୟ ଲୋକସଂଖ୍ୟାର ଶତକଡ଼ା ୭.୫ ଭାଗ ଅର୍ଥାତ୍ ୫ କୋଟି ୧୬ ଲକ୍ଷ ଆଦିବାସୀ ହୋଇଥିବା ବେଳେ ଶତକଡ଼ା ୮୨ ଭାଗ ଆଦିବାସୀ କେବଳ ମଧ୍ୟପ୍ରଦେଶ, ଓଡ଼ିଶା, ବିହାର, ଗୁଜୁରାଟ ଓ ମହାରାଷ୍ଟ୍ର ପ୍ରଦେଶରେ ବସବାସ କରନ୍ତି। ଆଦିବାସୀମାନଙ୍କ ସଂଖ୍ୟା ଏବେ ବୃଦ୍ଧି ପାଇ ୧୦ କୋଟି ୪୩ ଲକ୍ଷରେ ପହଞ୍ଚିଛି ଏବଂ ୭୦୫ ପ୍ରକାରର ଏହି ଲୋକମାନେ ଭାରତର ବିଭିନ୍ନ ପ୍ରଦେଶରେ ବସବାସ କଲେଣି। ୨୦୨୩ ମସିହା ସୁଧା ଭାରତର ମୋଟ ଜନସଂଖ୍ୟାର ଏମାନଙ୍କ ସଂଖ୍ୟା ଶତକଡ଼ା ୮.୬ ଭାଗ। ଓଡ଼ିଶାରେ ୬୨ ଜାତୀୟ ଆଦିବାସୀ ବାସ କରୁଛନ୍ତି, ୨୦୧୧ ଜନଗଣନା ଅନୁଯାୟୀ ଓଡ଼ିଶାରେ ସ୍ଥାୟୀଭାବେ ବସବାସ କରୁଥିବା ଆଦିବାସୀମାନଙ୍କ ସଂଖ୍ୟା ୯୫୯୦୭୫୬ ଯାହା ମୋଟ ଜନ ସଂଖ୍ୟାର ୨୨ ଭାଗ। ଶତକଡ଼ା ୯୮ ଭାଗ ଆଦିବାସୀ ଗାଁ ଗହଳି ତଥା ଜଙ୍ଗଲରେ ବାସ କରନ୍ତି। ଦେଶ ସ୍ୱାଧୀନ ହେଲା ପୂର୍ବରୁ ଅଧିକାଂଶ ଆଦିବାସୀ ନିରକ୍ଷର, ନିଷ୍ପେସିତ ଓ ଉତ୍କଟ ଦାରିଦ୍ର୍ୟ ଅବସ୍ଥାରେ କାଳ କାଟୁଥିଲେ ଏବଂ କେତେକ ଅଞ୍ଚଳରେ ଅନେକ ଆଦିବାସୀ ଅର୍ଦ୍ଧ ଉଲଗ୍ନ କିମ୍ବା ଖଣ୍ଡେମାତ୍ର କରିହା ପିନ୍ଧି ଶୀତ ଦିନରେ ଜୀବନ ବିତାଉଥିଲେ। ଆଜି କିନ୍ତୁ ସେ ଅବସ୍ଥା ନାହିଁ, ତଥାପି ଆର୍ଥିକ ଅନଟନ ମଧ୍ୟରେ ଜୀବନ ବିତାଇବାକୁ ସେମାନଙ୍କୁ ପଡୁଛି। ଶତକଡ଼ା ୯୩ ଭାଗ ଆଦିବାସୀ କୃଷି ଓ ବନଜାତ ପଦାର୍ଥ ସଂଗ୍ରହ ଓ ବିକ୍ରୀ ଉପରେ ନିର୍ଭର କରୁଛନ୍ତି। ସେମାନେ ମଧ୍ୟ ଆଜିକାଲି ଚାଷ ଉପରେ ନିର୍ଭର କରି ପୁରୁଣାକାଳିଆ

ପଦ୍ଧତିରେ ବଳଦ ଲଙ୍ଗଳ ଦ୍ୱାରା ଚାଷ କରୁଛନ୍ତି। ମାତ୍ର ସେମାନେ ପୋଡୁଚାଷ ଉପରେ ନିର୍ଭର କରୁଥିବାରୁ ଜଙ୍ଗଲ ତଥା ମୃତ୍ତିକା କ୍ଷୟ ଘଟୁଛି। ପୁରୁଣା ପଦ୍ଧତି ଚାଷ ହେତୁ ଏକର ପ୍ରତି କୃଷି ଉତ୍ପାଦନ କମ୍ ମିଳିଥିବାରୁ ଫସଲ ବିକ୍ରୀ ଖୁବ୍ କମ ହୋଇଥାଏ। ତଥାପି ମଦ୍ୟପାନ ଓ ପର୍ବପର୍ବାଣୀରେ ବିଶେଷ ଖର୍ଚ୍ଚ ହେତୁ ଅମଳ ପରେ ଖୁବ୍ ଶସ୍ତାରେ ବେପାରିମାନଙ୍କୁ ଧାନ ବିକ୍ରୀ କରି ପୁଣି ନିଜର ପୂର୍ବ ଚଳଣି ଅନୁସାରେ ବଣର ଫଳମୂଳ ଖାଇ ବଞ୍ଚନ୍ତି, ସେମାନେ ଡାଲି, ତୈଳଜାତୀୟ, ପନିପରିବା, ଫଳ ଓ ଅନ୍ୟାନ୍ୟ ଚାଷ ତଥା ବନଜାତ ପଦାର୍ଥରୁ ଆୟ କରନ୍ତି ଓ ସେଥିରୁ ସାହୁକାରମାନଙ୍କ ଦେଣା ଶୁଝନ୍ତି ।

ଅସାଧୁ ବ୍ୟବସାୟୀ ତଥା ମହାଜନମାନଙ୍କ କବଳରୁ ଆଦିବାସୀମାନଙ୍କୁ ରକ୍ଷା କରିବା ତଥା ସେମାନଙ୍କର ଦ୍ରୁତ ଆର୍ଥିକ ବିକାଶ ପାଇଁ କେନ୍ଦ୍ର ଓ ରାଜ୍ୟ ସରକାରମାନେ ପଞ୍ଚମ ପଞ୍ଚବାର୍ଷିକ ଯୋଜନାରେ ଆଦିବାସୀ ଉନ୍ନୟନ ବ୍ଲକମାନ କାର୍ଯ୍ୟକାରୀ କଲେ। ସମସ୍ତ ଭାରତ ବର୍ଷରେ ସମନ୍ୱିତ ଆଦିବାସୀ ଉନ୍ନୟନ ସଂସ୍ଥା ITDA କାର୍ଯ୍ୟକାରୀ ହୋଇ ଜଣେ ଜଣେ ପ୍ରକଳ୍ପ ନିର୍ଦ୍ଦେଶକଙ୍କୁ ଦାୟିତ୍ୱରେ ରଖାଗଲା । ସରକାର ସମବାୟ ମାଧ୍ୟମରେ ଆନୁସଙ୍ଗିକ ସଂସ୍ଥା ଜରିଆରେ ସୁଲଭ ସୁଧରେ ଋଣ ଦେବା, ସେମାନଙ୍କ ବନଜାତ ଓ କୃଷିଜାତ ପଦାର୍ଥ ସହାୟକ ଦରରେ କିଣିବା ଓ ସେମାନଙ୍କୁ ଶସ୍ତାରେ ଖାଉଟି ତଥା ନିତ୍ୟବ୍ୟବହାର୍ଯ୍ୟ ପଦାର୍ଥ ଯୋଗାଇବାର ବ୍ୟବସ୍ଥା କଲେ । କେନ୍ଦ୍ର ସରକାର ବାୱା କମିଟି ସମେତ ବିଭିନ୍ନ କମିଟିର ସୁପାରିଶ ମତେ ଗୋଟିଏ ସଂସ୍ଥା ଜରିଆରେ ସମସ୍ତ ପଦାର୍ଥ ଯୋଗାଇବା ପାଇଁ ବହୁବିଧ ଆଦିବାସୀ ସମବାୟ ସମିତିମାନ (LAMPS) ଗଠନ କଲେ । ଭାରତର ବାଣିଜ୍ୟ ବ୍ୟାଙ୍କ ଓ କେତେକ ରାଜ୍ୟ ସମବାୟ ବ୍ୟାଙ୍କ ଆଦିବାସୀମାନଙ୍କୁ ତାରତମ୍ୟ ହାରରେ (Differential Rate of Interest) ଅର୍ଥାତ୍ ଶତକଡ଼ା ୧୨ ଟଙ୍କା ସୁଧ ପରିବର୍ତ୍ତେ ୪ ଟଙ୍କା ସୁଧରେ ଋଣ ଯୋଗାଇ ଦେଲେ । ୩୦.୦୬.୧୯୮୫ ତାରିଖ ସୁଦ୍ଧା ଭାରତବର୍ଷରେ ୨୬୫୦ଟି ପ୍ରାଥମିକ ବୃହଦାକାର ବିବିଧ ଆଦିବାସୀ ସମବାୟ ସମିତି ଗଠିତ ହୋଇ ଆଦିବାସୀମାନଙ୍କୁ ସମସ୍ତ ସୁବିଧା ଯୋଗାଉଛନ୍ତି। କ୍ରମେ ଏହି ସଂଖ୍ୟା ୫୫୧୮ରେ ପହଞ୍ଚିଛି। ଆମ ଓଡ଼ିଶାରେ ୨୧୫ ଗୋଟି Lamps କାର୍ଯ୍ୟକାରୀ ହେଉଅଛି। ଏତତ୍ ବ୍ୟତୀତ ୧୯୮୩ ମସିହା ଜୁନ ସୁଦ୍ଧା ଓଡ଼ିଶାରେ ୧୫ ଗୋଟି ସମେତ ସମଗ୍ର ଭାରତ ବର୍ଷରେ ୧୬୩୪ ଗୋଟି ବନ ଶ୍ରମିକ ସମବାୟ ସମିତି କାର୍ଯ୍ୟକାରୀ ହେଉଅଛି । ଭାରତରେ ୨୦୨୩ ମସିହା ସୁଦ୍ଧା କଣ୍ଟ୍ରାକ୍ଟ, ନିର୍ମାଣ, ଶ୍ରମିକ ଓ ବନଶ୍ରମିକ ସମବାୟ ସମିତିକୁ ମିଶାଇ ମୋଟ ୪୪,୧୪୩ଗୋଟି ସମବାୟ ସମିତି କାର୍ଯ୍ୟ କରୁଅଛି । ଲ୍ୟାମ୍ପସ (Lamps)ମାନଙ୍କୁ ବନଜାତ ତଥା କୃଷି ପଦାର୍ଥର କିଣାବିକାରେ ସହଯୋଗ କରିବା

ପାଇଁ ଆନ୍ଧ୍ରପ୍ରଦେଶ, ଓଡ଼ିଶା, କେରଳ, ମଧ୍ୟପ୍ରଦେଶ, ବିହାର, ମଣିପୁର, ତ୍ରିପୁରା, ମହାରାଷ୍ଟ୍ର ଓ ରାଜସ୍ଥାନ ପ୍ରଭୃତି ରାଜ୍ୟମାନଙ୍କରେ ୧୦ଗୋଟି ରାଜ୍ୟ ଆଦିବାସୀ ଉନ୍ନୟନ ସମବାୟ ନିଗମ (ITDC) Tribal Development Co-operative Corporation ଗଠିତ ହୋଇଅଛି । ୧୯୭୪ ମସିହାରୁ ଜାତୀୟ ଆଦିବାସୀ ଉନ୍ନୟନ ସମବାୟ ନିଗମ ବହୁବିଧ ଆଦିବାସୀ ସମବାୟ ସମିତିମାନଙ୍କୁ ମୂଳଧନର ଅଭିବୃଦ୍ଧି ଓ ଭିତ୍ତିଭୂମି ସୁଦୃଢ଼ କରିବାପାଇଁ ବିଭିନ୍ନ ପ୍ରକାର ସାହାଯ୍ୟ ତଥା ରିହାତି ହାରରେ ଋଣ ଯୋଗାଇ ଦେଉଛନ୍ତି। ଜାତୀୟ ଉନ୍ନୟନ ସମବାୟ ନିଗମ ସମିତିମାନଙ୍କୁ ଅଧିକ ଋଣ ନେଇ କିଣାବିକା କରିବାପାଇଁ ଅଂଶଧନ, ଗୋଦାମ ଗୃହ ନିର୍ମାଣ ଓ ଟ୍ରକ୍ କିଣିବା ପାଇଁ ରିହାତି ହାରରେ ପୁଞ୍ଜିଋଣ ପ୍ରଦାନ କରୁଛି ଏବଂ ବିଭିନ୍ନ କ୍ଷେତ୍ରରେ ସମବାୟ ସମିତି କର୍ମଚାରୀମାନଙ୍କର ତାଲିମ ବ୍ୟବସ୍ଥା ତଥା ପର୍ଯ୍ୟାୟକ୍ରମେ ପରିଚାଳନା ଅନୁଦାନ ଯୋଗାଉଛି । ଏହାଛଡ଼ା କୃଷି ଫସଲର ଉତ୍ପାଦନ, ବନଜାତ ପଦାର୍ଥର ସଂଗ୍ରହ ଓ କିଣାବିକା ପାଇଁ ସମବାୟ ବ୍ୟାଙ୍କମାନେ ଲ୍ୟାମ୍ପସ୍, ଆଦିବାସୀ ତଥା ହରିଜନ ଉନ୍ନୟନ ସମବାୟ ନିଗମମାନଙ୍କୁ ଋଣ ଯୋଗାଉଛନ୍ତି । ଏ ଦିଗରେ ନାବାର୍ଡ଼ ମଧ୍ୟ ପୁନଃ ଅର୍ଥ ଲଗାଣ କରୁଛି । ପୁନଶ୍ଚ ଜାତୀୟ କୃଷି ବାଣିଜ୍ୟ ସମବାୟ ସଂଘ (NAFED) ନାଫେଡ ରାଜ୍ୟ ଆଦିବାସୀ ଉନ୍ନୟନ ସମବାୟ ନିଗମମାନଙ୍କ ଠାରୁ ବିଦେଶରେ ବିକ୍ରୀ କରିବାପାଇଁ ବନଜାତ ପଦାର୍ଥ କିଣୁଛନ୍ତି ଏବଂ ଉକ୍ତ ଜିନିଷମାନ ଲାଭଜନକ ଦରରେ କିପରି ବିକ୍ରି ହୋଇପାରିବ (Marketing Intelligence) ତାହାର ବ୍ୟବସ୍ଥା କରୁଛନ୍ତି, ତଥାପି ବନଜାତ ପଦାର୍ଥର ଉପଯୁକ୍ତ ଦର ତଥା ଠିକ୍ ସମୟରେ ବିକ୍ରୀ ହୋଇପାରୁ ନଥିବାରୁ ୧୯୮୯ ମସିହାରୁ ଜାତୀୟ ଆଦିବାସୀ ସମବାୟ ବାଣିଜ୍ୟ ସଂଘ (National Tribal Co-operative Marketing Federation) ସ୍ୱତନ୍ତ୍ର ଭାବରେ ପ୍ରତିଷ୍ଠିତ ହୋଇ ଆଦିବାସୀ ଉନ୍ନୟନ ସମବାୟ ସଂଘମାନଙ୍କ ଠାରୁ ବନଜାତ ପଦାର୍ଥ କିଣି ଅନ୍ୟ ରାଜ୍ୟମାନଙ୍କରେ କିମ୍ବା ବିଦେଶରେ ବିକ୍ରି କରିବାର ବ୍ୟବସ୍ଥା କରିଛନ୍ତି ।

ଉପରୋକ୍ତ ଆଦିବାସୀ ସମବାୟ ସମିତି ଓ ନିଗମମାନେ ପରିଚାଳନା ଅବ୍ୟବସ୍ଥା ଯୋଗୁ ଆଦିବାସୀମାନେ ସାହୁକାର, ଦଲାଲମାନଙ୍କ ଠାରୁ ଏ ପର୍ଯ୍ୟନ୍ତ ଋଣ ନେଇ ସୁଝିବାରେ ମୁକ୍ତ ହୋଇପାରି ନାହାନ୍ତି, ଅଧିକାଂଶ କର୍ମଚାରୀମାନଙ୍କର ନିଷ୍ଠା ତଥା ସେବା ମନୋଭାବର ଅଭାବ ହେତୁ ସେମାନେ ଆଦିବାସୀମାନଙ୍କ ସ୍ୱାର୍ଥ ବିନିମୟରେ ନିଜର ଆର୍ଥିକ ଫାଇଦା ପାଇଁ ବେଶୀ ଚେଷ୍ଟିତ । ଓଡ଼ିଶାରେ (ଟ.ଡି.ସି.ସି.) ଆଦିବାସୀ ଉନ୍ନୟନ ସମବାୟ ନିଗମ ବନଜାତ ପଦାର୍ଥ ତଥା ମହୁ, ଝୁଣା, ହରିଡ଼ା, ବାହାଡ଼ା, କେନ୍ଦୁପତ୍ର, ଶାଳପତ୍ର ଇତ୍ୟାଦି ଆଦିବାସୀମାନଙ୍କ ଠାରୁ କ୍ରୟ କରି ନିଜର ବ୍ୟବସାୟ

କେନ୍ଦ୍ର ମାଧ୍ୟମରେ ବିକ୍ରି କରୁଛନ୍ତି । ଟି.ଡି.ସି.ସି. କୋରାପୁଟରେ ଆଦିବାସୀଙ୍କ ଦ୍ୱାରା କଫି ଚାଷ କରିବା ପାଇଁ ଉପଯୁକ୍ତ ଶିକ୍ଷା, ଋଣ ଯୋଗାଣ ସହିତ ସେମାନଙ୍କଠାରୁ ଉଚିତ୍ ମୂଲ୍ୟରେ କଫି ଫଳ ସଂଗ୍ରହ କରି ନିଜର ପ୍ରୋସେସିଂ କାରଖାନା ଦ୍ୱାରା ଇନ୍‌ଷ୍ଟାଣ୍ଟ୍ କଫି ସଂଗ୍ରହ କରି ବିକ୍ରି କରୁଛନ୍ତି । ଏହା ଉନ୍ନତମାନର କଫି ହୋଇ ମଧ୍ୟ ସରକାରୀ ସଂସ୍ଥା ଟି.ଡି.ସି.ସି. ମାଧ୍ୟମରେ ବଜାର ଠାରୁ ଯଥେଷ୍ଟ କମ୍ ଦରରେ ବିକ୍ରି କରାଯାଉଛି । କୋରାପୁଟ କଫି ଭାରତ ତଥା ଆନ୍ତର୍ଜାତିକ ବଜାରରେ ଆଦୃତ ଲାଭ କରିଛି ଓ ବଜାରରେ ଏହାର ଚାହିଦା ଯଥେଷ୍ଟ ମାତ୍ରାରେ ବୃଦ୍ଧି ପାଇଛି। ଟି.ଡି.ସି.ସି.ର ପରିଚାଳନା ପାଇଁ ଗଣତାନ୍ତ୍ରିକ ପ୍ରକ୍ରିୟାରେ ଗତ ୨୦୨୩ ମସିହାରେ ନିର୍ବାଚନ କରାଯାଇ ୨୧ ଜଣ (ସଭାପତିଙ୍କ ସହ) ନିର୍ଦ୍ଦେଶକ ନିର୍ବାଚିତ ହୋଇଛନ୍ତି । ମାତ୍ର ସଭାପତି ଓ ଅନ୍ୟ ନିର୍ବାଚିତ ସଦସ୍ୟମାନଙ୍କୁ ଉପଯୁକ୍ତ ସମ୍ମାନ ଦିଆଯାଉନାହିଁ କି ସମବାୟ ବିଭାଗ ଧାର୍ଯ୍ୟ କରିଥିବା ବୈଠକ ଭତ୍ତା ଓ ସଭାପତିଙ୍କୁ ଦରମା ଦେବାପାଇଁ ପରିଚାଳନା ନିର୍ଦ୍ଦେଶକ ଟି.ଡି.ସି.ସି.ର ଜଣେ କର୍ମଚାରୀ ହୋଇ ମଧ୍ୟ କୁଣ୍ଠାବୋଧ କରୁଛନ୍ତି । ସଭାପତି ସୁଦୂର ସୁନ୍ଦରଗଡ଼ ଜିଲ୍ଲାର ହୋଇଥିଲା ବେଳେ ତାଙ୍କୁ ରହିବା ପାଇଁ କ୍ୱାର୍ଟର ମଧ୍ୟ ଦିଆଯାଇନାହିଁ । ପରିଚାଳନା ପରିଷଦର ବୈଠକ ନିର୍ଦ୍ଧାରିତ ସମୟରେ ଡକାଯାଉନାହିଁ । ଏହା ସରକାରୀ ଅଧିକାରୀମାନଙ୍କର ନିର୍ବାଚିତ ପରିଚାଳନା ପରିଷଦ ସଦସ୍ୟମାନଙ୍କ ପ୍ରତି ଅଟହାସ୍ୟ ଓ ବିଦ୍ରୂପ ସଦୃଶ । ଓଡ଼ିଶା ରାଜ୍ୟ ସମବାୟ ନିବନ୍ଧକଙ୍କ କାର୍ଯ୍ୟକାଳରେ ଆଦିବାସୀ ମାନଙ୍କର ବିଶେଷ ସମସ୍ୟା ସମାଧାନ କରିବା ପାଇଁ ଜଣେ ଉପ ନିବନ୍ଧକଙ୍କୁ ଦାୟିତ୍ୱ ଦିଆଯାଉ । ଏହା ଓଡ଼ିଶା ରାଜ୍ୟ ସରକାରଙ୍କ ଆଦିବାସୀ ହରିଜନ ଉନ୍ନୟନ ବିଭାଗର ସ୍ୱତନ୍ତ୍ର ନିଷ୍ଠା ଓ ଦାୟିତ୍ୱ ।

ଟି.ଡି.ସି.ସି.ର ଅଧ୍ୟକ୍ଷ ଜଣେ ଆଦିବାସୀ ମହିଳା ହୋଇଥିବାରୁ ପରିଚାଳନା ନିର୍ଦ୍ଦେଶକଙ୍କର ତାଙ୍କ ପ୍ରତି ବ୍ୟବହାର ଭୁଲ୍ ବୋଲି ବିବେଚିତ ହେଉଛି । ଏପରିକି ଅଧ୍ୟକ୍ଷକଙ୍କୁ ଅଫିସ୍ ନ ଆସିବା ପାଇଁ ପରିଚାଳନା ନିର୍ଦ୍ଦେଶକ ଉପଦେଶ ଦେଉଛନ୍ତି ଏବଂ କହୁଛନ୍ତି ଏ ସଂସ୍ଥାର ମୁଁ ହେଉଛି ନୀତି ନିର୍ଦ୍ଧାରକ ଓ ମୋ ହୁକୁମ୍‌ରେ ଏ କାର୍ଯ୍ୟାଳୟ ଚାଲିବ। ସମବାୟ ଆଇନ୍ ଧାରା ୨୭ରେ ଟି.ଡି.ସି.ସି.ର ସାଧାରଣ ପରିଷଦ ସର୍ବୋଚ୍ଚ ନୀତି ନିର୍ଦ୍ଧାରଣ ଓ କ୍ଷମତାପ୍ରାପ୍ତ। ଧାରା ୨୮ରେ ଟି.ଡି.ସି.ସି.ର ପରିଚାଳନା ପରିଷଦ ସମିତି ପାଇଁ ନୀତି ନିର୍ଦ୍ଧାରକ ଓ ସମସ୍ତ ପ୍ରକାର କାର୍ଯ୍ୟଖସଡ଼ା ପ୍ରସ୍ତୁତ କରି ପରିଚାଳନା ନିର୍ଦ୍ଦେଶକଙ୍କ ମାଧ୍ୟମରେ କାର୍ଯ୍ୟକାରୀ କରାଇବା ବିଧି ସମ୍ମତ। ଧାରା ୨୮ର ଉପଧାରା ୨(a,b,c,d,e,f,g,h,i,j) ଅନୁସାରେ ସମିତିର ପରିଚାଳନା ପରିଷଦ ଦ୍ୱାରା ସମସ୍ତ କାର୍ଯ୍ୟଖସଡ଼ା, ନିଷ୍ପତ୍ତି ପରିଚାଳନା ନିର୍ଦ୍ଦେଶକ କାର୍ଯ୍ୟକାରୀ

କରାଇବା ପାଇଁ ବାଧ୍ୟ ଓ ପରିଚାଳନା ପରିଷଦ ନିକଟରେ ଉତ୍ତରଦାୟୀ । ଧାରା ୨୮ର ଉପଧାରା ୩(୩-c) ଅନୁସାରେ ପରିଚାଳନା ନିର୍ଦ୍ଦେଶକ ସମସ୍ତ କାର୍ଯ୍ୟ ପରିଚାଳନା ପରିଷଦର ବୈଠକରେ ହୋଇଥିବା ଗୃହୀତ ପ୍ରସ୍ତାବଗୁଡ଼ିକୁ ଟି.ଡି.ସି.ସି.ର କର୍ମଚାରୀମାନଙ୍କ ଦ୍ୱାରା କାର୍ଯ୍ୟକାରୀ କରାଇବା ପାଇଁ ବାଧ୍ୟ ଅଟନ୍ତି ଯାହା ଟି.ଡି.ସି.ସି.ର ବ୍ୟବସାୟରେ କିମ୍ବା କାର୍ଯ୍ୟଧାରାରେ ବାଧା ନ ଉପୁଜାଇବ । ଭାରତୀୟ ଦଣ୍ଡ ସଂହିତା ୧୯୬୦ର ଧାରା ୨୧ର (S) ଅନୁସାରେ ପରିଚାଳନା ନିର୍ଦ୍ଦେଶକ ଜଣେ Public Servantö ସୁଦୂର ସୁନ୍ଦରଗଡ଼ରୁ ଅଧ୍ୟକ୍ଷ ଓ ଅନ୍ୟାନ୍ୟ ଆଦିବାସୀ ଜିଲ୍ଲାଗୁଡ଼ିକରୁ ପରିଚାଳନା ପରିଷଦର ସଦସ୍ୟମାନେ ବୈଠକକୁ ଆସୁଥିଲେ ମଧ୍ୟ ସେମାନଙ୍କୁ ଅଫିସ୍ ତରଫରୁ ରହିବା ପାଇଁ ବ୍ୟବସ୍ଥା କରାଯାଉନାହିଁ । ଖୋଦ୍ ମୁଖ୍ୟମନ୍ତ୍ରୀ ଏ ବିଷୟରେ ତଦନ୍ତ କରି ଗଣତାନ୍ତ୍ରିକ ପ୍ରକ୍ରିୟାରେ ନିର୍ବାଚିତ ପ୍ରତିନିଧିମାନଙ୍କୁ ଉଚିତ ନ୍ୟାୟ ପ୍ରଦାନ ପାଇଁ ଜନସାଧାରଣ ଦାବି କରିଛନ୍ତି । ସଦସ୍ୟମାନେ ବୈଠକ ଦିନ ବୈଠକ ଭତ୍ତା, ଗସ୍ତ ଖର୍ଚ୍ଚ ପାଇବା ସହିତ ଅଧ୍ୟକ୍ଷ ମାସିକ ଦରମା ଠିକ ସମୟରେ ପାଇବା ଉଚିତ୍ । ଯାହାକି ଗଣତନ୍ତ୍ର ପାଇଁ ଉଚିତ୍ ସମ୍ମାନ ହେବ ।

'ଓଡ଼ିଶା ଏକ୍ସପ୍ରେସ୍' - ତା୧୬.୦୭.୨୦୨୪ରେ ପ୍ରକାଶିତ

ଶିଉଳି ଚାଷର ଚାହିଦା ଓ ସୁଯୋଗ

ଚୀନ୍‌ର ଆୟତନ ଭାରତବର୍ଷ ଅପେକ୍ଷା ୩ ଗୁଣରୁ ଅଧିକ ହେଲେ ହେଁ ଚାଷଜମି ଭାରତ ତୁଳନାରେ କମ୍ । କିନ୍ତୁ ଲୋକସଂଖ୍ୟା ୧୪୦ କୋଟି ଯାହାକି ଭାରତ ଠାରୁ ଅଳ୍ପ ବେଶି । ଚୀନ୍‌ରେ କୃଷି ଉତ୍ପାଦନ ଆଶାତୀତ ଭାବେ ବୃଦ୍ଧି ପାଉଥିଲେ ସୁଦ୍ଧା ତଥାପି ଚୀନ୍‌ରେ ଶତକଡ଼ା ୮୫ ଭାଗ ଲୋକ ନିଜ ଦେଶର ଖାଦ୍ୟ ଉତ୍ପାଦନ ଉପରେ ନିର୍ଭର କରନ୍ତି । ଆଉ ୧୫ ଭାଗ ଲୋକଙ୍କ ପାଇଁ ଖାଦ୍ୟ ଯୋଗାଡ଼ କରିବା ଲାଗି ଚୀନ୍ ବିଶେଷଜ୍ଞମାନେ ବିଭିନ୍ନ ଉପାୟ ଚିନ୍ତା କରୁଛନ୍ତି ।

ଶିଉଳି ଏକ ପ୍ରକାର ଦଳ ଓ ଅଗଭୀର ସମୁଦ୍ର କୂଳ ପାଣିରେ ଏହା ପ୍ରସାର ଲାଭ କରେ । ଶିଉଳିରୁ ପ୍ରସ୍ତୁତ ଖାଦ୍ୟ ପୁଷ୍ଟିକର ଅଟେ । ଏଥିରେ ପ୍ରୋଟିନ୍ ଓ ଭିଟାମିନ୍ ଭରପୁର ରହିଥାଏ । ଏଣୁ ଚୀନ୍ ଅଧିବାସୀମାନେ ବ୍ୟାପକ ସାମୁଦ୍ରିକ ଶିଉଳି ପ୍ରସ୍ତୁତ ଖାଦ୍ୟ ରେଳଗାଡ଼ିରେ ବିକ୍ରୀ କରନ୍ତି । କୁଇତଙ୍ଗ ସହର ଚୀନ୍ ସମୁଦ୍ର କୂଳରେ ଅବସ୍ଥିତ ଥିବାରୁ ଏଠାରେ ଶିଉଳି ଚାଷ କରାଯାଇ ଖାଦ୍ୟ ପ୍ରସ୍ତୁତ ହୋଇ ଲୋକମାନଙ୍କୁ ଯୋଗାଇ ଦିଆଯାଇଥାଏ । ଚୀନ୍ ବ୍ୟତୀତ ଜାପାନ, ବ୍ରାଜିଲ୍, ରୁଷିଆ, ଆମେରିକା, ଫ୍ରାନସ୍, ଆୟରଲ୍ୟାଣ୍ଡ, କୋରିଆ, ନରୱେ ଓ ସ୍ପେନ ଦେଶରେ ମଧ୍ୟ ଶିଉଳି ଚାଷ କରାଯାଇ ଅର୍ଥ ଉପାର୍ଜନ କରାଯାଉଛି ।

ଭାରତ ଖାଦ୍ୟରେ ସ୍ୱାବଲମ୍ବୀ ହୋଇଥିବାରୁ ଶିଉଳିରେ ପ୍ରସ୍ତୁତ ଖାଦ୍ୟ ଖାଇବା ଶୁଣିଲେ ଲୋକ ବିମୁଖ ହୁଅନ୍ତି, କିନ୍ତୁ ଶିଉଳି କେବଳ ଖାଦ୍ୟ ଉପଯୋଗି ନୁହେଁ, ଏଥିରେ ଆୟୋଡିନ, ସୋଡା, ପଟାସ ପ୍ରଭୃତି ବହୁ ପଦାର୍ଥ ତିଆରି ହୁଏ । ଲାଲ, ସବୁଜ ଓ ଧୂସର ରଙ୍ଗର ୩ ପ୍ରକାର ଶିଉଳି ଦେଖାଯାଏ । ଧୂସର ରଙ୍ଗର ଶିଉଳିରୁ ଆୟୋଡିନ୍, ଲାଲରୁ ଅଗର ଅଗର ପ୍ରସ୍ତୁତ ହୁଏ । ଅଗର ଅଗର ଏବଂ ଆଲଜିନେସ ପଦାର୍ଥମାନ ମିଠାଇ ଦ୍ରବ୍ୟ, ଖାଦ୍ୟ ସଂରକ୍ଷଣ, କ୍ରାନ୍ତିବର୍ଦ୍ଧକ ଅଙ୍ଗଲେପ (Cosmetics),

ଔଷଧ, ମଦ, ବସ୍ତ୍ର ଏବଂ ରବର ଶିଳ୍ପରେ ବ୍ୟବହୃତ ହୁଏ । ଉକ୍ତ ଶିଳ୍ପମାନଙ୍କରେ ପ୍ରାୟ ୩୫୦୦ ଟନ୍ ଆୟୋଡିନ୍ ଏବଂ ୨୦୦୦ ଟନ୍ ଅଗର ଅଗର ବ୍ୟବହୃତ ହୁଏ । କିନ୍ତୁ ଭାରତରେ ୨୫ ଗୋଟି କାରଖାନାରୁ ମୋଟେ ୭୫୦ ଟନ୍ ଆୟୋଡିନ୍ ଏବଂ ୬୦ ଟନ୍ ଅଗର ଅଗର ଉତ୍ପାଦନ ହେଉଅଛି । ଅଥଚ ଭାରତରେ ୬୫୦୦ କିଲୋମିଟର ସମୁଦ୍ର ଉପକୂଳ ଥିଲେ ମଧ୍ୟ ଏହାର ଉପଯୋଗ ହୋଇପାରୁନାହିଁ । ଆଣ୍ଡାମାନ ଓ ନିକୋବର ଦ୍ୱୀପପୁଞ୍ଜ, ଲାକ୍ଷାଦ୍ୱୀପ, ପଶ୍ଚିମବଙ୍ଗର ସୁନ୍ଦରବନ, ଗୋଆ ଏବଂ ସୌରାଷ୍ଟ୍ର ଉପକୂଳ, ପାଲକମୀନାର ଏବଂ କଚ୍ଛ ଉପସାଗର, ଓଡ଼ିଶାର ଚିଲିକା ହ୍ରଦ ଏବଂ ପୁଲୀକେଟ ହ୍ରଦ ଶିଉଳି ଚାଷ ପାଇଁ ଉର୍ବର କ୍ଷେତ୍ର ଅଟେ । ଶିଉଳି ମଧ୍ୟ ସବୁଜ ସାର ଭାବରେ ବ୍ୟବହୃତ ହୁଏ । ଶିଉଳି ମାଛମାନଙ୍କର ପ୍ରଧାନ ଖାଦ୍ୟ ଅଟେ । ଚିଙ୍ଗୁଡ଼ି ଜାତୀୟ ମାଛ ଶିଉଳି ଥିବା ଅଞ୍ଚଳରେ ବଂଶ ବୃଦ୍ଧି କରିଥାଆନ୍ତି ଯାହାକି ଭାରତ ଏଥିପାଇଁ ଉପଯୁକ୍ତ ସ୍ଥାନ ଅଟେ ।

ଶିଉଳି ସାଧାରଣତଃ ସମୁଦ୍ରକୂଳସ୍ଥ ସ୍ରୋତ ଥିବା ଅଗଭୀର ଲବଣାକ୍ତ ପାଣିରେ ଚାଷ କରାଯାଏ । ବିଶେଷ କରି ସଂକୀର୍ଣ୍ଣ ଉପସାଗର, ନଦୀମୁହାଣ, ସନ୍ତସନ୍ତିଆ କାଦୁଆ ଲବଣାକ୍ତ ପାଣି ଏବଂ ମନୁଷ୍ୟ ଯାତାୟତ ନଥିବା ପଥୁରିଆ ସମୁଦ୍ର ଶଯ୍ୟାରେ ଶିଉଳି ଚାଷ ଭଲହୁଏ । ଉଭୟ କଲମୀ ଓ ଗଜା ପ୍ରଥାରେ ଶିଉଳି ଚାଷ କରାଯାଏ । ନଡ଼ିଆକତା, ମଶିଣା ଓ ଜାଲି କିମ୍ବା ଲାଇଲନ ଜାଲକୁ ରାସାୟନିକ ତାର ଜାଲି କିମ୍ବା କଂକ୍ରିଟ ଖୁଣ୍ଟରେ ସମୁଦ୍ର ପାଣିରେ ଝୁଲାଇ ଶିଉଳି ଚାଷ କରାଯାଏ । ବର୍ତ୍ତମାନ 'ଗ୍ଲାସ ଫାଇବର' ପ୍ଲାଷ୍ଟିକ ଆଲୁମିନିୟମ୍ ପ୍ରଭୃତି ପଦାର୍ଥମାନ ଶିଉଳି ଚାଷରେ ବ୍ୟବହାର କରାଗଲାଣି । ୧୦୦ କେଜି ଓଦା ଶିଉଳିରୁ ୧୦ କେଜି ଶୁଖିଲା ଶିଉଳି ମିଳେ । ୧ କେଜି ଶୁଖିଲା ଶିଉଳିର ଦାମ ବର୍ତ୍ତମାନ ବଜାରରେ ୮୦ ଟଙ୍କା । ୧ କେଜି ଅଗର ଅଗର ଦାମ୍ ୧୨୦୦ ଟଙ୍କା ଏବଂ ୧ କେଜି ଆଲଜିନେସ ଦାମ ୧୫୦୦ ଟଙ୍କାରେ ବିକ୍ରୀ ହେଉଛି । ଶିଉଳି ଚାଷ ପ୍ରସାର ଲାଭ କଲେ ଆମ ଦେଶରେ ଥିବା କାରଖାନାର ଆବଶ୍ୟକତା ପୂରଣ ହୋଇ ଆମେରିକା, ରୁଷିଆ, ଜାପାନ ପ୍ରଭୃତି ଶିଳ୍ପ ଉନ୍ନତ ଦେଶକୁ ରପ୍ତାନି ହୋଇ ବୈଦେଶିକ ମୁଦ୍ରା ଅର୍ଜନ କରିବାରେ ସହାୟକ ହୋଇପାରିବ ।

ଚିଲିକା ହ୍ରଦର ମୁହାଣ ବର୍ତ୍ତମାନ ଦୟା, ଭାର୍ଗବୀ ନଦୀ ମାନଙ୍କର ପଟୁମାଟି ତଥା ଚତୁର୍ଦ୍ଦିଗର ଜଙ୍ଗଲ ଧ୍ୱଂସ ଯୋଗୁ ପୋତିହୋଇ ଅଗଭୀର ହୋଇଗଲାଣି । ଉକ୍ତ ହ୍ରଦର ବହୁଭାଗ ପାଣିରେ ଲହଡ଼ି ସାମାନ୍ୟ ଅନୁଭୂତ ହୁଏ । ଅନେକାଂଶ ଅଞ୍ଚଳ ମଧ୍ୟ ସନ୍ତସନ୍ତିଆ କାଦୁଆ ପାଣିରେ ଭରପୁର । ଚିଲିକାର ୩ କଡରେ ଏହି ଅଞ୍ଚଳ ବିସ୍ତୀର୍ଣ୍ଣ ଭାବେ ବୃଦ୍ଧି ପାଇଛି । ଚିଲିକା ଅଞ୍ଚଳ ଶିଉଳି ଚାଷ ପାଇଁ ଉପଯୁକ୍ତ ଅଟେ । ଏଣୁ

ଚିଲିକା ହ୍ରଦରେ ବିଭିନ୍ନ ପ୍ରକାର ଶିଉଳି ଚାଷ ହୋଇପାରିବ । ବର୍ତ୍ତମାନ ମାଛ ଉତ୍ପାଦନ କମି କମି ଯାଉଥିବାରୁ ମତ୍ସ୍ୟଜୀବୀମାନେ ବେକାର ହୋଇ ପଡ଼ିଛନ୍ତି । ତେଣୁ ଚିଲିକା ଅଞ୍ଚଳରେ ଥିବା ମତ୍ସ୍ୟଜୀବୀ ସମବାୟ ସମିତିମାନେ ଶିଉଳି ଦଳ ଚାଷ ପାଇଁ ଆଗ୍ରହ ପ୍ରକାଶ କରି ରାଜ୍ୟ ସରକାରଙ୍କର ସାହାଯ୍ୟ ଓ ଅନୁଦାନ ପାଇଁ ଆଗେଇ ଆସିଲେ ନିଯୁକ୍ତିର ସୁବିଧା ପାଇବା ସଙ୍ଗେ ସଙ୍ଗେ ବିଭିନ୍ନ ଆନୁସାଙ୍ଗିକ ଶିଳ୍ପମାନ ସ୍ଥାପିତ ହୋଇପାରିବ । ଅର୍ଥର ଅଭାବ ରହିବ ନାହିଁ । ରାଜ୍ୟ ସମବାୟ ବିଭାଗ ଏ ଦିଗରେ ଯତ୍ନବାନ୍ ହେବା ଦରକାର । ରାଜ୍ୟ ସମବାୟ ନିବନ୍ଧକ ଏ ଦିଗରେ ପଦକ୍ଷେପ ସ୍ୱରୂପ ଜଣେ ଉପନିବନ୍ଧକଙ୍କୁ ସମବାୟ ସମିତି ଗଠନ ସହିତ ଜିଲ୍ଲା କେନ୍ଦ୍ର ସମବାୟ ବ୍ୟାଙ୍କମାନେ ଶିଉଳି ଚାଷରେ ସମସ୍ତ ପ୍ରକାର ଖର୍ଚ୍ଚ ପାଇଁ ଋଣ ଯୋଗାଇ ଦେବାପାଇଁ ପଦକ୍ଷେପ ନେଲେ ଏହାର ସୁଫଳ ଏ ଅଞ୍ଚଳର ତଥା ଶିଳ୍ପ କରିବାକୁ ଆଗଭର ବ୍ୟକ୍ତିମାନେ ଉପକୃତ ହୋଇପାରିବେ । ଓଡ଼ିଶା ରାଜ୍ୟ ସମବାୟ ବ୍ୟାଙ୍କ ଶିଉଳି ଚାଷ କରିବା ପାଇଁ ଶିଳ୍ପୋଦ୍ୟୋଗୀ ମାନଙ୍କୁ ଋଣ ଯୋଗାଇବା ପାଇଁ ଯୋଜନା ପ୍ରସ୍ତୁତ କରି ନାବାର୍ଡ଼କୁ ପ୍ରସ୍ତାବ ଦେଲେ ନାବାର୍ଡ଼ ପୁନଃ ଅର୍ଥଲଗାଣ କରିବାକୁ କୁଣ୍ଠିତ ହେବ ନାହିଁ, ଓଡ଼ିଶା ସରକାର ଶିଉଳି ଚାଷ ପାର୍କ କରି ଓ ଚିଲିକା ସଂଲଗ୍ନ ବ୍ଲକମାନଙ୍କରେ ବିଶେଷଜ୍ଞମାନଙ୍କୁ ନିଯୁକ୍ତି କରି ଲୋକମାନଙ୍କୁ ଶିଉଳି ଚାଷ କରିବା ପାଇଁ ତାଲିମ ଦେବା ଆବଶ୍ୟକ । ଆନ୍ତର୍ଜାତିକ ବଜାରରେ ଶିଉଳିରେ ପ୍ରସ୍ତୁତ ଅରଗାନିକ୍ ଖାଦ୍ୟର ଯଥେଷ୍ଟ ଚାହିଦା ଥିବାରୁ ରାଜ୍ୟ ସରକାର ଓ କେନ୍ଦ୍ର ସରକାର ଉଭୟ ମିଶି ଆର୍ଥିକ ପ୍ରୋତ୍ସାହନ ଦେଲେ ଚାଷୀଙ୍କ ଶିଉଳି ଚାଷ ପ୍ରତି ଆଗ୍ରହ ବୃଦ୍ଧି ପାଇବା ସଙ୍ଗେ ସଙ୍ଗେ ରାଜ୍ୟ ସ୍ତରର ବଜାରରେ ଏଥିରେ ପ୍ରସ୍ତୁତ ଖାଦ୍ୟର ଚାହିଦା ମଧ୍ୟ ବୃଦ୍ଧି ପାଇବ। ଫଳରେ ଚିଲିକା ସମେତ ଅନ୍ୟ କେତେକ ସମୁଦ୍ର ତଟବର୍ତ୍ତୀ ସନ୍ତସନ୍ତିଆ ଅଞ୍ଚଳରେ ଏହି ଚାଷ ପାଇଁ ଉପଯୁକ୍ତ ହେଉଥିବାରୁ ନିକଟବର୍ତ୍ତୀ ସ୍ଥାନ ମାନଙ୍କରେ ଅନ୍ୟାନ୍ୟ ବ୍ୟବସାୟର ସଂଖ୍ୟା ବୃଦ୍ଧି ପାଇବ । କୃଷି ଓ ଉଦ୍ୟାନ କୃଷି ବିଭାଗ ଏ ଚାଷ ପ୍ରତି ଚାଷୀମାନଙ୍କୁ ଉପଯୁକ୍ତ ପ୍ରଶିକ୍ଷଣ ମାଧ୍ୟମରେ ଶିକ୍ଷା ଦେଇ ବ୍ୟାଙ୍କମାନେ ରିହାତି ଦରରେ କୃଷିଋଣ ଯୋଗାଇ ଦେଲେ ଲୋକମାନଙ୍କର ଏ ଚାଷ ପ୍ରତି ଆଗ୍ରହ ବୃଦ୍ଧି ପାଇବ । ଶିଉଳି ଚାଷ ଚିଲିକା ଉପକୂଳରେ ବର୍ଷସାରା ହୋଇପାରିବ । ଏଥିପାଇଁ ନିର୍ଦ୍ଦିଷ୍ଟ ଋତୁର ଆବଶ୍ୟକ ନଥାଏ । ଚିଲିକା ଉପକୂଳରେ ଶିଉଳି ଚାଷ କରାଗଲେ ଚାଷୀମାନେ ମୋଟା ଅଙ୍କର ଲାଭ ପାଇବା ସଙ୍ଗେ ସଙ୍ଗେ ଓଡ଼ିଶାରୁ ଏହାକୁ ବାହାର ଦେଶକୁ ରପ୍ତାନି କରି ବୈଦେଶିକ ମୁଦ୍ରା ଉପାର୍ଜନ ହୋଇପାରିବା ସଙ୍ଗେ ସଙ୍ଗେ ନିଯୁକ୍ତି ମାତ୍ରା ବୃଦ୍ଧି ପାଇପାରିବ, ଯାହାକି ଓଡ଼ିଶା ପାଇଁ ଏକ ସୁବର୍ଣ୍ଣ ସୁଯୋଗ । ନୂତନ ସରକାରରେ

ସମବାୟ ବିଭାଗର ମନ୍ତ୍ରୀ ଜଣେ ଦକ୍ଷ, କର୍ତ୍ତବ୍ୟନିଷ୍ଠ, ସଚ୍ଚୋଟ ଓ ସଫଳ ଶିଳ୍ପୋଦ୍ୟୋଗୀ
ହୋଇଥିବାରୁ ଶିଉଳି ଚାଷ ପ୍ରତି ସମବାୟ ବିଭାଗ ତଥା ସମବାୟ ବ୍ୟାଙ୍କମାନଙ୍କୁ
ନିର୍ଦ୍ଦେଶ ଦେଲେ ଏହା ସରକାରଙ୍କର ଚାଷୀମାନଙ୍କ ପ୍ରତି ବରଦାନ ସଦୃଶ ହେବ ।
ଏହା ନୂତନ ରାଜ୍ୟ ସରକାର ହାତଛଡ଼ା କରିବା ଉଚିତ୍ ନୁହେଁ ।

'ସକାଳ' – ତା୩୦.୦୭.୨୦୨୪ରେ ପ୍ରକାଶିତ

କୃଷିଋଣ ଅଭିବୃଦ୍ଧିରେ କାଗଜ କଲମ ବାଧକ

ପ୍ରାକ୍ ସ୍ୱାଧୀନତା କାଳରେ ଋଣ ସମବାୟ ସମିତି ଓ ବ୍ୟାଙ୍କମାନେ ବିଭିନ୍ନ ଫସଲର ଉତ୍ପାଦନ ଖର୍ଚ୍ଚକୁ ବିଚାରକୁ ନ ନେଇ ଋଣର ନିରାପତ୍ତା ଦୃଷ୍ଟେ କେବଳ ଜମି ବନ୍ଧକୀ ରଖି ଏକର ପିଛା କୃଷିଋଣ ଦେଉଥିଲେ । ବ୍ୟାଙ୍କମାନେ ଋଣିଙ୍କ ଠାରୁ ବାର୍ଷିକ ସୁଧ ଆଦାୟ କରୁଥିଲେ ଏବଂ ମୂଳଧନ ଅସୁଲରେ ଜୋର ଦେଉ ନଥିଲେ, ମାତ୍ର ସେ ସମୟରେ ଋଣ ଲଗାଣ ଓ ଆଦାୟ କାଗଜ ପତ୍ରରେ ପ୍ରଶ୍ନ ଉଠୁ ନଥିଲା । ସମୟ କ୍ରମେ ବନ୍ୟା, ବାତ୍ୟା ଓ ମରୁଡ଼ିର କରାଳ ଗ୍ରାସରେ ଚାଷୀମାନେ ଫସଲ ନପାଇ କିମ୍ବା ଅଭାବି ବିକ୍ରୀର ସମ୍ମୁଖୀନ ହୋଇ ଋଣ ଶୁଝି ପାରୁନଥିଲେ । ୧୯୩୦ ମସିହାରେ ସମଗ୍ର ପୃଥିବୀରେ ଆର୍ଥିକ ମାନ୍ଦାବସ୍ଥା ହେତୁ ଅନେକ ଚାଷୀ ଫସଲ ବିକ୍ରୀ କରି ନପାରି କିମ୍ବା ଲଗାତର ବନ୍ୟାରେ ଫସଲ ହରାଇ ଜମି ବିକ୍ରୀ କରି ଋଣ ଶୁଝିଲେ । ଫଳରେ ପର୍ଯ୍ୟାପ୍ତ ଜମି ଥିଲେ ମଧ୍ୟ ଜମିମାଲିକମାନେ ଗରିବ ହେବା ଯୋଗୁଁ ପୃଥିବୀରେ ଗରିବଙ୍କ ସଂଖ୍ୟା ବୃଦ୍ଧି ପାଇଲା ।

୧୯୫୨ ମସିହାରେ ପୃଥିବୀର ବିଭିନ୍ନ ଦେଶର ନିର୍ବାଚିତ ସରକାରମାନେ ଦେଶକୁ ଖାଦ୍ୟରେ ଆତ୍ମନିର୍ଭରଶୀଳ କରିବା ପାଇଁ ଜଳସେଚନର ପ୍ରସାର ତଥା ବହୁଳ ଉତ୍ପାଦନ ଖର୍ଚ୍ଚରେ ସଘନ ଚାଷର ପ୍ରବର୍ତ୍ତନ କରି ଶସ୍ୟ ଉତ୍ପାଦନ ବୃଦ୍ଧିକଲେ । ଜମି ବନ୍ଧକୀ ରଖି ସମବାୟ ବ୍ୟାଙ୍କମାନେ କୃଷି ଋଣ ଦେବା ପାଇଁ ରିଜର୍ଭ ବ୍ୟାଙ୍କର ଶସ୍ୟ ଋଣ ପଦ୍ଧତି ପ୍ରଚଳିତ କରିଥିଲେ । ଫସଲ ଅମଳ ତଥା ବିକା କିଣାକୁ ବିଚାରକୁ ନେଇ ଚାଷୀ ଏକକାଳୀନ ମୂଳ ଓ ସୁଧ ପଇଠ କରିବା ପାଇଁ ତାରିଖ ଧାର୍ଯ୍ୟକଲେ ଓ ଋଣ ଅସୁଲ ତ୍ୱରାନ୍ୱିତ କରିବା ପାଇଁ ମାର୍ଚ୍ଚ ୩୧ ତାରିଖ ସୁଦ୍ଧା ସର୍ବନିମ୍ନ ଶତକଡ଼ା ୪୦

ଭାଗ ଖରିଫ୍ ଋଣ ଅସୁଲ ନହେଲେ ସମବାୟ ବ୍ୟାଙ୍କମାନେ ସମବାୟ ସମିତିମାନଙ୍କ ମାଧ୍ୟମରେ ପୁନଃ କୃଷି ଋଣ ଲଗାଣ କରିପାରିବେ ନାହିଁ ବୋଲି ରିଜର୍ଭ ବ୍ୟାଙ୍କ କଟକଣା ଜାରିକଲେ । ଉକ୍ତ ଫସଲ ବନ୍ଧକୀ ନୀତିରେ ଭାଗଚାଷୀମାନେ କୃଷିଋଣ ପାଇବାର ସୁଯୋଗ ପାଇଲେ ।

ଉପରୋକ୍ତ ନିୟମ ଅନୁଯାୟୀ ଚାଷୀମାନେ ଏପ୍ରିଲ ୧ ତାରିଖରୁ ସେପ୍ଟେମ୍ବର ୩୦ ତାରିଖ ଭିତରେ ଖରିଫ ଫସଲ ଋଣ ପାଆନ୍ତି । ଚାଷୀ ମାର୍ଚ୍ଚ ୩୦ ତାରିଖ ମଧ୍ୟରେ ନେଇଥିବା ଋଣ ଶୁଝିବା ପାଇଁ ନିୟମ କରାଗଲା। କେତେକ ଚାଷୀ ବନ୍ୟା ମରୁଡ଼ିରେ ଫସଲ ହରାଇ ମୂଳ ଓ ସୁଧ ଏକକାଳୀନ ପଇଠ କରିନପାରି କେବଳ ସୁଧ ଶୁଝିଲେ ଏବଂ ସମବାୟ ସମିତିର ସଂପାଦକମାନେ ସମବାୟ ବ୍ୟାଙ୍କ ତହବିଲଦାରଙ୍କ ସାହାଯ୍ୟରେ କାଗଜ କଲମରେ ମୂଳଧନ ପଇଠ କରି ଚାଷୀଙ୍କୁ ପୁନଃ ମୂଳଧନ ଋଣ ଆକାରରେ ଦେଇଥିବାର ହିସାବ ଦେଖାଇଲେ । ଯାହା ଫଳରେ ଚାଷୀ ନିଜର ଫସଲ ବିକ୍ରୀକରି ନୂତନ ଫସଲ ଉତ୍ପାଦନରେ ଖର୍ଚ୍ଚକଲେ। ମାତ୍ର ବ୍ୟାଙ୍କ ସ୍ତରରେ ଋଣ ଆଦାୟ ଓ ଲଗାଣ ପ୍ରଦାନ ବନ୍ଦ ହୋଇଗଲା । କେତେକ ଚାଷୀ ହାତ ଉଧାରି ଋଣ ଆଣି କୃଷି ଋଣ ଶୁଝିଲେ ଓ ନୂତନ ଋଣ ଆଣି ହାତ ଉଧାରି ମୂଳଧନ ଉପରେ ଚଢ଼ା ଦରରେ ସୁଧ ସହିତ ମୂଳ ଶୁଝିଲେ, ଅବଶ୍ୟ ଦୈବି ଦୁର୍ବିପାକରେ ଫସଲ ନଷ୍ଟ ହେଲେ ସରକାରଙ୍କ ରିପୋର୍ଟ ଆଧାରରେ ସ୍ୱଳ୍ପକାଳୀନ କୃଷିଋଣକୁ ମଧ୍ୟମକାଳୀନ ଅର୍ଥାତ୍ ୩ ବର୍ଷିଆ କିସ୍ତିରେ ମୂଳଧନ ଋଣ ଶୁଝିବାର ସୁବିଧା ରିଜର୍ଭବ୍ୟାଙ୍କ ଦେଇଥିଲେ ହେଁ ଲଗାତର ବର୍ଷରେ ବନ୍ୟା ମରୁଡ଼ିରେ ଫସଲ ନଷ୍ଟ ହେଲେ ଚାଷୀ ସୁଧ ମଧ୍ୟ ଦେବାକୁ ଅକ୍ଷମ ହୁଅନ୍ତି । ୧୯୮୫ ମସିହାରୁ କେନ୍ଦ୍ର ସରକାରଙ୍କ ଶସ୍ୟବୀମା ପ୍ରବର୍ତ୍ତନ ପରେ ଦୁର୍ବିପାକରେ ଧାନ, ଗହମ, ତୈଳବୀଜ ଫସଲ କ୍ଷତି ହେଲେ କ୍ଷତିପୂରଣ ବାବଦ ଟଙ୍କା ପାଇବାରୁ ଚାଷୀମାନଙ୍କର ଋଣଭାର କେତେକାଂଶରେ ଲାଘବ ହୋଇଛି। ତଥାପି ଅନେକ ପ୍ରଭାବଶାଳୀ ଚାଷୀ କିମ୍ବା ରାଜନୈତିକ ଦଳମାନଙ୍କର ପ୍ରରୋଚନାରେ କେତେକ ଚାଷୀ କିସ୍ତି ତାରିଖରେ ଋଣ ନ ଶୁଝି ଖିଲାପି ହେଉଥିଲେ ମଧ୍ୟ ଶସ୍ୟବୀମାର ସୁବିଧା ନେଉ ନାହାନ୍ତି ।

୧୯୮୩ ମସିହାରେ ପ୍ରତିଷ୍ଠିତ ନାବାର୍ଡ, ରିଜର୍ଭ ବ୍ୟାଙ୍କ କୃଷି ଋଣ ଦାୟିତ୍ୱ ନେଇ ଅକ୍ଟୋବର ୧ ତାରିଖରୁ ମାର୍ଚ୍ଚ ୩୧ ତାରିଖ ପର୍ଯ୍ୟନ୍ତ ସମବାୟ ବ୍ୟାଙ୍କମାନଙ୍କୁ ବ୍ୟାପକ ରବି ଋଣ ପୁନଃ ଲଗାଣ କରୁଛି ଏବଂ ଜୁନ୍ ୩୦ ତାରିଖ ମଧ୍ୟରେ ଚାଷୀମାନେ ରବିଋଣ ଶୁଝିବାର ନିର୍ଦ୍ଦେଶନାମା ଜାରି କରାଯାଇଛି । ବର୍ଷରେ ୨ଟି କୃଷି ଋଣ ପାଇବାରେ ଚାଷୀମାନେ ସମବାୟ ସମିତି ସଂପାଦକଙ୍କ ସାହାଯ୍ୟରେ ଖରିଫ ଋଣ

କାଗଜ କଲମରେ ଶୁଝି ରବିରଣ ପାଇଥିବାର ରେକର୍ଡ ପ୍ରସ୍ତୁତ କରାଯାଏ । ୧୯୯୦ ମସିହାରେ ଓଡ଼ିଶାର ମୁଖ୍ୟମନ୍ତ୍ରୀ ସ୍ୱର୍ଗତଃ ବିଜୁ ପଟ୍ଟନାୟକଙ୍କ ରଣଛାଡ଼ ଯୋଜନା ଖିଲାପି ଚାଷୀ ବୃଦ୍ଧିରେ ସହାୟକ ହୋଇଛି । ଯାହା ଫଳରେ ୧୦ ହଜାର ଟଙ୍କା ମଧ୍ୟରେ ଚାଷ ଋଣନେଇ ଶୁଝି ନଥିବା ଚାଷୀମାନେ ଉପକୃତ ହେଲେ ମାତ୍ର ରେଗୁଲାର ଋଣ ଶୁଝୁଥିବା ଚାଷୀମାନେ କିଛି ସୁବିଧା ପାଇଲେ ନାହିଁ । ନାବାର୍ଡ଼ ଚାଷୀମନଙ୍କ ହିତ ପାଇଁ ଯେଉଁ ଋଣ ଲଗାଣ ଯୋଜନା କରିଛି ତାହା ହେଉଛି ଚାଷୀ ଋଣ ଶୁଝିବାର ୧୦ ଦିନ ମଧ୍ୟରେ ପୁନଃ ଚାଷଋଣ ପାଇବା ପାଇଁ ଯୋଗ୍ୟ । ଏହାକୁ ରାଜ୍ୟ ସମବାୟ ବ୍ୟାଙ୍କ ଓ ଜିଲ୍ଲା ସମବାୟ ବ୍ୟାଙ୍କମାନେ ଋଣ ଲଗାଣ ଓ ଋଣ ଆଦାୟକୁ ଶତ ପ୍ରତିଶତ କାଗଜ କଲମରେ ସଫଳ କରାଇବାର ରେକର୍ଡ ପ୍ରସ୍ତୁତ କରୁଥିବା ବେଳେ ପ୍ରକୃତ ଚାଷୀ ସମବାୟ ସମିତି ସ୍ତରରୁ ନଗଦ ଅର୍ଥ ଆକାରରେ ଋଣ ପାଏ ନାହିଁ । ଫଳରେ ଦୁଇସ୍ତରୀୟ ବ୍ୟାଙ୍କ କୋଟି କୋଟି ଟଙ୍କା ଲାଭ କରୁଥିବାର ଡିଣ୍ଡିମ ପିଟୁଥିବା ବେଳେ ତଳସ୍ତରର ସେବା ସମବାୟ ସମିତି ଦେବାଳିଆ ହୋଇଚାଲିଛି ।

ଋଣଛାଡ଼ ରୋଗରେ ଭୂ ଉନ୍ନୟନ ବ୍ୟାଙ୍କ, ବାଣିଜ୍ୟିକ ବ୍ୟାଙ୍କ ଓ ଅର୍ଥନିଗମ ପ୍ରଭୃତି ଅର୍ଥ ଲଗାଣକାରୀ ଋଣ ଅନୁଷ୍ଠାନମାନେ ସଂକ୍ରମିତ ହୋଇଛନ୍ତି ।

ଏପରିକି ବିଗତ କେତେବର୍ଷ ହେଲା ଓଡ଼ିଶା ସରକାର ରିଜର୍ଭ ବ୍ୟାଙ୍କର ବିନିମୟ ହାର (ways and means) କଟକଣା ହେତୁ ମାର୍ଚ୍ଚ ୩୧ ତାରିଖରେ ସରକାର କେତେକ ଅନୁଷ୍ଠାନମାନଙ୍କୁ କାଗଜ କଲମରେ ଅନୁଦାନ ଦେଇ ସାଧାରଣ ଜମା ହିସାବ (Civil Deposit)ରେ ମାସ ମାସ ଧରି ବ୍ୟାଙ୍କରେ ଅର୍ଥ ଗଚ୍ଛିତ ରଖୁଛନ୍ତି ଓ ଆର୍ଥିକ ଅବସ୍ଥା ସୁଧୁରିବା ପରେ ଅନୁଷ୍ଠାନମାନଙ୍କୁ ଟଙ୍କା ଅନୁଦାନ ଦିଆଯାଉଛି । ଆର୍ଥିକ ଶୃଙ୍ଖଳା ଓ ଋଣ ଅସୁଲରେ ଗୁରୁତ୍ୱ ନ ଥିବାରୁ କାଗଜ ଚାଷରେ ଋଣ ଆଦାନ ପ୍ରଦାନ ଓ ଯୋଜନା କାଣ୍ଟଛାଣ୍ଟ ଚାଲିଛି ଏବଂ ଅପବ୍ୟୟ ବୃଦ୍ଧି ପାଉଛି, ଅଥଚ ଜାପାନ ପ୍ରଭୃତି ବହୁ ଉନ୍ନତ ଦେଶର ଋଣ ଉପଭୋକ୍ତାମାନେ ଋଣର ଶତ ପ୍ରତିଶତ ବିନିଯୋଗ କରି କିସ୍ତି ଅନୁଯାୟୀ ଋଣ ପରିଶୋଧ କରୁଛନ୍ତି । ସେ ଦେଶରେ ଋଣ ଅସୁଲ ପାଇଁ ମକଦ୍ଦମା କରାଯାଏ ନାହିଁ । ଆମ ଦେଶରେ ଚାଷୀ ବିନାଶ ପଥରେ ଆଗଉଛି ।

ମହାରାଷ୍ଟ୍ରରେ ବାଣିଜ୍ୟ ସମବାୟ ସମିତି, ସମବାୟ ନିୟନ୍ତ୍ରିତ ବଜାର, କପା କ୍ରୟ ସମବାୟ ସମିତି, ଆଖୁ ପ୍ରଭୃତି କୃଷିଭିତ୍ତିକ ସମବାୟ କାରଖାନା, ଦୁଗ୍ଧ ସମବାୟ ସମିତିମାନେ ଚାଷୀଙ୍କ ଠାରୁ କୃଷିଜାତ ଦ୍ରବ୍ୟ କିଣି ସମବାୟ ତଥା ବାଣିଜ୍ୟିକ ବ୍ୟାଙ୍କମାନଙ୍କୁ ଋଣ ଶୁଝି ବଳକା ଟଙ୍କା ଚାଷୀଙ୍କୁ ଦେଉଛନ୍ତି । ଏହାର ଉଦାହରଣ

ସାଜିଛି ମହାରାଷ୍ଟ୍ରର କୋହ୍ଲାପୁର ଜିଲ୍ଲାରେ ଶତକଡ଼ା ୯୦ ଭାଗରୁ ଊର୍ଦ୍ଧ୍ୱ ଋଣ ଅସୁଲ ହେଉଛି । କାରଣ ମହାରାଷ୍ଟ୍ରରେ ଫସଲ ବିକ୍ରି ସହିତ ଋଣ ଅସୁଲ ନୀତି ଲିଙ୍କିଙ୍ଗ ଓ କ୍ରେଡିଟ ଉଇଥ୍ ମାର୍କେଟିଂ (Linking credit with marketing) ନିୟମ କଡ଼ାକଡ଼ି ଭାବରେ ପାଳନ କରାଯାଉଥିବାରୁ ଚାଷୀମାନେ ଋଣ ଅସୁଲ ଦେବାରେ ଟାଳଟୁଳ ନୀତି ଅବଲମ୍ବନ କରିପାରୁନାହାନ୍ତି । ଅତୀତରେ ଓଡ଼ିଶାରେ ଚାଷୀମାନେ ବାଣିଜ୍ୟ ସମବାୟ ସମିତି ଜରିଆରେ ଫସଲ ବିକ୍ରୀ କରି ସମବାୟ ବ୍ୟାଙ୍କରୁ ନେଇଥିବା ଋଣ ଶୁଝିଲେ ଶତକଡ଼ା ଦୁଇଭାଗ ଟଙ୍କା ବୋନସ ପାଇବାର ବ୍ୟବସ୍ଥା ଥିଲାବେଳେ ପ୍ରଶାସନିକ ନିଷ୍ଠା ଅଭାବରେ ଉକ୍ତ ପ୍ରଥା କାଗଜ କଲମରେ ରହିଯାଇଛି । ହରିଆନା, ପଞ୍ଜାବ, ପଶ୍ଚିମବଙ୍ଗ, ଉତ୍ତରପ୍ରଦେଶ, କର୍ଣ୍ଣାଟକ, ଆନ୍ଧ୍ରପ୍ରଦେଶ, ଛତିଶଗଡ଼ ପ୍ରଭୃତି ରାଜ୍ୟମାନଙ୍କରେ ବାଣିଜ୍ୟ ସମବାୟ ସମିତିମାନେ ଦେବାଳିଆ ଅବସ୍ଥାରେ ରହିଥିବାରୁ ଫସଲ ଋଣ ପ୍ରଥା (crop loan system) ପରିବର୍ତ୍ତନ କରିଛନ୍ତି । ନଗଦ ଋଣ ପ୍ରଥାରେ ସମବାୟ ବ୍ୟାଙ୍କମାନେ ଜମି ଓ ବିଭିନ୍ନ ଫସଲକୁ ଭିତ୍ତିକରି ପ୍ରତ୍ୟେକ ଚାଷୀର ଋଣସୀମା ପ୍ରସ୍ତୁତ କରୁଛନ୍ତି ଓ ଚାଷୀଙ୍କୁ ନଗଦ ଟଙ୍କା ଓ ବାଣିଜ୍ୟ ସମବାୟ ସମିତି ମାନଙ୍କରୁ ସାର ଦେଉଛନ୍ତି । ଚାଷୀ ଉଚିତ୍ ଦରରେ ଫସଲ ବିକ୍ରିକରି ବର୍ଷର ଯେ କୌଣସି ସମୟରେ ଋଣ ପରିଶୋଧ କରିପାରୁଛି । ଫଳରେ ସମବାୟ ସମିତି ସଂପାଦକ ସହିତ ସମବାୟ ବ୍ୟାଙ୍କର କର୍ମଚାରୀମାନେ ଋଣ ଗଫଲତି କରିପାରୁନାହାନ୍ତି । ନାବାର୍ଡ଼ର ଋତୁକାଳୀନ ଋଣ ପଇଠ ନୀତିର (Seasonality displean) ଗୁରୁତ୍ୱ ଉପଲବ୍ଧି ହେଉନାହିଁ ।

ଓଡ଼ିଶାରେ ଶସ୍ୟବୀମା ଯୋଜନାରେ ନଗଦ କୃଷି ଋଣ ପ୍ରଥାର ପ୍ରଚଳନ ତଥା ଫସଲ ବିକ୍ରୀ ଜରିଆରେ ଋଣ ଅସୁଲ ପଦକ୍ଷେପ ନିଆଗଲେ କାଗଜ କଲମରେ ଋଣ ଆଦାୟ ଓ ଲଗାଣ ଅଭିଯୋଗର ପୁର୍ଣ୍ଣଛେଦ ପଡ଼ିପାରିବ ଏବଂ ଚାଷୀଙ୍କ ହିତ ପାଇଁ ଏହା ସରକାରଙ୍କ ପକ୍ଷରେ ଏକ ଜରୁରୀ ପଦକ୍ଷେପ।

'ଓଡ଼ିଶା ଏକ୍ସପ୍ରେସ୍' - ତା୩୧.୦୭.୨୦୨୪ରେ ପ୍ରକାଶିତ

ଓଡ଼ିଶାରେ ସମବାୟ ସମିତିର ସମସ୍ୟା ଓ ସମାଧାନ

୧୯୭୦ ରୁ ୧୯୮୦ ମସିହା ପର୍ଯ୍ୟନ୍ତ ନିଷ୍ପାପର ନେତୃତ୍ୱ ଓ ବ୍ୟବସାୟିକ ଦକ୍ଷତା ହେତୁ ଓଡ଼ିଶା ସମବାୟ ଆନ୍ଦୋଳନ ବେଶ୍ ଅଗ୍ରଗତି କରିଥିଲା । ବିଶେଷକରି ଭାରତୀୟ ରିଜର୍ଭ ବ୍ୟାଙ୍କ ଓ ନାବାର୍ଡ଼ (ଜାତୀୟ କୃଷି ଓ ଗ୍ରାମ୍ୟ ଉନ୍ନୟନ ବ୍ୟାଙ୍କ)ର ଅନୁଶୀଳନ ରିପୋର୍ଟ ଅନୁଯାୟୀ ସମବାୟ ବ୍ୟାଙ୍କମାନେ କୃଷକ ତଥା ଅନ୍ୟାନ୍ୟ ଅଣ କୃଷି ଋଣୀ ସମବାୟ ସମିତିମାନଙ୍କର ଋଣ ଚାହିଦା ମେଣ୍ଟାଇବାରେ ସମର୍ଥ ଥିଲେ । ୧୯୮୦ ରୁ ୧୯୮୯ ମସିହା ପର୍ଯ୍ୟନ୍ତ ରାଜନୈତିକ ହସ୍ତକ୍ଷେପରେ ପରିଚାଳନା କମିଟିକୁ ସମବାୟ ସମିତି ପରିଚାଳନାରେ ଦକ୍ଷତା ଥିବା କର୍ମୀଙ୍କ ବଦଳରେ ଅନଭିଜ୍ଞ ରାଜନୈତିକ କର୍ମୀ ତଥା ସମବାୟର ଧାର ଧାରି ନଥିବା ପ୍ରତିନିଧିମାନେ ନିର୍ବାଚିତ ହୋଇଥିଲେ । ବ୍ୟାଙ୍କ କର୍ମଚାରୀଙ୍କ ବଦଳରେ ସରକାରୀ କର୍ମଚାରୀମାନେ ସମିତି ତଥା ବ୍ୟାଙ୍କର ବ୍ୟବସାୟିକ ଦକ୍ଷତା ନଥାଇ ମୁଖ୍ୟ କାର୍ଯ୍ୟନିର୍ବାହୀ ହେଲେ । ମାତ୍ର ସେମାନଙ୍କର ଘନ ଘନ ବଦଳି ହେତୁ ସମିତି ତଥା ବ୍ୟାଙ୍କର ପରିଚାଳନାରେ ବ୍ୟାଘାତ ସୃଷ୍ଟି ହେଲା । ପରନ୍ତୁ ସରକାରୀ ଚାପରେ ବିଭାଗୀୟ ଅଫିସରମାନେ ଖିଲାପି ସଭ୍ୟ ଓ ଅର୍ଥ ତୋଷାରପାତ କରିଥିବା କର୍ମଚାରୀଙ୍କ ବିରୁଦ୍ଧରେ କାର୍ଯ୍ୟାନୁଷ୍ଠାନ ନ କରିବାରେ ତଥା ଋଣ ମେଳା ଜରିଆରେ ଅପାତ୍ରରେ ଦାନ ସଦୃଶ ଋଣ ବଣ୍ଟନରେ ପକ୍ଷପାତିତା କରିବାରୁ ସମବାୟ ବ୍ୟାଙ୍କ ଓ ସମିତିମାନେ ରୁଗ୍ଣ ହୋଇଗଲେ । ଯାହାକି ସେହି ସମୟରେ ୬୧କୋଟି ଟଙ୍କା କ୍ଷତି ହୋଇଥିଲା । ପରିଶେଷରେ ୧୯୮୯ ମସିହାରେ ଓଡ଼ିଶାରେ ଶାସନ କରୁଥିବା ଜନତା ଦଳ ଋଣଛାଡ଼ ନିର୍ବାଚନ ପ୍ରତିଶ୍ରୁତିରେ ସମବାୟ ବ୍ୟାଙ୍କର ଋଣ ଅସୁଲ ଓ ପ୍ରଦାନ ପ୍ରାୟ ବନ୍ଦ ହୋଇଯାଇଥିଲା । କେବଳ କାଗଜ

କଲମରେ ଋଣ ଲଗାଣ ଓ ଋଣ ଅସୁଲ (ପେପର ଟ୍ରାଞ୍ଜାକ୍‌ସନ୍) ଚାଲିବା ଦ୍ୱାରା ଅଯଥାରେ ଓଡ଼ିଶା ରାଜ୍ୟ ସମବାୟ ବ୍ୟାଙ୍କ ଓ ଜିଲ୍ଲା କେନ୍ଦ୍ର ସମବାୟ ବ୍ୟାଙ୍କମାନେ ଲାଭ ଦେଖାଇ ବିଭିନ୍ନ ପ୍ରକାର ଫାଇଦା ନେଉଥିବା ବେଳେ ବିଚରା ଗ୍ରାମାଞ୍ଚଳରେ ଥିବା ପ୍ରାଥମିକ କୃଷି ଋଣ ସମବାୟ ସମିତିମାନେ କ୍ଷତିର ପାହାଡ଼ ମୁଣ୍ଡାଇ ଚାଲିଛନ୍ତି ।

କେନ୍ଦ୍ର ସରକାର ତା୦୨.୧୦.୧୯୮୯ରିଖ ସୁଦ୍ଧା ଓ ଓଡ଼ିଶା ରାଜ୍ୟ ସରକାର ତା୦୧.୦୩.୧୯୯୦ରିଖ ସୁଦ୍ଧା ଖିଲାଫି ଚାଷୀଙ୍କ ଋଣ ଛାଡ଼ କରିବାରୁ ଓଡ଼ିଶା ସମବାୟ ବ୍ୟାଙ୍କ କେନ୍ଦ୍ର ନୀତିରେ ୧୪୯ କୋଟି ଟଙ୍କା ଏବଂ ଓଡ଼ିଶା ସରକାରଙ୍କ ସ୍ୱତନ୍ତ୍ର ଋଣଛାଡ଼ ଯୋଜନାରେ ୨୨ କୋଟି ଟଙ୍କା ଏହିପରି ସର୍ବମୋଟ ୧୭୧ କୋଟି ଟଙ୍କା ଋଣ ଛାଡ଼ କରାଇଲେ । ନିର୍ବାଚନ ପ୍ରତିଶ୍ରୁତି ଅନୁଯାୟୀ ସମସ୍ତ ଚାଷୀଙ୍କର ବାକି ଋଣ ଉପରେ ୧୦,୦୦୦ ଟଙ୍କା ପର୍ଯ୍ୟନ୍ତ ଋଣ ଛାଡ଼ ହୋଇପାରିଲା ନାହିଁ । ପରନ୍ତୁ ବହୁସଂଖ୍ୟକ ଧନୀ ଓ ପ୍ରଭାବଶାଳୀ ଖିଲାଫି ଋଣୀଙ୍କର ଋଣ ଛାଡ଼ ହେବାରୁ ଗରିବ ତଥା ନିୟମିତ ଭାବରେ ସମିତିରୁ ଋଣ ଦେଣ ନେଣ କରୁଥିବା ସଚ୍ଚୋଟ ଚାଷୀମାନେ ଏଥିରୁ ବଞ୍ଚିତ ହୋଇଥିଲେ । ବିଶେଷକରି ୧୯୯୧ ମସିହା ଜୁନ୍ ମାସ ଲୋକସଭା ନିର୍ବାଚନ ସଭାରେ ଓଡ଼ିଶାର ମୁଖ୍ୟମନ୍ତ୍ରୀ ସ୍ୱର୍ଗତଃ ବିଜୁ ପଟ୍ଟନାୟକ ଭାଷଣ ଦେଉଥିଲା ବେଳେ କେତେକ ଚାଷୀ ଋଣ ଅସୁଲ ତାଗିଦା ନୋଟିସ୍ (ଡିମାଣ୍ଡ ନୋଟିସ୍) ତାଙ୍କୁ ଦେଖାଇବାରୁ ସେ ତାହାକୁ ଚିରିଦେବାକୁ ଋଣୀମାନଙ୍କୁ ନିର୍ଦ୍ଦେଶ ଦେବାରୁ ଓଡ଼ିଶା ରାଜ୍ୟ ସମବାୟ ନିବନ୍ଧକଙ୍କ ୧୯୯୦ ଡିସେମ୍ବର ଓ ୧୯୯୧ ମସିହା ଜୁଲାଇ ମାସ ଋଣ ଅସୁଲ ନିର୍ଦ୍ଦେଶାବଳୀ ଋଣୀ ଲୋକମାନଙ୍କୁ ଆଦୌ ପ୍ରଭାବିତ କରିପାରିଲା ନାହିଁ । କିଛିଦିନ ପାଇଁ ସମବାୟ ବ୍ୟାଙ୍କମାନେ ନାବାର୍ଡ଼ ଠାରୁ କୃଷି ଋଣ ପାଇବାରେ ହଇରାଣ ହୋଇଥିଲେ । ଫଳରେ ଅଣ କୃଷି ସମବାୟ ସମିତିମାନେ ସମବାୟ ବ୍ୟାଙ୍କମାନଙ୍କ ଠାରୁ ଋଣ ନପାଇ ଅଚଳ ହୋଇଯାଇଥିଲେ । ଯାହାଦ୍ୱାରା ସେତେବେଳେ କେତେକ ସମବାୟ କର୍ମଚାରୀ ଛଟେଇ ହୋଇଥିଲେ। ଫଳରେ ନିଯୁକ୍ତି ବନ୍ଦ ପାଇଁ ବାଟ ମଧ୍ୟ ଖୋଲିଯାଇଥିଲା ।

ବାଛ ବିଚାର କରିବାର ବିଷମୟ ପରିଣତି ଦୃଷ୍ଟେ ବିଭିନ୍ନ ଦଳୀୟ ସରକାରମାନେ ଜାତୀୟ ଐକ୍ୟ ସୃଷ୍ଟି କରି କେବଳ ଅସହାୟ ଋଣୀଙ୍କର ଋଣଛାଡ଼ ପାଇଁ ଭାରତୀୟ ରିଜର୍ଭ ବ୍ୟାଙ୍କର ପରାମର୍ଶମତେ ସମବାୟ ବ୍ୟାଙ୍କମାନଙ୍କ କୃଷି ସମୀକରଣ ଓ ମନ୍ଦଋଣ ପାଣ୍ଠିକୁ ପ୍ରତିବର୍ଷ ଅନୁଦାନ ଯୋଗାଇଲେ ମାତ୍ର ସୁଫଳ କିଛି ମିଳିଲା ନାହିଁ । ମହାରାଷ୍ଟ୍ର ସରକାରଙ୍କ ପରି ଓଡ଼ିଶା ରାଜ୍ୟ ସରକାର ଚାଷୀଙ୍କ ଫସଲ କିଣି ଋଣ ମଜୁରା ନୀତିରେ ସମବାୟ ବ୍ୟାଙ୍କ ଓ ବାଣିଜ୍ୟ ସମବାୟ ସମିତିମାନେ

ପଦକ୍ଷେପ ନେବାପାଇଁ ରାଜ୍ୟ ସରକାର କଡ଼ାକଡ଼ି ନିୟମ କରନ୍ତୁ । ତାହା ହେଲେ ନକଲି କୃଷିରଣୀମାନଙ୍କ ସଂଖ୍ୟା କମିଯିବ ଓ ଫସଲ ଉତ୍ପାଦନରେ କେବଳ କୃଷିରଣ ଉପଯୋଗ ହୋଇପାରିବ । ପୁନଶ୍ଚ କୃଷି ଉତ୍ପାଦନ ଅନିଶ୍ଚିତ ହେତୁ ଚାଷୀମାନେ ଫସଲବୀମା କ୍ଷତିର ଭରଣା ପାଇବେ ଓ ରଣ ଅସୁଲ ବାଧାପ୍ରାପ୍ତ ହେବନାହିଁ ।

ରଣଛାଡ଼ ବାତାବରଣରେ ୧୯୮୯ ମସିହା ଜୁଲାଇ ମାସରୁ ଭୂଉନ୍ନୟନ ସମବାୟ ବ୍ୟାଙ୍କର ରଣ ଅସୁଲ ଓ ଲଗାଣ ପୁରାପୁରି ବନ୍ଦ ହୋଇଯିବା ଫଳରେ ଓଡ଼ିଶା ରାଜ୍ୟ ସରକାର ଉକ୍ତ ବ୍ୟାଙ୍କକୁ ଲିକ୍ୟୁଡେସନ୍ କରିଦେବାକୁ ନିଷ୍ପତ୍ତି ନେଇଯାଇଛନ୍ତି ।

ଓଡ଼ିଶାରେ ୧୬ ଗୋଟି ଅର୍ବାନ କୋ-ଅପରେଟିଭ୍ ବ୍ୟାଙ୍କ ଗଠନ ହୋଇଥିଲା ବେଳେ ବର୍ତ୍ତମାନ ଏଥିମଧ୍ୟରୁ ୯ ଗୋଟି କାର୍ଯ୍ୟକ୍ଷମ । ୭ ଗୋଟି ଅର୍ବାନ କୋ-ଅପରେଟିଭ୍ ବ୍ୟାଙ୍କ ଲିକ୍ୟୁଡେସନ ହୋଇଯିବା ଫଳରେ ଲକ୍ଷ ଲକ୍ଷ ଲୋକ ସେମାନଙ୍କର ଉକ୍ତ ବ୍ୟାଙ୍କରେ ଜମା ରଖିଥିବା ଟଙ୍କା ପାଇପାରି ନାହାନ୍ତି । ଯାହାକି ଓଡ଼ିଶା ରାଜ୍ୟ ସରକାର ଏଥିପାଇଁ ନିନ୍ଦା ମୁଣ୍ଡାଇବାର ପାତ୍ର ହୋଇଛନ୍ତି । ୨୭୧୦ ଗୋଟି ପ୍ରାଥମିକ କୃଷିରଣ ସମବାୟ ସମିତିମାନଙ୍କ ମଧ୍ୟରୁ କେତେକ ସମିତିର କାର୍ଯ୍ୟ ବନ୍ଦ ହୋଇଯାଇଛି । ରାଜନୈତିକ ହସ୍ତକ୍ଷେପରେ ପରିଚାଳନା ଅବ୍ୟବସ୍ଥା ଓ ତୋଷାରପାତ ହେତୁ ରାଜ୍ୟ ଓ ଆଞ୍ଚଳିକ ସମବାୟ ସମିତିମାନେ ୩୮ କୋଟି ଟଙ୍କା କ୍ଷତି ସହି ସମବାୟ ବ୍ୟାଙ୍କମାନଙ୍କ ଠାରୁ ପୁନଃ ରଣ ଗ୍ରହଣ କରିବା ଆସ୍ଥା ହରାଇଛନ୍ତି । ଫଳରେ ଚାଷୀଙ୍କ ଠାରୁ ଫସଲ ସହାୟକ ଦରରେ କିଣି ମହଜୁଦ କରି ରଖିପାରୁ ନାହାନ୍ତି । ଆଞ୍ଚଳିକ ବାଣିଜ୍ୟ ସମବାୟ ସମିତିମାନେ ସାର ଓ ଖାଉଟୀ ପଦାର୍ଥ କାରବାର କରିପାରୁ ନାହାନ୍ତି । କର୍ମଚାରୀମାନେ ଦରମା ପାଉନାହାନ୍ତି । ସରକାରଙ୍କ ଚାଉଳ ଲେଭି ପ୍ରଥା ଓ ବ୍ୟାଙ୍କ ରଣ ଅଭାବରେ ୩୫ ଗୋଟି ସମବାୟ ଧାନକଳ ମାନଙ୍କ ମଧ୍ୟରୁ ସମସ୍ତ ପ୍ରାୟ ବନ୍ଦ ହୋଇଯାଇଛି । ନାବାର୍ଡ଼ ସାର ଓ ଧାନ କାରବାର ପାଇଁ ଅବଧି ବ୍ୟାଙ୍କକୁ ପୁନଃ ଅର୍ଥଲଗାଣ କରିବାକୁ ନିଷ୍ପତ୍ତି ନେଇଛି । ଓଡ଼ିଶା ସରକାର ହରିୟାଣା ରାଜ୍ୟ ସରକାରଙ୍କ ନୀତିରେ ଚାଷୀମାନଙ୍କ ସାର ରଣ ଚେକ୍ ଜରିଆରେ ସମବାୟ ବ୍ୟାଙ୍କରେ ଭଙ୍ଗାଇବା ପ୍ରଥାରେ ଆଞ୍ଚଳିକ ବାଣିଜ୍ୟ ସମବାୟ ସମିତିମାନେ ସାର ବ୍ୟବସାୟ କଲେ ରାଜ୍ୟ ବାଣିଜ୍ୟ ସଂଘ ନିୟମିତ ଭାବେ ସାର ଟଙ୍କା ପାଇପାରିବେ ।

ରାଜ୍ୟ ସରକାର କଣ୍ଟ୍ରୋଲ ଜିନିଷ ଯୋଗାଣରେ ଖାଉଟୀ ସମବାୟ ସମିତିମାନଙ୍କ ବଦଳରେ ଡିଲରମାନଙ୍କୁ ପ୍ରାଧାନ୍ୟ ଦେବା ସହିତ ପରିବହନରେ ଅଧିକ ଖର୍ଚ୍ଚ କରିବା, ପଦାର୍ଥ ହେରଫେରରେ ପଦକ୍ଷେପ ନନେବା ଏବଂ ସର୍ବୋପରି ବ୍ୟବସାୟିକ ଦକ୍ଷତା

ଅଭାବ ହେତୁ ଖାଉଟୀ ସମବାୟ ସମିତିମାନେ ଦେବାଳିଆ ହୋଇଯାଇଛନ୍ତି । ସରକାର ସମବାୟର ତ୍ରୁଟି ସୁଧାରିବା ପରିବର୍ତ୍ତେ ଖର୍ଚ୍ଚବହୁଳ ରାଜ୍ୟ ଯୋଗାଣ ନିଗମ ଗଠନ କରିବା ଫଳରେ ଆଶାନୁରୂପ ସଫଳତା ହାସଲ କରିପାରି ନାହାଁନ୍ତି । ଡିଲରମାନେ ଓଜନରେ କମ୍ ଦେବା, ଠିକ୍ ସମୟରେ ଜିନିଷ ନ ଯୋଗାଇବା, ଆକାଉଣ୍ଟେବିଲିଟି ଧାର୍ଯ୍ୟ କରିବା ଫଳରେ ଖାଉଟୀମାନେ ନିତ୍ୟ ବ୍ୟବହାର୍ଯ୍ୟ ଜିନିଷ ପାଇବାରେ ହଇରାଣ ହୋଇ ଫେରାଦ ହେବାପାଇଁ ଉପଯୁକ୍ତ ପଥ ପାଉନାହାନ୍ତି ।

ଓଡ଼ିଶାରେ ଚାରିଗୋଟି ଶୀତଳ ଭଣ୍ଡାରକୁ ଛାଡ଼ି ସମସ୍ତ ଶୀତଳ ଭଣ୍ଡାର ବନ୍ଦ ହୋଇଯାଇ ଥିବାରୁ ଏହାପ୍ରତି ସରକାର ତୁରନ୍ତ ପଦକ୍ଷେପ ନେଇ ପ୍ରତି ଜିଲ୍ଲାରେ ଦୁଇଟି କରି ଶୀତଳ ଭଣ୍ଡାର ପ୍ରତିଷ୍ଠା କରିବା ସହ ପିଆଜ ଉତ୍ପାଦିତ ଅଞ୍ଚଳରେ ଆଧୁନିକ ଜ୍ଞାନ କୌଶଳରେ ପୁଲିଂ ଚେନ୍ ପ୍ରତିଷ୍ଠା କରିବା ଆବଶ୍ୟକ । ଯାହାର ଉଦାହରଣ ସ୍ୱରୂପ ସରକାର ଭଲ ଉଦ୍ଦେଶ୍ୟ ରଖି ବିଗତରେ ଆଳୁମିଶନ ଆରମ୍ଭ କରିଥିଲେ ମଧ୍ୟ ତତ୍‌କାଳୀନ କୃଷିମନ୍ତ୍ରୀ ଥିବା ପ୍ରଦୀପ ମହାରଥୀ, ଦେବୀପ୍ରସାଦ ମିଶ୍ର, ଅରୁଣ କୁମାର ସାହୁ ଓ ରଣେନ୍ଦ୍ର ପ୍ରତାପ ସ୍ୱାଇଁଙ୍କ ସମୟରେ ଆଳୁମିଶନ ନ ବଢ଼ି ବନ୍ଦ ହୋଇଯାଇଛି । ଓଡ଼ିଶାରେ ୪ ଗୋଟି ସମବାୟ ଚିନିକଳ ପ୍ରତିଷ୍ଠା ହୋଇଥିଲେ ମଧ୍ୟ ପରିଚାଳନାଗତ ତ୍ରୁଟି ପାଇଁ ୩ଟି ବନ୍ଦ ହୋଇଯାଇଛି । ମୁଖ୍ୟ କାରଣ ହେଉଛି ଖର୍ଚ୍ଚର ଅପବ୍ୟୟ, ଆଖୁର ଅଭାବ, ପରିଚାଳକମାନଙ୍କ ଘନ ଘନ ବଦଳି, ବ୍ୟବସାୟୀକ ଦକ୍ଷତା ନଥିବା କର୍ମଚାରୀମାନଙ୍କୁ ନିଯୁକ୍ତି ଓ ସର୍ବୋପରି ରାଜନୈତିକ ହସ୍ତକ୍ଷେପ ଫଳରେ ଚିନିକଳ ଗୁଡ଼ିକ ବନ୍ଦ ହୋଇଯାଇଛି । ଫଳରେ ଆଖୁଚାଷର ମରୁଡ଼ି ଓଡ଼ିଶାରେ ଦେଖାଦେଇଛି କହିଲେ ଅତ୍ୟୁକ୍ତି ହେବନାହିଁ ।

ଓଡ଼ିଶା ଆଦିବାସୀ ସମବାୟ ନିଗମର ପରିଚାଳନା ନିର୍ଦ୍ଦେଶକ ଓ କର୍ତ୍ତୃପକ୍ଷ ଉଭୟ ଉଚ୍ଚ ସରକାରୀ ଅଧିକାରୀ ହୋଇଥିଲେ ହେଁ ଘନଘନ ବଦଳି ତଥା ପରିବର୍ତ୍ତନ ହେତୁ ସେମାନେ ଦାୟିତ୍ୱ ନେଇ କାର୍ଯ୍ୟ କରିପାରୁନାହାନ୍ତି । ଫଳରେ ବିଭିନ୍ନ ଶାଖାରେ ଅର୍ଥ ତୋଷାରପାତ କରିଥିବା କର୍ମଚାରୀଙ୍କ ବିରୁଦ୍ଧରେ କାର୍ଯ୍ୟାନୁଷ୍ଠାନ ହୋଇପାରୁ ନାହିଁ । ବିଗତରେ ଗଣତାନ୍ତ୍ରିକ ପ୍ରକ୍ରିୟାରେ ପରିଚାଳନା ପରିଷଦ ନିର୍ବାଚିତ ହୋଇ ୨୧ଜଣ ନିର୍ଦ୍ଦେଶକ (ସଭାପତିଙ୍କ ସହ) ଦାୟିତ୍ୱ ନେଇଥିଲେ ମଧ୍ୟ ପରିଚାଳନା ପରିଷଦର ବୈଠକ ଡକାଯାଇପାରୁ ନାହିଁ ଏବଂ ସରକାର ଧାର୍ଯ୍ୟ କରିଥିବା ଗ୍ରସ୍ତ ଖର୍ଚ୍ଚ, ଅଧିବେଶନ ଭତ୍ତା ଓ ସଭାପତିଙ୍କ ଦରମା, ଘରଭଡ଼ା ଇତ୍ୟାଦି ପରିଚାଳନା ନିର୍ଦ୍ଦେଶକ ନଦେବା ଫଳରେ କାର୍ଯ୍ୟ ତୁଲାଇବାରେ ଅରାଜକତା ଦେଖାଦେଇଛି । ସେହିପରି ବୃହତ୍ତ ଆଦିବାସୀ ବହୁମୁଖୀ ସମବାୟ ସମିତିମାନଙ୍କରେ ଅର୍ଥ ତୋଷାରପାତର ମାତ୍ରା

ବୃଦ୍ଧି ଘଟିଥିଲେ ହେଁ ସମବାୟ ବିଭାଗ ପକ୍ଷରୁ କାର୍ଯ୍ୟାନୁଷ୍ଠାନ ନିଆଯାଇ ନଥିବାରୁ ସେଗୁଡ଼ିକ ଦୁର୍ବଳ ହୋଇଗଲେଣି । ଆଦିବାସୀ ସମବାୟ ନିଗମ ଓ ପ୍ରାଥମିକ ସମବାୟ ସମିତିମାନେ ସମବାୟ ବିଭାଗ ଅଧିନରେ ରହିବା ଆବଶ୍ୟକ ଓ ବ୍ୟବସାୟିକ ଦକ୍ଷତା ବୃଦ୍ଧିପାଇଁ ଅନ୍ତତଃ ପକ୍ଷେ ପରିଚାଳନା ନିର୍ଦ୍ଦେଶକଙ୍କୁ ୫ ବର୍ଷ ରଖି ସମିତି ସମୀକ୍ଷା ଏବଂ ତଦାରଖ ଠିକ୍ ସମୟରେ ସରକାରଙ୍କ ଦ୍ୱାରା କରିବା ଆବଶ୍ୟକ।

ଓଡ଼ିଶା ସମବାୟ ହସ୍ତଶିଳ୍ପ ନିଗମ, ପ୍ରାଥମିକ ଶିଳ୍ପ ସମବାୟ ସମିତିମାନଙ୍କୁ ଆବଶ୍ୟକ କଞ୍ଚାମାଲ ନଯୋଗାଇବା, ସମସ୍ତ ଉତ୍ପାଦିତ ଜିନିଷ ନ କିଣିବା ଓ ବିକ୍ରୀଲବ୍ଧ ଅର୍ଥ ଶୀଘ୍ର ନଦେବା ହେତୁ ପ୍ରାଥମିକ ସମିତିମାନେ ଅଧିକାଂଶ ରୁଗ୍‌ଣ ହୋଇପଡ଼ିଛନ୍ତି । ବ୍ୟବସାୟ ଦକ୍ଷତା ହାସଲ ପାଇଁ ପରିଚାଳକମାନଙ୍କୁ ତାଲିମ ଓ କାରିଗରମାନଙ୍କୁ ଆଧୁନିକ ଜ୍ଞାନକୌଶଳରେ ଶିକ୍ଷା ଦିଆଗଲେ ଶିଳ୍ପ ସମବାୟ ସମିତିରେ ଗ୍ରାମର ଅଧିକ ବେକାର ଯୁବକ ଯୁବତୀ ନିଯୁକ୍ତି ପାଇପାରିବା ସଙ୍ଗେ ସଙ୍ଗେ ସମିତିମାନଙ୍କର ପୁନରୁଦ୍ଧାର ହୋଇପାରିବ ଏବଂ ରାଜ୍ୟ ସରକାର ବ୍ୟବସାୟ ପାଇଁ ପ୍ରତି ସମବାୟ ସମିତିମାନଙ୍କୁ ବିନା ସୁଧରେ ୧କୋଟି ଟଙ୍କା ଲେଖା (Ecross Fund) ଯୋଗାଇବା ଆବଶ୍ୟକ ।

ଓଡ଼ିଶା ତାଳଗୁଡ଼ ଉତ୍ପାଦନକାରୀ ସଂଘ ଓ ପ୍ରାଥମିକ ତାଳଗୁଡ଼ ଉତ୍ପାଦନକାରୀ ସମବାୟ ସମିତିମାନେ ନାହିଁ ନଥିବା ଦୁର୍ଦ୍ଦଶାର ସମ୍ମୁଖୀନ ହେଉଛନ୍ତି । ବ୍ୟବସାୟ ପାଇଁ ମୂଳଧନର ଅଭାବ ହେତୁ ପ୍ରାଥମିକ ସମବାୟ ସମିତିମାନେ ତାଳଗୁଡ଼ ପ୍ରସ୍ତୁତ କରିପାରୁ ନାହାନ୍ତି । ଏହି ସମିତିଗୁଡ଼ିକ ଆଦିବାସୀ ଅଧୂଷିତ ଅଞ୍ଚଳରେ ପ୍ରାୟ କାର୍ଯ୍ୟ କରୁଥିବାରୁ ଖଜୁରୀ ଗଛରୁ ସଂଗ୍ରହ ରସରେ ପ୍ରସ୍ତୁତ ଗୁଡ଼ ଓ ତାଳଗଛରୁ ସଂଗୃହୀତ ତାଳ ରସରୁ ମିଶ୍ରି ପ୍ରସ୍ତୁତ କରାଯାଇ ଓଡ଼ିଶା ବଜାର ସହିତ ବାହାର ରାଜ୍ୟକୁ ପଠାଇବାର ବ୍ୟବସ୍ଥା ଥିଲେ ମଧ୍ୟ ମୂଳଧନ ଅଭାବ ଏଥିପାଇଁ ବାଧକ ସାଜିଛି । ଗତବର୍ଷ ତାଳଗୁଡ଼ (G.I. Tag) ପାଇଥିଲେ ମଧ୍ୟ ବିଭିନ୍ନ ପ୍ରକାର ଅସୁବିଧା ନେଇ ଆନ୍ତର୍ଜାତିକ ବଜାରକୁ ରପ୍ତାନୀ ହୋଇପାରୁ ନାହିଁ । ଏହି ସମିତିଗୁଡ଼ିକ (M.S.M.E) ବିଭାଗ ଅଧୀନରେ ରହିଥିଲେ ମଧ୍ୟ ବିଭାଗ ସମିତିକୁ ଆଡ଼ ଆଖିରେ ଦେଖୁନାହିଁ । ବିଭାଗ କେବଳ ଜଣେ ଅତିରିକ୍ତ ନିର୍ଦ୍ଦେଶକଙ୍କୁ ରାଜ୍ୟ ତାଳଗୁଡ଼ ସମବାୟ ସଂଘକୁ ପରିଚାଳନା ନିର୍ଦ୍ଦେଶକ ରୂପେ ପଠାଇଦେଇ ଚୁପ୍ ହୋଇ ବସିପଡ଼ିଛି । ଓଡ଼ିଶାର ବିଭିନ୍ନ ଜିଲ୍ଲାରେ ତାଳଗଛ ଓ ଖଜୁରୀ ଗଛର ଅଭାବ ନଥିଲେ ମଧ୍ୟ କଞ୍ଚାମାଲ କିଣିବା ପାଇଁ ଅର୍ଥର ଅଭାବ, ପରିଚାଳନା ପାଇଁ ଦକ୍ଷତାର ଅଭାବ, ବ୍ୟବସାୟ ପାଇଁ ବିକ୍ରୟ ସ୍ଥାନ ନିରୂପଣ ନକରିବା ଓ ରାଜ୍ୟ ସରକାର ଅଂଶଧନ ନ ଯୋଗାଇବା ଦ୍ୱାରା ଓ ସଂଘ ଅନ୍ୟ କୌଣସି ବ୍ୟାଙ୍କରୁ ବ୍ୟବସାୟୀକ ଋଣ ନପାଇବା ହେତୁ ସଂଘ କେବଳ କିଛି କର୍ମଚାରୀଙ୍କୁ ନେଇ ନିଜସ୍ୱ

କାର୍ଯ୍ୟାଳୟରେ ନାମକୁ ମାତ୍ର କାର୍ଯ୍ୟ କରୁଛି । ସରକାର ଏ ଦିଗରେ ଯତ୍ନବାନ ହୋଇ ତାଳଗୁଡ଼ର ପ୍ରଚାର ପ୍ରସାର କରିବାପାଇଁ ଉପଯୁକ୍ତ ପଦକ୍ଷେପ ନେଇ ବ୍ୟବସାୟ ପାଇଁ ଅନ୍ୟୂନ ୧୦୦ କୋଟି ଟଙ୍କା ଯୋଗାଇ ଦେଲେ ତାଳଗୁଡ଼ ବିକ୍ରୟ ପାଇଁ ଆନ୍ତର୍ଜାତିକ ବଜାରରେ ଓଡ଼ିଶାର ସ୍ଥାନ ଯଥେଷ୍ଟ ଖ୍ୟାତି ଅର୍ଜନ କରିବ । ସରକାର ତାଳଗଛ ରୋପଣ ପାଇଁ ଯେଉଁ ଯୋଜନା ପ୍ରସ୍ତୁତ କରିଛନ୍ତି ସେଥିରେ ତାଳଗୁଡ଼ ସଂଘକୁ ସାମିଲ୍ କରିବା ଆବଶ୍ୟକ ।

ରାଜ୍ୟ ତନ୍ତୁ ସମବାୟ ସମିତିମାନଙ୍କୁ ଉପଯୁକ୍ତ ତାଲିମ ଦେବା, କାରିଗରମାନଙ୍କର ଠିକ୍ ମଜୁରୀ ଦେବା, ଉତ୍ପାଦିତ ଲୁଗାକୁ ପ୍ରାଥମିକ ସମିତି ଠାରୁ ଠିକ୍ ସମୟରେ କିଣିବା ସହିତ ପ୍ରାପ୍ୟ ଯୋଗାଇବା, ପ୍ରାଥମିକ ସମିତିମାନଙ୍କୁ ନିଗମରୁ ସୂତା ଓ ରଙ୍ଗ ଯୋଗାଇବା, ବ୍ୟବସାୟ ପାଇଁ ସମବାୟ ଓ ବାଣିଜ୍ୟିକ ବ୍ୟାଙ୍କମାନଙ୍କ ଦ୍ୱାରା ଅର୍ଥ ଯୋଗାଇବା, ସରକାରୀ ରିହାତି ଠିକ୍ ସମୟରେ ମିଳିବା ଏ ସମସ୍ତ ଦିଗ ପ୍ରତି ଧ୍ୟାନ ଦେଲେ ସମିତିମାନଙ୍କର ଆର୍ଥିକ ମାନଦଣ୍ଡ ବୃଦ୍ଧି ହୋଇପାରିବ । ଜାତୀୟ ସମବାୟ ଉନ୍ନୟନ ନିଗମ ସାହାଯ୍ୟରେ ଓଡ଼ିଶାରେ ୭ଟି ସୂତାକଳ ସ୍ଥାପନା ହୋଇଥିଲେ ମଧ୍ୟ ସେଗୁଡ଼ିକ ବିଭିନ୍ନ କାରଣ ପାଇଁ ବନ୍ଦ ହୋଇଯାଇଛି । ଯାହାଫଳରେ ସୂତା ଯୋଗାଣରେ ବ୍ୟାଘାତ ଘଟିଛି । ଓଡ଼ିଶାରେ କପାଚାଷର ପ୍ରସାର ଓ ବ୍ୟବସାୟିକ ଦକ୍ଷତା ବୃଦ୍ଧି ହେଲେ ବୁଣାକାରମାନେ ନିଜପାଇଁ ସୂତା ପାଇବା ସଙ୍ଗେ ସଙ୍ଗେ ବଳକା ସୂତା ବିଦେଶକୁ ରପ୍ତାନୀ କରି ଲାଭବାନ ହୋଇପାରିବେ ଓ ଅଧିକ ବୈଦେଶିକ ମୁଦ୍ରା ଅର୍ଜନ ହୋଇପାରିବ ।

ଓଡ଼ିଶାରେ ୪୯୯ ଗୋଟି ପ୍ରାଥମିକ ମତ୍ସ୍ୟ ସମବାୟ ସମିତି ଓ ରାଜ୍ୟସ୍ତରରେ ଗୋଟିଏ ରାଜ୍ୟ ମତ୍ସ୍ୟ ସମବାୟ ସଂଘ ଥିଲେ ମଧ୍ୟ ଏବେ ସୁଦ୍ଧା ୨୫୦ ଗୋଟି ପ୍ରାଥମିକ ମତ୍ସ୍ୟଜୀବି ସମବାୟ ସମିତି କାର୍ଯ୍ୟ କରୁଛି । ମତ୍ସ୍ୟଜୀବିମାନଙ୍କୁ ଜାଲ, ଡଙ୍ଗା ପାଇଁ ସମବାୟ ବାଣିଜ୍ୟିକ ବ୍ୟାଙ୍କ ଦ୍ୱାରା ଋଣ ଦିଆଯାଇଥିଲେ ସୁଦ୍ଧା ମତ୍ସ୍ୟଜୀବିମାନେ ଦୀର୍ଘକାଳୀନ ସୂତ୍ରେ ଜଳାଶୟ ଉତ୍ସମାନ ପଟ୍ଟା ପାଉନଥିବାରୁ ଅଧିକାଂଶ ସମିତିର ମତ୍ସ୍ୟଜୀବିମାନଙ୍କ ଆର୍ଥିକ ବିକାଶ ହୋଇପାରି ନାହିଁ ।

୪୫ ଗୋଟି ପ୍ରାଥମିକ କତା ସମବାୟ ସମିତି ଓ ଗୋଟିଏ ରାଜ୍ୟ କତା ନିଗମ କାର୍ଯ୍ୟକ୍ଷମ ଥିଲେ ସୁଦ୍ଧା ବ୍ୟବସାୟିକ ଦକ୍ଷତା ଅଭାବରୁ କେରଳ କତା ନିଗମ ପରି ଓଡ଼ିଶାରେ ଏ କ୍ଷେତ୍ରରେ ଅଗ୍ରଗତି ହୋଇପାରି ନାହିଁ । ସମସ୍ତ ପ୍ରାଥମିକ କତା ସମବାୟ ସମିତି ବନ୍ଦ ହୋଇଯାଇଛି । କେବଳ କତା ନିଗମ ବର୍ଷକୁ ଥରେ ପ୍ରଭୁ ଜଗନ୍ନାଥଙ୍କ ରଥରେ ବ୍ୟବହୃତ ଦଉଡ଼ି ତିଆରି କରି ମନ୍ଦିରକୁ ଯୋଗାଇଦେଲା ପରେ

ପୁଣି ନିଗମ କାର୍ଯ୍ୟାଳୟଟି ତାଲା ପଡ଼ି ରହିଥାଏ । ଓଡ଼ିଶାରେ ବିସ୍ତୀର୍ଣ୍ଣ ଉପକୂଳ ଥିବାରୁ ସମବାୟ ସମିତି ମାଧ୍ୟମରେ ନଡ଼ିଆ ଚାଷର ପ୍ରସାର କରାଯାଇପାରିଲେ ନଡ଼ିଆ ତେଲ କାରଖାନା ଓ କତାରୁ ବିଭିନ୍ନ ପ୍ରକାର ଜିନିଷ ପ୍ରସ୍ତୁତ କରାଯାଇପାରିବ । ଏଥିପାଇଁ ଜାତୀୟ ସମବାୟ ଉନ୍ନୟନ ନିଗମର ଆର୍ଥିକ ସହାୟତା ଯୋଗାଇଦେବା ଆବଶ୍ୟକ ।

ଉଠା ଜଳସେଚନ, କୃଷିଫାର୍ମ, ବିଜୁଳି, ଶ୍ରମିକ, ଜଙ୍ଗଲ, ପରିବହନ, ଇଞ୍ଜିନିୟରିଂ, ନିର୍ମାଣ ଛାତ୍ର ସମବାୟ ସମିତି ପ୍ରଭୃତି ବହୁବିଧ ସମବାୟ ସମିତି ଗଠିତ ହୋଇଥିଲେ ସୁଦ୍ଧା ରାଜନୈତିକ ହସ୍ତକ୍ଷେପରେ ପରିଚାଳନାଗତ ଅବ୍ୟବସ୍ଥା, ସରକାରଙ୍କ ଭ୍ରମାତ୍ମକ ଋଣଛାଡ଼ ନୀତି, ଅର୍ଥ ତୋଷାରପାତ, ବ୍ୟବସାୟିକ ଦକ୍ଷତାର ଅଭାବ ହେତୁ ଓଡ଼ିଶାରେ ଅନେକ ସମବାୟ ସମିତି ବନ୍ଦ ହୋଇଯାଇଛି । ଫଳରେ ଗରିବ ଜନସାଧାରଣଙ୍କର ଆଶାବାଡ଼ି ବୋଲାଉଥିବା ସମବାୟ ସମିତିର ଅଣ୍ଟା ଭାଙ୍ଗିଯାଇଛି ।

ଓଡ଼ିଶାରେ ଗୃହନିର୍ମାଣ ସମବାୟ ସମିତିମାନେ ବିକ୍ଷିପ୍ତ ଭାବରେ ଗୃହ ନିର୍ମାଣ ପାଇଁ ଋଣ ଦେବା ଓ ଅସୁଲରେ ଅବ୍ୟବସ୍ଥା ପାଇଁ ସମିତିଗୁଡ଼ିକ ଦୁର୍ବଳ ହୋଇଯାଇଛି । ସମିତିମାନଙ୍କୁ ଅର୍ଥ ଲଗାଣ, ବୈଷୟିକ ସହାୟତା ଯୋଗାଇ ଦେବାପାଇଁ ରାଜ୍ୟସ୍ତରୀୟ ସମବାୟ ଗୃହ ନିର୍ମାଣ ନିଗମ ଗଠିତ ହୋଇଥିଲେ ମଧ୍ୟ ନିଗମର ପରିଚାଳନାଗତ ତ୍ରୁଟି ପାଇଁ ଓ ସଭାପତିଙ୍କ ଅର୍ଥ ତୋଷାରପାତ ନୀତି ଯୋଗୁଁ ସମସ୍ତ କ୍ଷେତ୍ରରେ ଅରାଜକତା ବ୍ୟାପିଯାଇଛି । କର୍ମଚାରୀମାନେ ବିଶୃଙ୍ଖଳିତ ହେବା ସହିତ ଅର୍ଥ ତୋଷାରପାତ କରିଥିବା କର୍ମଚାରୀଙ୍କ ବିରୁଦ୍ଧରେ କାର୍ଯ୍ୟାନୁଷ୍ଠାନ ନିଆଯାଇ ନପାରିବାରୁ ନିଗମ ସ୍ଥାଣୁ ପାଲଟିଯାଇଛି । ଯାହାଫଳରେ ସରକାର ନିକଟ ଅତୀତରେ ସରକାରୀ ଜମିଗୁଡ଼ିକ ସମବାୟ ସଂସ୍ଥା ଅଧୀନରେ ଥିଲେ ମଧ୍ୟ ସରକାରଙ୍କ ବିନା ପରାମର୍ଶରେ ଏହା ବିକ୍ରି କରାଯାଇପାରିବ ନାହିଁ ବୋଲି ଏକ ନିର୍ଦ୍ଦେଶନାମା ଜାରି କରିଥିଲେ ମଧ୍ୟ ରାଜ୍ୟ ସମବାୟ ଗୃହ ନିର୍ମାଣ ନିଗମର ସଭାପତି ଏହାକୁ ଭ୍ରୁକ୍ଷେପ ନକରି ନିଗମର ଜମିଗୁଡ଼ିକ ବେଆଇନ୍‌ଭାବେ ବିକ୍ରି କରିଚାଲିଛନ୍ତି । ଦୀର୍ଘ ଦିନ ଧରି ପରିଚାଳନା ନିର୍ଦ୍ଦେଶକ ପଦ ଖାଲିଥିଲେ ମଧ୍ୟ ବିଭିନ୍ନ ସମୟରେ ସରକାରଙ୍କ ଦ୍ୱାରା ନିଯୁକ୍ତ କରାଯାଇଥିବା ଅଧିକାରୀଙ୍କୁ ପରିଚାଳନା ନିର୍ଦ୍ଦେଶକ ରୂପେ ନିଗମରେ ଯୋଗ ଦେବାରେ ବାଧା ସୃଷ୍ଟି କରାଯିବାରୁ ତାହା ମଧ୍ୟ ଖାଲି ପଡ଼ିଛି ।

ଓଡ଼ିଶାରେ ୭୪୯ ଗୋଟି ପ୍ରାଥମିକ ଦୁଗ୍ଧ ସମବାୟ ସମିତି ଓ ୯ ଗୋଟି ଜିଲ୍ଲା ଦୁଗ୍ଧ ସମବାୟ ସଂଘ ଏବଂ ରାଜ୍ୟସ୍ତରରେ ଏକ ଦୁଗ୍ଧ ଉତ୍ପାଦନକାରୀ ସମବାୟ ମହାସଂଘ (ଓମ୍‌ଫେଡ୍) ଗଠିତ ହୋଇଥିଲେ ମଧ୍ୟ ରାଜ୍ୟ ଦୁଗ୍ଧ ଉତ୍ପାଦନକାରୀ ମହାସଂଘର

ମନୋମୁଖୀ କାର୍ଯ୍ୟ ପାଇଁ ପ୍ରାଥମିକ ସମିତି ସ୍ତରରୁ ସଂଗୃହୀତ ଦୁଗ୍ଧର ମୂଲ୍ୟ ଉଚିତ୍‌ଭାବେ ବୃଦ୍ଧି ନହୋଇ ସବୁବେଳେ ବିକ୍ରିର ମୂଲ୍ୟ ବୃଦ୍ଧି କରାଯାଉଛି । ନାମକୁ ମାତ୍ର ୨୧ ଜଣ ନିର୍ବାଚିତ ପରିଚାଳନା ପରିଷଦର ସଭ୍ୟମାନଙ୍କୁ ନେଇ ଓମ୍‌ଫେଡ୍ ପରିଚାଳନା କରାଯାଉଛି । ଜଣେ ପରିଚାଳନା ନିର୍ଦ୍ଦେଶକଙ୍କୁ ନେଇ ଓମ୍‌ଫେଡ୍ ଦୈନନ୍ଦିନ କାର୍ଯ୍ୟ ତୁଲାଇବା ପାଇଁ ନିୟମ ଥିଲେ ମଧ୍ୟ ରାଜ୍ୟ ସରକାର ଜଣେ ଟେକ୍‌ନିକାଲ ଅଧିକାରୀଙ୍କ ବଦଳରେ ସର୍ବଭାରତୀୟ ସ୍ତରର ପ୍ରଶାସନିକ ଅଧିକାରୀଙ୍କୁ ନିଯୁକ୍ତି ଦେଉଥିବାରୁ ପରିଚାଳନାରେ ତାଳମେଳ ରହୁନାହିଁ । କେଉଁ ନିୟମରେ ଦୁଗ୍ଧ ଚାଷୀଙ୍କ ଠାରୁ ଦୁଗ୍ଧର ମାନ ପରୀକ୍ଷା କରାଯାଇ ଅତି ବେଶିରେ ଲିଟର ପିଛା ୩୦ ଟଙ୍କା ଦରରେ ଓମ୍‌ଫେଡ୍ ଦୁଗ୍ଧ କିଣୁଥିଲା ବେଳେ ପ୍ରତି ଲିଟରରୁ ୮ ଟଙ୍କାରେ ଘିଅ ସଂଗ୍ରହ କଲାପରେ ଉକ୍ତ ଦୁଗ୍ଧକୁ ପ୍ୟାକିଂ କରି ଲିଟର ପ୍ରତି ୫୪ ଟଙ୍କାରେ ବିକ୍ରି କରୁଛି । ଫଳରେ ଦୁଗ୍ଧ ଚାଷୀ ଓମ୍‌ଫେଡ୍‌କୁ ଦୁଗ୍ଧ ଯୋଗାଇ ଯେଉଁ ମୂଲ୍ୟ ପାଏ ତାହା ତା'ର ଗାଈମାନଙ୍କ ଖାଦ୍ୟ କିଣାରେ ନିଅଣ୍ଟ ହୁଏ । ଯାହାଫଳରେ ଚାଷୀଟି କ୍ଷତି ସହି ସହି ଶେଷରେ ଅସହ୍ୟ ହେବାରୁ ଗାଈ ବିକ୍ରି କରିଦେଉଛନ୍ତି । ମାତ୍ର ରାଜ୍ୟ ସରକାର ଗାଈମାନଙ୍କ ଉପଯୁକ୍ତ ଚିକିତ୍ସା ମାଗଣାରେ ଯୋଗାଇବା ସହିତ ଗ୍ରାମ ସ୍ତରରେ ପ୍ରାଣୀଧନ ନିରୀକ୍ଷକଙ୍କ ସହାୟତାରେ ଗ୍ରାମକୁ ଗ୍ରାମ ବୁଲି ଗାଈମାନଙ୍କ ସ୍ୱାସ୍ଥ୍ୟ ପରୀକ୍ଷା କରୁଛନ୍ତି । ଏହା ସରକାରଙ୍କ ଏକ ଉପଯୁକ୍ତ ପ୍ରଶଂସନୀୟ କାର୍ଯ୍ୟ । ଦୁଗ୍ଧ ଚାଷୀଙ୍କ ଠାରୁ ଅତି କମ୍‌ରେ ଲିଟର ପ୍ରତି ୪୦ ଟଙ୍କାରେ ଦୁଗ୍ଧ କ୍ରୟ କରିବା ପାଇଁ ନୀତି ପ୍ରଣୟନ କରିବା ରାଜ୍ୟ ସରକାରଙ୍କ କର୍ତ୍ତବ୍ୟ ହେବା ଆବଶ୍ୟକ, ତାହା ହେଲେ ଯାଇ ଦୁଗ୍ଧଚାଷୀମାନେ ଗାଈ ବିକ୍ରି ନକରି ଓ କ୍ଷତି ସହିବାରୁ ବଞ୍ଚିତ ହୋଇ ଭୋକେ ପିଇ ଦଣ୍ଡେ ଜିଇ ନୀତିରେ ଜୀବନ ନିର୍ବାହ କରିପାରନ୍ତେ ।

ଓଡ଼ିଶାରେ ୧୦୨ଟି ପ୍ରାଥମିକ କୁକୁଟ ଉନ୍ନୟନ ସମବାୟ ସମିତି ଓ ଗୋଟିଏ କୁକୁଟ ଉନ୍ନୟନ ମହାସଂଘ ଥିଲେ ମଧ୍ୟ ପରିଚାଳନାଗତ ତ୍ରୁଟିପାଇଁ ଠିକ୍ ଭାବେ କର୍ଯ୍ୟକ୍ଷମ ହୋଇପାରୁନାହିଁ । ଭୁବନେଶ୍ୱରରେ ଏହାର ନିଜସ୍ୱ କୁକୁଟ ଦାନା କାରଖାନା ଥିଲେ ମଧ୍ୟ ଏହାକୁ ମହାସଂଘ ପରିଚାଳନା ନ କରାଇ ଭଡ଼ା ସୂତ୍ରରେ ଜଣେ ବାହାରର ବ୍ୟକ୍ତିଙ୍କୁ ଦେଇଛନ୍ତି । ଏହା ଏକ ବିଶୃଙ୍ଖଳିତ ସଂଘ ରୂପେ ପରିଗଣିତ ହୋଇଛି । ସଂଘ ପ୍ରାଥମିକ ସମିତି ଠାରୁ କୁକୁଡ଼ା ମାଂସ ଓ ଅଣ୍ଡା କ୍ରୟ କରି ବଜାରରେ ଉପଯୁକ୍ତ ମୂଲ୍ୟରେ ଏହାର ମାନ ନୀରିକ୍ଷଣ କରି ବିକ୍ରିକଲେ ଉପଭୋକ୍ତାମାନେ ଏହାର ଆର୍ଥିକ ବିକାଶରେ ଭାଗିଦାରୀ ହୋଇପାରନ୍ତେ ଏବଂ ପ୍ରାଥମିକ କୁକୁଟ ସମବାୟ ସମିତିମାନଙ୍କର ଆର୍ଥିକ ଅଭିବୃଦ୍ଧି ସହିତ ଅଧିକ ନିଯୁକ୍ତି ହୋଇପାରନ୍ତା ।

ମାର୍କଫେଡ୍‌ରେ ଜଣେ ସ୍ଥାୟୀ ପରିଚାଳନା ନିର୍ଦ୍ଦେଶକ ନିଯୁକ୍ତି ସହିତ ଅଭାବ ରହିଥିବା କର୍ମଚାରୀମାନଙ୍କ ସ୍ଥାନରେ ନୂତନ ନିଯୁକ୍ତି କରାଗଲେ ଓଡ଼ିଶାର ଭାତହାଣ୍ଡି କୁହାଯାଉଥିବା ଏ ସଂସ୍ଥାରେ ସୁଧାର ଆସିପାରନ୍ତା । ଏହାର ସଭାପତି ଜଣେ ଦକ୍ଷ ରାଜନୈତିକ ବ୍ୟକ୍ତି ହୋଇଥିବାରୁ ଉକ୍ତ ସଂସ୍ଥାକୁ ସୂଚାରୁ ରୂପେ ଚଳାଇବା ପାଇଁ ଉଦ୍ୟମ ଅବ୍ୟାହତ ରଖିଛନ୍ତି ।

ସମସ୍ତ କଥା ବିଚାର କଲେ ଆମେ ଶେଷ ସିଦ୍ଧାନ୍ତରେ ପହଞ୍ଚି ପାରିବା ଯେ ରାଜନୈତିକ ହସ୍ତକ୍ଷେପରୁ ମୁକ୍ତରଖି ସମବାୟ ସମିତିମାନଙ୍କୁ ଗଣତାନ୍ତ୍ରିକ ସ୍ୱୟଂଚାଳିତ ଅନୁଷ୍ଠାନରେ ପରିଣତ କରିବା ପାଇଁ ଏକ ସଂଶୋଧିତ ସମବାୟ ଆଇନ୍ ପ୍ରଣୟନ କରାଯିବାର ଆବଶ୍ୟକତା ଦେଖାଦେଇଛି । ଅତୀତରେ ଓଡ଼ିଶାର ବିଧାୟକମାନେ ସମବାୟ ଆଇନ୍ ସଂଶୋଧିତ କରି ଏହାକୁ ଲାଗୁ କରାଇ ପୁଣି ଆଇନ୍ ଭଙ୍ଗ କରି ଅନାମଧେୟ ବ୍ୟକ୍ତିମାନଙ୍କୁ ପରିଚାଳନା ପରିଷଦରେ ବସାଇବା ସାର ହୋଇଛି । ଉଦାହରଣ ସ୍ୱରୂପ ଓଡ଼ିଶା ରାଜ୍ୟ ସମବାୟ ବ୍ୟାଙ୍କର ସଭାପତି ଭାବେ ଯେଉଁ ବ୍ୟକ୍ତି ନିର୍ବାଚିତ ହୋଇଛନ୍ତି ତାଙ୍କର ବ୍ୟାଙ୍କ ପରିଚାଳନାରେ ଦକ୍ଷତା ନଥିବାରୁ ପରିଚାଳନାଗତ ବିଭ୍ରାଟ ଦେଖାଦେଇଛି । କାରଣ ସେ କେବେ ପ୍ରାଥମିକ କୃଷିଋଣ ସମବାୟ ସମିତି କିମ୍ବା କେନ୍ଦ୍ର ସମବାୟ ବ୍ୟାଙ୍କ ପରିଚାଳନା ପରିଷଦରେ ନିର୍ବାଚିତ ସଭ୍ୟ ନ ହୋଇଥିଲେ ମଧ୍ୟ ନିଜ ବୁଦ୍ଧି ବଳରେ ପ୍ରାଥମିକ ଗୃହ ନିର୍ମାଣ ସମବାୟ ସମିତିରୁ ନିର୍ବାଚିତ ହୋଇ ରାଜ୍ୟ ସମବାୟ ବ୍ୟାଙ୍କରେ ସ୍ଥାନ ପାଇପାରିଛନ୍ତି । ବ୍ୟାଙ୍କ କେବଳ ପେପର ଟ୍ରାଞ୍ଜାକ୍‌ସନ୍ ବା ପି.ଟି ମାଧ୍ୟମକୁ ଗୁରୁତ୍ୱ ଦେବା ସହିତ ପ୍ରାଥମିକ ସମବାୟ ସମିତିର ସଭ୍ୟମାନଙ୍କ ଠାରୁ ସଂଗୃହୀତ ୩୦୦୦ କୋଟି ଅଂଶଧନକୁ ବ୍ୟବସାୟରେ ଖଟାଇ ରାଜ୍ୟ ସମବାୟ ବ୍ୟାଙ୍କର ବାର୍ଷିକ ଲାଭରେ ଯୋଗ କରୁଛନ୍ତି । ପରିଚାଳନା ପରିଷଦ ଦୀର୍ଘଦିନ ହେଲା ଜଣେ ପ୍ରଫେସନାଲ୍ ପରିଚାଳନା ନିର୍ଦ୍ଦେଶକ ନିଯୁକ୍ତି ଦେଇ ନଥିବାରୁ ମାନ୍ୟବର ଓଡ଼ିଶା ହାଇକୋର୍ଟଙ୍କ ନିର୍ଦ୍ଦେଶମତେ ରାଜ୍ୟ ସମବାୟ ନିବନ୍ଧକ ବ୍ୟାଙ୍କର ଭାରପ୍ରାପ୍ତ ପରିଚାଳନା ନିର୍ଦ୍ଦେଶକ ରୂପେ କାର୍ଯ୍ୟ ତୁଲାଉଛନ୍ତି ।

ଓଡ଼ିଶା ରାଜ୍ୟ ଆଦିବାସୀ ଓ ହରିଜନ ସମବାୟ ଅର୍ଥ ଉନ୍ନୟନ ନିଗମ ରାଜ୍ୟରେ କାର୍ଯ୍ୟ କରୁଥିଲେ ମଧ୍ୟ ଏହାର ଅନୁବନ୍ଧିତ ପ୍ରାଥମିକ ସମବାୟ ସମିତିମାନେ ନିଗମ ଠାରୁ କୌଣସି ପ୍ରକାର ସାହାଯ୍ୟ ପାଇପାରୁ ନାହାନ୍ତି । ଏହାର ସଭାପତି ଜଣେ ସାଧାରଣ ବର୍ଗର ବ୍ୟକ୍ତି ହୋଇଥିଲେ ମଧ୍ୟ ପଛୁଆବର୍ଗ ଦର୍ଶାଇବା ଦ୍ୱାରା ନିର୍ବାଚନ ଅଧିକାରୀ ଭୁଲ୍‌ବଶତଃ ତାଙ୍କ ପ୍ରାର୍ଥୀ ପତ୍ରକୁ କାଏମ ରଖିଥିବାରୁ ସେ ସଭାପତି ରୂପେ କାର୍ଯ୍ୟ ତୁଲାଉଥିଲେ ମଧ୍ୟ ପରିଚାଳନାରେ ବିଭ୍ରାଟ ସୃଷ୍ଟି ହୋଇଛି ଏବଂ ତାଙ୍କ ବିରୁଦ୍ଧରେ

ଏକ କେଶ୍ ରାଜ୍ୟ ସମବାୟ ଟ୍ରିବ୍ୟୁନାଲ୍‌ରେ ଚାଲୁଅଛି । ପ୍ରାଥମିକ ସମିତିମାନଙ୍କୁ ଆଦିବାସୀ ଓ ହରିଜନ ଛାତ୍ରଛାତ୍ରୀମାନଙ୍କୁ ପ୍ରଶିକ୍ଷଣର ଦାୟିତ୍ୱ ଦିଆଗଲେ ସମିତିମାନେ ଏହାକୁ ସୁଚାରୁ ରୂପେ ତୁଲାଇ ପାରନ୍ତେ । ଆଦିବାସୀ ଓ ହରିଜନ ସଭ୍ୟମାନଙ୍କର ଆର୍ଥିକ ବିକାଶ ପାଇଁ ବ୍ୟାଙ୍କ ମାନଙ୍କରୁ ଯେଉଁ ରିହାତି ଋଣ ଦିଆଯାଉଛି ତାହାକୁ ସମିତି ମାଧ୍ୟମରେ ଦିଆଯାଇପାରିଲେ ସମିତିର ସଭ୍ୟମାନେ ଏଥିରେ ଉପକୃତ ହୋଇପାରନ୍ତେ । ନିଗମର ବିଶେଷ କାର୍ଯ୍ୟ ନଥିଲେ ମଧ୍ୟ ରାଜ୍ୟ ସରକାର ଏହାର ପରିଚାଳନା ନିର୍ଦ୍ଦେଶକ ରୂପେ ଭାରତୀୟ ପ୍ରଶାସନିକ ସେବା ଅଧିକାରୀଙ୍କ ବଦଳରେ ରାଜ୍ୟ ପ୍ରଶାସନିକ ସେବାର ଜଣେ ବରିଷ୍ଠ ଅଧିକାରୀଙ୍କୁ ନିଯୁକ୍ତି ଦେଲେ ନିଗମର ଭାରାକ୍ରାନ୍ତ କମନ୍ତା । ଦୀର୍ଘ ଦିନରୁ କାର୍ଯ୍ୟ କରୁଥିବା ଏ.ଜି.ଏମ୍. ଫାଇନାନ୍ସ ଅର୍ଥ ତୋଷାରପାତରେ ସଂପୃକ୍ତ ଥିଲେ ମଧ୍ୟ ତାଙ୍କ ବିରୁଦ୍ଧରେ କୌଣସି କାର୍ଯ୍ୟାନୁଷ୍ଠାନ ନିଆ ନଯିବାରୁ ସେ ସେଠାରେ କାର୍ଯ୍ୟ କରୁଛନ୍ତି ଓ ଖୋଲାଖୋଲି ଭାବେ ନିଗମର ପ୍ରକଳ୍ପ କାର୍ଯ୍ୟ କରୁଥିବା ଠିକାଦାରମାନଙ୍କ ଠାରୁ କମିଶନ ଆଦାୟ କରିବା ସହିତ ରାଜ୍ୟ ସରକାରଙ୍କର ବିଭିନ୍ନ ବିଭାଗରେ କର୍ମଚାରୀଙ୍କ ବଦଳି ପାଇଁ ଉତ୍କୋଚ ନେଇ କାର୍ଯ୍ୟ କରିଚାଲିଛନ୍ତି । ଏ ଦୁଇଟି ବିଷୟକୁ ରାଜ୍ୟ ସରକାର ଗୁରୁତ୍ୱର ସହିତ ବିଚାର କରି ପଦକ୍ଷେପ ନେଲେ ନିଗମରେ ଅରାଜକତା ଲୋପ ପାଇବା ସଙ୍ଗେ ସଙ୍ଗେ ସଭ୍ୟମାନେ ଉପକୃତ ହୋଇପାରନ୍ତେ ।

ଓଡ଼ିଶା ସରକାର ଦଳମତ ନିର୍ବିଶେଷରେ ନିଷ୍ଠାପର ନେତୃତ୍ୱ ସହିତ ଉଚ୍ଚଶିକ୍ଷିତ, ଦକ୍ଷ, ସଚ୍ଚୋଟ ଏବଂ ବିଭିନ୍ନ ବିଷୟରେ ଜ୍ଞାନ ଥିବା ବ୍ୟକ୍ତିମାନଙ୍କୁ ପ୍ରାଥମିକ କୃଷିଋଣ ସମବାୟ ସମିତି ଠାରୁ ଆରମ୍ଭ କରି କେନ୍ଦ୍ର ସମବାୟ ସମିତି ଓ ରାଜ୍ୟ ସମବାୟ ସମିତିର ପରିଚାଳନା ପରିଷଦରେ ସ୍ଥାନ ଦେଲେ ମହାରାଷ୍ଟ୍ର, ଗୁଜୁରାଟ, ପଶ୍ଚିମବଙ୍ଗ, କେରଳ, ପଞ୍ଜାବ ପରି ଆମ ରାଜ୍ୟରେ ସମବାୟ ସମିତିମାନେ ବିକାଶଲାଭ କରିପାରନ୍ତେ । ଚାଷୀଙ୍କୁ ଋଣ ଦେବା ସହିତ ଉତ୍ପାଦିତ ପଦାର୍ଥର ବିକ୍ରିବଟା ଓ ଋଣ ଅସୁଲ ଯୋଡ଼ି ଦିଆଗଲେ ଉପଭୋକ୍ତାମାନେ ଋଣର ସଦୁପଯୋଗ କରି ନିୟମିତ ଭାବରେ ବ୍ୟାଙ୍କ ତଥା ଋଣ ପ୍ରଦାନକାରି ସଂସ୍ଥାମାନଙ୍କୁ ଋଣ ପୈଠ କରିପାରନ୍ତେ । ଉପଯୁକ୍ତ ପଦକ୍ଷେପ ନିଆଯାଇପାରିଲେ ଓଡ଼ିଶାରେ ସମବାୟ ଅନୁଷ୍ଠାନଗୁଡ଼ିକର ଦେଖା ଦେଇଥିବା ସମସ୍ୟାଗୁଡ଼ିକର ସମାଧାନ ସୁଚାରୁ ରୂପେ ହୋଇପାରନ୍ତା । ଏହା ରାଜ୍ୟ ସରକାରଙ୍କର ନୀତିଗତ କର୍ତ୍ତବ୍ୟ ଓ ଦାୟିତ୍ୱ ହେବା ଆବଶ୍ୟକ ।

'ଓଡ଼ିଶା ଏକ୍ସପ୍ରେସ୍' - ତା୦୭.୦୮.୨୦୨୪ରେ ପ୍ରକାଶିତ

ଗ୍ରାମୀଣ ଭାରତର ମେରୁଦଣ୍ଡ ସମବାୟ ବ୍ୟାଙ୍କ

ବାଣିଜ୍ୟ ବ୍ୟବସାୟକୁ ବାହା ବାହା ଦେବା ପାଇଁ ଅତୀତ କାଳରେ ବଜାର ଓ ଛକ ଜାଗା ମାନଙ୍କରେ ଗୋଟିଏ ବେଞ୍ଚ ଉପରେ ଋଣଦାତାମାନେ ବସି ରହି ଅର୍ଥ ଦେବା ନେବା କରୁଥିଲେ। ଆଉ ସେହି ଦିନଠାରୁ ଚଳି ଆସୁଥିବା ଏହି କାରବାରକୁ ଲୋକେ ବାଙ୍କୋ, ବେଙ୍କସ, ବେଂକୁଆ ଭଳି ଭିନ୍ନ ଭିନ୍ନ ନାମରେ ଉଚ୍ଚାରଣ କରି ଆଜି ସେହି ଶବ୍ଦ ବେଞ୍ଚରୁ ସୃଷ୍ଟି ହୋଇଛି ବ୍ୟାଙ୍କ । ଅନ୍ୟ କେତେକ ମତ ଦିଅନ୍ତି ବେଙ୍କ ଏକ ଜର୍ମାନୀ ଶବ୍ଦ ବେକରୁ ଆସିଛି ଯାହାର ଅର୍ଥ ମିଳିତ ଅଂଶଧନ ବା ମିଳିତ ପାଣ୍ଠି । ସେ ଅର୍ଥ ଯାହା ହେଉନା କାହିଁକି ଆମ ବୁଝିବାରେ ବ୍ୟାଙ୍କ ର ଅର୍ଥ ବିଶେଷରେ ଋଣ ପ୍ରଦାନକାରୀ ସଂସ୍ଥା । ଆଜକୁ ୪ ହଜାରରୁ ଅଧିକ ବର୍ଷ ପୂର୍ବେ ବେବିଲୋନିଆନ ମାନେ ମନ୍ଦିର ମାନଙ୍କରେ ଏହି ବ୍ୟାଙ୍କ ସେବା ପ୍ରଦାନ କରୁଥିବାର ଜାଣିବାକୁ ମିଳେ । ବରଂ ଋଣ ଉପରେ ସୁଧ ଆଦାୟ କରିବା ଏକ ଅମାନୁଷ, ଅଧର୍ମ, ବର୍ବରୋଚିତ, ଘୃଣ୍ୟ ଓ ପାପ କର୍ମ ଭାବରେ ବିବେଚିତ ହେଉଥିଲା । କେତେକ ଧର୍ମରେ ଏବେ ବି ସେହି ମତବାଦ ତିଷ୍ଠି ରହିଛି ଓ କେତେକ ପ୍ରଦତ୍ତ ଋଣ ରାଶି ଉପରେ ସୁଧ ଦେବାର ବ୍ୟବସ୍ଥା ନାହିଁ ଓ ସେହି ସାମୟିକ ଧାର୍ କୁ ଋଣ ପଦବାଚ୍ୟ ନ କହି ଉଧାର ରୂପେ ବ୍ୟବହାର କରାଯାଉଛି ଏବଂ ସେହି ପ୍ରାଚୀନ ନିୟମ ଅନୁଯାୟୀ ଏବେ ବି 'ହାତଉଧାର'ରେ ଅଣାଯାଇଥିବା ଟଙ୍କା ସୁଧ ମୁକ୍ତ । ଦ୍ୱାଦଶ ଶତାବ୍ଦୀର ମଧ୍ୟଭାଗ ବେଳକୁ ଭେନିସ ଓ ଜେନଓ୍ୱା ଠାରେ ବ୍ୟାଙ୍କ ପ୍ରତିଷ୍ଠା ହୋଇଥିଲା । ୧୪ଶ ଶତାବ୍ଦୀରେ ଫ୍ଲୋରେନ୍ସ ଠାରେ ଋଣ ଦାତାମାନଙ୍କ ଦ୍ୱାରା ବ୍ୟାଙ୍କ ପ୍ରତିଷ୍ଠା କରାଯାଇଥିଲା ।

ସେହିଭଳି ହିନ୍ଦୁଧର୍ମରେ ମନୁଙ୍କ ଦ୍ୱାରା ପ୍ରଦତ୍ତ ନୀତିରେ ସଚ୍ଚୋଟ ଲୋକମାନଙ୍କ ନିକଟରେ ବଳକା ଅର୍ଥ ଜମାପାଇଁ ଦିଆଯିବା ଉଚିତ ବୋଲି ଲେଖାଅଛି । ବିପଦ ବେଳେ ଟଙ୍କା ଉଧାର ଦେଲେ ବିପଦମୁକ୍ତ ହେବା ସଙ୍ଗେ ସଙ୍ଗେ ଟଙ୍କା ଉଧାର ଦେଇଥିବା ଲୋକର ଅଶେଷ ଅଶେଷ ଧର୍ମ ହୁଏ । ସେହିପରି ଉଧାର ନେଇ ନ ଶୁଝିବା ମଧ୍ୟ ପାପ ଅର୍ଜନ କରିବା ବୋଲି ଉଲ୍ଲେଖ ଅଛି । ବେଦରେ ମଧ୍ୟ ବ୍ୟାଙ୍କରେ ଅର୍ଥ ଜମା କରିବା ଓ ଅର୍ଥଯୋଗାଣ ବିଷୟରେ ଉଲ୍ଲେଖ ଅଛି । ବ୍ରିଟିଶ ପ୍ରଶାସନ ଭାରତରେ ୧୮୦୯ ମସିହାରେ ବ୍ୟାଙ୍କ ଅଫ ବେଙ୍ଗଲ, ୧୮୪୦ ମସିହାରେ ବ୍ୟାଙ୍କ ଅଫ ବମ୍ବେ ଓ ୧୮୪୩ ମସିହାରେ ବ୍ୟାଙ୍କ ଅଫ ମାଡ୍ରାସ ଭଳି ତିନୋଟି ପ୍ରେସିଡେନ୍‌ସି ବ୍ୟାଙ୍କର ପ୍ରତିଷ୍ଠା କଲେ ଓ ପରବର୍ତ୍ତି କାଳରେ ୧୯୨୦ ମସିହାରେ ଇମ୍ପେରିଆଲ ବ୍ୟାଙ୍କ ଅଫ ଇଣ୍ଡିଆ ଆକ୍ଟ ଅନୁଯାୟୀ ୨୭ ଜୁନ ୧୯୨୧ ମସିହାରେ ଏହି ବ୍ୟାଙ୍କ କାର୍ଯ୍ୟ କଲା । ୧୯୩୪ ମସିହାରେ ଭାରତର କେନ୍ଦ୍ରୀୟ ବ୍ୟାଙ୍କ ଭାବେ ରିଜର୍ଭ ବ୍ୟାଙ୍କ ଅଫ ଇଣ୍ଡିଆ ପ୍ରତିଷ୍ଠା କରାଯାଇ ଏହି ଉପମହାଦେଶ ଭାରତର ସମସ୍ତ ବ୍ୟାଙ୍କ ସେବାକାର୍ଯ୍ୟ ୧୯୩୫ ମସିହାରେ କାର୍ଯ୍ୟକାରୀ କରାଯାଇଥିଲା । ତା'ର ପରବର୍ତ୍ତୀ ସମୟରେ ଘରୋଇ ସ୍ତରରେ ଭିନ୍ନ ଭିନ୍ନ ନାମରେ ବାଣିଜିକ ବ୍ୟାଙ୍କମାନ ପ୍ରତିଷ୍ଠା ହୋଇ ସେବା ପ୍ରଦାନ କରାଗଲା । ୧୯୬୯ ମସିହା ଜୁଲାଇ ୧୯ ତାରିଖରେ ୧୪ଟି ବୃହତ୍ତ ପର୍ଯ୍ୟାୟ ବ୍ୟାଙ୍କ ଜାତୀୟକରଣ ଭାରତର ତତ୍‌କାଳୀନ ପ୍ରଧାନମନ୍ତ୍ରୀ ସ୍ୱର୍ଗତଃ ଇନ୍ଦିରା ଗାନ୍ଧୀଙ୍କ ନିର୍ଦ୍ଦେଶରେ କରାଯାଇ ରାଷ୍ଟ୍ରର ସମୃଦ୍ଧିରେ ସେବା ନିଯୁକ୍ତ କରାଗଲା । ୩୧ ଡିସେମ୍ବର ୧୯୭୧ ମସିହାରେ ଭାରତରେ ୧୨ଟି ବିଦେଶ ବ୍ୟାଙ୍କ ପ୍ରେସିଡେନ୍‌ସି ସିଟି ଗୁଡ଼ିକରେ କାର୍ଯ୍ୟ ଆରମ୍ଭ କରିଥିଲେ । ୧୯୦୪ ଓ ୧୯୧୨ ମସିହାରେ କେନ୍ଦ୍ର ସରକାର ଦେଶର ଗ୍ରାମାଞ୍ଚଳ ଓ ସାଧାରଣ ଜନତାଙ୍କ ଭାଗିଦାରୀ ପାଇଁ ସମବାୟ ସମିତି ପ୍ରତିଷ୍ଠା ପାଇଁ ଆଇନ ପ୍ରଣୟନ କରି ବ୍ୟାଙ୍କ ସେବାର ଅନ୍ୟ ଏକ ଦ୍ୱାର ଉନ୍ମୁକ୍ତ କରି ରଖିଲେ । ଦେଶରେ ବ୍ୟାଙ୍କ ସେବାକୁ ପର୍ଯ୍ୟାପ୍ତ କରିବା ପାଇଁ ଆଞ୍ଚଳିକ ସ୍ତରରେ ୧୯୭୫ ମସିହାରେ ରିଜିଓନାଲ ରୁରାଲ ବ୍ୟାଙ୍କ ବା ଗ୍ରାମ୍ୟ ବ୍ୟାଙ୍କ ପ୍ରତିଷ୍ଠା କରାଗଲା ଏବଂ ଏହି ସମସ୍ତ ବ୍ୟାଙ୍କର ସେବାକୁ ଭାରତୀୟ ରିଜର୍ଭ ବ୍ୟାଙ୍କ ନିୟନ୍ତ୍ରିତ କଲା ବ୍ୟାଙ୍କିଙ୍ଗ୍ ରେଗୁଲେସନ୍ ଆକ୍ଟ ଦ୍ୱାରା ।

ବାଣିଜ୍ୟିକ ବ୍ୟାଙ୍କମାନେ ବୃହତ୍ତ ଋଣ ଚାହିଦା ପୂରଣ କରୁଥିଲା ବେଳେ ଆଞ୍ଚଳିକ ବ୍ୟାଙ୍କମାନେ ବାଣିଜ୍ୟିକ ବ୍ୟାଙ୍କମାନଙ୍କ ଦ୍ୱାରା ସଂଶ୍ଲେଷଣ ପାଇଁ ଗ୍ରାମ ଓ ସହରାଞ୍ଚଳର ଋଣ ଯୋଗାଣ ଓ ଜମା ସଂଗ୍ରହର କାର୍ଯ୍ୟ ସଂପାଦନ କଲେ । ମାତ୍ର ଗ୍ରାମୀଣ ଜନସାଧାରଣଙ୍କ ସେବା ପାଇଁ ଉଦ୍ଦିଷ୍ଟ ଥିବା ଏକମାତ୍ର ବ୍ୟାଙ୍କ ହେଲା ସମବାୟ

ବ୍ୟାଙ୍କ । ସମବାୟ ବ୍ୟାଙ୍କମାନେ ପ୍ରଥମରୁ କୃଷିଋଣ ପ୍ରଦାନ ପାଇଁ ଲକ୍ଷ ରଖି ସେବା ପ୍ରଦାନ କରିବାରେ ଲାଗିଛି । ସମବାୟ ବ୍ୟାଙ୍କଗୁଡ଼ିକର ପ୍ରଥମ ଲକ୍ଷ ହେଲା ଏହାର ସଭ୍ୟ ଓ ସମାଜର ସେବା କରିବା ଯେଉଁଠି ଅନ୍ୟ ବ୍ୟାଙ୍କମାନେ ଲାଭ ଉପାର୍ଜନକୁ ଲକ୍ଷ କରି ବ୍ୟବସାୟ କରିଥାନ୍ତି ।

ରିଜର୍ଭ ବ୍ୟାଙ୍କ ଅଫ ଇଣ୍ଡିଆର ଜାତୀୟ କୃଷି ଓ ଗ୍ରାମ୍ୟ ଉନ୍ନୟନ ବ୍ୟାଙ୍କ (ନାବାର୍ଡ) ଦ୍ୱାରା ଆର୍ଥିକ ଲଗାଣର ସୁବିଧା ପାଇଁ ସମବାୟ ବ୍ୟାଙ୍କମାନେ କାର୍ଯ୍ୟ କରିଥାନ୍ତି । ଭାରତର ପ୍ରତ୍ୟେକ ରାଜ୍ୟରେ ଗୋଟିଏ ଗୋଟିଏ ସମବାୟ ବ୍ୟାଙ୍କ କାର୍ଯ୍ୟ କରିଥାଏ । ରାଜ୍ୟ ସମବାୟ ବ୍ୟାଙ୍କମାନଙ୍କୁ ନାବାର୍ଡ଼ କୃଷିଋଣ ପାଇଁ ଅର୍ଥ ଯୋଗାଏ ଏବଂ ଜିଲ୍ଲାସ୍ତରରେ ଗଠନ କରାଯାଇଥିବା ଜିଲ୍ଲା କେନ୍ଦ୍ର ସମବାୟ ବ୍ୟାଙ୍କମାନଙ୍କୁ ରାଜ୍ୟ ସମବାୟ ବ୍ୟାଙ୍କମାନେ ନାବାର୍ଡ ଠାରୁ ପାଇଥିବା କୃଷି ଋଣ ଅର୍ଥକୁ ଯୋଗାଇଥାନ୍ତି । ପ୍ରତି ପଞ୍ଚାୟତ ବା ଦୁଇ ତିନିଟି ପଞ୍ଚାୟତକୁ ନେଇ ପ୍ରାଥମିକ କୃଷିଋଣ ସମବାୟ ସମିତି ଗଠନ କରାଯାଇଛି ଏବଂ ଏହାର ସଭ୍ୟ ହୋଇଥାନ୍ତି ସେହି ଅଞ୍ଚଳର ଚାଷୀଭାଇମାନେ । ଜିଲ୍ଲା କେନ୍ଦ୍ର ସମବାୟ ବ୍ୟାଙ୍କମାନେ ପ୍ରାଥମିକ କୃଷିଋଣ ସମବାୟ ସମିତିମାନଙ୍କୁ ଋଣ ଯୋଗାଇବା ଦ୍ୱାରା ସମିତିମାନେ ସେମାନଙ୍କ ସଭ୍ୟ କୃଷକମାନଙ୍କୁ କୃଷିଋଣ ସ୍ୱଳ୍ପ ସୁଧରେ ଯୋଗାଇଥାନ୍ତି ।

ବର୍ତ୍ତମାନ ଭାରତରେ ୩୨ଟି ରାଜ୍ୟ ସମବାୟ ବ୍ୟାଙ୍କର ୮୦୭ ଗୋଟି ଶାଖା କାର୍ଯ୍ୟ କରୁଛି । ୩୭୭ଟି ଜିଲ୍ଲା କେନ୍ଦ୍ର ସମବାୟ ବ୍ୟାଙ୍କ ଓ ସେମାନଙ୍କର ୧୨୨୭୦ଟି ଶାଖା, ୯୭୦୦୦ ପ୍ରାଥମିକ କୃଷି ଋଣ ସେବା ସମବାୟ ସମିତି ଦେଶର କୋଣ ଅନୁକୋଣରେ କାର୍ଯ୍ୟ କରୁଛନ୍ତି ସଭ୍ୟ ଚାଷୀମାନଙ୍କୁ ଋଣ ଦେବା ଓ ଜମା ସଂଗ୍ରହ କାର୍ଯ୍ୟରେ । ଓଡ଼ିଶାର କୃଷି ଋଣରେ ଦୀର୍ଘ ମିଆଦି ଋଣ ଦେବାପାଇଁ ସମବାୟ ଭୂଉନ୍ନୟନ ବ୍ୟାଙ୍କ ଗଠନ କରାଯାଇଥିଲେ ମଧ୍ୟ ସବୁଗୁଡ଼ିକ ପରିଚାଳନା ଅବ୍ୟବସ୍ଥାରୁ ବନ୍ଦ ହୋଇଯାଇଛି । ସହରାଞ୍ଚଳରେ କ୍ଷୁଦ୍ର ବ୍ୟବସାୟୀ ଓ ଖଟିଖିଆ ମଧ୍ୟବିତ୍ତ ଶ୍ରେଣୀର ଲୋକଙ୍କ ସେବାପାଇଁ ୧୫୦୦ଟି ସିଡ୍ୟୁଲଡ୍ ଓ ନନ୍ ସିଡ୍ୟୁଲଡ୍ (୨୯.୦୨.୨୦୨୪ ସୁଦ୍ଧା) ଅର୍ବାନ କୋ-ଅପରେଟିଭ ବ୍ୟାଙ୍କର ଗଠନ କରାଯାଇ ସେମାନଙ୍କର ୧୧୦୦୦ ଶାଖା ମାଧ୍ୟମରେ ସେବା ଯୋଗାଉଛନ୍ତି । ସମବାୟ ଗ୍ରାମୀଣ ଭାରତର ନିଶ୍ୱାସ କହିଲେ ଅତ୍ୟୁକ୍ତି ହେବ ନାହିଁ । ସମବାୟ ବ୍ୟାଙ୍କ ଅନ୍ୟ ବ୍ୟାଙ୍କମାନଙ୍କ ଠାରୁ ଅଧିକା ଲୋକଙ୍କୁ ସେବା ପ୍ରଦାନ କରିବା ସହ ନିଯୁକ୍ତି ଦେବା ସହିତ ଲୋକଙ୍କୁ ସେବା ଯୋଗାଇ ପାରିଛି ଏବଂ ବ୍ୟବସାୟରେ ମଧ୍ୟ ସଫଳତା ଆଣି ଦେଇପାରିଛି । ଦେଶରେ ଯେତେ ବ୍ୟାଙ୍କ ବ୍ୟବସ୍ଥା ରହିଥିଲେ ମଧ୍ୟ ସମବାୟ ବ୍ୟାଙ୍କମାନେ ହିଁ

ସେବାଧର୍ମୀ ହେବା ସହ ଅବହେଳିତ ଖଟିଖିଆ, ଚାଷୀ, ଛୋଟ ବ୍ୟବସାୟୀ, ଶ୍ରମିକ ଓ ନିର୍ଦ୍ଧନ ଗରିବ ଲୋକଙ୍କ ନିକଟରେ ପହଞ୍ଚି ଦିବାରାତ୍ର ସେମାନଙ୍କ ସମୃଦ୍ଧି ପାଇଁ ସ୍ୱପ୍ନ ହିଁ ଦେଖିଚାଲିଛନ୍ତି । ମନେ ହେଉଛି ଜନତାଙ୍କ ଦ୍ୱାରା, ଜନତାଙ୍କ ପାଇଁ ଓ ଜନତାଙ୍କ ଅନୁଷ୍ଠାନ ହେଉଛି ସମବାୟ ବ୍ୟାଙ୍କ । ପ୍ରତ୍ୟେକ ଭାରତୀୟ ତା'ରି ସେବା ଗ୍ରହଣ କରି ଏକ ନିର୍ମଳ, ସ୍ୱଚ୍ଛନ୍ଦ, ସମୃଦ୍ଧ ଭାରତ ନିର୍ମାଣ କରିବାକୁ ଆଗେଇ ଆସିବା ଦରକାର । ସମବାୟ ବ୍ୟାଙ୍କମାନେ ଅତି କମ୍ ସୁଦ୍ଧ ହାରରେ ସମିତିର ସଭ୍ୟମାନଙ୍କୁ ଋଣ ଯୋଗାଇବା ଦ୍ୱାରା ସେମାନଙ୍କର ସମବାୟ ବ୍ୟାଙ୍କ ପ୍ରତି ଦୁର୍ବଳତା ବଢ଼ିଯାଇଛି । ଓଡ଼ିଶାରେ ସମବାୟ ବ୍ୟାଙ୍କମାନେ ଅନ୍ୟ ରାଜ୍ୟ ତୁଳନାରେ ସବୁଠାରୁ ଶସ୍ତାରେ କୃଷିଋଣ ଯୋଗାଇ ଦେଉଛନ୍ତି । ଯାହା ପ୍ରତି ଋଣୀ ଚାଷୀ ଏକଲକ୍ଷ ଟଙ୍କା ପର୍ଯ୍ୟନ୍ତ ଋଣ ନେଇ ଠିକ୍ ସମୟରେ ଋଣ ଶୁଝିଲେ ସୁଧ ଦେବାକୁ ପଡ଼େନାହିଁ । ସରକାର ପ୍ରଚଳିତ ସୁଧକୁ ବ୍ୟାଙ୍କକୁ ଦେବାପାଇଁ ଆଇନ୍ ପ୍ରଣୟନ କରିଛନ୍ତି ଇଣ୍ଟରେଷ୍ଟ ସବ୍‌ଭେନ୍‌ସନ୍ ଯୋଜନା ମାଧ୍ୟମରେ । ଭାରତ ଏକ ଗ୍ରାମବହୁଳ ଦେଶ ହୋଇଥିବାରୁ ଏହାର ଅର୍ଥନୀତି ଗ୍ରାମର କୃଷି ଉପରେ ନିର୍ଭର କରେ । ଏଥିରେ ରାଜ୍ୟ ସରକାରମାନେ ସମସ୍ତ ପ୍ରକାର ସୁବିଧା ସୁଯୋଗ ଦେଇପାରିଲେ ଦେଶ ସମବାୟ କ୍ଷେତ୍ରରେ ଆଗକୁ ଆଗକୁ ବଢ଼ିପାରିବ ଓ ଗ୍ରାମୀଣ ଭାରତର ସ୍ୱପ୍ନ ସାକାର ହେବ ଏବଂ ଗ୍ରାମୀଣ ଭାରତର ମେରୁଦଣ୍ଡ ଶକ୍ତ ହୋଇପାରିବା ସଙ୍ଗେ ସଙ୍ଗେ ଆର୍ଥିକ ବିକାଶରେ ଭାରତ ଆତ୍ମନିର୍ଭର ହୋଇପାରିବ । ସମବାୟ ବ୍ୟାଙ୍କଗୁଡ଼ିକ କୃଷି କ୍ଷେତ୍ରରେ ଦିଆଯାଉଥିବା ଋଣରୁ ୭୦ ଭାଗ ବହନ କରୁଥିବାରୁ ଗ୍ରାମୀଣ ଭାରତର ମେରୁଦଣ୍ଡ ବୋଲି ସମବାୟ ବ୍ୟାଙ୍କ ବୋଲି କୁହାଯାଏ ।

'ଧରିତ୍ରୀ' - ତା୨୦.୦୮.୨୦୨୪ରେ ପ୍ରକାଶିତ

ଦୁଗ୍ଧ ସମବାୟ ସମିତି କାହା ହିତରେ

ଦୁଗ୍ଧ ଏକ ଖାଦ୍ୟସାର ପଦାର୍ଥ । ଏହା କେବଳ ଲୋକମାନଙ୍କର ଉତ୍ତମ ସ୍ୱାସ୍ଥ୍ୟ ସେବାରେ ସହାୟକ ହୁଏ । ପରନ୍ତୁ ଭାରତୀୟମାନଙ୍କର କୃଷି ଏକ ପ୍ରଧାନ ବେଉସା ହୋଇଥିଲେ ହେଁ ଗୋପାଳନ ଦ୍ୱିତୀୟ ବୃହତ୍ତମ ବେଉସା ରୂପେ ପରିଗଣିତ । ଧନୀ ଲୋକମାନେ ଦୁଗ୍ଧ ପରି ଖାଦ୍ୟସାର ଖାଇବା ପାଇଁ ଗାଈ, ମଇଁଷି ପାଳନ କରୁଥିଲେ କିମ୍ବା ଗରିବ ଲୋକମାନଙ୍କୁ ଗାଈ ଭାଗକୁ ଦେଇ ଅଧେ ପାଉଥିଲେ । କୃଷି ମଜୁରିଆମାନେ ତାଙ୍କର ଆୟ ବୃଦ୍ଧିପାଇଁ ଧନୀ ଲୋକଙ୍କ ଠାରୁ ଗାଈ ଭାଗକୁ ଆଣି କୌଣସି ଲୋକେ ପରିବାର ପୋଷଣ କରୁଥିଲେ। ଗୋପାଳ ଜାତିର ଲୋକମାନଙ୍କର ଗାଈ ବା ମଇଁଷି ପାଳିବା ପ୍ରଧାନ ବେଉସା ଥିଲା । ଦୁଗ୍ଧଜାତ ପଦାର୍ଥର ବିକ୍ରିପାଇଁ ବଜାରର ସୁବିଧା ନଥିବାରୁ ସେମାନେ ନିଜ ଗାଁ ସହିତ ନିକଟକ ଗାଁ ମାନଙ୍କରେ କ୍ଷୀର ଓ ଦହି ବିକିବା ସହିତ ବଳକା କ୍ଷୀରରୁ ଘିଅ, ଛେନା ପ୍ରଭୃତି ପ୍ରସ୍ତୁତ କରି ସାଇତି ରଖୁଥିଲେ ଏବଂ ଲୋକଙ୍କ ଯଥାଶୀଘ୍ର ଚାହିଦା ଅନୁସାରେ ବଜାରରେ ତାକୁ ବିକ୍ରି କରୁଥିଲେ। ଆମର ମହାଭାରତ, ପୁରାଣ କଥା ଅନୁଯାୟୀ ଗୁଜୁରାଟ ପ୍ରଦେଶର ମଥୁରା ନିକଟରେ ଏକ ବିସ୍ତୀର୍ଣ୍ଣ ଚାରଣଭୂମି ଥିବାରୁ ଭଗବାନ ଶ୍ରୀକୃଷ୍ଣ ନିଜେ ଗାଈ ଚରାଇବାକୁ ଯାଉଥିଲେ ଗୋପାଳମାନଙ୍କ ସହିତ । ଏପରି ଅତ୍ୟଧିକ ବର୍ଷା ହେତୁ ଗୋଖାଦ୍ୟ ଘାସ ଚାଷ ବ୍ୟାହାତ ହେବା ଆଶାରେ କାର୍ତ୍ତିକ ମାସରେ ମନ୍ଦରଗିରିକୁ ଭଗବାନ ଶ୍ରୀକୃଷ୍ଣ ମୁଣ୍ଡାଇ ବର୍ଷା ରୋକିଦେଇଥିଲେ। ଏବେବି ସାରା ଭାରତବର୍ଷରେ ପ୍ରତିବର୍ଷ ଗିରିଗୋବର୍ଦ୍ଧନ ଉତ୍ସବ ପାଳନରେ ଗାଈ ଗୋରୁମାନଙ୍କ ଯତ୍ନ ନେବାପାଇଁ ଲୋକମାନଙ୍କୁ ସ୍ମରଣ କରାଇ ଦେଉଛି । କିଛିଦିନ ପରେ ମଧ୍ୟସ୍ଥମାନେ ଗୁଜୁରାଟର ଲୋକମାନଙ୍କ ଠାରୁ କମ୍ ଦାମ୍‌ରେ କ୍ଷୀର କିଣି ବମ୍ବେ ସହରରେ ବିକ୍ରି କରୁଥିବାରୁ ସେମାନେ ବିଶେଷ କ୍ଷତିଗ୍ରସ୍ତ ହେଉଥିବାର ଦେଖି ୧୯୪୬ ମସିହାରେ ପ୍ରଖ୍ୟାତ ସ୍ୱାଧୀନତା ସଂଗ୍ରାମୀ ତଥା ଭାରତର ପ୍ରଥମ

ଉପପ୍ରଧାନମନ୍ତ୍ରୀ ସ୍ୱର୍ଗୀୟ ସର୍ଦ୍ଦାର ବଲ୍ଲଭଭାଇ ପଟେଲ ସେହି ରାଜ୍ୟର ଖଇରା ଜିଲ୍ଲାର ଆନନ୍ଦପୁର ଠାରେ ଦୁଗ୍ଧବାଲାଙ୍କୁ ଏକତ୍ର କରି ପ୍ରଥମ ଦୁଗ୍ଧ ସମବାୟ ସମିତି ଗଠନ କରି ବମ୍ବେ ବଜାରରେ ସୁଲଭ ମୂଲ୍ୟରେ ସେମାନଙ୍କ ଉତ୍ପାଦିତ ଦୁଗ୍ଧକୁ ବିକ୍ରି କରାଉଥିଲେ । ପରେ ସମବାୟ ଆନ୍ଦୋଳନରେ ଗରିବ ଲୋକମାନଙ୍କ ଆର୍ଥିକ ବିକାଶ, ଦୁଗ୍ଧ ଉତ୍ପାଦନ ବୃଦ୍ଧି ଓ ବିକ୍ରି ବଟାର ପ୍ରସାର ପାଇଁ ଅନ୍ୟ ରାଜ୍ୟମାନେ ଆଗେଇ ଆସିଛନ୍ତି ।

୧୯୪୨ ମସିହା ପଶୁ ସୁମାରି ଅନୁଯାୟୀ ସାରା ଭାରତବର୍ଷରେ ୧୯ କୋଟି ୬୦ ଲକ୍ଷ ଗାଈ ଓ ମଇଁଷି ଥିଲେ । ଭାରତର ଉକ୍ତ ଗାଈ, ମଇଁଷି ସଂଖ୍ୟା ସୋଭିଏତ୍ ଋଷିଆ ସହିତ ସମୁଦାୟ ଇଉରୋପର ଗାଈ ଓ ମଇଁଷିଙ୍କ ସଂଖ୍ୟା ସହିତ ସମାନ ଥିଲେ ସୁଦ୍ଧା ଇଉରୋପର ଗାଈ ପିଛା ଦୁଗ୍ଧ ଉତ୍ପାଦନ ୨୦ ଲିଟରରୁ ଅଧିକ ଥିଲାବେଳେ ଆମ ଭାରତରେ ୧ ଲିଟର । ଏପରିକି ହଲାଣ୍ଡରେ ଧାନ, ଗହମ, ଯଅ ଆଦି ଶସ୍ୟ ବଦଳରେ ଘାସ ଚାଷ ଓ ଗାଈ ପାଳନ ପ୍ରଧାନ ବ୍ୟବସାୟ ଅଟେ । ସେଠାରେ ଶତକଡ଼ା ୬୦ଭାଗ ଜମିରେ ଘାସ ଚାଷ ହୁଏ । ଦୁଗ୍ଧଜାତ ପଦାର୍ଥ ରପ୍ତାନୀରେ ହଲାଣ୍ଡ ପୃଥିବୀର ପ୍ରଥମ ସ୍ଥାନ ଅଧିକାର କରିଥିଲା । କିନ୍ତୁ ଭାରତରେ ଘାସ ଚାଷ ନ ହେଉଥିବାରୁ ଗାଈ, ମଇଁଷିମାନେ ସର୍ବସାଧାରଣ ଗୋଚର ଜମିରେ ଘାସ ଚରିବା ପାଇଁ ନିର୍ଭର କରନ୍ତି । ଏଣୁ କ୍ଷୀର ଉତ୍ପାଦନ ଭାରତରେ ବଢ଼ିବ ବା କିପରି ? ୧୯୭୧ ମସିହାରୁ କ୍ଷୁଦ୍ର ଉନ୍ନୟନ ସଂସ୍ଥା ଜରିଆରେ ଓ ୧୯୮୦ ମସିହାରୁ ଗ୍ରାମ୍ୟ ସମନ୍ୱିତ ଯୋଜନାରେ ଗରିବ କୃଷକ ଗାଁ ମଜୁରିଆ ଓ ସମାଜର ଦୁର୍ବଳ ଶ୍ରେଣୀର ଲୋକମାନଙ୍କର ଆର୍ଥିକ ବିକାଶ ପାଇଁ ସେମାନଙ୍କୁ ବ୍ୟାଙ୍କମାନେ ରିହାତି ଋଣରେ ଦୁଧିଆଳି ଗାଈ ଓ ମଇଁଷି ଯୋଗାଇ ଦେଇ ଅଛନ୍ତି । ବିଶ୍ୱ ବ୍ୟାଙ୍କ ମାମୁଲି ସୁଧରେ ନାବାର୍ଡ଼ (ଜାତୀୟ କୃଷି ଓ ଗ୍ରାମ୍ୟ ଉନ୍ନୟନ ବ୍ୟାଙ୍କ) ଜରିଆରେ ବ୍ୟାଙ୍କମାନଙ୍କୁ ଉପଭୋକ୍ତାମାନଙ୍କ ଋଣ ପୁନଃ ଲଗାଣ କରୁଛି । ଜାତୀୟ ଦୁଗ୍ଧ ଉନ୍ନୟନ ବୋର୍ଡ଼ ୧୯୬୫ ମସିହାରୁ ଗଠିତ ହୋଇ ଆନନ୍ଦ ଦୁଗ୍ଧ ଉତ୍ପାଦକ ସମିତିର କାର୍ଯ୍ୟ ପଦ୍ଧତିରେ ଅନୁସରଣୀୟ । ଅନ୍ୟ ରାଜ୍ୟରେ ଦୁଗ୍ଧ ଉତ୍ପାଦନ ବୃଦ୍ଧି ତଥା ବିକ୍ରିବଟା ସମବାୟ ସମିତିମାନଙ୍କ ମାଧ୍ୟମରେ ହେଉଛି । ସମିତିମାନଙ୍କୁ ଋଣ ତଥା ଅନୁଦାନ ଜାତୀୟ ଦୁଗ୍ଧ ଉନ୍ନୟନ ବୋର୍ଡ଼ ଦେବା ଦ୍ୱାରା ଦୁଗ୍ଧବନ୍ୟା ଯୋଜନାକୁ ଉତ୍ସାହିତ କରିପାରିଛି । ପଞ୍ଜାବ ଗତ ସବୁଜ ବିପ୍ଳବରେ ଆଗୁଆ ହୋଇ ଦୁଗ୍ଧ ଉତ୍ପାଦନ ବୃଦ୍ଧିରେ ବିକଶିତ ରାଜ୍ୟରେ ପରିଗଣିତ ହୋଇଛି ।

ଦୁଗ୍ଧ ଉନ୍ନୟନ ବୋର୍ଡ଼ ଇଉରୋପୀୟ ସାଧାରଣ ବାଣିଜ୍ୟ ସଂସ୍ଥାରୁ ସାହାଯ୍ୟ ପ୍ରାପ୍ତ ଦୁଗ୍ଧଗୁଣ୍ଡ ଓ ଲହୁଣି ସଂଗ୍ରହ କରି ତାହାକୁ ବିକ୍ରିକରି ତଥା ବିଶ୍ୱ ବ୍ୟାଙ୍କରୁ ଆର୍ଥିକ ଅନୁଦାନ ପାଇ ପାଣ୍ଠି ବୃଦ୍ଧି କରୁଅଛି ଏବଂ ଦୁଗ୍ଧ ସମବାୟ ସମିତିମାନଙ୍କୁ ସହାୟତା

କରୁଅଛି । ଉକ୍ତ ସମବାୟ ସମିତିମାନେ ଲୋକମାନଙ୍କର ଦୁଗ୍ଧ ଉତ୍ପାଦନ, ବିଧାୟନ, ପରିବହନ ଓ ବିକ୍ରିବଟା କରିବା ସହିତ ଅନେକ ବେକାର ଲୋକମାନଙ୍କୁ ଚାକିରି ଦେବା ଦ୍ୱାରା ଏଥିରେ ନିଯୁକ୍ତି ପରିସର ବୃଦ୍ଧି କରିପାରିଛନ୍ତି ।

୩୦.୦୬.୧୯୮୯ ମସିହା ସୁଦ୍ଧା ଭାରତର ସମୁଦାୟ ୫୮,୬୬୯ ଦୁଗ୍ଧ ସମବାୟ ସମିତିରେ ୬୮,୧୪,୦୧୧ ଲୋକ ସଭ୍ୟ ହୋଇ ୧୩୯୦ କୋଟି ୬୨ ଲକ୍ଷ ଟଙ୍କାର ଦୁଗ୍ଧ କିଣାବିକା କରିପାରିଥିଲେ । ମହାରାଷ୍ଟ୍ରରେ ୧୩,୧୦୬, ପଞ୍ଜାବରେ ୪,୨୨୪, ଗୁଜୁରାଟରେ ୯,୦୫୦, ହରିଆଣାରେ ୨,୦୫୨, କେରଳରେ ୧,୮୬୧, ବିହାରରେ ୧,୨୮୮, କର୍ଣ୍ଣାଟକରେ ୫,୨୩୨ ଓ ଓଡ଼ିଶାରେ ୨୦୨୩ ମସିହା ଡିସେମ୍ବର ମାସ ସୁଦ୍ଧା ୪୯୬ ଗୋଟି ଦୁଗ୍ଧ ସମବାୟ ସମିତି ଗଠିତ ହୋଇଥିବା ସ୍ଥଳେ ଭାରତର ଗ୍ରାମାଞ୍ଚଳରେ ୭୨୮୩୭୪ କୋଟି ପ୍ରାଥମିକ ଦୁଗ୍ଧ ଉତ୍ପାଦନକାରୀ ସମବାୟ ସମିତି କାର୍ଯ୍ୟ କରୁଅଛି । ଗଠିତ ହୋଇ କ୍ଷୀର ବ୍ୟବସାୟ କରାଯାଉଥିଲା । ଅନ୍ୟ ରାଜ୍ୟ ତୁଳନାରେ ଓଡ଼ିଶାରେ ମାତ୍ର ୯୬ କୋଟି ଟଙ୍କାର ଦୁଗ୍ଧ ବ୍ୟବସାୟ କରାଯାଇଥିଲା । ନାବାର୍ଡ଼ ତଥ୍ୟ ଅନୁଯାୟୀ ୧୯୮୪ ଜୁନ୍‌ମାସ ସୁଦ୍ଧା ଭାରତର ସମଗ୍ର ଦୁଗ୍ଧ ସମବାୟ ସମିତିରେ ୬୭,୮୯୯ ଜଣ ଲୋକ ନିଯୁକ୍ତି ପାଇଥିଲେ ଏବଂ ତା ମଧ୍ୟରୁ ଗୁଜୁରାଟରେ ୩୪,୭୭୧ ଜଣ ବ୍ୟକ୍ତି ନିଯୁକ୍ତି ପାଇଥିଲା ବେଳେ ଓଡ଼ିଶାରେ ମାତ୍ର ୧୦୬୧ ଜଣ ଲୋକ ନିଯୁକ୍ତିର ସୁଯୋଗ ପାଇଥିଲେ । ଓଡ଼ିଶାର ପ୍ରାଥମିକ ଦୁଗ୍ଧ ସମବାୟ ସମିତିର ପୁରୁଷ ପ୍ରାଧାନ୍ୟ ସମାଜରେ ନିଷ୍ପେସିତ ମହିଳାମାନଙ୍କୁ ସ୍ୱାଧୀନ ବ୍ୟବସାୟ ଅବଲମ୍ବନ କରିବାକୁ ସରକାରଙ୍କ ଦ୍ୱାରା ମହିଳା ଦୁଗ୍ଧ ଉତ୍ପାଦକ ସମବାୟ ସମିତି ଗଠିତ ହୋଇଅଛି । ମହିଳାମାନେ ଗାଈ ଗୋରୁ ପାଳନରେ ୭୦ଭାଗ କାମ ତୁଲାନ୍ତି । ସାଧାରଣତଃ ଦେଖାଯାଇଥିଲା ଯେ, ମହିଳାମାନେ ସବୁକାର୍ଯ୍ୟ କରୁଥିଲେ ମଧ୍ୟ ପୁରୁଷମାନେ ଦୁଗ୍ଧ ଉତ୍ପାଦକ ସମିତିର ସଭ୍ୟ ହୋଇ ପରିଚାଳନାରେ ଭାଗନେବା ପାଇଁ ଆଗ୍ରହ ନଥାଏ । ୧୯୮୮ ମସିହା ସୁଦ୍ଧା ୪୧୯ ଗୋଟି ମହିଳା ଦୁଗ୍ଧ ଉତ୍ପାଦକ ସମବାୟ ସମିତି ଗଠିତ ହୋଇଅଛି । ମହିଳାମାନେ ସମିତିର ପରିଚାଳନା ପରିଷଦରେ ଭାଗନେଇ ସମିତିରେ ମହିଳାମାନଙ୍କୁ ଅଧିକରୁ ଅଧିକ ସଭ୍ୟ କରାଇ ଗାଈ ଓ ମଇଁଷି କିଣିବା ପାଇଁ ଋଣ ଦେଇ ଦୁଗ୍ଧ କିଣାବିକା କରୁଛନ୍ତି । ମହିଳା ଦୁଗ୍ଧ ଉତ୍ପାଦକ ସମବାୟ ସମିତି ଗଠନ ଓ ପରିଚାଳନାରେ ଆନ୍ଧ୍ରପ୍ରଦେଶ ମାର୍ଗଦର୍ଶକ ସାଜିଛି । କେନ୍ଦ୍ର ସରକାରଙ୍କ ମହିଳା ଶିଶୁ ଉନ୍ନୟନ ବିଭାଗ "ଫୋର୍ଡ ଫାଉଣ୍ଡେସନ୍" ସହଯୋଗରେ ବିହାର ରାଜ୍ୟ ଦୁଗ୍ଧ ଉତ୍ପାଦକ ସମବାୟ ସଂଘକୁ ଅର୍ଥ ପ୍ରଦାନ କରିଛି । ୧୯୮୮ ମସିହା ସେପ୍ଟେମ୍ବର ମାସ ସୁଦ୍ଧା ବିହାରର

୬ଟି ଜିଲ୍ଲାରେ ୨୦୪ ଗୋଟି ମହିଳା ଦୁଗ୍ଧ ଉତ୍ପାଦକ ସମବାୟ ସମିତି ଗଠିତ ହୋଇଅଛି ଓ ମହିଳାମାନଙ୍କୁ ଉତ୍ତମ ପରିଚାଳନା ପାଇଁ ତାଲିମ ଦେଉଅଛି । ଭାରତରେ ୨୦୨୩ ଡିସେମ୍ବର ମାସ ସୁଦ୍ଧା ଗାଈ ଓ ମଇଁଷିମାନଙ୍କ ସଂଖ୍ୟା ୩୦୭.୪୨ କୋଟି । ସେମାନଙ୍କ ମଧ୍ୟରୁ ମଇଁଷିମାନଙ୍କ ସଂଖ୍ୟା ୯୮ କୋଟି, ଦୁଧିଆଳି ଗାଈମାନଙ୍କ ସଂଖ୍ୟା ୧୬୧ କୋଟି ଓ ଗର୍ଭିଣୀ ଗାଈମାନଙ୍କ ସଂଖ୍ୟା ୨୫ କୋଟି । ୧୯୭୦ ମସିହାରେ ଭାରତରେ ଦୈନିକ ଦୁଗ୍ଧ ଉତ୍ପାଦନ ୬ କୋଟି ଲିଟର ଥିଲାବେଳେ ୨୦୨୨ ମସିହା ସୁଦ୍ଧା ଏହା ବୃଦ୍ଧିପାଇ ୫୮ କୋଟି ଲିଟରରେ ପହଞ୍ଚିଛି ଏବଂ ୨୦୨୩ ମସିହା ଡିସେମ୍ବର ମାସ ସୁଦ୍ଧା ଏହା ୧୨୬ କୋଟି ଲିଟରକୁ ବୃଦ୍ଧି ପାଇଛି । ଭାରତର ସମବାୟ ଓ ପ୍ରାଣୀ ସଂପଦ ମନ୍ତ୍ରୀଙ୍କ ସୂତ୍ରରୁ ପ୍ରକାଶ ଯେ ଭାରତରେ ୨୦୩୩-୩୪ ମସିହା ସୁଦ୍ଧା ଦୈନିକ ଦୁଗ୍ଧ ସଂଗ୍ରହ ମାତ୍ରା ୨୨ କୋଟି ମେଟ୍ରିକ୍ ଟନ୍‌ରେ ପହଞ୍ଚିବା ପାଇଁ ଲକ୍ଷ୍ୟ ରଖି ସରକାର କାର୍ଯ୍ୟକ୍ରମ ଜାରି ରଖିଛନ୍ତି ।

୧୯୮୨ ମସିହା ପଶୁସୁମାରି ଅନୁଯାୟୀ ଓଡ଼ିଶାରେ ୧,୨୯,୩୦୦୦ ଗାଈ ଓ ମଇଁଷି ଥିଲେ ସୁଦ୍ଧା ଦୁଧିଆଳି ଗାଈ ସଂଖ୍ୟା ମାତ୍ର ୩୦,୨୦୦୦ ଥିବାରୁ ଓଡ଼ିଶାରେ ଦୁଗ୍ଧ ଉତ୍ପାଦନ ସୀମିତ ଅଟେ । ୧୯୮୦ ମସିହାରୁ ଓଡ଼ିଶା ଦୁଗ୍ଧ ଉତ୍ପାଦକ ସମବାୟ ବାଣିଜ୍ୟ ସଂଘ ପ୍ରତିଷ୍ଠା ହେବାରୁ ଦୁଗ୍ଧବାଲା ଓ ପ୍ରାଥମିକ ଦୁଗ୍ଧ ଉତ୍ପାଦକ ସମବାୟ ସମିତିର କ୍ଷୀର ବିକ୍ରି କରିବାରେ ଅସୁବିଧା ଦୂରୀଭୂତ ହୋଇପାରିଛି । ତଥାପି ଓଡ଼ିଶାର ଗ୍ରାମାଞ୍ଚଳରେ ବାସ କରୁଥିବା ଗରିବ ଲୋକମାନଙ୍କର ଆର୍ଥିକ ବିକାଶ, ବେକାର ସମସ୍ୟା ସମାଧାନ ତଥା ଅନ୍ୟ ରାଜ୍ୟ ସହିତ ସମକକ୍ଷ ହେବାପାଇଁ ଦୁଗ୍ଧ ଉତ୍ପାଦକ ଓ କିଣାବିକା ସମବାୟ ସମିତିମାନଙ୍କରେ କରାଯାଉଛି । ଏହାର ଦ୍ରୁତ ପ୍ରସାର କରିବା ପାଇଁ ବଜାରରେ ଗୋଖାଦ୍ୟର ମାତ୍ରାଧିକ ଦରବୃଦ୍ଧି, ମଜୁରି ଅଧିକ, ଘାସଚାଷର ପ୍ରସାର ନହେବା, କୁଣ୍ଡା ଓ ଚୁନିର ଦରବୃଦ୍ଧି ଘଟୁଥିବାରୁ ଏହା ଗୋପାଳନରେ ବାଧକ ସାଜୁଛି । ଓଡ଼ିଶା ସମବାୟ ଦୁଗ୍ଧ ଉତ୍ପାଦକ ସଂଘ (ଓମ୍‌ଫେଡ୍) ବିକ୍ରିମୂଲ୍ୟ ଠାରୁ ପ୍ରତି ଲିଟର ପିଛା ୧୦ଟଙ୍କା କମ୍‌ରେ ପ୍ରାଥମିକ ଦୁଗ୍ଧ ଉତ୍ପାଦକ ସମବାୟ ସମିତି ଠାରୁ କ୍ରୟ କଲେ ଚାଷୀକୂଳ ଗୋପାଳନରୁ ମୁହଁ ଫେରାଇବାକୁ ପଡ଼ନ୍ତା ନାହିଁ । ଏହାଦ୍ୱାରା ଦୁଗ୍ଧର କ୍ରୟମୂଲ୍ୟ ଓ ବିକ୍ରୟ ମୂଲ୍ୟ ମଧ୍ୟରେ ସମତୁଲ ଆସିପାରନ୍ତା । ନୂତନ ସରକାରଙ୍କ ଏଥିପ୍ରତି ଦୃଷ୍ଟି ଦେବାର ଆବଶ୍ୟକତା ଅଛି । ମାତ୍ର ଓଡ଼ିଶା ପ୍ରାଥମିକ ଦୁଗ୍ଧ ଉତ୍ପାଦନକାରୀ ସମବାୟ ମହାସଂଘ ବା ଓମ୍‌ଫେଡ୍ ମୂଲ୍ୟସୂଚୀ ପରିଚାଳନାରେ ଚାଷୀକୂଳ ହତାଶ ହୋଇ ଗାଈ ବିକ୍ରି କରିବା ଦେଖାଯାଉଛି । ଏହା କେବଳ ଓମ୍‌ଫେଡ୍‌ର ଲାଭଖୋର ମନୋବୃତ୍ତିରେ ଚାଷୀକୂଳ ହୋ ହତାଶଭାବେ କାଳାତିପାତ କରିବା ସାର ହୋଇଛି ।

ଯାହାର ପ୍ରତିଫଳନ ଦେଖାଦେଇଛି ଦୁଗ୍ଧ ଉତ୍ପାଦକ ସମବାୟ ସମିତି କାହ ସ୍ୱାର୍ଥରେ । ଏହା ଚାଷୀକୂଳ ସ୍ୱାର୍ଥରେ ନା ଓମ୍‌ଫେଡ୍‌ର ଲାଭଖୋର ନୀତିରେ । ସରକାର ଏହାର ଆଶୁ ସମାଧାନ ପାଇଁ ବିହିତ ପଦକ୍ଷେପ ଗ୍ରହଣ କଲେ ଓଡ଼ିଶାରେ ଗୋପାଳନ ଦ୍ୱାରା ଜୀବନ ଯାପନ କରୁଥିବା ଲକ୍ଷ ଲକ୍ଷ ଚାଷୀ ଉପକୃତ ହୋଇପାରନ୍ତେ ।

'ଓଡ଼ିଶା ଏକ୍ସପ୍ରେସ୍‌' – ତା୨୧.୦୮.୨୦୨୪ରେ ପ୍ରକାଶିତ

ପରିବେଶ ଅନୁକୂଳ କାଚଘର ଚାଷ

ହଲାଣ୍ଡ ଇଉରୋପର ଏକ ଜନବହୁଳ ଜନବସତି କ୍ଷୁଦ୍ର କୃଷିପ୍ରଧାନ ଦେଶ । ୨୦୨୪ ମସିହା ସୁଦ୍ଧା ଏହାର ଲୋକସଂଖ୍ୟା ୧, ୭୯, ୭୭, ୬୭୬ ଅଟେ । ଏହି ଦେଶ ସମୁଦ୍ର କୂଳରେ ଅବସ୍ଥିତ । ହଲାଣ୍ଡ ରାଇନ୍ ନଦୀର ଡେଲ୍‌ଟା ଅଞ୍ଚଳରେ ହୋଇଥିବାରୁ ଜମିଗୁଡ଼ିକ ଅତି ଉର୍ବର । କିନ୍ତୁ ଲୋକସଂଖ୍ୟା ତୁଳନାରେ ଜମି ପରିମାଣ କମ୍ । ତେଣୁ ଚାଷୀମାନେ ପବନଚାଳିତ ଉଠା ପମ୍ପଦ୍ୱାରା ସନ୍ତସନ୍ତିଆ ଖାଲ ଜମିର ଜଳ ନିଷ୍କାସନ କରିବା ସଙ୍ଗେ ସଙ୍ଗେ ସମୁଦ୍ର କୂଳରେ ବନ୍ଧ ବାନ୍ଧି, ପାଣି ନିଷ୍କାସନ କରିବା ଫଳରେ ନୂତନ ଜମି ସୃଷ୍ଟି ହୋଇ ଫସଲ ଉପାର୍ଜନ ହୋଇପାରୁଛି । ତଥାପି ଜମି ନିଅଣ୍ଟ ପଡୁଥିବାରୁ କାଚଘର ଆବଦ୍ଧ ଜମିରେ ବୈଜ୍ଞାନିକ ପଦ୍ଧତିରେ ଚାଷୀମାନେ ସଘନ ଚାଷ କରି ବର୍ଷସାରା ଫସଲ ଉପୁଜାଉଛନ୍ତି । ହଲାଣ୍ଡ ଅଧିବାସୀ ତଥା ଡଚ୍‌ମାନେ ଏହିପରି ଭାବରେ ବର୍ତ୍ତମାନ ୯୨୦୦ ହେକ୍ଟର ଜମିରେ କାଚଘର ଫସଲ କରି ଭାରତ ତୁଳନାରେ ଆଶାତୀତ ପରିମାଣରେ ଏକର ପିଛା ପରିବା ଓ ଫଳ ଉତ୍ପାଦନ କରୁଛନ୍ତି । ଚାଷୀମାନଙ୍କ ସୂତ୍ରରୁ ପ୍ରକାଶ ଯେ, ବର୍ଷସାରା କାଚଘର ମାଧ୍ୟମରେ ସେମାନେ ବିଲାତି ବାଇଗଣ ଚାଷ କରୁଛନ୍ତି । ହଲାଣ୍ଡରେ ସମୟେ ସମୟେ ବରଫ ଝଡ଼ ହେଉଥିବାରୁ କାଚଘର ବରଫ ଦାଉରୁ ଫସଲ ବଞ୍ଚାଇପାରୁଛି । କାଚଘରର ଚାରିପଟେ ତାରବାଡ଼ ଦିଆଯାଉଥିବାରୁ ଫସଲ ସୂର୍ଯ୍ୟକିରଣ ପାଇବାରେ ଅସୁବିଧା ହେଉନାହିଁ । ପ୍ରତି କାଚଘରେ ଝରକା ରହିଥିବାରୁ ଏହାକୁ ସମୟେ ସମୟେ ଖୋଲା ରଖିବା ଆବଶ୍ୟକ ପଡୁଥିବାରୁ ପବନ ଯିବା ଆସିବା ସୁରୁଖୁରୁରେ ହୋଇପାରୁଛି । ପ୍ରତି କୋଠରୀରେ ଗୋଟିଏ ଲେଖା ଉତ୍ତାପ ମାପ ଯନ୍ତ୍ର (ଥର୍ମୋମିଟର) ରଖି ପବନ ସଞ୍ଚାଳନ କରି ତାପ ନିୟନ୍ତ୍ରିତ କରିବାକୁ ପଡ଼େ । ମେଟାଲ୍ ନଳୀରେ ଆବଶ୍ୟକ ପିଡ଼ିଆ ଓ କୀଟନାଶକ ଔଷଧ ମିଶ୍ରିତ ପାଣି ଗଛ ମୂଳକୁ ଛଡ଼ାଯାଏ । ଉକ୍ତ କାଚଘର ନିର୍ମାଣରେ ଆବଶ୍ୟକୀୟ

ଖର୍ଚ୍ଚପାଇଁ ବ୍ୟାଙ୍କରୁ ୪୦ ବର୍ଷିଆ ଦୀର୍ଘକାଳୀନ ଋଣ ମିଳିପାରୁଛି ଓ ଲୋକମାନେ ସୁରୁଖୁରୁରେ ଋଣ ସୁଝୁଛନ୍ତି । ସାର, ବିହନ ଇତ୍ୟାଦି ଖର୍ଚ୍ଚ ପାଇଁ ବ୍ୟାଙ୍କରୁ ସ୍ୱଳ୍ପକାଳୀନ ଋଣ ଅତି ସୁବିଧାରେ ମିଳିପାରୁଛି ଏବଂ ବ୍ୟାଙ୍କମାନେ ଦେଇଥିବା ଋଣକୁ ସୁବିଧାରେ ଆଦାୟ କରିପାରୁଥିବାରୁ ଏହି ଚାଷରେ ହେଉଥିବା ଖର୍ଚ୍ଚରେ ଆବଶ୍ୟକୀୟ ଋଣ ଦେବାକୁ ବ୍ୟାଙ୍କମାନେ ବେଶୀ ମାତ୍ରାରେ ଆଗ୍ରହ ପ୍ରକାଶ କରୁଛନ୍ତି । ଚାଷୀମାନେ ଫସଲ ଉତ୍ପାଦନ କରି ଯଥେଷ୍ଟ ଲାଭବାନ ହେଉଛନ୍ତି । ଉଦାହରଣ ସ୍ୱରୂପ ୧୯୭୮ ମସିହାରେ ହଲାଣ୍ଡର ଚାଷୀମାନେ ବାଇଗଣ କିଲୋପିଛା ୫ ଟଙ୍କାରେ ବିକ୍ରିକରି ବର୍ଷକୁ ହାରାହାରି ୫ ଲକ୍ଷ ଟଙ୍କା ପାଉଥିଲେ। ଦୁଇଜଣ ଚାଷୀଙ୍କ ମଜୁରୀ, ପୀଡ଼ିଆ, ସାର, ଋଣକିସ୍ତି ଓ ପୋକମରା ଔଷଧ ବାବଦକୁ ୪ ଲକ୍ଷ ଟଙ୍କା ଖର୍ଚ୍ଚ କରି ଚାଷୀମାନେ ୧ ଲକ୍ଷ ଟଙ୍କା ଲାଭ ପାଇଥାଆନ୍ତି । ହଲାଣ୍ଡର ଚାଷୀମାନେ ଫସଲ ଉତ୍ପାଦନରେ ଆଧୁନିକ ବୈଶ୍ୟୟିକ ଜ୍ଞାନକୌଶଳ ପ୍ରୟୋଗ କରିବାରେ ବେଶ୍ ଧୁରନ୍ଧର। ଏଣୁ ଅତ୍ୟଧିକ ସାର ଓ କୀଟନାଶକ ଔଷଧ ପାଣିରେ ମିଶାଇବା ଫଳରେ ଉକ୍ତ ପାଣି ଜଳବାୟୁକୁ ଦୂଷିତ କରୁଥିବାରୁ ତାହାକୁ ପ୍ରତିଶୋଧ କରିବା ତଥା ଫସଲରେ ହେଉଥିବା ଖର୍ଚ୍ଚ କମ୍ କରିବାକୁ ଚାଷୀମାନେ ଉଦ୍ୟମ କରୁଛନ୍ତି । କାଚଘର ଜମି ଉପରେ ପ୍ଲାଷ୍ଟିକ୍ ବିଛାଯାଇ ତା' ଉପରେ କୃତ୍ରିମ ମାଟିସ୍ତର ପକାଇ କେତେକ ଚାଷୀ ଫସଲ କଲେଣି । ଫଳରେ ବ୍ୟବହୃତ ପାଣି, ସାର, କୀଟନାଶକ ଔଷଧ ପ୍ରଭୃତି ମାଟିରେ ଭେଦ ନକରିପାରି ଭୂତଳ ଜଳ ଦୂଷିତ କରିପାରୁନାହିଁ ଏବଂ ଅନ୍ୟ ବ୍ୟବହୃତ ଜଳ ଓ ସାରକୁ ପ୍ଲାଷ୍ଟିକ୍ ବା ମେଟାଲ୍ ନଳୀରେ ସଂଗ୍ରହ କରି ପୁନଶ୍ଚ ଫସଲ କରିବାରେ ବ୍ୟବହାର କରୁଛନ୍ତି । ଫଳରେ ଖର୍ଚ୍ଚ ଲାଘବ କରିବା ପାଇଁ ୨$^{୧}/_{୨}$ ଏକର ବା ୧ ହେକ୍ଟର ଜମିରେ ବ୍ୟବହୃତ ୮୦୦୦ ଲିଟର ପାଣିରୁ ୨୦୦୦ ଲିଟର ପାଣି ୪ରୁ ୮ ଟନ୍ ସାର ସଂଗ୍ରହ କରୁଥିବାରୁ ନୂତନ ଫସଲରେ ଚାଷୀମାନେ ଏହାକୁ ପୁନଃ ବ୍ୟବହାର କରୁଛନ୍ତି ଏବଂ ଦୂଷିତ ଜଳୀୟ ପଦାର୍ଥ ଉପବିଭାଗ ଜଳାଶୟ ପାଣିରେ ମିଶିବାକୁ ସୁଯୋଗ ପାଉ ନଥିବାରୁ ଜଳାଶୟ ପାଣି ଦୂଷିତ ହୋଇପାରୁ ନାହିଁ। ବର୍ତ୍ତମାନ ସୁଦ୍ଧା ହଲାଣ୍ଡରେ ୯୭୦୦ ହେକ୍ଟର କାଚଘର ଜମିରୁ ୩୦୦୦ ହେକ୍ଟର ଜମିରେ କୃତ୍ରିମ ମାଟିସ୍ତର ତିଆରି କରି ଚାଷୀମାନେ ଫସଲ କଲେଣି ଏବଂ ଆସନ୍ତା ଭବିଷ୍ୟତ ୫ ବର୍ଷ ଭିତରେ ୫ରୁ ୬ ହେକ୍ଟର କାଚଘର ଜମିରେ କୃତ୍ରିମ ମାଟିସ୍ତରରେ ଚାଷୀମାନେ ଫସଲ କରିବାକୁ ଯୋଜନା କରୁଛନ୍ତି ।

ଏଣୁ ଉପରୋକ୍ତ ପଦ୍ଧତିରେ ହଲାଣ୍ଡ ଚାଷୀମାନେ ପରିବେଶ ସୁରକ୍ଷା କଥା ଚିନ୍ତା କରିବା ସଙ୍ଗେ ସଙ୍ଗେ କାଚଘର କୃତ୍ରିମ ଜମିରେ ଫସଲ ଖର୍ଚ୍ଚକୁ ବାଦ୍‌ଦେଲେ ୧

ଡେସିମିଲ୍ ଜମି ପ୍ରତି ୧ ଗିଲିଡର ହଲାଣ୍ଡ ମୁଦ୍ରା ରୋଜଗାର କରିପାରୁଛନ୍ତି । ଏଥିରୁ ସୂଚାଇ ଦିଆଯାଏ କି, ଭାରତବର୍ଷରେ ପର୍ଯ୍ୟାପ୍ତ ପରିମାଣର ଚାଷଜମି ଥିବାରୁ ଏବଂ ବୈଜ୍ଞାନିକ ପଦ୍ଧତିରେ ବେଶି ପରିମାଣର ସାର ଓ କୀଟନାଶକ ଔଷଧ ବ୍ୟବହାର କରାଯାଉଥିବାରୁ ଏହା ବାୟୁମଣ୍ଡଳକୁ ଦୂଷିତ କରିବା ସଙ୍ଗେ ସଙ୍ଗେ ପରିବେଶକୁ ନଷ୍ଟ କରୁଅଛି । ତେଣୁ କରି ହଲାଣ୍ଡ ପଦ୍ଧତିରେ କାଚଘର ସାହାଯ୍ୟରେ ଫସଲ କରାଗଲେ ଚାଷୀଟି ବେଶୀ ଲାଭ ପାଇବା ସଙ୍ଗେ ସଙ୍ଗେ ବାୟୁମଣ୍ଡଳ ଦୂଷିତ ହେବାରୁ ରକ୍ଷାପାଏ । ଏ ଦିଗରେ ସରକାର ଯତ୍ନଶୀଳ ହୋଇ ପ୍ରଚାର ଓ ପ୍ରସାର ମାଧ୍ୟମରେ କାଚଘର ଚାଷ ପଦ୍ଧତିରେ ଚାଷୀକୁ ଆର୍ଥିକ ପ୍ରୋତ୍ସାହନ ଯୋଗାଇ ଦେଲେ ଏ ପ୍ରକାର ଚାଷ ପ୍ରତି ଲୋକମାନଙ୍କର ଆଗ୍ରହ ବଢ଼ିବ ଏବଂ କାଚଘର ଚାଷ ଏକ ମାର୍ଗଦର୍ଶକ ହୋଇପାରିବ । ଏହା ଉପରେ କେନ୍ଦ୍ର ସରକାର ଓ ରାଜ୍ୟ ସରକାର ବିଶେ ନଜର ଦେଲେ ଚାଷୀର ଆର୍ଥିକ ବିକାଶରେ ପରିବର୍ତ୍ତନ ହୋଇପାରିବ ।

'ସକାଳ' - ତା୨୩.୦୮.୨୦୨୪ରେ ପ୍ରକାଶିତ

■

ସମବାୟ ଆନ୍ଦୋଳନରେ କଣ୍ଟକ

ଊନବିଂଶ ଶତାବ୍ଦୀର ଶେଷଭାଗରେ ସାଧାରଣ ଜନତାଙ୍କୁ ସୁଲଭ ସୁଧରେ ଋଣ ପ୍ରଦାନ, କୃଷିଜାତ ପଦାର୍ଥ ତଥା ତନ୍ତିମାନଙ୍କ ଦ୍ୱାରା ପ୍ରସ୍ତୁତ ଲୁଗାକୁ ଲାଭଜନକ ଦରରେ କ୍ରୟ କରିବା ସହିତ ଜନସାଧାରଣଙ୍କୁ ଶସ୍ତାରେ ଖାଉଟୀ ପଦାର୍ଥ ଯୋଗାଣ ପାଇଁ କେତେକ ଶିକ୍ଷିତ ଜନସେବୀମାନଙ୍କ ଉଦ୍ୟମରେ ସ୍ୱତଃ ପ୍ରବୃତ୍ତ ଭାବେ ବିଭିନ୍ନ ଇଉରୋପୀୟ ରାଷ୍ଟ୍ରରେ ସମବାୟ ଆନ୍ଦୋଳନ ଗଢ଼ି ଉଠିଥିଲା । କମ୍ୟୁନିଷ୍ଟ ରାଷ୍ଟ୍ରମାନଙ୍କ ସହିତ ସେହି ମହାଦେଶର ଅନେକ ଦେଶରେ ଏବେବି ସମବାୟ ସମିତିମାନେ ସରକାରଙ୍କ ବିନା ନିୟନ୍ତ୍ରଣରେ ଗଣତାନ୍ତ୍ରିକ ପନ୍ଥାରେ ସୁରୁଖୁରୁରେ କାର୍ଯ୍ୟକରି ଦାରିଦ୍ର୍ୟ ମୋଚନର ବିଶେଷ ସହାୟକ ହୋଇପାରିଛନ୍ତି ଏବଂ ଦେଶକୁ ଉନ୍ନତ ତଥା ଧନିଶୀଳ କରିବାରେ ଉଲ୍ଲେଖନୀୟ ଭୂମିକା ଗ୍ରହଣ କରିଛନ୍ତି । ସମବାୟ ସମିତିର ସଭ୍ୟମାନେ ସରକାରଙ୍କ ବିନା ହସ୍ତକ୍ଷେପରେ ପସନ୍ଦ ଯୋଗ୍ୟ ଉପଯୁକ୍ତ ସଭ୍ୟମାନଙ୍କୁ ପରିଚାଳନା କମିଟିକୁ ନିର୍ବାଚିତ କରୁଛନ୍ତି । ପରିଚାଳନା କମିଟି ସମିତିର ଉପବିଧି ତଥା ସାଧାରଣ ସଭାର ନିଷ୍ପତ୍ତି ଅନୁସାରେ ଦୈନନ୍ଦିନ କାର୍ଯ୍ୟ ତୁଲାଇଥାନ୍ତି । ବାର୍ଷିକ ସାଧାରଣ ସଭାର ନିଷ୍ପତ୍ତି ଚୂଡ଼ାନ୍ତ ଏବଂ ସମିତିର ସର୍ବୋଚ୍ଚ ନୀତି ନିର୍ଦ୍ଧାରକ ଓ ନିୟନ୍ତ୍ରକ ।

ସେହିପରି ଭାବରେ ଆମ ଦେଶରେ ବିଂଶ ଶତାବ୍ଦୀର ପ୍ରାରମ୍ଭରେ ସମବାୟ ସମିତିମାନ ଗଢ଼ାଯାଇ କାର୍ଯ୍ୟ କରି ଚାଲିଛନ୍ତି । ସ୍ୱାଧୀନତା ପ୍ରାପ୍ତି ପରେ ମହାତ୍ମାଗାନ୍ଧୀଙ୍କ ପରିକଳ୍ପନା ଅନୁଯାୟୀ ସମାଜରୁ କିପରି ଶୀଘ୍ର ଦାରିଦ୍ର୍ୟ ଦୂରୀକରଣ ହୋଇପାରିବ ସେଥିପାଇଁ ତଦାନିନ୍ତନ ଭାରତର ପ୍ରଧାନମନ୍ତ୍ରୀ ସ୍ୱର୍ଗତଃ ଜବାହରଲାଲ୍ ନେହେରୁ ପଞ୍ଚବାର୍ଷିକ ଯୋଜନା କାର୍ଯ୍ୟ କରିବାରେ ସମବାୟର ବିଶେଷ ଭୂମିକା ଆବଶ୍ୟକ ଅଛି ବୋଲି ଚୂଡ଼ାନ୍ତ ନିଷ୍ପତ୍ତି ନେଲେ । ଫଳରେ ୧୯୫୪ ମସିହାରେ ଭାରତ ରିଜର୍ଭ ବ୍ୟାଙ୍କର ଗ୍ରାମ୍ୟ ତନଖି କମିଟିର ସୁପାରିଶ ଅନୁସାରେ ସମବାୟ ସମିତିମାନଙ୍କୁ ବରିଷ୍ଠ

କରିବାକୁ ରାଜ୍ୟ ସରକାରମାନେ ଅଂଶ ପ୍ରଦାନ ସମେତ ବିଭିନ୍ନ ଅନୁଦାନ ତଥା ଋଣ ପ୍ରଦାନ କଲେ । ଅବଶ୍ୟ ରାଜ୍ୟ ସରକାରଙ୍କ ସହାୟତାରେ ସମବାୟ ସମିତି ମାନଙ୍କର କାର୍ଯ୍ୟକାରୀ ମୂଳଧନ ବହୁ ପରିମାଣରେ ବୃଦ୍ଧି କରାଯାଇଛି ଏବଂ ଆମ ଦେଶର ସମବାୟ ଆନ୍ଦୋଳନ ସଂଖ୍ୟା ଦୃଷ୍ଟିରୁ ପୃଥିବୀରେ ସର୍ବାଧିକ । କିନ୍ତୁ ବିଶେଷ କରି ଗତ ଦଶନ୍ଧିରେ ମନ୍ତ୍ରୀ, ବିଧାୟକ ତଥା ସରକାରୀ କର୍ମଚାରୀଙ୍କ କ୍ରମାଗତ ହସ୍ତକ୍ଷେପରେ ସମବାୟ ଆନ୍ଦୋଳନ ଆଦର୍ଶଚ୍ୟୁତ ହୋଇଅଛି ଏବଂ ପରିଚାଳନା ଅବ୍ୟବସ୍ଥା ଓ ଅର୍ଥ ତୋଷାରପାତ ହେତୁ ବହୁ ସମବାୟ ସମିତି ମୃତ କିମ୍ବା ରୋଗାକ୍ଲିଷ୍ଟ ହୋଇ ଜନସାଧାରଣଙ୍କ ଆଶା ଆକାଂକ୍ଷାକୁ ଧୂଳିସାତ୍ କରି ଆସ୍ଥା ହରାଇଛନ୍ତି । ଗୋଦରା ଗୋଡ଼ ଯେତେ ମାଡ଼େ ସେତେ ପଛକୁ ନୀତିରେ ରାଜ୍ୟ ସରକାରମାନେ ସମବାୟ ଆଇନ ସଂଶୋଧନ କରି ବିଭିନ୍ନ ପଦକ୍ଷେପ ନେଲେ ସୁଦ୍ଧା ଆଇନ୍ ତା' ବାଟରେ ଚାଲିଛି ଏବଂ ରାଜ୍ୟ ସମବାୟ ନିବନ୍ଧକ ଆଇନ୍‌ର ରକ୍ଷକ ସାଜିଛନ୍ତି । ରାଜ୍ୟ ସମବାୟ ନିବନ୍ଧକ ସରକାରଙ୍କ ରାଜନୈତିକ ଚରିତାର୍ଥର ଶିକାର ହେବାରୁ ସମବାୟ ଆନ୍ଦୋଳନର ଅଧୋଗତି ହୋଇଛି । ସମବାୟ ସମିତିମାନଙ୍କୁ ସରକାରୀ କର୍ମଚାରୀମାନଙ୍କ ନିୟନ୍ତ୍ରଣରୁ ତଥା ପରିଚାଳନା କମିଟିକୁ ରାଜନୈତିକ ଚାପରୁ ମୁକ୍ତ କରିବା ପାଇଁ ସମବାୟ କଂଗ୍ରେସ ବାରମ୍ବାର ପ୍ରସ୍ତାବ ଗ୍ରହଣ କଲେ ସୁଦ୍ଧା ରାଜ୍ୟ ସରକାରମାନେ ସେଥିପ୍ରତି ଭ୍ରୂକ୍ଷେପ କରୁନାହାନ୍ତି ।

ଭାରତର ସମ୍ବିଧାନ ଅନୁଯାୟୀ ସମବାୟ ରାଜ୍ୟ ସରକାରଙ୍କ ପରିସରଭୁକ୍ତ । ୧୯୭୦ ମସିହାରେ ରାଜ୍ୟ ସରକାରମାନେ ସମବାୟ ଆନ୍ଦୋଳନରେ ପ୍ରଥମେ ହସ୍ତକ୍ଷେପ କରି ସମବାୟ ସମିତିର ସ୍ୱାର୍ଥାନ୍ୱେଷି ପରିଚାଳନା କମିଟିର ସଭ୍ୟମାନଙ୍କୁ ନିକାଲିବାକୁ ଆଇନଗତ କଟକଣା କଲେ । ପରିଚାଳନା କମିଟି ସଭ୍ୟମାନେ ଲଗାତର ଦୁଇଥର ନିର୍ବାଚିତ ହେଲାପରେ ତୃତୀୟଥର ପାଇଁ ନିର୍ବାଚନ ଲଢ଼ିପାରିବେ ନାହିଁ ବୋଲି ଆଇନ୍‌ରେ ସଂଶୋଧନ କଲେ । ଆଉପାଦେ ଆଗେଇ ଯାଇ ଓଡ଼ିଶା ସରକାର ସମୁଦାୟ ୯ ବର୍ଷ ପରେ କୌଣସି ସଭ୍ୟ ସମବାୟ ସମିତିର ପରିଚାଳନା କମିଟିରେ ସଭ୍ୟ ହେବାପାଇଁ ସୁଯୋଗ ହରାଇଥିଲେ । ଅଥଚ ସ୍ୱାର୍ଥାନ୍ୱେଷୀ ସଭ୍ୟମାନେ ସମବାୟ ଆଇନ୍‌ର ଅଯୋଗ୍ୟ ଦଫା ଅନୁସାରେ ଅକ୍ଳେଶରେ ବହିଷ୍କୃତ ହୋଇଥାନ୍ତି । ବର୍ତ୍ତମାନ କେନ୍ଦ୍ର ସରକାର ମଧ୍ୟ କେତେକ ଜାତୀୟ ଶୀର୍ଷ ସମବାୟ ସମିତିର ସଭାପତି ନିର୍ବାଚନରେ ହସ୍ତକ୍ଷେପ କଲେଣି । ତେଣୁ ସମବାୟ ସମିତିର ଗଣତାନ୍ତ୍ରିକ ପଦ୍ଧତିରେ ପରିଚାଳିତ ହେବେ ବୋଲି ଖାଲି ଫମ୍ପା ବୟାନ ଯଥେଷ୍ଟ ନୁହେଁ । ସରକାରମାନେ ତାଙ୍କ କାର୍ଯ୍ୟାନୁଷ୍ଠାନରେ ତାହା ପ୍ରତିଫଳତି କରିବା ଉଚିତ୍ ।

ସମବାୟ ସମିତିମାନେ ଗଣତାନ୍ତ୍ରିକ ପ୍ରକ୍ରିୟାରେ ସ୍ୱୟଂଚାଳିତ ଆର୍ଥିକ ଅନୁଷ୍ଠାନ ବୋଲି ସରକାର ଉପଲବ୍ଧି ନକଲେ, କୁପରିଚାଳନା ହେତୁ ସମବାୟ ଆନ୍ଦୋଳନ ବିପର୍ଯ୍ୟୟର ସମ୍ମୁଖୀନ ହେବ । ସେହିପରି ୧୯୭୭ ମସିହାରେ ରାଜସ୍ଥାନ, ମଧ୍ୟପ୍ରଦେଶ ଓ ତାମିଲନାଡୁର ନିର୍ବାଚିତ ରାଜ୍ୟ ସରକାରମାନେ ଭଲମନ୍ଦ ବିଚାର ନକରି ସ୍ୱତନ୍ତ୍ର ଆଇନ୍ ବିଧାନସଭାରେ ପାଶ୍ କରି ରାଜ୍ୟର ସମସ୍ତ ସମବାୟ ସମିତିମାନଙ୍କର ପରିଚାଳନା କମିଟିଗୁଡ଼ିକୁ ରାଜନୈତିକ ଉଦ୍ଦେଶ୍ୟରେ ପରିବର୍ତ୍ତନ (Superside) କଲେ ଏବଂ ବହୁ ବର୍ଷ ପର୍ଯ୍ୟନ୍ତ ନିର୍ବାଚନ ନକରି ପରିଚାଳନା କମିଟି ଦାୟିତ୍ୱ ସମବାୟ ବିଭାଗ କର୍ମଚାରୀମାନଙ୍କ ଉପରେ ନ୍ୟସ୍ତ କଲେ । କିଛିବର୍ଷ ଧରି ତାମିଲନାଡୁରେ ସମବାୟ ସମିତି ପରିଚାଳନା କମିଟି ପାଇଁ ନିର୍ବାଚନ ହୋଇନାହିଁ । ଫଳରେ ସମବାୟ ଆନ୍ଦୋଳନର ମୂଳ ଚରିତ୍ର ଗଣତନ୍ତ୍ରର ହତ୍ୟା ହେବା ସଙ୍ଗେ ସଙ୍ଗେ ସମିତିର ପ୍ରେରିତ ସରକାରୀ କର୍ମଚାରୀମାନେ ନିଜ ନିଜର ଦରମା, ଭତ୍ତା ଇତ୍ୟାଦି ନେଇ ସମବାୟ ସମିତିଗୁଡ଼ିକୁ ଅଯଥା ଖର୍ଚ୍ଚରେ ଭାରାକ୍ରାନ୍ତ କଲେ । ଆହୁରି ମଧ୍ୟ ସମବାୟ ସମିତିର କର୍ମଚାରୀମାନଙ୍କର ଘନ ଘନ ବିଦଳି ହେତୁ ସେମାନେ ସମିତିର ଉନ୍ନତିରେ ମନଯୋଗ କଲେନାହିଁ ।

କେତେକ ସମୟରେ ସମବାୟ ଆଇନ ଖିଲାପି କରାଯାଇ ସରକାରୀ ଚାପରେ ସମିତିର ନିର୍ବାଚନ ଠିକ୍ ସମୟରେ କରାଯାଇନାହିଁ । ଏପରିକି ସରକାରୀ ଦଳର ସଭ୍ୟମାନେ ନିର୍ବାଚନରେ ଜିତିବକୁ ବିଫଳ ହେଲେ ସୁଦ୍ଧା ସଭାପତି ନିର୍ବାଚନ ପାଇଁ ଚାପ ପକାଇ ନିର୍ବାଚନ ଜିତିବାକୁ ବନ୍ଦ କରିଦିଆଯାଉଛି । ଏପରି ଘନ ଘନ ସରକାରୀ ହସ୍ତକ୍ଷେପ ଫଳରେ ସମବାୟର ନେତୃତ୍ୱ ବିକାଶ ବାଧାପ୍ରାପ୍ତ ହେଉଛି । ପରିଚାଳନା କମିଟିରେ ମନୋନୀତ ସରକାରୀ ସଭ୍ୟମାନେ ସମିତିର ସରକାରୀ ଦେୟ ସଦୁପଯୋଗ ହେଉଛି କି ନାହିଁ ଦେଖିବା କଥା । କିନ୍ତୁ ଯଦି କିଛି ଆର୍ଥିକ ଅନିୟମିତତା ଦେଖାଯାଏ ତାହାହେଲେ ସମବାୟ ବିଭାଗର ସମୀକ୍ଷକ ଅଧିକାରୀମାନେ ବିଭେଦ ନୀତିରେ ପରିଚାଳନା କମିଟିର ବେସରକାରୀ ସଭ୍ୟମାନଙ୍କୁ କେବଳ ଦାୟୀ କରନ୍ତି । କିନ୍ତୁ ସରକାରୀ ମନୋନିତ ସଭ୍ୟମାନଙ୍କୁ ଦୋଷମୁକ୍ତ କରନ୍ତି । ଫଳରେ ସରକାରୀ ସଭ୍ୟମାନେ ସମିତିର କ୍ଷତି କରିବା ପାଇଁ କୁଣ୍ଠାବୋଧ କରନ୍ତି ନାହିଁ । ଅବଶ୍ୟ ବେସରକାରୀ ସଭ୍ୟମାନେ ସମସ୍ତେ ନିଷ୍କଳଙ୍କ ନୁହଁନ୍ତି । କିନ୍ତୁ ଆଇନ୍ କଡ଼ାକଡ଼ି ଭବେ କାର୍ଯ୍ୟକାରୀ ହେଲେ ସେମାନେ ଅଯୋଗ୍ୟ ବିବେଚିତ ହୋଇପାରିବେ । କିନ୍ତୁ ଦେଖାଯାଇଛି ଯେ, ସରକାରୀ ଦଳର ଲୋକମାନେ ସମବାୟ ସମିତିର ପରିଚାଳନା କମିଟିର ସଭ୍ୟ ହେବା ପାଇଁ ମନ୍ତ୍ରୀମାନଙ୍କ ଚାପରେ ରାଜ୍ୟ ସମବାୟ ନିବନ୍ଧକ ଦୋଷୀ ସଭ୍ୟଙ୍କ ବିରୁଦ୍ଧରେ

ପଦକ୍ଷେପ ନେଇପାରନ୍ତି ନାହିଁ । ଫଳରେ ସେମାନେ ଋଣ ଆକାରରେ ନେଇଥିବା ଲକ୍ଷ ଲକ୍ଷ ଟଙ୍କା ଖିଲାପି କିମ୍ବା ତୋଷାରପାତ କରି ନିର୍ଭୟରେ ବୁଲନ୍ତି ଏବଂ ଦରକାର ପଡ଼ିଲେ ପୁଣି ଉଚ୍ଚ ଆସନ ଅଧିକାରୀ ହେବାରେ ସଫଳ ହୁଅନ୍ତି ।

ରାଜ୍ୟ ସରକାରମାନେ ସମିତିର ଅଭିଜ୍ଞ କର୍ମଚାରୀମାନଙ୍କ ବ୍ୟତୀତ ବହୁ ସମବାୟ ସମିତିର ମୁଖ୍ୟ କାର୍ଯ୍ୟନିର୍ବାହୀ ଅଧିକାରୀ ଭାବେ ସମବାୟ ବିଭାଗର କିରାଣୀ ସମେତ ଅନ୍ୟାନ୍ୟ ଅଧସ୍ତନ କର୍ମଚାରୀ ସମବାୟ ବିଭାଗରୁ ଡେପୁଟେଶନରେ ପ୍ରେରିତ ହୋଇ ସମିତିର ଦାୟିତ୍ୱ ନିର୍ବାହ କରନ୍ତି । ବେଳେବେଳେ ରାଜ୍ୟ ସମବାୟ ବ୍ୟାଙ୍କର ଅଫିସରମାନଙ୍କୁ ଜିଲ୍ଲା କେନ୍ଦ୍ର ସମବାୟ ବ୍ୟାଙ୍କ ମାନଙ୍କର ମୁଖ୍ୟ କାର୍ଯ୍ୟନିର୍ବାହୀ ରୂପେ ଟେପୁଟେଶନରେ ପଠାଇବା ଫଳରେ ରାଜ୍ୟ ସମବାୟ ବ୍ୟାଙ୍କ ଜାହିର କରୁଥିବା ନିର୍ଦ୍ଦେଶମାନ ସେହି ମୁଖ୍ୟ କାର୍ଯ୍ୟନିର୍ବାହୀମାନେ ପାଳନ କରି କେନ୍ଦ୍ର ସମବାୟ ବ୍ୟାଙ୍କର ସ୍ୱାର୍ଥକୁ ଭୁଲିଯାଉଛନ୍ତି । ରାଜ୍ୟ ସମବାୟ ବ୍ୟାଙ୍କର ଅଧିକାରୀମାନେ କେବଳ ଅଯେଶ ଭୋଗ କରିବାପାଇଁ ଡେପୁଟେସନରେ ଜିଲ୍ଲା କେନ୍ଦ୍ର ସମବାୟ ବ୍ୟାଙ୍କମାନଙ୍କୁ ଯାଆନ୍ତି । ଏଠାରେ ଗୋଟିଏ ଉଦାହରଣ ଦିଆଯାଇପାରେ କଟକ କେନ୍ଦ୍ର ସମବାୟ ବ୍ୟାଙ୍କରେ ଜଣେ ଅନଭିଜ୍ଞ ଅଧିକାରୀ ନାବାର୍ଡ଼ର ପତ୍ରସଂଖ୍ୟା (N.B / ODI / IDD / CCBs-Misc / dt. 22.07.2022) ଯାହାକୁ ନାବାର୍ଡ଼ (Fit and Proper Criteria) ଅନୁସାରେ ଅଯୋଗ୍ୟ ଦର୍ଶାଇ ଓଡ଼ିଶା ରାଜ୍ୟ ସରକାରଙ୍କୁ ପତ୍ର ମାଧ୍ୟମରେ ଜଣାଇଥିଲେ ମଧ୍ୟ ରାଜ୍ୟ ସରକାର ଏଥିପ୍ରତି କର୍ଣ୍ଣପାତ ନ କରିବା ଫଳରେ ସେହି ଅଧିକାରୀ ଜଣକ କଟକ କେନ୍ଦ୍ର ସମବାୟ ବ୍ୟାଙ୍କରେ ମୁଖ୍ୟ କାର୍ଯ୍ୟନିର୍ବାହୀ ରୂପେ ଅଧୂନା କାର୍ଯ୍ୟ କରୁଛନ୍ତି । ସମୟେ ସମୟେ ପରିଚାଳନା ପରିଷଦର ସଭାପତିମାନେ ନାବାର୍ଡ଼ ଦର୍ଶାଇଥିବା ଅଯୋଗ୍ୟ ମୁଖ୍ୟ କାର୍ଯ୍ୟନିର୍ବାହୀମାନଙ୍କୁ ନିଜ ସ୍ୱାର୍ଥ ସାଧନ ପାଇଁ କାର୍ଯ୍ୟରେ ଲଗାଇ ଫାଇଦା ହାସଲ କରୁଛନ୍ତି । କର୍ମଚାରୀମାନଙ୍କ ବ୍ୟତୀତ ଗ୍ରାହକମାନଙ୍କୁ ଉଭୟ ରାଜ୍ୟ ସମବାୟ ବ୍ୟାଙ୍କ ଓ କେନ୍ଦ୍ର ସମବାୟ ବ୍ୟାଙ୍କର କର୍ମଚାରୀମାନେ ଠିକ୍ ରୂପେ ବ୍ୟବହାର ଦେଖାଉନଥିଲେ ମଧ୍ୟ ସେମାନଙ୍କୁ ତାଗିଦା କରାଯାଉ ନାହିଁ କି ସେଠାରୁ ଅପସାରଣ କରାଯାଉ ନାହିଁ । କୌଣସି ପ୍ରକାରେ ଯଦି ତାଗିଦା କରାଯାଏ ତାହେଲେ ସେହି ଅଧିକାରୀ ଜଣକ ଦୋଷୀ ସାବ୍ୟସ୍ତ ହୋଇଥିଲେ ମଧ୍ୟ ନିଜ ଦୋଷ ସ୍ୱୀକାର ନକରି ଦୋଷମୁକ୍ତ ହେବାପାଇଁ ସେ କୌଣସି ଜଣେ ବିଧାୟକ କିମ୍ବା ମନ୍ତ୍ରୀଙ୍କର ନିଜ ଲୋକବୋଲି ବାହାରେ ଡିଣ୍ଡିମ ପିଟି କହି ବୁଲନ୍ତି । ଫଳରେ ତାଙ୍କ ବିରୁଦ୍ଧରେ କୌଣସି କାର୍ଯ୍ୟାନୁଷ୍ଠାନ ଗ୍ରହଣ କରାଯାଇନାହିଁ ।

ରାଜ୍ୟ ସମବାୟ ବ୍ୟାଙ୍କ ମାନଙ୍କରେ ମୁଖ୍ୟ କାର୍ଯ୍ୟନିର୍ବାହୀ ତଥା ପରିଚାଳନା

ନିର୍ଦ୍ଦେଶକ ରୂପେ ସର୍ବଭାରତୀୟ ପ୍ରଶାସନିକ ସେବାର (I.A.S) ଅଧିକାରୀମାନଙ୍କୁ ନିଯୁକ୍ତି ଦିଆଯାଉଛି । ମାତ୍ର ଏହାକୁ ଭାରତୀୟ ରିଜର୍ଭ ବ୍ୟାଙ୍କ ଓ ନାବାର୍ଡ଼ ବାରମ୍ବାର ବାରଣ କରୁଥିଲେ ମଧ୍ୟ ରାଜ୍ୟ ସରକାରମାନେ ମାନିବାକୁ ପ୍ରସ୍ତୁତ ନୁହଁନ୍ତି ଯାହାକୁ ନିକଟ ଅତୀତରେ ଓଡ଼ିଶାର ମାନ୍ୟବର ହାଇକୋର୍ଟ ଏ ପ୍ରକାର କାର୍ଯ୍ୟକୁ ଆଇନ୍ ବିରୋଧୀ ଦର୍ଶାଇ ତୁରନ୍ତ ଜଣେ ପେଷାଗତ ବରିଷ୍ଠ ବ୍ୟାଙ୍କ ଅଧିକାରୀଙ୍କୁ ରାଜ୍ୟ ସମବାୟ ବ୍ୟାଙ୍କର ମୁଖ୍ୟ କାର୍ଯ୍ୟନିର୍ବାହୀ ରୂପେ ନିଯୁକ୍ତି ଦେବାକୁ ନିର୍ଦ୍ଦେଶନାମା ଜାରି କରିଥିଲେ ମଧ୍ୟ ପରିଚାଳନା ପରିଷଦ ଏହାକୁ କାର୍ଯ୍ୟକାରୀ କରାଇ ନାହାନ୍ତି । ଆହୁରି ଆଶ୍ଚର୍ଯ୍ୟଜନକ କଥାହେଲା କେରଳ ରାଜ୍ୟ ସମବାୟ ବ୍ୟାଙ୍କରେ ଜଣେ ସର୍ବଭାରତୀୟ ପୋଲିସ୍ ସେବାର ଅଧିକାରୀ (I.P.S)ଙ୍କୁ ମୁଖ୍ୟ କାର୍ଯ୍ୟନିର୍ବାହୀ ରୂପେ ନିଯୁକ୍ତି ଦିଆଯାଇଥିଲା ।

ଓଡ଼ିଶା ସରକାର ସମବାୟ ସମିତିର ଆୟକୁ ହିସାବକୁ ନନେଇ ୨୨୦ କୋଟି ବୃହଦାକାର ଆଦିବାସୀ ବିବିଧ ସମବାୟ ସମିତି (Lamps)ରେ ସମବାୟ ବିଭାଗର କର୍ମଚାରୀମାନଙ୍କୁ ଡେପୁଟେସନରେ ଲମ୍.ଡି. ଭାବେ କାର୍ଯ୍ୟ କରିବାପାଇଁ ପଠାଇଥିଲେ । ସମବାୟ ସମିତି ମାନଙ୍କର କାର୍ଯ୍ୟାବଳୀ ସନ୍ତୋଷଜନକ ହେଲେ ଏପରି ସରକାରୀ କର୍ମଚାରୀମାନଙ୍କୁ ନିଯୁକ୍ତି ଦେବାରେ କାହାର କିଛି ଆପତ୍ତି ନଥାନ୍ତା । କିନ୍ତୁ ଅନୁଶୀଳନରୁ ଓ ସମିତି ସମୀକ୍ଷାରୁ ଜଣାଯାଇଛି ଯେ, ସେହି Lamps ଗୁଡ଼ିକରେ କୋଟି କୋଟି ଟଙ୍କା ଆର୍ଥିକ ଅନିୟମିତତା ହୋଇ ସମିତିର ସମୀକ୍ଷା ଦ୍ୱାରା ଯଥେଷ୍ଟ ପ୍ରମାଣ ମିଳିଥିଲେ ମଧ୍ୟ କାର୍ଯ୍ୟାବଳୀ ସନ୍ତୋଷ ଜନକ ହୋଇନଥିଲା । କିନ୍ତୁ ଅର୍ଥ ତୋଷାରପାତ ଓ ଅନିୟମିତ କରିଥିବା କର୍ମଚାରୀଙ୍କ ବିରୁଦ୍ଧରେ ଶାସ୍ତିମୂଳକ ପଦକ୍ଷେପ ନିଆଯାଇପାରୁନାହିଁ । ଅନ୍ୟପକ୍ଷରେ ସମବାୟ ସମିତି ନିଜସ୍ୱ କର୍ମଚାରୀମାନଙ୍କର ପଦୋନ୍ନତି ବାଧାପ୍ରାପ୍ତ ହେବାରୁ ସେମାନଙ୍କର ଗାତ୍ର ଦାହ ହୁଏ ଏବଂ ସମିତି କାର୍ଯ୍ୟାବଳୀରେ ଉଦାସୀନ ହୋଇ ନାନା ପ୍ରକାର ଆନ୍ଦୋଳନ କରିବାକୁ ସେମାନେ ପଛାନ୍ତି ନାହିଁ । ଅଧିକନ୍ତୁ ଏପରି ଉଚ୍ଚ ଦରମାପ୍ରାପ୍ତ କର୍ମଚାରୀମାନଙ୍କୁ ସମବାୟ ସମିତି ଉପରେ ଅଯଥାରେ ଲଦି ଦେଇ ଅର୍ଥ ଭାରାକ୍ରାନ୍ତ କରିବା ରାଜ୍ୟ ସରକାରଙ୍କର ଉଦ୍ଦେଶ୍ୟ କ'ଣ ବା ଥାଇପାରେ ଓ ସେଥିରୁ କ'ଣ ଲାଭ ମିଳେ । ପୁନଃଶ୍ଚ ସରକାରୀ କର୍ମଚାରୀମାନେ ଗୋଟିଏ ବ୍ୟାଙ୍କ ତଥା ସମବାୟ ସମିତିର ଅର୍ଥ ତୋଷାରପାତ ଓ କାର୍ଯ୍ୟରେ ଅନିୟମିତତା କଲେ ମଧ୍ୟ ସେ ଦଣ୍ଡ ପାଇବା ତ ଦୂରର କଥା ପୁଣି ଅନ୍ୟ ସମବାୟ ସମିତିରେ ରାଜନୈତିକ ଚାପରେ ହୋଇ କାର୍ଯ୍ୟ କରିବାକୁ ସୁଯୋଗ ପାଆନ୍ତି ।

ଏବେତ ଆଉ କେତେକ ରାଜ୍ୟ ସରକାର ସମବାୟ ସମିତି ତଥା ବ୍ୟାଙ୍କର ଋଣ ଆଦାନ ପ୍ରଦାନରେ ହସ୍ତକ୍ଷେପ କଲେଣି । ଏହି ଅବସ୍ଥାକୁ ରୋକିବା ପାଇଁ ନାବାର୍ଡ଼ ଋଣଛାଡ଼ ନୀତି ବିରୁଦ୍ଧରେ କଡ଼ା ନିର୍ଦ୍ଦେଶ ଦେବା ହେତୁ କେତେକ ସମବାୟ ବ୍ୟାଙ୍କ ଖିଲଫି ହୋଇ ନାବାର୍ଡ଼ ଠାରୁ ପୁନଃ ଋଣ ପାଇପାରୁ ନାହାନ୍ତି । ଫଳରେ ବ୍ୟାଙ୍କ କାର୍ଯ୍ୟରେ ଅଚଳାବସ୍ଥା ସୃଷ୍ଟି ହେବାରୁ ଚାଷୀମାନଙ୍କୁ ଋଣ ପ୍ରଦାନରେ ବ୍ୟାଘାତ ଘଟୁଛି । ତାହା ହେଲେ ଗରିବ ଜନସାଧାରଣଙ୍କ ଆର୍ଥିକ ମୁକ୍ତିଦାତା ୧୨୧ ବର୍ଷର ସମବାୟ ଆନ୍ଦୋଳନ ଭାରତବର୍ଷରେ କ'ଣ ରାଜ୍ୟ ସରକାରମାନଙ୍କ ଅପରିଣାମଦର୍ଶୀ ନୀତିରେ ପଥଭ୍ରଷ୍ଟ ହୋଇଯିବ ? ଆନ୍ତର୍ଜାତିକ ସମବାୟ ସଂଘର ଘୋଷିତ ନୀତି ଅନୁଯାୟୀ ସମବାୟ ସମିତିମାନଙ୍କ ଉନ୍ନତି, ପରିଚାଳନା କମିଟିର ବେସରକାରୀ ଅଭିଜ୍ଞ ବ୍ୟକ୍ତି ମାନଙ୍କର ନେତୃତ୍ୱ ଓ ସୁଦକ୍ଷ ବ୍ୟକ୍ତିଗତ ପରିଚାଳକମାନଙ୍କ (Professional Management) ଉପରେ ସମ୍ପୂର୍ଣ୍ଣ ନିର୍ଭର କରେ । ସେଥିପାଇଁ ଡେନ୍‌ମାର୍କ, ସ୍ୱିଡେନ୍, ହଲାଣ୍ଡ ପ୍ରଭୃତି ବହୁ ଉନ୍ନତ ରାଷ୍ଟ୍ରରେ ସମବାୟ ବ୍ୟାଙ୍କ ତଥା ସମବାୟ ସମିତିମାନେ ଉଲ୍ଲେଖଯୋଗ୍ୟ ଉନ୍ନତି କରି ସମବାୟ ପାଣ୍ଠିରୁ ଆମ ଦେଶକୁ ପିଇବା ପାଣି, ବୃକ୍ଷରୋପଣ ପ୍ରଭୃତି ଉନ୍ନୟନମୂଳକ କାର୍ଯ୍ୟକ୍ରମକୁ ଅନୁଦାନ ଯୋଗାଉଛନ୍ତି ।

ଏଣୁ ସମବାୟ ସମିତିର ପରିଚାଳନା କମିଟି ଓ କର୍ମଚାରୀମାନଙ୍କୁ ନିର୍ଦ୍ଦିଷ୍ଟ ଦାୟିତ୍ୱ ଦେଇ ସେମାନଙ୍କର କର୍ମକୁଶଳତାରେ ଜୋର୍ ଦିଆଯିବା ସଙ୍ଗେ ସଙ୍ଗେ ବିଭାଗୀୟ କର୍ମଚାରୀ ମାନଙ୍କ ଦ୍ୱାରା ରେଗୁଲାର ତଦାରଖ, ବାର୍ଷିକ ସମୀକ୍ଷା ଠିକ୍ ସମୟରେ କରିବା, ଦୋଷୀ ବିରୁଦ୍ଧରେ ଦୃଢ଼ କାର୍ଯ୍ୟାନୁଷ୍ଠାନ ଓ ଅର୍ଥ ତୋଷାରପାତ ଥିଲେ ତୁରନ୍ତ ତାଙ୍କଠାରୁ ସେହି ଅର୍ଥ ଆଦାୟ, କାର୍ଯ୍ୟ ଅନୁସାରେ ପଦୋନ୍ନତି ସହିତ ବିଭାଗୀୟ ବରିଷ୍ଠ ଅଧିକାରୀଙ୍କ ଦ୍ୱାରା ଠିକ୍‌ସେ ତଦାରଖ କରାଗଲେ ଅନେକ ରୁଗ୍ଣ ସମବାୟ ସମିତି ପୁନଃଜନ୍ମ ପାଇ ଜନସେବାରେ ବ୍ରତୀ ହୋଇପାରିବେ । ରାଜ୍ୟ ସରକାର ମଧ୍ୟ ସମବାୟ ସମିତିର ବ୍ୟବସାୟ ପାଇଁ ମୂଳଧନ ଯୋଗାଇବା ପାଇଁ ବଦ୍ଧ ପରିକର ହେବା ଦରକାର । ମର୍ମେ ମର୍ମେ ହୃଦୟଙ୍ଗମ କରି କାର୍ଯ୍ୟ କରିଚାଲିଲେ ସମବାୟର ସୁଫଳ ଜନସାଧାରଣ ସହଜରେ ପାଇବା ସଙ୍ଗେ ସଙ୍ଗେ ସରକାରଙ୍କର ଏହା ଗୋଟିଏ ଦୃଷ୍ଟାନ୍ତମୂଳକ ଜନସେବା କାର୍ଯ୍ୟ ହେବ ବୋଲି ଆଶା କରାଯାଏ । ଏହା ଠିକ୍ ସେ ପାଳନ କରାଗଲେ ରାଜ୍ୟ ସରକାର ସମବାୟ ଆନ୍ଦୋଳନର କଣ୍ଟକ ସାଜିବେ ନାହିଁ ।

'ଓଡ଼ିଶା ଏକ୍ସପ୍ରେସ୍' - ତା୨୮.୦୮.ଓ ୦୩.୦୯.୨୦୨୪ରେ ପ୍ରକାଶିତ

ଓଡ଼ିଶାରେ କୃଷିଭିତ୍ତିକ ଶିଳ୍ପର ସମ୍ଭାବନା

ଓଡ଼ିଶା ଏକ କୃଷିପ୍ରଧାନ ରାଜ୍ୟ । ଓଡ଼ିଶାର ଶତକଡ଼ା ୯୦ଭାଗ ଲୋକ ଗ୍ରାମାଞ୍ଚଳରେ ବାସକରି ମୁଖ୍ୟତଃ କୃଷି ଅର୍ଥନୀତି ଉପରେ ନିର୍ଭରଶୀଳ । ୪୯ ଲକ୍ଷ କୃଷି ପରିବାର ମଧ୍ୟରୁ ୩୬ ଲକ୍ଷ ପରିବାର କ୍ଷୁଦ୍ର ଓ ନାମମାତ୍ର ଚାଷୀ ଅଟନ୍ତି । ଏବେ ସୁଦ୍ଧା ଶତକଡ଼ା ୪୦ ଭାଗ ଲୋକ ଦାରିଦ୍ର୍ୟ ସୀମାରେଖା ତଳେ ବାସ କରନ୍ତି ଏବଂ ୨୦ ଲକ୍ଷ ଶିକ୍ଷିତ ଯୁବକ ବେକାର ହୋଇ ସମାଜକୁ ବୋଝ ହୋଇଛନ୍ତି । ଜଳସେଚନର ପ୍ରସାର, ବହୁଳ ଉତ୍ପାଦିତ ବିହନର ବ୍ୟବହାର, ସାର ଓ କୀଟନାଶକ ଔଷଧ ପ୍ରୟୋଗରେ ଓଡ଼ିଶାରେ କୃଷି ଉତ୍ପାଦନ ବୃଦ୍ଧି ପାଇପାରିଲେ ଖାଦ୍ୟ ପ୍ରକ୍ରିୟାକରଣ ତଥା କୃଷିଭିତ୍ତିକ ଶିଳ୍ପ ପ୍ରତିଷ୍ଠା ହେବା ସଙ୍ଗେ ସଙ୍ଗେ କୃଷି ଓ କୃଷକର ବିକାଶ ହୋଇ ଦରିଦ୍ର ଲୋକମାନଙ୍କ ସଂଖ୍ୟା ୧୧ ଭାଗକୁ କମିଆସିବ ଏବଂ ଶ୍ରମକାତର ଓଡ଼ିଆ ଶିକ୍ଷିତ ଯୁବକମାନେ ଯାନ୍ତ୍ରିକ ଚାଷ ଓ କୃଷିଭିତ୍ତିକ ଶିଳ୍ପରେ ନିଯୁକ୍ତି ପାଇପାରିବେ ।

୨୦୨୩-୨୪ ବର୍ଷରେ ଓଡ଼ିଶାରେ କୃଷକମାନଙ୍କ ଦ୍ୱାରା ବାର୍ଷିକ ଫସଲ ଉତ୍ପାଦନ ଭିତ୍ତିରେ ଧାନ, ଗହମ, ମକା, ମାଣ୍ଡିଆ, ବାଜରା, ବିରି, ଚିନାବାଦାମ, କାନ୍ଦୁଲ ପ୍ରଭୃତି ୧୪୨ ଲକ୍ଷ ୮୦ ଟନ୍, ମୁଗ, ବିରି, କୋଳଥ, ହରଡ଼, ବୁଟ, ଚଣା ଇତ୍ୟାଦି ଫସଲ ୨୧ ଲକ୍ଷ ୮୦ ହଜାର ଟନ୍, ଚିନାବାଦାମ, ଜଡ଼ା, ରାଶି, ଅଳଶି, ସୋରିଷ, ସୂର୍ଯ୍ୟମୁଖୀ ଇତ୍ୟାଦି ତୈଳଜାତୀୟ ଫସଲ ୧୨ଲକ୍ଷ ୬୨ ହଜାର ଟନ୍ ଓ ୮ ଲକ୍ଷ ୮୪ ହଜାର ଟନ୍ ଚିନାବାଦାମ ଉତ୍ପାଦିତ ହୋଇ ଭାରତରେ ଓଡ଼ିଶା ପ୍ରଥମ ସ୍ଥାନ ଅଧିକାର କରିଛି । ଆଳୁ, ବାଇଗଣ, ମୂଳା, ବରଗୁଡ଼ି ଛୁଇଁ, କନ୍ଦମୂଳ, ବିଲାତି, କଖାରୁ, କାକୁଡ଼ି, ଜହ୍ନି, ସାରୁ, ଖମ୍ବଆଳୁ, ବନ୍ଧାକୋବି, ଫୁଲକୋବି, ଅମୃତଭଣ୍ଡା ଓ ପାଳୁଅ ପ୍ରଭୃତି ୯୦ ଲକ୍ଷ ୮୨ ହଜାର ଟନ୍ ବହୁବିଧ ପରିବା ଉତ୍ପାଦିତ ହୋଇଛି ।

ଝୋଟ, ମେସ୍ତା, ଛଣ, ସବାଇ ଘାସ ପ୍ରଭୃତି ତନ୍ତୁଜାତୀୟ ପଦାର୍ଥ ୫ ଲକ୍ଷ

୧୯ ହଜାର ମୋଡ଼ା ଉତ୍ପାଦିତ ହୋଇଥିଲାବେଳେ ମାତ୍ର କପା ୪ଲକ୍ଷ ଟନ୍, ଆଖୁ ୩ ଲକ୍ଷ ୬୨ ହଜାର ଟନ୍, ଗୋଲମରିଚ, ଅଦା, ଧନିଆ, ହଳଦୀ, ପିଆଜ, ଜିରା, ପାନମଧୁରୀ ପ୍ରଭୃତି ମସଲାଜାତୀୟ ଫସଲ ୩ ଲକ୍ଷ ୯ ହଜାର ଟନ୍, ଧୂଆଁପତ୍ର ୮ଲକ୍ଷ ଟନ୍, ଆମ୍ବ, ନଡ଼ିଆ, କାଜୁ, ଲେମ୍ବୁ, ସପୁରୀ, ପଣସ, କମଳା, ଲିଚୁ, ଅଙ୍ଗୁରକୋଳି, ସେଓ, ବରକୋଳି, ସପେଟା, କଦଳୀ, ତେନ୍ତୁଳି ଓ ଆମ୍ବରୁ ଆମ୍ବୁଲ ପ୍ରଭୃତି ୧୪ ଲକ୍ଷ ଟନ୍ ବହୁବିଧ ଫଳ ଉତ୍ପାଦିତ ହୋଇଛି । ଓଡ଼ିଶା ନଡ଼ିଆ, କାଜୁ ଓ ଗୁଆ ଉତ୍ପାଦନରେ କେରଳ ପରେ ଦ୍ୱିତୀୟ ସ୍ଥାନ ଅଧିକାର କରିଛି । କେବଳ ୪୮ ହଜାର ହେକ୍ଟର ଉପକୂଳ ଜମିରେ ୨୦୨୨-୨୩ ବର୍ଷରେ ୪୪ କୋଟି ନଡ଼ିଆ ଉତ୍ପାଦନ ସହିତ ଛତୁ, ଚା', ରବର, କଫି, କିଆଫୁଲ, ଗୋଲାପ ଫୁଲ, ଗେଣ୍ଡୁ ଫୁଲ, ଟସର ପ୍ରଭୃତି ଲାଭଜନକ ଚାଷର ପ୍ରବର୍ତ୍ତନ କରାଯାଇଛି ।

ଉନ୍ନତ ଦେଶମାନଙ୍କରେ ଶତକଡ଼ା ୩ ରୁ ୯ ଭାଗ ଲୋକ ଫସଲ ଉତ୍ପାଦନରେ ନିଯୁକ୍ତି ପାଇଥିଲା ବେଳେ ଶତକଡ଼ା ୪୫ ଭାଗ ଲୋକ ଫଳ, ପୁଷ୍ପ, ଶସ୍ୟ ସଂରକ୍ଷଣ, ପରିବହନ, କୃଷି ଯନ୍ତ୍ରପାତି ନିର୍ମାଣ, ଖାଦ୍ୟ ପ୍ରକ୍ରିୟାକରଣ ଓ ଅନ୍ୟାନ୍ୟ କୃଷିଭିତ୍ତିକ ଶିଳ୍ପରେ ନିଯୁକ୍ତି ପାଇଛନ୍ତି । ଓଡ଼ିଶାରେ ୫୦ କି.ମି. ସମୁଦ୍ର ଉପକୂଳ ଓ ବହୁ ନଦୀନାଳ ପୋଖରୀ ପ୍ରଭୃତି ଜଳାଶୟ ଥିବାରୁ ମାଛଚାଷ ପାଇଁ ବିସ୍ତୃତ କ୍ଷେତ୍ର ରହିଛି ଏବଂ ୨୦୨୨-୨୩ ବର୍ଷରେ ୩ ଲକ୍ଷ ୫୮ ହଜାର ଟନ୍ ମାଛ ଉତ୍ପାଦିତ ହୋଇଛି । ଏହାଛଡ଼ା ବାଲେଶ୍ୱର ଉପକୂଳରେ ମିଳୁଥିବା ଇଲିଶି ମାଛର ଚାହିଦା କଲିକତା ସମେତ ଅନ୍ୟ କେତେକ ସହରରେ ବୃଦ୍ଧି ପାଉଥିବାରୁ ଉପକୂଳରେ ମାଛ ସାଇତି ରଖିବା ପାଇଁ ଏକ ବହୁବିଧ ଶତଳୀକରଣ ଭଣ୍ଡାର ସହିତ ଖାଦ୍ୟ ପ୍ରକ୍ରିୟାକରଣ ଶିଳ୍ପର ଆବଶ୍ୟକତା ରହିଛି ।

ଓଡ଼ିଶାରେ ଉପରୋକ୍ତ କୃଷି ଉତ୍ପାଦିତ ଫସଲ ଅମଳ ହେବା ଫଳରେ ଖାଦ୍ୟ ପ୍ରକ୍ରିୟାକରଣ ତଥା କୃଷିଭିତ୍ତିକ ଶିଳ୍ପ ପାଇଁ ପ୍ରଚୁର କଞ୍ଚାମାଲ ମିଳିବା ସହିତ ରାଜ୍ୟ ସରକାରଙ୍କ ପ୍ରୋତ୍ସାହନ ନୀତିରେ କ୍ଷୁଦ୍ର, ମଧ୍ୟମ ଓ କୁଟୀର ଶିଳ୍ପ ଭିତ୍ତିକ ଶିଳ୍ପପାଇଁ ଶସ୍ତାରେ ମଜୁରି ଓ ବିଜୁଳି ଶକ୍ତି ମିଳୁଥିବାରୁ ସମବାୟ ଭିତ୍ତିରେ କୃଷିଭିତ୍ତିକ ଶିଳ୍ପ ଗଢ଼ି ଉଠିଲେ ଜାତୀୟ ସମବାୟ ଉନ୍ନୟନ ନିଗମ (NCDC) ପର୍ଯ୍ୟାପ୍ତ ପରିମାଣର ଋଣ ଦେବାକୁ ପ୍ରସ୍ତୁତ ଅଛି । ଅଥଚ ୧୯୯୪-୯୫ ମସିହାରେ ଜାତୀୟ ସମବାୟ ଉନ୍ନୟନ ନିଗମ ଓଡ଼ିଶା ପଛୁଆ ରାଜ୍ୟ ହିସାବରେ କୃଷିଭିତ୍ତିକ ଶିଳ୍ପ ପାଇଁ ୧୮ କୋଟି ଟଙ୍କା ମଞ୍ଜୁର କରିଥିଲେ ହେଁ ମାତ୍ର ୧୧ କୋଟି ଟଙ୍କା ବିନିଯୋଗ ହୋଇଥିଲା । ଅପରପକ୍ଷରେ କୃଷିଭିତ୍ତିକ ଶିଳ୍ପରେ ଅଗ୍ରଗତି କରିଥିବା ମହାରାଷ୍ଟ୍ର ରାଜ୍ୟକୁ ଜାତୀୟ ସମବାୟ ଉନ୍ନୟନ

ନିଗମ ୧୦୭ କୋଟି ଟଙ୍କା ମଞ୍ଜୁରାର ସୀମା ନର୍ଦ୍ଧାରଣ କରିଥିଲେ ମଧ୍ୟ ସେମାନେ ନିଗମରୁ ୧୪୬ କୋଟି ଋଣ ନେଇ କୃଷିଭିତ୍ତିକ ଶିଳ୍ପରେ ବିନିଯୋଗ କରିଥିଲେ । ୩୧.୦୩.୨୦୨୩ ମସିହା ସୁଦ୍ଧା ନିଗମ ଓଡ଼ିଶାକୁ ୩୩୩୪ କୋଟି ୪୯ ଲକ୍ଷ ୨୬ ହଜାର ଟଙ୍କା ଋଣ ଯୋଗାଇ ଦେଇଛି । ବର୍ତ୍ତମାନର ଭାରତ ସରକାର ଉଦାର ଅର୍ଥନୀତି ପ୍ରବର୍ତ୍ତନ କରି କୃଷିଭିତ୍ତିକ ଶିଳ୍ପ ପାଇଁ ଲାଇସେନ୍ସ ନୀତି ତଥା ନିୟନ୍ତ୍ରଣ କୋହଳ କରିଛନ୍ତି । ବ୍ୟକ୍ତିବିଶେଷ କୃଷିଭିତ୍ତିକ ଶିଳ୍ପ ବସାଇଲେ ବାଣିଜ୍ୟିକ ବ୍ୟାଙ୍କ, ନାବାର୍ଡ଼, ସମବାୟ ବ୍ୟାଙ୍କ ଓ NCDC ପର୍ଯ୍ୟାପ୍ତ ଭାବେ ଋଣ ଯୋଗାଇ ଦେବାକୁ ପ୍ରସ୍ତୁତ । ବିଦେଶୀ ପୁଞ୍ଜି ଲଗାଣରେ ଉନ୍ନତ ଜ୍ଞାନକୌଶଳ ଉପଯୋଗରେ କୃଷିଶିଳ୍ପ ପ୍ରତିଷ୍ଠିତ ହୋଇପାରିବ ।

ଆମ ରାଜ୍ୟରେ ଧାନରୁ ଚାଉଳ ଓ ଚୂଡ଼ା, ଗହମରୁ ଅଟା, ମଇଦା, ପାମ୍ପଡ଼, ପାଉଁରୁଟି, ବାଦାମରୁ ତେଲ ପ୍ରସ୍ତୁତ ପାଇଁ ତେଲକଳ, ଚିନିକଳ, କାନ୍ଦୁଲ, ହରଡ଼, ବିରି, ମୁଗ, କୋଳଥ ପ୍ରକୃତି ଡାଲିଜାତୀୟ ପ୍ରକ୍ରିୟାକରଣ ଶିଳ୍ପ, ଝୋଟକଳ, କପାରୁ ସୂତା ପାଇଁ ସୂତାକଳ ଇତ୍ୟାଦି ବହୁବିଧ କୃଷିଭିତ୍ତିକ ଶିଳ୍ପ ଆବଶ୍ୟକ । ଶୀତଳୀକରଣ ପ୍ରଥାରେ କାଠ କିମ୍ବା ଟିଣ ବାକ୍ସରେ କୃଷିଭିତ୍ତିକ ଶିଳ୍ପଜାତ ଖାଦ୍ୟପଦାର୍ଥ ବାହାରକୁ ଲାଭଜନକ ଦରରେ ପଠାଯାଇପାରିବ । ପର୍ଯ୍ୟଟନ ଓ ହୋଟେଲ୍ ଶିଳ୍ପର ଅଗ୍ରଗତିରେ ଯାତ୍ରୀମାନଙ୍କ କୃଷିଭିତ୍ତିକ ଶିଳ୍ପରୁ ପ୍ରସ୍ତୁତ ରୁଚିକର ଖାଦ୍ୟର ଚାହିଦା ବଢ଼ିଅଛି ।

ଓଡ଼ିଶାରେ ୨୬୭୩୯୯୧ ବୁଣାକାରମାନଙ୍କୁ ସୂତା ଯୋଗାଇବା ପାଇଁ କପାଚାଷ କରାଯାଉଛି । ପ୍ରାୟ ୨୫ ହଜାର ଏକର ଜମିରେ ଚୂଡ଼ ଓ ଟସର ଚାଷ ହେଉଥିବାରୁ ଟସର ଓ ରେଶମ ସୂତାରେ ବିଭିନ୍ନ ପାଟଶାଢ଼ୀ, ଚାଦର ଇତ୍ୟାଦି ବୁଣିବାରେ ପ୍ରାୟ ୮ ଲକ୍ଷ ୪୮ ହଜାର ଲୋକ ନିଯୁକ୍ତି ହୋଇଛନ୍ତି । ଓଡ଼ିଶାରେ ଏସବୁର ଉନ୍ନତି ପାଇଁ କୃଷିଶିଳ୍ପ ନିଗମ ଗଠନ କରାଯାଇଛି ଓ ବୟନିକା ମାଧ୍ୟମରେ ବିକ୍ରି କରାଯାଉଛି ।

ଅନୁଗୁଳ ଓ ହିନ୍ଦୋଳରେ ପ୍ରଚୁର ଆମ୍ବ ଉତ୍ପାଦନ ହେଉଥିବାରୁ ସେଥିରୁ ଆମ୍ବସଢ଼ା ଓ ପାନୀୟ ପ୍ରସ୍ତୁତ, ମୟୁରଭଞ୍ଜ ଜିଲ୍ଲାର କୁଳିଅଣା ଓ ଅନୁଗୁଳ ଠାରେ ପ୍ରଚୁର ଲେମ୍ବୁ ମିଳୁଥିବାରୁ ଲେମ୍ବୁ ଆଚାର ଓ ପାନୀୟ ପ୍ରସ୍ତୁତ ପାଇଁ ଶିଳ୍ପ କାରଖାନା ବସାଇବା ଆବଶ୍ୟକ । ନଡ଼ିଆ ପାଣିରୁ ଭିନେଗାର, କତାରୁ ପାପୋଛ, ଦଉଡ଼ି, ବ୍ରସ, ନଡ଼ିଆ ରସରୁ ନଡ଼ିଆ ତେଲ, ଖୋଳପାରୁ କେତେକ ଘର ସଜାଇବା ପଦାର୍ଥ ସହିତ ଅଙ୍ଗାର ଓ ନଡ଼ିଆ ତେଲ ମିଶ୍ରିତ ଅର୍ଗାନିକ୍ ରଙ୍ଗ ପ୍ରସ୍ତୁତ ପାଇଁ ପୁରୀର ଶାଖୀଗୋପାଳ ଠାରେ ବହୁଳ ନଡ଼ିଆ ଉତ୍ପାଦନ ହେଉଥିବାରୁ ଏହି କୃଷିଭିତ୍ତିକ ଶିଳ୍ପ ବସାଯାଇପାରିବ ।

କୋରାପୁଟ ଓ ପୁରୀ ଜିଲ୍ଲାରେ କାଜୁ ଉତ୍ପାଦନ ତୁଳନାରେ କୃଷିଭିତ୍ତିକ ଶିଳ୍ପ ବସାଇବାର ଆବଶ୍ୟକତା ଅଛି । ପୁରୀ ଜିଲ୍ଲାର ବଳଙ୍ଗା, କଟକ ଜିଲ୍ଲାର ବାଙ୍କୀ ଓ ଗଞ୍ଜାମ ଜିଲ୍ଲାର ସୋରଡ଼ା ଅଞ୍ଚଳର ବିଲାତି ବାଇଗଣ ଉତ୍ପାଦନ, କଟକ ଜିଲ୍ଲାର ବାଙ୍କୀ, କଟକ ସଦର ଅଞ୍ଚଳର ଆଳୁ, ଫୁଲକୋବି, ବନ୍ଧାକୋବି, ନବରଙ୍ଗପୁର ଜିଲ୍ଲାର ଉମରକୋଟ ଠାରେ ମକାଚାଷ ବହୁଳଭାବରେ ହେଉଥିବାରୁ କୃଷିଭିତ୍ତିକ ଶିଳ୍ପ ପ୍ରତିଷ୍ଠାର ଆବଶ୍ୟକତା ଦେଖାଦେଇଛି ।

ଓମ୍‌ଫେଡ୍ ଚାଷୀମାନଙ୍କ ଠାରୁ ସଂଗୃହୀତ ଦୁଗ୍ଧରୁ ଆଇସ୍‌କ୍ରିମ୍, ଫଳରସ, ଛେନାପୋଡ଼, ପନିର, ଘିଅ, ବଟର, ଶୁଖିଲା ଦୁଗ୍ଧ ପାଉଡର, ବଟର କ୍ରିମ୍ ଓ ଦୁଗ୍ଧ ପ୍ୟାକେଟ୍ ପ୍ରଭୃତି ଉତ୍ପାଦନ କରି ବଜାର ଚାହିଦାରେ ସାମିଲ ହୋଇପାରିଛି । ଗାଈ ଗୋବରରୁ ଅର୍ଗାନିକ୍ କମ୍ପୋଷ୍ଟ ଖତ ଓ ଗୋମୂତ୍ରରୁ କୀଟନାଶକ ଔଷଧ ଓ ରଙ୍ଗ ତିଆରି କରିବା ପାଇଁ ଶିଳ୍ପ, ବ୍ରହ୍ମପୁର, ଡେଲାଙ୍ଗ, କଟକ, ରାଉରକେଲା ଓ ଜାଆଁଳା ପ୍ରଭୃତି ଠାରେ ଛତୁ ପ୍ରକ୍ରିୟାକରଣ ଶିଳ୍ପ, ପାରାଦ୍ୱୀପ ଓ ଚାନ୍ଦବାଲିରେ ମାଛ ପ୍ରକ୍ରିୟାକରଣ ଶିଳ୍ପ, ରାୟଗଡ଼ା ଜିଲ୍ଲାର ବିଷମ କଟକରେ ଉତ୍ପାଦିତ ସପୁରୀରୁ ପାନୀୟ ପ୍ରସ୍ତୁତି, ଭଦ୍ରକରେ କୋଳି ପଚେଇବା କାରଖାନା, ସୁନ୍ଦରଗଡ଼ ଜିଲ୍ଲାର ଲହୁଣିପଡ଼ା ଠାରେ ଲିଚୁକୋଳି ପ୍ରକ୍ରିୟାକରଣ ଶିଳ୍ପ, ରାୟଗଡ଼ାଠାରେ ପିଜୁଳିରସ କାରଖାନା, ଯାଜପୁର ଜିଲ୍ଲାର ବାରବାଟୀ ଠାରେ କାକୁଡ଼ି ଓ ତରଭୁଜ ଶୀତଳୀକରଣ ଶିଳ୍ପ ପ୍ରତିଷ୍ଠାର ଆବଶ୍ୟକତା ଦେଖାଯାଇଛି । ମାଂସ ଓ ଅଣ୍ଡା ପାଇଁ କୁକୁଡ଼ା ପାଳନ, କୁଣ୍ଡା ଓ ଚୋକଡ଼ରୁ ପ୍ରସ୍ତୁତ କୁକୁଡ଼ା ଦାନାପାଇଁ ଶିଳ୍ପ ପ୍ରତିଷ୍ଠା, ଫୁଲବାଣୀରେ ହଳଦୀ ଓ ଅଦାରୁ ପ୍ରସ୍ତୁତ ମସଲା ଜାତୀୟ ସମବାୟ ଭିତ୍ତିକ ଶିଳ୍ପ ପ୍ରତିଷ୍ଠା ଆବଶ୍ୟକ । କେନ୍ଦ୍ର ସରକାରଙ୍କ ପ୍ରୋତ୍ସାହନରେ ଅନୁଗୁଳ ଜିଲ୍ଲାରେ ଏକ ଅତ୍ୟାଧୁନିକ ପାଉଁରୁଟି କାରଖାନା ଆରମ୍ଭ କରାଯାଇଥିଲେ ମଧ୍ୟ ବଜାରକୁ ଚାହିଁ ଉତ୍ପାଦନ କମ୍ ଥିବାରୁ ଅନ୍ୟ ଜିଲ୍ଲାଗୁଡ଼ିକରେ ଏହି ଶିଳ୍ପର ଆବଶ୍ୟକତା ଦେଖାଦେଇଛି ।

ଓଡ଼ିଶାରେ କୃଷିଭିତ୍ତିକ ଶିଳ୍ପର ଭିତ୍ତିଭୂମି ଦୃଢ଼ ସହିତ ପ୍ରଚୁର ପରିମାଣର କଞ୍ଚାମାଲ ମିଳୁଥିବାରୁ ସମବାୟ ସଂସ୍ଥା ମାଧ୍ୟମରେ କୃଷିଶିଳ୍ପ ପ୍ରତିଷ୍ଠା କରାଯାଇପାରିଲେ ଗୁଜୁରାଟର ଇନକଂନ ଗବେଷଣା ଗୋଷ୍ଠୀ (Incon Operational Research Group)ର କଳନା ଅନୁଯାୟୀ ଓଡ଼ିଶା ଲୋକସଂଖ୍ୟାର ଶତକଡ଼ା ୧୮ ଭାଗ କାର୍ଯ୍ୟକ୍ଷମ ତଥା ଶିକ୍ଷିତ ବେକାର ନିଯୁକ୍ତି ପାଇପାରିବେ । ଓଡ଼ିଶାର ନୂତନ ସରକାର କୃଷି ଓ କୃଷକ ହିତପାଇଁ ବିଭିନ୍ନ ଯୋଜନା ପ୍ରଣୟନ ପାଇଁ ଚିନ୍ତା କରୁଥିଲା ବେଳେ ଓଡ଼ିଶାର ବିଭିନ୍ନ ଅଞ୍ଚଳରେ ଉତ୍ପାଦିତ ଫସଲରୁ କୃଷି ଶିଳ୍ପଭିତ୍ତିକ କାରଖାନା ବସାଇବା ପାଇଁ କେନ୍ଦ୍ର ସରକାରଙ୍କ ଆର୍ଥିକ

ପ୍ରୋତ୍ସାହନ ସହିତ ଓଡ଼ିଶାରେ କାର୍ଯ୍ୟ କରୁଥିବା ସମବାୟ ବ୍ୟାଙ୍କ ମାନଙ୍କୁ ଋଣ ଯୋଗାଣ ପାଇଁ ଏକ ନିର୍ଦ୍ଦିଷ୍ଟ ଆଦେଶନାମା ଜାରିକଲେ ଓଡ଼ିଶା କୃଷି ଶିଳ୍ପଭିତ୍ତିକ କାରଖାନା ଗଢ଼ି ଉଠିବା ସଙ୍ଗେ ସଙ୍ଗେ ଲୋକମାନଙ୍କର ଆର୍ଥିକ ମାନଦଣ୍ଡରେ ଉନ୍ନତି ହୋଇପାରିବ । ଯାହା ରାଜ୍ୟ ସରକାରଙ୍କ ସଫଳ ଯୋଜନା ପ୍ରଣୟନ ସହିତ କୃଷିଶିଳ୍ପ ପ୍ରତିଷ୍ଠାରେ ରାଜ୍ୟ ସୁନାମ ଅର୍ଜନ କରିପାରିବ ।

'ସମାଜ' - ତା୦୬.୦୯.୨୦୨୪ରେ ପ୍ରକାଶିତ

ଶବ ସଂସ୍କାର ସମବାୟ ସମିତି

ବିଧି ଲିଖନ କିଏ ବା ଏଡ଼ିପାରିବ । ମନୁଷ୍ୟ ଏହି ମହିମଣ୍ଡଳରେ ଜନ୍ମନେଲେ ମୃତ୍ୟୁ ଅନିର୍ବାଯ୍ୟ । ସେଥିପାଇଁ ଭଗବାନ ଶ୍ରୀକୃଷ୍ଣ ମୃତ ଆତ୍ମୀୟମାନଙ୍କ ପାଇଁ ଶୋକ କରିବା ଅନୁଚିତ୍ ବୋଲି ମଧ୍ୟମ ପାଣ୍ଡବ ସଖା ଅର୍ଜୁନଙ୍କୁ ଉପଦେଶ ଦେଇଥିଲେ । ତଥାପି ଏ ମର୍ତ୍ତ୍ୟମଣ୍ଡଳରେ ମନୁଷ୍ୟରୂପେ ଜନ୍ମ ହୋଇଥିବାରୁ ମାୟା ରୂପକ ମନ ନବୁଝି ଆମ୍ଭମାନଙ୍କ ମୃତ ଆତ୍ମୀୟମାନଙ୍କ ଶବସଂସ୍କାର, ଶୁଦ୍ଧିକ୍ରିୟା ଓ ସ୍ମାରକୀ ସ୍ୱରୂପ ସମାଧି ନିର୍ମାଣରେ ଅର୍ଥ ଖର୍ଚ୍ଚ କରୁଛେ । ଭାରତବର୍ଷରେ ପ୍ରତ୍ୟେକ ଗ୍ରାମରେ ଗୋଟିଏ ଲେଖାଏଁ ସାର୍ବଜନୀନ ଶ୍ମଶାନ ଗାଁ ମୁଣ୍ଡରେ ଅଛି । ହିନ୍ଦୁ ଧର୍ମ ଅନୁଯାୟୀ ଧନୀ, ଦରିଦ୍ର ନିର୍ବିଶେଷରେ ସାହିଭାଇ ମାନଙ୍କ ସାହାଯ୍ୟରେ ଗ୍ରାମର ସମସ୍ତ ମୃତ ଶରୀରକୁ ମଶାଣିକୁ ନେଇ ପୋଡ଼ାଯାଏ କିମ୍ବା ମାଟି ଖୋଳାଯାଇ ଶବ ପୋତାହୁଏ । କିନ୍ତୁ ଆମେରିକାରେ ସାମାଜିକ ଚଳଣି ଭିନ୍ନ ପ୍ରକାର । ସମସ୍ତେ ସ୍ୱାଧୀନଭାବରେ ଜୀବିକ ନିର୍ବାହ କରି ପରିବାର ଠାରୁ ଅଲଗା ହୋଇ ଜୀବନ ନିର୍ବାହ କରନ୍ତି । ଏପରିକି ପ୍ରାପ୍ତ ବୟସ୍କ ଓ ପୁଅଝିଅ ମାନେ ବିବାହ ପରେ ପରେ ପିତାମାତାଙ୍କ ଠାରୁ ବିଚ୍ଛେଦ ହୋଇ ଅଲଗା ବସବାସ କରି ନିଜ ରୋଜଗାରରେ ଚଳନ୍ତି । ଅନେକ ବୃଦ୍ଧ ପିତାମାତାମାନେ ସେବା ଅନୁଷ୍ଠାନ (ନର୍ସିଂ ହୋମ୍)ରେ ଅର୍ଥ ଜମାକରି ଶେଷ ଜୀବନ କଟାଇ ପ୍ରାଣତ୍ୟାଗ କରନ୍ତି । ଏଣୁ ମୃତ୍ୟୁପରେ ସେମାନଙ୍କ ଶବ ସଂସ୍କାର ପାଇଁ ସ୍ୱେଚ୍ଛାସେବୀମାନଙ୍କ ସାହାଯ୍ୟ ଲୋଡ଼ାଯାଏ । ଖ୍ରୀଷ୍ଟିଆନ୍ ଧର୍ମବିଧି ଅନୁସାରେ ଶବକୁ କବର ଦିଆଯାଇ ତା'ଉପରେ କ୍ରସ୍ ଚିହ୍ନିତ ସମାଧି ନିର୍ମାଣ କରାଯାଏ । ଆମେରିକାରେ ଭୂମିର ଅଭାବ ହେତୁ ଶବ ସଂସ୍କାର କରିବା କଷ୍ଟସାଧ । ଫଳରେ ଶ୍ମଶାନ ଜମିର ଅଭାବ ହେତୁ ଶବ ପୋତାପାଇଁ ଜମି କିଣିବାକୁ ପଡ଼େ । ଆମେରିକା ଧନୀ ଦେଶ ହେଲେ ମଧ୍ୟ ସ୍ୱର୍ଗର

ଅଳକାପୁରୀରେ ଗରିବ ଥିଲାପରି ଆମେରିକାର ଗରିବ ଲୋକମାନେ ଶବ ସଂସ୍କାର ଖର୍ଚ୍ଚ ବହନ କରିବାକୁ ଅକ୍ଷମ ହୋଇଥାନ୍ତି ।

ଏହି ପରିପ୍ରେକ୍ଷୀରେ ୧୯୩୯ ମସିହାରେ ଆମେରିକାର ସ୍କାଟଲ୍ ଓ ବୃକଲିନ୍‌ସ୍ଥିତ ଚର୍ଚ୍ଚ ପୁରୋହିତମାନେ ଦୁଇଟି ଶବ ସଂସ୍କାର ଓ ସମାଧି ନିର୍ମାଣ ସମବାୟ ସମିତି ଗଠନ କରିଥିଲେ । ପ୍ରଥମେ ରକଡେଲ୍ ନୀତି ଅନୁଯାୟୀ ବାଛ ବିଚାର ନଥାଇ ଆଗ୍ରହୀ ଲୋକମାନଙ୍କୁ ସମିତିରେ ସଭ୍ୟ ଶ୍ରେଣୀଭୁକ୍ତ କରାଇ ଅଂଶଧନ ଗ୍ରହଣ କଲେ । ପ୍ରତ୍ୟେକ ସଭ୍ୟର ଗୋଟିଏ ମାତ୍ର ଭୋଟ୍ ଦେବାର ଅଧିକାର ଭିତ୍ତିରେ ସମିତିର ପରିଚାଳନା କମିଟି ଗଠନ କରାଗଲା । ଉକ୍ତ ପରିଚାଳନା କମିଟି ଶ୍ମଶାନ ଜମି କିଣି ଅପେକ୍ଷାକୃତ କମ୍ ଖର୍ଚ୍ଚରେ ସ୍ୱେଚ୍ଛାସେବୀମାନଙ୍କ ସହଯୋଗରେ ଶବକୁ କବର ଦେଲେ ଏବଂ ତା'ଉପରେ ଉତ୍କୃଷ୍ଟ ସମାଧି ନିର୍ମାଣ କଲେ । ଏପରିକି କେତେକ ବୃଦ୍ଧଲୋକ ନିଜର ଇଚ୍ଛା ଅନୁଯାୟୀ ଶବ ସଂସ୍କାର ତଥା ସମାଧି ତୋଳିବା ପାଇଁ ମରିବା ପୂର୍ବରୁ ଶବ ସଂସ୍କାର ସମବାୟ ସମିତିରେ ଟଙ୍କା ଦାଖଲ କରିବାକୁ ମନବଳାଇ ସମିତିରେ ଅର୍ଥ ଜମାଦେଲେ ।

ଆମେରିକା ସମବାୟ ସଂଘର ପରାମର୍ଶରେ ୧୯୬୩ ମସିହାରେ ଚିକାଗୋ ଠାରେ ଆମେରିକାର ୩୬ଟି ଓ କାନାଡ଼ାର ୫ଟି ଶବ ସଂସ୍କାର ସମବାୟ ସମିତି ଏକତ୍ରିତ ହୋଇ ଆମେରିକା ସମବାୟ ସଂଘର ପରାମର୍ଶରେ ମହାଦେଶୀୟ ଶବ ସଂସ୍କାର ଓ ସ୍ମାରକୀ ସମବାୟ ସଂଘ ଗଠନ କରାଗଲା । ଉକ୍ତ ସଂଘ ଅନ୍ୟାନ୍ୟ ସମବାୟ ସଂଘମାନଙ୍କ ସହିତ ଯୋଗାଯୋଗ କରି ଶବ ସଂସ୍କାର ସମିତିମାନଙ୍କର ସମସ୍ୟା ଦୂରୀଭୂତ କରୁଛନ୍ତି ଏବଂ ଶବ ସଂସ୍କାର ନୀତି ପରିବର୍ତ୍ତନ ତଥା ଶିକ୍ଷା ପାଇଁ ପୁସ୍ତିକା ପ୍ରକାଶନ ଓ ସମାଧି ନିର୍ମାଣର ନକ୍ସା ପ୍ରସ୍ତୁତ କରିଥାନ୍ତି । ସେଥିପାଇଁ ସମବାୟ ସଂଘର ପରିଚାଳନା ଖର୍ଚ୍ଚ ସମିତିମାନେ ସଭ୍ୟ ଚାନ୍ଦାର ଶତକଡ଼ା ୧୦ଭାଗ ହିସାବରେ ଅନୁଦାନ ଦେଉଛନ୍ତି । କାନାଡ଼ାର ସମିତି ସଂଖ୍ୟା ବୃଦ୍ଧିହେତୁ ୧୯୭୧ ମସିହାରେ ସେମାନେ ମହାଦେଶୀୟ ସଂଘ ଠାରୁ ଅଲଗା ହୋଇ ପୃଥକ୍ କାନାଡ଼ା ସଂଘ ଗଠନ କରିଥିଲେ । ଆମେରିକାର ସମସ୍ତ ପ୍ରଦେଶରେ ଉକ୍ତ ସମବାୟ ଶବ ସଂସ୍କାର ସମିତି ଗଠିତ ହେବାରୁ ୧୯୭୩ ମସିହା ସୁଦ୍ଧା ସମିତି ସଂଖ୍ୟା ୧୧୩କୁ ବୃଦ୍ଧି ପାଇଲା । ୧୯୮୦ ମସିହାରେ ଏହି ସଂଖ୍ୟା ୧୭୫କୁ ବୃଦ୍ଧି ପାଇ ସଭ୍ୟ ସଂଖ୍ୟା ୭ ଲକ୍ଷ ୫୦ ହଜାରରେ ପହଞ୍ଚିଥିଲା ଓ କାନାଡ଼ାରେ ୨୫ଟି ସମିତିର ସଭ୍ୟ ସଂଖ୍ୟା ୧ ଲକ୍ଷ ୬୦ ହଜାରକୁ ଛୁଇଁଥିଲା । ତାହା କ୍ରମେ ବୃଦ୍ଧିପାଇ ଆମେରିକାରେ ସମବାୟ ସମିତି ସଂଖ୍ୟା ୨୧୦୦୦ରେ ପହଞ୍ଚିଥିଲା ବେଳେ ସଭ୍ୟସଂଖ୍ୟା ୨୨ ଲକ୍ଷ ୫୦ ହଜାର ଓ କାନାଡ଼ାରେ ସମିତି

ସଂଖ୍ୟା ୩ ହଜାରରେ ପହଞ୍ଚିଥିଲା ବେଳେ ଏହାର ସଭ୍ୟ ସଂଖ୍ୟା ୮ ଲକ୍ଷରେ ପହଞ୍ଚି ପାରିଛି ।

ଏହିଭଳି ଶବ ସଂସ୍କାର ଖର୍ଚ୍ଚ କମ୍ ହେଉଥିବାରୁ ବ୍ୟକ୍ତିଗତ ଉଦ୍ୟୋଗୀମାନେ ଆଉ ସମାଧି ନିର୍ମାଣ ଦାୟିତ୍ୱ ନେବାକୁ ନିରୁତ୍ସାହିତ ହେଲେ । ଏସବୁରୁ ଶିକ୍ଷା କରିବାର ଅଛି ଯେ ଭାରତରେ ଏହିପରି ଶବ ସଂସ୍କାର ସମିତିମାନ ଗଠନ କରାଯାଇ ଉପଯୁକ୍ତ ସେବା ଜନସାଧାରଣଙ୍କୁ ଯୋଗାଇ ଦିଆଯାଇ ପାରିଲେ ଜମି ଅପବ୍ୟୟ ରୋକାଯିବା ସଙ୍ଗେ ସଙ୍ଗେ ସାମାଜିକ ବିଦ୍ଧି ବ୍ୟବସ୍ଥା ଅନୁସାରେ କମ୍ ଖର୍ଚ୍ଚରେ ଶବ ସଂସ୍କାର ଓ ସମାଧି ନିର୍ମାଣ କାର୍ଯ୍ୟ କରାଯାଇପାରିବ । ଭାରତର ଜନସଂଖ୍ୟା ବୃଦ୍ଧିରେ ଶବ ସଂସ୍କର ପାଇଁ ଜମିର ପରିମାଣ ଆଉ ବାଧକ ସାଜିବ ନାହିଁ । ଏଥିପ୍ରତି କେନ୍ଦ୍ର ଓ ରାଜ୍ୟ ଉଭୟ ସରକାର ପ୍ରଚାର ଓ ପ୍ରସାର ମାଧ୍ୟମରେ ସ୍ୱେଚ୍ଛାସେବୀମାନଙ୍କ ଦ୍ୱାରା ଶବ ସଂସ୍କାର ସମବାୟ ସମିତିମାନ ଗଠନ କରାଇ ସ୍ୱଳ୍ପ ଖର୍ଚ୍ଚରେ ଶବ ସଂସ୍କାର ସହିତ ସମାଧି ନିର୍ମାଣ କରାଯାଇପାରିଲେ ଏହା ଜନସାଧାରଣଙ୍କ ପାଇଁ ମାର୍ଗଦର୍ଶକ ସାଜିବ ।

'ପ୍ରଗତିବାଦୀ' – ତା୧୦.୦୯.୨୦୨୪ରେ ପ୍ରକାଶିତ

■

ସମବାୟ ଆଇନରେ ପ୍ରକୃତ ମାଲିକ

ସମବାୟ ଆଇନରେ ଗଣତାନ୍ତ୍ରିକ ପ୍ରକ୍ରିୟାରେ ସ୍ୱଚ୍ଛ ମନୋବୃତ୍ତିରେ ୫୧ ଜଣ ସଭ୍ୟଙ୍କୁ ନେଇ ପ୍ରାଥମିକ ସମବାୟ ସମିତି ଗଠନ କରାଯାଇଥାଏ । ସେମାନଙ୍କ ମଧ୍ୟରୁ ଜଣେ ସଭାପତି, ଆଉ ଜଣେ କୋଷାଧ୍ୟକ୍ଷ ରୂପେ ମନୋନୀତ ହୋଇଥିଲାବେଳେ ଉପଯୁକ୍ତ ଯୋଗ୍ୟତା ଥାଇ ଦୈନନ୍ଦିନ କାର୍ଯ୍ୟ ପରିଚାଳନା ପାଇଁ ବେତନପ୍ରାପ୍ତ ଜଣେ ସଂପାଦକଙ୍କ ସହିତ ଅନ୍ୟ କର୍ମଚାରୀଙ୍କୁ ନିଯୁକ୍ତି କରାଯାଏ । ସମବାୟ ସମିତି ଆଇନ୍ ୧୯୬୨ ଧାରା ୨(କ)ରେ ବର୍ଣ୍ଣିତ ଆଇନ୍ ଅନୁସାରେ ସମିତିର ପଞ୍ଜିକରଣ କ୍ଷମତା ରାଜ୍ୟ ସମବାୟ ନିବନ୍ଧକ, ସମବାୟ ସମିତି ସମୂହ କିମ୍ବା ତାଙ୍କ ଦ୍ୱାରା ପ୍ରଦତ୍ତ କ୍ଷମତାଧାରୀ ତଥା ଅତିରିକ୍ତ, ଯୁଗ୍ମ, ଉପ ଓ ସହକାରୀ ସମବାୟ ନିବନ୍ଧକଙ୍କୁ ପ୍ରଦାନ କରାଯାଇଛି ।

ରାଜ୍ୟ ସମବାୟ ନିବନ୍ଧକ ସମବାୟ ସମିତି ସମୂହ ଜଣେ ବୈଧାନିକ (Statutory) କର୍ତ୍ତୃପକ୍ଷ ବା କ୍ଷମତାପ୍ରାପ୍ତ ଅଧିକାରୀ । ରାଜ୍ୟ ସମବାୟ ନିବନ୍ଧକଙ୍କୁ ବାଦ୍ ଦେଲେ ସମବାୟର ଅସ୍ତିତ୍ୱ ନାହିଁ । ରାଜ୍ୟ ସମବାୟ ନିବନ୍ଧକଙ୍କୁ ଏକାଧାରାରେ ବ୍ରହ୍ମା, ବିଷ୍ଣୁ ଓ ମହେଶ୍ୱର ରୂପେ ତୁଳନା କରାଯାଇଛି । ସମବାୟ ସମିତି ଗଠନ, ପରିଚାଳନା ଓ ସର୍ବୋପରି ବିଭିନ୍ନ ନ୍ୟାୟକି କାରଣବଶତଃ ସମିତିକୁ ଭାଙ୍ଗିଦେବାର କ୍ଷମତା ରାଜ୍ୟ ସମବାୟ ନିବନ୍ଧକଙ୍କ ରହିଛି । ରାଜ୍ୟ ସରକାର ସମବାୟ ଆଇନ ୧୯୬୨ ଧାରା ୩ ର ଉପଧାରା (୧) ଅନୁଯାୟୀ ଜଣେ ଦକ୍ଷ, କର୍ମପ୍ରବଣ, ସଚ୍ଚୋଟ, ନିଷ୍ଠାପର ଓ ପ୍ରଶାସନିକ ସେବାର ବରିଷ୍ଠ ଅଧିକାରୀଙ୍କୁ ରାଜ୍ୟ ସମବାୟ ନିବନ୍ଧକ ସମବାୟ ସମିତି ସମୂହ ଭାବେ ନିଯୁକ୍ତି ପ୍ରଦାନ କରିଥାନ୍ତି । ଗତ ୫ ବର୍ଷ ପୂର୍ବେ ରାଜ୍ୟ ସରକାର ବିଭିନ୍ନ ସମୟରେ ଯେଉଁ କେତେଜଣ ଓଡ଼ିଶା କ୍ୟାଡର ସର୍ବଭାରତୀୟ ପ୍ରଶାସନିକ ସେବାର ଅଧିକାରୀଙ୍କୁ ରାଜ୍ୟ ସମବାୟ ନିବନ୍ଧକ ସମବାୟ ସମିତି ସମୂହ ରୂପେ ନିଯୁକ୍ତି ପ୍ରଦାନ କରିଥିଲେ ସେମାନଙ୍କ ମଧ୍ୟରୁ ଅଧିକାଂଶ ବରିଷ୍ଠ ତଥା ପ୍ରମୁଖ

ଶାସନ ସଚିବ ବର୍ଗର ହୋଇ ଚାକିରି କାଳ ମଧ୍ୟରେ ମୁଖ୍ୟ ଶାସନ ସଚିବ କିମ୍ବା ଅତିରିକ୍ତ ମୁଖ୍ୟ ଶାସନ ସଚିବଙ୍କୁ ଉପନୀତ ହୋଇ ଅବସର ନେଇଛନ୍ତି । ରାଜ୍ୟ ସମବାୟ ନିବନ୍ଧକ ସମବାୟ ସମିତି ସମୂହ ଓଡ଼ିଶା ସମବାୟ ଆଇନ ପରିସର ମଧ୍ୟରେ କାର୍ଯ୍ୟ ତୁଲାନ୍ତି । ସମବାୟର ଯେତେଗୁଡ଼ିଏ ସ୍ତର ଅଛି ରାଜ୍ୟ ସମବାୟ ନିବନ୍ଧକ ସର୍ବୋଚ୍ଚ ସ୍ତରର ଆଇନ ପରିସର ମଧ୍ୟରେ ସ୍ୱାଧୀନଭାବେ କାର୍ଯ୍ୟ କରିବା ପାଇଁ କ୍ଷମତାପ୍ରାପ୍ତ ଅଧିକାରୀ । ରାଜ୍ୟ ସମବାୟ ନିବନ୍ଧକଙ୍କୁ ସାହାଯ୍ୟ କରିବା ପାଇଁ ରାଜ୍ୟ ସରକାର ସମବାୟ ସମିତି ନିୟମାବଳୀ ଧାରା (୫)ରେ ବର୍ଣ୍ଣିତ ପଦବୀଯୁକ୍ତ ବ୍ୟକ୍ତି ଯଥା ଅତିରିକ୍ତ, ଯୁଗ୍ମ, ଉପ ଓ ସହକାରୀ ସମବାୟ ନିବନ୍ଧକଙ୍କୁ ନିଯୁକ୍ତି ପ୍ରଦାନ କରିଥାନ୍ତି ।

ରାଜ୍ୟ ସମବାୟ ନିବନ୍ଧକଙ୍କୁ ସାହାଯ୍ୟ କରିବା ପାଇଁ ସମବାୟ ସମିତି ଆଇନ୍ ୧୯୬୨ ଧାରା ୩ ର ଉପଧାରା (୨) ଅନୁସାରେ ରାଜ୍ୟ ସମବାୟ ନିବନ୍ଧକ ପ୍ରୟୋଗ କରୁଥିବା ସମସ୍ତ ଅଥବା କେତେକ କ୍ଷମତା ପ୍ରୟୋଗ କରିବାକୁ ରାଜ୍ୟ ସରକାର ସାଧାରଣ ଅଥବା ସ୍ୱତନ୍ତ୍ର ଆଦେଶନାମା ବଳରେ ଯେକୌଣସି ବ୍ୟକ୍ତିଙ୍କୁ ପ୍ରଦତ୍ତ କ୍ଷମତା କିମ୍ବା ବିଶେଷ କ୍ଷମତା ପ୍ରୟୋଗ କରିବା ପାଇଁ ସ୍ଥାନୀୟ ସୀମା ନିର୍ଦ୍ଧାରଣ କରିଥାନ୍ତି ।

ସମବାୟ ଆଇନ ୧୯୬୨ ଧାରା ୩ ର ଉପଧାରା (୩) ଅନୁଯାୟୀ ରାଜ୍ୟ ସରକାର ଚାହିଁଲେ କୌଣସି ସମବାୟ ଅନୁଷ୍ଠାନ କିମ୍ବା ସ୍ଥାନୀୟ ପ୍ରାଧିକରଣମାନଙ୍କୁ ସମବାୟ ନିବନ୍ଧକଙ୍କୁ ସାହାଯ୍ୟ କରିବାପାଇଁ ନିଯୁକ୍ତି କରିପାରିବେ ଏବଂ ସେମାନେ ନିବନ୍ଧକଙ୍କ ଏପରି କ୍ଷମତାଗୁଡ଼ିକୁ ସେହି ଆଦେଶନାମାରେ ନିର୍ଦ୍ଦିଷ୍ଟ ହୋଇଥିବା ପଦ୍ଧତି ଅନୁଯାୟୀ କାର୍ଯ୍ୟ କରିବେ । ଏ ସମସ୍ତ କାର୍ଯ୍ୟ ସମବାୟ ନିବନ୍ଧକଙ୍କ ଦେଖା ରେଖାରେ ହେବ ।ଏଠାରେ ସୂଚାଇ ଦିଆଯାଇପାରେ, ସମବାୟ ଅନୁଷ୍ଠାନ କହିଲେ ସମବାୟ ସମିତି ସେ ପ୍ରାଥମିକ, କେନ୍ଦ୍ର କିମ୍ବା ଶୀର୍ଷ ହୋଇଥାଉ ନା କାହିଁକି ପ୍ରଥମେ ସମିତିର ଗଣତାନ୍ତ୍ରିକ ପ୍ରକ୍ରିୟାରେ ନିର୍ବାଚିତ ପରିଚାଳନା ପରିଷଦକୁ ବୁଝାଏ । ସମବାୟ ସମିତିର ପରିଚାଳନା ପରିଷଦ ଉଚିତ୍ ମାର୍ଗରେ ସମବାୟ ସମିତିକୁ ପରିଚାଳନା କରିବା ସହିତ ବାର୍ଷିକ ସାଧାରଣ ସଭାରେ ସମିତିର ସମସ୍ତ ସଭ୍ୟ କିମ୍ବା କୋରମ ପାଇଁ ପ୍ରଯୁଜ୍ୟ ସଂଖ୍ୟା ଅନୁସାରେ ସଭ୍ୟମାନଙ୍କର ନିଷ୍ପତ୍ତି ସର୍ବେସର୍ବା । ପରିଚାଳନା ପରିଷଦ ଓ ବାର୍ଷିକ ସାଧାରଣ ସଭାର ନିଷ୍ପତ୍ତିକୁ ସମବାୟ ସମିତିରେ କାର୍ଯ୍ୟକାରୀ କରିବାପାଇଁ ଓ ସମିତିର ଦୈନନ୍ଦିନ କାର୍ଯ୍ୟ ସଂପାଦନ ପାଇଁ ବେତନରେ ନିଯୁକ୍ତ ମୁଖ୍ୟ କାର୍ଯ୍ୟନିର୍ବାହୀ କିମ୍ବା ପରିଚାଳନା ନିର୍ଦ୍ଦେଶକ କାର୍ଯ୍ୟ କରିବା ପାଇଁ ବାଧ୍ୟ । ଏଠାରେ ସୂଚାଇ ଦିଆଯାଇପାରେ କି, ସମବାୟ ସମିତିର ସଭ୍ୟମାନେ ହେଉଛନ୍ତି ପ୍ରକୃତ ମାଲିକ ଏବଂ

ମୁଖ୍ୟ କାର୍ଯ୍ୟନିର୍ବାହୀ କିମ୍ବା ପରିଚାଳନା ନିର୍ଦ୍ଦେଶକ ହେଉଛନ୍ତି ଜଣେ ବେତନପ୍ରାପ୍ତ କର୍ମଚାରୀ । ମାଲିକମାନଙ୍କ ଦ୍ୱାରା ଆଇନଗତ ନିର୍ଦ୍ଦେଶନାମାକୁ ମାନିବା ହେଉଛି ବେତନପ୍ରାପ୍ତ କର୍ମଚାରୀଙ୍କର ପ୍ରଥମ କର୍ତ୍ତବ୍ୟ । କେବଳ ପ୍ରାଥମିକ ସମବାୟ ସମିତିରେ ବ୍ୟକ୍ତିଗତ ଭାବେ ଲୋକମାନେ ଅଂଶୀଦାର ସଭ୍ୟ ହୋଇଥିଲା ବେଳେ କେନ୍ଦ୍ର ସମବାୟ ସମିତି ଓ ଶୀର୍ଷ ସମବାୟ ସମିତିରେ କେବଳ ପ୍ରାଥମିକ ଓ କେନ୍ଦ୍ର ସମବାୟ ସମିତିମାନେ ଅଂଶୀଦାର ସଭ୍ୟ ହୋଇଥାନ୍ତି । କିନ୍ତୁ ଗଣତାନ୍ତ୍ରିକ ପ୍ରକ୍ରିୟାରେ ଯେଉଁ ଅଂଶୀଦାରମାନେ ପ୍ରାଥମିକ ସମବାୟ ସମିତିରେ ପରିଚାଳନା ପରିଷଦକୁ ନିର୍ବାଚିତ ହୋଇଥାନ୍ତି ସେହି ସଭ୍ୟମାନଙ୍କ ମଧ୍ୟରୁ କେନ୍ଦ୍ର କିମ୍ବା ଶୀର୍ଷ ସମବାୟ ସମିତିର ପରିଚାଳନା ପରିଷଦକୁ ନିର୍ବାଚିତ ହୋଇଥାନ୍ତି । ତେଣୁ ସମିତିର ପ୍ରକୃତ କ୍ଷମତାପ୍ରାପ୍ତ ହେଉଛନ୍ତି ପ୍ରାଥମିକ ସମିତିର ଅଂଶୀଦାର ସଭ୍ୟ ।

ଓଡ଼ିଶା ରାଜ୍ୟ ସରକାର ସମବାୟ ବିଭାଗର ଆଦେଶ ସଂଖ୍ୟା 20177 / Co-op / dtd.23.09.1999 ମସିହା ରେ ଓଡ଼ିଶା ସମବାୟ ଆଇନ ୧୯୬୨ ଅନୁସାରେ ରାଜ୍ୟ ସମବାୟ ନିବନ୍ଧକଙ୍କୁ ପ୍ରଦତ୍ତ କେତେକ କ୍ଷମତା ମଧ୍ୟରୁ ସମବାୟ ଆଇନ ଧାରା ୬, ୭, ୮, ୧୦(ଏ), ୧୨, ୧୪, ୧୪(ଏ), ୧୬ (୨-ଏ), ୧୭, ୨୮, ୩୦, ୩୦(ଏ), ୩୨, ୩୩, ୩୫(୩), ୫୯ (ଏ), ୬୩, ୬୪, ୬୫,୬୬,୬୮,୭୦,୭୨,୭୩, ୭୫, ୭୬, ୭୭, ୯୦, ୧୦୨, ୧୦୩, ୧୦୪, ୧୦୫, ୧୦୬ (୧) (ବି), ୧୦୮, ୧୧୪, ୧୧୬ (୩), ୧୨୦, ୧୨୩ (ଏ), (୨) ଏବଂ ୧୬୮ (୩)କୁ ପ୍ରୟୋଗ କରିବାକୁ ସ୍ଥାନୀୟ ସୀମା ନିର୍ଦ୍ଧାରଣ କରିବା ପାଇଁ ରାଜ୍ୟ ସମବାୟ ନିବନ୍ଧକ ଗୁରୁପ୍ରସାଦ ମହାନ୍ତି (ଭା.ପ୍ର.ସେ.)ଙ୍କ ଦ୍ୱାରା ପରିଚାଳନା ନିର୍ଦ୍ଦେଶକ ଓଡ଼ିଶା ରାଜ୍ୟ ମହିଳା ବିକାଶ ସମବାୟ ନିଗମ, ପରିଚାଳନା ନିର୍ଦ୍ଦେଶକ ଓଡ଼ିଶା ରାଜ୍ୟ ଦୁଗ୍ଧ ଉତ୍ପାଦନକାରୀ ସମବାୟ ମହାସଂଘ ଓ ପରିଚାଳନା ନିର୍ଦ୍ଦେଶକ ଓଡ଼ିଶା ରାଜ୍ୟ ସମବାୟ ତୈଳବୀଜ ଉତ୍ପାଦନକାରୀ ମହାସଂଘକୁ କ୍ଷମତା ପ୍ରଦାନ କରାଯାଇଥିଲା । ଏହି ଆଦେଶନାମାଟି ଆଇନଗତଭାବେ ଭୁଲ୍ ହୋଇଥିଲେ ମଧ୍ୟ ସେବେଠାରୁ ଏହା କାର୍ଯ୍ୟକାରୀ ହୋଇଆସୁଛି । ମାତ୍ର ପରିଚାଳନା ନିର୍ଦ୍ଦେଶକମାନେ ସମିତିର ବେତନପ୍ରାପ୍ତ କାର୍ଯ୍ୟନିର୍ବାହୀ । ସେମାନଙ୍କୁ ସମବାୟ ନିବନ୍ଧକଙ୍କ ପ୍ରଦତ୍ତ କ୍ଷମତା ହସ୍ତାନ୍ତର କରାଯାଇପାରିବ ନାହିଁ । କୌଣସି କାରଣବଶତଃ ସେମାନଙ୍କ ସୀମା ନିର୍ଦ୍ଧାରଣ ମଧ୍ୟରେ ପ୍ରାଥମିକ ଓ କେନ୍ଦ୍ର ସମବାୟ ସମିତିଗୁଡ଼ିକର ପରିଚାଳନା ପରିଷଦକୁ ଭାଙ୍ଗିବାପାଇଁ ପରିଚାଳନା ନିର୍ଦ୍ଦେଶକ କିମ୍ବା ମୁଖ୍ୟ କାର୍ଯ୍ୟନିର୍ବାହୀମାନେ ଏହି ଭୁଲ୍ ଆଦେଶନାମା ବଳରେ ପାଇଥିବା କ୍ଷମତାକୁ ପ୍ରୟୋଗ

କରନ୍ତି । ଯାହାଦ୍ୱାରା ଆଇନର ଉଲ୍ଲଂଘନ ହୁଏ ଏବଂ ଆଇନ୍‌ର ଅପବ୍ୟବହାର କରାଯାଇଥିବାରୁ ଭଙ୍ଗାଯାଇଥିବା ପରିଚାଳନା ପରିଷଦ ନ୍ୟାୟ ପାଇବା ପାଇଁ ନ୍ୟାୟାଳୟର ଆଶ୍ରୟ ନିଏ ।

ମାତ୍ର ଏ ସମସ୍ତ ବିଷୟକୁ ତର୍ଜମା କରାଯାଇ ଜଣାଯାଏ ଯେ, ପରିଚାଳନା ନିର୍ଦ୍ଦେଶକ ନେଇଥିବା ନିଷ୍ପତ୍ତି ଆଇନ ଅନୁସାରେ ଠିକ୍ ନୁହେଁ । କାରଣ ଓଡ଼ିଶା ସମବାୟ ଆଇନ ୧୯୬୨ ଧାରା ୩ ର ଉପଧାରା (୩)ରେ କେବଳ ସମିତିକୁ କ୍ଷମତାପ୍ରାପ୍ତ କରାଯାଇଛି ଯାହା କେବଳ ପରିଚାଳନା ପରିଷଦ ଏହି କ୍ଷମତାକୁ ଉପଯୋଗ କରିପାରିବେ । ସମିତିର ପରିଚାଳନା ନିର୍ଦ୍ଦେଶକ କିମ୍ବା ମୁଖ୍ୟ କାର୍ଯ୍ୟନିର୍ବାହୀ ଅଧିକାରୀ ଉକ୍ତ ଆଇନକୁ କୌଣସି ପରିପ୍ରେକ୍ଷୀରେ ପ୍ରୟୋଗ କରିପାରିବେ ନାହିଁ । ପ୍ରଦତ୍ତ ଆଇନକୁ ଅପବ୍ୟବହାର କରୁଥିବା ପରିଚାଳନା ନିର୍ଦ୍ଦେଶକ ଓ ମୁଖ୍ୟ କାର୍ଯ୍ୟ ନିର୍ବାହୀମାନଙ୍କ କାର୍ଯ୍ୟଧାରାରୁ ଏହି ଆଇନକୁ ପ୍ରତ୍ୟାହାର କରାଯିବା ଆବଶ୍ୟକ । କାରଣ ପ୍ରଦତ୍ତ ସମବାୟ ଆଇନକୁ ଠିକ୍ ଭାବେ ପଢ଼ି ନବୁଝି କାର୍ଯ୍ୟ କରିବାରେ ସାମାନ୍ୟ ଭୁଲ୍ ହେଲେ ଏ ପ୍ରକାର କର୍ମଚାରୀମାନଙ୍କ ଗର୍ହିତ ଅପରାଧ ପାଇଁ ନ୍ୟାୟାଳୟକୁ ଯିବାକୁ ପଡୁଛି । ମାଲିକ ଓ କର୍ମଚାରୀମାନଙ୍କ ମଧ୍ୟରେ ଉତ୍ତମ ବୁଝାମଣା ନ ରହିବାରୁ କର୍ମଚାରୀମାନେ ମାଲିକମାନଙ୍କ ପ୍ରତି ଦେଖାଉଥିବା ବ୍ୟବହାର ସମୟେ ସମୟେ ଅସହ୍ୟ ହୋଇଥାଏ । ମାଲିକ ଯେତେବେଳେ କର୍ମଚାରୀର ଭୁଲ୍ ଦେଖି ତାଗିଦା କରେ ଭବିଷ୍ୟତରେ ଏପରି ଭୁଲ୍ ଯେପରି କର୍ମଚାରୀଟି ନକରିବ ତା'ର ଉତ୍ତରରେ କର୍ମଚାରୀ କ୍ରୋଧର ବଶବର୍ତ୍ତୀ ହୋଇ ସମୟ ଦେଖି ମାଲିକର ଚଷମାଟି ଲୁଚାଇ ଦେଇଥାଏ । ଫଳରେ ମାଲିକଟି ଚଷମା ପିନ୍ଧି ସମସ୍ତ କାର୍ଯ୍ୟ ଠିକ୍ ପଢ଼ିପାରୁଥିଲା ବେଳେ ବିନା ଚଷମାରେ ବେସାହାରା ହୋଇଯାଏ । ଫଳରେ ଠାକୁର ଘରେ କିଏ ନା ମୁଁ କଦଳୀ ଖାଇନାହିଁ ନ୍ୟାୟରେ କର୍ମଚାରୀମାନେ କାର୍ଯ୍ୟକରି ଚାଲିଥାନ୍ତି । ସମବାୟ ସମିତିର ସଭ୍ୟମାନଙ୍କର ସଭ୍ୟପଦ ଅନିର୍ଦ୍ଦିଷ୍ଟ କାଳପାଇଁ ବଳବତ୍ତର ଥିଲେ ମଧ୍ୟ ବେତନପ୍ରାପ୍ତ କର୍ମଚାରୀମାନଙ୍କର କାର୍ଯ୍ୟକାଳ ଏକ ନିର୍ଦ୍ଦିଷ୍ଟ ଦିନପାଇଁ ନିର୍ଦ୍ଧାରଣ କରାଯାଇଛି । ଏହା ରାଜ୍ୟ ସରକାରଙ୍କ ପ୍ରଥମ କର୍ତ୍ତବ୍ୟ ସମବାୟ ଆଇନରେ ସମବାୟ ନିବନ୍ଧକଙ୍କର କ୍ଷମତାକୁ ପ୍ରୟୋଗ କରିବା ପାଇଁ କର୍ମଚାରୀମାନଙ୍କୁ ଯେଉଁ କ୍ଷମତା ଦିଆଯାଇଛି ଆଇନତଃ ତାହା ଭୁଲ୍ ଏବଂ ତାହା ପ୍ରତ୍ୟାହାର ହେଲେ ସମବାୟ ଆଇନ ଠିକ୍ ରୂପେ କାର୍ଯ୍ୟ କରିବ ।

'ଓଡ଼ିଶା ଏକ୍ସପ୍ରେସ୍' - ତା୧୧.୦୯.୨୦୨୪ରେ ପ୍ରକାଶିତ

ବହୁମୁଖୀ ସେବା ସମବାୟ ସମିତି

ପୃଥିବୀରେ ଜାପାନ ଏକମାତ୍ର ଦେଶ ଯେଉଁଠାରେ ସେବା ସମବାୟ ସମିତିମାନେ କୃଷକମାନଙ୍କର ସମସ୍ତ କାରବାର ତଥା ଉନ୍ନତ ଜୀବନଧାରଣ ସହିତ ଓତଃପ୍ରୋତ ଭାବରେ ଜଡ଼ିତ। ଜାପାନ ଅତି ଶିଳ୍ପୋନ୍ନତ ଓ ଧନୀ ରାଷ୍ଟ୍ର । ଶିଳ୍ପ ତୁଳନାରେ କୃଷି ଲାଭଜନକ ହେଉନଥିବାରୁ ଜାପାନୀମାନେ କେବଳ କୃଷି ଉପରେ ନିର୍ଭର କରିପାରନ୍ତି ନାହିଁ । ଏଣୁ ବୃଦ୍ଧ ତଥା ଅବସାପ୍ରାପ୍ତ କର୍ମଚାରୀମାନେ ସାମୟିକ ଭାବରେ ସପ୍ତାହର ଛୁଟିଦିନ ମାନଙ୍କରେ ଛୋଟ ଛୋଟ ଜମିରେ ଧାନ ତଥା ପନିପରିବା ଚାଷ କରନ୍ତି । ଜାପାନ ଖାଦ୍ୟ ପଦାର୍ଥରେ ସ୍ୱାବଲମ୍ବୀ ନଥିବାରୁ ଦ୍ୱିତୀୟ ବିଶ୍ୱଯୁଦ୍ଧ ସମୟରେ ଅନ୍ୟ ଦେଶରୁ ଜାପାନକୁ ଧାନ ଆମଦାନୀ ବନ୍ଦ ହୋଇଯିବାରୁ ଜାପାନୀମାନେ ଖାଦ୍ୟ ଅଭାବର ସମ୍ମୁଖୀନ ହୋଇଥିଲେ । ମିତ୍ରଶକ୍ତି ସହିତ ବାଧହୋଇ ଜାପାନ ସରକାର ସନ୍ଧି କରିବାରୁ ଖାଦ୍ୟ ଅଭାବ ଦୂର ହୋଇଥିଲା । ଏଣୁ ଯୁଦ୍ଧର ଅବସାନ ପରେ ନିଜ ଦେଶରେ ଅଧିକ ଫସଲ ଉତ୍ପାଦନ କରିବା ପାଇଁ ଜାପାନ ସରକାର ବିଭିନ୍ନ ପଦକ୍ଷେପ ନେଲେ । ସରକାର ଭୂସଂସ୍କାର ଆଇନ୍ ପ୍ରଣୟନ କରି ବ୍ୟକ୍ତିଗତ ଚାଷଜମି ୭୧/୨ ଏକର ସୀମାବଦ୍ଧ କଲେ । ସଘନ ଚାଷ ପ୍ରଣାଳୀ ଅନୁସରଣ କରିବା ପାଇଁ କୃଷିଋଣ ସେବା ସମବାୟ ସମିତିମାନେ ଚାଷୀମାନଙ୍କୁ ଋଣ ସହିତ ସାର ପ୍ରଭୃତି ସମସ୍ତ ଉତ୍ପାଦିତ ସମ୍ବଳ ଯୋଗାଇଦେଲେ । ଶିଳ୍ପ ଉତ୍ପାଦିତ ଦ୍ରବ୍ୟ ସହିତ ଚାଷ ଦ୍ରବ୍ୟ ମୂଲ୍ୟର ଭାରସାମ୍ୟ ପାଇଁ ବିଦେଶରୁ ଆମଦାନୀ ଧାନ ଦର ଅପେକ୍ଷା ନିଜ ଦେଶର ଚାଷୀମାନଙ୍କ ଠାରୁ ଜାପାନ ସରକାର ସେବା ସମବାୟ ସମିତିମାନଙ୍କ ଜରିଆରେ ୮ ଗୁଣ ଅଧିକ ଦରରେ ଧାନ କିଣିଲେ ଏବଂ ଦୈବି ଦୁର୍ବିପାକ, ଝଡ଼ ଓ ତୋଫାନରେ ଫସଲ ନଷ୍ଟ ହେଉଥିବାରୁ ଫସଲବୀମା ପ୍ରବର୍ତ୍ତନ କରିଅଛନ୍ତି । ସେବା ସମବାୟ ସମିତିମାନେ ଚାଷୀଙ୍କୁ ସମସ୍ତ ବ୍ୟବହାରିକ ଜିନିଷମାନ ଉଚିତ୍ ମୂଲ୍ୟରେ ଯୋଗାଉଛନ୍ତି । ସମବାୟର ସଫଳ

ରୂପାୟନ ତଥା ଆତ୍ମ ନିର୍ଭରଶୀଳତା ପାଇଁ ସେ ଦେଶର ସଚେତନ କୃଷକ ସଭ୍ୟମାନଙ୍କର ଆଚରଣ ତଥା ଜାପାନ ସରକାରଙ୍କ ଆଭିମୁଖ୍ୟ ହିଁ ଦାୟୀ । ଅଥଚ ଆମ ଦେଶର ସରକାର ସମବାୟ ସମିତିମାନଙ୍କୁ ନିୟନ୍ତ୍ରିତ କରିବା ପାଇଁ ବିଭିନ୍ନ ଆଇନ ତଥା କଟକଣା କରି ଋଣ ବାଣ୍ଟିବା ଓ ଋଣ ଛାଡ଼ କରିବାର ବାତାବରଣ ସୃଷ୍ଟି କରୁଥିଲେ ମଧ୍ୟ ଚାଷୀ ତଥା ସମବାୟ ସମିତିମାନେ ଦୁର୍ଦ୍ଦଶାଗ୍ରସ୍ତ ହେଉଛନ୍ତି ।

ଜାପାନର ରାଜଧାନୀ ଟୋକିଓ ସହରର ନିକଟସ୍ଥ ସାନିଟାନା ପ୍ରଦେଶର ମୁସାସିକୋ ଗ୍ରାମ କାଜୋ ପ୍ରାଥମିକ ବୃହଦାକାର ବହୁମୁଖୀ ସେବା ସମବାୟ ସମିତି ଅନୁଧ୍ୟାନ କଲେ ଜାପାନର ସମବାୟ ଆନ୍ଦୋଳନ କିପରି ସେ ଦେଶର ଲୋକମାନଙ୍କର ଅସ୍ଥି ମଜ୍ଜାଗତ ହୋଇଯାଇଛି ତାହା ସହଜରେ ଉପଲବ୍ଧ ହୋଇପାରିବ । ୪୬ ବର୍ଷ ପୂର୍ବେ ଆର୍ଥିକ ଦୃଷ୍ଟିରୁ ସ୍ୱାବଲମ୍ବୀ ହେବାପାଇଁ କେତେକ ଛୋଟ ଛୋଟ ସମବାୟ ସମିତିର ମିଶ୍ରଣରେ କାଜୋ ବୃହତ୍ତାକାର ବହୁମୁଖୀ ସେବା ସମବାୟ ସମିତି ଗଠିତ ହୋଇଥିଲା । ଏହାର କାର୍ଯ୍ୟକାରୀ ସୀମା ୫୮.୮୧ ବର୍ଗ କିଲୋମଟର ଅଞ୍ଚଳରେ ସୀମାବଦ୍ଧ । ଉକ୍ତ ସମିତିର ସଭ୍ୟସଂଖ୍ୟା ୪୧୨୭ । ସେମାନଙ୍କ ମଧ୍ୟରୁ ୩୦୭ ଜଣ ବୃଦ୍ଧ ଲୋକ ଉକ୍ତ ସେବା ସମବାୟ ସମିତିର କେବଳ ସ୍ଥାୟୀ ସଭ୍ୟ ଏବଂ ଅନ୍ୟମାନେ ସାମୁହିକ ସଭ୍ୟ ଅଟନ୍ତି । ଉକ୍ତ ସମିତି ଅଧିନରେ ପ୍ରଧାନ କାର୍ଯ୍ୟାଳୟ ବ୍ୟତୀତ ଆଉ ୮ଟି ଶାଖା କାର୍ଯ୍ୟାଳୟ କାର୍ଯ୍ୟକାରୀ ହେଉଅଛି । ଉକ୍ତ ସମିତିରେ ୧୬ଟି ବିଷୟରେ ବ୍ୟବସାୟ କରାଯାଉଛି । ଉକ୍ତ ସମିତି ସ୍ୱଳ୍ପ, ମଧ୍ୟମ ତଥା ଦୀର୍ଘକାଳୀନ ଋଣ ପ୍ରଦାନ ସହିତ ସାର, କୀଟନାଶକ ଔଷଧ, କୃଷି ଯନ୍ତ୍ରପାତି, ପେଟ୍ରୋଲ, ଡିଜେଲ୍ ଓ ଅନ୍ୟାନ୍ୟ ବ୍ୟବହାରିକ ପଦାର୍ଥମାନ ବ୍ୟବସାୟ କରୁଅଛି । ବଡ଼ ବଡ଼ ଗୋଦାମ ଘର ତିଆରି କରି ସଭ୍ୟମାନଙ୍କ ଠାରୁ ଧାନ କିଣି ମହଜୁଦ ରଖୁଛି । ଉକ୍ତ ସମିତିଟି ନିଜର କୃଷି ଯନ୍ତ୍ରପାତି ମରାମତି କାରଖାନା ପରିଚାଳନା କରୁଅଛି । ଜୀବନବୀମା, ଶସ୍ୟବୀମା ତଥା ଅନ୍ୟାନ୍ୟ ବୀମା ବ୍ୟବସାୟ ସମିତି କରୁଅଛି । ୨୦୨୩ ମସିହା ରିପୋର୍ଟ ଅନୁଯାୟୀ ଜାପାନର ସେବା ସମବାୟ ସମିତିମାନଙ୍କ ସହିତ ଆମ ଦେଶର ୧୦୨୪୨୮ ଗୋଟି ପ୍ରାଥମିକ କୃଷି ଋଣ ସମବାୟ ସମିତିମାନଙ୍କ ସହିତ ତୁଳନା କଲେ ଜଣାଯାଏ ଆମେ ସମବାୟ ଆନ୍ଦୋଳନରେ ବହୁ ପଛରେ ପଡ଼ିଛେ । ଓଡ଼ିଶା ରାଜ୍ୟକଥା ନ କହିଲେ ଭଲ । କାରଣ ୨୦୨୩ ମସିହାରେ ଓଡ଼ିଶାରେ ୨୭୧୦ ଗୋଟି କୃଷିଋଣ ସମବାୟ ସମିତି ଥିଲାବେଳେ ରାଜ୍ୟ ସରକାରଙ୍କ ନିର୍ଦ୍ଦେଶରେ ସମବାୟ ସମିତି ନଥିବା ପଞ୍ଚାୟତ ଗୁଡ଼ିକରେ ନୂତନ କରି ୧୫୪୨ ଗୋଟି ସେବା ସମବାୟ ସମିତି ଗଠନ କରାଯାଇଥିଲେ ମଧ୍ୟ ତାହା ପଞ୍ଜିକରଣ ପରେ କେବଳ

କାଗଜ ପତ୍ରରେ କାର୍ଯ୍ୟ କରୁଛି ବୋଲି ଜଣାପଡ଼େ । କୌଣସି ନୂତନ ସମବାୟ ସମିତିର କାର୍ଯ୍ୟାଳୟ ନାହିଁ, କର୍ମଚାରୀ ନିଯୁକ୍ତି ହୋଇ ନାହାନ୍ତି । ମାତ୍ର ଅନିୟମିତ ଭାବେ ରାଜ୍ୟ ସମବାୟ ବ୍ୟାଙ୍କ ନୂତନ ସମବାୟ ସମିତି ମାନଙ୍କୁ କମ୍ପ୍ୟୁଟର ଯୋଗାଇବା ପାଇଁ ତତ୍ପର ହୋଇ ଉଠିଛି । ତାହାର କାରଣ ସାଧାରଣରେ ବୁଝାପଡୁ ନାହିଁ । ଉକ୍ତ କମ୍ପ୍ୟୁଟରଗୁଡ଼ିକ କିଣାଯାଇ କାହାକୁ ଯୋଗାଯିବ ଏବଂ କେଉଁଠାରେ ରହିବ, କିଏ ସେଗୁଡ଼ିକର ଦାୟିତ୍ୱରେ ରହିବ ? ନୂତନ ସମବାୟ ସମିତି ଗଠନ କରି ସରକାର ହାସ୍ୟାସ୍ପଦ ହେଉଛନ୍ତି । ଏହା କେବଳ ସମବାୟ ବିଭାଗର ଉଚ୍ଚ କ୍ଷମତା ସମ୍ପନ୍ନ ଅଧିକାରୀମାନଙ୍କ ପାଇଁ ସରକାର ଏ ଦଶା ଭୋଗୁଛନ୍ତି । ସମବାୟ ସଚିବ ଓ ରାଜ୍ୟ ସମବାୟ ନିବନ୍ଧକ ଏ ଦିଗରେ ତୁରନ୍ତ ପଦକ୍ଷେପ ନେବାର ଆବଶ୍ୟକତା ଦେଖାଦେଇଛି ।

ଅନେକ ପ୍ରଦେଶରେ ରାଜ୍ୟ ସରକାରମାନଙ୍କ ଅହେତୁକ ହସ୍ତକ୍ଷେପ ଫଳରେ ଭାରତବର୍ଷରେ ସମବାୟ ଆନ୍ଦୋଳନରେ କ୍ଷୀପ୍ର ଅଧୋଗତି ହେବାରେ ଲାଗିଛି । ଜାପାନରେ ପ୍ରତ୍ୟେକ ସମବାୟ ସମିତିର ସଭ୍ୟଙ୍କର ଜମାରାଶି ହାରାହାରି ୧ କୋଟି ଟଙ୍କାରୁ ଊର୍ଦ୍ଧ୍ୱ । ମାତ୍ର ସେ ତୁଳନାରେ ଭାରତବର୍ଷର ସମବାୟ ସମିତିମାନଙ୍କର ସଭ୍ୟମାନେ ସମିତି ଠାରୁ ଋଣ ନେଉଥିଲା ବେଳେ ଚାଷରୁ ରୋଜଗାର ଏବଂ ଅନ୍ୟାନ୍ୟ ପନ୍ଥାରୁ ରୋଜଗାର ମିଶି ଘରର ଆବଶ୍ୟକ ଖର୍ଚ୍ଚ ତୁଲାଇଲା ପରେ ବଳକା ଅର୍ଥକୁ ଅନ୍ୟ ବାଣିଜ୍ୟିକ କିମ୍ବା ଘରୋଇ ବ୍ୟାଙ୍କରେ ଜମା ରଖୁଛନ୍ତି । ଜାପାନର କାଜୋ ବୃହତ୍ତାକାର ବହୁମୁଖୀ ସେବା ସମବାୟ ସମିତିର ଜମା ଯାହା ତାହା ଭାରତବର୍ଷର ସମସ୍ତ ସେବା ସମବାୟ ସମିତିମାନଙ୍କ ମୋଟ୍ ଜମାଠାରୁ ଅଳ୍ପ କମ୍ । କାଜୋ ବୃହତ୍ତାକାର ବହୁମୁଖୀ ସେବା ସମବାୟ ସମିତି ୨୫୦ କୋଟି ୨୪ ଲକ୍ଷ ଟଙ୍କାର ଫସଲ କିଣିଥିଲା ସ୍ଥଳେ ଓଡ଼ିଶାର ସମସ୍ତ ସମବାୟ ସମିତି ତାହା ଅନୁପାତରେ ଅଳ୍ପ ଅଧିକ । ଜାପାନରେ ସମସ୍ତ ସମବାୟ ସମିତିଙ୍କର କାର୍ଯ୍ୟ କମ୍ପ୍ୟୁଟର ସାହାଯ୍ୟରେ କରାଯାଉଥିବା ସ୍ଥଳେ ୧୯୮୧ ମସିହାରୁ ଓଡ଼ିଶାର କୃଷିଋଣ ସମବାୟ ସମିତିଙ୍କର କମ୍ପ୍ୟୁଟରୀକରଣ ପାଇଁ କାର୍ଯ୍ୟ ଆରମ୍ଭ କରାଯାଇଥିଲେ ମଧ୍ୟ ତାହା ଆଜି ପର୍ଯ୍ୟନ୍ତ ଶେଷ ହୋଇପାରିଲା ନାହିଁ କି କୃଷକ ସଭ୍ୟମାନେ ଏହାର ସୁଫଳ ପାଇପାରିଲେ ନାହିଁ । ଏହା ମଧ୍ୟରେ ଦୀର୍ଘ ୪୩ ବର୍ଷ ବିତିଯାଇଥିଲେ ମଧ୍ୟ ଓଡ଼ିଶାର ସେବା ସମବାୟ ସମିତି ମାନଙ୍କର ସମସ୍ତ କାର୍ଯ୍ୟ କମ୍ପ୍ୟୁଟର ସାହାଯ୍ୟରେ ହୋଇପାରିଲା ନାହିଁ ଯାହାଫଳରେ ଋଣ ଦୁର୍ନିତୀ ରୋକାଯାଇପାରିଲା ନାହିଁ । ପ୍ରତ୍ୟେକ ସଭ୍ୟର ଦେଣନେଣ ଓ କିଣାବିକା ହିସାବ କମ୍ପ୍ୟୁଟର ସାହାଯ୍ୟରେ କରାଯାଇ ଜାପାନର ସମିତିମାନେ

ନିୟମିତ ଭାବରେ ତା'ର ସଭ୍ୟମାନଙ୍କୁ ଦେୟ ପ୍ରାପ୍ୟ ଫର୍ଦ୍ଦ ଯୋଗାଇ ଦିଅନ୍ତି । ଜାପାନରେ ଋଣ ଅସୁଲ ଶତକଡ଼ା ୧୦୦ ଭାଗ । ଅସଦ୍ ବିନିଯୋଗ ଟଙ୍କା ତୋଷାରପାତ ଓ ହିସାବ କିତାବ ଗଣ୍ଡୋଗଳ ଆମ ଦେଶର ସମିତିମାନଙ୍କ ଭଳି ଜାପାନରେ ହୁଏ ନାହିଁ ।

ଜାପାନୀମାନେ ଇଞ୍ଚେ ହେଲେ ଜମି ପଡ଼ିଆ ପକାନ୍ତି ନାହିଁ । ସେଠାରେ ଜମି ଅତି ଉର୍ବର । ଜାପାନୀମାନେ ବୈଜ୍ଞାନିକ ପଦ୍ଧତିରେ ଚାଷକରି ପ୍ରଚୁର ଫସଲ ଉତ୍ପାଦନ କରନ୍ତି । ଜାପାନରେ ହେକ୍ଟର ପିଛା ଧାନ ଅମଳ ୧୨ ଟନ୍‌ରୁ ଅଧିକ ହୋଇଥିଲା ବେଳେ ଭାରତରେ ୬ ଟନ୍ ଓ ଓଡ଼ିଶାରେ ୪ ଟନ୍ ଉତ୍ପାଦନ ହେଉଛି । ଜାପାନୀମାନଙ୍କ କର୍ତ୍ତବ୍ୟନିଷ୍ଠା ଓ ଦାୟିତ୍ୱବାନ୍ କାର୍ଯ୍ୟପାଇଁ ସେ ଦେଶରେ ବ୍ୟକ୍ତିଗତ ଆୟ ସର୍ବାଧିକ ।

ଜାପାନରେ କୃଷିଋଣ ସମବାୟ ସମିତିମାନେ ସଭ୍ୟମାନଙ୍କ ଆର୍ଥିକ ପ୍ରଗତିରେ ସହଯୋଗୀ ହେବା ସଙ୍ଗେ ସଙ୍ଗେ ସ୍ଥାନୀୟ ଜନସାଧାରଣଙ୍କ ମନୋରଞ୍ଜନ, ବ୍ୟାୟାମ ପ୍ରଭୃତି ସାଂସ୍କୃତିକ ବିକାଶ ତଥା ବିବାହ ଉତ୍ସବର ବ୍ୟବସ୍ଥା ପାଇଁ ଥିଏଟର, ପ୍ରେକ୍ଷାଳୟ, ସିନେମାଗୃହ, ଭୋଜନାଳୟ, ଖେଳପଡ଼ିଆ ତଥା ସଭା ଗୃହର ପରିଚାଳନା କରନ୍ତି । ପିଲାମାନଙ୍କ ପାଇଁ ପାର୍ବତ୍ୟ ଅଞ୍ଚଳରେ ସୁଡ଼ଙ୍ଗ ପଥ ଓ Ghostland ରେ ରେଳ ଚଳାଚଳ, ଊର୍ଦ୍ଧ୍ୱସ୍ଥ ଦୌଡ଼ରେ (Rope way) ସାଇକେଲ ପରିଚାଳନାର ମଧ୍ୟ ବ୍ୟବସ୍ଥା କରିଛନ୍ତି । ଯାହାକି ପ୍ରତି ଓଡ଼ିଆ ପିଲାମାନଙ୍କର ବାପ ମା'ଙ୍କ ଦ୍ୱାରା ଶିକ୍ଷା ଶେଷ ହେବା ପର୍ଯ୍ୟନ୍ତ ପିଲାମାନଙ୍କ ପାଇଁ ଦାୟିତ୍ୱ ନିର୍ବାହ କରିବାକୁ ପଡ଼େ । ଜାପାନର ସମସ୍ତ ବିଷୟ ଚିନ୍ତାକଲେ ଓଡ଼ିଶା ଜାପାନଠାରୁ ଶିକ୍ଷା ଗ୍ରହଣ କରି ସମବାୟକୁ ଆଗେଇ ନେଲେ ସମବାୟ ସଂସ୍କାରର ଦ୍ରୁତ ବିକାଶ ହୋଇପାରିବ । ଏହା ସରକାରଙ୍କ ପ୍ରାଥମିକ କର୍ତ୍ତବ୍ୟ ହେବା ଦରକାର । ଓଡ଼ିଶାର ସମବାୟ ମନ୍ତ୍ରୀ ଶ୍ରୀଯୁକ୍ତ ପ୍ରଦୀପ କୁମାର ବଳସାମନ୍ତ ଜଣେ ବୁଦ୍ଧିମାନ୍ ଓ କର୍ତ୍ତବ୍ୟନିଷ୍ଠ ବ୍ୟକ୍ତି ହୋଇଥିବାରୁ ଏବଂ କେନ୍ଦ୍ର ସମବୟ ମନ୍ତ୍ରୀ ଶ୍ରୀଯୁକ୍ତ ଅମିତ ଶାହା ମଧ୍ୟ ସମବାୟରେ ଅଗାଧ ଜ୍ଞାନ ଅହୋରଣ କରିଥିବା ଜଣେ ବ୍ୟକ୍ତିବିଶେଷ ହୋଇଥିବାରୁ ଏ ଦିଗରେ ଯତ୍ନବାନ୍ ହେବେ ବୋଲି ଆଶା ।

'ଓଡ଼ିଶା ଏକ୍ସପ୍ରେସ୍' - ତା୧୮.୦୯.୨୦୨୪ରେ ପ୍ରକାଶିତ

ସମବାୟରେ ଅର୍ଥନୈତିକ ସମାନତା

କୌଣସି ଦେଶ ସ୍ୱାଧୀନ ହେବା ପରେ ଯେଉଁ ଅର୍ଥନୈତିକ ବିକାଶ ଘଟେ ତାହା ଦେଶର ରାଜନୈତିକ ସ୍ଥିତି ଅନୁସାରେ ପରିଗଣିତ ହୁଏ । କିଏ ପୁଞ୍ଜିବାଦ ଚାହେଁ ତ କିଏ ସମାଜବାଦ, ନହେଲେ ସାମ୍ୟବାଦ । ଭାରତ ସ୍ୱାଧୀନ ହେଲାପରେ ଯେଉଁ ଗଣତାନ୍ତ୍ରିକ ସମାଜବାଦ (Democratic Socialisim) ଆପଣାଇଲା ସେଥିରେ ଦେଶର ବିକାଶ ନିମନ୍ତେ ମିଶ୍ର ଅର୍ଥନୀତି ଗ୍ରହଣ କରାଗଲା । ଏଥିରେ ରାଷ୍ଟ୍ର ତଥା ଘରୋଇ ଉନ୍ନୟନକୁ ପ୍ରାଧାନ୍ୟ ଦିଆଗଲା । କେତେକ ସ୍ଥଳେ ରାଷ୍ଟ୍ର ଉନ୍ନୟନକୁ ଦାୟିତ୍ୱ ନେଲେ ଆଉ କେତେକ କ୍ଷେତ୍ରରେ ଘରୋଇ ସଂସ୍ଥା ଉନ୍ନୟନକୁ ଆଗେଇ ନେଲେ । ଆବଶ୍ୟକ ହେଲେ ରାଷ୍ଟ୍ର ଓ ଘରୋଇ ମିଶି ଉଦ୍ୟୋଗ କରିବେ ବୋଲି ସ୍ଥିର ହେଲା । ୧୯୫୫ ମସିହାରେ ଶିଳ୍ପୋଦ୍ୟୋଗୀ ସଂଘକୁ ସୂଚନା ଦେଇ ଭାରତର ପ୍ରଧାନମନ୍ତ୍ରୀ ପଣ୍ଡିତ ନେହେରୁ କହିଥିଲେ ଯେ, ଦେଶର ଆଶୁ ବିକାଶ ପାଇଁ ଉଭୟ ଯୋଗଦାନ ଅବଶ୍ୟମ୍ଭାବୀ, ଏଥିପାଇଁ ଏକ ଯୋଜନା ଆବଶ୍ୟକ । ତଦନୁସାରେ କେନ୍ଦ୍ର ଓ ରାଜ୍ୟମାନଙ୍କରେ ଯୋଜନାବୋର୍ଡ଼ ଗଠିତ ହୋଇ ପଞ୍ଚବାର୍ଷିକ ଯୋଜନା ମାଧ୍ୟମରେ ଦେଶର ଅର୍ଥନୈତିକ ବିକାଶ ଆରମ୍ଭ କରାଯାଇଥିଲା । ସମ୍ବିଧାନର ଏହି ନୀତି ବ୍ୟବସ୍ଥା କଲାବେଳେ ସମବାୟ ମାଧ୍ୟମରେ ଅର୍ଥନୈତିକ ବିକାଶ ଘଟାଯାଇ ପାରିବ ବୋଲି ଚିନ୍ତା କରାଯାଇ ସମବାୟକୁ ଏହି ମିଶ୍ର ଅର୍ଥନୀତିରେ ସ୍ଥାନ ଦିଆଗଲା ।

ତଦନୁସାରେ ଭାରି, ମଧ୍ୟମ ଓ କ୍ଷୁଦ୍ର ଉଦ୍ୟୋଗ ଏମାନଙ୍କ ମଧ୍ୟରେ ଉନ୍ନୟନ ଦାୟିତ୍ୱ ବଣ୍ଟାଯାଇ ସରକାରଙ୍କ ନିୟନ୍ତ୍ରଣରେ ରଖାଗଲା । ଯୋଜନାବଦ୍ଧ ଅର୍ଥନୀତିରେ ଦେଶର ପ୍ରାକୃତିକ ସମ୍ପଦ ଓ ମାନବ ସମ୍ବଳ ସହିତ ଉତ୍ପାଦନ ଓ ବଣ୍ଟନର ସଦ୍ ବିନିଯୋଗ ହୋଇଥାଏ । ଯାହା ସମସ୍ତଙ୍କୁ ସୁଫଳ ଦେଇ ସମାନ ଅର୍ଥନୈତିକ ବିକାଶ ଘଟାଇଥାଏ ବୋଲି ପ୍ରଫେସର 'ମଲାନବିଶ୍' କହନ୍ତି । ଉରବିନ୍ଙ୍କ ମତରେ ଯୋଜନା

ଦ୍ୱାରା କେବଳ ପୁଞ୍ଜିବାଦର କୁଫଳକୁ ରୋକାଯାଇପାରିବ । ଆଉ ପାଦେ ଆଗକୁ ଯାଇ ପ୍ରଫେସର ଡାଲ୍‌ଟନ୍ କହିଛନ୍ତି ଯେ, ଯୋଜନାର ସଠିକ୍ ରୂପାୟନ ପାଇଁ ସତର୍କତା ଅବଲମ୍ବନ ବିଧେୟ । ବିଭିନ୍ନ ଉନ୍ନୟନ ପାଇଁ ପୁଞ୍ଜି ଯୋଗାଡ଼ ସହିତ ଅଧିକ ଉତ୍ପାଦନ, ସେବା ଓ ବଜାର ସୃଷ୍ଟିହେବା ଉଚିତ୍ । କୃଷି, ଶିଳ୍ପ, ଗମନାଗମନ, ଜଳ, ଶକ୍ତି, ଶିକ୍ଷା, ସ୍ୱାସ୍ଥ୍ୟ ସାଙ୍ଗକୁ ସଞ୍ଚାର ଓ ପ୍ରସାର ବିଭିନ୍ନ ପଞ୍ଚବାର୍ଷିକ ଯୋଜନା ଜରିଆରେ ବିକଶିତ ହେବାକୁ ଲାଗିଲାବେଳେ ରାଜନୀତି, ହିଂସା, ଅସ୍ୱଚ୍ଛ କାର୍ଯ୍ୟକଳାପ ଓ ପ୍ରାକୃତିକ ଦୁର୍ବିପାକ ଯୋଗୁ ସପ୍ତମ ପଞ୍ଚବାର୍ଷିକ ଯୋଜନା ପର୍ଯ୍ୟନ୍ତ ଦେଶର ଉନ୍ନୟନ ଗତି ମନ୍ଥର ରହିଲା । ବିଶ୍ୱ ଅର୍ଥନୀତି ସହ ଯୋଡ଼ିହୋଇ ବିକାଶକୁ ଆହୁରି ବ୍ୟାପକ କରିବାକୁ ଆମ ଦେଶରେ ଅଷ୍ଟମ ପଞ୍ଚବାର୍ଷିକ ଯୋଜନା ଠାରୁ ଅର୍ଥନୈତିକ ସଂସ୍କାର ଆରମ୍ଭ କରାଗଲା । ଏଥିରେ ରାଷ୍ଟ୍ରର ଗୁରୁତ୍ୱକୁ ସଂକୁଚିତ କରାଯାଇ ଘରୋଇ ଓ ସମବାୟ ସଂସ୍ଥାକୁ ବିକେନ୍ଦ୍ରିତ ଜନଶାସନକୁ ବିକାଶ କ୍ଷେତ୍ରରେ ଦାୟିତ୍ୱ ଦିଆଗଲା । ଲାଇସେନ୍ସ କଟକଣା ଉଠାଇ ଦିଆଗଲା । ଦେଶଜ ଉନ୍ନୟନ ଓ ବର୍ହିବ୍ୟାପାର ନିମନ୍ତେ ଶୁଳ୍କ ଟିକସ କୋହଳ କରିଦିଆଗଲା । ଅଧିକ ପୁଞ୍ଜି ଉଭୟ ସରକାରୀ, ଘରୋଇ ତଥା ସମବାୟ କ୍ଷେତ୍ରରେ ବିନିଯୋଗ ହୋଇ ଉତ୍ପାଦନ ଓ ମୁକ୍ତ ବଜାରଭିତ୍ତିକ ବଣ୍ଟନ ସୁବିଧା ଦିଆଗଲା ।

ଏହି ପରିପ୍ରେକ୍ଷୀରେ ଅର୍ଥନୀତ୍‌ବିତ୍ ଜି.ଆର୍. ପଞ୍ଚମୁଖି କହନ୍ତି (There should be plan hamonization among developing countries) ବିକାଶମୁଖୀ ଦେଶମାନଙ୍କ ମଧ୍ୟରେ ଉତ୍ପାଦନ ବାଣିଜ୍ୟକୁ ସୁଦୃଢ଼ ଓ ଦକ୍ଷତା ବୃଦ୍ଧି କରିବା ସଙ୍ଗେ ସଙ୍ଗେ ବିଶ୍ୱ ଅର୍ଥନୈତିକ ପ୍ରଗତି ସହ ସମ୍ପର୍କ ରଖିବା ଅର୍ଥନୈତିକ ସଂସ୍କାରର ମୁଖ୍ୟ ଉଦ୍ଦେଶ୍ୟ । ଅଷ୍ଟମରୁ ଏକାଦଶ ଯୋଜନା ମଧ୍ୟରେ ମୁକ୍ତ ଅର୍ଥନୀତି ଘଟି ବିକାଶ ତ୍ୱରାନ୍ୱିତ କରାଗଲାବେଳେ ଦେଖାଗଲା ଯେ ଉତ୍ପାଦନ ତଥା ବାଣିଜ୍ୟ ପ୍ରତି ଧ୍ୟାନ ନଦେଇ ଘରୋଇ ଉଦ୍ୟୋଗ ଶତାଂଶ କିମ୍ବା ଅର୍ଦ୍ଧାଧିକ ଅଂଶ ଓ ଭିତ୍ତିଭୂମି ଇତ୍ୟାଦିରେ ଦଖଲ ତଥା ରିହାତି ସୁବିଧା ଏବଂ ସର୍ବୋପରି ନିଜ ନିଜର ସ୍ୱାର୍ଥ ହାସଲରେ ଲାଗିପଡ଼ିଲେ । ଏପରିକି ସରକାରୀ ପୁଞ୍ଜି ତଥା ଗ୍ୟାରେଣ୍ଟି ଘରୋଇ ଉଦ୍ୟୋଗରେ ବିନିଯୋଗ ହେବା ଫଳରେ ଏସବୁ ଯୋଗୁ ଘରୋଇ ଅର୍ଥନୀତି ଦୁର୍ବଳ ହୋଇଗଲା । ସେବା କ୍ଷେତ୍ରରେ ଅବହେଳା କରାଗଲା। ଗ୍ରାମାଞ୍ଚଳକୁ ପୁଞ୍ଜି, ଶ୍ରମ, ଜ୍ଞାନ ଓ କୌଶଳ ବାଟମାରଣା ହେଲା । ସରକାର ତାଙ୍କର କୋହଳ ନୀତିରେ ନିୟନ୍ତ୍ରଣ ରଖିଲେ ନାହିଁ । ବର୍ତ୍ତମାନ କୃତ୍ରିମ ପୁଞ୍ଜି ଓ ଦ୍ରବ୍ୟ ଅଭାବ ସାଧାରଣରେ ଦେଖାଦେଇଛି । ଏଣୁ ଯୋଜନାର ପ୍ରକୃତ ଅର୍ଥ ଋଣ ଓ ସ୍ୱପାଣ୍ଠିରୁ ବିନିଯୁକ୍ତ ହେଲେ ମଧ୍ୟ ଯୋଗାଣ ଓ ଚାହିଦାର ଅଭାବ

ଦୃଷ୍ଟିରୁ ଅର୍ଥନୈତିକ ବିଷମତା ଆମ ସମାଜରେ ଦେଖାଦେଇଛି । ଦରଦାମ ବୃଦ୍ଧିଯୋଗୁ ମୁଦ୍ରାସ୍ଫିତି ଘଟୁଛି । ଉତ୍ପାଦନ ଅଭାବ ଓ ଦ୍ରବ୍ୟ ହଡ଼ପ ଯୋଗୁ ବହୁ ଜିନିଷ ଆମଦାନୀ କରିବାକୁ ପଡୁଛି । ରପ୍ତାନୀ କମିଯାଉଛି । ଏଣେ ବିକେନ୍ଦ୍ରିତ ଶାସନ ସହ ବିକେନ୍ଦ୍ରିତ ଉନ୍ନୟନ କ୍ଷେତ୍ରରେ ରାଜନୀତି ଓ ଦଲାଲମାନଙ୍କ ପ୍ରାଦୁର୍ଭାବ ଯୋଗୁ ଗ୍ରାମ୍ୟ ଅର୍ଥନୀତି ବିକଶିତ ହେଉନାହିଁ । ଆଦର୍ଶ ଓ ଆଭିମୁଖ୍ୟରେ (Growth with Justice) ଅର୍ଥାତ୍ ନ୍ୟାୟଯୁକ୍ତ ବିକାଶ କୁହାଯାଉଥିଲେ ମଧ୍ୟ ଅର୍ଥନୈତିକ ସଂସ୍କାର ତାହା କରିବାରେ ସକ୍ଷମ ହୋଇପାରୁ ନାହିଁ ।

ଦ୍ୱିତୀୟ ଧାଡ଼ି ହିସାବରେ ସ୍ୱଂୟ ସହାୟକ ଗୋଷ୍ଠୀ, ସମବାୟ, ମଧ୍ୟବର୍ତ୍ତୀ ବିକାଶପନ୍ଥୀ, ଶ୍ରମିକ ଗୋଷ୍ଠି ଓ ନିମ୍ନ ଜନପ୍ରତିନିଧି ସଂସ୍ଥା ଥିଲେ ମଧ୍ୟ ଏମାନେ ଅର୍ଥନୈତିକ, ସାମାଜିକ ବିକାଶ ଘଟାଇବା ନିମନ୍ତେ ଉଚିତ୍ ବ୍ୟବସ୍ଥା ପାଉନାହାନ୍ତି । ମାଇକ୍ରୋ ବିକାଶ କାର୍ଯ୍ୟକ୍ରମ ବୃହତ୍ ଗୋଷ୍ଠୀ ବା ସରକାର ଗ୍ରହଣ କଲାବେଳେ ମାଇକ୍ରୋ ବିକାଶ ଉପରେ ସୂଚିତ ଦ୍ୱିତୀୟଧାଡ଼ିଙ୍କ ହାତରେ ଦିଆଗଲା ଓ ସବୁଥିରେ ସରକାରୀ ନିୟନ୍ତ୍ରଣ ରଖାଗଲା । ଖାଲି ଅର୍ଥନୈତିକ ସ୍ୱାଧୀନତା ଘରୋଇ ସର୍ବସ୍ୱ କରିଦେଲେ ଅର୍ଥନୈତିକ ସମାନତା ବିପନ୍ନ ହେବ । ଅର୍ଥନୀତି କ୍ଷେତ୍ରରେ ଅରାଜକତା, ସ୍ୱେଚ୍ଛାଚାର ଓ ଭ୍ରଷ୍ଟାଚାର ଲାଗିରହୁଛି । ଆଗରୁ ରାଜନୀତି ଓ ସମାଜ କ୍ଷେତ୍ରରେ ଏହା ରହିଛି । ପୁଣି ଅର୍ଥନୀତିରେ ଏହା ଦେଖାଯିବାରୁ ଖୁବ୍ ଶୀଘ୍ର ଦେଶ, ବିଦେଶୀ ଓ ଘରୋଇ ନିକଟରେ ବନ୍ଧା ପଡ଼ିବ । ଲୋକେ ହନ୍ତସନ୍ତ ହେବେ । ମହାତ୍ମାଗାନ୍ଧୀ ସେଥିପାଇଁ କହିଥିଲେ 'Swaraj can not be complete till the poorest have guarantee of being provided with basic necessities of life.'

ଆଜିର ଏ ସନ୍ଧିକ୍ଷଣରେ ସମବାୟ ଅନୁଷ୍ଠାନଗୁଡ଼ିକ ଅଣ୍ଟାଭିଡ଼ିବା ଉଚିତ୍ । ଏହା ଦ୍ୱାରା ଉତ୍ପାଦନ ଓ ବଣ୍ଟନ ଜରିଆରେ ଅର୍ଥନୈତିକ ସମାନତା ସମାଜରେ ଆଣିବାରେ ସହାୟକ ହେବ । ଏବେ କେତେକ ରାଜ୍ୟରେ ଯୋଗାଣ ଦାୟିତ୍ୱ ସମବାୟକୁ ଦିଆଯାଇଛି । ଉଚିତ ମୂଲ୍ୟ ତଥା ପର୍ଯ୍ୟାପ୍ତ ଯୋଗାଣ ଆବଶ୍ୟକ ହୋଇଛି । ସ୍ୱୟଂ ସହାୟକ ଗୋଷ୍ଠୀ ମଧ୍ୟ ଅନେକ ଦାୟିତ୍ୱ ନେଲେଣି । କେତେକ ବିଦେଶୀ ରାଷ୍ଟ୍ର ସମବାୟ ହାତରେ ଅର୍ଥନୈତିକ ବିକାଶ ଦାୟିତ୍ୱ ଦେଇ ଭାରସାମ୍ୟ ରକ୍ଷା କଲେଣି । ଏଣୁ ସମବାୟ ପୁଞ୍ଜି ଓ ଦ୍ରବ୍ୟ ସଂଗ୍ରହ ଲଗାଣ ସହ ଯୋଜନାରେ ସକ୍ରିୟ ଅଂଶ ଗ୍ରହଣ କଲେ ଦେଶ ଅର୍ଥନୈତିକ ସ୍ୱାଧୀନତା ପରିବର୍ତ୍ତେ ସମାନତା ଆଣି ଅର୍ଥନୈତିକ ବୈଷମ୍ୟ ଦୂରକରି ସମାଜର ଶାନ୍ତି ଆଣିବାରେ ସହାୟକ ହୋଇପାରିବ । S. Dey ଯଥାର୍ଥରେ କହିଛନ୍ତି The Development of India must be of the people, by the people and for the people. ଯୋଜନା କାର୍ଯ୍ୟକାରିତାରେ ଜନସଂପର୍କ ରଖିବାକୁ ପଡ଼ିବ । ଏହା ଆଜିର ଆବଶ୍ୟକତା । ଏ ଦିଗରେ ମଧ୍ୟ ସରକାର ସୁଚିନ୍ତିତ ପଦକ୍ଷେପ ନେବା ପାଇଁ ଅର୍ଥ ବିଶାରଦ ଓ ତଳ ସ୍ତରରେ ଥିବା କାର୍ଯ୍ୟକାରିତାରେ ଯୋଗଦାନ କରିଥିବା ଲୋକମାନଙ୍କ ମତାମତକୁ ଯଥେଷ୍ଟ ସମ୍ମାନ ଦେବାର ଆବଶ୍ୟକ । ଏହାର ସଫଳତା ପାଇଁ ଅର୍ଥନୈତିକ ସମାନତା ନିତ୍ୟାନ୍ତ ଆବଶ୍ୟକ ।

'ଧରିତ୍ରୀ' - ତା୧୮.୦୯.୨୦୨୪ରେ ପ୍ରକାଶିତ

ଓଡ଼ିଶାରେ ବିଫଳ କୃଷିନୀତି

ଜାତୀୟ ଅର୍ଥନୀତିରେ କୃଷିରୁ ଶତକଡ଼ା ୬୦ ଭାଗ ଆୟ ହୁଏ । ଅଦ୍ୟାବଧି ଓଡ଼ିଶା ସମେତ ଶତକଡ଼ା ୭୦ ଭାଗ ଲୋକ କୃଷି ଉପରେ ନିର୍ଭରଶୀଳ । କୃଷିର ବିକାଶ ହୋଇପାରିଲେ ବେକାରୀ ସମସ୍ୟା ଦୂରୀଭୂତ ହୋଇପାରିବ । ଭୂ-ସଂସ୍କାର, ଜମି ସମୀକରଣ, ଜଳସେଚନର ପ୍ରସାରଣ, ଉଚିତ୍ ମାର୍ଗରେ କୃଷିଋଣ ଲଗାଣ, ଆଧୁନିକ ବୈଜ୍ଞାନିକ ପ୍ରଣାଳୀରେ ଯାନ୍ତ୍ରିକ ଚାଷ, ଉନ୍ନତ ବିହନ ଓ ସାର ପ୍ରୟୋଗ, ଜଳବାୟୁ ମୃତ୍ତିକା ଭେଦରେ ଫସଲ ଖସଡ଼ା ପ୍ରସ୍ତୁତ ତଥା ବିବିଧ ମିଶ୍ରିତ କିମ୍ବା ବହୁବିଧ ଶସ୍ୟ ଯୋଜନାରେ ଶସ୍ୟ ଉତ୍ପାଦନ ବୃଦ୍ଧି ଓ ଫସଲ ବୀମା ଯୋଜନାରେ ଠିକ୍ ସମୟରେ ଫସଲ କ୍ଷତିଭରଣା ପାଇଲେ ଚାଷୀ ଫସଲ ଉତ୍ତାରିବାକୁ ଉତ୍ସାହିତ ହେବ । ଉତ୍ପାଦିତ ଶସ୍ୟର ସଂରକ୍ଷଣ, ଖାଦ୍ୟର ପ୍ରକ୍ରିୟାକରଣ, କୃଷି ଶିଳ୍ପ ଉଦ୍ୟୋଗୀ କରଣ ଓ ଲାଭଜନକ ଦରରେ ଉତ୍ପାଦିତ ଶସ୍ୟ ଠିକ୍ ସମୟରେ ବିକ୍ରି ହୋଇପାରିଲେ ଚାଷୀର ଆୟ ବୃଦ୍ଧି ହୋଇ ଆର୍ଥିକ ମାନଦଣ୍ଡରେ ଉନ୍ନତି ହେବ ।

ବହୁ ଉନ୍ନତ ଦେଶରେ କୃଷି ଶିଳ୍ପ ଭାବରେ ଗଣତି ହୋଇଛି । ଆମ ଦେଶର କୃଷକସମାଜ ବା ସଂଗଠନମାନ କୃଷିକୁ ଶିଳ୍ପଭାବେ ଗଣତି କରିବା ପାଇଁ ଦାବି କରିଆସୁଛନ୍ତି ମାତ୍ର ତାହା ଏପର୍ଯ୍ୟନ୍ତ ସଫଳ ହୋଇପାରିନାହିଁ । ଆମେରିକା, ଇଉରୋପୀୟ ଦେଶ ଓ ଜାପାନର ଯାନ୍ତ୍ରିକ ଚାଷର ଉପଯୋଗରେ ଚାଷୀମାନେ ବହୁ ପରିମାଣରେ ଫସଲ ଉତ୍ପାଦନ କରି ଶିଳ୍ପ ସହିତ ସମାନ ହେବାପାଇଁ ପ୍ରତିଦ୍ୱନ୍ଦିତା କରିଚାଲିଛନ୍ତି । ଫଳରେ ଶିକ୍ଷିତ ବେକାରମାନେ ଯାନ୍ତ୍ରିକ ଚାଷ, ସାର ଓ କୃଷି ଯନ୍ତ୍ରପାତି କାରଖାନାରେ ନିଯୁକ୍ତି ପାଇ ପାରୁଛନ୍ତି । ଆମେରିକାରେ ଶତକଡ଼ା ୩ ଭାଗ ଲୋକ କୃଷି ଉତ୍ପାଦନ ତଥା ଦୁଧିଆଳି ଗାଈ ପ୍ରଭୃତି ପଶୁପାଳନ କରି ଓ ୪୫ ଭାଗ ଲୋକ ସାର, କୃଷି ଓ ଆନୁସାଙ୍ଗିକ କୃଷି ଯନ୍ତ୍ରପାତି ଉତ୍ପାଦନ କାରଖାନା ତଥା କୃଷିଭିତ୍ତିକ ଶିଳ୍ପ

କାରଖାନାରେ କୃଷି ଦ୍ରବ୍ୟ ପରିବହନ ନିମନ୍ତେ ନିଯୁକ୍ତି ପାଇଛନ୍ତି । ସରକାର ଚାଷୀର ସ୍ୱାର୍ଥ ରକ୍ଷାରେ ତତ୍‌କାଳୀନ ବିହିତ ପଦକ୍ଷେପମାନ ନେଉଛନ୍ତି ।

ଆମ ରାଜ୍ୟର ବାଣିଜ୍ୟ ସମବାୟ ସମିତିମାନେ କାର୍ଯ୍ୟକ୍ଷମ ଅବସ୍ଥାରେ ନଥିବାରୁ ବ୍ୟାଙ୍କରୁ ଋଣ ନପାଇ ଚାଷୀମାନଙ୍କର ଧାନ, ଚିନାବାଦାମ ଓ ଡାଲିଜାତୀୟ ଫସଲ ସରକାରୀ ସ୍ଥିରିକୃତ ସହାୟକ (M.S.P) ଦରରେ ସିଧାସଳଖ କିଣିପାରୁ ନାହାନ୍ତି । ସମୟେ ସମୟେ ଚାଷୀ ଧାର୍ଯ୍ୟ ମୂଲ୍ୟଠାରୁ କମ୍ ଦରରେ ଫସଲ ବିକ୍ରି କରୁଥିଲେ ମଧ୍ୟ ସରକାର ନିରବଦ୍ରଷ୍ଟା ସାଜୁଛନ୍ତି । ଚାଷୀମାନେ ଲାଭଜନକ ଦରରେ ଫସଲ ବିକ୍ରି କରିବାକୁ ନିଜ ଘରେ କିମ୍ବା ସମବାୟ ସମିତିର ଗୋଦାମ ଘରେ ଭଡ଼ା ସୂତ୍ରରେ କିମ୍ବା ବନ୍ଧକରେ ରଖିବାକୁ ସମବାୟ ଆଇନ୍ ପ୍ରଣୟନ ହେବା ଦରକାର । ୧୯୭୭ ମସିହାରୁ ସମବାୟ ସମିତିର ଗୋଦାମ ଘର ନିର୍ମାଣରେ ଜତୀୟ ସମବାୟ ଉନ୍ନୟନ ନିଗମ ତଥା ରାଜ୍ୟ ସମବାୟ ବ୍ୟାଙ୍କ ଜରିଆରେ ବିଶ୍ୱ ବ୍ୟାଙ୍କ ରାଷ୍ଟ୍ରୀୟ କୃଷି ବିକାଶ ଯୋଜନାରେ ଅର୍ଥ ଦେଉଅଛି । ମାତ୍ର ତାହାର ସୁଫଳ ସମବାୟ ସମିତିମାନେ ପାଇପାରୁନଥିବାରୁ ତାହା ସୁଫଳ ଦେଇପାରୁ ନାହିଁ । ଓଡ଼ିଶାରେ ପର୍ଯ୍ୟାପ୍ତ ଶୀତଳ ଭଣ୍ଡାର ନଥିବାରୁ ଆଳୁଚାଷୀମାନେ ଆଳୁ ଉତ୍ପାଦନ କମାଇ ସାରିଲେଣି । ଓଡ଼ିଶାରେ ମାତ୍ର ୪ ଗୋଟି ସମବାୟ ଶୀତଳ ଭଣ୍ଡାର କାର୍ଯ୍ୟ କରୁଅଛି ।

କୃଷି ଉତ୍ପାଦିତ ଦ୍ରବ୍ୟ ପ୍ରକ୍ରିୟାକରଣ ଶିଳ୍ପରେ ସାମିଲ୍ ହୋଇପାରିଲେ କୃଷିଭିତ୍ତିକ ଶିଳ୍ପରେ ବେକାରମାନେ ନିଯୁକ୍ତି ପାଇପାରନ୍ତେ । ଅଧିକାଂଶ ସମବାୟ ଚାଉଳ ଓ ତେଲ କଳ ରାଜନୈତିକ ହସ୍ତକ୍ଷେପ ଓ ଅର୍ଥ ତୋଷାରପାତରେ ଅଚଳ ହୋଇଯାଇଛନ୍ତି । ଓଡ଼ିଶାରେ ସମବାୟ ଉଦ୍ୟମରେ ବହୁ ଚିନିକଳ, ଅର୍ପଣ ବାଦାମ ତେଲ କାରଖାନା ଓ ସୂତାକଳ ସ୍ଥାପିତ ହୋଇଥିଲେ ମଧ୍ୟ ପରବର୍ତ୍ତୀ ସରକାର ସେଗୁଡ଼ିକ ଚଳାଇ ନପାରି ଗୋଟିଏ ପରେ ଗୋଟିଏ ଶାଗ ମାଛ ଦରରେ ବିକ୍ରି କରିବାକୁ ପରିଚାଳନା ଦାୟିତ୍ୱରେ ଥିବା ସରକାରୀ ବାବୁମାନେ ସରକାରଙ୍କୁ ସୁପାରିଶ କରିଛନ୍ତି । ମାତ୍ର ଏସବୁ ଦ୍ୱାରା କୃଷିଭିତ୍ତିକ ଶିଳ୍ପ ବିକାଶ ରାଜ୍ୟରେ ହୋଇପାରୁ ନାହିଁ ।

ଓଡ଼ିଶାର ଅଧିକାଂଶ ଅଞ୍ଚଳ ପାହାଡ଼ିଆ ଓ ସମୁଦ୍ର କୂଳ ଅଞ୍ଚଳ ବାଲୁକାମୟ । କିନ୍ତୁ ବୃଷ୍ଟିପାତ ହାରାହାରି ୫୯ ଇଞ୍ଚ ହୋଇଥିବାରୁ ମୃତ୍ତିକା ଭିତ୍ତିରେ ଫୁଲଫଳର ଚାଷପାଇଁ ଖସଡ଼ା ପ୍ରସ୍ତୁତି ହୋଇପାରିଲେ ଏଥିରେ ବହୁଲୋକ ନିଯୁକ୍ତି ପାଇପାରିବେ । ୧୯୫୦ ମସିହା ତୁଳନାରେ ଆଜି ହିମାଚଳ ପ୍ରଦେଶରେ ବିଭିନ୍ନ ଫଳ ଉତ୍ପାଦନ ୨୫୦ଗୁଣ ବଢ଼ିଛି ଓ ଆନ୍ଧ୍ର ପ୍ରଦେଶରେ ଆମ୍ବ ଉତ୍ପାଦନ ୩୦୦ ଗୁଣ ବୃଦ୍ଧି ପାଇଛି । ମହାରାଷ୍ଟ୍ରର ସାଙ୍ଗଲି ପ୍ରଭୃତି ସ୍ୱଳ୍ପ ବୃଷ୍ଟିପାତ ବାଲୁକାମୟ ଅନୁର୍ବର ମାଟିରେ ବିନ୍ଦୁପାତ

ଓ ବୃଷ୍ଟିପାତ ଜଳସେଚନ କରାଯାଇ ବ୍ୟାପକ ଅଙ୍ଗୁରଚାଷ କରାଯାଉଛି । ଆଦିବାସୀ ଇଲାକା ଯଥା ଫୁଲବାଣୀ, କୋରାପୁଟ ଓ କଳାହାଣ୍ଡି ପ୍ରଭୃତି ପାହାଡ଼ିଆ ଅଞ୍ଚଳରେ ଆମ୍ବ, ଚା', ରବର ଓ କଫି ଚାଷ ପାଇଁ ଅନୁକୂଳ ଥିବାରୁ ସେଠାରେ ଏସବୁ ଚାଷପାଇଁ ଅଗ୍ରଗତି କରାଗଲେ ସେଠାକାର ଜନସାଧାରଣଙ୍କ ଆର୍ଥିକ ମାନଦଣ୍ଡରେ ପରିବର୍ତ୍ତନ ହୋଇପାରନ୍ତା । ଓଡ଼ିଶା ଉପକୂଳ ଅଞ୍ଚଳରେ ନଡ଼ିଆ ଓ କାଜୁ ଚାଷ ସହିତ କେରଳ ଢାଞ୍ଚାରେ ମାଛଚାଷ କରାଗଲେ ଚାଷୀମାନେ ଉପକୃତ ହୋଇପାରନ୍ତେ । ଆମ ରାଜ୍ୟ ଖାଦ୍ୟ ଉତ୍ପାଦନରେ ସ୍ୱାବଲମ୍ବୀ ହୋଇଥିଲେ ମଧ୍ୟ ପଞ୍ଜାବ, ହରିଆନା, ଆନ୍ଧ୍ରପ୍ରଦେଶ, ପଶ୍ଚିମବଙ୍ଗ ଓ କେରଳ ଇତ୍ୟାଦି ପ୍ରଦେଶମାନଙ୍କର କୃଷକମାନଙ୍କ ସହିତ ଓଡ଼ିଶାର ଚାଷୀ ସମକକ୍ଷ ହୋଇପାରି ନାହାନ୍ତି କି କୃଷକର ଆର୍ଥିକ ବିକାଶ ହୋଇପାରିନାହିଁ । ମାତ୍ର ଓଡ଼ିଶାର ଜଳବାୟୁ କୃଷିପାଇଁ ଅନୁକୂଳ ଥିବାରୁ କୃଷି କାର୍ଯ୍ୟରେ ବ୍ୟାପକ ନିଯୁକ୍ତି ସୃଷ୍ଟି ହୋଇପାରନ୍ତା । ଓଡ଼ିଶାରେ କୃଷିକାର୍ଯ୍ୟ ପାଇଁ ସମସ୍ତ କ୍ଷେତ୍ର ଥିଲେ ସୁଦ୍ଧା କୃଷିରେ ଧନ୍ଦାମୂଳକ ଶିକ୍ଷା ଓ ପ୍ରଶାସନିକ ଦକ୍ଷତାର ଅଭାବ ତଥା କର୍ମଚାରୀମାନଙ୍କ ଉପରେ ଉତ୍ତର ଦାୟିତ୍ୱ ନ୍ୟସ୍ତ (Accountability) ବଦଳରେ ଶାସନର ପ୍ରତ୍ୟେକ ସ୍ତରରେ ଅହେତୁକ ହସ୍ତକ୍ଷେପ, ଉପଯୁକ୍ତ ମଜୁରୀ ଦେବା ପ୍ରଭୃତି କେତେକ ନିଷ୍ପତ୍ତିରେ ନେତୃତ୍ୱର ଅପରିପକ୍ୱତା ପାଇଁ କୃଷିରେ ନିଯୁକ୍ତିର ପରିସର କମାଇ ଦେଇଛି । ଏଠାରେ ସୂଚାଇ ଦିଆଯାଇପାରେ ଓଡ଼ିଶା କୃଷିପାଇଁ ଉପଯୁକ୍ତ କ୍ଷେତ୍ର ହୋଇଥିଲେ ମଧ୍ୟ ସମୟେ ସମୟେ ଦୈବି ଦୁର୍ବିପାକ, ଅନାବୃଷ୍ଟି ଓ ବ୍ୟାପକ ବୃଷ୍ଟି ହେତୁ ବନ୍ୟା ଦ୍ୱାରା ଫସଲ କ୍ଷତିହୁଏ ।

ବିଶେଷକରି ସମବାୟ ଆନ୍ଦୋଳନ ଦୃଢ଼ିଭୂତ ହୋଇପାରିଲେ କୃଷିପାଇଁ ପୁଞ୍ଜିର ଅଭାବ ପଡ଼ିବ ନାହିଁ । କୃଷିପାଇଁ କୃଷକ ନାମରେ କାଗଜ କଲମରେ ଋଣସୀମା ବୃଦ୍ଧି କରିଥିଲେ ମଧ୍ୟ ପ୍ରତିବର୍ଷ ନୂଆ କୃଷି ଋଣର ଦେବାରେ ଅଭାବ ଦେଖାଦେଇଛି । ରାଜ୍ୟ ସମବାୟ ବ୍ୟାଙ୍କର ନିର୍ଦ୍ଦେଶରେ ଜିଲ୍ଲା ସମବାୟ ବ୍ୟାଙ୍କମାନଙ୍କ ଚାପ ପ୍ରୟୋଗରେ ସମବାୟ ସମିତିର ସଂପାଦକମାନେ ପେପର ଟ୍ରାଞ୍ଜାକ୍ସନ୍ ଜରିଆରେ କୃଷିଋଣ ବୃଦ୍ଧି କରିଛନ୍ତି ବୋଲି କାଗଜ କଲମରେ ସରକାରଙ୍କୁ ରିପୋର୍ଟ ପ୍ରଦାନ କରିଥିଲେ ମଧ୍ୟ ପ୍ରକୃତରେ ପ୍ରତିବର୍ଷ ନୂଆ ଋଣ କିମ୍ବା ପୁରୁଣା ଚାଷୀମାନେ ଋଣ ସୁଝିଥିଲେ ମଧ୍ୟ ସମବାୟ ସମିତି କର୍ମଚାରୀମାନଙ୍କ ବେପରୁଆ ମନୋବୃତ୍ତିରେ ଠିକ୍ ସମୟରେ ଋଣ ପାଆନ୍ତି ନାହିଁ । କୃଷକମାନଙ୍କ ଠାରୁ ମୋଟ ଋଣର ଶତକଡ଼ା ୧୦ ହାରରେ ଅଂଶଧନ ସମିତିମାନେ କାଟି ରଖୁଥିଲେ ମଧ୍ୟ ତାହାକୁ ରାଜ୍ୟ ସମବାୟ ବ୍ୟାଙ୍କରେ ଗଚ୍ଛିତ ରଖୁଥିବାରୁ ରାଜ୍ୟ ସମବାୟ ବ୍ୟାଙ୍କ ସେହି ଅର୍ଥକୁ ଅନ୍ୟ ଅନୁଷ୍ଠାନରେ ବିନିଯୋଗ କରି ଯେଉଁ ସୁଧ ପାଏ ତାହାକୁ ନିଜ ଲାଭାଂଶରେ ଦେଖାଉଥିଲେ ମଧ୍ୟ ପ୍ରକୃତ ଚାଷୀ

୧୦୦ ଟଙ୍କାର ଋଣଭାର ବହନ କରି ପ୍ରକୃତରେ ୯୦ ଟଙ୍କା ନେଇ ୧୦୦ ଟଙ୍କାର ସୁଧ ଗଣେ । ମାତ୍ର ସମିତିରେ ପ୍ରତିବର୍ଷ ଋଣ ଲଗାଣ ଉପରେ ଜମା ରଖୁଥିବା ଶତକଡ଼ା ୧୦ ଅଂଶଧନର ବିନିଯୋଗ ଉପରେ କୌଣସି ଲାଭ ପାଏନାହିଁ । ରାଜ୍ୟ ସମବାୟ ନିବନ୍ଧକ ତାଙ୍କର ଚିଠି ନଂ. xxx-6 / 2013/3142 /Bank-10 / dtd.20.12.2013 ଦ୍ୱାରା ଏକ ନିର୍ଦ୍ଦେଶନାମା ଏ ବିଷୟରେ ଜାରି କରିଥିଲେ ମଧ୍ୟ କେନ୍ଦ୍ର ସମବାୟ ବ୍ୟାଙ୍କ ଏବଂ ରାଜ୍ୟ ସମବାୟ ବ୍ୟାଙ୍କ ଏହି ନିର୍ଦ୍ଦେଶନାମାକୁ ଭ୍ରୁକ୍ଷେପ ନକରି ଚାଷୀମାନଙ୍କୁ ଠକି ଚାଲିଥିବାରୁ ଏହା ନୂତନ ସରକାରଙ୍କ ଦ୍ୱାରା ତଦନ୍ତ ପାଇଁ ନିର୍ଦ୍ଦେଶ ଦିଆଗଲେ ପ୍ରକୃତ ରହସ୍ୟ ଉନ୍ମୋଚିତ ହୋଇପାରିବ ଏବଂ ଏ ସମସ୍ତ ପାଇଁ ରାଜ୍ୟ ସମବାୟ ବ୍ୟାଙ୍କ ଉତ୍ତରଦାୟୀ । ରାଜ୍ୟ ସମବାୟ ନିବନ୍ଧକ ସ୍ୱତନ୍ତ୍ରଭାବରେ ଦର୍ଶାଇଛନ୍ତି ଚାଷୀଠାରୁ ଆଦାୟ ୧୦% ଅଂଶଧନକୁ ପ୍ରାଥମିକ ସମବାୟ ସମିତି ୫% ଓ କେନ୍ଦ୍ର ସମବାୟ ବ୍ୟାଙ୍କ ୫% ଅଂଶଧନକୁ ବିଭିନ୍ନ ଜାଗାରେ ଖଟାଇ ଲାଭ ନିଜେ ନେବେ ।

ଓଡ଼ିଶାର କଟକ ଜିଲ୍ଲା ନିଆଳି ବ୍ଲକ୍‌ରେ ୧୯୮୪ ମସିହାରୁ ରାଜ୍ୟରେ ଗୋଟିଏ ମାତ୍ର ପାନ ଉତ୍ପାଦନକାରୀ ସମବାୟ ସମିତି ସେ ଅଞ୍ଚଳରେ ପାନ ଚାଷ କରୁଥିବା ଚାଷୀମାନଙ୍କୁ ପାନ ବରଜ ଚାଷଋଣ ଦେବା ପାଇଁ ଗଠିତ ହୋଇ ପ୍ରଶଂସନୀୟ କାର୍ଯ୍ୟ କରୁଥିଲା ବେଳେ ୧୯୯୯ ମସିହା ମହାବାତ୍ୟାରେ ପାନବରଜଗୁଡ଼ିକ ସମ୍ପୂର୍ଣ୍ଣ ଧ୍ୱଂସ ପାଇଯିବାରୁ ପାନଚାଷୀମାନେ ଋଣ ସୁଝି ପାରିନଥିଲେ । ଫଳରେ ସମିତିଟି କେନ୍ଦ୍ର ସମବାୟ ବ୍ୟାଙ୍କ ନିକଟରେ ଖିଲାପି ହୋଇଯାଇଥିଲା । ମାତ୍ର ଋଣଛାଡ଼ ଯୋଜନାରେ ସମସ୍ତ ଋଣ ଛାଡ଼ କରାଯାଇଅଛି ବୋଲି କଟକ କେନ୍ଦ୍ର ସମବାୟ ବ୍ୟାଙ୍କ ସମିତିକୁ ଜଣାଇଥିବାରୁ ସମିତି ଚାଷୀମାନଙ୍କୁ ଋଣ ପରିଶୋଧର ରସିଦ୍ ଦେଇଥିଲା । ମାତ୍ର ତତ୍‌କାଳୀନ କଟକ କେନ୍ଦ୍ର ସମବାୟ ବ୍ୟାଙ୍କର ସମ୍ପାଦକଙ୍କ ଏକଜିଦିଆ ମନୋବୃତ୍ତିରେ ଓଡ଼ିଶା ରାଜ୍ୟ ସମବାୟ ବ୍ୟାଙ୍କ ଉକ୍ତ ଟଙ୍କାକୁ କଟକ କେନ୍ଦ୍ର ସମବାୟ ବ୍ୟାଙ୍କରୁ ଫେରାଇ ନେଇ ନିଜ ନିକଟରେ ଆଜି ସୁଦ୍ଧା ଗଚ୍ଛିତ ରଖିଥିଲେ ମଧ୍ୟ ସେହି ହିସାବ କାହାକୁ ଜଣାଇନାହିଁ ଯାହା କେନ୍ଦ୍ର ସରକାରଙ୍କ **Debt Waiver** ଅର୍ଥ । ଫଳରେ ପୁରାତନ ସମବାୟ ସମିତିଟି ଦେବାଳିଆରୁ ମୁକ୍ତି ପାଇବା ପାଇଁ ବିଭିନ୍ନ ପରିଚାଳନା ପରିଷଦର ବୈଠକର ନିଷ୍ପତ୍ତି ଅନୁସାରେ ସମିତିକୁ ମୂଳଧନ ଯୋଗାଇବା ପାଇଁ ବ୍ୟାଙ୍କକୁ ଅନୁରୋଧ କରାଯାଇଥିଲେ ମଧ୍ୟ ଆଜି ପର୍ଯ୍ୟନ୍ତ ତାହାର ସମାଧାନ ହୋଇପାରିନାହିଁ ଏବଂ କଟକ ସର୍କଲ୍‌ର ସହକାରୀ ନିବନ୍ଧକଙ୍କ ଏକଜିଦିଆ ମନୋବୃତ୍ତିରେ ଉକ୍ତ ସମିତିକୁ ଲିକ୍ୟୁଡେସନ୍ ପାଇଁ ଯୋଜନା କରି ହଜାର ହଜାର ପାନବରଜ ଚାଷୀଙ୍କ ଜୀବିକାରେ କୁଠାରଘାତ କରିଛନ୍ତି ଯାହା ଏକ ତଦନ୍ତସାପେକ୍ଷ ।

ଗୋଟିଏ ପରେ ଗୋଟିଏ କୃଷିଭିତ୍ତିକ ଶିଳ୍ପ ବନ୍ଦ କରି ଦିଆଯାଉଛି । ଏପରିକି ସମବାୟ ଆଇନର ୧୨୩ ଧାରା ପ୍ରୟୋଗରେ ସମବାୟ ବିଭାଗର ବିଶେଷଜ୍ଞଙ୍କ ବଦଳରେ କେତେକ ସ୍ୱଦଳୀୟ ଅନଭିଜ୍ଞ କର୍ମୀମାନଙ୍କୁ ସମୟେ ସମୟେ ପ୍ରଶାସକ ରୂପେ ରାଜ୍ୟ ସରକାର ନିଯୁକ୍ତି ଦେବା ଫଳରେ ସମବାୟରେ ସୁଫଳ ମିଳିବା ବଦଳରେ ପୁଳା ପୁଳା କୁଫଳ ମିଳିବା ସାର ହେଉଛି । ଅଥଚ ଅତୀତରେ ସମବାୟ ଆଇନର ୨୮ ଧାରାକୁ ଉପେକ୍ଷା କରାଯାଇ ଥରେମାତ୍ର ୧୨୩ ଧାରାର ଉପଯୋଗ କରି ତଦାନିନ୍ତନ ଓଡ଼ିଶା ରାଜ୍ୟ ସରକାର ଲଗାତର ଦୁଇଥର ସମ୍ବଲପୁର ବସ୍ତ୍ରାଳୟର ନିର୍ବାଚନରେ ନିର୍ବାଚିତ ହୋଇଥିବା କୃତାର୍ଥ ଆଚାର୍ଯ୍ୟଙ୍କ ପରି ଅଭିଜ୍ଞ, ଦକ୍ଷ ତଥା ବିଶେଷଜ୍ଞଙ୍କୁ ସଭାପତି ରୂପେ ନିର୍ବାଚିତ ହେବାପାଇଁ ଅନୁମତି ଦେଇଥିଲେ ।

ସମବାୟ ଆନ୍ଦୋଳନ କିପରି ଉଧେଇବ ? କୃଷିରେ ବିନିଯୋଗ ପାଇଁ ନାବାର୍ଡ଼, ଜାତୀୟ ସମବାୟ ଉନ୍ନୟନ ନିଗମ ପ୍ରଭୃତି ଜାତୀୟ ଆର୍ଥିକ ଅନୁଷ୍ଠାନ ମାନଙ୍କରୁ ଯୋଜନା ମୁତାବକ ବର୍ଦ୍ଧିତ ପୁଞ୍ଜି ଆଣିବାରେ ପ୍ରତିବନ୍ଧକ ସୃଷ୍ଟି ହେଉଛି । ଅର୍ଥର ସଦୁପଯୋଗ ହେଲେ ସିନା ଚାଷୀର ଉନ୍ନତି ହେବ । ବହୁ ଅର୍ଥର ବାଟମାରଣା ହେବା ଦ୍ୱାରା ଅନୁଷ୍ଠାନମାନଙ୍କର କ୍ଷତି ହେବା ସାର ହେଉଛି । କେବଳ ଠିକାଦାର ବୋଲାଉଥିବା ସରକାରୀ ଦଳର କର୍ମୀମାନେ ଉପକୃତ ହେଉଛନ୍ତି ସିନା ତା' ବଦଳରେ ଜନସାଧାରଣଙ୍କର ବିଶେଷ ଆର୍ଥିକ ବିକାଶ ହେଉନାହିଁ । ଦେଶ ଆର୍ଥିକ ସଂକଟରେ ପଡ଼ିଥିଲା ବେଳେ ଭୋଟ୍ ପାଇଁ କୃଷି ପରିବର୍ତ୍ତେ ଜବାହର ରୋଜଗାର ଯୋଜନା ଟଙ୍କା କ୍ଲବ୍ ବା କୋଠାଘର ନିର୍ମାଣରେ ବ୍ୟୟ ହୋଇଛି । ନିକଟରେ ରାଉରକେଲାର ଜଣେ ଠିକାଦାରଙ୍କୁ ରାଉରକେଲା ଅର୍ବାନ୍ କୋ-ଅପରେଟିଭ୍ ବ୍ୟାଙ୍କ, ସୁନ୍ଦରଗଡ଼ କେନ୍ଦ୍ର ସମବାୟ ବ୍ୟାଙ୍କ ଓ ଓଡ଼ିଶା ରାଜ୍ୟ ସମବାୟ ବ୍ୟାଙ୍କର ନିର୍ଦ୍ଦେଶକ ରୂପେ ଦଳୀୟ ଭିତ୍ତିରେ ବେଆଇନ୍ ଭାବରେ ନିର୍ବାଚିତ କରାଯାଇଛି । ରାଜ୍ୟ ସରକାରଙ୍କ କହିବା ଓ କରିବା ମଧ୍ୟରେ ତାଳମେଳ ନରହିବା ଏଥିରୁ ସୁସ୍ପଷ୍ଟ । ରାଜ୍ୟ ସମବାୟ ମନ୍ତ୍ରୀ ଜଣେ ଅଭିଜ୍ଞ ବ୍ୟକ୍ତି ହୋଇଥିବାରୁ ସମବାୟ ସମିତି ପରିଚାଳନାରେ ଅତୀତରେ ଘଟିଥିବା ବ୍ୟାଘାତକୁ ସଂଶୋଧନ କରିବା ପାଇଁ ଦକ୍ଷ ଅଧିକାରୀଙ୍କ ଦ୍ୱାରା ତଦନ୍ତ ନିର୍ଦ୍ଦେଶ ଦେଲେ ସମବାୟ ବିଭାଗରେ ଦେଖାଦେଉଥିବା ଅରାଜକତା ଅଚିରେ ଦୂରେଇ ଯାଇପାରନ୍ତା । ଯାହାର ପ୍ରଭାବ ଓଡ଼ିଶାର କୃଷିନୀତି ଉପରେ ପଡ଼ିବ । ଯେହେତୁ କୃଷି ଓ ସମବାୟ ପରସ୍ପର ପରିପୂରକ ।

'ଓଡ଼ିଶା ଏକ୍ସପ୍ରେସ୍' - ତା୨୫.୦୯.୨୦୨୪ରେ ପ୍ରକାଶିତ

ଛାତ୍ର ସମବାୟ ସମିତି

ପୃଥିବୀରେ ଆମେରିକା ଏକ ପୁଞ୍ଜିବାଦ ଧନଶାଳୀ ରାଷ୍ଟ୍ର । ଉକ୍ତ ଦେଶର ଅଧିବାସୀମାନେ ସେମାନଙ୍କ ବ୍ୟକ୍ତିଗତ ପ୍ରଚେଷ୍ଟା ତଥା ପୁଞ୍ଜି ଲଗାଣରେ ସେମାନଙ୍କ ଆର୍ଥିକ ଅଭିବୃଦ୍ଧିରେ ଦେଶ ଉନ୍ନତି କରିପାରିଛି । ୧୯୮୧ ମସିହାରେ ଭାରତୀୟ କୃଷି ସଂସ୍ଥାର ଆନୁକୂଲ୍ୟରେ କୃଷି ଓ ସମବାୟ ଆନ୍ଦୋଳନ ବିଷୟରେ ଏକ ବୈଠକ ଆମେରିକାର ୱାଶିଂଟନ ସହରରେ ଅନୁଷ୍ଠିତ ହୋଇଥିଲା । ନ୍ୟୁୟର୍କ ସହରକୁ ସଂଯୋଗ କରୁଥିବା ସମୁଦ୍ର ପାଣିତଳେ ନିର୍ମିତ ହୋଇଥିବା ଦୀର୍ଘ ୭ କିଲୋମିଟର ସୁଡ଼ଙ୍ଗ ପଥଦେଇ ଗଲେ ୱାଶିଂଟନ ସହର ପଡ଼େ । ଉକ୍ତ ସୁଡ଼ଙ୍ଗ ପଥ ସର୍ବସାଧାରଣଙ୍କ ଯାତାୟତ ପାଇଁ ଜଣେ ଜଣେ ଆମେରୀକୀୟ ବ୍ୟକ୍ତି ବିଶେଷଙ୍କ ପୁଞ୍ଜି ଲଗାଣରେ ନିର୍ମିତ ହୋଇଥିବାରୁ ଏହି ପଥଦେଇ ଅତିକ୍ରମ କଲେ ପଥଚାରୀକୁ ୫ ଡଲାର ଅର୍ଥ ପୋଲ ଟିକସ ବାବଦକୁ ଦେବାକୁ ହୁଏ । ପୋଲ ଟିକସ ଜନମାନବ ଶୂନ୍ୟ ଗୋଟିଏ ନିର୍ଦ୍ଧିଷ୍ଟ ଟଙ୍କା ବାକ୍ସରେ ପକାଇଦେଲେ ସୁଡ଼ଙ୍ଗ ପଥ ପାରହେବା ପାଇଁ ଧାଡ଼ିଟି ଆପେ ଆପେ ଉଠିଯାଏ । ଆମେରିକାରେ ଏହିଭଳି ଅନେକ ବଡ଼ ବଡ଼ ରାସ୍ତା ଓ ପୋଲ ସର୍ବସାଧାରଣଙ୍କ ଗମନାଗମନ ପାଇଁ ବ୍ୟକ୍ତିବିଶେଷଙ୍କ ଅର୍ଥରେ ନିର୍ମିତ ହୋଇଅଛି । ସେମାନେ ପରିବହନ ତଥା ପୋଲ ଟିକସ ଆଦାୟ କରି ଅର୍ଥ ଖଟାଇଥିବା ବ୍ୟକ୍ତିଙ୍କର ସୁଧମୂଳ ଭରଣା କରନ୍ତି । ତାଙ୍କଠାରୁ ବ୍ୟକ୍ତିଗତ ଅର୍ଥ ଲଗାଣରେ ବିବିଧ ଉନ୍ନତିମୂଳକ କାର୍ଯ୍ୟମାନ ଶୁଣିଲା ପରେ ଆମେରିକାରେ ସମବାୟ ଆନ୍ଦୋଳନ ବିଶେଷ ଅଗ୍ରଗତି କରିନାହିଁ ବୋଲି ଅନେକଙ୍କ ଚିନ୍ତାଧାରା । କନ୍ତୁ ୱାଶିଂଟନ ଠାରେ ଆମେରିକୀୟ କୃଷକ ସଂଘର ଜଣେ ବିଶେଷଜ୍ଞ ନୂତନ ଚିନ୍ତାଧାରାରେ ଗଠିତ ସମାଧି, ଗ୍ରାମ୍ୟ ବିଜୁଳି ଉତ୍ପାଦନ, ଗ୍ରାମ୍ୟ ଟେଲିଫୋନ୍ ଓ ଛାତ୍ରଗୃହ ସମବାୟ ସମିତିମାନଙ୍କ ସମେତ ଆଉ ୨୮ ଗୋଟି ବିଭିନ୍ନ ପ୍ରକାର ସମବାୟ ସମିତି ବିଷୟରେ ସମ୍ୟକ୍ ସୂଚନା ଦେଇଥିଲେ । ଏହା

ଶୁଣିଲା ପରେ ଯୋଗ ଦେଇଥିବା ବ୍ୟକ୍ତିବିଶେଷଙ୍କ ମନରେ ଅନୁମାନର ପରିବର୍ତ୍ତନ ଘଟିଲା । ବ୍ୟକ୍ତି ବିଶେଷ ହେଉ ବା ସମବାୟ ସମିତି ହେଉ ଆମେରିକୀୟ ମାନଙ୍କ ନିଷ୍ଠାପର ଉଦ୍ୟମ ଯୋଗୁ ସେ ଦେଶର ବିପୁଳ ଅର୍ଥନୈତିକ ଉନ୍ନତି ସମ୍ଭବ ହୋଇପାରିଛି ।

ଆମ ଦେଶର ଛାତ୍ରମାନେ ଛାତ୍ରାବାସ ନିର୍ମାଣ ତଥା ଅନ୍ୟାନ୍ୟ ସମସ୍ତ ସୁବିଧା ପାଇଁ ସରକାରଙ୍କ ଉପରେ ନିର୍ଭର କରୁଥିବା ସ୍ଥଳେ ସେ ଦେଶର ଛାତ୍ରମାନେ ନିଜର ଭବିଷ୍ୟତ କାର୍ଯ୍ୟପନ୍ଥା ନିଜ ଉଦ୍ୟମରେ ସମାଧାନ ପାଇଁ ବେଶ୍ ସଚେତନ । ଛାତ୍ରାବାସ ଅଭାବ ପୁରଣ ପାଇଁ ଛାତ୍ରଗୃହ ନିର୍ମାଣ ସମବାୟ ସମିତିମାନ ଗଠନ କରିଅଛନ୍ତି । ଛାତ୍ରମାନେ ଅନ୍ୟାନ୍ୟ ସମବାୟ ସମିତି ପରି ଅଂଶଧନ ନଦେଇ ସମସ୍ତ ଛାତ୍ର ଉକ୍ତ ଛାତ୍ରଗୃହ ନିର୍ମାଣ ସମବାୟ ସମିତିରେ କେବଳ ସଭ୍ୟଚାନ୍ଦା ଦେଇ ସଭ୍ୟ ହୋଇଥାନ୍ତି । ଉକ୍ତ ସମିତି ଜରିଆରେ ନିଜ ପରିଶ୍ରମ ଓ ବ୍ୟାଙ୍କ ଋଣରେ ନିଜ ରୁଚି ଅନୁଯାୟୀ ଛୋଟବଡ଼ ଛାତ୍ରାବାସମାନ ତିଆରି କରନ୍ତି । ବିଭିନ୍ନ କାମରେ ନିଯୁକ୍ତି ପାଇଥିଲେ ତଥା ନେତୃତ୍ୱ ଓ ସାଂଗଠନିକ ଶକ୍ତିର ବିକାଶ ପାଇଁ ଛାତ୍ରାବାସରେ ଆବଶ୍ୟକୀୟ ତାଲିମର ବ୍ୟବସ୍ଥା କରାଯାଇଥାଏ ।

ସାଧାରଣତଃ ଆମେରିକାରେ ବହୁ ଛାତ୍ର ଚାକିରିରେ ନିଯୁକ୍ତି ପାଇଥିଲେ ମଧ୍ୟ ଯଦି ସେମାନଙ୍କର ଉଚ୍ଚଶିକ୍ଷା ଏବଂ ଗବେଷଣା ପ୍ରତି ଆଗ୍ରହ ଥାଏ ତେବେ ଉଚ୍ଚଶିକ୍ଷା ପାଇଁ ପୁଣି କଲେଜରେ କିମ୍ବା ବିଶ୍ୱବିଦ୍ୟାଳୟରେ ନାମ ଲେଖାନ୍ତି । ଏପରିକି ପିତାମାତା ମାନେ ସେମାନଙ୍କ ପିଲାମାନଙ୍କ ଲାଳନ ପାଳନ ବ୍ୟବସ୍ଥା ଥିବା ଛାତ୍ରାବାସରେ ରହି ବଡ଼ ବଡ଼ କାମଧନ୍ଦା ଉଦ୍ଦେଶ୍ୟରେ ଉଚ୍ଚଶିକ୍ଷା ଲାଭ ପାଇଁ ଅଧିକ ପସନ୍ଦ କରନ୍ତି । ଯଦିଓ କେତେକ କଲେଜ ତଥା ବିଶ୍ୱବିଦ୍ୟାଳୟ ପରିବେଶରେ ବଡ଼ ବଡ଼ ଛାତ୍ରାବାସ ରହିଛି ତଥାପି ବହୁ ଛାତ୍ର ରହିବାର ସୁଯୋଗ ପାଆନ୍ତି ନାହିଁ କିମ୍ବା ବହୁ ଛାତ୍ରଙ୍କ ଗହଳିରେ ପାଠ ପଢ଼ାପଢ଼ି କରିବାକୁ ଉପଯୁକ୍ତ ବାତାବରଣକୁ ପସନ୍ଦ କରନ୍ତି ନାହିଁ । ଦରଦାମ ବୃଦ୍ଧି ହେତୁ କେତେକ ଶିକ୍ଷାନୁଷ୍ଠାନର କର୍ତ୍ତୃପକ୍ଷମାନେ ଛାତ୍ରମାନଙ୍କ ରୁଚି ଅନୁଯାୟୀ ସୀମିତ ଅର୍ଥରେ ଆଶାନୁରୂପ ଛାତ୍ରାବାସ ନିର୍ମାଣ କରିପାରୁନାହାନ୍ତି । କେତେକ ବ୍ୟକ୍ତି କଲେଜ ନିକଟରେ ଛାତ୍ରାବାସ ନିର୍ମାଣ କରିଥିଲେ ହେଁ ସେମାନଙ୍କ ଘରଭଡ଼ା ସହ ମାଲିକମାନଙ୍କର ନିର୍ଯ୍ୟାତନା ଛାତ୍ରମାନଙ୍କ ପକ୍ଷରେ ଅସହ୍ୟ ହୋଇପଡ଼େ ।

ଏହିସବୁ ଦୃଷ୍ଟିରୁ ଛାତ୍ରନେତାମାନେ ବିଭିନ୍ନ ସମବାୟ ସମିତି ଗଠନ କରି ଛାତ୍ରାବାସ ତିଆରି କରିଥାନ୍ତି । 'ମିଚିକାନ' ପ୍ରଦେଶର ଆନ ଆରବର ସହରଠାରେ

୬୦୦ ଛାତ୍ର ୨୨ ଗୋଟି ଛାତ୍ରାବାସ ତିଆରି କରି ସେଠାରେ ବାସ କରୁଥିଲେ । ମିନି ଆପଲିସ ଠାରେ ୨୪୦ ଜଣ ଛାତ୍ର ୧୮ ମହଲା ବିଶିଷ୍ଟ ଛାତ୍ରାବାସ ନିର୍ମାଣ କରି ଆନନ୍ଦରେ ବସବାସ କରୁଥିଲେ । ଇଓ୍ୱା ସହରରେ ୧୬ ଜଣ ଛାତ୍ର ଘର ତିଆରି କରି ଘର ଓଳାଇ ନିଜେ ରୋଷେଇ କରି ଏକତ୍ର ଭୋଜନ କରି ଶାନ୍ତିରେ ରହୁଥିଲେ । ଓହିଓ ପ୍ରଦେଶର ଓଭରିଲିନ୍ ସହରରେ ୫୫୦ ଜଣ ଛାତ୍ର କଲେଜର ୬ଟି ଛାତ୍ରାବାସରେ ରହି ନିଜର ସମସ୍ତ ବ୍ୟବସ୍ଥା ବୁଝୁଥିଲେ । କାଲିଫର୍ଣିଆ ସହର ଠାରୁ ରୋଡ୍ସ ଦ୍ୱୀପ ପର୍ଯ୍ୟନ୍ତ ବିସ୍ତୃତ ୩୫ଟି ପ୍ରଦେଶରେ ୧୦୦୦୦ରୁ ଊର୍ଦ୍ଧ୍ୱ ଛାତ୍ର ଛାତ୍ରାବାସ ତିଆରି କରି ଛାତ୍ରମାନଙ୍କ ପାଇଁ ଛାତ୍ରାବାସର ଅଭାବ ପୂରଣ କରିପାରିଛନ୍ତି । ସମବାୟ ନୀତି ଅନୁଯାୟୀ ନିର୍ବାଚିତ ପରିଚାଳନା କମିଟି ଛାତ୍ର ସମବାୟ ସମିତିମାନଙ୍କର ସମସ୍ତ ବ୍ୟବସ୍ଥା ପରିଚାଳନା କରୁଛନ୍ତି ।

ଆମେରିକାରେ ଜାତୀୟ ସମବାୟ ଖାଉଟୀ ବ୍ୟାଙ୍କ ଆଇନ ପାଶ୍ ହେଲା ପରେ ଯେଉଁ ଛାତ୍ର ଗୋଷ୍ଠୀ ଛାତ୍ରଗୃହ ନିର୍ମାଣ ସମବାୟ ସମିତି ଗଠନ କରୁଛନ୍ତି ବ୍ୟାଙ୍କମାନେ ସେମାନଙ୍କୁ ସରଳରେ ଋଣ ଯୋଗାଇ ଦେଉଛନ୍ତି ଏବଂ କାରିଗରୀ ସହାୟତା କରିବା ପାଇଁ କୁଣ୍ଠିତ ହେଉ ନାହାନ୍ତି । ବିରକଲେସ ବିଶ୍ୱବିଦ୍ୟାଳୟ ଗୃହନିର୍ମାଣ ସମବାୟ ସମିତି ତା'ର ନୂତନ ଛାତ୍ରାବାସର ଉପକରଣ ଓ ଅନ୍ୟାନ୍ୟ ଦରକାର ଜିନିଷ କିଣିବାକୁ ବ୍ୟାଙ୍କରୁ ପ୍ରାୟ ୧,୫୦,୦୦୦ ଡଲାର ଅର୍ଥାତ୍ ୧୫ ଲକ୍ଷ ଟଙ୍କା ଋଣ ସେତେବେଳେ ପାଇପାରିଥିଲେ ।

ଏ ସମସ୍ତ ଅଭାବ ଦୂର କରିବା ପାଇଁ ଛାତ୍ରନେତାମାନେ ୨୦୨୫ ମସିହା ସୁଦ୍ଧା ଛାତ୍ରାବାସର ଅଭାବ ପୂରଣ ପାଇଁ ଗୃହ ନିର୍ମାଣ ସମବାୟ ସମିତି ଜରିଆରେ ବହୁ ଛାତ୍ରାବାସ ସମବାୟ ସମିତି ତିଆରି କରିବାର ଯୋଜନା ପ୍ରସ୍ତୁତ କରିଅଛନ୍ତି । ଗୋଟିଏ ଛାତ୍ରଗୃହ ନିର୍ମାଣ ସମବାୟ ସମିତି ଗଠନ କରିବାକୁ ଅତି କମ୍‌ରେ ୧୦ଜଣ ଛାତ୍ରଙ୍କ ଆବଶ୍ୟକତା ପଡ଼ିଥାଏ । ଉକ୍ତ ସମବାୟ ସମିତିକୁ ରେଜିଷ୍ଟ୍ରାର ଅଫ୍ କୋ-ଅପରେଟିଭ୍ ସୋସାଇଟି (ସମବାୟ ନିବନ୍ଧକ)ଙ୍କ ଦ୍ୱାରା ପଞ୍ଜିକରଣ କରାଯାଏ । ଆମେରିକାରେ ଗତ ବର୍ଷ ଶେଷ ସୁଦ୍ଧା ପ୍ରାୟ ୪୦ ହଜାର ଛାତ୍ରଗୃହ ନିର୍ମାଣ ସମବାୟ ସମିତି ଗଠନ ହୋଇପାରିଛି । ଯାହାର ସଭ୍ୟ ସଂଖ୍ୟା ୧ କୋଟି ୫୦ ଲକ୍ଷରେ ପହଞ୍ଚିଛି ।

ଆମ ଭାରତରେ ଛାତ୍ରଛାତ୍ରୀମାନେ ପାଠ ପଢ଼ିବା ପାଇଁ ବିଭିନ୍ନ ପ୍ରକାର ଅସୁବିଧାର ସମ୍ମୁଖୀନ ହେଉଥିଲା ବେଳେ ସରକାର ଏ ଦିଗରେ ସମବାୟ ଆଇନ ସଂଶୋଧନ କରି ଛାତ୍ରମାନଙ୍କ ଦ୍ୱାରା ଛାତ୍ରଗୃହ ସମବାୟ ସମିତି ଗଠନ କରିବା ପାଇଁ

ଆବଶ୍ୟକ ହେଉଥିବା ଅର୍ଥକୁ ପ୍ରୋତ୍ସାହନ ଦ୍ୱାରା ଯୋଗାଇଦେଲେ ଭାରତ ଏ ଦିଗରେ ଯଥେଷ୍ଟ ଆଗକୁ ବଢ଼ିପାରିବ ଏବଂ ବହୁତ ଛାତ୍ରଛାତ୍ରୀ ଉଚ୍ଚଶିକ୍ଷା ପାଇଁ ବାହାରେ ଘରଭଡ଼ା ନେଇ ରହିବାପାଇଁ ବିପୁଳ ଅର୍ଥର ଆବଶ୍ୟକତା ପଡୁଥିବାରୁ ସମୟେ ସମୟେ ପାଠପଢ଼ାରୁ ଆପେ ଆପେ ଦୂରେଇ ଯାଆନ୍ତି । ସେଥିପାଇଁ ରାଜ୍ୟ ସରକାର ଓ କେନ୍ଦ୍ର ସରକାର ଉଭୟ ଏ ଦିଗରେ ଯୋଜନାମାନ ପ୍ରସ୍ତୁତ କରି କାର୍ଯ୍ୟକ୍ଷେତ୍ରରେ ଲଗାଇ ପାରିଲେ ଛାତ୍ରଗୃହ ସମବାୟ ସମିତି ଗଠନ ପାଇଁ ମାର୍ଗଦର୍ଶକ ସାଜିଥିବା ଆମେରିକା ସହିତ ସମକକ୍ଷ ହୋଇପାରିବ । ଭାରତବର୍ଷରେ ରେଭେନ୍ସା ବିଶ୍ୱବିଦ୍ୟାଳୟ, ଶାନ୍ତିନିକେତନ ବିଶ୍ୱବିଦ୍ୟାଳୟ, ଦିଲ୍ଲୀ ବିଶ୍ୱବିଦ୍ୟାଳୟ ମାନଙ୍କ ପରି ଅନେକ ପ୍ରସିଦ୍ଧି ଲାଭ କରିଥିବା ଶିକ୍ଷାନୁଷ୍ଠାନ ଥିଲେ ମଧ୍ୟ ସମସ୍ତ ଛାତ୍ରଛାତ୍ରୀ ଛାତ୍ରାବାସରେ ରହିବା ପାଇଁ ବ୍ୟବସ୍ଥା ହୋଇପାରି ନାହିଁ । ଯାହା ଫଳରେ ଛାତ୍ରଛାତ୍ରୀମାନେ ରହିବା ପାଇଁ ଅସୁବିଧାର ସମ୍ମୁଖୀନ ଭୋଗ କରନ୍ତି । ଭାରତର ସମବାୟ ମନ୍ତ୍ରୀ ଶ୍ରୀଯୁକ୍ତ ଅମିତ୍ ଶାହ ଜଣେ ଜ୍ଞାନୀ, ଦକ୍ଷ, ଦୃଢ଼ ପ୍ରତିଜ୍ଞ ଓ ସମବାୟ କ୍ଷେତ୍ରରେ ସଫଳ ବ୍ୟକ୍ତିତ୍ୱ ହୋଇଥିବାରୁ ଏବଂ ଓଡ଼ିଶାର ସମବାୟ ମନ୍ତ୍ରୀ ଶ୍ରୀଯୁକ୍ତ ପ୍ରଦୀପ କୁମାର ବଳସାମନ୍ତ ଜଣେ ଦକ୍ଷ ଓ ଉଦ୍ୟୋଗୀ ତଥା ସମବାୟ କ୍ଷେତ୍ରରେ ପ୍ରସିଦ୍ଧି ଲାଭ କରିଥିବାରୁ ଛାତ୍ର ସମବାୟ ସମିତି ଗଠନ ଦିଗରେ ଯଥେଷ୍ଟ ଧ୍ୟାନ ଦେଇ ନୂତନ ଅଧ୍ୟାୟ ସୃଷ୍ଟି କରିବେ ବୋଲି ଆଶା କରାଯାଏ ।

'ଓଡ଼ିଶା ଏକ୍ସପ୍ରେସ୍' - ତା୦୨.୧୦.୨୦୨୪ରେ ପ୍ରକାଶିତ

କଳାପାଣିର ଦେଶ

ପିଲାଦିନେ ଆମେ ଶୁଣିଛେ ଯେଉଁମାନେ ଇଂରେଜ ଶାସନ ସମୟରେ ହତ୍ୟାକାଣ୍ଡରେ ଦଣ୍ଡିତ ହେଉଥିଲେ ସେମାନଙ୍କ ମଧ୍ୟରୁ କମ୍ ଦୋଷୀ ସାବ୍ୟସ୍ତ ହୋଇଥିବା ବ୍ୟକ୍ତିମାନଙ୍କୁ ଫାସି ବଦଳରେ କଳାପାଣି ପାର ଯାହାକି ସମୁଦ୍ର ମଧ୍ୟରେ ଥିବା ନିର୍ଜନ ଦ୍ୱୀପକୁ ପଠାଇ ଦିଆଯାଏ । ଯାହାକୁ କହନ୍ତି କଳାପାଣି ପାର ଦଣ୍ଡ । ଯେଉଁଠାରେ ଦୋଷୀ ନିଜ ଦୋଷ ଆତ୍ମୀୟ ସ୍ୱଜନମାନଙ୍କୁ ଦେଖିବାର ସୁଯୋଗ ପାଏ ନାହିଁ । । କଳାପାଣି ଦଣ୍ଡ ଭୋଗିଥିବା ବ୍ୟକ୍ତିମାନଙ୍କ ମଧ୍ୟରୁ ଅନ୍ୟତମ ଥିଲେ ବାଙ୍କୀର ଜଣେ ରାଜା । ବାଙ୍କୀର ରାଜା କୌଣସି କାରଣରୁ ଉତ୍କ୍ଷିପ୍ତ ହୋଇ ପୁରୋହିତଙ୍କୁ ହତ୍ୟା କରିଥିବାରୁ ନିର୍ବାସିତ ହୋଇ ଆଣ୍ଡାମାନ ଦ୍ୱୀପରେ ସାରା ଜୀବନ କାରାଦଣ୍ଡ ଭୋଗକରି ପ୍ରାଣତ୍ୟାଗ କରିଥିଲେ । କନିକାର ଆଉଜଣେ ବ୍ୟକ୍ତି ହତ୍ୟାକାଣ୍ଡରେ ଦୋଷୀ ସାବ୍ୟସ୍ତ ହୋଇ ଆଣ୍ଡାମାନ ଦ୍ୱୀପରେ ସାରାଜୀବନ କାରାଦଣ୍ଡ ଭୋଗ କରୁଥିଲା ବେଳେ କାରା ଅବକାଶରେ ଘରକୁ ଆସି ତାଙ୍କ ପରିବାରକୁ ନେଇ ଆଣ୍ଡାମାନରେ ବସତି ସ୍ଥାପନ କରି ରହିଥିଲେ । ତାଙ୍କ ବଂଶଧରମାନେ ଏପର୍ଯ୍ୟନ୍ତ ସେଠାରେ ଅଧିବାସୀ ହୋଇ ରହିଯାଇଛନ୍ତି । ଇଂରେଜମାନେ ଅତି ନିଷ୍ଠୁର ଥିଲେ ଏବଂ ଭାରତୀୟ ମାନଙ୍କର ଦୋଷ ବିଚାର କରି ଏପରି ଦଣ୍ଡ ଦେଉଥିଲେ । ବହୁ ସ୍ୱାଧୀନତା ସଂଗ୍ରାମୀ ଭାରତ ସ୍ୱାଧୀନତା ସଂଗ୍ରାମରେ ସାମିଲ ହୋଇ ପୋଲିସ ଦ୍ୱାରା ଧରାପଡ଼ି ସେଇ କଳାପାଣି ଦେଶ ଆଣ୍ଡାମାନ ଦ୍ୱୀପର ପୋର୍ଟବ୍ଲେୟାର ଠାରେ ଜେଲ୍‌ଦଣ୍ଡ ଭୋଗିଥିଲେ । ସେତେବେଳେ ଲୋକମାନେ ସୀମିତ ଖବର କାଗଜ ପଢ଼ି କଳାପାଣି ପାରର ଦଣ୍ଡ ବିଷୟରେ ଶୁଣି ଭାବବିହ୍ୱଳ ହୋଇଯାଉଥିଲେ ଓ ମନ ଭିତରେ ଭାବୁଥିଲେ କଳାପାଣିର ଦେଶ କିପରି ? ଭାରତ ସ୍ୱାଧୀନତା ଲାଭ କରିବା ପରେ ଏହି ଦ୍ୱୀପପୁଞ୍ଜ ଆଣ୍ଡାମାନ ଓ ନିକୋବର କେନ୍ଦ୍ରଶାସିତ ଅଞ୍ଚଳ ରୂପେ ପରିଗଣିତ ହୋଇ ଏବେ ରାଜ୍ୟର ମାନ୍ୟତା

ପାଇଛି । ସେଇ ଆଣ୍ଡାମାନ ନିକୋବର ଦ୍ୱୀପକୁ କଳାପାଣିର ଦେଶ ବୋଲି ବିବେଚନା କରାଯାଉଛି । ଆଣ୍ଡାମାନ ନିକୋବର ଦ୍ୱୀପପୁଞ୍ଜର ରାଜଧାନୀ ପୋର୍ଟବ୍ଲେୟାର ।

ଏବେ ଆଣ୍ଡାମାନ ନିକୋବର ଦ୍ୱୀପପୁଞ୍ଜକୁ ଲାଗି ଗ୍ରାମାଞ୍ଚଳ ସୃଷ୍ଟି ହେଲାଣି । କାରାବାସ ଭୋଗିବା ପାଇଁ ଯେଉଁ ବହୁ କୋଠରୀ ବିଶିଷ୍ଟ କାରାଗାରାଟି ସାତଟି ଧାଡ଼ିରେ ନିର୍ମିତ ଚାରିମହଲା (Cellular Jail)ରେ ସ୍ୱାଧୀନତା ସଂଗ୍ରାମୀମାନଙ୍କ ଛବି ସହିତ ଶ୍ରେଷ୍ଠ ସ୍ୱାଧୀନତା ସଂଗ୍ରାମୀ ବୀର ସବରକରଙ୍କ ଜେଲ୍ କୋଠରୀ ଥିଲା ଅନ୍ୟତମ । ଗୋରା ସାହେବମାନେ ସେହି କାରାଗାରାରେ ଅନ୍ୟ ଏକ କୋଠରୀରେ ଅଫିସ୍ କରି ସମସ୍ତ ବନ୍ଦୀମାନଙ୍କ ଗତିବିଧି ନୀରିକ୍ଷଣ କରୁଥିଲେ । ସେହି ଚାରିମହଲା କୋଠରୀରେ ସ୍ୱାଧୀନତା ସଂଗ୍ରାମୀମାନଙ୍କ ଛବି ସଂରକ୍ଷିତ କରାଯାଇଛି । ସାତଟି କୋଠରୀରୁ ତିନୋଟି ଧାଡ଼ି କୋଠରୀଗୁଡ଼ିକ ଦ୍ୱିତୀୟ ମହାଯୁଦ୍ଧରେ ଜାପାନ ବୋମା ମାଡ଼ରେ ନଷ୍ଟ ହୋଇଯାଇଛି । ଗୋଟିଏ ଧାଡ଼ିରେ ବର୍ତ୍ତମାନ ଆଣ୍ଡାମନ ଦ୍ୱୀପପୁଞ୍ଜର କଏଦୀମାନେ କେବଳ ରହୁଛନ୍ତି । ଅନ୍ୟ କୋଠରିଗୁଡ଼ିକ ସରକାରୀ ଡାକ୍ତରଖାନା ରୂପେ ବ୍ୟବହାର କରଯାଉଛି । ଅନୁସନ୍ଧାନରୁ ଜଣାଗଲା ଯେ ଯେଉଁ କଏଦୀମାନେ ଜେଲ୍ ଦଣ୍ଡ ଭୋଗୁଥିବା ବେଳେ କରିଥିବା କର୍ମର ସୁଧାର ପାଇଁ ଭଲ ବ୍ୟବହାର ଦେଖାଉଥିଲେ କିମ୍ବା ସେମାନଙ୍କ ଚାଲି ଚଳଣିରେ ପରିବର୍ତ୍ତନ ଦେଖାଦେଲେ ସେମାନେ କିଛିବର୍ଷ ଜେଲ୍ ଦଣ୍ଡ ଭୋଗକଲା ପରେ ସେମାନଙ୍କ ପରିବାର ସହିତ ବସତି ସ୍ଥାପନ କରିବା ପାଇଁ ଅନୁମତି ଦିଆଯାଉଥିଲା । କାରଣ ବହୁଳ ଓ ନିର୍ଜନ ଆଣ୍ଡାମାନ ଦ୍ୱୀପପୁଞ୍ଜର ଜନସଂଖ୍ୟା ବୃଦ୍ଧି ନିମନ୍ତେ ବ୍ରିଟିଶ ସରକର ଏ ପ୍ରକାର ମସୁଧା ଚିନ୍ତା କରିଥିଲେ । ସେଥିପାଇଁ ଅନେକ କଏଦୀ ତଥା ତାଙ୍କ ପରିବାର ବର୍ଗମାନେ ବର୍ତ୍ତମାନ ପ୍ରତିଷ୍ଠିତ କୃଷକ, ବ୍ୟବସାୟୀ ତଥା ମାନ୍ୟଗଣ୍ୟ ଅଧିକାରୀ ରୂପେ ବିବେଚିତ । ସେମନଙ୍କ ମଧ୍ୟରୁ ଜଣେ କଏଦୀର ପୁଅ ସ୍ୱରୂପଲାଲ କିଛିବର୍ଷ ପୂର୍ବେ ପୋର୍ଟବ୍ଲେୟାର ମ୍ୟୁନିସିପାଲିଟିର ମେୟର ଥିଲେ । କାଳକ୍ରମେ ଜନସଂଖ୍ୟା ବୃଦ୍ଧି ହେତୁ ସେହି ଅଞ୍ଚଳକୁ ସରକାର ମ୍ୟୁନିସିପାଲ୍ ନିଗମ ଅଞ୍ଚଳ ରୂପେ ଘୋଷଣା କରିଥିଲେ ।

ଭାରତ ବିଭାଜନ ପରେ ପୂର୍ବ ବଙ୍ଗଳାର ଅନେକ ବଙ୍ଗାଳି ପରିବାର ଉକ୍ତ ଦ୍ୱୀପପୁଞ୍ଜରେ ବସତି ସ୍ଥାପନ କରିଛନ୍ତି । ସେମାନଙ୍କ ସଂଖ୍ୟା ପ୍ରାୟ ୧୦୮୪୩୨ ଏବଂ ଅନ୍ୟ ଭାଷାଭାଷୀଙ୍କ ଅପେକ୍ଷା ବେଶୀ । ଦ୍ୱିତୀୟରେ ଆସିଲା ହିନ୍ଦୀ ଭାଷାଭାଷୀଙ୍କ ସଂଖ୍ୟା ମୋଟ ଜନସଂଖ୍ୟର ୧୨.୯୧ ଶତାଂଶ । ତେଲୁଗୁ ଭାଷାଭାଷୀଙ୍କ ସଂଖ୍ୟା ୧୩.୨୪ ଶତାଂଶ। ଏମାନଙ୍କ ବ୍ୟତୀତ ଅନ୍ୟାନ୍ୟ ଭାଷାଭାଷୀ ଲୋକମାନେ ସେଠାରେ ବାସ କରୁଛନ୍ତି । ସେହିପରି ପ୍ରାୟ ୧୦ଟିରୁ ଅଧିକ ଧର୍ମାବଲମ୍ବୀ ଲୋକମାନେ

ସେଠାରେ ଅଛନ୍ତି । ସେମାନଙ୍କ ମଧ୍ୟରୁ ହିନ୍ଦୁ ଧର୍ମର ଲୋକ ସଂଖ୍ୟା ସର୍ବାଧିକ ହାରାହାରି ଜନସଂଖ୍ୟାର ୬୯.୪୫ ଶତାଂଶ । ଆଣ୍ଡାମାନ ନିକୋବର ଦ୍ୱୀପ ପୁଞ୍ଜର ମୋଟ ଜନସଂଖ୍ୟା ୩ ଲକ୍ଷ ୮୦ ହଜାରରୁ ଅଧିକ । ଏଥି ମଧ୍ୟରୁ ମୁସଲମାନ୍‌ମାନଙ୍କ ସଂଖ୍ୟା ୮.୫୨ ଶତାଂଶ, ଖ୍ରୀଷ୍ଟୀୟାନମାନଙ୍କ ସଂଖ୍ୟା ୨୧.୨୮ ଓ ଶିଖ୍‌ଙ୍କ ସଂଖ୍ୟା ୦.୩୪ ଶତାଂଶ ।

୧୯୦୧ ମସିହାରେ ଆଣ୍ଡାମାନ ନିକୋବର ଦ୍ୱୀପପୁଞ୍ଜର ଲୋକସଂଖ୍ୟା ୨୪୬୪୯ ଥିଲାବେଳେ ୧୯୪୧ ମସିହାରେ ଏହି ସଂଖ୍ୟା ବୃଦ୍ଧିପାଇ ୩୩୭୬୮ରେ ପହଞ୍ଚି ପାରିଥିଲା । ମାତ୍ର ଦ୍ୱିତୀୟ ବିଶ୍ୱଯୁଦ୍ଧ ପରେ ଜାପାନର ବୋମା ମାଡ଼ରେ ବହୁଲୋକଙ୍କ ମୃତ୍ୟୁ ହୋଇଥିଲା ବେଳେ ଅନ୍ୟ କେତେକ ପଳାୟନ କରିଥିବା ହେତୁ ୧୯୫୧ ମସିହାରେ ଏହି ଜନସଂଖ୍ୟା କମିଆସି ୩୦୯୭୧ରେ ପହଞ୍ଚିଥିଲା । ମାତ୍ର ୨୦୧୯ ଜନଗଣନା ଅନୁସାରେ ଏହାର ଜନସଂଖ୍ୟା ୪୩୪୦୦୦ । କେରଳ ଓ ତାମିଲ ଲୋକଙ୍କ ବସତି ସ୍ଥାପନ ତଥା ବହୁ ସଂଖ୍ୟାରେ ସରକାରୀ କର୍ମଚାରୀଙ୍କ ମୁତୟନ ଯୋଗୁ ଲୋକସଂଖ୍ୟାରେ ବୃଦ୍ଧି ଘଟିଛି । ଯାହା ଫଳରେ ସରକାରୀ କର୍ମଚାରୀଙ୍କ ସଂଖ୍ୟା ୧ଲକ୍ଷରେ ପହଞ୍ଚିଲାଣି । ସମୁଦ୍ର ମଧ୍ୟରେ ଥିବା ପ୍ରାୟ ୩୦୦ ଦ୍ୱୀପ ମଧ୍ୟରୁ ୩୪ଟି ଦ୍ୱୀପରେ ଲୋକମାନେ ବସବାସ କରୁଛନ୍ତି । ସମସ୍ତ ଦ୍ୱୀପ ଆୟତନ ମିଶି ୮୨୪୯ ବର୍ଗ କିଲୋମିଟର । ସେଥିରୁ ଜଙ୍ଗଲର ଆୟତନ ୭୧୬୩ ବର୍ଗ କିଲୋମିଟର । ପ୍ରତି ବର୍ଗ କିଲୋମିଟର ପିଛା ଲୋକସଂଖ୍ୟା ୪୬ ଅଟେ । ଏହା ୬ ଡିଗ୍ରୀରୁ ୧୪ ଡିଗ୍ରୀ ଉତ୍ତର ଅକ୍ଷାଂଶରେ ଗ୍ରୀଷ୍ମକଟି ବନ୍ଧରେ ବଙ୍ଗୋପସାଗରରେ ଅବସ୍ଥିତ । ଜଳବାୟୁ ନାଶୀତତୋଷ୍ଣ ଥିବାରୁ ୨୩ ରୁ ୩୦ ସେଣ୍ଟିଗ୍ରେଡ୍ ମଧ୍ୟରେ ଉତ୍ତାପ ବର୍ଷସାରା ରୁହେ । ବାର୍ଷିକ ବୃଷ୍ଟିପାତ ହାରାହାରି ୩୦୧୮୦ ମିଲିଲିଟର ବା ୧୫୦ ଇଞ୍ଚ ଭିତରେ । ଆଣ୍ଡାମାନ ଦ୍ୱୀପପୁଞ୍ଜରେ ଚାରି ପ୍ରକାର ଆଦିମ ଅଧିବସୀ ବାସ କରନ୍ତି । ଏଠାରେ ଆଣ୍ଡାମାନୀଙ୍କ ସଂଖ୍ୟା ୧୪, ଅଙ୍ଗିସ ୧୧୨, ଜରାରସ ୫୦ ଓ ସେଣ୍ଟିନେଲିସ୍ ସଂଖ୍ୟା ୫୦ । ସେମାନଙ୍କ ସଂଖ୍ୟା କ୍ରମଶଃ ହ୍ରାସ ପାଉଛି ଏବଂ ବର୍ତ୍ତମାନର ଚିଡ଼ିଆଖାନାର ଜୀବ ହିସାବରେ ସଂରକ୍ଷିତ କରାଯାଇଛି । ନିକୋବର ଦ୍ୱୀପପୁଞ୍ଜରେ ଆଦିମ ଅଧିବାସୀ ମଙ୍ଗୋଲଜାତୀୟ । ସେମାନେ ଗାଈ ଦୁଗ୍ଧ ବାଛୁରି ପାଇଁ ଉଦ୍ଦିଷ୍ଟ ବୋଲି ବିଶ୍ୱାସ କରି ଦୁଗ୍ଧପାନ କରନ୍ତି ନାହିଁ ଏବଂ ସେମାନଙ୍କୁ ଋଣରେ ଗାଈ ବାଧକରି ଦିଆଗଲେ ସୁଦ୍ଧା ସେମାନେ ଜମିର ଆୟରୁ ଗାଈ ଋଣ ଟଙ୍କା ପରିଶୋଧ କରନ୍ତି । ମାତ୍ର ଗାଈ ଦୁଗ୍ଧ ବ୍ୟବହାର କରନ୍ତି ନାହିଁ ।

ପ୍ରଚୁର ବର୍ଷା ହେତୁ ସେହି ଅଞ୍ଚଳର ପ୍ରାୟ ଶତକଡ଼ା ୮୫ ଭାଗ ଘଞ୍ଚ ଜଙ୍ଗଲରେ

ପରିପୂର୍ଣ୍ଣ ଥିବାରୁ ସରକାର ବର୍ଷକୁ ହାରାହାରି ୧୩୩୯୪୨ ଘନ ମିଟର କାଠ ବିଦେଶକୁ ରପ୍ତାନୀ କରନ୍ତି । ଜନସଂଖ୍ୟାର ଶତକଡ଼ା ୨୦ଭାଗ ଲୋକ ଚାଷ ଉପରେ ନିର୍ଭର କରନ୍ତି । ଆଣ୍ଡାମାନ ଦ୍ୱୀପପୁଞ୍ଜର ପରିବାର ପିଛା ଜମି ପରିମାଣ ହାରାହାରି ୩ ହେକ୍ଟର ଏବଂ ନିକୋବର ଦ୍ୱୀପପୁଞ୍ଜର ଜମି ପରିବାର ପିଛା ୯ ହେକ୍ଟର । ଏଠାରେ ପ୍ରଧାନ ଚାଷ ହେଉଛି ଧାନ । ପ୍ରଚୁର ବର୍ଷା ହେତୁ କୃଷିରେ ସାର ପ୍ରୟୋଗର ଆବଶ୍ୟକତା ପଡ଼ିନଥାଏ । ଖାଦ୍ୟରେ ଦ୍ୱୀପପୁଞ୍ଜର ଅଧିବାସୀମାନେ ଆତ୍ମ ନିର୍ଭରଶୀଳ ନଥିବାରୁ ଅନ୍ୟାନ୍ୟ ଅର୍ଥକାରୀ ଫସଲ ଉତ୍ପାଦନକୁ ନିୟନ୍ତ୍ରିତ କରାଯାଉଛି । ଧାନ, ଚୂଡ଼ା, କଦଳୀ, କନ୍ଦମୂଳ, ଖମ୍ବଆଳୁ, ଅମୃତଭଣ୍ଡା, ଲଙ୍କା, ଆମ୍ବ, ନଡ଼ିଆ ଚାଷ ଏଠାରେ କରାଯାଏ । ଏହାଛଡ଼ା ବର୍ତ୍ତମାନ ୬୧୯ ହେକ୍ଟର ଜମିରେ ରବର ଚାଷ କରାଯାଇ ୨୯୦୮୮୩ କେ.ଜି. ରବର ଓ ୧୩୦୫ ହେକ୍ଟର ଜମିରେ ୭୪ ମେଟ୍ରିକ୍ ଟନ୍ ଲୋହିତ ତାଳତେଲ ଆମଦାନୀ ହୁଏ । ଗାଈ ଗୋରୁଙ୍କ ପାଇଁ ପ୍ରଚୁର ଘାସ ମିଳୁଥିବାରୁ ସେଠାରେ ଗାଈ ଗୋରୁଙ୍କ ସଂଖ୍ୟା ଅଧିକ । ଅଧିବାସୀମାନେ ମଇଁଷି, ଛେଳି, ଘୁଷୁରି, କୁକୁଡ଼ା ପାଳନରୁ ଅଧିକ ଆୟ କରୁଛନ୍ତି। ଆଣ୍ଡାମାନ ନିକୋବର ଦ୍ୱୀପପୁଞ୍ଜ ସମୁଦ୍ରରେ ପରିବେଷ୍ଟିତ ହୋଇଥିଲେ ସୁଦ୍ଧା ମତ୍ସ୍ୟଜୀବିଙ୍କ ସଂଖ୍ୟା ମୋଟ୍ ୨୨୧୮୮ । ଯାହାକି ୧୩୪ ଗୋଟି ମତ୍ସ୍ୟଜୀବି ଗ୍ରାମରେ ୪୮୬୧ ପରିବାରରେ ବସବାସ କରନ୍ତି । ବାର୍ଷିକ ହାରାହାରି ୪୭୦୦୦ ମେଟ୍ରିକ୍‌ଟନ୍ ମାଛ ମତ୍ସ୍ୟଜୀବିଙ୍କ ଦ୍ୱାରା ଉତ୍ପାଦନ କରାଯାଉଛି ଓ ମତ୍ସ୍ୟ ଚାଷରୁ ଅଧିକ ଅର୍ଥ ଉପାର୍ଜନ କରିପାରୁଛନ୍ତି ।

ପ୍ରକୃତିର ଶୁଭଦୃଷ୍ଟି ହେତୁ ଆଣ୍ଡାମାନ ନିକୋବର ଦ୍ୱୀପପୁଞ୍ଜ ଶସ୍ୟ ସାମଳା ଓ ଭାରତବର୍ଷର ଦ୍ୱିତୀୟ ଭୂସ୍ୱର୍ଗ ଭାବରେ ପରିଚିତ । ଭ୍ରମଣକାରୀଙ୍କ ସଂଖ୍ୟା ପ୍ରତିଦିନ ବୃଦ୍ଧି ହେବାରେ ଲାଗିଛି । ଏଠାରେ ବେକାରୀ ସଂଖ୍ୟ ନଗଣ୍ୟ । ଏହା ପର୍ଯ୍ୟଟନ ସ୍ଥାନ ରୂପେ ସୁଖ୍ୟାତି ପାଇଥିଲେ ମଧ୍ୟ ପୂର୍ବକଥାକୁ ମନେପକାଇ ଭ୍ରମଣକାରୀମାନେ କଳାପାଣିର ଦେଶ ଭ୍ରମଣ କରନ୍ତି ବୋଲି ମନରେ ଭାବନା ସୃଷ୍ଟି ହୁଏ ଓ ଶାସକ ବ୍ରିଟିଶ ସରକାରଙ୍କ ଏହା ଦୂରଦୃଷ୍ଟି ସମ୍ପନ୍ନ କାର୍ଯ୍ୟ ଥିଲା ବୋଲି ବିଚାର କରନ୍ତି ।

'ସକାଳ' - ତା୦୮.୧୦.୨୦୨୪ରେ ପ୍ରକାଶିତ

ସମବାୟ ଭୋଜନାଳୟ

ଜାର ଶାସନରେ ଋଷିଆ ଭାଷୀମାନେ ଅତ୍ୟାଚାରୀ ତଥା ପୁଞ୍ଜିବାଦୀଙ୍କ ଦ୍ୱାରା ଶୋଷିତ ହୋଇ ଅନେକ ନିତ୍ୟାନ୍ତ ଦରିଦ୍ର ଅବସ୍ଥାରେ ଜୀବନଯାପନ କରୁଥିଲେ । ଲେନିନ୍‌ଙ୍କ ନେତୃତ୍ୱରେ ୧୯୧୭ ମସିହା ଅକ୍ଟୋବର ମାସ ବିପ୍ଳବରେ ଜାର୍ ଶାସନର ଅବସାନ ହେବାରୁ ଋଷିଆରେ ପ୍ରଜାତନ୍ତ୍ର ତଥା ସମାଜବାଦ ପ୍ରତିଷ୍ଠା ହୋଇଥିଲା । ଭୂମି ସମେତ ସମସ୍ତ ସମ୍ପତ୍ତି ଜାତୀୟକରଣ ହୋଇ ମାଲିକାନା ସତ୍ତ୍ୱ ଲୋପ ପାଇଲା । ଋଷିଆ ସହିତ କେତେକ ଦେଶର ମିଶ୍ରଣରେ ସୋଭିଏତ୍ ରାଷ୍ଟ୍ରସଂଘ ଗଠିତ ହେଲା । ଗ୍ରାମାଞ୍ଚଳରେ ଆର୍ଥିକ ବିପ୍ଳବ ପାଇଁ ସମବାୟ ମାଧ୍ୟମରେ ଚାଷର ପ୍ରବର୍ତ୍ତନ ହେଲା ଏବଂ ସମବାୟ ଉଦ୍ୟମରେ ଖାଉଟୀ ଭଣ୍ଡାରମାନ ଗଠନ କରାଗଲା । ଫଳରେ ଏହି କାର୍ଯ୍ୟରେ ଗ୍ରାମବାସୀଙ୍କୁ ଅଧିକ ସଂଖ୍ୟାରେ ନିଯୁକ୍ତି ମିଳିଲା । କାରଣ ଋଷିଆ ଏକ ଗ୍ରାମବହୁଳ ଦେଶ ଥିଲା ।

୧୯୭୮ ମସିହା ସୋଭିଏତ୍ ଦେଶର ରାଜଧାନୀ ମସ୍କୋ ଠାରେ ଏସିଆ, ଆଫ୍ରିକା ଓ ଦକ୍ଷିଣ ଆଫ୍ରିକା ମହାଦେଶମାନଙ୍କ ୬୯ଟି ଦେଶର ସମବାୟ ପ୍ରତିନିଧିମାନେ ଆନ୍ତର୍ଜାତିକ ସମବାୟ ଆଲୋଚନା ଚକ୍ରରେ ଭାଗ ନେଇଥିଲେ । ଏଥିରେ ମଧ୍ୟ ଭାରତବର୍ଷ ସହିତ ଅନେକ ବିକଶିତ ଦେଶର ଜାତୀୟ ସମବାୟ ସଂଘର ପ୍ରତିନିଧିମାନେ ଯୋଗଦେଇଥିଲେ । ସମସ୍ତ ପ୍ରତିନିଧି ସୋଭିଏତ୍ ଦେଶର ସର୍ବୋଚ୍ଚ ସମବାୟ ସଂସ୍ଥା (Centro Soyasar) ସେଣ୍ଟ୍ରୋ ସୋୟଜରରେ ଆତିଥ୍ୟ ଗ୍ରହଣ କରିଥିଲେ । ସେଣ୍ଟ୍ରୋ ସୋୟଜରର ସମବାୟ ନେତାମାନେ ସୋଭିଏତ୍ ଦେଶ ସମବାୟ ଜରିଆରେ କିପରି ବିପୁଳ ଅଗ୍ରଗତି କରିଛି ସେ ବିଷୟରେ ଆଲୋଚନା ଚକ୍ରରେ ତା'ର ବିସ୍ତୃତ ବିବରଣୀ ଦେଇଥିଲେ ଏବଂ କ୍ଷେତ୍ର ଅନୁଧ୍ୟାନରେ ସୁଯୋଗ ମଧ୍ୟ ପାଇଥିଲେ । ଫଳରେ ସମାନେ ସୋଭିଏତ୍ ଦେଶର ଅନେକ ପ୍ରଦେଶର ସମବାୟ କୋଠଚାଷ, ଅଙ୍ଗୁର, ଆତ ପ୍ରଭୃତି ଫଳରସରୁ ମଦ ତଥା ଅନ୍ୟାନ୍ୟ ପାନୀୟ ପ୍ରଭୃତି କାରଖାନା, ସମବାୟ ଖାଉଟୀ

ଭଣ୍ଡାର ଓ ଭୋଜନାଳୟମାନ ବୁଲି ଦେଖିଥିଲେ । ସୋଭିଏତ୍ ଦେଶରେ ସମସ୍ତେ କର୍ମରେ ନିଯୁକ୍ତି ପାଇଥାନ୍ତି ବୋଲି ପ୍ରକାଶ କରିବା ସଙ୍ଗେ ସଙ୍ଗେ କହିଥିଲେ ଯେ ଭବିଷ୍ୟତରେ ଲୋକସଂଖ୍ୟା ଆଉ ଶତକଡ଼ା ୪୦ଭାଗ ବୃଦ୍ଧିହେଲେ ସୁଦ୍ଧା ସୋଭିଏତ୍ ଋଷରେ ବେକାରୀଙ୍କ ସଂଖ୍ୟା ରହିବ ନାହିଁ ।

ଭିନିଷ୍ଟ ଋଷିଆର ଗୋଟିଏ କୃଷି ପ୍ରଧାନ ଡିଭିଜନ୍ । ଉକ୍ତ ଅଞ୍ଚଳ ଅଧୀନରେ ୬ଟି ଜିଲ୍ଲା କାର୍ଯ୍ୟ କରୁଛି । ଏହାର ଲୋକସଂଖ୍ୟା ୨୦ ଲକ୍ଷ ମଧ୍ୟରୁ ୧୫ ଲକ୍ଷ ଲୋକମାନେ ଗ୍ରାମାଞ୍ଚଳରେ ବାସ କରନ୍ତି । ଉକ୍ତ ଡିଭିଜନରେ ସମବାୟ ମାଧ୍ୟମରେ କୋଠଚାଷ, କିଣାବିକା, ଖାଉଟୀ ଭଣ୍ଡାର, ନୂଆ ନୂଆ କୃଷିଭିତ୍ତିକ କାରଖାନାମାନ ସଂଗଠିତ ହୋଇଥିଲେ ସୁଦ୍ଧା ସମବାୟ ଭୋଜନାଳୟ ବେଶ୍ ପ୍ରସାର ଲାଭ କରିଛି । ୧୯୭୮ ମସିହାରେ କେବଳ ଭିନିଷ୍ଟ ଡିଭିଜନରେ ୧୬ ହଜାର ସମବାୟ ହୋଟେଲ୍ ବା ଭୋଜନାଳୟ କାର୍ଯ୍ୟ କରୁଥିଲା । ବର୍ଷକୁ ବର୍ଷ ସମବାୟ ହୋଟେଲ୍ ବା ଭୋଜନାଳୟ ସଂଖ୍ୟା ବୃଦ୍ଧି ପାଇ ୨୦୨୩ ମସିହା ସୁଦ୍ଧା ୨୦ଟି ଡିଭିଜନରେ ୨୨୦୦୦ ସଂଖ୍ୟାରେ ପହଞ୍ଚିଛି । ବିଶେଷକରି ସରକାରୀ ଫାର୍ମ, କଳକାରଖାନା ଓ ବଡ଼ ବଡ଼ ଗାଁ ମାନଙ୍କରେ ଭୋଜନାଳୟ ପ୍ରତିଷ୍ଠା କରାଯାଇଛି । ଗ୍ରାହକମାନଙ୍କୁ ଆକୃଷ୍ଟ କରିବା ପାଇଁ ହୋଟେଲ୍ ଗୁଡ଼ିକ ସୁନ୍ଦର ଭାବରେ ସୁସଜ୍ଜିତ କରାଯାଏ । ହୋଟେଲ୍ କର୍ମଚାରୀମାନେ ନାନା ପ୍ରକାର ସୁସ୍ୱାଦୁ ତଥା ପୁଷ୍ଟିକାରକ ତଟକା ଖାଦ୍ୟ ପରିବେଷଣ କରି ଗ୍ରାହକମାନଙ୍କ ମନୋରଞ୍ଜନ କରିଥାନ୍ତି । ହୋଟେଲ୍ ପରିସରରେ ତାର ନିୟନ୍ତ୍ରିତ କାଚଘର (Hot House)ରେ ବର୍ଷସାରା ପରିବା ଚାଷ କରାଯାଉଥିବାରୁ ତଟକା ଖାଦ୍ୟ ପ୍ରସ୍ତୁତ ପାଇଁ ନଗଦ ପନିପରିବା ମିଳିଯାଏ । ସେହିପରି କୁକୁଡ଼ା, ଘୁଷୁରି ଓ ଠେକୁଆ ପୋଷାଯାଇ ଦରକାର ସମୟରେ ତଟକା ଖାଦ୍ୟ ରନ୍ଧନ ପାଇଁ ମାଂସ ମିଳିଯାଏ ।

ସମବାୟ ଭୋଜନାଳୟର ବ୍ୟାପକ ପ୍ରସାର ଫଳରେ ଗ୍ରାମବାସୀଙ୍କ ଜୀବନଯାପନ ପ୍ରଣାଳୀରେ ବିଶେଷ ପରିବର୍ତ୍ତନ ଘଟିଛି । ଦେଶର ଲୋକମାନେ ବିଶେଷ କରି ମହିଳାମାନେ ରୋଷେଇରେ ଅଯଥା ସମୟ ନଷ୍ଟ କରିବା ପାଇଁ ସୀମାବଦ୍ଧ ନହୋଇ ସେହି ସମୟରେ ଅନ୍ୟ କ୍ଷେତ୍ରରେ କାମ କରି ଅଧିକ ରୋଜଗାର କରିବା ସଙ୍ଗେ ସଙ୍ଗେ ଅବସର ବିନୋଦନ ପାଇଁ ଅବଶିଷ୍ଟ ସମୟ କଟାନ୍ତି । ହୋଟେଲ୍ କର୍ମଚାରୀମାନେ ଅଧିକ ଆୟ ପାଇଁ ନିଜ ବାଡ଼ି ବଗିଚାରେ ଆଳୁ, ବିଲାତି, ଝୁଡ଼ଙ୍ଗ ପ୍ରଭୃତି ପରିବା ଓ ଫଳଚାଷ କରିବା ସଙ୍ଗେ ସଙ୍ଗେ ଘୁଷୁରି, କୁକୁଡ଼ା ପ୍ରଭୃତି ପାଳନ କରି ହୋଟେଲ୍‌କୁ ଯୋଗାନ୍ତି । ଗ୍ରାହକମାନଙ୍କ ରୁଚି ଦୃଷ୍ଟିରୁ ହୋଟେଲ୍ ମାନଙ୍କରେ ମିଷ୍ଟାନ୍ନ, ପରିବା, ମାଂସ, ମାଛ ଓ ତଟକା ଖାଦ୍ୟ ପ୍ରସ୍ତୁତି ଏବଂ ଫଳ ଓ ପନିପରିବା

ସଂରକ୍ଷଣ କରିବା ସହିତ ଶୀତ ଓ ବସନ୍ତ ଋତୁରେ ବ୍ୟବହାର ପାଇଁ ପରିବା ଓ ଫଳର ପ୍ରକ୍ରିୟାକରଣ ଇତ୍ୟାଦି ବିଭିନ୍ନ ବିଭାଗମାନ ଖୋଲାଯାଇଛି । କ୍ଷେତରେ ଗହମ କଟା ଓ ଅମଳ ସମୟରେ ଭିନିଷ୍ଟି ଡିଭିଜନରେ ୨୩୦ ଗୋଟି ଅସ୍ଥାୟୀ ଭୋଜନାଳୟ ଖୋଲାଯାଏ । ଫଳରେ ଗ୍ରାହକମାନେ ଖାଦ୍ୟ ପ୍ରସ୍ତୁତିରେ ଅଯଥା ସମୟ ନଷ୍ଟ ନକରି ଉକ୍ତ ଭୋଜନାଳୟ ଦ୍ୱାରା ପ୍ରସ୍ତୁତି ସୁସ୍ୱାଦୁ ପିଠା ତଥା ଅନ୍ୟାନ୍ୟ ଖାଦ୍ୟ ଖାଆନ୍ତି । ସମବାୟ ଭୋଜନାଳୟର ପରିଚାଳକମାନେ ମଧ୍ୟ ସ୍ୱତନ୍ତ୍ର ଜାତୀୟ ବିଭିନ୍ନ ମିଷ୍ଟାନ୍ନ, ପୁରଦିଆ ପିଠା ଓ ପାଉଁରୁଟି ଇତ୍ୟାଦି ଖାଇବାକୁ ଦିଅନ୍ତି । ଆମ ଭାରତରେ ଶିକ୍ଷକମାନେ ଛାତ୍ରଛାତ୍ରୀମାନଙ୍କୁ ମଧ୍ୟାହ୍ନ ଭୋଜନ ପ୍ରସ୍ତୁତି କାମରେ ଲଗାଇ ସମୟ ନଷ୍ଟକରି ପାଠ ପଢ଼ାଇବାକୁ ସମୟ ପାଉନହାନ୍ତି । ଭୋଜନାଳୟମାନେ ଛାତ୍ରମାନଙ୍କୁ ଖାଦ୍ୟ ପରିବେଷଣ କରୁଥିବାରୁ ଗ୍ରାମବାସୀମାନେ ସମବାୟ ପ୍ରଥାର ଉଚ୍ଚ ପ୍ରଶଂସା କରନ୍ତି ।

ଖାଉଟୀ ସମବାୟ ସମିତିମାନେ ସମବାୟ ଭୋଜନାଳୟ ମାନଙ୍କୁ ଅଧିକାଂଶ ଖାଦ୍ୟ ଉପଯୋଗୀ ପଦାର୍ଥ ପାଇଁ ରାନ୍ଧୁଣିଆମାନଙ୍କୁ ତାଲିମ୍ ଦିଅନ୍ତି । ପରବର୍ତ୍ତୀ ପଞ୍ଚବାର୍ଷିକ ଯୋଜନାରେ ଉକ୍ତ ଅଞ୍ଚଳରେ ଜିଲ୍ଲା କେନ୍ଦ୍ରମାନଙ୍କର ଆଧୁନିକ ବିଜ୍ଞାନସମ୍ମତ ଯାନ୍ତ୍ରିକ ପ୍ରଥାରେ ଖାଦ୍ୟ ପ୍ରସ୍ତୁତି କରିବା ପାଇଁ ବଡ଼ ବଡ଼ ହୋଟେଲ ସ୍ଥାପନର ପରିକଳ୍ପନା କରାଯାଇଛି । ଫଳରେ ଭୋଜନାଳୟ ମାନଙ୍କରେ ପୂର୍ବ ଅପେକ୍ଷା ଆହୁରି ଶତକଡ଼ା ୩୦ଭାଗ ଅଧିକ ଖାଦ୍ୟ ରନ୍ଧାଯାଇପାରିବ ।

କିନ୍ତୁ ଭାରତରେ ଭୋଜନାଳୟ ବା ହୋଟେଲ ଶିଳ୍ପ ଏ ପର୍ଯ୍ୟନ୍ତ ବ୍ୟକ୍ତିଗତ ତଥା ଯୌଥ କମ୍ପାନୀ ଉଦ୍ୟମରେ ପ୍ରତିଷ୍ଠିତ ତଥା ପରିଚାଳିତ । କିନ୍ତୁ ଭାତରରେ ସମବାୟ ଆନ୍ଦୋଳନ ବହୁ କ୍ଷେତ୍ରକୁ ପ୍ରସାରିତ ହୋଇଥିଲେ ମଧ୍ୟ ସମବାୟ ଭୋଜନାଳୟ ବା ହୋଟେଲ୍ ଏ ପର୍ଯ୍ୟନ୍ତ ଗଠିତ ହୋଇପାରି ନାହିଁ । ଏ କ୍ଷେତ୍ରରେ ରାଜ୍ୟ ସରକାର ତଥା କେନ୍ଦ୍ର ସରକାର ସରକାରୀ ପ୍ରୋତ୍ସାହନ ଦେଇ ସମବାୟ ଭୋଜନାଳୟମାନ ଖୋଲିବା ପାଇଁ ସମବାୟ ବିଭାଗକୁ ନିର୍ଦ୍ଦେଶ ଦେବା ସଙ୍ଗେ ସଙ୍ଗେ ସମବାୟ ଆଇନରେ ପରିବର୍ତ୍ତନ କରିବାର ସମୟ ଦେଖାଦେଇଛି । ଭାରତର ଜନସଂଖ୍ୟାକୁ ଦେଖି ସମବାୟ ଭିତ୍ତିକ ହୋଟେଲ୍ ଶିଳ୍ପରେ କିଛି ମାତ୍ରାରେ ଲୋକ ନିଯୁକ୍ତି ପାଇପାରିବେ । ଏହା କେନ୍ଦ୍ର ଓ ରାଜ୍ୟ ସରକାରଙ୍କର ମିଳିତ ଉଦ୍ୟମରେ ସମବାୟ ଭିତ୍ତିକ ଭୋଜନାଳୟ ଗଠନ କରାଯାଇପାରିଲେ ଭାରତ ଜନସଂଖ୍ୟାରୁ କିଛି ଅଂଶରେ ଲୋକ ନିଯୁକ୍ତି ପାଇପାରିବେ ।

'ଓଡ଼ିଶା ଏକ୍ସପ୍ରେସ୍' - ତା୦୯.୧୦.୨୦୨୪ରେ ପ୍ରକାଶିତ

ମାଲେସିଆରେ ସମବାୟ ବ୍ୟାଙ୍କ

ମାଲେସିଆରେ ସମବାୟ ୮୦ ବର୍ଷର ପୁରାତନ ତଥା ଏକ ବରିଷ୍ଠ ଆନ୍ଦୋଳନ । ୨୦୧୯ ମସିହା ସୁଦ୍ଧା ମାଲେସିଆରେ ୧୪୪୧୭ ଗୋଟି ପ୍ରାଥମିକ ସମବାୟ ସମିତି ଓ ଶୀର୍ଷ ସମବାୟ ବ୍ୟାଙ୍କ କାର୍ଯ୍ୟ କରୁଥିଲେ । ପ୍ରଥମେ ମାଲେସିଆରେ ୨୧.୦୭.୧୯୨୨ ମସିହାରେ ପୋଷ୍ଟାଲ ଓ ଟେଲି କମ୍ୟୁନିକେଶନ କୋ-ଅପରେଟିଭ୍ ଥ୍ରିଣ୍ଟ୍ ଆଣ୍ଡ୍ ଲୋନ୍ ସୋସାଇଟି ଲିଃ. ପ୍ରଥମ ସୋସାଇଟି ଭାବେ ରେଜିଷ୍ଟ୍ରେସନ କରାଯାଇଥିଲା । ଭାରତ ଓ ଜାପାନରେ ସମବାୟ ସମିତିମାନେ ବହୁମୁଖୀ କାର୍ଯ୍ୟ ତୁଲାଉଥିବା ସ୍ଥଳେ ମାଲେସିଆରେ ସମବାୟ ସମିତିମାନେ କୃଷି ଋଣ ପ୍ରଦାନ, କୃଷିଜାତ ପଦାର୍ଥର କିଣାବିକା ପ୍ରଭୃତି ଗୋଟିଏ ଗୋଟିଏ ବିଷୟରେ ପ୍ରତ୍ୟେକ ସମିତି ଅଲଗା ଅଲଗା କାରବାର କରିଥାନ୍ତି । ଜମା ସଂଗ୍ରହକାରୀ ସମବାୟ ସମିତିମାନେ ଲୋକଙ୍କ ଠାରୁ ଜମା ସଂଗ୍ରହ କରି କୃଷି, ଶିକ୍ଷ, ବାଣିଜ୍ୟ ତଥା ଅନେକ ଉତ୍ପାଦନଶୀଳ ଯୋଜନାମାନଙ୍କରେ ଋଣ ଲଗାଣ କରନ୍ତି। ସ୍ୱଚ୍ଛ ଜମାକାରୀ ତଥା ଋଣୀ ସଭ୍ୟମାନେ ସରଳ ପଦ୍ଧତି ଓ କମ୍ ସୁଦରେ ଋଣ ପାଉଥିବାରୁ ବାଣିଜ୍ୟିକ ବ୍ୟାଙ୍କ ଅପେକ୍ଷା ସମବାୟ ସମିତିରେ ଜମା ରଖିବା ଓ କରଜ କରିବାକୁ ଲୋକମାନେ ଅଧିକ ପସନ୍ଦ କରନ୍ତି । ମାଲେସିଆରେ ସମବାୟ ସମିତିମାନେ ସେଠା ସରକାରଙ୍କ ଜାତୀୟ ଗ୍ରାମ୍ୟ ଉନ୍ନୟନ ସମବାୟ ବିଭାଗ ଦ୍ୱାରା ପରିଚାଳିତ ଓ ନିୟନ୍ତ୍ରିତ । ମାଲେସିଆରେ ପ୍ରଚଳିତ ମୁଦ୍ରାକୁ ରିଙ୍ଗିଟ କୁହାଯାଏ । ମାଲେସିଆର ୪.୭୦୭୫ ରିଙ୍ଗିଟ ମୁଦ୍ରା ସହିତ ଗୋଟିଏ ଆମେରିକାନ୍ ଡଲାର୍ ଏବଂ ଭାରତୀୟ ମୁଦ୍ରା ପ୍ରାୟ ୮୩.୫୫ ଟଙ୍କା ସହିତ ସମାନ । ୧୯୮୬ ମସିହା ସୁଦ୍ଧା ସମବାୟ ବ୍ୟାଙ୍କ ଓ ଜମାକାରୀ ସମବାୟ ସମିତିମାନେ ୫୩୦ କୋଟି ମାଲେସିଆ ରିଙ୍ଗିଟ ଯାହା ଭାରତୀୟ ମୁଦ୍ରାରେ ୩୧୮୦ କୋଟି ଟଙ୍କାର ସମ୍ପତ୍ତି (Assets) ସୃଷ୍ଟି କରିଥିଲା ବେଳେ ୭.୧୧.୨୦୨୩ ମସିହା ସୁଦ୍ଧା

ମାଲେସିଆର ସମବାୟ ବ୍ୟାଙ୍କ ଓ ସମବାୟ ସମିତିମାନଙ୍କର ଜମା ସଂଗ୍ରହ ୧୦୮ ବିଲିୟନ ରିଙ୍ଗିଟ୍‌ରେ ପହଞ୍ଚି ପାରିଛି ।

ମାଲେସିଆ କେନ୍ଦ୍ର ସମବାୟ ବ୍ୟାଙ୍କ ୧୯୫୮ ମସିହାରେ ପ୍ରତିଷ୍ଠା ହୋଇଥିଲା । ଉକ୍ତ ବ୍ୟାଙ୍କ ସେ ଦେଶର ଶୀର୍ଷ ସମବାୟ ବ୍ୟାଙ୍କମାନଙ୍କ ମଧ୍ୟରେ ବୃହତ୍ତମ । ଅନେକ ସମବାୟ ସମିତି ଏବଂ ୩୦ଟି ଜମା ସଂଗ୍ରହକାରୀ ସମବାୟ ସଂଘ ଉକ୍ତ କେନ୍ଦ୍ର ସମବାୟ ବ୍ୟାଙ୍କ ସହିତ ସଂପୃକ୍ତ (Affiliated) । ମାଲେସିଆର ସମବାୟ ବିଭାଗର କର୍ମଚାରୀମାନଙ୍କର ଦୁର୍ନିତୀ, ଅପାରଗତା ଓ କୁପରିଚାଳନା ହେତୁ ୨୪ଟି ଜମା ସଂଗ୍ରହକାରୀ ସମବାୟ ସମିତିମାନଙ୍କର ୩୨୦ କୋଟି ଟଙ୍କା କ୍ଷତିଗ୍ରସ୍ତ ହେବାରୁ ମାଲେସିଆର କେନ୍ଦ୍ର ତଥା ରିଜର୍ଭ ବ୍ୟାଙ୍କ (Nagara Bank) ସେମାନଙ୍କ ସମ୍ପତ୍ତି ଜବତ କରି ତତ୍‌କ୍ଷଣାତ୍ ଦୋଷୀ କର୍ମଚାରୀଙ୍କ ବିରୋଧରେ ପୋଲିସ୍ କାର୍ଯ୍ୟାନୁଷ୍ଠାନ ସମେତ ଦୃଢ଼ ପଦକ୍ଷେପ ନେଇଛନ୍ତି । ଏହା ସେ ଦେଶର ଶାସନର ସୁପରିଚାଳନାର ପରିଚୟ ଦିଏ । ସେହିପରି ଭାବରେ କେନ୍ଦ୍ର ସମବାୟ ବ୍ୟାଙ୍କର ୭୨୦ କୋଟି ଋଣ ଲଗାଣ ମଧ୍ୟରୁ ୩୦୦ କୋଟି ଟଙ୍କା ଅନ୍ୟ ଉତ୍ପାଦନ ଯୋଜନାରେ ଲଗାଣ ହୋଇଥିବାର ନାଗାରା ବ୍ୟାଙ୍କ ଅନୁସନ୍ଧାନ କରି ଜାଣିପାରିଥିଲା । ସମବାୟ ଋଣ ସମିତିମାନେ ଅଂଶ ବିନିମୟ ବଜାର (Stock Marketing) ଓ ଆନୁମାନିକ ଲବ୍ଧ ଧନ (Property Speculation) ପରିକଳ୍ପନାରେ ଋଣର ଅସଦ୍ ବିନିଯୋଗ ଫଳରେ ସେମାନେ ବିପର୍ଯ୍ୟୟର ସମ୍ମୁଖୀନ ହେଲେ ବୋଲି ନାଗାରା ବ୍ୟାଙ୍କ ତାଙ୍କ ବାର୍ଷିକ ତଦାରଖ ରିପୋର୍ଟରେ ଦର୍ଶାଇଛନ୍ତି । ସମବାୟ ସମିତି ତଥା ବ୍ୟାଙ୍କ ମାନଙ୍କର ଆର୍ଥିକ ଦୂରାବସ୍ଥା ସୁଧାରିବା ଓ ସୁପରିଚାଳନା ପାଇଁ ୧୯୮୮ ମସିହାରେ ସମବାୟ ଆଇନ ପ୍ରବର୍ତ୍ତନ କରାଯାଇ ନାଗାରା ବ୍ୟାଙ୍କ କର୍ତ୍ତୃତ୍ୱରେ ରଖାଯାଇଛି । ମାଲେସିଆର ରିଜର୍ଭ ବ୍ୟାଙ୍କ ତଥା ନାଗାରା ବ୍ୟାଙ୍କର ଠିକଣା ପଦକ୍ଷେପ ଫଳରେ ଦେଶର ଆର୍ଥିକ ଦୁର୍ଗତି ରୋକାଯାଇପାରିଛି ଏବଂ ଜମାକାରୀମାନଙ୍କ ଜମାଟଙ୍କା ନିରାପଦରେ ରଖାଯାଇଛି ।

ଗତ କେତେବର୍ଷ ହେଲା ଶସ୍ତା ଲୋକପ୍ରିୟତା ହାସଲ ପାଇଁ ଭାରତର ଅନେକ ରାଜ୍ୟ ସରକାରଙ୍କ ଅବାଞ୍ଛିତ ହସ୍ତକ୍ଷେପ ଓ ସମବାୟ ବିଭାଗର କେତେକ କର୍ମଚାରୀଙ୍କ ଅପାରଗତା, ଦୁର୍ନିତୀ ଓ ବାହ୍ୟ ଚାପର ବଶବର୍ତ୍ତୀ ହେତୁ ବହୁ ସମବାୟ ସମିତି ତଥା ବ୍ୟାଙ୍କ ଅଚଳ ଅବସ୍ଥାରେ ପହଞ୍ଚିଲେଣି । ଋଣ ଆଦାନ ଓ ପ୍ରଦାନରେ ବାଧା ସୃଷ୍ଟି ହେତୁ ଚାଷୀମାନେ ସୁଲଭ ସୁଧରେ ଋଣ ପାଇବାକୁ ଅସୁବିଧାର ସମ୍ମୁଖୀନ ହେଲେଣି । ସମବାୟ ବ୍ୟାଙ୍କମାନେ ରାଜନୈତିକ ହସ୍ତକ୍ଷେପରୁ ମୁକ୍ତ ନହେଲେ ଅବଶେଷରେ

ନାବାର୍ଡ଼ ପ୍ରଭୃତି ଶୀର୍ଷ ବ୍ୟାଙ୍କମାନେ ଋଣ ଫେରସ୍ତ ନପାଇ ଆର୍ଥିକ କ୍ଷତିର ସମ୍ମୁଖୀନ ହେବେ । ମାଲେସିଆ ପରି ଆମ ଦେଶର ଭାରତୀୟ ରିର୍ଜଭ ବ୍ୟାଙ୍କ ରାଜ୍ୟ ସରକାରମାନଙ୍କ କବଳରୁ ସମବାୟ ବ୍ୟାଙ୍କ ମାନଙ୍କୁ ଉଦ୍ଧାର କରି ନିଜ କର୍ତ୍ତୃତ୍ୱ ତଥା ନିର୍ଦ୍ଦେଶରେ ପରିଚାଳିତ କଲେ ସମବାୟ ବ୍ୟାଙ୍କ ଓ ସମିତିମାନଙ୍କର ମୁମୂର୍ଷୁ ଅବସ୍ଥାରେ ଜୀବନ ସଞ୍ଚାର ହୋଇପାରନ୍ତା । ଆଉ ମଧ୍ୟ ପ୍ରତି ସମବାୟ ସମିତି ଓ ବ୍ୟାଙ୍କ ମାନଙ୍କର ଜମା ସଂଗ୍ରହ ଉପରେ ଅଧିକ ଗୁରୁତ୍ୱ ଦିଆଯିବା ଦରକାର । ଯାହାକି ସମବାୟ ସମିତି ଓ ବ୍ୟାଙ୍କ କର୍ମଚାରୀମାନେ ସରକାରଙ୍କୁ ଆର୍ଥିକ ହାର ମାଧ୍ୟମରେ କାର୍ଯ୍ୟକରି ଉତ୍ତର ଦାୟିତ୍ୱରୁ ଦୂରେଇ ଯାଉଛନ୍ତି ।

ଭାରତର ସମବାୟ ମନ୍ତ୍ରୀ ଶ୍ରୀଯୁକ୍ତ ଅମିତ୍ ଶାହ ଜଣେ ବିଚକ୍ଷଣ ରାଜନେତା ତଥା ତାଙ୍କର ସମବାୟ ପରିଚାଳନା କ୍ଷେତ୍ରରେ ଯଥେଷ୍ଟ ଜ୍ଞାନ ଥିବାରୁ ଓ ଓଡ଼ିଶାର ସମବାୟ ମନ୍ତ୍ରୀ ଶ୍ରୀଯୁକ୍ତ ପ୍ରଦୀପ କୁମାର ବଳସାମନ୍ତ ଜଣେ ସଚ୍ଚୋଟ ନିଷ୍ଠାପର, କର୍ତ୍ତବ୍ୟନିଷ୍ଠ ଓ ଅଭିଜ୍ଞତା ସମ୍ପନ୍ନ ବ୍ୟକ୍ତି ହୋଇଥିବାରୁ ସମବାୟ ପରିଚାଳନାରେ ସଂସ୍କାର ଆଣିପାରିଲେ ଭାରତ ତଥା ଓଡ଼ିଶା ସମବାୟ କ୍ଷେତ୍ରରେ ଯଥେଷ୍ଟ ସୁନାମ ଅର୍ଜନ କରିପାରିବ ।

'ଓଡ଼ିଶା ଏକ୍ସପ୍ରେସ୍' - ତା୧୬.୧୦.୨୦୨୪ରେ ପ୍ରକାଶିତ

ଅବୁଝା ସମବାୟ ଆଇନ୍

୧୯୦୪ ମସିହାର କଥା, ଗାନ୍ଧିଜୀ ଟ୍ରେନ୍ ଯୋଗେ ଦକ୍ଷିଣ ଆଫ୍ରିକାର ଜୋହାନସ୍‌ବର୍ଗରୁ ଡର୍ବାନ୍ ଅଭିମୁଖେ ଯାତ୍ରା କରୁଥିଲେ। ତାଙ୍କ ନିକଟରେ ବସିଥିବା 'ହେନେରୀ ପୋଲାକ' ଗାନ୍ଧିଜୀଙ୍କୁ ଜନ୍ ରସ୍କିନ୍‌ଙ୍କର ପୁସ୍ତକ 'ଅନ୍ ଟୁ ଦି ଲାଷ୍ଟ' ପଢ଼ିବା ପାଇଁ ଦେଲେ । ଏହି ପୁସ୍ତକଟିକୁ ଗାନ୍ଧିଜୀ ଗନ୍ତବ୍ୟ ସ୍ଥଳରେ ପହଞ୍ଚିବା ପୂର୍ବରୁ ପଢ଼ି ଶେଷ କରିଦେଲେ । ଏହି ପୁସ୍ତକଟିରେ ଚାରିଗୋଟି ପ୍ରବନ୍ଧ ଲିପିବଦ୍ଧ ଥିଲା । ଊନ୍ନବିଂଶ ଶତାବ୍ଦୀରେ ବ୍ରିଟେନ୍‌ରେ ଦେଖାଦେଇଥିବା ଉଦ୍ୟୋଗୀକ ବିପ୍ଲବର ଏହା ଥିଲା ସମାଲୋଚନା । ଉକ୍ତ ପୁସ୍ତକଟି ଗାନ୍ଧିଜୀଙ୍କ ଉପରେ ଗଭୀର ପ୍ରଭାବ ପକାଇଥିଲା । ପୁସ୍ତକଟିକୁ ଅନୁବାଦ କରି ନାଁ ଦେଇଥିଲେ "ସର୍ବୋଦୟ" । ଗାନ୍ଧିଜୀ ବିଶ୍ୱାସ କରିଥିଲେ ଯେ ବାସ୍ତବ ଆନନ୍ଦ କୌଣସି ସମାଜ ସେତେବେଳେ ପାଏ ଯେତେବେଳେ ତାହାର ହୃଦ୍‌ବୋଧ ହୁଏ ଯେ, ସବୁଠାରୁ ତଳେ ଥିବା ମଣିଷଟି ପ୍ରକୃତ ଆନନ୍ଦ ପାଉଛି । ସମସ୍ତଙ୍କର କଲ୍ୟାଣରେ ବ୍ୟକ୍ତିର ମଙ୍ଗଳ ହୁଏ । ଗାନ୍ଧିଜୀ ଏହି ଅନ୍ତର୍ଭୁକ୍ତି (Inclusion) କୁ ଠିକ୍ ଭାବରେ ବୁଝିଥିଲେ ଏବଂ ତାହାହିଁ ତାଙ୍କର ସ୍ୱରାଜ୍ୟର ପରିକଳ୍ପନା ଥିଲା । ସେ ବୁଝିଥିଲେ ଏହା କେବଳ ସମ୍ଭବ ସମବାୟ ଆନ୍ଦୋଳନ ମାଧ୍ୟମରେ । ଭରାନଦୀରେ ନୌକାଟି ଯାତ୍ରା କରୁଥିଲା ବେଳେ ଭଉଁରୀରେ ପଡ଼ିଗଲେ ନୌକାର ଯେଉଁ ଅବସ୍ଥା ହୁଏ ସମବାୟ ଆଇନ୍‌କୁ ଠିକ୍ ଭାବରେ ନବୁଝି ପରିଚାଳନା ଦାୟିତ୍ୱରେ ଥିବା ଲୋକମାନେ ନିଜର କ୍ଷତି କରିବା ସଙ୍ଗେ ସଙ୍ଗେ ଅନୁଷ୍ଠାନର କ୍ଷତି କରି ଚାଲନ୍ତି ।

୧୯୯୦ ମସିହାରୁ ବିଭିନ୍ନ ସମୟରେ କେନ୍ଦ୍ର ସରକାରଙ୍କ ଦ୍ୱାରା ନିଯୁକ୍ତ ଚୌଧୁରୀ ବ୍ରହ୍ମପ୍ରକାଶ କମିଟି, ଜଗଦୀଶ କପୁର କମିଟି, ଭି.କେ. ପାଟିଲ୍ କମିଟି, ଭି.ଏସ୍. ବ୍ୟାସ କମିଟି ଓ ପ୍ରଫେସର ବୈଦ୍ୟନାଥନ୍‌ଙ୍କ ଅଧ୍ୟକ୍ଷତାରେ ବସିଥିବା କମିଟିଗୁଡ଼ିକ ସମବାୟ ଆଇନ୍ ସଂଶୋଧନ କରି ସମବାୟ ସଂସ୍ଥାଗୁଡ଼ିକୁ ସ୍ୱାଧୀନ,

ସ୍ୱାବଲମ୍ବୀ, ସଭ୍ୟ କେନ୍ଦ୍ରିକ ଓ ଗଣତାନ୍ତ୍ରିକ ପଦ୍ଧତିରେ ସୁପରିଚାଳନା ପାଇଁ ପରାମର୍ଶ ଦେଇଥିଲେ । ଉକ୍ତ ସୁପାରିଶଗୁଡ଼ିକ କାର୍ଯ୍ୟକାରୀ କରାଯାଇ ଓଡ଼ିଶା ସମବାୟ ସମିତି ଆଇନ୍‌ର କେତେକ ଧାରାରେ ସଂଶୋଧନ କରାଯାଇଛି । ଓଡ଼ିଶା ସମବାୟ ସମିତି ଧାରା ୩ର ଉପଧାରା (୧) ଅନୁଯାୟୀ ରାଜ୍ୟ ସରକାର ଜଣେ ସମବାୟ ସମିତି ସମୂହ ନିବନ୍ଧକଙ୍କୁ ନିଯୁକ୍ତି ଦେଇଥାନ୍ତି ଏବଂ ତାଙ୍କୁ ସାହାଯ୍ୟ କରିବା ପାଇଁ ସମବାୟ ସମିତି ନିୟମାବଳୀ ୫ରେ ବର୍ଣ୍ଣିତ ପଦବୀ ଯୁକ୍ତ ବ୍ୟକ୍ତି ଯଥା - ଅତିରିକ୍ତ, ଯୁଗ୍ମ, ଉପ, ସହକାରୀ ସମବାୟ ନିବନ୍ଧକ ଓ ରାଜ୍ୟ ସରକାରଙ୍କ ଦ୍ୱାରା ଘୋଷିତ ଅନ୍ୟାନ୍ୟ ପଦବୀଯୁକ୍ତ ଅଧିକାରୀମାନଙ୍କୁ ରାଜ୍ୟ ସରକାର ନିଯୁକ୍ତି ଦେଇଥାନ୍ତି । ଏହି ଅଧିକାରୀମାନଙ୍କୁ ସମବାୟ ଆଇନ୍ ଧାରା ୩ର ଉପଧାରା (୨) ଅନୁଯାୟୀ ରାଜ୍ୟସରକାର ନିବନ୍ଧକଙ୍କ ସମସ୍ତ କ୍ଷମତା କିମ୍ବା କୌଣସି ବିଶେଷ କ୍ଷମତା ପ୍ରଦତ୍ତ କରିଥାନ୍ତି ଏବଂ ତଦନୁଯାୟୀ ସମବାୟ ନିବନ୍ଧକ ଏହି କ୍ଷମତାପ୍ରାପ୍ତ ଅଧିକାରୀମାନଙ୍କୁ ନିବନ୍ଧକଙ୍କ ସମସ୍ତ କିମ୍ବା ଉକ୍ତ ବିଶେଷ କ୍ଷମତା ପ୍ରୟୋଗ କରିବା ପାଇଁ ସ୍ଥାନୀୟ ସୀମା ନିର୍ଦ୍ଧାରଣ କରିଥାନ୍ତି । ସମବାୟ ଆଇନ୍ ଧାରା ୩ର ଉପଧାରା (୩) ଅନୁଯାୟୀ ରାଜ୍ୟ ସରକାର ଚାହିଁଲେ କୌଣସି ସମବାୟ ଅନୁଷ୍ଠାନ ସ୍ଥାନୀୟ ପ୍ରାଧିକରଣମାନଙ୍କୁ ନିବନ୍ଧକଙ୍କୁ ସାହାଯ୍ୟ କରିବାକୁ ନିଯୁକ୍ତି କରିବା ବ୍ୟବସ୍ଥା ମଧ୍ୟ ରହିଛି । ସେହିପରି ସମବାୟ ଆଇନ ଧାରା ୩ର ଉପଧାରା (୪) ଅନୁଯାୟୀ ସମବାୟ ଆଇନ୍ ଧାରା ୩ର ଉପଧାରା (୨) କିମ୍ବା (୩) ଅନୁସାରେ ନିବନ୍ଧକଙ୍କୁ ସାହାଯ୍ୟ କରିବାକୁ ରାଜ୍ୟ ସରକାରଙ୍କ ଦ୍ୱାରା ନିଯୁକ୍ତ ବ୍ୟକ୍ତି, ସମବାୟ ସମିତି ଓ ପ୍ରାଧିକରଣମାନେ ସମବାୟ ନିବନ୍ଧକଙ୍କ ନିୟନ୍ତ୍ରଣ ଏବଂ ଦେଖାରେଖାରେ କାର୍ଯ୍ୟ କରିବାକୁ ଆଇନ୍‌ରେ ବ୍ୟବସ୍ଥା ରହିଛି । ଯେତେ ଉଚ୍ଚ ପଦାଧିକାରୀ ବ୍ୟକ୍ତି, ଅନୁଷ୍ଠାନ ଓ ପ୍ରାଧିକରଣ ହୋଇଥିଲେ ମଧ୍ୟ ସମବାୟ ଆଇନ୍ ଧାରା ୩ରେ ନିବନ୍ଧକଙ୍କ କ୍ଷମତା ପ୍ରୟୋଗ କରିବାକୁ ଯଦି ସରକାରଙ୍କ ଦ୍ୱାରା ନିଯୁକ୍ତ ହୋଇଥାନ୍ତି ସେମାନେ ସମବାୟ ନିବନ୍ଧକଙ୍କ ନିୟନ୍ତ୍ରଣରେ ଦାୟିତ୍ୱ ନିର୍ବାହ କରିବାକୁ ଆଇନତଃ ବାଧ୍ୟ ଅଟନ୍ତି । ସମବାୟ ସମିତି ଧାରା ୨୮ ଅନୁସାରେ ପ୍ରତ୍ୟେକ ସମବାୟ ଅନୁଷ୍ଠାନର ପରିଚାଳନା ଭାର ପରିଚାଳନା ପରିଷଦ ଉପରେ ନ୍ୟସ୍ତ ହୋଇଥାଏ । ଏହି ଆଇନ୍‌ର ଧାରା ୨୮ର ଉପଧାରା (୧)ରେ ପରିଚାଳନା ପରିଷଦର କର୍ତ୍ତବ୍ୟ ଓ କ୍ଷମତା ମଧ୍ୟ ନିର୍ଦ୍ଧାରଣ କରାଯାଇଛି । ଧାରା ୨୮ର ଉପଧାରା (୨) (ଜି) (ଆଇ) ଅନୁସାରେ ରାଜ୍ୟର ସମସ୍ତ ପ୍ରାଥମିକ, କେନ୍ଦ୍ର ଓ ଶୀର୍ଷ ସମବାୟ ସମିତିମାନଙ୍କର ପରିଚାଳନା ପରିଷଦଗୁଡ଼ିକୁ ଓଡ଼ିଶା ସମବାୟ ସମିତି ସଂଶୋଧିତ ଆଇନ୍ ୨୦୧୧ ଅନୁସାରେ ଭାଙ୍ଗି ଦିଆଯାଇ ପରିଚାଳନା ଭାର ସମବାୟ

ନିବନ୍ଧକଙ୍କ ଉପରେ ନ୍ୟସ୍ତ କରାଗଲା ଏବଂ ଧାରା ୨୮ର ଉପଧାରା (୨) (ଜି) (ଆଇ) (ଆଇ) ଅନୁସାରେ ଭାଙ୍ଗିଯାଇଥିବା ସମସ୍ତ ସମବାୟ ସମିତିମାନଙ୍କ ପରିଚାଳନା ଦାୟିତ୍ୱ ସମବାୟ ନିବନ୍ଧକଙ୍କ ଉପରେ ନ୍ୟସ୍ତ ହୋଇଥିଲା ବେଳେ ନିବନ୍ଧକ ଚାହିଁଲେ ସମିତି ପାଇଁ ସମିତିର ସଭ୍ୟ କିମ୍ବା ଅନୁବନ୍ଧିତ ସମିତିର ସଭ୍ୟମାନଙ୍କ ମଧ୍ୟରୁ ଯେତେଦୂର ସମ୍ଭବ ହରିଜନ, ଆଦିବାସୀ, ମହିଳା ଓ ପଛୁଆବର୍ଗ ସଦସ୍ୟମାନଙ୍କ ମଧ୍ୟରୁ ସମିତି ପାଇଁ ଏକ ମନୋନୀତ ପରିଚାଳନା ପରିଷଦ ଗଠନ କରିପାରିବେ । ସମବାୟ ସମିତି ଆଇନ୍ ଅନୁଯାୟୀ ପରିଚାଳନା ପରିଷଦ ଦାୟିତ୍ୱରେ ଥିବା ସମବାୟ ନିବନ୍ଧକ କିମ୍ବା ତାଙ୍କ ଦ୍ୱାରା ମନୋନୀତ ପରିଚାଳନା ପରିଷଦ ନୂତନ ସଭ୍ୟ ଗ୍ରହଣ ସମେତ ସମିତି ପରିଚାଳନା କ୍ଷେତ୍ରରେ ସମସ୍ତ ନୀତିଗତ ନିଷ୍ପତ୍ତି ନେଇପାରିବେ । ଓଡ଼ିଶା ସମବାୟ ଆଇନ୍ ଧାରା ୩୨ ଅନୁସାରେ କୌଣସି ପରିଚାଳନା ପରିଷଦ ତାଙ୍କ ଦାୟିତ୍ୱ ଠିକ୍‌ଭାବେ ନିର୍ବାହ କରିବାରେ ଅବହେଳା କରୁଥିଲେ କିମ୍ବା ସମିତି ଓ ସଭ୍ୟମାନଙ୍କ ସ୍ୱାର୍ଥ ବିରୁଦ୍ଧରେ କାର୍ଯ୍ୟ କରୁଥିଲେ ସମବାୟ ନିବନ୍ଧକ ସେହି ସମିତିର ପରିଚାଳନା ପରିଷଦକୁ ଭାଙ୍ଗିଦେଇ ସମିତି ପରିଚାଳନା ପାଇଁ ଜଣେ ପ୍ରଶାସକଙ୍କୁ ନିଯୁକ୍ତି କରିପାରିବେ । ଉକ୍ତ ପ୍ରଶାସକ ସମବାୟ ନିବନ୍ଧକଙ୍କ ନିୟନ୍ତ୍ରଣରେ ତାଙ୍କ ଆଦେଶ ମୁତାବକ କାର୍ଯ୍ୟ କରିବାକୁ ଆଇନଗତ ବ୍ୟବସ୍ଥା ରହିଛି । ମାନ୍ୟବର ସୁପ୍ରୀମ୍ କୋର୍ଟଙ୍କ ହସ୍ତକ୍ଷେପ ଫଳରେ ରାଜ୍ୟର ସମସ୍ତ ସମବାୟ ସମିତିମାନଙ୍କ ପରିଚାଳନା ଭାର ସଂଶୋଧିତ ସମବାୟ ଆଇନ୍ ୨୦୧୧ ଅନୁଯାୟୀ ରାଜ୍ୟ ସମବାୟ ନିବନ୍ଧକଙ୍କ ଉପରେ ନ୍ୟସ୍ତ ହୋଇଥିଲା । ରାଜ୍ୟ ସରକାରଙ୍କ ପତ୍ର ସଂଖ୍ୟା ୯୦୮ ତା୦୫.୦୨.୨୦୧୩ରିଖରେ ସମବାୟ ବିଭାଗର ଜନୈକ ଉପଶାସନ ସଚିବ ସ୍ୱାକ୍ଷର ଥାଇ ଭାଙ୍ଗିଯାଇଥିବା ସମବାୟ ସମିତିଗୁଡ଼ିକର ପରିଚାଳନା ପାଇଁ ଜିଲ୍ଲାପାଳ ଓ ଅନ୍ୟାନ୍ୟ ଅଧିକାରୀମାନଙ୍କୁ ପ୍ରଶାସକଭାବେ ନିଯୁକ୍ତି ଦେବାପାଇଁ ସମବାୟ ନିବନ୍ଧକଙ୍କୁ ପ୍ରସ୍ତାବ ଦେଇଥିଲେ । ସେହି ଏକାଧିନ ରାଜ୍ୟ ସରକାରଙ୍କ ନିର୍ଦ୍ଦେଶ ମୁତାବକ ସମବାୟ ନିବନ୍ଧକ ଆଦେଶ ପତ୍ର ସଂଖ୍ୟା ୨୪୭୩ ତା୦୫.୦୨.୨୦୧୩ରିଖରେ ସମବାୟ ଶାସନ ସଚିବଙ୍କୁ ଓଡ଼ିଶା ରାଜ୍ୟ ସମବାୟ ବ୍ୟାଙ୍କ ଏବଂ ଅନ୍ୟ ୮୮ ଜଣ ଅଧିକାରୀଙ୍କୁ ୧୭ଟି କେନ୍ଦ୍ର ସମବାୟ ବ୍ୟାଙ୍କ, ୧୧ଟି ଅର୍ବାନ୍ କୋ-ଅପରେଟିଭ୍ ବ୍ୟାଙ୍କ ଓ ୨୧ଟି ଶୀର୍ଷ ସମବାୟ ସମିତି ଓ ଅନ୍ୟାନ୍ୟ ସମବାୟ ସଂସ୍ଥାଗୁଡ଼ିକ ପାଇଁ ଧାରା ୨୮ ଅନୁଯାୟୀ ନିବନ୍ଧକଙ୍କ କ୍ଷମତା ପ୍ରୟୋଗ କରିବାକୁ ସ୍ଥାନୀୟ ସୀମା ନିର୍ଦ୍ଧାରଣ କଲେ । ସମବାୟ ନିବନ୍ଧକଙ୍କ ଉକ୍ତ ଆଦେଶଟି ସମବାୟ ଆଇନ୍‌ର ସମ୍ପୂର୍ଣ୍ଣ ବିରୁଦ୍ଧାଚରଣ କରୁଛି । ସମବାୟ ନିୟମାବଳୀର ଧାରା

୫ରେ ବର୍ଣ୍ଣିତ ପଦବୀଧାରୀ ଅଧିକାରୀମାନଙ୍କୁ ସମବାୟ ନିବନ୍ଧକଙ୍କ ଧାରା ୨୮ର କ୍ଷମତା ପ୍ରୟୋଗ କରିବାକୁ ସ୍ଥାନୀୟ ସୀମା ନିର୍ଦ୍ଧାରଣ କରାଯାଇଥିବା ଉକ୍ତ ଆଦେଶରେ ଉଲ୍ଲେଖ ନଥିଲା । ମାନ୍ୟବର ସୁପ୍ରୀମ୍ କୋର୍ଟ ଓ ହାଇକୋର୍ଟଙ୍କ ନିର୍ଦ୍ଦେଶ ଅନୁଯାୟୀ ସମବାୟ ନିବନ୍ଧକଙ୍କ ପରି ବୈଧାନିକ କର୍ତ୍ତୃପକ୍ଷ ରାଜ୍ୟ ସରକାର କିମ୍ବା ଉପରିସ୍ଥ କର୍ମକର୍ତ୍ତାଙ୍କ ପ୍ରରୋଚନାରେ ତାଙ୍କ ଉପରେ ନ୍ୟସ୍ତ ହୋଇଥିବା କ୍ଷମତା ପ୍ରୟୋଗ କରି ଜାରି କରିଥିବା ନିର୍ଦ୍ଦେଶନାମା ଆଇନତଃ ଅସିଦ୍ଧ ଓ ଏହା କାର୍ଯ୍ୟକାରୀ ହୋଇପାରିବ ନାହିଁ । ଏଭଳି ତ୍ରୁଟି ବିଚ୍ୟୁତି ପାଇଁ ଉକ୍ତ ଆଦେଶର କ୍ରମିକ ସଂଖ୍ୟା ୬୬ରେ ବର୍ଣ୍ଣିତ ଓଡ଼ିଶା ରାଜ୍ୟ ସମବାୟ ମହାସଂଘ ପାଇଁ ସ୍ଥାନୀୟ ସୀମା ନିର୍ଦ୍ଧାରଣ କ୍ଷେତ୍ରରେ ମାନ୍ୟବର ଉଚ୍ଚ ନ୍ୟାୟାଳୟ WP(C) No. 9451 / 2013 ତା୦୩.୦୫.୨୦୧୩ରିଖରେ ରହିତାଦେଶ ଜାରି କରିଥିଲେ । ମାତ୍ର ସମବାୟ ବିଭାଗ ଶାସନ ସଚିବ ନିବନ୍ଧକଙ୍କ ଉକ୍ତ ତ୍ରୁଟିପୂର୍ଣ୍ଣ ଆଦେଶ ବଳରେ ତା୦୬.୦୨.୨୦୧୩ରିଖରେ ଓଡ଼ିଶା ରାଜ୍ୟ ସମବାୟ ବ୍ୟାଙ୍କର ମ୍ୟାନେଜମେଣ୍ଟ ଇନ୍-ଚାର୍ଜ ଭାବେ ଦାୟିତ୍ୱ ଗ୍ରହଣ କରିଥିଲେ । ଏହି ଦାୟିତ୍ୱ ବଳରେ ଶାସନ ସଚିବ ନିଜେ ସମବାୟ ନିବନ୍ଧକଙ୍କ ନିୟନ୍ତ୍ରଣରୁ ମୁକ୍ତ ଭାବି ନିବନ୍ଧକଙ୍କ ବିନା ଅନୁମୋଦନରେ ବିଭିନ୍ନ କାର୍ଯ୍ୟ କରିଥିଲେ । ଏଠାରେ ଉଲ୍ଲେଖଯୋଗ୍ୟ ସମବାୟ ଆଇନ୍‌ର ୧୨୩ ଧାରା ଓଡ଼ିଶା ରାଜ୍ୟ ଓ କେନ୍ଦ୍ର ସମବାୟ ବ୍ୟାଙ୍କ, ପ୍ରାଥମିକ ସେବା ସମବାୟ ସମିତି ମାନଙ୍କ କ୍ଷେତ୍ରରେ ପ୍ରଯୁଜ୍ୟ ନୁହେଁ । ଏହି ନିକଟ ଅତୀତରେ ରାଜ୍ୟ ସମବାୟ ନିବନ୍ଧକ ଦୁଇଗୋଟି ଶୀର୍ଷ ସମବାୟ ସମିତିର ପରିଚାଳନା ପରିଷଦକୁ ବହିଷ୍କାର ଆଦେଶ ଦେବାରୁ ସେମାନେ ମାନ୍ୟବର ଉଚ୍ଚ ନ୍ୟାୟାଳୟଙ୍କ ଦ୍ୱାରସ୍ଥ ହେବା ଫଳରେ ସ୍ଥଗିତାଦେଶ ପାଇଥିଲେ । ଏଣୁ ସମବାୟ ଆଇନ୍ ଠିକ୍ ଭାବେ ଅନୁଧ୍ୟାନ କରି କାର୍ଯ୍ୟ କରିଚାଲିଲେ ଆଗକୁ ବିପଦ ଆସିନଥାଏ । ସମବାୟ ଆଇନ୍ ବିଶେଷଜ୍ଞମାନଙ୍କ ପରାମର୍ଶରେ ନବୁଝି ପାରୁଥିବା ଆଇନ୍‌କୁ ଠିକ୍ ଭାବେ ବୁଝି କାର୍ଯ୍ୟକାରୀ କରାଇଲେ ଅଦାଲତର ଆଶ୍ରୟ ନେବାକୁ ପଡ଼ନ୍ତା ନାହିଁ । ଗାନ୍ଧିଜୀଙ୍କ ଚିନ୍ତାଧାରା ଏବଂ ଅବୁଝା ସମବାୟ ସମିତିକୁ ସରକାର ଠିକ୍ ସେ ବୁଝିବା ଦରକାର ।

'ଧରିତ୍ରୀ' - ତା୧୯.୧୦.୨୦୨୪ରେ ପ୍ରକାଶିତ

ସମବାୟ ଆଇନ୍ ଓ ବିଭାଗୀୟ ଅଧିକାରୀ

ସମଗ୍ର ରାଜ୍ୟରେ ତ୍ରିସ୍ତରୀୟ ସମବାୟ ନିର୍ବାଚନ ଗତବର୍ଷ ଶେଷ ହୋଇଥିଲା ବେଳେ ତନ୍ମଧ୍ୟରୁ କେନ୍ଦ୍ର ସମବାୟ ସମିତି ତଥା ସୁନ୍ଦରଗଡ଼ କେନ୍ଦ୍ର ସମବାୟ ବ୍ୟାଙ୍କ ପରିଚାଳନା ପରିଷଦର ନିର୍ବାଚନ ଗତ ୦୯.୧୧.୨୦୨୨ରିଖରେ ଶେଷ ହୋଇ ସଭାପତି ଭାବେ ବିଜୁ ଜନତା ଦଳ ସମର୍ଥିତ ବ୍ୟକ୍ତି ଅପ୍ରତିଦ୍ୱନ୍ଦୀ ଭାବେ ନିର୍ବାଚିତ ହୋଇ କାର୍ଯ୍ୟଭାର ଗ୍ରହଣ କରିଥିଲେ । ସମବାୟ ନିର୍ବାଚନରେ କୌଣସି ଦଳୀୟ ଚିହ୍ନ ନଥିଲେ ମଧ୍ୟ ରାଜ୍ୟରେ କାର୍ଯ୍ୟ କରୁଥିବା ବିଭିନ୍ନ ରାଜନୈତିକ ଦଳ ନିର୍ବାଚନରେ ହସ୍ତକ୍ଷେପ କରି ସେମାନଙ୍କ ମନୋନୀତ ପ୍ରାର୍ଥୀମାନଙ୍କୁ ଜିତାଇବାକୁ ପଦକ୍ଷେପ ନିଅନ୍ତି । ମାତ୍ର କୌଣସି କାରଣବଶତଃ ସମବାୟ ବିଭାଗର ଗୋଟିଏ ଶୀର୍ଷ ସମବାୟ ସଂସ୍ଥାର ପରିଚାଳନା ନିର୍ଦ୍ଦେଶକ ରୂପେ ଜଣେ ବରିଷ୍ଠ ପ୍ରଶାସନିକ ଅଧିକାରୀ ଦାୟିତ୍ୱରେ ଥାଇ ପରିଚାଳନା ପରିଷଦକୁ ଭାଙ୍ଗିବାକୁ ଚାହିଁବାରୁ ଅନ୍ୟ ବିଭାଗୀୟ ଅଧିକାରୀମାନଙ୍କ ସାହାଯ୍ୟ ନେଇଥିଲେ । ନିର୍ବାଚିତ ପରିଚାଳନା ପରିଷଦକୁ ବିଭିନ୍ନ କାରଣ ବଶତଃ ରାଜ୍ୟ ସମବାୟ ନିବନ୍ଧକ ସମବାୟ ଶାସନ ପରିଧି ମଧ୍ୟରେ କେବଳ ଭଙ୍ଗ କରିବାର କ୍ଷମତା ଦିଆଯାଇଛି ଯାହା ନ୍ୟାୟ ବଶତଃ ବିଭିନ୍ନ ପ୍ରକାର ତଦନ୍ତ କରି ପ୍ରମାଣ ପାଇସାରିଲା ପରେ ସମବାୟ ନିବନ୍ଧକ ପରିଚାଳନା ପରିଷଦକୁ ଭଙ୍ଗ କରିବା ପାଇଁ ନିଷ୍ପତ୍ତି ନିଅନ୍ତି ।

ରାଜ୍ୟ ସମବାୟ ନିବନ୍ଧକ ଏକ ସାମ୍ବିଧାନିକ ପଦବାଚ୍ୟ । ସମ୍ବିଧାନରେ ସମବାୟ ନିବନ୍ଧକମାନଙ୍କୁ ଦିଆଯାଇଥିବା କ୍ଷମତା ହିଁ ଆଇନ୍ ଅନୁସାରେ କେବଳ ସେହିମାନେ ଅଥବା ତାଙ୍କ ପ୍ରଦତ୍ତ ଅଧିକାରୀମାନେ ବ୍ୟବହାର କରିପାରିବେ । ଗୁଜୁରାଟ ରାଜ୍ୟର ସାଧାରଣ ନିର୍ବାଚନ ପାଇଁ ଭାରତର ନିର୍ବାଚନ କମିଶନର ଓଡ଼ିଶା ରାଜ୍ୟ ସମବାୟ ନିବନ୍ଧକଙ୍କୁ ପର୍ଯ୍ୟବେକ୍ଷକ ରୂପେ ନିଯୁକ୍ତି ଦେଇଥିବାରୁ ସେ ନଭେମ୍ବର ୧୫ ତାରିଖ ସୁଦ୍ଧା ଓଡ଼ିଶା ରାଜ୍ୟ ସରକାରଙ୍କ ଦ୍ୱାରା ରିଲିଭ ହୋଇ ଗୁଜୁରାଟ ଚାଲିଯିବା

ପରେ କାମଚଳା ନିବନ୍ଧକ ରୂପେ ରାଜ୍ୟ ସମବାୟ ବିଭାଗର Auditor General ସମବାୟ ସମିତି ସମୂହଙ୍କୁ କାର୍ଯ୍ୟଭାର ଦିଆଯାଇଥିଲା । ଶୀର୍ଷ ସମବାୟ ସଂସ୍ଥାର ପରିଚାଳନା ନିର୍ଦ୍ଦେଶକଙ୍କ ଚାପର ବଶବର୍ତ୍ତୀ ହୋଇ କାମଚଳା ନିବନ୍ଧକ ରାଜ୍ୟ ସମବାୟ ସମିତି ସମୂହ ସୁନ୍ଦରଗଡ଼ କେନ୍ଦ୍ର ସମବାୟ ବ୍ୟାଙ୍କର ନିର୍ବାଚିତ ପରିଚାଳନା ପରିଷଦକୁ ଭଙ୍ଗ କଲେ । ଜଣେ କାମଚଳା ସମବାୟ ନିବନ୍ଧକ ସମବାୟ ଆଇନରେ ଥିବା ସାମ୍ବିଧାନିକ କ୍ଷମତା ବ୍ୟବହାର କରିପାରିବେ ନାହିଁ । କାରଣ ପ୍ରଦତ୍ତ ସାମ୍ବିଧାନିକ କ୍ଷମତା ହସ୍ତାନ୍ତର କରାଯାଇପାରିବ ନାହିଁ ବୋଲି ରାଜ୍ୟ ସମବାୟ ଆଇନ୍‌ର ଧାରା ୩ରେ ଉଲ୍ଲେଖ ଅଛି । ମାତ୍ର କାମଚଳା ସମବାୟ ନିବନ୍ଧକ ଚାପର ବଶବର୍ତ୍ତୀ ହୋଇ କ୍ଷମତାର ଦୁରୁପଯୋଗ କରି ସୁନ୍ଦରଗଡ଼ କେନ୍ଦ୍ର ସମବାୟ ବ୍ୟାଙ୍କର ଗଣତାନ୍ତ୍ରିକ ପ୍ରକ୍ରିୟାରେ ନିର୍ବାଚିତ ପରିଚାଳନା ପରିଷଦକୁ ତା୨୮.୧୧.୨୦୨୨ରିଖରେ ତାଙ୍କର ଆଦେଶ ସଂଖ୍ୟା XXII / 2021-19426 ଦ୍ୱାରା ସମବାୟ ଆଇନ ଧାରା ୩୨ର ଉପଧାରା (୧) ଅନୁସାରେ ଭଙ୍ଗ କରି ପରିଚାଳନା ଦାୟିତ୍ୱ ସନ୍ଦରଗଡ଼ ଜିଲ୍ଲାପାଳ ତଥା ଅତିରିକ୍ତ ସମବାୟ ନିବନ୍ଧକ ସମବାୟ ସମିତି ସମୂହ ଉପରେ ନ୍ୟସ୍ତ କଲେ ଏବଂ ଏହାର କପି ସମବାୟ ବିଭାଗ ସହିତ ଆବଶ୍ୟକୀୟ କାର୍ଯ୍ୟାଳୟକୁ ପ୍ରେରଣ କଲେ ।

ପୁନଃ ତା୦୬.୧୨.୨୦୨୨ରିଖରେ ଅନ୍ୟ ଏକ ଆଦେଶ ବଳରେ ଆଦେଶ ସଂଖ୍ୟା XXII-II / 2021 Bank-1 / 20014 ବଳରେ ପୂର୍ବ ତା୨୮.୧୧.୨୦୨୨ରିଖ ନିର୍ଦ୍ଦେଶର ଆଂଶିକ ପରିବର୍ତ୍ତନ କରି ପରିଚାଳନା ଦାୟିତ୍ୱ ଜିଲ୍ଲାପାଳଙ୍କ ବଦଳରେ ସୁନ୍ଦରଗଡ଼ ଉପନିବନ୍ଧକ ସମବାୟ ସମିତି ସମୂହଙ୍କୁ ଦାୟିତ୍ୱ ଦିଆଗଲା ଓ ପୂର୍ବ ଆଦେଶ ନାକଚ କରାଗଲା ବୋଲି ଆଦେଶନାମା ଜାହିର କରି ଏହାର କପି ଆବଶ୍ୟକ କାର୍ଯ୍ୟାଳୟ ମାନଙ୍କୁ ନିର୍ଗତ କଲେ । ଏହାର କିଛି ଘଣ୍ଟା ପରେ ଆଉ ଏକ ଆଦେଶ ସଂଖ୍ୟା ୨୦୦୫୪ ତା୦୬.୧୨.୨୦୨୨ରିଖରେ ପ୍ରକାଶ କଲେ । ଯାହାକି ପୂର୍ବ ଦୁଇ ନିର୍ଦ୍ଦେଶନାମାକୁ ରଦ୍ଦ କରି ପୂର୍ବ ନିର୍ବାଚିତ ପରିଚାଳନା ପରିଷଦକୁ ପୁନଃ ଅବସ୍ଥାପିତ କଲେ । ଏହା ଦ୍ୱାରା ପରିଚାଳନା ପରିଷଦକୁ ଭଙ୍ଗ କରିବା ପାଇଁ ଚକ୍ରାନ୍ତ କରିଥିବା ବିଭାଗୀୟ ଅଧିକାରୀ ଜଣକ ସହିତ କାମଚଳା ରାଜ୍ୟ ସମବାୟ ନିବନ୍ଧକ ଅପଦସ୍ଥ ହେବା ସଙ୍ଗେ ସଙ୍ଗେ ସମବାୟ ଆଇନକୁ ଠିକ୍ ସେ ନବୁଝି ବେଆଇନ୍ କାର୍ଯ୍ୟ କରିବାକୁ ସୁଯୋଗ ଦେଇଥିବାରୁ ସରକାର ମଧ୍ୟ ନିନ୍ଦିତ ହେଲେ ।

ଅନ୍ୟ ଏକ ଉଦାହରଣ ହେଲା ଓଡ଼ିଶା ରାଜ୍ୟ ସମବାୟ ହରିଜନ ଓ ଆଦିବାସୀ ଉନ୍ନୟନ ଅର୍ଥ ନିଗମ ଭୁବନେଶ୍ୱର ଯିଏ କି ଏକ ଶୀର୍ଷ ସମବାୟ ସମିତି । ଏହାର ଅନୁବନ୍ଧିତ ହେବାପାଇଁ ଓଡ଼ିଶାର ବିଭିନ୍ନ ଅଞ୍ଚଳରୁ ୧୮ ଗୋଟି ପ୍ରାଥମିକ ସମବାୟ

ସମିତି ଗତ ୨୦୧୫ ମସିହାରେ ସମସ୍ତ କାଗଜପତ୍ର ସହ ଅଂଶଧନ ବାବଦକୁ ଅର୍ଥ ଜମା କରି ସଭ୍ୟ ହେବାପାଇଁ ଆବେଦନ କରିଥିଲେ । ସମବାୟ ସମିତି ଆଇନ ଧାରା ୧୬ର ଉପଧାରା (B) (I-B) (i) ଅନୁସାରେ ଯଦି ଶୀର୍ଷ ସମବାୟ ସମିତି ୯୦ ଦିନ ଭିତରେ ଅନୁବନ୍ଧିତ ହେବାପାଇଁ ସମବାୟ ସମିତିମାନଙ୍କ ଦରଖାସ୍ତ ଉପରେ କୌଣସି ନ୍ୟାୟସଙ୍ଗତ ଆପତ୍ତି ବାବଦ ଚିଠି ଦରଖାସ୍ତକାରୀ ସମିତିମାନଙ୍କୁ ନିର୍ଗତ କରିନଥିବେ ତେବେ ଦରଖାସ୍ତକାରୀ ସମବାୟ ସମିତି ଆପଣାଛାଏଁ ଡିମ୍‌ଡ ମେମ୍ବର ହୋଇଯିବେ ।

ଦୀର୍ଘ ୭ ବର୍ଷ ବିତି ଯାଇଥିବାରୁ ସମବାୟ ଆଇନ ଅନୁସାରେ ୧୮ ଗୋଟି ସମବାୟ ସମିତି ଡିମ୍‌ଡ ମେମ୍ବର ହୋଇଗଲେ ବୋଲି ଧରିନିଆଯିବା କଥା । ମାତ୍ର ଏହି ଶୀର୍ଷ ସମବାୟ ସମିତିର ନିର୍ବାଚନ ପାଇଁ ସମୟ ପାଖେଇ ଆସିଥିବାରୁ ଏହାର ପରିଚାଳନା ପାଇଁ ରାଜ୍ୟ ସରକାରଙ୍କ ତରଫରୁ ପ୍ରଶାସକ ରୂପେ ଜନୈକ ଭାରତୀୟ ପ୍ରଶାସନିକ ସେବାର ଅଧିକାରୀ ନିଯୁକ୍ତି ହୋଇଥିଲେ । ସେ କୌଣସି ଚାପର ବଶବର୍ତ୍ତୀ ହୋଇ ଉକ୍ତ ଶୀର୍ଷ ସମବାୟ ସମିତିର ସଭ୍ୟ ସମ୍ପର୍କୀୟ ଫାଇଲ୍ ମଗାଇ ଚାରିଗୋଟି ସମବାୟ ସମିତିକୁ ସଭ୍ୟ କରାଗଲା ବୋଲି ସଭା ବହିରେ ରିଜୋଲେସନ୍ କଲେ ଓ ଅନ୍ୟ ୧୪ ଗୋଟି ସମବାୟ ସମିତିକୁ ସଭ୍ୟ ନ କରାଇବାରୁ ଗତ ନିର୍ବାଚନରେ ଭାଗ ନ ନେଇପାରିବେ ବୋଲି ଶେଷରେ ବିଭିନ୍ନ ପ୍ରକାର ଆଳ କରି ଶେଷରେ କୌଣସି ଚାପରେ ମଧ୍ୟ ତା ମଧ୍ୟରୁ କେତେକ ସମବାୟ ସମିତିକୁ ସଭ୍ୟ କରାଇବାରୁ ସଭ୍ୟପଦ ପାଇଁ ଦରଖାସ୍ତ କରିଥିବା ସମସ୍ତ ୧୮ ଗୋଟି ସମବାୟ ସମିତି ସଭ୍ୟଭାବେ ସ୍ଥାନ ପାଇପାରିନଥିଲେ । ଯାହା ଆଇନ ବିରୋଧ । ସମସ୍ତ ପ୍ରାଥମିକ ସମବାୟ ସମିତିମାନେ ଶୀର୍ଷ ସମବାୟ ସମିତିର ସଭ୍ୟ ହେବା ପାଇଁ ସମସ୍ତ ସର୍ତ୍ତ ପୂରଣ କରିଥିବାରୁ ଆଇନଗତ ଭାବରେ କେହି ଡିମ୍‌ଡ ମେମ୍ବରରୁ ବାଦ୍ ପଡ଼ିପାରିବେ ନାହିଁ । ଏହା ସମବାୟ ବିଭାଗରେ କାର୍ଯ୍ୟ କରୁଥିବା ଜଣେ ପ୍ରଶାସନିକ ଅଧିକାରୀଙ୍କ ଆଉ ଏକ ଆଇନ ବିରୁଦ୍ଧ କାର୍ଯ୍ୟ । ଏହା ଦ୍ୱାରା ସରକାର କେବଳ ନିନ୍ଦିତ ହେଲେ । ସମବାୟ ବିଭାଗରେ କାର୍ଯ୍ୟ କରୁଥିବା ବିଭାଗୀୟ ଅଧିକାରୀ ଓ ପରିଚାଳନା ଦାୟିତ୍ୱରେ କାର୍ଯ୍ୟ କରୁଥିବା ପ୍ରଶାସନିକ ଅଧିକାରୀ ମାନଙ୍କ ଚକ୍ରାନ୍ତରେ ସରକାର ବିଭିନ୍ନ ସମୟରେ ଜନସାଧାରଣଙ୍କ ଦ୍ୱାରା ନିନ୍ଦିତ ହେବା ସହିତ ନ୍ୟାୟ ପାଇବା ପାଇଁ ବାଦ୍ ପଡ଼ିଥିବା ସମବାୟ ସମିତିମାନଙ୍କର ନ୍ୟାୟାଳୟରେ ନ୍ୟାୟ ପାଇବା ପାଇଁ ଦ୍ୱାରସ୍ଥ ହେବାରୁ ରାଜ୍ୟ ସରକାର ଅଦାଲତରେ ଛିଡ଼ା ହେବା ବ୍ୟତୀତ ଆଉ କିଛି ନୁହେଁ । ସମବାୟ ଆଇନକୁ ଠିକ୍ ସେ ପଢ଼ି ତାକୁ ବୁଝି କାର୍ଯ୍ୟ ନକଲେ ଏ ପ୍ରକାର ଲୋକହସା ହେବାକୁ ପଡ଼େ ।

ଆଉ ଏକ ଘଟଣା କ୍ରମେ ଓଡ଼ିଶା ରାଜ୍ୟ ପଛୁଆ ବର୍ଗ ଅର୍ଥ ସମବାୟ ନିଗମର ସଭ୍ୟ ହେବାପାଇଁ ୨ ଗୋଟି ପ୍ରାଥମିକ ସମବାୟ ସମିତି ଦରଖାସ୍ତ କରିଥିଲେ ମଧ୍ୟ ସେଥିରେ କାର୍ଯ୍ୟ କରୁଥିବା ଜନୈକ ଅମଲା ଶ୍ରୀ ପଣ୍ଡାବାବୁଙ୍କ ମନମାନିରେ ଦରଖାସ୍ତକାରୀ ଦୁଇଟି ସମବାୟ ସମିତି ଉକ୍ତ ଶୀର୍ଷ ସମବାୟ ସମିତିର ସଭ୍ୟ ହେବାକୁ ଦେଇନଥିଲେ । ଉକ୍ତ ନିଗମରେ ମୋଟ୍ ୭ ଗୋଟି ପ୍ରାଥମିକ ସମବାୟ ସମିତି ସଭ୍ୟ ହୋଇଥିଲେ ମଧ୍ୟ ଆଉ କୌଣସି ସମିତିକୁ ସଭ୍ୟ କରାଇ ନଦେବା କେତେ ଯୁକ୍ତିଯୁକ୍ତ ତାହା ସରକାର ବୁଝିବା ଦରକାର । ଉକ୍ତ ଶୀର୍ଷ ସମବାୟ ସମିତିରେ ସଭ୍ୟ ହେବା ପାଇଁ ଯୋଗ୍ୟତା ଥିବା ସମସ୍ତ ସମବାୟ ସମିତିକୁ ସୁଯୋଗ ଦେବାର ଆବଶ୍ୟକତା ଅଛି । ସରକାର ଏହା ଉପରେ ଏକ ବିଦ୍ଧିବଧ ନିର୍ଦ୍ଦେଶନାମା ଜାହିର କରିବା ଉଚିତ୍ ।

ଆଉ ଏକ ଘଟଣା କ୍ରମେ ବର୍ତ୍ତମାନର କାର୍ଯ୍ୟଚଳା ରାଜ୍ୟ ସମବାୟ ନିବନ୍ଧକ ତାଙ୍କର ଆଦେଶ ନମ୍ବର XIV-12 / 2024 / 12653, dtd. 31.07.2024 ରିଖରେ ରାଜ୍ୟ ସମବାୟ ଆଇନ୍ ୧୯୬୨ର ଧାରା ୩୨ ଉପଧାରା (୭)କୁ ପ୍ରୟୋଗ କରି ଓଡ଼ିଶା ରାଜ୍ୟ ସମବାୟ ବ୍ୟାଙ୍କର ପରିଚାଳନା ପରିଷଦ ସହିତ ଅନ୍ୟ ଏକ ଆଦେଶ ସଂଖ୍ୟା ନଂ. X-3 / II / 12690 dtd. 31.07.2024 ରିଖରେ ନିଲମ୍ବନ କଲେ । ଉକ୍ତ ୨ ଶୀର୍ଷ ସମବାୟ ସମିତିର ପରିଚାଳନା ପରିଷଦ ନ୍ୟାୟ ପାଇଁ ମାନ୍ୟବର ଓଡ଼ିଶା ହାଇକୋର୍ଟଙ୍କ ଦ୍ୱାରସ୍ଥ ହେବାରୁ ମାନ୍ୟବର ହାଇକୋର୍ଟ ତା'ଉପରେ ସ୍ଥଗିତାଦେଶ ଜାରି କଲେ । ଆଉ ମଧ୍ୟ ଓଡ଼ିଶା ରାଜ୍ୟ ସମବାୟ ବ୍ୟାଙ୍କର ସଭାପତିଙ୍କୁ ରାଜ୍ୟ ସମବାୟ ନିବନ୍ଧକଙ୍କ ଆଦେଶ ସଂଖ୍ୟା OSCB / HRDD / 2786 / 2024-25, dtd. 09.08.2024 ରିଖରେ ମୂଳସଭ୍ୟ ପଦରୁ ନିଲମ୍ବନ କରିବାରୁ ଏହା ଉପରେ ମଧ୍ୟ ଓଡ଼ିଶାର ମାନ୍ୟବର ହାଇକୋର୍ଟ ଅସନ୍ତୋଷ ପ୍ରକାଶ କରି ସ୍ଥଗିତାଦେଶ ଜାହିର କଲେ ।

ଏ ସମସ୍ତ ବିଷୟ ବିଚାରକୁ ନେଲେ ସମବାୟ ବିଭାଗର ଅଧିକାରୀମାନଙ୍କ ସହିତ କିଛି କର୍ମଚାରୀମାନେ ସମବାୟ ଆଇନ ପଢ଼ି ନବୁଝି ଆଇନକୁ ଠିକ୍ ମାର୍ଗରେ କାର୍ଯ୍ୟକାରୀ କରିବାର ଦୁରୂପଯୋଗ ହେବାରୁ ସରକାର ବିଭିନ୍ନ ସମୟରେ ଅଦାଲତ ଦ୍ୱାରା ନିନ୍ଦିତ ହେଉଥିବାରୁ ସରକାରଙ୍କ ସୁନାମରେ ବିଭିନ୍ନ ସମୟରେ ଆଞ୍ଚ ଆସେ । ମାତ୍ର ବିଭାଗୀୟ ଅଧିକାରୀ ଦଣ୍ଡ ପାଇବାରୁ ଖସି ଯାଆନ୍ତି । ଦୀର୍ଘଦିନ ହେଲା ରାଜ୍ୟ ସମବାୟ ନିବନ୍ଧକଙ୍କ କାର୍ଯ୍ୟାଳୟରେ ଓ ରାଜ୍ୟ ସମବାୟ ଟ୍ରିବ୍ୟୁନାଲରେ ଆଇନ ଅଧିକାରୀ ନଥିବାରୁ ସରକାରୀ କାର୍ଯ୍ୟ ଠିକ୍ ରୂପେ ଚାଲୁନାହିଁ ବୋଲି ଜନସାଧାରଣ ଅନୁଭବ କରୁଛନ୍ତି । ସମବାୟ ବିଭାଗରେ କାର୍ଯ୍ୟ କରୁଥିବା ୨ ଜଣ ବରିଷ୍ଠ ଅଧିକାରୀ ଦୀର୍ଘଦିନ ଧରି ଏ ସମସ୍ତ ପ୍ରକାର କୂଟନୀତି କାର୍ଯ୍ୟରେ ସଂପୃକ୍ତ ଥିଲେ ମଧ୍ୟ ସରକାର

ସେମାନଙ୍କୁ ଉକ୍ତ ବିଭାଗରୁ ବଦଳି କରୁନାହାଁନ୍ତି କି ସେମାନଙ୍କ ବିରୁଦ୍ଧରେ ଦୃଷ୍ଟାନ୍ତମୂଳକ ପଦକ୍ଷେପ ନ ନେବାରୁ ସମବାୟ ବିଭାଗଟି ଦୁର୍ନାମରେ ପାହାଡ଼ ସଦୃଶ ବଦନାମ ମୁଣ୍ଡେଇ ଚାଲିଛି । ଏହା ସହିତ ଜଣେ ବିଭାଗୀୟ ଅଧିକାରୀଙ୍କ ଦ୍ୱାରା ଦୁର୍ନିତୀ ହୋଇଥିବା ୮ଟି ବିଭାଗରେ ସରକାର ତାଙ୍କୁ ପୁନଃ ଦାୟିତ୍ୱ ଦେଇଥିବାରୁ ଦୁର୍ନିତୀ ହଟାଇବା ବଦଳରେ ଦୁର୍ନିତୀକୁ ସରକାର ପ୍ରୋତ୍ସାହନ ଦେଉଛନ୍ତି ବୋଲି ଜନସାଧାରଣରେ ଚର୍ଚ୍ଚାର ବିଷୟ ପାଲଟିଛି । ନିକଟରେ ଶାସନକୁ ଆସିଥିବା ଶାସକ ଦଳର ଏହା ଉପରେ ଗଭୀର ଚିନ୍ତାବ୍ୟକ୍ତ କରି କାର୍ଯ୍ୟପନ୍ଥା ଗ୍ରହଣ କରିବା ପାଇଁ ଜନସାଧାରଣ ସରକାରଙ୍କୁ ନିବେଦନ କରିଛନ୍ତି ।

'ଓଡ଼ିଶା ଏକ୍ସପ୍ରେସ୍' - ତା୨୩.୧୦.୨୦୨୪ରେ ପ୍ରକାଶିତ

ଓଡ଼ିଶାରେ ଛତୁଚାଷ

ଛତୁ ଏକ ପୁଷ୍ଟିକର ସୁସ୍ୱାଦୁ ଖାଦ୍ୟ । ଛତୁରେ ପ୍ରୋଟିନ୍, ଭିଟାମିନ୍ – ବି, ସି, କ୍ୟାଲସିୟମ, ଫସ୍‌ଫରସ୍, ହଜମ ଜିନିଷ ଓ ଅନ୍ୟାନ୍ୟ ଶରୀର ଉପକାରୀ ଖଣିଜ ପଦାର୍ଥ ଭରି ରହିଅଛି । ପିଲାଦିନେ ସକାଳୁ ଛିଣ୍ଡା ନଦୀକୁ ଗାଧୋଇବା ପାଇଁ ଗଲାବେଳେ ନଦୀ ବନ୍ଧରେ ମନ୍ଦା ମନ୍ଦା ଛତୁକୁ ତୋଳିକରି ଘରକୁ ଆଣୁଥିଲୁ । ନଦୀବନ୍ଧର ଉଇ ହୁଙ୍କାରେ ମଧ୍ୟ ଛୋଟ ଛୋଟ ଛତୁ ଫୁଟୁଥିବାରୁ ତାକୁ ଘରକୁ ଆଣି ଆମ୍ବୁଲ ପକାଇ ତରକାରୀ କରି ଖାଉଥିଲୁ । ଚାଳ ଛପର ଘର ଛପର ପରେ ଚାଳରୁ ବାହାରୁଥିବା ପୁରୁଣା ନଡ଼ାକୁ ଖତପାଇଁ ବାଡ଼ିରେ ଗଦା କରାଯାଏ । ଉକ୍ତ ପୁରୁଣା ନଡ଼ା ବର୍ଷାଦିନେ ଓଦା ହୋଇଗଲା ପରେ କିଛିଦିନ ପରେ ଛତୁ ଗଜା ବାହାରି ଫୁଟିଲା ପରେ ଲୋକେ ତାକୁ ତୋଳିଆଣି ତରକାରୀ କରି ଖାଉଥିଲେ । ମାତ୍ର ସେତେବେଳେ ଛତୁ ଚାଷ ବିଷୟରେ ଲୋକମାନେ ଜାଣିନଥିବାରୁ ଏହା ଉପରେ ଏତେ ଗୁରୁତ୍ୱ ଦିଆଯାଉ ନଥିଲା । ୩୦୦ ବର୍ଷ ପୂର୍ବେ ଇଉରୋପ ମହାଦେଶରେ ଛତୁ ଚାଷ ହେଉଥିଲେ ମଧ୍ୟ ଗତ ୫୦ ବର୍ଷ ହେଲା ବିଭିନ୍ନ ରାଷ୍ଟ୍ରରେ ବ୍ୟାପକ ଛତୁଚାଷ କରାଯାଉଛି ।

ଦେଶ ବିଦେଶରେ ଛତୁ ଏକ ସୁସ୍ୱାଦୁ ଖାଦ୍ୟଭାବେ ବିଭିନ୍ନ ହୋଟେଲ୍‌ରେ ପରସା ଯାଉଛି । ଗତ ୫୦ ବର୍ଷ ହେଲା ଭାରତ ବର୍ଷର କାଶ୍ମିର, ଉଟ୍ଟାମଣ୍ଡ, ହିମାଚଳ ପ୍ରଦେଶ ଓ ଉତ୍ତର ପ୍ରଦେଶର ପାହାଡ଼ିଆ ଅଞ୍ଚଳରେ ଛତୁ ଚାଷ କରାଯାଉଛି । ପଞ୍ଜାବ ପ୍ରଦେଶରେ ଶୀତକାଳୀନ ଫସଲ ଭାବେ ଛତୁଚାଷ କରାଯାଉଛି । ବର୍ତ୍ତମାନ ପୃଥିବୀରେ ୩୦ ଲକ୍ଷ ଟନ୍ ଛତୁ ଖାଦ୍ୟଭାବେ ଦରକାର ପଡୁଥିଲା ବେଳେ ମାତ୍ର ୧୬ ଲକ୍ଷ ଟନ୍ ଛତୁ ଅମଳ ହେଉଛି । ସେହିପରି ଭାରତରେ ବାର୍ଷିକ ୬୦୦୦ ଟନ୍ ଛତୁ ଖାଦ୍ୟପାଇଁ ଦରକାର ପଡୁଛି । ପର୍ଯ୍ୟଟନ ଶିଳ୍ପର ବ୍ୟାପକ ଅଗ୍ରଗତି ହେତୁ ଆହୁରି ୩୦୦୦ ଟନ୍

ଛତୁ ଖାଦ୍ୟ ପଦାର୍ଥ ଭାବେ ଆବଶ୍ୟକ ହେଉଛି । ଭାରତରେ ଅନେକ ଲୋକ ନିରାମିଷାଶୀ ଭାବେ ଛତୁକୁ ପୁଷ୍ଟିକର ଖାଦ୍ୟଭାବେ ବ୍ୟବହାର କରୁଛନ୍ତି । ଏକ କି.ଗ୍ରା. ଛତୁ ଉତ୍ପାଦନରେ ୬୦ରୁ ୭୦ ଟଙ୍କା ଖର୍ଚ୍ଚ ହେଉଥିଲା ବେଳେ ବଜାରରେ କିଲୋପିଛା ୨୦୦ ଟଙ୍କାରେ ଛତୁ ବିକ୍ରି ହେଉଛି । ଏଣୁ ଛତୁ ଚାଷ ଲାଭଜନକ ହେତୁ କେତେକ କୃଷି ଉଦ୍ୟୋଗୀ ବଡ଼ ବଡ଼ ସହରର ଆଖପାଖ ଅଞ୍ଚଳରେ ଛତୁ ଚାଷ କରିବା ପାଇଁ ଆଗଭର ହେଲେଣି । ବିଶେଷ କରି ଭାରତରେ ଜାତୀୟ କୃଷି ଓ ଗ୍ରାମ୍ୟ ଉନ୍ନୟନ ବ୍ୟାଙ୍କ (ନାବାର୍ଡ଼) ଛତୁ ଚାଷ ପାଇଁ ଋଣ ଦେବାକୁ ସମବାୟ ବ୍ୟାଙ୍କ ଓ ଅନ୍ୟାନ୍ୟ ବାଣିଜ୍ୟିକ ବ୍ୟାଙ୍କମାନଙ୍କୁ ନିର୍ଦ୍ଦେଶ ଦେଇଛି । ଉଭୟ କେନ୍ଦ୍ର ଓ ରାଜ୍ୟ ସରକାର ମଧ୍ୟ ଛତୁ ଚାଷ କରୁଥିବା ଚାଷୀଙ୍କୁ କୃଷି ବିଭାଗ ମାଧ୍ୟମରେ ପ୍ରୋତ୍ସାହନ ରାଶି ଯୋଗାଇ ଦେଉଛନ୍ତି ।

ଛତୁ ଏକ ପତ୍ର ଓ ଫୁଲ ନଥିବା ଧଳାରଙ୍ଗର ଉଦ୍ଭିଦ ଅଟେ । ଛତୁ ସାଧାରଣତଃ ଦୁଇ ପ୍ରକାର । ଗୋଟିଏ ହେଉଛି କଢ଼ ଛତୁ ଅନ୍ୟଟି ହେଉଛି ଫୁଟିଲା ଛତୁ । କଢ଼ ଛତୁର ଦାମ୍ ବଜାରରେ ଅଧିକ ହୋଇଥାଏ । କଢ଼ ଛତୁ ପାଇଁ ବିଶେଷ ଶୀତତାପ ନିୟନ୍ତ୍ରିତ କୋଠରୀ ଆବଶ୍ୟକ । ଏହି ପ୍ରକାର ଛତୁ ଚାଷ ପାଇଁ ନଡ଼ା, ଗୋବର, ବୁଟଚୁନା ଓ ଛତୁମଞ୍ଜି ଆବଶ୍ୟକ । ଫୁଟିଲା ଛତୁ ଅଳ୍ପ ଖର୍ଚ୍ଚରେ ଅମଳ ହେଉଥିଲା ବେଳେ କଢ଼ ଛତୁ ଚାଷ ପାଇଁ ଅଧିକ ଖର୍ଚ୍ଚର ଆବଶ୍ୟକ ପଡ଼ିଥାଏ । ଉଭୟ ପ୍ରକାର ଚାଷ ପାଇଁ ବ୍ୟାଙ୍କମାନଙ୍କ ଜରିଆରେ ଛତୁଚାଷୀମାନଙ୍କୁ ସମବାୟ ବ୍ୟାଙ୍କ ଓ ଅନ୍ୟାନ୍ୟ ବାଣିଜ୍ୟିକ ବ୍ୟାଙ୍କରୁ ସରଳ ଉପାୟରେ ଋଣ ଦିଆଯାଉଛି । ସମବାୟ ବ୍ୟାଙ୍କମାନେ କୃଷିଋଣ ହିସାବରେ ଛତୁଚାଷ ପାଇଁ ଅତି ବେଶୀରେ ୧ ଲକ୍ଷ ଟଙ୍କା ପର୍ଯ୍ୟନ୍ତ ଋଣ ନେଇ ଠିକ୍ ସମୟରେ ଚାଷୀ ଋଣ ସୁଝିଲେ ସୁଧ ଦେବାକୁ ପଡ଼େନାହିଁ । ଉକ୍ତ ସୁଧ ବ୍ୟାଙ୍କ ମାନଙ୍କୁ ରାଜ୍ୟ ସରକାର ଓ କେନ୍ଦ୍ର ସରକାର ମିଳିତ ଭାବରେ (Interest Sulvention) ଯୋଜନାରେ ଯୋଗାଇ ଦେଉଛନ୍ତି ।

ଫୁଟିଲା ଛତୁ ଚାଷ ପାଇଁ ଧାନ କିମ୍ବା ବୁଟ ଚୁନା ଏବଂ ଛତୁ ବିହନ ଦରକାର ପଡ଼ିଥାଏ । ନଡ଼ାକୁ ଖଣ୍ଡ ଖଣ୍ଡ କରି ଗରମ ପାଣିରେ ବିଶୁଦ୍ଧ କରି ପଲିଥିନ୍ ବସ୍ତାରେ ୩ ଇଞ୍ଚ ଉଚ୍ଚାରେ ସ୍ତର ସ୍ତର କରି ଭର୍ତ୍ତି କରାଯାଏ । ପ୍ରତି ସ୍ତରରେ ଗହମ ଚୁନା କିମ୍ବା ଅଟା ଓ ବୁଟ ଚୁନା ସହିତ ଛତୁ ବିହନ ବୁଣି ଦିଆଯାଏ । ଗୋଟିଏ ଥଣ୍ଡା ପାଣି ପକା ସନ୍ତସନ୍ତିଆ ଘରର ଥାକରେ ପଲିଥିନ୍ ବସ୍ତାକୁ ରଖାଯାଏ । ପ୍ରାୟ ୩ ସପ୍ତାହ ପରେ ଛତୁ ଗଜା ହୁଏ । ଛତୁ ଦୁଇ ତିନି ଇଞ୍ଚ ଉଚ୍ଚା ହୋଇଗଲେ ତୋଳାଯାଏ । ପ୍ରତି ୧୦ ଦିନ ଅନ୍ତରରେ ହାରିହାରି ୩ ରୁ ୪ ଥର ଛତୁ ଅମଳ କଲାପରେ ପୁରୁଣା ନଡ଼ାକୁ

ଫୋପାଡ଼ି ଦିଆଯାଏ ଓ ପୁଣି ନୂତନ ନଡ଼ାକୁ ବ୍ୟବହାର କରାଯାଇ ଛତୁ ଚାଷ କରାଯାଏ । ତଟକା କିମ୍ବା ଶୁଖିଲା ଛତୁ ବଜାରରେ ବିକ୍ରି କରାଯାଏ । ତଟକାର ଚାହିଦା ବଜାରରେ ଅଧିକ ହୋଇଥାଏ । ୩ କେ.ଜି. ଶୁଖିଲା ନଡ଼ାରୁ ୧ କେ.ଜି. ଛତୁ ଉତ୍ପାଦନ ହୁଏ । କିନ୍ତୁ ବର୍ତ୍ତମାନ ବୈଜ୍ଞାନିକ ପଦ୍ଧତି ଅବଲମ୍ବନ କରାଯାଇ ଛତୁ ଉତ୍ପାଦନକୁ ୧୦ ଗୁଣା ପର୍ଯ୍ୟନ୍ତ ବୃଦ୍ଧି କରାଯାଇପାରୁଛି । ଘରେ ଖାଇବା ପାଇଁ ଅନେକ ଲୋକ ନଡ଼ା ବିଡ଼ା ପାଣି ହାଣ୍ଡି ଉପରେ ରଖି ଗହମ ଛତୁଆ ଓ ଛତୁ ବିହନ ବ୍ୟବହାର କରି ଛତୁଚାଷ କରିପାରିବେ ।

ତାମିଲନାଡୁ ରାଜ୍ୟର ଉଟ୍କାମଣ୍ଡ ଠାରେ ନୀଳଶୈଳ ଖାଦ୍ୟ ଉତ୍ପାଦନ କମ୍ପାନୀ ପ୍ରାୟ ୪୦ ଲକ୍ଷ ଟଙ୍କା ବ୍ୟୟରେ ତିନୋଟି ପର୍ଯ୍ୟାୟରେ ୧୯୭୯ ମସିହା ଠାରୁ ୧୯୮୬ ମସିହା ପର୍ଯ୍ୟନ୍ତ ମାସିକ ୧୦୦ ଟନ୍ ଛତୁ ଉତ୍ପାଦନ ଫାର୍ମ ସ୍ଥାପନ କରିଅଛି । ଏଠାରେ ୧୯୮୦ ମସିହାରେ ୮ ଟନ୍ ଛତୁ ଉତ୍ପାଦନ ହେଉଥିବା ସ୍ଥଳେ ବର୍ତ୍ତମାନ ବାର୍ଷିକ ୨୦୦ ଟନ୍ ଛତୁ ଉତ୍ପାଦନ ହେଉଅଛି । କେନ୍ଦ୍ର ସରକାରଙ୍କ କୃଷିନୀତି ଅନୁଯାୟୀ ବିଭିନ୍ନ ରାଜ୍ୟର କେନ୍ଦ୍ର ସମବାୟ ବ୍ୟାଙ୍କମାନେ ନାବାର୍ଡ଼ ଠାରୁ ଋଣ ଆଣି ଛତୁଚାଷ ପାଇଁ ଚାଷୀମାନଙ୍କୁ ସହଜରେ ଋଣ ଯୋଗାଇ ଦେଉଛନ୍ତି ।

ତାମିନାଡୁର ଉଟ୍କାମଣ୍ଡ ଠାରେ ନୀଳଶୈଳ ଖାଦ୍ୟ ଉତ୍ପାଦନ କମ୍ପାନୀ ଋଣ ଟଙ୍କାରେ ନିଜସ୍ୱ ବିଜୁଳି ଉତ୍ପାଦନ ସହିତ ଶୀତତାପ ନିୟନ୍ତ୍ରିତ ୧୬ଟି କୋଠରୀ, ଛତୁ ବିହନ, ବିଜ୍ଞାନାଗାର ଓ ନଡ଼ା ପେଶା ଯନ୍ତ୍ରାଦି ଖରିଦ ପ୍ରଭୃତିରେ ବ୍ୟୟ କରିଅଛି । ତାମିଲନାଡୁ ବିଦ୍ୟୁତ୍ ବୋର୍ଡ ମଧ୍ୟ ଉକ୍ତ ଫାର୍ମକୁ ରିହାତି ଦରରେ ବିଜୁଳି ଯୋଗାଇ ଦେଇଛି । ଏହି କମ୍ପାନୀ ଛତୁ ଫାର୍ମ ପାଇଁ ସ୍ଥାନୀୟ ଗହମ କ୍ଷେତର ନଡ଼ା, ପାହାଡ଼ ତଳ ଅଞ୍ଚଳର ଧାନ ନଡ଼ା ଏବଂ ନିକଟସ୍ଥ ସେନା ଛାଉଣୀର ଗୋବର ବ୍ୟବହାର କରୁଛି । ଛତୁକୁ ସାଇତି ରଖିବା ପାଇଁ ଏକ ଶୀତତାପ ନିୟନ୍ତ୍ରିତ ରକ୍ଷଣାଗାର ତିଆରି କରାଯାଇଛି । ଉକ୍ତ କମ୍ପାନୀର ଏକ ଅନୁବନ୍ଧିତ ସଂସ୍ଥା ଛତୁକୁ ବିଭିନ୍ନ ଅଞ୍ଚଳରେ ବିକ୍ରି କରିବାର ଭାର ବହନ କରିଅଛି । ଛତୁ ଚାଷରୁ ମିଳୁଥିବା ଆବର୍ଜନା ବିଭିନ୍ନ ଚାଷ ପାଇଁ ଖତ ଭାବରେ ବିକ୍ରି କରାଯାଉଛି । ଏହି ଖତ କୃଷି ଫାର୍ମରେ ବ୍ୟବହାର ଉପଯୋଗୀ । ଉକ୍ତ କୃଷି ଫାର୍ମରେ ୪୦ ଜଣ ସ୍ଥାୟୀ କର୍ମଚାରୀ ଏବଂ ପ୍ରାୟ ୪୦୦ ଜଣ ଲୋକ ସାମୂହିକ ମଜୁରିଆ ଭାବରେ କାର୍ଯ୍ୟ କରୁଛନ୍ତି ।

୧୩ ଡିଗ୍ରୀ ରୁ ୧୫ ଡିଗ୍ରୀ ସେଣ୍ଟିଗେଡ୍ ଉତ୍ତାପ ରହୁଥିବା ଅଞ୍ଚଳର ଛତୁ ଚାଷ ଭଲ ହୁଏ । ଓଡ଼ିଶାରେ ଗତ କେତେବର୍ଷ ହେଲା ହୋଟେଲ୍ ତଥା ପର୍ଯ୍ୟଟନ ଶିଳ୍ପର ବିଶେଷ ପ୍ରସାର ଘଟୁଥିବାରୁ ଉତ୍ତମ ଖାଦ୍ୟଭାବେ ଛତୁର ବ୍ୟବହାରରେ ବୃଦ୍ଧି ଘଟିଛି ।

ଓଡ଼ିଶାରେ ପ୍ରସ୍ତୁତ ଛତୁ ବିକ୍ରି ପାଇଁ ସମସ୍ତ ବଜାରରେ ଚାହିଦା ବୃଦ୍ଧି ପାଇଛି । ଓଡ଼ିଶାର ସମସ୍ତ ଅଞ୍ଚଳ ଛତୁଚାଷ ପାଇଁ ଅନୁକୂଳ ହୋଇଥିବାରୁ ନବାର୍ଡ଼ର କୃଷିଋଣ ଯୋଜନାରେ ସମବାୟ ବ୍ୟାଙ୍କ ମାନେ ବହୁଳ ଭାବେ ଛତୁ ଚାଷ ପାଇଁ ଋଣ ଯୋଗାଇ ଦେବାପାଇଁ ସରକାର ଏକ ମାର୍ଗଦର୍ଶକ ପ୍ରସ୍ତୁତ କଲେ ଛତୁ ଚାଷକୁ ଏକ ଲାଭକାରୀ ଉଦ୍ୟୋଗ ଭାବେ ଗ୍ରହଣ କରିବା ସଙ୍ଗେ ସଙ୍ଗେ ଅଧିକ ନିଯୁକ୍ତି ସୃଷ୍ଟି ହୋଇପାରିବ । ବିଦେଶକୁ ମଧ୍ୟ ବଳକା ଛତୁକୁ ରପ୍ତାନୀ କରି ଉଦ୍ୟୋଗୀମାନେ ବିଦେଶ ମୁଦ୍ରା ଅର୍ଜନ କରିପାରିବେ । ଏ ଦିଗରେ ରାଜ୍ୟ ସରକାର ଛତୁଚାଷୀମାନଙ୍କୁ ସାହାଯ୍ୟ କରିବା ପାଇଁ ଆଗେଇ ଆସିବା ଦରକାର ଓ ଛତୁ ଚାଷକୁ ବାର୍ଷିକ କୃଷିନୀତି ଖସଡ଼ାରେ ଅଗ୍ରାଧିକାର ଦିଆଯିବା ଦରକାର । ଛତୁ ଚାଷରେ କମ୍ ଖର୍ଚ୍ଚରେ ଅଧିକ ଲାଭ ହେଉଥିବାରୁ ଲୋକମାନେ ଏହି ଚାଷ ପାଇଁ ଆଗ୍ରହ ପ୍ରକାଶ କରିବା ଦରକାର । ମାନ୍ୟବର କୃଷିମନ୍ତ୍ରୀ ଏ ଦିଗରେ ବିହିତ ପଦକ୍ଷେପ ନେବେ ବୋଲି ଆଶା କରାଯାଏ ।

'ଓଡ଼ିଶା ଏକ୍ସପ୍ରେସ୍' - ତା୩୦.୧୦.୨୦୨୪ରେ ପ୍ରକାଶିତ

■

ଜଳସେଚିତ ସମବାୟ ସମିତି

ଭାରତରେ ମହାରାଷ୍ଟ୍ର ଏମିତି ଏକ ରାଜ୍ୟ ଯେଉଁଠାରେ ଉପକୂଳ ଅଞ୍ଚଳରେ ବାର୍ଷିକ ୧୦୦ରୁ ୧୫୦ ଇଞ୍ଚ ବର୍ଷା ହେଲେ ସୁଦ୍ଧା ଏହି ପ୍ରଦେଶର ବିସ୍ତୃତ ଅଞ୍ଚଳରେ ୧୦ରୁ ୩୦ ଇଞ୍ଚ ମୋଟେ ବର୍ଷା ହୁଏ । ଏଣୁ ନଦୀମାନଙ୍କରେ ପ୍ରବାହିତ ଅଧିକାଂଶ ଜଳକୁ ସରକାରଙ୍କ ପ୍ରଚେଷ୍ଟା ବାହାରେ ସମବାୟ ସମିତିମାନଙ୍କ ଉଦ୍ୟମରେ ସ୍ଥାୟୀ କିମ୍ବା ଅସ୍ଥାୟୀ ବନ୍ଧ ନିର୍ମାଣ କରି ପାଣିକୁ ଅଟକା ଯାଉଛି । ଉଠା, ବିନ୍ଦୁପାତ ବିଚ୍ଛୁରିତ, ଜଳସେଚିତ ସମବାୟ ସମିତିମାନ ଗଠନ କରାଯାଇ ଉକ୍ତ ଅଟକା ପାଣିକୁ ପମ୍ପ ସାହାଯ୍ୟରେ ଜମିରେ ପାଣି ମଡ଼ାଇ ଆଖୁ, କପା, ଅଙ୍ଗୁର, ବାଦାମ, ବାଜରା, ମାଣ୍ଡିଆ, ହଳଦୀ ଓ ଅଦା ପ୍ରଭୃତି ଅର୍ଥକାରୀ ଫସଲ ଚାଷ କରାଯାଉଛି ।

ବିଶେଷକରି ମହାରାଷ୍ଟ୍ରରେ ୭୮ ଗୋଟି ସମବାୟ ଚିନିକଳ ସମାଜସେବୀ ତଥା ବିଭିନ୍ନ ରାଜନୈତିକ ନେତାମାନଙ୍କର ନେତୃତ୍ୱରେ ସ୍ଥାପନ କରାଯାଇ ଉତ୍ତମ ପରିଚାଳନା ହେବା ଦ୍ୱାରା ମହାରାଷ୍ଟ୍ରର ପୁନା, ସତରା, କୋହ୍ଲାପୁର, ସାଙ୍ଗଲି ପ୍ରଭୃତି ବହୁ ଜିଲ୍ଲାରେ କୃଷିର ଆର୍ଥିକ ନୀତିରେ ପ୍ରଭୁତ ଉନ୍ନତି ଆସିପାରିଛି । ଆଖୁଚାଷର ପ୍ରସାର ପାଇଁ ଚିନିକଳମାନେ ଜାମିନ ହୋଇ ଉଠାଜଳସେଚନ ସମବାୟ ସମିତିମାନଙ୍କ ଜରିଆରେ ଚାଷୀଙ୍କ ଦ୍ୱାରା ଆଖୁ ଯୋଗାଣ ଚୁକ୍ତିରେ ଜଳସେଚନ ଯୋଜନା ନିର୍ମାଣ କରିବାକୁ ଚାଷୀମାନଙ୍କୁ ବ୍ୟାଙ୍କ ରଣ ଯୋଗାଇ ଦିଆଯାଉଛି । ଗାଁ ଗହଳିରେ ରାଜନୈତିକ ଦଳର ନେତାମାନେ ବିଭିନ୍ନ ଦଳରେ ବିଭକ୍ତି ହୋଇଥିଲେ ମଧ ଚାଷୀମାନଙ୍କ ସମସ୍ୟା ସମାଧାନ କଥା ପଡ଼ିଲେ ସମସ୍ତେ ଏକ ହୋଇଯାଆନ୍ତି । ବିରୋଧୀ ରାଜନୈତିକ ନେତା ସମବାୟ ସମିତିର କର୍ମକର୍ତ୍ତା ହେଲେ ସୁଦ୍ଧା ସମବାୟ ସମିତିଗୁଡ଼ିକ ଉତ୍ତମ ପରିଚାଳନା କରାଯାଉଥିଲେ ସରକାର ସେମାନଙ୍କୁ କୌଣସି ମତେ ଅପସାରଣ କରନ୍ତି ନାହିଁ । କୋହ୍ଲାପୁର ଜିଲ୍ଲାରେ ୧୧ଟି ସମବାୟ ଚିନିକଳ ମଧରୁ

୨ଟି କୃଷି ଶ୍ରମିକ ଦଳର ନେତା ଏବଂ ୯ଟି କଂଗ୍ରେସ ଦଳର ନେତାମାନଙ୍କ ଦ୍ୱାରା ଏ ପର୍ଯ୍ୟନ୍ତ ସୁଚାରୁ ରୂପେ ପରିଚାଳିତ ହୋଇଆସୁଅଛି ।

ଉଦାହରଣ ସ୍ୱରୂପ ସତରା ସହର ନିକଟରେ ଭୋନସ୍କା ସମବାୟ ଚିନିକଳ ଦାୟିତ୍ୱ ତଥା ଜାମିନରେ ଉଠାଜଳସେଚନ ସମବାୟ ସମିତିମାନେ ନିକଟସ୍ଥ ଖଡଗଭାଲଣା ନଦୀରେ ଚାଷୀମାନଙ୍କ ତରଫରୁ ମହାରାଷ୍ଟ୍ର ଭୂବନ୍ଧକ ବ୍ୟାଙ୍କରୁ ୨କୋଟି ୪୦ ଲକ୍ଷ ଟଙ୍କା ଋଣ ନେଇ ମୁଗୁନି ପଥରରେ ଯୋଡ଼େଇ କେତୋଟି ପକ୍କାଖୁଣ୍ଟ ତିଆରି କରିଛନ୍ତି । ବର୍ଷାଋତୁ ଶେଷଭାଗରେ ୨ଟି ଖୁଣ୍ଟ ମଧ୍ୟରେ ଉଭୟ ପକ୍ଷରେ କାଠପଟା ବାନ୍ଧି (Adjust) ଭିତ୍ତିରେ ମାଟି ଭର୍ତ୍ତିକରି ଅସ୍ଥାୟୀ ବନ୍ଧ ନିର୍ମାଣ କରାଯାଇ ପାଣି ଅଟକାଯାଉଛି। ଜଳସେଚନ ସମବାୟ ସମିତିମାନେ ପମ୍ପ ଜରିଆରେ ଅଟକା ପାଣିକୁ ଉଠାଇ ଚିନିକଳକୁ ଆଖୁ ଯୋଗାଣ ସର୍ତ୍ତରେ ଚାଷୀମାନଙ୍କୁ ପାଣି ଯୋଗାଇ ଦେଉଛନ୍ତି । ବର୍ଷାଋତୁ ଆସିଗଲେ କାଠପଟା ଉଠାଇ ଦିଆଯାଇ ନଦୀରେ ପାଣି ଛାଡ଼ିଦିଆଯାଏ । ଉକ୍ତ ନଦୀବନ୍ଧ ଯୋଜନାକୁ 'କୋହ୍ଲାପୁର ପ୍ରଣାଳୀ ବନ୍ଧ' ବା Kolhapur Type Weir (KT Weir) କୁହାଯାଉଛି । ପ୍ରଥମେ କୋହ୍ଲାପୁର ମହାରାଜା ଉକ୍ତ ନଦୀବନ୍ଧ ପ୍ରଥାରେ ତାଙ୍କ ରାଜ୍ୟରେ ଜଳସେଚନ ଯୋଜନା ଆରମ୍ଭ କରି ଚାଷୀମାନଙ୍କୁ ପାଣି ଯୋଗାଇ ଦେଉଥିଲେ । ବର୍ତ୍ତମାନ ଉକ୍ତ ପ୍ରକାର ନଦୀବନ୍ଧ ଯୋଜନା ଅନ୍ୟ ଜିଲ୍ଲାମାନଙ୍କରେ ସମବାୟ ସମିତି ଉଦ୍ୟମରେ ବ୍ୟାଙ୍କ ଋଣ ଟଙ୍କାରେ ଶୀଘ୍ର ତଥା କମ୍ ବ୍ୟୟରେ ତିଆରି ହେଉଅଛି । ଫଳରେ ଯୋଜନା ବାହାରେ ମହାରାଷ୍ଟ୍ର ସରକାରଙ୍କ ବିନା ସାହାଯ୍ୟରେ ସ୍ଥାନୀୟ ଲୋକମାନଙ୍କ ଚେଷ୍ଟାରେ ବ୍ୟାଙ୍କ ଋଣରେ ବହୁ ଜମି ଜଳସେଚିତ ହୋଇପାରୁଛି । ମହାରାଷ୍ଟ୍ର ସରକାର କେବଳ ବନ୍ଧ ନିର୍ମାଣ ପାଇଁ ନଦୀର ଜଳପ୍ରବାହ, ସ୍ରୋତର ପ୍ରଖରତା ବିଷୟରେ ଚାଷୀମାନଙ୍କୁ ତଥ୍ୟ ଯୋଗାଇଥାଆନ୍ତି। ମହାରାଷ୍ଟ୍ର ସରକାର ଜଳସେଚନ କର ଏକର ପିଛା ୩୦୦ ଟଙ୍କା ଅସୁଲ କରନ୍ତି । ଚାଷୀମାନେ ବ୍ୟାଙ୍କ ଋଣ ସୁଝିବା ପାଇଁ ଏବଂ ସିରସ୍ତା ତଥା ବିଜୁଳି ଖର୍ଚ୍ଚପାଇଁ ଜଳସେଚନ ସମବାୟ ସମିତିମାନଙ୍କୁ ଏକର ପିଛା ୧ ହଜାର ଟଙ୍କା ସରକାର ପ୍ରୋତ୍ସାହନ ରାଶି ରୂପେ ଚାଷୀମାନଙ୍କୁ ଦେଉଛନ୍ତି । ବ୍ୟାଙ୍କ ଋଣ ପୈଠ ହୋଇଗଲେ ଚାଷୀ କେବଳ ସିରସ୍ତା ଓ ବିଜୁଳି ଖର୍ଚ୍ଚ ବାବଦକୁ ଏକର ପିଛା ହାରାହାରି ୨୦୦ ଟଙ୍କା ସମିତିମାନଙ୍କୁ ଦିଅନ୍ତି । ନାବାର୍ଡ଼ ଓ ସମବାୟ ବ୍ୟାଙ୍କମାନେ ୯ ବର୍ଷିଆ କିସ୍ତିରେ ଉକ୍ତ ଜଳସେଚନ ଯୋଜନାମାନ ନିର୍ମାଣ ପାଇଁ ଚାଷୀମାନଙ୍କୁ କରଜ ଦେଇଥାନ୍ତି । ବନ୍ଧ ତଥା ଅନ୍ୟ ଆନୁସଙ୍ଗିକ ପମ୍ପ, ପାଇପ୍ ଇତ୍ୟାଦି ନିର୍ମାଣ ପାଇଁ ୧ ବର୍ଷ ସମୟ ଦିଅନ୍ତି । ବାକି ୧ ବର୍ଷ ଚାଷୀଙ୍କୁ ଆଖୁ ଫସଲ ଚାଷପାଇଁ ସମୟ ଦିଆଯାଏ । ଉକ୍ତ ୨

ବର୍ଷରେ ବ୍ୟାଙ୍କମାନେ ଋଣ କିସ୍ତି ଆଦାୟ କରନ୍ତି ନାହିଁ । ଉକ୍ତ ସମୟକୁ Moratorium Period କୁହାଯାଏ । ସମବାୟ ଚିନିକଳମାନେ ପ୍ରତିବର୍ଷ ଚାଷୀମାନଙ୍କ ଆଖୁ ମୂଲ୍ୟରୁ ଋଣ ବାବଦକୁ କିସ୍ତି କାଟିରଖି ୭ ବର୍ଷିଆ କିସ୍ତିରେ ବ୍ୟାଙ୍କ ଋଣ ପୈଠ କରନ୍ତି । ଆଖୁ ଫସଲ ଉତ୍ତାରିବା ପାଇଁ ଚାଷୀ ପୁଣି ବ୍ୟାଙ୍କରୁ ପ୍ରତିବର୍ଷ ହାରାହାରି ଏକର ପିଛା ପିଡ଼ିଆ ଓ ସାର ବାବଦରେ ୩୦ ହଜାର ଟଙ୍କା କରଜ କରେ । ଏହି ସମସ୍ତ ଖର୍ଚ୍ଚ ବାଦ୍ ଚାଷୀ ବର୍ଷକୁ ହାରାହାରି ଏକର ପିଛା ଆଖୁଚାଷରେ ୩୦ ହଜାର ଟଙ୍କା ଲାଭ କରେ ।

ପାଣି ଅପବ୍ୟୟ ରୋକିବା ପାଇଁ ସମବାୟ ସମିତି ଉଦ୍ୟମରେ ବିଚ୍ଛୁରିତ ଜଳସେଚନ (Sprilkle Irrigation) ଯୋଜନାମାନ କରାଯାଇ ବାଦାମ ଚାଷ କରିବା ସଙ୍ଗେ ସଙ୍ଗେ ଗାଈମାନଙ୍କୁ ଖାଦ୍ୟ ଯୋଗାଇବା ପାଇଁ ଘାସଚାଷ କରାଯାଉଛି । ଫଳରେ ଜମିରେ ପାଣି ଜମି ରହୁନାହିଁ ଏବଂ ମାଟି ଲୁଣି କମ୍ ହେଉଛି । ସେହିପରି ଖରାରେ ପାଣି ନ ଶୁଖିବା ପାଇଁ ଓ ଗଛର ମୂଳକୁ ପାଣିଦେବା ତଥା ମାଟିକ୍ଷୟ ରୋକିବା ପାଇଁ ବିନ୍ଦୁପାତ (Drip) ଜଳସେଚନ ଦ୍ୱାରା ଏକର ପିଛା ୩୫ ହଜାର ଟଙ୍କାଠାରୁ ଆରମ୍ଭ କରି ୫୦ ହଜାର ଟଙ୍କା ହାରରେ ବ୍ୟାଙ୍କରୁ ଋଣ ଆଣି ଅଙ୍ଗୁର ଚାଷରେ ଖର୍ଚ୍ଚ କରାଯାଉଛି । ଅଙ୍ଗୁର ଚାଷରେ ସମସ୍ତ ଖର୍ଚ୍ଚ ବାଦ ଦେଲେ ଏକର ପିଛା ଚାଷୀ ୫୦ ହଜାର ଟଙ୍କା ଲାଭ ପାଉଛି ।

୧୯୭୮ ମସିହା ହିସାବ ଅନୁଯାୟୀ ମହାରାଷ୍ଟ୍ରରେ ଜଳସେଚିତ ସମବାୟ ସମିତି ୧୦୩୨ ଥିବା ସ୍ଥଳେ ସମଗ୍ର ଭାରତବର୍ଷରେ ୨୪.୧୧.୨୦୨୩ ମସିହା ସୁଦ୍ଧା ୩୨୫୨ ଏବଂ ଓଡ଼ିଶାରେ ମୋଟ ୧୦୦ ଥିଲା । କେବଳ ମହାରାଷ୍ଟ୍ରର ସତରା ଜିଲ୍ଲାରେ ୨୪୯ ଗୋଟି ଜଳସେଚିତ ସମବାୟ ସମିତି ଅଛି ଏବଂ କୋହ୍ଲାପୁର ଜିଲ୍ଲାରେ ଶତକଡ଼ା ୫୦ ଭାଗ ଜମି ସମବାୟ ସମିତି ଜରିଆରେ ଜଳସେଚିତ ହୋଇପାରୁଛି । ଭାରତବର୍ଷରେ ଜଳସେଚିତ ସମବାୟ ସମିତିର ସଭ୍ୟସଂଖ୍ୟା ୧୭୧୧୮୫ ଥିବା ସ୍ଥଳେ ମହାରାଷ୍ଟ୍ରରେ ୫୭୯୫୩ ଜଣ ସଭ୍ୟ ଅଛନ୍ତି । ସମଗ୍ର ଭାରତବର୍ଷରେ ଜଳସେଚିତ ସମବାୟ ସମିତି ମାଧମରେ ୧୦୧୭୪୦ ହେକ୍ଟର ଜମି ଜଳସେଚିତ ହେଉଥିଲା ବେଳେ କେବଳ ମହାରାଷ୍ଟ୍ରରେ ୩୯୯୪୭ ହେକ୍ଟର ଜମି ଜଳସେଚିତ ହେଉଅଛି ।

୧୯୭୮ ମସିହାରେ ଓଡ଼ିଶାରେ ୧୦୦ ଗୋଟି ଜଳସେଚିତ ସମବାୟ ସମିତି ଜରିଆରେ ୧୮ ଲକ୍ଷ ଟଙ୍କା ଋଣରେ ୫୪୩ ହେକ୍ଟର ଜମି ଜଳସେଚିତ ହେଉଥିଲା । ଉକ୍ତ ସମବାୟ ସମିତିମାନଙ୍କର ପରିଚାଳନା ପରିଷଦରେ ମତପାର୍ଥକ୍ୟ ତଥା ଅବ୍ୟବସ୍ଥା ଦେଖାଦେବାରୁ ସେଗୁଡ଼ିକ ଭାଙ୍ଗିଯାଇଛି । ୧୯୭୩ ମସିହାରେ ବ୍ୟାଙ୍କ ଋଣରେ

ଜଳସେଚିତ ଜମିର ପରିମାଣ ବଢ଼ାଇବା ପାଇଁ ଉଠାଜଳସେଚନ ନିଗମ ଗଠନ କରାଗଲା । ୧୯୮୦-୮୧ ମସିହାରେ ତଦାନିନ୍ତନ କୃଷି ଅର୍ଥ ପୁନଃ ଅର୍ଥ ଲଗାଣ ନିଗମ (ARDC) ଯାହା ବର୍ତ୍ତମାନର ନାବାର୍ଡ଼ (ଜାତୀୟ କୃଷି ଓ ଗ୍ରାମ୍ୟ ଉନ୍ନୟନ ବ୍ୟାଙ୍କ) ଓଡ଼ିଶା ଉଠାଜଳସେଚନ ନିଗମର କାର୍ଯ୍ୟକାରିତାର ଅନୁସନ୍ଧାନ କରି ଏକ ରିପୋର୍ଟ ଦେଇଥିଲେ । ୧୯୮୪ ମସିହାରେ ନାବାର୍ଡ଼ ଉକ୍ତ ରିପୋର୍ଟ ପ୍ରକାଶ କରିଛନ୍ତି । ଉଠାଜଳସେଚନ ନିଗମ କାର୍ଯ୍ୟକାରୀ ହେଲାପରେ ଯେତିକି ଜଳକର ପାଉଥିଲେ ତାହା ସିରସ୍ତା ଖର୍ଚ୍ଚ, ମରାମତି ତଥା ବିଜୁଳି କର ପାଇଁ ନିଅଣ୍ଟ ଥିଲା । ଓଡ଼ିଶା ସରକାର ବାର୍ଷିକ ନିଅଣ୍ଟ ପରିମାଣ ଭରଣ କରିବା ସଙ୍ଗେ ସଙ୍ଗେ ନିଗମର ଋଣ କିସ୍ତି ମଧ୍ୟ ନିଜ ବଜେଟ୍‌ରୁ ସୁଝନ୍ତି । ତାହା ସତ୍ତ୍ୱେ ପ୍ରତ୍ୟେକ ପ୍ରକଳ୍ପର ମୋଟ ଜଳସେଚନ କ୍ଷମତାର ଶତକଡ଼ା ୩୩ରୁ ୫୪ଭାଗ ଜମି ଜଳସେଚିତ ହେଉଥିବାର ଉକ୍ତ ରିପୋର୍ଟରେ ପ୍ରକାଶ ପାଇଛି । କିନ୍ତୁ ମହାରାଷ୍ଟ୍ରରେ ଜଳସେଚିତ ସମବାୟ ସମିତିମାନେ ସରକାରୀ ରାଜସ୍ୱ ଉପରେ ଏପର୍ଯ୍ୟନ୍ତ ନିର୍ଭର କରିନାହାନ୍ତି। କିନ୍ତୁ ଓଡ଼ିଶାର ଉଠା ଜଳସେଚନ ନିଗମ ସ୍ୱୟଂଚାଳିତ ସଂସ୍ଥା ହେଲେ ମଧ୍ୟ ବଜେଟ୍‌ରୁ ବାର୍ଷିକ ଖର୍ଚ୍ଚ ବାବଦକୁ କ୍ରମାଗତ ବୃଦ୍ଧି ହାରରେ ଅର୍ଥ ପାଉଅଛି । ଏହି ନିଗମ ଦ୍ୱାରା ଋଣ, ହୁଲୁହୁଲା ପ୍ରଭୃତି ବହୁ ନଦୀରେ କରାଯାଇଥିବା ଉଠା ଜଳସେଚନ ନିଗମ ଦ୍ୱାରା ଖରାଦିନେ ପାଣି ନ ବାହାରିବାରୁ ଶୁଖିଯାଇ ଉଠାଜଳସେଚନ ପମ୍ପଗୁଡ଼ିକ ଅଚଳ ହେବା ଫଳରେ ଫସଲଗୁଡ଼ିକ ମରିଯାଉଛି । ଏଣୁ ମହରଷ୍ଟ୍ର ଭଳି ବିଭିନ୍ନ ନଦୀରେ ପାଣି ଅଟକାଇବାକୁ ଉଠାଜଳସେଚନ ନିଗମ ବ୍ୟାଙ୍କ ଋଣରେ ଅସ୍ଥାୟୀ ବନ୍ଧ ନିର୍ମାଣ କରିବା ପାଇଁ ଯୁଦ୍ଧକାଳୀନ ଭିତ୍ତିରେ ପଦକ୍ଷେପ ନେବା ଉଚିତ୍ । ଏହା ନୂତନ ସରକାର ପାଇଁ ମହତ ଉପଦେଶ ।

ଶ୍ରୀ ପଞ୍ଚଗଙ୍ଗା ସମବାୟ ଚିନିକଳ ପରିଚାଳନା ପରିଷଦର ଅଧ୍ୟକ୍ଷ ଦାୟିତ୍ୱରେ ୧୯୫୭-୫୮ ରୁ ଆଜି ପର୍ଯ୍ୟନ୍ତ ପଦ୍ମଶ୍ରୀ ପୂର୍ବତନ ରତ୍ନପା କୁମ୍ଭାର କାର୍ଯ୍ୟ କରିଆସୁଛନ୍ତି । ସେ ଜଣେ ସାଧାରଣ ଚାଷୀବର୍ଗର ପୁଅ । ଜଳସେଚିତ ଜମିର ପରିମାଣ ବୃଦ୍ଧି ପାଇବା ସଙ୍ଗେ ସଙ୍ଗେ ଆଖୁଚାଷର ମଧ୍ୟ ବୃଦ୍ଧି ହେତୁ ଉକ୍ତ ଚିନିକଳ ୧୯୫୭ ମସିହାରେ ୧୦୦୦ ଟନ୍ ଆଖୁ ପେଡ଼ା ହେଉଥିବା ସ୍ଥଳେ ୨୦୨୩ ମସିହାରେ ୨ ଲକ୍ଷ ମେଟ୍ରିକ୍ ଟନ୍ ଆଖୁ ପେଡ଼ି ଚିନି ଉତ୍ପାଦନ କରୁଛି । ଆଖୁ ଚାଷର ପ୍ରସାର ପାଇଁ କୃଷ୍ଣା ନଦୀରେ ଗୋଟିଏ ବଡ଼ ଉଠାଜଳସେଚନ ପ୍ରକଳ୍ପ କାର୍ଯ୍ୟ କରିଲାଣି । ଫଳରେ ୩ଟି ଲିଫ୍ଟରେ ୧୫ କିଲୋମିଟର ଦୂରତା ପର୍ଯ୍ୟନ୍ତ ଥିବା ଜମିଗୁଡ଼ିକ ଜଳସେଚିତ ହୋଇ ଆଖୁଚାଷ କରାଯାଉଛି । ଏସବୁ କାର୍ଯ୍ୟକାରିତା ଦେଖିଲେ ମହାରାଷ୍ଟ୍ରର ଜଳସେଚିତ ସମିତିଗୁଡ଼ିକ ସୁପରିଚାଳନାକୁ ଓଡ଼ିଶା ରାଜ୍ୟ ସରକାର ଅନୁସରଣ କରି

ଚାଷୀମାନଙ୍କୁ ଜ୍ଞାନ ଆହରଣ କରିବା ପାଇଁ ମହାରାଷ୍ଟ୍ରକୁ ପଠାଇ ଓଡ଼ିଶାରେ ଆଖୁଚାଷର ଜ୍ଞାନ କୌଶଳ କାର୍ଯ୍ୟକାରୀ କରିବା ପାଇଁ ସରକାରୀ ପ୍ରୋତ୍ସାହନ ଯୋଗାଇ ଦିଆଗଲେ ଓଡ଼ିଶା କୃଷି କ୍ଷେତ୍ରରେ ଏକ ବିକଶିତ ରାଜ୍ୟ ହୋଇପାରିବ ଏବଂ ଓଡ଼ିଶାର ମାର୍ଗଦର୍ଶକ ମହାରାଷ୍ଟ୍ରର ଜଳସେଚିତ ସମବାୟ ସମିତି ହୋଇପାରିବ ।

'ଓଡ଼ିଶା ଏକ୍ସପ୍ରେସ୍' - ତା୦୬.୧୧.୨୦୨୪ରେ ପ୍ରକାଶିତ

ସମବାୟ ଋଣ ଓ ଫସଲ କିଣାବିକା

ସମସ୍ତ ମନୁଷ୍ୟ ସମାଜର ଜୀବନଧାରଣ ପାଇଁ ଖାଦ୍ୟ ଅପରିହାର୍ଯ୍ୟ । ଚାଷୀର ଫସଲ ତଥା ଶସ୍ୟ ଉତ୍ପାଦନ ବଢ଼ିଲେ ସମସ୍ତଙ୍କୁ ଖାଦ୍ୟ ଯୋଗାଇବା ସମ୍ଭବ ହୁଏ । ଚାଷୀ ଫସଲ ଢେରିବାକୁ ହଳବଳଦ, ବିହନ, ସାର, ପାଣି ଇତ୍ୟାଦି ସମସ୍ତ ଚାଷର ଖର୍ଚ୍ଚଲାଗି ବ୍ୟାଙ୍କ ତଥା ମହାଜନମାନଙ୍କ ଠାରୁ ପ୍ରତିବର୍ଷ ଋଣ ଆଣେ । କିନ୍ତୁ ଅନେକ ସମୟରେ ବଢ଼ି, ମରୁଡ଼ି, ଝଡ଼ ବତାସ, କରକାପାତ କିମ୍ବା କୀଟପତଙ୍ଗ ଉପଦ୍ରବରେ ତା'ର ଫସଲ ନଷ୍ଟ ହୋଇଥାଏ । ସମସ୍ତ ଖର୍ଚ୍ଚ ଓ ବର୍ଷ ସାରା କରିଥିବା ଶ୍ରମ ପାଣିରେ ପଡ଼େ । ଫଳରେ ଖଳାରୁ ଟୋକେଇ ଓ କୁଲାକୁ ଖାଲି ମୁଣ୍ଡରେ ମୁଣ୍ଡାଇ ଘରକୁ ଫେରେ । କିନ୍ତୁ ବ୍ୟାଙ୍କ କିମ୍ବା ସାହୁକାରମାନେ ସେ ଆଣିଥିବା ଋଣ ଅସୁଲ ପାଇଁ ତାଗିଦାରୁ ନିବୃତ ହୁଅନ୍ତି ନାହିଁ । ଯାହାହେଉ ସମବାୟ କଂଗ୍ରେସର ଆନ୍ଦୋଳନ ଫଳରେ ସରକାର କେବେ ଠାରୁ ଏହା ଉପରେ ପୁଙ୍ଖାନପୁଙ୍ଖ ଆଲୋଚନା କରି ଚାଷୀର ଫସଲ ନଷ୍ଟ ପାଇଁ ଶସ୍ୟବୀମା ପ୍ରବର୍ତ୍ତନ କରି ବ୍ୟାଙ୍କ ଋଣ ପରିଶୋଧ କରିବା ପାଇଁ ସାଧାରଣ ବୀମା କମ୍ପାନୀକୁ ନିର୍ଦ୍ଦେଶ ଦେଇ କାର୍ଯ୍ୟକାରୀ କରାଇଛନ୍ତି । ବିଳମ୍ବରେ ହେଉ ପଛକେ ଚାଷୀମାନେ ସରକାରଙ୍କ ନିଷ୍ପତ୍ତି ସହିତ ଏକମତ ହୋଇଛନ୍ତି ।

କିନ୍ତୁ ଚାଷୀର ଏତିକିରେ ଦୁଃଖ ଲାଘବ ହେଲାନାହିଁ । ଯେଉଁ ବର୍ଷ ତା'ର ଫସଲ ଭଲହୁଏ ବଳକା ଶସ୍ୟ ବିକିବାକୁ ସମୟେ ସମୟେ ଉପଯୁକ୍ତ ଦର ପାଏ ନାହିଁ । ଲାଭଖୋର ବ୍ୟବସାୟୀଙ୍କୁ ନିତାନ୍ତ କମ୍ ଦରରେ ବିକିବାକୁ ହୁଏ । ମାତ୍ର ବର୍ଷସାରା ତା'ର ଦୈନନ୍ଦିନ ଖର୍ଚ୍ଚ ପିଲାଛୁଆଙ୍କ ପାଠପଢ଼ା ଏବଂ ଲୁଗାପଟା କିଣିବା ପାଇଁ ଖର୍ଚ୍ଚ ତ ନିହାତି ଦରକାର ହୋଇଥାଏ । ଫଳରେ ଫସଲ ପାଇଁ ବ୍ୟାଙ୍କ ଋଣ ସୁଝିବାକୁ ଅକ୍ଷମ ହୁଏ ଏବଂ ଖିଲାପି ହୋଇ ପରବର୍ତ୍ତୀ ଫସଲ ଉତାରିବାକୁ ପୁଣି ଋଣ ପାଇବାରୁ ବଞ୍ଚିତ ହୁଏ । ଅବଶ୍ୟ ଆମ ଦେଶରେ ଭାରତୀୟ ଖାଦ୍ୟ ନିଗମ, ଜାତୀୟ

ତଥା ରାଜ୍ୟ ବାଣିଜ୍ୟ ମହାସଂଘମାନେ 'ଜାତୀୟ କୃଷି ଦରଦାମ ନିୟୋଗ'ର ବାର୍ଷିକ ଘୋଷିତ ଏମ୍.ଏସ୍.ପି. ଦରରେ ଚାଷୀମାନଙ୍କର ଫସଲ କେତେକ ପରିମାଣରେ କିଣିଥାନ୍ତି । ତଥାପି ବହୁ ଚାଷୀ ଅନୁଚିତ ଦରରେ ତାଙ୍କ ଉତ୍ପାଦିତ ଶସ୍ୟ ବିକ୍ରି କରିବାକୁ ବାଧ ହେଉଛନ୍ତି । ଅନେକ ନିୟନ୍ତ୍ରିତ ବଜାର କମିଟି ମୁଖ୍ୟ କାର୍ଯ୍ୟରୁ ଦୂରେଇ ଚାଷୀମାନଙ୍କ ଠାରୁ ଖାଲି ପଣ୍ୟଦ୍ରବ୍ୟ କ୍ରୟ ପାଉଣା ଆଦାୟ କରିବାରେ ବ୍ୟସ୍ତ । କିନ୍ତୁ ଚାଷୀର ଫସଲ ନିଲାମ କ୍ଷେତ୍ରରେ ସର୍ବୋଚ୍ଚ ଦରରେ ବିକ୍ରୟ କରିବାକୁ ନିୟନ୍ତ୍ରିତ ବଜାର କମିଟିମାନେ ପଦକ୍ଷେପ ନିଅନ୍ତି ନାହିଁ । ଅଥଚ ସରକାର ନିୟନ୍ତ୍ରିତ ବଜାର କମିଟି ମାନଙ୍କର ଅଫିସ୍ ଘର ଓ ଗୋଦାମ ନିର୍ମାଣରେ ବିପୁଳ ଅର୍ଥ ଶ୍ରାଦ୍ଧ କରୁଛନ୍ତି । ହଲାଣ୍ଡ ସହରରେ ଥିବା ରଟରଡ୍ୟାମ ନିୟନ୍ତ୍ରିତ ବଜାର କମିଟିର ପରିଚାଳନା କର୍ତ୍ତୃପକ୍ଷ ଚାଷୀମାନଙ୍କ ପରିବା, ବ୍ୟବସାୟୀଙ୍କ ସାମନାରେ ନିଲାମ ସୂତ୍ରରେ ସର୍ବୋଚ୍ଚ ବଜାର ଦରରେ ବିକ୍ରି କରୁଛନ୍ତି ଏବଂ ବିକ୍ରି ପରେ ସେଦିନର ବଳକା ପରିବାକୁ ସହାୟକ ଦରରେ 'ପଣ୍ୟଦ୍ରବ୍ୟ କ୍ରୟ ପାଉଣା ପାଣ୍ଠି'ରେ କିଣି ନିଅନ୍ତି । ମାତ୍ର ଓଡ଼ିଶାରେ ନିୟନ୍ତ୍ରିତ ବଜାର କମିଟିରେ ସଭାପତି ହେଉଛନ୍ତି ଜିଲ୍ଲାପାଳ କିମ୍ବା ଅତିରିକ୍ତ ଜିଲ୍ଲାପାଳ ନଚେତ୍ ଉପଜିଲ୍ଲାପାଳ । କମିଟି କେବଳ ଚାଷୀଙ୍କ ଠାରୁ କମିଶନି ଆଦାୟ କରିବାରେ ବ୍ୟସ୍ତ । ଚାଷୀମାନଙ୍କର ଉତ୍ପାଦିତ କୋବି, ବିଲାତି, ବାଇଗଣ, ବନ୍ଧାକୋବି କିପରି ଗୋରୁ ଚରିଯାନ୍ତି କିମ୍ବା ଟୋକେଇ ଟୋକେଇ ଫସଲକୁ ବେପାରୀ ନିକଟରେ ନେହୁରା ହୋଇ ୧୦-୨୦ ଟଙ୍କାରେ ତାକୁ ବିକ୍ରି କରନ୍ତି । ହାୟରେ ହଲାଣ୍ଡ ଓ ଆମ ଦେଶର ବଜାର କମିଟି ପରିଚାଳନାରେ କି ଆକାଶ ପାତାଳ ପ୍ରଭେଦ । ସେଥିରେ ପୁଣି ଦକ୍ଷତାକୁ ବିଚାରକୁ ନନେଇ ରାଜନୈତିକ ଦଳମାନଙ୍କ ଦ୍ୱାରା ନିୟନ୍ତ୍ରିତ ବଜାର କମିଟିରେ ସଭ୍ୟ ମନୋନୟନ ପାଇଁ ପ୍ରତିଦ୍ୱନ୍ଦିତ ହୁଏ । ଏପରି ଅଭାବୀ ଦରରେ ଚାଷୀ ତା'ର ଫସଲକୁ ବିକିଲେ କରିଥିବା ଋଣକୁ ସୁଝିବ ବା କିପରି ?

ଯେଉଁଠାରେ ସମବାୟ ସମିତିମାନେ ଚାଷୀର ଫସଲକୁ ସହାୟକ ଦରରେ କିଣି ବ୍ୟାଙ୍କ ଋଣକୁ ମଜୁରା କରନ୍ତି ସେଠାରେ ଚାଷୀ ଖିଲାପି ନହୋଇ ପୁନର୍ବାର ଋଣ ନେଇ ପରବର୍ତ୍ତୀ ଫସଲ ଉତ୍ତାରିବାକୁ ମହଜୁଦ ହୁଏ । ୧୯୮୦ ମସିହାରେ ମହାରାଷ୍ଟ୍ରର ପୁନା ଜିଲ୍ଲାରେ ପୁନା କେନ୍ଦ୍ର ସମବାୟ ବ୍ୟାଙ୍କ ଚାଷୀମାନଙ୍କୁ ସମବାୟ ସମିତିର ସଭ୍ୟ କରାଇ ଆଖୁ ଚାଷ କରି ସମବାୟ ଚିନିକଳମାନଙ୍କୁ ଆଖୁ ଯୋଗାଇବା ପାଇଁ ଚୁକ୍ତିନାମା ପ୍ରସ୍ତୁତ କରି ଋଣ ଦିଅନ୍ତି ଏବଂ ଚିନିକଳକୁ ଚାଷୀମାନେ ଉଚିତ୍ ଦରରେ ଯୋଗାଇଥିବା ଆଖୁର ମୂଲ୍ୟକୁ ହିସାବକୁ ନେଇ ତାହା ମଧ୍ୟରୁ ବ୍ୟାଙ୍କ ଋଣକୁ ପ୍ରଥମେ ମଜୁରା କରି ଅବଶିଷ୍ଟ ଅର୍ଥ ଚାଷୀର ଆକାଉଣ୍ଟକୁ ଦେଇ ଦିଅନ୍ତି । ଚାଷୀ ତା'ର ଆବଶ୍ୟକ ସମୟରେ

ତା'ର ଆକାଉଣ୍ଟରେ ଥିବା ଜମା ଟଙ୍କାକୁ ଉଠାଇ ଗୁଜୁରାଣ ମେଣ୍ଟାଏ । ସେହିପରି କର୍ଣ୍ଣାଟକରେ ବ୍ୟାଙ୍କ ଋଣ ଅସୁଲ ଠିକ୍ ନଥିଲେ ମଧ୍ୟ ବିଦର କେନ୍ଦ୍ର ସମବାୟ ବ୍ୟାଙ୍କର ଋଣ ଅସୁଲ ଶତକଡ଼ା ୮୦ ଭାଗରୁ ଅଧିକ । କାରଣ ବିଦର ଜିଲ୍ଲାର ଚାରିଗୋଟି ସମବାୟ ଚିନିକଳ ଚାଷୀମାନଙ୍କୁ ଆଖୁଚାଷ ପାଇଁ ଋଣ ଯୋଗାଇ ଚାଷୀଙ୍କ ଠାରୁ ଆଖୁ କିଣିନେଇ ସେମାନଙ୍କ ପ୍ରାପ୍ୟରୁ ପ୍ରଥମେ ବ୍ୟାଙ୍କ ଋଣକୁ ମଜୁରା କରି ଅବଶିଷ୍ଟ ଟଙ୍କା ଚାଷୀକୁ ଫେରାଇ ଦିଅନ୍ତି । ରାୟପୁର କେନ୍ଦ୍ର ସମବାୟ ବ୍ୟାଙ୍କର ଋଣ ଅସୁଲ ଶତକଡ଼ା ୮୫ ଭାଗରୁ ଅଧିକ । ଉକ୍ତ ବ୍ୟାଙ୍କର ଋଣ ସମବାୟ ସମିତିମାନେ ଚାଷୀର ଧାନ କିଣିନେଇ ପ୍ରାପ୍ୟ ବାବଦରୁ ଋଣ ମଜୁରା କରି ଅବଶିଷ୍ଟ ଅର୍ଥ ଚାଷୀମାନଙ୍କ ଆକାଉଣ୍ଟକୁ ଦେଇଦିଅନ୍ତି । ସେଠାରେ ଫେବୃୟାରୀ ମାସରେ ସମସ୍ତ ଋଣ ଅସୁଲ ହୋଇଯାଏ ଏବଂ ନୂଆ ଋଣ ମେ' ମାସରେ ଚାଷୀମାନଙ୍କୁ ଦିଆଯାଏ । ଅଥଚ ଓଡ଼ିଶାର ସୀମାନ୍ତକୁ ଏ ସମସ୍ତ ରାଜ୍ୟର ଅଞ୍ଚଳ ଲାଗିଥିଲେ ମଧ୍ୟ ଏଠାରେ ଋଣ ଲଗାଣ ଓ ଋଣ ଅସୁଲରେ ଅନେକ ତଫାତ ଦେଖାଦେଇଛି ।

ଓଡ଼ିଶାର କୃଷି ଋଣ ସମବାୟ ସମିତିମାନେ ଏଇ କେତେ ବର୍ଷ ହେଲା ଚାଷୀମାନଙ୍କ ଠାରୁ ଧାନ କିଣୁଛନ୍ତି । କିନ୍ତୁ ରାଜନୈତିକ ହସ୍ତକ୍ଷେପ ଫଳରେ ଧାନର ବିକ୍ରି ମୂଲ୍ୟକୁ ଋଣକୁ ମଜୁରା କରନ୍ତି ନାହିଁ । ଚାଷୀକୁ ତା'ର ଧାନ ମୂଲ୍ୟ ଦେଇ ଦିଅନ୍ତି । ଫଳରେ ଚାଷୀ ନେଇଥିବା ଋଣ ସାହାଯ୍ୟରେ ଧାନ ଚାଷ, ଡାଲିଜାତୀୟ, ଚିନାବାଦାମ କିମ୍ବା ପରିବା ଚାଷ କରି ବିକ୍ରି ଦ୍ୱାରା ପ୍ରାପ୍ୟ ପାଉଥିଲେ ମଧ୍ୟ କୃଷିଋଣ ସ୍ୱିଇଛାରେ ବ୍ୟାଙ୍କ କିମ୍ବା ସମିତିକୁ ସୁଝେନାହିଁ । ଫଳରେ ଚାଷୀ ଉପରେ ଋଣ ସେହିପରି ଗଡୁଥାଏ । ଓଡ଼ିଶା ରାଜ୍ୟ ସରକାର ଚାଷୀମାନଙ୍କୁ ସାହାଯ୍ୟ କରିବାକୁ ସମବାୟ ବିଭାଗ ଦ୍ୱାରା ଏକ ନିର୍ଦ୍ଦେଶନାମା ଜାରି କରିଛନ୍ତି ଯାହାକି ଚାଷୀ ସମବାୟ ସମିତିରୁ ୧ ଲକ୍ଷ ଟଙ୍କା ପର୍ଯ୍ୟନ୍ତ ଋଣ ନେଲେ ସୁଧ ଦେବାକୁ ପଡ଼େନାହିଁ । ଏହି ସୁଧ କେନ୍ଦ୍ର ସରକାର ଓ ରାଜ୍ୟ ସରକାର ଉଭୟ ମିଶି (Interest Sulvension) ଯୋଜନାରେ ବ୍ୟାଙ୍କକୁ ସୁଝନ୍ତି । ରାଜ୍ୟ ଓ କେନ୍ଦ୍ର ସରକାର ସମବାୟ ସମିତିକୁ ଦେଉଥିବା ରିହାତି ସୁଧ ରାଜ୍ୟ ସମବାୟ ବ୍ୟାଙ୍କ ଓ କେନ୍ଦ୍ର ସମବାୟ ବ୍ୟାଙ୍କରେ କିଛିଦିନ ରିହଲା ପରେ ପ୍ରାଥମିକ ସମିତିମାନଙ୍କ ମାଧ୍ୟମରେ ଚାଷୀର ଋଣ ଆକାଉଣ୍ଟକୁ ସୁଧ ମଜୁରା ହୁଏ । ସରକାର ବିଭିନ୍ନ ପ୍ରକାର ଚାଷୀଙ୍କ ହିତପାଇଁ ଯୋଜନା କରୁଥିଲେ ମଧ୍ୟ ଚାଷୀମାନେ ଠିକ୍ ସେ ଉପକୃତ ହୋଇପାରି ନାହାନ୍ତି । ରିହାତି ସୁଦ୍ଧ ପାଇବାରେ ରାଜ୍ୟ ସମବାୟ ବ୍ୟାଙ୍କ, କେନ୍ଦ୍ର ସମବାୟ ବ୍ୟାଙ୍କ ଓ କୃଷିଋଣ ସମବାୟ ସମିତିମାନଙ୍କ ମଧ୍ୟରେ ତାଳମେଳ ରହୁନାହିଁ ।

କେନ୍ଦ୍ର ସରକାର ରାଜ୍ୟରେ ଥିବା କୃଷିରଣ ସମବାୟ ସମିତିମାନଙ୍କୁ ଗୋଦାମ ଘର ଓ ଅଫିସ ଘର ନିର୍ମାଣ ପାଇଁ ସମସ୍ତ ଅର୍ଥ ଯୋଗାଉଛନ୍ତି ଆର୍.କେ.ଭି.ୱାଇ. ଯୋଜନା ମାଧ୍ୟମରେ । ମାତ୍ର ଉକ୍ତ ଟଙ୍କାରେ କୃଷିରଣ ସମବାୟ ସମିତି ଓ ବାଣିଜ୍ୟ ସମବାୟ ସମିତିମାନେ ଗୋଦାମଘର ତିଆରି କରି କେବଳ ସାର ଓ ବିହନ ମହଜୁଦ ରଖୁଛନ୍ତି । ମାତ୍ର ଚାଷୀର ଉତ୍ପାଦିତ ଫସଲ ଗୋଦାମ ଘରେ ମହଜୁଦ ରଖିବାକୁ ସମିତିମାନେ ନାରାଜ କିମ୍ବା ଜାଣିଶୁଣି ବ୍ୟବସ୍ଥା କରୁନାହାନ୍ତି । ଅଧିକାଂଶ ଗୋଦାମଘର ଖାଲି ପଡ଼ିଥିଲେ ମଧ୍ୟ ସମବାୟ ସମିତି ସମ୍ପାଦକମାନେ ଚାଷୀଙ୍କୁ ସାହାଯ୍ୟ କରିବାପାଇଁ ବିମୁଖ । କେତେକ ରାଜନୈତିକ ଦଳର ନେତା ଯୁକ୍ତି କରନ୍ତି ଯେ, ଚାଷୀମାନେ କାହିଁକି ନିଜ ଖର୍ଚ୍ଚରେ ସମିତିକୁ ଧାନ ନେଇ ସରକାରୀ ଧାର୍ଯ୍ୟ ଦରରେ ବିକିବେ ? କମ୍ ଦର ହେଲେ ମଧ୍ୟ ବାହାରେ ବେପାରୀମାନଙ୍କୁ ଧାନ ବିକ୍ରି କରି ନଗଦ ଆକାରରେ ମୂଲ୍ୟ ପାଇବେ । ଶସ୍ୟ ବନ୍ଧକ ରଖି ସମିତିରୁ ଆଗୁଆ ରଣ ଆଣି ବ୍ୟାଙ୍କ ରଣ ସୁଝି ପାରିବାର ବ୍ୟବସ୍ଥା ଅନ୍ୟ କେତେକ ରାଜ୍ୟରେ ଥିଲେ ମଧ୍ୟ ଓଡ଼ିଶାରେ ଏହାକୁ ସଫଳ କରାଇ ଦିଆଯାଉନାହିଁ। ସମିତି ଗୋଦାମ ଘରେ ଫସଲ ରଖିବାର ମୂଳକାରଣ ହେଲା ଯେତେବେଳେ ଦର ଉଚ୍ଚା ହୋଇଯାଏ ସେତେବେଳେ ଚାଷୀ ତାଙ୍କର ବନ୍ଧକୀ ଫସଲ ବିକ୍ରି କରି ଲାଭବାନ୍ ହେବେ । ଚାଷୀ ସମିତିକୁ ଉଚିତ୍ ଦରରେ ଶସ୍ୟ ବିକ୍ରି କରି ନେଇଥିବା ରଣ ମଜୁରା କରିବାକୁ ଓଡ଼ିଶା ସମବାୟ ଆଇନରେ ବ୍ୟବସ୍ଥା କରାଯାଉ ।

ପ୍ରଥମେ ଚାଷୀ ଋତୁ ଅନୁସାରେ ଫସଲ କରିବା ପାଇଁ କୃଷିରଣ ସମବାୟ ସମିତିରୁ ରଣ ନେବ । ଫସଲ ତଥା ଧାନ, ବିରି, ମୁଗ, ମାଣ୍ଡିଆ, ଚିନାବାଦାମ ଇତ୍ୟାଦି ଅମଳ କରି ରଣ ନେଇଥିବା ସମବାୟ ସମିତିର ଗୋଦାମ ଘରେ ଉତ୍ପାଦିତ ଫସଲକୁ ସମିତି ମାର୍ଫତରେ (Pledge) ବନ୍ଧକ ସୂତ୍ରରେ ଫସଲ ରଖିବ । ଯଦି ଉଚିତ ଦର ବଜାରରେ ଥାଏ ତେବେ ତାକୁ ବିକ୍ରିକରି ସମିତିରୁ ନେଇଥିବା ରଣକୁ ମଜୁରା କରି ଅବଶିଷ୍ଟ ଅର୍ଥ ନିଜେ ନେଇ ତା'ର ଗୁଜୁରାଣ ମେଣ୍ଟାଇବ । ଯଦି ବଜାରରେ ଦର କମ୍ ଥାଏ ତେବେ ଉଚ୍ଚା ଦର ହେବା ପର୍ଯ୍ୟନ୍ତ ସମିତି ଗୋଦାମ ଘରେ ସମିତି ମାର୍ଫତରେ ଉତ୍ପାଦିତ ଫସଲ ରଖିବ ଏବଂ ବଜାରରେ ଉଚ୍ଚାଦର ହେଲେ ଫସଲ ବିକ୍ରିକରି ସମିତିଠାରୁ ନେଇଥିବା ରଣ ସୁଝିବ । ରାଜ୍ୟ ସରକାର ଓ କେନ୍ଦ୍ର ସରକାର ୧ ଲକ୍ଷ ଟଙ୍କା ପର୍ଯ୍ୟନ୍ତ ରଣ ଉପରେ ଚାଷୀଙ୍କ ପାଇଁ ସୁଧ ବହନ କରୁଥିବାରୁ ଚାଷୀକୁ ସୁଧ ଦେବାକୁ ପଡୁ ନଥିବାରୁ ଚାଷୀ ଉପରେ ସୁଧ ବୋଝ ପଡ଼ୁନାହିଁ । ଫଳରେ ବିନା ଚାଷରେ ରଣ ନେଇଥିବା ଅଣଚାଷୀମାନେ ଧରା ପଡ଼ିଯିବେ । ନାବାର୍ଡ଼ ଚାଷୀମାନଙ୍କ ପାଇଁ ସମିତିମାନଙ୍କୁ ରଣ ଯୋଗାଣରେ ଖିଲାପ କରିବ ନାହିଁ । ସେଥିପାଇଁ

ଦୃଢ଼ ମନୋବଳ ତଥା ଗଣତାନ୍ତ୍ରିକ ପ୍ରକ୍ରିୟାରେ ଦକ୍ଷ ପରିଚାଳନା ପରିଷଦ ନିର୍ବାଚିତ ହେବା ଦରକାର । ମାତ୍ର ସବୁ କ୍ଷେତ୍ରରେ ରାଜନୈତିକ ଦୃଷ୍ଟିକୋଣରୁ ଅପାରଗ, ସ୍ୱଳ୍ପ ଶିକ୍ଷିତ, ଦକ୍ଷତା ନଥିବା ଲେକମାନଙ୍କୁ ସମବାୟ ସମିତିକୁ ନିର୍ବାଚିତ କରିବା ଉଚିତ୍ ନୁହେଁ । ଶିକ୍ଷା, ଦକ୍ଷତା ତଥା ସାଧୁତା ଉପରେ ଗୁରୁତ୍ୱ ଦେବା ଦରକାର । ଚାଷୀର ହିତ ତଥା ସମବାୟ ସମିତି ଓ ବ୍ୟାଙ୍କ ପରିଚାଳନା ପାଇଁ ସରକାରଙ୍କ ଏ ପଦକ୍ଷେପ ନିହାତି ଦରକାର । କୃଷକମାନଙ୍କ ମଧ୍ୟରୁ କୃଷିଋଣ ସମବାୟ ସମିତି, କେନ୍ଦ୍ର ସମବାୟ ବ୍ୟାଙ୍କ ଓ ରାଜ୍ୟ ସମବାୟ ବ୍ୟାଙ୍କ ପରିଚାଳନା ପରିଷଦକୁ ନିର୍ବାଚିତ ପ୍ରତିନିଧିମାନେ ପରିଚାଳନାରେ ସ୍ଥାନ ପାଇଲେ ମୁନଫାଖୋର, ଟାଉଟର, ଦଲାଲ ଓ ସମବାୟକୁ ବ୍ୟବସାୟ ଭାବି କାର୍ଯ୍ୟ କରିବାକୁ ପେଷା ଭାବୁଥିବା ଲୋକମାନେ ମନକୁ ମନ ଦୂରେଇଯିବେ ଓ ସମବାୟ ସମିତି ଓ ସମବାୟ ବ୍ୟାଙ୍କ ପରିଚାଳନାରେ ଓଡ଼ିଶା ପୁଣି ସୁନାମ ଅର୍ଜନ କରିବ । ଯାହାଫଳରେ ସମବାୟ ସମିତିମାନେ ଦୁର୍ଦ୍ଦିନରୁ ମୁକୁଳି ଅନ୍ୟ ରାଜ୍ୟମାନଙ୍କ ସମକକ୍ଷ ହୋଇପାରିବେ ।

'ଧରିତ୍ରୀ' - ତା୧୧.୧୨.୨୦୨୪ରେ ପ୍ରକାଶିତ

ସମବାୟ ବ୍ୟାଙ୍କ ଓ ଭୂ-ବନ୍ଧକ ବ୍ୟାଙ୍କ

୧୯୦୪ ମସିହାରେ ବ୍ରିଟିଶ୍ ଶାସନରେ ଭାରତ ସରକାର ଏକ ସମବାୟର ଗୁରୁତ୍ୱ ଉପଲବ୍ଧି କରି ଏକ ସମବାୟ ଆଇନ ପ୍ରଣୟନ କରିବା ଫଳରେ ବିଭିନ୍ନ ପ୍ରଦେଶରେ ଋଣ ସମବାୟ ସମିତିମାନ ଗଠିତ ହୋଇ ଚାଷୀମାନଙ୍କୁ ଶସ୍ତା ସୁଧରେ କୃଷିଋଣ ଦେବା ଆରମ୍ଭ କଲେ । ସମବାୟ ସମିତିମାନେ ୧୯୧୦ ମସିହାରେ ଜିଲ୍ଲା ସ୍ତରରେ ଗଠିତ କେନ୍ଦ୍ର ସମବାୟ ବ୍ୟାଙ୍କମାନଙ୍କ ଠାରୁ ଓ ରାଜ୍ୟ ସ୍ତରରେ ଗଠିତ ରାଜ୍ୟ ସମବାୟମାନଙ୍କ ବ୍ୟାଙ୍କ ଠାରୁ କେନ୍ଦ୍ର ସମବାୟ ବ୍ୟାଙ୍କ ମାନେ ଋଣ ପାଇଲେ । ମାତ୍ର କେତେକ କ୍ଷେତ୍ରରେ ସମବାୟ ଆଇନ ସଂଶୋଧନର ଆବଶ୍ୟକତା ଦେଖାଦେବାରୁ ୧୯୦୪ ମସିହାରେ ପ୍ରେରିତ ସମବାୟ ଆଇନକୁ ସଂଶୋଧିତ କରିବା ପାଇଁ ୧୯୧୨ ମସିହାରେ ସଂଶୋଧିତ ସମବାୟ ଆଇନ୍ ପ୍ରଣୟନ କରାଗଲା । ୧୯୧୫ ମସିହାରେ ଭାରତ ସରକାରଙ୍କ ଦ୍ୱାରା ନିଯୁକ୍ତ 'ମାକଲାଗାନ କମିଟି' ମତଦେଲେ ଯେ ଉକ୍ତ ସମବାୟ ସମିତି ଓ ବ୍ୟାଙ୍କମାନେ ୪ ରୁ ୫ ବର୍ଷ ପର୍ଯ୍ୟନ୍ତ କେବଳ କ୍ଷୁଦ୍ରଚାଷୀ ବା ରୟତମାନଙ୍କୁ ଋଣ ଦେବାକୁ ସମର୍ଥ ହେବେ । କିନ୍ତୁ ବଡ଼ ବଡ଼ ଚାଷୀମାନଙ୍କୁ ଋଣ ଦେବାପାଇଁ ଭୂ-ବନ୍ଧକ ବ୍ୟାଙ୍କ ଗଠନ କରାଯିବା ପାଇଁ ସୁପାରିଶ କଲେ ।

ପ୍ରକୃତରେ ୧୯୨୬ ମସିହାରେ ରାଜ୍ୟ ସମବାୟ ନିବନ୍ଧକ ମାନଙ୍କ ସମ୍ମିଳନୀରେ ଭୂ-ବନ୍ଧକ ବ୍ୟାଙ୍କ ପ୍ରତିଷ୍ଠା ନିଷ୍ପତ୍ତି କାର୍ଯ୍ୟକାରୀ ହେଲା ଓ ୧୯୨୮ ମସିହାରେ 'ରାଜକୀୟ କୃଷି ନିଯୋଗ' (Royal Agriculture Commission) ଉକ୍ତ ନିଷ୍ପତ୍ତିକୁ ଅନୁମୋଦନ କଲେ । ୧୯୫୪ ମସିହାରେ ଭାରତୀୟ ରିଜର୍ଭ ବ୍ୟାଙ୍କର ଋଣ ଅନୁଶୀଳନ କମିଟି ସ୍ୱଳ୍ପକାଳୀନ ଓ ମଧ୍ୟମକାଳୀନ ଋଣ ପାଇଁ ସମବାୟ ବ୍ୟାଙ୍କ ଓ ଦୀର୍ଘକାଳୀନ ଋଣ ପାଇଁ ଭୂ-ବନ୍ଧକ ବ୍ୟାଙ୍କ କାର୍ଯ୍ୟ କରିବା ସପକ୍ଷରେ ଯୁକ୍ତି କରିଥିଲେ ହେଁ ଉଭୟ ବ୍ୟାଙ୍କ ମଧ୍ୟରେ ସମନ୍ୱୟ ଅଭାବରୁ ଦୁଃଖପ୍ରକାଶ କଲେ । ତେଣୁ ଉକ୍ତ

କମିଟି ସୁପାରିଶ କଲେ ଯେ, ଉଭୟ ବ୍ୟାଙ୍କର ପରିଚାଳନା କମିଟି ଓ କର୍ମଚାରୀମାନେ ଏକ ସଂଗଠନ ମଧ୍ୟରେ ରହି କାର୍ଯ୍ୟ କରିବା ସହିତ ଗୋଟିଏ କୋଠାବାଡ଼ିରେ ଉଭୟଙ୍କ ଅଫିସ୍ ରହିବା ଉଚିତ୍ । ଫଳରେ ଆଞ୍ଚଳିକ ଶୃଙ୍ଖଳା ରକ୍ଷା କରାଯାଇପରିବ ଓ ଋଣୀମାନେ ଜମି ବନ୍ଧକ ଦେଇ ନେଇଥିବା ଋଣ ସୁଝିବାରେ ଠକିପାରିବେ ନାହିଁ । କାରଣ ଉଭୟ ବ୍ୟାଙ୍କ ଚାଷୀମାନଙ୍କୁ ଏକ ପ୍ରକାର ଋଣ ଯଥା ସ୍ୱଳ୍ପକାଳୀନ କୃଷିଋଣ କେନ୍ଦ୍ର ସମବାୟ ବ୍ୟାଙ୍କ ମାଧ୍ୟମରେ ଓ ଦୀର୍ଘକାଳୀନ କୃଷିଋଣ ସମବାୟ ଭୂ-ବନ୍ଧକ ବ୍ୟାଙ୍କ ମାନଙ୍କ ଦ୍ୱାରା ପ୍ରଦାନ କରିବାର ନିୟମ ଥିବାରୁ ଏହାର ଆବଶ୍ୟକତା ଦେଖାଦେଇଥିଲା ।

୧୯୬୯ ମସିହାରେ 'ଭାରତୀୟ ଗ୍ରାମ୍ୟଋଣ ତନଖୀ କମିଟି' ମତଦେଲେ ଯେ କୃଷକମାନେ ଗୋଟିଏ ସମବାୟ ସଂସ୍ଥାରୁ ସମସ୍ତ ପ୍ରକାର ଋଣ ପାଇବା ଉଚିତ୍ । ପ୍ରାଥମିକ ଋଣ ସମବାୟ ସମିତି ଉପରେ ଏହି ଦାୟିତ୍ୱ ଦିଆଯିବା ଉଚିତ୍ । ୧୯୭୧ ମସିହାରେ 'ଜାତୀୟ କୃଷି ନିଯୋଗ' ଉପରୋକ୍ତ ମତାମତକୁ ଅନୁମୋଦନ କଲେ । ୧୯୭୨ ମସିହାରେ ଗ୍ରାମ୍ୟ ସ୍ତରରେ ପ୍ରାଥମିକ ସମବାୟ ସମିତିମାନେ ସ୍ୱଳ୍ପକାଳୀନ, ମଧ୍ୟମ କାଳୀନ ଋଣ ସହିତ ଦୀର୍ଘକାଳୀନ ଋଣ ଦେବା ଉଚିତ୍ ବୋଲି ବ୍ୟାଙ୍କ ନିଯୋଗ ମଧ୍ୟ ସୁପାରିଶ କଲେ । ପଞ୍ଚମ ପଞ୍ଚବାର୍ଷିକୀ ଯୋଜନାରେ ବ୍ୟାଙ୍କ କାର୍ଯ୍ୟକାରୀ ଦଳ ଉଭୟ କେନ୍ଦ୍ର ସମବାୟ ବ୍ୟାଙ୍କ ଓ ଭୂ-ବନ୍ଧକ ବ୍ୟାଙ୍କମାନଙ୍କୁ ମିଶାଇ ଦେବାକୁ ମତାମତ ଦେଲେ । ପ୍ରାଥମିକ ପଦକ୍ଷେପ ସ୍ୱରୂପ ତ୍ରିପୁରା, ଗୋଆ, ଦିଲ୍ଲୀ, ମଣିପୁର ଓ ମେଘାଳୟ ପ୍ରଭୃତି କ୍ଷୁଦ୍ର ରାଜ୍ୟ ମାନଙ୍କରେ ଉଭୟ ବ୍ୟାଙ୍କକୁ ମିଶାଯାଇ ସମବାୟ ସମିତି ଜରିଆରେ ସମସ୍ତ ପ୍ରକାର ଋଣ ଦିଆଯାଉଛି ।

୧୯୭୪ ମସିହାରେ ରିଜର୍ଭ ବ୍ୟାଙ୍କର 'କୃଷିଋଣ ବୋର୍ଡ଼' ପ୍ରତ୍ୟେକ ସ୍ତରରେ ଉଭୟ ବ୍ୟାଙ୍କକୁ ମିଶାଇଦେବା ପାଇଁ ନିଷ୍ପତ୍ତି ଗ୍ରହଣ କଲେ । ଏହା ପ୍ରଥମେ ଛୋଟ ଛୋଟ ପ୍ରଦେଶରେ କାର୍ଯ୍ୟକାରୀ ହେବାପାଇଁ ସ୍ଥିର କଲେ ଓ ତା'ପରେ ବଡ଼ ବଡ଼ ପ୍ରଦେଶରେ ଏହା କାର୍ଯ୍ୟକାରୀ କରିବା ପାଇଁ ସିଦ୍ଧାନ୍ତ ଗ୍ରହଣ କଲେ। ବଡ଼ ବଡ଼ ପ୍ରଦେଶରେ ଭଲ କାର୍ଯ୍ୟ କରୁଥିବା କୃଷିଋଣ ସମବାୟ ସମିତିମାନେ କେନ୍ଦ୍ର ସମବାୟ ବ୍ୟାଙ୍କରୁ ସ୍ୱଳ୍ପ ଓ ମଧ୍ୟମକାଳୀନ ଋଣ ଏବଂ ଭୂ-ବନ୍ଧକ ବ୍ୟାଙ୍କରୁ ଦୀର୍ଘକାଳୀନ ଋଣ ଦେବାପାଇଁ ସିଦ୍ଧାନ୍ତ ଗ୍ରହଣ କଲେ । ୧୯୭୫ ମସିହାରେ 'ହଜାରୀ କମିଟି' ମତଦେଲେ ଯେ ଗ୍ରାମ୍ୟ ବ୍ୟାଙ୍କ ଓ ବାଣିଜ୍ୟିକ ବ୍ୟାଙ୍କମାନେ ସମସ୍ତ ପ୍ରକାର ଋଣ ଦେଇଥିବା ଦୃଷ୍ଟେ ଏବଂ ଆର୍ଥିକ ଶୃଙ୍ଖଳା, ବନ୍ଧକ ଜମି ଓ ଜିନିଷର ଅପବ୍ୟବହାର ରୋକିବା, ସୁପରିଚାଳନା, ଋଣର ଉପଯୁକ୍ତ ବିନିଯୋଗ ଓ ତଦାରଖ ପରିପ୍ରେକ୍ଷୀରେ

ସମବାୟ ବ୍ୟାଙ୍କ ଓ ଭୂ-ବନ୍ଧକ ବ୍ୟାଙ୍କମାନେ ସମସ୍ତ ସ୍ତରରେ ମିଶିଯିବା ଉଚିତ୍ । ଅବଶ୍ୟ ହଜାରୀ କମିଟିର ଉପରୋକ୍ତ ମତାମତ ସହିତ ଜାତୀୟ ଭୂ-ବନ୍ଧକ ବ୍ୟାଙ୍କ ସଂଘର ସଭାପତିମାନେ ଏକମତ ନହୋଇ ଭିନ୍ନମତ ଦେଇଥିଲେ । ସେହିବର୍ଷ ୧୯୭୫ ମସିହାରେ ଭୂମି ଉନ୍ନୟନ ବ୍ୟାଙ୍କ ସମ୍ବନ୍ଧୀୟ 'ମାଧବ ଦାସ କମିଟି' ମତଦେଲେ ଯେ ଯେଉଁ ସ୍ୱଚ୍ଛଳ ସମବାୟ ସମତିରେ ସବୁ ସମୟ ପାଇଁ ଦରମା ପ୍ରାପ୍ତ କର୍ମଚାରୀ ଏବଂ ସଂପାଦକ କାର୍ଯ୍ୟ କରୁଅଛନ୍ତି ପ୍ରଥମେ ସେମାନେ ଅନ୍ୟାନ୍ୟ ଋଣ ସହିତ ଦୀର୍ଘକାଳୀନ ଋଣ ଦେବା ଉଚିତ୍ ।

ମଧ୍ୟପ୍ରଦେଶ ସରକାର ଉଭୟ ସମବାୟ ବ୍ୟାଙ୍କ ଓ ଭୂ-ବନ୍ଧକ ବ୍ୟାଙ୍କକୁ ମିଶାଇଦେବା ପାଇଁ ଭାରତୀୟ ରିଜର୍ଭ ବ୍ୟାଙ୍କର ଅନୁମତି ଲୋଡ଼ିବାରୁ ତା୨୬.୦୩.୧୯୭୯ରିଖରେ ଅନୁଷ୍ଠିତ 'କୃଷି ଋଣ ବୋର୍ଡ଼'ର ଅଧିକାଂଶ ସଭ୍ୟ ଏହା ବିରୁଦ୍ଧରେ ମତ ଦେଲେ । ତଥାପି ରାଜ୍ୟ ସରକାର ମିଶ୍ରଣ ପାଇଁ ଆଗଭର ହେଲେ ଓ କେତେକ ସର୍ତ୍ତରେ ମିଶ୍ରଣ ସପକ୍ଷରେ ପଦକ୍ଷେପ ନେବାପାଇଁ ଭାରତୀୟ ରିଜର୍ଭ ବ୍ୟାଙ୍କ ଜଣାଇଦେଲେ । ସେହିବର୍ଷ ୧୯୭୯ ମସିହାରେ 'ଶିବରମଣଙ୍କ ଅଧକ୍ଷତାରେ କୃଷି ଓ ଗ୍ରାମ୍ୟ ଉନ୍ନୟନ ତନଖି କମିଟି' ମତଦେଲେ ଯେ ରାଜ୍ୟ ଭୂ-ବନ୍ଧକ ବ୍ୟାଙ୍କମାନଙ୍କ ମତ ବିରୁଦ୍ଧରେ ମିଶ୍ରଣ ପ୍ରସ୍ତାବ ଲଦି ଦିଆଗଲେ ବିଶେଷ କିଛି ସୁଫଳ ମିଳିବ ନାହିଁ ବରଂ ପ୍ରାଥମିକ ସମବାୟ ସମିତିମାନେ ଚାଷୀଙ୍କ ଠାରୁ ଦୀର୍ଘକାଳୀନ ଋଣ ଦରଖାସ୍ତ ଗ୍ରହଣ କରି ଭୂ-ବନ୍ଧକ ବ୍ୟାଙ୍କରେ ଦାଖଲ ଦିଅନ୍ତୁ ଏବଂ ପାଉଣା ପାଇଁ ଭୂ-ବନ୍ଧକ ବ୍ୟାଙ୍କ ତରଫରୁ ଅସୁଲରେ ସାହାଯ୍ୟ କରନ୍ତୁ । କିନ୍ତୁ କାର୍ଯ୍ୟତଃ ଉକ୍ତ ନିଷ୍ପତ୍ତିରେ ପ୍ରାଥମିକ ସମବାୟ ସମତିର କୌଣସି ସହଯୋଗ ମିଳିଲା ନାହିଁ ।

ଉପରୋକ୍ତ କମିଟିମାନଙ୍କରେ ଭିନ୍ନ ଭିନ୍ନ ଦୋଦୁଲ୍ୟମାନ ମତ ଓ ଭାରତୀୟ ରିଜର୍ଭ ବ୍ୟାଙ୍କର ସ୍ପଷ୍ଟ ନିର୍ଦ୍ଦେଶ ନଦେବାର ମୂଳକାରଣ ହେଲା ଯେ କର୍ଣ୍ଣାଟକ, ଆନ୍ଧ୍ର ପ୍ରଦେଶ, ତାମିଲନାଡୁ, ମଧ୍ୟ ପ୍ରଦେଶ, ଉତ୍ତର ପ୍ରଦେଶ ଓ ମହାରାଷ୍ଟ୍ର ପ୍ରଭୃତି ବଡ଼ ବଡ଼ ପ୍ରଦେଶର ଭୂ-ବନ୍ଧକ ବ୍ୟାଙ୍କମାନେ ବ୍ୟାପକ ଭାବରେ ଦୀର୍ଘକାଳୀନ ଋଣ ଦେଉଥିବାରୁ ଉକ୍ତ ବ୍ୟାଙ୍କମାନଙ୍କର ପ୍ରତିନିଧିମାନେ ଭୂ-ବନ୍ଧକ ବ୍ୟାଙ୍କମାନଙ୍କୁ ଭାଙ୍ଗିବାକୁ ଚାହିଁଲେ ନାହିଁ । ସମବାୟ ବ୍ୟାଙ୍କ ମାନଙ୍କରେ କୁଶଳୀ ବ୍ୟକ୍ତି ନଥିବାରୁ ସେମାନେ ପ୍ରକଳ୍ପ ଋଣ ଦେବାକୁ ଅକ୍ଷମ ଏବଂ ସମବାୟ ସମିତିରେ ତାଲିମପ୍ରାପ୍ତ ସମ୍ପାଦକ ମାନଙ୍କ ଅଭାବରେ ଦୀର୍ଘକାଳୀନ ଋଣ ଦେଇପାରିବେ ନାହିଁ ବୋଲି ଉକ୍ତ ପ୍ରତିନିଧିମାନେ ଯୁକ୍ତି ବାଢ଼ିଲେ । ଅବଶ୍ୟ ୧୯୭୫ ମସିହାରେ ବୃହାଦାକାର ବହୁମୁଖୀ ସମବାୟ ସମିତିମାନ ଗଠନ ହୋଇ ସମସ୍ତ ପ୍ରକାର ଋଣ ଦେବାରୁ ଏବଂ ତ୍ରିପୁରା, ମେଘାଳୟ,

ଗୋଆ ପ୍ରଭୃତି କ୍ଷୁଦ୍ର ପ୍ରଦେଶର ରାଜ୍ୟ ସମବାୟ ବ୍ୟାଙ୍କ ଓ ସମିତିମାନେ ଦୀର୍ଘକାଳୀନ ଋଣ ଦେଉଥିବାରୁ ଏହି ଚୁକ୍ତିର ଆଉ କୌଣସି ସାରବତ୍ତା ରହିଲା ନାହିଁ । ଏହି ପରିପ୍ରେକ୍ଷୀରେ ଓଡ଼ିଶାର ଭୂ-ବନ୍ଧକ ବ୍ୟାଙ୍କମାନେ ଚାଷୀମାନଙ୍କୁ ପୁଞ୍ଜି ଲଗାଣ ଓ ଦୀର୍ଘକାଳୀନ ଋଣ ଦେବାରେ ଲକ୍ଷ ପୂରଣ ନ କରିପାରିବାରୁ ଓଡ଼ିଶା ରାଜ୍ୟ ସରକାରଙ୍କ କୃଷି ଓ ସମବାୟ ବିଭାଗର ଏକ ନିର୍ଦ୍ଦେଶନାମା ବଳରେ ଓଡ଼ିଶା ରାଜ୍ୟ ସମବାୟ ବ୍ୟାଙ୍କ ୧୯୭୯-୮୦ ମସିହାରେ ଦୀର୍ଘକାଳୀନ ଋଣ ତା'ର ପ୍ରାଥମିକ ଋଣ ସମବାୟ ସମିତିମାନଙ୍କ ଜରିଆରେ ପ୍ରଦାନ କଲା ଓ କୃଷିଋଣ ପୁନଃ ଅର୍ଥ ଲଗାଣ ନିଗମରୁ ଦୀର୍ଘକାଳୀନ ଋଣ ଗ୍ରହଣ କରି ସୁଫଳ ପାଇବାରୁ ଅନ୍ୟ ବଡ଼ ବଡ଼ ରାଜ୍ୟମାନଙ୍କ ପାଇଁ ପଥ ପ୍ରଦର୍ଶକ ହେଲା । ଏପରିକି ୧୯୮୨-୮୩ ମସିହାରେ ଓଡ଼ିଶା ରାଜ୍ୟ ସମବାୟ ବ୍ୟାଙ୍କ ମୋଟ୍ ୧୦.୪୭ କୋଟି ଟଙ୍କା ଦୀର୍ଘକାଳୀନ ଋଣ ଦେବା ସ୍ଥଳେ ଓଡ଼ିଶା ରାଜ୍ୟ ଭୂ-ବନ୍ଧକ ବ୍ୟାଙ୍କ ୯ କୋଟି ଟଙ୍କା ଋଣ ଦେଇଥିଲା । ଅନ୍ୟ ରାଜ୍ୟ ଭୂ-ବନ୍ଧକ ବ୍ୟାଙ୍କ ମାନଙ୍କରେ ଋଣ ଅସୁଲ ଓ ଲଗାଣରେ ଅଧୋଗତି ଦେଖା ଦେବାରୁ ଓଡ଼ିଶା ରାଜ୍ୟ ସମବାୟ ବ୍ୟାଙ୍କର ନୀତି ଅନୁଧ୍ୟାନ କରି ମହରାଷ୍ଟ୍ର, ଗୁଜୁରାଟ, କେରଳ, ରାଜସ୍ଥାନ ଓ ମଧ୍ୟ ପ୍ରଦେଶର ରାଜ୍ୟ ସମବାୟ ବ୍ୟାଙ୍କମାନେ ଭାରତୀୟ ରିଜର୍ଭ ବ୍ୟାଙ୍କର ନିଷ୍ପତ୍ତିକୁ ଅପେକ୍ଷା ନକରି ଦୀର୍ଘକାଳୀନ ଋଣ ପ୍ରଦାନ କଲେ । ନାବାର୍ଡ଼ ବା ଜାତୀୟ କୃଷି ଓ ଗ୍ରାମ୍ୟ ଉନ୍ନୟନ ବ୍ୟାଙ୍କ ଉକ୍ତ ଦୀର୍ଘକାଳୀନ ଋଣ ସମବାୟ ବ୍ୟାଙ୍କ ମାନଙ୍କୁ Reimburse କରିଛି ।

ବହୁ ରାଜ୍ୟର ଭୂ-ବନ୍ଧକ ବ୍ୟାଙ୍କମାନେ ଆର୍ଥିକ ଅନଟନର ସମ୍ମୁଖୀନ ହେବାରୁ ଗାଈ, ଗୋରୁ, ଛେଳି, ମେଣ୍ଢା ପ୍ରଭୃତି କିଣିବା ପାଇଁ ମଧ୍ୟକାଳୀନ କୃଷି ଓ ଅଣକୃଷି ଋଣ ସହିତ ପ୍ରକଳ୍ପ ପାଇଁ ଉତ୍ପାଦନ ତଥା ସ୍ୱଳ୍ପକାଳୀନ ଋଣ ନାବାର୍ଡ଼ ଠାରୁ ପାଉଛନ୍ତି । ୧୯୮୪ ମସିହାରେ ଭୂ-ବନ୍ଧକ ବ୍ୟାଙ୍କମାନଙ୍କର କାର୍ଯ୍ୟକାରିତାର ଅନୁଧ୍ୟାନ କରିବା ପାଇଁ 'ରାଜଗୋପାଳ'ଙ୍କ ଅଧ୍ୟକ୍ଷତାରେ ଏକ କମିଟି ଗଠିତ ହୋଇଥିଲା । ଉକ୍ତ କମିଟି ଦୁଇ ବ୍ୟାଙ୍କ ଯଥା- ସମବାୟ ବ୍ୟାଙ୍କ ଓ ଭୂ-ବନ୍ଧକ ବ୍ୟାଙ୍କ ମିଶ୍ରଣ ପାଇଁ ତା୧୦.୦୫.୧୯୮୫ରିଖରେ ପ୍ରସ୍ତାବ ଦେଇଥିଲା । ଜାତୀୟ ସ୍ତରରେ ଭାରତୀୟ ରିଜର୍ଭ ବ୍ୟାଙ୍କର ସ୍ୱଳ୍ପକାଳୀନ ଓ ମଧ୍ୟମକାଳୀନ କୃଷି ଋଣ ଦେବାପାଇଁ କୃଷି ବିଭାଗ ସହିତ କୃଷି ପୁନଃ ଅର୍ଥଲଗାଣ ନିଗମକୁ ୧୯୮୨ ମସିହାରେ ମିଶାଇଦେଇ 'ନାବାର୍ଡ଼' ଗଠନ କରାଯାଇଛି । ଆନ୍ଧ୍ର ପ୍ରଦେଶ ସରକାର ଉଭୟ ବ୍ୟାଙ୍କକୁ ମିଶାଇ ଦେବା ଦ୍ୱାରା ସମବାୟ ବ୍ୟାଙ୍କ ତଥା ସମିତି ସ୍ତରରେ ସମସ୍ତ ପ୍ରକାର ଋଣ ଦେବା ପ୍ରସ୍ତାବକୁ ଭାରତ ସରକାର ଅନୁମୋଦନ କରିଛନ୍ତି । ବିଭିନ୍ନ ପ୍ରଦେଶରେ ସମବାୟ ବ୍ୟାଙ୍କ ଓ ଭୂ-

ବନ୍ଧକ ବ୍ୟାଙ୍କର ମିଶ୍ରଣ ହୋଇ କାର୍ଯ୍ୟ କରୁଥିଲେ ମଧ୍ୟ ଓଡ଼ିଶାରେ ରାଜ୍ୟ ସମବାୟ ବ୍ୟାଙ୍କର ତତ୍‌କାଳୀନ ପରିଚାଳନା ନିର୍ଦ୍ଦେଶକ ତୁଷାରକାନ୍ତି ପଣ୍ଡାଙ୍କ ମନୋମୁଖୀ ଜିଦ୍‌ଖୋର ମନୋଭାବ ପାଇଁ ଉଭୟ ବ୍ୟାଙ୍କ ମିଶିପାରିଲା ନାହିଁ । ଓଡ଼ିଶା ରାଜ୍ୟ ସରକାର ଭୂ-ବନ୍ଧକ ବ୍ୟାଙ୍କକୁ ଲିକ୍ୟୁଡେସନ କରିଦେଇଛନ୍ତି । କୋଟି କୋଟି ଟଙ୍କାର ସମ୍ପତ୍ତି ଗୁଡ଼ିକ ପଡ଼ିରହିବା ଫଳରେ ସମବାୟ ବିଭାଗର ଅଧିକାରୀମାନେ ଉକ୍ତ ସମ୍ପତ୍ତିକୁ ବିକ୍ରି କରିବା ପାଇଁ ଯୋଜନା ପରେ ଯୋଜନା କରିଚାଲିଛନ୍ତି । ରାଜ୍ୟ ଭୂ-ବନ୍ଧକ ବ୍ୟାଙ୍କରେ ଗଚ୍ଛିତ ୧୫୦ କୋଟି ଟଙ୍କା କୌଣସି କାର୍ଯ୍ୟରେ ଖର୍ଚ୍ଚ କରାଯାଇ ସାରିଲାଣି । ଫଳରେ ଓଡ଼ିଶାରେ ଗୋଟିଏ ପରେ ଗୋଟିଏ ଅର୍ବାନ୍ ବ୍ୟାଙ୍କକୁ ଓ ଭୂ-ବନ୍ଧକ ବ୍ୟାଙ୍କକୁ ଦେବାଳିଆ ଘୋଷଣା କରାଯାଉଥିବାରୁ କେତେକାଂଶରେ ଜମାକାରୀମାନେ ସେମାନଙ୍କର ଜମା ଅର୍ଥ ଫେରି ନପାଇ ଆର୍ଥିକ ଦୁର୍ଦ୍ଦଶାର ସମ୍ମୁଖୀନ ହେଉଛନ୍ତି । ଓଡ଼ିଶା ସରକାରଙ୍କ ସମବାୟ ବିଭାଗ ଭାରତ ବର୍ଷର ଅନ୍ୟ ସମବାୟ ବ୍ୟାଙ୍କମାନଙ୍କୁ ଆଦର୍ଶ ଭାବେ ଗ୍ରହଣ କରି ଓଡ଼ିଶାରେ କାର୍ଯ୍ୟ କରୁଥିବା ସମବାୟ ବ୍ୟାଙ୍କମାନଙ୍କୁ ଦିଗ୍‌ଦର୍ଶନ ଦେଲେ ସମବାୟ ବ୍ୟାଙ୍କମାନେ ଏହାଦ୍ୱାରା ଉପକୃତ ହୋଇପାରନ୍ତେ । ଏହା ନୂତନ ରାଜ୍ୟ ସରକାରଙ୍କ ପାଇଁ ଏକ ଦୃଷ୍ଟାନ୍ତ ପଦକ୍ଷେପ ହେବା ଆବଶ୍ୟକ ।

‘ଓଡ଼ିଶା ଏକ୍ସପ୍ରେସ୍’ - ତା୨୫.୧୨.୨୦୨୪ରେ ପ୍ରକାଶିତ

■

ଫିଲିପାଇନ୍ସରେ ଗ୍ରାମ୍ୟ ବ୍ୟାଙ୍କ

ଫିଲିପାଇନ୍ସ ଏକ ଦରିଦ୍ର ଦେଶ ଥିଲା । ଉକ୍ତ ଦେଶ ଶିଳ୍ପରେ ଅଗ୍ରଗତି କରିନାହିଁ ଏବଂ ଖାଦ୍ୟ ଉତ୍ପାଦନ ଆଶାନୁରୂପ ନଥିବାରୁ ଥାଇଲାଣ୍ଡରୁ ଚାଉଳ ଆମଦାନୀ କରୁଥିଲା । କିନ୍ତୁ ଇତି ମଧ୍ୟରେ ଧାନଚାଷର ବ୍ୟାପକ ଅଗ୍ରଗତି କରି ଫିଲିପାଇନ୍ସ ଖାଦ୍ୟରେ ଆତ୍ମନିର୍ଭରଶୀଳ ହୋଇ ବିଦେଶକୁ ଚାଉଳ ରପ୍ତାନୀ କଲାଣି । କ୍ଷୁଦ୍ର ତଥା ନାମମାତ୍ର ଚାଷୀମାନେ ପଟାଳି, ବଗିଚା ତଥା ମରୁଡ଼ି ସହିଷ୍ଣୁ ଧାନଚାଷ କରି ଅଧିକ ଅମଳ କରୁଛନ୍ତି । ଗୋଟିଏ କିଆରିରୁ ବର୍ଷକୁ ଚାରିଥର ଧାନଚାଷ କରି ଅମଳ କରୁଛନ୍ତି । ଫଳରେ ଏକର ପିଛା ବର୍ଷକୁ ଚାଷୀମାନେ ୧୨୦ ବସ୍ତା ଅର୍ଥାତ୍ ୯୦ କ୍ୱିଣ୍ଟାଲ୍ ଧାନ ଉତ୍ପାଦନ କରୁଛନ୍ତି । ଏପରିକି ଜଣେ ଜଣେ ଚାଷୀ ଥରେ ଧାନ ରୋପଣ କରି ଧାନ କାଟିବା ପରେ ଆଖୁଚାଷ ପରି ପୁନଃ ଓଡ଼ମା ବା ମୂଳୀ ଆଖୁ (Ratoon) ଚାଷ କରି ବର୍ଷରେ ଆଉ ତିନିଥର ଧାନ ଅମଳ କରୁଛନ୍ତି । ଏପରି ସାଧାରଣ ଧାନଚାଷ ଫଳରେ ଗୋଟିଏ କ୍ଷୁଦ୍ର ଚାଷୀ ପରିବାର ସପ୍ତାହକୁ ହାରାହାରି ଫିଲିପାଇନ୍ସ ମୁଦ୍ରାରେ ୫୨୮ ପେଷା ଅର୍ଥାତ୍ ଭାରତୀୟ ମୁଦ୍ରାରେ ୨୪୦୦ ଟଙ୍କା ରୋଜଗାର କରିପାରୁଛନ୍ତି । ଉକ୍ତ ବହୁଳ ଧାନ ଉତ୍ପାଦନ ଫଳରେ ଫିଲିପାଇନ୍ସବାସୀଙ୍କର ବ୍ୟକ୍ତିଗତ ଆୟ ଜାପାନ ସହିତ ସମାନ ନହେଲେ ସୁଦ୍ଧା ଆମ ଦେଶର ଲୋକମାନଙ୍କର ଆୟଠାରୁ ଅଧିକ ହେଲାଣି । ଫିଲିପାଇନ୍ସରେ ଗରିବ ଧନୀ ମଧ୍ୟରେ ବୈଷମ୍ୟ ସଙ୍କୁଚିତ ହୋଇଯାଇଛି ।

ଫିଲିପାଇନ୍ସରେ ସମବାୟ ଆନ୍ଦୋଳନ ବିଶେଷ ପ୍ରସାର ତଥା ପତିଆରା ନ କରିପାରିଥିବାରୁ ସମବାୟ ବ୍ୟାଙ୍କ ତୁଳନାରେ ଗ୍ରାମ୍ୟ ବ୍ୟାଙ୍କମାନେ ଚାଷୀମାନଙ୍କୁ ସମସ୍ତ ଋଣ ଯୋଗାଇ ଦେଉଛନ୍ତି । ଉକ୍ତ ଗ୍ରାମ୍ୟବ୍ୟାଙ୍କ ଗୁଡ଼ିକ ଫିଲିପାଇନ୍ସ ସରକାରଙ୍କର ନିଜସ୍ୱ ପରିକଳ୍ପନାରେ ଗଠିତ । ଅନ୍ୟ ଦେଶରେ ଉକ୍ତ ଗ୍ରାମ୍ୟ ବ୍ୟାଙ୍କ ପ୍ରଥାର ପ୍ରଚଳନ ନାହିଁ । ଫିଲିପାଇନ୍ସରେ ଗ୍ରାମ୍ୟ ମହାଜନମାନେ ଚାଷୀମାନଙ୍କ ଠାରୁ ଅତିରିକ୍ତ ସୁଧ

ଆଦାୟ କରି ଶୋଷଣ କରୁଥିଲେ । ସରକାର ସେମାନଙ୍କୁ ସଂଗଠିତ କରାଇ ଗ୍ରାମ୍ୟ ବ୍ୟାଙ୍କ ପ୍ରତିଷ୍ଠା ଜରିଆରେ ସେମାନଙ୍କ ଲୁକ୍କାୟିତ ପାଣ୍ଠିର ଉପଯୋଗ କରାଇପାରିଛନ୍ତି । ଲୋକମାନେ ବ୍ୟାଙ୍କରେ ଟଙ୍କା ଜମା ରଖୁଛନ୍ତି ଏବଂ ସରକାରଙ୍କ ନିର୍ଦ୍ଧାରିତ ସୁଧ ହାରରେ ଚାଷୀମାନଙ୍କୁ ଋଣ ଯୋଗାଇ ଦିଆଯାଉଛି । ଗ୍ରାମ୍ୟ ବ୍ୟାଙ୍କରେ ଟଙ୍କା ଅକୁଳାନ ହେଲେ ଭାରତବର୍ଷରେ ରିଜର୍ଭ ବ୍ୟାଙ୍କ ପରି ଫିଲିପାଇନ୍ସ କେନ୍ଦ୍ର ବ୍ୟାଙ୍କ ଉକ୍ତ ବ୍ୟାଙ୍କମାନଙ୍କୁ ଜମା ଓ କରଜ ଭିତ୍ତିରେ ଶତକଡ଼ା ୧୦୧ ଭାଗ ଲଗାଣ କରୁଅଛି । ଫିଲିପାଇନ୍ସ କେନ୍ଦ୍ର ବ୍ୟାଙ୍କ ଓ ଫିଲିପାଇନ୍ସ କୃଷିଋଣ ଶାସନ ବିଭାଗର ପରାମର୍ଶ ତଥା ତଦାରଖରେ ଉକ୍ତ ଗ୍ରାମ୍ୟ ବ୍ୟାଙ୍କମାନେ ପରିଚାଳିତ ହେଉଛନ୍ତି । ଉକ୍ତ ବ୍ୟାଙ୍କର ବୈଷମ୍ୟ ହେଲା ଯେ, ଗ୍ରାମ୍ୟ ମହାଜନମାନେ ଉକ୍ତ ବ୍ୟାଙ୍କର ମାଲିକ ତଥା ପରିଚାଳନାକାରୀ ହୋଇଥିଲେ ମଧ ମନୋମୁଖୀଭାବେ ସୁଧ ବଢ଼ାଇବା ପାଇଁ କେନ୍ଦ୍ର ବ୍ୟାଙ୍କ ଓ ସରକାରଙ୍କ ନିର୍ଦ୍ଦେଶରେ ପରିଚାଳିତ । କିନ୍ତୁ ସରକାରଙ୍କ ଦୈନନ୍ଦିନ ହସ୍ତକ୍ଷେପରୁ ବ୍ୟାଙ୍କ ମୁକ୍ତ । ଗ୍ରାମ୍ୟ ମହାଜନମାନେ ଚାଷୀମାନଙ୍କ ସହିତ ଜଣାଶୁଣା ଥିବା ହେତୁ ପ୍ରକୃତ ଚାଷୀଙ୍କୁ ଦରକାର ମୁତାବକ ଠିକ୍ ସମୟରେ ଋଣ ଦିଅନ୍ତି। ଏହି ଋଣ ଅସୁଲ କରିବାରେ ବ୍ୟାଙ୍କମାନେ ଅସୁବିଧାର ସମ୍ମୁଖୀନ ହୁଅନ୍ତି ନାହିଁ । ମହାଜନମାନେ ଗ୍ରାମ୍ୟବ୍ୟାଙ୍କ ଗଠନ କରି ଫିଲିପାଇନ୍ସ କେନ୍ଦ୍ର ବ୍ୟାଙ୍କରୁ କରଜ ପାଉଥିବାରୁ ଲାଭବାନ ହେଉଛନ୍ତି ଏବଂ ଚାଷୀମାନଙ୍କ ଠାରୁ ଅଧିକ ସୁଧ ଆଦାୟ କରିବାକୁ ଆଉ ଆଗ୍ରହ ପ୍ରକାଶ କରୁନାହାନ୍ତି । ସୁପରିଚାଳନା ହେତୁ ଫିଲିପାଇନ୍ସରେ ପ୍ରତିବର୍ଷ ଏ ପ୍ରକାର ଗ୍ରାମ୍ୟବ୍ୟାଙ୍କ ମାନଙ୍କ ସଂଖ୍ୟା ବୃଦ୍ଧି ପାଉଛି ।

ଆମ ଦେଶର ତଦାନିନ୍ତନ ଅର୍ଥମନ୍ତ୍ରୀ ଶ୍ରୀ ସୁବ୍ରମନିୟମ୍ ତାଙ୍କ ଫିଲିପାଇନ୍ସ ପରିଦର୍ଶନ ସମୟରେ ଉକ୍ତ ଗ୍ରାମ୍ୟବ୍ୟାଙ୍କ ମାନଙ୍କ କାର୍ଯ୍ୟାବଳୀ ଅନୁଧ୍ୟାନ କରି ସ୍ୱତନ୍ତ୍ର ଭାବରେ ଦୁର୍ବଳ ଶ୍ରେଣୀମାନଙ୍କୁ ଋଣ ଦେବାପାଇଁ ଓ ଗ୍ରାମାଞ୍ଚଳରୁ ଜମା ସଂଗ୍ରହ କରିବା ପାଇଁ ଭାରତବର୍ଷରେ ଗ୍ରାମ୍ୟବ୍ୟାଙ୍କ ପ୍ରତିଷ୍ଠା କରିବାପାଇଁ ଯୋଜନା କରିଥିଲେ । ଫଳରେ ୧୯୭୫ ମସିହାରେ ବିଭିନ୍ନ ଜିଲ୍ଲାରେ ଗ୍ରାମ୍ୟ ବ୍ୟାଙ୍କମାନ ପ୍ରତିଷ୍ଠା ହୋଇଛି । ଉକ୍ତ ବ୍ୟାଙ୍କକୁ କେନ୍ଦ୍ର ତଥା ରାଜ୍ୟ ସରକାରଙ୍କ ସହିତ ସମର୍ଥକ ବାଣିଜ୍ୟିକ ବ୍ୟାଙ୍କ ଅଂଶଧନ ଯୋଗାଇ ଦେଇଛନ୍ତି । କିନ୍ତୁ ସରକାରୀ ନିୟନ୍ତ୍ରିତ ହେବା ହେତୁ ଉକ୍ତ ବ୍ୟାଙ୍କମାନେ ଭାରତବର୍ଷରେ ଆଶାନୁରୂପ ଅଗ୍ରଗତି କରିପାରି ନାହାନ୍ତି ଏବଂ ରାଜନୈତିକ ପ୍ରଭାବ ହେତୁ ଋଣ ଅସୁଲ ନିରାଶାଜନକ ହେବାରୁ ଅନେକ ଗ୍ରାମ୍ୟ ବ୍ୟାଙ୍କ ନାବାର୍ଡ଼ ଠାରେ କିସ୍ତି ଖିଲାଫି ହୋଇ ଲୋକମାନଙ୍କୁ ଋଣ ଦେଇପାରୁ ନାହାନ୍ତି । ଏପରିକି କେତେକ ଗ୍ରାମ୍ୟବ୍ୟାଙ୍କ ରୁଗ୍ଣ ହୋଇ ଅନ୍ୟ ବ୍ୟାଙ୍କ ସହିତ ମିଶ୍ରଣ ହୋଇଗଲେଣି । ପୁନଶ୍ଚ

ଭାରତବର୍ଷରେ ସମବାୟ ବ୍ୟାଙ୍କମାନେ ଗ୍ରାମାଞ୍ଚଳ ଲୋକମାନଙ୍କୁ ଋଣଦାନ କରୁଥିବାରୁ ଏବଂ ବାଣିଜ୍ୟ ବ୍ୟାଙ୍କମାନେ କୃଷିଋଣ ସହିତ ଅନ୍ୟାନ୍ୟ ଯୋଜନାରେ ଋଣ ଲଗାଣ କରୁଥିବା ସ୍ଥଳେ ଆଉ ଗୋଟିଏ ସରକାରୀ ନିୟନ୍ତ୍ରିତ ଗ୍ରାମ୍ୟ ବ୍ୟାଙ୍କ ପ୍ରତିଷ୍ଠା କରିବାର ଆବଶ୍ୟକତା ନଥିଲା ବୋଲି ବ୍ୟାଙ୍କ ବିଶେଷଜ୍ଞ କମିଟିମାନେ ମତ ଦେଇଛନ୍ତି ।

ପୁନଶ୍ଚ ଫିଲିପାଇନ୍ସ ଗ୍ରାମ୍ୟ ବ୍ୟାଙ୍କ ପରି ଆମ ଦେଶର ଗ୍ରାମ୍ୟ ବ୍ୟାଙ୍କମାନେ ଗାଁ ମହାଜନମାନଙ୍କ ଠାରୁ ଜମା ସଂଗ୍ରହରେ ବିଫଳ ହୋଇଛନ୍ତି ଏବଂ ମହାଜନମାନେ ପୂର୍ବପରି ଗାଁ ଲୋକମାନଙ୍କୁ ଅତିରିକ୍ତ ସୁଧରେ ଋଣ ପ୍ରଦାନ କରି ଶୋଷଣ କରିଚାଲିଛନ୍ତି । ସରକାର ତଥା ରିଜର୍ଭ ବ୍ୟାଙ୍କର ପରାମର୍ଶରେ ବାଣିଜ୍ୟ ବ୍ୟାଙ୍କମାନେ ପ୍ରାୟ ୧୭୦୦୦ ଗ୍ରାମର ଲୋକମାନଙ୍କ ପାଇଁ ଶାଖା ଖୋଲି ଋଣ ଯୋଗାଇ ଦେଉଛନ୍ତି । ସେମାନଙ୍କ ସମ୍ବଳର ଶତକଡ଼ା ୫୧ ଭାଗ ଅଗ୍ରାଧିକାର କ୍ଷେତ୍ରରେ (Priority Sector)ମାନଙ୍କୁ ଋଣ ଦିଆଯାଉଛି । ଗ୍ରାମ୍ୟ ବ୍ୟାଙ୍କମାନେ କେବଳ ଦୁର୍ବଳଶ୍ରେଣୀର ଲୋକମାନଙ୍କୁ ଋଣ ଦେଇ ଆତ୍ମ ନିର୍ଭରଶୀଳ ନହେବାରୁ ସରକାରଙ୍କ ଅଂଶଧନ ଉପରେ ନିର୍ଭରଶୀଳ ହେବା ପାଇଁ ବାଧ ହେଉଛନ୍ତି । ସରକାର ବାରମ୍ବାର ଅଂଶଧନ ଦେଇ ଗ୍ରାମ୍ୟବ୍ୟାଙ୍କ ମାନଙ୍କୁ ବଞ୍ଚାଇବା ଅର୍ଥାତ୍ ଅଧିକ ଭାରାକ୍ରାନ୍ତ ହେବା ଯୁକ୍ତିଯୁକ୍ତ ନୁହେଁ । ଏପରି ସ୍ଥଳେ ଆଉ ଅଧିକ ଗ୍ରାମ୍ୟ ବ୍ୟାଙ୍କ ନଖୋଲି ଅଯଥା ଅର୍ଥ ଶ୍ରାଦ୍ଧ କରିବା ସମୀଚିନ ନୁହେଁ । କେନ୍ଦ୍ର ଓ ରାଜ୍ୟ ସରକାର ଉଭୟ ଏ ଦିଗରେ ଯତ୍ନଶୀଳ ହୋଇ ଅଧିକ ଗ୍ରାମ୍ୟବ୍ୟାଙ୍କ ଖୋଲିବା ପାଇଁ ପ୍ରୟାସ ନକରିବା ଉଚିତ୍ । ବରଂ ସମବାୟ ବ୍ୟାଙ୍କମାନଙ୍କୁ ରାଜନୈତିକ ହସ୍ତକ୍ଷେପରୁ ମୁକ୍ତ କରି ଗଣତାନ୍ତ୍ରିକ ଉପାୟରେ ନିର୍ବାଚିତ ପରିଚାଳନା ପରିଷଦକୁ ଶିକ୍ଷିତ, କାର୍ଯ୍ୟଦକ୍ଷ, ସଚ୍ଚୋଟ ଲୋକମାନଙ୍କୁ ପଠାଇ ଉପଯୁକ୍ତ ଉପାୟରେ ପରିଚାଳନା କରିବାକୁ ଆଇନ୍ ପ୍ରଣୟନ କଲେ ଭାରତରେ ସମବାୟ ବ୍ୟାଙ୍କମାନେ ଗ୍ରାମ୍ୟ ବ୍ୟାଙ୍କ ତୁଳନାରେ ଅଧିକ ସୁନାମ ଅର୍ଜନ କରିପାରିବେ । ବର୍ତ୍ତମାନ ଭାରତର ସମବାୟ ମନ୍ତ୍ରୀ ଶ୍ରୀଯୁକ୍ତ ଅମିତ୍ ଶାହ ଜଣେ ବିଶିଷ୍ଟ ସମବାୟବିତ୍ ଏବଂ ଓଡ଼ିଶାର ସମବାୟ ମନ୍ତ୍ରୀ ଶ୍ରୀଯୁକ୍ତ ପ୍ରଦୀପ କୁମାର ବଳସାମନ୍ତ ଜଣେ ଯୋଗ୍ୟ ବ୍ୟକ୍ତି ହୋଇଥିବାରୁ ଏ ଦିଗରେ ଯଥେଷ୍ଟ ଗୁରୁତ୍ୱ ଦେବେ ବୋଲି ଆଶା ।

'ଓଡ଼ିଶା ଏକ୍ସପ୍ରେସ୍' - ତା୧୧.୧୨.୨୦୨୪ରେ ପ୍ରକାଶିତ

ସମବାୟର ଭୂସ୍ୱର୍ଗ ୱାରାନା

ମହାରାଷ୍ଟ୍ର ପ୍ରଦେଶର କୋହ୍ଲାପୁର ଜିଲ୍ଲାର ୱାରାନା ଏକ ଅନୁରୂପ ଓ ଟାଙ୍ଗରା ଭୂମି ଅଞ୍ଚଳ । ନିକଟରେ ୱାରାନା ନଦୀ ପ୍ରବାହିତ। ଏ ଅଞ୍ଚଳର ଲୋକମାନେ ଆଗରୁ ଦରିଦ୍ର ଥିଲେ। ସମସ୍ତ ଅଞ୍ଚଳରେ ଆଖୁଚାଷ କରି ଲୋକମାନେ ଆଖୁରୁ ପ୍ରସ୍ତୁତ ଗୁଡ଼ ବିକ୍ରି କରି ଜୀବିକା ନିର୍ବାହ କରୁଥିଲେ। ବଜାରଘାଟ ସୁବିଧା ନଥିଲା। ସ୍ଥାନୀୟ ଅଞ୍ଚଳରେ ମାଠିଆରେ ଗୁଡ଼ ନେଇ ବିକ୍ରି କରି ଲୋକମାନେ ଚଳୁଥିଲେ । ୧୯୫୧ ମସିହାରେ ହଠାତ୍ ଗୁଡ଼ ଦର କମିଯିବାରୁ ଲୋକମାନେ ଆଖୁ ନ ପେଡ଼ି ଆଖୁ କିଆରୀରେ ନିଆଁ ଲଗାଇ ଦେଇଥିଲେ । ଲୋକମାନଙ୍କ ଏପରି ଦୂରାବସ୍ଥାରେ ସମାଜସେବୀ ତଥା ସ୍ୱାଧୀନତା ସଂଗ୍ରାମୀ ତାତିଆ ସାହେବ କୋରେ ବିଚଳିତ ହୋଇପଡ଼ିଥିଲେ । ଯାହା ହେଉ ଲୋକମାନଙ୍କୁ ନିଜ ଜୀବନ ବଞ୍ଚାଇବାକୁ ପଡ଼ିବ । ସେ ଅନ୍ୟ କେତେକ ସମାଜସେବୀମାନଙ୍କୁ ଏକତ୍ର କରି ଚାଷୀମାନଙ୍କୁ ଆଖୁ ଲାଭଜନକ ଦର ଦେବା ଉଦ୍ଦେଶ୍ୟରେ ୧୯୫୪ ମସିହାରେ ସମବାୟ ଚିନି କାରଖାନା ବସାଇବାର ପରିକଳ୍ପନା କରି ଶେଷ ସିଦ୍ଧାନ୍ତ ନେଲେ । ୱାରାନା ଅଞ୍ଚଳର ୬୬ ଗୋଟି ଗ୍ରାମର ରକ୍ଷଣଶୀଳ ଆଖୁ ଚାଷୀମାନଙ୍କୁ ବୁଝାଇ ପ୍ରତ୍ୟେକଙ୍କ ଠାରୁ ୨୫୦ ଟଙ୍କା ଲେଖାଏଁ ଅଂଶଧନ ସଂଗ୍ରହ କଲେ । ଏପରିକି କେତେକ ଚାଷୀ ସେମାନଙ୍କ ଜିନିଷ ବିକ୍ରି କରି ଅଂଶଧନ ବାବଦକୁ ଅର୍ଥ ଦେଇଥିଲେ କାରଣ ଚାଷୀମାନଙ୍କର ଆର୍ଥିକ ଅବସ୍ଥା ଭଲ ନଥିଲା। ସଭ୍ୟମାନଙ୍କ ଠାରୁ ଅଂଶଧନ ସଂଗ୍ରହ କରି ୧୯୫୫ ମସିହା ସେପ୍ଟେମ୍ବର ମାସରେ ତାତିଆ ସାହେବ ୱାରାନା ସମବାୟ ଚିନି କାରଖାନା ରେଜିଷ୍ଟ୍ରି କରିସାରିବା ପରେ ଭାରତ ସରକାରଙ୍କର ଶିଳ୍ପ ବିଭାଗରୁ ଲାଇସେନ୍ସ ପାଇ କାରଖାନା ବସାଇବାକୁ ଆଗେଇଥିଲେ। ସମୟ କ୍ରମେ ପରିତ୍ୟକ୍ତ, ଅନୁର୍ବର ୱାରାନା ଗ୍ରାମ ଚିନି କାରଖାନାର ଘର ଓ ଯନ୍ତ୍ରପାତିରେ ମୁଖରିତ ହୋଇପଡ଼ିଥିଲା । ୧୯୬୦ ମସିହାରେ ପ୍ରଥମେ ଉକ୍ତ

ଚିନି କାରଖାନାରୁ ପ୍ରଥମ ଚିନି ଉତ୍ପାଦନ ଆରମ୍ଭ ହୋଇଥିଲା । ୧୯୫୯-୬୦ ମସିହାରେ ଏହି ଚିନିକଳ ସମବାୟ ସମିତିର ସଭ୍ୟ ସଂଖ୍ୟା ୧୬୮୬ ଥିବାବେଳେ ୨୦୨୩-୨୪ ସୁଦ୍ଧା ୪୦,୦୦୦ରେ ପହଞ୍ଚି ଯାଇଥିଲା । ପ୍ରଥମେ ଏ ଅଞ୍ଚଳରେ ଆଖୁଚାଷ ୨୬,୬୬୦ ଏକର ଜମିରେ ଆରମ୍ଭ କରାଯାଇଥିଲା । ୧୯୫୯-୬୦ ମସିହାରେ ୬୬୮୪୩୦ ଟନ୍ ଆଖୁ ପେଡ଼ାଯାଇ ୮୪୫୭୭ ଟନ୍ ଚିନି ଉତ୍ପାଦନ କରାଯାଇଥିଲା। ୧୯୮୬-୮୭ ମସିହାରେ ୫୬୬୨୨୯୦ ଟନ୍ ଆଖୁ ପେଡ଼ାଯାଇ ୬୭୯୯୨୯ ଟନ୍ ଚିନି ଉତ୍ପାଦନ କରାଯାଇଥିଲା । କାରଖାନାର ସମ୍ପତ୍ତି ୧୯୫୯-୬୦ ମସିହାରେ ୧ କୋଟି ୩୭ ଲକ୍ଷ ଥିଲାବେଳେ ୨୦୨୩ ମସିହା ସୁଦ୍ଧା ଏହାର ମୂଲ୍ୟ ୧୨୫ କୋଟିରେ ପହଞ୍ଚି ଥିଲା। ସମବାୟ ସମିତିର ଉତ୍ପାଦକ ସଭ୍ୟମାନଙ୍କ ଅଣଫେରସ୍ତ ଜମା (Non Refundable Deposit) ୪ କୋଟି ୧୪ ଲକ୍ଷ ଥିଲାବେଳେ ନିଜସ୍ୱ ପାଣ୍ଠି ୯ କୋଟି ୫୯ ଲକ୍ଷ ଟଙ୍କା ରହିଛି ।

ତାତିଆ ସାହେବ କେବଳ ସମବାୟ ଚିନିକଳ ସ୍ଥାପନ କରି ଆଖୁଚାଷୀମାନଙ୍କୁ ଲାଭଜନକ ଦର ଦେବାରେ ନିବିଦ୍ଧ ନାହାନ୍ତି । ଆଖୁ ଚାଷର ପ୍ରସାର ପାଇଁ ୱାରାନା ନଦୀରେ ଏକ ନଦୀବନ୍ଧ ନିର୍ମାଣ କରି ଯଥା ଜଳସେଚନ ଯୋଜନା ଓ କୂପ ଖନନ ଜରିଆରେ ଜଳସେଚିତ ଜମିର ପରିମାଣ ବୃଦ୍ଧିକରି ଚାଷୀମାନଙ୍କୁ ଉନ୍ନତ ଧରଣର ଆଖୁବିହନ, ପିଡ଼ିଆ, କୀଟନାଶକ ଔଷଧ ପ୍ରଦାନରେ ସାହାଯ୍ୟ କରିଛନ୍ତି । ସମିତିରେ କୃଷି ଅଧିକାରୀମାନଙ୍କୁ ନିଯୁକ୍ତି ଦେଇ ମୃତ୍ତିକା ପରୀକ୍ଷା ତଥା ଅନ୍ୟାନ୍ୟ ବୈଷୟିକ ଜ୍ଞାନରେ କୃଷକମାନଙ୍କୁ ତାଲିମ ଦେଉଛନ୍ତି । ଆଖୁପେଡ଼ା ସମୟରେ ଚାଷୀ ଆଖୁଚାଷ ପାଇଁ ନେଇଥିବା ଋଣ ସୁଝିବା ପାଇଁ ଚାଷୀର ଆଖୁ ବିକ୍ରି ଟଙ୍କାରୁ ଋଣ କିସ୍ତି ଟଙ୍କା ମଜୁରା ସରିଲାପରେ ଅନ୍ୟ ଅର୍ଥ ଚାଷୀର ଆକାଉଣ୍ଟରେ ଜମା କରିଦିଆଯାଇଥାଏ । ଉକ୍ତ ସମବାୟ ଚିନିକଳ ଚାଲୁହେବା ପରେ ଆଖପାଖ ୧୭୬ଟି ଗ୍ରାମର ଶତକଡ଼ା ୨୦ ଭାଗ ଲୋକଙ୍କର ଆଖୁଚାଷ ଦ୍ୱାରା ଆର୍ଥିକ ଅବସ୍ଥା ସ୍ୱଚ୍ଛଳ ହୋଇପାରିଛି । ଚିନି କାରଖାନାକୁ ଅଧିକ ଲାଭଜନକ ତଥା କର୍ମନିଯୁକ୍ତି ପାଇଁ ଛେଦାରୁ କାଗଜ ଓ ପାଣିଆ ଗୁଡ଼ର ଫେଣରୁ ମଦ ତିଆରି କାରଖାନା ପ୍ରଭୃତି ଆନୁସଙ୍ଗିକ ଶିଳ୍ପ କାରଖାନାମାନ ସମବାୟ ଉଦ୍ୟମରେ ପ୍ରତିଷ୍ଠା କରାଯାଇପାରିଛି । କାରଖାନାର ପରିତ୍ୟକ୍ତ (Westage) ପଦାର୍ଥରୁ ବିଭିନ୍ନ ରାସାୟନିକ ପଦାର୍ଥ ଓ ବିଜୁଳିର ଉତ୍ପାଦନ ଜରିଆରେ ଦୂଷିତ ବାୟୁମଣ୍ଡଳକୁ ନିୟନ୍ତ୍ରିତ ପାଇଁ ଆନ୍ତର୍ଜାତିକ ସମବାୟ ସଂସ୍ଥାର ଆନୁକୂଲ୍ୟରେ ଉନ୍ନତ ଦେଶର କାରିଗରୀ କୌଶଳ ଉପଯୋଗର ଉଦ୍ୟମ ଅବ୍ୟାହତ ରହିଛି ।

ତାତିଆ ସାହେବ ୨୦ ଭାଗ ଲୋକଙ୍କର ଉନ୍ନତିରେ ଆତ୍ମ ସନ୍ତୋଷ ଲାଭ

ନକରି ଏ ଅଞ୍ଚଳରୁ ଦାରିଦ୍ର୍ୟ ଲୋପ ଲକ୍ଷ୍ୟରେ ଅବଶିଷ୍ଟ ୮୦% ଲୋକଙ୍କ ଆର୍ଥିକ ବିକାଶରେ ମନଯୋଗ କରିଥିଲେ। ୧୭୬ଟି ଗାଁର ଗରିବ ଲୋକମାନଙ୍କୁ ବ୍ୟାଙ୍କ ଋଣରେ ଜଣପିଛା ୫ଟି ଦୁଧିଆଳି ଗାଈ ଓ ୧୦୦ଟି କୁକୁଡ଼ା ଦେଇ ବାର୍ଷିକ ୪୦ ହଜାର ଟଙ୍କା ଆୟ ହେବାର ଏକ ଦାରିଦ୍ର୍ୟ ମୋଚନ ଯୋଜନା କରିଥିଲେ । ଗାଈମାନଙ୍କ ପାଇଁ ଗୋଖାଦ୍ୟ ଯୋଗାଇବା ସହିତ ସେମାନଙ୍କର ଚିକିତ୍ସାସେବା ମାଗଣାରେ ଯୋଗାଇଛନ୍ତି । ଏ ଅଞ୍ଚଳରେ ଲୋକମାନଙ୍କ ଠାରୁ ଉଚିତ୍ ମୂଲ୍ୟରେ ଦୁଗ୍ଧ କ୍ରୟ ପାଇଁ ଏକ ସମବାୟ ଦୁଗ୍ଧ ମନ୍ଥନଶାଳା (ଡାଏରୀ ଫାର୍ମ) କରିଛନ୍ତି ଓ ପରିଚାଳନା ପାଇଁ ଏକ ପରିଚାଳନା ମଣ୍ଡଳୀ ଗଠନ କରିଛନ୍ତି । ଦୁଗ୍ଧ ବିକ୍ରି ଟଙ୍କାରୁ ଚାଷୀମାନେ ନେଇଥିବା ଋଣ ବାବଦକୁ କିସ୍ତି ଟଙ୍କା କାଟି ରଖି ବ୍ୟାଙ୍କକୁ ନିୟମିତ ସୁଝା ଯାଉଛି । ଡାଏରୀ ଫାର୍ମରୁ ଉତ୍ପାଦିତ ଦୁଗ୍ଧ ବମ୍ବେ ଅଞ୍ଚଳରେ ବିକ୍ରିର ବ୍ୟବସ୍ଥା କରାଯାଇଛି । ଦୁଗ୍ଧରୁ ମଧ ଛେନା, ଲହୁଣୀ, ଘିଅ, ଶ୍ରୀଖଣ୍ଡ, ଗୁଣ୍ଡ ଦୁଗ୍ଧ ପ୍ରସ୍ତୁତ କରି ବଜାରରେ ବିକ୍ରି କରାଯାଉଛି । ଯାହାଫଳରେ ୱାରାନା ଅଞ୍ଚଳର ଲୋକମାନଙ୍କର ବାର୍ଷିକ ଆୟ ୩୩୦ କୋଟି ଟଙ୍କା ରୋଜଗାର କରିବା ପାଇଁ ସକ୍ଷମ ହୋଇପାରିଛି ।

ୱାରାନା ସମବାୟ ସଂସ୍ଥାରେ ଗୋଟିଏ କେନ୍ଦ୍ରୀୟ କୁକୁଡ଼ା ପାଳନ କେନ୍ଦ୍ର ସ୍ଥାପନ କରାଯାଇ କୁକୁଡ଼ା ଅଣ୍ଡାରୁ ଛୁଆ ପ୍ରସ୍ତୁତ କରି ଲୋକମାନଙ୍କୁ ଏହା ପାଳନ ପାଇଁ ଯୋଗାଇ ଦିଆଯାଉଛି । କୁକୁଡ଼ା ଖାଦ୍ୟ ଯୋଗାଇବା ସହିତ ପ୍ରତ୍ୟେକଙ୍କ ଠାରୁ ଉଚିତ୍ ଦରରେ ଅଣ୍ଡା କିଣିନେଇ ବଜାରରେ ବିକ୍ରୟ କରାଯାଉଛି । ଉକ୍ତ ଅର୍ଥରୁ ବ୍ୟାଙ୍କ ଋଣ ସୁଝିବାର ବ୍ୟବସ୍ଥା କରାଯାଇଛି । ପରିବାର ପିଛା ହାରାହାରି ୫୦୦ କୁକୁଡ଼ା ଭିତ୍ତିରେ ୪୫୦୦ ପରିବାରକୁ କୁକୁଡ଼ା ଯୋଗାଇ ବର୍ଷକୁ ୧୦ କୋଟି ୩୦ ଲକ୍ଷ ଅଣ୍ଡା ଉତ୍ପାଦନ କରି ଉପଭୋକ୍ତାମାନେ ବାର୍ଷିକ ୪ କୋଟି ଟଙ୍କା ରୋଜଗାର କରୁଛନ୍ତି ।

ତାତିଆ ସାହେବ ୧୯୬୬ ମସିହାରେ ଏ ଅଞ୍ଚଳରେ ଏକ ସମବାୟ ବ୍ୟାଙ୍କ ପ୍ରତିଷ୍ଠା କରିଛନ୍ତି । ଉକ୍ତ ସମବାୟ ବ୍ୟାଙ୍କର ଜମା ୧୬୦୦ କୋଟି ଟଙ୍କାକୁ ବୃଦ୍ଧି ପାଇଛି । ଉକ୍ତ ବ୍ୟାଙ୍କ ଗରିବମାନଙ୍କୁ ରିହାତି ସୁଧରେ ଋଣ ଯୋଗାଇ ଦେଉଛି ଓ ମେଧାବୀ ଛାତ୍ରମାନଙ୍କୁ ବିନା ସୁଧରେ ଓ କିସ୍ତିରେ ସୁଝିବା ସର୍ତ୍ତରେ ପାଠ ପଢ଼ିବା ପାଇଁ ଋଣ ଦେଉଛି । ୧୯୭୮ ମସିହାରେ ଏ ଅଞ୍ଚଳରେ ଜାତୀୟ ସମବାୟ ଖାଉଟୀ ସଂଘର ସହାୟତାରେ ସମବାୟ ବଜାର ଗଠିତ ହୋଇଛି । ଉକ୍ତ ଖାଉଟୀ ସମବାୟ ସମିତି ସୁଲଭ ମୂଲ୍ୟରେ ଲୋକମାନଙ୍କୁ କୃଷି ଯନ୍ତ୍ରପାତି, ମନୋହରି ଜିନିଷ, ଧୋତି, ଶାଢ଼ୀ ଓ ଅନ୍ୟାନ୍ୟ ଗୃହ ଉପକରଣ ପଦାର୍ଥ ବିକ୍ରି କରୁଛି । ଆହୁରି ୧୧ଗୋଟି ସମବାୟ

ଭଣ୍ଡାର ଖୋଲାଯାଇ ଏ ଅଞ୍ଚଳରେ ଲୋକଙ୍କୁ ସେବା ଯୋଗାଇ ଦେଆଯାଉଛି ।

ସମବାୟ କର୍ମଚାରୀମାନଙ୍କର ଆୟବୃଦ୍ଧି ପାଇଁ ଗୃହିଣୀ ସମବାୟ ସମିତି ଗଠିତ ହୋଇଅଛି । କର୍ମଚାରୀମାନଙ୍କ ସ୍ତ୍ରୀମାନେ ଉକ୍ତ ସମିତିର ସଭ୍ୟ ହୋଇ ଅବସର ସମୟରେ ପାମ୍ପଡ଼, ଗୋଲମରିଚ, ହଳଦୀ ପ୍ରଭୃତି ମସଲାଗୁଣ୍ଡ ଓ ଆଚାର ପ୍ରଭୃତି ତିଆରି କରି ବଜାରରେ ବିକ୍ରି କରିବାର ବ୍ୟବସ୍ଥା କରାଯାଇଅଛି । ସ୍ଥାନୀୟ ଲୋକମାନଙ୍କର ବୌଦ୍ଧିକ ବିକାଶ ଓ ବିଭିନ୍ନ କୃଷିଭିତ୍ତିକ କାର୍ଯ୍ୟକ୍ରମ ତଥା ଶିଳ୍ପରେ ତାଲିମ ପାଇଁ ୱାରାନା ସମବାୟ ସଂସ୍ଥା ୱାରାନା ଶିକ୍ଷାମଣ୍ଡଳ ଗଠନ କରିଅଛି । ଉକ୍ତ ସଂଗଠନ ନିଜସ୍ୱ ଧାତ୍ରୀ ବିଦ୍ୟାଳୟଠାରୁ ନର୍ସରୀ ସ୍କୁଲ, କଳା, ବିଜ୍ଞାନ ଓ ବାଣିଜ୍ୟରେ ସ୍ନାତକୋତ୍ତର ମହାବିଦ୍ୟାଳୟ, ବୈଷୟିକ ତାଲିମ କେନ୍ଦ୍ର ଓ ଇଞ୍ଜିନିୟରିଂ କଲେଜ ପ୍ରଭୃତି ନିଜସ୍ୱ ଅନୁଷ୍ଠାନଗୁଡ଼ିକ ପରିଚାଳନା କରୁଛି । ଏହି ଅନୁଷ୍ଠାନ ଗୁଡ଼ିକରେ ୧୨୦୦୦ ପିଲାମାନଙ୍କୁ ଶିକ୍ଷା ଦିଆଯାଉଅଛି । ଏଥିପାଇଁ ୱାରାନା ସମବାୟ ସଂସ୍ଥା ତାହାର ଉନ୍ନୟନ ପାଣ୍ଠିରୁ ଅନୁଦାନ ଯୋଗାଉଛି । ଗ୍ରାମାଞ୍ଚଳରେ ପରିବାର ନିୟନ୍ତ୍ରଣ, ପୌଢ଼ ଶିକ୍ଷା, ଭ୍ରାମ୍ୟମାଣ ଚିକିତ୍ସା, ସାମାଜିକ ସେବା, ଗୋବର ଗ୍ୟାସ ଉତ୍ପାଦନ କରି ଲୋକମାନଙ୍କୁ ସେବା ଯୋଗାଉଛି । କର୍ମଚାରୀମାନଙ୍କର ଚିତ୍ତବିନୋଦନ ପାଇଁ ସଙ୍ଗୀତ ତଥା ବାଦକ ଦଳ ଗଠନ କରାଯାଇଅଛି । ଏଠାରେ ମଧ୍ୟ ପିଲାମାନଙ୍କୁ ତାଲିମ୍ ଦିଆଯାଉଅଛି । ଆଧୁନିକ ଜ୍ଞାନକୌଶଳରେ ଆଖୁ କାଟିବା, ବୋହିବା, ବଡ଼ ବଡ଼ ଶିଳ୍ପକାରଖାନା ପାଇଁ ନଟ୍‌ବୋଲ୍ଟ ତିଆରି କରି ଅନ୍ୟ କଳକାରଖାନା ମାନଙ୍କୁ ଯୋଗାଇବା କାର୍ଯ୍ୟ ମଧ୍ୟ କରୁଅଛି ଓ ମହାରାଷ୍ଟ୍ରର ଅନ୍ୟାନ୍ୟ ଅଞ୍ଚଳରେ ସମବାୟ ଚିନି କାରଖାନା ନିର୍ମାଣରେ ସହାୟତା କରୁଅଛି ।

ତାତିଆ ସାହେବ କୋରେଙ୍କ ଦୀର୍ଘ ବର୍ଷର ନିରବଚ୍ଛିନ୍ନ ନିଷ୍ଠାପର ନେତୃତ୍ୱ ଓ ୱାରାନା ସମବାୟ ଚିନି କାରଖାନାର ପରିଚାଳନା ନିର୍ଦ୍ଦେଶକ ଶ୍ରୀ ନାୟକ ଓ ଅନ୍ୟ କର୍ମଚାରୀମାନଙ୍କର ବ୍ୟବସାୟୀକ ଦକ୍ଷତା ଯୋଗୁଁ ୱାରାନା ଅଞ୍ଚଳ ଏକ ଭୂସ୍ୱର୍ଗରେ ପରିଣତ ହୋଇଛି । ମହାରାଷ୍ଟ୍ର ସରକାର ସମବାୟ କ୍ଷେତ୍ରରେ ତାତିଆ ସାହେବଙ୍କ ପରାମର୍ଶ ସମୟେ ସମୟେ ଲୋଡୁଛନ୍ତି । ସେହି ତୁଳନାରେ ଓଡ଼ିଶା ସରକାର କିଛି ଅଯୋଗ୍ୟ ଦଳୀୟ ବ୍ୟକ୍ତିଙ୍କୁ ମନୋନୟନ କରି ନିର୍ବାଚନରେ ଭାଗନେଇ ପରିଚାଳନା ମଣ୍ଡଳୀରେ ସାମିଲ କରାଉଥିବାରୁ ସମବାୟ ସମିତିରେ ଅର୍ଥ ତୋଷାରପାତ, ମନୋମୁଖୀ କାର୍ଯ୍ୟ, ସମବାୟ ସଂସ୍ଥାରୁ ନିଜ ଖର୍ଚ୍ଚ ପାଇଁ ବିଭିନ୍ନ ଉପାୟରେ ଅର୍ଥନେଇ ଖର୍ଚ୍ଚ କରିବା ପ୍ରଭୃତି ଅନିୟମିତ କାର୍ଯ୍ୟ ବଢିଚାଲିଥିବାରୁ ଓଡ଼ିଶାରେ ସମବାୟ ଅସହାୟ ହୋଇପଡ଼ିଛି । ଓଡ଼ିଶାରେ ଆସ୍କା ସମବାୟ ଚିନିକଳ ବ୍ୟତୀତ ଅନ୍ୟ ଚିନିକଳଗୁଡ଼ିକ

ବନ୍ଦହୋଇ ଅସ୍ତିତ୍ୱ ହରାଇ ସମବାୟ ବିଭାଗର ଅଧିକାରୀଙ୍କ ପରାମର୍ଶରେ ବିକ୍ରି ହେବାକୁ ବସିଥିବା ବେଳେ ଓଡ଼ିଶା ସରକାର ନୀରବଦ୍ରଷ୍ଟା ସାଜିଛନ୍ତି । ଓଡ଼ିଶା ରାଜ୍ୟ ସମବାୟ ବିଭାଗର ଅଧିକାରୀମାନେ ସରକାରଙ୍କୁ ପରାମର୍ଶ ଦେଇ ମହାରାଷ୍ଟ୍ରର ରାଜ୍ୟ ସରକାରଙ୍କ ସମବାୟ ଭିତ୍ତିକ ପରିଚାଳନା ସହିତ ତାତିଆ ସାହେବ କୋରେଙ୍କ ଦୀର୍ଘବର୍ଷର କାର୍ଯ୍ୟ ଓ ନେତୃତ୍ୱ ତଥା ପରିଚାଳନାକୁ ଆଖି ଆଗରେ ରଖି ବିଭିନ୍ନ କାର୍ଯ୍ୟକ୍ରମ କରାଯାଇପାରିଲେ ଭାରତବର୍ଷରେ ଓଡ଼ିଶା ଦ୍ୱିତୀୟ ୱାରାନା ଅଞ୍ଚଳ ପରି ସୁଖ୍ୟାତି ଲାଭ କରିପାରିବ । କାରଣ ଓଡ଼ିଶାରେ ସମସ୍ତ ପ୍ରକାର ସୁବିଧା ଥିଲେ ମଧ୍ୟ ସମବାୟ ଅନୁଷ୍ଠାନଗୁଡ଼ିକ ଦୁର୍ବଳ ହୋଇପଡ଼ିବାରୁ ନୂତନ ସରକାର ଏଥିପ୍ରତି ଦୃଢ଼ତାର ସହ କାର୍ଯ୍ୟ ସମାପନ କରିବା ଉଚିତ୍। ଏହା ହୋଇପାରିଲେ ନିକଟରେ ଶାସନକୁ ଆସିଥିବା ସରକାରଙ୍କ କାର୍ଯ୍ୟ ସ୍ୱର୍ଣ୍ଣାକ୍ଷରରେ ଲିପିବଦ୍ଧ ହୋଇ ରହିବ । ବର୍ତ୍ତମାନ ଓଡ଼ିଶାର ସମବାୟ ମନ୍ତ୍ରୀ ଜଣେ ନିର୍ଭୀକ, କର୍ମତତ୍ପର, ସଚ୍ଚୋଟ, ଦକ୍ଷ ଓ ଜ୍ଞାନୀ ବ୍ୟକ୍ତି ହୋଇଥିବାରୁ ସମବାୟ କ୍ଷେତ୍ରରେ ସଂସ୍କାର ଆଣିପାରିଲେ ତାଙ୍କ ପାଇଁ ଏହା ଭଗବାନଙ୍କ ବରଦାନ ସଦୃଶ ହେବ ।

'ସମାଜ' - ତା୨୯.୦୪.୨୦୨୫ରେ ପ୍ରକାଶିତ

ସମବାୟରେ ହସ୍ତତନ୍ତ ଲୁଗା

ଆମ ଭାରତରେ ହସ୍ତତନ୍ତ ଶିଳ୍ପ ବହୁ ପୁରାତନ । ଓଡ଼ିଶାର ତନ୍ତୀମାନଙ୍କ ଦ୍ୱାରା ହସ୍ତତନ୍ତ ସାହାଯ୍ୟରେ ହାତ ତିଆରି ପାଟ ଜଗତର ନାଥ ସ୍ୱୟଂ ଜଗନ୍ନାଥ ସବୁଦିନ ପିନ୍ଧିଥାନ୍ତି । ବୁଣାକାରମାନେ ଅର୍ଗାନିକ୍ ଉପାୟରେ ହାତ ତିଆରି ବିଭିନ୍ନ ରଙ୍ଗଦେଇ ନାନା ରକମର ଲୁଗା ଓ ଶାଢ଼ୀ ବୁଣି ଦେଶ ବିଦେଶରେ ବିକ୍ରି କରି ସୁଖ୍ୟାତି ଅର୍ଜନ କରିଥିଲେ । କିନ୍ତୁ ବ୍ରିଟିଶ୍ ଶାସନରେ ସରକାରୀ ପ୍ରୋତ୍ସାହନ ଅଭାବରୁ ବିଲାତରୁ ଆମଦାନୀ କଳତନ୍ତ ଉତ୍ପାଦିତ ଲୁଗା ସୁଲଭ ଦରରେ ବିକ୍ରି କରିବା ଦ୍ୱାରା ଏହା ସହିତ ପ୍ରତିଦ୍ୱନ୍ଦିତା କରିନପାରି ଅନେକ ବୁଣକାର ଲୁଗାବୁଣା ଛାଡ଼ି ଚାଷ ଉପରେ ନିର୍ଭର କରି କୁଟୁମ୍ବ ପୋଷିବା ଆରମ୍ଭ କଲେ । ବିଶେଷକରି ବୁଣାକାରମାନେ ନିଜେ ସୂତା କିଣି ସୂତାରେ ରଙ୍ଗ ଦେଇ ତନ୍ତ ସାହାଯ୍ୟରେ ଲୁଗା ବୁଣି ତାହାକୁ ବିକ୍ରି କରୁଥିଲେ । ଯାହା ମୂଲ୍ୟ ପାଉଥିଲେ ସେ ଅର୍ଥରୁ ଚଢ଼ା ଦରରେ ସାହୁକାରମାନଙ୍କ ଠାରୁ ଆଣିଥିବା ଋଣ ସହିତ ସୁଧ ଦେଲାପରେ ମଜୁରି ବାବଦକୁ ବିଶେଷ କିଛି ମିଳୁ ନଥିଲା । ଏପରି ଦୂରାବସ୍ଥାରେ ବୁଣାକାରମାନେ ବିଭିନ୍ନ ପ୍ରକାର ସମସ୍ୟାର ସମ୍ମୁଖୀନ ହୋଇ ଲୁଗା ବିକ୍ରି କରି ନପାରିବାରୁ ଊନ୍ନବିଂଶ ଶତାବ୍ଦୀର ଶେଷଭାଗରେ 'ରକଡେଲ ସାହେବ'ଙ୍କ ପ୍ରେରଣାରେ ବୁଣାକାରମାନେ ସମବାୟ ସମିତି ଗଠନ କରି ଏହା ମାଧ୍ୟମରେ ଲୁଗା ବୁଣି ତାକୁ ବିକ୍ରି କରି ବ୍ୟବସାୟୀଙ୍କ ଶୋଷଣରୁ ମୁକ୍ତି ପାଇଲେ । ବିଂଶ ଶତାବ୍ଦୀର ପ୍ରାରମ୍ଭରେ ଭାରତରେ କେତେକ ବୁଣାକାର ସମବାୟ ସମିତି ଗଠନ ହୋଇଥିଲେ ମଧ୍ୟ ସରକାରୀ ପ୍ରୋତ୍ସାହନ ଓ ସୁଲଭ ଦରରେ ବ୍ୟାଙ୍କ ଋଣର ଅଭାବରେ ବିଶେଷ କିଛି ଅଗ୍ରଗତି କରିପାରି ନଥିଲେ । ଦେଶ ସ୍ୱାଧୀନତା ପରେ ୧୯୫୭-୫୮ ମସିହାରେ ଭାରତୀୟ ରିଜର୍ଭ ବ୍ୟାଙ୍କ ପ୍ରଚଳିତ ବ୍ୟାଙ୍କ ସୁଧହାର ଠାରୁ ଶତକଡ଼ା ଟ.୨.୫୦ପ. କମ୍ ସୁଧରେ ବୁଣାକାର ସମିତିମାନଙ୍କୁ ହସ୍ତବୁଣା ଲୁଗା ଉତ୍ପାଦନ ଓ ବିକ୍ରି ପାଇଁ ନଗଦ ପତିଆରା ଋଣ (Cash

Credit) ଦେବା ଆରମ୍ଭ କରିଥିଲେ । ଓଡ଼ିଶା ସରକାର ବୁଣାକାରମାନଙ୍କ କଷ୍ଟ ଲାଘବ ପାଇଁ ସମବାୟ ସମିତିମାନଙ୍କୁ ଶତକଡ଼ା ୩ ଭାଗ ରିହାତି (Interest Subsidy) ଦେଇଥିଲେ ।

୧୯୬୩ ମସିହାରେ ଭାରତ ସରକାର 'ଜାତୀୟ ସମବାୟ ଉନ୍ନୟନ ନିଗମ' ଗଠନ କଲେ । ଉକ୍ତ ନିଗମ ଗରିବ ବୁଣାକାରମାନଙ୍କ ଆର୍ଥିକ ବିକାଶକୁ ତ୍ୱରାନ୍ୱିତ କରିବାପାଇଁ ଉନ୍ନତ ତନ୍ତ, ତନ୍ତଶାଳା, ଗୋଦାମ ଘର, ବିକ୍ରୟ ଭଣ୍ଡାର, ପ୍ରଦର୍ଶନୀ କକ୍ଷ ଓ ରଙ୍ଗଘର ପ୍ରଭୃତି ନିର୍ମାଣ ତଥା ଅନ୍ୟାନ୍ୟ ହସ୍ତତନ୍ତ ଶିଳ୍ପ ଉପକରଣ ପାଇଁ କେବଳ ସମବାୟ ସମିତିମାନଙ୍କୁ ଦୀର୍ଘକାଳୀନ ଋଣ ଦେଲେ । ଏପରିକି ତନ୍ତୁବାୟ ସମିତିର ଋଣ ଚାହିଦା ବୃଦ୍ଧି ଓ ସମବାୟ ସୂତାକଳରେ ଅଂଶୀଦାର ହେବାପାଇଁ ବୁଣାକାରମାନଙ୍କୁ ଅଂଶଧନ ମଧ୍ୟ ଯୋଗାଇ ଦିଆଯାଇଥିଲା । ବୁଣାକାରମାନଙ୍କୁ ସୂତା ଯୋଗାଣ ଅବ୍ୟାହତ ପାଇଁ ରଖିବା ପାଇଁ ସମବାୟ ସୂତାକଳ ପ୍ରତିଷ୍ଠାରେ ଦୀର୍ଘକାଳୀନ ପୁଞ୍ଜିଋଣ ଆକାରରେ ଦେଇଥିଲେ ମଧ୍ୟ ଶତକଡ଼ା ୬୦ଭାଗରୁ ଊର୍ଦ୍ଧ୍ୱ ବୁଣାକାର ସମବାୟ ସମିତିର ସଭ୍ୟ ନ ହୋଇ ମାଲିକ ବୁଣାକାରମାନଙ୍କର (Master Weavers) ଅଧୀନରେ କାମକରି ନିଷ୍ପେଷିତ ହେଉଥିଲେ । ଏଣୁ କେନ୍ଦ୍ର ସରକାର ୧୯୭୩ ମସିହାରେ ଓଡ଼ିଶାର ପୂର୍ବତନ ଶାସନ ସଚିବ ଶିବରମଣଙ୍କ ଅଧ୍ୟକ୍ଷତାରେ ଏକ କମିଟି ଗଠନ କରି କୃଷି ପଛକୁ ହାତବୁଣା ଲୁଗା ବୁଣାବୁଣିରେ ବହୁଲୋକଙ୍କ ନିଯୁକ୍ତିର ସମ୍ଭାବନା ଦୃଷ୍ଟେ ହସ୍ତତନ୍ତ ଶିଳ୍ପ ପ୍ରସାରଣର ଗୁରୁତ୍ୱ ଉପଲବ୍ଧି କରି ବୁଣାକାରମାନଙ୍କୁ ସମବାୟ ପରିସରଭୁକ୍ତ କରାଗଲେ ସେମାନେ ମାଲିକ ତନ୍ତୀଙ୍କ ଶୋଷଣରୁ ମୁକ୍ତ ହୋଇ ଅଧିକ ଉତ୍ପାଦନ କରିପାରିବେ ବୋଲି କମିଟି ନିଷ୍ପତ୍ତି ଗ୍ରହଣ କଲେ । କିନ୍ତୁ ସମସ୍ତ ବୁଣାକାରମାନଙ୍କୁ ସମବାୟ ସମିତିରେ ସଭ୍ୟ କରାଇବା ସମୟ ସାପେକ୍ଷ ହେତୁ ମାଲିକ ତନ୍ତୀଙ୍କ କବଳରୁ ରକ୍ଷା କରିବା ପାଇଁ ଅଣସଭ୍ୟ ବୁଣାକାରମାନଙ୍କୁ ସାହାଯ୍ୟ ଲକ୍ଷରେ କମିଟି ପ୍ରତ୍ୟେକ ରାଜ୍ୟରେ ହସ୍ତତନ୍ତ ଉନ୍ନୟନ ନିଗମ ପ୍ରତିଷ୍ଠାର ସୁପାରିଶ କଲେ । ୧୯୭୫ ମସିହାରେ ଭାରତରେ ଓଡ଼ିଶା ସମେତ ୧୯ଟି ରାଜ୍ୟରେ ଗୋଟିଏ ଲେଖାଁ ରାଜ୍ୟ ସମବାୟ ହସ୍ତତନ୍ତ ଉନ୍ନୟନ ନିଗମ ଗଠନ କରାଯାଇଥିଲା । ଉକ୍ତ ନିଗମମାନେ ରାଜ୍ୟସରକାରଙ୍କ ନିୟନ୍ତ୍ରଣରେ ପରିଚାଳିତ ହେଉଛନ୍ତି । ନିଗମ ନାବାର୍ଡ଼ ତଥା ସମବାୟ ଓ ବାଣିଜ୍ୟିକ ବ୍ୟାଙ୍କ ମାନଙ୍କରୁ ଋଣ ପାଇ ବୁଣାକାରମାନଙ୍କୁ ସୂତା କିଣିବା ଓ ମଜୁରୀ ପ୍ରଦାନରେ ଅର୍ଥ ଯୋଗାଉଛନ୍ତି । ବୁଣାକାରମାନଙ୍କ ଠାରୁ ଲୁଗା କିଣି ବଜାରରେ ବିକ୍ରି କରୁଛନ୍ତି ଓ ଉତ୍କୃଷ୍ଟ ଶାଢ଼ୀ ଚାହିଦା ମୁତାବକ ବିଦେଶକୁ ରପ୍ତାନୀ କରୁଛନ୍ତି । ଆସାମ, ରାଜସ୍ଥାନ, କର୍ଣ୍ଣାଟକ ପ୍ରଭୃତି ରାଜ୍ୟରେ ନିଗମମାନେ ତନ୍ତବୁଣା କନାରେ ରେଡିମେଡି ପୋଷାକ

ତିଆରି କରି ବିଭିନ୍ନ ସହରରେ ବିକ୍ରୟ ଭଣ୍ଡାର ଖୋଲି ବିକ୍ରି କରୁଛନ୍ତି ଓ ବିଭିନ୍ନ ପ୍ରକାର ଶାଢ଼ୀ ବୁଣିବା ପାଇଁ ତାଲିମ ପ୍ରଦାନ କରୁଛନ୍ତି । ବିଶେଷକରି ଏକ ହଜାରରୁ ଉର୍ଦ୍ଧ୍ୱ ବୁଣାକାରମାନଙ୍କ ବସତି ଗ୍ରାମପୁଞ୍ଜ କିମ୍ୱା ବ୍ଲକ୍ ଅଞ୍ଚଳକୁ ନେଇ ରାଜ୍ୟ ସରକାରମାନେ ସଘନ ହସ୍ତତନ୍ତ ଉନ୍ନୟନ ପ୍ରକଳ୍ପ (Integrated Handloom Development Project) କିମ୍ୱା ଏକତ୍ରିତ ବା ପେନ୍ଥା ଗ୍ରାମ୍ୟ ପରିକଳ୍ପନା (Cluster Village Scheme) ପ୍ରସ୍ତୁତ କଲେ । ଓଡ଼ିଶାର ୧୦୩୦୫୮ ତନ୍ତ ବା ବୁଣାକାରମାନଙ୍କ ସମେତ ଭାରତର ୩୫୨୨୫୧୨ ଜଣ ବୁଣାକାରମାନେ ତନ୍ତ ସମବାୟ ସମିତିର ପରିସରଭୁକ୍ତ ନହୋଇ ଅବଧି ରାଜ୍ୟ ହସ୍ତତନ୍ତ ଉନ୍ନୟନ ନିଗମ ଠାରୁ ବିଭିନ୍ନ ସୁବିଧା ନେଇ ଉପକୃତ ହେଉଛନ୍ତି । ଏପରି ପ୍ରକଳ୍ପ ମାନଙ୍କୁ ବିଶ୍ୱବ୍ୟାଙ୍କ ସାହାଯ୍ୟ ଦେବାକୁ ଆଗଭର ହେଉଛି ।

ଆସାମ ପ୍ରଭୃତି କେତେକ ପୂର୍ବାଞ୍ଚଳ ରାଜ୍ୟମାନଙ୍କରେ ବୁଣାକାରମାନଙ୍କ ସହିତ ଅନ୍ୟାନ୍ୟ ପରିବାର ଗୃହ ଶିଳ୍ପ (Cottage Industries) ଭାବରେ ତନ୍ତ ବସାଇ ଲୁଗା ଉତ୍ପାଦନ କରି ବଜାର ଚାହିଦା ମେଣ୍ଟାଉ ଅଛନ୍ତି । କିନ୍ତୁ ଅବଧି ସମବାୟର ଶତକଡ଼ା ୭୫ ଭାଗ ବୁଣାକାର ସଭ୍ୟ ହୋଇ ସୁଦ୍ଧା ଚାହିଦାର ୩୦ ଭାଗ ତନ୍ତବୁଣା ଲୁଗା ଉତ୍ପାଦନ କରୁଛନ୍ତି । ଏଣୁ ବୁଣାକାର ତଥା ସମବାୟ ସମିତିମାନଙ୍କର ଉତ୍ପାଦନ ବୃଦ୍ଧି କରିବା ସହିତ ତ୍ୱରାନ୍ୱିତ ପଦକ୍ଷେପ ନେବାକୁ ସରକାରମାନେ ଯତ୍ନଶୀଳ ହେବା ଦରକାର । ଭାରତର ଅବଧି ପ୍ରାୟ ୨୦ କୋଟି ଲୋକ ହସ୍ତତନ୍ତ ଶିଳ୍ପରେ ନିଯୁକ୍ତି ଥିବାସ୍ଥଳେ ଓଡ଼ିଶାରେ ୪ ଲକ୍ଷ ଲୋକ ହସ୍ତତନ୍ତ ଶିଳ୍ପରେ ନିୟୋଜିତ ହୋଇ ରୋଜଗାର କରିବା ସହିତ ରେଶମ ବସ୍ତ୍ର ଉତ୍ପାଦନ ପାଇଁ ରେଶମ ଶିଳ୍ପରେ ପ୍ରାୟ ୪୦ ଲକ୍ଷ ଲୋକ ନିଯୁକ୍ତି ପାଇଛନ୍ତି ।

୧୯୮୫ ମସିହାରେ ଜାତୀୟ କୃଷି ଓ ଗ୍ରାମ୍ୟ ଉନ୍ନୟନ ବ୍ୟାଙ୍କ (ନାବାର୍ଡ଼) ପ୍ରତିଷ୍ଠା ହେବାରୁ ହସ୍ତତନ୍ତ ଶିଳ୍ପର ବିକାଶ ପାଇଁ ଏକ ଦଳ (Task Force) ଗଠନ କରି ବୁଣାକାରମାନଙ୍କ ଉନ୍ନତି ଓ ତନ୍ତବୁଣା ଲୁଗା ଉତ୍ପାଦନ ବୃଦ୍ଧି ନିମନ୍ତେ କରିଥିବା ସୁପାରିଶମାନ ନାବାର୍ଡ଼ ମାଧ୍ୟମରେ କାର୍ଯ୍ୟକାରୀ କରାଯାଉଛି । ନାବାର୍ଡ଼ ମଧ୍ୟ ଉଭୟ ନଗଦ ପତିଆରା (Cash Credit) ଓ ଦୀର୍ଘକାଳୀନ ଋଣ ସମବାୟ ବ୍ୟାଙ୍କ ଓ ହସ୍ତତନ୍ତ ଉନ୍ନୟନ ନିଗମ ମାନଙ୍କୁ ଯୋଗାଉଛି । ଦୈବି ଦୁର୍ବିପାକରେ ସମିତି ତଥା ବୁଣାକାରମାନେ କ୍ଷତିଗ୍ରସ୍ତ ହେଲେ କୃଷିଋଣ ପରି ବୁଣାକାରମାନେ ନେଇଥିବା ଋଣକୁ କିସ୍ତିରେ ସୁଝିବାକୁ ନାବାର୍ଡ଼ ବ୍ୟବସ୍ଥା କରିଛି । ହସ୍ତତନ୍ତ କ୍ଷେତ୍ରରେ ଋଣ ଲଗାଣ ଓ ସୁଝିବା ବ୍ୟବସ୍ଥାକୁ ନାବାର୍ଡ଼ ସମବାୟ ବ୍ୟାଙ୍କମାନଙ୍କ ପାଇଁ ନୀତି କୋହଳ କରିଛି ।

କଳତନ୍ତ ସହିତ ହାତବୁଣା ଲୁଗା ଶୀଘ୍ର ବିକ୍ରୟ ପାଇଁ କେନ୍ଦ୍ର ଓ ରାଜ୍ୟ ସରକାରମାନେ ଗ୍ରାହକମାନଙ୍କୁ ଶତକଡ଼ା ୨୦ରୁ ୨୮ ଭାଗ ରିହାତି ଦେଉଛନ୍ତି । ବୁଣାକାର ସମବାୟ ସମିତିମାନେ ନିୟମିତ ଭାବରେ ଶୀଘ୍ର ରିହାତି ଟଙ୍କା ପାଇବା ପାଇଁ ରାଜ୍ୟ ସମବାୟ ବ୍ୟାଙ୍କ କିମ୍ବା ରାଜ୍ୟ ବୁଣାକାର ସମବାୟ ନିଗମରେ ରିହାତି ପାଣ୍ଠି ଖୋଲି ବଜେଟ୍ ଗୃହୀତ ପରେ ପରେ ରିହାତି ଟଙ୍କା ଦେଇଦେବା ପାଇଁ ନାବାର୍ଡ଼ ରାଜ୍ୟ ସରକାରମାନଙ୍କୁ ପରାମର୍ଶ ଦେଇଛି । ଆହୁରି ମଧ୍ୟ ଲୁଗା ବୁଣାରେ ଉନ୍ନତ ଜ୍ଞାନ କୌଶଳର ଉପଯୋଗ ତଥା ଗବେଷଣା ପାଇଁ ନାବାର୍ଡ଼ ତା'ର ପାଣ୍ଠିରୁ ସାହାଯ୍ୟ କରୁଛି ।

କେନ୍ଦ୍ର ଓ ରାଜ୍ୟ ସରକାର, ନାବାର୍ଡ଼ ଜାତୀୟ ସମବାୟ ଉନ୍ନୟନ ନିଗମ ବୁଣାକାରମାନଙ୍କ ପାଇଁ ନିଯୁକ୍ତି ସୁଯୋଗ ବୃଦ୍ଧି କରିଥିଲେ ମଧ୍ୟ ଓଡ଼ିଶା ରାଜ୍ୟ ସରକାର ମଜୁରି ହାର ବୃଦ୍ଧି କରିନଥିବାରୁ ବୁଣାକାରମାନଙ୍କ ଲୁଗାବୁଣା ପାଇଁ ଆଗ୍ରହ କମୁଛି । ପଞ୍ଜାବରେ ବୁଣାକାରମାନଙ୍କ ମଜୁରି କୃଷି ମଜୁରି ଠାରୁ ଅଧିକ ଥିବାରୁ ସେ ପ୍ରଦେଶର ବୁଣାକାରମାନେ ସୂତା ଲୁଗା ପରିବର୍ତ୍ତେ ଅଧିକ ଦାମ୍ ଥିବା କମ୍ବଳ, ସାଲ୍ ଓ ଅନ୍ୟାନ୍ୟ ରେଶମ ବସ୍ତ୍ର ଉତ୍ପାଦନ କରୁଛନ୍ତି । କେନ୍ଦ୍ର ସରକାର ବୁଣାକାରମାନଙ୍କ ଜୀବନବୀମା ପ୍ରିମିୟମ ବହନ କରୁଛନ୍ତି । ଓଡ଼ିଶା ସରକାର ବୁଣାକାରମାନଙ୍କୁ ଦିଆଯିବାକୁ ଥିବା ରିହାତି ଟଙ୍କା ମାର୍ଚ୍ଚ ମାସରେ ଉଠାଣ କରି ପୁଣି ଟ୍ରେଜେରୀରେ ଜମା (Civil Deposit) କରି ମାସ ମାସ ଧରି ସମିତିମାନଙ୍କୁ ଦେଇ ନପାରିବାରୁ ସମିତିମାନେ ମୂଳଧନ ଅଭାବରେ ବୁଣାକାରମାନଙ୍କୁ ଲୁଗା ବୁଣାରେ ସବୁଦିନ ନିଯୁକ୍ତି ଦେଇପାରୁ ନାହାନ୍ତି ।

ସର୍ବୋପରି ରାଜନୈତିକ ସ୍ୱାର୍ଥରେ ନିଗମ ପରିଚାଳକ ନିଯୁକ୍ତି ନହୋଇ ଦକ୍ଷତାକୁ ମାପକାଠି କରାଯାଇ ନିଯୁକ୍ତି ଦିଆଗଲେ ବୁଣାକାରମାନଙ୍କ ସମସ୍ୟା ଦୂରୀଭୂତ ହୋଇପାରିବ । ବିକ୍ରୟ କେନ୍ଦ୍ର ଓ ସମିତିମାନଙ୍କର ହିସାବ ପତ୍ର ଠିକ୍ ସମୟରେ ପ୍ରତିବର୍ଷ ଯାଞ୍ଚ ଓ ଅଡିଟ୍ କରାଯାଇ ଅର୍ଥ ତୋଷାରପାତ ବିରୁଦ୍ଧରେ ଆଶୁ ପ୍ରତିକାର କରାଯାଇ ଦୋଷୀ କର୍ମଚାରୀଙ୍କ ବିରୁଦ୍ଧରେ କାର୍ଯ୍ୟାନୁଷ୍ଠାନ କରାଗଲେ ସମିତିମାନେ ରୁଗ୍ଣ ହେବେ ନାହିଁ । ନିୟମିତ ଭାବେ ସମିତିଗୁଡ଼ିକୁ ପରିଦର୍ଶନ କରାଯିବା ଆବଶ୍ୟକ । ପରିଦର୍ଶକମାନେ ସମିତିର ଅବ୍ୟବସ୍ଥା ପାଇଁ ଦାୟୀ ରହିଲେ ସମିତିମାନେ ଉତ୍ତମ ଭାବେ ପରିଚାଳିତ ହୋଇପାରିବା ସଙ୍ଗେ ସଙ୍ଗେ କର୍ମକ୍ଷେତ୍ରରେ ନିଯୁକ୍ତିର ବୃଦ୍ଧି ଘଟିବ । ଦେଶ ବିଦେଶରେ ଓଡ଼ିଶା ହସ୍ତତନ୍ତ ଶିଳ୍ପ ଦ୍ୱାରା ଉତ୍ପାଦିତ ବସ୍ତ୍ରଗୁଡ଼ିକର ଅଧିକ ଚାହିଦା କ୍ରମଶଃ ବଢୁ ଥିବାରୁ ସମବାୟ ନେତା ସ୍ୱର୍ଗତଃ କୃତାର୍ଥ ଆଚାର୍ଯ୍ୟଙ୍କର ହସ୍ତତନ୍ତ ସମବାୟ ସମିତି ପାଇଁ ଅବଦାନ ଅତୁଳନୀୟ । ସମ୍ବଲପୁରୀ ବସ୍ତ୍ରାଳୟ ତାଙ୍କର ପ୍ରତିମୂର୍ତ୍ତି ଉନ୍ମୋଚନ କରିଥିବାରୁ ତାଙ୍କର କର୍ମ କୁଶଳତା ବୁଣକାରମାନଙ୍କୁ ନିଶ୍ଚିତ ଭାବରେ ପ୍ରେରଣା

ଯୋଗାଉଛି । ଯାହା ଫଳରେ ଓଡ଼ିଶା ବିଶ୍ୱ ଦରବାରରେ ପ୍ରସିଦ୍ଧି ଲାଭ କରିପାରିଛି । ଓଡ଼ିଶା ରାଜ୍ୟ ସରକାର ହସ୍ତତନ୍ତ ଶିଳ୍ପର ଗୁରୁତ୍ୱକୁ ଉପଲବ୍‌ଧ କରି ସମସ୍ତ ପ୍ରକାର ସାହାଯ୍ୟ ସହାନୁଭୂତି ଠିକ୍ ସମୟରେ ଯୋଗାଇ ଦେଇପାରିଲେ ଶିଳ୍ପ ବିକାଶରେ ଓଡ଼ିଶା ଆଉ ଦୁଇପାଦ ଆଗକୁ ଯାଇପାରିବ । ଏ କ୍ଷେତ୍ରରେ ଓଡ଼ିଶାର ସମବାୟ ମନ୍ତ୍ରୀ ଶ୍ରୀଯୁକ୍ତ ପ୍ରଦୀପ କୁମାର ବଳସାମନ୍ତଙ୍କ କର୍ତ୍ତବ୍ୟ ଓ ନିଷ୍ଠା ତନ୍ତ ସମବାୟ ସମିତି ଓ ବୁଣାକାରମାନଙ୍କ ପାଇଁ ବରଦାନ ସଦୃଶ ହେବ ।

'ସକାଳ' - ତା୨୮.୦୧.୨୦୨୫ରେ ପ୍ରକାଶିତ

■

ସମବାୟରେ କୃଷିର ବିକାଶ

ବ୍ରିଟିଶ ଶାସନ କାଳରେ ଶତକଡ଼ା ୯୮ ଭାଗ ଲୋକ କେବଳ କୃଷି ଉପରେ ନିର୍ଭର କରି ଜୀବନ ବିତାଉଥିଲେ । ଓଡ଼ିଶାର ଚାଷୀମାନେ କେବଳ ବର୍ଷାଋତୁରେ ମୁଖ୍ୟତଃ ଖରିଫ୍ ଧାନ ଚାଷ କରୁଥିଲେ । ଏପରିକି କୃଷିଶିକ୍ଷା ଅଭାବରେ ପରିବା ଆଦି ବହୁବିଧ ଫସଲ କରିବାରେ ଅଭ୍ୟସ୍ତ ନଥିଲେ । ଯେନତେନ ପ୍ରକାରେ ସେପ୍ଟେମ୍ବର ମାସ ପର୍ଯ୍ୟନ୍ତ ନିଜ ଚାଷରୁ ଆୟ କରୁଥିବା ଅର୍ଥରେ ଚଳିଯାଉଥିଲେ । ଧାନ ବେଉସା ପରେ ସେପ୍ଟେମ୍ବର ମାସ ଠାରୁ ଡିସେମ୍ବର ମାସ ପର୍ଯ୍ୟନ୍ତ ଅଭାବ ଅନଟନରେ ଚଳୁଥିଲେ । ବନ୍ୟା, ବାତ୍ୟା ଓ ମରୁଡ଼ି ପ୍ରଭୃତି ପ୍ରାକୃତିକ ବିପର୍ଯ୍ୟୟରେ ଫସଲ ନଷ୍ଟ ହେଲେ କ୍ଷତିର ଭରଣା ପାଇବାର ସୁବିଧା ନଥିଲା । ଯାତାୟତ ପାଇଁ ଗମନାଗମନର ସୁବିଧା ନଥିବାରୁ ଅନ୍ୟ ରାଜ୍ୟରୁ ଖାଦ୍ୟ ପଦାର୍ଥ ଆସିପାରୁ ନଥିଲା । ଫଳରେ ଦେଶରେ ଜନସାଧାରଣ ଦୁର୍ଭିକ୍ଷର ସମ୍ମୁଖୀନ ହେଉଥିଲେ । ଯାହାର ଉଦାହରଣ ଓଡ଼ିଶାରେ ୧୮୬୬ ମସିହା ନଅଙ୍କ ଦୁର୍ଭିକ୍ଷର କରାଳ ଦାଉରେ ଲକ୍ଷ ଲକ୍ଷ ଲୋକ ପୋକମାଛି ପରି ମରିଯାଇଥିଲେ । ଲୋକମାନେ ଖଣ୍ଡିଏ ଖଣ୍ଡିଏ ତନ୍ତବୁଣା ଲୁଗା ପିନ୍ଧି ଲଜ୍ୟା ଦାଉରୁ ଦେହକୁ ଘୋଡ଼ାଇଥିଲେ, କାରଣ ପଇସା ଅଭାବରୁ ବସ୍ତ୍ର କିଣିପାରୁ ନଥିଲେ । ଅଧିକାଂଶ ଚାଷୀ ନିରକ୍ଷର ଥିଲେ । ଏପରି ଅବସ୍ଥାରେ ଚାଷୀ ଜମି ଏକର ପିଛା୨ ଟଙ୍କା ଖଜଣା ସରକାରଙ୍କୁ ଦେଇପାରିନଥିଲେ । ଅଧିକାଂଶ ଚାଷୀଙ୍କର ଜମିର ମାଲିକାନା ନଥିଲା । ରାଜା, ଜମିଦାର ଓ ବଡ଼ ବଡ଼ ଜମି ମାଲିକଙ୍କ ଜମିକୁ ଚଷୀମାନେ ଭାଗକରି ଅଧା ଫସଲ ମାଲିକମାନଙ୍କୁ ଦେଉଥିଲେ । ସେହି ସମୟରେ ନଅଙ୍କ ଦୁର୍ଭିକ୍ଷର କରାଳ ଛାୟା ଲୋକମାନଙ୍କ ମନରୁ ଲିଭାଇବା ପାଇଁ ଦୁର୍ଭିକ୍ଷ ପାଣ୍ଠିରେ ନିର୍ମିତ ମହାନଦୀ ତ୍ରିକୋଣଭୂମି ଜଳସେଚନ ଯୋଜନାରେ କଟକର ତାଳଦଣ୍ଡା କେନାଲ୍ ଓ ପଟ୍ଟାମୁଣ୍ଡାଇ କେନାଲ୍ ଆରମ୍ଭ ହେବାରୁ ଅବିଭକ୍ତ କଟକ ଜିଲ୍ଲାର କେତେକ ଅଞ୍ଚଳରେ ଚାଷୀମାନେ

କେବଳ ଖରିଫ୍ ଧାନଚାଷ ପାଇଁ କେନାଲ୍ ମାଧ୍ୟମରେ ପାଣି ପାଉଥିଲେ । ଧାନ ଫସଲ ଏକର ପିଛା ୨ କ୍ୱିଣ୍ଟାଲ୍ ବା କଟକୀ ୪ ମହଣ ଉତ୍ପାଦନ ହେଉଥିଲା । ଆର୍ଥିକ ଦୁଃସ୍ଥିତିରୁ ରକ୍ଷା ପାଇବା ପାଇଁ ସ୍ୱାଧୀନତା ଆନ୍ଦୋଳନ ତୀବ୍ରତର ହୋଇଥିଲା । ଫଳରେ ୧୯୪୭ ମସିହା ଅଗଷ୍ଟ ୧୫ ତାରିଖରେ ବ୍ରିଟିଶ ସରକାର କଂଗ୍ରେସ ଦଳକୁ ଶାସନ ଭାର ଦେଇ ଦେଶଛାଡ଼ି ଚାଲିଯାଇଥିଲେ। ୧୯୪୮ ମସିହାରେ ଓଡ଼ିଶାର ୨୬ଟି ଗଡ଼ଜାତ ରାଜ୍ୟ ସମେତ ଭାରତର ପ୍ରାୟ ୬୦୦ ଗଡ଼ଜାତ ରାଜ୍ୟ ବା କରଦ ରାଜ୍ୟର ରାଜାମାନେ ସେମାନଙ୍କର ଶାସନଭାର ଲୋକ ପ୍ରତିନିଧି ସରକାରଙ୍କୁ ଅର୍ପଣ କରିଦେଇଥିଲେ ।

ସ୍ୱାଧୀନତା ପରେ ଭାରତ ଖାଦ୍ୟ ଶସ୍ୟରେ ନିଅଣ୍ଟ ଥିବାରୁ ସମସ୍ତ ଲୋକମାନଙ୍କୁ ଖାଇବାକୁ ଦେବାପାଇଁ ସରକାର 'ମାର୍ଶାଲ' ଯୋଜନାରେ 'ପି.ଏଲ୍.ଏ. ୪୮୦' ଚୁକ୍ତି ଅନୁଯାୟୀ ଦେଶର ବୈଦେଶିକ ମୁଦ୍ରା ବିନିମୟରେ ଆମେରିକାରୁ ବାର୍ଷିକ ୨୦ରୁ ୫୦ ଲକ୍ଷ ଟନ୍ ଚାଉଳ ଓ ଗହମ ଆମଦାନୀ କରି ଦେଶର ବିଭିନ୍ନ ଅଞ୍ଚଳରେ ଗୋଦାମ ଘର ନିର୍ମାଣ କରି ଖାଦ୍ୟଶସ୍ୟ ଗଚ୍ଛିତ ରଖିଲେ । ଖାଦ୍ୟ ନିଅଣ୍ଟ ସମୟରେ ଲୋକମାନଙ୍କୁ ସାଧାରଣ ବଣ୍ଟନ ଜରିଆରେ ସରକାର ଉଚିତ୍ ଦରରେ ଖାଦ୍ୟ ବିକ୍ରୟ କଲେ । ପ୍ରାକୃତିକ ବିପର୍ଯ୍ୟୟରେ ବ୍ୟାପକ ରିଲିଫ୍ ଚାଷୀମାନଙ୍କୁ ଦେବାରୁ ଦୁର୍ଭିକ୍ଷର ପ୍ରଶ୍ନ ଆଉ ରହିଲା ନାହିଁ । ଭାରତ ସରକାର ବଡ଼ ବଡ଼ ଜଳସେଚନ ଯୋଜନା ନିର୍ମାଣ ସହିତ ଖାଦ୍ୟରେ ସ୍ୱାବଲମ୍ବୀ କରିବା ପାଇଁ ୧୯୫୨ ମସିହାରୁ ପଞ୍ଚବାର୍ଷିକ ଯୋଜନା ପ୍ରବର୍ତ୍ତନ କରିଥିଲେ। ଲଙ୍ଗଳ ଯାହାର ଜମି ତାହାର ନୀତିରେ ବ୍ୟାପକ ଭୂସଂସ୍କାର ଯୋଜନା ଆରମ୍ଭ କରାଯାଇଥିଲା । ଦ୍ୱିତୀୟ ପଞ୍ଚବାର୍ଷିକ ଯୋଜନାରେ ଜାପାନ୍ ଚାଷ ପ୍ରଣାଳୀ ଅନୁଯାୟୀ ବହୁଳ ଉତ୍ପାଦିତ ବିହନ, କୀଟନାଶକ ଔଷଧ ଓ ସାର ଇତ୍ୟାଦି ପ୍ରୟୋଗରେ ଅତ୍ୟାଧୁନିକ ଚାଷ ପ୍ରବର୍ତ୍ତନ କରାଗଲା । ୧୯୪୮ ମସିହାରେ ଓଡ଼ିଶା ସରକାର ବହୁବିଧ ହୀରାକୁଦ ବନ୍ଧ ନିର୍ମାଣ ଆରମ୍ଭ କରିଥିଲେ। ଫଳରେ ମହାନଦୀର ବନ୍ୟା ନିୟନ୍ତ୍ରଣ, ବିଜୁଳି ଉତ୍ପାଦନ, ଶିଳ୍ପ କାରଖାନା ନିର୍ମାଣ ସହିତ ସମ୍ବଲପୁର, ବଲାଙ୍ଗୀର, କଟକ ଓ ପୁରୀ ଜିଲ୍ଲାର ବହୁ ଅଞ୍ଚଳର ଜମିକୁ ଜଳସେଚିତ କରାଇ ଦିଆଗଲା । ଗ୍ରାମଗୋଷ୍ଠୀ ଯୋଜନାରେ କୃଷକମାନଙ୍କୁ ଆଧୁନିକ ପ୍ରଣାଳୀରେ ଚାଷରେ ଅଧିକ ଉତ୍ପାଦନ ପାଇଁ ତାଲିମ ଦିଆଗଲା ।

୧୯୫୦-୫୧ ମସିହାରେ ଶତକଡ଼ା ୩ଭାଗ ଚାଷୀ ସମବାୟ ବ୍ୟାଙ୍କ ଓ ସମବାୟ ସମିତିରୁ କୃଷିଋଣ ପାଉଥିଲେ । ୧୯୫୪ ମସିହାରେ ଭାରତୀୟ ରିଜର୍ଭ ବ୍ୟାଙ୍କର ଗ୍ରାମ ତନଖି କମିଟି ସୁପାରିଶରେ କୃଷକମାନଙ୍କୁ ନଗଦ ଟଙ୍କା, ବହୁଳ

ଉତ୍ପାଦିତ ବିହନ, କୀଟନାଶକ ଔଷଧ ଓ ସାର ପ୍ରଭୃତି ପ୍ରାଥମିକ ସମବାୟ ସହିତ ମାଧ୍ୟମରେ ଚାଷୀମାନଙ୍କୁ କୃଷିଋଣ ଦେବାପାଇଁ ସମବାୟ ବ୍ୟାଙ୍କକୁ ନିର୍ଦ୍ଦେଶ ଦିଆଗଲା । ସମବାୟ ସମିତିମାନେ ଗ୍ରାମାଞ୍ଚଳରେ ଖାଦ୍ୟପଦାର୍ଥ ସହିତ ଅନ୍ୟାନ୍ୟ ଆବଶ୍ୟକ ଜିନିଷ ଶସ୍ତା ଦରରେ ଚାଷୀମାନଙ୍କୁ ଯୋଗାଇଲେ ।

୧୯୫୪ ମସିହାରେ ଓଡ଼ିଶା ସରକାର ଜମିଦାରୀ ଉଚ୍ଛେଦ ଆଇନ୍ ପ୍ରବର୍ତ୍ତନ କଲେ । ଭାଗଚାଷୀଙ୍କୁ ଜମିର ମାଲିକ କରିବାର ଆଇନ୍‌ରେ ବ୍ୟବସ୍ଥା କଲେ । ୧୯୫୮-୫୯ ମସିହାରେ ପରିବାର ପିଛା ଜମିର ସର୍ବୋଚ୍ଚ ପରିମାଣ ୧୫ ଷ୍ଟାଣ୍ଡାର୍ଡ ଏକରରେ ସୀମାବଦ୍ଧ ଆଇନ୍ ଗୃହୀତ କରାଗଲା । ଫଳରେ ପ୍ରକୃତ ଚାଷୀମାନେ ଜମିର ମାଲିକ ହେଲେ ଓ ବଳକା ଜମି ସରକାର ଭୂମିହୀନମାନଙ୍କୁ ବାଣ୍ଟିଦେଲେ । ଭୂସଂସ୍କାର ଫଳରେ ଜମିଦାର ଓ ରାଜାମାନେ ଆଉ ଅଧିକ ଜମି ରଖିବାକୁ ନଚାହିଁ ପରନ୍ତୁ ଜମି ବିକ୍ରି କରିବାକୁ ବାଧ ହେଲେ । କେନ୍ଦ୍ର ସରକାର ୧୯୬୨ ମସିହାରେ କୃଷି ଋଣ ପୁନଃ ଲଗାଣ ନିଗମ ପ୍ରତିଷ୍ଠା କଲେ । ତାହା ଦ୍ୱାରା କୃଷକମାନେ ଜମି ବନ୍ଧକ ରଖି ମଧ୍ୟବର୍ତ୍ତୀକାଳୀନ ଋଣ ପାଇଲେ । କେନ୍ଦ୍ର ସରକାର କୃଷି ଋଣର ପୁନଃ ସମୀକ୍ଷା ପାଇଁ ୧୯୬୯ ମସିହାରେ ଭାରତୀୟ ରିଜର୍ଭ ବ୍ୟାଙ୍କ ଦ୍ୱାରା ଏକ କମିଟି ବସାଇ ସମବାୟ ବ୍ୟାଙ୍କ ସହିତ ଅନ୍ୟାନ୍ୟ ୧୪ ଗୋଟି ବାଣିଜ୍ୟିକ ବ୍ୟାଙ୍କ କୃଷି ଋଣ ଦେବାପାଇଁ ସୁପାରିଶ କଲେ । ଆଦିବାସୀ ଚାଷୀଙ୍କୁ ସେମାନଙ୍କର ଆର୍ଥିକ ଅବସ୍ଥାରେ ଉନ୍ନତି ଆଣିବା ପାଇଁ ଶତକଡ଼ା ୪ ସୁଧରେ କୃଷିଋଣ ଯୋଗାଇଲେ । ୧୯୭୧ ମସିହାରେ ରିଜର୍ଭ ବ୍ୟାଙ୍କର 'ଦାତେ କମିଟି' କୃଷିଋଣ ଛାଡ଼ ପାଇଁ ସୁପାରିଶ କଲେ । ରାଜ୍ୟ ସରକାରମାନେ ଉକ୍ତ କୃଷିଋଣ ଛାଡ଼ ଟଙ୍କା ସମବାୟ ବ୍ୟାଙ୍କକୁ ସୁଝିଲେ ଓ କେନ୍ଦ୍ର ସରକାର ବ୍ୟାପକ କୃଷିର ଉନ୍ନତି ପାଇଁ ୧୯୭୨ ମସିହାରେ କ୍ଷୁଦ୍ର ଚାଷୀ ଉନ୍ନୟନ ସଂସ୍ଥା ଗଠନ କଲେ ।

ସେତେବେଳେ ସମବାୟ ସମିତି ପରିଚାଳନା ପରିଷଦ କମିଟିକୁ ଉଚ୍ଚଶ୍ରେଣୀର ଲୋକମାନେ ନିର୍ବାଚିତ ହେଉଥିବାରୁ ଦୁର୍ବଳ ତଥା ଗରିବ ଚାଷୀମାନଙ୍କୁ କୃଷିଋଣ ଦେବାପାଇଁ ପରିଚାଳନା ପରିଷଦ ଟାଳଟୁଳ ନୀତି ଅବଲମ୍ବନ କରୁଥିଲେ । ସମବାୟ ବ୍ୟାଙ୍କମାନେ କୃଷି ଋଣ ଠିକ୍ ଭାବରେ ଯୋଗାଇ ନପାରିବାରୁ କୃଷି ଋଣ ଅଭାବ ଦୂର କରିବା ପାଇଁ ୧୯୭୫ ମସିହାରେ କେନ୍ଦ୍ର ସରକାର ଓ ରାଜ୍ୟ ସରକାରମାନେ ସହଭାଗିତାରେ ଅଂଶଧନ ଦେଇ ଗ୍ରାମ୍ୟ ବ୍ୟାଙ୍କ ଗଠନ କଲେ ଓ ଗ୍ରାମ୍ୟ ବ୍ୟାଙ୍କ ମାଧ୍ୟମରେ ଦୁର୍ବଳ ଓ ଗରିବ ଚାଷୀମାନଙ୍କୁ କୃଷିଋଣ ଦେଲେ । କୃଷକମାନେ ଗୋଟିଏ ବ୍ୟାଙ୍କରୁ ସମସ୍ତ ପ୍ରକାର ସ୍ୱଳ୍ପ, ମଧ୍ୟମ ଓ ଦୀର୍ଘକାଳୀନ କୃଷିଋଣ ପାଇବା ପାଇଁ ୧୯୮୩

ମସିହାରେ କେନ୍ଦ୍ର ସରକାର ଜାତୀୟ କୃଷି ଓ ଗ୍ରାମ୍ୟ ଉନ୍ନୟନ ବ୍ୟାଙ୍କ (ନାବାର୍ଡ଼) ପ୍ରତିଷ୍ଠା କରି ଏହାଦ୍ୱାରା ସମବାୟ ବ୍ୟାଙ୍କ ମାନଙ୍କୁ ପୁନଃ କୃଷିଋଣ ଲଗାଣ କରି କୃଷକମାନଙ୍କର ବ୍ୟାପକ ବିକାଶରେ ସାହାଯ୍ୟ କଲେ । କେନ୍ଦ୍ର ସରକାର ୧୯୮୫ ମସିହାରେ ଚାଷୀମାନଙ୍କୁ ଦୈବ ଦୁର୍ବିପାକ ଦାଉରୁ ରକ୍ଷା କରିବା ପାଇଁ ଫସଲବୀମା ଯୋଜନା ପ୍ରବର୍ତ୍ତନ କଲେ । ଫସଲବୀମା କରିଥିବା ବୀମା କମ୍ପାନୀରୁ ଫସଲ କ୍ଷତି ଅନୁଯାୟୀ ଚାଷୀ ଆବଶ୍ୟକ ଟଙ୍କା ପାଇ କୃଷିଋଣ ଶୁଝିଲେ ଏବଂ ଋଣ ଖିଲାପିରୁ ମୁକ୍ତ ହୋଇ ପୁନଃ ଫସଲ ପାଇଁ କୃଷିଋଣ ପାଇଲେ ।

ଦେଶ ସ୍ୱାଧୀନ ହେବାପରେ ସରକାରଙ୍କ ଭୂସଂସ୍କାର ଆଇନ୍ ପ୍ରଚଳନ ଫଳରେ ଜଳସେଚନ ଓ ସଘନ ଚାଷ ପ୍ରବର୍ତ୍ତନରେ ଫସଲ ଉତ୍ପାଦନ ୫ ଗୁଣକୁ ବୃଦ୍ଧି ପାଇଲା । ଫଳରେ କୃଷି ଓ କୃଷକର ବିକାଶ ହୋଇଛି । ଚାଷୀ ଉଚିତ୍ ଦରରେ ଫସଲ ବିକିବା ପାଇଁ ସରକାର ସମବାୟ ସମିତି, ବାଣିଜ୍ୟ ସମବାୟ ସମିତି, ଭାରତୀୟ ଖାଦ୍ୟ ନିଗମ, ନାଫେଡ୍, ମାର୍କଫେଡ୍, ରେଗୁଲେଟେଡ୍ ମାର୍କେଟ କମିଟି (RMC) ଗଠନ କରି ଚାଷୀମାନଙ୍କ ଠାରୁ ଉତ୍ପାଦିତ ଫସଲକୁ ଉଚିତ୍ ଦରରେ କିଣିଲେ । ବର୍ତ୍ତମାନ କୃଷି ଉତ୍ପାଦନରେ ନିର୍ଭରଶୀଳ ଲୋକସଂଖ୍ୟା ଶତକଡ଼ା ୯୮ରୁ ୭୦ ଭାଗକୁ କମିଆସିଛି । ତୈଳବୀଜରେ ଦେଶ ଆତ୍ମ ନିର୍ଭରଶୀଳ ହେବାପାଇଁ କେନ୍ଦ୍ର ସରକାର ୧୯୯୨ ମସିହାରୁ ନାବାର୍ଡ଼ ଜରିଆରେ ସ୍ୱତନ୍ତ୍ର ଭାବରେ ଚିନାବାଦାମ ଉତ୍ପାଦନ ପାଇଁ ପଦକ୍ଷେପ ନେଲେ ଓ ଓଡ଼ିଶାରେ ତୈଳବୀଜ ଉତ୍ପାଦନକାରୀ ସମବାୟ ସଂଘ ପ୍ରତିଷ୍ଠା କରି ଚାଷୀମାନଙ୍କୁ ଚିନାବାଦାମ ଚାଷ ପାଇଁ ସରକାରୀ ପ୍ରୋତ୍ସାହନ ଯୋଗାଇ ଦେବାରୁ ବାଦାମ ଚାଷର ବହୁଳ ପ୍ରସାର ହେବା ଫଳରେ ସମବାୟ ଭିତ୍ତିରେ ବାଦାମ ତେଲ କାରଖାନା ଖୋର୍ଦ୍ଧା ନିକଟରେ ପ୍ରତିଷ୍ଠା କରି ଅର୍ପଣ ନାମରେ ବାଦାମ ତେଲ ପ୍ୟାକେଟ୍ ମାଧ୍ୟମରେ ଉପଭୋକ୍ତାମାନଙ୍କୁ ଯୋଗାଇଲେ । ଉକ୍ତ ତେଲର ମାନ ଯଥେଷ୍ଟ ଉନ୍ନତ ଥିବାରୁ ଖାଉଟୀମାନଙ୍କର ବ୍ୟବହାର ବୃଦ୍ଧି ପାଇଲା । ମାତ୍ର ରାଜ୍ୟସରକାରଙ୍କ ଇଚ୍ଛାଶକ୍ତିର ଅଭାବ, ପରିଚାଳନା ପରିଷଦର ଅର୍ଥ ତୋଷାରପାତ, କର୍ମଚାରୀମାନଙ୍କ ମଧ୍ୟରେ ବିଶୃଙ୍ଖଳା ପାଇଁ ତାହା ବନ୍ଦ ହୋଇଗଲା । ଯାହା ସମବାୟ କ୍ଷେତ୍ରରେ ରାଜ୍ୟ ସରକାରଙ୍କର ଏକ ବିଫଳ ପ୍ରୟାସ କହିଲେ ଅତ୍ୟୁକ୍ତି ହେବ ନାହିଁ ।

ଆଜି କାଜୁ ଓ ନଡ଼ିଆଚାଷ ଉପରେ ଆଗେଇ ପାରିଛି । ଫସଲ ଉତ୍ପାଦନ ବୃଦ୍ଧି ପାଇବାରୁ ଭାରତ ଅନ୍ୟାନ୍ୟ ଦେଶକୁ ଚାଉଳ, ଗହମ, ଫଳ ଓ ପନିପରିବା ରପ୍ତାନୀ କରିଛି । ଶିକ୍ଷିତ ବେକାରମାନଙ୍କୁ ନିଯୁକ୍ତି ଦେବାପାଇଁ ଇସ୍ରାଏଲ ଦେଶ ପରି ବ୍ୟାପକ କୃଷି ଶିଳ୍ପ କାରଖାନା ବସାଇବା ପାଇଁ ଯୋଜନା ଉପରେ ଯୋଜନା

କରିଚାଲିଛି । ଉପରୋକ୍ତ ପୂର୍ବ ପ୍ରାଚ୍ୟ ଦେଶମାନଙ୍କ ସହିତ ଧାନ ଉତ୍ପାଦନରେ ସମକକ୍ଷ ହେବାପାଇଁ ଭାରତ ତଥା ଓଡ଼ିଶା କୃଷି ବିକାଶରେ ସମବାୟ ବ୍ୟାଙ୍କ ଓ ଅନୁଷ୍ଠାନମାନେ ନିଷ୍ଠାପର ସହିତ ଧ୍ୟାନ ଦେବା ଆବଶ୍ୟକ । ଏହାକୁ ରାଜ୍ୟ ସରକାର ଗଭୀରତାର ସହ ବିଚାର କରି କାର୍ଯ୍ୟଧାରାକୁ ଆଗେଇ ନେଇପାରିଲେ ଓଡ଼ିଶା ଖାଦ୍ୟ ଉତ୍ପାଦନରେ ବିକାଶଶୀଳ ରାଜ୍ୟଭାବେ ପରିଗଣିତ ହୋଇପାରିବ। ନୂତନ ସରକାର ପାଇଁ ଏହା ଏକ ସାଧୁବାଦ କାର୍ଯ୍ୟ ରୂପେ ପରିଗଣିତ ହୋଇ ସରକାରଙ୍କର ସୁନାମ ବୃଦ୍ଧି ପାଇବ । ସମବାୟରେ ଏହା ଏକ ଉତ୍ତମ ସଂସ୍କାର ।

'ଧରିତ୍ରୀ' - ତା୧୮.୦୬.୨୦୨୫ରେ ପ୍ରକାଶିତ

■

ମୁକ୍ତି ଆନ୍ଦୋଳନରେ ସମବାୟ

ଭାରତଛାଡ଼ ଆନ୍ଦେଳନ ତୀବ୍ରତର ହେବାରୁ ବ୍ରିଟିଶ ସରକାର ଦେଶବାସୀଙ୍କୁ କ୍ଷମତା ହସ୍ତାନ୍ତର ଲକ୍ଷ୍ୟରେ ୧୮୮୫ ମସିହାରେ ବମ୍ବେ ଠାରେ କେତେକ ବୁଦ୍ଧିଜୀବି ଉମେଶ ଚନ୍ଦ୍ର ବାନାର୍ଜୀଙ୍କ ସଭାପତିତ୍ୱରେ ଜାତୀୟ କଂଗ୍ରେସ ସମ୍ମିଳନୀ ଆରମ୍ଭ କରିଥିଲେ । କଂଗ୍ରେସ ଦ୍ୱାରା ପ୍ରସ୍ତାବ ଗ୍ରହଣ କରି କର୍ମକର୍ତ୍ତାମାନେ ବ୍ରିଟିଶ ସରକାରଙ୍କ ସହିତ ବିଭିନ୍ନ ସମୟରେ ଆଲୋଚନା କରୁଥିଲେ । ଉକ୍ତ ପ୍ରସ୍ତାବଗୁଡ଼ିକୁ ଗ୍ରହଣ କରି ୧୯୦୩ ମସିହାରେ ଭାରତର ତଦାନୀନ୍ତନ ଗଭର୍ଣ୍ଣର ଲର୍ଡ ରିପନ୍ ସୀମିତ ସ୍ୱାୟତ୍ତ ଶାସନ ଭାରତୀୟମାନଙ୍କୁ ଦେବାପାଇଁ ଲୋକାଲ୍ ବୋର୍ଡ ଓ ୟୁନିୟନ ବୋର୍ଡମାନ ଗଠନ କରିଥିଲେ । ଚୌକିଦାରୀ ଟିକସଦାତା ମାନେ ଉକ୍ତ ବୋର୍ଡମାନଙ୍କୁ ଲୋକ ପ୍ରତିନିଧି ପଠାଉଥିଲେ । ମାତ୍ର ସେମାନଙ୍କ ମଧ୍ୟରୁ ଅଧିକାଂଶ ବ୍ରିଟିଶ ସରକାରଙ୍କ ସମର୍ଥକ ଥିଲେ । ବୋର୍ଡଗୁଡ଼ିକର ପ୍ରଧାନ କାର୍ଯ୍ୟ ଥିଲା ଶିକ୍ଷାର ପ୍ରସାର, ପାନୀୟଜଳ ପାଇଁ କୂପ ଖନନ ଓ ଗମନା ଗମନ ପାଇଁ ରାସ୍ତା ନିର୍ମାଣ କରିବା ।

୧୯୨୦ ମସିହାରେ ଗାନ୍ଧିଜୀ ଆଫ୍ରିକାରୁ ଫେରିଆସି କଂଗ୍ରେସର ନେତୃତ୍ୱ ନେଲେ । ପୂର୍ଣ୍ଣ ସାମ୍ରାଜ୍ୟ ଲକ୍ଷ୍ୟରେ ସେ କଂଗ୍ରେସକୁ ଜନସାଧାରଣଙ୍କ ସଂଗଠନଭାବେ ପରିଣତ କଲେ । ବିଦେଶୀ ଦ୍ରବ୍ୟ ବର୍ଜନ, ଅରଟ ସୂତାରେ ଖଦୀ ବସ୍ତ୍ର ପ୍ରସ୍ତୁତ କରି ପିନ୍ଧିବା, ନିଶା ନିବାରଣ, ଲୁଣମରା ଆନ୍ଦୋଳନ, ସତ୍ୟାଗ୍ରହ ପ୍ରଭୃତି ସରକାରୀ ବିରୋଧୀ ନୀତି ଗ୍ରହଣ କରିଥିଲେ । ମଦ ଓ ଅଫିମ ସେବନ ବନ୍ଦ କରିବାପାଇଁ ଦୋକାନ ଆଗରେ ସତ୍ୟାଗ୍ରହ ଆନ୍ଦୋଳନ ଆରମ୍ଭ କରିଥିଲେ । କଟକରେ ସ୍ୱରାଜ ଆଶ୍ରମରେ କଂଗ୍ରେସ କର୍ମୀମାନଙ୍କର ବୈଠକ ବସିଥିଲା । କର୍ମୀମାନଙ୍କ ମଧ୍ୟରୁ ଫକୀର ଚରଣ ପଣ୍ଡା, ଗଣେଶ୍ୱର ମିଶ୍ର, ପଦ୍ମଲାଭ ପଟ୍ଟନାୟକ, ଗୋଲକବିହାରୀ ମହାରଣା ପ୍ରଭୃତି ସରକାରୀ ନୀତି ଅବଲମ୍ବନକୁ ବିରୋଧ କରୁଥିବାରୁ କାରାବରଣ କରିଥିଲେ । ଲିଙ୍ଗରଜ

ଜେନା ପାଟଣା କ୍ୟାମ୍ପ ଜେଲ୍‌ରେ ବ୍ରିଟିଶ୍ ପତାକା ଛିଡାଇ ତ୍ରିରଙ୍ଗା ପତାକା ଉଡ଼ାଇଥିବାରୁ ତାଙ୍କୁ ପୋଲିସ୍‌ମାନଙ୍କ ଦ୍ୱାରା ନିସ୍ତୁକ ମାଡ଼ ମରାଯାଇଥିଲା । ସ୍ୱାଧୀନତା ସଂଗ୍ରାମୀମାନେ ହାତକଟା ସୂତାରେ ମୋଟା ଖଦୀଲୁଗା ପିନ୍ଧି ବିଦେଶୀ ଲୁଗା ବ୍ୟବହାର ନ କରିବାକୁ ଲୋକମାନଙ୍କୁ ପ୍ରବର୍ତ୍ତାଉଥିଲେ । ସୁରେନ୍ଦ୍ର ପଟ୍ଟନାୟକ ବାଙ୍କୀର ମାଳବିହାରୀପୁର ଠାରେ ସାଗୁଆନ ବଣ କାଟିବା ପାଇଁ ଲୋକମାନଙ୍କୁ ପ୍ରବର୍ତ୍ତାଇ ଥିବାରୁ ଓ ଗାଁ ଗାଁ ବୁଲି ସ୍ୱାଧୀନତାର ବାର୍ତ୍ତା ପ୍ରଚାର କରିଥିବାରୁ ବ୍ରିଟିଶ ସରକାରଙ୍କ କ୍ରୋଧର ଶିକାର ହୋଇଥିଲେ ।

ଗଡ଼ଜାତ ରାଜାମାନଙ୍କର ଅତ୍ୟାଚାରରୁ ରକ୍ଷା ପାଇବା ପାଇଁ ବିଭିନ୍ନ ଗଡ଼ଜାତରେ ପ୍ରଜାମଣ୍ଡଳନ ଗଠନ କରାଯାଇଥିଲା । ସ୍ୱାଧୀନତା ସଂଗ୍ରାମୀମାନେ ସମାଜ ସଂପାଦକ ରାଧାନାଥ ରଥ ଓ ଢେଙ୍କାନାଳର ବ୍ରଜବନ୍ଧୁ ଧଳଙ୍କ ନେତୃତ୍ୱରେ ବାଙ୍କୀର ଘୋଳପୁର ଠାରେ ଡେରା ପକାଇ ଆଠଗଡ଼, ବଡ଼ମ୍ବା, ତିଗିରିଆ, ନରସିଂହପୁର ଓ ଢେଙ୍କାନାଳର ରାଜାମାନଙ୍କ ପ୍ରଜା ଉତ୍ପୀଡ଼ନ ବିରୁଦ୍ଧରେ ଗଡ଼ଜାତ ମୁକ୍ତି ଆନ୍ଦୋଳନ ଆରମ୍ଭ କରିଥିଲେ ।

୧୯୩୪ ମସିହାରେ ଜିଲ୍ଲା, ଲୋକାଲ୍ ଓ ୟୁନିୟନ ବୋର୍ଡ ନିର୍ବାଚନ ଅନୁଷ୍ଠିତ ହୋଇଥିଲା । କଂଗ୍ରେସ ନିର୍ଦ୍ଦେଶରେ ପ୍ରାର୍ଥମାନେ ନିର୍ବାଚନ ଲଢ଼ିଥିଲେ । କଟକ ଜିଲ୍ଲା ବୋର୍ଡ ପାଇଁ ଗୋଲକ ମହାରଣା ପ୍ରାର୍ଥୀ ହୋଇଥିଲେ ମଧ୍ୟ ସରକାରଙ୍କ ଦଲାଲ୍ ମାନେ ତାଙ୍କର ପ୍ରସ୍ତାବକ ଓ ସମର୍ଥକଙ୍କୁ ହରଣଚାଳ କରିନେବା ଫଳରେ ଉଦାରବାଦୀ ମହାଜନ ଗୋପିନାଥ ସାହୁ କଂଗ୍ରେସ ସମର୍ଥନରେ ସରକାରଙ୍କ ସମର୍ଥିତ ପ୍ରାର୍ଥୀଙ୍କୁ ହରାଇ ନିର୍ବାଚିତ ହୋଇଥିଲେ । ସେତେବେଳେ ମଧ୍ୟ ନିର୍ବାଚନରେ ଜିତିବା ପାଇଁ ଜୋର୍ ଯାର ମୂଲକ୍ ତା'ର ନୀତିରେ ଦାଦାଗିରୀ ଓ ଗୁଣ୍ଡାଗିରୀର ଆଶ୍ରୟ ନେବାକୁ ପଡ଼ିଥିଲା ।

ସ୍ୱାଧୀନତା ଆନ୍ଦୋଳନ ତୀବ୍ରତର ହେବାରୁ ଉତ୍କଳଗୌରବ ମଧୁସୂଦନ ଦାସଙ୍କ ଭାଷାଭିତ୍ତିକ ରାଜ୍ୟ ଗଠନ ଜୋରଦାର ଚାଲିବା ଫଳରେ ବ୍ରିଟିଶ ସରକାର ଅନ୍ୟ ଉପାୟ ନପାଇ ୧୯୩୪ ମସିହାରେ ପ୍ରସ୍ତୁତ ସମ୍ମତ ପତ୍ର କାର୍ଯ୍ୟକାରୀ କରିବା ଦ୍ୱାରା ୧୯୩୬ ମସିହାରେ ୬ଟି ଜିଲ୍ଲା ଯଥା- କଟକ, ସମ୍ବଲପୁର, ବାଲେଶ୍ୱର, ଗଞ୍ଜାମ, ଢେଙ୍କାନାଳ ଓ କେନ୍ଦୁଝରକୁ ନେଇ ଓଡ଼ିଶା ରାଜ୍ୟ ଗଠନ ହୋଇଥିଲା । ୧୯୩୭ ମସିହାରେ କଂଗ୍ରେସ ସରକାର ଗଠନ ଆଶାରେ ପ୍ରାଦେଶିକ ନିର୍ବାଚନ ଲଢ଼ିଥିଲା । କଂଗ୍ରେସ ସହିତ ପାରଳା ମହାରାଜା ଓ କନିକା ଜମିଦାରଙ୍କ ନେତୃତ୍ୱରେ ଦୁଇଟି ଦଳ ନିର୍ବାଚନରେ ଭାଗ ନେଇଥିଲେ । ସେତେବେଳେ ଗୋବିନ୍ଦପୁର ଓ ବାଙ୍କୀକୁ ମିଶାଇ

ଗୋଟିଏ ନିର୍ବାଚନ ମଣ୍ଡଳୀ ବାଙ୍କୀ ନାମରେ ଗଠିତ ହୋଇଥିଲା । ଉକ୍ତ ନିର୍ବାଚନ ମଣ୍ଡଳୀର କଂଗ୍ରେସ ନେତା ରାଜକ୍ରିଷ୍ଣ ବୋଷ ପ୍ରାର୍ଥୀ ହୋଇଥିଲେ । କନିକା ଜମିଦାରଙ୍କ ତରଫରୁ ବୁଦ୍ଧିଜୀବି ରାୟ ବାହାଦୁର ଖଗେନ୍ଦ୍ର ଚନ୍ଦ୍ର ମହାପାତ୍ର ଓ ପାରଳା ରାଜାଙ୍କ ତରଫରୁ କଟକର ଅଗ୍ରଣୀ ବିଶିଷ୍ଟ ଓକିଲ ବୀରକିଶୋର ରାୟ ବିଧାୟକ ପ୍ରାର୍ଥୀ ହୋଇ ନିର୍ବାଚନ ଲଢ଼ିଥିଲେ । ରାଜକ୍ରିଷ୍ଣ ବୋଷ, ମାଳତୀ ଚୌଧୁରୀ, ଗୋଲଖ ମହାରଣା ଏକାଠି ନିର୍ବାଚନ ପ୍ରଚାର କରି କଂଗ୍ରେସ ସପକ୍ଷରେ ଜନସଚେତନତା ସୃଷ୍ଟି କରିଥିଲେ । ତାଙ୍କର ସ୍ଲୋଗାନ୍ ଥିଲା ନେଇ ଖାଅ କଂଗ୍ରେସକୁ ଭୋଟ୍‌ଦେଇ ଦେଶ ସ୍ୱାଧୀନ କର ବୋଲି ପ୍ରଚାର ଜୋର୍ ଧରିଥିଲା । ଫଳରେ ବୀରବାବୁଙ୍କ ଠାରୁ ଟଙ୍କା ନେଲେ, ମାତ୍ର କଂଗ୍ରେସର ହଳଦିଆ ବାକ୍ସରେ ଚୌକିଦାରୀ ଟିକସଦାତା ମାନେ ଭୋଟ୍ ଦେବା ଫଳରେ ରାଜକ୍ରିଷ୍ଣ ବୋଷ ନିର୍ବାଚନ ଜିତିଥିଲେ ଏବଂ ଅଗାଧ ଟଙ୍କା ଖର୍ଚ୍ଚକରି ବୀରବାବୁ ନିର୍ବାଚନରେ ହାରିଥିଲେ ।

୧୯୩୯ ମସିହା ବିଶ୍ୱଯୁଦ୍ଧରେ ବ୍ରିଟେନ୍, ଫ୍ରାନସ୍, ଆମେରିକା, ଋଷିଆ, ଚୀନ୍ ପ୍ରଭୃତି ଦେଶମାନେ ଜର୍ମାନୀର ହିଟ୍‌ଲର, ଇଟାଲୀର ମୁସୋଲିନ୍, ତୁରସ୍କ ସରକାର ଓ ଜାପାନ ସରକାରଙ୍କ ମଧ୍ୟରେ ଯୁଦ୍ଧ ଲାଗିଥିଲା । ବ୍ରିଟିଶ୍ ସରକାର ଭାରତୀୟଙ୍କ ସହାୟତା ଲୋଡିଥିଲେ । କିନ୍ତୁ ପୁନଃ ସ୍ୱରାଜ ଦାବିରେ ଅଟଳ ରହି କଂଗ୍ରେସ ଯୁଦ୍ଧରେ ସହାୟତା କରିନଥିଲା । ମହାତ୍ମାଗାନ୍ଧୀ 'କର ବା ମର' ନୀତିରେ ୧୯୪୨ ମସିହାରେ ଭାରତଛାଡ଼ ଆନ୍ଦୋଳନର ଡାକରା ଦେଇଥିଲେ । ଉକ୍ତ ଡାକରାରେ ଶହ ଶହ ଲୋକ ସାମିଲ ହୋଇଥିଲେ। ଛାତ୍ରଛାତ୍ରୀମାନେ ଶିକ୍ଷା ବର୍ଜନ କରି ସେଥିରେ ଭାଗ ନେଇଥିଲେ । ରେଭେନ୍ସା କଲେଜରେ ପୂର୍ଣ୍ଣଚନ୍ଦ୍ର ବଳିୟାରସିଂହ, ଗୋକୁଳାନନ୍ଦ ପ୍ରହରାଜ ପ୍ରଭୃତି କଲେଜ ପୋଡ଼ି ଘଟଣା ଓ ଆନ୍ଦୋଳନରେ ଝାସ ଦେଇ କାରାବରଣ କରିଥିଲେ ।

୧୯୪୩ ମସିହାରେ ନେତାଜୀ ସୁଭାଷ ବୋଷଙ୍କ ନେତୃତ୍ୱରେ ରେଙ୍ଗୁନ ଠାରେ 'ଆଜାଦ ହୀନ୍ଦ୍ ଫୌଜ' ଗଠନ କରାଯାଇ ଜାପାନ ସହଯୋଗରେ ବ୍ରିଟିଶ ସରକାରଙ୍କୁ ହଟାଇବାକୁ ସେଠାରେ ଥିବା ବହୁ ଓଡ଼ିଆଙ୍କୁ ଏକତ୍ର କରିଥିଲେ । ଗାନ୍ଧିଜୀ କେବଳ ଦେଶ ସ୍ୱରାଜ ପାଇଁ ନେତୃତ୍ୱ ନେଇ ନଥିଲେ । ବ୍ରିଟିଶ ସରକାର ତା'ର ଉପନିବେଶକୁ ସ୍ଥାୟୀ କରିବାପାଇଁ ପ୍ରଶାସନ ଦୃଢ଼ତା ଉପରେ ଗୁରୁତ୍ୱ ଦେଉଥିଲେ । ଭାରତର ଗ୍ରାମ୍ୟଶିଳ୍ପୀମାନଙ୍କୁ ପଙ୍ଗୁ କରାଇ ବିଦେଶର କଳକାରଖାନା ପ୍ରସ୍ତୁତ ଲୁଗା ଇତ୍ୟାଦି ବିଭିନ୍ନ ସାମଗ୍ରୀ ଭାରତରେ ବ୍ରିଟିଶ୍ ସରକାର ବିକ୍ରି କରାଉଥିଲେ । ଗାନ୍ଧିଜୀ ଉକ୍ତ ପ୍ରଥାକୁ ବିରୋଧ କରି 'କୁଟି ଖାଅ ଓ କାଟି ପିନ୍ଧ' ନୀତି ଅବଲମ୍ବନ କରି ବ୍ରିଟିଶ୍

ସାମଗ୍ରୀ ବ୍ୟବହାରକୁ ନିଷେଧ କରିଥିଲେ । ଫଳରେ ଗ୍ରାମଗୁଡ଼ିକରେ ଗଠିତ ସମବାୟ ସଂସ୍ଥାମାନଙ୍କର ଆର୍ଥିକ ଅବସ୍ଥାର ଉନ୍ନତିପାଇଁ ପରିଚାଳନା ପରିଷଦରେ କଂଗ୍ରେସ କର୍ମୀମାନଙ୍କୁ ସାମିଲ୍ କରାଯାଉଥିଲା । ଏସବୁ ଉତ୍କଳ ଗୌରବ ମଧୁସୂଦନ ଦାସଙ୍କ ବିଚକ୍ଷଣ ବୁଦ୍ଧିମତା ଓ ଦୃଢ଼ ନେତୃତ୍ୱ ସହ ଓଡ଼ିଶାକୁ ଏକ ଶିଳ୍ପ ବିକାଶ ରାଜ୍ୟ ରୂପେ ଗଢ଼ି ତୋଳିବାର ଓ ବିଦେଶରେ ଓଡ଼ିଶାର ଗୌରବ ବୃଦ୍ଧି ସହିତ ପ୍ରତି ଓଡ଼ିଆ ସାଲିସ୍ ବିହୀନ ହେବା, କର୍ମଠ ଓ ଗୁଣବତ୍ତାରେ ପ୍ରସିଦ୍ଧି ଲାଭ କରୁ ଏହା ଥିଲା ମଧୁସୂଦନ ଦାସଙ୍କ ମୁଖ୍ୟ ଉଦ୍ଦେଶ୍ୟ । ଗାନ୍ଧିଜୀ ଓଡ଼ିଶାର ସମବାୟ ନୀତିକୁ ଆପଣେଇ ମଧୁସୂଦନ ଦାସଙ୍କ ଠାରୁ ବହୁତ କିଛି ଶିକ୍ଷା ପାଇଥିଲେ । ଏହି ସମବାୟ ନୀତି ଗାନ୍ଧିଜୀଙ୍କ କଳ୍ପନାକୁ ବହୁ ପରିମାଣରେ ସାର୍ଥକ କରାଇଥିଲା । ପ୍ରତି ଓଡ଼ିଆଙ୍କ ଭିତରେ ଓଡ଼ିଶାରେ ଭାଇଚାରାର ସ୍ୱରୂପ ଗାନ୍ଧିଜୀ ଦେଖିଥିଲେ ଓଡ଼ିଆମାନେ ଦଳଗତ, ଜାତିଗତ, ଲିଙ୍ଗଗତ, ଧନୀ-ନିର୍ଦ୍ଧନ ସମସ୍ତେ ଏକ ହୋଇ କାର୍ଯ୍ୟ କରିବା ଦ୍ୱାରା ସମସ୍ତଙ୍କର ମନୋବଳ ଦୃଢ଼ ହେବାର ଲକ୍ଷଣ ଗାନ୍ଧିଜୀ ଓଡ଼ିଶାରେ ଦେଖିଥିଲେ ଓ ବୁଝିଥିଲେ ଏକତ୍ର ହୋଇ ବ୍ରିଟିଶ ସରକାର ବିରୁଦ୍ଧରେ ଲଢ଼େଇ କରିପାରିଲେ ଜିତିବା ସୁନିଶ୍ଚିତ ବୋଲି ଉପଲବ୍ଧ କରିଥିଲେ ଓ ମଧୁସୂଦନଙ୍କୁ ଗାନ୍ଧିଜୀ ନିଜର ସମବାୟ ଗୁରୁ ରୂପେ ସମ୍ବୋଧନ କରିଥିଲେ । ୧୯୫୦-୫୧ ମସିହାରେ ଭାରତରେ ଶତକଡ଼ା ୩ଭାଗ କୃଷକ ସୁଲଭ ସୁଧରେ ସମବାୟ କୃଷିଋଣ ପାଉଥିଲା ବେଳେ ୧୯୫୪ ମସିହା ବେଳକୁ ଗ୍ରାମ୍ୟ କୃଷିଋଣ ସମବାୟ ସମିତିଗୁଡ଼ିକର ସଂଖ୍ୟା ବୃଦ୍ଧି ଫଳରେ ଶତକଡ଼ା ୨୫ ଭାଗ କୃଷକ ସମବାୟ କୃଷିଋଣ ସମିତିମାନଙ୍କର ସଭ୍ୟହୋଇ ଋଣ ପାଇଲେ । ମଧୁସୂଦନ ଦାସ ଓଡ଼ିଶାକୁ ଏକ ଶିଳ୍ପ ସମୃଦ୍ଧ ରାଜ୍ୟଭାବେ ଗଢ଼ିତୋଳିବାକୁ ଚାହିଁଥିଲେ ଯାହାକି ସମବାୟକୁ ମାଧ୍ୟମ ରୂପେ ବାଛି ନେଇଥିଲେ ।

ଭାରତଛାଡ଼ ଆନ୍ଦୋଳନରେ ଲକ୍ଷ ଲକ୍ଷ ଭାରତୀୟ କାରାବରଣ କରି ବହୁ ଦୁଃଖ କଷ୍ଟ ସହ୍ୟ କରିଥିଲେ । ଫଳରେ ୧୯୪୭ ମସିହା ଅଗଷ୍ଟ ୧୫ ତାରିଖରେ ଭାରତ ସ୍ୱାଧୀନତା ହାସଲ କଲା । ଭାରତ ସ୍ୱାଧୀନତା ସଂଗ୍ରାମରେ ଯେଉଁ ସଂଗ୍ରାମୀମାନେ ଯୋଗ ଦେଇଥିଲେ ସେମାନଙ୍କ ମଧ୍ୟରୁ ଶତକଡ଼ା ୯୯ ଭାଗ ଲୋକ ଆଉ ଇହଧାମରେ ନାହାଁନ୍ତି । ସେମାନଙ୍କର ତ୍ୟାଗ ଓ ବଳୀଦାନକୁ ଦେଶବାସୀଙ୍କର ଶତକୋଟି ପ୍ରଣାମ । ଭାରତ ଆଜି ଉନ୍ନତି ପଥରେ ଆଗେଇଥିଲେ ସୁଦ୍ଧା ସେହି ସ୍ୱାଧୀନତା ସଂଗ୍ରାମୀ ମାନଙ୍କର ନିଷ୍ଠା, ତ୍ୟାଗ, ଚରିତ୍ର, ଯୁବସମାଜକୁ ପ୍ରଭାବିତ କରିପାରି ନାହିଁ । ଅନେକ ଶାସକ, ପ୍ରଶାସକ, ରାଜନୈତିକ ନେତା ଭ୍ରଷ୍ଟାଚାରରେ ଲିପ୍ତ ରହିବା ଫଳରେ ଦେଶରୁ ନୈତିକ ମୂଲ୍ୟବୋଧ ଅପସରି ଯାଇଛି। ଏହା ଶୁଭ ଲକ୍ଷଣ ନୁହେଁ

ବୋଲି ପ୍ରତ୍ୟେକ ଭାରତୀୟ ଅନୁଭବ କରି ପୂର୍ବପୁରୁଷ ଓ ମହାମାନବ ମାନଙ୍କର ଦେଖିଥିବା ସ୍ୱପ୍ନକୁ ସାକାର କରିବାର ଆବଶ୍ୟକତା ଦେଖାଦେଇଛି । ଆଜିର ଏହି ଯୁବପୀଢ଼ି ସେଥିରୁ ଯଥେଷ୍ଟ ଶିକ୍ଷାଲାଭ କରିବା ଆବଶ୍ୟକ । ସରକାର ଏହି ନୀତି ଆଦର୍ଶକୁ ପ୍ରତ୍ୟେକ ନାଗରିକମାନଙ୍କର ମନରେ ରେଖାପାତ କରାଇବାକୁ କାର୍ଯ୍ୟ କରିବା ଦରକାର ।

'ସକାଳ' - ତା୧୪.୧୧.୨୦୨୪ରେ ପ୍ରକାଶିତ

ସମବାୟର ଅନ୍ତୁଡ଼ିଶାଳା ଓଡ଼ିଶା

ଓଡ଼ିଶା ଗୋଟିଏ କୃଷିଭିତ୍ତିକ ରାଜ୍ୟ । ଖଣି ଖାଦାନରେ ଭରପୁର ହୋଇଥିଲେ ମଧ୍ୟ ଶିଳ୍ପ କ୍ଷେତ୍ରରେ ଓଡ଼ିଶା ଗୋଟିଏ ବିକଶିତ ରାଜ୍ୟ ହୋଇପାରି ନଥିବାରୁ ଅଧିକାଂଶ ଲୋକ କୃଷି ଉପରେ ନିର୍ଭର କରି ଚଳନ୍ତି । କୃଷିରେ ନିଜର ପୁଞ୍ଜି ଖଟାଇବା ପାଇଁ ସମବାୟ ବ୍ୟାଙ୍କ ଓ ସମବାୟ ସମିତିମାନଙ୍କ ଉପରେ ଚାଷୀମାନେ ଋଣ ପାଇବାପାଇଁ ନିର୍ଭର କରନ୍ତି ।

ଯେତେବେଳେ ଗରିବ ଲୋକମାନେ ମହାଜନର ଅତିରିକ୍ତ ଚକ୍ରବୃଦ୍ଧି ଶତକଡ଼ା ବାର୍ଷିକ ୬୦ ଟଙ୍କା ସୁଧରେ ଋଣ ନେଇ ଲାଭଖୋର ବ୍ୟବସାୟୀ ଓ ଶ୍ରମିକ ଶୋଷଣ ଶିଳ୍ପପତିଙ୍କ ଦ୍ୱାରା ହନ୍ତସନ୍ତ ହେଉଥିଲେ, ସେହି ସମୟରେ ଇଉରୋପର ସମାଜସେବୀମାନେ ସେମାନଙ୍କୁ ଋଣ ଜନ୍ତାରୁ ମୁକ୍ତିଦେବା ପାଇଁ ଊନ୍ନବିଂଶ ଶତାବ୍ଦୀ ମଧ୍ୟଭାଗରୁ ସମବାୟକୁ ଜନ୍ମ ଦେଇଥିଲେ। ଊନ୍ନବିଂଶ ଶତାବ୍ଦୀରେ ଶେଷ ଦଶନ୍ଧିରେ ସମବାୟର ପ୍ରଭାବ ଭାରତର ଅଗଣିତ ଅବହେଳିତ ଗରିବ ଲୋକମାନଙ୍କ ଉପରେ ପଡ଼ିଥିଲା । ଉତ୍କଳଗୌରବ ବାରିଷ୍ଟର ମଧୁସୂଦନ ଦାସ ୧୮୯୮ ମସିହାରେ ଭାରତବର୍ଷରେ ସମବାୟର ଭାଗିରଥ ହୋଇ କଟକ ସହରରେ ଏକ ସମବାୟ ଭଣ୍ଡାର ଖୋଲି ଉଚିତ୍ ଦରରେ ଲୋକମାନଙ୍କୁ ଖାଉଟୀ ପଦାର୍ଥ ବିକିବା ଆରମ୍ଭ କରିଥିଲେ । ମଧୁବାବୁଙ୍କ ପ୍ରେରଣାରେ ତାଙ୍କ ବଡ଼ଭାଇ ଗୋପାଳବଲ୍ଲଭ ଦାସଙ୍କ ଜାମାତା ବାଙ୍କୀର ତଦାନିନ୍ତନ ଡେପୁଟି କଲେକ୍ଟର ବାଳମୁକୁନ୍ଦ କାନୁନ୍‌ଗୋ ଓ ସୁବର୍ଣ୍ଣପୁର ଗ୍ରାମର ନିମ୍ନ ମାଧ୍ୟମିକ ଓଡ଼ିଆ ବିଦ୍ୟାଳୟର ହେଡ୍ ପଣ୍ଡିତ ବିଦ୍ୟାଧର ପଣ୍ଡାଙ୍କ ସହାୟତାରେ ବଙ୍ଗଳା ପ୍ରଦେଶର ରାଜସ୍ୱ କମିଶନରଙ୍କ ଏକ ହଜାର ଟଙ୍କା ଅନୁଦାନରେ ୧୯୦୩ ମସିହାରେ ବାଙ୍କୀର ସୁବର୍ଣ୍ଣପୁର, ଚର୍ଚ୍ଚିକା ଓ ବରପୁଟ ଗ୍ରାମରେ ତିନିଗୋଟି ପ୍ରାଥମିକ କୃଷିଋଣ ସମବାୟ ସମିତି ଗଠନ କରିଥିଲେ । ଏହି କୃଷିଋଣ ସମବାୟ ସମିତିଗୁଡ଼ିକ ସେମାନଙ୍କ କୃଷକ ସଭ୍ୟମାନଙ୍କୁ ଶତକଡ଼ା ବାର୍ଷିକ ଟ.୧୨.୫୦ପ. ସରଳ ସୁଧରେ ଋଣ

ଦେଇଥିଲେ। ମାତ୍ର ଏହା ପୂର୍ବରୁ ୧୮୫୪ ମସିହାରେ ବିଶ୍ୱରେ ପ୍ରଥମେ ଜର୍ମାନୀର ହିଡେନ୍‌ବର୍ଗ ସହରରେ କୃଷିରଣ ସମବାୟ ସମିତି ଗଠିତ ହୋଇଥିଲା । ୧୯୦୫ ମସିହାରେ ଅନୁଷ୍ଠିତ ଆନ୍ତର୍ଜାତିକ ସମବାୟ ସଂଘ ବୈଠକରେ ମତ ପ୍ରକାଶ ପାଇଥିଲା ଯେ, ଭାରତରେ ପ୍ରଥମେ ଓଡ଼ିଶାର ବାଙ୍କୀରେ ଋଣ ସମବାୟ ସମିତି ଗଠିତ ହୋଇଥିଲା। ଡମପଡ଼ା ଓ ହାମିଲଟନ୍ ଜମିଦାରୀ ପରି ଏପରି ଭାବରେ ବିଭିନ୍ନ ଅନୁଷ୍ଠାନର ଅନୁଦାନରେ ବାଲମୁକୁନ୍ଦ କାନୁନ୍‌ଗୋ ଓ ବିଦ୍ୟାଧର ପଣ୍ଡା ଦୁଇ ଯୁଗଳମୂର୍ତ୍ତିଙ୍କ ନେତୃତ୍ୱରେ ୧୯୧୦ ମସିହା ସୁଦ୍ଧା ବାଙ୍କୀରେ ୫୦ଟି ଗାଁରେ କୃଷିରଣ ସମବାୟ ସମିତି ଗଠିତ ହୋଇଥିଲା । ବାଲମୁକୁନ୍ଦ ବାବୁ ସେ ସମୟରେ ଏତେବଡ଼ ପ୍ରଶାସନିକ ଅଫିସର ହୋଇଥିଲେ ମଧ୍ୟ ଗମନାଗମନ ତଥା ଯାନବାହନ ଅସୁବିଧା ଥିଲେ ସୁଦ୍ଧା ସେ ବିଦ୍ୟାଧରବାବୁଙ୍କୁ ଧରି ବର୍ଷାଦିନରେ ଧାନ କିଆରୀ ହିଡ଼ରେ ଗାଁକୁ ଗାଁ ପାଦରେ ଚାଲି ୫୦ ଗୋଟି କୃଷିରଣ ସମବାୟ ସମିତି ଗଠନ କରିଥିଲେ । ଅବଶ୍ୟ ଅତି ଜଙ୍ଗଲି ଅଗମ୍ୟ ଗାଁକୁ ସେମାନେ ହାତୀ ଉପରେ ବସିକରି ଯାଉଥିଲେ ।

ଏହି ୫୦ଟି କୃଷିରଣ ସମବାୟ ସମିତିଗୁଡ଼ିକୁ ନେଇ ଭାରତର ପ୍ରଥମ କେନ୍ଦ୍ର ସମବାୟ ବ୍ୟାଙ୍କ ତା୨୬.୦୩.୧୯୧୦ରିଖରେ ବାଙ୍କୀରେ ପ୍ରତିଷ୍ଠା କରାଯାଇଥିଲା । ତା ପରବର୍ଷ ୧୯୧୧ ମସିହାରେ ଭାରତର ଦ୍ୱିତୀୟ ସମବାୟ ବ୍ୟାଙ୍କ ବମ୍ବେରେ ପ୍ରତିଷ୍ଠା ହୋଇଥିଲା । ଉକ୍ତ ସମବାୟ ବ୍ୟାଙ୍କ ଲୋକମାନଙ୍କ ଠାରୁ ଜମା ସଂଗ୍ରହ କରି ଗାଁ କୃଷିରଣ ସମବାୟ ସମିତିମାନଙ୍କ ଜରିଆରେ କୃଷିରଣ ଦେବାକୁ ଆରମ୍ଭ କରିଥିଲେ । ବିଦ୍ୟାଧର ପଣ୍ଡା ୧୯୧୦ ମସିହାରେ ଶିକ୍ଷକତାରୁ ଅବସର ନେଇ ବାଙ୍କୀ କେନ୍ଦ୍ର ସମବାୟ ବ୍ୟାଙ୍କ (ଯାହାକି ସେତେବେଳେ ବାଙ୍କୀ ଡମପଡ଼ା ସମବାୟ ସଂଘ)ର ପ୍ରଥମ ସଭାପତି ହୋଇଥିଲେ । ତାଙ୍କର ସମବାୟରେ ଏପରି ନିଷ୍ଠାପରତା କାର୍ଯ୍ୟପାଇଁ ବ୍ରିଟିଶ ସରକାର ୧୯୧୫ ମସିହାରେ ତାଙ୍କୁ ରାୟ ସାହେବ ଓ ୧୯୨୬ ମସିହାରେ ରାୟ ବାହାଦୁର ଉପାଧିରେ ଭୂଷିତ କରିଥିଲେ । ସେବେଠାରୁ ବିଦ୍ୟାଧର ବାବୁ ରାୟ ବାହାଦୁର ବିଦ୍ୟାଧର ପଣ୍ଡା ନାମରେ ବାଙ୍କୀ ଅଞ୍ଚଳରେ ସୁଖ୍ୟାତି ଲାଭ କରିଥିଲେ । ବାଙ୍କୀ ଅଞ୍ଚଳରେ ୧୯୨୬, ୧୯୨୯, ୧୯୩୩, ୧୯୩୫ ଓ ୧୯୩୭ ମସିହାରେ କ୍ରମାଗତ ମହାନଦୀ ବନ୍ୟାରେ ଧାନଫସଲ ନଷ୍ଟ ହୋଇଯିବାରୁ ବହୁ କୃଷକ ସମବାୟ ସମିତିରୁ ନେଇଥିବା ଋଣ ସୁଝିପାରି ନଥିଲେ । ଓଡ଼ିଶାରେ ଏପରି କ୍ରମାଗତ ବନ୍ୟାରେ ଉପକୂଳର ବାଲେଶ୍ୱର, ଭଦ୍ରକ, ଯାଜପୁର, କେନ୍ଦ୍ରାପଡ଼ା, କୁଜଙ୍ଗ, କଟକ, ପୁରୀ ଓ ନିମାପଡ଼ା ଏହିପରି ୮ ଗୋଟି କେନ୍ଦ୍ର ସମବାୟ ବ୍ୟାଙ୍କ ଗୁଡ଼ିକ ଦୁର୍ବଳ ହୋଇଯିବାରୁ ୧୯୩୯ ମସିହାରେ ମୁଦାଲିୟର କମିଟିର ସୁପାରିଶ ମତେ କେତେଗୁଡ଼ିଏ କେନ୍ଦ୍ର

ସମବାୟ ବ୍ୟାଙ୍କ ମିଶିକରି ଯଥା- ବାଲେଶ୍ୱର-ଭଦ୍ରକ, କଟକ ଯୁକ୍ତ, ପୁରୀ-ନିମାପଡ଼ା ଓ ବାଙ୍କୀ କେନ୍ଦ୍ର ସମବାୟ ବ୍ୟାଙ୍କ ଏହିପରି ୪ ଗୋଟି ବ୍ୟାଙ୍କ ନୂତନକରି ଗଠନ କରାଯାଇଥିଲା ଓ ଅନ୍ୟ ବ୍ୟାଙ୍କଗୁଡ଼ିକ ନୂତନ ଚାରୋଟି ବ୍ୟାଙ୍କରେ ମିଶିଯାଇଥିଲା । ୧୯୪୫ ମସିହାରେ ବାଙ୍କୀରେ ସମସ୍ତ ୧୬୮ ଗୋଟି ଗ୍ରାମରେ ୧୪୪ଗୋଟି କୃଷିରଣ ସମବାୟ ସମିତି କାର୍ଯ୍ୟକାରୀ ହୋଇଥିଲା । ୧୯୪୮ ମସିହାରେ ଭାରତୀୟ ରିଜର୍ଭ ବ୍ୟାଙ୍କର ଗ୍ରାମ୍ୟରଣ ତନଖି ରିପୋର୍ଟ ଅନୁଯାୟୀ ଭାରତରେ ଶତକଡ଼ା ୩ଭାଗ କୃଷକ କୃଷିରଣ ନେଇଥିଲେ। ୧୯୩୯ ରୁ ୧୯୪୧ ମସିହା ପର୍ଯ୍ୟନ୍ତ ଦ୍ୱିତୀୟ ବିଶ୍ୱଯୁଦ୍ଧ ସମୟରେ ଅତ୍ୟାବଶ୍ୟକ ପଦାର୍ଥର ଅଭାବ ତଥା ଦରବୃଦ୍ଧି ହେତୁ ବାଙ୍କୀ ବ୍ୟାଙ୍କ ଅଧୀନରେ ଗୋଟିଏ ଖାଉଟୀ ସମବାୟ ସମିତି ଗଠିତ ହୋଇଥିଲା । ବ୍ୟବସାୟୀମାନଙ୍କୁ ରଣ ଦେବାପାଇଁ ବାଙ୍କୀ ବ୍ୟବସାୟୀ ସମବାୟ ସମିତି ଗଠିତ ହୋଇଥିଲା । ବାଙ୍କୀ ଅଞ୍ଚଳ ଆଖୁଚାଷ ପାଇଁ ପ୍ରସିଦ୍ଧ ଥିବାରୁ ଆଖୁରୁ ଗୁଡ଼ ଉତ୍ପାଦନ ତଥା ଉଚିତ୍ ଦରରେ ବିକ୍ରିପାଇଁ ଗୁଡ଼ ଖଣ୍ଡସାରି ସମବାୟ କାରଖାନା ସ୍ଥାପିତ ହୋଇଥିଲା । ଦୁଇଟି ଘଣି ସହଯୋଗ ସମିତି ସୋରିଷ ଓ ରାଶିରୁ ଖାଣ୍ଟିତେଲ ପ୍ରସ୍ତୁତ କରି ବଜାରରେ ତେଲ ବିକ୍ରି କରୁଥିଲେ । ବନ୍ଦାଲ ଏଣ୍ଡିପୋକ ଚାଷ ସମବାୟ ସମିତି ଗଠନ କରାଯାଇ ଏଣ୍ଡିଚାଷର ପ୍ରବର୍ତ୍ତନ କରାଯାଇଥିଲା । ରଗଡି, ଜଗନ୍ନାଥପୁର, କଳାପଥର, ବୈଦେଶ୍ୱର, ତୁଳସୀପୁର ତନ୍ତୁବାୟ ସହଯୋଗ ସମିତି ସ୍ଥାପିତ ହୋଇ ବୁଣାକାରମାନଙ୍କୁ ସୂତା ଯୋଗାଇ ଦିଆଯାଇ ଉତ୍ପାଦିତ ଲୁଗା ସମିତିମାନଙ୍କ ମାଧ୍ୟମରେ ବିକ୍ରି କରାଯାଉଥିଲା । ଏବେ ସୁଦ୍ଧା ଏହି ତନ୍ତୁବାୟ ତୁଳସୀପୁର ଗାମୁଛା ଲୋକମାନଙ୍କ ଦ୍ୱାରା ଆଦୃତ । ରଗଡ଼ିର କୁମ୍ଭଶାଢ଼ୀ ବିଶ୍ୱ ବଜାରରେ ସୁନାମ ଅର୍ଜନ କରିଅଛି । ୧୯୫୬ ମସିହାରେ ଚାଷୀମାନଙ୍କୁ ମଧ୍ୟମକାଳୀନ କୃଷିରଣ ଯୋଗାଇବା ପାଇଁ ବାଙ୍କୀ-ଡମପଡ଼ା କାର୍ଡ଼ ବ୍ୟାଙ୍କ ଗଠନ କରାଯାଇ ଜମି ବନ୍ଧକ ରଖାଯାଇ କୃଷକମାନଙ୍କୁ ମଧ୍ୟମକାଳୀନ ରଣ ଦିଆଯାଉଥିଲା ।

୧୯୫୪ ମସିହାରେ ବାଙ୍କୀ ଆଞ୍ଚଳିକ ସମବାୟ ସମିତି ଗଠନ କରାଯାଇଥିଲା । ଏହି ସମିତିରେ ଚାଷଦ୍ରବ୍ୟ, ଅତ୍ୟାବଶ୍ୟକ ପଦାର୍ଥ, ଲୁଗାପଟା ଓ କଣ୍ଟ୍ରୋଲ ପଦାର୍ଥ ବିକ୍ରୟ କରାଯାଉଥିଲା । ୧୯୬୩ ମସିହାରେ ଓଡ଼ିଶାର ମୁଖ୍ୟମନ୍ତ୍ରୀ ସ୍ୱର୍ଗତଃ ବିଜୁପଟ୍ଟନାୟକଙ୍କ ପଞ୍ଚାୟତ ଶିଳ୍ପନୀତିରେ ସମବାୟ ଚିନିକଳ, ସମବାୟ ମାଟି ଟାଇଲି କାରଖାନା ଗଠନ କରାଯାଇଥିଲା । ୧୯୬୦ ମସିହାରେ ବାଙ୍କୀଠାରେ ବାଞ୍ଛାନିଧି କରଙ୍କ ନେତୃତ୍ୱରେ ସ୍ୱର୍ଣ୍ଣ ଜୁବୁଲି ବର୍ଷ ପାଳନ କରଯାଇଥିଲା। ଉକ୍ତ ଉତ୍ସବରେ ଓଡ଼ିଶାର ତଦାନିନ୍ତନ ରାଜ୍ୟପାଳ ମହାମାନ୍ୟ ସୁକଣ୍ଠ କର ଓ ବିକାଶ ମନ୍ତ୍ରୀ ରାଧାନାଥ ରଥ ମୁଖ୍ୟ ପୁରଧା ଥିଲେ । ଓଡ଼ିଶାରେ ମଧ୍ୟ ପ୍ରଥମେ ଗୃହ ନିର୍ମାଣ ସମବାୟ

ସମିତି ଗଠନ କରାଯାଇଥିଲା । ବାଙ୍କୀର ଯୋଗ୍ୟ ସନ୍ତାନ ତଥା ଓଡ଼ିଶାର ପ୍ରଥମ କୃଷି ଓ ସମବାୟ ମନ୍ତ୍ରୀ ଯୋଗେଶ ରାଉତଙ୍କ ଉଦ୍ୟମରେ ଗାଁ ଗହଳିରେ ଚାଉଳ ଉତ୍ପାଦନ ପାଇଁ ଧାନକୁଟା ଢିଙ୍କି ସମବାୟ ସମିତି ଗଠନ କରାଯାଇଥିଲା । ୧୯୭୦ ମସିହାରେ ବାଙ୍କୀ ସମବାୟ ବ୍ୟାଙ୍କର ହୀରକ ଜୁବୁଲି ବାର୍ଷିକ ଉତ୍ସବ ସଭାପତି ବାଞ୍ଛାନିଧି କରଙ୍କ ପୌରହିତ୍ୟରେ ପାଳନ କରାଯାଇଥିଲା । ଉକ୍ତ ଉତ୍ସବରେ ବିହାରର ରାଜ୍ୟପାଳ ମହାମାନ୍ୟ ନିତ୍ୟାନନ୍ଦ କାନୁନ୍‌ଗୋ ଯେ କି ବାଳମୁକୁନ୍ଦ କାନୁନ୍‌ଗୋଙ୍କ ସୁପୁତ୍ର, ରାଜ୍ୟ ସମବାୟ ସଂଘର ସଭାପତି ରଘୁନାଥ ମହାପାତ୍ର ଓ ବାଙ୍କୀର ବିଧାୟକ ଡାକ୍ତର ଯୋଗେଶ ଚନ୍ଦ୍ର ରାଉତ ଅଂଶଗ୍ରହଣ କରିଥିଲେ । କୃଷି ଓ କୃଷକର ଉନ୍ନତିପାଇଁ ଦୁଇଜଣ କୃଷି ବିଶେଷଜ୍ଞଙ୍କୁ ବାଙ୍କୀ ବ୍ୟାଙ୍କରେ କର୍ମଚାରୀ ରୂପେ ନିଯୁକ୍ତି ଦିଆଯାଇଥିଲା କୃଷକମାନଙ୍କୁ ସାହାଯ୍ୟ କରିବାପାଇଁ । ମତ୍ସ୍ୟଜିବୀଙ୍କ ଉନ୍ନତି ପାଇଁ ଦୁଇଟି ଧୀବର ସମବାୟ ସମିତି ଗଠନ କରାଯାଇଥିଲା । ଶ୍ରମିକ କଣ୍ଟ୍ରାକ୍ଟର ସମବାୟ ସମିତି ଗଠିତ ହୋଇ କଣ୍ଟ୍ରାକ୍ଟରଙ୍କ ଅଧିନରେ କାର୍ଯ୍ୟ କରୁଥିବା ଶ୍ରମିକଙ୍କୁ ଋଣ ଦିଆଯାଉଥିଲା । ମହିଳାମାନଙ୍କ ଆର୍ଥିକ ବିକାଶ ପାଇଁ ନାରୀ କଲ୍ୟାଣ ସମବାୟ ସମିତି ଗଠିତ ହୋଇଥିଲା । ବିଶିଷ୍ଟ ସମବାୟବିତ୍ ସ୍ୱର୍ଗତଃ ଡାକ୍ତର ଯୋଗେଶଚନ୍ଦ୍ର ରାଉତଙ୍କୁ ସମବାୟଭିତ୍ତିକ କାର୍ଯ୍ୟଧାରା ଓ ସମବାୟରେ ସଂସ୍କାରମୂଳକ ସ୍ତମ୍ଭକାରଭାବେ ବିବେଚନା କରାଯାଇ ଓଡ଼ିଶା ରାଜ୍ୟ ସରକାର ତାଙ୍କୁ ସମବାୟ ସମ୍ରାଟ ଓ କେନ୍ଦ୍ର ସରକାର ତାଙ୍କୁ ସମବାୟ ରତ୍ନ ଉପାଧିରେ ଭୂଷିତ କରିଥିଲେ । ଏସବୁର ଇତିହାସ ଦେଖିଲେ ସମସ୍ତପ୍ରକାର ସମବାୟ ସମିତି ଓଡ଼ିଶାରେ ଗଠନ କରାଯାଇ ମୂଳଦୁଆ ପଡ଼ିଥିବାରୁ ଓଡ଼ିଶାକୁ ସମବାୟର ଅନ୍ତୁଡ଼ିଶାଳା ରୂପେ ଆଖ୍ୟା ଦିଆଯାଇଅଛି । ବାସ୍ତବରେ ମଧୁସୂଦନ ଦାସ ସମବାୟର ଭାଗିରଥୀ ସାଜିବା ସହିତ ଓଡ଼ିଶା ଗୋଟିଏ ସମବାୟ ଶିଳ୍ପଭିତ୍ତିକ ରାଜ୍ୟ ହୋଇପାରିବ ବୋଲି ସମବାୟର ବିକାଶରେ ମଧୁବାବୁ ତାଙ୍କର ସମସ୍ତ ସମୟ ଦେଇଥିବାରୁ ଓଡ଼ିଶାର ପ୍ରତ୍ୟେକ ଜନସାଧାରଣ ତାଙ୍କ ନିକଟରେ ଚିର ଋଣୀ । ଭାରତବର୍ଷରେ ସମବାୟର ମୂଳଦୁଆ ପକାଇ ଭାରତ ସ୍ୱାଧୀନତା ସଂଗ୍ରାମରେ ମହାତ୍ମାଗାନ୍ଧିଙ୍କୁ ବିଭିନ୍ନ ସମୟରେ ଉପଦେଶ ଦେଇଥିବାରୁ କେନ୍ଦ୍ର ସରକାର ତାଙ୍କୁ ମରୋଣତ୍ତର ଭାରତରତ୍ନ ଉପାଧି ଦେବା ଆବଶ୍ୟକ । ଓଡ଼ିଶାର ଅସ୍ମିତାକୁ ଆଖି ଆଗରେ ରଖି ପ୍ରଥମ ଭାଷାଭିତ୍ତିକ ରାଜ୍ୟ ରୂପେ ଓଡ଼ିଶା ମାନ୍ୟତା ପାଇଥିବାରୁ ବର୍ତ୍ତମାନର ରାଜ୍ୟ ସରକାର କେନ୍ଦ୍ର ସରକାରଙ୍କ ନିକଟରେ ଏ ଦାବି ଯଥା ଶୀଘ୍ର ଉପସ୍ଥାପନ କରିବା ଉଚିତ୍ ।

'ସମାଜ' - ତା୨୯.୧୧.୨୦୨୪ରେ ପ୍ରକାଶିତ

ସମାଜବାଦ ଓ ସମବାୟ

ଧନୀ ଓ ଦରିଦ୍ର ମଧ୍ୟରେ ଆର୍ଥିକ ସମାନତା ଆଣିବା ସମାଜବାଦର ମୂଳମନ୍ତ୍ର । ଭୂସଂସ୍କାର ଜରିଆରେ ରାଜା, ଜମିଦାର ଓ ବଡ଼ ବଡ଼ ଜମିମାଲିକ ମାନଙ୍କର ବଳକା ଜମିକୁ ଭୂମିହୀନ ଗରିବ ଚାଷୀମାନଙ୍କ ମଧ୍ୟରେ ବଣ୍ଟନ, ଜମିପିଛା ଫସଲ ଉତ୍ପାଦନ ବୃଦ୍ଧି, ଉତ୍ପାଦିତ ଫସଲ ଲାଭଜନକ ଦରରେ ବିକ୍ରିର ବ୍ୟବସ୍ଥା ସହିତ କୃଷିଭିତ୍ତିକ ଶିଳ୍ପର ପ୍ରତିଷ୍ଠାରେ ଲୋକମାନଙ୍କ ନିଯୁକ୍ତି, ବ୍ୟବସାୟୀ ମାନଙ୍କ ଦ୍ୱାରା ଗରିବମାନଙ୍କୁ ଅତିରିକ୍ତ ଦରରେ ଖାଉଟୀ ଓ ଅତ୍ୟାବଶ୍ୟକୀୟ ଦ୍ରବ୍ୟର ବିକ୍ରି କରିବାର ଶୋଷଣକୁ ରୋକିବା ପାଇଁ ଉଚିତ୍ ତଥା ସୁଲଭ ଦରରେ ଲୋକମାନଙ୍କୁ ଯୋଗାଇବା ନୀତିରେ ଗରିବମାନଙ୍କ ଆର୍ଥିକ ବିକାଶ ହୋଇପାରିଲେ, ଗରିବ ଧନୀ ଭିତରେ ସମାନତା ଆସିପାରିବ ବୋଲି ଅର୍ଥାତ୍ ସମାଜବାଦ ପ୍ରତିଷ୍ଠା ହୋଇପାରିବ ବୋଲି ସମାଜ ସଂସ୍କାରକମାନେ ସମବାୟକୁ ମାଧ୍ୟମ ବୋଲି ବିଚାରି କରିଥିଲେ ।

୧୮୪୪ ମସିହାରେ ରକ୍‌ଡଲ୍ ଗ୍ରାମର ପଥ ପ୍ରଦର୍ଶକମାନେ ଗରିବମାନଙ୍କୁ ଶସ୍ତାରେ ଆବଶ୍ୟକ ପଦାର୍ଥ ଯୋଗାଇବା ପାଇଁ ସମବାୟ ଖାଉଟୀ ଭଣ୍ଡାର ପ୍ରତିଷ୍ଠା କରିଥିଲେ । ବୁଣାକାରମାନଙ୍କ ଲୁଗାକୁ ସମବାୟ ଖାଉଟୀ ଭଣ୍ଡାରମାନେ ଉଚିତ୍ ଦରରେ କିଣି ଅଳ୍ପ ଲାଭରେ ଲୋକମାନଙ୍କୁ ବିକ୍ରି କରୁଥିଲେ । ୧୮୪୮ ମସିହାରେ ଜର୍ମାନୀରେ ରାଇପେସନ ଗ୍ରାମର ସମାଜସେବୀ ଶିକ୍ଷକ କୃଷି ଉତ୍ପାଦନ ବୃଦ୍ଧି ପାଇଁ କୃଷକମାନଙ୍କୁ ସୁଲଭ ସୁଧରେ କୃଷିଋଣ ଯୋଗାଇବା ପାଇଁ ସଞ୍ଚୟ ଓ ଋଣ ସମବାୟ ସମିତି ଗଠନ କରିଥିଲେ । ସୋଭିଏତ ଦେଶର ମାର୍କସ୍‌ବାଦ ନୀତିର ଅନୁସରଣରେ ଜମିର ସ୍ୱତ୍ତ୍ୱ ଲୋପ କରାଯାଇ ୧୯୪୪ ମସିହାରେ ସମବାୟ କୋଠ ଚାଷରେ ଗରିବମାନଙ୍କ ଆର୍ଥିକ ବିକାଶ କରାଯାଇ ପାରିଥିଲା । ଉକ୍ତ ବ୍ୟବସ୍ଥାକୁ ପୂର୍ବ ଇଉରୋପର ଅନ୍ୟାନ୍ୟ ଦେଶମାନେ ଗ୍ରହଣ କରି ସମାଜବାଦ

ପ୍ରତିଷ୍ଠା କରିଥିଲେ । ଇଉରୋପର ପାଶ୍ଚାତ୍ୟ ଦେଶମାନେ କୃଷି ଉତ୍ପାଦନ ବୃଦ୍ଧି ପାଇଁ ସମବାୟ ଋଣ ସମିତି ଜରିଆରେ ସୁଲଭ ସୁଧରେ କୃଷକମାନଙ୍କୁ ଋଣ ପ୍ରଦାନ, ସମବାୟ ଖାଉଟୀ ଭଣ୍ଡାର ଜରିଆରେ କୃଷିଦ୍ରବ୍ୟ କିଣାବିକା ଓ ସମବାୟଭିତ୍ତିକ ଶିଳ୍ପକାରଖାନା ବସାଇବା ଦ୍ୱାରା ଦାରିଦ୍ର୍ୟ ଘୁଞ୍ଚାଇ ପୁଞ୍ଜିପତିମାନଙ୍କର ପ୍ରଭାବ ହ୍ରାସ କରାଯାଇପାରିଥିଲା ।

ଭାରତରେ ମହାଜନମାନେ ଅତିରିକ୍ତ ଚକ୍ରବୃଦ୍ଧି ସୁଧରେ ଚାଷୀମାନଙ୍କୁ ଋଣ ଦେଇ ଶୋଷଣ କରୁଥିବାରୁ ୧୯୦୩ ମସିହାରୁ ସଞ୍ଚୟ ଋଣ ସମିତିମାନ ଗଠିତ ହୋଇ କୃଷକମାନଙ୍କୁ ସୁଲଭ ସୁଧରେ ଋଣଦେବା ଆରମ୍ଭ ହୋଇଥିଲା । ଦେଶ ସ୍ୱାଧୀନତା ପରେ ୧୯୫୨ ମସିହାରେ ଦୃଢ଼ ଆର୍ଥିକ ବିକାଶ ପାଇଁ ପ୍ରଥମ ପଞ୍ଚବାର୍ଷିକ ଯୋଜନା ପ୍ରବର୍ତ୍ତନ କରାଯାଇଥିଲା ଏବଂ ରାଜା ଓ ଜମିଦାରମାନଙ୍କୁ ଉଚ୍ଛେଦ କରାଯାଇ ଭୂସଂସ୍କାର ଜରିଆରେ ଚାଷୀମାନଙ୍କ ଜମିର ସ୍ୱତ୍ୱ ପ୍ରଦାନ ସହିତ ବଳକା ଜମି ବଣ୍ଟନ କରାଯାଇଥିଲା ।

ସମାଜବାଦ ପ୍ରତିଷ୍ଠା ଲକ୍ଷ୍ୟରେ ସମ୍ବିଧାନ ପ୍ରଣୟନ କରାଯାଇଥିଲା ଓ ସମସ୍ତ ନାଗରିକ ସମାନ ସୁବିଧା ଭୋଗକଲେ । ଫଳରେ ଗ୍ରାମାଞ୍ଚଳ ଗରିବ ଲୋକମାନଙ୍କ ଦ୍ରୁତ ଆର୍ଥିକ ବିକାଶ ପାଇଁ ସରକାରୀ ଓ ବେସରକାରୀ ଉଦ୍ୟମ ସହିତ ସମବାୟକୁ ଦ୍ୱିତୀୟ ଆର୍ଥିକ ଶକ୍ତିଭାବରେ ନୀତି ଗ୍ରହଣ କରାଯାଇଥିଲା । କୃଷିଋଣ ସମବାୟ ସମିତିମାନଙ୍କୁ ୧୯୫୪ ମସିହା ପରଠାରୁ ସରକାରଙ୍କ ଆଇନ୍ ପ୍ରଣୟନ ଦ୍ୱାରା ବହୁମୁଖୀ ସମବାୟ ସମିତି ରୂପେ ଗଠନ କରାଯାଇଥିଲା । ସେମାନେ ଉତ୍ପାଦନ ଭିତ୍ତିକ କୃଷିଋଣ ସହିତ ଅନ୍ୟାନ୍ୟ ଦ୍ରବ୍ୟଋଣ, କୃଷିପଦାର୍ଥର ସରକାରୀ ସହାୟତା ଦରରେ କିଣିବାର ବ୍ୟବସ୍ଥା, ଖାଦ୍ୟ ସଂରକ୍ଷଣ ପାଇଁ ଗୋଦାମ ଘର ନିର୍ମାଣ, ଖାଉଟୀ ପଦାର୍ଥ ଯୋଗାଣ, କୃଷିଭିତ୍ତିକ ଶିଳ୍ପ, କୁଟୀର ଶିଳ୍ପ, ଗାଈ, ଛେଳି ଓ କୁକୁଡ଼ା ପାଳନ ସହିତ ମାଛଚାଷ, ଆଖୁଚାଷ ପ୍ରଭୃତି ଆନୁସାଙ୍ଗିକ କୃଷିଋଣ ପ୍ରଦାନ କରି ବହୁବିଧ କାର୍ଯ୍ୟକ୍ରମ ଗ୍ରହଣ କରି ଗରିବମାନଙ୍କ ଆର୍ଥିକ ବିକାଶ କରିଆସୁଛନ୍ତି । ୧୯୬୧ ମସିହାରେ ଗୁଜୁରାଟ ପ୍ରଦେଶର ଜମିମାଲିକ ମାନଙ୍କର ବଳକା ଜମି କିଣିବା ପାଇଁ ସମବାୟ ସମିତିମାନେ ଦୀର୍ଘମିଆଦି (Long Term Credit) ଋଣ ଦେବା ଆରମ୍ଭ କରି ପରେ ପରେ ଅନ୍ୟାନ୍ୟ ପ୍ରଦେଶରେ ଏହା ପ୍ରଚଳନ କରାଯାଇଥିଲା । ତାଇୱାନ୍‌ରେ ସରକାର ଜମି ମାଲିକମାନଙ୍କୁ ଜମିର କ୍ଷତିପୂରଣ ନଦେଇ ଚାଷୀମାନଙ୍କୁ ଜମି ବାଣ୍ଟିଦେଇଥିଲେ । ଚାଷୀମାନେ ସେମାନଙ୍କର ଉତ୍ପାଦିତ ଫସଲର ଅର୍ଦ୍ଧେକ ବିକ୍ରିକରି ୫ ବର୍ଷରେ ଜମିଦାରମାନଙ୍କୁ ଜମିର ମୂଲ୍ୟ ବାବଦକୁ ଅର୍ଥ ଦେଇଥିଲେ । ଫଳରେ ଚାଷୀମାନେ ଜମିଦାରଙ୍କ ବଦଳରେ ଜମିର

ମାଲିକ ହୋଇ ସମବାୟ ସମିତି ଜରିଆରେ ଫସଲ ଋଣ ଇତ୍ୟାଦି ନେଇ ବିପୁଳ ଆର୍ଥିକ ବିକାଶ କରିଛନ୍ତି ।

ସମବାୟ ସମିତିର ଉପବିଧିରେ ଧର୍ମ, ଜାତି ତଥା ରାଜନୈତିକ ଦଳର ସଭ୍ୟ, ନିର୍ବିଶେଷରେ ସମସ୍ତେ ସଭ୍ୟ ହୋଇ ସମାନ ସୁବିଧା ପାଇଛନ୍ତି । ଗଣତନ୍ତ୍ର ଭିତ୍ତିରେ ସମିତିର ସଭ୍ୟମାନେ ତାଙ୍କର ନିଜର ରୁଚି ଅନୁଯାୟୀ ପରିଚାଳନା ପରିଷଦକୁ ପ୍ରତିନିଧି ପଠାଉଅଛନ୍ତି । ବାର୍ଷିକ ସାଧାରଣ ସଭାରେ ସମସ୍ତ ସଭ୍ୟ ନିଜେ ନିଜର ବକ୍ତବ୍ୟ ଦେବାର ସ୍ୱାଧୀନତା ପାଇଛନ୍ତି । ସଭ୍ୟମାନେ ତାଙ୍କର ଅଂଶଧନ ଭିତ୍ତିରେ ଲାଭାଂଶ ପାଉଛନ୍ତି । ଅଂଶଧନ ପରିମାଣ ନିର୍ବିଶେଷରେ ପ୍ରତ୍ୟେକ ସଭ୍ୟର ସମାନ ଭୋଟଦାନ ଅଧିକାର ଅଛି । ଏଣୁ ସମବାୟ ସମିତିମାନେ ସାମାଜିକ ନ୍ୟାୟ ପ୍ରତିଷ୍ଠାର ଆଦର୍ଶ ହୋଇପାରିଛନ୍ତି ।

ସମବାୟ ସମିତିମାନେ କେବଳ ସଭ୍ୟମାନଙ୍କର ଆର୍ଥିକ ବିକାଶ ବା ସେବାରେ ନିୟୋଜିତ ହୋଇନାହାଁନ୍ତି । ସେମାନେ ସମିତିରେ ନିଜ ଲାଭର କେତେକାଂଶ ଅର୍ଥ ସମାଜ ସେବାରେ ବ୍ୟୟ କରୁଛନ୍ତି । ଇଉରୋପୀୟ ସମବାୟ ବ୍ୟାଙ୍କ ବା ସମିତିମାନେ ସେମାନଙ୍କ ଲାଭର ବିପୁଳ ଅଂଶ ବିକାଶଶୀଳ ଓ ଅନୁନ୍ନତ ରାଷ୍ଟ୍ରର ସ୍ୱାସ୍ଥ୍ୟ ସେବା, ବନୀକରଣ ଜରିଆରେ ପରିବେଶର ସୁରକ୍ଷା, ପାନୀୟ ଜଳ ଯୋଗାଣ ଇତ୍ୟାଦି ସେବାମୂଳକ କାର୍ଯ୍ୟକ୍ରମରେ ବ୍ୟୟ କରୁଛନ୍ତି । ଆମ ଦେଶରେ ମହାରାଷ୍ଟ୍ରର ୱାରାନା ସମବାୟ ସଂସ୍ଥା ସମଗ୍ର ଭାରତବର୍ଷ ପାଇଁ ମାର୍ଗଦର୍ଶନ ସାଜିଥିବାରୁ ସମବାୟ ଚିନିକଳ ତାଙ୍କ ଅଞ୍ଚଳରେ ଶିକ୍ଷାନୁଷ୍ଠାନ, ଚିକିତ୍ସାଳୟ ଇତ୍ୟାଦି ସ୍ଥାପନ କରି ସମାଜର ଅଶେଷ ଉପକାର କରୁଛନ୍ତି । ସମବାୟ ସମିତିମାନେ ସ୍ୱଳ୍ପ ବୃଷ୍ଟିପାତ ଜିଲ୍ଲାମାନଙ୍କରେ କୃଷିର ବିଶେଷ ସଫଳତା ଆଣିପାରିଛନ୍ତି । ସମବାୟ ସମିତି ମାଧ୍ୟମରେ ଚିକିତ୍ସାଳୟ, ଗୃହନିର୍ମାଣ, ଅତ୍ୟାବଶ୍ୟକୀୟ ଜିନିଷ ଯୋଗାଣ, ଔଷଧ ପ୍ରସ୍ତୁତି, ବୃକ୍ଷ ରୋପଣ, ତାଳଗୁଡ଼ ପ୍ରସ୍ତୁତ ଓ ଖାଦ୍ୟ ପଦାର୍ଥ ଯୋଗାଣ ଇତ୍ୟାଦି ବହୁ ସମିତି ପ୍ରତିଷ୍ଠିତ ହୋଇ ସମାଜ ସେବାରେ ନିୟୋଜିତ ହୋଇଛନ୍ତି । ଜାପାନର ସମବାୟ ଚିକିତ୍ସାଳୟମାନ ସେ ଦେଶର ଶତକଡ଼ା ୨ଭାଗ ଲୋକଙ୍କୁ ସ୍ୱାସ୍ଥ୍ୟସେବା ଯୋଗାଇ ପାରିଛନ୍ତି ।

ଏଣୁ ସମାଜର କୋଟି କୋଟି ଲୋକଙ୍କର ଆର୍ଥିକ ବିକାଶ ଦଳଗତ ନିର୍ବିଶେଷରେ ସମାଜସେବା ସର୍ବୋପରି ସମାଜବାଦ ପ୍ରତିଷ୍ଠା ଓ ସାମାଜିକ ନ୍ୟାୟ ପ୍ରଦାନରେ ସମବାୟ ହିଁ ପ୍ରମୁଖ ଭୂମିକା ଗ୍ରହଣ କରିଅଛି । ୧୯୯୨ ମସିହାରୁ ଆମ ଦେଶର ଉଦାରୀକରଣ ଅର୍ଥନୀତିରେ ବ୍ୟକ୍ତି ପ୍ରଚେଷ୍ଟାକୁ ପ୍ରାଧାନ୍ୟ ଦିଆଯାଇ ସମବାୟକୁ ଗୌଣ କରାଯାଇଥିବାରୁ ଓ କେତେକ ରାଜ୍ୟ ସରକାର ସମବାୟ ଆଇନ୍ ଜରିଆରେ

ସ୍ୱୟଂଚାଳିତ ସମିତି ପରିଚାଳନାରେ ପ୍ରତିବନ୍ଧକ ସୃଷ୍ଟି କରୁଥିବାରୁ ପୁନଶ୍ଚ ସାମାଜିକ ଅସମତା ମୁଣ୍ଡ ଟେକିବ ବୋଲି ଅର୍ଥନୈତିକ ବିଷାରଦମାନେ ଯେଉଁ ଆଶଙ୍କା କରିଛନ୍ତି ଏହା ସମାଜ ପାଇଁ କ୍ଷତିକାରକ । ଏ ଦିଗରେ ସରକାର ଯତ୍ନଶୀଳ ହେବା ଆବଶ୍ୟକ । ନଚେତ୍ ନେଡ଼ିଗୁଡ଼ କହୁଣୀକୁ ବୋହିଗଲା ପରେ ଆଉ କିଛି ସଂସ୍କାର କରିବା ସମ୍ଭବପର ହୋଇନପାରେ । ଭାରତ ସରକାରଙ୍କର ସମବାୟ ମନ୍ତ୍ରୀ ଜଣେ ଅଭିଜ୍ଞ ସମବାୟ ବିଶାରଦ ହୋଇଥିବାରୁ ଏ ଦିଗରେ ଯତ୍ନଶୀଳ ହୋଇପାରିବେ ବୋଲି ସମବାୟବିତ୍‌ମାନେ ଆଶା ପ୍ରକଟ କରିଛନ୍ତି ।

'ଧରିତ୍ରୀ' - ତା୧୨.୦୧.୨୦୨୫ରେ ପ୍ରକାଶିତ

ଦେଶ ପ୍ରଗତିରେ ନାରୀ

ପ୍ରାକୃତିକ ପରିବେଶ ଘେରା ଓଡ଼ିଶା ଭୂଖଣ୍ଡର ସାମଗ୍ରିକ ବିକାଶ ତଥା ଉନ୍ନତି ନିମନ୍ତେ ବିଭିନ୍ନ ଯୋଜନାମାନ ସରକାରଙ୍କ ଦ୍ୱାରା ପ୍ରଣୟନ କରାଯାଉଛି । ସରକାରୀ ଓ ବେସରକାରୀ ସ୍ତରରେ କାର୍ଯ୍ୟକାରୀ ହେଉଥିବା ବିଭିନ୍ନ ବିକାଶମୂଳକ କାର୍ଯ୍ୟର ବିଭିନ୍ନ ଧାରା ନିହିତ ରହିଛି । ବିଭିନ୍ନ ବିଭାଗର ମନ୍ତ୍ରାଣାଳୟ, ଉପବିଭାଗ ତଥା ଜିଲ୍ଲାୱାରି କାର୍ଯ୍ୟକାରିଣୀ ସଂସ୍ଥା ଏହି ବିଭାଗ ଦ୍ୱାରା ଅନୁମୋଦିତ କାର୍ଯ୍ୟାବଳୀକୁ ବାସ୍ତବ ରୂପାୟନ ଦେବାରେ ସହାୟ ହୋଇଥାନ୍ତି । କହିବାକୁ ଗଲେ ରାଜ୍ୟର ଶାସନ ଖସଡ଼ା ଦ୍ୱାରା ପ୍ରାୟୋଜିତ ସମସ୍ତ କାର୍ଯ୍ୟଧାରା ଜନହିତ ପାଇଁ ସଦା ଉନ୍ମୁକ୍ତ । ସ୍ୱାଧୀନତା ପ୍ରାପ୍ତିର ଦୀର୍ଘ ୭୭ ବର୍ଷ ପରେ ମଧ ଓଡ଼ିଶା ରାଜ୍ୟର ସାମଗ୍ରିକ ଉନ୍ନତି ସାଧିତ ହୋଇପାରି ନଥିବା ଓ ଅନ୍ୟ ରାଜ୍ୟମାନଙ୍କ ତୁଳନାରେ ଆଖିଦୃଶିଆ ଉନ୍ନତି ହୋଇନଥିବା ଆମେ ସ୍ୱୀକାର କରୁ । ବିଭିନ୍ନ ପଞ୍ଚବାର୍ଷିକ ଯୋଜନାରେ କେନ୍ଦ୍ରଦ୍ୱାରା ଅନୁମୋଦିତ ବିଭାଗ ଅନୁଯାୟୀ ଅର୍ଥରାଶିର ସଫଳ ବିନିଯୋଗ ହୋଇ ଆସୁଥିଲେ ସୁଦ୍ଧା ଓଡ଼ିଶାର ବିକାଶର ଧାରା କଚ୍ଛପ ଗତିରେ ଅଗ୍ରସର ହେଉଛି । ତଥାପି ଏହି କିଛି ବର୍ଷ ହେବ ଗମନା ଗମନ, ଯୋଗାଯୋଗ, ଗ୍ରାମାଞ୍ଚଳ ବିକାଶ, ସହରାଞ୍ଚଳ ଉନ୍ନତି, କୃଷିର ଉନ୍ନତିକରଣ, ପରିବେଶ ସଚେତନତା, ଶିଳ୍ପାୟନ, ଜଳଯୋଗାଣ, ମରୁଡ଼ି ପ୍ରତିକାର, ଫସଲ ବୀମାରେ ଉନ୍ନତି, ପ୍ରାକୃତିକ ବିପର୍ଯ୍ୟୟର ମୁକାବିଲା, ଶିକ୍ଷାର ଦୃଢ଼ ବିକାଶ, ସ୍ୱାସ୍ଥ୍ୟ କ୍ଷେତ୍ରରେ ଉନ୍ନତି, ଖାଦ୍ୟ ନିରାପତା, ଗୋପାଳନ ଓ ମତ୍ସ୍ୟ ଚାଷର ଉନ୍ନତି, ନାରୀ ଶିକ୍ଷାର ଅଗ୍ରାଧିକାର, ଶିଶୁମାନଙ୍କର ଯତ୍ନ ଓ ଅଙ୍ଗନୱାଡ଼ିର ଉନ୍ନତିକରଣ, ଛାତ୍ରଛାତ୍ରୀଙ୍କ ମଧାହ୍ନ ଭୋଜନ ସହିତ ଆଉ କେତେକ କ୍ଷେତ୍ରରେ ଉନ୍ନତି ପରିଲକ୍ଷିତ ହେଉଛି । ଏ ସମସ୍ତ ବିକାଶ ବାହାରେ ସଂପ୍ରତି ଗ୍ରାମାଞ୍ଚଳରେ ବିଶେଷକରି ଏକ ସ୍ୱତନ୍ତ୍ର ଯୋଜନାର ବିକାଶମୁଖୀ ସୁବର୍ଣ ସକାଳର ଶଙ୍ଖ ଧ୍ୱନି ନିନାଦିତ ହେଉଥିବା ଆମେ ଲକ୍ଷ କରୁଛେ ।

ତାହା ହେଉଛି ଏ ନାରୀ ଜାତିର ସାମଗ୍ରିକ ଉନ୍ନତି ନିମନ୍ତେ ଚାବିକାଠି ସଦୃଶ ମହିଳା ସ୍ୱୟଂ ସହାୟକ ଗୋଷ୍ଠୀ । ମହିଳାମାନଙ୍କ ଦ୍ୱାରା ପରିଚାଳିତ ପ୍ରତିଷ୍ଠିତି ତଥା ସମ୍ପୂର୍ଣ୍ଣ ସୁପରିଚାଳିତ ଗୋଷ୍ଠୀମାନେ ଯେଉଁ ଆଖି ଦୃଶିଆ କାର୍ଯ୍ୟରେ ନିୟୋଜିତ ହୋଇ ରାଜ୍ୟ ତଥା ଦେଶର ଉନ୍ନତି ନିମନ୍ତେ ଅଣ୍ଟାଭିଡ଼ି ଆଗେଇ ଆସି ରାଷ୍ଟ୍ର ଉନ୍ନତିର ମୁଖ୍ୟ ସ୍ରୋତରେ ସାମିଲ ହୋଇଛନ୍ତି ତାହା ବାସ୍ତବରେ ଅନ୍ୟମାନଙ୍କ ପାଖରେ ଏକ ଉଦାହରଣ ସୃଷ୍ଟି କରିପାରିଛି। ମୁଣ୍ଡରେ ସମ୍ଭ୍ରମତାର ଓଢ଼ଣା ଥିଲେ ମଧ୍ୟ ମନୋବଳରେ ସେମାନେ ନୂତନ ସୃଷ୍ଟି ଓ ସଂଗତିର ବଳ ସଂଚୟ କରି ଦୁନିଆ ବିଷୟରେ ଜାଣିବାର ଆଗ୍ରହ ଜମାଇଲେଣି । ବିଶେଷ କରି ଆଦିବାସୀ ଅଧୂଷିତ ଅଞ୍ଚଳରେ ବସବାସ କରୁଥିବା ବହୁ ନାରୀ ବଣ ଜଙ୍ଗଲଘେରା ଅଞ୍ଚଳରେ ରହି ମଧ୍ୟ ନିଜର ତଥା ଅଞ୍ଚଳ ଓ ରାଜ୍ୟ ଉନ୍ନତି ନିମନ୍ତେ ଏକାଠି ହୋଇ ବିଭିନ୍ନ କାର୍ଯ୍ୟଦ୍ୱାରା ଆତ୍ମ ନିର୍ଭରଶୀଳ ହେବାପାଇଁ ସ୍ୱୟଂ ସହାୟକ ଗୋଷ୍ଠୀ ଗଢ଼ିବା କମ୍ ବଡ଼ ଗୌରବର ବିଷୟ ନୁହେଁ ।

ସଂପ୍ରତି ଗ୍ରାମାଞ୍ଚଳର ମହିଳାମାନଙ୍କ ପାଇଁ ମହିଳା ସ୍ୱୟଂ ସହାୟକ ଗୋଷ୍ଠୀ ଗଠନ ଓ ଗୋଷ୍ଠୀ ଦ୍ୱାରା ବିକାଶ ପାଇଁ ଏକ ବଡ଼ ଧରଣର ସଫଳତା । ଏଥିପାଇଁ ସରକାରୀ ସ୍ତରରୁ ଆରମ୍ଭ କରି ରାଷ୍ଟ୍ରାୟତ ବ୍ୟାଙ୍କ ଓ ସମବାୟ ବ୍ୟାଙ୍କମାନଙ୍କର ସହଯୋଗ ବେଶ୍ ପ୍ରଶଂସନୀୟ । ସାଧାରଣତଃ ଆଦିବାସୀ ଅଧ୍ୟୁଷିତ ଅଞ୍ଚଳର ମହିଳାମାନେ ପୂର୍ବ ଉପକୂଳ ଓଡ଼ିଶାର ମହିଳାମାନଙ୍କ ତୁଳନାରେ ଏତେଟା ଶିକ୍ଷିତ ନୁହଁନ୍ତି । ଏଭଳି ଏକ ସୁନ୍ଦର ଯୋଜନାରେ ସେମାନେ ସାମିଲ ହୋଇଛନ୍ତି ସତ କିନ୍ତୁ ଅନେକ କ୍ଷେତ୍ରରେ ସେମାନଙ୍କର ନୀରକ୍ଷରତା ତଥା ଶିକ୍ଷା ସଚେତନତାର ଘୋର ଅଭାବ କାରଣରୁ ସେମାନଙ୍କୁ ଶୋଷଣର ଶିକାର ହେବାକୁ ପଡୁଛି । ତାହା ହେଲା ବ୍ୟାଙ୍କରେ କିପରି ପାସ୍‌ବୁକ୍ ଖୋଲିବା, କିପରି ଋଣ ନେଇ କେଉଁ ସୁଧହାରରେ ପରିଶୋଧ କରିବା, ନିଜ ଉତ୍ପାଦିତ ଦ୍ରବ୍ୟକୁ କିପରି ବିକ୍ରିବଟା କରିବା, ଲାଭ କ୍ଷତିର ହିସାବ, ବଜାର ସୁବିଧା, ବଜାର ଚାହିଦାକୁ ଦେଖି ଉତ୍ପାଦନ ବୃଦ୍ଧି କରିବା, ପରସ୍ପର ମାଧ୍ୟମରେ ସହଯୋଗ ପଦ୍ଧତି, ସଚେତନ ଓ ତାଲିମ, ଗୋଷ୍ଠୀର ସ୍ଥାୟୀତ୍ୱ, କ୍ଷତି ହେଲେ କିପରି ତାହା ଭରଣା କରାଯିବ, ସରକାରୀ ସହଯୋଗ ନେବା, ବିଦେଶକୁ କେତେକ ପଦାର୍ଥ ରପ୍ତାନୀ କରିବା, ସରକାରୀ ରିହାତି ହାତେଇବା ଆଦି ବହୁ ବିଷୟ ପ୍ରତି ଗ୍ରାମାଞ୍ଚଳର ଅର୍ଦ୍ଧଶିକ୍ଷିତା ମହିଳାମାନେ ଉପଯୁକ୍ତ ଧ୍ୟାନ ଦେଇପାରି ନାହାନ୍ତି । ଯାହା ଦ୍ୱାରା ଗୋଷ୍ଠୀଗୁଡ଼ିକ ସେତେଟା ଆଖି ଦୃଷ୍ଟିଆ ଉନ୍ନତି ନ କରିପାରିବା ସ୍ୱାଭାବିକ । ଏ ସମସ୍ତ ଦିଗର ସାମଗ୍ରିକ ଏକତ୍ରୀକରଣ ହେଲେ ଯାଇ ଗୋଷ୍ଠୀମାନଙ୍କର ଉନ୍ନତି ହେବା ସହ ରାଜ୍ୟ ବା ଦେଶର ଉନ୍ନତି ହୋଇପାରିବ । ସଂଗଠନର ଉନ୍ନତିକୁ ଚାହିଁ ଗୋଷ୍ଠୀ

ମଧ୍ୟରେ ଶିକ୍ଷିତା ମହିଳାଙ୍କୁ ଚୟନ କରି ଉପଯୁକ୍ତ ଦାୟିତ୍ୱ ଦେବାକୁ ପଡ଼ିବ ଓ ତାଙ୍କ ଦ୍ୱାରା ଅନ୍ୟମାନଙ୍କୁ ବିଭିନ୍ନ ବିଷୟରେ ସଚେତନ କରାଇବାକୁ ପଡ଼ିବ ।

ବିଭିନ୍ନ ତାଲିମରେ ଭାଗନେବା ଦ୍ୱାରା ପ୍ରତି ମହିଳା ନିଜକୁ କିପରି କାର୍ଯ୍ୟକ୍ଷମ ମଣିବ ସେ ଦିଗରେ ଗୁରୁତ୍ୱ ଦେବାକୁ ପଡ଼ିବ । ବିଭିନ୍ନ କାର୍ଯ୍ୟରେ କୁଶଳୀ ଯଥା - କିଏ ଭଲ ରାନ୍ଧିପାରେ, କିଏ ଭଲ ବୁଣିପାରେ, କିଏ ଭଲ ଚିତ୍ର କରିପାରେ, କିଏ ଭଲ ଗୋପାଳନ କରିପାରେ, କିଏ ଭଲ ବଡ଼ି ପାରିପାରେ, କିଏ ଭଲ ଆଚାର ପ୍ରସ୍ତୁତ କରିପାରେ ଏସବୁ ଦିଗରେ ନଜର ଦେଇ ସେହି ଦିଗରେ ସେମାନଙ୍କୁ ସ୍ୱତନ୍ତ୍ର ତାଲିମ ଦେଇ କାର୍ଯ୍ୟରେ ନିଯୁକ୍ତ କଲେ ସେମାନେ ଅଧିକ ଉତ୍ସାହିତ ହୋଇ କାର୍ଯ୍ୟ କରିବା ପାଇଁ ଆଗଭର ହେବେ । ଏସବୁ ସହିତ ଦେଖିବାକୁ ପଡ଼ିବ ଯେ, ମହିଳାମାନେ ନିଜ ପାରିବାରିକ କର୍ମ ବାଦ୍ କେଉଁ ସମୟରେ ସେ ଗୋଷ୍ଠୀ କାର୍ଯ୍ୟରେ ସାମିଲ ହୋଇପାରିବେ । ଏହା ଦ୍ୱାରା କୌଣସି ମହିଳା ଭାବିବେ ନାହିଁ ଯେ ଗୋଷ୍ଠୀରେ ସାମିଲ ହେବାଦ୍ୱାରା ନିଜ ପରିବାରକୁ ଅବହେଳା ପ୍ରଦର୍ଶନ କରୁଛନ୍ତି ବୋଲି । ଗୋଷ୍ଠୀରେ ସାମିଲ ହେବାଦ୍ୱାରା ସେମାନଙ୍କର ସାମାଜିକ, ଆର୍ଥିକ, ମାନସିକ, ଶାରିରୀକ ଉନ୍ନତି ହେବା ସହ ରାଷ୍ଟ୍ରର ଉନ୍ନତିକଳ୍ପେ ନାରୀମାନଙ୍କର କି ପ୍ରକାର ଭୂମିକା ରହିଛି ତାହା ସେମାନଙ୍କର ହୃଦ୍‌ବୋଧ ହେବା ବିଧେୟ । ବଜାର ଚାହିଦାକୁ ଆଖି ଆଗରେ ରଖି ବହୁ ଆଦିବାସୀ ମହିଳା ତେଲ ପ୍ରସ୍ତୁତ କରିବା, ଝାଡୁ ତିଆରି କରିବା, ଖଲିପତ୍ର ଠୋଲା ତିଆରି କରିବା, ଜଙ୍ଗଲଜାତ ଦ୍ରବ୍ୟ ଦ୍ୱାରା ବିଭିନ୍ନ ଖାଦ୍ୟ ପଦାର୍ଥ ତଥା ଆମ୍ୱଶଢ଼ା ପ୍ରସ୍ତୁତି, ଜଳ ଅମଳ ଯୋଜନାରେ ମାଛଚାଷ, ଗୃହପାଳିତ ପଶୁପାଳନ, ପାଚିଲା ତାଳ ସଂଗ୍ରହ କରି ତା ରସରେ ଗୁଡ଼ ତିଆରି କରିବା, ମାଣ୍ଡିଆ ଚାଷ କରିବା, କାନ୍ଦୁଲ ଚାଷ କରିବା, ହଳଦୀ ଚାଷ କରିବା, କଫିଚାଷ କରିବା ଓ ସ୍କୁଲ ମାନଙ୍କରେ ଖାଦ୍ୟ ପଦାର୍ଥ ରନ୍ଧନ ଆଦି କାର୍ଯ୍ୟରେ ନିୟୋଜିତ ହେବା ଦ୍ୱାରା ନାରୀମାନେ ନିଜେ ଆନନ୍ଦ ପାଇବା ସଙ୍ଗେ ସଙ୍ଗେ ନିଜର ଆର୍ଥିକ ଉନ୍ନତି ପାଇଁ ସହାୟ ହୋଇଥାନ୍ତି ।

ମହିଳା ସ୍ୱୟଂ ସହାୟକ ଗୋଷ୍ଠୀ ଦ୍ୱାରା ଗ୍ରାମଠାରୁ ରାଷ୍ଟ୍ର ପର୍ଯ୍ୟନ୍ତ ଉନ୍ନତି ଯେ ନିଶ୍ଚିତ ସମ୍ଭବ ଏହା ଆମେ ଅନୁଭବ କରୁଛେ । କିନ୍ତୁ ବଡ଼ କଥା ହେଲା ଉଚିତ୍ ମାର୍ଗରେ ସରକାରୀ ସାହାଯ୍ୟ ପାଇଲେ ଏହି ସୁନ୍ଦର ଯୋଜନାର ସଫଳ ପରିଚାଳନା ଏକାନ୍ତ ଆବଶ୍ୟକ । ଯାହା ଦେଶ ପ୍ରଗତିରେ ନାରୀମାନଙ୍କ ଭୂମିକା ଅତ୍ୟନ୍ତ ଗୁରୁତ୍ୱପୂର୍ଣ୍ଣ ବୋଲି ସରକାର ଭାବିବା ଉଚିତ୍ ।

'ସକାଳ' - ତା୨୮.୧୨.୨୦୨୪ରେ ପ୍ରକାଶିତ

ସମବାୟରେ ଅଣକୃଷି ଉଦ୍ୟୋଗ

ସମବାୟ ଅର୍ଥ ଲଗାଣ ବ୍ୟବସ୍ଥାକୁ ଓଡ଼ିଶାରେ ସୁଦୃଢ଼ ଓ ବ୍ୟାପକ କରିବା ପାଇଁ ଆନୁସଙ୍ଗିକ କୃଷି କାର୍ଯ୍ୟକ୍ରମ ଓ ଅଣକୃଷି ଉଦ୍ୟୋଗ ଉପରେ ପ୍ରାଧାନ୍ୟ ଦିଆଯିବା ଦରକାର ବୋଲି ବହୁ ଆଗରୁ ତଦାନିନ୍ତନ ଓଡ଼ିଶା ରାଜ୍ୟ ସମବାୟ ବ୍ୟାଙ୍କର ସଭାପତି ଘନଶ୍ୟାମ ସାହୁ ମତପ୍ରକାଶ କରିଥିଲେ । ଏକ ସାମ୍ବାଦିକ ସମ୍ମିଳନୀରେ ଗତ କେଇବର୍ଷ ମଧ୍ୟରେ ରାଜ୍ୟରେ ସମବାୟ ଉଦ୍ୟୋଗ ବିପର୍ଯ୍ୟସ୍ତ ହୋଇପଡ଼ିଥିବା ସ୍ୱୀକାର କରି ବ୍ୟାଙ୍କିଙ୍ଗ୍ କ୍ଷେତ୍ରରେ ଉନ୍ନତି ଆଣିବା ଲାଗି ସେ କେତେକ ସ୍ୱତନ୍ତ୍ର ପରିକଳ୍ପନା ଘୋଷଣା କରିଥିଲେ ।

ରାଜନୈତିକ ନେତୃତ୍ୱକୁ ସଂପୂର୍ଣ୍ଣଭାବେ ଦାୟୀ କରିବାକୁ ଅସ୍ୱୀକାର କରି ସେ କହିଲେ, ବିଭିନ୍ନ କାରଣରୁ ସମବାୟ ଉଦ୍ୟୋଗ ବିପର୍ଯ୍ୟସ୍ତ ହୋଇପଡ଼ିଛି । ଓଡ଼ିଶାରେ ଏହି ବିପର୍ଯ୍ୟସ୍ତ ୧୯୮୦ ମସିହା ପରଠାରୁ ବେଶି ମାତ୍ରାରେ ଅବନତି ଘଟିଲା । ୧୯୮୮ ମସିହା ସୁଦ୍ଧା ରାଜ୍ୟରେ ଶତକଡ଼ା ୭୮ ଭାଗ ସମବାୟ ଋଣ ଅନାଦାୟ ହୋଇଯାଇଥିଲା । କମ୍ ଫସଲ ଉତ୍ପାଦନ, ବର୍ଷା, ବଢ଼ି, ମରୁଡ଼ି ଓ ଦୈବ ଦୁର୍ବିପାକଜନିତ ଘଟଣାକ୍ରମେ ଚାଷୀଙ୍କର ଋଣ ସୁଝିବାକୁ ଶକ୍ତି ନଥିଲା । ଏହି କାରଣରୁ ଶତକଡ଼ା ୭୦ ଭାଗ ସମବାୟ ସମିତଗୁଡ଼ିକ କ୍ଷତିରେ ଚାଲୁଥିଲେ । ଗୋଟିଏ ସମବାୟ ସମିତି ଲାଭରେ ଚାଲିବାକୁ ହେଲେ ଅତି କମ୍‌ରେ ୨୦ ଲକ୍ଷ ଟଙ୍କାର ବାର୍ଷିକ ଋଣ ଲଗାଣ ଦରକାର ପଡୁଥିଲା ସେହି ସମୟରେ । ସମିତିଗୁଡ଼ିକ କେବଳ ଚାଷଋଣ ଦେଇ ଏତେ ଟଙ୍କାର ବ୍ୟବସାୟ କରିପାରୁନଥିଲେ । ସମିତିଗୁଡ଼ିକ ଅନ୍ୟ ଉପାୟରେ ଋଣ ଲଗାଣ ପାଇଁ ମନ ବଳାଉ ନଥିଲେ । ସମବାୟର ଦୂରାବସ୍ଥାର କାରଣ ସମ୍ପର୍କରେ ସେ କହିଥିଲେ ବର୍ଷା ଉପରେ ନିର୍ଭରଶୀଳ, କୃଷି କ୍ଷେତ୍ରରେ ଅମଳର ଅନିୟମିତତା, ପରିଚାଳନାଗତ ତୃଟି, ଋଣ ଅନାଦାୟ, ଋଣ ଲଗାଣରେ ଅସ୍ଥିରତା, ନାବାର୍ଡ଼ ଠାରୁ

ପୁନଃ ଅର୍ଥ ଲଗାଣ ପାଇବାକୁ ଅନେକ ବ୍ୟାଙ୍କର ଅଯୋଗ୍ୟତା, ସମିତି ଓ କେନ୍ଦ୍ର ସମବାୟ ବ୍ୟାଙ୍କ କର୍ମଚାରୀ ମାନଙ୍କର କର୍ମକ୍ଷେତ୍ରରେ ମାନ ହ୍ରାସ ଆଦି ଯୋଗୁ ସମବାୟ ଉଦ୍ୟୋଗ ଭୁଷୁଡ଼ି ପଡ଼ିଥିଲା । ଯାହାଫଳରେ ଲୋକମାନଙ୍କର ଆସ୍ଥା ସମବାୟ ଉପରୁ କମିଗଲା ।

ସେତେବେଳର ଜନତା ଦଳ ସରକାରଙ୍କର ଋଣ ଛାଡ଼ ନିଷ୍ପତ୍ତିକୁ ଓଡ଼ିଶାର ତଦାନିନ୍ତନ ମୁଖ୍ୟମନ୍ତ୍ରୀ ବିଜୁ ପଟ୍ଟନାୟକ ଦୃଢ଼ ସମର୍ଥନ କରି ନିର୍ବାଚନ ସଭାରେ ଘୋଷଣା କରିନଥିଲେ ସମବାୟ ଆଜି ଗୌରବ ଫେରି ପାଇନଥାନ୍ତା । କାରଣ ସେ ସମୟରେ ପରିସ୍ଥିତି ଯାହା ଥିଲା ଋଣ ଆଦାୟ ହୋଇପାରି ନଥାନ୍ତା । ଋଣ ଛାଡ଼ର ପ୍ରଥମ ଦଫାରେ ୧୯୮୬ ଏପ୍ରିଲ୍ ମାସଠାରୁ ୧୯୮୯ ମସିହା ଅକ୍ଟୋବର ୨ ତାରିଖ ମଧ୍ୟରେ ଦୁଇଟି ଫସଲ ହରାଇଥିବା ଖିଲାପକାରୀ ଚାଷୀଙ୍କର ଋଣ ଛାଡ଼ କରାଗଲା । ଫଳରେ ଋଣ ଛାଡ଼ ଯୋଜନାରେ ସୁଧ ଓ ମୂଳ ମିଶାଇ ମୋଟ ୧୩୯ କୋଟି ଟଙ୍କା ଓଡ଼ିଶା ରାଜ୍ୟ ସରକାର ବହନ କଲେ ଓ ମୋଟ ୧୩ ଲକ୍ଷ କୃଷିଋଣ ପାଇଥିବା ଚାଷୀମାନଙ୍କ ମଧ୍ୟରୁ ୧୧ ଲକ୍ଷ ଋଣୀ ଚାଷୀ ଉପକୃତ ହେଲେ । ଅବଶିଷ୍ଟ ୨ ଲକ୍ଷ ଚାଷୀଙ୍କ ମଧ୍ୟରୁ ରାଜ୍ୟ ସରକାର ଉପରୋକ୍ତ ସମୟରେ ଗୋଟିଏ ଫସଲ ହରାଇଥିବା ଯୋଜନା ପ୍ରଣୟନ କରିବାରୁ ଅବଶିଷ୍ଟ ଏକଲକ୍ଷ ଅଶି ହଜାର ଚାଷୀ ୨୬ କୋଟି ଟଙ୍କା ଋଣ ଛାଡ଼ ପାଇଲେ । ଋଣଛାଡ଼ ଯୋଜନାରେ ରାଜ୍ୟ ସରକାରଙ୍କ ଉପରେ ବୋଝ ପଡ଼ିଥିଲେ ମଧ୍ୟ ଏହା ଏକ ଯୁଗପୋଯୋଗୀ ପଦକ୍ଷେପ ଥିଲା ।

ଅନେକ ସମବାୟ ସମିତିରେ ଋଣ ଲଗାଣ ଓ ଋଣ ଆଦାୟ କାଗଜପତ୍ରରେ ହେଉଛି । ଉଦାହରଣ ସ୍ୱରୂପ ଓଡ଼ିଶାରେ ଯେତିକି ଚାଷଜମି ଅଛି ତା'ଠାରୁ ଅଧିକ ଚାଷଜମି ଅଛି ବୋଲି କାଗଜପତ୍ରରେ ଦର୍ଶାଯାଇ କୃଷିଋଣ ଦିଆଯାଉଛି । ଲୋକେ ଯେତିକି ଋଣ ପାଉଛନ୍ତି ସେ ଟଙ୍କାକୁ ନେଇ ଅନ୍ୟ କାମରେ ଲଗାଉଛନ୍ତି । ଋଣ ପ୍ରକୃତରେ ଚାଷ କ୍ଷେତ୍ରରେ ଉପଯୋଗ ହେଉନାହିଁ । ସାର ବ୍ୟବହାର ମାତ୍ରା କମ୍ ହେତୁ ରାଜ୍ୟରେ କମ୍ ଫସଲ ଉତ୍ପାଦନ, ସମବାୟର ହେଉଛି ଦୁର୍ଗତିର କାରଣ। କାରଣ ଚାଷୀ ଯାହା ଫସଲ ଅମଳ କରେ ନିଜେ ଚଳି ଅବଶିଷ୍ଟ ବଳକା ଫସଲକୁ ବିକ୍ରି କରି ଋଣ ସୁଝିବା କଷ୍ଟକର ହୋଇପଡ଼େ ।

ସମବାୟ ସୂତାକଳ ଓ ଚିନିକଳ ବନ୍ଦ ହୋଇଯାଇଛି । ଫଳରେ ଆଖୁଚାଷ ପାଇଁ ଆଗ୍ରହ ରଖିଥିବା ଚାଷୀ ଆଉ ଆଖୁଚାଷ ପାଇଁ ମନ ବଳାଉ ନାହାନ୍ତି ଓ ସୂତାକଳ ବନ୍ଦ ହୋଇଯିବା ଦ୍ୱାରା କପାଚାଷ ମଧ୍ୟ କମ୍ ହୋଇଯାଇଛି । ଫଳରେ ବାହାର ରାଜ୍ୟର ବେପାରୀମାନେ ଚାଷୀଙ୍କ ଠାରୁ କମ୍ ଦରରେ ତୁଳା କିଣିନେଇ ଅନ୍ୟ ରାଜ୍ୟକୁ

ପଠାଉଛନ୍ତି । କପାଚାଷ ଦ୍ୱାରା ଚାଷୀ ଆଶା ବାନ୍ଧିଥିବା ଲାଭ ନ ହେବାରୁ ସେ ଚାଷ ପାଇଁ ବିମୁଖ ହୋଇପଡୁଛି। ଖୋର୍ଦ୍ଧାଠାରେ ଓଡ଼ିଶା ରାଜ୍ୟ ସମବାୟ ତୈଳବୀଜ ଉତ୍ପାଦନକାରୀ ମହାସଂଘ ଦ୍ୱାରା ବାଦାମ ତେଲ କାରଖାନା ବସାଯାଇ ଅର୍ପଣ ବାଦାମ ତେଲ ନାମରେ ଉନ୍ନତମାନର ତେଲ ଉତ୍ପାଦନ କରି ବଜାରର ବିକ୍ରିର ମାତ୍ରା ସର୍ବାଧିକ ହୋଇଥିଲେ ମଧ୍ୟ ପରିଚାଳନାଗତ ତ୍ରୁଟି ଓ ଅର୍ଥ ତୋଷାରପାତ ପାଇଁ କାରଖାନା ସଂପୂର୍ଣ୍ଣରୂପେ ବନ୍ଦ କରିଦିଆଗଲା । ଭୁବନେଶ୍ୱରର ସାମନ୍ତରାପୁର ଠାରେ ରାଜ୍ୟ ସମବାୟ ବିଭାଗ ଦ୍ୱାରା ବିଭିନ୍ନ ପ୍ରକାର ଫଳରୁ ଏକ ପାନୀୟ କାରଖାନା ପ୍ରତିଷ୍ଠା କରାଯାଇ ଉନ୍ନତମାନର ଫଳରସ କଟକ-ଭୁବନେଶ୍ୱର ସମେତ ଅନ୍ୟ କେତେକ ବସ୍ ଷ୍ଟାଣ୍ଡରେ ସରକାରଙ୍କ କିୟୋସ୍କ ମାଧ୍ୟମରେ ଯାତ୍ରୀମାନଙ୍କୁ ବିକ୍ରି ହେଉଥିଲା । ମାତ୍ର ତତ୍‌କାଳୀନ ଓଡ଼ିଶା ରାଜ୍ୟ ସମବାୟ ବିଭାଗର ସଚିବ ଅଳକା ପଣ୍ଡାଙ୍କ ନିର୍ଦ୍ଦେଶରେ ଉକ୍ତ ପାନୀୟ କାରଖାନା ଓମ୍‌ଫେଡ୍‌କୁ ପରିଚାଳନା ଦାୟିତ୍ୱ ହସ୍ତାନ୍ତର କରିବା ଦ୍ୱାରା କିଛିଦିନ ପରେ ଓମ୍‌ଫେଡ୍ ମଧ୍ୟ କୌଣସି କାରଣ ନ ଦର୍ଶାଇ ତାହାକୁ ବନ୍ଦ କରିଦେଇଥିଲା । ଫଳରେ ଏହି ଉଦ୍ୟୋଗଗୁଡ଼ିକ ଲାଭରେ ଚାଲୁଥିଲେ ମଧ୍ୟ ବିଭିନ୍ନ ପ୍ରକାର ଚକ୍ରାନ୍ତରେ ଏଗୁଡ଼ିକ ସମ୍ପୂର୍ଣ୍ଣ ରୂପେ ବନ୍ଦ କରିଦିଆଯିବା ଫଳରେ ସମବାୟର ଅଧଃପତନ ଆରମ୍ଭ ହୋଇଥିଲା । ମାତ୍ର ସମବାୟ ଉଦ୍ୟୋଗରେ କେତେକ ସମବାୟ ଭିତ୍ତିକ ଅନୁଷ୍ଠାନ କ୍ଷତିରେ ଚାଲୁଥିଲାବେଳେ ସେହି ଉଦ୍ୟୋଗର ପରିଚାଳନା ଦାୟିତ୍ୱ ଘରୋଇ ଉଦ୍ୟୋଗକୁ ଦେବା ଦ୍ୱାରା ତାହା ଲାଭରେ ଚାଲୁଛି ।

ସମବାୟ ଭିତ୍ତିରେ ଶିଳ୍ପଗୁଡ଼ିକୁ କାର୍ଯ୍ୟକ୍ଷମ କରିବା ପାଇଁ ରାଜ୍ୟ ସରକାର ଆଗ୍ରହ ପ୍ରକାଶ କରିବା ଦରକାର । ସମବାୟ ଭିତ୍ତିକ ଶିଳ୍ପରେ ଅଧିକ ପୁଞ୍ଜି ଖଟାଇବା ଆବଶ୍ୟକ । ଏବେ ରାଜ୍ୟରେ ଯେତିକି ସମବାୟ ଗୋଦାମ ଘର ଅଛି ତା'ର ମାତ୍ର ଶତକଡ଼ା ୧୮ ଭାଗ ବ୍ୟବହୃତ ହେଉଛି । ଅଥଚ ଘରୋଇ ଉଦ୍ୟୋଗରେ ଗୋଦାମଗୁଡ଼ିକ ଭଡ଼ାରେ ଲାଗି ଲାଭରେ ଚାଲୁଛି । ତା ସତ୍ତ୍ୱେ ଗ୍ରାମାଞ୍ଚଳ ଲୋକଙ୍କ ବିକାଶ ପାଇଁ ସମବାୟ ବ୍ୟାଙ୍କ ଓ ସମବାୟ ସମିତିର ସେବା ବ୍ୟତୀତ ଅନ୍ୟ ଉପାୟ ନାହିଁ ବୋଲି ସମବାୟବିତ୍‌ମାନେ ମତ ପ୍ରକାଶ କରିଛନ୍ତି। କେନ୍ଦ୍ରସରକାରଙ୍କ ନୂତନ ଅର୍ଥନୀତି ସଂସ୍କାର ନୀତି ନିର୍ଦ୍ଧାରଣ ପରେ ବ୍ୟବସାୟୀକ ବ୍ୟାଙ୍କମାନେ ଗ୍ରାମାଞ୍ଚଳରେ କୃଷିଋଣ ଦେବା ଆରମ୍ଭ କରିଦେଇଥିଲେ ମଧ୍ୟ ତାହା ପର୍ଯ୍ୟାପ୍ତ କୃଷିକ୍ଷେତ୍ରରେ ପର୍ଯ୍ୟାପ୍ତ ନୁହେଁ । ଚାଷୀମାନେ ଠିକ୍ ସମୟରେ ଋଣ ନ ସୁଝିବାରୁ ବାଣିଜ୍ୟିକ ବ୍ୟାଙ୍କମାନେ କ୍ଷତି ସହୁଛନ୍ତି ବୋଲି ଦର୍ଶାଇ କୃଷିକ୍ଷେତ୍ରରେ ଋଣ ଲଗାଣ ପାଇଁ ମନ ବଳାଉ ନାହାନ୍ତି । ଏବେ ରାଜ୍ୟରେ ସବୁ କେନ୍ଦ୍ର ସମବାୟ ବ୍ୟାଙ୍କ ନାବାର୍ଡ଼ ଠାରୁ ଋଣ ପାଇବା ପାଇଁ

ଯୋଗ୍ୟ । ଓଡ଼ିଶାରେ ୧୭ ଗୋଟି ଜିଲ୍ଲା କେନ୍ଦ୍ର ସମବାୟ ବ୍ୟାଙ୍କ ଓ ୨୭୧୦ ଗୋଟି ପ୍ରାଥମିକ ସମବାୟ ସମିତିକୁ ସୁଦୃଢ଼ କରିବା ପାଇଁ ରାଜ୍ୟ ସରକାର ନିକଟ ନିକଟ ପ୍ରାଥମିକ କୃଷି ସମବାୟ ସମିତି ନଥିବା ପଞ୍ଚାୟତ ଭିତ୍ତିରେ ଆଉ ୧୫୩୬ ଗୋଟି ନୂତନ ପ୍ରାଥମିକ କୃଷି ସମବାୟ ସମିତି ଗଠନ କରିଥିଲେ ମଧ୍ୟ ତାହା ଚାଲିପାରୁ ନାହିଁ । କେନ୍ଦ୍ର ସମବାୟ ବ୍ୟାଙ୍କମାନଙ୍କରେ କର୍ମଚାରୀ ନିଯୁକ୍ତି ନହେବା ଫଳରେ ଓ ଅନ୍ୟାନ୍ୟ ଆନୁସାଙ୍ଗିକ ସୁବିଧା ଗ୍ରାହକମାନଙ୍କୁ ଦେଇ ନପାରିବାରୁ ବ୍ୟାଙ୍କମାନେ କେବଳ ଖରିଫ ଓ ରବିଋତୁ ପାଇଁ କୃଷିଋଣ ଦେବା ସହିତ ମାଛଚାଷ, ଉଦ୍ୟାନ, ଫଳଚାଷ, ଗୋପାଳନ, କୁକୁଡ଼ା ପାଳନ, ଛେଳି ପାଳନ, ମେଣ୍ଢା ପାଳନ, ଘୁଷୁରି ପାଳନ ଆଦି କ୍ଷେତ୍ରରେ ପ୍ରାଧାନ୍ୟ ଦେବାକୁ ନାବାର୍ଡ଼ ଗୁରୁତ୍ୱାରୋପ କରିଛି । ତାହାଛଡ଼ା କୁଟୀର ଓ କ୍ଷୁଦ୍ରଶିଳ୍ପ ସ୍ଥାପନ ପରି ଅଣକୃଷି ଉଦ୍ୟୋଗକୁ ମଧ୍ୟ ପ୍ରାଧାନ୍ୟ ଦେବାକୁ ନାବାର୍ଡ଼ ବାରମ୍ବାର ସମବାୟ ବ୍ୟାଙ୍କମାନଙ୍କୁ ଉପଦେଶ ଦେଇଛି । ଅନ୍ୟାନ୍ୟ କାର୍ଯ୍ୟକ୍ରମ ମଧ୍ୟରେ ଶସ୍ୟଋଣ କ୍ଷେତ୍ରରେ ବିବିଧତା, ତୈଳବୀଜ, ଡାଲି, କପା, ତନ୍ତୁଜାତୀୟ ଶସ୍ୟ, ମସଲା ଚାଷ, ଫଳଚାଷ ଓ ଫୁଲଚାଷ ପାଇଁ କୃଷି ଋଣ ଦେବାରେ ସମବାୟ ବ୍ୟାଙ୍କମାନେ ଅଧିକ ଗୁରୁତ୍ୱ ଦେବା ଆବଶ୍ୟକ । ମଧ୍ୟମ ଓ ଦୀର୍ଘକାଳୀନ କୃଷିଋଣ ଦେବାର ଆବଶ୍ୟକତା ଦେଖାଯାଇଛି । ଜମିର ଉତ୍ପାଦିକା ଶକ୍ତି ବୃଦ୍ଧି, ଉନ୍ନତ ଜଳସେଚନ ବ୍ୟବସ୍ଥା ପାଇଁ ଋଣ, ଉତ୍ପାଦିତ ଫସଲ ବନ୍ଧକ ସୂତ୍ରରେ ଋଣ ପ୍ରଦାନ, ସାର ଓ ଉନ୍ନତ ବିହନ ବ୍ୟବହାର କରି ହେକ୍ଟର ପ୍ରତି ଧାନ ଉତ୍ପାଦନ ବୃଦ୍ଧି, ଗ୍ରାମ୍ୟ କାରିଗର, କ୍ଷୁଦ୍ରଶିଳ୍ପ ପ୍ରକଳ୍ପ ଏବଂ ପରିବହନ ଗାଡ଼ି କିଣିବା ପାଇଁ କ୍ଷୁଦ୍ର ବ୍ୟବସାୟୀଙ୍କୁ ଦେବା, ସୁନାରୂପା ବନ୍ଧକ ବଦଳରେ ସମିତିମାନଙ୍କରୁ କୃଷିଋଣ ପ୍ରଦାନ, ପ୍ରାଥମିକ କୃଷିଋଣ ସମବାୟ ସମିତିଗୁଡ଼ିକରେ ପେଟ୍ରୋଲ୍ ପମ୍ପ ଓ ଗ୍ୟାସ୍ ଏଜେନ୍ସି ସ୍ଥାପନ କରିବା, ପ୍ରଧାନମନ୍ତ୍ରୀ ଜନ ଔଷଧୀ କେନ୍ଦ୍ର ଦ୍ୱାରା ଜନସାଧାରଣଙ୍କୁ ଉଚିତ୍ ମୂଲ୍ୟରେ ଔଷଧ ଯୋଗାଇବା, ପ୍ରତି ପ୍ରାଥମିକ ସମିତିରେ ସାଧାରଣ ସେବା କେନ୍ଦ୍ର ସ୍ଥାପନ କରିବା, ପ୍ରାଥମିକ କୃଷି ଋଣ ସମିତି ଗୁଡ଼ିକରେ ବ୍ୟବସାୟ ବିକାଶ ଯୋଜନା କାର୍ଯ୍ୟକାରୀ କରିବା, ଋଣ ଉପଯୋଗିତା ତଦାରଖ କରିବା, ସମବାୟ ସଂପ୍ରସାରଣ ଅଧିକାରୀଙ୍କ ସହଯୋଗରେ ଚାଷୀମାନଙ୍କୁ ଆଧୁନିକ ଜ୍ଞାନ କୌଶଳ ପ୍ରଣାଳୀରେ ଚାଷର ଶିକ୍ଷାଦେବା, ରୀତିମତ ଋଣ ଆଦାୟ ଉପରେ ଗୁରୁତ୍ୱ ଦେବା ସହିତ ପ୍ରାଥମିକ କୃଷିଋଣ ସମବାୟ ସମିତି, ବୃହଦ୍‌କାର କୃଷିଋଣ ସମବାୟ ସମିତି, ବୃହଦ୍‌କାର ଆଦିବାସୀ ବହୁମୁଖୀ ସମବାୟ ସମିତି, କେନ୍ଦ୍ର ସମବାୟ ବ୍ୟାଙ୍କ ଓ ରାଜ୍ୟ ସମବାୟ ବ୍ୟାଙ୍କରେ ପୁଞ୍ଜି ବିନିଯୋଗ ଏବଂ ସଂଚୟକୁ ପ୍ରୋତ୍ସାହିତ କରିବା ପାଇଁ ବ୍ୟାପକ ଯୋଜନା ପ୍ରଣୟନ କରିବା ନିତ୍ୟାନ୍ତ ଆବଶ୍ୟକ । ଓଡ଼ିଶା

ରାଜ୍ୟ ସମବାୟ ବ୍ୟାଙ୍କର ଆଞ୍ଚଳିକ କାର୍ଯ୍ୟାଳୟକୁ ସକ୍ରିୟ କରି ତଦାରଖି କାର୍ଯ୍ୟର ଉନ୍ନତି ଆଣିବା, ବୃତ୍ତିଗତ ପରିଚାଳନା ନିମନ୍ତେ ଯଥେଷ୍ଟ ତାଲିମ ବ୍ୟବସ୍ଥା ପ୍ରଚଳନ ଓ ସଭ୍ୟଙ୍କ ମଧ୍ୟରେ ସଚେତନତା ଏବଂ ସଂଶ୍ଳିଷ୍ଟତାବୋଧ ଆଣିବା ସହିତ ସମବାୟ କ୍ଷେତ୍ରରେ ମହିଳାଙ୍କ ସକ୍ରିୟ ଅଂଶଗ୍ରହଣ ନିମନ୍ତେ କେନ୍ଦ୍ର ସମବାୟ ବ୍ୟାଙ୍କର ଅଧିକ ମହିଳା ଶାଖା ଖୋଲିବା ଓ ସମବାୟ ସଂଘ ମାଧ୍ୟମରେ ସମବାୟର ପ୍ରଚାର ଓ ପ୍ରସାର ଉପରେ ଗୁରୁତ୍ୱ ଦିଆଗଲେ ସମବାୟ ନିଜ ଆଭିମୁଖ୍ୟକୁ ଫେରିପାଇବା ସଙ୍ଗେ ସଙ୍ଗେ ସରକାରଙ୍କ ଆନ୍ତରିକ ସହଯୋଗରେ ଚଷୀଙ୍କ ବାର୍ଷିକ ରୋଜଗାର ବୃଦ୍ଧି ପାଇପାରିବ । ଏହା ସରକାରଙ୍କ ପାଇଁ ଏକ ଦୃଷ୍ଟାନ୍ତମୂଳକ ପଦକ୍ଷେପ ହେବା ଉଚିତ୍ । କୃଷି ଅର୍ଥନୀତି ବୃଦ୍ଧି ଉପରେ କେନ୍ଦ୍ର ଓ ରାଜ୍ୟ ଉଭୟ ସରକାର ବିଭିନ୍ନ ପ୍ରକାର ଯୋଜନା କାର୍ଯ୍ୟକ୍ଷେତ୍ରରେ ଉପଯୋଗ କରିପାରିଲେ କୃଷକମାନଙ୍କ ମୁଣ୍ଡପିଛା ଆୟ ବୃଦ୍ଧି ପାଇବା ସଙ୍ଗେ ସଙ୍ଗେ ଅଧିକ ନିଯୁକ୍ତି ସୃଷ୍ଟି ହୋଇପାରିଲେ ମଧୁସୂଦନ ଓ ଗାନ୍ଧିଜୀ ଦେଖିଥିବା ସ୍ୱପ୍ନ ସାକାର ହେବ ।

'ସମାଜ' - ତା୨୯.୧୦.୨୦୨୪ରେ ପ୍ରକାଶିତ

ସମାଜସେବୀ ହିଁ କୃଷିର ମାର୍ଗଦର୍ଶକ

ମହାରାଷ୍ଟ୍ରର କଙ୍କଣ ଓ ବମ୍ବେ ଅଞ୍ଚଳରେ ବର୍ଷକୁ ହାରାହାରି ୧୦୦ ଇଞ୍ଚରୁ ଉର୍ଦ୍ଧ୍ୱ ବୃଷ୍ଟିପାତ ହେଲେ ସୁଦ୍ଧା ବିଦର୍ଭ, ମରହଟାୱାର୍ଡ, ପଶ୍ଚିମ ମହାରଷ୍ଟ୍ରର ବହୁ ଅଞ୍ଚଳରେ ବର୍ଷକୁ ହାରାହାରି ବୃଷ୍ଟିପାତ ୧୫ ଇଞ୍ଚରୁ ୩୦ ଇଞ୍ଚ ମଧ୍ୟରେ ହୁଏ । ଜଳସେଚିତ ଜମି ଶତକଡ଼ା ୧୫ ଭାଗରୁ କମ୍ ଅଟେ । ମରୁଡ଼ି ମହାରାଷ୍ଟ୍ରର ବହୁ ଅଞ୍ଚଳର ଚିର ସହଚର । ଉକ୍ତ ଶୁଷ୍କ ଅଞ୍ଚଳରେ ମାଣ୍ଡିଆ, ବାଜରା, କପା ପ୍ରକୃତି ଫସଲ ଉତ୍ପନ୍ନ ହୁଏ । ପ୍ରତିବର୍ଷ ବହୁ କଷ୍ଟକରି ଫସଲ ଡେରିଲେ ସୁଦ୍ଧା ମହାରାଷ୍ଟ୍ର ଚାଷୀର ଆଶାନୁରୂପ ଫସଲ ଅମଳ ଅନିଶ୍ଚିତ ଓ ନିରାଶାଜନକ । କେବଳ ଜୁନ୍ ମାସରୁ ସେପ୍ଟେମ୍ବର ମାସ ପର୍ଯ୍ୟନ୍ତ ବର୍ଷା ହୁଏ । ଆଉ ଆଠମାସ ଖରାରେ ମାଟି ଶୁଖିଯାଇ ଦୁବଘାସ ବି ମରିଯାଏ । ଯାହା ହେଉ କେତେକ ସମାଜସେବୀ ରାଜନୈତିକ ନେତା ବିଭିନ୍ନ ସମବାୟ ସମିତି ତଥା ପ୍ରତିଷ୍ଠାନ ଗଢ଼ି ବ୍ୟାଙ୍କରୁ ଋଣ ଆଣି ନିଜ ଉଦ୍ୟମରେ ନଦୀ, ନାଳ ବନ୍ଧାଇ ପତିତ ତଥା ଅନ୍ୟ ଜମିରେ ଜଳସେଚିତ କରାଇ ମାଣ୍ଡିଆ ଓ ବାଜରା ଚାଷ କରିବା ଆରମ୍ଭ କଲେ । କୃଷକମାନଙ୍କ ଚାଷଜମିରେ ଉଠା ବିନ୍ଦୁପାତ ତଥା ବିଚ୍ଛୁରିତ ଜଳସେଚନ କରାଇ ଆଖୁ, ଅଙ୍ଗୁର ଓ ପରିବା ଚାଷ ଆରମ୍ଭ କରିଲେଣି । ଫଳରେ ଅନେକ ଚାଷୀଙ୍କ ଆର୍ଥିକ ଅବସ୍ଥାରେ ଢେର ପରିବର୍ତ୍ତନ ଦେଖାଦେଲାଣି । ଆଖୁ ଚାଷୀଙ୍କୁ ଲାଭଜନକ ଦର ଦେବାପାଇଁ ତଥା କୃଷି ଶ୍ରମିକମାନଙ୍କୁ ନିଯୁକ୍ତି ଦେବାପାଇଁ ପ୍ରାୟ ୬୭ଟି ସମବାୟ ଚିନିକଳ ବସାଇ ସାରିଲେଣି । ଭାରତବର୍ଷର ୬୦ ଭାଗ ଚିନି, ୫୫ ଭାଗ ଅଙ୍ଗୁର, ୭୦ ଭାଗ ଡାଳିମ୍ବ କେବଳ ମହାରାଷ୍ଟ୍ରରୁ ଉତ୍ପନ୍ନ ହେଉଅଛି । ଖାଲି ସେତିକି ନୁହେଁ ଚିନିକଳ ଉନ୍ନୟନ ପାଣ୍ଠିରେ ସ୍କୁଲ, କଲେଜ, ଡାକ୍ତରଖାନା, ରାସ୍ତାଘାଟ, ଗରିବ ଲୋକମାନଙ୍କ ପାଇଁ ବସ୍ତି ସ୍ଥାପନ ପ୍ରଭୃତି ବିଭିନ୍ନ କାର୍ଯ୍ୟକ୍ରମ ଆରମ୍ଭ କରିବା ଦ୍ୱାରା ସ୍ଥାନୀୟ ଅଞ୍ଚଳରେ ପ୍ରଭୃତ ଉନ୍ନତି ହୋଇପାରିଛି । ବିଶେଷକରି ମହାରାଷ୍ଟ୍ରର ସାଙ୍ଗଲି,

କୋହ୍ଲାପୁର, ସତାରା, ପୁନା, ନାଗପୁର ଓ ଅହମ୍ମଦ ନଗର ପ୍ରଭୃତି ଜିଲ୍ଲାରେ ସମାଜସେବୀମାନେ ଜଳସେଚନ ଜରିଆରେ ଆଖୁଚାଷ ତଥା ସମବାୟ ଚିନିକଳ ସ୍ଥାପନର ନେତୃତ୍ୱ ନେଇ ମହାରାଷ୍ଟ୍ରର ରାଜନୀତିକୁ ପ୍ରଭାବିତ କରିପାରିଛନ୍ତି । କପାଚାଷ ପାଇଁ ଚାଷୀମାନଙ୍କର ଆଗ୍ରହ ଥିଲେ ମଧ୍ୟ ଏହା ଲାଭଜନକ ଫସଲ ନ ହୋଇଥିବାରୁ ଏହି ଚାଷପ୍ରତି ଚାଷୀମାନଙ୍କ ଆଗ୍ରହ କମିଯାଇଛି ।

ସାଙ୍ଗଲି ଜିଲ୍ଲାର କେତେକ ପ୍ରଗତିଶୀଳ ଚାଷୀ ଏକ ହୋଇ ଛତ୍ରୀ (କ୍ଷତ୍ରୀୟ) ତେଜ ଦଳ ଗଠନ କରି ଅନ୍ୟ ଜିଲ୍ଲାମାନଙ୍କରେ ପଡ଼ିଆ ଜମି କିଣିବା ପାଇଁ ବ୍ୟାଙ୍କରୁ ଋଣନେଇ ଉଠା ବିନ୍ଦୁପାତ ଓ ବିଚ୍ଛୁରିତ ଜଳସେଚନ ଜରିଆରେ ଲାଭଜନକ ଅର୍ଥକାରୀ ଫସଲ କରୁଛନ୍ତି । ଫଳରେ ସ୍ଥାନୀୟ ଲୋକମାନେ ନିଯୁକ୍ତି ପାଉଛନ୍ତି ଏବଂ ଆଉ କେତେକ ଚାଷୀ ତାଙ୍କ ନିଜ ନିଜ ଜମିକୁ ବ୍ୟାଙ୍କରୁ ଋଣ ଆଣି ଜଳସେଚନ ଯୋଜନାରେ ଆଖୁ, ଅଙ୍ଗୁର, ଡାଳିମ୍ବ, ପିଆଜ ପ୍ରଭୃତି ଲାଭଜନକ ଫସଲ କରିବାକୁ ଉତ୍ସାହିତ ହେଉଛନ୍ତି । ମହାରାଷ୍ଟ୍ରର ଭୂମି ଉନ୍ନୟନ ସମବାୟ ବ୍ୟାଙ୍କ ଏପରି ପ୍ରଗତିଶୀଳ ଚାଷୀମାନଙ୍କୁ ଅନ୍ୟ ଉନ୍ନୟନ ଜିଲ୍ଲାରେ ଜଳସେଚନ ଯୋଜନା ତଥା ଫସଲ ଖସଡ଼ା ପରିବର୍ତ୍ତନରେ ବିଶେଷ ସାହାଯ୍ୟ କରୁଛନ୍ତି ।

କଙ୍କଳ ଜିଲ୍ଲାର ରିଓ୍ୱାଣ୍ଡି ତହସିଲ ଅନ୍ତର୍ଗତ ଦୋହଲି ଗ୍ରାମରେ ୨୦ଜଣ ଚାଷୀ "ଶ୍ରୀମତୀ ରାଣୀ ସାହେବା ପୁତଲିବାଇ ପ୍ରତିଷ୍ଠାନ" ଗଠନ କରି ୧୯୭୯ ମସିହାରେ ୫୦ ଏକର ଖାଲଢିପ ପଥୁରିଆ ଘାସପଡ଼ିଆ ଜମି କିଣି ଗ୍ରାମର ୫୦୦୦ ଫୁଟ ଦୂରରେ ଥିବା ଦୋହଲି ନଦୀରେ ମହାରାଷ୍ଟ୍ରର ଭୂମି ଉନ୍ନୟନ ବ୍ୟାଙ୍କରୁ ୩,୫୫,୬୦୦ ଟଙ୍କା ଦୀର୍ଘକାଳୀନ ଋଣ ନେଇ ପମ୍ପ ଜରିଆରେ ପାଣି ଉଠାଇ ଉକ୍ତ ଜମିକୁ ଜଳସେଚିତ କରି ଧାନ, ଆଖୁ, ହରଡ଼ ପ୍ରଭୃତି ଫସଲ କରୁଛନ୍ତି । ଅନ୍ୟ ଏକ ଯୋଜନାରେ ୨,୪୦,୦୦୦ ଟଙ୍କା ଋଣ ନେଇ ୧୦ ଏକର ଜମିରେ ଅଧିକ ଉତ୍ପାଦିତ ଆଲଫାନ ସୋ ଆମ୍ବ, ୫ ଏକର ଜମିରେ ବନୁଆରି ନଡ଼ିଆ ଗଛ ଲଗାଇଛନ୍ତି ଓ ଆଉ କେତେକ ଢିପ ଜମିରେ ତରଭୂଜ ଚାଷ କରୁଛନ୍ତି । ଲଙ୍କାମରିଚ ମଧ୍ୟ ଚାଷ କରାଯାଉଛି । ହିସାବରୁ ଜଣାଯାଏ ୧୦ ଏକର ଆଖୁଚାଷରେ ସମସ୍ତ ଖର୍ଚ୍ଚଯାଇ ୧ ଲକ୍ଷ ଟଙ୍କା ଲାଭ ହେଉଛି। ଉକ୍ତ ଯୋଜନାରେ ୧୦ ଜଣ ଲୋକ ଦୈନିକ ଖଟୁଛନ୍ତି, ଜଣେ ପମ୍ପ ଡ୍ରାଇଭର, ଜଣେ ଯନ୍ତ୍ରୀ, ଜଣେ ଜଗୁଆଳୀ, ଜଣେ ହିସାବ ରକ୍ଷକ ଓ ତଦାରଖ ଅଫିସର ପ୍ରଭୃତି ୬ ଜଣ କର୍ମଚାରୀ ନିଯୁକ୍ତି ହୋଇଛନ୍ତି । ଉକ୍ତ ପ୍ରତିଷ୍ଠାନ ଆନୁସଙ୍ଗିକ ମଜୁରୀ ଦରମା, ହଳ ବଳଦ, ବିହନ, ସାର, ବିଜୁଳି ଇତ୍ୟାଦି ଖର୍ଚ୍ଚ ବାଦ୍ ଫସଲ ବିକ୍ରି କରି ନିୟମିତ ଭାବରେ ଭୂମି ଉନ୍ନୟନ ସମବାୟ ବ୍ୟାଙ୍କରୁ ନେଇଥିବା ଋଣକୁ ପରିଶୋଧ

କରୁଛନ୍ତି । ଉକ୍ତ ପ୍ରତିଷ୍ଠାନର ଶ୍ରୀମତୀ ସାଳିନୀ ତାଇ ପଟିଲ୍ ପୃଷ୍ଠପୋଷକ ଅଛନ୍ତି । ମହାରାଷ୍ଟ୍ର ଭୂମି ଉନ୍ନୟନ ସମବାୟ ବ୍ୟାଙ୍କ ସୂତ୍ରରୁ ଜଣାଯାଏ ଯେ, ରାଜ୍ୟର ବିଭିନ୍ନ ରାଜନୈତିକ ଦଳର ଲୋକମାନେ ଏପରି ଅନେକ ପ୍ରତିଷ୍ଠାନ ବା ସମବାୟ ସମିତି ଗଠନ କରି କମ୍ ବୃଷ୍ଟିପାତ ଅଞ୍ଚଳର ପଡ଼ିଆ ଜମିକୁ ପାଣି ମଡ଼ାଇ ବିଭିନ୍ନ ଅର୍ଥକାରୀ ଫସଲ କରିବାକୁ ଚାଷୀମାନଙ୍କୁ ଉତ୍ସାହିତ କରୁଛନ୍ତି । କୋହ୍ଲାପୁରରେ କୃଷକ ଶ୍ରମିକ ଦଳର ନେତା ପାଟିଲ୍ ସାହେବ ଓ୍ୱାରାନା ସମବାୟ ସମିତି ସ୍ଥାପନ କରି ଆଖୁଚାଷ ଜରିଆରେ ଚାଷୀମାନଙ୍କର ଅଶେଷ ଆର୍ଥିକ ଉନ୍ନତି କରିପାରିଛନ୍ତି। ସେହିପରି କଂଗ୍ରେସ ନେତା ବସନ୍ତ ଦାଦା ପାଟିଲ୍ ସାଙ୍ଗଲି ଜିଲ୍ଲାରେ ଚାଷୀମାନଙ୍କ ପାଇଁ ବିଶେଷ ଉପକାର କରିପାରିଛନ୍ତି । ଫଳରେ ଉକ୍ତ ନେତାମାନେ ମହାରାଷ୍ଟ୍ର ରାଜନୀତିରେ ପ୍ରମୁଖ ଭୂମିକା ଗ୍ରହଣ କରିଛନ୍ତି । ଶରତ ପାଓ୍ୱାର ଚାଷୀମାନଙ୍କୁ ଏକତ୍ରୀକରଣ କରି ଆଖୁ ଚାଷକୁ ବିଶେଷ ଧ୍ୟାନଦେଇ ସମବାୟ ଚିନିକଳ ସ୍ଥାପନ କରି ସମଗ୍ର ଭାରତବର୍ଷର ବାର୍ଷିକ ଆବଶ୍ୟକ ଚିନିର ଶତକଡ଼ା ୫୦ ଭାଗ ଯୋଗାଉଛନ୍ତି । ଚାଷୀମାନେ କେବଳ ଉତ୍ପାଦନରେ ବ୍ୟସ୍ତ ନ ରହି ଉତ୍ପାଦିତ ଫସଲ କିପରି ଲାଭଜନକ ଦରରେ ବିକ୍ରି ହୋଇପାରିବ ତା'ର ବ୍ୟବସ୍ଥା କରିଛନ୍ତି । ଆରବ ଦେଶମାନଙ୍କରେ ଅଙ୍ଗୁରର ଚାହିଦା ଅଧିକ ଥିବାରୁ ମହାରାଷ୍ଟ୍ର କିପରି ସହଜରେ ଆରବ ଦେଶମାନଙ୍କୁ ଅଙ୍ଗୁର ରପ୍ତାନି କରିପାରିବ ସେଥିପାଇଁ ବ୍ୟାଙ୍କଋଣ ସାହାଯ୍ୟରେ ସମିତିମାନେ ଉଡ଼ାଜାହାଜ କିଣି ବ୍ୟବସାୟରେ ଲଗାଇଛନ୍ତି ଓ ବ୍ୟାଙ୍କ ଋଣ ଠିକ୍ ସମୟରେ ଶୁଝୁଛନ୍ତି ।

ଓଡ଼ିଶାରେ ୧୯୫୮-୫୯ ମସିହାରେ ଗଞ୍ଜାମ ଜିଲ୍ଲାର ଋଷିକୂଲ୍ୟା ଓ କଟକ ଜିଲ୍ଲାର ରଣନଦୀରେ ଉଠାଜଳସେଚନ ସମବାୟ ସମିତି ଗଠନ କରାଯାଇ ତାହା ଜରିଆରେ ପାଣି ମଡ଼ାଇ ଫସଲ କରିବା ଆରମ୍ଭ କରିଥିଲେ ମଧ୍ୟ ପରେ ପରେ ରାଜ୍ୟ ସରକାର ଉଠାଜଳସେଚନ ନିଗମ ପ୍ରତିଷ୍ଠା କରି ନାବାର୍ଡ଼ରୁ ଋଣ ଆଣି ବିଭିନ୍ନ ନଦୀରେ ପମ୍ପ ବସାଇ ଫସଲକୁ ପାଣି ଯୋଗାଇବା ଆରମ୍ଭ କରିବାରୁ ପୂର୍ବ ଉଠାଜଳସେଚନ ସମବାୟ ସମିତି ଦ୍ୱାରା ପରିଚାଳିତ ପ୍ରକଳ୍ପଗୁଡ଼ିକ ବନ୍ଦ ହୋଇଗଲା । ମାତ୍ର ଅତ୍ୟଧିକ ବିଜୁଳି ଖର୍ଚ୍ଚ ଓ ବ୍ୟାଙ୍କ ସୁଧ ତୁଳନାରେ ଜଳଦର କମ୍ ହୋଇଥିବାରୁ କାଳକ୍ରମେ ସେଗୁଡ଼ିକ ଅଚଳ ହୋଇଯାଇଛି । ଆଉ ମଧ୍ୟ ବିଭିନ୍ନ ସମୟରେ ସମବାୟ ସମିତି ଉପରେ ସରକାରୀ ବାବୁମାନଙ୍କର ହସ୍ତକ୍ଷେପ ହେତୁ ନିଷ୍ଠାପର କର୍ମୀମାନେ ସମବାୟ ସମିତିରୁ ଅପସରି ଯାଉଛନ୍ତି ଓ ସେ କ୍ଷେତ୍ରରେ ସମାଜସେବୀମାନେ ମହାରାଷ୍ଟ୍ର ରାଜ୍ୟର ଅନୁକରଣରେ ପ୍ରତିଷ୍ଠାନ ସ୍ଥାପନ କରି ବିଭିନ୍ନ ଫସଲ ପାଇଁ ଚାଷୀମାନଙ୍କର ଜମିକୁ ଜଳ ଯୋଗାଇ ଦେଲେ ଓଡ଼ିଶାରେ ପତିତ ଜମି ମାତ୍ରା ହ୍ରାସ ପାଇବା ସଙ୍ଗେ ସଙ୍ଗେ

ଅଧିକ ଫସଲ ଉତ୍ପାଦିତ ହୋଇପାରନ୍ତା । ମହାରାଷ୍ଟ୍ରର ସମାଜସେବୀମାନଙ୍କ ପରି ସମଗ୍ର ଭାରତବର୍ଷରେ ଚାଷୀକୂଳଙ୍କ ପାଇଁ ବିଭିନ୍ନ ସମାଜସେବୀ ଆଗକୁ ଆସି ସମବାୟ ସମିତି ମାଧ୍ୟମରେ ଜଳସେଚନ ଯୋଜନାରେ ବିଭିନ୍ନ ଲାଭଜନକ ଫସଲ ଉତ୍ପାଦନ କରିବା ପାଇଁ ଚାଷୀମାନଙ୍କୁ ସାମିଲ କରାଇବା ସହିତ କିପରି କେନ୍ଦ୍ର ଓ ରାଜ୍ୟ ସରକାରମାନେ ଚାଷୀମାନଙ୍କୁ ସରକାରୀ ପ୍ରୋତ୍ସାହନ ଯୋଗାଇଦେବେ ଓ ଉତ୍ପାଦିତ ଫସଲ ଉଚିତ୍ ଦରରେ ବିକ୍ରିର ବ୍ୟବସ୍ଥାର ବଜାର ସୃଷ୍ଟି କରାଇପାରିଲେ ଅଞ୍ଚଳର ତଥା ଚାଷୀକୂଳର ଆର୍ଥିକ ବିକାଶ ହୋଇପାରିବ ।

'ସକାଳ' - ତା୧୯.୦୩.୨୦୨୫ରେ ପ୍ରକାଶିତ

■

ନାରୀ ଶସକ୍ତିକରଣ ଓ ଗୋଷ୍ଠୀ ଗଠନ

ଭାରତୀୟ ସଂସ୍କୃତି ଅତି ପ୍ରାଚୀନ ଓ ଅନନ୍ୟ । ପୁରାତନ କାଳରୁ ଶାରଦୀୟ ସଂସ୍କୃତିରେ ନାରୀ ଶକ୍ତି ମର୍ଯ୍ୟାଦାପୂର୍ଣ୍ଣ ସ୍ଥାନ ଗ୍ରହଣ କରିଆସିଛି । ଉଭୟ ସୃଷ୍ଟି ଓ ପ୍ରଳୟ ନାରୀ ଶକ୍ତିର ପ୍ରକାରାନ୍ତ ରୂପ । ଯେତବେବେଳେ ନାରୀ ଶକ୍ତିକୁ ଅପମାନ କରିବା ପାଇଁ ପ୍ରୟାସ କରାଯାଇଛି ସେତେବେଳେ ସୃଷ୍ଟି ହୋଇଛି ପ୍ରଳୟର ଇତିହାସ । ସମସ୍ତ ଦେବତାମାନେ ମହିଷାସୁର ଠାରୁ ପରାସ୍ତ ହେବାରୁ ଶେଷରେ ମାତା ଦୁର୍ଗାଙ୍କୁ ଗୁହାରି ଜଣାଇ ସମସ୍ତ ଅସ୍ତ୍ରଶସ୍ତ୍ର ମାଆ ଦୁର୍ଗାଙ୍କୁ ଅର୍ପଣ କରିବାରୁ ମାଆ ଦୁର୍ଗା ବିଭସ୍ତ ରୂପ ଧାରଣ କରି ମହିଷାସୁରକୁ ଯୁଦ୍ଧରେ ପରାସ୍ତ କରିବା ସହିତ ବଧ କରି ଦେବତାକୂଳକୁ ରକ୍ଷା କରିଥିଲେ । କୌରବମାନଙ୍କ ଔଦ୍ଧତ୍ୟ ଚରମସୀମାରେ ଉପନୀତ ହୋଇ ଯେତେବେଳେ ଦ୍ରୌପଦୀ ବସ୍ତ୍ର ହରଣରେ କୌରବମାନେ ଆନନ୍ଦ ପାଇଲେ ସେତେବେଳେ ସୃଷ୍ଟିହେଲା ମହାଭାରତ । ସେହିପରି ରାବଣର ଔଦ୍ଧତ୍ୟରେ ପରିପ୍ରକାଶ ହୋଇଥିଲା ମାତା ସୀତାଙ୍କର ଅପହରଣ ଏବଂ ସୃଷ୍ଟି ହୋଇଥିଲା ରାମାୟଣ । ସଂସାରର ଦୁଷ୍ଟ ସଂହାର ପାଇଁ ସର୍ବଶକ୍ତିମାନ ନାରାୟଣୀ ସତେ ଯେପରି ନାରୀ ଶକ୍ତି ଆଧାରରେ ଧରାପୃଷ୍ଠକୁ ଅବତରଣ କରନ୍ତି । ସେହିପରି କଳିଯୁଗରେ ଜଣେ ନାରୀର ଅପମାନ ପାଇଁ ତଦାନିନ୍ତନ ମୁଖ୍ୟମନ୍ତ୍ରୀ ଶାସନ କ୍ଷମତାରୁ ଅପସରି ଯାଇଥିଲେ ଓ ଆଡ୍‌ଭୋକେଟ୍ ଜେନେରାଲ୍‌ଙ୍କୁ ଇସ୍ତଫା ଦେବାକୁ ପଡ଼ିଥିଲା । ଭାଗବତ ଗୀତରେ "ଯଦା ଯଦା ହି ଧର୍ମସ୍ୟ ଗ୍ଲାନିର୍ଭବତି ଭାରତ ଅଭ୍ୟୁତ୍‌ଥାନଂ ଅଧର୍ମସ୍ୟ ତଦାତ୍ମାନଂ ସୃଜମ୍ୟହଂ, ପରିତ୍ରାଣାୟା ସାଧୁନାଂ ବିନାଶାୟ ଚ ଦୁଷ୍କୃତମ୍, ଧର୍ମ ସଂସ୍ଥାପନାର୍ଥାୟ ସମ୍ଭମାମି ଯୁଗେ ଯୁଗେ" ଏହି ସନ୍ଦେଶଟି ସର୍ବଯୁଗ ବ୍ୟାପୀ ଅତୁଟ । ଆମ ଇତିହାସ ପୃଷ୍ଠାରେ ମଧ୍ୟ ଝାନ୍‌ସୀ ରାଣୀ ଲକ୍ଷ୍ମୀବାଈ, ଯୋଦ୍ଧାବାଈଙ୍କ ପରି ଅନନ୍ୟା ନାରୀ ଶକ୍ତିର ଦୃଷ୍ଟାନ୍ତ ମଧ୍ୟ ଆମପାଇଁ ଅନୁକରଣୀୟ । ଓଡ଼ିଶାର ବାଙ୍କୀଗଡ଼ର ସୁନାମ ଧନ୍ୟା ରାଣୀ ଶୁକଦେଇଙ୍କ

ଜୀବନୀ, ବୀରତ୍ୱ, ସାହସ ଓ ତ୍ୟାଗର ମଧ୍ୟ ଏକ ଅନାବିଳ ନିଦର୍ଶନ ।

ସାମାଜିକ ବିବର୍ତ୍ତନର ସ୍ରୋତରେ ବେଳେ ବେଳେ ନାରୀଶକ୍ତିର ପ୍ରାଧାନ୍ୟ ବଳବତ୍ତର ରହେ ନାହିଁ । ଭାରତ ସ୍ୱାଧୀନତା ସମୟରେ ଅର୍ଥନୈତିକ ବ୍ୟବସ୍ଥା ଅତ୍ୟନ୍ତ ଶୋଚନୀୟ ଥିଲା । ନାରୀ ସ୍ୱାକ୍ଷରତା ହାର ଅତି ନଗଣ୍ୟ ଥିଲା ଓ କନ୍ୟା ମୃତ୍ୟୁହାର ମାତ୍ରାଧିକ ଥିଲା । କାଳକ୍ରମେ ପଞ୍ଚବାର୍ଷିକ ଯୋଜନା ମାଧ୍ୟମରେ ଅନେକ ଯୁଗାନ୍ତକାରୀ ପଦକ୍ଷେପ ନିଆଯିବାରୁ ନାରୀ ସ୍ୱାକ୍ଷରତା ହାର ବୃଦ୍ଧି ପାଇଲା । ସଂରକ୍ଷଣ ଆଇନ୍ ପ୍ରଚଳନ ଫଳରେ ମହିଳାମାନଙ୍କୁ ନିଯୁକ୍ତି କ୍ଷେତ୍ରରେ ସୁଯୋଗ ମିଳିଲା । ଉତ୍କଳ ଗୌରବ ମଧୁସୂଦନ ଦାସ ମହିଳା ସଶକ୍ତିକରଣ ଯେଉଁ ସ୍ୱପ୍ନ ଦେଖି ମହିଳାମାନଙ୍କ ଆତ୍ମନିର୍ଭରଶୀଳ ପାଇଁ ଯେଉଁ କାର୍ଯ୍ୟକ୍ରମମାନ ଆରମ୍ଭ କରିଥିଲେ ମହାତ୍ମାଗାନ୍ଧିଙ୍କ ଓଡ଼ିଶା ଆଗମନ ସମୟରେ ଗାନ୍ଧିଜୀ ଏହା ଦେଖି ଏକ ଶିକ୍ଷାଲାଭ କରିଥିଲେ ଯେ, ଓଡ଼ିଶାରେ ମଧୁସୂଦନ ଆରମ୍ଭ କରିଥିବା ସମବାୟଭିତ୍ତିକ ଶିଳ୍ପରେ ଜାତିଗତ ନିର୍ବିଶେଷରେ ସମସ୍ତ ବର୍ଗର ପୁରୁଷ ଓ ମହିଳାମାନେ ଏକାଠି ହୋଇ କାର୍ଯ୍ୟ କରିଚାଲିଛନ୍ତି । ଏହା ଗାନ୍ଧିଜୀଙ୍କର ଏକାଠି ହୋଇ କାର୍ଯ୍ୟ କଲେ ସୁଫଳ ମିଳେ ବୋଲି ମଧୁସୂଦନଙ୍କ ଠାରୁ ଶିକ୍ଷାଲାଭ ହୋଇଥିଲା । ଲୋକ ପ୍ରତିନିଧି ଆଇନ୍, ପଞ୍ଚାୟତ ଆଇନ୍, ନଗରପାଳିକା ଆଇନ୍ ଓ ସମବାୟ ଆଇନ୍ ପ୍ରଚଳନ କରାଯାଇ ମହିଳାମାନଙ୍କୁ ନିର୍ବାଚିତ ସଦସ୍ୟ ପଦ ମଧ୍ୟରୁ ଏକ ତୃତୀୟାଂଶ ସ୍ଥାନ ଦିଆଯାଇଛି । ବିଗତ ଓଡ଼ିଶା ସରକାର ଏହି ହାର ୫୦ ଭାଗକୁ ବୃଦ୍ଧି କରିବା ପାଇଁ ପ୍ରୟାସ ଜାରି ରଖିଥିଲେ ।

ନାରୀ ସଶକ୍ତିକରଣ ହେଉଛି ନାରୀମାନଙ୍କୁ ଅର୍ଥନୈତିକ ସ୍ୱାବଲମ୍ବୀ କରାଇବା । ଯେତେବେଳେ ଜଣେ ମହିଳା ସ୍ୱରୋଜଗାର କରି ନିଜ ପରିବାର ଭରଣ ପୋଷଣରେ ସହାୟକ ହୋଇପାରିବ ସେତେବେଳେ ତାଙ୍କର ଆତ୍ମବିଶ୍ୱାସ ବୃଦ୍ଧିପାଇବ ଏବଂ ଆତ୍ମ ମର୍ଯ୍ୟାଦା ମଧ୍ୟ ସଂରକ୍ଷଣ ହୋଇପାରିବ । ଏ କ୍ଷେତ୍ରରେ ସ୍ୱୟଂ ସହାୟକ ଗୋଷ୍ଠୀ ଏକ ଅଗ୍ରଣୀ ଭୂମିକା ବହନ କରିପାରିଛି । ଏହା ଆଜି ଏକ ନିରବ ତଥା ତାତ୍ପର୍ଯ୍ୟପୂର୍ଣ୍ଣ ଆନ୍ଦୋଳନର ରୂପ ନେଇଛି । ଅତି କମ୍‌ରେ ୧୦ଜଣ ମହିଳା ଏକତ୍ର ହୋଇ ସ୍ୱୟଂ ସହାୟକ ଗୋଷ୍ଠୀ ଗଠନ କରିପାରିବେ । ତାଙ୍କ ମଧ୍ୟରୁ ଜଣେ ସଭାପତି, ଜଣେ ସଂପାଦକ ଆଉ ଜଣେ କୋଷାଧ୍ୟକ୍ଷ ରୂପେ କାର୍ଯ୍ୟ ତୁଲାଇବେ । ପ୍ରତି ମାସିକ ଜଣପିଛା କିଛି ସଞ୍ଚୟକୁ ନେଇ ବ୍ୟାଙ୍କରେ ଜମା ଦେବା ଦ୍ୱାରା ସଞ୍ଚୟମାତ୍ରା ବୃଦ୍ଧିପାଏ । ସଞ୍ଚିତ ଅର୍ଥ ତୁଳନାରେ କୌଣସି ବ୍ୟବସାୟ କିମ୍ୱା ଉଦ୍ୟୋଗ କରିବା ପାଇଁ ଚାହିଁଲେ ବ୍ୟାଙ୍କମାନେ ଋଣ ଯୋଗାଇ ଦେଉଛନ୍ତି ଯାହାକି ମୂଳଧନ ଉପରେ ସୁଧ ଦେବାକୁ ପଡୁନଥିଲା ବେଳେ ବ୍ୟାଙ୍କମାନଙ୍କୁ ସରକାର ସୁଧରାଶି ଦେଉଛନ୍ତି । ଏହା ଦ୍ୱାରା

ମହିଳାମାନଙ୍କର ଆତ୍ମବିଶ୍ୱାସ ବୃଦ୍ଧିପାଇବା ସହିତ ଜୀବନଧାରଣର ମାନ ମଧ୍ୟ ବୃଦ୍ଧିପାଇଛି ।

ଜାତୀୟ କୃଷି ଓ ଗ୍ରାମ୍ୟ ଉନ୍ନୟନ ବ୍ୟାଙ୍କ (ନାବାର୍ଡ଼)ର ପ୍ରୋତ୍ସାହନରେ ସମସ୍ତ ଜାତୀୟକରଣ ବ୍ୟାଙ୍କ, ଆଞ୍ଚଳିକ ଗ୍ରାମ୍ୟ ବ୍ୟାଙ୍କ ଓ ସମବାୟ ବ୍ୟାଙ୍କମାନେ ମହିଳା ସ୍ୱୟଂ ସହାୟକ ଗୋଷ୍ଠୀ ମାନଙ୍କୁ ପ୍ରାଧାନ୍ୟ ଦେଇଛନ୍ତି । ଆଉ ମଧ୍ୟ ପାଣି ବିଲ୍, ବିଦ୍ୟୁତ୍ ବିଲ୍ ଆଦାୟ, ସ୍କୁଲ୍‌ର ମଧ୍ୟାହ୍ନ ଭୋଜନରେ ସାମିଲ, ସହରମାନଙ୍କରେ ଗୃହ ଟିକସ ଆଦାୟରେ ମହିଳା ସ୍ୱୟଂ ସହାୟକ ଗୋଷ୍ଠୀମାନଙ୍କୁ ସାମିଲ କରାଯାଇଛି । ସ୍କୁଲର ଛାତ୍ରୀମାନଙ୍କ ପାଇଁ ପୋଷାକ ସିଲେଇ କରି ଯୋଗାଇବା ଦାୟିତ୍ୱ ମଧ୍ୟ ସେମାନଙ୍କୁ ଦିଆଯାଇଛି । ଅଙ୍ଗନୱାଡ଼ି ମାଧ୍ୟମରେ ପିଲାମାନଙ୍କ ଖାଦ୍ୟ ପାଇଁ ଛତୁଆ, ମୁଆଁ, ଅଣ୍ଡା ଓ ମଧ୍ୟାହ୍ନ ଭୋଜନ ଆଦି ଯୋଗାଇବା, ଚାଷୀମାନଙ୍କ ଠାରୁ ସମବାୟ ବିଭାଗ ନିର୍ଦ୍ଦେଶରେ ଧାନ କିଣାରେ ସାମିଲ ହେବା ଇତ୍ୟାଦି କାର୍ଯ୍ୟମାନ ମହିଳା ସ୍ୱୟଂ ସହାୟକ ଗୋଷ୍ଠୀମାନଙ୍କୁ ଦିଆଯାଇଛି ।

ଆମ ରାଜ୍ୟରେ ବର୍ତ୍ତମାନ ସୁଦ୍ଧା ୬୦୨୦୧୩ଗୋଟି ମହିଳା ସ୍ୱୟଂ ସହାୟକ ଗୋଷ୍ଠୀ ଗଠନ କରାଯାଇ ପ୍ରାୟ ୭୦ ଲକ୍ଷ ମହିଳାଙ୍କୁ ସାମିଲ କରାଯାଇପାରିଛି ଏବଂ ୧୦ ହଜାର କୋଟିରୁ ଊର୍ଦ୍ଧ୍ୱ ଟଙ୍କା ଋଣ ଆକାରରେ ଯୋଗାଇ ଦିଆଯାଇଛି । ଏହି ଋଣ ଟଙ୍କା ଉପରେ ବାର୍ଷିକ ୬୦୦ କୋଟି ଟଙ୍କାରୁ ଊର୍ଦ୍ଧ୍ୱ ସୁଧ ବାବଦକୁ ରାଜ୍ୟ ସରକାର ବ୍ୟାଙ୍କ ମାନଙ୍କୁ ଦେଉଛନ୍ତି । ସମସ୍ତ କଥାକୁ ବିଚାରକୁ ନିଆଯାଇଥିଲେ ମଧ୍ୟ କେବଳ ଯେ ଅଧିକରୁ ଅଧିକ ମହିଳା ସ୍ୱୟଂ ସହାୟକ ଗୋଷ୍ଠୀ ଗଠନ କରିଦେଲେ ନାରୀ ଶସକ୍ତିକରଣ ଲକ୍ଷ ହାସଲ ହୋଇଯିବ ତାହା ନୁହେଁ । ଗୋଷ୍ଠୀଗୁଡ଼ିକର ସୁପରିଚାଳନା, ସୀମିତ ଅର୍ଥର ସୁବିନିଯୋଗ, ସ୍ୱଳ୍ପ ସମୟରେ ଋଣ ପରିଶୋଧ, ଗୋଷ୍ଠୀର ସଭ୍ୟମାନଙ୍କ ଦ୍ୱାରା ଉତ୍ପାଦିତ ସାମଗ୍ରୀର ବିପଣନ ଇତ୍ୟାଦି ଉପଯୁକ୍ତ ଦିଗ୍‌ଦର୍ଶନର ଆବଶ୍ୟକତା ଅନୁଭବ କରାଯାଏ । ତେଣୁ ସେଥି ପ୍ରତି ସ୍ୱୟଂ ସହାୟକ ଗୋଷ୍ଠୀର ସଭ୍ୟମାନେ ଏବଂ ଏହି ଆନ୍ଦୋଳନ ପ୍ରତି ସମସ୍ତ ଅନୁଷ୍ଠାନ ଏବଂ ବ୍ୟକ୍ତିବିଶେଷଙ୍କ ଗୁରୁତ୍ୱପୂର୍ଣ୍ଣ ଦାୟିତ୍ୱ ରହିଛି । ନାରୀ ଶସକ୍ତିକରଣରେ ମହିଳା ସ୍ୱୟଂ ସହାକ ଗୋଷ୍ଠୀ ବାସ୍ତବିକ ଏକ ବଳିଷ୍ଠ ଭୂମିକା ନିର୍ବାହ କରି ଏକ ସୁସୁନ୍ଦର ଭବିଷ୍ୟତର ସୂତ୍ରପାତ କରିଚାଲିଛି । ନିକଟ ଅତୀତରେ ଶାସନକୁ ଆସିଥିବା ସରକାର ଏଥିପ୍ରତି ଯଥେଷ୍ଟ ଦାନ ଦେଲେ ଓଡ଼ିଶା ନାରୀ ଶସକ୍ତିକରଣରେ ଏକ ମାଇଲ୍ ଖୁଣ୍ଟ ଅତିକ୍ରମ କରିପାରିବ ।

'ଧରିତ୍ରୀ' - ତା୧୯.୧୧.୨୦୨୪ରେ ପ୍ରକାଶିତ

ଛେଳି ପାଳନରେ ହଟିବ ଦାରିଦ୍ର

ଭାରତର ଜନସଂଖ୍ୟା ବୃଦ୍ଧି ପାଉଥିବାରୁ ସେହି ତୁଳନାରେ ସାଧାରଣ ଲୋକମାନଙ୍କର ଆର୍ଥିକ ବିକାଶର ଆଶାତୀତ ଭାବେ ବୃଦ୍ଧି ନ ପାଇବାରୁ ଗରିବ ଲୋକମାନେ ବିଭିନ୍ନ ପ୍ରକାର ବେଉସାକୁ ଆପଣାଇବାକୁ ପଛାଉ ନାହାନ୍ତି । ଛେଳି ପାଳନ ତନ୍ମଧ୍ୟରୁ ଅନ୍ୟତମ । ଛେଳି ଏକ ଗୃହପାଳିତ ପାଶୁ । ଭାରତବର୍ଷରେ ଛେଳି ପାଳନ ଗରିବ ଲୋକମାନଙ୍କ ଆର୍ଥିକ ସହାୟତାର ଅଣାବାଡ଼ି । ଛେଳିର କ୍ଷୀର, ମାଂସ, ଚମଡ଼ା, ଗୋବର, ତନ୍ତୁ (Fiber) ପ୍ରଭୃତି ସମସ୍ତ ପଦାର୍ଥ ଲୋକମାନେ ବ୍ୟବହାର କରନ୍ତି । ବିଶେଷକରି ଛେଳି କ୍ଷୀର ଭିଟାମୀନ୍ ସାରଯୁକ୍ତ, ଛେଳି କ୍ଷୀରରେ ଗାଈ କ୍ଷୀର ତୁଳନାରେ ବହୁତ କମ୍ ଚର୍ବିଥାଏ । ଏହା ମା' କ୍ଷୀର ସହିତ ସମାନ ଥିବାରୁ ଶିଶୁମାନଙ୍କ ଖାଦ୍ୟଭାବରେ ବ୍ୟବହୃତ ହେବା ସଙ୍ଗେ ସଙ୍ଗେ ଶିଶୁର 'ଧର୍ମ ମା' ଭାବେ ଛେଳି ପରିଚିତ । ଛେଳିର ଗୋବର ଖତ ଅନ୍ୟାନ୍ୟ ଗୋ ମେଷାଦି ପଶୁର ଗୋବର ଖତ ତୁଳନାରେ ଅଧିକ ଶସ୍ୟ ଉତ୍ପାଦନକାରୀ । ସେହିପରି ଛେଳିର ମାଂସ କମ୍ ଚର୍ବିଯୁକ୍ତ ହୋଇଥିବାରୁ ଶୀଘ୍ର ହଜମ ହୁଏ । ଛେଳି ଲୋମରେ ପଶମ ବସ୍ତ୍ର, ଟୋପି ଓ ଓଢ଼ଣୀ ପ୍ରଭୃତି ତିଆରି ହୁଏ । ପେଟ ପାଟଣା ପାଇଁ କେଳାମାନେ ଛେଳିକୁ ବିଭିନ୍ନ ରଙ୍ଗୀନ୍ ବସ୍ତ୍ର ପିନ୍ଧାଇ ତାକୁ ନଚାଇ ଦି ପଇସା ରୋଜକାର କରନ୍ତି । ଦୁର୍ଗମ ପାହାଡ଼ିଆ ଅଞ୍ଚଳରେ ଛେଳି ଭାରବାହୀ ପଶୁଭାବରେ ବ୍ୟବହୃତ ହୁଏ । ଏପରିକି ବଡ଼ ବଡ଼ ଛେଳିମାନେ ୧୦ କି.ଗ୍ରା. ପର୍ଯ୍ୟନ୍ତ ନିଜ ପିଠିରେ ଭାର ବୋହିପାରନ୍ତି । ଛେଳି କ୍ଷୀର ଅତ୍ୟନ୍ତ ଭିଟାମିନ୍ ସାରଯୁକ୍ତ, ଜୀର୍ଣ୍ଣକାରକ ତଥା ଔଷଧୀୟ ଗୁଣକାରକ ହେତୁ ଜାତିର ପିତା ମହାତ୍ମାଗାନ୍ଧୀ ଛେଳିକ୍ଷୀର ବ୍ୟବହାର କରୁଥିଲେ । ଛେଳି କ୍ଷୀର ବହୁତ ଗାଢ଼ ଓ ବହଳିଆ । ଏହି କ୍ଷୀରରେ ଛେନା ଅଂଶ ବହୁତ ଥାଏ ।

ଅନେକ ଧନୀ ଲୋକ ସମାଜର ଗରିବ ହରିଜନମାନଙ୍କୁ ଛେଳିପାଳନ ଭାଗକୁ

ଲଗାଇ ଅଧେ ମୂଲ୍ୟ ପାଆନ୍ତି ଆଉ ଅଧେ ପାଳନକାରୀ ପାଏ । ଆଜିକାଲି ଗାଈକ୍ଷୀର ସହିତ ଛେଳିକ୍ଷୀର ମିଶି ପ୍ରକ୍ରିୟାକରଣ ଉପାୟରେ ଅଧିକ ବହଳିଆ ହେଉଥିବାରୁ ଏହାକୁ ପ୍ୟାକେଟ୍ କରାଯାଇ ବଜାରରେ ବିକ୍ରି କରାଯାଉ ଥିବାରୁ ଏହାର ଚାହିଦା ଯଥେଷ୍ଟ ବୃଦ୍ଧି ପାଇଛି । ଆଗକାଳରେ ଯେଉଁ ମା' ମାନଙ୍କର କ୍ଷୀର ତା'ର ଶିଶୁପାଇଁ ଯଥେଷ୍ଟ ହେଉ ନଥିଲା ସେମାନେ ଛେଳି କ୍ଷୀରକୁ ଶିଶୁର ପାନୀୟ ଭାବେ ବ୍ୟବହାର କରୁଥିଲେ ।

ଧନୀ ଲୋକମାନଙ୍କ ଶୋଷଣରୁ ଗରିବମାନଙ୍କୁ ମୁକ୍ତି କରାଇବା ପାଇଁ ୧୯୬୯ ମସିହାରେ ଭାରତର ପ୍ରଧାନମନ୍ତ୍ରୀ ସ୍ୱର୍ଗତଃ ଇନ୍ଦିରା ଗାନ୍ଧୀ ବୃହତ୍ତମ ବେସରକାରୀ ବ୍ୟାଙ୍କମାନଙ୍କୁ ଜାତୀୟକରଣ ଘୋଷଣା କରି ବ୍ୟାଙ୍କ ଦ୍ୱାରା କ୍ଷୁଦ୍ର ତଥା ନାମମାତ୍ର ଚାଷୀମାନଙ୍କୁ ଗ୍ରାମ୍ୟ ଉନ୍ନୟନ ସଂସ୍ଥା ମାଧ୍ୟମରେ ଚୟନ କରିବା ସହିତ ସମବାୟ ବ୍ୟାଙ୍କ ଚାଷୀମାନଙ୍କୁ ଅତିରିକ୍ତ ଆର୍ଥିକ ଆୟ ବୃଦ୍ଧି ସକାଶେ ରିହାତି ଋଣ ସୂତ୍ରରେ ଛେଳିପଲ ଯୋଗାଇଥିଲେ । ଚାଷୀମାନେ ବିଲକାମ କରୁଥିଲା ବେଳେ ସେମାନଙ୍କର ପିଲାମାନେ ଛେଳି ଚରାଇ କିଛି ମାତ୍ରାରେ ଅର୍ଥ ଉପାର୍ଜନ କରି ପରିବାରର ଖର୍ଚ୍ଚ ତୁଲାଇବାକୁ ଭାଗିଦାରୀ ହେଉଥିଲେ । ୧୯୮୦ ମସିହାରେ ସମାଜର ଭୂମିହୀନ ଓ ଅତି ଦରିଦ୍ରତମ ଲୋକମାନଙ୍କର ଦାରିଦ୍ର ଦୂରୀକରଣ କରିବାପାଇଁ ସରକାର ବ୍ୟାଙ୍କମାନଙ୍କ ଜରିଆରେ ରିହାତି ଋଣସୂତ୍ର (IRDP) ଜରିଆରେ ଛଳିପଲ ଯୋଗାଇବା ଆରମ୍ଭ କରିଥିଲେ ।

ଛେଳିମାନେ ପ୍ରତି ୬ ମାସରେ ୨,୩ କିମ୍ବା ୪ଟି ପିଲା ପ୍ରସବ କରୁଥିବାରୁ ଆର୍ଥିକ ସମ୍ବଳ ଯୋଗାଇବାରେ ବିଶେଷ ସମର୍ଥ ହେଉଛନ୍ତି । ଛେଳିମାନେ ବିଲରେ ଚରାଚରି କରି ଘାସ ଓ ଅନ୍ୟାନ୍ୟ ବୃକ୍ଷର ପତ୍ର ଖାଆନ୍ତି । ସେମାନଙ୍କ ଖୁରାରେ ଅଧିକ ମୃତ୍ତିକା କ୍ଷୟ ହୋଇ ଜମିଗୁଡ଼ିକ ମରୁଭୂମି ହୋଇଯିବ ବୋଲି ପୁରୁଣା କଥା ପ୍ରଚଳନ ଥିବାରୁ ଯୋଜନା କମିଶନର ପୂର୍ବତନ ସଭ୍ୟ ଅର୍ଥନୀତିଜ୍ଞ ଡା. ହନୁମନ୍ତ ରାଓ କିମିଟି ଏହା ଉପରେ ତର୍ଜମା କରି ଉକ୍ତ ତଥ୍ୟର ପ୍ରାମାଣିକ ଭିତ୍ତି ନ ଥିବାର ରିପୋର୍ଟ ପ୍ରଦାନ କରିବାରୁ ସୂଚାଇବାରୁ ଦାରିଦ୍ର୍ୟକରଣରେ ଛେଳି ପାଳନକୁ ସରକାର ତଥା ବ୍ୟାଙ୍କମାନେ ଗୁରୁତ୍ୱ ଦେବା ଆରମ୍ଭ କରିଦେଇଥିଲେ । ଛେଳିମାନେ ବିଲରେ ଚରିବା ବେଳେ ଘାସ କିମ୍ବା ପତ୍ର ଖୁଣ୍ଟିକରି ଖାଉଥିବାରୁ ଶୀଘ୍ର ଘାସ କିମ୍ବା ବୃକ୍ଷଲତା କଅଁଳେ । ଛେଳି ଅନ୍ୟ ପଶୁମାନଙ୍କର ଚାରଣ କ୍ଷେତ୍ରର ସୁବିଧା ପାଇ ଜଙ୍ଗଲ ସଫା କରେ, ବନାଗ୍ନି ନିୟନ୍ତ୍ରିତ କରେ ଓ ଦଳ ସଫା କରେ । ଛେଳି ପାଟିରୁ ଘାସ ବା ଗଛର ମଞ୍ଜି ଇତସ୍ତତଃ ପଡ଼ିବା ଫଳରେ ନୂତନ ଘାସଗଛ ଜନ୍ମ ହେବାରେ ଛେଳି ସହାୟକ କରେ ।

ବିଶେଷକରି ଗୋମେଷାଦି ପଶୁ ତୁଳନାରେ ଛେଳି ଶୁଷ୍କ ଜଳବାୟୁରେ ସୁରୁଖୁରୁରେ ଜୀବନଧାରଣ କରିପାରୁ ଥିବାରୁ ରାଜସ୍ଥାନରେ ଦରିଦ୍ର ଲୋକମାନେ ଛେଳି ପାଳନକୁ ପ୍ରଧାନ ସମ୍ବଳ ଭାବରେ ଆଦରି ନେଇଛନ୍ତି । ରାଜ୍ୟ ସରକାର ଏହି ଯୋଜନାକୁ ଫଳପ୍ରଦ କରିବା ପାଇଁ ରିହାତି ଋଣ ସୂତ୍ରରେ ଗରିବ ଲୋକମାନଙ୍କୁ ପଲ ପଲ ଛେଳି ଋଣ ଯୋଗାଇ ସେମାନଙ୍କୁ ଦାରିଦ୍ର୍ୟ ସୀମାରେଖା ଉପରକୁ ଉଠାଇବାରେ ବିଶେଷ ସାହାଯ୍ୟ କରୁଛନ୍ତି । ଛେଳି ରଖିବାରେ ଅନ୍ୟ ପଶୁ ତୁଳନାରେ ଛୋଟ ଗୁହାଳ ନିର୍ମାଣ ଓ କମ୍ ଚାରଣ କ୍ଷେତ୍ରର ଆବଶ୍ୟକ ହେତୁ ଗରିବ ଲୋକମାନେ ଛେଳି ପାଳନକୁ ଅଧିକ ପସନ୍ଦ କରୁଛନ୍ତି । ରାଜସ୍ଥାନର ମରୁଭୂମି ଛେଳିପାଳନ ପାଇଁ ଉପଯୁକ୍ତ ଓ ପ୍ରଶସ୍ତ କ୍ଷେତ୍ର ହୋଇଥିବାରୁ ଲୋକମାନଙ୍କର ଆଗ୍ରହ ଏଥିପ୍ରତି ବୃଦ୍ଧି ପାଉଛି । ମରୁଭୂମିରେ ଉଠିଥିବା କଣ୍ଟାଜାତ ଗଛର ପତ୍ରକୁ ଛେଳି ସହଜରେ ଖାଇପାରେ ।

ଗରିବ ଲୋକମାନେ ଛେଳି ସମବାୟ ସମିତି ଗଠନ କରି ସମିତି ମାଧ୍ୟମରେ ବହୁସଂଖ୍ୟାରେ ଛେଳି ରଖିଲେ ମଧ୍ୟସ୍ଥଙ୍କ ଶୋଷଣରୁ ମୁକ୍ତି ହୋଇ ସମବାୟ ସମିତି ମାନଙ୍କ ସହଯୋଗରେ ମାଂସ ଓ କ୍ଷୀର ବିକ୍ରିର ଦାୟିତ୍ୱ ନେବଦ୍ୱାରା ସଭ୍ୟମାନେ ବେଶୀ ମାତ୍ରରେ ଉପକୃତ ହୋଇପାରୁଛନ୍ତି । ଛେଳି ପାଳନ ଦ୍ୱାରା ବ୍ୟାପକ ନିଯୁକ୍ତି ସୃଷ୍ଟି ହୋଇପାରିଛି । ବ୍ୟାଙ୍କମାନେ ସମବାୟ ସମିତିକୁ ପାଣ୍ଠି ଯୋଗାଇ ଠିକ୍ ସମୟରେ ଛେଳିଋଣ ନେଇଥିବା ଋଣୀମାନଙ୍କ ଠାରୁ ଠିକ୍ ସମୟରେ କିସ୍ତି ଆଦାୟ କରିପାରୁଛନ୍ତି । ଓଡ଼ିଶାରେ ବିସ୍ତୀର୍ଣ୍ଣ ପାହାଡ଼ିଆ ଅଞ୍ଚଳ ଥିବାରୁ ଦାରିଦ୍ର୍ୟ ଦୂରୀକରଣ ଯୋଜନାରେ ଲୋକମାନଙ୍କ ଦ୍ୱାରା ଛେଳି ପାଳନ ଲାଭଜନକ ହୋଇପାରିଛି । ଏ ପ୍ରକାର ସୁବିଧା ସାଧାରଣ ଲୋକମାନେ ନେବାପାଇଁ ସରକାରଙ୍କ ଦ୍ୱାରା ଅଧିକ ପ୍ରଚାର ଓ ପ୍ରସାର ହେବା ଆବଶ୍ୟକ ।

ବିଶ୍ୱ ଦରବାରରେ ବିଭିନ୍ନ ଦେଶ ଗୃହପାଳିତ ଗୋମେଷାଦି ପଶୁ ସମ୍ପଦ ମଧ୍ୟରେ ଛେଳିମାନଙ୍କର ମାଂସ ଓ କ୍ଷୀର ଯୋଗାଇବାରେ ଏକ ବିଶିଷ୍ଟ ସ୍ଥାନ ଅଧିକାର କରିଛନ୍ତି । ପୃଥିବୀର ଗୋ ମେଷାଦି ମୋଟ ସଂଖ୍ୟାରୁ ଛେଳି ସଂଖ୍ୟା ଶତକଡ଼ା ୪୪ ଭାଗ । ବର୍ତ୍ତମାନ ପୃଥିବୀର ଛେଳି ସଂଖ୍ୟା ୧୨୦ କୋଟି ମଧ୍ୟରୁ ଭାରତରେ ଏମାନଙ୍କ ସଂଖ୍ୟା ୧୪ କୋଟି ୮୮ ଲକ୍ଷ ୪୭ ହଜାର । ସମଗ୍ର ଏସିଆ ମହାଦେଶରେ ପୃଥିବୀର ମୋଟ ଛେଳି ସଂଖ୍ୟାର ୬୦ ଭାଗ ଭାରତରେ ଦେଖିବାକୁ ମିଳେ । ଯାହାକି ଏହି ସଂଖ୍ୟା ୨୬ ଅକ୍ଟୋବର ୨୦୨୩ ସୁଦ୍ଧା ପ୍ରକାଶ କରାଯାଇଛି । ସମଗ୍ର ପୃଥିବୀରେ ଖାଦ୍ୟଭାବେ ଛେଳି ମାଂସ ବାର୍ଷିକ ୭୫ ଲକ୍ଷ ଟନ୍ ଓ କ୍ଷୀର ୨୦୦ ଲକ୍ଷ ଟନ୍

ଆବଶ୍ୟକ ହେଉଥିଲା ବେଳେ ଏସିଆ ମହାଦେଶର ଛେଳିମାନଙ୍କ ଦ୍ୱାରା ୩୮ ଲକ୍ଷ ଟନ୍ ମାଂସ ଓ ୮୦ ଲକ୍ଷ ଟନ୍ କ୍ଷୀର ମିଳିପାରୁଛି । ଭାରତରେ ମୋଟ ଗୋ ମେଷାଦି ସଂଖ୍ୟାରୁ ଶତକଡ଼ା ୩୦ ଭାଗ ହେଉଛି ଛେଳିସଂଖ୍ୟା । ସମୁଦାୟ ବାର୍ଷିକ କୃଷି ଓ ଆନୁସଙ୍ଗିକ ଗୋ ମେଷାଦି ପାଳନରୁ ଛେଳିମାନେ କେବଳ ଶତକଡ଼ା ୧୯ ଭାଗ ଆର୍ଥିକ ଆୟ ଦେଉଛନ୍ତି । କୃଷି ଉତ୍ପାଦନ ୨୦୨୨-୨୩ ବର୍ଷ ମଧ୍ୟରେ ଶତକଡ଼ା ୫୭ ଭାଗକୁ ବୃଦ୍ଧି ପାଇଥିବା ସ୍ଥଳେ ଗୃହପାଳିତ ପଶୁ ସମ୍ପଦ ଶତକଡ଼ା ୩୭ ଭାଗକୁ ବୃଦ୍ଧି ପାଇଛି ଏବଂ ଚଳିତ ବର୍ଷ ଗୋ ମେଷାଦି ପଶୁ ସମ୍ପଦରୁ ଅଧିକ ୬୦ ହଜାର କୋଟି ଟଙ୍କା ଆୟ ହୋଇପାରିବ ବୋଲି ଯୋଜନା ପ୍ରଣୟନ କରାଯାଇଛି । ଭାରତୀୟ ଅର୍ଥନୀତିରେ ଗତ ବର୍ଷ ଛେଳିମାନଙ୍କ ଦ୍ୱାରା ୧୦୦୦ କୋଟି ଟଙ୍କା ଆୟ କରାଯାଇପାରିଛି ।

ଛେଳି ପାଳନରେ ଗ୍ରାମ୍ୟ ଅର୍ଥନୀତିର ବିକାଶ ତଥା ନିଯୁକ୍ତି ପରିସର ବୃଦ୍ଧିର ଗୁରୁତ୍ୱ ହେତୁ ଭାରତୀୟ କୃଷି ଗବେଷଣା ସଂସ୍ଥା, ଭାରତୀୟ ପଶୁ ଗବେଷଣା ସଂସ୍ଥା ଓ ଜାତୀୟ ଦୁଗ୍ଧ ଗବେଷଣା ସଂସ୍ଥା ମିଶି ଛେଳିର ବଂଶବୃଦ୍ଧି ବିଶେଷକରି ଯମୁନା ପାରି ଓ ବାରବାରି ଜାତୀୟ ଦୁଇ ପ୍ରମୁଖ ଛେଳିର ବଂଶ ସୁରକ୍ଷା, ଛେଳିମାନଙ୍କ ଉତ୍ତମ ସ୍ୱାସ୍ଥ୍ୟରକ୍ଷା ଓ କ୍ଷୀର ପ୍ରକ୍ରିୟାକରଣରେ ଗବେଷଣା ଅବ୍ୟାହତ ରଖିଛନ୍ତି । ଏହା ଭାରତୀୟ ଅର୍ଥନୀତିର ଅଭିବୃଦ୍ଧି ପାଇଁ ଏକ ଉପଯୁକ୍ତ ଯୋଜନା । ଓଡ଼ିଶା ରାଜ୍ୟ ସରକାର ଏଥିପ୍ରତି ଯଥେଷ୍ଟ ଗୁରୁତ୍ୱ ଦେଇ ଯୋଜନାକୁ ସୁଫଳ କରାଇପାରିଲେ ଅର୍ଥନୀତି ବିକାଶରେ ଓଡ଼ିଶା ଆଗକୁ ଯାଇପାରିବ । କାରଣ ଓଡ଼ିଶାର ନୂତନ ସମବାୟ ମନ୍ତ୍ରୀ ଜଣେ ଅଭିଜ୍ଞ, ଉତ୍ସାହୀ, ଦକ୍ଷ, ଉଦ୍ୟୋଗୀ, ଦରଦୀ ମଣିଷ ଭାବେ ଏ ବିଷୟରେ ବିଶେଷ ଧ୍ୟାନ ଦେବେ ବୋଲି ଆଶା ।

ଭୂମି ବ୍ୟାଙ୍କ ବନାମ୍ ଭୂମି ସଂସ୍କାର

ତାଇୱାନ୍ ଦ୍ୱୀପ ଚୀନ୍‌ର ମୂଳ ଭୂଖଣ୍ଡ ଠାରୁ ୧୬୦ କିଲୋମିଟର ଦକ୍ଷିଣରେ ଅବସ୍ଥିତ । ଏହାର କ୍ଷେତ୍ରଫଳ ୩୬୨୬୦ ବର୍ଗକିଲୋମିଟର । ଚାଷଜମି ଶତକଡ଼ା ୪୬ ଭାଗ ଅର୍ଥାତ୍ ୧୬୪୨୯୯୪ ହେକ୍ଟର । ୧୯୮୧ ମସିହା ଜନସୁମାରୀ ଅନୁଯାୟୀ ଲୋକସଂଖ୍ୟା ୧ କୋଟି ୭୨ ଲକ୍ଷ । ପ୍ରତି ବର୍ଗକିଲୋମିଟର ପିଛା ଜନବସତି ୪୭୪ ଜଣ । ଚୀନ୍‌ର ଦୁର୍ନିତୀଗ୍ରସ୍ତ କୁଇମାଟଙ୍ଗ ସରକାରର ଶାସକ 'ଚ୍ୟାଙ୍ଗ୍‌କାଇସେକ୍' ୧୯୪୯ ମସିହାରେ ତାଇୱାନ୍ ସହରରୁ ପଳାଇ ଯାଇ ଫର୍ମୋଜା ଦ୍ୱୀପରେ ବସତି ସ୍ଥାପନ କରିଥିଲେ ଓ ଉକ୍ତ ଦ୍ୱୀପଟିକୁ ତାଇୱାନ୍ ଦେଶ ନାମରେ ନାମିତ କରିଥିଲେ । ସେ ଅତୀତ ତିକ୍ତ ଅଭିଜ୍ଞତାରୁ ଶିକ୍ଷାଲାଭ କରି ଏକ ନିର୍ମଳ ଗଣତନ୍ତ୍ର ସରକାର ପ୍ରତିଷ୍ଠା କଲେ । କମ୍ୟୁନିଷ୍ଟ ଭୂତରେ ଛାନିଆ ହୋଇ ତାଇୱାନ୍‌ରେ ସେ ୧୯୫୩ ମସିହାରେ ଆସୁ ଭୂ-ସଂସ୍କାର ପ୍ରବର୍ତ୍ତନ ଆରମ୍ଭ କରି ୧୯୬୨ ମସିହା ସୁଦ୍ଧା ଚାଷୀମାନଙ୍କ ଭିତରେ ଜମିବଣ୍ଟନ ତଥା ରୟତ ସତ୍ତ୍ୱ ପ୍ରଦାନ କଲେ ।

ଉକ୍ତ ଭୂ-ସଂସ୍କାର ନୀତିକୁ ସଫଳ ରୂପାୟନ ଦେବାରେ ତାଇୱାନ୍‌ର ଭୂମି ବ୍ୟାଙ୍କ ଓ ତା'ର ୨୯ଟି ଶାଖା ମୁଖ୍ୟ ଭୂମିକା ଗ୍ରହଣ କରିଥିଲେ। ଉକ୍ତ ଭୂମି ସଂସ୍କାର ଯୋଜନାରେ ସରକାରଙ୍କ ବିନା ଅର୍ଥ ବିନିଯୋଗରେ ଭୂମି ବଣ୍ଟନ କାର୍ଯ୍ୟ ଅଳ୍ପ ସମୟରେ ସୁରୁଖୁରୁରେ ସମାପିତ ହୋଇଥିଲା । ଉକ୍ତ ବ୍ୟାଙ୍କ ଜମିଦାରମାନଙ୍କୁ କ୍ଷତିପୂରଣ ବାବଦରେ ଭୂମିରଣ ପତ୍ର ପ୍ରଦାନ କରି ସେମାନଙ୍କ ଜମି କ୍ରୟ କରିଥିଲେ । ଜମିଦାରଙ୍କ କ୍ଷତିପୂରଣ ପୈଠ କରିବାପାଇଁ ଚାଷୀମାନଙ୍କ ଠାରୁ ଶସ୍ୟ ଅମଳ ପରେ କିସ୍ତିରେ ସେଠାକାର ଫସଲ ଧାନ କିମ୍ବା କନ୍ଦମୂଳ ଆଦାୟ ହୋଇ ତାହା ଖାଦ୍ୟ ନିଗମକୁ ବିକ୍ରୟ କରି ମୂଲ୍ୟବାବଦ ଅର୍ଥ ବ୍ୟାଙ୍କରେ ଜମାହୁଏ। ବ୍ୟାଙ୍କ ଉକ୍ତ ଜମାରୁ ଭୂମିରଣ ପତ୍ର ଭଙ୍ଗାଇ ଜମିଦାରମାନଙ୍କୁ ତାଇୱାନ୍ ଡଲାର ଦିଏ । ଉକ୍ତ ବ୍ୟାଙ୍କ ସରକାରୀ କୃଷି

ଫାର୍ମ ନିଜ ଦାୟିତ୍ୱରେ କିମ୍ବା ଚାଷୀମାନଙ୍କ ସାହାଯ୍ୟରେ ଆତ୍ମନିର୍ଭରଶୀଳ ପନ୍ଥାରେ ସୁଚାରୁ ରୂପେ ପରିଚାଳନା କରି ୧୪୬୪୭ ହେକ୍ଟର ଜମିକୁ ଉନ୍ନତ କରିପାରିଅଛି। ବ୍ୟାଙ୍କର ୭୬୭୫୮୫୯୦୦୦ ତାଇଓ୍ୱାନ ଡଲାର ବିନିଯୋଗରେ ସହର ଜମି ତଥା ଶିଳ୍ପନଗରୀ ଜମିଗୁଡ଼ିକର ଉନ୍ନତି ହୋଇପାରିଛି । ବ୍ୟାଙ୍କର ସମୁଦାୟ ଋଣର ଶତକଡ଼ା ୫୦.୬୧ଭାଗ କୃଷକ ସଂଘମାନଙ୍କ ଜରିଆରେ କୃଷି ଉତ୍ପାଦନ, ଫସଲ ବିକାକିଣା, ମତ୍ସ୍ୟଚାଷ, ଜଳସେଚନରେ ବିନିଯୋଗ ଇତ୍ୟାଦି କରାଯାଇଅଛି । ଶତକଡ଼ା ୩୭.୨୦ଭାଗ ଅର୍ଥ ଗୃହ ନିର୍ମାଣରେ ବିନିଯୋଗ କରାଯାଇଅଛି । ୧୧.୦୮ ଭାଗ ଅର୍ଥ ଜମି କିଣା, ଜମି ସମୀକରଣ, ଗ୍ରାମ, ସହର ତଥା ଶିଳ୍ପନଗରୀ ଜମିର ଉନ୍ନତିରେ ବିନିଯୋଗ କରାଯାଇଅଛି। ଭାରତ ସମେତ ଅନ୍ୟ ଦେଶରେ କୃଷକ ସଂଘମାନେ ବିଭିନ୍ନ ଆନ୍ଦୋଳନର ପନ୍ଥା ଧରି ଦାବି ବାଢ଼ିବାରେ ବ୍ୟସ୍ତ । ଏହାଦ୍ୱାରା ଅର୍ଥନୈତିକ ବିକାଶରେ ଦେଶ ପଛରେ ପଡ଼ିଯାଏ । କିନ୍ତୁ ଜାପାନ ଓ ଦକ୍ଷିଣ କୋରିଆର କୃଷିସେବା ସମିତିମାନଙ୍କ ପରି ତାଇଓ୍ୱାନ୍‌ର ୨୦୦ କୃଷକ ସଂଘ ବିଭିନ୍ନ କୃଷିଋଣ ଗ୍ରହଣ କରି ଯଥେଷ୍ଟ ଉତ୍ପାଦନ ବଢ଼ାଇପାରିଛନ୍ତି । ଫଳରେ ୧୯୬୩ରୁ ୧୯୭୯ ମସିହା ମଧ୍ୟରେ ତାଇଓ୍ୱାନ୍ ଅଧିବାସୀମାନଙ୍କ ହାରାହାରି ବ୍ୟକ୍ତିଗତ ଆୟ ୭ ଗୁଣା ବଢ଼ିଛି । ଅର୍ଥାତ୍ ଜାପାନ ପଛକୁ ତାଇଓ୍ୱାନ୍ ଆର୍ଥିକ ପଦ୍ଧତିରେ ଦ୍ୱିତୀୟ ସ୍ଥାନ ଅଧିକାର କରିଛି ।

ଭୂ-ସଂସ୍କାର ବ୍ୟବସ୍ଥା ତଦାରଖ କରିବା ପାଇଁ ସରକାର ଗୋଟିଏ ରୟତ କମିଟି ନିଯୁକ୍ତ କରିଛନ୍ତି । ଉକ୍ତ କମିଟିରେ ୫ ଜଣ ରୟତ, ୨ ଜଣ ଭୂମି ମାଲିକ, ୨ ଜଣ ଜମିଦାର ଓ ୨ ଜଣ ସରକାରୀ କର୍ମଚାରୀ ଅଛନ୍ତି । ଉକ୍ତ କମିଟି ଜମିଦାର ଓ ରୟତମାନଙ୍କ ଭିତରେ ଉପୁଜୁଥିବା ବିବାଦକୁ ଆପୋଷ ବୁଝାମଣାରେ ତୁଟାଇଥାନ୍ତି । ଉକ୍ତ କମିଟି ବାର୍ଷିକ ଉତ୍ପାଦିତ ଫସଲର ବଜାର ଦର ନିରୂପଣ ତଥା ପ୍ରାକୃତିକ ବିପର୍ଯ୍ୟୟରେ ଚାଷୀର ଫସଲ ନଷ୍ଟ ପାଇଁ ପୁରା କିମ୍ବା ଆଂଶିକ ରାଜସ୍ୱ ଛାଡ଼ କରିବାକୁ ସୁପାରିଶ ଦାୟିତ୍ୱ ମଧ୍ୟ ଗ୍ରହଣ କରିଛି । ଭୂ-ସଂସ୍କାର ପ୍ରଥମ ପଦକ୍ଷେପ ସ୍ୱରୂପ ଯେଉଁ ଚାଷୀମାନେ ସରକାରୀ ଜମି ଚାଷ କରୁଥିଲେ ସେମାନେ ପଟ୍ଟା ପାଇଲେ। ଜମିଦାରମାନଙ୍କୁ ରୟତମାନେ ଉତ୍ପାଦିତ ଫସଲର ଶତକଡ଼ା ୫୦ ଭାଗରୁ ୭୦ ଭାଗ ପରିବର୍ତ୍ତେ ଶତକଡ଼ା ୩୭.୫ ଭାଗ ଫସଲ ରାଜସ୍ୱ ଆକାରରେ ଦେଲେ । ଚୁକ୍ତି ମୁତାବକ ଭୂମି ବ୍ୟାଙ୍କ ତଥ୍ୟ ଅନୁଯାୟୀ ୧୯୫୧-୧୯୮୧ ମସିହା ମଧ୍ୟରେ ୨୯୩୫୪୦ ଜଣ ଗରିବ ଚାଷୀ ୧୧୭୫୦୯ ହେକ୍ଟର ସରକାରୀ ଚାଷ ଉପଯୋଗୀ ଜମି କିଣିଲେ । ସେମାନେ ୧୦ ବର୍ଷ ଭିତରେ ୧୦ଟି କିସ୍ତିରେ ଫସଲ ଅମଳ

ପରେ ଉତ୍ପାଦିତ ଫସଲର ଶତକଡ଼ା ୨୫ ଭାଗ ଲେଖାଏଁ ଭୂମିବ୍ୟାଙ୍କରେ ଜମା ଦେଲେ । ଏପରି ଭାବରେ ଚାଷୀ ସର୍ବମୋଟ ବାର୍ଷିକ ଉତ୍ପାଦିତ ଫସଲର ୨ ୧/୨ ଗୁଣ ସଲାମି ଆକାରରେ ସରକାରଙ୍କୁ ଦେଲେ । ଚାଷୀମାନେ ସର୍ବମୋଟ୍ ୩୫୭୭୭୧୦୮ କେ.ଜି. ଧାନ ଓ ୧୦୯୯୩୭୧୮୩୯ କେ.ଜି. କନ୍ଦମୂଳ ଖାଦ୍ୟନିଗମ ଜରିଆରେ ଭୂମିବ୍ୟାଙ୍କରେ ଦାଖଲ ଦେଇଥିଲେ ।

ସେହିପରି ଲଙ୍ଗଳ ଯାହାର ଜମି ତା'ର ନୀତି ଅନୁଯାୟୀ ଭୂମି ବ୍ୟାଙ୍କ ଜମିଦାରଙ୍କ ଅଧୀନରେ ଥିବା ରୟତମାନଙ୍କ ଜମିକିଣି ପୁଣି ସେହିମାନଙ୍କୁ ବିକ୍ରି କରି କ୍ଷତିପୂରଣ ବାବଦରେ ଶତକନା ୭୦ ଭାଗ ଭୂମି ଋଣପତ୍ର ପ୍ରଦାନ କରି ଅବଶିଷ୍ଟ ୩୦ ଭାଗ ୪ଟି ସରକାରୀ ଶିଳ୍ପୋଦ୍ୟୋଗରେ ଅଂଶ ଭାବେ ବିନିଯୋଗ କରିବାରୁ ଜମିଦାରମାନେ ଥଇଥାନ ହୋଇ ବିଶେଷ ଲାଭବାନ୍ ହୋଇପାରିଛନ୍ତି । ଜମିଦାରମାନେ ଜମିର ବାର୍ଷିକ ଉତ୍ପାଦିତ ଫସଲର ବଜାର ଦରରେ ୨ ୧/୨ ଗୁଣ କ୍ଷତିପୂରଣ ପାଇଲେ । ତାଇୱାନ୍‌ରେ ଜଳସେଚିତ ଜମିରେ ବର୍ଷକୁ ଦୁଇଥର ଫସଲ ଅମଳ ହୁଏ ଏବଂ ଅନ୍ୟ ଜମିରେ ପ୍ରଧାନତଃ କନ୍ଦମୂଳ ଚାଷ ହୁଏ । ଏଣୁ ଚାଷୀମାନେ ଜମିଦାରମାନଙ୍କ କ୍ଷତିପୂରଣ ବାବଦରେ ଧାନ କିମ୍ବା କନ୍ଦମୂଳ ଅମଳ ପରେ ବାର୍ଷିକ ୨ଟି କିସ୍ତି ହିସାବରେ ଶତକଡ଼ା ୪ ଟଙ୍କା ସୁଧରେ ୧୦ ବର୍ଷରେ ମୋଟ ୨୦ଟି କିସ୍ତିରେ ଉତ୍ପାଦିତ ଫସଲର ଶତକଡ଼ା ୩୭.୫ ଭାଗ ଖାଦ୍ୟନିଗମ ଜରିଆରେ ଭୂମି ବ୍ୟାଙ୍କରେ ଦାଖଲ ଦେଇଥିଲେ ।

ମୁଦ୍ରାର ମୂଲ୍ୟରେ ହ୍ରାସବୃଦ୍ଧିକୁ ରୋକିବାକୁ ସରକାର ଜମିଦାରମାନଙ୍କୁ କ୍ଷତିପୂରଣ ଦେବାକୁ ଧାନ ଓ କନ୍ଦମୂଳ ବଦଳରେ ଭୂମିଋଣ ପତ୍ର ଦେବାରେ ବ୍ୟବସ୍ଥା କଲେ । ଅବଶ୍ୟ ତାଇୱାନ୍‌ର ଅର୍ଥନୀତି ସୁଦୃଢ଼ ଥିବାରୁ ତାଇୱାନ୍ ଡଲାର ମୂଲ୍ୟର ବିନିମୟ ହାରରେ କ୍ୱଚିତ୍ ପରିବର୍ତ୍ତନ ଘଟେ ।

ଉକ୍ତ ଋଣପତ୍ର କେବଳ ଜମିଦାରମାନଙ୍କ କ୍ଷତିପୂରଣ ପାଇଁ ଉଦ୍ଦିଷ୍ଟ ଥିବାରୁ ସେମାନେ ଅନ୍ୟ ସରକାରଙ୍କ ଅମାନତ ପରି ବଜାରରେ ତାହାକୁ ଭଙ୍ଗାଇ ପାରୁନଥିଲେ । ଅବଶ୍ୟ ରୟତକୁ ଜମିଦେବା ଆଇନ ଅନୁଯାୟୀ ତାଇୱାନ ଟ୍ରେଜେରୀ ଉକ୍ତ ଋଣପତ୍ର ବିନିମୟକୁ ଅଙ୍ଗୀକାରବଦ୍ଧ ଥିବାରୁ ଏହା ରୟତ ଜମି କିଣିବା ଧନରେ ସୁରକ୍ଷିତ ଥିଲେ ମଧ୍ୟ ଜମିଦାରମାନେ ଉକ୍ତ ଋଣପତ୍ର ବନ୍ଧକୀ ଦେବକୁ ଅନୁମତି ପାଇଥିଲେ । ଦୈବି ଦୁର୍ବିପାକରେ ଫସଲ ନଷ୍ଟ ହେଲେ ଚାଷୀ କିସ୍ତି ଦେବାରେ ଅକ୍ଷମ ହେଉଥିବାରୁ ସରକାର ଗୋଟିଏ "ଭୂମି ଋଣପତ୍ର ମୁକ୍ତି ଅଙ୍ଗୀକାର ପାଣ୍ଠି" ସୃଷ୍ଟି କରି ଚାଷୀମାନଙ୍କ କିସ୍ତି ଭୂମି ବ୍ୟାଙ୍କରେ ଦାଖଲ ଦେବାର ବ୍ୟବସ୍ଥା କରିଛନ୍ତି । କିନ୍ତୁ ଚାଷୀମାନେ କ୍ୱଚିତ୍

କିସ୍ତି ଖିଲାଫ କରିବାର ଦେଖାଯାଏ । ଉକ୍ତ ଋଣପତ୍ର ଷ୍ଟାମ୍ପକର, ଆୟକର ଓ ଘର ଟିକସରୁ ମୁକ୍ତ ଅଟେ । ୫୦, ୧୦୦, ୫୦୦, ୧୦୦୦, ୫୦୦୦, ୧୦୦୦୦ କି.ଗ୍ରା. ଧାନ ପରିମାଣର ୬ଟି ପ୍ରକାର ଋଣପତ୍ର ଏବଂ ୧୦୦, ୫୦୦, ୫୦୦୦, ୧୦୦୦୦, ୩୦୦୦୦ କି.ଗ୍ରା. କନ୍ଦମୂଳ ପରିମାଣର ୫ ପ୍ରକାର ଋଣପତ୍ର ଜମିଦାରମାନଙ୍କୁ ପ୍ରଦାନ କରାଯାଉଛି । ୧୯୬୫ ମସିହା ପର୍ଯ୍ୟନ୍ତ ଜମିଦାରମାନେ ୧୧୪୭୫୪୯୯୬୬ କି.ଗ୍ରା. ଧାନ ଓ କନ୍ଦମୂଳ ମୂଲ୍ୟର ପ୍ରାୟ ଶତକଡ଼ା ୯୯ ଭାଗ ଭୂମି ଋଣପତ୍ର ଭୂମି ବ୍ୟାଙ୍କରେ ଭଙ୍ଗାଇ ସୁଧ ସହିତ ମୂଳ ବାବଦକୁ କ୍ଷତିପୂରଣ ନେଇପାରିଛନ୍ତି । ୧୯୫୩ ମସିହାରେ ଜମିଦାରମାନେ ଅବଶିଷ୍ଟ ୩୦ ଭଗ କ୍ଷତିପୂରଣ ବାବଦ ଅର୍ଥ ସିମେଣ୍ଟ୍, କାଗଜ, କୃଷି, ଜଙ୍ଗଲ, ଶିଳ୍ପ ଓ ଖଣିଜ ପ୍ରଭୃତି ଚାରୋଟି ସରକାରୀ ନିଗମକୁ ସର୍ବମୋଟ ୬୬୦୦୦୦୦୦ ତାଇୱାନ୍ ଡଲାର୍ ଅର୍ଥାତ୍ ୧୬୫୦୦୦୦୦୦ ଟଙ୍କା ଅଂଶରେ କିଣିନେଇ ବିଶେଷ ଲାଭବାନ୍ ହୋଇଛନ୍ତି । ଜମିଦାରମାନଙ୍କ ଜମିକିଣା ବାବଦରେ ୨୫୬୮୧୬ ଚାଷୀ ପରିବାର ୧୩୬୭୨୯ ହେକ୍ଟର ଜମି ଅର୍ଥାତ୍ ୫୨୪୯୪୦ଟି ପ୍ଲଟ୍ ପାଇଲେ । ଉକ୍ତ ଜମିଦାରମାନଙ୍କ ଜମି ମୂଲ୍ୟ ବାବଦରେ ଚାଷୀମାନେ ୧୨୭୨୧୧୦ ଟନ୍ ଚାଉଳ ଓ ୪୩୩୨୬୩ ଟନ୍ କନ୍ଦମୂଳ ଖାଦ୍ୟ ନିଗମ ଜରିଆରେ ଭୂମି ବ୍ୟାଙ୍କରେ ଦାଖଲ ଦେଇଛନ୍ତି । ୧୯୬୨ ରୁ ୧୯୮୪ ମସିହା ଭିତରେ ଛୋଟ ଜମିକୁ ଏକତ୍ରୀକରଣ (Consolidation) ମାଧ୍ୟମରେ ୧୨ ହେକ୍ଟର ବିଶିଷ୍ଟ ପ୍ଲଟ୍‌ମାନ କରାଯାଇ ୩୭୪୬୮୮ ହେକ୍ଟର ରୟତ ଜମିକୁ ଅଧିକ ଉତ୍ପାଦନକ୍ଷମ କରାଯାଇପାରିଛି । କ୍ରମାନ୍ୱୟରେ ଜଳସେଚନର ସୁବିଧା ପାଇଁ ପ୍ରତ୍ୟେକ ପ୍ଲଟ୍‌କୁ ତିନୋଟି ଲେଖାଏଁ ଚଉଖୁଣ୍ଟିଆ ବ୍ଲକ୍‌ରେ ବିଭକ୍ତ କରାଯାଇଛି । ୧୯୬୨ ମସିହା ସୁଦ୍ଧା ଜମିଦାରମାନେ କ୍ଷତିପୂରଣ ପାଇବା ଫଳରେ ୧୯୫୯ ମସିହାରେ ଚାଷୀମାନଙ୍କ ପରିବାର ମୋଟ ଜନସଂଖ୍ୟାର ଶତକଡ଼ା ୩୬ ଥିବା ସ୍ଥଳେ ୧୯୭୧ ମସିହାରେ ଚାଷୀମାନଙ୍କ ପରିବାର ମୋଟ ଜନସଂଖ୍ୟାର ଶତକଡ଼ା ୯୧ ଭାଗକୁ ବୃଦ୍ଧିପାଇଲା । ତାଇୱାନ୍ ଓ ଦକ୍ଷିଣ କୋରିଆର ବ୍ୟାପକ ଆର୍ଥିକ ପ୍ରଗତି ସହିତ ଆମ ଦେଶର ଆର୍ଥିକ ଅବସ୍ଥାକୁ ତୁଳନା କଲେ ଆମ ମନରେ ଦୁଃଖ ଓ ହତାଶ ଭାବ ଜାଗ୍ରତ ହୁଏ । ଏପରିକି ତାଇୱାନ୍ ଦେଶ ଗଣତନ୍ତ୍ର ଶାସନ ଜରିଆରେ ଜନ ସହଯୋଗ ପାଇବା ଫଳରେ ବ୍ୟାପକ ଉନ୍ନତି କରି କମ୍ୟୁନିଷ୍ଟ ଶାସନାଧୀନ ଚୀନ୍‌କୁ ବହୁ ପଛରେ ପକାଇଦେଇଛି ।

ପୃଥିବୀରେ ତାଇୱାନ୍ ଗବେଷଣାଗାରାରେ ପ୍ରଥମେ ଅଧିକ ଉତ୍ପାଦନ କ୍ଷମ ଟାଇଚୁଙ୍ଗ୍ ଧାନ ଉଦ୍ଭାବନ ହେବା ଫଳରେ ୧୯୪୮ ମସିହାରେ ହେକ୍ଟର ପିଛା

୩୮୯୪ କି.ଗ୍ରା. ଧାନ ଅମଳ ହେଉଥିଲା ବେଳେ ୧୯୭୨ ମସିହାରେ ଉତ୍ପାଦନ ବୃଦ୍ଧି ପାଇବା ଫଳରେ ଦେଶରେ ମୋଟ୍ ୪୦୨୪୪୦୩୨୯ ଟନ୍ ଧାନ ଉତ୍ପାଦିତ ହୋଇଛି । ମୋଟାମୋଟି ଭାବରେ ତାଇଓ୍ୱାନ୍ ସରକାର ୧୯୫୩ ମସିହାରୁ ଜନସହଯୋଗରେ ଭୂସଂସ୍କାର ନୀତି ତଥା ଅନ୍ୟାନ୍ୟ ଆନୁସଙ୍ଗିକ କୃଷିଭିତ୍ତିକ ଉତ୍ପାଦନ କାର୍ଯ୍ୟକ୍ରମଗୁଡ଼ିକୁ ବ୍ୟାଙ୍କ ସହିତ ଜଡ଼ିତ କରାଇ ନିଷ୍ଠା ତଥା ଦୃଢ଼ ଭାବରେ କାର୍ଯ୍ୟକାରୀ କରିବାରୁ ଲୋକମାନଙ୍କର ଏପରି ବ୍ୟାପକ ଆର୍ଥିକ ପ୍ରଗତି ସମ୍ଭବ ହୋଇପାରିଛି । ଓଡ଼ିଶା ସରକାର ତାଇଓ୍ୱାନ୍ ପରି ଭୂମିବ୍ୟାଙ୍କ ଓ ଭୂମି ସଂସ୍କାର ନୀତିକୁ ଆପଣାଇ ପାରିଲେ ଓଡ଼ିଶାର ଜନସାଧାରଣ ଏହାର ସୁଫଳ ପାଇପାରନ୍ତେ ଓ ଚାଷୀମାନଙ୍କ ଆର୍ଥିକ ଅବସ୍ଥାରେ ଉନ୍ନତି ଆସିପାରନ୍ତା । ନୂତନ ସରକାର ଏହାକୁ ତନ୍ନ ତନ୍ନ କରି ପରୀକ୍ଷା କରି ଓଡ଼ିଶାରେ ଲାଗୁ କରାଇପାରିଲେ ଓଡ଼ିଶା ଭୂମି ସଂସ୍କାରରେ ଆଉ ପାଦେ ଆଗକୁ ଯାଇପାରନ୍ତା ।

'ସକାଳ' - ତା୦୭.୦୬.୨୦୨୫ରେ ପ୍ରକାଶିତ

■

ସମବାୟରେ କୃଷି ଉତ୍ପାଦନ

ଓଡ଼ିଶା ଗୋଟିଏ କୃଷି ପ୍ରଧାନ ରାଜ୍ୟ । ଓଡ଼ିଶାର ଜନସଂଖ୍ୟାର ଅଧିକାଂଶ ଲୋକ କୃଷି ଉପରେ ନିର୍ଭର କରୁଥିବାରୁ କୃଷି ଉତ୍ପାଦନ ବହୁଗୁଣିତ ବୃଦ୍ଧି ନହେଲେ ଚାଷୀର ଲାଭ ହେବ ନାହିଁ । କୃଷି ଉତ୍ପାଦନ ଦ୍ୱିଗୁଣିତ କରିବା ପାଇଁ ୧୯୯୬ ମସିହା ଏପ୍ରିଲ୍ ମାସରେ ପ୍ରଥମେ ଓଡ଼ିଶା ସରକାର ଏକ ବୈପ୍ଳବିକ କୃଷି ନୀତି ପ୍ରବର୍ତ୍ତନ କରିଥିଲେ । ଖାଦ୍ୟଶସ୍ୟ ଉତ୍ପାଦନ ଦ୍ୱିଗୁଣିତ ହେବାକୁ ହେଲେ ଅଧିକ ପୁଞ୍ଜି ବିନିଯୋଗର ଆବଶ୍ୟକତା ଅଛି । ଉତ୍ପାଦନ ବୃଦ୍ଧି ହେଲେ ଅଧିକ ନିଯୁକ୍ତି ସୃଷ୍ଟି ହୋଇପାରିବ ଏବଂ କୃଷକମାନଙ୍କର ବ୍ୟାପକ ଆର୍ଥିକ ବିକାଶ ସହିତ ଦାରିଦ୍ର୍ୟ ସୀମାରେଖା ତଳେ ଥିବା ଲୋକମାନଙ୍କ ସଂଖ୍ୟା କମିଯିବ । ପଞ୍ଜାବ ପ୍ରଦେଶ ପରି ଯାନ୍ତ୍ରିକଚାଷ, ଜଳସେଚିତ ଜମିର ପରିମାଣ ବୃଦ୍ଧି, ଉତ୍କୃଷ୍ଟ ବିହନ ବ୍ୟବହାର, ସାର ଓ କୀଟନାଶକ ଔଷଧର ଠିକ୍ ସେ ଉପଯୋଗ ହୋଇପାରିଲେ ଓଡ଼ିଶାରେ କୃଷି ଉତ୍ପାଦନ ନିଶ୍ଚିତଭାବେ ବହୁଗୁଣିତ ହୋଇପାରିବ । ପଞ୍ଜାବରେ ଶତକଡ଼ା ୯୦ ଭାଗ ଜମି ସମତୁଲ ହୋଇପାରିଛି । ସରକାରୀ ଜଳସେଚିତ ପ୍ରକଳ୍ପ ସହିତ ଚାଷୀମାନେ ସମବାୟ କୃଷି ଓ ଗ୍ରାମ୍ୟ ଉନ୍ନୟନ ବ୍ୟାଙ୍କରୁ ପର୍ଯ୍ୟାପ୍ତ ପରିମାଣର ଋଣ ନେଇ ନଳକୂପ ଖନନ କରାଇ ତା ଦ୍ୱାରା ଶତକଡ଼ା ୮୫ ଭାଗ ଭୂତଳ ଜଳ ଚାଷ କାର୍ଯ୍ୟରେ ବିନିଯୋଗ ହେବାରୁ ଶତକଡ଼ା ୯୩ ଭାଗ ଜମି ଜଳସେଚିତ ହୋଇପାରିଛି । କିନ୍ତୁ ଓଡ଼ିଶାରେ ଜମି ସମୀକରଣ ଅଧାପନ୍ତରିଆ ଅବସ୍ଥାରେ ଅଛି । ଜମିଗୁଡ଼ିକର ଆକାର ଛୋଟ ଛୋଟ ହୋଇଥିବାରୁ ଯାନ୍ତ୍ରିକ ଲଙ୍ଗଳରେ ଚାଷ କରିବା କଷ୍ଟସାଧ । ସରକାର ଚକବନ୍ଦୀ ପାଇଁ ଅଧା ପନ୍ତରିଆ ଯୋଜନା ପ୍ରଣୟନ କରି ବନ୍ଦ କରିଦେଇଛନ୍ତି । ଏହା ଦ୍ୱାରା ଛୋଟ ଛୋଟ ଜମିକୁ ନେଇ ବଡ଼ଚକ ହୋଇପାରିଥିଲେ ଯାନ୍ତ୍ରିକ ଚାଷ ସମ୍ଭବ ହୋଇପାରିଥାନ୍ତା । ଜଳସେଚନ ଋଣର ବ୍ୟାପକ ଅସଦ୍ ବିନିଯୋଗ ହେତୁ କେବଳ ସରକାରୀ ଜଳ ପ୍ରକଳ୍ପ ଫଳରେ ମାତ୍ର ୩୦ ଭାଗ

ଜମି ଜଳସେଚିତ ହୋଇପାରିଛି ଏବଂ ଏହାଦ୍ୱାରା ମାତ୍ର ୦.୫ ଭାଗ ଭୂତଳ ଜଳ ବିନିଯୋଗ ସମ୍ଭବ ହୋଇଛି ।

ପଞ୍ଜାବ ଚାଷୀମାନେ ବ୍ୟାଙ୍କରୁ ନେଇଥିବା କୃଷି ଋଣର କିସ୍ତି ଅନୁଯାୟୀ ଶତକଡ଼ା ୧୦୦ ଭାଗ ସୁଝୁଛନ୍ତି । ମାତ୍ର ଓଡ଼ିଶାରେ ଚାଷୀମାନେ କୃଷିଋଣ ନେଇ ଋଣର କିସ୍ତି ନଦେବରୁ ଓଡ଼ିଶାରେ ସମସ୍ତ ଭୂ-ଉନ୍ନୟନ ବ୍ୟାଙ୍କ ଅଚଳ ହୋଇଯାଇ ନାବାର୍ଡ଼ ଠାରୁ ଆଣିଥିବା ଋଣ ସୁଝିବାକୁ ଅକ୍ଷମ ହୋଇଛନ୍ତି । ସେହିପରି ପଞ୍ଜାବରେ ବ୍ୟାଙ୍କ ଋଣ ନେଇ ଚାଷୀମାନେ ବ୍ୟାପକ ଯାନ୍ତ୍ରିକ ଚାଷ କରିବା ହେତୁ ଓଡ଼ିଶାର ହଳ ଲଙ୍ଗଳ ଚାଷ ତୁଳନାରେ ଜମି ହେକ୍ଟର ପିଛା ଶତକଡ଼ା ୩୦ ଭାଗ ଉତ୍ପାଦନ କରୁଛନ୍ତି । ଓଡ଼ିଶାରେ ୧୯୯୪-୯୫ ମସିହାରେ ୩ ଲକ୍ଷ ୪୦ ହଜାର ଚାଷୀ ସମବାୟ ବ୍ୟାଙ୍କରୁ ୧୦୦ କୋଟି ଟଙ୍କା କୃଷିଋଣ ନେଇ ଫସଲ କରିଥିବା ସ୍ଥଳେ ମାତ୍ର ୪୦ ଭାଗ ଲୋକ ଋଣ ସୁଝିଛନ୍ତି । କିନ୍ତୁ ସେହି ଆର୍ଥିକ ବର୍ଷରେ ପଞ୍ଜାବ ପ୍ରଦେଶରେ ୧୨ ଲକ୍ଷ ଚାଷୀ ୯୦୦ କୋଟି ଟଙ୍କା କୃଷିଋଣ ସମବାୟ ବ୍ୟାଙ୍କରୁ ନେଇ ଶତକଡ଼ା ୮୫ଭାଗ ଋଣ ସୁଝିଛନ୍ତି । ପଞ୍ଜାବରେ ଚାଷୀମାନେ ୫୧ ଲକ୍ଷ ହେକ୍ଟର ଚାଷ ଜମିରେ ହେକ୍ଟର ପିଛା ୧୬୭ କି.ଗ୍ରା. ସାର ପ୍ରୟୋଗ କରି ୨୧୧ ଲକ୍ଷ ଟନ୍ ଖାଦ୍ୟଶସ୍ୟ ଉତ୍ପାଦନ କରିଥିବା ସ୍ଥଳେ ଓଡ଼ିଶାରେ ମାତ୍ର ଜମି ହେକ୍ଟରପିଛା ୨୨ କି.ଗ୍ରା. ସାର ପ୍ରୟୋଗ କରି ୬୩ ଲକ୍ଷ ହେକ୍ଟର ଚାଷଜମିରୁ ମାତ୍ର ୮୨ ଲକ୍ଷ ଟନ୍ ଖାଦ୍ୟଶସ୍ୟ ଉତ୍ପାଦନ କରିଛନ୍ତି । ଅର୍ଥାତ୍ ପଞ୍ଜାବରେ ଓଡ଼ିଶା ଅପେକ୍ଷା ଅଧିକ ଅଢ଼େଇ ଗୁଣା ଖାଦ୍ୟ ଶସ୍ୟ ଉତ୍ପାଦନ ହୋଇଥିଲା ।

ସମବାୟ ବ୍ୟାଙ୍କ ଜରିଆରେ କୃଷିର ବ୍ୟାପକ ଉନ୍ନତି ହେତୁ ପଞ୍ଜାବରେ ମାତ୍ର ଶତକଡ଼ା ୧୧ ଭାଗ ଲୋକ ଦାରିଦ୍ର୍ୟ ସୀମାରେଖା ତଳେ ବାସ କରୁଛନ୍ତି। ଓଡ଼ିଶାରେ କିନ୍ତୁ ଶତକଡ଼ା ୪୪ ଭାଗ ଲୋକ ଦାରିଦ୍ର୍ୟ ସୀମରେଖା ତଳେ ରହିଛନ୍ତି । ଅବଶ୍ୟ ଓଡ଼ିଶାରେ ବାଣିଜ୍ୟ ବ୍ୟାଙ୍କ ତୁଳନାରେ ସମବାୟ ବ୍ୟାଙ୍କମାନେ ୧୯୯୫-୯୬ ଆର୍ଥିକ ବର୍ଷରେ ଶତକଡ଼ା ୨୨ ଭାଗ କୃଷିଋଣ ଦେଇଥିଲେ ହେଁ ଋଣର ଅସଦ୍ ବିନିଯୋଗ ଋଣ ବଣ୍ଟନ ଓ ଆଦାୟରେ ଦୁର୍ନିତୀଗ୍ରସ୍ତ ବ୍ୟାଙ୍କ କର୍ମଚାରୀଙ୍କ ମନୋମୁଖୀ କାର୍ଯ୍ୟ ପ୍ରଭୃତି ସରକାରୀ ନୀତିରେ ଋଣ ଅସୁଲର ବାତାବରଣ ନଥିବାରୁ ବହୁତ ଚାଷୀ ଋଣ ସୁଝିବାକୁ ଖିଲାପି ହୋଇ ନୂତନ ଫସଲ କରିବା ପାଇଁ ନାବାର୍ଡ଼ ଦ୍ୱାରା ସୁଲଭ ସୁଧରେ କୃଷିଋଣ ପାଇବାରୁ ବଞ୍ଚିତ ହୋଇଥିଲେ । କେବଳ ୧୯୯୫ ମସିହା ସୁଧଛାଡ଼ ପ୍ରୋତ୍ସାହନ ଯୋଜନା ଫଳରେ ଶତକଡ଼ା ୬୨ଭାଗ ଋଣ ଅର୍ଥାତ୍ ୧୨୦ କୋଟି ଟଙ୍କା କୃଷିଋଣ ଆଦାୟ ହେବା ଫଳରେ ସେହି ଆର୍ଥିକ ବର୍ଷରେ ୫ ଲକ୍ଷ ଚାଷୀ

୧୫୦ କୋଟି ଟଙ୍କା କୃଷିଋଣ ନେଇ ଫସଲ କରିଥିଲେ । ତଥାପି ୧୯୭୯-୮୦ ଆର୍ଥିକ ବର୍ଷରେ କୃଷିଋଣ ନେଇଥିବା ୬ଲକ୍ଷ ୫୦ ହଜାର ଚାଷୀଙ୍କ ତୁଳନାରେ ଏହି ସଂଖ୍ୟା କମ୍ ଅଟେ । ସେହିପରି ପଞ୍ଜାବରେ ଗୋପାଳନ ଦ୍ୱାରା ଜଣେ ଲୋକ ଦିନକୁ ୨୯୦ ଲିଟର ଦୁଗ୍ଧ ଉତ୍ପାଦନ କରୁଥିବା ସ୍ଥଳେ ଓଡ଼ିଶାରେ ଜଣେ ଲୋକ ଦିନକୁ ମାତ୍ର ୧୬ ଲିଟର ଦୁଗ୍ଧ ଉତ୍ପାଦନ କରୁଛି ।

ଓଡ଼ିଶା ରାଜ୍ୟ ସମବାୟ ବ୍ୟାଙ୍କ ଆମ ରାଜ୍ୟର ବ୍ୟାଙ୍କ । ଓଡ଼ିଶାରେ ୩୦ ଗୋଟି ଜିଲ୍ଲାରେ ୧୭ଟି ଜିଲ୍ଲା କେନ୍ଦ୍ର ସମବାୟ ବ୍ୟାଙ୍କ କାର୍ଯ୍ୟକରୁଛି । ୧୯୭୯-୮୦ ଆର୍ଥିକ ବର୍ଷରେ ସମସ୍ତ ଜିଲ୍ଲା କେନ୍ଦ୍ର ସମବାୟ ବ୍ୟାଙ୍କଗୁଡ଼ିକ ରାଜ୍ୟ ସରକାରଙ୍କ ସମୀକ୍ଷା ବିଭାଗ ଦ୍ୱାରା ସମୀକ୍ଷା କରାଯାଇ 'କ' ଶ୍ରେଣୀଭୁକ୍ତ ହୋଇ କୃଷକମାନଙ୍କୁ କୃଷିପାଇଁ ଫସଲ ଋଣ ହିସାବରେ ସ୍ୱଳ୍ପକାଳୀନ ଋଣ ଦେଇ ତନ୍ମଧ୍ୟରୁ ଶତକଡ଼ା ୬୮ ଭାଗ ଋଣ ଆଦାୟ କରି ମୋଟ୍ ୬୬ ଲକ୍ଷ ଟଙ୍କା ଲାଭ କରିଥିଲେ । କିନ୍ତୁ ପରବର୍ତ୍ତୀ କାଳରେ ଋଣ ବଣ୍ଟନ ଓ ଋଣ ଆଦାୟ (ଛାଡ଼) ନୀତି ଓ ରାଜନୈତିକ ହସ୍ତକ୍ଷେପ ଫଳରେ ଋଣ ଅସୁଲ ବାତାବରଣ ନଷ୍ଟ ହୋଇ ସମସ୍ତ ବ୍ୟାଙ୍କମାନେ ଦୁର୍ବଳ ହୋଇଯାଇଥିଲେ । ତା ୩୧.୦୩.୧୯୯୫ରିଖ ସୁଦ୍ଧା ଓଡ଼ିଶାର ୧୭ଟି କେନ୍ଦ୍ର ସମବାୟ ବ୍ୟାଙ୍କମାନଙ୍କ ମଧ୍ୟରୁ ୧୪ଟି ବ୍ୟାଙ୍କ ୫୩ କୋଟି ଟଙ୍କା କ୍ଷତି କରି ନିଜସ୍ୱ ପାଣ୍ଠିରୁ କର୍ମଚାରୀଙ୍କୁ ଦରମା ଦେବା ଇତ୍ୟାଦିରେ ଖର୍ଚ୍ଚ କରିସାରିଥିଲେ ବୋଲି ରିପୋର୍ଟ ପ୍ରକାଶ ପାଇଥିଲା । କେତେକ ଜିଲ୍ଲା କେନ୍ଦ୍ର ସମବାୟ ବ୍ୟାଙ୍କରେ ଜମା ରଖିଥିବା ଅର୍ଥରୁ କେତେକାଂଶ ଦରମା ଓ ସିରସ୍ତା ଖର୍ଚ୍ଚରେ ବିନିଯୋଗ କରିଦେଇଥିଲେ । ଏଣୁ ନୂତନ କୃଷିନୀତି ସଫଳ କରିବା ଲକ୍ଷରେ ସରକାର ଜିଲ୍ଲା କେନ୍ଦ୍ର ସମବାୟ ବ୍ୟାଙ୍କ ଓ ପ୍ରାଥମିକ କୃଷିଋଣ ସମବାୟ ସମିତିମାନଙ୍କୁ ଦୃଢ଼ୀଭୂତ କରିବା ପାଇଁ ଅନ୍ୟ କେତେକ ରାଜ୍ୟପରି ଓଡ଼ିଶା ପାଇଁ ଦୃଢ଼ ପଦକ୍ଷେପ ନେବା ଫଳରେ ୧୯୯୪ ମସିହାରେ ନାବାର୍ଡ଼ ସହିତ କେନ୍ଦ୍ର ସମବାୟ ବ୍ୟାଙ୍କ ଓ ରାଜ୍ୟ ସମବାୟ ବ୍ୟାଙ୍କର ଚୁକ୍ତି ଅନୁଯାୟୀ ସମବାୟ ବ୍ୟାଙ୍କମାନଙ୍କୁ ସବଳ କରିବା ପାଇଁ କେନ୍ଦ୍ର ସରକାରଙ୍କ ଠାରୁ ଓଡ଼ିଶାର ସମବାୟ ବ୍ୟାଙ୍କମାନେ ୨୩୩ କୋଟି ଟଙ୍କା ପୁନଃ ଋଣ ନେବାପାଇଁ ଚାପସୃଷ୍ଟି କରିଥିଲେ ।

ସମନ୍ୱିତ ଗ୍ରାମ୍ୟ ଗୋଷ୍ଠୀ ଯୋଜନାରେ ଋଣର ସଦ୍ ବିନିଯୋଗ ପାଇଁ ରାଜସ୍ଥାନ ସରକାର ଋଣର ଅସଦ୍ ବିନିଯୋଗ କରି ଉପଭୋକ୍ତାମାନଙ୍କ ବିରୁଦ୍ଧରେ ପୋଲିସ ଧର୍ତ୍ତବ୍ୟ ଅପରାଧ ମକଦ୍ଦମା କରିବାକୁ ନିୟମ କରିଛନ୍ତି । ପଶ୍ଚିମବଙ୍ଗ ସରକାର ଅସଦ୍ ଋଣ ବିନିଯୋଗକାରୀଙ୍କ ବିରୁଦ୍ଧରେ ନିୟମ ପ୍ରଣୟନ କରି ଋଣର ଅସୁଲ ନଦେଲେ

ଜଳସେଚିତ ପାଣି ଯୋଗାଣ ବନ୍ଦ କରିଦେବେ ବୋଲି ଚାଷୀମାନଙ୍କୁ ତାଗିଦା କରିଛନ୍ତି । ପଶ୍ଚିମବଙ୍ଗର ସମବାୟ ବ୍ୟାଙ୍କମାନେ କୃଷିଋଣ ଦେବାକୁ ଯଥେଷ୍ଟଭାବେ ସମର୍ଥ । ନିଅଣ୍ଟିଆ ପଶ୍ଚିମବଙ୍ଗ ବର୍ତ୍ତମାନ ଭାରତ ବର୍ଷରେ ଖାଦ୍ୟଶସ୍ୟ ଉତ୍ପାଦନରେ ସ୍ୱାବଲମ୍ବୀ ହୋଇପାରିଛି । ପଶ୍ଚିମବଙ୍ଗ ସରକାର ଏକ ଆଇନ୍ ପ୍ରଣୟନ କରିଛନ୍ତି ଯେ ସମବାୟ ବ୍ୟାଙ୍କରୁ କୃଷିଋଣ ନେଇଥିବା ସମବାୟ ସମିତିମାନେ ଯଦି ଋଣ ଆଦାୟରେ ଖିଲାପି କରନ୍ତି ତେବେ ଯଥେଷ୍ଟ ପ୍ରମାଣ ମିଳିଲେ ତା'ର ପରିଚାଳନା ପରିଷଦକୁ ପ୍ରଥମେ କୈଫୟତ ମଗାଯିବା ସଙ୍ଗେ ସଙ୍ଗେ ଉପଯୁକ୍ତ ଉତ୍ତର ନମିଳିଲେ ପରିଚାଳନା ପରିଷଦ ଋଣ ଆଦାୟପାଇଁ ଦାୟୀ ରହିବା ସଙ୍ଗେ ସଙ୍ଗେ ଆଗାମୀ ତିନୋଟି ପର୍ଯ୍ୟାୟ ସମବାୟ ବ୍ୟାଙ୍କ ଓ ସମିତି ପରିଚାଳନା ପରିଷଦର ନିର୍ବାଚନରେ ଅଯୋଗ୍ୟ ଘୋଷିତ ହେବା ସହିତ ଖିଲାପି ଋଣକୁ ନିଜ ସମ୍ବଳରୁ ସମବାୟ ସମିତିରେ ଜମା କରିବା ପାଇଁ ବାଧ୍ୟ ଅଟନ୍ତି । ସାଧାରଣ ନିର୍ବାଚନରେ ମଧ୍ୟ ଉକ୍ତ କୃଷିଋଣ ଖିଲାପି କରିଥିବା ଲୋକମାନେ ଭାଗ ନେଇପାରିବେ ନାହିଁ ବୋଲି ଆଇନ୍‌ରେ ଉଲ୍ଲେଖ ଅଛି ।

ସମବାୟକୁ ରଜାନୀତି ଠାରୁ ମୁକ୍ତ କରିବାପାଇଁ କେନ୍ଦ୍ର ସରକାର ଭାରତୀୟ ରିଜର୍ଭ ବ୍ୟାଙ୍କ ଓ ଜାତୀୟ କୃଷି ଓ ଗ୍ରାମ୍ୟ ଉନ୍ନୟନ ବ୍ୟାଙ୍କ (ନାବାର୍ଡ଼) ପରିଚାଳନା କମିଟିରେ ବିଧାୟକ ଓ ଲୋକସଭା ସଦସ୍ୟମାନେ ରହିବାର କଟକଣା କରିଛନ୍ତି । ବିଧାୟକ ଓ ଲୋକସଭା ସଦସ୍ୟମାନେ ଲାଭଜନକ ପଦପଦବୀରେ ରହିଥିଲେ ସମବାୟ ବ୍ୟାଙ୍କ ପରିଚାଳନା ପରିଷଦର ନିର୍ବାଚନରେ ଭାଗ ନେଇ ପାରିବେ ନାହିଁ ବୋଲି ରାଜସ୍ଥାନ ଓ ଆନ୍ଧ୍ରପ୍ରଦେଶ ସରକାର ଆଇନଗତ କଟକଣା କରିଛନ୍ତି । ଏପରିକି ସରକାରୀ ହସ୍ତକ୍ଷେପରୁ ମୁକ୍ତ କରିବା ପାଇଁ ଆନ୍ଧ୍ରପ୍ରଦେଶ ସରକାର ଏକ ସମାନ୍ତରାଳ ସମବାୟ ଆଇନ ପ୍ରଣୟନ କରିଛନ୍ତି । ଉକ୍ତ ଆଇନ ଅନୁଯାୟୀ ଆନ୍ଧ୍ରପ୍ରଦେଶରେ ପ୍ରାୟ ୧ ହଜାର ସମବାୟ ସମିତି ଜମା ସଂଗ୍ରହରେ ଉଲ୍ଲେଖନୀୟ ପଦକ୍ଷେପ ନେଇ ସରକାରଙ୍କ ବିନା ସାହାଯ୍ୟରେ ଧାନ କିଣାବିକା କରୁଛନ୍ତି । ଓଡ଼ିଶା ସରକାର ଦକ୍ଷତା ଭିତ୍ତିରେ ସମବାୟ ବ୍ୟାଙ୍କ ଓ ସମବାୟ ସମିତିମାନଙ୍କୁ ପରିଚାଳନା କରିପାରିଲେ, ସମସ୍ତ କୃଷକକୁ ଠିକ୍ ସମୟରେ କୃଷିଋଣ ଦେଇପାରିବେ ଓ କୃଷକ ଦ୍ୱାରା ଉତ୍ପାଦିତ ଫସଲ ଉଚିତ୍ ଦରରେ ବିକ୍ରି ହୋଇପାରିବାର ବ୍ୟବସ୍ଥା କରିବା ଦରକାର । ସୁଲଭ ମୂଲ୍ୟରେ ଲୋକମାନେ ଖାଦ୍ୟଶସ୍ୟ ପାଇପାରିବେ । ମହାରାଷ୍ଟ୍ରରେ ସମବାୟ ଚିନି କାରଖାନା, ଦୁଗ୍ଧ ସମବାୟ ସମିତି, ବାଣିଜ୍ୟ ସମବାୟ ସମିତିମାନେ କୃଷିଋଣ ଆଦାୟ କରି ବ୍ୟାଙ୍କରେ ଜମା କରୁଛନ୍ତି । ବିଭିନ୍ନ ପ୍ରକାର ସରକାରୀ ଓ ସମବାୟ ବ୍ୟାଙ୍କ ଓ ସମବାୟ ସମିତି ପ୍ରତି ନିଷ୍ଠାପର କାର୍ଯ୍ୟ ବଳରେ

ମହାରାଷ୍ଟ୍ରରେ ସ୍ୱଳ୍ପ ବୃଷ୍ଟିପାତ ହେଉଥିଲେ ମଧ୍ୟ ପଶ୍ଚିମ ମହାରାଷ୍ଟ୍ର ସମବାୟ ଜରିଆରେ ସମୃଦ୍ଧିଶାଳୀ ହୋଇପାରିଛି ।

ଋଣ ଆଦାୟରେ ସମବାୟ ବିଭାଗକୁ ଗୁରୁ ଦାୟିତ୍ୱ ଲିଭାଇବାକୁ ପଡ଼ିବ । ଯାହା ଫଳରେ ଋଣ ଆଦାୟ ଠିକ୍ ସେ ହୋଇପାରିବ ଓ ଖିଲପି ଋଣ ଜନିତ ବିବାଦୀୟ ମକଦ୍ଦମା ମାନ ଯଥାଶିଘ୍ର ବିଭାଗୀୟ ଅଧିକାରୀଙ୍କ ଦ୍ୱାରା ରାୟ ପ୍ରକାଶ ପାଇଲେ ଲୋକମାନଙ୍କ ମଧ୍ୟରେ ସଚେତନତା ବୃଦ୍ଧି ପାଇବା ସଙ୍ଗେ ସଙ୍ଗେ ଋଣ ଅସୁଲର ବାତାବରଣ ସୃଷ୍ଟି ହୋଇପାରିବ । ସମବାୟ ନୀରିକ୍ଷକ, ସହ-ସହକାରୀ ନିବନ୍ଧକ, ସହକାରୀ ନିବନ୍ଧକ ଓ ଉପନିବନ୍ଧକ ସମବାୟ ସମିତି ସମୂହମାନେ କେବଳ ଧାନକିଣା କାର୍ଯ୍ୟରେ ବ୍ୟସ୍ତ ରହି କମିଶନ ଆଦାୟ କରିବା ବ୍ୟତୀତ ଆଉ କିଛି କରୁନାହାନ୍ତି । ବ୍ୟାଙ୍କମାନଙ୍କୁ ଯଥା ସମୟରେ ସମବାୟ ଅଧିକାରୀମାନେ ଯାଇ ଋଣ ତଦାରଖ ଓ ରିଭ୍ୟୁ କରିବାପାଇଁ ଯଥାସାଧ ଚେଷ୍ଟା କରିବା ଆବଶ୍ୟକତା ସଙ୍ଗେ ସଙ୍ଗେ ଅନୈତିକ କାର୍ଯ୍ୟ ଦୃଷ୍ଟିକୁ ଆସିଲେ ଯଥାଶୀଘ୍ର କାର୍ଯ୍ୟାନୁଷ୍ଠାନ ଗ୍ରହଣ କରିବା ଉଚିତ୍ । ଫଳରେ ସମବାୟ ବ୍ୟାଙ୍କରେ କାର୍ଯ୍ୟ କରୁଥିବା ଅମାନିଆ ମୁଖ୍ୟ କାର୍ଯ୍ୟନିର୍ବାହୀ, ପରିଚାଳକ ଓ କର୍ମଚାରୀମାନେ ଋଣ ଦୁର୍ନିତୀ ଠାରୁ ଦୂରେଇ ରହିବେ । ରାଜ୍ୟ ସମବାୟ ନିବନ୍ଧକ ମଧ୍ୟ ଯଥେଷ୍ଟ ପ୍ରମାଣ ପାଇଲେ ଦୋଷୀ କର୍ମଚାରୀଙ୍କ ବିରୁଦ୍ଧରେ ତୁରନ୍ତ କାର୍ଯ୍ୟାନୁଷ୍ଠାନ ନେବାପାଇଁ ପଛାଇବେ ନାହିଁ ।

ଗ୍ରାମ୍ୟ ଗୋଷ୍ଠୀ ଯୋଜନାରେ ଜିଲ୍ଲାର ଜିଲ୍ଲାପାଳମାନେ ହିତାଧିକାରୀଙ୍କୁ ଋଣ ଦେବାପାଇଁ ବ୍ୟସ୍ତ । ମାତ୍ର ରାଜ୍ୟ ସରକାର ଜିଲ୍ଲାପାଳମାନଙ୍କୁ ଅତିରିକ୍ତ ସମବାୟ ନିବନ୍ଧକ ସମବାୟ ସମିତି ସମୂହ ଘୋଷଣା କରି କ୍ଷମତା ଦେଇଥିଲେ ମଧ୍ୟ ସେମାନେ ଲୋକମାନଙ୍କୁ ଦିଆଯାଇଥିବା ଋଣକୁ ଅସୁଲ କରିବାରେ ବ୍ୟାଙ୍କମାନଙ୍କୁ ସାହାଯ୍ୟ କରୁନଥିବାରୁ ଋଣର ଅସଦ୍ ବିନିଯୋଗ ବୃଦ୍ଧି ପାଇବା ସହିତ ଋଣ ଅସୁଲ ଠିକ୍ ସମୟରେ ହେଉନାହିଁ । ବାତ୍ୟା, ବନ୍ୟା, ମରୁଡ଼ିରେ ଫସଲ ନଷ୍ଟ ହେଲେ ବୀମା କମ୍ପାନୀ ଦ୍ୱାରା ଚାଷୀ ଫସଲ କ୍ଷତି ବାବଦରେ ଅର୍ଥ ପାଉଥିବାରୁ ସରକାର କୃଷିଋଣ ଛାଡ଼ ବା ସ୍ୱଳ୍ପକାଳୀନ ଫସଲ ଋଣରୁ ମଧ୍ୟମ କାଳୀନ ଫସଲ ଋଣରେ ପରିବର୍ତ୍ତନ କିମ୍ବା ଋଣ ଆଦାୟକୁ ସ୍ଥଗିତ ଘୋଷଣା କରିବା ନୀତି ସରକାର ପରିହାର କରିବା ଉଚିତ୍ । ପରିବର୍ତ୍ତିତ ମଧ୍ୟମକାଳୀନ ଋଣ ଉପରେ ଋଣୀକୁ ଶତକଡ଼ା ୧୧.୫ ହାରରେ ସୁଧ ଦେବାକୁ ପଡୁଥିବାରୁ ଚାଷୀ ମୁଣ୍ଡରେ ବୋଝ ଉପରେ ଲଳିତା ବିଡ଼ା ସଦୃଶକୁ ଦୂରେଇବା ପାଇଁ ସ୍ୱଳ୍ପକାଳୀନ ଋଣ ସହିତ ମଧ୍ୟମକାଳୀନ ଋଣର ସୁଧ ସମାନ ହେବା ଉଚିତ୍ । ନଚେତ୍ ଅଣକୃଷି ଋଣୀମାନେ ଋଣ ଅସୁଲ ନଦେବା ପାଇଁ ଯୋଜନା

କରିବେ । ଏପରିକି କର୍ମଚାରୀମାନେ ବ୍ୟାଙ୍କ ଦ୍ୱାରା ସେମାନଙ୍କ କର୍ମଚାରୀ ଋଣ ସମବାୟ ସମିତିରୁ ନେଉଥିବା ଋଣ ସେମାନଙ୍କ ଦରମାରୁ କିସ୍ତି ସୁଝିବା ପାଇଁ ନିୟମ ଥିଲେ ମଧ୍ୟ ତାହା ସେମାନେ କରୁ ନାହାନ୍ତି ଏବଂ ଅନ୍ୟାନ୍ୟ କାର୍ଯ୍ୟାଳୟର ଦରମା ବଣ୍ଟନ ଅଧିକାରୀମାନେ ସେମାନଙ୍କ କର୍ମଚାରୀମାନଙ୍କ ପାଇଁ ବ୍ୟାଙ୍କ ସହିତ ଚୁକ୍ତିବଦ୍ଧ କରିଥିଲେ ମଧ୍ୟ ସେମାନଙ୍କ ଦରମା କାଟି ଋଣ ପୈଠ କରୁ ନଥିବାରୁ ସେମାନଙ୍କ ବିରୁଦ୍ଧରେ ଦୃଢ଼ କାର୍ଯ୍ୟାନୁଷ୍ଠାନ ଜିଲ୍ଲାପାଳମାନେ ନେବା ଉଚିତ୍ । ଅତୀତରେ ରାଜ୍ୟ ସରକାର ସମବାୟ ବିଭାଗ ଦ୍ୱାରା ସମବାୟ ପରାମର୍ଶ କମିଟି (State Co-operative Council) ବୈଠକ ଡକାଇ ସମବାୟ ସମିତି ଦୃଢ଼ୀଭୂତ କରିବା ପଦକ୍ଷେପ ନେଉଥିଲେ ମଧ୍ୟ ଦୀର୍ଘଦିନ ହେଲା ସମବାୟ କାଉନସିଲ୍ ଗଠନ କରାଯାଇନାହିଁ । କାଉନ୍‌ସିଲ୍ ଯଥାଶୀଘ୍ର ଗଠନ ହୋଇପାରିଲେ ତା'ର ସୁଫଳ ସମବାୟ ବ୍ୟାଙ୍କମାନେ ଉପଭୋଗ କରିପାରିବେ । ରାଜ୍ୟ ସମବାୟ ନିବନ୍ଧକଙ୍କ କ୍ଷମତା ପ୍ରଦତ୍ତ ସହଯୋଗୀ ଅଧିକାରୀଙ୍କୁ ସ୍ୱତନ୍ତ୍ର ଭାବରେ ଋଣ ମକଦ୍ଦମା ବିଚାର କରି ନିର୍ଦ୍ଦିଷ୍ଟ ସମୟ ମଧ୍ୟରେ ମକଦ୍ଦମା ଫୈସଲା କରିବାକୁ ନିର୍ଦ୍ଦେଶ ଦିଆଯାଉ ଏବଂ ମହାରାଷ୍ଟ୍ର ରାଜ୍ୟ ପରି ସମବାୟ ବ୍ୟାଙ୍କ କର୍ମଚାରୀଙ୍କୁ ଋଣ ଅସୁଲ କରିବା ଆଇନଗତ କ୍ଷମତା ଦିଆଯାଉ । ବର୍ତ୍ତମାନ ଓଡ଼ିଶାରେ ସମବାୟ ବ୍ୟାଙ୍କର ପାଣ୍ଠି ଅସରନ୍ତି । ସେମାନେ ଜମା ସଂଗ୍ରହ, ନାବାର୍ଡ଼ରୁ ଋଣ ଗ୍ରହଣ ଓ ଚାଷୀମାନଙ୍କ ଠାରୁ ଋଣ ଅସୁଲ କରି ପାଣ୍ଠି ସୃଷ୍ଟି କରି ଉକ୍ତ ପାଣ୍ଠିରୁ ଋଣ ଲଗାଣ କରିବା ଅବଶ୍ୟକ । ଏଣୁ ଋଣ ଅସୁଲ ନହେଲେ ପାଣ୍ଠି ଅଭାବ ପଡ଼ିବ ଏବଂ ନାବାର୍ଡ଼ ପୁନଃ ଋଣ ଦେବାରେ ଅବହେଳା କରିବ । ଫଳରେ ଋଣ ଲଗାଣ ବ୍ୟାହାତ ହୋଇ ଓଡ଼ିଶା ସରକାରଙ୍କ ନୂତନ କୃଷିନୀତି ଦ୍ୱାରା ଚାଷୀମାନେ ଉପକୃତ ହୋଇପାରିବେ ନାହିଁ କି ସମାଜରୁ ଦାରିଦ୍ର୍ୟ ଘୁଞ୍ଚିବ ନାହିଁ । ଏହା ଓଡ଼ିଶା ରାଜ୍ୟ ସରକାରଙ୍କ ପ୍ରତି ଏକ ନୂତନ ପଦକ୍ଷେପ ହେବ ଯାହାଦ୍ୱାରା କୃଷିଋଣ କ୍ଷେତ୍ରରେ ଓଡ଼ିଶା ରାଜ୍ୟ ବିକଶିତ ପଥରେ ଆଗେଇପାରିବ । ଖୁବ୍ ନିକଟରେ ଶାସନ ଗାଦିକୁ ଆସିଥିବା ସରକାର ଏ ଦିଗରେ ଯଥେଷ୍ଟ ପଦକ୍ଷେପ ନେବେ ବୋଲି ଆଶା କରାଯାଏ ।

'ଓଡ଼ିଶା ଏକ୍ସପ୍ରେସ୍' - ତା୦୯.୦୭.୨୦୨୪ରେ ପ୍ରକାଶିତ
'ଓଡ଼ିଶା ଏକ୍ସପ୍ରେସ୍' - ତା୧୬.୦୭.୨୦୨୪ରେ ପ୍ରକାଶିତ

ଗରିବ ହଟାଅ ସରକାରୀ ଯୋଜନା

ସ୍ୱାଧୀନତା ପ୍ରାପ୍ତି ପରେ ମହାତ୍ମାଗାନ୍ଧୀଙ୍କ ରାମରାଜ୍ୟ ପ୍ରତିଷ୍ଠା ପାଇଁ ପଞ୍ଚବାର୍ଷିକ ଯୋଜନା ପ୍ରଣୟନ କରାଗଲା । ବହୁ ପ୍ରକଳ୍ପ କାର୍ଯ୍ୟକାରୀ ହୋଇଥିଲେ ମଧ୍ୟ ଆଜିଯାଏ କୃଷି ଓ ଶିଳ୍ପ ଉତ୍ପାଦନ ଅବ୍ୟାହତ ରହିଛି । କିନ୍ତୁ ଚତୁର୍ଥ ପଞ୍ଚବାର୍ଷିକ ଯୋଜନାର ଶେଷ ବର୍ଷରେ ଲୋକମାନଙ୍କର ଆର୍ଥିକ ମାନଦଣ୍ଡର ଅନୁଧ୍ୟାନ କରି ଅର୍ଥ ବିଶାରଦମାନେ ମତ ଦେଲେ ଯେ ଯୋଜନାରେ ଏ ପର୍ଯ୍ୟନ୍ତ ଧନୀ ଓ ମଧ୍ୟବିତ୍ତ ଶ୍ରେଣୀ ଲୋକମାନଙ୍କର ବିଶେଷ ଉପକାର ହୋଇଛି । କ୍ଷୁଦ୍ରଚାଷୀ ତଥା ଶ୍ରମିକମାନଙ୍କର ଜୀବନଧାରଣ ମାନରେ ବିଶେଷ ପରିବର୍ତ୍ତନ ହୋଇନାହିଁ । ୧୯୬୯ ମସିହାରେ ବ୍ୟାଙ୍କ୍ ଜାତୀୟକରଣ କରାଯିବାରୁ ୧୯୭୧ ମସିହାରେ କ୍ଷୁଦ୍ର ତଥା ନାମମାତ୍ର ଚାଷୀ ଓ ଆଦିବାସୀ ଉନ୍ନୟନ ସଂସ୍ଥାମାନ ସୃଷ୍ଟି କରାଗଲା । ବିଜ୍ଞାନ ସମ୍ମତ ଚାଷ ପଦ୍ଧତିରେ ଜଳସେଚନ ପାଇଁ କୂପ ଖନନ, ଉଠା ଜଳସେଚନ, ଉତ୍କୃଷ୍ଟ ବିହନ, ସାର ଓ କୀଟନାଶକ, ଉନ୍ନତ କୃଷି ଯନ୍ତ୍ରପାତି ପ୍ରଭୃତି ଚାଷୀମାନଙ୍କୁ ଋଣ ଓ ରିହାତିରେ ଯୋଗାଇ ଦିଆଗଲା । ଉକ୍ତ ସଘନ ଚାଷରେ ଗରିବ ଚାଷୀମାନଙ୍କର ଉତ୍ପାଦନ ବୃଦ୍ଧି ହେବା ଫଳରେ ସେମାନଙ୍କର ଆୟ ବୃଦ୍ଧି ହେଲା । ପୁଣି କୃଷକମାନଙ୍କ ରୋଜଗାର ବଢ଼ାଇବା ପାଇଁ ପଶୁପାଳନ, କୁକୁଡ଼ା ପାଳନ, ମତ୍ସ୍ୟଚାଷ, କୁଟୀର ଶିଳ୍ପ ପ୍ରଭୃତି ଆନୁସଙ୍ଗିକ ଧନ୍ଦାମାନ ମଧ୍ୟ ଉକ୍ତ ସଂସ୍ଥା ସାହାଯ୍ୟରେ ରିହାତି ଓ ବ୍ୟାଙ୍କ ଋଣରେ ଲୋକମାନଙ୍କୁ ଯୋଗାଇ ଦିଆଗଲା ।

କିନ୍ତୁ ୧୯୭୭-୭୮ ମସିହାରେ କେନ୍ଦ୍ର ସରକାର ପ୍ରଣୟନ କରାଯାଇଥିବା ଯୋଜନାର ସଫଳ ଉପରେ ସମୀକ୍ଷା କରିବାରୁ ଦେଖାଗଲା ଯେ ଦାରିଦ୍ର୍ୟ ସୀମାରେଖା ତଳେ ଥିବା ଅଗଣିତ ଭୂମିହୀନ, କୃଷିଶ୍ରମିକ, ଗ୍ରାମ୍ୟ ଶିଳ୍ପୀମାନଙ୍କର ଆର୍ଥିକ ଉନ୍ନତି ହୋଇପାରି ନାହିଁ । ସେହି ବର୍ଷ ଜାତୀୟ ନମୁନା ନିରୀକ୍ଷଣ ସଂଗଠନ ରିପୋର୍ଟ ଦେଲେ ଯେ ପ୍ରତି ବ୍ଲକ୍‌ରେ ୨୦୦୦୦ ପରିବାର ଭିତରୁ ୧୦ ରୁ ୧୨ ହଜାର ପରିବାର

ଦାରିଦ୍ର୍ୟ ସୀମାରେଖା ତଳେ ଅଛନ୍ତି । ଅନ୍ତତଃ ପକ୍ଷେ ଷଷ୍ଠ ପଞ୍ଚବାର୍ଷିକ ଯୋଜନାରେ ଉପରୋକ୍ତ ସଂସ୍ଥାମାନଙ୍କୁ ମିଶାଇ ସମନ୍ୱିତ ଗ୍ରାମ୍ୟ ଉନ୍ନୟନ କାର୍ଯ୍ୟକ୍ରମ ସୃଷ୍ଟି କରି ପ୍ରତି ବ୍ଲକ୍‌ରେ ୩୦୦୦ ପରିବାରଙ୍କ ଦାରିଦ୍ର୍ୟ ମୋଚନ ପାଇଁ ଋଣ ତଥା ରିହାତିରେ ହାରାହାରି ୩୦୦୦ ଟଙ୍କାର ଉତ୍ପାଦକ ଜିନିଷ ଯୋଗାଇଦେବାକୁ ସ୍ଥିର କରାଗଲା । ଉକ୍ତ କାର୍ଯ୍ୟକ୍ରମ ୧୯୭୭-୭୮ ମସିହାରୁ ଆରମ୍ଭ କରାଯାଇ ୧୯୮୦ ମସିହା ବେଳକୁ ସମୁଦାୟ ସମଗ୍ର ଭାରତ ବର୍ଷର ୫୦୧୧ ବ୍ଲକ୍‌କୁ ପ୍ରସାରିତ କରାଗଲା ।

ସରକାର ଷଷ୍ଠ ପଞ୍ଚବାର୍ଷିକ ଯୋଜନାରେ ରଖିଥିବା ସୀମା ଟପି ସମନ୍ୱିତ ଗ୍ରାମ୍ୟ ଉନ୍ନୟନ କାର୍ଯ୍ୟକ୍ରମ (ଆଇ.ଆର.ଡି.ପି.) ଯୋଜନା ଜରିଆରେ କେନ୍ଦ୍ର ସରକାର ନିଜ ବଜେଟ୍‌ରୁ ୧୬୬୧.୩୯ କୋଟି ଟଙ୍କା ରିହାତି ଯୋଗାଇ ଓ ବ୍ୟାଙ୍କମାନେ ୩୦୦୦୦.୩୪ କୋଟି ଟଙ୍କ ଋଣ ଦେଇ ସମସ୍ତ ୫୦୧୧ଟି ବ୍ଲକ୍‌ରେ ମୋଟ୍ ୬୫.୬ ଲକ୍ଷ ପରିବାରକୁ ଉପକୃତ କରାଇଛନ୍ତି ବୋଲି ସରକାର ସନ୍ତୋଷ ଲାଭ କରିଥିଲେ । ଜାତୀୟ ନମୁନା ନୀରିକ୍ଷଣ କମିଟି ୧୯୭୭-୭୮ ମସିହାରେ ନମୁନା ଭାବରେ ଅନୁଧ୍ୟାନ କରି ଗରିବ ସଂଖ୍ୟା ଶତକଡ଼ା ୫୦.୮୨ ଦର୍ଶାଇଥିବା ସ୍ଥଳେ ୧୯୮୩-୮୪ ମସିହାରେ (ଆଇ.ଆର.ଡି.ପି) ଯୋଜନାରେ ସମୁଦାୟ ୪୭୬୧.୭୩ କୋଟି ଟଙ୍କା ଋଣ ଲଗାଣ ଫଳରେ ଗରିବ ସଂଖ୍ୟା ଶତକଡ଼ା ୩୮ ଭାଗକୁ କମି ଆସିଲା । କିନ୍ତୁ ଷଷ୍ଠ ପଞ୍ଚବାର୍ଷିକ ଯୋଜନାର ବିଭିନ୍ନ ସମୟରେ ଜାତୀୟକରଣ ବ୍ୟାଙ୍କମାନେ, ନାବାର୍ଡ଼ ଓ କେତେକ ବିଦ୍ୟାର୍ଥୀ ଉପକୃତ ଲୋକମାନଙ୍କ ଦାରିଦ୍ର୍ୟମୋଚନ ବିଷୟରେ ଅନୁଧ୍ୟାନ କରି ରିପୋର୍ଟମାନ ପ୍ରକାଶ କରିଥିଲେ । ବିଶେଷକରି ନାବାର୍ଡ଼ ୧୯୮୪ ମସିହାରେ ଭାରତର ୧୫ଟି ପ୍ରଦେଶର ବାଣିଜ୍ୟିକ ବ୍ୟାଙ୍କ, ସମବାୟ ବ୍ୟାଙ୍କ ଓ ଗ୍ରାମ୍ୟ ବ୍ୟାଙ୍କ ମାନଙ୍କର ୧୦୬ଟି ଶାଖାରେ ସମସ୍ତ ଆଇ.ଆର.ଡି.ପି. ଯୋଜନାରେ ଉପକୃତ ଲୋକମାନଙ୍କ ଆର୍ଥିକ ଅବସ୍ଥାର ପର୍ଯ୍ୟବେକ୍ଷଣ କରି ବିଷଦ୍ ରିପୋର୍ଟ ଦାଖଲ କରିଥିଲେ । ଯାହାର ଫଳ ସ୍ୱରୂପ ଅନେକ ଉପକୃତ ବ୍ୟକ୍ତି ଇତି ମଧ୍ୟରେ ସାମର୍ଥ୍ୟ ଅଭାବରୁ ଋଣ ତଥା ରିହାତିରେ ପାଇଥିବା ସେମାନଙ୍କ ଉତ୍ପାଦକ ଜିନିଷ ବିକ୍ରି କରିଦେଇଛନ୍ତି । ଉତ୍ପାଦକ ଜିନିଷ ପାଇଥିବା ଗରିବ ଋଣୀମାନଙ୍କ ମଧ୍ୟରୁ ଦୁଧିଆଳୀ ଗାଈବାଲାଙ୍କ ସଂଖ୍ୟା ଥିଲା ଏକ ତୃତୀୟାଂଶ । ଏତେଗୁଡ଼ିଏ ଉତ୍କୃଷ୍ଟ ଧରଣର ଗାଈ ମିଳିବା କଷ୍ଟକର ହୋଇଥିବାରୁ ଅନେକ ଲୋକ ନିକୃଷ୍ଟ ଧରଣର ଗାଈ ପାଇବା ଦ୍ୱାରା ଦୁଗ୍ଧ ଉତ୍ପାଦନ ପରିମାଣ ଦୈନିକ ୬ ଲିଟରରୁ କମ୍ ହେବାରୁ ଯୋଜନାର ହିତାଧିକାରୀମାନେ କ୍ଷତିଗ୍ରସ୍ତ ହୋଇ ଗାଈ ବିକ୍ରି କରିବା ଆରମ୍ଭ କରିଦେଇଥିଲେ ।

ସେହିପରି କମ୍ ବୃଷ୍ଟିପାତ ଶୁଷ୍କ ଅଞ୍ଚଳରେ ଘାସ ନ ମିଳିବାରୁ ବର୍ଷେ ଦୁଇବର୍ଷ

ମଧ୍ୟରେ କେତେକ ହିତାଧିକାରୀ ଗାଈ ବିକ୍ରି କରିଦେଇଥିଲେ । ତାମିଲନାଡୁ ରାଜ୍ୟର ମାଥୁର କୃଷିରଣ ସମବାୟ ବ୍ୟାଙ୍କ ୧୯୮ଟି ଗାଈ ଯୋଗାଇଥିବା ହିତାଧିକାରୀ ମାନଙ୍କ ମଧ୍ୟରୁ ୧୬୧ ଜଣ ଲୋକ ଘାସ ଅଭାବରୁ ଗାଈ ବିକ୍ରି କରିଦେଇଥିଲେ ଏବଂ କେତେକ ଲୋକ ଗାଈ ମରିଗଲେ ବୋଲି ରିପୋର୍ଟ କରିଥିଲେ । ସେହିପରି ୧୯୮୩ ମସିହାରେ ଅର୍ଥତତ୍ତ୍ୱବିତ୍ 'ଆପେ' ମହାରାଷ୍ଟ୍ରର ଗୋଟିଏ ଅଞ୍ଚଳରେ ଶତକଡ଼ା ୪୪ ଭାଗ ଉପକୃତ ହିତାଧିକାରୀ ଲୋକ ରିହାତି ପାଇବା ପରେ ପାଇଥିବା ଗାଈକୁ ନିକଟ ଅଞ୍ଚଳର ଆଇ.ଆର.ଡି.ପି. ଯୋଜନାରେ ଋଣୀମାନଙ୍କୁ ବିକ୍ରି କରିଦେଇଥିଲେ ବୋଲି ଦର୍ଶାଇଥିଲେ । ଅବଶ୍ୟ ହିତାଧିକାରୀମାନଙ୍କ ମଧ୍ୟରୁ ଶତକଡ଼ା ୮୦ ଭାଗ ଲୋକ ବ୍ୟାଙ୍କ ଋଣ ସୁଝି ରିହାତି ଟଙ୍କା ଉପଭୋଗ କରିଛନ୍ତି ବୋଲି ହୃଦ୍‌ବୋଧ କରିଥିଲେ ।

ସେହିପରି ୧୯୮୪ ମସିହାରେ ବିକାନିର ଓ ଜୟପୁର ଷ୍ଟେଟ୍ ବ୍ୟାଙ୍କ ଦ୍ୱାରା ବିକାନିର ଜିଲ୍ଲାରେ ଭୂମିହୀନ ଲୋକମାନେ ପାଇଥିବା ଓଟଗାଡ଼ି, ଗାଈ, ମଇଁଷି, ଛେଳି ଓ ମେଣ୍ଢାର ଶତକଡ଼ା ୮୦ ଭାଗ ବିକ୍ରି କରିଦେଇଥିଲେ । ଆଉ ଶତକଡ଼ା ୨୦ ଭାଗ ଲୋକ ଅନୁସନ୍ଧାନ ସମୟରେ ପାଇଥିବା ପଶୁମାନଙ୍କୁ ଦେଖାଇପାରିଲେ ନାହିଁ । ସେହିପରି ଅଲୱାର ଜିଲ୍ଲାରେ ଉକ୍ତ ବ୍ୟାଙ୍କ ୧୯୮୪ ମସିହାରେ ପୁଣି ଅନୁସନ୍ଧାନ କରିବାରୁ ଦେଖାଗଲା ଯେ, ଶତକଡ଼ା ୩୦ ଭାଗ ଲୋକ ସେମାନଙ୍କ ଗାଈ ଓ ୬୪ ଭାଗ ଲୋକ ସେମାନଙ୍କ ଓଟଗାଡ଼ି ବିକ୍ରି କରିଦେଇଥିଲେ କିମ୍ବା ଗାଈଗୁଡ଼ିକ ମରିଯାଇଥିଲେ ବୋଲି ଦର୍ଶାଇଥିଲେ । ଭୂମିହୀନ ଗରିବ ଲୋକମାନେ ମେଣ୍ଢା ଗୁହାଳ ପାଇଁ ପାଇଥିବା ଋଣ ଟଙ୍କାରେ ଗୁହାଳ ନକରି ପାରିବାରୁ ଅଧେ ମେଣ୍ଢା ଝାଞ୍ଜି ପବନରେ ମରିଯାଇଥିଲେ । ସେହିବର୍ଷ ଜୈନ ମହାଶୟ ଗୁଜୁରାଟର ସୁରଟ ଜିଲ୍ଲାର ବଦୋଲି ତାଲୁକ୍ ଅଞ୍ଚଳରେ ଆଇ.ଆର.ଡି.ପି. ଯୋଜନାରେ ଗାଈ ପାଇଥିବା ଆଦିବାସୀଙ୍କ ଅବସ୍ଥା ପର୍ଯ୍ୟବେକ୍ଷଣ କରିବାରୁ ଜଣାଗଲା ଯେ ଏହି ଅଞ୍ଚଳ ଜଳସେଚିତ ହୋଇଥିବାରୁ ଗାଈମାନଙ୍କ ଖାଇବା ପାଇଁ ଘାସ ଅଭାବ ନଥିଲେ ମଧ୍ୟ 'ଅଜାତିକୁ ବଣିଜ ଅଡୁଆ' ନୀତିରେ ଗାଈ ଲାଳନ ପାଳନ କରିବା ଅଭ୍ୟାସ ସେମାନଙ୍କ ନଥିବାରୁ ଅନେକ ଗରିବ ଆଦିବାସୀ ସେମାନଙ୍କ ଗାଈ କମ୍ ଦରରେ ବିକ୍ରି କରିଦେଇଥିଲେ । ଅଥଚ କେତେକ ଗରିବ ଶ୍ରେଣୀର ଲୋକ ଗାଈ ରଖି ସେମାନଙ୍କର ଆୟ ବଢ଼ାଇ ପାରିଥିଲେ । ସେହିପରି ଅଫିସରମାନେ ବିଭିନ୍ନ ଅଞ୍ଚଳ ବୁଲି ଦେଖିଥିଲେ ଯେ, ନିକୋବର ଦ୍ୱୀପର ଆଦିବାସୀମାନେ ଗାଈ ଦୁଗ୍ଧ ବାଛୁରୀ ପାଇଁ ଉଦ୍ଦିଷ୍ଟ ବୋଲି ଜଣାଇଥିଲେ । କିନ୍ତୁ ଉକ୍ତ ଗାଈଠାରୁ କ୍ଷୀର ଉତ୍ପାଦନ ନକରି ନିଜ ଚାଷର ଆୟରୁ ଋଣ ଟଙ୍କା ସୁଝିଥିଲେ । ମାତ୍ର ଆଦିବାସୀମାନେ ଗାଈ ନେବାକୁ ନାରାଜ ଥିଲେ ମଧ୍ୟ ସେମାନଙ୍କୁ ବାଧ୍ୟକରି ଗାଈ

ଦିଆଯାଇଥିଲା । ୧୯୮୩ ମସିହାରେ ଷ୍ଟେଟ୍ ବ୍ୟାଙ୍କ ଅଫ୍ ହାଇଦ୍ରାବାଦ୍ (ଆନ୍ଧ୍ରପ୍ରଦେଶ, କର୍ଣ୍ଣାଟକ, ମହାରାଷ୍ଟ୍ର) ପ୍ରଭୃତି ଅଞ୍ଚଳ ଅନୁଧ୍ୟାନ କରି ଜାଣିଲେ ଯେ ଆଇ.ଆର.ଡି.ପି. ଯୋଜନାରେ ଗାଈ, ମେଣ୍ଢା, ଛେଳି, ଶଗଡ଼, ବଳଦ ପାଇଥିବା ଲୋକମାନଙ୍କ ମଧ୍ୟରୁ ଶତକଡ଼ା ୩୨ ଭାଗ ଲୋକ ନିଜ ନିଜ ଜିନିଷ ଦେଖାଇ ରିହାତି ଟଙ୍କା ଭୋଗ କରିଛନ୍ତି ।

ଚାହିଦା ଓ ଯୋଗାଣ ଅଭାବରୁ ଅନେକ ଆଇ.ଆର.ଡି.ପି. ଯୋଜନାରେ ହିତାଧିକାରୀମାନେ ଲାଭବାନ୍ ହୋଇପାରି ନାହାନ୍ତି । ଗୋଟିଏ ଉଦାହରଣ ୧୯୮୬ ମସିହାରେ ଅନୁଧ୍ୟାନରୁ ଜଣାଯାଇଥିଲା ଯେ, କଟକ ଜିଲ୍ଲାର ଭେଡ଼ା ରାମଚନ୍ଦ୍ରପୁର ଗ୍ରାମର ଲୋକସଂଖ୍ୟା ୧୯୮୬ ମସିହାରେ ୨୮୦୦ ହୋଇଥିଲା ବେଳେ ମାତ୍ର ୧୭ଟି ଲୋକ ଦୋକାନ କରିବା ପାଇଁ ଋଣ ପାଇଥିଲେ । ଗ୍ରାହକ ତଥା କିଣାବିକା ଠିକ୍ ଥିବାରୁ ହିତାଧିକାରୀମାନେ ଦୋକାନରେ ଜିନିଷ ବିକ୍ରିକରି ଋଣ ସୁଝି ରିହାତି ଟଙ୍କା ଉପଭୋଗ କରିଛନ୍ତି। ସେହିପରି ଅନେକ ଲୋକଙ୍କର ଦକ୍ଷତା ନଥିବାରୁ ତଥା ରୁଚି ନଥିବା ଉତ୍ପାଦକ ଜିନିଷ ପାଇଥିବାରୁ ରିହାତି ଅର୍ଥ ଭୋଗ କରିବା ପାଇଁ ସେମାନଙ୍କ ଜିନିଷମାନ ବିକ୍ରି କରିଦେଇଛନ୍ତି ଏବଂ ଆଉ କେତେକ ରକ୍ଷଣା ବେକ୍ଷଣ କରିବାକୁ ସାମର୍ଥ୍ୟ ନଥିବା ହେତୁ ପାଇଥିବା ଜିନିଷ ବିକ୍ରି କରିଦେଇଥିଲେ ।

ସେହିପରି ଅଫିସରମାନେ ସରକାରଙ୍କ ଠାରୁ ସାବାସ୍ ପାଇବା ପାଇଁ ଉପକୃତ ଲୋକଙ୍କ ସଂଖ୍ୟା ବଢ଼ାଇବାରେ ଯେତେ ତତ୍ପର ତାହାର ବିନିଯୋଗ ପାଇଁ କାଣି କଉଡ଼ିଏ ସମୟ ଦିଅନ୍ତି ନାହିଁ । ଅନେକ ଅଫିସର ଉପକୃତ ଲୋକଙ୍କର ରିହାତି ଟଙ୍କାରୁ ଭାଗ ପାଇବା ପାଇଁ ଛେଳି, ମେଣ୍ଢା, ଗାଈ, ଶଗଡ଼ ବଳଦ ଇତ୍ୟାଦି ଯୋଗାଣରେ ହେରଫେର କରିଥିଲେ । ଅନୁସନ୍ଧାନରେ ବ୍ୟାପକ ଜାଲିଆତି ଧରାପଡ଼ିବାରୁ କଟକ ଜିଲ୍ଲାର କଳାପଥର ଗ୍ରାମ୍ୟ ବ୍ୟାଙ୍କର ପରିଚାଳକଙ୍କ ସହିତ ଅନ୍ୟ କେତେକ ଅଞ୍ଚଳର ସରକାରୀ ଅଧିକାରୀଙ୍କୁ ସାମୟିକ ଭାବରେ କାର୍ଯ୍ୟରୁ ଅନ୍ତର କରି ସରକାରଙ୍କୁ ଆଖିଠାର ମରାଯାଇଥିଲା ଓ ପରେ ସେମାନଙ୍କୁ ଚାକିରିରେ ଯୋଗ ଦେବାପାଇଁ ସୁଯୋଗ ଦିଆଯାଇଥିଲା ।

କେତେକ କ୍ଷେତ୍ରରେ ଶାସକ ଗୋଷ୍ଠୀର ରାଜନୈତିକ ଫାଇଦା ପାଇଁ ବ୍ୟାଙ୍କମାନଙ୍କୁ ଋଣ ଦରଖାସ୍ତ ଯାଞ୍ଚ କରିବାକୁ ସମୟ ନଦେଇ ତରବରରେ ଋଣମେଳା ଜରିଆରେ ବହୁ ଅପାତ୍ରରେ ଦାନ ନୀତିରେ ହିତାଧିକାରୀମାନଙ୍କୁ ସରକାରୀ ଯୋଜନାରେ ଋଣରେ ଉତ୍ପାଦନ ଜିନିଷ ବଣ୍ଟାଯାଇଥିଲା । ଫଳରେ ସାଧାରଣ ଲୋକ ଋଣକୁ ଅନୁଦାନ ଭାବି ଆଉ ସୁଝିଲେ ନାହିଁ । ନିର୍ବାଚନ ବର୍ଷରେ ଏସବୁ ବେଶି ହେଉଥିଲା । ପରେ

ଜଣାଗଲା ବହୁ ସରକାରୀ ଓ ବ୍ୟାଙ୍କ ଅର୍ଥ ବାଟମାରଣା ତଥା ଅସଦ୍ ବିନିଯୋଗ ହୋଇଛି । ୧୯୮୪ ମସିହାରେ ନାବାର୍ଡ଼ ସରକାରୀ ଯୋଜନାରେ ଋଣ ବିନିଯୋଗ ନିରୀକ୍ଷଣ କରି ରିପୋର୍ଟ ପାଇଲେ ଯେ, ଓଡ଼ିଶାରେ ଶତକଡ଼ା ୭୨ ଭାଗ ଋଣ ଅନାଦେୟ ହୋଇଯାଇଛି । ମାତ୍ର ପଶ୍ଚିମବଙ୍ଗ ରାଜ୍ୟରେ ଋଣର ଶତ ପ୍ରତିଶତ ବିନିଯୋଗ ହୋଇଥିବାରୁ ଋଣ ଅସୁଲ ଶତକଡ଼ା ୭୨ ଭାଗ ହୋଇପାରିଛି । ଆଇ.ଆର.ଡି.ପି. ଋଣର ଶତକଡ଼ା ୯୦ ଭାଗ ବିଶ୍ୱ ବ୍ୟାଙ୍କରୁ ଭାରତକୁ ଋଣ ଆକାରରେ ମିଳେ । ନାବାର୍ଡ଼ ଉକ୍ତ ଋଣ ବିଶ୍ୱ ବ୍ୟାଙ୍କରୁ ଆଣି ଭାରତର ବାଣିଜ୍ୟିକ, ଗ୍ରାମ୍ୟ ଓ ସମବାୟ ବ୍ୟାଙ୍କମାନଙ୍କୁ ଦିଏ । ବିଶ୍ୱବ୍ୟାଙ୍କ ଚୁକ୍ତି ଅନୁଯାୟୀ ବ୍ୟାଙ୍କମାନେ ଶତକଡ଼ା ୬୦ ଭାଗ ଦେଇଥିବା ଆଇ.ଆର.ଡି.ପି. ଋଣରୁ ଅସୁଲ କରି ନ ପାରିଲେ ନାବାର୍ଡ଼ ଠାରୁ ପୁନର୍ବାର ଋଣ ପାଇବାକୁ ହକ୍‌ଦାର ହୋଇପାରିବେ ନାହିଁ । ଋଣ ଅନାଦେୟର କୁଫଳ ଓଡ଼ିଶା ଉପରେ ପଡ଼ିଥିଲା । ଏହାଦ୍ୱାରା ବିଭିନ୍ନ ବ୍ୟାଙ୍କ ପୁନଃ ଋଣ ପାଇବାରେ ଅସୁବିଧାର ସମ୍ମୁଖୀନ ହେବା ସଙ୍ଗେ ସଙ୍ଗେ ସମନ୍ୱିତ ଗ୍ରାମ୍ୟ ଉନ୍ନୟନ କାର୍ଯ୍ୟକ୍ରମ ସପ୍ତମ ପଞ୍ଚବାର୍ଷିକ ଯୋଜନାରେ ଓଡ଼ିଶା କ୍ଷତିଗ୍ରସ୍ତ ହୋଇଥିଲା ।

ବ୍ୟାପକ ଅସଦ୍ ବିନିଯୋଗ ହେତୁ ଓଡ଼ିଶାରେ ଆଇ.ଆର.ଡି.ପି. ଯୋଜନାରେ ଉପକୃତ ହିତାଧିକାରୀମାନେ ଗରିବ ସୀମାରେଖା ଉପରକୁ ଉଠିଥିବା ସଂଖ୍ୟା ନଗଣ୍ୟ ବୋଲି ଭାରତ ସରକାରଙ୍କ ଗ୍ରାମ୍ୟ ଉନ୍ନୟନ ବିଭାଗ ପାର୍ଲିଆମେଣ୍ଟର ବିତର୍କରେ ଭାଗ ନେଇଥିବା ରାଜ୍ୟସଭା ସଦସ୍ୟ ଗୟାଚାନ୍ଦ ଭୂୟାଁଙ୍କ ଉତ୍ତରରେ ଜଣାଇଥିଲେ ।

'ପୁନଃ ଅର୍ଥନୀତି ଓ ରାଜନୀତି ଗୋଖଲେ ଅନୁଷ୍ଠାନ'ର ନିର୍ଦ୍ଦେଶକ ଡକ୍ଟର ନୀଳକଣ୍ଠ ରଥ ବ୍ୟାଙ୍କମାନଙ୍କ ନୀରିକ୍ଷଣ ରିପୋର୍ଟମାନ ଅନୁଧ୍ୟାନ କରି ତାଙ୍କ ମତ ଶ୍ରୀ ଟି.ଏ. ପାଇ ସ୍ମାରକ ବକ୍ତୃତାମାଳାରେ କହିଛନ୍ତି ଯେ ଅନେକ ଆଇ.ଆର.ଡି.ପି. ହିତାଧିକାରୀଙ୍କ ଦାରିଦ୍ର୍ୟ ଅବସ୍ଥାରେ ଆଦୌ କିଛି ପରିବର୍ତ୍ତନ ହୋଇନାହିଁ । ଯାହାଙ୍କ ଜୀବନଧାରଣ ମାନରେ ଯେତ କିଞ୍ଚିତ ଉନ୍ନତି ହୋଇଛି ସେମାନେ ଋଣ ପରିଷୋଧ କରିବା ପରେ ସେହି ଗରିବ ଅବସ୍ଥାକୁ ଫେରିଯାଇଛନ୍ତି । ଉକ୍ତ ତଥ୍ୟମାନ ଭାରତ ସରକାର ବିଚାରକୁ ନେଇ ଆଇ.ଆର.ଡି.ପି. ନୀତିର ସପ୍ତମ ପଞ୍ଚବାର୍ଷିକ ଯୋଜନାରେ ପରିବର୍ତ୍ତନ କଲେ ଓ ଅର୍ଥର ମାତ୍ରା କମାଇଦେଲେ । କେବଳ ଯେଉଁ ହିତାଧିକାରୀମାନେ ଏହି ଯୋଜନାରେ ଋଣକୁ ବିନିଯୋଗ କରିବା ସଙ୍ଗେ ସଙ୍ଗେ ଋଣ ପରିଷୋଧ କରି ଦାରିଦ୍ର୍ୟ ସୀମାରେଖା ଉପରକୁ ଉଠିପାରି ନାହାନ୍ତି କେବଳ ସେମାନଙ୍କୁ ଦ୍ୱିତୀୟଥର ଋଣ ଦିଆଗଲା । ମାତ୍ର ଶାସନଗତ ଦୃଢ଼ତା, ଚାହିଦା, ବିକାକିଣା ତଥା ପରିବେଶକୁ ବିଚାରକୁ ନେଇ ଲୋକଙ୍କ ରୁଚି ଅନୁଯାୟୀ ଉତ୍ପାଦକ ଜିନିଷ ଋଣ ଯୋଗାଇବାକୁ

ବ୍ୟାଙ୍କମାନଙ୍କୁ ନିର୍ଦ୍ଦେଶ ଦିଆଯାଇଥିଲେ ମଧ୍ୟ ଅଫିସରମାନଙ୍କ ତଦାରଖ ଅଭାବରୁ ଫଳ ଯଥେଷ୍ଟ ମିଳିଲା ନାହିଁ ।

ଏ ସମସ୍ତ ତଥ୍ୟରୁ ଆମ୍ଭେମାନେ ଯାହା ଶିଖିଲେ ତାହା ହେଲା ଆଇ.ଆର.ଡି.ପି. ଯୋଜନାରେ ଅର୍ଥ ବିନିଯୋଗ ନକରି ଉକ୍ତ ଅର୍ଥକୁ ଜଳସେଚନ ଓ ବିଜୁଳି ଉତ୍ପାଦନରେ ବ୍ୟୟ କରାଯାଇଥିଲେ କୃଷି ତଥା ଶିଳ୍ପରେ ବହୁତ ଉନ୍ନତି ହେବା ସଙ୍ଗେ ସଙ୍ଗେ ଗରିବମାନେ ଶ୍ରମ ନିଯୁକ୍ତିର ସୁଯୋଗ ପାଇପାରିଥାନ୍ତେ । ଭାରତବର୍ଷରେ ହାରିହାରି ଜଳସେଚନ ପରିମାଣ ୧୬ ଭାଗ ହୋଇଥିବା ସ୍ଥଳେ କେବଳ ପଞ୍ଜାବରେ ୪୦ ଭାଗରୁ ଊର୍ଦ୍ଧ୍ୱ ହୋଇଥିବା ସ୍ଥଳେ ସେଠାରେ ଚାଷପାଇଁ ଶ୍ରମିକ ଅଭାବ ଦେଖାଦେଉଥିବାରୁ ଉତ୍ତର ପ୍ରଦେଶ ଓ ବିହାରରୁ ଲୋକମାନେ ଯାଇ ପଞ୍ଜାବ ଚାଷୀମାନଙ୍କୁ ସାହାଯ୍ୟ କରୁଛନ୍ତି ଏବଂ ଖର୍ଚ୍ଚ କମାଇବା ପାଇଁ ଚାଷୀମାନେ ଯାନ୍ତ୍ରିକ ଚାଷରେ ମନ ବଳାଉଛନ୍ତି । ଓଡ଼ିଶା ବିଜୁଳିରେ ବଳକା ରାଜ୍ୟ ହୋଇଥିବା ସ୍ଥଳେ ଗୋଟିଏ ପରେ ଗୋଟିଏ ଶିଳ୍ପ କାରଖାନାମାନ ବନ୍ଦ ହୋଇଯିବାରୁ ବେକାର ସଂଖ୍ୟା ଆଶାତୀତ ଭାବେ ବୃଦ୍ଧିପାଇଛି । ବଜାର ସୁବିଧା ଅଭାବରୁ ଧାନଚାଷ ବ୍ୟତୀତ ଚାଷୀମାନଙ୍କର ଅନ୍ୟ ଫସଲରେ ଆଗ୍ରହ କମ୍ ।

ସେହିପରି ଭାରତ ସରକାର ଦାରିଦ୍ର୍ୟ ମୋଚନ ପାଇଁ ଗରିବ ଲୋକମାନଙ୍କୁ ଆଇ.ଆର.ଡି.ପି.ରେ ଉତ୍ପାଦକ ଜିନିଷ ଯୋଗାଣ ସହିତ ଅତିରିକ୍ତ ଆୟ ସକାଶେ ଶ୍ରମ ଦେବାପାଇଁ ଷଷ୍ଠ ପଞ୍ଚବାର୍ଷିକ ଯୋଜନାରେ ଜାତୀୟ ଗ୍ରାମ୍ୟ ନିଯୁକ୍ତି (ଏନ୍.ଆର୍.ଇ.ପି.) ଓ ଗ୍ରାମ୍ୟ ଭୂମିହୀନ ନିଯୁକ୍ତି କାର୍ଯ୍ୟକ୍ରମ (ଆର୍.ଏଲ୍.ଇ.ଜି.ପି.) ଜରିଆରେ ଯଥାକ୍ରମେ ୧୮୭୮ କୋଟି ଟଙ୍କା ଓ ୩୭୪ କୋଟି ଟଙ୍କା ଖର୍ଚ୍ଚକରି ୨୦.୩୫ କୋଟି ଶ୍ରମ ଦିବସ ସୃଷ୍ଟି କରିଥିଲେ ବୋଲି କାଗଜ କଲମରେ ଉଲ୍ଲେଖ ଅଛି । ଏହି କାର୍ଯ୍ୟକ୍ରମ ମାନଙ୍କର ବିଶେଷତ୍ୱ ହେଲା ଯେ, ଶ୍ରମିକମାନଙ୍କୁ ସେମାନଙ୍କ ନିର୍ଦ୍ଦିଷ୍ଟ କାମପାଇଁ ଟଙ୍କା ଓ ସାଧାରଣ ବଣ୍ଟନରେ ଯୋଗାଯାଉଥିବା ଚାଉଳ କିମ୍ବା ଗହମ ମଜୁରୀ ଆକାରରେ ମିଳିବ । ଇଞ୍ଜିନିୟରଙ୍କ ଦାୟିତ୍ୱରେ ଗ୍ରାମବାସୀଙ୍କ ମଧ୍ୟରୁ ଜଣେ ସହକାରୀ ବଛାଯାଇ ଶ୍ରମିକମାନଙ୍କୁ କାମରେ ଲଗାଇବା ଥିଲା ମୁଖ୍ୟ ଉଦ୍ଦେଶ୍ୟ । ମହାରାଷ୍ଟ୍ର ସରକାର ଏହି ନୀତିରେ ଢେଙ୍ଗୁରା ବଜାଇ ଶ୍ରମିକମାନଙ୍କୁ ଗୋଟିଏ ପ୍ରକଳ୍ପରେ ଖଟାଇଥିଲେ । ଫଳରେ ଉକ୍ତ ସରକାର ଶତକଡ଼ା ୧୦ ଭାଗ କାର୍ଯ୍ୟକ୍ରମ ଶ୍ରମିକମାନଙ୍କୁ ବର୍ଷରେ ୩୦୦ ଦିନ ଶ୍ରମ ଦେବାପାଇଁ ସମର୍ଥ ହୋଇପାରିଥିଲେ ମଧ୍ୟ ଓଡ଼ିଶା ସମେତ ଅନ୍ୟାନ୍ୟ ରାଜ୍ୟ ପଛରେ ପଡ଼ିଯାଇଥିଲେ । ସେତେବେଳେ ସେମାନେ ହାରାହାରି ଦୈନିକ ମଜୁରୀ ୭ରୁ ୮ ଟଙ୍କା ପାଉଥିଲେ । ୧୯୭୮ ମସିହାରେ 'ଦାଣ୍ଡେକର' ଏହି କାର୍ଯ୍ୟକ୍ରମ ମାନ

ପରିଦର୍ଶନ କରି ତାଙ୍କ ରିପୋର୍ଟରେ ଉଲ୍ଲେଖ କରିଛନ୍ତି ।

ଭାରତ ସରକାର ଦେଇଥିବା ଅର୍ଥର ସଦ୍ ବିନିଯୋଗ ପାଇଁ ଅନ୍ତତଃ ପକ୍ଷେ ଦକ୍ଷ ଅଧିକାରୀମାନଙ୍କ ଦ୍ୱାରା ସମୀକ୍ଷା କରି ଅବହେଳା କରିଥିବା ରାଜ୍ୟର ଅଧିକାରୀମାନଙ୍କ ବିରୁଦ୍ଧରେ ଦୃଢ଼ କାର୍ଯ୍ୟାନୁଷ୍ଠାନ ଗ୍ରହଣ କରିପାରି ଥାଆନ୍ତେ, ମାତ୍ର ତାହା ହେବାକୁ ଦିଆଗଲା ନାହିଁ । ଓଡ଼ିଶାରେ ନିର୍ମାଣ ବିଭାଗ ସାଧାରଣ ପ୍ରକଳ୍ପମାନ ଯେପରି ଠିକା ରୀତିରେ କାମ କରିଛନ୍ତି ସେହିପରି ଏନ୍.ଆର୍.ପି. ଓ ଆର୍.ଏଲ୍.ଇ.ଜି.ପି. ଯୋଜନାରେ ଠିକାଦାରୀ ପ୍ରଥାରେ କେବଳ କାଗଜ ପତ୍ରରେ ଶାସକ ଗୋଷ୍ଠୀର ଜଣେ ଜଣେ ସହକାରୀଙ୍କ ସହିତ ବିଭାଗୀୟ ଇଞ୍ଜିନିୟରମାନେ ମିଶି କାର୍ଯ୍ୟ ସମାପ୍ତ ହୋଇଛି ବୋଲି ଦର୍ଶାଇ ଅର୍ଥ ଉଠାଇ ନେଇଥିଲେ । ଯାହାଫଳରେ ଶ୍ରମିକମାନଙ୍କର କିଛି ଉପକାର ହୋଇପାରିନି କି ଆର୍ଥିକ ବିକାଶରେ ବୃଦ୍ଧି ଘଟିନାହିଁ । ମିଳିଥିବା ଖାଦ୍ୟ ଚାଉଳ ଓ ଗହମ ଖୋଲା ବଜାରରେ ବିକ୍ରି କରିଦେଇଥିବା ଫଳରେ ଠିକାଦାର ଓ ମୁନାଫାଖୋର ସହକାରୀ ବେଶ୍ ମୁନାଫା ପାଇଥିଲେ ମଧ୍ୟ ରାଜ୍ୟ ବିକାଶରେ ବାଧା ସୃଷ୍ଟି ହୋଇଛି । କେଉଁଠାରେ କାମ କରାଯାଇନାହିଁ ତ ଅଉ କେଉଁଠାରେ କାମ ଖଇଚା ହୋଇଛି ଓ ଟେଣ୍ଡରରେ ଦର୍ଶାଯାଇଥିବା ନୀତିନିୟମ ଅନୁସରଣ ହୋଇନଥିବାରୁ ଗୋଟିଏ ଗୋଟିଏ କାମପାଇଁ ଯେତିକି ଟଙ୍କା ବିନିଯୋଗ ହେବାକଥା ତାହା ଅପେକ୍ଷା ଅଧିକ ଖର୍ଚ୍ଚ ହୋଇଛି । ଅଧିକ ଟଙ୍କା ଶ୍ରମିକଙ୍କ ହସ୍ତରେ ନପଡ଼ି ଇଞ୍ଜିନିୟରଙ୍କ ସହିତ ଗ୍ରାମ୍ୟ ସହକାରୀମାନେ ମିଳିଭଗତ୍ ନୀତିରେ ଅର୍ଥ ତୋଷାରପାତ କରି ମାଲାମାଲ ହୋଇଯାଇଥିଲେ । ସେତେବେଳେ ଏ କାମର ବିପର୍ଯ୍ୟୟ ହୋଇଥିବାରୁ କେନ୍ଦ୍ର ସରକାରଙ୍କ ତରଫରୁ ଆସିଥିବା ନୀରିକ୍ଷଣ ଦଳ ସମୟକ୍ରମେ ଜଣେ ଗ୍ରାମ ପଞ୍ଚାୟତ ସରପଞ୍ଚଙ୍କ ଠାରୁ ଠୋସ୍ ପ୍ରମାଣ ପାଇଥିଲେ ଯେ ତାଙ୍କ ଗ୍ରାମ୍ୟ ରାସ୍ତା ମୋରମ ପକାଇବା ପାଇଁ ବ୍ଲକ୍‌ରୁ ୭ ହଜାର ଟଙ୍କା ମଞ୍ଜୁର ହୋଇଥିଲା ବେଳେ ସେ ତାଙ୍କ ମନୋନୀତ ସହକାରୀଙ୍କ ମାଧ୍ୟମରେ କାମ କରାଇ ମୋରମ ୧୦୦୦ ଟଙ୍କାରେ ପକାଇଛନ୍ତି, ଇଞ୍ଜିନିୟର ଓ ବି.ଡି.ଓଙ୍କୁ ୧୦୦୦ ଟଙ୍କା ଲାଞ୍ଚ ଦେଇ ମିଥ୍ୟାରେ ମାପ କରାଇ ୭୦୦୦ ଟଙ୍କା ବିଲ୍ ଉଠାଇଥିବାରୁ ୫୦୦୦ ଟଙ୍କା ଲାଭ ପାଇଥିଲେ । ସେଥିପାଇଁ ବ୍ଲକ୍ କାମପାଇଁ ଶାସକ ଗୋଷ୍ଠୀର ଚାପରେ ବି.ଡି.ଓ କାମ ନଦେଲେ ଠିକାଦାରମାନେ ମନ୍ତ୍ରୀଙ୍କ ନିକଟରେ ଚାପ ପ୍ରୟୋଗ କରନ୍ତି ସେହି ବି.ଡି.ଓ ଜଣଙ୍କ ବଦଳି କରିବା ପାଇଁ । ୩ ବର୍ଷରେ ଥରେ ବଦଳି ହେବା ଆଇନ୍ ଆଜି ଅଳିଆ ଗଦାରେ । ଏହିପରି ଦାରିଦ୍ର୍ୟ ମୋଚନ କାର୍ଯ୍ୟକ୍ରମ ମାନ କାଗଜପତ୍ରରେ ହିସାବ କରି ଚାଲିଲେ ପ୍ରକୃତପକ୍ଷେ ସମାଜରୁ ଗରିବ ମାନଙ୍କର ସଂଖ୍ୟା କମିବ ବା କିପରି ?

ମାତ୍ର ୨୦୦୦ ମସିହାରେ ଓଡ଼ିଶା ଶାସନରେ ପରିବର୍ତ୍ତନ ହେବା ଯୋଗୁଁ ଠିକାଦାରୀର ନିୟମ କାନୁନ୍ ବଦଳିବା ପରେ କାମଗୁଡ଼ିକ କେତେକ ମାତ୍ରାରେ ଠିକ୍ ଠାକ୍ ହୋଇଛି । ଅନ୍ତତଃ ପକ୍ଷେ ୫୦ ଭାଗ କାମ କରାଯାଇଛି । କୃଷି ଉତ୍ପାଦନରେ ବୃଦ୍ଧି ଘଟିଛି । ଗ୍ରାମ୍ୟ ସଡ଼କ, ସ୍କୁଲ ଘର, କଲେଜ, କୋଠାବାଡ଼ି ଓ ପରିବହନ କାର୍ଯ୍ୟର ଉନ୍ନତି ଘଟିଛି । ବିଭିନ୍ନ ପ୍ରକାର ଯୋଜନାର ସୁପରିଚାଳନା ପାଇଁ ଦକ୍ଷ ଅଧିକାରୀମାନଙ୍କୁ ଶାସନ କ୍ଷମତାରେ ରଖାଯାଇ ସମୟକୁ ସମୟ ଠିକ୍ ତଦାରଖ କରାଯାଇପାରିଛି । ଯାହାର ଶ୍ରେୟ ଓଡ଼ିଶାର ତଦାନିନ୍ତନ ମୁଖ୍ୟମନ୍ତ୍ରୀ ନବୀନ ପଟ୍ଟନାୟକ ଓ ମନ୍ତ୍ରୀମଣ୍ଡଳକୁ ଯାଇଛି । ଗରିବ ସୀମାରେଖା ତଳେ ଥିବା ଲୋକମାନଙ୍କର ଅର୍ଥନୈତିକ ଅଭିବୃଦ୍ଧି ଘଟିଥିବାରୁ ଗରିବ କମିଛି ଓ ଲୋକମାନେ ରୋଜଗାର କ୍ଷମ ହୋଇପାରିଛନ୍ତି । ଏ ଦିଗରେ ସରକାର ଆଉ ପାଦେ ସ୍ୱତନ୍ତ୍ର ପଦକ୍ଷେପ ନେବାର ଆବଶ୍ୟକତା ଦେଖାଦେଇଥିବାରୁ ଏହା ନୂତନ ସରକାର ପାଇଁ କଠୋର ପରୀକ୍ଷାର ବେଳ ।

■

ଓଡ଼ିଶାରେ ସମବାୟ ଆନ୍ଦୋଳନ

ଓଡ଼ିଶାରେ ଅନେକ ସମବାୟ ସମିତିମାନେ ସରକାରୀ ଅର୍ଥରେ ପରିପୁଷ୍ଟ ତଥା ନିୟନ୍ତ୍ରିତ ହୋଇ ନିଜର ସ୍ୱାତନ୍ତ୍ର୍ୟ ହରାଇ ମୃତ୍ୟୁମୁଖରେ ଧାବମାନ ହେଲେଣି । ସମବାୟ ଆଉ ଜନ ଆନ୍ଦୋଳନ ହୋଇ ରହିନାହିଁ । ଜାତୀୟ କୃଷି ଓ ଗ୍ରାମ୍ୟ ଉନ୍ନୟନ ବ୍ୟାଙ୍କ (ନାବାର୍ଡ଼) ରିପୋର୍ଟ ଅନୁଯାୟୀ ଭାରତବର୍ଷରେ ଓଡ଼ିଶାର କୃଷିଋଣ ମାତ୍ରା ବୃଦ୍ଧିହେଲେ ମଧ୍ୟ ତାହାର ସୁଫଳ ପ୍ରାଥମିକ କୃଷି ସମବାୟ ସମିତିମାନେ ପାଉନାହାନ୍ତି । ନିଷ୍ଠାପର ବ୍ୟକ୍ତିମାନଙ୍କ ଅପସାରଣ ଫଳରେ ଓଡ଼ିଶାର ସମବାୟ ଆନ୍ଦୋଳନରେ ଚରମ ବିପର୍ଯ୍ୟସ୍ତ ଦେଖାଦେଇଛି । ରାଜନୈତିକ ଆଶାର ଚରିତାର୍ଥ ପାଇଁ ଆଜି କେତେକ ମୁନାଫାଖୋର ଲୋକମାନେ କଳା ଚଷମା ପିନ୍ଧା ସମବାୟ ପ୍ରେମୀ ହୋଇପଡ଼ିବା ଦୁଃଖର ବିଷୟ ।

ଓଡ଼ିଶାରେ ବର୍ତ୍ତମାନ ସମବାୟ ଆନ୍ଦୋଳନର ସ୍ଥିତି ବିଚାର ଯୋଗ୍ୟ । ଭାରତବର୍ଷରେ ଓଡ଼ିଶା ରାଜ୍ୟ ସମବାୟ ବ୍ୟାଙ୍କ, କେନ୍ଦ୍ର ସମବାୟ ବ୍ୟାଙ୍କ ଓ ପ୍ରାଥମିକ ସେବା ସମବାୟ ସମିତିମାନଙ୍କୁ ସ୍ୱଚ୍ଛଳ ଅବସ୍ଥାରେ ରଖିବାକୁ ଅତୀତରେ କେତେଗୁଡ଼ିଏ ପଦକ୍ଷେପ ନିଆଯାଇଥିଲା । ପ୍ରାଥମିକ ସମବାୟ ସମିତିମାନଙ୍କର ପରିଚାଳନା କମିଟି ନିର୍ବାଚନକୁ ନିରପେକ୍ଷ କରିବା ପାଇଁ ସମବାୟ ଆଇନ୍‌ରେ ଓଡ଼ିଶା ରାଜ୍ୟ ସମବାୟ ନିବନ୍ଧକ ଓ ତାଙ୍କର ସହଯୋଗୀମାନଙ୍କୁ କ୍ଷମତା ଦିଆଯାଇଥିଲା । ୧୯୮୧ ମସିହା ପରେ ନିର୍ବାଚନ ଅଧିକାରୀ ମାନେ ସରକାରୀ କର୍ମଚାରୀ ଥିବାରୁ ତାଙ୍କ ଉପରେ ଚାପ ପକାଇ ସମିତି ପରିଚାଳନା କମିଟିକୁ ଅନଭିଜ୍ଞ ତଥା ଅସାଧୁ ଲୋକ ନିର୍ବାଚିତ ହେବା ପାଇଁ ସୁଯୋଗ ସୃଷ୍ଟି ହୋଇଥିଲା । ସେଥିପାଇଁ ସମବାୟ ପ୍ରେମୀମାନଙ୍କ ତରଫରୁ ନିର୍ବାଚନ ମକଦ୍ଦମା ବିଚାରାଳୟରେ ବିଚାର ପାଇଁ ଦାବି ହୋଇଛି । ସମବାୟ ଆଇନରେ ଲ୍ୟାମ୍ପସ୍ ବା ବୃହତ୍ ଆଦିବାସୀ ବହୁମୁଖୀ ସମବାୟ ସମିତି ପରିଚାଳନା କମିଟିରେ ଦୁଇ ତୃତୀୟାଂଶ ଆଦିବାସୀ ସଭ୍ୟ ଓ ଅନ୍ୟ ପ୍ରାଥମିକ କୃଷି ସେବା ସମବାୟ

ସମିତିର ପରିଚାଳନାରେ ଅର୍ଦ୍ଧେକ ସଭ୍ୟ କ୍ଷୁଦ୍ରଚାଷୀମାନଙ୍କ ମଧ୍ୟରୁ ରଖାଯିବାର ବ୍ୟବସ୍ଥା କରାଯାଇଛି । ମହାଜନମାନଙ୍କୁ ସମବାୟ ସମିତିର ପରିଚାଳନାରେ ନ ରଖାଯିବାକୁ ନିୟମ କରାଯାଇଛି । ଋଣ ଅସୁଲ ପରିମାଣକୁ ମାନଦଣ୍ଡ ନ ବିଚାରି ନୂତନ ତଥା କ୍ଷୁଦ୍ର ଚାଷୀମାନଙ୍କୁ ଋଣ ଦେବାର ବିଧି କରାଯାଇଛି । ୫୦୦ ଟଙ୍କାରୁ କମ୍ ଋଣ କରିଥିବା ଚାଷୀଙ୍କ ବିରୁଦ୍ଧରେ କଡ଼ା ପଦକ୍ଷେପ ନନେବା ପାଇଁ ନିର୍ଦ୍ଦେଶ ଦିଆଯାଇଛି । ଏସବୁ ପଦକ୍ଷେପ ଫଳରେ ୧୯୮୧ ମସିହା ପର୍ଯ୍ୟନ୍ତ ଓଡ଼ିଶା ସମବାୟ ଆନ୍ଦୋଳନ ଭାରତବର୍ଷର ଯେ କୌଣସି ଆଗୁଆ ସମବାୟ ପ୍ରଦେଶ ସହିତ ସମକକ୍ଷ ହୋଇପାରିଥିଲା । ତେଣୁ ୧୯୮୧ ମସିହାରେ ଭାରତୀୟ ରିଜର୍ଭ ବ୍ୟାଙ୍କର ଓଡ଼ିଶା ସମବାୟ ଋଣ ଅନୁଶୀଳନ 'ହାତେ' (Hate) କମିଟି ମତ ଦେଲେ ଯେ (Keeping in view of the appreciable performance of Odisha State Co-operative Bank both in regard to improvement in the financial position and operational efficiency bank could be relied upon to provide leadership to the lower ties 'Central Co-operative Banks and Primary Co-operative Credit Societies' in meeting the agricultural credit need of adequately)

ଖାଲି ସେତିକି ନୁହେଁ ଅତୀତରେ ଓଡ଼ିଶାର ୧୭ଟି ଯାକ ଜିଲ୍ଲା କେନ୍ଦ୍ର ସମବାୟ ବ୍ୟାଙ୍କ୍ ଅଡିଟ୍ ଦ୍ୱାରା 'କ' ଶ୍ରେଣୀଭୁକ୍ତ ବିବେଚିତ ହୋଇ ଭାରତୀୟ ରିଜର୍ଭ ବ୍ୟାଙ୍କରୁ ଅବାରିତ ଋଣ ପାଇବାକୁ ହକ୍‌ଦାର ଥିଲେ । ନାବାର୍ଡ଼ ରିପୋର୍ଟ ଅନୁଯାୟୀ ଭାରତବର୍ଷରେ ଓଡ଼ିଶାରେ କୃଷିଋଣ ପରିମାଣ ଏବେ ନୈରାଶ୍ୟଜନକ କାରଣ ନୂଆ କୃଷିଋଣ ଦିଆନଯାଇ କେବଳ ପେପର ଟ୍ରାଞ୍ଜାକ୍‌ସନ୍ (P.T) ମାଧ୍ୟମରେ କାଗଜ କଲମରେ କୃଷି ଋଣ ଦେବା ଓ ଆଦାୟ ଚାଲିଛି । ଯାହାଫଳରେ ରାଜ୍ୟ ସମବାୟ ବ୍ୟାଙ୍କ ଓ କେନ୍ଦ୍ର ସମବାୟ ବ୍ୟାଙ୍କମାନେ ବାର୍ଷିକ ଲାଭ କରୁଥିଲା ବେଳେ ପ୍ରକୃତ ପକ୍ଷେ ପ୍ରାଥମିକ କୃଷିଋଣ ସମବାୟ ସମିତିମାନେ କ୍ଷତି ସହୁଛନ୍ତି । ଯାହାକି କେରଳ ପ୍ରଦେଶ ଢାଞ୍ଚାରେ ତ୍ରିସ୍ତରୀୟ ବ୍ୟାଙ୍କ ସେବା ବଦଳରେ ଦ୍ୱିସ୍ତରୀୟ ବ୍ୟାଙ୍କିଙ୍ଗ୍ ସେବା ଓଡ଼ିଶାରେ ପ୍ରଚଳନ ହେବାର ଆବଶ୍ୟକ ।

ନିଷ୍ପାପର ବ୍ୟକ୍ତିମାନଙ୍କର ସମବାୟରୁ ଅପସାରଣ ତଥା ପରିଚାଳନା ଅବ୍ୟବସ୍ଥା ଫଳରେ ଗଲା ପାଞ୍ଚବର୍ଷ ମଧ୍ୟରେ ଓଡ଼ିଶା ସମବାୟ ଆନ୍ଦୋଳନରେ ଚରମ ବିପର୍ଯ୍ୟସ୍ତ ଦେଖାଦେଇଛି । ଓଡ଼ିଶାରେ କାର୍ଯ୍ୟ କରୁଥିବା ୧୭ଟି କେନ୍ଦ୍ର ସମବାୟ ବ୍ୟାଙ୍କରେ ଏ ପର୍ଯ୍ୟନ୍ତ ନିଜସ୍ୱ ପ୍ରଫେସନାଲ ମୁଖ୍ୟ କାର୍ଯ୍ୟନିର୍ବାହୀ ନିଯୁକ୍ତି ହୋଇପାରି ନାହାନ୍ତି । ଫଳରେ ନାବାର୍ଡ଼ ଓଡ଼ିଶା ରାଜ୍ୟ ସରକାର ଓ ରାଜ୍ୟ ସମବାୟ ବ୍ୟାଙ୍କକୁ ବାରମ୍ବାର

ତାଗିଦା କରି ୧୭ଟିରୁ ୧୫ଗୋଟି କେନ୍ଦ୍ର ସମବାୟ ବ୍ୟାଙ୍କର ମୁଖ୍ୟ କାର୍ଯ୍ୟନିର୍ବାହୀମାନେ ଫିଟ୍ ଆଣ୍ଡ୍ ପ୍ରପର କ୍ରାଇଟେରିଆ ଦ୍ୱାରା ଅଯୋଗ୍ୟ ବୋଲି ଦର୍ଶାଇଥିଲେ ମଧ୍ୟ ରାଜ୍ୟ ସମବାୟ ବ୍ୟାଙ୍କ ଧର୍ମକୁ ଆଖିଠାର ସଦୃଶ ନିଜ କର୍ମଚାରୀମାନଙ୍କୁ ପ୍ରତି କେନ୍ଦ୍ର ସମବାୟ ବ୍ୟାଙ୍କକୁ କାର୍ଯ୍ୟନିର୍ବାହୀ ରୂପେ ଡେପୁଟେସନରେ ପଠାଇଦେଇ କେନ୍ଦ୍ର ସମବାୟ ବ୍ୟାଙ୍କମାନଙ୍କର ପରିଚାଳନାରେ ହସ୍ତକ୍ଷେପ କରୁଅଛି । ଯାହାକି ନାବାର୍ଡ଼ କେନ୍ଦ୍ର ସମବାୟ ବ୍ୟାଙ୍କମାନଙ୍କ ମୁଖ୍ୟ କାର୍ଯ୍ୟନିର୍ବାହୀ ମାନଙ୍କ କାର୍ଯ୍ୟଧାରାରେ ଅସନ୍ତୋଷ ବ୍ୟକ୍ତ କରୁଛି । ରାଜ୍ୟ ସମବାୟ ବ୍ୟାଙ୍କରେ ମଧ୍ୟ ଆଜକୁ ଦୁଇବର୍ଷରୁ ଉର୍ଦ୍ଧ୍ୱ ହେବ ଜଣେ ପରିଚାଳନା ନିର୍ଦ୍ଦେଶକ ନିଯୁକ୍ତି ହୋଇ ନପାରି ଥିବାରୁ ରାଜ୍ୟ ସମବାୟ ନିବନ୍ଧକ ଉକ୍ତ ବ୍ୟାଙ୍କର ପରିଚାଳନା ନିର୍ଦ୍ଦେଶକ ରୂପେ ଅସ୍ଥାୟୀ ଭାବେ କାର୍ଯ୍ୟ ତୁଲାଉଛନ୍ତି, ଏହା କେବଳ ବାଧ୍ୟ ବାଧକତାରେ ଓଡ଼ିଶାର ମାନ୍ୟବର ଉଚ୍ଚ ନ୍ୟାୟାଳୟଙ୍କ ନିର୍ଦ୍ଦେଶାନାମାକୁ ସମ୍ମାନ ଦିଆଯାଇ କାର୍ଯ୍ୟ କରାଯାଉଛି । ଓଡ଼ିଶା ରାଜ୍ୟ ସମବାୟ ବ୍ୟାଙ୍କର ପରିଚାଳନା ପରିଷଦର ଅବ୍ୟବସ୍ଥା ପାଇଁ ୧୯୮୫ ମସିହା ଜୁନ୍‌ମାସ ପରେ ନାବାର୍ଡ଼କୁ କିସ୍ତି ଖିଲାପ କରି ଭାରତବର୍ଷରେ ଏହି ବ୍ୟାଙ୍କ ନୂଆ ରେକର୍ଡ଼ ସୃଷ୍ଟି କରିଥିଲା । ଯାହା ହେଉ ସେ ଅବସ୍ଥା ଆଜି ନାହିଁ । ଆଉ ମଧ୍ୟ ପରିଚାଳନା ଅବ୍ୟବସ୍ଥା ପାଇଁ ଓଡ଼ିଶାର କେନ୍ଦ୍ର ସମବାୟ ବ୍ୟାଙ୍କ ମାନଙ୍କ ମଧ୍ୟରେ ବୃହତ୍ତମ କଟକ କେନ୍ଦ୍ର ସମବାୟ ବ୍ୟାଙ୍କ, କଟକ ଆଞ୍ଚଳିକ ବାଣିଜ୍ୟ ସମବାୟ ସମିତି ଓ ନମୁନା ସୁପର ବଜାର, ଦାନପୁର ଜୁଟ୍ ମାର୍କେଟିଂ କୋ-ଅପରେଟିଭ ସୋସାଇଟିରେ ବହୁ ଅର୍ଥ ଖଟାଇ ଅର୍ଥ ତୋଷାରପାତ ତଥା ଅନୁଚିତ ବ୍ୟୟ ହୋଇଥିବାର ଅଡିଟ୍ ରିପୋର୍ଟରେ ଦର୍ଶାଯାଇଥିଲା । ଲ୍ୟାମ୍ପସ୍‌ରେ ସରକାରୀ ଅଧିକାରୀମାନେ ମୁଖ୍ୟ ପରିଚାଳକ ରୂପେ କାର୍ଯ୍ୟ କରି କୋଟି କୋଟି ଟଙ୍କା ତୋଷାରପାତ ହୋଇଥିବାର ଅଡିଟ୍ ରିପୋର୍ଟରେ ଦର୍ଶାଯାଇଥିଲେ ମଧ୍ୟ ଦୋଷୀ ସାବ୍ୟସ୍ତଙ୍କ ବିରୁଦ୍ଧରେ ଆଜିପର୍ଯ୍ୟନ୍ତ କାର୍ଯ୍ୟାନୁଷ୍ଠାନ ହୋଇପାରି ନାହିଁ । କଟକ କେନ୍ଦ୍ର ସମବାୟ ବ୍ୟାଙ୍କର ଏକ ନୋଟିସ୍ ବୋର୍ଡରେ ୨୦ଜଣ ସର୍ବବୃହତ୍ତ ଋଣ ଖିଲାପିକାରୀଙ୍କ ନାମ ସ୍ଥାନ ପାଇଥିଲେ ମଧ୍ୟ ଉକ୍ତ ଋଣ ଆଦାୟ କରାଯିବା ପାଇଁ କୌଣସି ପଦକ୍ଷେପ ନିଆଯାଇନାହିଁ । ଏହା ମଧ୍ୟ କଟକ କେନ୍ଦ୍ର ସମବାୟ ବ୍ୟାଙ୍କର ଧର୍ମକୁ ଆଖିଠାର ସଦୃଶ ।

ଏପରିକି ବାଛ ବିଚାର ନଥାଇ ମହାରାଷ୍ଟ୍ର, କର୍ଣ୍ଣାଟକ, ତାମିଲନାଡୁ ସରକାରମାନେ ସମବାୟ ଋଣ ଛାଡ଼ କରୁଥିବାରୁ ପରବର୍ତ୍ତୀ ବର୍ଷରେ ଆଉ କୌଣସି ସଭ୍ୟ ଋଣ ପରିଶୋଧ କରିବାକୁ ଅନିଚ୍ଛା ପ୍ରକାଶ କରୁଛନ୍ତି । କୃଷି ଋଣଛାଡ଼ ବାବଦରେ ରାଜସ୍ୱରୁ ଏତେଟଙ୍କା ଅଯଥାରେ ବ୍ୟୟ ହେଉଥିବାରୁ ଉନ୍ନୟନ ବାବଦରେ ଟଙ୍କାର

ଅକୁଳନ ଦେଖାଗଲାଣି । ସେହିପରି ବହୁଳ ଋଣ ଅନାଦାୟ ହେତୁ ଓଡ଼ିଶାରେ କେତେକ ଗ୍ରାମ୍ୟ ବ୍ୟାଙ୍କକୁ ମିଶାଇ ଏହାର ସଂଖ୍ୟା କମ୍ କରାଯାଇଛି । ବର୍ତ୍ତମାନ ନୂତନ ବ୍ୟାଙ୍କରଣ ଝରେ ଶୁଖିଯାଇଥିବାରୁ ଭବିଷ୍ୟତରେ ଏହାର ଆଶୁ ପ୍ରତିକାର ପାଇଁ ସରକାର ସଜାଗ ନହେଲେ ଆଗକୁ ସମବାୟ ବ୍ୟାଙ୍କ ମାନଙ୍କରେ ଆର୍ଥିକ ବିଭ୍ରାଟ ଉପୁଜିବ । ସମବାୟ ସମିତିର ପରିଚାଳନା କମିଟିକୁ ରାଜନୈତିକ କଷରତରୁ ମୁକ୍ତ କରି ରାଜ୍ୟ ସରକାରମାନେ ପୁଣି ନିଷ୍ପାପର ଦକ୍ଷ ଓ ସମାଜସେବୀ ମାନଙ୍କୁ ପରିଚାଳନା ପରିଷଦରେ ସୁଯୋଗ ଦେବାର ଆବଶ୍ୟକତା ଦେଖାଦେଇଛି । ଭୋଟ୍ ଜରିଆରେ ଗାଦିସୀନ ହେବା ସହଜ, ମାତ୍ର ଆର୍ଥିକ ଅନୁଷ୍ଠାନ ମାନଙ୍କର ପରିଚାଳନା ପରିଷଦରେ ଶାସନରେ ଦକ୍ଷତା ନ ଦେଖାଇ ପାରିଲେ ଆର୍ଥିକ ଅନଟନ ଅନିବାର୍ଯ୍ୟ ।

ଯେଉଁ ଜୋରଦାରିଆ ସମ୍ବଳ ଥିବା ଲୋକମାନେ ସରକାରଙ୍କ ବାହୁଛାୟା ତଳେ ଆଶ୍ରୟ ନେଇ ସମବାୟ ବ୍ୟାଙ୍କରୁ ମୋଟା ଅଙ୍କର ଋଣ ନେଇ ନ ଶୁଝି ଚାଷୀମାନଙ୍କ ପଥରୋଧ କରୁଛନ୍ତି ସେମାନଙ୍କ ପ୍ରତି କଡ଼ା ଆଭିମୁଖ୍ୟ ଗ୍ରହଣ କରାଯାଇ ଋଣ ଅସୁଲ କରାଯାଉ, ତାହା ହେଲେ ବିରିମାଡ଼ ଦେଖି କୋଳଥ ଚେପା ନ୍ୟାୟରେ ଅନ୍ୟ ଋଣ ଖିଲାପିମାନେ ଋଣ ସୁଝିବାକୁ ଆଗେଇ ଆସିବେ । ସମବାୟ ବ୍ୟାଙ୍କରୁ ଚାଷରଣ ନେଇ ଶସ୍ୟବୀମା କରିବା ଦ୍ୱାରା ଦୈବି ଦୁର୍ବିପାକ ଆଦି ଦେଖାଦେଲେ ଫସଲବୀମା କମ୍ପାନୀରୁ ସିଧାସଳଖ ବ୍ୟାଙ୍କକୁ କିମ୍ବା ସମବାୟ ସମିତିକୁ ସେହି ଅର୍ଥ ଅଣାଯାଇ ଋଣକୁ ମଜୁରା କରିବାକୁ ରାଜ୍ୟ ସରକାର ଯତ୍ନଶୀଳ ହେବା ଆବଶ୍ୟକ । ଋଣ ନେଇଥିବା ଚାଷୀର ବଳକା ଫସଲକୁ ଲଭଜନକ ମୂଲ୍ୟରେ ସମିତିମାନେ କିଣି ଚାଷୀର ଫସଲ ବିକ୍ରି ମୂଲ୍ୟରୁ ଋଣକୁ ମଜୁରା ନେଇ ଅବଶିଷ୍ଟ ଅର୍ଥ ଋଣୀ ଚାଷୀକୁ ଫେରାଇବା ପାଇଁ ବ୍ୟବସ୍ଥା ହେବା ଆବଶ୍ୟକ । ଚାଷୀମାନଙ୍କୁ ଠକି ଯେଉଁ କର୍ମଚାରୀମାନେ ତାଙ୍କ ଋଣକୁ ତୋଷାରପାତ କରିଛନ୍ତି ତାଙ୍କ ବିରୁଦ୍ଧରେ ଉପଯୁକ୍ତ କାର୍ଯ୍ୟାନୁଷ୍ଠାନ ନିଆଯାଇ କିମ୍ବା ସରକାର ସେମାନଙ୍କ ପାଇଁ ଟଙ୍କା ପୈଠ କରନ୍ତୁ । ବ୍ୟାଙ୍କ ତଥା ସମବାୟ ସମିତିରେ ମନ୍ଦରଣ ପାଣ୍ଠି ଅକୁଳନ ହେଲେ ସରକାର ତାହା ପୂରଣ କରି ଦେବାଳିଆ ସଭ୍ୟର ଋଣଛାଡ଼ କରନ୍ତୁ । ଖିଲାପି କେନ୍ଦ୍ର ସମବାୟ ବ୍ୟାଙ୍କ ମାନଙ୍କୁ ଓଡ଼ିଶା ରାଜ୍ୟ ସରକାର ତାମିଲନାଡୁ ରାଜ୍ୟ ସରକାରଙ୍କ ନୀତିରେ ଅଂଶଧନ ଯୋଗାଇ ଦେଇ ନାବାର୍ଡ଼ ଠାରୁ ପୁନଃ ଋଣ ପାଇବାର ସୁଯୋଗ ନିଅନ୍ତୁ ।

ଏଠାରେ ଏକ ଉଦାହରଣ ଦିଆଯାଇପାରେ ଇଉରୋପରେ ଜନ୍ମଲାଭ କରିଥିବା ସମବାୟ ସମିତିମାନେ ଆତ୍ମନିର୍ଭରଶୀଳ ପନ୍ଥାରେ ନିଜ ସଦସ୍ୟମାନଙ୍କ ଦ୍ୱାରା ପ୍ରଣୀତ ଉପବିଧିରେ ପରିଚାଳିତ ହୋଇ ଆର୍ଥିକ ସ୍ୱଚ୍ଛଳତା ଲାଭ କରିପାରିଛନ୍ତି । ଏପରିକି

ହଲାଣ୍ଡ, ସ୍ୱିଡେନ୍, ଡେନମାର୍କ, ସୁଇଜରଲ୍ୟାଣ୍ଡ ପ୍ରଭୃତି ଅନେକ ଉନ୍ନତ ଦେଶର ସମବାୟ ସମିତିମାନେ ନିଜ ଲାଭର କେତେକାଂଶରେ ଉନ୍ନୟନ ପାଣ୍ଠି ସୃଷ୍ଟି କରି ଭାରତ ସମେତ ବହୁ ଅନୁନ୍ନତ ତଥା ବିକାଶଶୀଳ ଦେଶରେ ବନୀକରଣ, ସ୍ୱାସ୍ଥ୍ୟସେବା, ପାନୀୟ ଜଳ ଯୋଗାଣ ଓ ମତ୍ସ୍ୟଚାଷ ଇତ୍ୟାଦି ଯୋଜନାରେ ସହାୟତା କରିପାରୁଛନ୍ତି । ଅଥଚ ଓଡ଼ିଶାର ଅନେକ ସମବାୟ ସମିତିମାନେ ସରକାରୀ ଅର୍ଥର ପରିପୁଷ୍ଟ ତଥା ନିୟନ୍ତ୍ରିତ ହୋଇ ନିଜର ସ୍ୱାତନ୍ତ୍ର୍ୟ ହରାଇଲେଣି । ସମବାୟ ଆଉ ଜନଆନ୍ଦୋଳନ ହୋଇ ନାହିଁ । ସମବାୟର ନାନା ଅବ୍ୟବସ୍ଥା ହେତୁ ୧୩୦୦୦ ବିଭିନ୍ନ ସମବାୟ ସମିତିରୁ ୮୦୦୦ ସମବାୟ ସମିତି ଆଜି ମୃତ୍ୟୁମୁଖରେ । ଓଡ଼ିଶା ସରକାର, ସମବାୟ ପ୍ରେମୀ ତଥା ଚାଷୀକୂଳ ସମବାୟରେ ତ୍ରୁଟି ସମୀକ୍ଷା କରି କିପରି ସମବାୟ ସମିତିମାନେ ଆର୍ଥିକ ପ୍ରଗତିରେ ବ୍ରତୀ ହୋଇ ସମବାୟକୁ ବଞ୍ଚାଇବା ଉପାୟମାନ ଚିନ୍ତାକରି ସରକାରଙ୍କ ସାହାଯ୍ୟ ନେବା ଆବଶ୍ୟକ ।

'ଓଡ଼ିଶା ଏକ୍ସପ୍ରେସ୍' - ତା୨୯.୦୧.୨୦୨୫ରେ ପ୍ରକାଶିତ

ବାଉଁଶ ନଳକୂପ ସମବାୟ ସମିତି

ଭାରତ ଗହମ ଓ ଧାନ ଉତ୍ପାଦନରେ ଆତ୍ମନିର୍ଭରଶୀଳ ହୋଇଥିଲାବେଳେ ଅଧିକ ଫସଲ ଉତ୍ପାଦନ କରିବା ପାଇଁ ଜଳସେଚନ ଏକାନ୍ତ ଅପରିହାର୍ଯ୍ୟ । ଜଳସେଚନର ବ୍ୟାପକ ପ୍ରସାର ହୋଇପାରିଲେ କୃଷିରେ ବହୁଲୋକ ନିଯୁକ୍ତି ପାଇପାରିବେ । ପୁରାତନ କାଳରେ କୃଷକମାନେ ପୋଖରୀ ଓ କୂପ ଖୋଳି ଓ ଛୋଟ ଛୋଟ ନାଳ ବନ୍ଧାଇ ଜମିକୁ ଜଳସେଚିତ କରୁଥିଲେ । ସ୍ୱାଧୀନତା ପ୍ରାପ୍ତିପରେ ଭାରତ ସରକାର ନଦୀମାନଙ୍କରେ ବନ୍ଧ ବାନ୍ଧି ବୃହତ୍ତ ଓ ମଧ୍ୟମ ଧରଣର ଜଳସେଚନର ଯୋଜନାମାନ କରିବା ଆରମ୍ଭ କରିଥିଲେ । ତା'ଛଡ଼ା କ୍ଷୁଦ୍ର ଓ ଉଠା ଜଳସେଚନ ଜରିଆରେ ଅଧିକ ଜମି ଜଳସେଚିତ କରିବା ପାଇଁ ପ୍ରତ୍ୟେକ ବର୍ଷ ଚେଷ୍ଟା କରାଯାଏ । କନ୍ତୁ ପରିତାପର ବିଷୟ ସ୍ୱାଧୀନତାର ୭୮ ବର୍ଷପରେ ମଧ୍ୟ ଭାରତ ବର୍ଷର ୨୫ ଭାଗ ଜମି ଜଳସେଚିତ ହୋଇପାରିନାହିଁ । ଫଳରେ କୃଷକମାନେ କୃଷିକାର୍ଯ୍ୟ ସମ୍ପୂର୍ଣ୍ଣ କରିବାପାଇଁ ସେହି ବର୍ଷାଜଳକୁ ଚାହିଁ ରହିଥାନ୍ତି ।

ଇସ୍ରାଇଲ୍ ଦେଶ ଅନୁକରଣରେ ଖରାରେ ଜମିରେ ଥିବା ପାଣି ନ ଶୁଖିବା ପାଇଁ ବିନ୍ଦୁପାତ (Drip) ଓ ବିଚ୍ଛୁରିତ (Sprinkle) ଜଳସେଚନ ଯୋଜନାମାନ ମହାରାଷ୍ଟ୍ର ପ୍ରଭୃତି କମ୍ ବୃଷ୍ଟିପାତ ପ୍ରଦେଶ ମାନଙ୍କରେ କାର୍ଯ୍ୟକାରୀ ହେଲାଣି । ପୁନଶ୍ଚଃ ଜଳସେଚନର ଦ୍ରୁତ ପ୍ରସାର ଓ ଭୂତଳ ଜଳର ଉପଯୋଗ ପାଇଁ ନଳକୂପ ଯୋଜନାମାନ ବ୍ୟାଙ୍କ ଋଣରେ ସରକାରୀ ନିଗମ ତଥା ବ୍ୟକ୍ତିଗତ ଉଦ୍ୟୋଗରେ କାର୍ଯ୍ୟକାରୀ ହେଉଛି । ଅଗଭୀର ନଳକୂପରେ ଲୁହା ଓ ପ୍ଲାଷ୍ଟିକ୍ ତଥା ଅନ୍ୟାନ୍ୟ ଧାତବ ଦ୍ରବ୍ୟରେ ନିର୍ମିତ ପାଇପ୍‌ମାନ ବ୍ୟବହୃତ ହେଉଥିବାରୁ ଏହା ଅଧିକ ବ୍ୟୟସାପେକ୍ଷ ବୋଲି ଚାଷୀମାନେ ଅନୁଭବ କରୁଛନ୍ତି । ଚାଷୀମାନେ ପ୍ରାୟ ଅଭାବରେ ଥିବାରୁ ବ୍ୟାଙ୍କ ଋଣର ସଦ୍ ବିନିଯୋଗ କରିପାରୁ ନାହାନ୍ତି । ସେହିପରି ଆମ ଦେଶର ଚାଷୀମାନଙ୍କର ଜମିର

ଆକାର ଛୋଟ ଛୋଟ ହୋଇଥିବାରୁ ଉକ୍ତ ଲୁହା କିମ୍ବା ପ୍ଲାଷ୍ଟିକ୍ ପାଇପ୍ ଦ୍ୱାରା ନଳକୂପ ଖନନ ଉପରେ ଅଧିକ ବ୍ୟୟ କରିବାକୁ ପଛାଉଛନ୍ତି ।

ଏଣୁ ବିହାର ପ୍ରଦେଶର ଗଙ୍ଗାନଦୀ ଅବବାହିକାରେ ଉର୍ବର ପଟୁମାଟି ତଥା ପ୍ରାଚୁର୍ଯ୍ୟ ଭୂତଳ ଜଳଥିବା ଅଞ୍ଚଳରେ କ୍ଷୁଦ୍ର ଚାଷୀମାନେ ଗାଁ କାରିଗରମାନଙ୍କ ସାହାଯ୍ୟରେ ଲୁହା ଓ ପ୍ଲାଷ୍ଟିକ୍ ପାଇପ୍ ପରିବର୍ତ୍ତେ ବାଉଁଶନଳୀର ୬୦ରୁ ୮୦ ଫୁଟ ଅଗଭୀର ନଳକୂପମାନ ବସାଇ ଅଢ଼େଇ ଏକର ପର୍ଯ୍ୟନ୍ତ ଜମି ଜଳସେଚିତ କରୁଛନ୍ତି । ଉକ୍ତ ପ୍ରଦେଶର ପୂର୍ଣ୍ଣିଆ ଜିଲ୍ଲାରେ ବହୁ କ୍ଷୁଦ୍ରଚାଷୀ ୧୯୮୧-୮୨ ମସିହାର ଦରଦାମ ଭିତ୍ତିରେ ମାତ୍ର ୭୨୦ ଟଙ୍କା ବ୍ୟୟରେ ବାଉଁଶ ନଳକୂପମାନ ଜମିରେ ବସାଇ ଜମିକୁ ପାଣି ଯୋଗାଇ ଦୁଇରୁ ତିନୋଟି ଫସଲ କରିବାକୁ ସକ୍ଷମ ହୋଇ ଅଧିକ ଉତ୍ପାଦନରେ ଲାଭବାନ ହୋଇପାରୁଛନ୍ତି । ଅଥଚ ସେହି ସମୟରେ ଲୁହା କିମ୍ବା ପାଇପ୍ ଉପଯୋଗରେ ହେଉଥିବା ନଳକୂପ ପାଇଁ ଚାଷୀମାନେ ୪୯୦୦ ଟଙ୍କା ବ୍ୟୟ କରୁଥିଲେ । ଅଥଚ ଏହି ଉପାୟରେ ଚାଷୀମାନେ ୮ ଏକର ପର୍ଯ୍ୟନ୍ତ ଜମିରେ ପାଣି ମଡ଼ାଇ ପାରୁଥିଲେ। ବଉଁଶ ନଳକୂପର ପରମାୟୁ ୫ ବର୍ଷ ହୋଇଥିଲା ବେଳେ ଲୁହା ଓ ପ୍ଲାଷ୍ଟିକ୍ ପାଇପ୍‌ର ପରମାୟୁ ୧୦ ବର୍ଷ ଅଟେ । ପରନ୍ତୁ ବାଉଁଶ ନଳକୂପର ୧୫ ଫୁଟ ଉପରଭାଗ ଲୁହା ପାଇପ୍ କିମ୍ବା ପ୍ଲାଷ୍ଟିକ୍ ପାଇପ୍ ସଂଯୋଗ କଲେ ସମୁଦାୟ ଖର୍ଚ୍ଚ ୧୧୦୦ ଟଙ୍କା ହେଉଥିଲା ବେଳେ ଏହାର ପରମାୟୁ ୭ ବର୍ଷ ଏବଂ ଜଳସେଚିତ ଜମିର ପରିମାଣ ୪ ଏକରକୁ ବୃଦ୍ଧି ପାଉଛି । ଆବଶ୍ୟ କ୍ଷୁଦ୍ରଚାଷୀମାନେ ଅଧିକ ଖର୍ଚ୍ଚ କରିନପାରି ଭଡ଼ାରେ ଡିଜେଲ ପମ୍ପ ଆଣି ଉକ୍ତ ବାଉଁଶ ନଳକୂପରେ ସଂଯୋଗ କରି ଭୂତଳ ଜଳ ଉଠାଇ ଜମି ଜଳସେଚିତ କରୁଛନ୍ତି ।

ଜାତୀୟ କୃଷି ଓ ଗ୍ରାମ୍ୟ ଉନ୍ନୟନ ବ୍ୟାଙ୍କ (ନାବାର୍ଡ଼)ର ୧୯୮୧-୮୨ ମସିହା ଅନୁସନ୍ଧାନ ରିପୋର୍ଟ ଅନୁଯାୟୀ ପୂର୍ଣ୍ଣିଆ ଜିଲ୍ଲାର ଚାଷୀମାନେ କୋଷି ଗ୍ରାମ୍ୟବ୍ୟାଙ୍କ ଓ ବିହାର ଭୂ-ଉନ୍ନୟନ ବ୍ୟାଙ୍କରୁ ଋଣ ନେଇ ବାଉଁଶ ନଳ, ପ୍ଲାଷ୍ଟିକ୍ ପାଇପ୍ ଓ ଲୁହାପାଇପ୍ ଦ୍ୱାରା ନଳକୂପମାନ ନିଜ ଜମିରେ ବସାଉଛନ୍ତି । ଏଥିରେ ବହୁତ କମ୍ ଖର୍ଚ୍ଚ ହେତୁ ଶତକଡ଼ା ୯୦ ଭାଗ କ୍ଷୁଦ୍ର ତଥା ନାମମାତ୍ର ଚାଷୀଙ୍କୁ ସରକାର ଅଗ୍ରାଧିକାର ଭିତ୍ତିରେ ଅର୍ଥ ପ୍ରୋତ୍ସାହନ ଦେଇ ବାଉଁଶ ନଳକୂପ ବସାଉଛନ୍ତି । ଓଡ଼ିଶାର ବିଭିନ୍ନ ନଦୀର ତ୍ରିକୋଣ ଭୂମିରେ ତଥା ପ୍ରାଚୁର୍ଯ୍ୟ ଭୂତଳ ଜମିରେ ମିଳୁଥିବା ଜଳ ଦ୍ୱାରା ସେ ଅଞ୍ଚଳରେ ଉକ୍ତ ବାଉଁଶ ନଳକୂପ ଯୋଜନାମାନ କରାଗଲେ କ୍ଷୁଦ୍ର ଓ ନାମମାତ୍ର ଚାଷୀମାନେ ବିଶେଷଭାବେ ଉପକୃତ ହୋଇପାରିବେ ।

ବିହାରର ଉତ୍କଟ ଦୁର୍ଭିକ୍ଷ ସମୟରେ ସ୍ୱର୍ଗତଃ ଜୟପ୍ରକାଶ ନାରାୟଣ ବାଉଁଶ

ନଳକୂପ ଉପରେ ଗୁରୁତ୍ୱ ଦେଇଥିଲେ ଏବଂ ତାଙ୍କ ରିଲିଫ୍ କାର୍ଯ୍ୟର ଏହା ବିଶେଷ କାର୍ଯ୍ୟକ୍ରମ ଥିଲା । ତାଙ୍କର ପ୍ରଚେଷ୍ଟାରେ ବିହାରର ବହୁ ଅଞ୍ଚଳରେ ହଜାର ହଜାର ବାଉଁଶ ନଳକୂପ ଖନନ ହେବା ଦ୍ୱାରା ଚାଷୀମାନେ ଦୁର୍ଭିକ୍ଷ କାଳୀନ ପରିସ୍ଥିତିର ମୁକାବିଲା କରି ଫସଲ ଉତ୍ପାଦନ କରିଥିଲେ । ବିହାର ନିକଟବର୍ତ୍ତୀ ଓଡ଼ିଶା ହୋଇଥିବାରୁ ରାଜ୍ୟ ସରକାର ଏହାକୁ ଅନୁକରଣ କରି ଚାଷୀଙ୍କୁ ସାହାଯ୍ୟ କରିବା ପାଇଁ ଆଗେଇ ଆସିବା ସଙ୍ଗେ ସଙ୍ଗେ ଏହି ନଳକୂପ ଯୋଜନାରେ ଚାଷୀମାନଙ୍କର ଜମିକୁ ଜଳସେଚିତ କରାଇପାରିଲେ ଏହି ଯୋଜନା ରାଜ୍ୟ ସରକାରଙ୍କ ଚାଷୀକୁ ବରଦାନ ସଦୃଶ ହେବ ।

‘ଓଡ଼ିଶା ଏକ୍ସପ୍ରେସ୍’ - ତା୦୨.୦୪.୨୦୨୫ରେ ପ୍ରକାଶିତ

■

ସମବାୟରେ ଇଫ୍‌କୋ ସାର କାରଖାନା

ଭାରତରେ ୧୯୦୩ ମସିହାରୁ କୃଷିଋଣ ସମବାୟ ସମିତିମାନ କାର୍ଯ୍ୟ ଆରମ୍ଭ କରିଥିଲା । ସମିତିମାନେ ଚାଷୀମାନଙ୍କୁ କେବଳ କୃଷିଋଣ ସୁଲଭ ସୁଧରେ ଦେଉଥିଲେ । ୧୯୩୯ ମସିହାରେ ସମବାୟ ସମିତିମାନେ ଋଣ ଛଡ଼ା ଏହାର ସଭ୍ୟମାନଙ୍କୁ ଅନ୍ୟାନ୍ୟ ପ୍ରକାର ସେବା ଯୋଗାଇବା ଆରମ୍ଭ କରିଥିଲେ । ଦ୍ୱିତୀୟ ବିଶ୍ୱଯୁଦ୍ଧ ସମୟରେ ସମବାୟ ବ୍ୟାଙ୍କ ମାନଙ୍କ ତତ୍ତ୍ୱାବଧାନରେ ଖାଉଟି ସମବାୟ ସମିତିମାନ ଗଠିତ ହୋଇ ଲୋକମାନଙ୍କୁ ଅତ୍ୟାବଶ୍ୟକ ଦ୍ରବ୍ୟମାନ ବିକ୍ରି କରୁଥିଲେ । କୃଷି ଉତ୍ପାଦନ ବୃଦ୍ଧି ନିମନ୍ତେ ସମବାୟ ସମିତିମାନେ କୃଷିଋଣ ସହିତ ସାର, ବିହନ, କୀଟନାଶକ ଔଷଧ, କୃଷି ଯନ୍ତ୍ରପାତି ପ୍ରଭୃତି ଅନ୍ୟାନ୍ୟ ଫସଲ ଉତ୍ପାଦିତ ଦ୍ରବ୍ୟମାନ ଚାଷୀମାନଙ୍କୁ ଯୋଗାଇବା ପାଇଁ ୧୯୪୫ ମସିହାରେ ବଙ୍ଗଳା ପ୍ରଦେଶର ଦୁର୍ଭିକ୍ଷ କମିଶନ ସୁପାରିଶ କରିଥିଲେ । ୧୯୪୭ ମସିହାରେ ଭାରତ ସ୍ୱାଧୀନ ହେଲାପରେ ସରକାର ଦେଖିଲେ ଯେ, ଆମର ଉତ୍ପାଦିତ ଖାଦ୍ୟ ପଦାର୍ଥ ଜନସାଧାରଣଙ୍କ ଚାହିଦା ମେଣ୍ଟାଇପାରୁ ନାହିଁ । ଏଣୁ (P.L. 480) ଚୁକ୍ତି ଅନୁଯାୟୀ ଆମେରିକା ଭାରତକୁ ଖାଦ୍ୟ ପଦାର୍ଥ ଯୋଗାଇବା ଆରମ୍ଭ କଲା । ଫଳରେ ଆମ ଦେଶର ବାର୍ଷିକ ବଜେଟ୍‌ରୁ ଅଧିକାଂଶ ବୈଦେଶିକ ମୁଦ୍ରା ଖାଦ୍ୟ ଆମଦାନୀରେ ବ୍ୟୟ କରାଗଲା । ଏଣୁ ଭାରତରେ ଖାଦ୍ୟ ଉତ୍ପାଦନ ବୃଦ୍ଧି କରିବାପାଇଁ ସରକାର ନୂତନ ପଦ୍ଧତିରେ ସାର ବ୍ୟବହାର ତଥା ଆଧୁନିକ ବୈଜ୍ଞାନିକ ଉପାୟ ଅବଲମ୍ବନ କରିବା ପାଇଁ ୧୯୪୭ ମସିହାରେ ବସିଥିବା ଖାଦ୍ୟ ନିର୍ଦ୍ଧାରଣ କମିଟି ସୁପାରିଶ କଲା ।

ଜନସାଧାରଣଙ୍କ ସାମୂହିକ ଉନ୍ନତି ସଙ୍ଗେ ସଙ୍ଗେ ଖାଦ୍ୟରେ ସ୍ୱାବଲମ୍ବୀ ହେବାପାଇଁ ଦ୍ୱିତୀୟ ପଞ୍ଚବାର୍ଷିକ ଯୋଜନାରେ ଅର୍ଥାତ୍ ୧୯୫୭ ମସିହାରେ ଗ୍ରାମଗୋଷ୍ଠୀ ଯୋଜନା ମାଧ୍ୟମରେ ଓଡ଼ିଶାର ୩୧୪ ବ୍ଲକ୍ ସହିତ ଭାରତରେ ମୋଟ୍

୫୧୦୦ ବ୍ଲକ୍ ପ୍ରତିଷ୍ଠା କରାଗଲା । କୃଷିକାର୍ଯ୍ୟ ତଦାରଖ କରିବା ପାଇଁ ପ୍ରତି ବ୍ଲକ୍‌ରେ ଜଣେ ଜଣେ କୃଷି ସଂପ୍ରସାରଣ ଅଧିକାରୀ ଓ ପ୍ରତି ପଞ୍ଚାୟତରେ ଜଣେ ଜଣେ ଗ୍ରାମ ସେବକଙ୍କୁ ନିଯୁକ୍ତି ଦିଆଯାଇ ଜାପାନୀ ଚାଷ ପ୍ରଣାଳୀରେ ଏକର ପିଛା ଅଧିକ ଫସଲ ଉତ୍ପାଦନ ପାଇଁ ବୈଜ୍ଞାନିକ ପଦ୍ଧତିର ଉପଯୋଗରେ ସଘନ ଚାଷ ଅନୁସୃତ କରାଗଲା । କୃଷକମାନଙ୍କ ଦ୍ୱାରା ସମୁଦାୟ ବ୍ୟବହୃତ ସାରର ଶତକଡ଼ା ୬୦ ଭାଗ କେବଳ ସମବାୟ ସମିତିମାନେ ବିକ୍ରି କରୁଥିଲେ । କିନ୍ତୁ ସମବାୟ ଉଦ୍ୟମରେ କୌଣସି ଭାରତରେ କୌଣସି ସାର କାରଖାନା ପ୍ରତିଷ୍ଠା କରାଯାଇ ନଥିଲା ।

ଆମେରିକାର ସମବାୟ ସଂଘ ଉଦ୍ୟମରେ ସାର ଉତ୍ପାଦନ କାରଖାନା ବସାଇବାକୁ ଭାରତ ସରକାରଙ୍କୁ ପରାମର୍ଶ ଦିଆଗଲା ଏବଂ ଆନ୍ତର୍ଜାତିକ ସମବାୟ ସାର ସଂଘ ପ୍ରତିଷ୍ଠା କରି ଭାରତରେ ସାର ଉତ୍ପାଦନ କରିବା ପାଇଁ ସାର ସମବାୟ ସମିତିକୁ ଆମେରିକା ୧୦ ଲକ୍ଷ ଡଲାର ଯାହାକି ସେତେବେଳେ ଭାରତୀୟ ମୁଦ୍ରାରେ ୨୫୦ ଲକ୍ଷ ଟଙ୍କା ପ୍ରୋତ୍ସାହନ ରାଶି ଯୋଗାଇ ଦେଇଥିଲା । ଏଣୁ ୧୯୬୭ ମସିହାରେ ଭାରତୀୟ କୃଷକ ସାର ସମବାୟ ସମିତି (Iffco) ୫୭ ଜଣ ସଭ୍ୟଙ୍କୁ ନେଇ ଦିଲ୍ଲୀର ସାକେଟ୍ ଠାରେ ଏହାର ମୁଖ୍ୟ କାର୍ଯ୍ୟାଳୟ ଖୋଲାଯାଇ କାର୍ଯ୍ୟ ଆରମ୍ଭ କରାଗଲା । ୨୫୦ ଲକ୍ଷ ଟଙ୍କା ମୂଳଧନରେ ସାର କାରଖାନାଟି ପ୍ରତିଷ୍ଠା ଲାଭ କଲା । Iffco ସାର ଉତ୍ପାଦନ କରିବା ସଙ୍ଗେ ସଙ୍ଗେ ସେବା ସମବାୟ ସମିତିମାନଙ୍କୁ ସାର ବଣ୍ଟନର ଦାୟିତ୍ୱ ଦେଇ ସାର ପ୍ରୟୋଗ ଜରିଆରେ ଅଧିକ ଫସଲ ଉତ୍ପାଦନ ପାଇଁ ଚାଷୀମାନଙ୍କୁ ଶିକ୍ଷା ତଥା ତାଲିମ୍ ଦେବାକୁ ପଦକ୍ଷେପ ନେଲା । ୧୭ଟି ରାଜ୍ୟ ଓ ୩ଟି କେନ୍ଦ୍ରଶାସିତ ଅଞ୍ଚଳରେ ମୋଟ୍ ୩୬୦୦୦ କୃଷିଋଣ ସମବାୟ ସମିତିକୁ Iffco ସଭ୍ୟ କରି ୧୯୩୪ ମସିହାରେ ଗୁଜୁରାଟର କାଲୋଲ, କାଣ୍ଡଲା ଏବଂ ୧୯୮୦-୮୧ ମସିହାରେ ଉତ୍ତର ପ୍ରଦେଶର ଫୁଲପୁର ଓ ୧୯୮୭-୮୮ ମସିହାରେ ଉତ୍ତର ପ୍ରଦେଶର ଆନୋଲା ଠାରେ ଏହିପରି ସର୍ବମୋଟ୍ ୪ଟି ସାର କାରଖାନା ବସାଇଲା । ସାର କାରଖାନାଗୁଡ଼ିକ ଉତ୍ପାଦନ ଆରମ୍ଭ କରିବା ଫଳରେ ବିଗତ ପାଞ୍ଚ ଦଶନ୍ଧିରେ Iffco ଭାରତରେ ଏକ ବୃହତ୍ତ ସାର ଉତ୍ପାଦନ କାରଖାନା ତଥା ସାର ବଣ୍ଟନର ଶ୍ରେଷ୍ଠ ସମବାୟ ସମିତି ହୋଇ ପାରିଛି । କାଲୋଲ ଠାରେ ପ୍ରତିଷ୍ଠା କରାଯାଇଥିବା ସାର କାରଖାନାରେ ଦୈନିକ ୧୧୦୦ ମେଟ୍ରିକ୍ ଟନ୍ ଆମୋନିଆ ଓ ଦୈନିକ ୧୬୫୦ ମେଟ୍ରିକ୍ ଟନ୍ ନାନୋ ୟୁରିଆ ସାର ଉତ୍ପାଦନ ଆରମ୍ଭ ହେଲା । କାଣ୍ଡଲାରେ ସାର କାରଖାନାରେ ବାର୍ଷିକ ୧୨୭୦୦୦ ମେଟ୍ରିକ୍ ଟନ୍ NPK ଗ୍ରେଡ୍‌ର ଫସ୍‌ଫରସ୍ ସାର ଏବଂ ୧୯୮୧ ମସିହାରୁ ଉତ୍ତର ପ୍ରଦେଶର ଫୁଲପୁର ସାର କାରଖାନାରୁ ଦୈନିକ ୨୯୫୫ ମେଟ୍ରିକ୍

ଟନ୍ ଆମୋନିଆ ସାର ଓ ୫୧୪୫ ମେଟ୍ରିକ୍ ଟନ୍ ୟୁରିଆ ସାର ଉତ୍ପାଦନ ହେଲା । ୧୯୮୮ ମସିହାରୁ ଉତ୍ତର ପ୍ରଦେଶର ଆନୋଲା ସାର କାରଖାନାରୁ ଦୈନିକ ୩୪୮୦ ମେଟ୍ରିକ୍ ଟନ୍ ଆମୋନିଆ ସାର ଓ ୬୦୬୦ ମେଟ୍ରିକ୍ ଟନ୍ ୟୁରିଆ ସାର ଉତ୍ପାଦନ କ୍ଷମତା ବିଶିଷ୍ଟ ସାର କାରଖାନା କାର୍ଯ୍ୟ ଆରମ୍ଭ କରିଥିଲା ।

ସମବାୟ ଉଦ୍ୟମରେ ଉତ୍ତମ ଭାବରେ ପରିଚାଳିତ ଇଫ୍‌କୋ ସାର କାରଖାନା ୧୦୦ ଭାଗରୁ ଊର୍ଦ୍ଧ୍ୱ ସାର ଉତ୍ପାଦନ କ୍ଷମତା ହାସଲ କରି ଭାରତୀୟ ସାର ସଂଘ, ଜାତୀୟ ସାର ଉତ୍ପାଦନ ସଂଘ ଏବଂ ଆନ୍ତର୍ଜାତିକ ନିରାପତ୍ତା ପରିଷଦ ଦ୍ୱାରା ପୁରସ୍କୃତ ତଥା ପ୍ରଶଂସିତ ହୋଇଅଛି ।

୧୯୮୯-୯୦ ମସିହାରେ ବମ୍ବେର ବାଣିଜ୍ୟ ଓ ଗବେଷଣା ଅନୁଷ୍ଠାନର ତଥ୍ୟ ଅନୁଯାୟୀ ଭାରତବର୍ଷର ସମସ୍ତ ସାର କାରଖାନା ମାନଙ୍କ ମଧ୍ୟରେ ଇଫ୍‌କୋ ସର୍ବାଧିକ ୮ ଲକ୍ଷ ମିଲିୟନ ମେଟ୍ରିକ୍ ଟନ୍ ସାର ଉତ୍ପାଦନ କରି ପ୍ରଥମ ସ୍ଥାନ ଅଧିକାର କରିଅଛି । ବିଗତ ୧୦ ବର୍ଷରେ ସମୁଦାୟ ୮୦୦ ଲକ୍ଷ ମିଲିଅନ ଟନ୍ ଉତ୍ପାଦିତ ସାର ଭିତରୁ କେବଳ ଇଫ୍‌କୋ ୧୮୦ ଲକ୍ଷ ମେଟ୍ରିକ୍ ଟନ୍ ଅର୍ଥାତ୍ ୨୨ ଭାଗରୁ ଊର୍ଦ୍ଧ୍ୱ ସାର ଉତ୍ପାଦନ କରିଛି । ସମବାୟ ପ୍ରଗତି ପାଇଁ ଇଫ୍‌କୋ ୩୩ ହଜାର ସମବାୟ ସମିତି ଜରିଆରେ ସାର ବଣ୍ଟନ କରୁଅଛି । ଜାତୀୟ ସମବାୟ ଉନ୍ନୟନ ନିଗମ ସହଯୋଗରେ ଇଫ୍‌କୋ ୬୦୦ ଗୋଟି ସାର ଗୋଦାମ ତିଆରି କରି ଚାଷୀମାନଙ୍କ ପାଖରେ ସାର ପହଞ୍ଚାଇବାର ସୁବନ୍ଦୋବସ୍ତ କରିଛି । ଅଧିକ ସମବାୟ ସାର କାରଖାନା ପ୍ରତିଷ୍ଠା ଉଦ୍ଦେଶ୍ୟରେ ଇଫ୍‌କୋ ୯୭ କୋଟି ଟଙ୍କା ଅଂଶଧନ ଦେଇ ଗୁଜୁରାଟର ହାଜରା ଠାରେ କୃଷକ ଭାରତ ସମବାୟ ସାର କାରଖାନା ସ୍ଥାପନ କରିଅଛି ଯାହାର ବାର୍ଷିକ ୟୁରିଆ ସାର ଉତ୍ପାଦନ କ୍ଷମତା ୧୪ ଲକ୍ଷ ମେଟ୍ରିକ୍ ଟନ୍। ଆନ୍ଧ୍ର ପ୍ରଦେଶ ରାଜ୍ୟ ସରକାରଙ୍କ ସହିତ ମିଶି ଆନ୍ଧ୍ର ପ୍ରଦେଶର କାକିନାଡ଼ା ଠାରେ ସମୁଦାୟ ଅଂଶଧନ ତଥା କାର୍ଯ୍ୟକାରୀ ମୂଳଧନର ଏକ ଚତୁର୍ଥାଂଶ ଅର୍ଥାତ୍ ୮ କୋଟି ଟଙ୍କା ଦେଇ ଗୋଦାବରୀ ସାର କାରଖାନା ବସାଇବାରେ ସହଯୋଗ କରିଛି । ଏହି ସାରକାରଖାନାର ବାର୍ଷିକ ଆମୋନିଆ ସାର ଉତ୍ପାଦନ କ୍ଷମତା ୩୦ ଲକ୍ଷ ମେଟ୍ରିକ୍ ଟନ୍। ଇଫ୍‌କୋ ତା'ର ସଭ୍ୟ ସମବାୟ ସମିତି ଓ କୃଷକମାନଙ୍କୁ ଅଧିକ ସେବା ଯୋଗାଇଦେବା ପାଇଁ ଆନୋଲା ସମବାୟ ସାର କାରଖାନାର ସଂପ୍ରସାରଣ ଓ ତା'ର ଅନ୍ୟ ତିନୋଟି କାରଖାନାକୁ ଶକ୍ତିଶାଳୀ କରିବାର ପଦକ୍ଷେପ ନେଇଅଛି । ଆମ ଓଡ଼ିଶାର ତାଳଚେର, ପାରାଦ୍ୱୀପ ଓ ରାଉରକେଲାରେ ଭାରତ ସରକାରଙ୍କ ଉଦ୍ୟମରେ ତିନୋଟି ସାର କାରଖାନା ପ୍ରତିଷ୍ଠା କରାଯାଇଥିଲେ ମଧ୍ୟ ସମବାୟ ଭିତ୍ତିକ ସାର କାରଖାନା ପ୍ରତିଷ୍ଠା

ହୋଇପାରି ନଥିଲା ଏବଂ ତାଳଚେର ଠାରେ ସାରକାରଖାନାଟି ବନ୍ଦ ହୋଇଯାଇଅଛି । ମାତ୍ର ଇଫ୍‌କୋ ପାରାଦ୍ୱୀପ ଠାରେ କାର୍ଯ୍ୟ କରୁଥିବା ଓସ୍ୱାଲ୍ ସାର କାରଖାନାକୁ କ୍ରୟ କରି ସମବାୟ ଭିତ୍ତିକ ସାର କାରଖାନା ପ୍ରତିଷ୍ଠା କରି ଓଡ଼ିଶା କୃଷକମାନଙ୍କୁ ସାର ଯୋଗାଉଅଛି ।

ଇଫ୍‌କୋ ପାରାଦ୍ୱୀପ ସାର କାରଖାନାରୁ ବର୍ଷିକ ୨୪୧୫୦୦୦ ମେଟ୍ରିକକ୍ ଟନ୍ ସାର ଉତ୍ପାଦନ କରୁଛି । ଇଫ୍‌କୋ ୨୦୨୩-୨୪ ଆର୍ଥିକ ବର୍ଷରେ ପାରାଦ୍ୱୀପ ସାର କାରଖାନାରୁ ଡିଏପି ୧୬୮୦୮୫୦ ମେଟ୍ରିକକ୍ ଟନ୍, ନାଇଟ୍ରୋଜେନ୍ ପଟାସିୟମ୍ (ଏନ୍‌ପି) ୪୩୬୬୫୦ ମେଟ୍ରିକକ୍ ଟନ୍, ବାୟୋଫର୍ଟିଲାଇଜର ୧୧୭୮୧୦ ଲିଟର ସାର ଉତ୍ପାଦନ କରୁଛି। ଓଡ଼ିଶାକୁ ୨୦୨୩-୨୪ ଆର୍ଥିକ ବର୍ଷରେ ନିଜ ଉତ୍ପାଦିତ ସାର ମଧ୍ୟରୁ ଡିଏପି ୬୧୦ ମେଟ୍ରିକକ୍ ଟନ୍, ନାଇଟ୍ରୋଜେନ୍ ପଟାସିୟମ୍ ୨୫୧୫୭ ମେଟ୍ରିକକ୍ ଟନ୍, ୟୁରିଆ ୧୧୫୦୨୯ ମେଟ୍ରିକକ୍ ଟନ୍, ନାନୋ ୟୁରିଆ ୫୦୦ ମି.ଲି. କ୍ଷମତା ବିଶିଷ୍ଟ ୬୭୭୭୮୬ ବୋତଲ, ନାନୋ ଡିଏପି ୫୦୦ ମି.ଲି. କ୍ଷମତା ବିଶିଷ୍ଟ ୯୧୧୨୩ ବୋତଲ, ବାୟୋ ଫର୍ଟିଲାଇଜର ୫୦୦ ମି.ଲି. କ୍ଷମତା ବିଶିଷ୍ଟ ୨୬୫୯୨ ବୋତଲ, ୱାଟର ସଲିବୁଲ ଫର୍ଟିଲାଇଜର ୪୨୫ ଲି., ସାଗରିକା ଗ୍ରାନୁଟସ୍ ୬୮୦ ମେଟ୍ରିକକ୍ ଟନ୍, ସାଗରିକା ଲିକ୍ୟୁଇଡ୍ ୭୯୯୪ ଲିଟର୍ସ, ନାଚୁରାଲ୍ ପଟାସ୍ ୩୦୯୮ ଲିଟର୍ସ ସାର ଓଡ଼ିଶାର ୧୪୭୨ଟି ସମବାୟ ସମିତି ମାଧ୍ୟମରେ ବିକ୍ରି କରୁଅଛି । ଇଫ୍‌କୋ ପାରାଦ୍ୱୀପ ସାର କାରଖାନାରୁ ବାର୍ଷିକ ୨୧.୫ କୋଟି ଟଙ୍କା ଲାଭ ପାଉଛି ବୋଲି ୨୦୨୨-୨୩ ଆର୍ଥିକ ବର୍ଷରେ ବିକ୍ରୟ ରିପୋର୍ଟରେ ପ୍ରକାଶ ପାଇଛି । ୩୧ ଡିସେମ୍ବର ୨୦୨୩ ସୁଦ୍ଧା ୧୦୮.୯୨ କୋଟି ଟଙ୍କା ଲାଭ କରିଛି ବୋଲି ପ୍ରକାଶ ପାଇଛି । ଅନ୍ୟ ରାଜ୍ୟ ତୁଳନାରେ ଇଫ୍‌କୋ ଓଡ଼ିଶାରେ ସବୁଠାରୁ ବେଶୀ ସାର ଉତ୍ପାଦନ କରୁଥିଲେ ମଧ୍ୟ ଓଡ଼ିଶାର ଚାଷୀମାନଙ୍କ ପ୍ରତି ସାର ଯୋଗାଣରେ ପାତର ଅନ୍ତର ନୀତି ଅବଲମ୍ବନ କରୁଥିବାରୁ ଚାଷୀମାନେ କୃଷିକାର୍ଯ୍ୟରେ ଯେତିକି ସାର ବ୍ୟବହାର କରିବା ପାଇଁ ଆବଶ୍ୟକ ପଡୁଛି ତା'ଠାରୁ କମ୍ ପରିମାଣର ସାର ଉପଲବ୍ଧ ହେଉଥିବାରୁ ଚାଷୀମାନଙ୍କ ମନରେ ନୈରାଶ୍ୟ ହେବା ସୃଷ୍ଟି ହେଉଛି । ଇଫ୍‌କୋ ଉତ୍ତର ପ୍ରଦେଶର ପ୍ରୟାଗରାଜ ନିକଟ ଫୁରଫୁର ଠାରେ ୧୯୮୧ ମସିହାରେ ଦୈନିକ ୨୯୫୧ ମେଟ୍ରିକକ୍ ଟନ୍ ଆମୋନିଆ ଓ ୫୧୪୫ ମେଟ୍ରିକକ୍ ଟନ୍ ୟୁରିଆ ଉତ୍ପାଦନ କ୍ଷମତା ବିଶିଷ୍ଟ ସାର କାରଖାନା ପ୍ରତିଷ୍ଠା କରିଅଛି । ଇଫ୍‌କୋର ଅଧ୍ୟକ୍ଷ ଭାବରେ ଦିଲୀପ୍ କୁମାର ସାଙ୍ଗାନୀ ଓ ପରିଚାଳନା ନିର୍ଦ୍ଦେଶକ ତଥା ମୁଖ୍ୟ କାର୍ଯ୍ୟନିର୍ବାହୀ ରୂପେ ଡକ୍ଟର ଉଦୟ ଶଙ୍କର ଅଗସ୍ତି କାର୍ଯ୍ୟ

ତୁଲାଉଛନ୍ତି । ଇଫ୍‌କୋ ସାର ଉତ୍ପାଦନ ତଥା ବିତରଣରେ ସମଗ୍ର ପୃଥିବୀରେ ୩୦୦ ଶ୍ରେଷ୍ଠ ସମବାୟ ଅନୁଷ୍ଠାନମାନଙ୍କ ମଧ୍ୟରେ ସ୍ଥାନ ପାଇବା ସଙ୍ଗେ ସଙ୍ଗେ ବାର୍ଷିକ ୨୪୪୦ କୋଟି ଟଙ୍କା ଲାଭ ପାଉଛି ।

ସାର କାରଖାନା ଦ୍ୱାରା ପାରିପାର୍ଶ୍ୱିକ ଅଞ୍ଚଳର ଜଳବାୟୁର ପ୍ରଦୂଷଣ ମାତ୍ରା ବୃଦ୍ଧି ପାଉଛି । ଯାହାଫଳରେ ପିଇବା ପାଣିର ପ୍ରଦୂଷଣ ମଧ୍ୟ ବୃଦ୍ଧି ପାଉଛି । ସେ ଅଞ୍ଚଳର ଲୋକମାନଙ୍କ ସ୍ୱାସ୍ଥ୍ୟରେ ଅବନତି ଘଟୁଛି । ଏଠାରେ ଉଦାହରଣ ଦିଆଯାଇପାରେ ପଞ୍ଜାବରେ ମାତ୍ରାଧିକ ସାର ପ୍ରୟୋଗ ଦ୍ୱାରା ଚାଷୀମାନେ କ୍ୟାନସର ରୋଗର ଶିକାର ହେଉଛନ୍ତି । ପଞ୍ଜାବର ଅମୃତସରରୁ ରାଜସ୍ଥାନର ଆଜମିର୍‌କୁ ଦୈନିକ ଯେଉଁ ଟ୍ରେନ୍‌ଟି ଯାତାୟତ କରୁଛି ଉକ୍ତ ଟ୍ରେନ୍‌ରେ ୯୦ ଭାଗ ଲୋକ କ୍ୟାନସର ଆକ୍ରାନ୍ତ ରୋଗୀ ଯାତାୟତ କରୁଥିବାରୁ ଉକ୍ତ ଟ୍ରେନ୍‌ଟିର ନାମ କ୍ୟାନସର ଟ୍ରେନ୍ ରୂପେ ପରିଚିତ ।

ଇଫ୍‌କୋର ୩୬୦୦୦ ସଭ୍ୟ ସମବାୟ ସମିତି ମାନଙ୍କ ଭିତରେ ଓଡ଼ିଶାର ସମବାୟ ସମିତି ସଂଖ୍ୟା ୧୪୭୨ ଯାହା ଅତି ନଗଣ୍ୟ । ଏଣୁ ଓଡ଼ିଶାର ସମସ୍ତ ପ୍ରାଥମିକ କୃଷି ସମବାୟ ସମିତି ତଥା ବାଣିଜ୍ୟ ସମବାୟ ସମିତିମାନେ ଇଫ୍‌କୋର ସଭ୍ୟ ହୋଇପାରିଲେ ଓଡ଼ିଶାର ସାର ବିତରଣ ହାର ଅଧିକ ହୋଇପାରିବ । ଓଡ଼ିଶା ରାଜ୍ୟ ସମବାୟ ବାଣିଜ୍ୟ ସଂଘ ଉଦ୍ୟମରେ ବରଗଡ଼ ଠାରେ ସ୍ଥାପିତ ନାଇଟ୍ରୋଜେନ୍, ପଟାସିୟମ୍ ଓ ଫସ୍‌ଫରସ୍ ମିଶ୍ରିତ (N.K.P) ସାର ବ୍ୟବସାୟ ଆଶାନୁରୂପ ଫଳପ୍ରଦ ହୋଇ ନପାରି ତାହା ବନ୍ଦ ହୋଇଯାଇଅଛି ।

ଇଫ୍‌କୋ ସାର ଉତ୍ପାଦନ କରିବା ବ୍ୟତୀତ ଚାଷୀମାନଙ୍କୁ କୃଷି ତଥା ଅନ୍ୟାନ୍ୟ ବହୁମୁଖୀ ସମବାୟ ସମିତି ସ୍ଥାପନରେ ମଧ୍ୟ ସାହାଯ୍ୟ କରୁଅଛି । ଜାତୀୟ ଚଳଚ୍ଚିତ୍ର, ସୌଖିନ କାରୁକାର୍ଯ୍ୟ ସମବାୟ ସମିତି, ଭାରତୀୟ ଝୋଟଶିଳ୍ପ ସମବାୟ ବାଣିଜ୍ୟ ସମିତି ଓ ଭାରତୀୟ ପର୍ଯ୍ୟଟନ ସମବାୟ ସମିତି ପ୍ରତିଷ୍ଠାରେ ଇଫ୍‌କୋ ସାହାଯ୍ୟ କରୁଅଛି ।

ସମବାୟ ଶିକ୍ଷାର ପ୍ରସାରଣ ପାଇଁ ୧୯୮୩ ମସିହା ଠାରୁ ପ୍ରତିବର୍ଷ ଇଫ୍‌କୋ ଉଦ୍ୟମରେ ନେହେରୁ ସ୍ମାରକୀ ବକ୍ତୃତାମାଳା ଜରିଆରେ ବିଖ୍ୟାତ ସମବାୟ ନେତାମାନେ ସମବାୟ ଶିକ୍ଷା ଦେଉଅଛନ୍ତି । ସମବାୟ ଆନ୍ଦୋଳନକୁ ପରିପୁଷ୍ଟ କରୁଥିବା ବିଶିଷ୍ଟ ସମବାୟ ନେତାମାନଙ୍କୁ ଇଫ୍‌କୋ ପ୍ରତିବର୍ଷ ପୁରସ୍କୃତ କରୁଅଛି । ଇଫ୍‌କୋ ଭାରତର ୧୦ଟି ରାଜ୍ୟରେ ୫୦ ହଜାର ହେକ୍ଟର ପତିତ ଜମିରେ ବୃକ୍ଷ ରୋପଣ ଲକ୍ଷ୍ୟ ନେଇ ପ୍ରଥମେ ଉତ୍ତର ପ୍ରଦେଶର ସୁଲତାନ୍‌ପୁର ଜିଲ୍ଲା ଓ ରାଜସ୍ଥାନର ଉଦୟପୁର ଜିଲ୍ଲାରେ ୪

ହଜାର ହେକ୍ଟର ପତିତ ଜମିରେ ବୃକ୍ଷ ରୋପଣ କରିସାରିଛି । ପତିତ ଜମି ଉଦ୍ଧାର କରିବା ପାଇଁ ଇଫ୍‌କୋ ପତିତ ଜମି ଉନ୍ନୟନ ସମବାୟ ସମିତି ଗଠନରେ ସାହାଯ୍ୟ କରୁଛି ।

ସାର ପ୍ରୟୋଗ ତଥା ଆଧୁନିକ କୃଷି ବିହନ ଉପଯୋଗରେ ଅଧିକ ଫସଲ ଉତ୍ପାଦନ ପାଇଁ ଇଫ୍‌କୋ କୃଷି ସମବାୟ ସମିତି ମାନଙ୍କରେ ନିଜେ ଦରମା ଦେଇ ୬୦୦ ଜଣ କୃଷି ସ୍ନାତକମାନଙ୍କୁ ନିଯୁକ୍ତି ଦେଇଅଛି । ଏହି କୃଷି ସ୍ନାତକମାନେ ୯୦୦ କ୍ଷେତ୍ର ପରିଦର୍ଶନ କରି ଚାଷୀମାନଙ୍କୁ ଆଧୁନିକ କୃଷି ଜ୍ଞାନ କୌଶଳ ଶିକ୍ଷା ଦେଉଛନ୍ତି ଏବଂ କୃଷକମାନଙ୍କୁ ଡାକି ସଭା କରାଇ ମୃତ୍ତିକା ପରୀକ୍ଷାରେ ଗୁରୁତ୍ୱ ଉପଲବ୍ଧି କରାଉଛନ୍ତି । ଇଫ୍‌କୋ କୃଷି ଗବେଷଣାକୁ ତ୍ୱରାନ୍ୱିତ କରିବା ପାଇଁ ଭାରତରେ ୧୩ଟି କୃଷି ବିଶ୍ୱ ବିଦ୍ୟାଳୟ ଓ ପୁନାର ବୈକୁଣ୍ଠନାଥ ମେହେଟ୍ଟା ଶିକ୍ଷାନୁଷ୍ଠାନରେ ନିଜ ଖର୍ଚ୍ଚରେ ପ୍ରଫେସର ପଦ ସୃଷ୍ଟି କରିଅଛି । ଇଫ୍‌କୋ ଭାରତୀୟ କୃଷି ଗବେଷଣା ଅନୁଷ୍ଠାନ (I.C.A.R) ଏବଂ ବିଭିନ୍ନ ରାଜ୍ୟ ସରକାରଙ୍କ ସହଯୋଗରେ ୟୁରିଆ ସାରର ସଫଳ ଉପଯୋଗ ପାଇଁ ବିଭିନ୍ନ କ୍ଷେତ୍ରରେ ପରୀକ୍ଷା ଚଳାଇଛି । କୃଷକମାନେ ବିଭିନ୍ନ ରାଜ୍ୟର ଆଧୁନିକ ଚାଷ ପଦ୍ଧତି, ଚାଷୀମାନଙ୍କ ଆଚାର ବ୍ୟବହାର ଓ ସାମାଜିକ ସ୍ଥିତି ଅନୁଧ୍ୟାନ ପାଇଁ ତଥା ଜାତୀୟ ସଂହତି ଦୃଢ଼ତର ହେବା ପାଇଁ ଇଫ୍‌କୋ ୫୦୦୦ କୃଷକଙ୍କୁ ନିଜ ଖର୍ଚ୍ଚରେ ଭାରତର ବିଭିନ୍ନ ସ୍ଥାନକୁ ଭ୍ରମଣର ସୁଯୋଗ ଦେଇଛି । ଚାଷୀମାନଙ୍କୁ କୃଷି, ସ୍ୱାସ୍ଥ୍ୟ ଓ ପଶୁପାଳନର ତାଲିମ ଦେବାପାଇଁ ଉତ୍ତର ପ୍ରଦେଶର ଫୁଲପୁର ଠାରେ ମୋତିଲାଲ୍ ନେହେରୁ କୃଷି ତାଲିମ କେନ୍ଦ୍ର ଓ ଗୁଜୁରାଟର କାଲୋଲ୍ ଠାରେ ସମବାୟ ଗ୍ରାମ୍ୟ ଉନ୍ନୟନ କେନ୍ଦ୍ର ସ୍ଥାପନ କରିଅଛି ।

ଗ୍ରାମ୍ୟ ସମନ୍ୱିତ ଉନ୍ନୟନ କାର୍ଯ୍ୟକ୍ରମ ସହଯୋଗରେ ଶିକ୍ଷା, ସ୍ୱାସ୍ଥ୍ୟ, ପଶୁ ଚିକିତ୍ସା, ଆଧୁନିକ କୃଷି ବିଜ୍ଞାନ ପଦ୍ଧତି, କାଠ ବଦଳରେ ପବନ, ସୌରରଶ୍ମି ପ୍ରଭୃତି ଅନ୍ୟାନ୍ୟ ଜାଳେଣି ଶକ୍ତି ଉପଯୋଗ ତଥା ଗ୍ରାମ୍ୟ ଜଙ୍ଗଲ ସୃଷ୍ଟି ପ୍ରଭୃତି ଜରିଆରେ ଇଫ୍‌କୋ ୧୧୫୦ଟି ଗ୍ରାମର ଅଧିବାସୀମାନଙ୍କୁ ସାମାଜିକ ତଥା ଆର୍ଥିକ ଅବସ୍ଥାର ଉନ୍ନତି କରିବା ପାଇଁ ପଦକ୍ଷେପ ନେଇଅଛି । କେତେକ ଦୁର୍ଗମ ପାହାଡ଼ିଆ ଅନୁର୍ବର ତଥା ବିଷମ ମୃତ୍ତିକା ବିଶିଷ୍ଟ ଅଞ୍ଚଳରେ ଅଧିକ ଫସଲ ଉତ୍ପାଦନ ମାଧ୍ୟମରେ ଚାଷୀମାନଙ୍କର ଆର୍ଥିକ ବିକାଶ ପାଇଁ ଇଫ୍‌କୋ ସ୍ୱତନ୍ତ୍ର କାର୍ଯ୍ୟକ୍ରମମାନ ଗ୍ରହଣ କରିଛି । ରାଜସ୍ଥାନର ଉଦକା, ଶିକାର ଓ ପପଲଓ୍ୟାସ୍, ମହାରାଷ୍ଟ୍ରର ଓ୍ୱାସିନା ଓ ସାମୁଣ୍ଡି, ମଧ୍ୟପ୍ରଦେଶର ରାଇପୁରିଆ ଓ ଲକ୍ଷ୍ମଣପୁର, ପଞ୍ଜାବର ଅଭିଷାଣା ଓ ଖୁର୍ଦ୍ଦ, ଉତ୍ତର ପ୍ରଦେଶର କନକସିଂପୁର, ତାମିଲନାଡୁର କୋଲି, ଚଲଆଲା, ମାରାମେତ୍ତୁ, କେରଳର ଅବାଟ

ଓ ପଶ୍ଚିମବଙ୍ଗର ସୁନ୍ଦରବନ ଅଞ୍ଚଳରେ ଏହି ସ୍ୱତନ୍ତ୍ର କାର୍ଯ୍ୟକ୍ରମମାନ ଇଫ୍‌କୋ ସହାୟତାରେ ଚାଲିଅଛି ।

ଏଣୁ ଇଫ୍‌କୋ ସହିତ ଓଡ଼ିଶା ସରକାର ତଥା ସମବାୟ ଅନୁଷ୍ଠାନର କର୍ମକର୍ତ୍ତାମାନେ ଯୋଗାଯୋଗ କରି ବିଭିନ୍ନ କୃଷି, ସ୍ୱାସ୍ଥ୍ୟ, ସାମାଜିକ କ୍ଷେତ୍ର ଗବେଷଣା ଇତ୍ୟାଦିରେ ଇଫ୍‌କୋକୁ ସାମିଲ୍ କରିପାରିଲେ କୃଷକ, ଗରିବ, ହରିଜନ ଓ ଆଦିବାସୀ ତଥା ସମବାୟ ପ୍ରେମୀ ଲୋକମାନେ ବିଶେଷ ଉପକୃତ ହୋଇପାରିବେ । ରାଜ୍ୟ ସମବାୟ ବିଭାଗର ମନ୍ତ୍ରୀ ଜଣେ ଦକ୍ଷ ତଥା ସମବାୟ ବିଭାଗରେ ଅଭିଜ୍ଞ ବ୍ୟକ୍ତି ହୋଇଥିବାରୁ ତାଙ୍କ ନିର୍ଦ୍ଦେଶରେ ଓଡ଼ିଶା ରାଜ୍ୟ ସମବାୟ ବିଭାଗ ତରଫରୁ ରାଜ୍ୟ ସମବାୟ ନିବନ୍ଧକ ଏହି କାର୍ଯ୍ୟକ୍ରମର ମୁଖ୍ୟ ଉପଦେଷ୍ଟା ସାଜିପାରିଲେ ଓଡ଼ିଶାରେ ସମବାୟ ଅନୁଷ୍ଠାନଗୁଡ଼ିକ ଇଫ୍‌କୋ ସହଭାଗିତାରେ ଓଡ଼ିଶାର ବିକାଶ ପଥରେ ଆଉ ପାଦେ ଆଗେଇ ପାରିବ । ଏହା କେନ୍ଦ୍ର ତଥା ଓଡ଼ିଶା ରାଜ୍ୟ ସରକାରଙ୍କର ମୁଖ୍ୟ କାର୍ଯ୍ୟ ହେବା ଦରକାର । କେନ୍ଦ୍ର ସରକାରଙ୍କର ସମବାୟ ବିଭାଗର ମନ୍ତ୍ରୀ ଶ୍ରୀଯୁକ୍ତ ଅମିତ ଶାହ ଜଣେ ବିଶିଷ୍ଟ ସମବାୟବିତ୍ ହୋଇଥିବାରୁ ଏବଂ ଓଡ଼ିଶାର ସମବାୟ ମନ୍ତ୍ରୀ ଶ୍ରୀଯୁକ୍ତ ପ୍ରଦୀପ କୁମାର ବଳସାମନ୍ତ ଜଣେ ଶିଳ୍ପୋଦ୍ୟୋଗୀ ବ୍ୟକ୍ତି ହୋଇଥିବାରୁ ଇଫ୍‌କୋ ସାର କାରଖାନା ଓଡ଼ିଶାରେ ଉତ୍ପାଦନ କରୁଥିବା ସାର ମଧ୍ୟରୁ ସିଂହଭାଗ ଓଡ଼ିଶା କୃଷକମାନଙ୍କ ପାଇଁ ସମବାୟ ସମିତି ମାଧ୍ୟମରେ ଯୋଗାଇ ଦେବାପାଇଁ ବିହିତ ପଦକ୍ଷେପ ନେବେ ବୋଲି ଆଶା କରାଯାଏ ।

ଜାତି ଓ ରାଜନୀତି

ଆର୍ଯ୍ୟମାନେ ଭାରତବର୍ଷରେ ପ୍ରଥମ ମାନବ ବସତି ସ୍ଥାପନ କରିବା ସମୟରେ ସେମାନଙ୍କ ମଧ୍ୟରେ ଜାତିଭେଦ ନଥିବାରୁ ଶାନ୍ତି ଶୃଙ୍ଖଳାରେ ଜୀବନ ବିତାଉଥିଲେ । ପରେ ବ୍ୟବସାୟିକ ଭିତ୍ତିରେ ଜାତିର ସୃଷ୍ଟି କରାଗଲା । ଯେଉଁମାନେ ବିଦ୍ୱାନ ହୋଇ ଧର୍ମ ବା ପୁରୋହିତ କାର୍ଯ୍ୟ ତଥା ଠାକୁର ପୂଜାରେ ନିମଗ୍ନ ରହିଲେ ସେମାନେ ହେଲେ ବ୍ରାହ୍ମଣ । ଯେଉଁମାନେ ଯୁଦ୍ଧ ବିଦ୍ୟାରେ ପାରଙ୍ଗମ ହୋଇ ଦେଶର ସୁରକ୍ଷା ବହନ କଲେ ସେମାନେ ହେଲେ କ୍ଷତ୍ରିୟ । ଯେଉଁମାନେ ମନୁଷ୍ୟ ସମାଜକୁ ଖାଦ୍ୟ ଯୋଗାଇବା ପାଇଁ ଚାଷ ଓ ଆନୁସଙ୍ଗିକ କାର୍ଯ୍ୟ କଲେ ସେମାନେ ହେଲେ ବୈଶ୍ୟ । ଉପରୋକ୍ତ ତିନି ଜାତିର ଯେଉଁମାନେ ସେବକ ଭାବେ ସେବା ଯୋଗାଇଲେ ସେମାନଙ୍କୁ କୁହାଗଲା ଶୁଦ୍ର । ପରେ ପରେ ପରସ୍ପର ବୈବାହିକ ସମ୍ପର୍କ ଛିନ୍ନ କରି ଜାତିଭେଦ ନିୟମରେ ପରିଚାଳିତ ହୋଇ ଝଗଡ଼ାରେ ବ୍ୟାପୃତ ହେଲେ ଏବଂ କାଳକ୍ରମେ ଉଚ୍ଚ ଜାତିର ଲୋକମାନେ ଶୁଦ୍ରମାନଙ୍କୁ ଅସ୍ପୃଶ୍ୟ ଜାତି ଭାବରେ ବିବେଚିତ କରି ହେୟଜ୍ଞାନ କଲେ ଏବଂ ସମୟେ ସମୟେ ନିର୍ଯ୍ୟାତିତ କଲେ । ଫଳରେ ଅନେକ ହରିଜନ ଲୋକମାନେ ମୁସଲମାନ ଧର୍ମରେ ଦୀକ୍ଷିତ ହେଲେ । ଏପରି ନିଜ ନିଜ ମଧ୍ୟରେ ଝଗଡ଼ା ତଥା ଘୃଣାଭାବ ହେତୁ ବିଦେଶୀ ଶକ୍ତି ବିରୁଦ୍ଧରେ ଏକାଠି ହୋଇ ଲଢ଼ି ନପାରିବାରୁ ଦେଶ ପରାଧୀନ ହେଲା । ଫଳରେ ବ୍ୟବସାୟ କରିବାକୁ ଆସିଥିବା ଫରାସୀମାନେ ଭାରତୀୟଙ୍କୁ ଶାସନ କରିବା ଆରମ୍ଭ କରି ଭାରତୀୟଙ୍କୁ କ୍ରୀତଦାସ ଭାବେ ବ୍ୟବହାର କଲେ । ମହାତ୍ମାଗାନ୍ଧିଙ୍କ ନେତୃତ୍ୱରେ ସମସ୍ତ ଜାତି ପୁଣି ଏକଜୁଟ ହୋଇ ବ୍ରିଟିଶ ସରକାର ବିରୁଦ୍ଧରେ ଲଢ଼େଇ କରି ୧୯୪୭ ମସିହା ଅଗଷ୍ଟ ୧୫ ତାରିଖରେ ସ୍ୱାଧୀନ ଭାରତକୁ ଫେରିପାଇଲେ । ସ୍ୱାଧୀନ ଭାରତରେ ସମସ୍ତଙ୍କୁ ସମାନ ଅଧିକାର ଦିଆଗଲା । କେବଳ ହରିଜନ ଓ ଆଦିବାସୀମାନେ ସମାଜରେ ଅସ୍ପୃଶ୍ୟ

ନିତ୍ୟାନ୍ତ ଦରିଦ୍ର ଲୋକ ହେତୁ ମର୍ଯ୍ୟାଦା ସହକାରେ ସେମାନଙ୍କୁ ଭାଗିଦାର କରିବାକୁ ଲୋକସଭା ଓ ବିଧାନସଭାରେ ୧୦ ବର୍ଷ ପାଇଁ ସ୍ଥାନ ସଂରକ୍ଷଣ କରାଗଲା । ଜମିଦାରୀ ଉଚ୍ଛେଦ ତଥା ଜମିଜମା ସଂସ୍କାର ଜରିଆରେ ସାମାଜିକ ନ୍ୟାୟ ପ୍ରତିଷ୍ଠା ଓ ପଞ୍ଚବାର୍ଷିକ ଯୋଜନାରେ ଜଳସେଚନ ସମେତ ବିଭିନ୍ନ ଉନ୍ନୟନ କାର୍ଯ୍ୟକ୍ରମରେ ଜାତି, ବର୍ଣ୍ଣ ନିର୍ବିଶେଷରେ ସାମୂହିକ ଆର୍ଥିକ ବିକାଶ ଭିତ୍ତିରେ ବିଭିନ୍ନ ରାଜନୈତିକ ଦଳ ୧୯୫୨ ଓ ୧୯୫୭ ମସିହାରେ ନିର୍ବାଚନ ଲଢ଼ି କେନ୍ଦ୍ର ଓ ରାଜ୍ୟରେ ସରକାରମାନ ପ୍ରତିଷ୍ଠା କଲେ । ପରେ ୧୯୬୨ ମସିହାରେ ଉତ୍ତର ପ୍ରଦେଶର ବିଶିଷ୍ଟ ସମାଜବାଦୀ ନେତା ଡକ୍ଟର ରାମ ମନୋହର ଲୋହିଆଜୀ ପଛୁଆ ଜାତିଙ୍କର କ୍ଷୀପ୍ର ଆର୍ଥିକ ବିକାଶ ପାଇଁ ସେମାନଙ୍କୁ ଏକଜୁଟ କରି ନିର୍ବାଚନ ଲଢ଼ିଲେ । ତାଙ୍କର ମୁକାବିଲା କରିବା ପାଇଁ କଂଗ୍ରେସ ନେତ୍ରୀ ସ୍ୱର୍ଗତ ଇନ୍ଦିରାଗାନ୍ଧୀ ଉତ୍ତର ପ୍ରଦେଶରେ ୧୯୭୧ ମସିହାରେ ବ୍ରାହ୍ମଣ, ମୁସଲ୍‌ମାନ ଓ ହରିଜନମାନଙ୍କୁ ଏକଜୁଟ କଲେ । ବିହାର ତଥା ଅନ୍ୟ କେତେକ ରାଜ୍ୟକୁ ଉକ୍ତ ଜାତିଭିତ୍ତିକ ରାଜନୀତି ମଧ୍ୟ ସଂକ୍ରମିତ ହୋଇଥିଲା । ୧୯୮୫ ମସିହାରେ ଗଜୁରାଟରେ କ୍ଷମତାଶାଳୀ ପଟେଲ୍ ଜାତିର ଚାଷୀମାନଙ୍କର ମୁକାବିଲା କରିବା ପାଇଁ କଂଗ୍ରେସ ନେତା ମାଧବସିଂ ସୋଲାଙ୍କି କ୍ଷତ୍ରୀୟ, ହରିଜନ, ଆଦିବାସୀ ଓ ମୁସଲମାନ୍‌ମାନଙ୍କୁ ଏକଜୁଟ କରି ନିର୍ବାଚନ ଲଢ଼ି ମୁଖ୍ୟମନ୍ତ୍ରୀ ହେଲେ ସତ କିନ୍ତୁ ପରିଣାମ ସ୍ୱରୂପ ଗୁଜୁରାଟରେ ଶାନ୍ତିଶୃଙ୍ଖଳା ଗୁରୁତର ଭାବରେ ବ୍ୟାହତ ହୋଇ ଧନଜୀବନ ନଷ୍ଟ ହେବାରୁ ସୋଲାଙ୍କିଙ୍କୁ ମୁଖ୍ୟମନ୍ତ୍ରୀ ପଦରୁ ବିଦାୟ ନେବାକୁ ପଡ଼ିଲା । ଏହିପରି ଭାବରେ ଜାତିଆଣ ସୃଷ୍ଟି ନେତାମାନେ ନିଜର ଫାଇଦା ଉଠାଇବାକୁ ଲୋକମାନଙ୍କ ମଧ୍ୟରେ ଭେଦଭାବ ସୃଷ୍ଟି କରାଇଅଛନ୍ତି । କେବଳ ଓଡ଼ିଶା, ପଶ୍ଚିମବଙ୍ଗ ଓ ଆସାମ ପ୍ରଭୃତି ପୂର୍ବାଞ୍ଚଳ ରାଜ୍ୟ ମାନଙ୍କରେ ଜାତିଭିତ୍ତିକ ରାଜନୀତି ଦେଖାଯାଇନାହିଁ । ଓଡ଼ିଶା ସମେତ ବହୁତ ରାଜ୍ୟରେ ହରିଜନ ଓ ଆଦିବାସୀମାନଙ୍କ ପାଇଁ ଚାକିରିରେ ସ୍ଥାନ ସଂରକ୍ଷଣ କରାଗଲା ଓ ଚାକିରିରେ ପ୍ରମୋସନ କ୍ଷେତ୍ରରେ ୧୯୭୪ ମସିହାରେ ହରିଜନ ଓ ଆଦିବାସୀମାନଙ୍କ ସ୍ଥାନ ସଂରକ୍ଷଣ ବ୍ୟବସ୍ଥା ଫଳରେ ଅନ୍ୟ ଚାକିରିଆ ମାନଙ୍କର ଗାତ୍ରଦାହ ହେବା ଆରମ୍ଭ ହୋଇ ଶାସନରେ କିଛି ପରିମାଣରେ ଶିଥିଳତା ଦେଖାଦେଇଛି ।

୧୯୭୧ ମସିହାରେ ଗରିବ ହଟାଓ କାର୍ଯ୍ୟକ୍ରମ ଭିତ୍ତିରେ ଭାରତର ପ୍ରଧାନମନ୍ତ୍ରୀ ଇନ୍ଦିରାଗାନ୍ଧୀ କ୍ଷମତାସୀନ ହେବା ସଙ୍ଗେ ସଙ୍ଗେ ୧୯୭୭ ମସିହାରେ ଜରୁରୀକାଳୀନ ଅତ୍ୟାଚାର ଭିତ୍ତିରେ କ୍ଷମତାରୁ ଅପସରି ଯାଇଥିଲେ । ସେହିପରି ଜନତା ପାର୍ଟିର ଅର୍ନ୍ତଦ୍ୱନ୍ଦରେ ଏହାର ନେତାମାନେ ଶାସନ କରିପାରିବେ ନାହିଁ ବୋଲି ଭାବି ପୁନଶ୍ଚ

ଜନସାଧାରଣ ୧୯୮୦ ମସିହାରେ ଇନ୍ଦିରାଗାନ୍ଧୀଙ୍କ ନେତୃତ୍ୱରେ କଂଗ୍ରେସକୁ କ୍ଷମତାରୁଢ଼ କଲେ । ସେହିପରି ୧୯୮୪ ମସିହାରେ ପ୍ରଧାନମନ୍ତ୍ରୀ ଇନ୍ଦିରାଗାନ୍ଧୀଙ୍କ ନିର୍ମମ ହତ୍ୟାରେ ଲୋକେ ବିଚଳିତ ହୋଇ ତାଙ୍କର ଜ୍ୟେଷ୍ଠପୁତ୍ର ରାଜୀବଗାନ୍ଧୀଙ୍କ ନେତୃତ୍ୱରେ ପୁନଶ୍ଚ କଂଗ୍ରେସ(ଇ)କୁ ଅନୁକମ୍ପା ମୂଳକ ଭୋଟ୍‌ଦେଇ କ୍ଷମତାସୀନ କଲେ। ଫଳରେ ରାଜୀବଗାନ୍ଧୀ ଭାରତର ପ୍ରଧନାମନ୍ତ୍ରୀ ଦାୟିତ୍ୱ ନେଲେ । ୧୯୮୯ ମସିହାରେ କେତେକ ରାଜ୍ୟରେ କଂଗ୍ରେସ ଲୋକମାନଙ୍କ କୁଶାସନ ତଥା ଦୁର୍ନିତୀ ବିରୁଦ୍ଧରେ ଲୋକମାନେ ଭୋଟଦେଇ ସଂଖ୍ୟାଲଘୁ ଜନତାଦଳକୁ କେନ୍ଦ୍ରରେ ଶାସନଭାର ଦେଲେ । ଏଣୁ ଉକ୍ତ ଘଟଣାମାନଙ୍କରୁ ଜଣାଯାଇଛି ଯେ, ବିଭିନ୍ନ ରାଜନୈତିକ ଦଳର ଲୋକମାନଙ୍କ ଜାତିଆଣ ଭେଦଭାବ ସାମୁହିକ ଭାବରେ କିଛି ନିର୍ବାଚନ ଫାଇଦା ଦେଇଥାଇପାରେ । କିନ୍ତୁ ମୁଖ୍ୟତଃ ଅର୍ଥନୈତିକ କାର୍ଯ୍ୟକ୍ରମ ଓ ଶାସନର ବିଫଳତା ଭିତ୍ତିରେ ଜନସାଧାରଣ ନିଷ୍ପତ୍ତିମୂଳକ ଭୋଟଦେଇ ରାଜନୈତିକ ଦଳମାନଙ୍କୁ କ୍ଷମତାସୀନ କରାଇଛନ୍ତି । ପରନ୍ତୁ ୧୯୭୧ ମସିହାରେ ଗରିବ ହଟାଅ କାର୍ଯ୍ୟକ୍ରମ ଅନୁଯାୟୀ ଆଦିବାସୀ, କ୍ଷୁଦ୍ର ତଥା ନାମମାତ୍ର ଚାଷୀ ଉନ୍ନୟନ ସଂସ୍ଥା, ୧୯୭୭ ମସିହାରେ ଅନ୍ତୋଦୟ କାର୍ଯ୍ୟକ୍ରମ ଓ ୧୯୮୦ ମସିହାରେ ସମନ୍ୱିତ ଗ୍ରାମ୍ୟ ଉନ୍ନୟନ ଯୋଜନାରେ ସମସ୍ତ ଜାତିର ଗରିବ ଲୋକମାନଙ୍କ ଆର୍ଥିକ ବିକାଶ କିଛି ପରିମାଣରେ କାର୍ଯ୍ୟକାରୀ ହୋଇପାରିଛି । ତଥାପି ୪୭ ବର୍ଷ ତଳର ପୁରୁଣା ମଣ୍ଡଳ କମିଶନଙ୍କ ରିପୋର୍ଟ ଭିତ୍ତିରେ ପ୍ରଧାନମନ୍ତ୍ରୀ ବିଶ୍ୱନାଥ ପ୍ରତାପ ସିଂ ନିର୍ବାଚନ ପ୍ରତିଶ୍ରୁତି ପାଳନ ଆଳରେ ତରବରିଆ ଭାବରେ ପଛୁଆ ଜାତି ଚାକିରି ସଂରକ୍ଷଣ ନୀତି ଘୋଷଣା କରି ଦେଶରେ ହିଂସାତ୍ମକ ଆନ୍ଦୋଳନକୁ ଉସ୍କୁକାଇବାରେ ଏବଂ ପୁଣି ସ୍ୱାଧୀନତା ପୂର୍ବରୁ ଜାତି ବିବାଦ ଅବସ୍ଥାରୁ ଦେଶକୁ ଫେରାଇ ଦେବାରେ ବରଂ ସାହାଯ୍ୟ କରିଛନ୍ତି । ପଞ୍ଜାବ, ଆସାମ, ଜାମ୍ମୁ କାଶ୍ମୀର ପ୍ରଭୃତି ଦେଶରେ ବିଛିନ୍ନତା ଆନ୍ଦୋଳନ ମୁଣ୍ଡଟେକି ଦେଶର ସଂହତିରେ ବାଧକ ହେଲେଣି । ଶାସନରେ ଦୁର୍ନିତୀ ଭ୍ରଷ୍ଟାଚାରର ଅବସାନ ହୋଇନାହିଁ । ମହାତ୍ମାଗାନ୍ଧୀଙ୍କ ନୈତିକ ନେତୃତ୍ୱ ବଳରେ ରାଜନୈତିକ ନେତାମାନେ ଭୋଟରମାନଙ୍କୁ "ହାତି ଦେବ, ଘୋଡ଼ା ଦେ ମୋ ପେଁକାଳି ବଜାଇଦେ" ନୀତିରେ ଶସ୍ତା ଶ୍ଳୋଗାନମାନ ଦେଇ କୌଣସି ଉପାୟରେ ନିର୍ବାଚନ ବୈତରଣୀ ପାର ହୋଇ କ୍ଷମତା ଦଖଲ କରୁଛନ୍ତି । କିନ୍ତୁ 'ହାତରେ ନାହିଁ ଧନ ପୁଅ ବାହା କରିବାକୁ ମନ' ଭିତ୍ତିରେ ରାଜକୋଷରେ ଅର୍ଥ ନଥାଉ ପଛକେ ଲୋକମାନଙ୍କ କୃଷି ଉତ୍ପାଦନ ବଢ଼ାଇବା ପାଇଁ ପରାମର୍ଶ ନଦେଇ ବେକାରୀ ଭତ୍ତା, କୃଷିଋଣ ଛାଡ଼ ପ୍ରଭୃତି ଦାନ ଖଇରାତ ଦେବାକୁ କହି ଏବେ କିଛି ପୂରଣ କରିପାରୁ ନଥିବାରୁ ଜନ ଅସନ୍ତୋଷ ଜୋର୍‌ରେ

ବଢ଼ିଚାଲିଛି । ଦରଦାମ ବୃଦ୍ଧିରେ ଲୋକେ ଅତିଷ୍ଠ ହେଲେଣି । ଜନତା ଦଳ ସରକାର ଲୋକମାନଙ୍କ ପାଇଁ ଆଖି ଦୃଷ୍ଟିଆ ବିକାଶ କାର୍ଯ୍ୟକ୍ରମ କିଛି କରିପାରିଲେ ନାହିଁ । ଯଦି ପଛୁଆ ଜାତିର ଚାକିରି ସଂରକ୍ଷଣ ହୋଇଗଲେ ସେମାନଙ୍କ ସାମୁହିକ ଉନ୍ନତି ତ୍ୱରାନ୍ୱିତ ହୋଇପାରିବ ତାହାଲେ ମନ୍ତ୍ରୀମଣ୍ଡଳ ସଂଖ୍ୟାରେ ସଂରକ୍ଷଣ ବ୍ୟବସ୍ଥା, ମୁଖ୍ୟମନ୍ତ୍ରୀ ଓ ପ୍ରଧାନମନ୍ତ୍ରୀ ସ୍ତରରେ ପର୍ଯ୍ୟାୟ କ୍ରମେ ଜାତିଭିତ୍ତିରେ ସଂରକ୍ଷଣ ବ୍ୟବସ୍ଥା ହୋଇପାରିଲେ ହରିଜନ, ଆଦିବାସୀ ଓ ପଛୁଆ ଜାତି ମାନଙ୍କର ଆର୍ଥିକ ବିକାଶ ଆହୁରି କ୍ଷିପ୍ର ହୋଇପାରିବ। ଆମ ପ୍ରଧନମନ୍ତ୍ରୀ ଏହି ବ୍ୟବସ୍ଥା କରିପାରିବେ କି ? ମୂଳରୁ ତ ଚାକିରି ନାହିଁ, ଏ ସଂରକ୍ଷଣ ପ୍ରହସନ କାହିଁକି । ଏହା ବେକାରୀମାନଙ୍କୁ ଅଯଥାରେ ଉତ୍ତେଜିତ କରୁଛି । ହରିଜନ, ଆଦିବାସୀ ଓ ପଛୁଆବର୍ଗର ଯୁବକମାନେ ଏତେ ଅଧିକ ସଂଖ୍ୟାରେ ବେକାର ଯେ ସ୍ଥାନ ସଂରକ୍ଷଣ ତା'ର ଲେଶମାତ୍ର ସମାଧାନ କରିପାରୁନାହିଁ । ଏଣୁ ପଛୁଆ ଜାତି କିପରି ଉତ୍ସାହିତ ହେବେ ଓ ଯୁବକମାନଙ୍କ ସହିତ ପ୍ରତିଦ୍ୱନ୍ଦିତା କରି ଆଦିବାସୀମାନଙ୍କ ନିମନ୍ତେ ସଂରକ୍ଷିତ ଚାକିରି ସେମାନେ ପାଇପାରିବେ ତ ? ଏଣୁ ସମସ୍ତ ଆଦିବାସୀ ହରିଜନ ଓ ପଛୁଆ ବର୍ଗ ଜାତିମାନଙ୍କର ବିଭିନ୍ନ ଉପଜାତିର ଲୋକସଂଖ୍ୟା ତଥା ଆର୍ଥିକ ମାନଦଣ୍ଡ ଭିତ୍ତିରେ ଚାକିରି ସଂରକ୍ଷଣ ହେବା ଉଚିତ୍ । ଜାତି, ବର୍ଣ୍ଣ ନିର୍ବିଶେରେ କମ୍ୟୁନିଷ୍ଟ ଦେଶ ଚୀନ୍ ପରି ଶାସକମାନେ ସମସ୍ତଙ୍କୁ କର୍ମଯୋଗାଇ ଉତ୍ପାଦନ ବୃଦ୍ଧି କରିପାରିଲେ ଭାରତବର୍ଷରେ ସମସ୍ତେ ସୁଖି ହୋଇପାରିବେ । ରାଜନୈତିକ ନେତାମାନେ ଦୃଢ଼ ତଥା ନିର୍ମଳ ପ୍ରଶାସନ ଜରିଆରେ ଆର୍ଥିକ ଯୋଜନାମାନ ସଫଳ ରୂପାୟନ କରିପାରିଲେ ଦେଶବାସୀଙ୍କର ବିକାଶ ହେବ ଏବଂ ଚାକିରି ସଂରକ୍ଷଣ ଆଉ ଆବଶ୍ୟକତା ପଡ଼ିବ ନାହିଁ । ଭାରତବର୍ଷର ଭୋଟରମାନେ ଜାତି ବିଭେଦ ଶସ୍ତା ରାଜନୀତିରେ ବିଶ୍ୱାସ ସ୍ଥାପନ କରି ରାଜନୈତିକ ଦଳ ବା ନେତାଙ୍କୁ କ୍ଷମତାଶୀଳ କରିବେ ନାହିଁ ବୋଲି ଅତୀତ ଅଭିଜ୍ଞତାରୁ ପ୍ରମାଣ ହୋଇସାରିଛି ବରଂ ଗଣତନ୍ତ୍ର ଶାସନରୁ ଦୁର୍ନିତୀ, ଭ୍ରଷ୍ଟାଚାର ଲୋପ ନପାଇଲେ ଲୋକମାନଙ୍କର ଆସ୍ଥା ତୁଟିଯିବ ଏବଂ ସେମାନେ ଅନ୍ୟ ପନ୍ଥା ଧରିବାକୁ ବାଧ୍ୟ ହେବେ । କ୍ଷମତାଲୋଭୀ ରାଜନୀତିଜ୍ଞମାନେ ଆଉ ଜାତି ସଂଘର୍ଷ ସୃଷ୍ଟି ନକରି ଦେଶକୁ ପୁନର୍ବାର ପରାଧୀନ ହେବାପାଇଁ ଚେଷ୍ଟାରୁ ନିବୃତ ରହିବାପାଇଁ ଭାରତୀୟ ମାନଙ୍କ ଆଶା । ଭବିଷ୍ୟତରେ ଯେପରି ଜାତି ବନାମ ରାଜନୀତି ଦେଖା ନଦେବ ସେ ବିଷୟରେ ଶାସନ କରୁଥିବା ଶାସକ ଦଳର କାର୍ଯ୍ୟକଳାପ ନିଷ୍ଠାବାନ୍ ଓ ଲୋକାଭିମୁଖୀ ହେବା ଦରକାର ।

'ସମାଜ' - ତା୦୯.୦୭.୨୦୨୫ରେ ପ୍ରକାଶିତ

କାଟି ନଜାଣି କଟୁରୀ ଦୋଷ

ବ୍ରିଟିଶ ସରକାର ଭାରତରେ ଉପନିବେଶ ଶାସନ ଚିରସ୍ଥାୟୀ କରିବା ଉଦ୍ଦେଶ୍ୟରେ ଅମଲାତାନ୍ତ୍ରିକ ଶାସନ ପଦ୍ଧତି ପ୍ରଚଳନ କରିଥିଲେ । ଉନ୍ନୟନ କାର୍ଯ୍ୟକୁ ସୀମିତ ରଖି ଶାନ୍ତିଶୃଙ୍ଖଳା ଉପରେ ଗୁରୁତ୍ୱ ଦେଇ ଅଫିସରମାନଙ୍କୁ ବିଚାର ବିଭାଗୀୟ କ୍ଷମତା ଦେଇଥିଲେ । ସରକାରଙ୍କ କେତେଜଣ ଅନୁଗତ ଅଫିସରମାନେ ସ୍ୱାଧୀନତା ସଂଗ୍ରାମୀମାନଙ୍କୁ ସମୟେ ସମୟେ ଅଯଥା ନିର୍ଯ୍ୟାତନା ଦେଉଥିଲେ । କିନ୍ତୁ ଅଧିକାଂଶ କର୍ମଚାରୀ ଚୋରୀ, ଡକାୟତି ଓ ଅସାମାଜିକ ଲୋକଙ୍କ ବିରୁଦ୍ଧରେ ତତ୍କ୍ଷଣାତ୍ ଦୃଢ଼ ପଦକ୍ଷେପ ନେଉଥିଲେ । ତଥାପି ଜନସାଧାରଣଙ୍କ ନିକଟରେ ବ୍ରିଟିଶ ସରକାର ବାଧ ହୋଇ ମୁଣ୍ଡ ନୁଆଁଇ ଗଭର୍ଣ୍ଣର ଜେନେରାଲ ଲର୍ଡ ରିପନ୍‌ଙ୍କ ସମୟରେ ପ୍ରଥମେ ଜିଲ୍ଲା ବୋର୍ଡ, ଲୋକାଲ ବୋର୍ଡ ତଥା ଉନ୍ନୟନ ବୋର୍ଡ ପରି ସ୍ୱାୟତ ଶାସନ ସଂସ୍ଥା ଆରମ୍ଭ କରାଯାଇଥିଲା । ବୋର୍ଡକୁ ନିର୍ବାଚିତ ପ୍ରତିନିଧିମାନେ ପାଣ୍ଠି ଅନୁଯାୟୀ ଶିକ୍ଷା, ରାସ୍ତା ନିର୍ମାଣ ଓ ପିଇବା ପାଣି ପାଇଁ କୂପ ଖନନ ପ୍ରଭୃତି ଉନ୍ନୟନମୂଳକ କାର୍ଯ୍ୟ ସୁଚାରୁ ରୂପେ ଚଳାଇଥିଲେ । କେତେକ ନିର୍ଦ୍ଦିଷ୍ଟ ବିଭାଗର ମୁଷ୍ଟିମେୟ ଚତୁର୍ଥ ଓ ତୃତୀୟ ଶ୍ରେଣୀ କର୍ମଚାରୀ କିଛି କିଛି ପାଉଣା ଲୋକଙ୍କ ଠାରୁ ନେଉଥିଲେ ହେଁ ଅଧିକାଂଶ କର୍ମଚାରୀ ଦୁର୍ନିତୀରୁ ମୁକ୍ତ ଥିଲେ । କେତେକ ଅଫିସର ବିଚାର ବିଭାଗୀୟ କ୍ଷମତାର ଅପବ୍ୟବହାର କରିଥାଇ ପାରନ୍ତି । କିନ୍ତୁ ଅଧିକାଂଶ ଅଫିସରଙ୍କ ସାଧୁତା, ନୀରପେକ୍ଷତା ଉଚ୍ଚକୋଟୀର ଚିନ୍ତାଧାରା ଥିଲା । ଦୁର୍ନିତୀଗ୍ରସ୍ତ ଅଫିସରମାନେ ଦଣ୍ଡବିଧାନରୁ ବାଦ୍ ପଡୁନଥିଲେ । ଏପରିକି ୱାରେନ୍ ହେଷ୍ଟିଂସ୍ ପ୍ରଭୃତି କେତେକ ସର୍ବୋଚ୍ଚ ଗୋରା ଅଫିସର ତାଙ୍କର ଦୁର୍ନିତୀମୂଳକ କାର୍ଯ୍ୟପାଇଁ ବ୍ରିଟେନ୍‌ର ଆଇନ ଅଦାଲତରେ ଦଣ୍ଡିତ ହୋଇଛନ୍ତି । କିନ୍ତୁ ବିଗତ କେତେ ବର୍ଷରେ ସେହି ପ୍ରଶାସକ ଓ ଇଞ୍ଜିନିୟରମାନେ କାହିଁକି ଦୁର୍ନିତୀଗ୍ରସ୍ତ ହେଲେ ତାହାର ପର୍ଯ୍ୟାଲୋଚନା ହେବା ଉଚିତ୍ ।

ଦେଶ ସ୍ୱାଧୀନତା ପ୍ରାପ୍ତିପରେ ୧୯୫୦ ମସିହାରେ ସମାଜବାଦ ଓ ଧର୍ମନିରପେକ୍ଷତା ଭିତ୍ତିରେ ଦେଶରେ ପାର୍ଲିଆମେଣ୍ଟାରୀ ଗଣତନ୍ତ୍ର ପଦ୍ଧତିରେ ସାମ୍ବିଧାନିକ ଶାସନ ପ୍ରଚଳିତ ହେଲା । ପ୍ରଶାସନରୁ ବିଚାର ବିଭାଗକୁ ପୃଥକ୍ କରାଯାଇଛି । ବ୍ରିଟିଶ୍ ସରକାର ଅମଳର ମୁଖ୍ୟ ସଚିବ ତଥା ସଚିବମାନଙ୍କ ବଦଳରେ ମୁଖ୍ୟମନ୍ତ୍ରୀ ତଥା ମନ୍ତ୍ରୀମାନେ ଶାସନର ମୁଖ୍ୟ ହୋଇ ଗଭର୍ଣ୍ଣର ପରିବର୍ତ୍ତେ ନିର୍ବାଚିତ ବିଧାନସଭା ନିକଟରେ ଦାୟୀ ରହିଲେ । ବିଧାନସଭାର ଆସ୍ଥା ହରାଇଲେ ମନ୍ତ୍ରୀମଣ୍ଡଳରୁ ଇସ୍ତଫା ଦେବାର ବିଦ୍ଧି ରହିଛି । ବିଧାୟକମାନେ ସରକାରଙ୍କ ଦୋଷତ୍ରୁଟି ବିଧାନସଭାରେ ପ୍ରସ୍ତାବ ବାଢ଼ି ଆଲୋଚନା ମାଧ୍ୟମରେ ସମାଲୋଚନା କରି ଜନମଙ୍ଗଳ ନିମନ୍ତେ ନୂତନ ବିଦ୍ଧି ବିଧାନ ପ୍ରଣୀତ କରୁଛନ୍ତି । ପ୍ରଶାସନିକ ଅଫିସରମାନେ ମନ୍ତ୍ରୀମଣ୍ଡଳର ନିଷ୍ପତ୍ତି ତଥା ବିଭିନ୍ନ ଆଇନ୍ କାନୁନ୍‌କୁ ନିଷ୍ଠାପର ଭାବରେ କାର୍ଯ୍ୟକାରୀ କରିବା କଥା । ମ୍ୟୁନିସିପାଲିଟି, ଜିଲ୍ଲା ପରିଷଦ, ପଞ୍ଚାୟତ ସମିତି ଓ ଗ୍ରାମ ପଞ୍ଚାୟତ ପ୍ରତିଷ୍ଠା କରିବା ଫଳରେ ଶାସନର ବିକେନ୍ଦ୍ରୀକରଣ ହେଲା । କିନ୍ତୁ ଉକ୍ତ ସ୍ୱାୟତ୍ତ ଶାସନ ସଂସ୍ଥାର ବେସରକାରୀ ପ୍ରତିନିଧିମାନଙ୍କୁ ରାଜନୈତିକ କାରଣରୁ ବାରମ୍ବାର ଅପସାରଣ କରାଯାଉଛି । ଅବଶ୍ୟ କେତେକ ଦଳୀୟ ତଥା ପ୍ରିୟାପ୍ରୀତି ତୋଷଣ ଓ ଦୁର୍ନିତୀରେ ଲିପ୍ତ ଥିବାରୁ ଜନସାଧାରଣଙ୍କର ଅପ୍ରିୟଭାଜନ ହେଉଛନ୍ତି । ଏପରିକି ୧୯୭୭ ମସିହାରେ ପ୍ରତିଷ୍ଠିତ କେନ୍ଦ୍ର ଅଣ କଂଗ୍ରେସ ସରକାର ବହୁ ବ୍ୟୟରେ ନିର୍ବାଚିତ କେତେକ କଂଗ୍ରେସ ଶାସିତ ନିର୍ବାଚିତ ରାଜ୍ୟ ସରକାରମାନଙ୍କୁ ପ୍ରଥମ କରି ଅପସାରିତ କରିବା ପାଇଁ ପଛାଇଲେ ନାହିଁ । ପରବର୍ତ୍ତୀ କେନ୍ଦ୍ର ସରକାରମାନେ ତା'ର ପରମ୍ପରା ଅନୁସରଣ କରୁଥିବାରୁ ଏବଂ କେନ୍ଦ୍ରରେ ଶାସନ ପରିବର୍ତ୍ତନ ହେଲେ କୌଣସି ବିରୋଧୀଦଳ ଶାସିତ ରାଜ୍ୟ ସରକାର ଶାସନରେ ରହି କାର୍ଯ୍ୟ କରିବାରେ ନିଜକୁ ନିରାପଦ ମଣୁ ନାହାନ୍ତି । ଏ ସବୁର ମୂଳ କାରଣ ହେଲା କେବଳ ମୁହଁରେ ଗଣତନ୍ତ୍ର ଜପିବା । କିନ୍ତୁ କାର୍ଯ୍ୟରେ ଶାସକଦଳ ନିଜ ହାତରେ ସମସ୍ତ କ୍ଷମତା ଠୁଳ କରିବା ଏବଂ ବିରୋଧୀ ଦଳକୁ ସରକାରରୁ ଦୂରେଇଦେବା ବା ଅସହ୍ୟ ହେବା ଅଭ୍ୟାସରେ ପରିଣତ ହୋଇଗଲାଣି ।

ସେଥିପାଇଁ ୧୯୮୯ ଓ ୧୯୯୦ ମସିହାରେ ଜନତା ଦଳ, କଂଗ୍ରେସ (ଇ) ସରକାରଙ୍କ କୁଶାସନର ସମାଲୋଚନା କରି କ୍ଷମତାକୁ ଆସିଲେ । କିନ୍ତୁ କ୍ଷମତାକୁ ଜାବୁଡ଼ି ଧରିବା ପାଇଁ ବିଭିନ୍ନ ଆଳରେ ଓଡ଼ିଶା ସରକାର ମ୍ୟୁନିସିପାଲିଟି, ବିଜ୍ଞାପିତ ଅଞ୍ଚଳ ପରିଷଦ, ପଞ୍ଚାୟତ ସମିତି, ପଞ୍ଚାୟତ ଓ ସମବାୟ ସମିତିର ନିର୍ବାଚନ ନକରି ସରକାରୀ ଅଧିକାରୀମାନଙ୍କୁ ଦାୟିତ୍ୱରେ ରଖିଲେ । ପୁନଶ୍ଚ ଉଦ୍ଦେଶ୍ୟ ହେଲା ରାଜ୍ୟ

ସରକାର ଦଳୀୟ ବିଧାୟକମାନଙ୍କ ହାତରେ ବିପୁଳ କ୍ଷମତା ଟେକିଦେଇ ଶାସନ କରିବା । କିନ୍ତୁ ସେମାନେ ଠିକ୍ ବାଟରେ ଚଳାଇ ପାରୁଛନ୍ତି କି ନାହିଁ ତାହାର ଅନୁସନ୍ଧାନ ହୋଇଥିଲେ ଜଣାପଡ଼ିଥାନ୍ତା । କେତେକ ଲୋକ ପ୍ରତିନିଧି କଣ୍ଟ୍ରାକ୍ଟରମାନଙ୍କ ଠାରୁ କମିଶନି ଆଗତୁରା ନେଇ ନିର୍ବାଚନ ମଣ୍ଡଳୀରେ କାମ ବାଣ୍ଟିଲେ । ମାତ୍ର ୧୯୬୭ ମସିହା ପର୍ଯ୍ୟନ୍ତ କଂଗ୍ରେସ ସରକାର ବିଧାୟକମାନଙ୍କୁ ସିଧାସଳଖ କାମରେ ସଂଶ୍ଲିଷ୍ଟ ନକରିବା ଫଳରେ ଦୁର୍ନିତୀର ସୁଯୋଗ ଦେଇନଥିଲେ । ବ୍ରିଟିଶ ଶାସନରେ ପ୍ରଚଳିତ ଅମଲାତାନ୍ତ୍ରିକ ପଦ୍ଧତି ସ୍ୱାଧୀନତା ପ୍ରାପ୍ତିପରେ ଆମ ଦେଶର ସମ୍ବିଧାନରେ ଏପର୍ଯ୍ୟନ୍ତ ଗୋଟିଏ ସ୍ତମ୍ଭରେ ବିବେଚିତ ହେଉଛି ।

କେତେକ ରାଜନୈତିକ ନେତା ଏହି ଶାସନ ପଦ୍ଧତିକୁ ନିନ୍ଦା କରୁଥିଲେ ସୁଦ୍ଧା କୌଣସି ଅଲଗା ପଦ୍ଧତିର ରୂପରେଖ ନେଇପାରୁ ନାହାନ୍ତି । ପ୍ରକୃତରେ ପ୍ରଚଳିତ ଶାସନ ପଦ୍ଧତିର ପରିବର୍ତ୍ତନ ବା ସଂସ୍କାର ଲୋଡ଼ା । ମନ୍ତ୍ରୀମଣ୍ଡଳ ଓ ଲୋକପ୍ରତିନିଧିମାନଙ୍କର ଖାମଖିଆଲି ମନୋଭାବ ବା ଅସାମ୍ବିଧାନିକ ହସ୍ତକ୍ଷେପ ଯୋଗୁଁ ସରକାରୀ କର୍ମଚାରୀମାନେ ଦୁର୍ନିତୀ ପରାୟଣ ତଥା ନିଷ୍କ୍ରିୟ ହୋଇପଡ଼ିଛନ୍ତି ଏବଂ ଶାସନ ଅବାଟରେ ଗତି କରୁଛି ଯାହାର ପୁଙ୍ଖାନୁପୁଙ୍ଖ ଆଲୋଚନା ହେବା ଉଚିତ୍ । କାରଣ ୧୯୬୭ ମସିହା ପର୍ଯ୍ୟନ୍ତ ସରକାର ଇଞ୍ଜିନିୟରମାନଙ୍କ ବିରୁଦ୍ଧରେ ବିଶେଷ ଦୁର୍ନିତୀର ଅଭିଯୋଗ ପାଇନଥିଲେ । ସଇସର ଦୋଷ ନା ଶାସନର ମୁଖ୍ୟ ଭାବରେ ମନ୍ତ୍ରୀମଣ୍ଡଳର ଦୋଷ ନା ଘୋଡ଼ାର ଅର୍ଥାତ୍ ଅମଲାତନ୍ତ୍ରର ଦୋଷ ସେ ବିଷୟରେ ଗୋଟିଏ ଶାସନତାନ୍ତ୍ରିକ କମିଟି ଅନୁଧ୍ୟାନ କରି ରିପୋର୍ଟ ଦେବା ଉଚିତ୍ । କାରଣ ବ୍ରିଟିଶ୍ ଶାସନରେ ମୁଖ୍ୟ ସଚିବ ଓ ସଚିବମାନେ ଅମଲାତାନ୍ତ୍ରିକ ଶାସନ ପଦ୍ଧତିର ମୁଖ୍ୟ ଥିଲେ । ବର୍ତ୍ତମାନ କିନ୍ତୁ ମନ୍ତ୍ରୀମଣ୍ଡଳ ଶାସନର ମୁଖ୍ୟ ହୋଇ ସେମାନଙ୍କର ଆଇନଗତ କ୍ଷମତା ଉପଭୋଗ କରିବା ପାଇଁ ପାଦେ ପାଦେ ବାଧକ ସାଜୁଛି । ସେମାନେ ଶାସନର ମଙ୍ଗ ଠିକ୍ ଭାବରେ ନଧରି ପାରିଥିବାରୁ ପ୍ରଶାସନିକ ଅଫିସରମାନେ ଶାସନର ମୁଖ୍ୟ ହୋଇ ଦୁର୍ନିତୀରେ ଲିପ୍ତ ରହୁଛନ୍ତି ବୋଲି କହି ନିଜର ବିଫଳତାକୁ ଘୋଡ଼ାଇବାରେ ବ୍ୟସ୍ତ । ବର୍ତ୍ତମାନ ଆମ ଦେଶର ଅମଲାମାନେ ଆଇନର ପଥିକ ହେବେ ନା ମନ୍ତ୍ରୀ ଓ ବିଧାୟକମାନଙ୍କ ଖିଆଲିରେ ବା ଅସାମ୍ବିଧାନିକ ଚାପର ବଶବର୍ତ୍ତୀ ହୋଇ କାର୍ଯ୍ୟ କରିବେ ତା'ର କୌଣସି କୂଳ କିନାରା ପାଉନାହାଁନ୍ତି । ରାଜନୈତିକ ଦଳ ବା ତା'ର ନେତାମାନେ ନିର୍ବାଚନ ବୈତରଣୀ ପାର ହେବାପାଇଁ ସାମୟିକ ଆର୍ଥିକ ନୀତି ପରିବର୍ତ୍ତେ ସରକାରୀ କର୍ମଚାରୀମାନଙ୍କୁ ରାଜନୈତିକ ଉଦ୍ଦେଶ୍ୟରେ ବ୍ୟବହାର ସହିତ ଧର୍ମ, ମନ୍ଦିର ତଥା ଜାତିର ଆଶ୍ରୟ ନେଲେଣି । ଦେଶରେ ନେତାମାନଙ୍କର ମୌଳିକତାର ଘୋର

ସଙ୍କଟ ଦେଖାଦେଲାଣି । ଲୋକ ପ୍ରତିନିଧିମୂଳକ ଶାସନର ଦୁର୍ବଳତାର ସୁଯୋଗ ନେଇ ଅନେକ ଅଫିସର ଅସାଧୁ ବନିଗଲେଣି।

ବ୍ରିଟିଶ ସରକାର ଦେଶ ଛାଡ଼ି ଯିବାବେଳେ ଆମ ଟ୍ରେଜେରୀରେ ବଳକା ପାଣ୍ଠି ଥିଲା ୫,୫୦,୦୦୦ ଟଙ୍କା । ସେହିପରି ୧୯୫୨ ରୁ ୧୯୬୨ ମସିହା ପର୍ଯ୍ୟନ୍ତ ଦେଶ ବଜେଟ୍‌ରେ ବଳକା ପାଣ୍ଠିର ବ୍ୟବସ୍ଥା କରାଯାଇଥିଲା । ବଜେଟ୍‌ରେ ରଖାଯାଇଥିବା ପାଣ୍ଠିକୁ ଅନୁସରଣ କରି ସରକାରୀ ଅଫିସର, ଇଞ୍ଜିନିୟରମାନେ କାମ କରି ଚାଲିଥିଲେ । ବର୍ତ୍ତମାନ ବିଦେଶୀ ବ୍ୟାଙ୍କରୁ ଟଙ୍କା ଋଣ ଆଣି ବିଭିନ୍ନ ଉନ୍ନୟନମୂଳକ କାର୍ଯ୍ୟରେ ବେପରୁଆ ଭାବେ ସରକାର ଖର୍ଚ୍ଚ କରି ହଜାର ହଜାର କୋଟି ଟଙ୍କା ସୁଧ ବାବଦକୁ ଦେବା ଫଳରେ ଦେଶ ଋଣ ଜନ୍ତାରେ ପଡିଯାଇଛି । ତଥାପି ଋଣରେ ସନ୍ତୁଷ୍ଟ ନହୋଇ ଚୂନା ଅନୁଯାୟୀ ପିଠା ନକରି ଶାସନ କରୁଥିବା ସରକାରମାନେ ରାଜ୍ୟରେ ହଜାର ହଜାର କୋଟି ଟଙ୍କା ଓ କେନ୍ଦ୍ରରେ ଲକ୍ଷ ଲକ୍ଷ କୋଟି ଟଙ୍କା ନିଅଣ୍ଟିଆ ବଜେଟ୍ କରୁଥିବାରୁ ସରକାରୀ କର୍ମଚାରୀମାନଙ୍କର କାଗଜପତ୍ର ଚାଷ ହେଉଛି ସିନା କୌଣସି ଉନ୍ନୟନ କ୍ଷେତ୍ରରେ କାମ କରିବାପାଇଁ ସେମାନଙ୍କର ବେଳ ନାହିଁ । ଓଡ଼ିଶାର ଆର୍ଥିକ ଦେଣନେଣ ପରିସ୍ଥିତି ଗତ କେତେବର୍ଷ ହେଲା ଖରାପ ଥିଲେ ମଧ୍ୟ ନିର୍ବାଚନରେ ରାଜନୈତିକ ଦଳମାନେ ଖାଲି ମିଥ୍ୟା ପ୍ରତିଶ୍ରୁତି ଦେଇ ଜନସାଧାରଣଙ୍କ ମନରେ ଆଶା ଜାଗରିତ କରାଉଛନ୍ତି ସତ, ଅଥଚ ସରକାରକୁ ଆସିଲେ କୌଣସି ପ୍ରତିଶ୍ରୁତି ପୂରଣ ନହେବାରୁ ବର୍ଷକ ମଧ୍ୟରେ ରାଜନୈତିକ ଦଳମାନେ ଜନସାଧାରଣଙ୍କ ଆସ୍ଥା ହରାଉଛନ୍ତି । ସେଥିରେ ପୁଣି ନିଜର ବ୍ୟର୍ଥତା ତଥା ଅଯୋଗ୍ୟତାକୁ ଘୋଡ଼ାଇବାକୁ ଅର୍ଥନୀତିର ନିୟାମକ ଭାରତୀୟ ରିଜର୍ଭ ବ୍ୟାଙ୍କକୁ ଦୋଷ ଦେଉଛନ୍ତି । ଅଥଚ ଅତୀତରେ ପ୍ରଧାନମନ୍ତ୍ରୀ ସ୍ୱର୍ଗୀୟ ପଣ୍ଡିତ ଜବହାରଲାଲ ନେହେରୁ ଆମେରିକା, ଋଷିଆ ପ୍ରଭୃତି ଦେଶମାନଙ୍କରୁ ଋଣ ପରିବର୍ତ୍ତେ ଅନୁଦାନ ଆଣି ଭାରତର ଉନ୍ନତି କରିଥିଲେ ଏବଂ ଭାରତୀୟ ରିଜର୍ଭ ବ୍ୟାଙ୍କ ଅର୍ଥନୈତିକ କର୍ତ୍ତୃତ୍ୱକୁ କ୍ଷୁର୍ଣ୍ଣ କରିନଥିଲେ ।

ଶାସକଦଳର ହସ୍ତକ୍ଷେପ, ଇଙ୍ଗିତ ତଥା ସଲାସୁତୁରାରେ ସାଧାରଣ ଅନୁଷ୍ଠାନ ବା ପବ୍ଲିକ୍ ଅଣ୍ଡରଟେକିଂ ସଂସ୍ଥାଗୁଡ଼ିକ ଋଣ କରି ଲାଭ କରିବା ପରିବର୍ତ୍ତେ କୁପରିଚାଳନାରେ କୋଟି କୋଟି ଟଙ୍କା କ୍ଷତିକରି ଜନସାଧାରଣଙ୍କୁ ଆର୍ଥିକ ଭାରାକ୍ରାନ୍ତ କଲେଣି। ମାତ୍ର ବର୍ତ୍ତମାନ ଓଡ଼ିଶାର ଆର୍ଥିକ ଅବସ୍ଥାରେ ପରିବର୍ତ୍ତନ ଆସିଯାଇଛି । ୧୯୯୯ ମସିହା ପରେ ଓଡ଼ିଶାରେ ଉନ୍ନୟନ ପାଇଁ ଯେତେ ଅର୍ଥ ଆସିଛି ତାହାଦ୍ୱାରା ରାଜ୍ୟ ସରକାର ନିଜ ପାଣ୍ଠିରୁ ଖର୍ଚ୍ଚକରି ସରକାରଙ୍କୁ ଋଣ ଜନ୍ତାରୁ ବଞ୍ଚାଇ ପାରିଛନ୍ତି । ଉକ୍ତ ନିୟମ ଆଧାରାରେ କାର୍ଯ୍ୟ କରି ଚାଲିଲେ ଓଡ଼ିଶା ସରକାର ଏକ ସୁବର୍ଣ୍ଣଯୁଗ

ଆଡ଼କୁ ଗତି କରିବ ବୋଲି ଧରିନେବାକୁ ପଡ଼ିବ । ସେହିପରି ବିଧାୟକମାନେ ସମବାୟ ବ୍ୟାଙ୍କ ମାନଙ୍କର ପରିଚାଳନା ଦାୟିତ୍ୱ ନେଇ ଗତ ଦଶନ୍ଧିରେ ଲାଭ ପରିବର୍ତ୍ତେ କୋଟି କୋଟି ଟଙ୍କା କ୍ଷତି ଦେଖାଇଛନ୍ତି । ଲୋକ ପ୍ରତିନିଧିମାନେ ଅଯଥାରେ ଅଫିସରମାନଙ୍କୁ ଦୋଷ ନଦେଇ ନିଜର ଆତ୍ମ ନିରୀକ୍ଷଣ କରିବା ଉଚିତ୍ । ନିଜ ଦୋଷକୁ ନ ସୁଧାରି ନେତାମାନେ ଖାଲି କର୍ମଚାରୀଙ୍କୁ ଗାଳିଦେଇ ଲୋକମାନଙ୍କ ମନକୁ ଭୁଲାଇବା ଆଳ ଦେଖାଇଲେ ଦେଶର କିଛି ଲାଭ ହେବ ନାହିଁ ।

୧୯୫୨ ମସିହାରୁ ଆମ ଦେଶରେ ପ୍ରତି ୫ ବର୍ଷରେ ସାଧାରଣ ନିର୍ବାଚନ ହେଉଛି । ଦଳୀୟ ଉଚ୍ଚ କର୍ତ୍ତୃପକ୍ଷ ଅଯଥା ଅନୁଗ୍ରହ ଦେଖାଇବା ପାଇଁ ଶିଳ୍ପପତି ତଥା ବଡ଼ ବଡ଼ ବ୍ୟବସାୟୀ ମାନଙ୍କ ଠାରୁ ନିର୍ବାଚନ ଚାନ୍ଦା ଗ୍ରହଣ କରି ପ୍ରାର୍ଥୀମାନଙ୍କ ନିର୍ବାଚନ ବ୍ୟୟଭାର ବହନ କରିବାକୁ ସ୍ୱର୍ଗତଃ ପ୍ରଧାନମନ୍ତ୍ରୀ ଜବାହାରଲାଲ ନେହେରୁ ନାପସନ୍ଦ କରୁଥିଲେ । ସେଥିପାଇଁ ବହୁ ରାଜନୈତିକ ଦଳ ଜନସାଧାରଣଙ୍କ ଠାରୁ ଚାନ୍ଦା ଆଦାୟ ନକରି ଖୁବ୍ କମ୍ ଖର୍ଚ୍ଚରେ ନିର୍ବାଚନ ପରିଚାଳନା କରୁଥିଲେ । ଅଫିସର ବା ଇଞ୍ଜିନିୟରଙ୍କ ଜରିଆରେ ଚାନ୍ଦା ଉଠାଇବା ଦୈହିକ ଅପରାଧ ବୋଲି ଧରାଯାଉଥିଲା। ଏବେ ସେସବୁ ନୀତି ନୈତିକତା ଚୂଲିକୁ ଗଲାଣି। ସେବା ପରିବର୍ତ୍ତେ ଶିଳ୍ପପତି, ବ୍ୟବସାୟୀ ତଥା କର୍ମଚାରୀଙ୍କ ସହାୟତାରେ ବିପୁଳ ଅର୍ଥ ଖର୍ଚ୍ଚ କରି ଶାରୀରିକ ବଳରେ ପ୍ରାର୍ଥୀ ତଥା ରାଜନୈତିକ ଦଳମାନେ ନିର୍ବାଚନ ବୈତରଣୀ ପାର୍ ହେବାକୁ ଶ୍ରେୟସ୍କର ମଣିଲେଣି । ଫଳରେ ଶିଳ୍ପପତି ତଥା ବ୍ୟବସାୟୀ ମାନଙ୍କୁ କୋଟି କୋଟି ଟଙ୍କା ଅନୁଗ୍ରହ ଦେବାରୁ ନିର୍ବାଚନ ପରେ ଜିନିଷପତ୍ର ଗୁଡ଼ିକର ଦରଦାମ ହୁ ହୁ ହୋଇ ବୃଦ୍ଧିପାଉଛି । ବ୍ରିଟିଶ୍ ଶାସନରୁ ଆରମ୍ଭ କରି ୧୯୬୭ ମସିହା ପର୍ଯ୍ୟନ୍ତ ଲୋକ ପ୍ରତିନିଧିମୂଳକ ଶାସନରେ ବହୁ ଅଫିସର ଲୋକମାନଙ୍କ ଠାରୁ ପାଣି ମଧ୍ୟ ଛୁଉଁ ନଥିଲେ । ଆଜି କାହିଁକି ସେହି ଅଫିସର ଗୋଷ୍ଠୀ ଦୁର୍ନିତୀ ପରାୟଣ ହେଲେ ? ଅଫିସରମାନଙ୍କ ଦୁର୍ନିତୀର ପ୍ରତିକାର ପାଇଁ ଓଡ଼ିଶାର ମୁଖ୍ୟମନ୍ତ୍ରୀ ସ୍ୱର୍ଗତଃ ବିଜୁ ପଟ୍ଟନାୟକ ମାଡ଼ତତ୍ତ୍ୱ ଉତ୍ଥାପନ କରିଥିଲେ । ମୁଖ୍ୟମନ୍ତ୍ରୀ, ମନ୍ତ୍ରୀ, ଦଳୀୟ ଲୋକ ପ୍ରତିନିଧି ଓ କର୍ମୀମାନେ ଦୁର୍ନିତୀ ରୋକିପାରୁଛନ୍ତି ନା ସେମାନଙ୍କୁ ତାଗିଦ କରିପାରୁଛନ୍ତି । ତୁମେ ତ ଶାସନର ମୁଖ୍ୟ ହୋଇ ନିଜ ଘର ନ ସଜାଡ଼ି ଖାଲି ଅଫିସରମାନଙ୍କ ଉପରେ ରକ୍ତଚାଉଳ ଚୋବାଇଲେ କ'ଣ ବା ଲାଭ ହେବ । କେବଳ ତଳିଆ କନିଷ୍ଠ ଇଞ୍ଜିନିୟର, ଅଫିସ କିରାଣୀମାନେ ମାମୁଲି ପାଉଣା ନେଉଥିଲେ । ଏବେ ତ ମନ୍ତ୍ରୀମାନଙ୍କ ଠାରୁ ଆରମ୍ଭ କରି ସରକାରୀ କର୍ମକର୍ତ୍ତାଙ୍କୁ ସନ୍ତୁଷ୍ଟ ନକଲେ ପଦୋନ୍ନତି ନାହିଁ କି ଭଲ ଜାଗାକୁ ବଦଳି ହେବାର ନାହିଁ । ଅର୍ଥ ଉତ୍କୋଚ ନେଇ ବଦଳି କରାଯାଉଛି ବୋଲି ବିଗତ କେତେ ବର୍ଷ

ହେଲା ଅଭିଯୋଗ ହେଉଛି । ଫଳରେ ପ୍ରକଳ୍ପର ଶତକଡ଼ା ୫୦ ଭାଗ କାଉ ଚିଲ ଖାଇବାରେ ଅପଚୟ ହୋଇ ଅବଶିଷ୍ଟ କାମ ହେଉଛି ବୋଲି ଶାସକ ଦଳ ବିରୋଧରେ ଅଭିଯୋଗ ହୋଇ ଆସୁଛି ।

ଅତୀତରେ ଓଡ଼ିଶା ଶାସନର ବିଶିଷ୍ଟ ସ୍ୱାଧୀନତା ସଂଗ୍ରାମୀ ତଥା ରାଜନୈତିଜ୍ଞ ସ୍ୱର୍ଗତଃ ବିଜୁ ପଟ୍ଟନାୟକ ସରକାରୀ ଅଧିକାରୀମାନଙ୍କ ବିରୁଦ୍ଧରେ ଲୋକମାନଙ୍କ ଦ୍ୱାରା ଅଭିଯୋଗ ଶୁଣି ଜନସାଧାରଣମାନଙ୍କ ପାଇଁ ଠିକ୍ କାର୍ଯ୍ୟ କରିବାକୁ ଅଧିକାରୀମାନଙ୍କୁ ବାଧ୍ୟ କରିଥିଲେ । ବିଜୁବାବୁ ସମସ୍ତ ଲୋକ ପ୍ରତିନିଧିମାନଙ୍କୁ ଲୋକଙ୍କ ନିକଟତର ହୋଇ ସେବା ଯୋଗାଇଦେବା ପାଇଁ ପରାମର୍ଶ ଦେଇଥିଲେ । ମାତ୍ର ଚେଲାମାନେ ସେ କଥାକୁ ମାନିଥିଲେ ଓଡ଼ିଶାରେ ନିର୍ମଳ ଶାସନ ହୋଇପାରିଥାନ୍ତା । ୧୯୬୧ ମସିହା ସାଧାରଣ ନିର୍ବାଚନରେ ବିଜୁବାବୁ ତାଙ୍କ ସମ୍ପତ୍ତି ବିକ୍ରି କରି ଦଳୀୟ ପ୍ରାର୍ଥୀମାନଙ୍କର ନିର୍ବାଚନ ଖର୍ଚ୍ଚ ବହନ କରି ନିର୍ବାଚନରେ ସଂଖ୍ୟାଗରିଷ୍ଠ ଆସନ ହାସଲ କରି ଓଡ଼ିଶାର ମୁଖ୍ୟମନ୍ତ୍ରୀ ହେବା ଫଳରେ ରାଜ୍ୟର ପ୍ରଗତି ପାଇଁ ବ୍ୟାକୁଳ ହୋଇପଡ଼ିଥିଲେ । କିନ୍ତୁ କେତେକ କୁଚକ୍ରୀ ରାଜନୈତିକ ବ୍ୟକ୍ତିମାନଙ୍କ ଚକ୍ରାନ୍ତର ଶୀକାର ହୋଇ ବିଜୁବାବୁ କାମରାଜ ଯୋଜନାରେ କମ୍ ଦିନରେ ମୁଖ୍ୟମନ୍ତ୍ରୀ ପଦବୀରୁ ଅପସରି ଯାଇଥିଲେ । ଏହା ଥିଲା ତାଙ୍କ ମାନବିକତା । ପୁନଶ୍ଚ ଗାଉଁଲି ଲୋକଙ୍କ ଭାଷାରେ ଚୌକି ଦେଲେ ମଧ୍ୟ ନେତାମାନେ କ୍ଷମତାରେ ବସିପାରୁ ନାହାନ୍ତି ବୋଲି ଆଲୋଚନା କଲେ । ଜନତା ଦଳର ତୁଙ୍ଗ ନେତାମାନେ ଖାଲି ୧୩ ଦିନିଆ ଯମ ହେବା ପାଇଁ ନିଜ ନିଜ ଭିତରେ ମାଡ଼୍‌ପିଟ୍‌ରେ ବ୍ୟସ୍ତ ରହିଲେ ।

ମାତ୍ର ସମୟ ବଦଳିବା ସଙ୍ଗେ ସଙ୍ଗେ ରାଜନୈତିକ ଦଳର କର୍ମୀ ଓ ନେତାମାନଙ୍କର ଆଶା ଆକାଂକ୍ଷା ବୃଦ୍ଧିପାଇଲା । ଅଭିଜ୍ଞତା ଓ ଦକ୍ଷତା ନଥାଇ ସବୁ ବିଧାୟକ ମନ୍ତ୍ରୀ ହେବାପାଇଁ ବ୍ୟାକୁଳ । କଥାରେ ଅଛି ୧୬ ଗୁଣର ରାଜା ସହିତ ୩୨ ଗୁଣର ମନ୍ତ୍ରୀ ନିଯୁକ୍ତ ହେଲେ ଶାସନ ଠିକ୍ ସେ ଚାଲିପାରିବ । କିନ୍ତୁ ପାର୍ଲିଆମେଣ୍ଟାରୀ ଗଣତନ୍ତ୍ରରେ ମୁଖ୍ୟମନ୍ତ୍ରୀ ଗାଦିରେ ତିଷ୍ଠି ରହିବାକୁ ହେଲେ ଆନୁଗତ୍ୟ, ଜାତି, ବର୍ଣ୍ଣ, ଧର୍ମ, ଅଞ୍ଚଳ ଭିତ୍ତିରେ ଦକ୍ଷତାକୁ ଉପେକ୍ଷା କରି ବିଧାୟକ ମାନଙ୍କୁ ସନ୍ତୁଷ୍ଟ କରିବା ପାଇଁ ମନ୍ତ୍ରୀ କିମ୍ବା କୌଣସି ସରକାରୀ ନିଗମର, ସମବାୟ ସଂସ୍ଥାର ଅଧକ୍ଷ ଦାୟିତ୍ୱ ଦେବାକୁ ପଡୁଛି । ଶାସନ କିପରି ଠିକ୍ ଚାଲିବ ? ନିଜ ସୁନା ତ ଭେଣ୍ଡି । ସରକାରୀ ଅଫିସରମାନଙ୍କୁ ଗାଳିଦେଲେ କ'ଣ ହେବ । କେତେକ ମନ୍ତ୍ରୀ ସେମାନଙ୍କ ସହାୟକଙ୍କ କଥାରେ ପରିଚାଳିତ ହୋଇ ଫାଇଲ୍‌ରେ ଦସ୍ତଖତ କରିବାକୁ ପଡ଼ିଲେ ମଧ୍ୟ ସେମାନଙ୍କୁ ବିଶେଷ ସୁବିଧା ନଦେଲେ ମନ୍ତ୍ରୀମଣ୍ଡଳ ହଲଚଲ ହୋଇଯିବ ।

ଏପରି ସ୍ଥଳେ ମନ୍ତ୍ରୀମାନେ ବିଭାଗୀୟ ମୁଖ୍ୟ ହେଲେ କ'ଣ ହେବ ? ଅମଲାମାନେ ମନ୍ତ୍ରୀମାନଙ୍କ କଥା ମାନିଲେ ତ ? ଅମଲାମାନେ ମୁକ୍ତ ହୋଇ ମତାମତ ଦେବାକୁ ଅକ୍ଷମ । ସେମାନଙ୍କ ଉପରେ ଦୋଷ ଲଦିଲେ କ'ଣ ବା ଫାଇଦା । ମନ୍ତ୍ରୀ ତଥା ବିଧାୟକଙ୍କ (Extra Constitutional Direction)ରେ ଅର୍ଥାତ୍ ଅସାମ୍ବିଧାନିକ ହସ୍ତକ୍ଷେପ ତଥା ବଦଳି ଧମକରେ ସରକାରୀ ଅଫିସରମାନେ ବ୍ୟତିବ୍ୟସ୍ତ । ସେହି ଅଫିସରମାନେ ଆଗରେ ଥିଲେ ଓ ଦୁର୍ନିତୀକୁ ଖପାଖପ୍ ଧରୁଥିଲେ । ଆଜି ଭ୍ରଷ୍ଟାଚାର ଆରୋପରେ ନିର୍ଯ୍ୟାତିତ । ଅତୀତରେ ରାଜ୍ୟ ସମବାୟ ବିଭାଗର କଟକ ସର୍କଲର ତଦାନିନ୍ତନ ସହକାରୀ ନିବନ୍ଧକ ସମବାୟ ସମିତି ସମୂହ ଅର୍ଥାତ୍ କଟକ କେନ୍ଦ୍ର ସମବାୟ ବ୍ୟାଙ୍କର ତହବିଲ୍ ତନଖି କରି ଦେଖିଲେ ଯେ, ତହବିଲ୍‌ରେ ରଖାଯାଇଥିବା ଅର୍ଥରେ ଗୋଟିଏ ଅଣି କମ୍ ଅଛି । ତତ୍‌କ୍ଷଣାତ୍ ହିସାବ ରକ୍ଷକ ନିଜ ଅଣ୍ଟାରୁ ଅଣିଟିଏ ଦେଇଥିଲେ ମଧ୍ୟ ସହକାରୀ ନିବନ୍ଧକ ସମବାୟ ସମିତି ସମୂହ ତାଗିଦା ସ୍ୱରୂପ ହିସାବ ରକ୍ଷକଙ୍କର ପଦୋନ୍ନତି ବନ୍ଦ କରିବା ପାଇଁ ବ୍ୟାଙ୍କ କର୍ତ୍ତୃପକ୍ଷଙ୍କୁ ସେହିଠାରେ ନିର୍ଦ୍ଦେଶ ଦେଇଥିଲେ ।

ଆଜି କିନ୍ତୁ ବିଭିନ୍ନ ସମବାୟ ସଂସ୍ଥାରେ କୋଟି କୋଟି ଟଙ୍କା ତୋଷାରପାତ ହେଉଥିଲେ ମଧ୍ୟ ଅର୍ଥ ତୋଷାରପାତ କରୁଥିବା ବ୍ୟକ୍ତିଙ୍କ ବିରୁଦ୍ଧରେ କାର୍ଯ୍ୟାନୁଷ୍ଠାନ ଶୂନ୍ । ସମବାୟ ବଭାଗର ଶାସନ ସଚିବ, ରାଜ୍ୟ ସମବାୟ ନିବନ୍ଧକ, ଅତିରିକ୍ତ, ଉପ ଓ ସହକାରୀ ନିବନ୍ଧକ ଏବଂ ସମବାୟ ସଂପ୍ରସାରଣ ଅଧିକାରୀମାନେ ସମବାୟ ଆଇନ୍‌କୁ ଡୋରି ବାନ୍ଧି ମନ୍ତ୍ରୀ, ବିଧାୟକ ତଥା ଶାସକ ଦଳର ଇଙ୍ଗିତରେ ପରିଚାଳନା କମିଟିକୁ ଭାଙ୍ଗିଦେବା, ନିର୍ବାଚନ ବନ୍ଦ କରିବା ଓ ନିଜ ଆନୁଗତ୍ୟମାନଙ୍କୁ ପରିଚାଳନା କମିଟିର ନିର୍ବାଚନରେ କିପରି ଜିତିପାରିବେ ସେଥିପାଇଁ ସମବାୟ ନିବନ୍ଧକଙ୍କ ଉପରେ ଚାପ ପକାଉଛନ୍ତି । ଯଦି ନିର୍ବାଚନରେ ନ ଜିତି ପାରିଲେ ରାଜ୍ୟ କୋ-ଅପରେଟିଭ୍ ଟ୍ରିବ୍ୟୁନାଲ୍‌ରେ ମକଦ୍ଦମା କରି ପରିଚାଳନା ପରିଷଦ ନିର୍ବାଚନକୁ ବନ୍ଦ କରିବା ଓ ଶାସକ ଗୋଷ୍ଠୀକୁ ସୁହାଇବା ଭଳି କୋ-ଅପରେଟିଭ୍ ଟ୍ରିବ୍ୟୁନାଲର ଆଶ୍ରୟ ନେଇ ବିଚାରରେ ନିଜ ସପକ୍ଷରେ ରାୟ ଆଣିବା କର୍ତ୍ତବ୍ୟ ବୋଲି ମନେ କରୁଛନ୍ତି । ଏଣୁ ଓଡ଼ିଶାରେ ବର୍ତ୍ତମାନ ସମବାୟ ଆନ୍ଦୋଳନ ରସାତଳଗାମୀ । କେନ୍ଦ୍ର ସମବାୟ ସମିତି ଓ ଶୀର୍ଷ ସମବାୟ ସମିତିର ପରିଚାଳନା ପରିଷଦରେ ମନ୍ତ୍ରୀ ଓ ବିଧାୟକମାନେ ନିଜ ଆନୁଗତ୍ୟମାନଙ୍କୁ ଯୋଗ୍ୟତା ନଥାଇ କିମ୍ବା ଦକ୍ଷତା ନଥାଇ ଯେନତେନ ପ୍ରକାରେ ନିର୍ବାଚିତ କରାଇ କିମ୍ବା ମନୋନୀତ କରି ବସାଇବା ଦ୍ୱାରା ପରିଚାଳନାରେ ବିଭ୍ରାଟ ଦେଖାଦେଉଛି ଯାହା ଫଳରେ ସମବାୟ ସଂସ୍ଥାଗୁଡ଼ିକ ଦେବାଳିଆ ହୋଇଯାଉଛନ୍ତି । ମନ୍ତ୍ରୀ ଦଳୀୟ କର୍ମୀଙ୍କୁ ତୋଷାରପାତରୁ ମୁକ୍ତ କରିବାକୁ ନିବନ୍ଧକଙ୍କ ବିଚାରରେ ହସ୍ତକ୍ଷେପ

କଲେଣି । ଓଡ଼ିଶାରେ ୬୩ଟି ନିଗମରୁ ପାଞ୍ଚ ଛଅଟିକୁ ଛାଡ଼ିଦେଲେ ଅବଶିଷ୍ଟ ଗୁଡ଼ିକରେ ରାଜନୈତିକ ହସ୍ତକ୍ଷେପ ଦ୍ୱାରା ପରିଚାଳନାଗତ ତ୍ରୁଟି କିମ୍ବା ଅର୍ଥ ତୋଷାରପାତ ଯୋଗୁଁ ଅଧିକାଂଶ ଦେବାଳିଆ ହୋଇଗଲେଣି ଆଉ କେତେକ ବନ୍ଦ ହୋଇଗଲାଣି ।

କନ୍ତୁ ମନ୍ତ୍ରୀ ଓ ବିଧାୟକଙ୍କ ହସ୍ତକ୍ଷେପରେ ଜଙ୍ଗଲ ଲୁଟ୍ କରାଯାଉଛି ଏବଂ ବନ କର୍ମଚାରୀମାନେ ବାଧାଦେଲେ ଅସାମାଜିକ ଲୋକମାନେ ସେମାନଙ୍କୁ ମାଡ଼ଦେବା ପାଇଁ ଉତ୍ସାହିତ କରାଯାଉଛି । ହାୱାରେ ବିଧାୟକ ଓ ଲୋକସଭା ସଦସ୍ୟମାନେ ନିର୍ବାଚିତ ହେଉଛନ୍ତି । ମୂଲ୍ୟବୋଧ ଓ ଦେଶ ସେବାର ଆଉ ଗୁରୁତ୍ୱ ନାହିଁ । ଗାନ୍ଧୀ, ନେହେରୁ, ପଟେଲ୍, ଶାସ୍ତ୍ରୀଜୀ, ମୋରାଜି ଦେଶାଇ ଓ ଗୁଲ୍‌ଜାରି ଲାଲ୍ ନନ୍ଦା ଏବଂ ରାଜେନ୍ଦ୍ର ପ୍ରସାଦଙ୍କ ପରି ନେତା ଆଉ ନାହାନ୍ତି । ଆଦର୍ଶ ଲୋପ ପାଇଯାଇଛି । ଏବେ ଖିଆଲି ମନ ଭୁଲାଣିଆ କଥା ଲୋକମାନଙ୍କୁ କହିବା ପାଇଁ ମନ୍ତ୍ରୀମାନେ ପଛାଉ ନାହାନ୍ତି । ଟେଲିଫୋନ୍ କର୍ମଚାରୀଙ୍କ ମନନେବା ପାଇଁ କମ୍ପ୍ୟୁଟର ଯନ୍ତ୍ର ଭାଙ୍ଗିବା ପାଇଁ ଜନୈକ ମନ୍ତ୍ରୀ ପରାମର୍ଶ ଦେଇଥିଲେ । ଟେଲିଫୋନ୍ ବିଭାଗରେ ଅଧିକ ଲୋକ ନିଯୁକ୍ତି ହେବାକୁ ହେଲେ କମ୍ପ୍ୟୁଟର ଯନ୍ତ୍ର ନିର୍ମାଣରେ ବହୁଲୋକ ନିଯୁକ୍ତି ପାଇବେ ବୋଲି ବିଭାଗୀୟ ମନ୍ତ୍ରୀ ଟେଲିଫୋନ୍ କର୍ମଚାରୀମାନଙ୍କୁ ସ୍ପଷ୍ଟଭାବେ କହିବାକୁ ପଛାଇ ନଥିଲେ । ଅଥଚ କମ୍ପ୍ୟୁଟର ଯନ୍ତ୍ର ଦେଶ ପ୍ରଗତିର ବର୍ତ୍ତମାନ ପ୍ରତୀକ ହେଲାଣି । ଅର୍ଥାତ୍ ସବୁ ଉଦାହରଣ ଦେଲେ କୁଳ କୁଟମ୍ବକୁ ଲାଜ । କିନ୍ତୁ ସତ ନ କହିଲେ କୁଳ ଭାସିଯାଉଛି । ଅର୍ଥାତ୍ ଦେଶର ଆର୍ଥିକ ଅବସ୍ଥା ଶୋଚନୀୟ ହୋଇ ଲୋକଙ୍କ ଦୁର୍ଦ୍ଦଶା ବଢ଼ିଚାଲିଛି । ନେତା ତଥା ସରକାରଙ୍କ ମନ ଖୋଲାଣିଆ କଥା ମିଥ୍ୟା ପ୍ରତିଶ୍ରୁତିରେ ଅକ୍ଷମ ହୋଇ ଅର୍ଥାତ୍ କାଟି ନଜାଣି କଟୁରୀ ଦୋଷ ବୋଲି କର୍ମଚାରୀମାନଙ୍କୁ ଦୁର୍ନିତୀ ପରାୟଣ ଓ କର୍ମଠ ବୋଲି ଦୋଷାରୋପ କରି ଲୋକ ଲୋଚନରୁ ସିନା ଫସିବାକୁ ଚାହୁଁଛନ୍ତି କିନ୍ତୁ ଲୋକେ ବର୍ତ୍ତମାନ ଠିକ୍ ଭାବରେ ବୁଝିଲେଣି କିଏ ଦୋଷୀ ବୋଲି । ବିରିମାଡ଼ ଦେଖି କୋଳଥ ଚେପା ପରି ନିଜେ ନିର୍ମଳ ହେଲେ ପ୍ରଶାସକମାନେ ଆପେ ଠିକ୍ ହୋଇଯିବେ ଏବଂ ଦେଶକୁ ବିକାଶ ପଥରେ ଗଡ଼ିତୋଳିବାକୁ ହେଲେ ଆପେ ମଲେ ନୀତିଠାରୁ ଦୂରେଇ ନୀତି ଓ ନୈତିକତାକୁ ଆଖି ଆଗରେ ରଖି କାର୍ଯ୍ୟ କରିବାକୁ ପଡ଼ିବ । ଏହାହିଁ ହେବ ରାଜରାଜ୍ୟର ପରିକଳ୍ପନା ।

'ଦୁନ୍ଦୁଭି' - ତା୧୪.୦୪.୨୦୨୫ରେ ପ୍ରକାଶିତ

କୃଷିରେ ଡଙ୍କେଲ ପ୍ରସ୍ତାବ

ଦ୍ୱିତୀୟ ମହାସମର ପରେ ଇଉରୋପୀୟ ରାଷ୍ଟ୍ରମାନଙ୍କର ଆର୍ଥିକ ପରିସ୍ଥିତି ଖରାପ ହୋଇଯାଇଥିବାରୁ ଏହାର ପୁନର୍ଗଠନ ନିମନ୍ତେ ଦେଶ ଦେଶ ମଧ୍ୟରେ ବାଣିଜ୍ୟ ବ୍ୟବସାୟରେ ଅସୁଲ ହେଉଥିବା ଶୁଳ୍କ ଧାର୍ଯ୍ୟ କରିବା ପାଇଁ ୧୯୪୮ ମସିହାରେ ୨୩ ଗୋଟି ଦେଶର ପ୍ରତିନିଧିମାନଙ୍କୁ ନେଇ ଏକ ବୈଠକ କରାଯାଇଥିଲା । ଏହି ବୈଠକରେ କରାଯାଇଥିବା ଆଲୋଚନାରେ ବାଣିଜ୍ୟ ତଥା ଶୁଳ୍କରେ ଆନ୍ତର୍ଜାତିକ ବୁଝାମଣାକୁ Gatt ବା Geenral Agreement on Trade and Tariff କୁହାଯାଏ ଏବଂ ଏହି ବୈଠକକୁ Gatt କୁହାଯାଏ । ୧୯୮୬ ମସିହାରେ ୧୧୫ଟି ଦେଶର ପ୍ରତିନିଧିମାନଙ୍କୁ ନେଇ ଉରୁଗୁଏ ଠାରେ ଅଷ୍ଟମ ବୈଠକରେ ତଦାନିନ୍ତନ ଗାଟ୍‌ର ପରିଚାଳନା ନିର୍ଦ୍ଦେଶକ 'ଆର୍ଥର ଡଙ୍କେଲ୍' କୃଷି, ଔଷଧ, ଗବେଷଣା ଓ ସେବା କ୍ଷେତ୍ରରେ କେତେକ ସଂସ୍କାରମୂଳକ ନୂତନ ପ୍ରସ୍ତାବ ଦେଇଥିଲେ । ଏହାକୁ କୃଷିରେ 'ଡଙ୍କେଲ୍' ପ୍ରସ୍ତାବ ବୋଲି କୁହାଯାଏ । ଏହି ବୈଠକରେ ଯୋଗ ଦେଇଥିବା ସମସ୍ତ ଦେଶ ଉକ୍ତ ଚୁକ୍ତିକୁ ମାନି ନେଇଥିଲେ । ୧୯୯୩ ମସିହାରେ ଆର୍ଥର ଡଙ୍କେଲ୍‌ଙ୍କ ଅବସର ପରେ ପିଟର ସୁନ୍ଦରଲାଣ୍ଡ Gattର ପରିଚାଳନା ନିର୍ଦ୍ଦେଶକ ରୂପେ ନୂତନ କରି ଦାୟିତ୍ୱ ବହନ କରିଥିଲେ । Gatt ର ପ୍ରଥମ Director General ରୂପେ Eric Wyndham White ୧୯୪୮ ମସିହାରୁ ୧୯୬୮ ମସିହା ପର୍ଯ୍ୟନ୍ତ ଦାୟିତ୍ୱ ତୁଲାଇଥିଲେ । ୧୯୯୪ ମସିହାରେ Gatt ର ନାମ ପରିବର୍ତ୍ତନ କରାଯାଇ WTO (World Trade Organisation) କରାଯାଇଅଛି ।

ବାଣିଜ୍ୟରେ ସମାନତା ଆଣିବା ପାଇଁ ତା୧୫.୧୨.୧୯୯୩ ମସିହା ସୁଦ୍ଧା ପୃଥିବୀର ବିଭିନ୍ନ ଦେଶ ଡଙ୍କେଲ୍ ପ୍ରସ୍ତାବକୁ ଗ୍ରହଣ କରିବା ପାଇଁ ଜୋର୍ ଦିଆଯାଇଥିଲା । ଆମ ଦେଶର କୃଷକ ସଂଗଠନଗୁଡ଼ିକ ଡଙ୍କେଲ ପ୍ରସ୍ତାବକୁ ବିରୋଧ କରୁଥିଲେ ।

କେତେକ ବ୍ୟକ୍ତିବିଶେଷ ଓ ଅର୍ଥନୀତିଜ୍ଞମାନେ ଏହାକୁ ପ୍ରକୃତରେ ନବୁଝି ମତ ଦେଇଥିଲେ ଯେ, ଡଙ୍କେଲ୍ ପ୍ରସ୍ତାବକୁ ଗ୍ରହଣ କଲେ ଭାରତର ଚାଷୀମାନେ ସ୍ୱଦେଶୀ ବିହନ ବ୍ୟବହାର କରିପାରିବେ ନାହିଁ, ଚାଷୀମାନେ କୃଷିରେ ନିୟୋଜିତ ସାର, କୀଟନାଶକ ଔଷଧ, ଜଳକର, ବିହନ ଇତ୍ୟାଦିରେ ଛାଡ଼ ବା ରିହାତି ପାଇପାରିବେ ନାହିଁ ଓ ବହୁଦେଶୀୟ ବିଦେଶୀ କମ୍ପାନୀମାନଙ୍କ ପେଟେଣ୍ଟ ଔଷଧ ଓ ବିହନ ଚଢ଼ା ଦରରେ ଭାରତୀୟ କୃଷକମାନେ କିଣିବେ । ଭାରତ ସରକାର ବାଧହୋଇ ବିଦେଶରୁ ଖାଦ୍ୟ ପଦାର୍ଥ ଆମଦାନୀ କରିବେ । ଫଳରେ ଭାରତୀୟ ଚାଷୀମାନଙ୍କ ଦ୍ୱାରା ଉତ୍ପାଦିତ ଧାନ, ଗହମ ଇତ୍ୟାଦି ଶସ୍ୟର ମୂଲ୍ୟ ଶସ୍ତା ହୋଇଯିବ । ଆମ ଦେଶର ବୈଜ୍ଞାନିକମାନଙ୍କ ଗବେଷଣା ବାଧାପ୍ରାପ୍ତ ହେବ । ଭାରତରେ ଚିନି, ଚାଉଳ, ଗହମ ଓ କିରୋସିନି ଚଢ଼ା ଦରରେ ବିକ୍ରି ହେବ । ଭାରତ ସରକାର ଭାରତୀୟ ଖାଦ୍ୟ ନିଗମ ଦ୍ୱାରା ଓ ସମବାୟ ସମିତିମାନଙ୍କ ମାଧ୍ୟମରେ ଚାଷୀମାନଙ୍କ ଠାରୁ ଧାନ, ଗହମ, ଚିନାବାଦାମ, ମୁଗ, ବିରି ଓ ଅନ୍ୟାନ୍ୟ ଡାଲିଜାତୀୟ ଶସ୍ୟ ଆଉ ଉଚିତ ମୂଲ୍ୟରେ କିଣିବେ ନାହିଁ । ଫଳରେ ଚାଷୀ ତା'ର ଚାଷରେ ଖର୍ଚ୍ଚ କରୁଥିବା ଅର୍ଥ ବଦଳରେ ଫସଲ ପାଇପାରିବ ନାହିଁ । ଯାହା ଫଳରେ ଚାଷୀମାନେ ବିପୁଳ ପରିମାଣର କ୍ଷତି ସହିବେ । ଦେଶର ଆର୍ଥିକ ଅବସ୍ଥା ଖରାପ ଆଡ଼କୁ ଗତିକରିବ । ଆମ ଦେଶର ଶିଳ୍ପପତିମାନେ ବହୁଦେଶୀୟ କମ୍ପାନୀ ମାନଙ୍କ ସହିତ ପ୍ରତିଯୋଗିତା କରିପାରିବେ ନାହିଁ । ସ୍ୱଦେଶୀ ଜିନିଷ ବଦଳରେ ବିଦେଶୀ ଜିନିଷ ଭାରତରେ ଭରପୁର ହୋଇଯିବ । ଭାରତ ଆର୍ଥିକ ସ୍ୱାଧୀନତା ହରାଇ ଆମେରିକା ପ୍ରଭୃତି ଉନ୍ନତ ଦେଶମାନଙ୍କର ପଦାନତ ହେବ । ଫଳରେ ଭାରତର ବିଭିନ୍ନ ଚାଷୀ ସଂଗଠନମାନଙ୍କ ଦ୍ୱାରା କେନ୍ଦ୍ର ସରକାରଙ୍କ ଉପରେ ଚାପ ପ୍ରୟୋଗ କରାଯାଇଥିଲା ଡଙ୍କେଲ ପ୍ରସ୍ତାବକୁ ଗ୍ରହଣ ନକରିବା ପାଇଁ ।

ତତ୍କାଳୀନ ଭାରତର ବାଣିଜ୍ୟ ମନ୍ତ୍ରୀ କ୍ଷିତିଶ୍ ଚନ୍ଦ୍ର ନିୟୋଗୀ ଓ Gatt ର ପରିଚାଳନା ନିର୍ଦ୍ଦେଶକ ପିଟର ସୁନ୍ଦରଲାଣ୍ଡ ମିଳିତ ବୈଠକରେ କହିଥିଲେ ଯେ, ପ୍ରକୃତ ତଥ୍ୟ ଜନସାଧାରଣଙ୍କ ନିକଟରେ ଉପସ୍ଥାପନ ଅଭାବରୁ ଲୋକମାନଙ୍କ ମନରେ ଭୁଲ୍ ବୁଝାମଣା ସୃଷ୍ଟି ହୋଇଛି । ତଫାତ୍ ଏତିକି ଯେ, ଆମେରିକା, ଫ୍ରାନ୍ସ, ବ୍ରିଟେନ୍, ଜର୍ମାନୀ ଓ ଜାପାନ ପ୍ରଭୃତି ଧନୀ ରାଷ୍ଟ୍ରମାନେ ପ୍ରଧାନତଃ ଶିଳ୍ପ ଉପରେ ନିର୍ଭର କରୁଥିବା ବେଳେ ମାତ୍ର ୩ ରୁ ୫ ଭାଗ ଚାଷୀ କୃଷି ଉପରେ ନିର୍ଭର କରନ୍ତି । ଅନ୍ୟପକ୍ଷରେ ଭାରତର ୭୨ ପ୍ରତିଶତ ଲୋକ କୃଷି ଉପରେ ନିର୍ଭର କରୁଛନ୍ତି ଓ ୮ ରୁ ୧୦ ପ୍ରତିଶତ ଲୋକ ଶିଳ୍ପ ଉପରେ ନିର୍ଭର କରନ୍ତି । ଶିଳ୍ପୋନ୍ନତ ଦେଶମାନଙ୍କରେ ଚାଷୀମାନଙ୍କୁ ସାର ପ୍ରଭୃତି କୃଷି ଉତ୍ପାଦନ ଦ୍ରବ୍ୟରେ ରିହାତି ନଦେଲେ ସେହି ସ୍ୱଳ୍ପ

ସଂଖ୍ୟକ ଚାଷୀ କୃଷି ଉତ୍ପାଦନ କରିବେ ନାହିଁ ଯାହା ଫଳରେ ଉନ୍ନତ ଦେଶମାନେ ପୁରାପୁରି ଭାବରେ ଅନ୍ୟ ଦେଶର ଖାଦ୍ୟ ଉପରେ ନିର୍ଭର କରିବେ । କୃଷକମାନଙ୍କ ଆୟକୁ ଶିଳ୍ପରେ ଆୟ ସହିତ ସମତୁଲ କରିବା ପାଇଁ ସାର ଇତ୍ୟାଦିର ବଜାର ଦରର ଶତକଡ଼ା ୭୦ ଭାଗ ପର୍ଯ୍ୟନ୍ତ ଅର୍ଥ ଛାଡ଼ରେ ଶିଳ୍ପୋନ୍ନତ ଦେଶମାନଙ୍କରେ ଚାଷୀମାନଙ୍କୁ ସରକାର ସାର ଯୋଗାଉଛନ୍ତି । କିନ୍ତୁ 'ଡଙ୍କଲ୍' ପ୍ରସ୍ତାବ ଦେଇଛନ୍ତି ଯେ, ଦେଶର ଉତ୍ପାଦିତ କୃଷି ଫସଲ ମୂଲ୍ୟର ଶତକଡ଼ା ୧୦ ଭାଗ ଅର୍ଥ କୃଷି ଉପରେ ଉପଯୋଗ ରିହାତି ଦିଆଯାଉ । ତାହେଲେ ଆନ୍ତର୍ଜାତିକ କୃଷି ବ୍ୟବସାୟରେ ସମତା ଆସିପାରିବ । ଆମ ଦେଶରେ ଓ ଚୀନ୍‌ରେ ଅଧିକାଂଶ ଯାହାକି ୭୨ ଶତାଂଶ ଲୋକ କୃଷି ଉପରେ ନିର୍ଭର କରୁଥିବାରୁ ଫ୍ରାନ୍‌ସ ପରି ଦେଶମାନଙ୍କର ସାର ଉପରେ ଅଧା ଦର ଛାଡ଼ କରାଗଲେ ସେ ଦେଶ ଉପରେ ଏହାର ପ୍ରଭାବ ପଡ଼ିବ ନାହିଁ । ମାତ୍ର ଏହା ଦ୍ୱାରା ଆମର ରାଜସ୍ୱ ନିଅଣ୍ଟିଆ ହେବ । ଫ୍ରାନ୍‌ସର ଲୋକମାନେ ଏହାକୁ ତୀବ୍ର ବିରୋଧ କରିବାରୁ ଫ୍ରାନ୍‌ସ ସରକାର ଡଙ୍କେଲ ପ୍ରସ୍ତାବକୁ ଗ୍ରହଣ କଲେନାହିଁ । ଆମ ଦେଶର ଆୟ ତୁଳନାରେ ଭାରତ ସରକାର ସାର ଇତ୍ୟାଦିରେ ଗତବର୍ଷ ୧ଲକ୍ଷ ୭୫ ହଜାର କୋଟି ଟଙ୍କା ରିହାତି ଦେଇଥିଲା ବେଳେ ଚଳିତ ବର୍ଷ ୧ ଲକ୍ଷ ୬୪ ହଜାର କୋଟି ଟଙ୍କା ରିହାତି ପାଇଁ ବଜେଟ୍‌ରେ ଅଟକଳ ରଖାଯାଇଛି । ସେହିପରି ଚୀନ୍ ସରକାର ଚାଷୀମାନଙ୍କୁ ମୋଟ ଖର୍ଚ୍ଚର ଶତକଡ଼ା ୭ ଭାଗ ଅର୍ଥ ସାରରେ ରିହାତି ଦେବାପାଇଁ ବଜେଟ୍‌ରେ ବ୍ୟବସ୍ଥା କରିଛନ୍ତି । ଏଣୁ ଉକ୍ତ ଡଙ୍କେଲ୍ ପ୍ରସ୍ତାବରେ ଯଦି ଭାରତ ସରକାର ସାମିଲ ହୁଅନ୍ତି ତେବେ ଭାରତୀୟ କୃଷକମାନେ କ୍ଷତିଗ୍ରସ୍ତ ହେବାର ପ୍ରଶ୍ନ ଉଠୁନାହିଁ।

ଆନ୍ତର୍ଜାତିକ ବାଣିଜ୍ୟରେ ସମତା ଦୃଷ୍ଟେ ବିଭିନ୍ନ ଦେଶମାନେ ସେମାନଙ୍କ କୃଷି ଉତ୍ପାଦିତ ପଦାର୍ଥର ସର୍ବନିମ୍ନ ଶତକଡ଼ା ୩ ଭାଗ ଶସ୍ୟ ବିଦେଶକୁ ରପ୍ତାନୀ କରିବା ପାଇଁ ଡଙ୍କେଲ ପ୍ରସ୍ତାବ ଦେଇଛନ୍ତି । ସାଧାରଣତଃ ବିଭିନ୍ନ ଦେଶରେ ଭିନ୍ନ ଭିନ୍ନ ଫସଲ ଉତ୍ପାଦନ କରାଯାଏ । ଅଧିକନ୍ତୁ ମରୁଡ଼ି, ବନ୍ୟା, ବାତ୍ୟା ଓ ପ୍ରାକୃତିକ ବିପର୍ଯ୍ୟୟରେ ପ୍ରତିବର୍ଷ କିଛି ପରିମାଣରେ ଫସଲ ନଷ୍ଟ ହୋଇଯାଏ । ସେ ଦୃଷ୍ଟିରୁ ଡଙ୍କେଲ ପ୍ରସ୍ତାବ ଦ୍ୱାରା ଖାଦ୍ୟ ଉତ୍ପାଦନ ଓ ବିତରଣରେ ସମାନତା ଆସିପାରିବ । ଭାରତ ବର୍ତ୍ତମାନ ଧାନ ଓ ଗହମରେ ଆତ୍ମନିର୍ଭରଶୀଳ ହୋଇଥିଲେ ମଧ୍ୟ ଖାଇବା ତେଲ, ଡାଲି ପ୍ରଭୃତି ବିଦେଶରୁ ଆମଦାନୀ କରୁଛି । ଡଙ୍କେଲ ପ୍ରସ୍ତାବ ମୁତାବକ ୩ ଭାଗ ଖାଦ୍ୟ ପଦାର୍ଥ ବିଦେଶରୁ ଆମଦାନୀ ହେଲେ ଭାରତୀୟ କୃଷକ ମାନଙ୍କର ଉତ୍ପାଦିତ ଫସଲର ଦରଦାମ ହ୍ରାସରେ ବିଶେଷ ପ୍ରଭାବ ଅନୁଭୂତ ହେବ ନାହିଁ । ବରଂ ଭାରତୀୟ ଖାଦ୍ୟ ନିଗମ ସମବାୟ ସମିତିମାନଙ୍କ ଦ୍ୱାରା ପୂର୍ବପରି କୃଷକମାନଙ୍କ ଠାରୁ

ଲାଭଜନକ ଦରରେ ବଳକା ଜିନିଷ କିଣିପାରିବେ ବୋଲି ଭାରତ ସରକାର ତଥା ଗାଟ୍ ର ପରିଚଳନା ନିର୍ଦ୍ଦେଶକ ପିଟର ସୁନ୍ଦରଲାଣ୍ଡ ସ୍ପଷ୍ଟ କରିଦେଇଛନ୍ତି । ୧୯୫୦-୫୧ ମସିହା ତୁଳନାରେ ବର୍ତ୍ତମାନ କୃଷକମାନଙ୍କର ଉତ୍ପାଦିତ ଫସଲର ମୂଲ୍ୟ ୧୦୦ ଗୁଣାକୁ ବୃଦ୍ଧିପାଇଛି । ଗାଟ୍ ଚୁକ୍ତି ଅନୁସାରେ କମ୍ପାନୀମାନେ ନୂତନ ଔଷଧ ତଥା ବିହନ ଉତ୍ପାଦନ କରିବା ପାଇଁ ତାଙ୍କ ଗବେଷଣାଗାରରେ ବହୁ ଅର୍ଥ ବ୍ୟୟ କରୁଛନ୍ତି । ଗବେଷଣା ଖର୍ଚ୍ଚ ଉଠାଇବା ପାଇଁ କମ୍ପାନୀମାନେ ଉକ୍ତ ନୂତନ ଔଷଧ ତଥା ବିହନ ଏକଚାଟିଆ ଭାବରେ କିଛିବର୍ଷ ପାଇଁ ପ୍ରସ୍ତୁତ କରି ବଜାରରେ ତାହାକୁ ବିକ୍ରି କରି ଗବେଷଣା ଖର୍ଚ୍ଚ ଉଠାଉଛନ୍ତି । କିଛିବର୍ଷ ପରେ ଅନ୍ୟ କମ୍ପାନୀମାନେ ଉକ୍ତ ଔଷଧ ପ୍ରସ୍ତୁତ କରିବାରେ ବାଧା ନଥାଏ । ଉକ୍ତ ଏକଚାଟିଆ ଦ୍ରବ୍ୟ ପ୍ରସ୍ତୁତି ଅଧିକାରକୁ ପେଟେଣ୍ଟ କୁହାଯାଏ । ଡଙ୍କେଲ୍ ପ୍ରସ୍ତାବରେ ଗବେଷଣା ଖର୍ଚ୍ଚ ପାଇବା ପାଇଁ ଔଷଧ ଓ ବିହନ ବ୍ୟବସାୟିକ ଭିତ୍ତିରେ ପ୍ରସ୍ତୁତ କରିବା ପାଇଁ କମ୍ପାନୀମାନଙ୍କୁ ୨୦ ବର୍ଷ ପାଇଁ ପେଟେଣ୍ଟ ଅଧିକାର ଦିଆଯାଇଛି। ଯଥେଷ୍ଟ ସମୟ ଦିଆଯାଇ ନଥିଲେ କମ୍ପାନୀମାନେ ପେଟେଣ୍ଟ ପାଇଁ ଆଗ୍ରହ ପ୍ରକାଶ କରିନଥାନ୍ତେ ।

ଉଦାହରଣ ସ୍ୱରୂପ ୧୯୫୦ ମସିହା ପୂର୍ବରୁ ଟାଇଫଏଡ୍ ଜ୍ୱରରେ ବହୁଲୋକ ପ୍ରାଣ ହରାଉଥିଲେ । ଉକ୍ତ ରୋଗର ନିରାକରଣ ପାଇଁ କୌଣସି ଔଷଧ ନଥିବାରୁ ଟାଇଫଏଡ ଜ୍ୱର ସମାଜରେ ଆତଙ୍କ ସୃଷ୍ଟି କରି ଲୋକମାନଙ୍କୁ ମୃତ୍ୟୁମୁଖରେ ପକାଉଥିଲା । ଆମେରିକାର ବୈଜ୍ଞାନିକମାନେ ଗବେଷଣା କରି 'ପାର୍କ ଡେଭିସ୍ କମ୍ପାନୀ' ଟାଇଫଏଡ୍ ଜ୍ୱରର ଚିକିତ୍ସା ପାଇଁ ଅବ୍ୟର୍ଥ କ୍ଲୋରୋ ମାଇସେଟିନ ଔଷଧ ଉଦ୍ଭାବନ କରିବା ଦ୍ୱାରା ଜ୍ୱର ଭଲ ହୋଇଥିଲା ଓ ଔଷଧ ମଧ୍ୟ ବହୁଳ ଭାବରେ ବଜାରରେ ବିକ୍ରି ହୋଇ କମ୍ପାନୀ ଯଥେଷ୍ଟ ଲାଭ ପାଇଥିଲା । କଟକରେ ପ୍ରଥମେ ଏହି ଔଷଧ ୧୯୫୦ ମସିହାରେ ମିଳୁନଥିଲା ବେଳେ କଲିକତାରେ ୧୨ଟି କ୍ୟାପସୁଲ୍‌ର ଦାମ୍ ୨୫୦ ଟଙ୍କା ଥିଲା । ବହୁଳ ପ୍ରସ୍ତୁତ କରି ପାର୍କ ଡେଭିସ୍ କମ୍ପାନୀ ଦର କମାଇ ଦବାରୁ ଓଡ଼ିଶାରେ ପ୍ରଥମେ କଟକରେ ୧୭ଟି କ୍ୟାପସୁଲ୍ ୪୮ ଟଙ୍କା ମୂଲ୍ୟରେ ମିଳିଥିଲା । ବର୍ତ୍ତମାନ ବୋଇଙ୍ଗ ପ୍ରଭୃତି କେତେକ କମ୍ପାନୀ ଏହି ଔଷଧ ପ୍ରସ୍ତୁତ କରି ୧୨ଟିକୁ ୧୨ ଟଙ୍କାରେ ବିକ୍ରି କରୁଛନ୍ତି । ବିଶ୍ୱ ସ୍ୱାସ୍ଥ୍ୟ ସଂଗଠନ ଚିହ୍ନିତ ୨୫୦ଟି ଅତି ଅବଶ୍ୟକୀୟ ଔଷଧ ମଧ୍ୟରୁ ମାତ୍ର ୧୨ଟି ଔଷଧ ପ୍ରସ୍ତୁତ କରିବାକୁ ଭାରତୀୟ କମ୍ପାନୀମାନଙ୍କୁ ପେଟେଣ୍ଟ ଅଧିକାର ପ୍ରସ୍ତାବକୁ ଡଙ୍କେଲ ଉକ୍ତ ସମ୍ମିଳନୀରେ ମଞ୍ଜୁର ଦେଇଥିଲେ ।

ନୂତନ ବିହନ ଉତ୍ପାଦିତ ନହେଲେ ଆମର କୃଷି ଉତ୍ପାଦନ ଆଶାତୀତ ଭାବେ

ବୃଦ୍ଧି ହୋଇପାରିବ ନାହିଁ । ଉଦାହରଣ ସ୍ୱରୂପ ଟାଇଚୁନ୍ ଧାନ ତାଇୱାନ୍ ଦେଶରେ ପ୍ରଥମେ ଉତ୍ପାଦିତ ହୋଇଥିଲା ବେଳେ ଭାରତରେ ଦ୍ୱିତୀୟ ପଞ୍ଚବାର୍ଷିକ ଯୋଜନାରେ ଏହାକୁ କୃଷକମାନଙ୍କ ଦ୍ୱାରା ବ୍ୟବହାର କରାଯିବା ଫଳରେ ଧାନ ଉତ୍ପାଦନରେ ଭାରତ ସମଗ୍ର ପୃଥିବୀରେ ଚହଳ ସୃଷ୍ଟି କରିଥିଲା । ଆମ ଭାରତୀୟ ଚାଷୀମାନେ ଆମ ବିହନ ବ୍ୟବହାର କରିବାକୁ ଡଙ୍କେଲ୍ ପ୍ରସ୍ତାବରେ ବାରଣ କରାଯାଇ ନାହିଁ । ବରଂ ଆମର ବୈଜ୍ଞାନିକମାନଙ୍କର ଗବେଷଣାଗାରରେ ନୂତନ ବିହନ ଓ ଔଷଧ ଉତ୍ପାଦିତ କରିବାର ସମ୍ପୂର୍ଣ୍ଣ ଅଧିକାର ଅଛି । ସେହିପରି ଡଙ୍କେଲ ପ୍ରସ୍ତାବରେ ଖାଉଟୀ ପଦାର୍ଥ ଉପରେ ରିହାତି ଅର୍ଥ ଉଠାଇ ଦେବାର କୌଣସି ବ୍ୟବସ୍ଥା ନାହିଁ । ସାମାଜିକ ସୁରକ୍ଷା ଦୃଷ୍ଟେ ଭାରତ ସରକାର ଚାଉଳ, ଗହମ, ଚିନି, କିରୋସିନି ଇତ୍ୟାଦି ସାଧାରଣ ବଣ୍ଟନ ବ୍ୟବସ୍ଥାରେ ଶସ୍ତାରେ ଯୋଗାଇବା ପାଇଁ ସରକାର ରିହାତି ଦେବାର କୌଣସି ଅସୁବିଧା ନାହିଁ । ଏ ବାବଦରେ ପ୍ରାୟ ୫ ଲକ୍ଷ କୋଟି ଟଙ୍କା ରିହାତି ଦିଆଯାଇଛି । କିନ୍ତୁ ଦୁଃଖର କଥା ଆମର ରିହାତିରେ ଖାଉଟୀ ପଦାର୍ଥ ଗରିବ ଲୋକମାନଙ୍କ ନିକଟରେ ଠିକ୍ ସେ ନ ପହଞ୍ଚି ବାଟମାରଣା ହୋଇଚାଲିଛି ।

ମୋଟାମୋଟି ଭାବରେ ଭାରତୀୟ ଚାଷୀମାନଙ୍କ ଉପରେ ଡଙ୍କେଲ୍ ପ୍ରସ୍ତାବର ପ୍ରଭାବ ବିଶେଷ ଭାବରେ ଅନୁଭୂତ ହେଉନାହିଁ । ବରଂ Gatt ର ପରିଚାଳନା ନିର୍ଦ୍ଦେଶକ ସୁନ୍ଦରଲାଣ୍ଡଙ୍କ ମତରେ ଡଙ୍କେଲ ପ୍ରସ୍ତାବ ଅନୁଯାୟୀ ବହୁଦେଶୀୟ ବାଣିଜ୍ୟ ଚୁକ୍ତି ଗୃହିତ ହୋଇଥିଲେ ଆମେରିକା, ଜାପାନ, ଫ୍ରାନ୍ସ ଓ ଜର୍ମାନୀ ପ୍ରଭୃତି ଶିଳ୍ପୋନ୍ନତ ଧନୀ ରାଷ୍ଟ୍ରମାନେ ନିଜକୁ ସୁହାଇଲା ଭଳି ବାଣିଜ୍ୟରେ ପ୍ରାଧାନ୍ୟ ବିସ୍ତାର କରିଥାନ୍ତେ । ମାତ୍ର ଏହି ଡଙ୍କେଲ ପ୍ରସ୍ତାବ ସମସ୍ତ ପୃଥିବୀର ଦେଶମାନଙ୍କରେ ଆଦୃତ ହୋଇ ଚୁକ୍ତିରେ ସ୍ୱାକ୍ଷର କରିବା ଦ୍ୱାରା ସମଗ୍ର ପୃଥିବୀରେ ବାଣିଜ୍ୟ କାରବାର ନିର୍ଦ୍ୱନ୍ଦରେ ହୋଇପାରୁଥିବାରୁ ଜନସାଧାରଣ ଏହାର ସୁଫଳ ଭୋଗ କରୁଛନ୍ତି ଓ ଭାରତ ଏହାର ଫାଇଦା ପାଇପାରୁଛି । ଏହା ଏକ ଜନହିତକର ପ୍ରସ୍ତାବ ।

୨୦୧୯ ମସିହାରେ ସମଗ୍ର ପୃଥିବୀ କୋଭିଡ୍ ମହାମାରୀ ଦ୍ୱାରା ଆକ୍ରାନ୍ତ ହୋଇଥିଲା ବେଳେ ବିକାଶଶୀଳ ଦେଶଗୁଡ଼ିକ ଖାଦ୍ୟ ପଦାର୍ଥ ଓ ଔଷଧର ଘୋର ଅଭାବର ସମ୍ମୁଖୀନ ହୋଇଥିଲେ ମଧ୍ୟ ଭାରତ ସହିତ ଅନ୍ୟ ବିକାଶମୁଖୀ ରାଷ୍ଟ୍ରଗୁଡ଼ିକ ଡଙ୍କେଲ୍ ଚୁକ୍ତି ଦ୍ୱାରା ଯଥେଷ୍ଟ ଫାଇଦା ନେଇଥିଲେ । ଏହି ଚୁକ୍ତିଟି ସମଗ୍ର ପୃଥିବୀ ପାଇଁ ଏକ ଅବ୍ୟର୍ଥ ଔଷଧ ପରି କାମ ଦେଇଥିଲା ।

■

ସମବାୟରେ ଗୃହନିର୍ମାଣ

ସମାଜରେ ବଞ୍ଚିବାକୁ ହେଲେ ଖାଦ୍ୟ, ବସ୍ତ୍ର ଓ ପରେ ଖଣ୍ଡେ ବାସଗୃହର ଆବଶ୍ୟକତା ପଡ଼େ । ଭାରତବର୍ଷରେ ଏବେବି ବହୁତ ଲୋକ ଅଛନ୍ତି ଦୁଇବେଳା ଗଣ୍ଡେ ପେଟପୁରା ଖାଦ୍ୟ ଖାଇବା ପାଇଁ ପାଆନ୍ତି ନାହିଁ । ବସ୍ତ୍ର ଖଣ୍ଡିଏ ହେଲେ ବର୍ଷସାରା ତାକୁ ଧୋଇ ଶୁଖାଇ ପିନ୍ଧନ୍ତି । ମାତ୍ର ଖଣ୍ଡେ ବାସଗୃହ ପାଇଁ ମୋଟା ଅଙ୍କର ଅର୍ଥ ଆବଶ୍ୟକ ପଡ଼ିଥାଏ । ମୁଣ୍ଡ ଗୁଞ୍ଜିବା ପାଇଁ ଘର ଖଣ୍ଡିଏ ନଥିବା ଲୋକ ଗାଁର ଅନ୍ୟ ଲୋକର ବାରଣ୍ଡାରେ ବା ସହରର ରାସ୍ତାକଡ଼ରେ ଖରା, ବର୍ଷା, ଶୀତ, କାକରରେ ଦୟନୀୟ ଅବସ୍ଥାରେ ଦିନ ବିତାଇଥାନ୍ତି । ଦେଶ ସ୍ୱାଧୀନତା ପାଇବାର ୭୭ ବର୍ଷ ବିତିଯାଇଛି । ଯୋଜନା ପରେ ଯୋଜନା ଗଢ଼ା ଚାଲିଛି । ଯୋଜନା ଆରମ୍ଭରୁ ସରକାର ଦଳିତ, ଶୋଷିତ, ଆଦିବାସୀ ଓ ହରିଜନମାନଙ୍କ ପାଇଁ ପର୍ଯ୍ୟାୟ କ୍ରମେ କେତେକ ଅଗ୍ନିନିରୋଧକ ଘର ଯୋଗାଇ ଚାଲିଛନ୍ତି । ଅନ୍ୟ ଜାତିର ଗରିବ ଓ ଅସହାୟମାନେ ଏପର୍ଯ୍ୟନ୍ତ ଘରଡିହ ନପାଇ ହନ୍ତସନ୍ତ ହେଉଛନ୍ତି । ଗାଁ ମାନଙ୍କରେ ଗୋଟିଏ ଗୋଟିଏ ଗରିବ ପରିବାର ଲାଜ ସରମକୁ ତୁଚ୍ଛକରି ଗୋଟିଏ ବଖରା ଘରେ ସମସ୍ତ ପରିବାର ବର୍ଗ ବାସ କରିବାକୁ ବାଧ୍ୟ ହେଉଛନ୍ତି । ଏପର୍ଯ୍ୟନ୍ତ କେଳା ଓ ଶବର ଜାତିର ବାରବୁଲାମାନେ ବୁଲି ବୁଲି ଖଣ୍ଡେ ଖଣ୍ଡେ ପାଲଟଣା କୁଡ଼ିଆରେ ବର୍ଷସାରା ବିଭିନ୍ନ ଜାଗାରେ ଯେପରି ରହୁଛନ୍ତି ତା' ବର୍ଣ୍ଣନା କରିହେବ ନାହିଁ । ବମ୍ବେ, କଲିକତା, ଚେନ୍ନାଇ ଓ ଦିଲ୍ଲୀ ପ୍ରଭୃତି ବଡ଼ ବଡ଼ ସହରରେ ବାସହରାଙ୍କ ଅବସ୍ଥା କହିଲେ ନସରେ । ଇଉରୋପୀୟ ଉନ୍ନତ ଦେଶମାନଙ୍କରେ ଅନ୍ତତଃ ପକ୍ଷେ ସରକାର ବେକାରୀମାନଙ୍କୁ ଭତ୍ତା ଦେବା ସହିତ ସମସ୍ତଙ୍କୁ ଘର ଯୋଗାଇବା ପାଇଁ ସମର୍ଥ ହୋଇପାରିଛନ୍ତି । ସେଥିପାଇଁ ପୃଥିବୀରେ ସମସ୍ତଙ୍କୁ ପିଇବା ପାଣି ଯୋଗାଇଦେବା ପାଇଁ ଆନ୍ତର୍ଜାତିକ ସମବାୟ ସଂଘ ନେଇଥିବା ପଦକ୍ଷେପ ଅର୍ଥାତ୍ ସମସ୍ତଙ୍କ ପାଇଁ ଘରଡିହ ଯୋଗାଡ଼ କରିବାକୁ ୧୯୮୧ ମସିହା

ଦିଲ୍ଲୀ ଆନ୍ତର୍ଜାତିକ ସମବାୟ ସଂଘ ବୈଠକରେ ଏକ ପ୍ରସ୍ତାବ ଗ୍ରହଣ କରିଥିଲେ । ଏଣୁ ଭାରତବର୍ଷରେ ସମସ୍ତଙ୍କୁ ଘରଡିହ ଯୋଗାଇଦେବା ପାଇଁ ହେଲେ ଆହୁରି ୪୨ କୋଟି ୧୧ ଲକ୍ଷ ଘର ନିର୍ମାଣ କରିବାକୁ ହେବ ବୋଲି ୨୦୨୩ ମସିହାରେ ଜାତୀୟ ଗୃହ ନିର୍ମାଣ ସଂସ୍ଥା ସରକାରଙ୍କ ଉନ୍ନୟନ ରିପୋର୍ଟକୁ ଆଧାର କରି ଅଟକଳ କରିଥିଲା । ଏହାଛଡ଼ା ଆହୁରି ୨ କୋଟି ନଡ଼ା ଛପର ଘର ଭାରତରେ ଏବେବି ବାସପଯୋଗୀ ନ ହୋଇଥିଲେ ମଧ୍ୟ ବ୍ୟବହାର କରାଯାଉଛି । ବେଢ଼ି ଉପରେ କୋରଡ଼ା ପରି ଘର ପୋଡ଼ିଗଲେ ଏହି କଚ୍ଚା ଘରେ ବାସ କରୁଥିବା ଲୋକମାନେ ସର୍ବସାନ୍ତ ହୋଇଯାନ୍ତି ।

ସମସ୍ତ ବାସହୀନମାନଙ୍କୁ ଅନ୍ତତଃ ପକ୍ଷେ ଖଣ୍ଡିଏ ପକ୍କାଘର ଯୋଗାଇବାକୁ ବିପୁଳ ଅର୍ଥ ଦରକାର । ସରକାର ଗୃହନିର୍ମାଣ ବୋର୍ଡ ସଂସ୍ଥା ଜରିଆରେ ସହରରେ ବସବାସ କରୁଥିବା ବାସହୀନ ଲୋକମାନଙ୍କୁ ଘର ଯୋଗାଇବା ପାଇଁ ପର୍ଯ୍ୟାୟ କ୍ରମେ ଘରତୋଳି ଦୀର୍ଘକାଳୀନ କିସ୍ତିରେ ଗୃହଋଣ ଶୁଝିବା ପାଇଁ ବ୍ୟବସ୍ଥା କରିଛନ୍ତି । ସେହିପରି 'ହୁଡ୍‌କୋ' ସଂସ୍ଥାରୁ ଋଣ ଆଣି ରାଜ୍ୟ ସରକାର ଗ୍ରାମାଞ୍ଚଳର ଗରିବମାନଙ୍କୁ ଘରଡିହ ଯୋଗାଇଦେବାକୁ ପଦକ୍ଷେପ ନେଉଛନ୍ତି । ସରକାରୀ ପ୍ରଚେଷ୍ଟାରେ ଏହି ଘର ଯୋଗାଣ ସମୁଦ୍ରକୁ ଶଂଖେ ପାଣି ସହିତ ସମାନ । ଏଣୁ ବେସରକାରୀ ପ୍ରଚେଷ୍ଟା ନହେଲେ କ୍ରମବର୍ଦ୍ଧମାନ ଜନସାଧାରଣଙ୍କୁ ଘର ଯୋଗାଇବା କଷ୍ଟସାଧ୍ୟ ହୋଇପଡ଼ିବ । ସେଥିପାଇଁ ସମବାୟର ଆଶ୍ରୟ ହିଁ ଏକମାତ୍ର ବାଟ । ବିଭିନ୍ନ ରାଜ୍ୟରେ ଅବଶ୍ୟ ରାଜ୍ୟ ସମବାୟ ଗୃହ ନିର୍ମାଣ ନିଗମ ତଥା ପ୍ରାଥମିକ ସମବାୟ ଗୃହ ନିର୍ମାଣ ସମିତି ଗଠନ ହୋଇ ସଭ୍ୟମାନଙ୍କୁ ଦୀର୍ଘକାଳୀନ ଋଣ ଦେବା କିମ୍ବା ଘର ତିଆରି କରି ବିକ୍ରି କରୁଛନ୍ତି । ଏପରିକି ବମ୍ବେ, ଦିଲ୍ଲୀ, କଲିକତା ପ୍ରଭୃତି କେତେକ ସହରରେ ସମବାୟ ଗୃହ ନିର୍ମାଣ ସମିତିମାନେ ଘର ତୋଳି ଏହାର ସଭ୍ୟମାନଙ୍କୁ ଭଡ଼ାରେ ଯୋଗାଉଛନ୍ତି । ଏଥିପାଇଁ ଗୃହ ନିର୍ମାଣ ସମବାୟ ସମିତିମାନଙ୍କୁ ଅର୍ଥର ଅଭାବ ପଡୁ ନାହିଁ । ଉତ୍ତମ ପରିଚାଳନା ଓ ଋଣ ପରିଶୋଧ ନିୟମିତ ହୋଇପାରିଲେ ଭାରତୀୟ ଜୀବନ ବୀମା ନିଗମ ବହୁ ପରିମାଣରେ ବାର୍ଷିକ ୧୨ ଟଙ୍କା ସୁଧରେ ଦୀର୍ଘକାଳୀନ ଋଣ ଗୃହ ନିର୍ମାଣ ସମିତିମାନଙ୍କୁ ଯୋଗାଇ ଦେବାପାଇଁ ଯୋଜନା କରିଛନ୍ତି । ସମିତିମାନେ କର୍ମଚାରୀଙ୍କ ଦରମା, ସିରସ୍ତା ଖର୍ଚ୍ଚ ତୁଲାଇବା ପାଇଁ ଶତକଡ଼ା ୧୪ ଟଙ୍କା ସୁଧରେ ସଭ୍ୟମାନଙ୍କୁ ଋଣ ଯୋଗାଉଛନ୍ତି ।

ଗୃହ ନିର୍ମାଣରେ ଅଧିକ ପୁଞ୍ଜି ବିନିଯୋଗ ହୋଇପାରିଲେ ବହୁତ ଶ୍ରମଦିବସ ସୃଷ୍ଟି ହେବା ସଙ୍ଗେ ସଙ୍ଗେ ଅନେକ ସଭ୍ୟ ନିଜ ଉଦ୍ୟମରେ ଘର ତିଆରି କରିପାରିବେ ।

ଅବଶ୍ୟ ସମବାୟ କଂଗ୍ରେସର ଦାବି ମୁତାବକ ୧୯୮୦ ମସିହାରେ ୧୦୦ କୋଟି ଟଙ୍କା ମୂଳ ଧନରେ ଜାତୀୟ ଗୃହନିର୍ମାଣ ବ୍ୟାଙ୍କ ପ୍ରତିଷ୍ଠା କରାଯାଇ ଗୃହ ନିର୍ମାଣ ସମିତିମାନଙ୍କୁ ଋଣ ଦେଉଛନ୍ତି । ଗୁଜୁରାଟ ଓ ମହାରାଷ୍ଟ୍ର ରାଜ୍ୟରେ ରାଜ୍ୟ ସମବାୟ ଗୃହ ନିର୍ମାଣ ନିଗମ ପ୍ରତିଷ୍ଠା ହୋଇ ସମିତିମାନଙ୍କୁ ଋଣ ଯୋଗାଉଛନ୍ତି । ଏବେ ବାଣିଜ୍ୟିକ ବ୍ୟାଙ୍କମାନେ ଘର ନିର୍ମାଣ ପାଇଁ ଋଣ ଯୋଗାଇବାକୁ ଭାରତ ସରକାର ନିର୍ଦ୍ଦେଶନାମା ଜାରି କରିଛନ୍ତି । ଗୃହନିର୍ମାଣ ସମବାୟ ସମିତିମାନଙ୍କ ବ୍ୟତୀତ ଭୂ-ଉନ୍ନୟନ ବ୍ୟାଙ୍କମାନେ ଗ୍ରାମାଞ୍ଚଳରେ ସମବାୟ ସମିତି ସଭ୍ୟମାନଙ୍କୁ ଗୃହ ନିର୍ମାଣ ଋଣ ଯୋଗାଇବାକୁ ରାଜ୍ୟ ସରକାର ନିର୍ଦ୍ଦେଶ ଦେଇଛନ୍ତି । ଏହିସବୁ ସୁବିଧା ଥିଲେ ମଧ୍ୟ ଓଡ଼ିଶାରେ ଗୃହ ନିର୍ମାଣ ବିଶେଷ ଅଗ୍ରଗତି କରିପାରି ନାହିଁ । ନାବାର୍ଡ଼ ତଥ୍ୟ ଅନୁଯାୟୀ ୧୯୮୩ ମସିହା ଜୁନ୍ ମାସ ସୁଦ୍ଧା ଓଡ଼ିଶା ଅନ୍ୟ ରାଜ୍ୟ ତୁଳନାରେ ସମବାୟ ଜରିଆରେ ଗୃହ ନିର୍ମାଣରେ ବହୁ ପଛରେ ପଡ଼ିଯାଇଛି । ସମବାୟ ଜରିଆରେ ୮୫୪୩୫୫ ଗୋଟି ଘର ମଧ୍ୟରୁ କେବଳ ମହାରାଷ୍ଟ୍ରରେ ୨୫୧୧୪୪ ଗୋଟି ଘର ଅର୍ଥାତ୍ ଏକ ତୃତୀୟାଂଶ ଘର, ଗୁଜୁରାଟରେ ୧୮୩୪୦୨ ଗୋଟି ଘର, ରାଜସ୍ଥାନରେ ୩୫୪୯୭ ଗୋଟି ଘର, କେରଳରେ ୧୮୩୪୦ ଗୋଟି ଘର, ପଶ୍ଚିମବଙ୍ଗରେ ୧୯୦୬୦ ଗୋଟି ଘର, ମଧ୍ୟପ୍ରଦେଶରେ ୧୩୧୯୦ ଗୋଟି ଘର ଏବଂ ଓଡ଼ିଶାରେ ମାତ୍ର ୮୦୮୪ ଗୋଟି ଘର ତିଆରି ହୋଇଛି । ମହାରାଷ୍ଟ୍ରର ଲୋକ ସଂଖ୍ୟା ଓଡ଼ିଶା ଲୋକସଂଖ୍ୟାର ଅଢ଼େଇଗୁଣ ଅଧିକ । ଅଥଚ ସମବାୟରେ ଘର ତିଆରି ସଂଖ୍ୟା ୩୦ ଗୁଣରୁ ଅଧିକ । ଫଳରେ ଯୋଜନା ଅର୍ଥ ବାହାରେ ମହାରାଷ୍ଟ୍ରରେ ବହୁ ଶ୍ରମଦିବସ ସୃଷ୍ଟି ହୋଇପାରିଛି । ସେହିପରି ସମୁଦାୟ ଗୃହ ନିର୍ମାଣ ବାବଦରେ ୧୦୯୧୮୮୫୬୦୦୦ ଟଙ୍କା ଋଣରୁ କେବଳ ମହାରାଷ୍ଟ୍ରରେ ୩୧୧୩୭୭୧୦୦୦ ଟଙ୍କା ଓ ଓଡ଼ିଶାରେ ମାତ୍ର ୩୦୭୧୮୮୦୦୦ ଟଙ୍କା ବିନିଯୋଗ ହୋଇଛି । ଅର୍ଥାତ୍ ସମବାୟ ଗୃହ ନିର୍ମାଣରେ ମହାରାଷ୍ଟ୍ରରେ ପ୍ରାୟ ୩୨ ଗୁଣ ଅଧିକ ଅର୍ଥ ସମବାୟ ଗୃହ ନିର୍ମାଣ ବାବଦରେ ଖଟାଯାଇଛି । ଫଳରେ ମହାରାଷ୍ଟ୍ରରେ ନିଯୁକ୍ତି ପରିସର ଯଥେଷ୍ଟ ବୃଦ୍ଧି ପାଇଛି ।

ଭାରତବର୍ଷରେ ପ୍ରାୟ ୬୦୦୦୦୦ ସମବାୟ ଗୃହ ନିର୍ମାଣ ସମିତି ରହିଥିଲେ ମଧ୍ୟ ସେମାନଙ୍କ ମଧ୍ୟରୁ ୩୧୦୦୦ ସମବାୟ ସମିତି ରାଜ୍ୟ ଗୃହ ନିର୍ମାଣ ନିଗମ ଦ୍ୱାରା ଅନୁବନ୍ଧିତ । ଗୁଜୁରାଟରେ ୧୦୦୦୦୦ ରୁ ଅଧିକ ଗୃହ ନିର୍ମାଣ ସମବାୟ ସମିତି କାର୍ଯ୍ୟ କରୁଅଛି । ୧୯୩୦ ମସିହାରେ ଭାରତରେ ସବୁଠାରୁ ବୃହତ୍ତମ ଗୃହନିର୍ମାଣ ସମବାୟ ସମିତି ୧୨ ଜଣ ସଭ୍ୟଙ୍କୁ ନେଇ ମହାରାଷ୍ଟ୍ରର ନାଗପୁର ସହରର

ଗାନ୍ଧୀନଗର ଠାରେ ପ୍ରତିଷ୍ଠା କରାଯାଇଥିଲା । ସେତେବେଳେ ଏହାର ନାମ ରହିଥିଲା ବିଦର୍ଭ ପ୍ରିମିୟର ସମବାୟ ଗୃହ ନିର୍ମାଣ ସମିତି । ସାର୍ ଫେଡେରିକ୍ ନିକଲ୍‌ସନ୍ ଯିଏ କି ଗୃହ ନିର୍ମାଣ ସମବାୟ ସମିତିର ଜନକ ରୂପେ ପରିଚିତ ସେ ପ୍ରଥମେ ଏହି ସମବାୟ ସମିତିଟି ଆରମ୍ଭ କରିଥିଲେ । ସମଗ୍ର ପୃଥିବୀରେ ୩୦ ଲକ୍ଷ ଗୃହ ନିର୍ମାଣ ସମବାୟ ସମିତି ଥିଲେ ମଧ୍ୟ ଭାରତରେ ୨୦୨୩ ମସିହା ସୁଦ୍ଧା ଏହାର ସଂଖ୍ୟା ୫ଲକ୍ଷ ୫୫ ହଜାର ।

ଓଡ଼ିଶାରେ ସମବାୟ ଆନ୍ଦୋଳନ ଦୃଢ଼ୀଭୂତ ହୋଇପାରିଲେ ଯୋଜନା ବାହାରେ ସମବାୟ ଗୃହ ନିର୍ମାଣ ସମିତିକୁ ବହୁଜାତୀୟ ଆର୍ଥିକ ଅନୁଷ୍ଠାନ ସହିତ ଭାରତୀୟ ଜୀବନ ବୀମା ନିଗମ ବିପୁଳ ଅର୍ଥ ଯୋଗାଇ ଦେବ । ଏହି ଅର୍ଥ ଗୃହନିର୍ମାଣ କାର୍ଯ୍ୟକ୍ରମରେ ବ୍ୟୟ ହେବା ସଙ୍ଗେ ସଙ୍ଗେ ବେକାରୀ ସମସ୍ୟାର ସମାଧାନ ହୋଇ ଅଧିକ ନିଯୁକ୍ତି ସୃଷ୍ଟି ହୋଇପାରିବ । ସରକାର ଏ ବିଷୟରେ ଆବଶ୍ୟକ ପଦକ୍ଷେପ ନେବା ଉଚିତ୍ ।

'ଓଡ଼ିଶା ଏକ୍ସପ୍ରେସ୍' - ତା୧୯.୦୨.୨୦୨୫ରେ ପ୍ରକାଶିତ

ଶାସନରେ ପରିବର୍ତ୍ତନ

ଗଣତନ୍ତ୍ର ପ୍ରଥାରେ ସୁଶାସନ ତଥା ଜନମଙ୍ଗଳ କାର୍ଯ୍ୟକ୍ରମଗୁଡ଼ିକ ସୁରୁଖୁରୁରେ ସମାପନ ହେବାପାଇଁ ୧୯୫୦ ମସିହାରେ ସାବାଳକମାନଙ୍କ ଭୋଟ ଦାନରେ ପାର୍ଲିଆମେଣ୍ଟାରୀ ଗଣତନ୍ତ୍ର, ଧର୍ମନିରପେକ୍ଷତା ଓ ସମାଜବାଦ ଭିତ୍ତିରେ ଆମ ଦେଶରେ ଏକ ନୂଆ ସମ୍ବିଧାନ ପ୍ରବର୍ତ୍ତନ କରାଗଲା । ଉକ୍ତ ସମ୍ବିଧାନ ଅନୁଯାୟୀ ବିଧାନସଭା, ଶାସନ ବିଭାଗ, ବିଚାରାଳୟ ଓ ସମ୍ବାଦପତ୍ରର ସ୍ୱାଧୀନତା ଆଦି ବ୍ୟବସ୍ଥାମାନ ଚାରିସ୍ତମ୍ଭ ରୂପେ ବିବେଚିତ ହେଲେ । ଅର୍ଥାତ୍ ଜନସାଧାରଣଙ୍କ ହିତ ଦୃଷ୍ଟେ ଆଇନ୍‌ର ଶାସନ ଚାଲୁହେବା ପାଇଁ ବିଧାନସଭାର ନିର୍ବାଚିତ ପ୍ରତିନିଧିମାନେ ନୂଆ ଆଇନ୍ ପ୍ରଣୟନ ବା ବାତିଲ୍ ତଥା ପ୍ରଚଳିତ ଆଇନ୍‌ର ସଂଶୋଧନ ସହିତ ଜନସାଧାରଣଙ୍କ ମଙ୍ଗଳ ନିମନ୍ତେ ସରକାରଙ୍କ ଦୋଷତ୍ରୁଟି ଦର୍ଶାଇ ପରାମର୍ଶ ଦିଅନ୍ତି । ମନ୍ତ୍ରୀମଣ୍ଡଳ ଶାସନର ମୁଖ୍ୟ ହୋଇ ନୀତିଗତ ନିଷ୍ପତ୍ତି ନେବା ସହିତ ବିଧାନସଭବା ନିକଟରେ ଦାୟୀ ରୁହନ୍ତି । ପ୍ରଶାସକମାନେ ମନ୍ତ୍ରୀମଣ୍ଡଳର ନିଷ୍ପତ୍ତିଗୁଡ଼ିକୁ ନିଷ୍ପାପର ଭାବରେ କାର୍ଯ୍ୟକାରୀ କରନ୍ତି । ବିଚାରାଳୟର ରାୟକୁ ଚୂଡ଼ାନ୍ତ ବୋଲି ଧରାଯାଇ ସରକାର ତଥା ଜନସାଧାରଣ ଦଳମତ ନିର୍ବିଶେଷରେ ମାନିବାକୁ ବାଧ୍ୟ ବୋଲି ସମ୍ବିଧାନରେ ବ୍ୟବସ୍ଥା ରହିଛି । ସେହିପରି ସମ୍ବାଦପତ୍ରରେ ଦେଶର ସମସ୍ୟାମାନ ସରକାରଙ୍କ ଦୃଷ୍ଟିକୁ ଆସିବା ସହିତ ଜନମତ ସୃଷ୍ଟି କରିବାର ବିଧି ବ୍ୟବସ୍ଥା ରହିଛି ।

ବ୍ରିଟିଶ ଶାସନରେ ଦେଶରେ ଉନ୍ନୟନମୂଳକ କାର୍ଯ୍ୟମାନ ସୀମିତ ଥିଲେ ସୁଦ୍ଧା ଅଳ୍ପ କେତେକ କର୍ମଚାରୀଙ୍କ ବ୍ୟତୀତ ଶାସନ ଦୁର୍ନିତୀମୁକ୍ତ ଥିଲା ଏବଂ ଅଫିସରମାନେ ନିଷ୍ପାପର ଭାବରେ ଶାନ୍ତିଶୃଙ୍ଖଳା ଅବ୍ୟାହତ ରଖୁଥିଲେ । ସେମାନେ ଆଜିକାଲି ପରି ନ୍ୟାୟର ଶାସନକୁ ରାଜନୈତିକ ଚାପରେ ଉପେକ୍ଷା କରୁନଥିଲେ । ଏବେ ୨୦ ବର୍ଷରୁ ଊର୍ଦ୍ଧ୍ୱ ପିଲାମାନେ ବର୍ତ୍ତମାନ ଗଣତନ୍ତ୍ର ଶାସନର ଅଧୋଗତିରେ ବ୍ୟତିବ୍ୟସ୍ତ

ହୋଇ ବ୍ରିଟିଶ୍ ଶାସନକୁ ପ୍ରଶଂସା କରିବାକୁ ପଛାଉ ନାହାନ୍ତି । ବିଗତ ପଞ୍ଚବାର୍ଷିକ ଯୋଜନା ମାନଙ୍କରେ କେତେ ପରିମାଣରେ ଆର୍ଥିକ ବିକାଶ ହୋଇଥିଲେ ସୁଦ୍ଧା ଶତକଡ଼ା ୪୫ଭାଗ ଲୋକ ଦାରିଦ୍ର ସୀମାରେଖା ତଳେ ରହିଯାଇଅଛନ୍ତି ଏବଂ ଶାସନରେ ଦୁର୍ନିତୀ, ଭ୍ରଷ୍ଟାଚାର ଭରପୁର ହୋଇଯାଇ ଥିବାରୁ ଦାରିଦ୍ର୍ୟମୋଚନ କାର୍ଯ୍ୟକ୍ରମର ସଫଳ ରୂପାୟନ ହୋଇପାରୁ ନାହିଁ କି ଲୋକମାନେ ଶାସନରୁ ନ୍ୟାୟ ପାଇପାରୁନାହାନ୍ତି । କୁଶାସନ ଯୋଗୁ ବେକାରୀ ସଂଖ୍ୟା ବୃଦ୍ଧିରୁ ସମାଜରେ ଚୋରୀ, ଡକାୟତି, ଲୁଟ୍‌ତରାଜ, ନାରୀଧର୍ଷଣ, ନରହତ୍ୟା ଓ ମାର୍‌ପିଟ୍ ନିତିଦିନିଆ କାର୍ଯ୍ୟ ହୋଇଗଲାଣି । ସାଧାରଣ ଲୋକମାନେ ଭୟଭୀତ ହୋଇ ପଦାକୁ ବାହାରି ପାରୁ ନାହାନ୍ତି । ରାଜନୈତିକ ଦଳ ତଥା ଲୋକ ପ୍ରତିନିଧିମାନେ ନିର୍ବାଚନରେ ଅସାମାଜିକ ତଥା ଗୁଣ୍ଡା ଶ୍ରେଣୀର ଲୋକମାନଙ୍କ ସାହାଯ୍ୟ ନେଉଥିବାରୁ ସେମାନଙ୍କର ଅନୈତିକ କାର୍ଯ୍ୟକଳାପକୁ ସାହାଯ୍ୟ ଓ ସମର୍ଥନ କରିବାକୁ ବାଧ ହେଉଛନ୍ତି । ନିର୍ବାଚିତ ଜନପ୍ରତିନିଧିମାନେ ଦୁର୍ନିତିଗ୍ରସ୍ତ ହେଲେ ନିର୍ବାଚନ ପରେ ମଝିରେ ସେମାନଙ୍କୁ ଫେରାଇ ଆଣିବାର ବ୍ୟବସ୍ଥା ନଥିବାରୁ ଲୋକପ୍ରତିନିଧିମାନେ ବେପରୁଆ ହୋଇ ଲୋକମତକୁ ବେଖାତିର କରୁଛନ୍ତି । ୧୯୭୭ ଓ ବେଶିକରି ୧୯୮୦ ମସିହା ପରଠାରୁ ଲୋକ ପ୍ରତିନିଧିମାନେ ହାଓ୍ୱାରେ ନିର୍ବାଚିତ ହେଉଥିବାରୁ କେତେକ ଜନସାଧାରଣ ସ୍ୱାର୍ଥ ବଦଳରେ ପ୍ରିୟା ପ୍ରୀତି ତୋଷଣରେ ବିଶେଷ ମନଧ୍ୟାନ ଦେଉଛନ୍ତି । କେତେକ ଲୋକ ପ୍ରତିନିଧି ଅଫିସରମାନଙ୍କ କାର୍ଯ୍ୟର ସମୀକ୍ଷା କରିବା ପରିବର୍ତ୍ତେ ସେମାନଙ୍କ ସହିତ ସଲାସୁତୁରା ହୋଇ ଦୁର୍ନିତୀକୁ ପ୍ରଶୟ ଦେଉଛନ୍ତି । ଅଫିସରମାନେ ମଧ୍ୟ ଲୋକ ପ୍ରତିନିଧିମାନଙ୍କ ଅନ୍ୟାୟ ଆଦେଶକୁ ଉପେକ୍ଷା କଲେ ସେମାନେ ବାରମ୍ବାର ବଦଳିର ଶିକାର ହେଉଛନ୍ତି । ଏପରିକି କେତେକ ଲୋକ ପ୍ରତିନିଧିମାନଙ୍କର କର୍ମଚାରୀ ବଦଳି ପାଇଁ ସୁପାରିଶ କେବଳ ପେଶା ହୋଇଯାଇଛି । ୧୯୭୭ ଓ ୧୯୮୯ ମସିହାରୁ ଜନସାଧାରଣ ସୁସ୍ଥ ଗଣତାନ୍ତ୍ରିକ ଶାସନ ଆଶାରେ ପ୍ରାର୍ଥୀର ଦୋଷତ୍ରୁଟିକୁ ଉପେକ୍ଷା କରି ଦ୍ୱିଦଳୀୟ ଶାସନ ପ୍ରବର୍ତ୍ତନ ପାଇଁ ବିରୋଧୀ ରାଜନୈତିକ ଦଳକୁ କ୍ଷମତାସୀନ କରିଛନ୍ତି, କିନ୍ତୁ ରାଜନୈତିକ ଦଳମାନେ ଦୁର୍ନିତୀପରାୟଣ ଲୋକ ପ୍ରତିନିଧିମାନଙ୍କୁ ପୁନଃଶ୍ଚ ପ୍ରାର୍ଥୀ ମନୋନୟନ କରିବାରେ ମଧ୍ୟ କଟକଣା ରଖୁନାହାନ୍ତି । ୧୯୭୭ ମସିହା ଠାରୁ ସରକାର ବିଧାୟକମାନଙ୍କୁ ସ୍ଥାନୀୟ ଉନ୍ନୟନ କାର୍ଯ୍ୟକ୍ରମ କମିଟିର ସଭାପତିଭାବେ ମନୋନୀତି କରିଛନ୍ତି । ସେମାନେ ସେମାନଙ୍କ ଅଞ୍ଚଳରେ ଉନ୍ନୟନ ପାଇଁ ହେବାକୁ ଥିବା ପ୍ରକଳ୍ପଗୁଡ଼ିକର ସଫଳ ରୂପାୟନରେ ଦୃଷ୍ଟି ନଦେଇ ଦଳୀୟ କର୍ମୀ ତଥା ଅଫିସରମାନଙ୍କ ଅର୍ଥ ବାଟମାରଣାରେ ନୀରବଦ୍ରଷ୍ଟା ସାଜୁଛନ୍ତି । ଗଣତନ୍ତ୍ର ଶାସନରେ

ଶାସକମାନେ ବିରୋଧୀ ଲୋକଙ୍କ ମତାମତ ପ୍ରତି ସହନଶୀଳ ହେବାକଥା । କିନ୍ତୁ ସମ୍ବାଦପତ୍ରରେ ମନ୍ତ୍ରୀ ବା ପ୍ରତିନିଧିମାନଙ୍କ ସମ୍ପର୍କରେ କୌଣସି ତ୍ରୁଟି ପ୍ରକାଶ ପାଇଲେ ସେମାନେ ନିଜକୁ ସଂଶୋଧିତ କରିବା ପରିବର୍ତ୍ତେ ଆକ୍ରୋଶମୂଳକ ପଦକ୍ଷେପ ନେଉଛନ୍ତି ଓ ଅଫିସରମାନଙ୍କ ବିରୁଦ୍ଧରେ ଯଦି ଭୁଲ୍ ଭଟକା ପ୍ରକାଶ ପାଏ ସେମାନେ ମଧ୍ୟ ନିଜ ସ୍ତ୍ରୀ କିମ୍ବା ସମ୍ପର୍କୀୟ ମହିଳାମାନଙ୍କୁ ଲଗାଇ ଅଭିଯୋଗ ଆଣିଥିବା ବ୍ୟକ୍ତିଙ୍କ ବିରୁଦ୍ଧରେ କୋଟି କୋଟି ଟଙ୍କାର ମାନହାନି ମକୋଦ୍ଦମା କରିବାକୁ ପଛାଉ ନାହାନ୍ତି ଏବଂ କେତେକ କ୍ଷେତ୍ରରେ ବିଚାରପତିମାନଙ୍କୁ ସେମାନଙ୍କ ସପକ୍ଷରେ ରାୟ ଦେବାକୁ ପ୍ରଭାବିତ କରିବାକୁ ବିଭିନ୍ନ ମାଧ୍ୟମର ଆଶ୍ରୟ ନେଉଛନ୍ତି ।

ପାର୍ଲିଆମେଣ୍ଟାରୀ ଗଣତନ୍ତ୍ରରେ ପ୍ରଧାନମନ୍ତ୍ରୀ ତଥା ମୁଖ୍ୟମନ୍ତ୍ରୀମାନେ ଲୋକ ପ୍ରତିନିଧିମାନଙ୍କ ମଧ୍ୟରୁ ନିର୍ବାଚିତ ହୁଅନ୍ତି । ଅନେକ ଲୋକ ପ୍ରତିନିଧି ସଚ୍ଚୋଟ, ଅଭିଜ୍ଞ, ଉଚ୍ଚ ଶିକ୍ଷିତ ଓ ଦକ୍ଷ ନଥିଲେ ମଧ୍ୟ ମନ୍ତ୍ରୀହେବାକୁ ବ୍ୟାକୁଳ ହେଉଛନ୍ତି । ଫଳରେ ଶାସନରେ ଦକ୍ଷତା ହ୍ରାସ ପାଉଛି । ମନ୍ତ୍ରୀପଦ ନମିଳିଲେ କିମ୍ବା ନିଜ ସ୍ୱାର୍ଥ ସାଧନ ନହେଲେ ଲୋକ ପ୍ରତିନିଧିମାନେ ମୁଖ୍ୟମନ୍ତ୍ରୀ ତଥା ପ୍ରଧାନମନ୍ତ୍ରୀଙ୍କୁ ପରିବର୍ତ୍ତନ କିମ୍ବା ଦଳତ୍ୟାଗ କରି ଶାସନରେ ଅସ୍ଥିରତା ସୃଷ୍ଟି କରୁଛନ୍ତି । ଏଣୁ ମୁଖ୍ୟମନ୍ତ୍ରୀ କିମ୍ବା ପ୍ରଧାନମନ୍ତ୍ରୀ କ୍ଷମତାରେ ରହିବାପାଇଁ ସେମାନଙ୍କୁ ଅନୈତିକ ଉପାୟରେ ସାହାଯ୍ୟ କରୁଛନ୍ତି ଯାହା ପୂର୍ବତନ ଭାରତର ପ୍ରଧାନମନ୍ତ୍ରୀ ମୋରାଜି ଦେଶାଇ ଶାସନ ସଂସ୍କାର କମିଟିର ସୁପାରିଶକୁ ଉପେକ୍ଷା କରି ଆଶାତୀତ ଭାବରେ ମନ୍ତ୍ରୀସଂଖ୍ୟା ବୃଦ୍ଧିକରି ଦେଶବାସୀଙ୍କୁ ଅଯଥା ଅତିରିକ୍ତ ଅଧିକ ଭାରାକ୍ରାନ୍ତ କରିଛନ୍ତି । ୧୯୮୫ ମସିହାରେ ଯେ କୌଣସି ଦଳରୁ ଏକ ତୃତୀୟାଂଶରୁ କମ୍ ବିଧାୟକ କିମ୍ବା ଲୋକସଭା ସଦସ୍ୟ ଦଳତ୍ୟାଗ କଲେ ସଭ୍ୟପଦ ହରାଇବେ ବୋଲି ଆଇନଗତ କଟକଣା ଲାଗୁ ହୋଇଛି । ମାତ୍ର ଉକ୍ତ କଟକଣା ବର୍ତ୍ତମାନ ବାଟବଣା ହୋଇଯାଇଛି । ବାରମ୍ବାର ନିର୍ବାଚନ ଫଳରେ ଦେଶ ଆର୍ଥିକ ଭାରାକ୍ରାନ୍ତ ହୋଇପଡ଼ିଛି ।

୧୯୪୭ ମସିହାରେ ବ୍ରିଟିଶ ସରକାର ଦେଶ ଛାଡ଼ିଗଲା ବେଳେ ପ୍ରାୟ ୫,୫୦,୦୦୦ ଟଙ୍କାର ବଳକା ପାଣ୍ଠି ଛାଡ଼ିଯାଇଥିଲେ । କିନ୍ତୁ ନିଅଣ୍ଟିଆ ବଜେଟ୍‌କୁ ସନ୍ତୁଳନ କରିବା ପାଇଁ କେନ୍ଦ୍ରବ୍ୟାଙ୍କ ଦ୍ୱାରା ବର୍ତ୍ତମାନ ନୋଟ୍ ଛପାଯାଉଛି । ଏପରିକି ବିଶ୍ୱବ୍ୟାଙ୍କ ଆମର ଆର୍ଥିକ ସ୍ଥିତିରେ ଉଦ୍‌ବେଗ ପ୍ରକାଶ କରି ବ୍ୟାଙ୍କଗୁଡ଼ିକୁ ପୁନର୍ବାର ବେସରକାରୀ ପରିଚାଳନାରେ କାର୍ଯ୍ୟକରିବାକୁ ପଦକ୍ଷେପ ନେବାପାଇଁ ପରାମର୍ଶ ଦେଲେଣି । କୁଶାସନ ତଥା ଅଧିକ ନୋଟ୍ ପ୍ରଚଳନ ହେତୁ ମୁଦ୍ରାସ୍ଫିତୀ ସୃଷ୍ଟିହୋଇ ନିତ୍ୟ ବ୍ୟବହାର୍ଯ୍ୟ ଜିନିଷର ଆକାଶଛୁଆଁ ଦର ବୃଦ୍ଧିରେ ଜନସାଧାରଣ ଅଣନିଶ୍ୱାସୀ

ହେଲେଣି । କିନ୍ତୁ ମନ୍ତ୍ରୀ ତଥା ବିଧାୟକ ଓ ସରକାରୀ କର୍ମଚାରୀମାନଙ୍କ ଆଚରଣରେ ପରିବର୍ତ୍ତନ ନଘଟିଲେ ଜାତୀୟ ସରକାର ମଧ୍ୟ ଦେଶର ଆର୍ଥିକ ଦୁଃସ୍ଥିତିକୁ ସୁଧାରିପାରିବ ନାହିଁ । ଦରମା ବୃଦ୍ଧି କରିବା ପାଇଁ 'ପେ କମିଶନ' ବସାଇବାର ଆବଶ୍ୟକତା ନାହିଁ । ସରକାରୀ କର୍ମଚାରୀମାନଙ୍କର ଦରମା ଆଶାତୀତଭାବେ ବୃଦ୍ଧି ପାଇଲେ ସମାଜରେ କମ୍ ରୋଜଗାର କରୁଥିବା ଶ୍ରେଣୀର ଲୋକମାନେ ଆର୍ଥିକ ଦୁର୍ବଳ ଶ୍ରେଣୀରେ ଅନ୍ତର୍ଭୁକ୍ତ ହେବେ, ଫଳରେ ବିଦ୍ରୋହର ସ୍ୱର ଉଙ୍କିମାରିବ ସରକାରୀ କର୍ମଚାରୀଙ୍କ ବିରୁଦ୍ଧରେ । ଅନ୍ୟ ଏକ ବ୍ୟତିକ୍ରମ ଦେଖାଦେଇଛି ସମବାୟ ଅନୁଷ୍ଠାନ ମାନଙ୍କରେ । ଗଣତାନ୍ତ୍ରିକ ପ୍ରକ୍ରିୟାରେ ପ୍ରତି ସମବାୟ ଅନୁଷ୍ଠାନ ଗୁଡ଼ିକର ପରିଚାଳନା ପରିଷଦରେ ନିର୍ଦ୍ଦେଶକମାନେ ଜିତିଲେ ଏବଂ ସେମାନଙ୍କ ମଧ୍ୟରୁ ଜଣେ ସଭାପତି ଓ ଆଉ ଜଣେ ଉପସଭାପତି ନିର୍ବାଚିତ ହେଲେ । ଏମାନେ ମଧ୍ୟ ଲୋକ ପ୍ରତିନିଧି । ତଫାତ ଏତିକି ଯେ ସମବାୟ ଅନୁଷ୍ଠାନଗୁଡ଼ିକର କାର୍ଯ୍ୟକଳାପ ସ୍ୱତନ୍ତ୍ରଭାବେ ସମବାୟ ଆଇନର ପରିସରଭୁକ୍ତ ।

ପ୍ରଥମେ ସମବାୟ ଅନୁଷ୍ଠାନଗୁଡ଼ିକର କର୍ମଚାରୀମାନଙ୍କର ଦରମା ଯାହା ଥିଲା ତାହା ବଜାରର ମୁଦ୍ରାସ୍ଥିତିକୁ ଦେଖି ଧାର୍ଯ୍ୟ କରାଯାଉଥିଲା । ଯଥା- ଘର ଚଳାଇବା ପାଇଁ ଯେତିକି ଅର୍ଥର ଆବଶ୍ୟକତା ହେଉଥିଲା ସେହି ତୁଳନାରେ ପରିଚାଳନା ପରିଷଦ ଦ୍ୱାରା କର୍ମଚାରୀମାନଙ୍କର ମାସିକ ଦରମା ଧାର୍ଯ୍ୟ କରାଯାଉଥିଲା ଏବଂ ପରିଚାଳନା ପରିଷଦର ସଭ୍ୟମାନେ ବିନା ପାରିଶ୍ରମିକରେ କାର୍ଯ୍ୟ କରୁଥିଲେ ନିର୍ଦ୍ଧାରିତ ଆଇନାନୁମୋଦିତ ସମୟ ପାଇଁ । ମାତ୍ର ଏହା ମଧ୍ୟରେ ଅନେକ ବର୍ଷ ବିତିଯାଇଛି । ସମବାୟ ଅନୁଷ୍ଠାନ କର୍ମଚାରୀମାନେ ନିଜ ଚାକିରିର ନିରାପଦ ପାଇଁ ସଂଘ ଗଠନ କରି ସରକାର ଓ ସମବାୟ ନିବନ୍ଧକଙ୍କ ଉପରେ ଚାପ ପ୍ରୟୋଗ କରି ବିଭିନ୍ନ ପ୍ରକାର ସୁବିଧା ସହ ସରକାରଙ୍କ 'ପେ କମିଶନ'ଙ୍କୁ ଅସ୍ତ୍ର କରି କ୍ରମାନ୍ୱୟରେ ଆଶାତୀତଭାବେ ଦରମା ବୃଦ୍ଧିକରି ନେଇ ଚାଲିଛନ୍ତି । ମାତ୍ର ପରିଚାଳନା ପରିଷଦର ସଭ୍ୟମାନଙ୍କ ପାଇଁ ସରକାର କିମ୍ବା ସମବାୟ ନିବନ୍ଧକ କିଛି ସୁବିଧା ନକରି ଧର୍ମକୁ ଆଖିଠାର ମାରି ଚାଲିଛନ୍ତି । ଫଳରେ ସମବାୟ ଅନୁଷ୍ଠାନକୁ ନିର୍ବାଚିତ ପ୍ରତିନିଧିମାନେ ସମବାୟ ଅନୁଷ୍ଠାନଗୁଡ଼ିକର ବୈଠକରେ ଯୋଗଦେଇ ଚା' ପିଇବାକୁ ହେଲେ ନିଜ ପକେଟ୍‌ରେ ଖର୍ଚ୍ଚପାଇଁ ଆଣିଥିବା ଟଙ୍କାରୁ ଖର୍ଚ୍ଚ କରନ୍ତି । ୧୯୯୬ ମସିହା ପରେ ରାଜ୍ୟ ସରକାର ୨୦୨୪ ମସିହାରେ ଶୀର୍ଷ ସମବାୟ ସମିତି ପରିଚାଳନା ପରିଷଦର ସଭ୍ୟମାନଙ୍କ ପାଇଁ ବୈଠକ ଭତ୍ତା ୫୦୦୦ ଟଙ୍କା ସହିତ ଯିବା ଆସିବା ଗାଡ଼ିଖର୍ଚ୍ଚ ସହ ସଭାପତିମାନେ ମାସକୁ ଅତି କମ୍‌ରେ ୧୫୦୦୦ ଟଙ୍କା ଓ ଅତି ବେଶୀରେ ୫୦୦୦୦

ଟଙ୍କା ମାସିକ ଦରମା ନେଇପାରିବେ ବୋଲି ଆଦେଶନାମା ଜାରି କରିଛନ୍ତି । କିନ୍ତୁ ଅନୁଷ୍ଠାନଗୁଡ଼ିକ ଲାଭରେ ଚାଲୁଥିବା ଉଚିତ୍ ବୋଲି ନିର୍ଦ୍ଦେଶନାମାରେ ଦର୍ଶାଇଛନ୍ତି । ଯେହେତୁ ସଭ୍ୟମାନେ ସମବାୟ ଅନୁଷ୍ଠାନର ପ୍ରକୃତ ମାଲିକ ସେ ଦୃଷ୍ଟିରୁ ଅତି କମ୍‌ରେ ଏସବୁ ପ୍ରାପ୍ୟ ସେମାନେ ନେଇପାରିବେ ବୋଲି ସମବାୟ ନିବନ୍ଧକ ନିର୍ଦ୍ଦେଶନାମା ଦେଲାପରେ ମଧ୍ୟ ସମବାୟ ଅନୁଷ୍ଠାନର ପରିଚାଳନା ନିର୍ଦ୍ଦେଶକ କିମ୍ବା ମୁଖ୍ୟ କାର୍ଯ୍ୟନିର୍ବାହୀ ଅଧିକାରୀମାନେ ଏହାକୁ ମାନିବାପାଇଁ ନାରାଜ । ଫଳରେ କର୍ମଚାରୀମାନେ ପ୍ରକୃତ ମାଲିକମାନଙ୍କୁ ଏସବୁ ପ୍ରାପ୍ୟ ଦେବାରେ କୁଣ୍ଠାବୋଧର କ'ଣ ବା କାରଣ ଥାଇପାରେ ? ଯାହା ଆଇନ ଅନୁସାରେ କର୍ମଚାରୀଙ୍କ ଏକ ଅପରାଧିକ କାର୍ଯ୍ୟ । ମାଲିକମାନଙ୍କ ସଂସ୍ଥାର ଅର୍ଥରୁ କର୍ମଚାରୀମାନେ ସେମାନଙ୍କୁ ଉପଯୁକ୍ତ ପ୍ରାପ୍ୟ ଦେବାପାଇଁ ଏ ପ୍ରକାର କାର୍ପଣ୍ୟର କାରଣ ଜଣାପଡୁନାହିଁ । ଏ ପ୍ରକାର ଅଧିକାର କର୍ମଚାରୀମାନଙ୍କୁ କିଏ ବା ଦେଲା ? ନିଜ ଭୁଲ୍ କାର୍ଯ୍ୟକଳାପ ପାଇଁ ଭବିଷ୍ୟତରେ ସମବାୟର କର୍ମଚାରୀମାନେ ଏ ପ୍ରକାର କାର୍ଯ୍ୟକଳାପରୁ ନିବୃତ୍ତ ରହିବା ଆବଶ୍ୟକ । ସମବାୟ ଅନୁଷ୍ଠାନଗୁଡ଼ିକ କ୍ଷତିକଲେ ଉଭୟ କର୍ମଚାରୀ ଓ ପରିଚାଳନା ପରିଷଦ ଦାୟୀ ରହିବେ ଓ ଦାବି କରୁଥିବା ସୁବିଧାଗୁଡ଼ିକ ଦିଆନଯିବା ଉଚିତ୍ ।

ତେବେ ପାର୍ଲିଆମେଣ୍ଟାରୀ ଗଣତନ୍ତ୍ରରେ ବିବେଚିତ ହେଉଥିବା ଚାରୋଟି ଯାକ ସ୍ତମ୍ଭ ଅଙ୍କ ବହୁତେ ଦୋହଲି ଯାଇଥିବାରୁ ସଚେତନ ନାଗରିକମାନେ କୁଶାସନରେ ଅତିଷ୍ଠ ହୋଇ ଶାସନର ଢାଞ୍ଚା ପରିବର୍ତ୍ତନ ପାଇଁ ମତ ଦେଇଛନ୍ତି । ବାର ପ୍ରକାର ମୁରବୀ ଶାସନରେ ବସିବା ପାଇଁ ଭିଡ଼ାଭିଡ଼ି ହେବା ପରିବର୍ତ୍ତେ କେନ୍ଦ୍ର ଓ ରାଜ୍ୟରେ ରାଷ୍ଟ୍ରପତି ତଥା ରାଜ୍ୟପାଳମାନେ ପାଞ୍ଚବର୍ଷ ପାଇଁ ସିଧାସଳଖ ଲୋକମାନଙ୍କ ଭୋଟ୍‌ରେ ନିର୍ବାଚିତ ହେଲେ ଶାସନର ସ୍ଥିରତା ଆସି ଆମେରିକା ପରି ଆମ ଦେଶର ଉନ୍ନୟନ କାର୍ଯ୍ୟ ଆଗେଇପାରନ୍ତା । ସେମାନେ ଦକ୍ଷ ପ୍ରଶାସକ ଓ ବିଶେଷଜ୍ଞମାନଙ୍କୁ ନେଇ ମନ୍ତ୍ରୀମଣ୍ଡଳ ଗଠନ କରି ଦେଶରେ ସୁଶାସନ ପ୍ରତିଷ୍ଠା କରିପାରିବେ । ରାଷ୍ଟ୍ରପତି କିମ୍ବା ରାଜ୍ୟପାଳ ଅବାଟରେ ଯାଇ ସ୍ୱେଚ୍ଛାଚାରୀ ହେବାକୁ ଚେଷ୍ଟାକଲେ ଆମେରିକାର ରାଷ୍ଟ୍ରପତି 'ନିକସନ୍'ଙ୍କ ପରି ବିଦାୟ ନେବାକୁ ବାଧ୍ୟ ହେବେ । ନିକଟରେ ବଙ୍ଗଳାଦେଶରେ ସ୍ୱେଚ୍ଛାଚାରର କୁପରିଣାମ ରାଜନେତାମାନଙ୍କୁ ଭୋଗିବାକୁ ପଡୁଛି । ଏଣୁ ବର୍ତ୍ତମାନ ଆମ ପାର୍ଲିଆମେଣ୍ଟାରୀ ଗଣତନ୍ତ୍ରରେ ଅଭିଜ୍ଞତା ନଥିବା ସ୍ୱଳ୍ପ ଶିକ୍ଷିତ ପ୍ରତିନିଧିମାନଙ୍କର ଯେନତେନ ପ୍ରକାରେ ମନ୍ତ୍ରୀ ହେବାରେ ଯେଉଁ ଲାଳସା ବୃଦ୍ଧିପାଇଛି ତାକୁ ରାଷ୍ଟ୍ରପତି ପ୍ରଧାନ ଶାସନରେ ପୂରଣ ହେବା ବିଧି ନଥିବାରୁ ସେମାନେ ଅନୈତିକ ଭାବରେ ଚାପ ପ୍ରୟୋଗ କରି ଶାସନକୁ ଆଉ କଳୁଷିତ କରିପାରିବେ ନାହିଁ । ବର୍ତ୍ତମାନର

ନିର୍ବାଚିତ ପ୍ରତିନିଧିମାନେ ରାଷ୍ଟ୍ରପତିପ୍ରଧାନ ଶାସନକୁ ପସନ୍ଦ ନ କରିପାରନ୍ତି । କିନ୍ତୁ ଜନମତ ପ୍ରଖର ହେଲେ ପାର୍ଲିଆମେଣ୍ଟାରୀ ଗଣତନ୍ତ୍ର ପରିବର୍ତ୍ତେ ରାଷ୍ଟ୍ରପତିପ୍ରଧାନ ଶାସନ ଆମ ଦେଶରେ ଅବଶ୍ୟମ୍ଭାବୀ ହୋଇପଡ଼ିବ । ରାଜାନୁଗତ ଧର୍ମ ଅନୁଯାୟୀ ଦେଶରେ ଯେଉଁ ନୈତିକ ଅଧଃପତନ ବଢ଼ିଚାଲିଛି ସେଥିରେ ମଧ୍ୟ ଉନ୍ନତି ପରିଲକ୍ଷିତ ହେବ । ଜନସାଧାରଣଙ୍କ ଇଚ୍ଛାନୁଯାୟୀ ଦେଶରେ ମଧ୍ୟ ଦ୍ୱି-ଦଳୀୟ ଶାସନ ଆପେ ଆପେ ଆମେରିକା ପରି ପ୍ରବର୍ତ୍ତିତ ହୋଇ ସୁଶାସନ ପାଇଁ ପଥ ପରିଷ୍କାର ହୋଇଯିବ । ଏହା ଭାରତୀୟ ଗଣତନ୍ତ୍ର ପ୍ରତି ପ୍ରାକ୍ ସୂଚନା । ସରକାର ଏ ଦିଗରେ ସଜାଗ ହେବାର ଆବଶ୍ୟକତା ଦେଖାଯାଇଛି ।

ଗୋଷ୍ଠୀ ଉନ୍ନୟନ ଯୋଜନାର ସଫଳତା

ଦ୍ୱିତୀୟ ବିଶ୍ୱଯୁଦ୍ଧ ପରେ କୋରିଆ ଧ୍ୱସ୍ତ ବିଧ୍ୱସ୍ତ ହୋଇ ଆନ୍ତର୍ଜାତିକ କୁଟନୀତି ବଳରେ ୧୯୪୫ ମସିହାରେ କୋରିଆ ଦୁଇ ଭାଗରେ ଯଥା ଉତ୍ତର ଓ ଦକ୍ଷିଣ କୋରିଆ ନାମରେ ଦୁଇ ଦେଶରେ ବିଭକ୍ତ ହୋଇଗଲା । ଦକ୍ଷିଣ କୋରିଆର କ୍ଷେତ୍ରଫଳ ୯୮୯୫୫ ବର୍ଗ କି.ମି. ଓ ଉତ୍ତର କୋରିଆର କ୍ଷେତ୍ରଫଳ ୨୨୦୦୦୦ ବର୍ଗ କି.ମି. । ଦକ୍ଷିଣ କୋରିଆର ଜନସଂଖ୍ୟା ୨ କୋଟି ୬୨ ଲକ୍ଷ ଓ ଉତ୍ତର କୋରିଆର ଜନସଂଖ୍ୟା ୫ କୋଟି ୧୮ ଲକ୍ଷ । ସେହି ତୁଳନାରେ ଜୁନ୍ ୨୦୨୪ ମସିହା ସୁଦ୍ଧା ଓଡ଼ିଶାର କ୍ଷେତ୍ରଫଳ ୧୫୬୦୦୦ ବର୍ଗ କି.ମି. ଓ ଜନସଂଖ୍ୟା ୪ କୋଟି ୬୬ ଲକ୍ଷ ୬୩ ହଜାର । ଦକ୍ଷିଣ କୋରିଆର ପ୍ରତି ବର୍ଗ କି.ମି. ପିଛା ଜନବସତି ୫୧୫ ହୋଇଥିବା ବେଳେ ଓଡ଼ିଶାର ଜନବସତି ୨୭୦ । ଓଡ଼ିଶାରେ ଶତକଡ଼ା ୪୫ ଭାଗ ଚାଷ ଉପଯୋଗୀ ଜମି ଥିବା ସ୍ଥଳେ ପାହାଡ଼ିଆ ଦକ୍ଷିଣ କୋରିଆରେ ମାତ୍ର ୨୮ ଭାଗ ଚାଷଜମି ଅଛି । ଓଡ଼ିଶା ଖଣିଜ ପଦାର୍ଥ ଇତ୍ୟାଦି ପ୍ରାକୃତିକ ସମ୍ପଦରେ ଭରପୁର ହୋଇଥିଲେ ହେଁ ଦକ୍ଷିଣ କୋରିଆରେ ଖଣିଜ ପଦାର୍ଥ ବିରଳ । ୧୯୫୦ ମସିହାରେ ଦକ୍ଷିଣ କୋରିଆବାସୀ ଆମପରି ଦରିଦ୍ର ଥିଲେ ମଧ୍ୟ ଆଜି ସେଠାରେ ବେକାରୀ ଓ ଦାରିଦ୍ର୍ୟତାର ବିଲୋପ ଘଟିଛି । କୃଷି ତଥା ଶିଳ୍ପ ଉତ୍ପାଦନ ଓ ବ୍ୟକ୍ତିଗତ ଆୟରେ ଅଭୁତ ଅଗ୍ରଗତି ଫଳରେ ଆଜି ସେମାନେ ଜାପାନ ଓ କମ୍ୟୁନିଷ୍ଟ ଦେଶ ଉତ୍ତର କୋରିଆକୁ ପଛରେ ପକାଇ ଦେଇପାରିଛନ୍ତି ଏବଂ ଚଳିତ ବର୍ଷରେ ୩୩୧ ବିଲିୟନ ଆମେରିକାନ ଡଲାର ଅର୍ଥ ବ୍ୟୟରେ ବିଶ୍ୱର ସର୍ବ ବୃହତ୍ତମ ଅଲମ୍ପିକ ଖେଳ କରାଇ ସମସ୍ତଙ୍କୁ ଚମତ୍କୃତ କରାଇପାରିଛନ୍ତି । ବିଶ୍ୱ ବଜାରରେ ପ୍ରତିଦ୍ୱନ୍ଦିତା କରି ଅନେକ ଦକ୍ଷିଣ କୋରିଆ କମ୍ପାନୀମାନେ ବଡ଼ ବଡ଼ ଠିକା କାମ କରୁଛନ୍ତି । ଦକ୍ଷିଣ କୋରିଆର ହୁଣ୍ଡାଇ କମ୍ପାନୀ ପାରାଦ୍ୱୀପ ବନ୍ଦର ଉନ୍ନତିରେ ବିପୁଳ ଅର୍ଥ ବ୍ୟୟ କରିବାକୁ ଋଣ

ଦେଇଛନ୍ତି । ଜାହାଜ ନିର୍ମାଣ ଶିଳ୍ପରେ ଦକ୍ଷିଣ କୋରିଆ ବିଶ୍ୱରେ ଏକ ସୁନାମଧନ୍ୟ ଦେଶ ଭାବରେ ପରିଗଣିତ ହେଲାଣି । ଦକ୍ଷିଣ କୋରିଆରେ ହେକ୍ଟର ପିଛା ୩୦.୬ ଟନ୍ ଧାନ ଉତ୍ପାଦନ ହେଉଥିବା ସ୍ଥଳେ ଭାରତରେ ମାତ୍ର ୧୨.୨ ଟନ୍ ଧାନ ଉତ୍ପାଦନ ହେଉଛି । ଓଡ଼ିଶା ସମେତ ଅଧିକାଂଶ ଭାରତବାସୀ ଆଜି ଦାରିଦ୍ର୍ୟର କଷାଘାତରେ ଷଢୁଛନ୍ତି । ଏଣୁ ଲୋକଶକ୍ତି ବିନିଯୋଗରେ ଦକ୍ଷିଣ କୋରିଆର ପ୍ରକୃତି ପ୍ରତିକୂଳ ସତ୍ତ୍ୱେ କିପରି ଏପରି ପ୍ରଗତି ହୋଇପାରିଲା ତାହା ଆମ୍ଭମାନଙ୍କୁ ଶିକ୍ଷା କରିବାକୁ ପଡ଼ିବ ।

ଦକ୍ଷିଣ କୋରିଆର ତଦାନିନ୍ତନ ରାଷ୍ଟ୍ରପତି ସ୍ୱର୍ଗତଃ 'ପାର୍କ ଚୁଙ୍ଗଇ' ୧୯୬୧ ମସିହାରେ ଶାସନାରୁଢ଼ ହୋଇ ପଞ୍ଚବାର୍ଷିକ ଯୋଜନା ଜରିଆରେ ଦକ୍ଷିଣ କୋରିଆବାସୀଙ୍କର ଆର୍ଥିକ ପ୍ରଗତିରେ ମନୋନିବେଶ କଲେ ଏବଂ କୃଷିର ଉତ୍ପାଦନ ବୃଦ୍ଧିପାଇଁ ସମସ୍ତ ଚାଷୀଙ୍କୁ ମାଲିକାନା ସ୍ୱତ୍ତ୍ୱ ଦେବାରେ ଜମିଜମା ସଂସ୍କାର ସମ୍ପୂର୍ଣ୍ଣ କଲେ । କିନ୍ତୁ ଦୁଇଟି ପଞ୍ଚବାର୍ଷିକ ଯୋଜନା ପରେ ୧୯୭୧ ମସିହାରେ ଦେଖାଗଲା ଯେ ବ୍ୟକ୍ତିଗତ ଆୟ ୯୫ରୁ ୨୫୨ ଆମେରିକା ଡଲାରକୁ ବୃଦ୍ଧିପାଇଛି ଏବଂ ଶିଳ୍ପ ଉତ୍ପାଦନରେ ବିପୁଳ ଅଗ୍ରଗତି ହୋଇଥିଲେ ହେଁ କୃଷି ଉତ୍ପାଦନ ତା ତୁଳନାରେ ତାଳ ଦେଇପାରିନାହିଁ । ଏଣୁ ରାଷ୍ଟ୍ରପତି 'ପାର୍କ ସାମାଉଲ୍ ଉଡଙ୍ଗ' (Park Saemaul Undong) ଗ୍ରାମ ଗୋଷ୍ଠୀ ଉନ୍ନୟନ କାର୍ଯ୍ୟକ୍ରମ ଜରିଆରେ ନିଜେ ଗାଁକୁ ଗାଁ ବୋଲି ଲୋକମାନଙ୍କୁ ସମୂହ ଉନ୍ନତି ମନ୍ତ୍ରରେ ଦୀକ୍ଷିତ କରାଇଲେ ଏବଂ ଉକ୍ତ ବିଭାଗ ନିଜ ଦାୟିତ୍ୱରେ ରଖି ସମବାୟ ସମିତିମାନଙ୍କୁ ପୁର୍ନଗଠିତ କରି ଅଧିକ ଉତ୍ପାଦନର ସମସ୍ତ ସମ୍ବଳ କୃଷକମାନଙ୍କୁ ଯୋଗାଇଲେ । ପୁନଶ୍ଚ ଆମ ଓଡ଼ିଶା ତଥା ଭାରତର ନେତାମାନଙ୍କ ପରି ଶସ୍ତା ରାଜନୈତିକ ଧ୍ୱନିରେ ନ ମାପି ତଥା ଅଫିସରଙ୍କ କାଗଜପତ୍ର ହିସାବରେ ଆତ୍ମ ସନ୍ତୋଷ ଲାଭ ନକରି ରାଷ୍ଟ୍ରପତି ପାର୍କ ସାମାଉଲ୍ ଉଡଙ୍ଗ ଗ୍ରାମ ଉନ୍ନୟନ କାମର ସଫଳ ରୂପାୟନ ହେଉଛି କି ନାହିଁ ତାହା ନିଜେ ବୁଲି ବୁଲି କ୍ଷେତ୍ରରେ ତଦାରଖ କରିଥିଲେ । ବଛା ବଛା ନିଷ୍ଠାପର ଗାଁ ନେତାମାନଙ୍କୁ କୃଷି ବିଷୟରେ ଉପଯୁକ୍ତ ତାଲିମ ଦିଆଯାଇ ସେମାନଙ୍କ ନେତୃତ୍ୱରେ କୃଷି ଉତ୍ପାଦନର ଅଗ୍ରଗତି ତଥା ସମୂହ ଗ୍ରାମ ଉନ୍ନତି କରାଇପାରିଥିଲେ ।

ପ୍ରଥମ ସଂସ୍କାର ସ୍ୱରୂପ ୧୦ଟି ଗ୍ରାମକୁ ନେଇ ଗୋଟିଏ ଲେଖାଏଁ ପ୍ରାଥମିକ ବହୁମୁଖୀ କୃଷି ସମବାୟ ସମିତି ଗଠନ କଲେ । ଫଳରେ ଉର୍ବର ୧୬୦୦୦ ସମିତି ବଦଳରେ କେବଳ ୧୫୦୦ ସମବାୟ ସମିତି ନୂତନଭାବେ ପୁନର୍ଗଠିତ ହେଲା । ପ୍ରତ୍ୟେକ ସମବାୟ ସମିତିରେ ୧୩୦୦ ଜଣ କୃଷକ ସଭ୍ୟଭୁକ୍ତ ହେବାରୁ ବ୍ୟବସାୟ ଦୃଷ୍ଟିରୁ ସମସ୍ତ ସମବାୟ ସମିତି ଆତ୍ମନିର୍ଭରଶୀଳ ହୋଇପାରିଲେ । ପ୍ରତ୍ୟେକ ସମବାୟ

ସମିତିର ସୁପରିଚାଳନା ପାଇଁ ଉପଯୁକ୍ତ ତାଲିମ ପ୍ରାପ୍ତ ଅଭିଜ୍ଞ ଲୋକମାନଙ୍କୁ ପରିଚାଳନା କମିଟିର ସଭାପତି କରାଇଲେ । ସମସ୍ତ ପ୍ରାଥମିକ ସମବାୟ ସମିତିଗୁଡ଼ିକ ଜାତୀୟ କୃଷି ସମବାୟ ସଂଘର ସଭ୍ୟ ହେଲେ । ତା'ଛଡ଼ା କୁକୁଡ଼ା ପାଳନ, ଗାଈ ପାଳନ ତଥା ଫଳ ଉତ୍ପାଦନ ଇତ୍ୟାଦି ୪୨ ପ୍ରକାର ସମବାୟ ସମିତି ଗଠନ କରାଇଲେ । ବିଶେଷକରି ୭୫୦ ଗୋଟି ପ୍ରାଥମିକ ସମବାୟ ସମିତି ଗ୍ରାମଗୋଷ୍ଠୀ ଯୋଜନାକୁ ସଫଳ କରାଇବାର ଭାର ନେଲେ । ସମବାୟ ସମିତିମାନେ କୃଷକମାନଙ୍କ ଜମା ତଥା ଋଣ ଆଦାନ ପ୍ରଦାନ ସହିତ ବ୍ୟାଙ୍କ ପରି ସମସ୍ତ କାର୍ଯ୍ୟ ତୁଲାଇଲେ । ୧୯୮୦ ମସିହା ହିସାବ ଅନୁଯାୟୀ ପ୍ରାଥମିକ ସମବାୟ ସମିତିମାନେ ଶତକଡ଼ା ୯.୧୦ ଟଙ୍କା ସୁଧ ହାରରେ ୧୩୨୦ କୋଟି ଟଙ୍କା କୃଷିଋଣ ପ୍ରଦାନ, ୨୧୦୫୦ କୋଟି ଟଙ୍କା ଜମା ସଂଗ୍ରହ, ୧୮୭୨ କୋଟି ଟଙ୍କା କୃଷିଜାତ ପଦାର୍ଥର କ୍ରୟ ଏବଂ ୧୫୦୪ କୋଟି ଟଙ୍କାର ସାର ଓ କୃଷି ଯନ୍ତ୍ରପାତି ତଥା ଖାଉଟୀ ପଦାର୍ଥ ଇତ୍ୟାଦି ଯୋଗାଇ ଦେଇଥିଲେ । ଅଥଚ ସେହି ମସିହା ସୁଦ୍ଧା ଭାରତବର୍ଷର ସମସ୍ତ ପ୍ରାଥମିକ ସମବାୟ ସମିତିମାନେ ମାତ୍ର ୨୫୦ କୋଟି ଟଙ୍କା ଜମା ସଂଗ୍ରହ, ୨୩୭୪ କୋଟି ଟଙ୍କା କୃଷିଋଣ ଲଗାଣ କରିଥିଲେ ।

ଓଡ଼ିଶାର କୃଷିଋଣ ସମବାୟ ସମିତିମାନେ ମାତ୍ର ୨ କୋଟି ଟଙ୍କା ଜମା ସଂଗ୍ରହ ଓ ୫୪ କୋଟି ଟଙ୍କା କୃଷିଋଣ ଦେଇଥିଲେ । ଦକ୍ଷିଣ କୋରିଆର ସମବାୟ ସମିତିମାନେ ଜୀବନ ବୀମା, କୃଷି ଯନ୍ତ୍ରପାତି ଇତ୍ୟାଦିର ବୀମା ଦାୟିତ୍ୱ ନେଇ ୫୨୩୧୦ କୋଟି ଟଙ୍କା ବ୍ୟବସାୟ କରି ୫୮୬ କୋଟି ଟଙ୍କା ବୀମାକର (Premium) ବାବଦରେ ସଂଗ୍ରହ କରି କୃଷକମାନଙ୍କୁ ଋଣ ଦେବାରେ ବିନିଯୋଗ କରିପାରିଛନ୍ତି । ଆମ ଦେଶରେ ଅତୀତରେ କେତେକ ପ୍ରାଥମିକ ସମବାୟ ସମିତି ଜୀବନ ବୀମା କମ୍ପାନୀର ଏଜେଣ୍ଟ ହିସାବରେ ବୀମା କାର୍ଯ୍ୟ କରୁଥିଲେ ସୁଦ୍ଧା ବୀମା ଜାତୀୟକରଣ ପରେ ସେମାନେ ସେଥିରୁ ବିରତ ହୋଇଛନ୍ତି । ଦକ୍ଷିଣ କୋରିଆ କୃଷି ସମବାୟ ସଂଘ ପ୍ରାୟ ୩୨୦୦ କୋଟି ଟଙ୍କା ଜମା ସଂଗ୍ରହ କରି ତାହାକୁ ରପ୍ତାନୀ ତଥା ଆମଦାନୀ ବ୍ୟବସାୟରେ ଖଟାଇ ଆନ୍ତର୍ଜାତିକ ବଜାରରେ ମୁଖ୍ୟଭାଗ ଲିଭାଉ ଅଛନ୍ତି ଏବଂ କୃଷିଜାତ ପଦାର୍ଥର ବିକ୍ରୟ, କୃଷି ଯନ୍ତ୍ରପାତିର ଯୋଗାଣ, ପଶୁଜାତ ଶିଳ୍ପ ତଥା ଫଳଚାଷ ପାଇଁ ମାତ୍ର ୧୧୨ କୋଟି ଟଙ୍କା ବିଦେଶରୁ ଋଣ କରିଛନ୍ତି । ଋଣ ଉପଯୁକ୍ତ ବିନିଯୋଗ ଫଳରେ ଋଣ ଅସୁଲ ଶତକଡ଼ା ୯୯ ଭାଗ ହୋଇଛି । ସାମାଉଲ ଉଡ଼ଙ୍ଗ ଅର୍ଥ ଗ୍ରାମଗୋଷ୍ଠୀ ଉନ୍ନୟନ ଯୋଜନା ନାମରେ କାର୍ଯ୍ୟକାରୀ କରାଇବା ଫଳରେ ଗତ ଦୁଇ ଦଶନ୍ଧିରେ ଦକ୍ଷିଣ କୋରିଆ ବାସୀଙ୍କର ପ୍ରଭୁତ ଅର୍ଥନୈତିକ ପ୍ରଗତି

ହୋଇପାରିଅଛି । ୧୯୭୬ ମସିହାରେ ଭାରତୀୟ କୃଷି ଶିକ୍ଷା ପ୍ରତିଷ୍ଠାନ ଆନୁକୂଲ୍ୟରେ ୪୦ ଜଣ କୃଷକ ତଥା ସମବାୟ ନେତାମାନେ ଉକ୍ତ ଯୋଜନାରେ କିପରି ଦକ୍ଷିଣ କୋରିଆର ଗ୍ରାମବାସୀମାନଙ୍କ ସହ ସମୂହ କଲ୍ୟାଣରେ ମାପିଛନ୍ତି ତାହା ଦେଖିବାର ସୁଯୋଗ ପାଇଥିଲା ବେଳେ ପୃଥିବୀର ଅନ୍ୟାନ୍ୟ ରାଷ୍ଟ୍ରଙ୍କୁ ଦେଖାଇବାର ସୁଯୋଗ ସୃଷ୍ଟି କରିଛି । ଉକ୍ତ ସଂସ୍ଥା ଏହିପରି ଭାବରେ ପ୍ରତିବର୍ଷ ଦକ୍ଷିଣ କୋରିଆର ସାମାଉଲ ଉଡ଼ଙ୍ଗ ଗ୍ରାମଗୋଷ୍ଠୀ ଉନ୍ନୟନ ଯୋଜନା କାର୍ଯ୍ୟକ୍ରମ ଦେଖିବା ପାଇଁ କେତେକ କୃଷକ ନେତାଙ୍କୁ ସେଠାକୁ ପଠାଉଛି । ୭୭ଟି ଦେଶର ୧୧୧୪୮୧ ଜଣ କୃଷକ ଓ ସମବାୟ ନେତା ଉକ୍ତ କାର୍ଯ୍ୟକ୍ରମରେ ସଫଳ ରୂପାୟନର ବିଭିନ୍ନ ଦିଗ ଅନୁଧ୍ୟାନ କରିସାରିଲେଣି ଓ କୋରିଆ ବାସୀଙ୍କର ଆଶ୍ଚର୍ଯ୍ୟଜନକ ଆର୍ଥିକ ଅଗ୍ରଗତିରେ ଅଭିଭୂତ ହୋଇ ନିଜ ଦେଶରେ ସାମଉଲ ଉଡ଼ଙ୍ଗ ଯୋଜନା କାର୍ଯ୍ୟକାରୀ କରିବାରେ ବିହିତ ପଦକ୍ଷେପ ନେଇଛନ୍ତି । ଅବଶ୍ୟ ଭାରତରେ ଗ୍ରାମ୍ୟ ଉନ୍ନୟନ ଯୋଜନା ଗତ ତିନି ଦଶନ୍ଧି ହେଲା ଚାଲିଛି । କିନ୍ତୁ ଆମ ନେତୃତ୍ୱ ତଥା ଲୋକ ଚରିତ୍ରରେ କ'ଣ ତ୍ରୁଟି ରହିଯାଇଛି ଯାହା ଫଳରେ ଆମେ ଭାରତବାସୀ ଆମଠାରୁ କ୍ଷୁଦ୍ର ଦକ୍ଷିଣ କୋରିଆବାସୀଙ୍କ ଆର୍ଥିକ ପ୍ରଗତି ତଥା ଉତ୍ପାଦନ ତୁଳନାରେ ବହୁ ପଛରେ ପଡିଯାଇଛେ ତାହାର ସମୀକ୍ଷା ହେବା ଉଚିତ୍ । ଉଭୟ କେନ୍ଦ୍ର ଓ ରାଜ୍ୟ ସରକାର ଏଥିପ୍ରତି ତୁରନ୍ତ ନଜର ଦେବାର ଆବଶ୍ୟକତା ଦେଖାଦେଇଛି । କାରଣ ଭାରତର ସମବାୟ ମନ୍ତ୍ରୀ ଜଣେ ସଫଳ ସମବାୟବିତ୍ ଓ ରାଜନେତା । ଓଡ଼ିଶାର ସମବାୟ ମନ୍ତ୍ରୀ ମଧ୍ୟ ଜଣେ କାର୍ଯ୍ୟ ଦକ୍ଷ, କର୍ମଠ ଓ ନିଷ୍ଠାପର ବ୍ୟକ୍ତି ହୋଇଥିବାରୁ ଏ ଦିଗରେ ବିହିତ ପଦକ୍ଷେପ ନେବେ ବୋଲି ଓଡ଼ିଶାବାସୀ ଆଶା ରଖନ୍ତି ।

'ସମାଜ' - ତା୨୫.୦୨.୨୦୨୫ରେ ପ୍ରକାଶିତ

■

ପଞ୍ଜାବରେ ସମବାୟ

ପଞ୍ଜାବରେ ସମବାୟ ବ୍ୟାଙ୍କ, ବାଣିଜ୍ୟ ସମବାୟ ସମିତି ତଥା ଚିନିକଳ ସମବାୟ ସମିତିମାନେ କୃଷକମାନଙ୍କୁ ଋଣ ଆଦାନ ପ୍ରଦାନ, ଫସଲ କିଣାବିକାରେ ବେଶ ସହାୟତା କରି ସଫଳତା ଅର୍ଜନ କରିପାରିଛନ୍ତି । ରାଜ୍ୟ ସମବାୟ ବାଣିଜ୍ୟ ସଂଘ, ଭୂ-ଉନ୍ନୟନ ସମବାୟ ବ୍ୟାଙ୍କ, ଚିନିକଳ ସମବାୟ ସଂଘ ଓ ଗୃହ ନିର୍ମାଣ ସମବାୟ ସଂଘ ପ୍ରଭୃତି ୧୨ଟି ସମବାୟ ଅନୁଷ୍ଠାନ ମାନଙ୍କରେ ୧୧୦୦ କୋଟିରୁ ୧ ଲକ୍ଷ କୋଟି ଟଙ୍କାର ବାର୍ଷିକ କାରବାର ହୁଏ । ତା୨୪.୧୧.୨୦୨୩ମସିହା ସୁଦ୍ଧା ପଞ୍ଜାବରେ ସମବାୟ ସମିତି ସଂଖ୍ୟା ୧୯୦୨୦ ଥିଲା । ଭାରତବର୍ଷର ମୋଟ୍ ସମବାୟ ସମିତି ସଂଖ୍ୟା ୭୯୪୮୬୬ ଯାହାର ସଭ୍ୟ ସଂଖ୍ୟା ୨୯୦୭୬୦୫୩୭ରେ ପହଞ୍ଚିଛି । ତା୧୬.୦୪.୧୯୯୦ ମସିହାରେ ହିନ୍ଦୁସ୍ଥାନ ଟାଇମ୍ସ ଖବର କାଗଜରେ ପ୍ରକାଶିତ ହୋଇଥିଲା ଯେ, ପଞ୍ଜାବରେ କେତେବର୍ଷ ମଧ୍ୟରେ ସମସ୍ତ ସମବାୟ ସମିତି ଓ ସମବାୟ ବ୍ୟାଙ୍କ ଗୁଡ଼ିକରେ ନିର୍ବାଚନ କରାଯାଇ ନଥିବାରୁ ସରକାରୀ କର୍ମଚାରୀମାନେ ପରିଚାଳନା ଦାୟିତ୍ୱରେ ରହିଥିଲେ । ସରକାରୀ କର୍ମଚାରୀମାନେ ପରିଚାଳନା ଦାୟିତ୍ୱରେ ଥାଇ ବ୍ୟାପକ ଅର୍ଥ ଦୁର୍ନିତୀ ଓ କୁପରିଚାଳନା ଦ୍ୱାରା ବହୁ ସମବାୟ ସମିତିରେ କ୍ଷତିର ପରିମାଣ ବୃଦ୍ଧି ପାଇଥିଲା । ସମବାୟ ଆଇନ୍ ଅନୁଯାୟୀ ସମିତିର ସାଧାରଣ ସଭା ପ୍ରତିବର୍ଷ ହେବାପାଇଁ ବିଦ୍ଧିରେ ବ୍ୟବସ୍ଥା ଥିଲେ ସୁଦ୍ଧା ସଭ୍ୟମାନଙ୍କ ଅନୁରୋଧ ସତ୍ତ୍ୱେ ଟାଳଟୁଳ ନୀତିରେ ସାଧାରଣ ସଭା ଅନୁଷ୍ଠିତ ହେଉ ନଥିଲା । ଏପରିକି କୋର୍ଟର ଆଶ୍ରୟ ନେଇ ସାଧାରଣ ସଭା କରିବା ପାଇଁ ପ୍ରାର୍ଥନା ଥିଲେ ମଧ୍ୟ କୋର୍ଟ ନିର୍ଦ୍ଦେଶକୁ ଗଡ଼ାଇଚାଲି ବାର୍ଷିକ ସାଧାରଣ ସଭା କରାଇଦେଉ ନଥିଲେ ରାଜ୍ୟ ସରକାର । ପଞ୍ଜାବରେ ୧୬ଟି ସମବାୟ ଚିନି କଳରେ ପଞ୍ଜାବ ସରକାରଙ୍କ ଅଂଶଧନ ୧୦ଭାଗରୁ ଅଧିକ ନଥିଲେ ମଧ୍ୟ ସଭ୍ୟମାନେ ସମବାୟ ସମିତିକୁ

ପରିଚାଳନା କରିବାକୁ ସୁଯୋଗ ପାଇନଥିଲେ କିମ୍ବା ସଭ୍ୟମାନେ ପରିଚାଳନା କମିଟି ବିରୁଦ୍ଧରେ ଅଭିଯୋଗ କଲେ ସୁଦ୍ଧା ଉଚ୍ଚପଦସ୍ଥ କର୍ମଚାରୀମାନେ ପରିଚାଳକଙ୍କ ଦ୍ୱାରା ପ୍ରଭାବିତ ହୋଇ କୌଣସି ପଦକ୍ଷେପ ନେଉନଥିଲେ । ବାଟ୍‌ଲା ସମବାୟ ଚିନିକଳ ବେସରକାରୀ ପରିଚାଳନାରେ ଲାଭ କରୁଥିଲା ବେଳେ ସମବାୟ ଚିନିକଳଗୁଡ଼ିକ କ୍ଷତି କରିବାରେ ବ୍ୟସ୍ତ ଥିଲେ । କିନ୍ତୁ ସରକାରୀ କର୍ମଚାରୀଙ୍କ ପରିଚାଳନାରେ ସମବାୟ ଅନୁଷ୍ଠାନଗୁଡ଼ିକ କ୍ଷତିରେ ଚାଲୁଥିଲା । ଚାଷୀମାନେ ସମବାୟ ଚିନିକଳକୁ ଆଖୁ ବିକ୍ରି କରି ବର୍ଷ ବର୍ଷ ଧରି ପ୍ରାପ୍ୟ ପାଉନଥିଲେ । ବର୍ତ୍ତମାନ ପଞ୍ଜାବରେ ସମବାୟ ସମିତିମାନେ ସରକାରୀ ଅନୁଷ୍ଠାନ ରୂପେ ଗଣତି ହେବା ଦ୍ୱାରା ସମବାୟ ଅମଲାତନ୍ତ୍ର ଆନ୍ଦୋଳନରେ ପରିଣତ ହେଲାଣି । ନିର୍ବାଚିତ ପ୍ରତିନିଧିମାନଙ୍କୁ ଅମଲାତନ୍ତ୍ର କାର୍ଯ୍ୟ କରିବାର ସୁଯୋଗ ଦେଉ ନାହାନ୍ତି । କେନ୍ଦ୍ର ସରକାର ଓ ରାଜ୍ୟ ସରକାର ମିଳିତଭାବେ କୃଷକମାନଙ୍କ ଅର୍ଥନୈତିକ ଅଭିବୃଦ୍ଧି ପାଇଁ ଯୋଜନାମାନ ପ୍ରଣୟନ କରିବା ଆବଶ୍ୟକତା ଦେଖାଦେଇଥିଲା । ପଞ୍ଜାବରେ ଏକର ପିଛା ସବୁଠାରୁ ଅଧିକ ଧାନ ଉତ୍ପାଦନ ହୁଏ । ଆଧୁନିକ ଜ୍ଞାନ କୌଶଳରେ ଚାଷ ଓ ଅଧିକ ଅମଳକ୍ଷମ ବିହନ ସହିତ ମାତ୍ରାଧିକ ସାରର ବ୍ୟବହାରରେ ସର୍ବାଧିକ ଧାନ ଉତ୍ପାଦନ ହୁଏ ।

ସମବାୟ ସମିତିମାନଙ୍କରେ ବ୍ୟାପକ ଅର୍ଥ ତୋଷାରପାତ, ପରିଚାଳନାରେ ଅବ୍ୟବସ୍ଥା ହେତୁ କୃଷକମାନେ ବିଶେଷ ହଇରାଣ ହେଉଥିବାରୁ ଭାରତୀୟ କୃଷକ ସଂଘ ସମବାୟ ନିର୍ବାଚନ ଠିକ୍ ସମୟରେ କରିବା ପାଇଁ ଜନ ଆନ୍ଦୋଳନ କରିଥିଲେ । ପଞ୍ଜାବ ଆମ ଭାରତବର୍ଷରେ ଏକ ବିତ୍ତଶାଳୀ ପ୍ରଦେଶ ଓ କୃଷି ଉତ୍ପାଦନରେ ସର୍ବଶ୍ରେଷ୍ଠ । ପଞ୍ଜାବର କୃଷକମାନେ କେନ୍ଦ୍ର ମହଜୁଦ ଖାଦ୍ୟଭଣ୍ଡାରକୁ ଶତକଡ଼ା ୫୦ଭାଗ ଗହମ, ଧାନ ପ୍ରଭୃତି ଯୋଗାଇଥାନ୍ତି । କପା, ଫଳ, ଚିନି, ଦୁଗ୍ଧଜାତୀୟ ଖାଦ୍ୟ ପଦାର୍ଥ ଉତ୍ପାଦନରେ ପଞ୍ଜାବର କୃଷକମାନେ ଉଲ୍ଲେଖଯୋଗ୍ୟ ଭୂମିକା ଲିଭାଉଛନ୍ତି । ସମବାୟ ଆନ୍ଦୋଳନ ବିପର୍ଯ୍ୟସ୍ତ ହେଲେ କୃଷି ଉତ୍ପାଦନ ବାଧାପ୍ରାପ୍ତ ହେବ । ଅବଶ୍ୟ କୃଷକମାନଙ୍କ ଆନ୍ଦୋଳନ ଧମକରେ ପଞ୍ଜାବ ସରକାରୀ କର୍ମଚାରୀମାନେ ଡରି ନଯାଇ ଅଫିସରମାନଙ୍କ ନିୟନ୍ତ୍ରଣରେ ସମବାୟ ଆନ୍ଦୋଳନ ବିପର୍ଯ୍ୟସ୍ତ ହୋଇଥିବା ସ୍ୱୀକାର କରିବା ସହିତ ରାଜ୍ୟର ସମବାୟ ବିଭାଗ ଶାସନ ସଚିବ ଅକ୍ଟୋବର ମାସ ସୁଦ୍ଧା ସମବାୟ ସମିତିମାନଙ୍କ ନିର୍ବାଚନ ଶେଷ କରିବା ପାଇଁ ନିର୍ଦ୍ଦେଶ ଦେଇଥିଲେ ।

ସମବାୟରେ ଦଳଗତ ନିର୍ବିଶେଷରେ ଗଣତାନ୍ତ୍ରିକ ନିର୍ବାଚନ ଏକାନ୍ତ ଆବଶ୍ୟକ । ଏହା ହେଲେ ସମବାୟ ସମିତିଗୁଡ଼ିକ ଉପଯୁକ୍ତ ମାର୍ଗରେ ପରିଚାଳିତ ହୋଇ ଆଗକୁ ବଢ଼ିପାରିବ ଓ ସମସ୍ତ ସମବାୟ ଅନୁଷ୍ଠାନ ଲାଭ କରିପାରିବେ ।

ଭାରତବର୍ଷର ଭାତହାଣ୍ଡି ରୂପେ ପଞ୍ଜାବ ପ୍ରଦେଶ ସୁଖ୍ୟାତି ଲାଭ କରିଛି । ପଞ୍ଜାବର ଲୋକମାନେ କର୍ମଠ । ପଞ୍ଜାବ ସରକାର କୃଷି ସହିତ ଶିଳ୍ପର ପ୍ରସାର ମଧ୍ୟ କରିପାରିଛନ୍ତି । ପଞ୍ଜାବରେ ସାରର ବହୁଳ ବ୍ୟବହାର ହେତୁ କ୍ୟାନସର୍ ରୋଗୀସଂଖ୍ୟା ଅଧିକ । ଚାଷୀମାନଙ୍କ ମଧ୍ୟରୁ ଅଧିକାଂଶ କ୍ୟାନ୍‌ସର୍ ରୋଗରେ ପୀଡ଼ିତ ହୋଇ ପଞ୍ଜାବର ଅମୃତସରରୁ ରାଜସ୍ଥାନର ବିକାନାର ପର୍ଯ୍ୟନ୍ତ ଏକ ସ୍ୱତନ୍ତ୍ର ଟ୍ରେନ୍‌ରେ ଯାତ୍ରୀହୋଇ ଚିକିତ୍ସା ପାଇଁ ଆଜମିର ଯାଇଥାଆନ୍ତି । ଉକ୍ତ ଟ୍ରେନଟି କ୍ୟାନ୍‌ସର୍ ଯାତ୍ରୀଙ୍କ ଟ୍ରେନ୍ ଭାବେ ପରିଗଣିତ ହୋଇଛି । ଏହାର ଉପଯୁକ୍ତ ନିରାକରଣ ପାଇଁ ପଞ୍ଜାବ ସରକାର ବିହିତ ପଦକ୍ଷେପ ନେବାର ଆବଶ୍ୟକ ଥିବା ସଙ୍ଗେ ସଙ୍ଗେ କେନ୍ଦ୍ର ସରକାରଙ୍କ ସମବାୟ ବିଭାଗ ମଧ୍ୟ ଚାଷୀମାନଙ୍କ ସମସ୍ତ ପ୍ରକାର ସୁବିଧା ସହିତ ସ୍ୱାସ୍ଥ୍ୟ ସେବା ନିମନ୍ତେ ବିହିତ ପଦକ୍ଷେପ ନେବା ଉଚିତ୍ । ଏହା ହୋଇପାରିଲେ ସମବାୟର ସୁଫଳ ଏହାର ସଭ୍ୟମାନେ ପାଇପାରିବେ ।

'ଓଡ଼ିଶା ଏକ୍ସପ୍ରେସ୍' - ତା୧୧.୦୬.୨୦୨୫ରେ ପ୍ରକାଶିତ

ସମବାୟରେ ରାଷ୍ଟ୍ରିୟ କୃଷି ଯୋଜନା

ଭାରତର ପ୍ରଥମ ପ୍ରଧାନମନ୍ତ୍ରୀ ପଣ୍ଡିତ ଜବାହରଲାଲ୍ ନେହେରୁ ପ୍ରଥମ ପଞ୍ଚବାର୍ଷିକ ଯୋଜନା ଆରମ୍ଭ କଲାବେଳେ କହିଥିଲେ 'Everything else can wait, but not agriculture' ଯାହା ଆମ ଓଡ଼ିଆରେ ପ୍ରବାଦ ଅଛି 'ଚାଷ ତରତର ବଣିଜ ମଠ' । କୃଷି ଭାରତର ଏକ ମୁଖ୍ୟ ଆଧାର, ଯେହେତୁ ଭାରତ ଏକ ଗ୍ରାମବହୁଳ ରାଷ୍ଟ୍ର ଓ ଅଧିକାଂଶ ଗ୍ରାମାଞ୍ଚଳର ଲୋକମାନେ କୃଷି ଉପରେ ନିର୍ଭର କରି ଚଳନ୍ତି । ଜାତୀୟ ଆୟ ତଥା ଖାଦ୍ୟ ସ୍ୱାବଲମ୍ବୀ ହେବାକୁ ହେଲେ କୃଷିର ଉନ୍ନତି ଏକାନ୍ତ ଆବଶ୍ୟକ । ଯେତେଗୁଡ଼ିକ ବାର୍ଷିକ ହେଉ କିମ୍ବା ପଞ୍ଚବାର୍ଷିକ ଯୋଜନା ଆରମ୍ଭ କରାଯାଇଛି ସବୁଥିରେ କୃଷି ବିକାଶ ନିମନ୍ତେ କିଛି କିଛି କାର୍ଯ୍ୟକ୍ରମ ଗ୍ରହଣ କରାଯାଇଅଛି । ଚାଷ ଉପଯୋଗୀ ଜମି ପ୍ରସ୍ତୁତ କରିବାକୁ ଜଳସେଚନ, ଉନ୍ନତ ବିହନ ତଥା ଉନ୍ନତ ଚାଷ ପ୍ରଣାଳୀ, ସାର, ପୋକମରା ଔଷଧ, କୃଷି ଯନ୍ତ୍ରପାତି, ହଳବଳଦ, କୃଷି ଶିକ୍ଷା ଓ ତାଲିମ, ସମବାୟ ବ୍ୟାଙ୍କରୁ ସମିତି ମାଧ୍ୟମରେ ଋଣ ଓ ଫସଲ ବିକ୍ରିବଟା ଇତ୍ୟାଦି ବ୍ୟବସ୍ଥା କରାଯାଇ ଖାଦ୍ୟ ଉତ୍ପାଦନ ତଥା ଫସଲ ରପ୍ତାନୀ ହୋଇ ଆସୁଥିଲେ ମଧ୍ୟ ଜନସଂଖ୍ୟା ବୃଦ୍ଧି, କୃଷି କର୍ମରେ ବିତସ୍ପୃହତା, ବେକାରୀ, ପ୍ରାକୃତିକ କ୍ଷୟକ୍ଷତି, କଳକାରଖାନା ଦ୍ୱାରା ପରିବେଶ ନଷ୍ଟ, ଅପରିମଳତା ଏବଂ ସର୍ବୋପରି ସରକାରୀ କିମ୍ବା ବେସରକାରୀ ପ୍ରୋତ୍ସାହନ ଆଶାନୁରୂପ ନହେବା ଯୋଗୁଁ ଆଜି ଭାରତୀୟ କୃଷି ବିଶ୍ୱ ସମକକ୍ଷ ହୋଇପାରି ନାହିଁ କି ସାମଗ୍ରିକ ତଥା ସାମୁହିକ ବିକାଶର ସିଂହ ଅଂଶ ଲାଭ କରିପାରି ନାହିଁ । ସ୍ୱାଧୀନତା ସମୟରେ କୃଷିରୁ ଆୟ ୫୦% ଥିଲାବେଳେ ଏବେ ଏହା ମାତ୍ର ୨୦%ରୁ କମ୍ ।

ସେଥିପାଇଁ ଦେଶରେ ୧୯୯୦ ମସିହାରେ ଯେଉଁ ଅର୍ଥନୈତିକ ସଂସ୍କାର ଆରମ୍ଭ କରାଗଲା ସେଥିରେ ଚିନ୍ତା ପ୍ରକଟ କରାଯାଇ ଦେଶ ବିଦେଶରୁ ଘରୋଇ ପୁଞ୍ଜି

ନିବେଶ ବୃଦ୍ଧିକରି ଶିଳ୍ପ ସମୃଦ୍ଧି ସହିତ କୃଷି ଓ ଆନୁସଙ୍ଗିକ କୃଷିର ଉନ୍ନତି ନିମନ୍ତେ ଉପାୟ ବାହାର କରାଗଲା । ଦୁଇ, ତିନି ଫସଲ, ଆନ୍ତଃକୃଷି, ଗୋପାଳନ, ମତ୍ସ୍ୟଚାଷ, କୁକୁଡ଼ା ଚାଷ, ଫୁଲଚାଷ, ଫଳଚାଷ, ପନିପରିବା ଚାଷ, ଉଦ୍ୟାନ ବିକାଶ, କପାଚାଷ, କ୍ଷୁଦ୍ର ଜଳସେଚନ, ସେଚକୂପ, ଉଠା ଜଳସେଚନ, ଜମିଜମା ସଂସ୍କାର, ପାଣି ପଞ୍ଚାୟତ, ଜଳଛାୟା ଓ ଜଳ ସଂରକ୍ଷଣ, କୃଷି ପ୍ରକ୍ରିୟାକରଣ ଇତ୍ୟାଦି ସହିତ ସମବାୟ ଓ ଗ୍ରାମ ପଞ୍ଚାୟତ ବ୍ୟବସ୍ଥାରେ ସଂସ୍କାର ଅଣାଯାଇ ସେମାନଙ୍କୁ କୃଷି କାର୍ଯ୍ୟକ୍ରମରେ ସହାୟକ ହେବାକୁ ସମ୍ବିଧାନ ସଂଶୋଧନ କରାଗଲା । ଦଶମ ଓ ଏକାଦଶ ପଞ୍ଚବାର୍ଷିକ ଯୋଜନାରେ କୃଷି ପ୍ରତି ଏବେ ଅଧିକ ଧ୍ୟାନ ଦିଆଯାଇଛି । କୃଷି ଅର୍ଥନୀତିଜ୍ଞ ଡକ୍ଟର ସ୍ୱାମୀନାଥନ ଏହି ଯୋଜନା ପାଇଁ ପରାମର୍ଶ ଦେଇ କହିଥିଲେ "It is now time to enhance pruductivity and improve quality of our agriculture products to meet international standards" ତଦନୁସାରେ ୨୦୦୨ ମସିହାରେ ଜାତୀୟ କୃଷି ନୀତି ପ୍ରଣୟନ କରାଯାଇ "ଦ୍ୱିତୀୟ ସବୁଜ ବିପ୍ଳବ" କାର୍ଯ୍ୟକାରୀ କରାଗଲା। ଶୁଷ୍କ ଅଞ୍ଚଳ କୃଷି ବିକାଶକୁ ଆଗେଇନେବା କାର୍ଯ୍ୟ ଆରମ୍ଭ ହେଲା । ପ୍ରଧାନମନ୍ତ୍ରୀ ୨୫୦୦୦ କୋଟି ଟଙ୍କାର ଏକ "ଆମ୍ ଆଦମୀ କୃଷି ଯୋଜନା" ରାଷ୍ଟ୍ରୀୟ ସ୍ତରରେ ଆରମ୍ଭ କରିଛନ୍ତି । ଏହି କୃଷି ବିପ୍ଳବକୁ "ରେନ୍‌ବୋ" ବିପ୍ଳବ କୁହାଯାଉଛି । ୨୦୨୫ ମସିହା ଶେଷ ସୁଦ୍ଧା ଦେଶର ଖାଦ୍ୟ ଚାହିଦା ୩୦୬ ନ୍ୟୁଟନ ହେବା ପରିପ୍ରେକ୍ଷୀରେ ପ୍ରତିବର୍ଷ ୩.୫ ନ୍ୟୁଟନ ଅଧିକ ଖାଦ୍ୟ ଶସ୍ୟ ଉତ୍ପାଦନ କରିବା ଆବଶ୍ୟକ ହୋଇପଡ଼ିଛି । ଏଥିରେ ଅଧିକ ଚାଉଳ ୧୨ ନ୍ୟୁଟନ, ଡାଲି ୨.୫ ନ୍ୟୁଟନ ଓ ଗହମ ୧୧ ନ୍ୟୁଟନ ଉତ୍ପନ୍ନ ହେବାର ଲକ୍ଷ୍ୟ ରଖାଯାଇଛି । ଏହି ରାଷ୍ଟ୍ରୀୟ କୃଷି ଯୋଜନାରେ ଶତ ପ୍ରତିଶତ ସହାୟତା କେନ୍ଦ୍ର ସରକାରଙ୍କ ଦ୍ୱାରା ରାଜ୍ୟମାନଙ୍କୁ ଯୋଗାଇଦେବାକୁ ସ୍ଥିର କରାଯାଇଛି । କେନ୍ଦ୍ର ଓ ରାଜ୍ୟ ମଧ୍ୟରେ ଦାୟିତ୍ୱ ବଣ୍ଟନ କରାଯାଇଛି । କେନ୍ଦ୍ର ଓ ରାଜ୍ୟ ଖାଦ୍ୟ ନିରାପତ୍ତା ମିଶନ ଗଠନ, ସାର ସବ୍‌ସିଡି, ବାୟୋ ତଥା କୃଷି ସୂଚନା, କୃଷି ଆତ୍ମନିଯୁକ୍ତି ତଥା କୃଷି ଶ୍ରମିକ ମଜୁରି ଧାର୍ଯ୍ୟ, କୃଷି ଗବେଷଣା, କର୍ଣ୍ଣାଟକ ଭଳି କେତେକ କୃଷକ ଆତ୍ମହତ୍ୟା ଅଞ୍ଚଳକୁ ସ୍ୱତନ୍ତ୍ର ପ୍ୟାକେଜ୍, ମିଳିତ ଜାତିସଂଘ ଓ ବିଶ୍ୱବ୍ୟାଙ୍କର ସହାୟତାରେ "ବିଶ୍ୱ ଖାଦ୍ୟ ଯୋଜନା" (୦୩.୦୮) ଓ ସମବାୟ ବ୍ୟାଙ୍କ ମାନଙ୍କରୁ ତଥା ଅନ୍ୟାନ୍ୟ ଜାତୀୟକରଣ ବ୍ୟାଙ୍କରୁ କୃଷିଋଣ ବ୍ୟବସ୍ଥା, ବୈଦ୍ୟନାଥନ କମିଟି ସୁପାରିଶରେ ସମବାୟ ସମିତି ଓ ବ୍ୟାଙ୍କ ପୁନରୁଦ୍ଧାର ସହାୟତା ୪୬%, ଗ୍ରାମ୍ୟ ଭିତ୍ତିଭୂମି ବିକାଶ ଯୋଜନାରେ ୧୭୬୦୦୦ କେଟି ଟଙ୍କା ଅର୍ଥ ବ୍ୟବସ୍ଥା (ଜଳସେଚନ, ଗ୍ରାମ୍ୟରାସ୍ତା, ପାନୀୟଜଳ, ବିଦ୍ୟୁତ ଇତ୍ୟାଦି ପାଇଁ) ବ୍ୟାଙ୍କ ସଂସ୍କାର କରି ଚାଷୀଙ୍କୁ ବ୍ୟାଙ୍କ ସହାୟତା ପ୍ରଦାନ

ଇତ୍ୟାଦି ଦାୟିତ୍ୱ ନେବେ। ଏହି ଯୋଜନାରେ ରାଜ୍ୟଗୁଡ଼ିକ ସଭ୍ୟ ହୋଇଥିବାରୁ ନିଜ ନିଜର କୃଷିନୀତି ପ୍ରଣୟନ କରି ବକେୟା କେନ୍ଦ୍ର ପ୍ରକଳ୍ପ ଶେଷ ମ୍ୟାଚିଂ ଗ୍ରାଣ୍ଟ ଦେଇ ଜଳସେଚନ ଓ ସଂରକ୍ଷଣ ବ୍ୟବସ୍ଥା, ଗ୍ରାମ୍ୟସ୍ତରରୁ ରାଜ୍ୟ କୃଷି ଯୋଜନା ପ୍ରଣୟନ କରିବେ, କୃଷି ସଂପ୍ରସାରଣ, ଠିକାଚାଷ ପ୍ରବର୍ତ୍ତନ, କୃଷି ଉପକରଣ ଯୋଗାଣ, କୃଷି ତଥା ଆନୁସଙ୍ଗିକ କୃଷି ମେଗା ପ୍ରକଳ୍ପ କରାଇ କେନ୍ଦ୍ର ସହାୟତା ଆହାରଣ, କୃଷି ଉତ୍ପାଦନ ବିକ୍ରିବଟା ନିମନ୍ତେ ନିୟନ୍ତ୍ରିତ ବଜାର କମିଟି ଓ କୃଷି ବାଣିଜ୍ୟ ନୀତି ସଂଶୋଧନ କରି କୃଷି ବାଣିଜ୍ୟକୁ କାର୍ଯ୍ୟକ୍ଷମ କରାଇଲେ । ଏହାଛଡ଼ା ମାଟି ପରୀକ୍ଷା କେନ୍ଦ୍ର, ବିହନ ଇତ୍ୟାଦି ବିକ୍ରୟ କେନ୍ଦ୍ର, କୃଷି ସୂଚନା ବିଜ୍ଞାନ କେନ୍ଦ୍ର, ଖାଦ୍ୟ ପ୍ରକ୍ରିୟାକରଣ, କୃଷିସୂଚନା କମ୍ପ୍ୟୁଟରୀକରଣ, ଖାଉଟି ଭଣ୍ଡାର ସ୍ଥାପନ, ଶୀତଳ ଭଣ୍ଡାର, କୃଷିବୀମା, ଜମି ପାସ୍‌ବୁକ୍, କିଶାନ କ୍ରେଡିଟ୍ କାର୍ଡ଼, ସମବାୟ ସମିତି ଓ ବ୍ୟାଙ୍କ ଆଇନ ସଂଶୋଧନ କରି ଅନୁଷ୍ଠାନଗୁଡ଼ିକର ପୁନଃରୁଦ୍ଧାର ପ୍ୟାକେଜ୍, ସ୍ୱୟଂ ସହାୟକ ଗୋଷ୍ଠୀ ଓ ସମବାୟରେ ସଞ୍ଚୟର କ୍ଷୁଦ୍ର ଋଣ ଲଗାଣ (ମାଇକ୍ରୋ ଫାଇନାନ୍ସ), ପାଣି ପଞ୍ଚାୟତ, ଗ୍ରାମପଞ୍ଚାୟତ ଗୁଡ଼ିକୁ ଅଧିକ କ୍ଷମତା ସହିତ ଦାୟିତ୍ୱ ଓ ଅର୍ଥ ଦେଇ ଗ୍ରାମ୍ୟ ବିକାଶ ତ୍ୱରାନ୍ୱିତ କରିବା, ପ୍ରଦୂଷଣ ରୋକିବା, କୃଷିଶିକ୍ଷା, ତାଲିମ ଓ ପରିଭ୍ରମଣ ଇତ୍ୟାଦି ବିସ୍ତୃତ କାର୍ଯ୍ୟକ୍ରମ କରିବା ଆରମ୍ଭ ହୋଇଛି । କୃଷି ଅଭିବୃଦ୍ଧି ୨.୭%ରୁ ୪%କୁ ବୃଦ୍ଧି ପାଇଁ ଲକ୍ଷ୍ୟ ରଖାଯାଇଛି ।

କିନ୍ତୁ ୨୦୨୧-୨୨ ବର୍ଷ ବଜେଟ୍‌ରେ କୃଷି ଓ ସମବାୟ କ୍ଷେତ୍ରରେ ୨୦% ଖର୍ଚ୍ଚ ରଖାଯାଇଥିବାରୁ କିପରି ଏସବୁ ବ୍ୟାପକ ଯୋଜନା ନିର୍ଦ୍ଧାରିତ ସମୟ ଭିତରେ କାର୍ଯ୍ୟକାରୀ କରାଯିବ ସେ ନେଇ ପ୍ରଶ୍ନବାଚୀ ଉଠିଥିଲା । ଏ ପର୍ଯ୍ୟନ୍ତ ବି.ପି.ଏଲ୍ ତାଲିକା ସଂଶୋଧନ, କର୍ମ ତଥା ଆମ୍ନ ନିଯୁକ୍ତି (ନିଶ୍ଚିତ କର୍ମନିଯୁକ୍ତି ଯୋଜନା ପ୍ରକାରେ) ଭାଗଚାଷୀମାନଙ୍କ ପାଇଁ ବିହିତ ପଦକ୍ଷେପ ନିଆଯାଇଛି ସମବାୟ ବ୍ୟାଙ୍କ ମାନଙ୍କରୁ ପ୍ରାଥମିକ ସମିତି ମାଧ୍ୟମରେ କୃଷିଋଣ ଯୋଗାଇବା ପାଇଁ । ବ୍ୟାଙ୍କ ମାନଙ୍କରୁ ଋଣ ପାଇବା ପାଇଁ ଦଲାଲି ତଥା ମଧ୍ୟସ୍ଥି ବ୍ୟବସ୍ଥା ଚାଲୁ ରହିଛି । ସମବାୟ ବ୍ୟାଙ୍କ ତଥା ସମବାୟ ସମିତି ମାନଙ୍କରେ ବୈଦନାଥନ୍ କମିଟି ସୁପାରିଶ ପ୍ରକାରେ ଋଣ ଆଦାୟ ଓ ଅଂଶ ତଥା ଜମାବୃଦ୍ଧି ନ ଘଟୁଥିବାରୁ ପୁନଃରୁଦ୍ଧାର ଧିମେଇ ଯାଇଛି । ବନ୍ୟା ନିୟନ୍ତ୍ରଣ କରାଯାଇ ଥଇଥାନ କଥା ଚିନ୍ତା କରାଯାଇ କାର୍ଯ୍ୟକ୍ରମ ଚାଲୁ ରହିଥିବା ବେଳେ ବିଭିନ୍ନ ପ୍ରକାର ଅସୁବିଧାର ସମ୍ମୁଖୀନ ହେବାକୁ ପଡୁଛି । ବ୍ୟାପକ କୃଷି କାର୍ଯ୍ୟକ୍ରମରେ ଉଦାରୀକରଣ ପର୍ଯ୍ୟାୟରେ କୃଷି ଘରୋଇକରଣ ଆରମ୍ଭ କରାଯାଇଛି । ଭିତ୍ତିଭୂମି ତଥା ଜଳସେଚନ ଓ ରାସ୍ତା ନିର୍ମାଣ ଇତ୍ୟାଦି କୃଷିଫାର୍ମ ଓ ଠିକାଚାଷ, କୃଷି ଉପକରଣ

ଯୋଗାଣ, ବିବିଧ କୃଷି ଫସଲ ବିକ୍ରିବଟା, ପ୍ରକ୍ରିୟାକରଣ ଇତ୍ୟାଦି କେତେକ କ୍ଷେତ୍ରରେ ଘରୋଇ ଉଦ୍‌ଯୋଗୀ ପୁଞ୍ଜି ଖଟାଇ ଅନେକ ପ୍ରକଳ୍ପ ଆରମ୍ଭ କରିବାପାଇଁ ଆଗେଇ ଆସିଲେଣି । ଏହା ସମବାୟ ପ୍ରତି ଏକ ଆହ୍ୱାନ ହୋଇଛି । ଚାଷୀ ସହଯୋଗୀ ହିସାବରେ ଘରୋଇ ଅପେକ୍ଷା ସମବାୟକୁ ଚାହେଁ । ଘରୋଇ ଉଦ୍‌ଯୋଗ ବିକାଶ କେତେଦୂର କୃଷକାଭିମୁଖୀ ହୋଇପାରିବ ତାହା ପରୀକ୍ଷା ପ୍ରାର୍ଥନୀୟ । ଏଣୁ ସମବାୟ ଅନୁଷ୍ଠାନ ପୁନଃରୁଦ୍ଧାର ସହାୟତା ତଥା ସଭ୍ୟପାଣ୍ଠି ସଂଗ୍ରହ କରି କୃଷିର ବିବିଧ କାର୍ଯ୍ୟକ୍ରମରେ ଅଣ୍ଟା ଭିଡ଼ି ଆଜିର ଦିନରେ ସମବାୟ ଆଗେଇ ଆସୁ ଏହାହିଁ କାମନା । ଭାରତର ପୂର୍ବତନ କୃଷିମନ୍ତ୍ରୀ ପ୍ରଫେସର V.K. Alagh ଯଥାର୍ଥରେ କହିଛନ୍ତି "We have the experience, the skill and built up the goodwill in a market economy, now it requisites us to stay ahead in startegies". ଏହି ରାଷ୍ଟ୍ରୀୟ କୃଷି ବିକାଶ ଯୋଜନା ଠିକ୍ ସେ କାର୍ଯ୍ୟକାରୀ ହୋଇପାରିଲେ ଭାରତ ଅର୍ଥନୈତିକ ଅଭିବୃଦ୍ଧିରେ ସଫଳ ହୋଇପାରିବ ଓ ବିଶ୍ୱ ସମୁଦାୟର ସମକକ୍ଷ ଆଡ଼କୁ ଗତି କରିବ ।

'ସକାଳ' - ତା୨୧.୦୪.୨୦୨୫ରେ ପ୍ରକାଶିତ

ସମବାୟ ଆଇନରେ ସହଯୋଗ

ସମବାୟ ଆଇନ୍ ଆମ ଦେଶରେ ପ୍ରଚଳନ ହେବା ଯଥେଷ୍ଟ ପୂର୍ବରୁ ଜନସାଧାରଣ ସମବାୟର ସ୍ୱାଦ ଅଳ୍ପ ବହୁତ ଚାଖିଥିଲେ । ସାହାଯ୍ୟ, ସଦ୍‌ଭାବ, ସହଯୋଗ, ସହାନୁଭୂତି ଓ ସଂହତି ହିଁ ସମବାୟର ଭିନ୍ନ ଭିନ୍ନ ରୂପ । ସଦ୍‌ଭାବ ବା ଉତ୍ତମ ସମ୍ପର୍କରୁ ହିଁ ଆସିଥାଏ ସମବାୟ । ଅଭାବ, ଅସୁବିଧା, ସୁଖ-ଦୁଃଖ ପ୍ରତିଟି ପରିସ୍ଥିତିରେ ସାହାଯ୍ୟ ଓ ସହଯୋଗର ହାତ ବଢ଼ାଇଦେବା ହିଁ ସଦ୍‌ଭାବ । ଜୀବନରେ ମଣିଷ ଅନେକ ବ୍ୟକ୍ତିଙ୍କ ସଂସ୍ପର୍ଶରେ ଆସିଥାଏ । ମାତ୍ର ସମସ୍ତେ ଯଥାର୍ଥ ବନ୍ଧୁ ହୋଇପାରି ନଥାନ୍ତି । ଏ କ୍ଷେତ୍ରରେ ବନ୍ଧୁର ସ୍ୱରୂପ ଦର୍ଶାଇବାକୁ ଯାଇ ଯଥାର୍ଥରେ କୁହାଯାଇଛି ସାମାଜିକ ଜୀବନରେ ମଣିଷ ସୁଖ ଦୁଃଖର ଭାଗିଦାର ହୋଇ ଗଡ଼ ତାଡ଼ିବା ପ୍ରଭାବ ଦେଇ ଗତି କରୁଥିଲେ ମଧ୍ୟ ଚତୁର୍ଦ୍ଦିଗରୁ ଲମ୍ବି ଆସୁଥିବା ସାହାଯ୍ୟ ସଯୋଗର ହାତ ଓ ଉତ୍ତମ ସମ୍ପର୍କ ଯୋଗୁଁ ମଣିଷ ଅନେକ କଷ୍ଟକୁ ଭୁଲିବାକୁ ସମର୍ଥ ହୋଇଥାଏ । ବାସ୍ତବିକ୍ ଆମର ସାମାଜିକ ଜୀବନରେ ସଦ୍‌ଭାବ ଏକ ବହୁ ମୂଲ୍ୟବାନ ଓ ବିରଳ ଶବ୍ଦ । 'ଯୋଡ଼ାକୁ ନୁହେଁ ଘୋଡ଼ା ସରି' ନ୍ୟାୟରେ ବହୁ ଲୋକଙ୍କ ସହଯୋଗରେ ଯେଉଁସବୁ ଅନୁଷ୍ଠାନ ଗଢ଼ିଉଠିବ ସେହି ସବୁ ଅନୁଷ୍ଠାନ ନିଶ୍ଚିନ୍ତ ଭାବେ ଉନ୍ନତିର ଶୀର୍ଷସ୍ଥାନରେ ପହଞ୍ଚିପାରିବ । ଆମର ଆଦର୍ଶ 'ପରିବାର' ସମୂହ ସମବାୟ ବା ସଂସ୍କୃତିର ଏକ ଏକ ବଳିଷ୍ଠ ନମୁନା । ମାତ୍ର ଦୁଃଖର ବିଷୟ ଯେଉଁ ପରିବାର ସଂହତିର କେନ୍ଦ୍ରବିନ୍ଦୁ ସାଜି ବୈକୁଣ୍ଠର ରୂପ ନେଇ ହସି ଉଠୁଥିଲା ଆଜି ସେଠି ସମ୍ପର୍କରେ ସ୍ୱଭାବିକ ଭାବରେ ଉଦାସୀନତା ଓ ତିକ୍ତତା, ସ୍ନେହ, ଶ୍ରଦ୍ଧା, ପ୍ରେମ, ଦୟା, ସାହାଯ୍ୟ ସହଯୋଗ ପ୍ରଭୃତି ଦିବ୍ୟଗୁଣର ସ୍ଥାନକୁ ଅବିଶ୍ୱାସ, ସନ୍ଦେହ, ଗର୍ବ, ଦମ୍ଭ, କୁସ୍ଥାରଟନା ଓ ଅହଂକାର ଆଦି ଅଚିରେ ଦଖଲ କରି ତାଙ୍କର ସାମ୍ରାଜ୍ୟ ବିସ୍ତାର କରିଚାଲିଛନ୍ତି । ଧୀରେ ଧୀରେ ବନ୍ଧୁତା,

ସ୍ନେହ ଓ ଶ୍ରଦ୍ଧା ପାରିବାରିକ ଜୀବନରୁ ଲିଭି ଆସିଲାଣି । କୋର୍ଟ କଚେରିରେ ମକଦ୍ଦମା ଆଜି ସାଧାରଣ କଥା ହୋଇଗଲାଣି ।

ବ୍ୟକ୍ତିକୁ ଯେତେ ଐଶ୍ୱର୍ଯ୍ୟ ଓ ପ୍ରାଚୁର୍ଯ୍ୟ ମଧ୍ୟରେ ବୁଡ଼ାଇ ରଖିଲେ ମଧ୍ୟ ନିଜ ପରିବାରରେ ରହିବାର ଶାନ୍ତି ବା ସନ୍ତୋଷ ସେ ଆଉ କେଉଁଠି ପାଇପାରେ ନାହିଁ । କିନ୍ତୁ ପରିତାପର ବିଷୟ ପରିବାରରେ ଏକତ୍ର ରହିବାକୁ ଆଜି ବ୍ୟକ୍ତିକୁ ଆଇନ୍‌ର ସାହାଯ୍ୟ ନେବାକୁ ପଡୁଛି । ବୃଦ୍ଧ ପିତାମାତା ପିଲାମାନଙ୍କ ଦ୍ୱାରା ଅବହେଳିତ ହୋଇ ଜରା ନିବାସରେ ରହିବା ନିତିଦିନିଆ ଚଳଣି ହୋଇଯାଇଛି । ଆଇନର ସାହାଯ୍ୟ ନେବାର ଆବଶ୍ୟକତା ଥିଲେ ମଧ୍ୟ ବୃଦ୍ଧ ପିତାମାତା ମନକୁ ବୁଝାଇ ଏକାନ୍ତ ସ୍ଥାନକୁ ଚାଲିଯାଉଛନ୍ତି । କେତେ ସ୍ନେହ ଓ ଶ୍ରଦ୍ଧାରେ ବଢ଼ିଥିବା ଝିଅଟିକୁ ସମାଜର ନିଷ୍ଠୁର ସତ୍ୟକୁ ମାନି ପିତାମାତା ବାପଘରୁ ବିଦାୟ ଦିଅନ୍ତି କର୍ମଭୂମି ଶାଶୁଘରକୁ । ସତରେ କି ବେଦନାସିକ୍ତ ସେ ଦୃଶ୍ୟ । ଉପସ୍ଥିତ ପ୍ରତିଟି ଜନତା ଝିଅଟିକୁ ଅଶ୍ରୁପୂର୍ଣ୍ଣ ନୟନରେ ବିଦାୟ ଦିଅନ୍ତି ସତ, ମାତ୍ର ମାଆର ଅବସ୍ଥା ସେ ସମୟରେ ଦାରୁଣ ଦୁଃଖରେ ଭାଙ୍ଗିପଡ଼ିବା ସଙ୍ଗେ ସଙ୍ଗେ ଛାତିରେ କୋହକୁ ଚାପିରଖି ବିଦାୟ ନେଇଥିବା ଝିଅଟି କିନ୍ତୁ ଶାଶୁଘରେ ଯେ ସୁରକ୍ଷା ପାଏ ତାହା ମଧ୍ୟ କେତେକ କ୍ଷେତ୍ରରେ ଠିକ୍ ହୁଏନାହିଁ । ଏ କ୍ଷେତ୍ରରେ ନାରୀମାନଙ୍କୁ ସୁରକ୍ଷା ଦେବାପାଇଁ ସରକାର ଆଇନ ପ୍ରଣୟନ କରିଛନ୍ତି । ସ୍ୱାମୀ ଓ ଶାଶୁ ଶ୍ୱଶୁରଙ୍କ ଠାରୁ ବୋହୂଟି ସୁରକ୍ଷା ନପାଇ ଆଇନ୍‌ର ଆଶ୍ରୟ ନିଏ ଭରଣ ପୋଷଣ ପାଇଁ । ଅନ୍ୟ ପକ୍ଷରେ ବୃଦ୍ଧ ପିତାମାତା ଆଇନ୍‌ର ଆଶ୍ରୟ ନେଇ ପୁଅ ଝିଅଙ୍କ ଠାରୁ ଭରଣ ପୋଷଣ ବାବଦକୁ କିଛି ଅର୍ଥ ପାଆନ୍ତି ଜରା ନିବାସରେ ଶେଷ ଜୀବନ କଟାଇବାକୁ । ମାତ୍ର ଏହା କ'ଣ ଭାରତୀୟ ସଂସ୍କୃତିର ଆଦର୍ଶ ? ଶିଶୁ ସୁରକ୍ଷା ପାଇଁ ମଧ୍ୟ ଆଇନ୍ ଅଛି । ସମୟେ ସମୟେ ପିଲାଟି ମଧ୍ୟ ସେଥିରୁ ବଞ୍ଚିତ ହୁଏ । ପରିବାରରେ ଅଧିକାର ସାବ୍ୟସ୍ତ ହୋଇଥାଏ ସ୍ନେହ, ଶ୍ରଦ୍ଧା ଓ ଭକ୍ତି ମାଧ୍ୟମରେ ମାତ୍ର ଆଇନ୍ ମାଧ୍ୟମରେ ନୁହେଁ ।

ପରିବାରର ଦୟନୀୟ ଅବସ୍ଥା ପରି ବର୍ତ୍ତମାନର ସମବାୟ ଆନ୍ଦୋଳନର ଅବସ୍ଥା ସେହିପରି । ସମବାୟରେ ସଂଶ୍ଳିଷ୍ଟ ବ୍ୟକ୍ତିମାନେ ଏମିତି କରିବା ସେମିତି କରିବା କହି ଡିଣ୍ଡିମ ପିଟୁଥିଲା ବେଳେ ଏକାଠି ବସି କିଛି ସମୟ ସମବାୟର ଉନ୍ନତି କଳ୍ପେ କାମ କରିବା ପରିସ୍ଥିତିରେ କିଛିଲୋକ ନଥାନ୍ତି । ମତଭେଦ ବା ମତାନ୍ତର ହିଁ ପ୍ରତିଟି ପରିସ୍ଥିତିରେ ଅନ୍ତର୍ଦ୍ୱନ୍ଦ୍ୱକୁ ଡାକିଆଣେ । ଯଦିଓ ଏକ ମହାନ୍ ଲକ୍ଷ ନେଇ ସମବାୟ ଆଇନ ପ୍ରଣୟନ କରାଯାଇଥିଲା ମାତ୍ର ତାହା ଆଜି ନାଲିଫିତା ତଳେ ବନ୍ଧା ପଡ଼ିଛି । ସରକାର ଆଇନ୍ ପ୍ରଣୟନ କରି ତା'ର ଲାଭ ଦିଗ ପ୍ରତି ଲୋକମାନଙ୍କୁ ସଚେତନ

କରାଇଦେଲେ ଯେ, ପରବର୍ତ୍ତୀ କାର୍ଯ୍ୟ ଜନସାଧାରଣ ଓ ବିଭାଗୀୟ କର୍ମକର୍ତ୍ତାମାନଙ୍କର ବୋଲି । ମାତ୍ର ଜନସାଧାରଣଙ୍କର ସହଯୋଗ ନଥିଲା ବେଳେ କର୍ମକର୍ତ୍ତା ମାନଙ୍କର ତାହାଠାରୁ ବଳିକି ତତ୍ପରତା । ଖାଲି ଧର୍ମକୁ ଆଖିଠାର ଭଳି ସମବାୟ ଅନୁଷ୍ଠାନମାନ ଗଢ଼ାଯାଇଥିଲେ ମଧ୍ୟ କାର୍ଯ୍ୟକ୍ଷେତ୍ରରେ ଫଳ ଶୂନ । ପୁରାଣ ଯୁଗକୁ ଅବଲୋକନ କଲେ ଜଣାଯାଏ ମତଭେଦ ହିଁ ବହୁ ଶକ୍ତିଶାଳୀ ସାମ୍ରାଜ୍ୟର ପତନର କାରଣ । ସମବାୟ ଆଜି ବ୍ୟକ୍ତିକୈନ୍ଦ୍ରିକ ହୋଇଯାଇଛି ଓ ଆସ୍ତେ ଆସ୍ତେ ରାଜନୀତିର ଚାରଣଭୂଇଁ ପାଲଟି ଯାଇଛି । ଗୋଟିଏ ପଟେ ବିଭାଗୀୟ କର୍ମଚାରୀ ମାନଙ୍କର ଉଦାସୀନ ମନୋଭାବ ଦେଖିଲେ ସାଧାରଣ ଜନତା ମଧ୍ୟ ଏଥିରୁ ନିରୁତ୍ସାହିତ ହେବାକୁ ବାଧ୍ୟ ହେଉଛନ୍ତି । ସମବାୟରେ ନିଜେ ସ୍ୱାର୍ଥ ସର୍ବସ୍ୱ ହୋଇଯିବା ଠିକ୍ ନୁହେଁ । କଥାରେ ଅଛି 'ରାଜା ହେବାର ଅଭିମାନ ଯାହାର ଅଛି ଆଶ୍ରିତମାନଙ୍କୁ ରକ୍ଷା କରିବାର କର୍ତ୍ତବ୍ୟ ମଧ୍ୟ ତାହାର ଅଛି' । ନଚେତ୍ ସୁଶାସନ ପ୍ରତିଷ୍ଠା କରାଯାଇପାରିବ ନାହିଁ । ସମବାୟ ଆଇନ ଆଜି ଦୌର୍ବଲ୍ୟମାନ ଅବସ୍ଥାରେ । ସମବାୟ ମୁଖ୍ୟତଃ ସଭ୍ୟ ଭିତ୍ତିକ । କେତେକ ସଭ୍ୟଙ୍କ ସହଯୋଗରେ ହିଁ ସମବାୟ ଅନୁଷ୍ଠାନ ଗଢ଼ିଉଠେ । ଏହାର ପ୍ରକୃତ ଉଦ୍ଦେଶ୍ୟ ଜନସାଧାରଣଙ୍କର ଆର୍ଥିକ ଉନ୍ନତି କରିବା । ମାତ୍ର କିଛି ସଭ୍ୟ ନିର୍ଦ୍ଦିଷ୍ଟ ଉଦ୍ଦେଶ୍ୟ ରଖି ସମବାୟ ସମିତିର ସଭ୍ୟ ହୋଇଥିଲେ ମଧ୍ୟ ପରବର୍ତ୍ତୀ ସମୟରେ ସେମାନଙ୍କ ଦେଖା ନଥାଏ । କିଏ ଋଣ ନେଇ ଫେରସ୍ତ ନ କରିବାର ଦୃଢ଼ ସଂକଳ୍ପ ନେଇ ଓ ଆଉ କିଏ ସମବାୟ ସମିତି ନିର୍ବାଚନରେ ପରିଚାଳନା ପରିଷଦରେ ସାମିଲ୍ ହେବାପାଇଁ ସଭ୍ୟ ହେଉଛନ୍ତି । ତେଣୁ ସମୟେ ସମୟେ ଅନ୍ତର୍ଦ୍ୱନ୍ଦର କଷାଘାତରେ ସମିତି ଘରେ ତାଲା ଝୁଲିବା ସାର ହୁଏ ।

ସମବାୟ ଆଇନ୍‌ରେ ସମବାୟ ନୀତି ସନ୍ନିବେଶିତ । ସମବାୟର ପ୍ରଥମ ନୀତିଟି ହେଲା ସମବାୟ ସମିତିମାନଙ୍କରେ ସଭ୍ୟପଦ ସ୍ୱେଚ୍ଛାକୃତ । ଜାତି, ଧର୍ମ, ବର୍ଣ୍ଣ ନିର୍ବିଶେଷରେ ଯେ କୌଣସି ବ୍ୟକ୍ତି ସମବାୟ ସମିତିର ସଭ୍ୟ ହୋଇପାରିବ । ବାରମ୍ବାର ସମବାୟ ଆଇନ ସଂଶୋଧନ କରାଯାଇ ସମବାୟ ସମିତି ମାନଙ୍କର ପରିଚାଳନା ପରିଷଦରେ ବିଭିନ୍ନ ଜାତି ତଥା ଲିଙ୍ଗ ଭେଦରେ ସଭ୍ୟପଦ ସଂରକ୍ଷଣ କରାଯାଇଛି। ଅବଶ୍ୟ ନିର୍ବାଚନରେ କୌଣସି ଦଳୀୟ ଚିହ୍ନ ନଥିଲେ ମଧ୍ୟ ସ୍ପଷ୍ଟ ଦିବାଲୋକରେ ବିଭିନ୍ନ ଦଳ ନିର୍ବାଚନରେ ଜିତିବା ପାଇଁ ଚାଲେ ବଳ କଷାକଷି । ସଭ୍ୟକୈନ୍ଦ୍ରିକ ସମବାୟ ସମିତିମାନଙ୍କରେ ରାଜନୈତିକ ବ୍ୟକ୍ତିମାନଙ୍କର ଅଖଣ୍ଡ ଆଧିପତ୍ୟ ବିସ୍ତାର କରିବା ଦେଖାଦେଇଛି । ତେଣୁ ସମବାୟ ଆନ୍ଦୋଳନ ତା'ର ଲକ୍ଷ୍ୟ ହାସଲରେ ବିଫଳ । କେତେବେଳେ ଶାସକଦଳର ବ୍ୟକ୍ତି ବିଶେଷ ସଭାପତି ହେଲେଣି ତ ଆଉ

କେତେବେଳେ ଏମାନଙ୍କୁ ତୁରନ୍ତ ବହିଷ୍କାର କରାଯାଉ ବୋଲି ବିରୋଧୀ ଦଳ ରାଜ୍ୟପାଳଙ୍କୁ ସ୍ମାରକ ପତ୍ର ଦେଲେଣି । ଏଥିରୁ ସ୍ପଷ୍ଟ ଅନୁମେୟ ଯେ ସମବାୟ ଆନ୍ଦୋଳନ ଆଜି ବାଟବଣା । ତେଣୁ ରକ୍ଷକର ଖୋଳପା ପିନ୍ଧିଥିବା ଭକ୍ଷକମାନଙ୍କୁ ଏ କ୍ଷେତ୍ରରୁ ବିଦା ନକଲେ ଜନସାଧାରଣ ଆଦୌ ସମବାୟ ଆନ୍ଦୋଳନର ସ୍ୱାଦ ଚାଖିପାରିବେ ନାହିଁ । ଏହାହିଁ ଭାରତବର୍ଷରେ ସମବାୟ ପ୍ରତି ବିଡ଼ମ୍ବନା । ବେଳ ଥାଉ ଥାଉ ଶାସନକୁ ଆସିଥିବା ନୂତନ ସରକାର ଯଦି ସମବାୟ ପ୍ରତି ଦରଦ ନ ଦେଖାନ୍ତି ତେବେ ସମବାୟ ଦାଣ୍ଡର ଭିକାରୀ ହେବା ସଙ୍ଗେ ସଙ୍ଗେ କଳାଧନ ରୋଜଗାର କରିବା ପାଇଁ ଚାହିଁ ବସିଥିବା ମୁନାଫାଖୋର ବ୍ୟକ୍ତିମାନେ ସମବାୟକୁ କବଳିତ କରିବାକୁ ବାଟ ଫିଟିଯିବ ।

'ଓଡ଼ିଶା ଏକ୍ସପ୍ରେସ୍' - ତା୧୪.୧୧.୨୦୨୪ରେ ପ୍ରକାଶିତ

■

ନିର୍ବାଚିତ ପ୍ରତିନିଧି ପଦର ମହତ୍ତ୍ୱ

ଯେତେବଳେ ଜଣେ ବ୍ୟକ୍ତି ପ୍ରତିନିଧି ପଦରେ ନିର୍ବାଚିତ ହୁଅନ୍ତି ସେତେବେଳେ ସେ ତାଙ୍କର ଇଚ୍ଛା ବା ବାସନାକୁ ପ୍ରତିନିଧିତ୍ୱ କରନ୍ତି ନାହିଁ । ସେ ପ୍ରକୃତରେ ନିଜକୁ ନିର୍ବାଚିତ କରିଥିବା ଜନତାଙ୍କର ଆଶା, ଆକାଂକ୍ଷା, ଅଭାବ ଅସୁବିଧା ଓ ଅଧିକାରକୁ ହିଁ ପ୍ରତିନିଧିତ୍ୱ କରିଥାନ୍ତି । ଯେଉଁ ସମୟରେ ଜଣେ ସ୍ୱୟଂଶାସିତ ଗଣତାନ୍ତ୍ରିକ ସଂସ୍ଥା କିମ୍ବା ଅନ୍ୟ ସମସ୍ତ ସ୍ଥାନୀୟ ଗଣତାନ୍ତ୍ରିକ ସଂସ୍ଥା ଏପରିକି ବିଧାନ ପରିଷଦ ପ୍ରତିନିଧି ପଦରେ ନିର୍ବାଚିତ ହୁଅନ୍ତି, ସେହି ସମୟ ଠାରୁ ସେ ନିଜର ଅହଂ ବା ସ୍ୱୟଂର ଚାହିଦାକୁ ସମ୍ପୂର୍ଣ୍ଣ ରୂପେ ବିଲୀନ କରିବା ଆବଶ୍ୟକ । ଏହି ପ୍ରତିନିଧିମାନଙ୍କର ଅଧିକାର ପ୍ରାପ୍ତି ଲାଗି ନିରବଛିନ୍ନ ଭାବେ ସଂଗ୍ରାମ କରିବାପାଇଁ ପ୍ରୟୋଜନ ରହିଛି । ଏହିଠାରୁ ହିଁ ସ୍ୱୟଂ ଶାସନ ସଂସ୍ଥା (Self Government)ରେ ଆତ୍ମ ଶାସନ ପ୍ରକ୍ରିୟାର ଆରମ୍ଭ ହୁଏ । ଯେତେବେଳେ ଜଣେ ବ୍ୟକ୍ତି ପ୍ରତିନିଧି ପଦରେ ନିର୍ବାଚିତ ହୁଅନ୍ତି ସେତେବେଳେ ସେ ନିଜକୁ ହିଁ ନିୟନ୍ତ୍ରିତ କରିବା ଆବଶ୍ୟକ । ସେ ନିଜେ ପ୍ରକାଶ କରବା ଉଚିତ୍ ଯେ ତାଙ୍କର ଇଚ୍ଛା ବୋଲି କିଛି ନାହିଁ । ପ୍ରଥମେ ନିର୍ବାଚିତ ବ୍ୟକ୍ତିଙ୍କର ଆବଶ୍ୟକତା କିଛି ନାହିଁ କି ଚାହିଦା କିଛି ନାହିଁ ବୋଲି କହିବା ଉଚିତ୍ । ପ୍ରଥମେ ତାଙ୍କ ପାଇଁ ଯାହା ନିହାତି ଆବଶ୍ୟକ ତାକୁ ସ୍ଥଗିତ ରଖାଯାଇ ତାଙ୍କୁ ନିର୍ବାଚିତ କରିଥିବା ବ୍ୟକ୍ତିମାନଙ୍କୁ ପ୍ରାପ୍ତ ହେଉ ବୋଲି ସ୍ୱୀକାର କରିବା ଆବଶ୍ୟକ । ନିର୍ବାଚିତ ପ୍ରତିନିଧିଙ୍କ ଅଧିକାର ତାଙ୍କୁ ନିର୍ବାଚିତ କରିଥିବା ବ୍ୟକ୍ତିମାନଙ୍କ ଉଦ୍ଦେଶ୍ୟରେ ବିନିଯୁକ୍ତ ହୋଇ ସେହିମାନଙ୍କ ଅଧିକାରକୁ ସାବ୍ୟସ୍ତ କରିବା ଉଚିତ୍ ।

ପ୍ରତିନିଧି ପଦରେ ନିହିତ ଥିବା ଏହି ସମସ୍ତ ଅବଧାରିତ ତାତ୍ପର୍ଯ୍ୟ ଓ ମହତ୍ତ୍ୱର ମୂଲ୍ୟବୋଧକୁ ଉପଲବ୍ଧି କରିବା ଏକାନ୍ତ ପ୍ରୟୋଜନ । ମାତ୍ର ଏହା ନ କରିବା ଯୋଗୁ ଆମେମାନେ ବହୁ ସମୟରେ ଦେଖୁ ଯେ ଅନେକ ବ୍ୟକ୍ତି ସମାଜର ପ୍ରଭାବଶାଳୀ

ସ୍ଥାନରେ ଅବସ୍ଥାପିତ ରହି ଅଥବା ଗୁରୁତ୍ୱପୂର୍ଣ୍ଣ ପ୍ରଶାସନିକ ପଦ ପଦବୀରେ ଅଧିକୃତ ରହି ସେମାନଙ୍କର ଇଚ୍ଛା ଅଥବା ଅଭିଳାଷକୁ ପ୍ରୟୋଗ କରନ୍ତି କିମ୍ବା ସମାଜ ବା ସଂସ୍ଥା ଉପରେ ଲଦି ଦିଅନ୍ତି । ଆଉ ଭାବନ୍ତି ଯେ ସେମାନେ ଯାହାକୁ ଠିକ୍‌ରୂପେ ନିର୍ଦ୍ଧାରଣ କରିଛନ୍ତି ତାହାହିଁ ଯଥାର୍ଥ କରଣୀୟ । ମାତ୍ର ଏହି ଭ୍ରାନ୍ତରୁ ସେମାନେ ମୁକ୍ତ ହୋଇ ପ୍ରତିନିଧି ପଦର ତାତ୍ପର୍ଯ୍ୟକୁ ଅବଧାରଣା କରିବା ଉଚିତ୍ । ପ୍ରକୃତରେ ଏହି ସମସ୍ତ କ୍ଷେତ୍ରରେ ଯେତେବେଳେ ଏହି ପଦବୀରେ ଅଧିଷ୍ଠିତ ଥିବା ପ୍ରତିନିଧିମାନଙ୍କର ନିଜସ୍ୱ ସ୍ୱୟଂ ବା ଅହଂର ଅଧିକାରକୁ ପ୍ରୟୋଗ କରିବା ଦ୍ୱାରା ପ୍ରତିଷ୍ଠା ସ୍ୱରୂପ ଏହା ବିଲୁପ୍ତ ବା ସମାପ୍ତ ହୋଇ ନଥାଏ । ସେତେବେଳେ ହିଁ ଜନମତଙ୍କର ଆଶା ଆକାଂକ୍ଷା ବା ଅଭିପ୍ସା ଅତ୍ୟନ୍ତ ତାତ୍ପର୍ଯ୍ୟପୂର୍ଣ୍ଣ ଭାବରେ ପରିପ୍ରକାଶ ଲାଭ କରି ନିଜକୁ ବଳିଷ୍ଠ ଭାବେ ଉପସ୍ଥାପିତ ବା ସାବ୍ୟସ୍ତ କରିପାରେ ।

ଆମ୍ଭେମାନେ ମନେରଖିବା ଉଚିତ୍ ଯେ ସମସ୍ତ ଗଣତାନ୍ତ୍ରିକ ସଂସ୍ଥା ଓ ସମସ୍ତ ସ୍ୱୟଂଶାସିତ ଅନୁଷ୍ଠାନ ପ୍ରକୃତରେ ବିଧାନ ବା ଆଇନରୁ ହିଁ ସୃଷ୍ଟି ହୋଇଛନ୍ତି । ଏହି ପ୍ରତିଷ୍ଠାନମାନେ ବିଧାନରୁ ଉତ୍ପତ୍ତିଲାଭ କରିଥିବାରୁ ଏହି ସଂସ୍ଥାମାନଙ୍କର ପରିଚାଳନା ଦାୟିତ୍ୱରେ ଅଧିଷ୍ଠିତ ପଦବୀଧାରୀ ମାନଙ୍କର କର୍ତ୍ତବ୍ୟ, ଦାୟିତ୍ୱ ଓ ଅଧିକାର ସମ୍ପର୍କରେ ବିଷଦ୍‌ଭାବେ ଆଇନ୍‌ରେ ଅବଧାରିତ ରହିଛି । ଏଣୁ ସେମାନେ ଯଦି ଏହି ଅଧିକାର ପ୍ରୟୋଗ କ୍ଷେତ୍ରରେ ଆଇନ୍‌ର ଉଲଂଘନ କରନ୍ତି ସେମାନେ ଆତ୍ମଘାତ ହିଁ କରନ୍ତି ଯେ ମୁଁ ଏହି ପଦବୀଧାରୀ ମାନଙ୍କର, ସେମାନଙ୍କର କର୍ତ୍ତବ୍ୟ କ୍ଷେତ୍ରରେ ପରିବ୍ୟାପ୍ତ ଉତ୍ସାହପ୍ରଦ ଉପଲବ୍ଧି ପ୍ରାପ୍ତିଲାଗି ଅତ୍ୟନ୍ତ ଆଗ୍ରହୀ । ମାତ୍ର ସେମାନଙ୍କର କାର୍ଯ୍ୟର ଏହି ପରିସୀମା ମଧ୍ୟରେ ସେମାନେ ଯେପରି ଆଇନ୍‌ର ଉଲଂଘନ ନକରନ୍ତି ଯେ ମୁଁ ପ୍ରକୃତରେ ଆଇନ୍‌ର ସଂରକ୍ଷଣ ଲାଗି ଅଧିକ ଉଦ୍‌ବିଗ୍ନ ଆଉ କାତର । ମୁଁ ବିଶ୍ୱାସ କରେ ଯେ ଆଇନ୍‌ର ସଂରକ୍ଷଣ ନହେଲେ ପ୍ରକୃତ ମୁକ୍ତି ପ୍ରଦାନ କରେନାହିଁ । ଏହି କ୍ଷେତ୍ରରେ ପ୍ରଖ୍ୟାତ ଇଂରାଜୀ କବି 'ମିଲ୍‌ଟନ୍'ଙ୍କର ଗଣିତ ଆସ୍ଥା ବଚନିକାରୁ ଗୋଟିଏ ପଦ ଉଦ୍ଧୃତ ହେଲା 'ଯେତେବେଳେ ସେମାନେ ମୁକ୍ତିକୁ ଅସ୍ୱୀକାର ସହ ଅବ୍ୟାହତ କରନ୍ତି ସେତେବେଳେ ସେମାନେ ନିଜକୁ ନିୟନ୍ତ୍ରିତ କରିବା ପାଇଁ ପ୍ରତିଶ୍ରୁତିବଦ୍ଧ ହୋଇଥାନ୍ତି'।

ଉତ୍କଳ ଗୌରବ ମଧୁସୂଦନ ଦାସ ସମଗ୍ର ଭାରତରେ ମଣ୍ଟଫୋର୍ଡ ସାମ୍ବିଧାନିକ ସଂସ୍କାରର ବ୍ୟବସ୍ଥା ଅନୁସାରେ ୧୯୨୧ ସାଲରେ ଏହାର ପ୍ରାରମ୍ଭିକ ପ୍ରୟୋଗ ହେବା ଅବସ୍ଥାରେ ବିହାର ଓ ଓଡ଼ିଶା ପ୍ରଦେଶର ସ୍ୱାୟତ୍ତ ଶାସନ, ପୂର୍ତ୍ତ ଓ ସ୍ୱାସ୍ଥ୍ୟ ବିଭାଗରେ ମନ୍ତ୍ରୀ ପଦରେ ଅଧିଷ୍ଠିତ ରହି ବିହାର ଓ ଓଡ଼ିଶାର ବିଧାନ ପରିଷଦରେ ତା୨୯.୦୭.୧୯୨୧ ସାଲରେ ଗଣତାନ୍ତ୍ରିକ ସ୍ୱାୟତ୍ତ ଶାସନ ବ୍ୟବସ୍ଥା ସମ୍ପର୍କରେ

ଯେଉଁ ବକ୍ତବ୍ୟ ରଖିଥିଲେ ଏହା ତା'ର କିଛି ନିର୍ବାଚିତ ସଂକଳିତ ଓ ଆକୁଳିତ ଅଂଶ । ଏହି ବକ୍ତବ୍ୟ ସମସ୍ତ ଗଣତାନ୍ତ୍ରିକ ସଂସ୍ଥା, ସମବାୟ ସଂସ୍ଥା ସହିତ ସ୍ୱାୟତ୍ତ ଶାସନ ସଂସ୍ଥାମାନଙ୍କ ପ୍ରତି ପ୍ରଯୁଜ୍ୟ । ଯାହା ମଧୁସୂଦନ ଦାସଙ୍କ ମୂଳଲକ୍ଷ ଥିଲା ତାହା ହେଲା କୃଷି, କୃଷକ ଓ ସମବାୟ ସମିତି (ସମବାୟ ଋଣ ଆଇନ୍ ୧୯୦୪) ପ୍ରଣୟନ ପରିପ୍ରେକ୍ଷୀରେ ।

କୃଷିର ଉନ୍ନତି ବିଷୟରେ ଆମ୍ଭମାନଙ୍କୁ ଅନେକ କଥା ଚିନ୍ତା କରିବାକୁ ପଡ଼ିବ । ବର୍ତ୍ତମାନ କୃଷିଜାତ ଦ୍ରବ୍ୟର ଉତ୍ପାଦନ ବିଷୟରେ ଆମ୍ଭମାନଙ୍କ ଦ୍ୱାରା ଏପରି ଚେଷ୍ଟା କରିବା ଆବଶ୍ୟକ ଯାହା ଦ୍ୱାରା ଆମ ଦେଶର ଆଭ୍ୟନ୍ତରୀଣ ଅଭାବ ପୂର୍ଣ୍ଣ ହେବ ଓ ଦେଶଜାତ ଦ୍ରବ୍ୟ ବିଦେଶକୁ ପ୍ରେରିତ ହେବ । ଏ ବିଷୟରେ ବିହିତ ଉପାୟମାନ ଅବଲମ୍ବନ କରିବାକୁ ପଡ଼ିବ। ସର୍ବପ୍ରଥମେ ଓଡ଼ିଶାର ବିଭିନ୍ନ ସ୍ଥାନର ମୃର୍ତ୍ତିକାର ବିଭିନ୍ନ ଶସ୍ୟ ଉତ୍ପାଦିକା ଶକ୍ତି ଜାଣି କେଉଁ ଅଞ୍ଚଳ ମୃର୍ତ୍ତିକା କେଉଁ ଫସଲ ପାଇଁ ଅନୁକୂଳ ତାହା ରାସାୟନିକ ଓ ବାସ୍ତବ କଣିକା ଦ୍ୱାରା ସ୍ଥିର କରିବାକୁ ପଡ଼ିବ । କେଉଁ ଖତ ପ୍ରୟୋଗ କଲେ ମୃର୍ତ୍ତିକାର ଉର୍ବରତା ବଢ଼ିବ, କି ପ୍ରଣାଳୀରେ ଚାଷକଲେ ପ୍ରଚୁର ଖାଦ୍ୟଶସ୍ୟ ଉତ୍ପନ୍ନ ହେବ ଏଗୁଡ଼ିକ ସ୍ଥିର କରି କାର୍ଯ୍ୟରେ ପରିଣତ କରିବାକୁ ହେବ । କୃଷି କାର୍ଯ୍ୟରେ ମଧ୍ୟ ସମ୍ମିଳିତ ଚେଷ୍ଟାର ଆବଶ୍ୟକ । ସମ୍ମିଳିତ ଚେଷ୍ଟା ଦ୍ୱାରା କୃଷିଜୀବି ମାନଙ୍କର କି ପ୍ରକାର ଉନ୍ନତି ସାଧିତ ହେବ ତହିଁର ଉଦାହରଣ ଭାରତବର୍ଷର ଚା', କୃଷି ଇତ୍ୟାଦି ବ୍ୟବସାୟ ଉପରୋକ୍ତ କୃଷିଦ୍ୱାରା ଇଉରୋପୀୟ ରାଷ୍ଟ୍ରର ଅନେକ କୃଷିଜୀବି ଲାଭବାନ ହେଉଛନ୍ତି । ସମ୍ମିଳିତ ଚେଷ୍ଟା, ମୂଳଧନ, ଉପଯୁକ୍ତ ପରିଚାଳନା ଓ ଉତ୍କୃଷ୍ଟ ଯନ୍ତ୍ର ସାହାଯ୍ୟରେ ଆମ ଦେଶରେ କୃଷିର ଉନ୍ନତି ସାଧିତ ହୋଇପାରେ ଏହା ଆମର ବିଶ୍ୱାସ। ଭାରତବର୍ଷ ତଥା ଓଡ଼ିଶାର କୃଷକମାନେ କୃଷି ଉପରେ ନିର୍ଭର କରନ୍ତି । ଏଥିପାଇଁ ଗୋ ମହିଷାଦିଙ୍କ ସଂଖ୍ୟା ଯେପରି ବୃଦ୍ଧି ହେବ ଓ ଗରିବ କୃଷକମାନେ ଯେପରି ସାହୁକାର ମାନଙ୍କର ହସ୍ତଗତ ନହୋଇ ସ୍ୱ ସ୍ୱ କୃଷିକାର୍ଯ୍ୟ କରିପାରିବେ ତାହା ବନ୍ଦୋବସ୍ତ କରିବା ଉଚିତ୍ । ବର୍ତ୍ତମାନ ଭାରତ ସରକାରଙ୍କର ପ୍ରଚଳିତ (Co-operative Credit Act) ଅନୁସାରେ କେତେକ ସମବାୟ ଭଣ୍ଡାର ସଂସ୍ଥାପନା କରାଇବା ନିମନ୍ତେ ପ୍ରାଦେଶିକ ସରକାରମାନେ ଯତ୍ନବାନ ଅଛନ୍ତି । ଗରିବ କୃଷକମାନେ ନିତ୍ୟାନ୍ତ ଲୋଭୀ ସାହୁକାରମାନଙ୍କର ପ୍ରବର୍ତ୍ତନାରୁ ଯେପରି ମୁକ୍ତ ହେବେ ସେଥିପାଇଁ ଚେଷ୍ଟା କରିବା ଉଚିତ୍ । କୃଷକମାନଙ୍କୁ ଓ କୃଷି ସେବା ସମବାୟ ସମିତିମାନଙ୍କର ପରିଚାଳନା ପରିଷଦର ସଦସ୍ୟମାନଙ୍କୁ କୃଷି ଶିକ୍ଷା ପ୍ରଦାନ କରିବା ସର୍ବମତରେ ବାଞ୍ଛନୀୟ ଏବଂ ନାନା ବିଧି କୃଷିକାର୍ଯ୍ୟ ସେମାନଙ୍କ ଦ୍ୱାରା ଯେପରି ସାଧିତ

ହୋଇପାରିବ ସେ ବିଷୟରେ ଅବଲମ୍ବନ ବିଧେୟ । ମଧୁସୂଦନ ଦାସଙ୍କର ଏହା ଥିଲା ମୂଳଲକ୍ଷ ଓ ଯେହେତୁ ସେ ଥିଲେ ନିର୍ବାଚିତ ପ୍ରତିନିଧି ବିହାର-ଓଡ଼ିଶା ମିଳିତ ସରକାରରେ । ମଧୁସୂଦନ ଦାସଙ୍କ ଦ୍ୱାରା ଉତ୍କଳ ସମ୍ମିଳନୀର ଦ୍ୱିତୀୟ ଅଧିବେଶନରେ ତା୨୮.୧୨.୧୯୦୪ରିଖରେ ବ୍ରିଟିଶି ସରକାରଙ୍କ ଦ୍ୱାରା ସମବାୟ ଋଣ ଆଇନ୍ ପ୍ରଣୟନକୁ ସ୍ୱାଗତ କରି କଟକ ଠାରେ ପ୍ରଜାମାନଙ୍କ ଗ୍ରହଣରେ ଭାଷଣର ଏହାଥିଲା କିଛି ଅଂଶ । ଏସବୁକୁ ତର୍ଜମା କଲେ ପ୍ରକୃତ ନିର୍ବାଚିତ ପ୍ରତିନିଧି ପଦର ତାତ୍ପର୍ଯ୍ୟ ଓ ମହତ୍ତ୍ୱ ସହଜରେ ଜନସାଧାରଣଙ୍କ ଦ୍ୱାରା ଆଦୃତ ହେବା ଜଣାପଡ଼େ ।

'ଧରିତ୍ରୀ' - ତା୦୫.୦୫.୨୦୨୫ରେ ପ୍ରକାଶିତ

■

ଦେଶ ପ୍ରଗତିରେ ସମବାୟ

ଭାରତ ଭଳି ଏକ କୃଷିପ୍ରଧାନ ଏବଂ ଗ୍ରାମବହୁଳ ଦେଶରେ କୃଷି ଏବଂ ଗ୍ରାମ୍ୟ ଅର୍ଥନୀତିର ପ୍ରଗତି ବ୍ୟତୀତ ବାସ୍ତବରେ କୌଣସି ଯୋଜନା ପରିକଳ୍ପନା କରାଯାଇପାରେନା । ସ୍ୱାଧୀନତା ପରେ ପଞ୍ଚବାର୍ଷିକ ଯୋଜନା ମାଧ୍ୟମରେ ଯେଉଁ ଅର୍ଥନୈତିକ ବିକାଶର ଧାରା ଉନ୍ମୋଚିତ ହୋଇଥିଲା ସେଥିରେ ସମବାୟକୁ ବହୁତ ପ୍ରାଧାନ୍ୟ ଦିଆଯାଇଥିଲା । ଏପରି ସମବାୟକୁ ଯୋଜନାବଦ୍ଧ ଅର୍ଥନୈତିକ ପ୍ରଗତିର ପ୍ରକୃଷ୍ଟ ମାଧ୍ୟମ ରୂପେ ବିବେଚନା ମଧ୍ୟ କରାଯାଇଥିଲା ।

ଭାରତରେ ସ୍ୱାଧୀନତାର ବହୁ ପୂର୍ବରୁ ସମବାୟ ଆନ୍ଦୋଳନର ମୂଳଦୂଆ ପଡ଼ିଥିଲା । କିନ୍ତୁ କୃଷିଋଣ ପ୍ରଦାନ ମଧ୍ୟରେ ତାହା ଥିଲା ସୀମିତ । ପଞ୍ଚବାର୍ଷିକ ଯୋଜନା ପ୍ରଣୟନ ତଥା ରୂପାୟନ ପରେ ଆମ ଦେଶରେ ସମବାୟ କ୍ଷେତ୍ରରେ ଅନେକ କିଛି ଯୁଗାନ୍ତିକର ପଦକ୍ଷେପ ନିଆଯାଇଛି । ଦେଶର ଅର୍ଥନୈତିକ ପ୍ରଗତିର ଏକ ବଳିଷ୍ଠ ମାଧ୍ୟମ ରୂପେ ସମବାୟ ପ୍ରତିପାଦିତ । ସମବାୟ ଯୋଜନା ପରିଷଦ (Co-operative Planning Committee) ୧୯୪୭ ମସିହାରେ ଦୃଢ଼ ମତପୋଷଣ କରିଥିଲେ ଯେ ଅର୍ଥନୈତିକ ଯୋଜନାର ଗଣତନ୍ତ୍ରୀକରଣ ପ୍ରକ୍ରିୟାରେ ସମବାୟ ଏକ ଗୁରୁତ୍ୱପୂର୍ଣ୍ଣ ଭୂମିକା ଗ୍ରହଣ କରିଅଛି । ଗ୍ରାମାଞ୍ଚଳର ଲୋକମାନଙ୍କୁ ଯୋଜନାବଦ୍ଧ ଅର୍ଥନୈତିକ ବିକାଶ ପ୍ରକ୍ରିୟା ବିଷୟରେ ସଚେତନତା ସୃଷ୍ଟି କରିବାରେ ସମବାୟ ସାହା ହୁଏ । ସେହିପରି ପ୍ରଥମ ପଞ୍ଚବାର୍ଷିକ ଯୋଜନା ସମବାୟ ଆନ୍ଦୋଳନକୁ ଦେଶରେ ଯୋଜନାବଦ୍ଧ ଅର୍ଥନୈତିକ ପ୍ରଗତିର ଅପରିହାର୍ଯ୍ୟ ମାଧ୍ୟମ ରୂପେ ଅଭିହିତ କରିଥିଲା । କିନ୍ତୁ ସମବାୟ ଆନ୍ଦୋଳନର ପ୍ରଗତି ତଥା ଭୂମିକା ଅଧ୍ୟୟନ କରି ଭାରତୀୟ ରିଜର୍ଭ ବ୍ୟାଙ୍କ ଦ୍ୱାରା ଗଠିତ (All India Rural Survey Committee Report) ୧୯୫୪ ମସିହାରେ ପ୍ରତିକୂଳ ମନ୍ତବ୍ୟ ଦେଇଥିଲେ । ଉକ୍ତ କମିଟି ମତରେ ଭାରତରେ ସମବାୟ ଆନ୍ଦୋଳନ

ବିଫଳ ହୋଇଛି, କିନ୍ତୁ ଏହା ସଫଳ କରିବା ପାଇଁ ବିଭିନ୍ନ ପ୍ରକାର ପଦକ୍ଷେପ ସରକାରଙ୍କ ଦ୍ୱାରା ନିଆଯାଇଛି ଓ ସମବାୟ ନିର୍ଣ୍ଣାୟକ ଭୂମିକା ଗ୍ରହଣ କରିଛି । ଯେଉଁ କୃଷି ପରିବାରମାନେ ସାହୁକାରମାନଙ୍କ ଠାରୁ ଋଣ ଗ୍ରହଣ କରୁଥିଲେ ସେମାନଙ୍କ ଦୁର୍ଦ୍ଦଶା ଅକଥନୀୟ ହୋଇପଡ଼ିଥିବା ବେଳେ ଆଜି ଆମ ଦେଶରେ ବିନିଯୋଗ ହୋଇଥିବା ମୋଟ୍ କୃଷିଋଣର ଶତକଡ଼ା ୬୭ ଭାଗ ଅର୍ଥ ସମବାୟ ମାଧ୍ୟମରେ ଯୋଗାଇ ଦିଆଯାଇଛି । ଜମିର ଉନ୍ନତିକରଣ, ଆଧୁନିକ ପଦ୍ଧତିରେ ଚାଷ, ଉନ୍ନତ ଯନ୍ତ୍ରପାତିର ବ୍ୟବହାର, ଅଧିକ ଅମଳକ୍ଷମ ବିହନ ଏବଂ ଜୈବିକ କୃଷି ତଥା ସାର ପ୍ରୟୋଗ କରି ଖାଦ୍ୟଶସ୍ୟ ଉତ୍ପାଦନର ବୃଦ୍ଧି ଏବଂ ଅର୍ଥନୈତିକ ଜୀବନର ମାନଦଣ୍ଡ ବୃଦ୍ଧି କରାଇବା ପାଇଁ ସମବାୟ ସମିତିମାନଙ୍କର ସେବା ପ୍ରଣିଧାନଯୋଗ୍ୟ ।

ଜମିର ଉନ୍ନତିକରଣ ପାଇଁ ଗଭୀର କୂପ ଓ ନଳକୂପ ଖନନ, କେନାଲ ଓ ନଦୀର ପ୍ରବାହିତ ଜଳକୁ ପମ୍ପଦ୍ୱାରା ଚାଷଜମିକୁ ପାଣି ମଡ଼ାଇବା ନିମନ୍ତେ ଆର୍ଥିକ ସହାୟତା, ବିଭିନ୍ନ ପ୍ରକାର ଫଳ ବଗିଚା ଇତ୍ୟାଦି ପାଇଁ ସମବାୟ ବ୍ୟାଙ୍କମାନଙ୍କ ଦ୍ୱାରା ଋଣ ଯୋଗାଇ ଦିଆଯାଉଛି । ସହରାଞ୍ଚଳ ମାନଙ୍କରେ ଅର୍ବାନ କୋ-ଅପରେଟିଭ୍ ବ୍ୟାଙ୍କମାନେ ଛୋଟ ଛୋଟ ପାନ ଦୋକାନୀ, ପରିବା ବିକାଳି, ଫଳ ବିକାଳି, ରିକ୍ସାବାଲା, ସାଇକେଲ ଦୋକାନୀ, ଅଟୋରିକ୍ସା, ଟେଲିଫୋନ୍ ବୁଥ୍, କ୍ଷୁଦ୍ର ବ୍ୟବସାୟୀ, ଟ୍ରାଭେଲ୍ସ, ଡି.ଟି.ପି. ପ୍ରକାଶନ, ବହି ବନ୍ଧେଇ, ମନୋହରୀ ଦୋକାନ, ତେଜରାତି ଦୋକାନ ଇତ୍ୟାଦିଙ୍କ ପାଇଁ ବେକାର ଯୁବକ ଓ ଯୁବତୀମାନଙ୍କୁ ସେମାନଙ୍କର ଆତ୍ମ ନିଯୁକ୍ତି ସୁଯୋଗ ସୃଷ୍ଟି ପାଇଁ ଋଣ ପ୍ରଦାନ କରୁଛନ୍ତି । ଫଳରେ ଉକ୍ତ ବ୍ୟବସାୟରୁ କିଛି ଲାଭ ପାଇ ଦୈନନ୍ଦିନ ଗୁଜୁରାଣ ମେଣ୍ଟାଇ ପାରୁଛନ୍ତି ଓ ଏହା ଦ୍ୱାରା କିଛି ମାତ୍ରାରେ ନିଯୁକ୍ତିର ସୁଯୋଗ ସୃଷ୍ଟି ହୋଇ ବେକାରୀ ସମସ୍ୟା ଦୂରୀଭୂତ ହୋଇପାରିଛି । ସୁଲଭ ମୂଲ୍ୟରେ ଗ୍ରାମାଞ୍ଚଳରେ ସମବାୟ ସମିତି ଦ୍ୱାରା ସାର, ବିହନ, ପୋକମରା ଔଷଧ, ନିତ୍ୟ ବ୍ୟବହାର୍ଯ୍ୟ ପଦାର୍ଥ ସୁଲଭ ମୂଲ୍ୟରେ ଖାଉଟୀ ସାମଗ୍ରୀ ଯୋଗାଣ, ସମବାୟ ସମିତିର ସଭ୍ୟମାନଙ୍କୁ ବାସଗୃହ ନିର୍ମାଣ ପାଇଁ ଋଣ ଯୋଗାଣ, କୁଶଳୀ କାରିଗରଙ୍କୁ ଆର୍ଥିକ ସହାୟତା ପ୍ରଦାନ, ଚାଷୀ ତଥା ସମବାୟର ସଭ୍ୟମାନଙ୍କ ଦ୍ୱାରା ଉତ୍ପାଦିତ ତଥା ସଂଗୃହିତ ଦ୍ରବ୍ୟର ଉପଯୁକ୍ତ ବିପଣନ ଇତ୍ୟାଦି ଅନେକ ସୁବିଧା ଓ ସେବା ସମବାୟ ଦ୍ୱାରା ପ୍ରଦାନ କରାଯାଉଛି । ମୋ ସେବା କେନ୍ଦ୍ର ମାଧ୍ୟମରେ ଜନସାଧାରଣଙ୍କୁ ବିଭିନ୍ନ ପ୍ରକାର ସେବା ଯୋଗାଇବା, ପ୍ରଧାନମନ୍ତ୍ରୀ ଜନଔଷଧୀ ଦୋକାନ ଦ୍ୱାରା ସୁଲଭ ମୂଲ୍ୟରେ ଜନସାଧାରଣଙ୍କୁ ଔଷଧ ଯୋଗାଇ ଦିଆଯାଉଛି । ପେଟ୍ରୋଲ ପମ୍ପ ଓ ଗ୍ୟାସ୍ ଏଜେନ୍ସି ମାଧ୍ୟମରେ ଖାଉଟୀମାନଙ୍କୁ ସେବା ଯୋଗାଇ ଦିଆଯାଉଛି । ଅର୍ଥନୈତିକ

ପ୍ରଗତି ପ୍ରକ୍ରିୟାରେ ଆବଶ୍ୟକୀୟ ଆର୍ଥିକ ତଥା ଗୁଣାତ୍ମକ ସହାୟତା ପ୍ରଦାନ କରି ଋଣର ପ୍ରକୃତ ବିନିଯୋଗ, ଠିକ୍ ସମୟରେ ଋଣ ପରିଶୋଧ ଉପଲବ୍ଧି ସହାୟତା ଦ୍ୱାରା ଆର୍ଥିକ ତଥା ସାମାଜିକ ଜୀବନର ଉନ୍ନତି ସାଧନ ଓ ଜନସଚେତନତା ସୃଷ୍ଟି କରାଯାଇ ଆତ୍ମ ବିଶ୍ୱାସ, ଆତ୍ମ ନିର୍ଭରଶୀଳ ଏବଂ ଦୃଢ଼ ମନୋବଳର ବାତାବରଣ ସୃଷ୍ଟିକରି ସର୍ବସାଧାରଣଙ୍କର ଉନ୍ନତି ସାଧନ ପାଇଁ ସମବାୟ ଆନ୍ଦୋଳନ ଉତ୍ସର୍ଗୀକୃତ ।

ଉଦାରୀକରଣ ଓ ଅର୍ଥନୈତିକ ସଂସ୍କାର ପରେ ସମବାୟ ଅନେକ ଆହ୍ୱାନର ସମ୍ମୁଖୀନ କ୍ରମାଗତଭାବେ ରାଜ୍ୟ ତଥା କେନ୍ଦ୍ର ସରକାରଙ୍କ ପକ୍ଷରୁ ଆର୍ଥିକ ସହାୟତା ହ୍ରାସ ପାଉଛି । ସମବାୟ ପ୍ରୟାସ ମାଧ୍ୟମରେ ସମ୍ବଳର ଆବଶ୍ୟକତା ପୂରଣ କରିବାକୁ ପଡୁଛି । ସେଥିପାଇଁ ଉନ୍ନତମାନର ସେବା ଏବଂ ପ୍ରତିଯୋଗିତାମୂଳକ ବଜାରରେ ନିଜର ଦକ୍ଷତା ପ୍ରତିପାଦନ କରି ସଭ୍ୟଙ୍କ ପ୍ରିୟଭାଜନ ହେବା ନିତ୍ୟାନ୍ତ ଆବଶ୍ୟକ । ଆଧୁନିକ ପ୍ରଯୁକ୍ତି ବିଜ୍ଞାନର ବ୍ୟବହାର କରି ଉନ୍ନତମାନର ସେବା ବିଶେଷକରି ସମବାୟ ବ୍ୟାଙ୍କ ଏବଂ ଅନେକ ସମବାୟ ସମିତି ଋଣ ଯୋଗାଇଦେବାରେ ପାରଦର୍ଶିତା ହାସଲ କରିଛନ୍ତି ।

ଗ୍ରାମାଞ୍ଚଳରେ କାର୍ଯ୍ୟ କରୁଥିବା ପ୍ରତ୍ୟେକ ପ୍ରାଥମିକ ସେବା ସମବାୟ ସମିତି ସ୍ୱଚ୍ଛଳଭାବେ କାର୍ଯ୍ୟ କରିବା ଆବଶ୍ୟକ । କେନ୍ଦ୍ର ସରକାରଙ୍କ ଦ୍ୱାରା ଘୋଷିତ ସମବାୟ ପୁନଃ ଦୃଢ଼ୀକରଣ ଯୋଜନା (Revitalisation of Credit Co-operative Scheme) ଏକ ଅତ୍ୟନ୍ତ ସମୟ ଉପଯୋଗୀ ପଦକ୍ଷେପ । ଏହା କାର୍ଯ୍ୟକାରୀ ହେଲେ ଅନେକ ପ୍ରାଥମିକ ସେବା ସମବାୟ ସମିତି କାର୍ଯ୍ୟକ୍ଷମ ହୋଇପାରିବେ ଏବଂ କେନ୍ଦ୍ର ସମବାୟ ବ୍ୟାଙ୍କମାନେ ମଧ୍ୟ ଅଧିକ ଦକ୍ଷତା ହାସଲ କରିପାରିବେ । ସୁଦୃଢ଼ ସମବାୟ ଉଦ୍ୟୋଗ ପ୍ରତିଷ୍ଠାରେ ଏହା ଅନେକାଂଶରେ ସହାୟକ ହୋଇପାରିବ । ଏହା ବ୍ୟତୀତ ଗ୍ରାମାଞ୍ଚଳରେ ସଚେତନତାର ଅଭାବ ପରିଲକ୍ଷିତ ହେଉଛି । ଦୀର୍ଘଦିନ ହେଲା କିସାନ୍ କ୍ରେଡିଟ୍ କାର୍ଡ଼ ପ୍ରଚଳନ ହୋଇସାରିଥିବା ବେଳେ ମଧ୍ୟ ଅନେକ ସଭ୍ୟ ଏହାର ସୁଫଳ ପାଇପାରିନାହାନ୍ତି । ଫଳରେ ଏଥିରେ ସାମିଲ କରାଯାଇନଥିବା ଚାଷୀଭାଇମାନେ ଏହାର ବିନିଯୋଗ କରିପାରୁ ନାହାନ୍ତି । ଆଜି ମଧ୍ୟ ସମିତି କର୍ମଚାରୀଙ୍କ ଦ୍ୱାରା କିସାନ୍ କ୍ରେଡିଟ୍ କାର୍ଡ଼ଧାରୀ ମାନଙ୍କର ବ୍ଲାଙ୍କ୍ କିସାନ୍ କ୍ରେଡିଟ୍ ଚେକ୍ ଓ ବ୍ଲାଙ୍କ ବ୍ୟାଙ୍କ ଚେକ୍ ଉପରେ ଦସ୍ତଖତ ନିଆଯାଇ କିସାନ୍ କ୍ରେଡିଟ୍ ପାସ୍‌ବୁକ୍ ସହିତ ସମିତିରେ ମହଜୁଦ ରଖାଯାଉଛି । କାର୍ଡ଼ଧାରୀ ମାନଙ୍କୁ ନଜଣାଇ ସମୟ କ୍ରମେ ସେବା ସମବାୟ ସମିତିର ସଂପାଦକମାନେ ବ୍ଲାଙ୍କ୍ ଚେକ୍‌କୁ ପୂରଣ କରି କେନ୍ଦ୍ର ସମବାୟ ବ୍ୟାଙ୍କ ମାନଙ୍କରୁ ବ୍ୟାଙ୍କ କର୍ମଚାରୀମାନଙ୍କ ସଲା ସୁତରାରେ କାର୍ଡ଼ଧାରୀମାନଙ୍କ ନାମରେ ଋଣ ଉଠାଇ

ନିଜ ନିକଟରେ ରଖି କେତେକ କ୍ଷେତ୍ରରେ କିଛି ପରିମାଣର ଋଣ କାର୍ଡ଼ଧାରୀମାନଙ୍କୁ ଦିଅନ୍ତି । ଚାଷୀଟି ସମିତି ସଂପାଦକଙ୍କୁ ବିଶ୍ୱାସ କରି ବ୍ଲାଙ୍କ ଚେକ୍‌ରେ ଦସ୍ତଖତ କରି ଦେଉଥିଲାବେଳେ ସମିତି ସଂପାଦକ ଋଣୀର ବିଶ୍ୱାସରେ ବିଷ ଦେଇ ଚାଲିଛନ୍ତି । କିସାନ୍ କ୍ରେଡିଟ୍ ପାସ୍‌ବୁକ୍‌ଗୁଡ଼ିକ ମଧ୍ୟ ସମବାୟ ସମିତି ସଂପାଦକଙ୍କ ନିକଟରେ ରହିଥାଏ । ଋଣୀ ସଭ୍ୟଟି କେତେ ଟଙ୍କା ଋଣ ନେଲା ବୋଲି ଜାଣିବାକୁ ଚାହିଁଲେ ମଧ୍ୟ କେତେକ କ୍ଷେତ୍ରରେ ସମିତି ସଂପାଦକ ବିଭିନ୍ନ ପ୍ରକାର ଆଳ ଦେଖାଇ କେତେ ଟଙ୍କା ଋଣ ହେଲା ତାହା ଋଣୀକୁ ନଜଣାଇ ସମୟ ଗଡ଼ାଇ ଚାଲିଥିଲେ ମଧ୍ୟ ଋଣୀ ସଭ୍ୟଟି ପାସ୍‌ବୁକ୍ ନପାଇବା ଦ୍ୱାରା ସମିତିରୁ କେତେଟଙ୍କା ଋଣ କରିଛି ତା'ର ସେ ହିସାବ ନିଜେ ପାଏନାହିଁ । ଚାଷୀମାନଙ୍କୁ କୃଷିଋଣ ବିଷୟରେ ସଚେତନ କରାଯାଏ ନାହିଁ । ସଭ୍ୟମାନେ ସମବାୟର କାର୍ଯ୍ୟଧାରାରେ ସକ୍ରିୟ ଅଂଶ ଗ୍ରହଣ କରିବା ଆବଶ୍ୟକ ଓ ସମବାୟର କାର୍ଯ୍ୟଧାରାରେ ଅଂଶଗ୍ରହଣ କରୁଥିବା ଉଭୟ କର୍ମଚାରୀ ଓ ପରିଚାଳନା ପରିଷଦର ସଭ୍ୟମାନଙ୍କର କର୍ତ୍ତବ୍ୟ ସଂପାଦନରେ ନିଷ୍ଠା, ସଚ୍ଚୋଟତା, ଏକାଗ୍ରତା ଏବଂ ଅଙ୍ଗୀକାର ବଦ୍ଧତା ରହିବା ଅପରିହାର୍ଯ୍ୟ । ଆଧୁନିକ ଜ୍ଞାନ କୌଶଳର ପ୍ରକୃଷ୍ଟ ବିନିଯୋଗ, ଉଜ୍ଜ୍ୱଳ ମାନବସମ୍ବଳ ବିକାଶ, ସ୍ୱଚ୍ଛତା ଏବଂ କ୍ରିୟାଶୀଳତା ଏବଂ କମ୍ପ୍ୟୁଟରୀକରଣ ଦ୍ୱାରା ସମସ୍ତ କାର୍ଯ୍ୟ ସ୍ୱଚ୍ଛତା ସହ କାର୍ଯ୍ୟ କରିପାରିଲେ ସମବାୟକୁ ସୁଦୃଢ଼ କରାଯାଇ ଦେଶ ପ୍ରଗତିର ବଳିଷ୍ଠ ମାଧ୍ୟମ ରୂପେ ଜନସାଧାରଣଙ୍କୁ ସେବା ଯୋଗାଇ ଦେବାର ଅବକାଶ ରହିଛି । ସରକାରଙ୍କର ମୁଖ୍ୟ କର୍ତ୍ତବ୍ୟ ହେଲା ପ୍ରତି ପ୍ରାଥମିକ ସମବାୟ ସମିତିର ଋଣ ତନଖି କାର୍ଯ୍ୟ ସୁପରିଚଳନା ପାଇଁ ସୁପରଭାଇଜର ମାନଙ୍କୁ ନିଯୁକ୍ତି ଦେବା ସଙ୍ଗେ ସଙ୍ଗେ ସରକାରୀ ଅଧିକାରୀଙ୍କ ଦ୍ୱାରା କମ୍ପ୍ୟୁଟରୀକରଣ ଠିକ୍ ରୂପେ ହୋଇଛି ବୋଲି ସହକାରୀ ସମବାୟ ନିବନ୍ଧକ ମାନଙ୍କ ଦ୍ୱାରା ସରକାରଙ୍କୁ ତଥ୍ୟ ଯୋଗାଇଲେ ଏହାର ସୁଫଳ ଜନସାଧାରଣଙ୍କ ଉପରେ ପଡ଼ନ୍ତା । ଋଣ ଦୁର୍ନିତୀର ମୂଳୋତ୍ପାଟନ ପାଇଁ ସରକାର ବିହିତ ପଦକ୍ଷେପ ନେବାପାଇଁ ତତ୍‌କାଳୀନ ଦୁର୍ନିତୀଗ୍ରସ୍ତ କର୍ମଚାରୀମାନଙ୍କୁ କାର୍ଯ୍ୟରୁ ନିବୃତ୍ତ କରି ସେମାନଙ୍କୁ ଉପଯୁକ୍ତ ଦଣ୍ଡବିଧାନ କରାଯିବା ସହ ସେମାନଙ୍କ ଠାରୁ ଧାର୍ଯ୍ୟ ଅର୍ଥ ତତ୍କାଳୀନଭାବେ ଆଦାୟ କରାଗଲେ ଦେଶ ପ୍ରଗତିରେ ସମବାୟର କାର୍ଯ୍ୟ ପ୍ରଶଂସନୀୟ ହୋଇପାରିବ । ସମବାୟ ସମୀକ୍ଷା ବିଭାଗରେ ସଚ୍ଚୋଟତା ନିହାତି ଆବଶ୍ୟକ । ସମୀକ୍ଷକମାନେ ନିଜର ପାଉଣା ପକେଟ୍‌ରେ ପୂରାଇ ଅର୍ଥ ଆତ୍ମସାତ୍ କରିଥିବା କର୍ମଚାରୀମାନଙ୍କୁ ଘଣ୍ଟ ଘୋଡ଼ାଇବା ଅତି ମାତ୍ରାରେ ପ୍ରଚଳିତ । ଏହାର ବିଲୋପ ହେବା ଆବଶ୍ୟକ । ନାବାର୍ଡ଼ ଦ୍ୱାରା ପ୍ରାଥମିକ ସମବାୟ ସମିତିକୁ ସିଧାସଳଖ ଋଣ ଯୋଗାଇବା ପାଇଁ ସମବାୟ ସମିତି

ଆଇନ୍‌ରେ ସଂଶୋଧନ ହେବା ଆବଶ୍ୟକ । ସମିତିର ପରିଚାଳନା ପରିଷଦକୁ ଉପଯୁକ୍ତ ଦକ୍ଷତା ଥିବା ଶିକ୍ଷିତ ଓ ସଚ୍ଚୋଟ ବ୍ୟକ୍ତିମାନଙ୍କୁ ଗଣତାନ୍ତ୍ରିକ ଉପାୟରେ ନିର୍ବାଚିତ କରିବା ସହିତ ସେମାନଙ୍କୁ ବୈଠକ ଭତ୍ତା ଦିଆଯିବା ଆବଶ୍ୟକ । ନଚେତ୍‌ ସମବାୟ କର୍ମଚାରୀ ଓ ପରିଚାଳନା ପରିଷଦ ମଧ୍ୟରେ ମତପାର୍ଥକ୍ୟ ଦେଖାଦେଇ ଦୂରତ୍ୱ ବୃଦ୍ଧିପାଉଛି । ଏ ସବୁକୁ ବିଚାରକୁ ନେଇ ସମବାୟରେ ଯେତେ ଶୀଘ୍ର ସଂସ୍କାର ପାଇଁ ପଦକ୍ଷେପ ନିଆଯାଇପାରିବ ସେତେ ଶୀଘ୍ର ଏହାର ସୁଫଳ ଜନସାଧାରଣ ପାଇପାରିବେ । ସରକାର ଏହାକୁ ଗୁରୁତର ସହ ବିଚାର କରିବା ଆବଶ୍ୟକ । ଗୋଟିଏ ସ୍ଥାନରେ ଦୀର୍ଘଦିନ ଧରି କାର୍ଯ୍ୟ କରୁଥିବା ସମବାୟ କର୍ମଚାରୀମାନଙ୍କୁ ପ୍ରତି ୩ ବର୍ଷ କାର୍ଯ୍ୟ ନିର୍ଦ୍ଧାରଣ ନୀତିରେ ବଦଳି କରିବା ଆବଶ୍ୟକ । ନଚେତ୍‌ ବୁଡ଼ିଗଲା ଗୋଡ଼ ତଳକୁ ତଳକୁ ନୀତିରେ ସମବାୟରେ ସମସ୍ତ ପ୍ରକାର କାର୍ଯ୍ୟ ବିଫଳ ହେବ । ସମବାୟ ମନ୍ତ୍ରୀ ଏ ଦିଗରେ ଯଥାଶୀଘ୍ର ନିଷ୍ପତ୍ତି ନେବେ ବୋଲି ଆଶା ।

ସମବାୟ କାର୍ଯ୍ୟ କ୍ଷେତ୍ରରେ ଉପାଧି

୧୯୭୮ ମସିହା କଥା । ଆମ ଦେଶର ସମ୍ଭ୍ରାନ୍ତ ବିଶ୍ୱବିଦ୍ୟାଳୟମାନଙ୍କ ମଧ୍ୟରେ ମହାରାଷ୍ଟ୍ରର ପୁନା ବିଶ୍ୱବିଦ୍ୟାଳୟ ଏକ ଆଗ ଧାଡ଼ିର ଏକ ସମ୍ମାନିତ ଶିକ୍ଷାନୁଷ୍ଠାନ । ଚତୁର୍ଥ ଶ୍ରେଣୀ ପାଠ ପଢ଼ିଥିବା ୭୭ ବର୍ଷ ବୟସ୍କ ଜଣେ ଗ୍ରାମୀଣ ଚାଷୀ ବି.ଖେ. ପଟିଲ୍‌ଙ୍କୁ ମାନବ ଡକ୍ଟରେଟ୍ ଉପାଧିରେ ବିଭୂଷିତ କରି ଭାରତର ଶିକ୍ଷା ଜଗତରେ ଆଲୋଡ଼ନ ସୃଷ୍ଟି କରିଥିଲା । ଏହା ସହିତ ସରକାର ମଧ୍ୟ ତାଙ୍କୁ ଭୂମିପୁତ୍ର ଉପାଧିରେ ଭୂଷିତ କରିଥିଲେ। ଏ ପ୍ରକାର ଉପାଧି ବା ସମ୍ମାନ କେବଳ ଆମ ଦେଶର ରାଷ୍ଟ୍ରପତି ବା ପ୍ରଧାନମନ୍ତ୍ରୀଙ୍କୁ ମିଳିଥାଏ ।

୧୯୦୧ ମସିହାରେ ବମ୍ବେ ପ୍ରଦେଶର ଅହମ୍ମଦ ନଗର ଜିଲ୍ଲାର ଏକ ଅଜଣା ଗ୍ରାମ ଲୋଣି ବ୍ଲକ୍‌ରେ ଗରିବ ଚାଷୀକୂଳରେ ଜନ୍ମ ହୋଇଥିବା ଏହି ଚାଷୀଜଣକ ହେଉଛନ୍ତି ମହାନ୍ ଭୂମିପୁତ୍ର । ଚତୁର୍ଥ ଶ୍ରେଣୀରେ ପାଠ ପଢୁଥିବା ସମୟରେ ତାଙ୍କ ବାପାଙ୍କ ମୃତ୍ୟୁ ହେବାରୁ ଘର ଚଳାଇବା ଦାୟିତ୍ୱ ମୁଣ୍ଡ ଉପରେ ପଡ଼ିଲା । ଜମିରେ ଜଳସେଚନ ନାହିଁ, ବର୍ଷାର ଅଭାବରେ ବାରମ୍ବାର ମରୁଡ଼ି ଯୋଗୁ ଫସଲ ହାନି ହେବାରେ ଲାଗିଲା । ତେଣୁ ଚାଷ ଉପରେ ସମ୍ପୂର୍ଣ୍ଣ ନିର୍ଭର କରିବା ଭୁଲ୍ ବୋଲି ଶ୍ରୀ ପଟିଲ୍ ବୁଝିଥିଲେ । ସେହି ପାରିବାରିକ ଦୁଃଖ କଷ୍ଟ ଭିତରେ ବି.ଖେ. ପଟିଲ୍ ପାଠ ପଢ଼ିଲେ ନିଜ ଜୀବନ ବିଦ୍ୟାଳୟରେ । କ୍ରମେ ଯୁବକ ହେବାରୁ ସେ ଅନୁଭବ କଲେ ଯେ, ବଡ଼ କୁଟୁମ୍ବ ଧରି ଘର ଚଳାଇବା ବଡ଼ କଷ୍ଟକର ବ୍ୟାପାର । କିନ୍ତୁ ପଛକୁ ଚାହିଁ ହଟିଗଲେ ଚଳିବ ନାହିଁ । ଯେନତେନ ପ୍ରକାରେ ଆଗେଇବାକୁ ପଡ଼ିବ । ବୁଦ୍ଧି ବା ଦେବ କିଏ ? ଆପେ ଆପେ ପାଠ ପଢ଼ିବା କାମ ଆରମ୍ଭ କଲେ। ଦିନବେଳା ଗାଈ ମଇଁଷି ପଲଙ୍କୁ ଚରାଇବା ନେଲାବେଳେ ସାଙ୍ଗରେ ଥାଏ କିଛି ଖବର କାଗଜ । ଗାଈ ମଇଁଷି ଚରୁଥିବା ସମୟରେ କୌଣସି ଗଛ ଛାଇରେ ବସି ବି.ଖେ. ଖବର କାଗଜ

ପଡ଼େ । ଦିନବେଳା କାମ ସରିଲେ ପୁଣି ରାତିରେ ଫସଲ ଜଗିବା ପାଇଁ ଖଳାରେ ଶୋଇବାକୁ ପଡ଼େ । ଶୋଇବା ପୂର୍ବରୁ ଡିବି ଆଲୁଅରେ ସାଙ୍ଗ ପିଲାଙ୍କ ଠାରୁ ମାଗି ଆଣିଥିବା ବହିକୁ ପଢ଼ିବାରୁ ବି.ଖେ. ମନରେ କ୍ରମେ ଚିନ୍ତା ଓ ଚେତନା ଦେଖାଦେଲା । ଗ୍ରାମର ଲୋକମାନେ ତାଙ୍କୁ କୁହନ୍ତି ତୁ ଜଣେ କରଜହୀନ ହିସାବି ଚାଷୀ ହିସାବରେ ଚାଷର ଲାଭ ପାଇବୁ । ଗାଁ ମହାଜନ ଓ ସାହୁକାରଙ୍କ ଋଣ ଜାଲରେ ନ ପଡ଼ିବାକୁ ଗାଁ ଲୋକମାନଙ୍କୁ ପଟିଲ୍ ବୁଝାନ୍ତି । ଚାଷୀଙ୍କୁ କେତେ ନେହୁରା ହୋଇ କୁହନ୍ତି ଭାଇମାନେ ତୁମେ ପଛେ ଉପାସ ରୁହ ମାତ୍ର ଆମ ମାଟି ମାଆକୁ ଖତ ସାର ଆହାର ଦିଅ, ନହେଲେ ସମୟ ଆସିଲେ ତୁମେମାନେ ଭୋକିଲା ହୋଇ ମରିବ । ପୁଣି ନିଜ ମନ ମଧ୍ୟରେ ଭାବନ୍ତି ଚାଷୀ ଯଦି ମହାଜନଙ୍କ ଠାରୁ ଋଣ ନଆଣିବ ତେବେ କାହାଠାରୁ କରଜ ପାଇବ ? ଏହାର ବିକଳ୍ପ କ'ଣ ? ସେକଥା ଭାବି ଭାବି ବହୁ ଲୋକଙ୍କୁ ଭେଟି ସେମାନଙ୍କ ସହଯୋଗ ଲାଭ କରି ୧୯୨୩ ମସିହାରେ ନିଜ ଗାଁରେ ଏକ ଋଣ ସମବାୟ ସମିତି ଗଠନ କଲେ । ଉକ୍ତ ଋଣ ସମବାୟ ସମିତିର ନାମ ଦେଇଥିଲେ ଲୋଣି ବୃହଦ୍ ସହକାରୀ ପନପେଢୀ । ଏହି ସମିତିରୁ ଚାଷୀ ଋଣ ପାଇବାର ବ୍ୟବସ୍ଥା ହେଲା ମାତ୍ର ତା'ର ଅବସ୍ଥା ବଦଳିବ ବା କିପରି ? ସେଥିପାଇଁ ପ୍ରଥମେ ଲୋକମାନଙ୍କର ମନ ପରିବର୍ତ୍ତନ ଆବଶ୍ୟକ । ଲୁହା ଲଙ୍ଗଳ ଓ ଜଳସେଚନ ସାହାଯ୍ୟରେ ଚାଷ କରିବା ପାଇଁ ଯେତେ ବୁଝାଇଲେ ବି ଲୋକମାନେ ତାଙ୍କ କଥାରେ ରାଜି ହେଲେ ନାହିଁ । ତେଣୁ ପଟିଲ୍ ନିଜେ ଲୁହା ଲଙ୍ଗଳରେ ଚାଷ ଆରମ୍ଭ କରନ୍ତେ ଏହାକୁ ଲୋକମାନେ ଦେଖି ପସନ୍ଦ କଲେ ଓ ଏହା ଉଚିତ୍ ମାର୍ଗ ବୋଲି ଭାବିନେଇ ଚାଷ କଲେ ।

ତତ୍‌କାଳୀନ ବମ୍ବେ ପ୍ରଦେଶର ଅହମ୍ମଦ ନଗର ଜିଲ୍ଲାରେ ଯୋଡ଼ିଏ ବଡ଼ନଦୀ ପ୍ରବାହିତ । ଗୋଟିଏ ହେଲା ଗୋଦାବରୀ, ଅନ୍ୟଟି ହେଲା ମଗରା ନଦୀ । ନଦୀରେ ବନ୍ଧ ବାନ୍ଧି କେନାଲ୍ ଖୋଲି କେନାଲ୍ ଦ୍ୱାରା ଜମିକୁ ଜଳସେଚିତ କରାଇ ଆଖୁଚାଷ କରାଇବା ପାଇଁ ପଟିଲ୍ ମନଭିତରେ ସ୍ଥିର କରି କାର୍ଯ୍ୟରେ ଲଗାଇବା ପାଇଁ ଆଗେଇ ଆସିଲେ । ଅଧିକ ଆଖୁଚାଷ ହେଲେ ଚିନି କାରଖାନାମାନ ପ୍ରତିଷ୍ଠା ହୋଇପାରିବ ଓ ଚାଷୀ ଉପକୃତ ହୋଇପାରିବେ । ଏ ପ୍ରକାର ଚିନ୍ତାଧାରା ସେତେବେଳର ବମ୍ବେ ସରକାରଙ୍କୁ ପଟିଲ୍ ଜଣାଇଲେ ଯାହାଫଳରେ ସରକାର ଏକ ବିଦେଶୀ କମ୍ପାନୀକୁ ନିମନ୍ତ୍ରଣ କରି ଆଣିଲେ ଚିନିକଳ ବସାଇବା ପାଇଁ । କାରଖାନା ମାଲିକଙ୍କୁ ଆଖୁଚାଷ ପାଇଁ ୭୩୬୧ ଏକର ଜମି ଦେବାକୁ ବ୍ୟବସ୍ଥା କଲେ । ଏସବୁ କାର୍ଯ୍ୟକାରୀ ହେବା ଫଳରେ ଚାଷୀମାନେ ଆଖୁ ଚାଷ କରି ଚିନିକଳକୁ ଆଖୁ ଯୋଗାଇ ଦେଲେ । ତାହୁଁ

ଚାହୁଁ ଅଳ୍ପ କେତେଟା ବର୍ଷ ଭିତରେ ଚିନିକଳ ମାଲିକ ଲକ୍ଷପତି ହୋଇଗଲେ ମାତ୍ର ଅନ୍ୟ ପଟରେ ଆଖୁଚାଷୀମାନେ ଚିନିକଳ ମାଲିକର ଶୋଷଣ ଓ ଅତ୍ୟାଚାରରେ ଅଭାବରେ ପଡ଼ି ଷଢ଼ିଲେ ।

ଚିନିକଳ ସଂଖ୍ୟା ବଢ଼ିବାରେ ଲାଗିଲା । ଏଣେ ଚାଷୀମାନଙ୍କ ମଧ୍ୟରେ କାଙ୍ଗାଳଙ୍କ ସଂଖ୍ୟା ମଧ୍ୟ ବଢ଼ିଲା । ବି.ଖେ. ପଟିଲ୍ ଏସବୁ ଦେଖି ଭାଙ୍ଗି ନପଡ଼ି ନିଜେ ଗଢ଼ିଥିବା ସମବାୟ ସମିତିକୁ ବହୁଦେଶୀୟ ସମିତିରେ ପରିବର୍ତ୍ତିତ କରିଦେଲେ । ଏହି ସମିତି ଋଣ ସହିତ ସାର, ଔଷଧ ଓ ମଞ୍ଜି ଚାଷୀମାନଙ୍କୁ ସୁଲଭ ଦରରେ ଯୋଗାଇଲା । ପଟିଲ୍ ଦେଖିଲେ ଚାଷୀ ଚାଷକରି ବହୁ ପରିଶ୍ରମ କରୁଛି କିନ୍ତୁ ଲାଭ ମାରି ନେଉଛନ୍ତି ଚିନିକଳ ମାଲିକମାନେ । ବି.ଖେ. ପଟିଲ୍ ଭାବିଲେ ଯଦି କେଉଁ ବାଟରେ ଚାଷୀଙ୍କ ମାଲିକାନାରେ ଗୋଟିଏ ଚିନିକଳ ଚାଲିପାରନ୍ତା ତେବେ ଅଭାବୀ ଚାଷୀକୂଳ ଉଦ୍ଧାର ପାଇଯାଆନ୍ତେ । ଏ ବିଷୟରେ ସେ ଅନେକଙ୍କ ସହିତ ପଚରା ପଚରି କରି ଅନ୍ୟଠୁ ବୁଦ୍ଧି ମାଗି ଦିନେ ଯାଇ ପହଁଞ୍ଚିଲେ ବମ୍ବେ ସରକାରରେ ଥିବା ଅର୍ଥମନ୍ତ୍ରୀ ବୈକୁଣ୍ଠ ଭାଇ ମେହେଟ୍ଟାଙ୍କ ଦପ୍ତରରେ । ବୈକୁଣ୍ଠ ଭାଇ ମେହେଟ୍ଟା ମଧ୍ୟ ବୁଝିଥିଲେ ଯେ ଆମ ଦେଶର ଚାଷୀମାନେ ଉପଯୁକ୍ତ ସୁବିଧା ସୁଯୋଗ ପାଇଲେ ନିଜର ବୁଦ୍ଧି, ବଳ ଓ କୌଶଳ ଦେଖାଇପାରିବେ । ଏ ଭାବନା ତାଙ୍କ ମନରେ ଉଙ୍କି ମାରୁଥିଲା ବେଳେ ବୈକୁଣ୍ଠ ଭାଇ ମେହେଟ୍ଟା ହଠାତ୍ ବି.ଖେ. ପଟିଲ୍ଙ୍କ ଠାରୁ ସବୁ ଶୁଣି ଖୁସି ହେଲେ । ନାନା ପ୍ରଶ୍ନୋତ୍ତର ଛଳରେ ବୈକୁଣ୍ଠ ଭାଇ ଠଉରାଇଲେ ଯେ ବି.ଖେ. ପଟିଲ୍ ନିଛକ ଭୂମିପୁତ୍ର ଏବଂ ତାଙ୍କ ପ୍ରାଣରେ ଯେଉଁ ସ୍ପନ୍ଦନ ଦେଖାଦେଇଛି ତାକୁ ସମସ୍ତ ସୁବିଧା ଦେଇ କାର୍ଯ୍ୟ କ୍ଷେତ୍ରରେ ଲଗାଇବା ଉଚିତ୍ । ବି.ଖେ. ପଟିଲ୍ଙ୍କ ଭିତରେ ସେ ଦେଖିଲେ ଯେପରି ବମ୍ବେ ପ୍ରଦେଶର ଶୋଇଥିବା ଚାଷୀମାନେ କର ଲେଉଟାଇବା ଆରମ୍ଭ କଲେଣି । ଏ ସୁଯୋଗ ହାତଛଡ଼ା କରିବା ଉଚିତ୍ ନୁହେଁ । ତାଙ୍କ ପରାମର୍ଶ ଅନୁସାରେ ବି.ଖେ. ପଟିଲ୍ ଯାଇ ଭେଟିଲେ ଧନଞ୍ଜୟ ରାଓ ଗାଡ଼ଗିଲ୍ଙ୍କୁ (D.R. Gadgill) । ବୈକୁଣ୍ଠ ଭାଇ ମେହେଟ୍ଟା ଅର୍ଥମନ୍ତ୍ରୀ, ଡି.ଆର୍. ଗାଡ଼ଗିଲ୍ ଅର୍ଥଶାସ୍ତ୍ରୀ ଏବଂ ବି.ଖେ. ପଟିଲ୍ ଭୂମିପୁତ୍ର ଏ ତିନିଜଣ ଏକାଠି ହେବାରୁ ସମବାୟ କ୍ଷେତ୍ରରେ ତ୍ରିବେଣୀ ସଙ୍ଗମ ହେଲା । ଏହି ତିନିଜଣ ଏକାଧିକବାର ଏକାଠି ହୋଇ ଏହି ସିଦ୍ଧାନ୍ତରେ ପହଁଞ୍ଚିଲେ ଯେ, ଆଖୁ ଚାଷୀଙ୍କୁ ଶୋଷଣ, ଅଭାବ ଓ ଅତ୍ୟାଚାରରୁ ରକ୍ଷା କରିବା ପାଇଁ ସମବାୟ ଭିତ୍ତିକ ଚିନିକଳଟିଏ ପ୍ରତିଷ୍ଠା କଲେ ସମସ୍ତ ଚାଷୀ ଉପକୃତ ହୋଇପାରନ୍ତେ ।

ତିନିମୂର୍ତ୍ତି ବସି ବିଚାର କରି ନିଷ୍ପତ୍ତି ନେଲେ ଯେ, ଭାରତର ଅର୍ଥନୀତିକୁ ଶୋଷଣ ମୁକ୍ତ କରିବା ପାଇଁ ପ୍ରଥମ ପଦକ୍ଷେପ ହେବ ସମବାୟ କ୍ଷେତ୍ରର ବିକାଶ

ଏବଂ ତାହା ପୁଣି କୃଷିଭିତ୍ତିକ ଶିଳ୍ପର ବିକାଶ ଦ୍ୱାରା । ସମବାୟ ଚିନିକଳ ସାଙ୍ଗରେ ବିଜ୍ଞାନ, ଟେକ୍‌ନୋଲୋଜି, ଉନ୍ନତ କୃଷି, ଆଧୁନିକ ପରିଚାଳନା ଓ ସମୃଦ୍ଧି ଗ୍ରାମାଞ୍ଚଳକୁ ପ୍ରସାରିତ ହେବ । ଏସବୁ ପରେ ଚିନି କାରଖାନା ବସାଇବା ପାଇଁ କାର୍ଯ୍ୟଧାରା ଆଗେଇବାରେ ନାନା ଅସୁବିଧା ଦେଖାଦେଲା । ଅଂଶଧନ ବିକ୍ରି କରି ପାଣ୍ଠି ସଂଗୃହୀତ ହେବାକୁ ଚିନିକଳ ମାଲିକମାନେ ବିରୋଧ କଲେ । ହାକିମମାନେ ବି ସହାନୁଭୂତି ନ ଦେଖାଇ ନାନା ବାଟରେ ହଇରାଣ କରି ଚାଲିଲେ । ଚାଷୀମାନେ ଭୟରେ ଏକଜୁଟ ହେବାକୁ ଭରଷା କରିପାରିଲେ ନାହିଁ କାରଣ ଏହା ଥିଲା ଭାରତ ସ୍ୱାଧୀନତା ହେବାର ନିକଟତର । ହେଲେ ଲାଞ୍ଚ, ମିଛ ଓ କଳାବଜାରୀ ଚାରିଆଡ଼େ ବ୍ୟାପିଥାଏ । ନିରାଶାର ଏହି ଅନ୍ଧାର ଭିତରେ ବି.ଖେ.ପଟିଲ୍ ତାଙ୍କର ଚାଷୀ ସୁଲଭ ସାହସ ଓ ଦମ୍ଭର ସହିତ ଘୋଷଣା କଲେ ଯାହା ହେଇଯାଉ ପଛେ ସମବାୟ ଚିନିକଳ ହେବ ହିଁ ହେବ ।

ସମବାୟ ସମିତିର ଅଂଶ ବିକ୍ରି ହୋଇ ମୂଳଧନ ଆଦାୟ ଆରମ୍ଭ ହେଲା । ଦଲାଲ୍ ଓ ଟାଉଟରଙ୍କ ହାତରେ ଅଂଶ କିଣି ପୁଞ୍ଜିପତିମାନେ ଯେପରି ସମବାୟ ସଂସ୍ଥାକୁ ଦଖଲ ନକରନ୍ତି ସେଥିପ୍ରତି ଦୃଷ୍ଟି ରଖି ସାବଧାନ ହୋଇ ବି.ଖେ. କାମ କରୁଥାନ୍ତି । ଗାଁ ଗହଳିର ଚାଷୀମାନଙ୍କୁ ଭେଟି ତାଙ୍କର ସହଯୋଗ ହାସଲ କରୁଥାନ୍ତି । ସରକାରୀ କଳର ବ୍ୟବସ୍ଥାକୁ ଅନୁକୂଳ କରିବା ପାଇଁ ଅର୍ଥମନ୍ତ୍ରୀ ବୈକୁଣ୍ଠ ଭାଇ ଆଗେଇ ଆସିଲେ । ଶେଷରେ ଇଞ୍ଜିନିୟରିଂ ଜ୍ଞାନକୌଶଳକୁ ଉପଯୋଗ କରି କ୍ଷେତ୍ର ଉପରେ ପହଁଞ୍ଚାଇବା ଓ କାର୍ଯ୍ୟକାରୀ କରାଇବା ଦାୟିତ୍ୱ ନେଲେ ନିଜେ ଗାଡ୍‌ଗିଲ୍ ମହାଶୟ । ୧୯୪୫ ମସିହାରେ ବେଲାପୁର ଠାରେ ଆଗ୍ରହୀ ଚାଷୀମାନେ ନିଷ୍ପତ୍ତି ନେଲେ ଯେ, ସେମାନେ ଏକମନ ପ୍ରାଣରେ ସମବାୟ ଚିନିକଳ ପ୍ରତିଷ୍ଠା କରିବେ । ସମବାୟ ସମିତିର ଅଂଶ ବିକ୍ରିରେ ଏକ ଅଂଶର ମୂଲ୍ୟ ୩୦୦ ଟଙ୍କା ଓ ଜଣେ ସର୍ବୋଚ୍ଚ ୧୫ଟି ଅଂଶ କିଣିପାରିବେ ବୋଲି ବ୍ୟବସ୍ଥା ରହିଲା । ସମିତି ପଞ୍ଜିକରଣ ନହେଲେ କେନ୍ଦ୍ର ସରକାର କାରଖାନା ପାଇଁ ଟରବାଇନ୍ ଆଦି ଆମଦାନୀ ନିମନ୍ତେ ଲାଇସେନ୍ସ ହାସଲ ନକଲେ ଶିଳ୍ପ ସମବାୟ ସମିତିର ପଞ୍ଜିକରଣ ହୋଇପାରିବ ନାହିଁ । ଏହା ମଧ୍ୟରେ ମଣିଷ ତିଆରି ଏ ଅଚଳ ଅବସ୍ଥା ସମବାୟ ଚିନିକଳର ଭବିଷ୍ୟତକୁ ଅନିଶ୍ଚିତ କରିଦେଇଥାଏ । ଅଂଶଧନ ଦେଇଥିବା ଅଂଶୀଦାରମାନେ ଭାବିଲେ ପଇସା ବୁଡ଼ିଲା, ଅଫିସ୍‌ରୁ କାଗଜ ଖାଲି ବମ୍ବେରୁ ଦିଲ୍ଲୀ ଓ ଦିଲ୍ଲୀରୁ ବମ୍ବେକୁ ଆସୁଥାଏ । ଚାଷୀମାନଙ୍କୁ ବୁଝାଇ ବୁଝାଇ ଓ ତାଙ୍କର ବିଶ୍ୱାସ ଅତୁଟ ରଖିବାରେ ବି.ଖେ. ପଟିଲ୍ ନାକେଦମ୍ ହୋଇଯାଇ ଥାଆନ୍ତି । ଶେଷରେ ତିନି ବର୍ଷର ଅକ୍ଳାନ୍ତ ପରିଶ୍ରମ ଓ ଧାଁ ଦଉଡ଼ ପରେ ତା୧୪.୧୨.୧୯୪୮ ମସିହାରେ କେନ୍ଦ୍ର ସରକାର ବାଞ୍ଛିତ ଆମଦାନୀ ଲାଇସେନ୍ସ ମଞ୍ଜୁର କଲେ । ତା'ପରେ

ବମ୍ବେ ସରକାର ୧୯୨୫ ମସିହା ସମବାୟ ଆଇନ୍ ଅନୁସାରେ ତା୩୧.୧୨.୧୯୪୮ ମସିହାରେ ସମବାୟ ଚିନିକଳ ସମିତିକୁ ପଞ୍ଜିକରଣ କଲେ । ସମବାୟ ଚିନିକଳ ସମିତିର ସଭାପତି ହେଲେ ଧନଞ୍ଜୟ ରାଓ ଗାଡ୍‌ଗିଲ୍ ଓ ଉପସଭାପତି ହେଲେ ବି.ଖେ. ପଟିଲ୍ ।

୪୧ଟି ଗ୍ରାମର ୩୨୮ ଜଣ ଆଖୁଚାଷୀ ମୋଟ ସାତଲକ୍ଷ ସତୁରୀ ହଜାର ଟଙ୍କା ଅଂଶଧନ ବାବଦକୁ ଦାଖଲ କଲେ । ଚିନିକଳ ପାଇଁ ଶିଳ୍ପବିତ୍ତ ନିଗମ ଦ୍ୱାରା କୋଡ଼ିଏ ଲକ୍ଷ ଟଙ୍କା ଋଣ ମଞ୍ଜୁର କରାଗଲା । ଚିନିକଳ କାମ ଆରମ୍ଭ ହେଲା । ତଥାପି ଅସୁବିଧା ଦେଖାଗଲା । ଲାଞ୍ଚୁଆ ଅଫିସର ଓ ଅମଲାମାନେ ବି.ଖେ. ପଟିଲ୍‌ଙ୍କ ଠାରୁ ନାନା ଲାଞ୍ଚ ପାଇବା ଆଶାରେ ନାନା ପେଞ୍ଚ ସୃଷ୍ଟିକରି ଝୁଣିବାକୁ ଲାଗିଲେ । ଆର.ଟି.ଓ. ବାବୁମାନେ ଉପୁରି ପଇସା ପାଇଁ ପଟିଲ୍ ବାବୁଙ୍କୁ ଅଫିସ୍‌କୁ ବାରମ୍ବାର ଦୌଡ଼ାଇଲେ । ଚିନିକଳର ଟର୍‌ବାଇନ୍ ଲାଇସେନ୍ସ ପାଇଁ ଦିଲ୍ଲୀର ହାକିମମାନେ ୬୦୦୦ ଟଙ୍କା ଉପୁରି ଚାହିଁଲେ । ଏସବୁ ଅନ୍ୟାୟ ଶୋଷଣ କେତେ ବା ସହିବ ଜଣେ ସାଧାରଣ ଲୋକ । ପୁଣି ସ୍ୱଦେଶୀ ସ୍ୱାଧୀନ ଭାରତର ଲୋକଙ୍କ ଠାରୁ ? ପଟିଲ୍ ବାବୁ ସରକାରୀ ଅଫିସ୍‌ରୁ ଧକ୍କା ଖାଇ ଓ ଗାଳି ଫଜିତ୍ ଶୁଣି ମନ୍ତ୍ରୀଙ୍କ ନିକଟରେ ପହଞ୍ଚି ଜବାବ୍ ତଲବ କଲେ । ଏ ବାଟଟି ସେ ମହାତ୍ମା ଫୁଲେଙ୍କ ଠାରୁ ଶିଖିଥିଲେ । ଶେଷରେ ତା୧୬.୦୬.୧୯୫୦ ମସିହାରେ ଚିନିକଳର ମୂଳଦୂଆ ପଡ଼ିଲା ଓ ୩୧.୧୨.୧୯୫୦ ମସିହାରେ ସମବାୟ ଚିନିକଳରୁ ପ୍ରଥମେ ଚିନି ଉତ୍ପାଦନ ହେଲା । କିନ୍ତୁ ମଝିରେ ମଝିରେ ବିଭିନ୍ନ ପ୍ରକାର ସମସ୍ୟା ଦେଖାଦେଲେ ତାହାକୁ ତତ୍କାଳୀନ ସମାଧାନ କରାଯାଉଥାଏ ।

ବି.ଖେ. ପଟିଲ୍ ନିଜ ଅନୁଭବରୁ ଶିଖିଥିଲେ ଯେ, ଶିଳ୍ପ ବିକାଶ ସହିତ ଯଦି ସାଂସ୍କୃତିକ ବିକାଶ ନ ହୁଏ ତେବେ ଶିଳ୍ପ ସମୃଦ୍ଧି ସମାଜରେ ବିଳାସ ବ୍ୟସନ ଓ ବ୍ୟଭିଚାର ବେଶି ବଢ଼ାଇବ । ତେଣୁ ୧୯୫୦ ମସିହାରେ ନିଜ ଅଞ୍ଚଳର ସବୁ ଗ୍ରାମରେ ବ୍ୟାପକ ବୃକ୍ଷରୋପଣ କାର୍ଯ୍ୟାରମ୍ଭ କଲେ ଓ ୧୯୫୧ ମସିହାରେ ଗଢ଼ିଲେ ଜଏଣ୍ଟ୍ ଫାର୍ମିଂ ସୋସାଇଟି । ଏହି ଅନୁଷ୍ଠାନ ଗ୍ରାମୀଣ କୃଷକ ପରିବାରର କଲ୍ୟାଣ ପାଇଁ ଅନେକ ଯୋଜନା କାର୍ଯ୍ୟକାରୀ କଲା । ୧୯୬୦ ମସିହାରେ ସେ ଗଢ଼ିଲେ ପ୍ରବରା କୃଷି ଉଦ୍ୟୋଗ ବିକାଶ ସହକାରୀ ସମବାୟ ସମିତି । କୃଷି ସହିତ ଶିଳ୍ପ ଉନ୍ନତିର ସମବାୟରେ ଗ୍ରାମୋନ୍ନତି ପାଇଁ ସେ ଯେଉଁ ଢାଞ୍ଚା ପ୍ରସ୍ତୁତ କଲେ ତାହା କାର୍ଯ୍ୟକାରୀ ହେଲା ପରେ ସାରା ଦେଶ ତା' ଉପରେ ଦୃଷ୍ଟି ଆକର୍ଷଣ କଲେ । ନିଜ ଅଞ୍ଚଳର ଶିକ୍ଷାର ବିକାଶ ପାଇଁ ସେ ୧୯୬୪ ମସିହାରେ ପ୍ରବରା ଶିକ୍ଷା ସମିତି ଗଠନ

କରି ତା ଜରିଆରେ ଅନେକ ହାଇସ୍କୁଲ୍ ଓ କଲେଜ୍ ପ୍ରତିଷ୍ଠା କରି ତା'ର ସୁପରିଚାଳନା କରାଇଥିଲେ । ସମାଜର ସର୍ବାଙ୍ଗୀନ ବିକାଶରେ ମହିଳାମାନେ ସକ୍ରିୟ ଅଂଶଗ୍ରହଣ କରିବା ପାଇଁ ୧୯୭୦ ମସିହାରେ ବନିତା ବିକାଶ ମଣ୍ଡଳ ଗଢ଼ିଥିଲେ । ଯାହା ଗ୍ରାମାଞ୍ଚଳରେ ନୂତନ ଜୀବନ ସଂଚାର କରିଥିଲା, କେବଳ ଉତ୍ସାହୀ ଓ ଉତ୍ସର୍ଗୀକୃତ ନାରୀମାନଙ୍କ ସମାଜ ସେବା ଓ ରଚନାତ୍ମକ କାର୍ଯ୍ୟକ୍ରମ ଫଳରେ । ୧୯୭୫ ମସିହାରେ ପ୍ରବରା ଚିକିତ୍ସା ନ୍ୟାସ ପ୍ରତିଷ୍ଠା କରାଯାଇ ଗ୍ରାମାଞ୍ଚଳରେ ପ୍ରଥମ କରି ଏକହଜାର ଶଯ୍ୟା ବିଶିଷ୍ଟ ଏକ ଆଧୁନିକ ଡାକ୍ତରଖାନା ସ୍ଥାପନ କରାଯାଇଥିଲା । ପଟିଲ୍ ତାଙ୍କର ସମସ୍ତ କର୍ମମୟ ଜୀବନକୁ ଦେଶପାଇଁ ସମର୍ପଣ କରିଥିଲେ ଏବଂ ତା' ପ୍ରତିବଦଳରେ ସେ କାହାଠାରୁ କିଛି ଆଶା କରିନଥିଲେ । ଏପରି କର୍ମଠ ଭୂମିପୁତ୍ରଙ୍କୁ ମାନବ ଡକ୍ଟର ଉପାଧି ଦେଇ ପୁନା ବିଶ୍ୱ ବିଦ୍ୟାଳୟ ଯେଉଁ ସୁନାମ ଅର୍ଜନ କରିଛି ତାହା ଆଜି କାଳଜୟୀ ହୋଇ ରହିଛି । ବି.ଖେ. ପଟିଲ୍‌ଙ୍କ ଦ୍ୱାରା ଏ ସମସ୍ତ କାର୍ଯ୍ୟକ୍ରମ କରଯାଇ ବୃହତ୍ତ ନିଯୁକ୍ତି ସୃଷ୍ଟି କରିବା ସଙ୍ଗେ ସଙ୍ଗେ କୃଷକମାନଙ୍କର ଆର୍ଥିକ ବିକାଶରେ ଉନ୍ନତି କରିପାରିଥିଲେ ।

ଓଡ଼ିଶା କ୍ଷେତ୍ରରେ ଆଉ ଏକ ଉଦାହରଣ ଦିଆଯାଇପାରେ ଓଡ଼ିଶାର ପ୍ରଧାନମନ୍ତ୍ରୀ ଭାବେ ଡକ୍ଟର ହରେକୃଷ୍ଣ ମହତାବ ତା୨୩.୪.୧୯୪୬ ମସିହା ଠାରୁ ତା ୧୫.୮.୧୯୪୭ ମସିହା ପର୍ଯ୍ୟନ୍ତ ରହିଥିଲେ । ପ୍ରବଳ ଜନ ସମର୍ଥନ, ଲୋକପ୍ରିୟତା ଓ ଦିଲ୍ଲୀ ସରକାରଙ୍କ ସହାନୁଭୂତି ପାଇ ସେ ଓଡ଼ିଶାର ଭୁବନେଶ୍ୱରରେ ନୂଆ ରାଜଧାନୀ, ହୀରାକୁଦ ବନ୍ଧ ଇତ୍ୟାଦି ବଡ଼ କାମରେ ହାତ ଦେଇ ଓଡ଼ିଶାର ଉପକାର କଲେ । ସେହି ସମୟରେ କୃଷି, ଜଳସେଚନ ଓ ଶକ୍ତି ଉତ୍ପାଦନ ପାଇଁ ଯୋଜନାମାନ ପ୍ରଣୟନ ହେଲା । କିନ୍ତୁ ଡକ୍ଟର ମହତାବ ଗ୍ରାମୀଣ କୃଷକ ସମବାୟ କ୍ଷେତ୍ରରେ କୌଣସି ଆଖି ଦୃଷ୍ଟିଆ କାର୍ଯ୍ୟ କରିପାରି ନଥିଲେ । ଯେହେତୁ ମଧୁବାବୁ ଓ ତାଙ୍କ ସମର୍ଥକମାନେ ଦେଶ ମିଶ୍ରଣରେ ନେତାମାନଙ୍କୁ ବିରୋଧ କରି ତାଙ୍କ ରାଜନୈତିକ ଜୀବନ ଆରମ୍ଭ କରିଥିଲେ ଏବଂ ସମଗ୍ର ପୂର୍ବ ଭାରତରେ ମଧୁବାବୁ ସମବାୟ ଆନ୍ଦୋଳନକୁ ସଫଳତାର ସହ ଆରମ୍ଭ କରି ଲୋକପ୍ରିୟ ହୋଇଯାଇଥିଲେ । ତା'ର ପ୍ରତିଫଳନରେ ଡକ୍ଟର ହରେକୃଷ୍ଣ ମହତାବ ଓଡ଼ିଶାର ସମବାୟ ଆନ୍ଦୋଳନକୁ ଅବହେଳା କରିଥିଲେ ।

୧୯୪୮ ମସିହାରେ ଓଡ଼ିଶାର ଗ୍ରାମାଞ୍ଚଳର ଅର୍ଦ୍ଧାଧିକ କୃଷକ, ଶ୍ରମିକ, କାରିଗର ଓ ମହିଳାମାନଙ୍କୁ ସଂଗଠିତ କରି ଜୀବନ ଧାରଣର ମାନ ଉନ୍ନତି କରିପାରିଥାଆନ୍ତା । ଡକ୍ଟର ମହତାବ ତା୨.୩.୧୯୯୫ ମସିହା ଠାରୁ ତା୧୪.୧୦.୧୯୫୬ ମସିହା ପର୍ଯ୍ୟନ୍ତ ବମ୍ବେର ରାଜ୍ୟପାଳ ଭାବେ କାର୍ଯ୍ୟକରି ସେଠାରେ ସମବାୟ ମାଧ୍ୟମରେ

ଗ୍ରାମୋନ୍ନତିର କାହାଣୀ ଶୁଣି ଓ ଦେଖି ଓଡ଼ିଶାର ଅନେକ ଗ୍ରାମରେ କାମ କରାଯାଇ ପାରିନାହିଁ ବୋଲି ଅନୁଭବ କରି ଦୁଃଖ ପ୍ରକାଶ କରିଥିଲେ । ୧୯୫୬ ମସିହାରେ ମହତାବ ଓଡ଼ିଶାର ମୁଖ୍ୟମନ୍ତ୍ରୀ ହୋଇ ଆସିଲେ । ମାତ୍ର ସମବାୟର ବିକାଶ ପାଇଁ ତାଙ୍କୁ ସମୟ ସୁଯୋଗ ମିଳିପାରି ନଥିଲା । ମହତାବଙ୍କ ଠାରୁ ରାଜନୈତିକ ତାଲିମ୍ ପାଇଥିବା ଜାନକୀ ବଲ୍ଲଭ ପଟ୍ଟନାୟକ ଓ ବିଜୁ ପଟ୍ଟନାୟକ ଦୁଇ ମୁଖ୍ୟମନ୍ତ୍ରୀ ସମବାୟ ଆନ୍ଦୋଳନକୁ ସହାନୁଭୂତି ସହିତ ସଠିକ୍ ମାର୍ଗରେ ଉତ୍ସାହିତ କରିପାରିଲେ ନାହିଁ । ଜାନକୀ ପଟ୍ଟନାୟକଙ୍କ ସମୟରେ ଓଡ଼ିଶାରେ ଅନେକ ସମବାୟ ଚିନିକଳ ଓ ସୂତାକଳ ପ୍ରତିଷ୍ଠା କରାଯାଇଥିଲା । ସେଥିରେ ଜନସାଧାରଣଙ୍କ ଭାଗିଦାରୀ ବିଶେଷ ନଥିଲା । ଅନେକ ସୂତାକଳ ଓ ଚିନିକଳ ଅବଶ୍ୟମ୍ଭାବୀ ପରିଣତିର ଶିକାର ହୋଇ ବନ୍ଦ ହୋଇଗଲା ଓ ସୂତାକଳକୁ ବାହାର ରାଜ୍ୟର ପୁଞ୍ଜିପତିମାନଙ୍କୁ ଶାଗମାଛ ଦରରେ ବିକ୍ରି କରି ଦିଆଗଲା । ଏ ସବୁଥିରୁ ବୁଝାପଡ଼େ ବି.ଖେ. ପଟିଲ୍ଙ୍କ ପରି ସତର୍କ ଓ ସମର୍ପିତ ସହଯୋଗୀ ନେତା ଓ ମଧୁବାବୁଙ୍କ ଚିନ୍ତାଧାରାକୁ ଶ୍ରେୟ ମଣି ଓଡ଼ିଶାରେ ସମବାୟ ଭିତ୍ତିକ କାର୍ଯ୍ୟକୁ ଆଗେଇ ନେଇଥିଲେ ଆଜି ଓଡ଼ିଶାର ସମବାୟରେ ଏପରି ଅବସ୍ଥା ହୋଇ ନଥାନ୍ତା । ଅବଶ୍ୟ ସ୍ୱର୍ଗତଃ କୃତାର୍ଥ ଆଚାର୍ଯ୍ୟଙ୍କ ସମ୍ବଲପୁରୀ ବସ୍ତ୍ରାଳୟ ଓ ଡାକ୍ତର ଯୋଗେଶ ଚନ୍ଦ୍ର ରାଉତ (କୃଷି ଓ ସମବାୟ ମନ୍ତ୍ରୀ)ଙ୍କର କୃଷିରଣ ସମବାୟ ସମିତି ଓ ସମବାୟ ବ୍ୟାଙ୍କ ପାଇଁ ଆମେ ସମବାୟ କ୍ଷେତ୍ରରେ ତାଙ୍କ ଜୀବଦଶା ପର୍ଯ୍ୟନ୍ତ ଗର୍ବିତ ଥିଲୁ । ଆମର ଉତ୍ତରପୀଢ଼ି ସମବାୟ କ୍ଷେତ୍ରରେ ହେଉଥିବା ଅବହେଳାକୁ ଦୂରେଇ ସଂସ୍କାରମୂଳକ କାର୍ଯ୍ୟକୁ ଆଗେଇ ନେଇ ପାରିଲେ ଆମେ ପୂର୍ବ ଗୌରବ ଫେରି ପାଇବା ସଙ୍ଗେ ସଙ୍ଗେ ଓଡ଼ିଶାକୁ ଏକ ସମବାୟ ଭିତ୍ତିକ ବିକଶିତ ରାଜ୍ୟଭାବେ ଗଢ଼ିତୋଳିବା ପାଇଁ ମଧୁସୂଦନ ଦାସ ଦେଖିଥିବା ସ୍ୱପ୍ନକୁ ସାକାର କରିପାରନ୍ତେ ।

■

କୃଷି ଓ ସମବାୟ ପରିପୂରକ

ସମବାୟର ହାତ ସୁଦୂର ପ୍ରସାରୀ । ଆମଦେଶ ତଥା ରାଜ୍ୟରେ ସମବାୟର ଜନ୍ମ ମୁଖ୍ୟତଃ ଅବହେଳିତ କୃଷକର ଆର୍ଥିକ ଅବସ୍ଥାର ଉତ୍ଥାନ ପାଇଁ । ପରବର୍ତ୍ତୀ କାଳରେ ସମବାୟ ତା'ର କାୟା ବିଭିନ୍ନ ଦିଗରେ ବିସ୍ତାରିତ ଲାଭ କଲା ସତ କିନ୍ତୁ ସେଭଳି ସଂସ୍ଥା ସବୁ ଉଦ୍ଦେଶ୍ୟ ପ୍ରଣୋଦିତ ଓ ସ୍ୱାର୍ଥ ସାଧନ ଲକ୍ଷ ନେଇ ଗଠିତ ହୋଇଥିବାରୁ ଏବଂ ସେଗୁଡ଼ିକରେ ନିଜର ବ୍ୟକ୍ତିଗତ ସ୍ୱାର୍ଥ ନିହିତ ଥିବାରୁ କାଳକ୍ରମେ ଅଚିରେ ଲିଭିଯିବା ସ୍ୱାଭାବିକ୍ । କିନ୍ତୁ ମହତ୍ ଉଦ୍ଦେଶ୍ୟରେ ଗଠିତ କୃଷିଋଣ ସମବାୟ ସମିତି କୃଷକ ପରିବାର ସହ ସମାଜର ଅନ୍ୟାନ୍ୟ ବର୍ଗର ଶ୍ରମିକ, କାରିଗର, କ୍ଷୁଦ୍ର ବ୍ୟବସାୟୀ ମାନଙ୍କ ଆର୍ଥିକ ଉନ୍ନତି ଓ ସାମାଜିକ ସ୍ଥିତି ପାଇଁ ସଂକଳ୍ପବଦ୍ଧ ହୋଇ ଏବେ ସୁଦ୍ଧା ତିଷ୍ଠି ରହିଛି । ନିସ୍ପୃତ ଅନ୍ୟ ସମିତିମାନଙ୍କ ଆଗମନ ଓ ବିଲୟର କାରଣ ଅନୁସନ୍ଧାନ କରିବା ଏକ ସ୍ୱତନ୍ତ୍ର କଥା । ମାତ୍ର କୃଷିଋଣ ସମବାୟ ସମିତିମାନଙ୍କର ଉତ୍ଥାନ ଓ ପତନ ପାଇଁ ନିର୍ଦ୍ଦିଷ୍ଟ ଗୁଡ଼ିଏ ସମସ୍ୟା ରହିଆସିଛି । ସେସବୁ ପ୍ରକାରାନ୍ତରେ ଆଲୋଚନା ଯୋଗ୍ୟ । କୃଷି ଯେହେତୁ ଆମ ଦେଶର ୭୦ ରୁ ୮୦ ଭାଗ ଲୋକଙ୍କର ରୋଜଗାରର ମାଧ୍ୟମ ଓ ବଞ୍ଚିବାର ରାହା ତେଣୁ ଦେଶର ଆର୍ଥିକ ଉତ୍ଥାନ ତଥା ସାମାଜିକ ଭାରସାମ୍ୟ ରକ୍ଷା କରିବା କୃଷି ଓ କୃଷକର କାର୍ଯ୍ୟଧାରା ଉପରେ ନିର୍ଭର କରେ ।

ସମସ୍ତ କୃଷକଙ୍କ ପାଇଁ ଚାଷ ଓ ବାସ ଦୁଇଟି ପ୍ରଥମ ଓ ପ୍ରଧାନ ଆବଶ୍ୟକତା । ତେଣୁ ଜାତି, ବର୍ଣ୍ଣ, ଧର୍ମ, ଧନୀ-ନିର୍ଦ୍ଧନ, ଶିକ୍ଷିତ-ଅଶିକ୍ଷିତ ସମସ୍ତଙ୍କ ଜୀବନଚର୍ଯ୍ୟାର ଏକ ପ୍ରଧାନ ଓ ଶ୍ରେୟ ପନ୍ଥା ଭାବରେ ଚାଷର ଗୁରୁତ୍ୱ ଅଛି ଓ ରହିବ । ଖାଦ୍ୟ ତ ସମସ୍ତଙ୍କର ଲୋଡ଼ା । ତା'ର ଉତ୍ପାଦନ ଜନିତ ଅବହେଳା ମଣିଷ ସମାଜ ପାଇଁ ନିଶ୍ଚୟ ହାନିକାରକ । ଚାଷୀର ଉତ୍ପାଦିତ ସାମଗ୍ରୀମାନଙ୍କ ଦ୍ୱାରା ଖାଲି ମଣିଷ ନୁହେଁ ସଂସାରରେ ଅନେକ ପ୍ରାଣୀ ମଧ୍ୟ କ୍ଷୁଧା ନିବାରଣ ପାଇଁ ନିର୍ଭରଶୀଳ । ଏଣୁ ସ୍ୱାଧୀନତା ପରେ

ଭାରତରେ କୃଷିର ଓ କୃଷକ ପରିବାରର ସର୍ବାଙ୍ଗୀନ ଉନ୍ନତି ପାଇଁ ସମବାୟକୁ ଏକ ପ୍ରଧାନ ମାଧ୍ୟମ ରୂପେ ଗ୍ରହଣ କରାଯାଇଅଛି । ବିଶାଳ ଭୂଖଣ୍ଡରେ କୃଷି ସମସ୍ୟା ଅନେକ । ମାଟି ଓ ପାଣିର ଭିନ୍ନତା, ମୌସୁମୀ ପ୍ରବାହର ବ୍ୟତିକ୍ରମ, ସ୍ଥାନୀୟଭାବରେ କୃଷକର ଜମିଜମାର ବୈଷମ୍ୟ, ଧର୍ମ ଧାରଣାର ବିଭିନ୍ନତା, ସାମାଜିକ ଚଳଣିର ପରିବର୍ତ୍ତନ ଓ ସଂସ୍କୃତିର ଅବଧାରଣା, ଜଳସେଚନ, ଜଙ୍ଗଲରେ ବାସ କରୁଥିବା ପ୍ରାଣୀମାନଙ୍କ ଚାଲି ଚଳଣିରେ ପ୍ରଭାବ ଇତ୍ୟାଦି ଇତ୍ୟାଦି ସହ ସମୟୋପଯୋଗୀ ଆବଶ୍ୟକୀୟ ଆନୁସଙ୍ଗିକ ବିହନ, ସାର, କୀଟନାଶକ ଔଷଧ, କୃଷି ଯନ୍ତ୍ରପାତିର ଯୋଗାଣ, ଅର୍ଥର ଆବଶ୍ୟକତା କୃଷକ ଓ ତା'ର ପରିବାରକୁ ଦୈନନ୍ଦିନ ଚଳଣିକୁ ନେଇଆଣି ଥୋଇବାର ଧାରାରେ ବ୍ୟତିକ୍ରମ ସୃଷ୍ଟି କରିଥାଏ । ପୁରୁଣା ପଦ୍ଧତି ଅବଲମ୍ବନରେ ଉତ୍ପାଦନ ନ୍ୟୁନତା ଦେଶର ଅର୍ଥନୈତିକ ଅଭିବୃଦ୍ଧିରେ ସହାୟକ ନୁହେଁ । ବିଶାଳ କୃଷି ଓ କୃଷକର ସମସ୍ୟାର ଆଶୁ ସମାଧାନ ପନ୍ଥାକୁ ସରଳୀକରଣ ପାଇଁ ସମବାୟ କୃଷିରଣ ଯୋଗାଣ ହିଁ ସହଜ ପନ୍ଥା ହିସାବରେ ଗ୍ରହଣ କରାଯାଇଥିଲା । ସମୟ ସ୍ରୋତରେ ପରିବର୍ତ୍ତିତ ପରିସ୍ଥିତିକୁ ଅନୁଧ୍ୟାନ କରି କୃଷକର ସର୍ବାନ୍ତରୀକରଣ ସେବା ପାଇଁ କୃଷିରଣ ସମବାୟ ସମିତିର ଆଭିମୁଖ୍ୟରେ ଅନେକ ପରିବର୍ତ୍ତନ ସହ ଖାଉଟୀ ଭଣ୍ଡାର, ଉତ୍ତମ ସ୍ୱାସ୍ଥ୍ୟ ଜନିତ କାର୍ଯ୍ୟକ୍ରମ ଇତ୍ୟାଦି ସଂଯୋଗ କରାଗଲା । ଯେଭଳି କୃଷକ ତା'ର ଜମିପାଇଁ ହଳ, ଲଙ୍ଗଳ, ଟ୍ରାକ୍ଟର ଠାରୁ ଆରମ୍ଭ କରି ବିହନ, ସାର ଓ କୀଟନାଶକ ଔଷଧ ପର୍ଯ୍ୟନ୍ତ ଏବଂ ତା'ର ପିଲାର ସିଲଟ ଖଡ଼ିଠାରୁ ଆରମ୍ଭ କରି ସ୍କୁଲ୍ ବ୍ୟାଗ୍ ଓ ଏପରିକି ତା'ର ଘରଣୀର ମଥାକୁ ସିନ୍ଦୂର, ହାତକୁ କାଚ ଓ ଗୋଡ଼କୁ ଅଳତା ପର୍ଯ୍ୟନ୍ତ ସବୁ ଆବଶ୍ୟକତା ଏକ ଛାତ ତଳୁ ପାଇବ ସେଇଟି ହେଲା ରୂପାନ୍ତରିତ ସେବା ସମବାୟ ସମିତି । ତଳସ୍ତରରେ ଉକ୍ତ ସଂସ୍ଥାକୁ ସାହାଯ୍ୟ ସହଯୋଗ କରିବା ପାଇଁ ଉପରସ୍ତରରେ ବିଭାଗୀୟ ଅନୁଷ୍ଠାନମାନ କେନ୍ଦ୍ର ଓ ଶୀର୍ଷ ସମବାୟ ସମିତି ନାମରେ ସ୍ଥାନିତ ହେଲା । ଗଣତାନ୍ତ୍ରିକ ପଦ୍ଧତିରେ ତଳୁ ଉପର ସମସ୍ତେ ଏକ ନିୟମ ଅନୁସାରେ ପରିଚାଳିତ ହେଲେ । ଏହା ଏକ ସୁନ୍ଦର ବ୍ୟବସ୍ଥା ମାଧ୍ୟମରେ ସମସ୍ତଙ୍କ ଦ୍ୱାରା ଆଦୃତ ହେଲା । ସମସ୍ତେ ବାଃ ବାଃ କଲେ । ଅଚିରେ ଦାରିଦ୍ର୍ୟର କଳା ବାଦଲ ଭାରତର ଆକାଶରୁ ଅପସରି ଯିବ ଏବଂ ମହାତ୍ମାଗାନ୍ଧୀ ଓ ମଧୁସୂଦନଙ୍କ ସ୍ୱପ୍ନ ସାକାର ହେବ ବୋଲି ଆଶା କରାଗଲା ।

ଉପରୋକ୍ତ ଚିନ୍ତନ ଧାରା ସହ ରାଜ୍ୟର କୃଷି ବିଭାଗକୁ ସଂଯୋଗ କରାଗଲା । କୃଷି ସହ ସମବାୟକୁ ଗୋଟିଏ ଶାସନ ଡୋରିରେ ଗୁନ୍ଥାଗଲା । ମାତ୍ର ଆଜି ତାହା ପୁଣି ବିଚ୍ଛେଦ ହୋଇଯାଇଛି । ତଳସ୍ତରରେ କୃଷିକ୍ଷେତ୍ର ସହ ପ୍ରତ୍ୟକ୍ଷ ସମ୍ପର୍କ ସ୍ଥାପନ କରିବାର ଦାୟିତ୍ୱ ଗ୍ରାମସେବକ ଓ କୃଷି ସଂପ୍ରସାରଣ ଅଧିକାରୀମାନେ ଏବଂ ଉପର

ସ୍ତରରେ ଉଭୟ ବିଭାଗୀୟ ଶାସନ ସଚିବଙ୍କ ଠାରୁ ମନ୍ତ୍ରୀ ପର୍ଯ୍ୟନ୍ତ ଶାସନ ଦାୟିତ୍ୱରେ ରହିଲେ । ମାତ୍ର ଆଜି ଦୁଇଜଣ ମନ୍ତ୍ରୀ କୃଷି ଓ ସମବାୟ ବିଭାଗ ପାଇଁ କାର୍ଯ୍ୟ ତୁଲାଉଛନ୍ତି, ଯାହାର ଫଳ କାର୍ଯ୍ୟଧାରାରେ ପ୍ରତିବନ୍ଧକ ସୃଷ୍ଟି ହେଉଛି । ତେଣୁ ରାଜ୍ୟର ଅନେକ ସଚେତନ କୃଷକ ଓ ନାଗରିକମାନେ କହିଲେଣି ଯାହାହେଉ ସ୍ୱାଧୀନତା ପରେ ଆମ ଦେଶର ଅଗ୍ରଗତି କେଉଁବାଟରେ କେତେବାଟ ଯାଉଛି ଦେଖିବାର କଥା । କିନ୍ତୁ କୃଷି ଓ ସମବାୟକୁ ଏକଧାରାରେ ପରିଚାଳିତ କରିବା ଦ୍ୱାରା ଦେଶର ପ୍ରମୁଖ ଖାଦ୍ୟ ସମସ୍ୟାକୁ ସୁଧାରି ପାରିଲା । କେନ୍ଦ୍ର ସରକାର ୧୮୬୬ ମସିହାର ନଅଙ୍କ ଦୁର୍ଭିକ୍ଷ ଦେଶପାଇଁ ଅଭିଶାପ ଓ ସ୍ୱାଧୀନତା ପରେ ଆମେରିକାର ହାତଟେକା ଗହମ ଓ କ୍ଷୀରଗୁଣ୍ଡ ସଂଗ୍ରହକୁ ଅଗତ୍ୟା ପ୍ରତ୍ୟାଖ୍ୟାନ କରିବାକୁ ଏ ପନ୍ଥା ସୁଚିନ୍ତିତ ପାଥେୟ ଭାବେ ଗ୍ରହଣ କରିବା ସମୁଚିତ ହୋଇଛି । କୃଷି ସହ ପଶୁପାଳନକୁ ମିଶ୍ରଣ କରିବାର ଯୋଜନା କେତେକ ଚିନ୍ତାଶୀଳ ପ୍ରବକ୍ତା ପ୍ରକାଶ କରିଥିବା ସମୟ ଉପଯୋଗୀ ମଧ୍ୟ ଥିଲା, କିନ୍ତୁ ତାକୁ ବିଭାଗ ସହ ନ ମିଶାଇ ଆନୁସଙ୍ଗିକ ବ୍ୟାପାର ହିସାବରେ ସଂପୃକ୍ତ କରାଗଲା ।

ଏବେ ଆମ ରାଜ୍ୟର କୃଷିଋଣର ୯୦ ଶତାଂଶ ସଞ୍ଚାଳନ କରୁଥିବା କୃଷିଋଣ ସମବାୟ ସମିତି ଓ ସମବାୟ ବ୍ୟାଙ୍କ ମାନଙ୍କର ପ୍ରଭାବ ଯେ ଜାତୀୟ କୃଷି କାର୍ଯ୍ୟକ୍ରମ ଓ ଉତ୍ଥାନ ପାଇଁ ନଗଣ୍ୟ ଏକଥା କହିବା ବୋକାମି ହେବ । ୧୯୬୫-୬୬ ମସିହାରୁ ପୁରୁଣା ପଦ୍ଧତି, ଜମିର ପରିମାଣ ଓ ବନ୍ଧକକୁ ଆଧାର କରି ଚାଷ କରୁଥିବା ଜମି ଓ ବାର୍ଷିକ ଫସଲ ଖସଡ଼ା ଭିତ୍ତିରେ ସମବାୟ ଋଣ ସମିତିମାନେ କୃଷକକୁ ଋଣ ଯୋଗାଣ କରିଆସୁଛନ୍ତି । ଏହା ଏକ ପ୍ରଭାବଶାଳୀ ଅସତ୍ ବିନିଯୋଗର ବାଧକ ତଥା ସୁଚିନ୍ତିତ ଆବଶ୍ୟକତାକୁ ପୁରଣ କରିବା ଭଳି ଯୋଜନା । ଏହି ପନ୍ଥା ଅନ୍ୟ କୌଣସି ଋଣ ପ୍ରଦାନକାରୀ ସଂସ୍ଥା ପାଳନ କରୁଛନ୍ତି କି ? ଯଦି ହଁ ତେବେ ସେମାନେ ଧର୍ମକୁ ଆଖି ଠାର ପରି କାର୍ଯ୍ୟ କରୁଛନ୍ତି । ମୂଳଲକ୍ଷ୍ୟ ଓ ପ୍ରାସଙ୍ଗିକତା ଭିତ୍ତିରେ ନିର୍ଣ୍ଣାୟକ ନୀତି ଅବଲମ୍ବନ ପଦ୍ଧତିରେ ଋଣ ଲଗାଣ ଯେ ସଫଳତା ଆଣିଦିଏ ଏକଥା ପ୍ରାୟତଃ ପ୍ରମାଣିତ ହେବାକୁ ଯାଉଥିବା ସମୟରେ ସରକାର ବାହାଦୂର କୃଷି ଓ ସମବାୟକୁ ଭିନ୍ନ କରି ଅଗଣା ମଝିରେ ପାଚେରୀ ପକାଇଲେ । ଯେତେଭାଇ ସେତେ ଘର ନ୍ୟାୟରେ ନା ଆଉ କ'ଣ ଚିନ୍ତାରେ ସେକଥା ଆମଭଳି ମଣିଷ ହାଡ଼ ନଥିବା ତୁଣ୍ଡ ଉଚ୍ଚାରଣ କରିପାରେ ନାହିଁ । କୃଷି ବିଭାଗ ବହୁଦିନ ହେଲା ବେପରୁଆଭାବେ କାର୍ଯ୍ୟ କରିଚାଲିଛି । ବିହନ ଯୋଗାଣର ଧାରା ଯାହା ଚାଲିଛି ତାହା ଖବର କାଗଜରେ ହାଟରେ ପଡ଼ି ଦାଣ୍ଡରେ ଗଡ଼ଗଡ଼ ହେଉଛି । ତା' ଭିତରେ କୃଷିର ବୈଷୟିକ ଜ୍ଞାନ କୌଶଳ କେତେ ଯେ କୃଷକ ପାଖରେ ପହଞ୍ଚେ ସେକଥା ନକହିଲେ ଭଲ । ଖାଲି ଫମ୍ପା ଆବାଜରେ କୃଷକ

କ'ଣ ଫସଲ ଉତ୍ତାରି ପାରିବ ନା ୧୪୦ କୋଟିରୁ ଊର୍ଦ୍ଧ୍ୱ ଲୋକମାନଙ୍କର ପେଟକୁ ଖାଦ୍ୟ ଯୋଗାଣର ଭାର ବହନ କରିପାରିବ ? ଅନେକ କ୍ଷେତ୍ରରେ ସରକାରୀ ପ୍ରୋତ୍ସାହନର ଭାଷଣ ଶୁଣି ଶୁଣି ଶେଷରେ କୃଷକ ମଧ୍ୟ ଆତ୍ମହତ୍ୟା କରୁଛି । ଋଣ ଦୁର୍ନିତୀ କଥା ନକହିଲେ ଆହୁରି ଭଲ । କିଛି ଖଳ ପ୍ରକୃତିର ଲୋକ, ରାଜନୈତିକ ବ୍ୟକ୍ତି ଯେଉଁଥିରେ ଅତୀତର ଜଣେ ରାଜନୈତିକ ନେତା, ତାଙ୍କ ଭାଇ ଓ କେତେକ ସମବାୟ ସମିତିର ସଂପାଦକ ସାମିଲ ହୋଇ କେତେକ ନିର୍ବାଚନ ମଣ୍ଡଳୀର ଅନେକ ସମବାୟ ସମିତିରୁ ସାଧାରଣ ଲୋକ, ହରିଜନ ଓ ଆଦିବାସୀ ଲୋକଙ୍କ ନାମରେ ଯାହାକି ବର୍ତ୍ତମାନ ସୁଦ୍ଧା ୩୦୦ କୋଟି ଟଙ୍କାରୁ ଊର୍ଦ୍ଧ୍ୱ କୃଷିଋଣ ଚଳୁ କରିଥିଲେ ମଧ୍ୟ ସେମାନଙ୍କ ବିରୁଦ୍ଧରେ ଆଜିସୁଦ୍ଧା କିଛି କାର୍ଯ୍ୟାନୁଷ୍ଠାନ ହୋଇପାରି ନାହିଁ କି ଚାଷୀମାନଙ୍କ ଉପରୁ ସମିତି ଦ୍ୱାରା ଋଣ ଆଦାୟର ଜୁଲମ ବନ୍ଦ କରାଯାଇନାହିଁ । ଯାହାର ପ୍ରତିଫଳନ ସ୍ୱରୂପ ସମିତିଗୁଡ଼ିକ ତାଲା ପଡ଼ିବାରେ ସହାୟକ ହୋଇଛି । ଅଭିଯୋଗକଙ୍କୁ ଆଧାର କରି ରାଜନୈତିକ ନେତାଙ୍କୁ ଦାୟିତ୍ୱରୁ ଅନ୍ତର କରାଯାଇ ତଦନ୍ତ ନିର୍ଦ୍ଦେଶ ଦିଆଯାଇଛି । ଯାହାର ତଦନ୍ତ ରିପୋର୍ଟ ଆଜି ପର୍ଯ୍ୟନ୍ତ ସରକାରଙ୍କ ହସ୍ତକ୍ଷେପ ହୋଇପାରିନାହିଁ । କିଛି ସରକାରୀ ଅଧିକାରୀଙ୍କ ସଂପୃକ୍ତି ଥିବାରୁ ସେମାନଙ୍କ ଚାପରେ ତଦନ୍ତ ରିପୋର୍ଟ ଦିନ ପରେ ଦିନ ଗଡ଼ିଚାଲିଛି । ମାତ୍ର ଦହଗଞ୍ଜରେ ପଡ଼ି ନିରୀହ ଚାଷୀ ଭଗବାନଙ୍କୁ ପାଣି ଟେକି ଦିନ କଟାଉଛନ୍ତି ।

ଏବେ ପୁଣି ଆଉ ଗୋଟିଏ ସବୁଜ ବିପ୍ଳବ ଉଙ୍କି ମାରିଲାଣି । ଆରେ ବାବୁ ପ୍ରଥମ ସବୁଜ ବିପ୍ଳବର ତ୍ରୁଟିର ସମୀକ୍ଷା ଶେଷ ହୋଇଛି କି ନାଁ ଆଉ ଗୋଟିଏ ସବୁଜ ବିପ୍ଳବ ପାଇଁ ଭାଷଣ ଯୋଜନା ଆରମ୍ଭ କରିବାର ମାନେ କ'ଣ ? ସମସ୍ୟା ଏକାଥିଲା ପରି ମନେହେଉଛି । ଯୋଜନାର ଅର୍ଥ ତେବେ କ'ଣ ? ଏ ଦେଶରେ ଯାହାହେଉ କୃଷି ବିଭାଗ ତା'ର ବୈଷୟିକ ଜ୍ଞାନର ପ୍ରଚାର ଓ ପ୍ରସାର ପାଇଁ କିଛି ସ୍ୱତନ୍ତ୍ର ଅର୍ଥର ବ୍ୟବସ୍ଥା କରୁଛନ୍ତି । ହଜାରେ ଦିନରେ ହଜାରେ ଶିକ୍ଷଠାରୁ ଆରମ୍ଭ କରି କୃଷିଜାତ ସାମଗ୍ରୀର ରକ୍ଷଣାବେକ୍ଷଣ, ଶୀତଳ ଭଣ୍ଡାର ନିର୍ମାଣ, ଖାଦ୍ୟ ସଂରକ୍ଷଣ, କୃଷିଜାତ ପଦାର୍ଥର ବିକ୍ରିବଟା ପାଇଁ ବଜାର ନିର୍ମାଣ, କୃଷିଜାତ ପଦାର୍ଥର ରପ୍ତାନୀ ଆମଦାନୀ, ମୃତ୍ତିକା ପରୀକ୍ଷା, ଫସଲ ସଂରକ୍ଷଣ ପାଇଁ ଗୋଦାମ ନିର୍ମାଣ, ଫସଲ ବୀମା ଇତ୍ୟାଦି ଅନେକ କଥା ପାଇଁ ପାଣି ପରି ଅର୍ଥ ଖର୍ଚ୍ଚ କରି ଚାଲିଛନ୍ତି । ମାତ୍ର ସମବାୟ ଋଣ ଦୁର୍ନିତୀରେ ପଡ଼ି ନିଜ ଦେହରୁ ଅଳିଆ ନ ଧୋଇ ସାମିଲ ଥିବା ରାଜନୈତିକ ବ୍ୟକ୍ତିଜଣକ ଯେନତେନ ପ୍ରକାରେ ସରକାରୀ ଅଧିକାରୀଙ୍କୁ ହାତ ବାରିଶି କରି ଚାଷୀମାନଙ୍କୁ ରିହାତିରେ ଦିଆଯିବା ପାଇଁ ଥିବା ଚାଷୋପକରଣ ଯନ୍ତ୍ରପାତି ଚାଷୀଙ୍କୁ ନଦେଇ ଏଜେନ୍ସି

ମାଧ୍ୟମରେ ରିହାତି ଅର୍ଥକୁ ନିଜ ସମ୍ପର୍କୀୟଙ୍କ ଦ୍ୱାରା ହଡ଼ପ କରିଦେଇ ଜଣେ ପେଶାଗତ ଋଣ ଦୁର୍ନିତୀ ସହ ଅନ୍ୟାନ୍ୟ ଦୁର୍ନିତୀରେ ଉବୁଟୁବୁ ହୋଇ କାର୍ଯ୍ୟକାଳ ଶେଷ କରି ଦେଇଛନ୍ତି । ମାତ୍ର ସରକାର କୃଷି ଓ ସମବାୟ ବିଭାଗ ଦ୍ୱାରା ହୋଇଥିବା ଦୁର୍ନିତୀ ପାଇଁ ତାଙ୍କ ବିରୁଦ୍ଧରେ କିଛି ଦୃଷ୍ଟାନ୍ତମୂଳକ ପଦକ୍ଷେପ ନେଲେନାହିଁ । ମାତ୍ର ସମବାୟ ବିଭାଗର କିଛି କଥା ଅଲଗା ଥିଲେ ମଧ୍ୟ ଆଜି ସୁଦ୍ଧା ବ୍ୟବସ୍ଥାରେ ସୁଧାର ଆସିପାରି ନାହିଁ । ଏହାର ଲୋକାଭିମୁଖୀ ଦିଗକୁ ଉପେକ୍ଷା କରଯାଉଛି । ଏହା ଦ୍ୱାରା ସମବାୟ ବିଭାଗର ଗୁରୁତ୍ୱ ହ୍ରାସ ପାଉଛି । ସମବାୟର ବିଭିନ୍ନ ଲୋକାଭିମୁଖୀ ଯୋଜନାର ପ୍ରଚାର ପ୍ରସାର ପାଇଁ ଏକମାତ୍ର ସଂସ୍ଥା ହେଉଛି ରାଜ୍ୟ ସମବାୟ ସଂଘ । ସେ ପୁଣି ଅନୁଦାନ ଅପେକ୍ଷାରେ। ତା' ପ୍ରତି ସରକାରଙ୍କର ଆନ୍ତରିକତା ଥିବାଭଳି ଲାଗୁନି । ରାଜ୍ୟ ସରକାର ଆଜି ପର୍ଯ୍ୟନ୍ତ ସମବାୟ ସଂଘରେ ଜଣେ ସଂପାଦକ ନିଯୁକ୍ତି ନଦେଇ ସମବାୟ ସମାଚାର ପତ୍ରିକା ପ୍ରକାଶନ ପାଇଁ ନିଯୁକ୍ତି ପାଇଥିବା ବ୍ୟକ୍ତିଙ୍କୁ ସଂପାଦକ ଦାୟିତ୍ୱରେ ରଖାଯାଇ କାର୍ଯ୍ୟ ତୁଲାଇ ଚାଲିଛନ୍ତି ଓ ସେ ବ୍ୟକ୍ତି ଜଣକ ସଂପାଦକ ହେବାପାଇଁ କୋର୍ଟ କଚେରିର ଆଶ୍ରୟ ନେବା ଦ୍ୱାରା ସମବାୟ ସଂଘରୁ ଅର୍ଥ ଖର୍ଚ୍ଚ କରିଚାଲିଛନ୍ତି । ସରକାର ଯେ କାହିଁକି ଏତେ ଉଦାସୀନ ତା'ର କାରଣ ମଧ୍ୟ ଜଣାଯାଉ ନାହିଁ ।

ରଜନୀତିରେ ଭାଷଣବାଜି ପ୍ରତିଶ୍ରୁତି, ସ୍ୱେଚ୍ଛାଚାର, ଦୁର୍ନିତୀ, ଅନିତି, ଭ୍ରଷ୍ଟାଚାର ସବୁତ ଏକ ଏକ ନୂଆ ନୂଆ ନୀତିରେ ପରିଣତ ହେଲାଣି । ଏହାର ପ୍ରବଚକମାନେ ବରହ୍ମପୁରୀ ମଠା, ନୂଆପାଟଣା ପାଟ ପିନ୍ଧି ମଥାରେ ତିଳକ କାଟି, କାନ୍ଧରେ ପଇତା ପକାଇ, ମୁଣ୍ଡରେ ସିନ୍ଦୂର ଲଗାଇ, ପୋଷାକ ଉପରେ ଉତ୍ତରୀୟ ପକାଇ, ଅତର ବ୍ୟବହାର କରି ଦେହକୁ ଚିକ୍କଣ ଚାକ୍କଣ ବନେଇ ପାଶ୍ଚାତ୍ୟ ସଂସ୍କୃତିକୁ ଆମ ଉପରେ ସିଧାସଳଖ ଲଦି ଦେଇ ଆମକୁ ଅପସଂସ୍କୃତି ଆଡ଼କୁ ଟାଣିନେଇ ଭାଣ୍ଡ ଓ ଭକୁଆ ବନେଇ ସାରିଲେଣି । ତାକୁ ଅନୁସରଣ କରି କରି ଆମର ସମାଜ, ପ୍ରଶାସନ, ଚିନ୍ତକ, ସାଧୁସନ୍ଥ, କବି, ଲେଖକ, ପ୍ରବଚକ ଓ ଧର୍ମାଧୀଶ ଇତ୍ୟାଦିମାନେ ଏସବୁ ପାଖରେ ନତମସ୍ତକ ହେଲେଣି ଏବଂ ଆମର ବିକଶିତ ସଂସ୍କୃତି ଅର୍ଥଲୋଭୀ, ଆତ୍ମ ଅଭିମାନୀ, ପ୍ରତିଷ୍ଠାତାମାନଙ୍କ ପାଖରେ ଭୂଲୁଣ୍ଠିତ । ସଂସ୍କୃତି ହିଁ ଆତ୍ମା। ଏହାର ଅର୍ଥ ଲୋଲୁପ ଦୃଷ୍ଟିବାଦୀ ସାଧୁସନ୍ଥ, ନ୍ୟାୟୀ ପୁରୁଷୋତ୍ତମ ଓ ଦସ୍ୟୁରୁ ରତ୍ନାକର ପାଲିଟି ଥିବା 'ମୁଁ' ମାନଙ୍କ ପାଖରେ ନ୍ୟୂନ । ଆମେ ତ ଗୋଡ଼ାଣିଆ ହୋଇ ଶାସକଦଳ ନିକଟରୁ ଫାଇଦା ହାସଲ କରିବା ଗୋଷ୍ଠୀ । ଏତେ କଥା କହିବାର ଅର୍ଥ ସମାଜର ନୈତିକତା ଦୂରେଇଯିବାର ପଛାରୁ ଆତ୍ମୀୟତା ଲୋପ ପାଉଛି ଓ ସହାନୁଭୂତି, ସହନଶୀଳତା,

ବନ୍ଧୁତା ଦୂରେଇଯାଇ ସମବାୟ ଆତ୍ମ ବିସର୍ଜନ ଆଡ଼କୁ ଗତି କରୁଛି ।

ନବୀକରଣ ନୀତିରେ ସେବା ସମବାୟ ସମିତିକୁ ପୁନର୍ଜୀବିତ କରି ପୂର୍ବ ପ୍ରଚଳିତ ଧାରାରେ ସବୁ ଆବଶ୍ୟକତାକୁ ଗୋଟିଏ ଛାତତଳେ ଏକାଠି କରି ସେଥି ସହ ଯେତେ ନୂତନ ପଦ୍ଧତି, ବୈଷୟିକ ସରଞ୍ଜାମ, କୃଷି ବିଭାଗର ସଂଯୋଜନା, ସରକାରଙ୍କର ନୂତନ ପରିକଳ୍ପନା ଯୋଜନା ଓ ତା'ର ରୂପାୟନ ସହ କୃଷି ଓ କୃଷକର ଆତ୍ମାକୁ ଆଶ୍ୱସ୍ତ ଓ ସଂସ୍କାରଯୁକ୍ତ କରାଇ ବିଶ୍ୱାସ ଯୁକ୍ତ ଓ ସଚ୍ଚୋଟ ଧାରାରେ ଆନ୍ତରିକତାର ସହ ନିଷ୍ଠାବାନ ବ୍ୟକ୍ତି ଓ କର୍ମଚାରୀମାନଙ୍କ ହାତରେ ସଜଡ଼ା ଯାଇପାରିଲେ ସବୁଜ ବିପ୍ଳବର ବାରମ୍ବାର ଦ୍ୱାହିର ଆବଶ୍ୟକତା ଦୂରେଇଯିବ ଓ ସମବାୟ ଲୋକାଭିମୁଖୀ ହେବ । କୃଷି ଜୀବନଧାରଣର କୃଷି, ବିପ୍ଳବର କୃଷି, ଶିଳ୍ପ ଓ ବ୍ୟବସାୟରେ କୃଷି ମାଧ୍ୟମ ହୋଇ ମାନବ ସମ୍ବଳର ବିନିଯୋଗ ଓ ବିକାଶର ଧାରାରେ ପରିଣତ ହୋଇପାରିବ ଏବଂ ଗ୍ରାମୀଣ ଭାରତର କ୍ଷୀପ୍ର ଅର୍ଥନୈତିକ ଅଗ୍ରଗତି ପାଇଁ ସୁପ୍ରତିଷ୍ଠିତ ଭବିଷ୍ୟତ ମଞ୍ଚ ପ୍ରସ୍ତୁତ କରିପାରିବ ।

କର୍ମଚାରୀମାନଙ୍କର ନିଷ୍ଠାପର, ସଚ୍ଚୋଟତା, ଉତ୍ତରଦାୟୀ, ସମୟାନୁବର୍ତ୍ତିତ କାର୍ଯ୍ୟଧାରା ସମବାୟକୁ ଆଗେଇ ନେଇପାରିବ । ପରିଚାଳନା ପରିଷଦ ନିଷ୍ଠାପର ହୋଇ କେତେଦିନ କାର୍ଯ୍ୟ କରିପାରିବ ? ପରିଚାଳନା ପରିଷଦ ପ୍ରତି କର୍ମଚାରୀମାନଙ୍କର ଉତ୍ତର ଦାୟିତ୍ୱରେ ଊଣା ହେଉଛି । କର୍ମଚାରୀମାନେ ମାସିକ ବେତନରେ କାମ କରୁଥିବା ବେଳେ ପରିଚାଳନା ପରିଷଦରେ ଥିବା ବ୍ୟକ୍ତିମାନେ ବୈଠକରେ ଯୋଗଦେବା ସମୟରେ ଚା' କପେ ପିଇବା ପାଇଁ ଇଚ୍ଛାକଲେ ସେଥିପଇଁ କର୍ମଚାରୀଙ୍କ ଅଫିସରୁ ଖର୍ଚ୍ଚ ତୁଲାଇବା ସହ ହାତଟେକାକୁ ଚାହିଁ ବସିଥାନ୍ତି । ପରିଚାଳନା ପରିଷଦ ପାଇଁ ଦୀର୍ଘଦିନରୁ କୌଣସି ସୁବିଧା କରାଯାଇ ନଥିବାରୁ ଦୀର୍ଘଦିନର ଅସନ୍ତୋଷକୁ ଚାପିରଖି ବିଭିନ୍ନ ପ୍ରାଥମିକ, କେନ୍ଦ୍ର ଓ ଶୀର୍ଷ ସମବାୟ ସମିତିମାନଙ୍କ ପ୍ରତିନିଧିମାନେ ସମବାୟ ନିବନ୍ଧକ, ସମବାୟ ବିଭାଗର ଶାସନ ସଚିବ ଏବଂ ରାଜ୍ୟ ସରକାରଙ୍କୁ କାକୁତି ମିନତୀ ହୋଇ ଦାବି ଜଣାଇଥିବାରୁ ଦୀର୍ଘଦିନ ପରେ ଗତ ୧୪.୦୩.୨୦୨୪ ତାରିଖ ପତ୍ରସଂଖ୍ୟା ୩୫୫୯ରେ ନିର୍ଦ୍ଦେଶାନାମା ଜାରୀ କରାଯାଇଥିଲା ତତ୍‌କଳୀନ ଲାଗୁ କରିବାପାଇଁ । ଯେଉଁଥିରେ ଲାଭ କରୁଥିବା ଶୀର୍ଷ ସମବାୟ ସମିତିର ସଭାପତି ମାସିକ ଅତି କମ୍‌ରେ ୧୫୦୦୦ ଟଙ୍କା ଠାରୁ ଆରମ୍ଭ କରି ୫୦୦୦୦ ଟଙ୍କା ପର୍ଯ୍ୟନ୍ତ ଦରମା ସହ ଅନ୍ୟ ନିର୍ଦ୍ଦେଶକମାନଙ୍କ ସହ ପ୍ରତ୍ୟେକ ବୈଠକ ଭତ୍ତା ୫୦୦୦ ଟଙ୍କା ନେଇପାରିବେ ବୋଲି ଦର୍ଶାଯାଇଥିଲା । ଅଫିସ୍ କାର୍ଯ୍ୟ ପାଇଁ ସଭାପତିଙ୍କ ଯାତାୟତ ପାଇଁ ଏକ ଗାଡ଼ି ଯୋଗାଇବାର ବ୍ୟବସ୍ଥା କରିବାର

ନିର୍ଦ୍ଦେଶନାମା ଥିଲା । ମାତ୍ର ଏହି ଚିଠିଟି ପାଇଲା ପରେ ଶୀର୍ଷ ସମବାୟ ସଂସ୍ଥାରେ ଥିବା ପ୍ରଶାସନିକ ସେବାର ପରିଚାଳନା ନିର୍ଦ୍ଦେଶକମାନେ ବିଭିନ୍ନ ଆଳ ଦେଖାଇ ଏହାକୁ ଲାଗୁ କରାଇ ଦେଇ ନାହାନ୍ତି । ବୈଠକକୁ ଆସିବା ଯିବା ପାଇଁ ନିର୍ଦ୍ଦେଶକମାନଙ୍କୁ ଗାଡ଼ିଭଡ଼ା ଦେବାର ବ୍ୟବସ୍ଥା ଥିଲେ ମଧ୍ୟ ଶୀର୍ଷ ସମବାୟ ସଂସ୍ଥାର ପରିଚାଳନା ନିର୍ଦ୍ଦେଶକମାନେ ପରିଚାଳନା ପରିଷଦରେ ସଭ୍ୟମାନଙ୍କୁ ଏସବୁ ସୁବିଧା ଦେଉନାହାନ୍ତି । ଏ କି ପ୍ରକାର ସରକାରୀ କାର୍ଯ୍ୟକ୍ରମ ତାହା ଜନସାଧାରଣ ବୁଝିପାରୁଥିବେ । ସମବାୟ ସଂସ୍ଥାର ଅଂଶୀଦାରମାନେ ପରିଚାଳନା ପରିଷଦକୁ ନିର୍ବାଚିତ ହୋଇ ଆସିଥିବାରୁ ସଂସ୍ଥାରୁ ଦରମା ନେଇ କାର୍ଯ୍ୟ କରୁଥିବା କର୍ମଚାରୀମାନେ ସେମାନଙ୍କୁ ଆନୁଗତ୍ୟ ପ୍ରକାଶ କରିବା ବଦଳରେ ସଂସ୍ଥାର ପ୍ରକୃତ ମାଲିକମାନଙ୍କୁ ବୈଠକ ଭତ୍ତା ଓ ଗ୍ରସ୍ତ ଖର୍ଚ୍ଚ ନଦେଇ ଅପମାନିତ କରୁଥିଲା ବେଳେ ସେମାନେ କେଉଁ ନିୟମରେ ମାସକୁ ମାସ ଲକ୍ଷ ଲକ୍ଷ ଟଙ୍କା ଦରମା ନେବା ସହିତ ବିଭିନ୍ନ ଉପାୟରେ ଲାଞ୍ଚ କାରବାରରେ ସାମିଲ ହୋଇ ନିଜର ଅୟସ ଜୀବନ ବିତାଉଛନ୍ତି । ଏହା ନୂତନ ସରକାରଙ୍କ ପାଇଁ ବିଚାରଯୋଗ୍ୟ । ଯାହା ଦୀର୍ଘଦିନର ଦାବି ପୂରଣ ହେବା ସଙ୍ଗେ ସଙ୍ଗେ ସମବାୟ ଅନୁଷ୍ଠାନଗୁଡ଼ିକ ଶୃଙ୍ଖଳାରେ ଚାଲିପାରିବ ବୋଲି ଆଶା କରାଯାଉଥିଲା ତାହା ଆଜି ନିରାଶାରେ ପରିଣତ ହୋଇଛି । ଜଣେ ଦୁର୍ନିତୀଗ୍ରସ୍ତ ଓଡ଼ିଶା ରାଜ୍ୟ ପ୍ରଶାସନିକ ସବୋର ଅଧିକାରୀଙ୍କୁ ୮ଟି ବିଭାଗର ଦାୟିତ୍ୱ ତୁଲାଇବା ପାଇଁ ଦିଆଯାଇଥିଲେ ଅନ୍ୟ ବିଭାଗୀୟ ଅଧିକାରୀମାନେ କୌଣସି ଦାୟିତ୍ୱ ପାଇନାହାନ୍ତି । ଏସବୁ ସଠିକ୍ ରୂପେ ନୂତନ ସରକାରଙ୍କ ଦ୍ୱାରା ତର୍ଜ୍ଜମା କରାଯାଇ କାର୍ଯ୍ୟକାରୀ ହୋଇପାରିଲେ ନୂତନ ସରକାର ଲୋକାଭିମୁଖୀ ହୋଇ କୃଷି ଓ କୃଷକ ସହିତ ସମବାୟର ସଫଳ ରୂପାୟନରେ ପ୍ରଶଂସାର ପାତ୍ର ହୋଇପାରିବେ ।

■

ଆଇନ ପଢ଼ି ନ ବୁଝିଲେ ଫଳ ଶୂନ

ଭାରତ ଦୀର୍ଘଦିନ ଧରି ମୁସଲମାନ୍ ଓ ଇଂରେଜମାନଙ୍କ ଦ୍ୱାରା ଶାସିତ ହୋଇ ଶେଷରେ ୧୫ ଅଗଷ୍ଟ ୧୯୪୭ ମସିହାରେ ସ୍ୱାଧୀନ ହେଲା । ମାତ୍ର ସ୍ୱାଧୀନ ଭାରତରେ ରହିଗଲା ବିଲାତି ସାହେବମାନଙ୍କର ହୁକୁମତିର ଅମଲାତନ୍ତ୍ର ଶାସନ । ଗାନ୍ଧିଜୀ ବିଶ୍ୱାସ କରିଥିଲେ ଯେ ବାସ୍ତବ ଆନନ୍ଦ କୌଣସି ସମାଜ ସେତେବେଳେ ପାଏ ଯେତେବେଳେ ତା'ର ହୃଦ୍‌ବୋଧ ହୁଏ ଯେ ସେ ସବୁଠାରୁ ତଳେ ଥିବା ମଣିଷଟି ଆନନ୍ଦ ପାଉଛି । ସମସ୍ତଙ୍କ କଲ୍ୟାଣରେ ବ୍ୟକ୍ତିର ମଙ୍ଗଳ ହୁଏ । ଗାନ୍ଧିଜୀ ଅନ୍ତର୍ଭୁକ୍ତି (Inclusion) ଠିକ୍ ଭାବରେ ବୁଝିଥିଲେ ଏବଂ ତାହାହିଁ ତାଙ୍କର 'ସ୍ୱରାଜ'ର ପରିକଳ୍ପନା ଥିଲା । 'Swaraj can not be complete till the poorest of guarantee of being provided with basic necessity of life'ଠ ଗାନ୍ଧିଜୀ ମଧ୍ୟ ବୁଝିଥିଲେ ସମାଜର ମଙ୍ଗଳ କେବଳ ସମବାୟ ମାଧ୍ୟମରେ ସମ୍ଭବ । ଭରାନଦୀରେ ନୌକାଟି ଯାତ୍ରା କରୁଥିଲାବେଳେ ନାବିକର ଅସାବଧାନତାରେ କିମ୍ବା ଯାତ୍ରା କରୁଥିବା ଯାତ୍ରୀମାନଙ୍କ ଚାପରେ ଅନ୍ୟମନସ୍କତାରୁ ନୌକାଟି ନଦୀ ସ୍ରୋତର ଭଉଁରୀରେ ପଡ଼ିଗଲେ ନୌକାର ଯେଉଁ ଅବସ୍ଥା ହୁଏ ସମବାୟରେ ଥିବା ଚିନ୍ତାଧାରାକୁ ଓ କାର୍ଯ୍ୟକାରିତାକୁ ନ ବୁଝି ପରିଚାଳନା ଦାୟିତ୍ୱରେ ଥିବା ବ୍ୟକ୍ତିମାନଙ୍କ ସହିତ କର୍ମଚାରୀମାନେ ନବୁଝି ନଶୁଝି କୌଣସି ପ୍ରକାର ପଦକ୍ଷେପ ନେବାରୁ ନିଜର କ୍ଷତି କରିବା ସଙ୍ଗେ ସଙ୍ଗେ ସମବାୟ ଅନୁଷ୍ଠାନର କ୍ଷତିକରି ଚାଲନ୍ତି ।

ସମବାୟ ସଂସ୍ଥାଟି ଗଠନ ହେବା ପୂର୍ବରୁ ମହତ ଉଦ୍ଦେଶ୍ୟ ପ୍ରଣୋଦିତ ହୋଇ କିଛି ସମାଜସେବୀ, ଉନ୍ନତ ଚିନ୍ତାଧାରୀ, ଦକ୍ଷ, କର୍ମଠ ଓ ସଚ୍ଚୋଟ ବ୍ୟକ୍ତିମାନଙ୍କୁ ନେଇ ସମବାୟ ନିବନ୍ଧକଙ୍କ ଦ୍ୱାରା ଏକ ନିର୍ଦ୍ଦିଷ୍ଟ ଅଞ୍ଚଳରେ ବ୍ୟବସାୟ କରିବାକୁ ନେଇ ସମବାୟ ସମିତିଟି ପଞ୍ଜୀକୃତ କରାଯାଏ। ପଞ୍ଜିକୃତ ହେବା ପରେ ଏହାର

ଦୈନନ୍ଦିନ କାର୍ଯ୍ୟ ସମ୍ପାଦନ ପାଇଁ ଜଣେ ସମ୍ପାଦକଙ୍କ ସହିତ କେତେଜଣ କର୍ମଚାରୀଙ୍କୁ ନିଯୁକ୍ତି ଦିଆଯାଏ । ତଫାତ୍ ଏଇଆ ହୁଏ ଯେ, କେତେକ କ୍ଷେତ୍ରରେ ପରିଚାଳନା ପରିଷଦର ସଭ୍ୟମାନଙ୍କ ସୁପାରିଶରେ ଯୋଗ୍ୟତା ନଥାଇ ମଧ୍ୟ କିଛି ବ୍ୟକ୍ତିମାନଙ୍କୁ ନିଯୁକ୍ତି ଦିଆଯିବାର କେତେକ ସମବାୟ ଅନୁଷ୍ଠାନର ନଜିର ଅଛି । ଉଦାହରଣ ସ୍ୱରୂପ କିଛି ମହତ୍ ଲୋକ ତଥା ଏ.ବି. ଗୋସ୍ୱାମୀ, ମହମ୍ମଦ ତଫିକ୍‌ଉଦ୍ଦିନ, ଦେବେନ୍ଦ୍ର ମହାନ୍ତି, ବୀରକିଶୋର ରାୟ ଓ କେତେଜଣ ନିଷ୍ଠାବାନ ବ୍ୟକ୍ତିଙ୍କ ସାହାଯ୍ୟରେ କେତେକ ସମବାୟ ଅନୁଷ୍ଠାନ ଗଢ଼ି ଉଠିଥିଲା । ସ୍ୱର୍ଗତଃ ଦେବେନ୍ଦ୍ର ନାଥ ମହାନ୍ତି କଟକ ପରି ପୁରାତନ ସହରରେ ଦି ଅର୍ବାନ୍ କୋ-ଅପରେଟିଭ୍ ବ୍ୟାଙ୍କ୍ କଟକ ନାମରେ ଏକ ବ୍ୟାଙ୍କ ୧୯୮୨ ମସିହାରେ ଓଡ଼ିଶା ରାଜ୍ୟ ସମବାୟ ନିବନ୍ଧକଙ୍କ ଦ୍ୱାରା ପଞ୍ଜିକୃତ କରାଇ ଏହି ବ୍ୟାଙ୍କଟିକୁ ଗଠନ କରିଥିଲେ । ଯାହାର ମୁଖ୍ୟ କାର୍ଯ୍ୟାଳୟ କଟକ ଠାରେ ଅଛି । ଏଠାରେ ସୂଚାଇ ଦିଆଯାଇପାରେ ଯେ, ଏହା ପୂର୍ବରୁ ୧୯୬୨ ମସିହାରେ କଟକ ଅର୍ବାନ୍ କୋ-ଅପରେଟିଭ୍ ବ୍ୟାଙ୍କ୍ ନାମରେ ସମବାୟ ନିବନ୍ଧକଙ୍କ ଦ୍ୱାରା ପଞ୍ଜିକରଣ କରାଯାଇ କାର୍ଯ୍ୟ କରୁଥିଲା ବେଳେ କୌଣସି କାରଣ ବଶତଃ ଏହି ବ୍ୟାଙ୍କଟି କିଛିଦିନ ପରେ ବନ୍ଦ ହୋଇଯାଇଥିଲେ ମଧ୍ୟ ସମବାୟ ନିବନ୍ଧକଙ୍କ ଦ୍ୱାରା ବ୍ୟାଙ୍କଟି ଲିକ୍ୟୁଡେସନ ହେଲା ବୋଲି ଘୋଷଣା କରାଯାଇ ନଥିଲା । ମାତ୍ର ୧୯୮୨ ମସିହାରେ ନୂତନ ବ୍ୟାଙ୍କଟି ବେଆଇନ୍ ଭାବରେ ପଞ୍ଜିକରଣ କରାଯାଇଥିଲା । ଭାରତୀୟ ରିଜର୍ଭ ବ୍ୟାଙ୍କର ନିୟମ ମୁତାବକ ଗୋଟିଏ ବ୍ୟାଙ୍କ ଗୋଟିଏ ନିର୍ଦ୍ଦିଷ୍ଟ ସହରରେ କାର୍ଯ୍ୟ କରୁଥିଲା ବେଳେ ସେହି ସହରରେ ଉକ୍ତ ନାମରେ ଅନ୍ୟ କୌଣସି ବ୍ୟାଙ୍କ ପଞ୍ଜିକରଣ ହୋଇପାରିବ ନାହିଁ । ମାତ୍ର କୌଣସି ସୂତ୍ରରୁ ଖବର ପାଇ ଭାରତୀୟ ରିଜର୍ଭ ବ୍ୟାଙ୍କର ତନାଘନାରେ ଏହି ବେଆଇନ୍ କାର୍ଯ୍ୟର ପରିସମାପ୍ତି ପାଇଁ ରାଜ୍ୟ ସରକାରଙ୍କ ଦ୍ୱାରା ତତ୍ପରତା ପ୍ରକାଶ ପାଇ ଗତ ଦୁଇବର୍ଷ ତଳେ ପୁରୁଣା ବ୍ୟାଙ୍କଟି ଆଇନତଃ ଲିକ୍ୟୁଡେସନ କରାଯାଇଥିଲା ବୋଲି ଘୋଷଣା କରାଯାଇଅଛି ।

ରାଜ୍ୟ ସମବାୟ ନିବନ୍ଧକଙ୍କ ଦ୍ୱାରା ପଞ୍ଜିକୃତ ହେବା ପରେ ନୂତନ ବ୍ୟାଙ୍କ କାର୍ଯ୍ୟ କରିବାପାଇଁ କର୍ମଚାରୀମାନଙ୍କ ନିଯୁକ୍ତି ପାଇଁ ବିଜ୍ଞାପନ ଦିଆଯାଇ ଶିକ୍ଷିତ, ଦକ୍ଷ, ସଚ୍ଚୋଟ, କର୍ମଠ ଓ ନିଷ୍ଠାବାନ୍ କର୍ମଚାରୀମାନଙ୍କ ଦକ୍ଷତା ପ୍ରମାଣ ପରେ ନିଯୁକ୍ତି ଦିଆଯାଇ ବ୍ୟାଙ୍କର ବ୍ୟବସାୟ ଆରମ୍ଭ କରାଯାଇଥିଲା । କିଛି ଦିନ ପରେ ଯେଉଁ ମହତ୍ ଉଦ୍ଦେଶ୍ୟ ନେଇ ବ୍ୟାଙ୍କ ଗଠନ କରାଯାଇଥିଲା ତାହା ଫଳପ୍ରଦ ହେବା ଫଳରେ ସମଗ୍ର ଭାରତ ବର୍ଷରେ ଦି ଅର୍ବାନ୍ କୋ-ଅପରେଟିଭ୍ ବ୍ୟାଙ୍କ, କଟକର ସୁନାମ ବ୍ୟାପିଯାଇଥିଲା । ପୂର୍ବାଞ୍ଚଳ ରାଜ୍ୟ ମାନଙ୍କରେ ଏହି ବ୍ୟାଙ୍କର ବ୍ୟବସାୟ ସର୍ବାଧିକ

ଥିଲା । ମାତ୍ର ପରବର୍ତ୍ତୀ କାଳରେ ପରିଚାଳନା ପରିଷଦରେ ଥିବା ବ୍ୟକ୍ତିମାନଙ୍କ ମଧ୍ୟରେ ଅର୍ନ୍ତଦ୍ୱନ୍ଦ ଦେଖାଦେବାରୁ ପ୍ରତିଷ୍ଠାତା ସଭାପତି ଦେବେନ୍ଦ୍ର ମହାନ୍ତିଙ୍କ ଅଜାଣତରେ ହେଉ କିମ୍ୱା ନିଜ ସଭାପତି ଆସନ ବଜାୟ ରଖିବାକୁ ଚାହିଁବାରୁ ତାଙ୍କ ସୁପାରିଶରେ କିଛି ନିଷ୍ଠାହୀନ ଲୋକମାନଙ୍କୁ ପରିଚାଳନା ପରିଷଦରେ ସ୍ଥାନ ଦିଆଗଲା । ଫଳରେ କିଛିଦିନ ପରେ ସେହି ନୀତିହୀନ ଲୋକମାନେ ସଭାପତିଙ୍କୁ ଧମକ ଚମକ ଦେଇ ମାଡ଼ମାରିବା ଭୟ ଦେଖାଇ ନିଜର କିଛି କର୍ମଚାରୀମାନଙ୍କୁ ନିଯୁକ୍ତି ଦେବାପାଇଁ ପରିଚାଳନା ପରିଷଦ ବୈଠକର ବିବରଣୀରେ ସ୍ଥାନ ଦେଇ ସେମାନଙ୍କୁ ବିନା ଚୟନରେ ନିଯୁକ୍ତି ଦେଇଥିଲେ । ଏହି କାର୍ଯ୍ୟ ଫଳରେ ବ୍ୟାଙ୍କର ଅମଙ୍ଗଳ ଚିନ୍ତା କରୁଥିବା ଲୋକମାନଙ୍କ କବଳରେ ବ୍ୟାଙ୍କଟି କାର୍ଯ୍ୟକଲା । ଯାହାଫଳରେ ବ୍ୟାଙ୍କର ବ୍ୟବସାୟରେ ବ୍ୟାଘାତ ଘଟିବାରୁ ବ୍ୟାଙ୍କ କ୍ରମାନ୍ୱୟରେ କ୍ଷତି କରି ଚାଲିବାରୁ ଅର୍ବାନ୍ ବ୍ୟାଙ୍କ ପ୍ରତି ଲୋକଙ୍କର ଆସ୍ଥା କ୍ରମେ କ୍ରମେ କମିବାରେ ଲାଗିଲା ଓ ଦୁର୍ନିତୀଖୋର କର୍ମଚାରୀଙ୍କ ଦ୍ୱାରା ଅର୍ଥ ତୋଷାରପାତ କାର୍ଯ୍ୟ ବୃଦ୍ଧିପାଇଲା ।

୧୯୨୨ ମସିହାର ସମବାୟ ନିର୍ବାଚନରେ ୧୫ ଜଣ ବ୍ୟକ୍ତି ପୁନଃ ବ୍ୟାଙ୍କକୁ ନିର୍ବାଚିତ ହେବାରୁ ବ୍ୟାଙ୍କ ଦୀର୍ଘଦିନ ହେଲା କ୍ଷତିକରି ଚାଲୁଥିଲାବେଳେ କାହାର ଏଥିପ୍ରତି ନିଘା ରହିଲା ନାହିଁ କି ପରିଚାଳନା ପରିଷଦ ବ୍ୟାଙ୍କ ପୁନରୁଦ୍ଧାର କାର୍ଯ୍ୟରେ ମନଯୋଗ ଦେଲେନାହିଁ । ରାଜ୍ୟ ସରକାର ମଧ୍ୟ ଦ ଅର୍ବାନ କୋ-ଅପରେଟିଭ୍ ବ୍ୟାଙ୍କ, କଟକ ପ୍ରତି ଦାୟିତ୍ୱହୀନ ମନୋଭାବ ପୋଷଣ କଲେ ।

ଓଡ଼ିଶା ରାଜ୍ୟ ସମବାୟ ବିଭାଗର ପତ୍ର ସଂଖ୍ୟା ୩୫୫୯ ତା୧୪.୦୩.୨୦୨୪ରିଖରେ ଏକ ନିର୍ଦ୍ଦେଶନାମା ସମସ୍ତ ସମବାୟ ବିଭାଗ ଶୀର୍ଷ ସମବାୟ ସମିତିକୁ ପ୍ରେରଣ କରିଥିଲେ ସମବାୟ ସମିତି ଆଇନ୍ ଧାରା ୨୯ର ଉପଧାରା ୨ (ଓ) କୁ ଆଧାର କରି । ଏହା ପୂର୍ବରୁ ରାଜ୍ୟ ସରକାରଙ୍କର ସମବାୟ ଆଇନ୍ ଧାରା ୧୨୩ (ଏ) ବଳରେ ଚିଠି ସଂଖ୍ୟା ୨୧୭୯୩ ତା୨୮.୧୨.୧୯୯୬ ଏବଂ ଚିଠି ସଂଖ୍ୟା ୭୦୯୦ ତା୦୪.୦୪.୧୯୯୭ରିଖରେ ସମବାୟ ବିଭାଗ ଦ୍ୱାରା ପ୍ରେରିତ ପତ୍ରରେ ସଂଶୋଧନ କରି ଓଡ଼ିଶାର ସମସ୍ତ ଶୀର୍ଷ ସମବାୟ ସମିତିମାନଙ୍କର ସଭାପତି ଓ ନିର୍ଦ୍ଦେଶକମାନଙ୍କର ବୈଠକ ଭତ୍ତା, ଯିବା ଆସିବା ଗାଡ଼ିଭଡ଼ା ଓ ସଭାପତିଙ୍କର ମାସିକ ମାନଦେୟ ପାଇଁ ସ୍ଥିରୀକୃତ ଆର୍ଥିକ ପ୍ରୋତ୍ସାହନ ଯଥା ସଭାପତିମାନଙ୍କୁ ମାସିକ ୧୫୦୦୦ ଟଙ୍କା ଓ ନିର୍ଦ୍ଦେଶକମାନଙ୍କୁ ବୈଠକ ଭତ୍ତା ୫୦୦୦ ଟଙ୍କା ଦେବାପାଇଁ ସ୍ଥିରୀକୃତ ହୋଇ ବିଭିନ୍ନ ବିଭାଗର ଶୀର୍ଷ ସମବାୟ ସମିତିମାନଙ୍କୁ ପତ୍ର ଦ୍ୱାରା ଜଣାଇ ଦିଆଗଲା । ମାତ୍ର ସମବାୟ ଆଇନକୁ ଆଖି ଆଗରେ ରଖାଯାଇ ଲାଭ କରୁଥିବା

ସମିତିମାନଙ୍କର ସଭାପତି ଓ ନିର୍ଦ୍ଦେଶକମାନଙ୍କୁ ଏସବୁ ଦେବାପାଇଁ ବ୍ୟବସ୍ଥା ରହିଲା ଏବଂ ଅଫିସିଆଲ୍ କାର୍ଯ୍ୟପାଇଁ ସଭାପତିଙ୍କୁ ଏକ ଗାଡ଼ି ଯୋଗାଇଦେବାର ବ୍ୟବସ୍ଥା ପାଇଁ ଉକ୍ତ ନିର୍ଦ୍ଦେଶନାମାରେ ସ୍ଥାନ ପାଇଥିଲା । ସମସ୍ତ ନିର୍ଦ୍ଦେଶକ ଓ ସଭାପତିମାନଙ୍କର ବାର୍ଷିକ ପ୍ରୋତ୍ସାହନ ରାଶି ସମିତିର ଲାଭାଂଶର ଶତକଡ଼ା ୧୦ ଭାଗରୁ ଅଧିକ ନହେବା ପାଇଁ ଆଇନରେ ବ୍ୟବସ୍ଥା ଅଛି । ମାତ୍ର ଏଠାରେ ପ୍ରଶ୍ନ କରାଯାଏ ରାଜ୍ୟ ମହିଳା ବିକାଶ ସମବାୟ ନିଗମ, ରାଜ୍ୟ ଆଦିବାସୀ ଓ ହରିଜନ ଅର୍ଥ ଉନ୍ନୟନ ସମବାୟ ନିଗମ, ଓଡ଼ିଶା ରାଜ୍ୟ ପଛୁଆ ବର୍ଗ ଅର୍ଥ ସମବାୟ ନିଗମ ବ୍ୟବସାୟ ନକରି ରାଜ୍ୟ ବାର୍ଷିକ ଉନ୍ନୟନ ଯୋଜନାକୁ ଲୋକମାନଙ୍କ ନିକଟରେ ପହଞ୍ଚାଇବାକୁ କାର୍ଯ୍ୟ କରୁଥିବାରୁ ଏମାନେ ଏ ସମସ୍ତ ପ୍ରକାର ଭତ୍ତା ପାଇବା ପାଇଁ ଯୋଗ୍ୟ । ଏଠାରେ ସମିତିର ଲାଭକୁ ବିଚାରକୁ ନିଆଯିବ ନାହିଁ । ମାତ୍ର ଏସବୁ ଶୀର୍ଷ ସମବାୟ ସମିତିର ପରିଚାଳନା ନିର୍ଦ୍ଦେଶକମାନେ ରାଜ୍ୟ ସମବାୟ ନିବନ୍ଧକଙ୍କ ଦ୍ୱାରା ନିର୍ଗତ ଆଦେଶନାମାକୁ ଭ୍ରୂକ୍ଷେପ ନକରି ସଭାପତି ଓ ନିର୍ଦ୍ଦେଶକମାନଙ୍କୁ ନିବନ୍ଧକଙ୍କ ଦ୍ୱାରା ସ୍ଥିରୀକୃତ ପ୍ରୋତ୍ସାହନ ରାଶିକୁ ନଦେଇ ସମୟ ଗଡ଼ାଇ ଚାଲିଲେ । ଗତ କିଛିଦିନ ତଳେ ରାଜ୍ୟ ଆଦିବାସୀ ଓ ହରିଜନ ବିଭାଗର ନିର୍ଦ୍ଦେଶକଙ୍କ ଦ୍ୱାରା ଏକ ଚିଠି ଆଦିବାସୀ ହରିଜନ ଅର୍ଥ ଉନ୍ନୟନ ସମବାୟ ନିଗମକୁ ପ୍ରେରଣ କରାଗଲା । ଯେଉଁଥିରେ ଉଲ୍ଲେଖ ଥିଲା ସମବାୟ ନିବନ୍ଧକଙ୍କ ସ୍ଥିରୀକୃତ ପ୍ରୋତ୍ସାହନ ରାଶି ଶୀର୍ଷ ସମବାୟ ସମିତିର ପରିଚାଳନା ପରିଷଦର ସଭ୍ୟମାନଙ୍କୁ ନଦେବା ପାଇଁ । ଏଠାରେ ଆଇନତଃ ପ୍ରଶ୍ନ କରାଯାଏ ରାଜ୍ୟ ସମବାୟ ନିବନ୍ଧକ ଜଣେ ସାମ୍ବିଧାନିକ କ୍ଷମତାପ୍ରାପ୍ତ ଅଧିକାରୀ ହୋଇଥିବାରୁ ତାଙ୍କର ଚୂଡ଼ାନ୍ତ ନିଷ୍ପତ୍ତି ସମସ୍ତ ସମବାୟ ଅନୁଷ୍ଠାନମାନଙ୍କୁ ପ୍ରଯୁଜ୍ୟ ଓ ମାନିବାକୁ ବାଧ୍ୟ । ମାତ୍ର ତାଙ୍କୁ ହେୟ କରି କୌଣସି ଅଧିକାରୀ ଯଦି କିଛି ନିର୍ଦ୍ଦେଶନାମା ଜାରି କରନ୍ତି ତାହେଲେ ତାହା ଆଇନ୍ ବିରୋଧ ଏବଂ ଯଦି ଭବିଷ୍ୟତରେ ଅଦାଲତର ସାହାଯ୍ୟ ନିଆଯାଏ ତାହେଲେ ଆଦେଶ ଅବମାନନା କରୁଥିବା ବ୍ୟକ୍ତି ଜଣକ ଦଣ୍ଡ ଭୋଗିବାର ଆଇନରେ ବ୍ୟବସ୍ଥା ଅଛି ।

ସମବାୟ ସମିତି ଆଇନ ୧୯୬୨ର ଧାରା ୨୭ରେ ଉଲ୍ଲେଖ ଅଛି ଯେ, ସମିତିର ସର୍ବୋଚ୍ଚ ନୀତି ନିର୍ଦ୍ଧାରକ ହେଉଛି ସମବାୟ ସମିତିର ବାର୍ଷିକ ସାଧାରଣ ସଭା । ସମିତିର ପରିଚାଳନା ସମ୍ପୂର୍ଣ୍ଣଭାବେ ପରିଚାଳନା ପରିଷଦ ଉପରେ ନ୍ୟସ୍ତ । ସମିତିର ବିଭିନ୍ନ ପରିଚାଳନା ପରିଷଦ ବୈଠକଗୁଡ଼ିକର ବିବରଣୀରେ ସ୍ଥାନ ପାଇଥିବା ନିଷ୍ପତ୍ତିଗୁଡ଼ିକ ସମବାୟ ସମିତି ଦ୍ୱାରା ଡକାଯାଇଥିବା ବାର୍ଷିକ ସାଧାରଣ ସଭାରେ ଗୃହୀତ ହେଲାପରେ ରାଜ୍ୟ ସମବାୟ ନିବନ୍ଧକଙ୍କ ନିକଟକୁ ଅନୁମୋଦନ ପାଇଁ ପଠାଇ

ଦିଆଯାଏ । ଉଦାହରଣ ସ୍ୱରୂପ ଗୋଟିଏ ସମିତିର ସାଧାରଣ ପରିଷଦର ବୈଠକର କ୍ଷମତା ଆନ୍ଧ୍ରପ୍ରଦେଶ ସରକାରଙ୍କ ଦ୍ୱାରା ୧୯୯୨ ମସିହାରେ ଅଲ୍ ଇଣ୍ଡିଆ ରିଭ୍ୟୁର ୧୯୧ ଅନୁଚ୍ଛେଦରେ ପ୍ରକାଶିତ ଏବଂ ଆଲ୍ ଇଣ୍ଡିଆ ରିଭ୍ୟୁ ୧୯୭୫ ମସିହାରେ ୮୦୯ ଅନୁଚ୍ଛେଦରେ ଓ ୧୯୬୯ ମସିହା ମହାରାଷ୍ଟ୍ର ଲ ଜର୍ଣ୍ଣାଲ୍‌ର ୮୩୬ ଅନୁଚ୍ଛେଦରେ ପ୍ରକାଶିତ ବିବୃତିକୁ ଆଧାର କରି ସମସ୍ତ ବିଷୟ ବୁଝିହେବ । ଅନ୍ୟ ଏକ ଘଟଣା କ୍ରମେ ଆଦିବାସୀ ଉନ୍ନୟନ ସମବାୟ ଅର୍ଥ ନିଗମର ଭାରପ୍ରାପ୍ତ ପ୍ରଶାସନିକ ପରିଚାଳକ ରାଜ୍ୟ ସମବାୟ ନିବନ୍ଧକଙ୍କ ନିର୍ଦ୍ଦେଶନାମାକୁ ଖାତିର୍ ନକରି ଟି.ଡି.ସି.ସି. ପରିଚାଳନା ପରିଷଦର ସଭାପତି ଓ ସଭ୍ୟମାନଙ୍କୁ ପ୍ରୋତ୍ସାହନ ରାଶି ନଦେବା ପାଇଁ ରାଜ୍ୟ ଆଦିବାସୀ ହରିଜନ ଉନ୍ନୟନ ବିଭାଗର ପ୍ରଶାସନିକ ଅଧିକାରୀ ଏକ ଚିଠି ପ୍ରେରଣ କରିଛନ୍ତି । ଯାହାକି ତାଙ୍କ କ୍ଷମତାର ବାହାରେ ଏବଂ କ୍ଷମତାର ଦୁରୁପଯୋଗ ହେବା ଏକ ଧର୍ତ୍ତବ୍ୟ ଅପରାଧ ରୂପେ ପରିଗଣିତ ଓ ଆଇନ ବିରୋଧ କାର୍ଯ୍ୟ ।

ରାଜ୍ୟ ମହିଳା ବିକାଶ ସମବାୟ ନିଗମର ପରିଚାଳନା ନିର୍ଦ୍ଦେଶକଙ୍କୁ ତା୨୦.୦୯.୧୯୯୯ ମସିହା ଚିଠି ନଂ. II / Legal 26 / 98, 19920 / Co-Op. ରାଜ୍ୟ ସରକାର ୧୯୬୨ ମସିହା ସମବାୟ ଆଇନ୍‌ର ଧାରା (୩)ର ଉପଧାରା (୧) ଏବଂ ସମବାୟ ଆଇନ୍ ୧୯୬୩ର ଧାରା (୨) ଏବଂ ସମବାୟ ସମିତି ଆଇନ ୧୯୬୫ ଧାରା (୫) ଅନୁସାରେ ଅତିରିକ୍ତ ନିବନ୍ଧକଙ୍କୁ କ୍ଷମତା ରାଜ୍ୟ ସରକାରଙ୍କ ଦ୍ୱାରା ପ୍ରଦାନ କରାଯାଇଛି । ମାତ୍ର ବର୍ତ୍ତମାନର ପରିଚାଳନା ନିର୍ଦ୍ଦେଶକ ଜଣେ ଭାରତୀୟ ପ୍ରଶାସନିକ ସେବାର ଅଧିକାରୀ ହୋଇ ସମବାୟ ଆଇନ୍‌କୁ ନବୁଝି ଗଣତାନ୍ତ୍ରିକ ପ୍ରକ୍ରିୟାରେ ନିର୍ବାଚିତ ପରିଚାଳନା ପରିଷଦକୁ ଦିଆଯାଇଥିବା କ୍ଷମତାକୁ ସଂକୁଚିତ କରିବା ସଙ୍ଗେ ସଙ୍ଗେ ସଭାପତି ଓ ନିର୍ଦ୍ଦେଶକମାନଙ୍କୁ ମାନଦେୟ ଓ ବୈଠକ ଭତ୍ତା ସହିତ ଅଫିସିଆଲ୍ କାର୍ଯ୍ୟରେ ଗାଡ଼ି ବ୍ୟବହାର କରିବାକୁ ଦେଉନାହାନ୍ତି । ତାହା ସହିତ ସମିତିର ପରିଚାଳନା ପରିଷଦର ସଭ୍ୟମାନେ ବୈଠକକୁ ଯିବା ଆସିବା ଯାତାୟାତ ଖର୍ଚ୍ଚ ମଧ ଦେଉନାହାନ୍ତି । ସଭାପତି ବାର୍ଷିକ ସାଧାରଣ ସଭାପାଇଁ ଦିନ ଧାର୍ଯ୍ୟ କରିଥିଲେ ମଧ ପରିଚାଳନା ନିର୍ଦ୍ଦେଶକ ଏହାକୁ କାର୍ଯ୍ୟକାରୀ କରାଇ ନଦେବା ଫଳରେ ପରିଚାଳନାରେ ଆଇନଗତ ପ୍ରତିବନ୍ଧକ ସୃଷ୍ଟି ହେଉଛି ।

ରାଜ୍ୟ ତାଳଗୁଡ଼ ସମବାୟ ସଂଘ ଏକ ବ୍ୟବସାୟିକ ସମବାୟ ସଂସ୍ଥା ହୋଇଥିବାରୁ ଏହାର ପରିଚାଳନା ନିର୍ଦ୍ଦେଶକ ଜଣେ ପୂର୍ଣ୍ଣକାଳୀନ ଅଧିକାରୀ ହେବା ଆବଶ୍ୟକ । ଓଡ଼ିଶା ତାଳଗୁଡ଼ ଜି.ଆଇ. ଟ୍ୟାଗ୍ ପାଇଥିବାରୁ ଜୈବ ଖାଦ୍ୟ ପଦାର୍ଥ ହିସାବରେ ଏହାର ଚାହିଦା ଯଥେଷ୍ଟ ମାତ୍ରାରେ ବୃଦ୍ଧି ପାଇଥିଲେ ମଧ ସମିତିମାନଙ୍କର

ମୂଳଧନ ଅଭାବରେ ବ୍ୟବସାୟ ଆଶାନୁରୂପକ ହୋଇପାରୁନାହିଁ । ରାଜ୍ୟ ସରକାର ଯଦି ମୂଳଧନ ବାବଦକୁ ଉକ୍ତ ସଂଘକୁ ଅତି କମ୍‌ରେ ୧୦୦ କୋଟି ଟଙ୍କା ଯୋଗାଇ ଦେଇ ପାରନ୍ତେ ତେବେ ଚାହିଦା ମୁତାବକ ତାଳଗୁଡ଼ ପ୍ରସ୍ତୁତ କରି ସ୍ୱଦେଶ ତଥା ବିଦେଶକୁ ବ୍ୟବସାୟ ଭିତ୍ତିରେ ପ୍ରେରଣ କରାଗଲେ ଆଶାତୀତ ଭାବେ ସମିତି ଲାଭ ଉପାର୍ଜନ କରିପାରିବ । ଓଡ଼ିଶା ତାଳଗୁଡ଼ର ମାନ୍ୟତା ରାଜ୍ୟ ସରକାରଙ୍କ ପାଇଁ ଗର୍ବ ଓ ଗୌରବର ବିଷୟ ।

ମାର୍କଫେଡ୍ ଏକ ଲାଭଜନକ ସମବାୟ ଅନୁଷ୍ଠାନ ହୋଇଥିଲେ ମଧ୍ୟ କର୍ମଚାରୀଙ୍କ ଅଭାବରୁ ଏବଂ ଜଣେ ପୂର୍ଣ୍ଣକାଳୀନ ପରିଚାଳନା ନିର୍ଦ୍ଦେଶକଙ୍କୁ ରାଜ୍ୟ ସରକାର ନିଯୁକ୍ତି ନଦେବା ଫଳରେ ଏହା ବ୍ୟବସାୟରେ କୌଣସି ପ୍ରକାର ଅଭିବୃଦ୍ଧି ହୋଇପାରି ନାହିଁ । ଯେଉଁ ମହତ୍ ଉଦ୍ଦେଶ୍ୟ ନେଇ ରାଜ୍ୟ ସରକାର ଏହି ଅନୁଷ୍ଠାନଟିକୁ ଗଠନ କରିଥିଲେ ତାହା ମୁଖ୍ୟ ସ୍ରୋତରେ ଚାଷୀମାନଙ୍କୁ ସାର ଯୋଗାଇବାକୁ ବଦ୍ଧ ପରିକର ହୋଇଥିଲେ ମଧ୍ୟ କର୍ମଚାରୀ ଅଭାବରୁ ଏବଂ ପରିଚାଳନାଗତ ତ୍ରୁଟି ପାଇଁ ଏହା କ୍ରମାନ୍ୱୟରେ କ୍ଷତିକରି ଚାଲିଛି । ରାଜ୍ୟର ସମସ୍ତ ଜିଲ୍ଲାରେ ଗୋଦାମଘର ଥିଲେ ମଧ୍ୟ ରାଜ୍ୟ ସରକାରଙ୍କ ସଂପୂର୍ଣ୍ଣ ସହଯୋଗରେ ସଂସ୍ଥାଟି କେବଳ ମାତ୍ର କାଗଜ କଲମରେ କାର୍ଯ୍ୟ କରୁଛି ।

ଏ ସମସ୍ତ ପରେ ମଧ୍ୟ ବିଭିନ୍ନ ଶୀର୍ଷ ସମବାୟର ପରିଚାଳନା ପରିଷଦର ସଭ୍ୟମାନେ ଭାରତବର୍ଷର ବିଭିନ୍ନ ରାଜ୍ୟକୁ ଯାଇ ସେଠାର ସମିତିମାନଙ୍କର କାର୍ଯ୍ୟଦକ୍ଷତା ନିରୀକ୍ଷଣ କରିବା ସହିତ ପରିଚାଳନାଗତ ଶିକ୍ଷାର ଅଭିବୃଦ୍ଧି ପାଇଁ ସମବାୟ ନିବନ୍ଧକଙ୍କ ନିକଟରେ ଆଇ.ଇ.ସି. ହେଡ୍‌ରେ ଥିବା ଅର୍ଥରୁ ଖର୍ଚ୍ଚ କରାଯାଇ ଅନ୍ୟୁନ୍ୟ ବର୍ଷକୁ ଥରେ ସେମାନଙ୍କୁ ଅନ୍ୟ ରାଜ୍ୟକୁ ପଠାଗଲେ ସଭ୍ୟମାନେ ସେଠାକାର ପରିଚାଳନା ପଦ୍ଧତିକୁ ଅନୁସରଣ କରି ନିଜ ଅନୁଷ୍ଠାନରେ ତାହାକୁ କାର୍ଯ୍ୟକାରୀ କରାଇ ସଂସ୍ଥାକୁ ଉପଯୁକ୍ତ ମାର୍ଗରେ ପରିଚାଳନା କରାଇବାର ଥିଲେ ମଧ୍ୟ ରାଜ୍ୟ ସମବାୟ ନିବନ୍ଧକ ଭୁଲ୍ ବଶତଃ ସେମାନଙ୍କୁ ନ ପଠାଇ ରାଜ୍ୟ ସରକାରୀ କର୍ମଚାରୀମାନଙ୍କୁ ଶିକ୍ଷା ପାଇଁ ବାହାର ରାଜ୍ୟକୁ ପଠାଇବା ଦ୍ୱାରା ଅଯଥାରେ ଅର୍ଥ ଶ୍ରାଦ୍ଧ ହେବା ବ୍ୟତୀତ ଅନ୍ୟକିଛି ଲାଭ ନାହିଁ । ଏ ଦିଗରେ ରାଜ୍ୟ ସମବାୟ ନିବନ୍ଧକ ସଚେତନ ହୋଇ କାର୍ଯ୍ୟ କରିବା ଆବଶ୍ୟକ । କାରଣ ସମିତିକୁ ଉପଯୁକ୍ତ ମାର୍ଗରେ ପରିଚାଳନା କରି ଲାଭ ଉପାର୍ଜନର ଦାୟିତ୍ୱ ପରିଚାଳନା ପରିଷଦର ସଦସ୍ୟମାନଙ୍କର ।

ଏ ସବୁକୁ ବିଚାରକୁ ନେଲେ ରାଜ୍ୟ ଶୀର୍ଷ ସମବାୟ ସମିତିର ପରିଚାଳନା ନିର୍ଦ୍ଦେଶକମାନେ ଓ ରାଜ୍ୟ ସମବାୟ ନିବନ୍ଧକ ନିଜେ ପ୍ରଣୟନ କରିଥିବା ଆଇନକୁ

ନପଢ଼ି ନବୁଝି ଗଣତାନ୍ତ୍ରିକ ପ୍ରକ୍ରିୟାରେ ନିର୍ବାଚିତ ପରିଚାଳନା ପରିଷଦର ସମ୍ମାନ ହାନୀ ହେଲା ଭଳି କାର୍ଯ୍ୟକରି ଚାଲିଲେ ଆଗାମୀ ଦିନରେ ଶୀର୍ଷ ସମବାୟ ସଂସ୍ଥାଗୁଡ଼ିକ ବନ୍ଦ ହୋଇଯିବ । ଏସବୁ ବେଆଇନ୍ କାର୍ଯ୍ୟ କରୁଥିବା ସରକାରୀ କର୍ମଚାରୀମାନଙ୍କ ବିରୁଦ୍ଧରେ ରାଜ୍ୟ ସରକାର ଶାସନଗତ ଦୃଢ଼ କାର୍ଯ୍ୟାନୁଷ୍ଠାନ ନେବା ଆବଶ୍ୟକ । ଏସବୁ କାର୍ଯ୍ୟର ତର୍ଜମା ରାଜ୍ୟ ସରକାରଙ୍କ ଦ୍ୱାରା ହେବା ଆବଶ୍ୟକ ଓ ସମବାୟ ଆଇନକୁ ପଢ଼ି ନବୁଝି କାର୍ଯ୍ୟ କଲେ ରାଜ୍ୟ ସରକାର ଅପଦସ୍ଥ ହେବା ବ୍ୟତୀତ ଆଉ କିଛି ନୁହେଁ । ଯାହା ଫଳରେ ଯେଉଁ ମହତ୍ ଉଦ୍ଦେଶ୍ୟ ନେଇ ତ୍ରିସ୍ତରୀୟ ସମବାୟ ସମିତିଗୁଡ଼ିକ ଗଠନ କରାଯାଇଥିଲା ତାହାର କାର୍ଯ୍ୟ ଫଳ ଶୂନ ହେବା ସାର ହେବ । ରାଜ୍ୟ ସମବାୟ ମନ୍ତ୍ରୀ ଶ୍ରୀଯୁକ୍ତ ପ୍ରଦୀପ କୁମାର ବଳସାମନ୍ତ ଜଣେ ନିଷ୍ଠାବାନ୍ ବ୍ୟକ୍ତି ହୋଇଥିବାରୁ ଓ ସମବାୟ ବିଭାଗର ଶାସନ ସଚିବ ଜଣେ ଦାୟିତ୍ୱବାନ୍ ସର୍ବଭାରତୀୟ ପ୍ରଶାସନିକ ସେବାର ଅଧିକାରୀ ହୋଇଥିବାରୁ ଏ ଦିଗରେ ଯତ୍ନବାନ୍ ହୋଇ ବିହିତ କାର୍ଯ୍ୟାନୁଷ୍ଠାନ ଗ୍ରହଣ କରିବେ ବୋଲି ଆଶା କରାଯାଏ ।

'ଓଡ଼ିଶା ଏକ୍ସପ୍ରେସ୍' - ତା୨୦.୧୧.୨୦୨୫ରେ ପ୍ରକାଶିତ

■

ଜନସେବାରେ ସମବାୟ

ଗରିବ ତଥା ଦୁର୍ବଳ ଶ୍ରେଣୀର ଲୋକମାନଙ୍କ ପାଇଁ ଲାଭଖୋର ମହାଜନଙ୍କ ଠାରୁ ଅଧିକ ଉନ୍ନତି ସହିତ ସେମାନଙ୍କୁ ଶୋଷଣୁ ମୁକ୍ତ କରିବା ପାଇଁ ଊନ୍ନବିଂଶ ଶତାବ୍ଦୀର ଶେଷଭାଗରେ ଇଉରୋପୀୟ ଦେଶ ତଥା ଜର୍ମାନରେ ସମବାୟ ଆନ୍ଦୋଳନ ଜନ୍ମଲାଭ କରିଥିଲା । ଅତିରିକ୍ତ ଚକ୍ରବର୍ତ୍ତୀ ସୁଧ ଅସୁଲକାରୀ ଲାଭଖୋର ମହାଜନମାନଙ୍କ ଶୋଷଣରୁ ଗାଁର ଗରିବ ଲୋକମାନଙ୍କୁ ମୁକ୍ତ କରିବାପାଇଁ ସମାଜସେବୀ ରାଇଫସିନ ସାହେବ ସାଧାରଣ ଲୋକମାନଙ୍କ ଠାରୁ ଜମା ଆଦାୟ କରି ଋଣ ସେବା ସମବାୟ ସମିତିମାନ ଗଠନ କରିଥିଲେ । ଉକ୍ତ ସମିତିରେ କୃଷକମାନଙ୍କୁ ସଭ୍ୟଭୁକ୍ତ କରାଇ ଉଚିତ ତଥା ସୁଲଭ ଦରରେ ଋଣ ଦେବାପାଇଁ ଋଣ ସମିତିମାନ ଗଠିତ ହୋଇ ବ୍ୟାଙ୍କ ପ୍ରତିଷ୍ଠାର ପଥ ପ୍ରଦର୍ଶକ ହେଲେ । କ୍ରମେ ଭାରତରେ ପ୍ରଥମେ ୧୮୯୮ ମସିହା ଠାରୁ ସମବାୟ ସମିତି ଗଠନ କରାଯାଇଥିଲା । ୧୯୬୯ ମସିହାରେ ଭାରତରେ ଜାତୀକରଣ ବ୍ୟାଙ୍କ, ୧୯୭୫ ମସିହାରେ ଗ୍ରାମ୍ୟ ବ୍ୟାଙ୍କମାନ ଗଠନ କରାଯାଇ ସମବାୟ ବ୍ୟାଙ୍କ ମାନଙ୍କର ପରିପୂରକ ହୋଇ କୃଷିଋଣ ଦେଉଅଛନ୍ତି । ଗତ ସମବାୟ ବର୍ଷରେ ୧୮୦୦୦୦ କୋଟି ଟଙ୍କା କୃଷି ଋଣର ୭୫ ଭାଗ କେବଳ ସମବାୟ ବ୍ୟାଙ୍କମାନଙ୍କ ଦ୍ୱାରା କୃଷକମାନଙ୍କୁ ଦିଆଯାଇଛି । ବ୍ୟାଙ୍କମାନେ କେବଳ କୃଷି ଋଣ ଦେଇଦେଲେ ହେବ ନାହିଁ ତାହା ସହିତ ଆନୁସଙ୍ଗିକ ସାର, କୀଟନାଶକ ଔଷଧ, ବିହନ, ଉନ୍ନତ କୃଷି ଯନ୍ତ୍ରପାତି ଓ ଜଳଯୋଗାଣ ଇତ୍ୟାଦି ଅଧିକ ଉତ୍ପାଦନର ମୂଳପିଣ୍ଡ ଯୋଗାଇଦେବା ଦରକାର । ସମବାୟ ସମିତିମାନେ କୃଷି ଉତ୍ପାଦନରେ ଋଣ ସମେତ ସମସ୍ତ ସମ୍ବଳ ଯୋଗାଇବା ସଙ୍ଗେ ସଙ୍ଗେ କୃଷକର ଉତ୍ପାଦିତ ଫସଲକୁ ସହାୟକ ତଥା ଉଚିତ ଦରରେ କିଣିବା ସହିତ ଗରିବ କୃଷକ ଶ୍ରମିକମାନଙ୍କୁ ସମବାୟ ସମିତି ମାଧ୍ୟମରେ ସୁଲଭ ମୂଲ୍ୟରେ ଖାଦ୍ୟ ପଦାର୍ଥ ଯୋଗାଇବାର ଦାୟିତ୍ୱ ନେଇଅଛନ୍ତି ।

୧୯୮୦-୮୧ ସମବାୟ ବର୍ଷ ହିସାବ ଅନୁଯାୟୀ ଭାରତରେ ୯୪୫୯୨ ଗୋଟି କୃଷି ଋଣ ସେବା ସମବାୟ ସମିତି, ୩୩୭ ଗୋଟି କେନ୍ଦ୍ର ସମବାୟ ବ୍ୟାଙ୍କ, ୨୭ଟି ରାଜ୍ୟ ସମବାୟ ବ୍ୟାଙ୍କ, ୧୯ଟି କେନ୍ଦ୍ର ସମବାୟ ଭୂବନ୍ଧକ ବ୍ୟାଙ୍କ, ୨୫୩୦ଟି ପ୍ରାଥମିକ ସମବାୟ ଭୂ-ଉନ୍ନୟନ ବ୍ୟାଙ୍କ ଭାରତର ଶତକଡ଼ା ୯୭ ଭାଗ ଅର୍ଥାତ୍ ୫୪୪୮୫୭ ଗୋଟି ଗ୍ରାମକୁ ସୀମା ପରିସରଭୁକ୍ତ କରାଇ ପ୍ରାୟ ୮ କୋଟି ପରିବାର ସଭ୍ୟଙ୍କୁ ୩୮୫୦୦ କୋଟି ଟଙ୍କା ସୁଲଭ ସୁଧରେ ଋଣ, ୬୫୦୨ କୋଟି ଟଙ୍କାର ସାର, ୩୨୯ କୋଟି ୬ ଲକ୍ଷ ଟଙ୍କାର ଅତ୍ୟାବଶ୍ୟକ ଜିନିଷ ଯୋଗାଇଥିଲେ ଏବଂ ସେବା ସମବାୟ ସମିତିମାନେ ଚାଷୀମାନଙ୍କ ଠାରୁ ୪୧୦୦ କୋଟି ଟଙ୍କାର ଶସ୍ୟ ସହାୟକ ମୂଲ୍ୟରେ କିଣିଥିଲେ । ୧୯୮୭-୮୮ ସମବାୟ ବର୍ଷରେ ଓଡ଼ିଶା ରାଜ୍ୟ ସମବାୟ ବ୍ୟାଙ୍କ ତଥା ପ୍ରାଥମିକ କୃଷି ସମବାୟ ସମିତିମାନେ ୫୦ କୋଟି ଟଙ୍କାର ଫସଲ ଋଣ, ୫ କୋଟି ଟଙ୍କାର ସାର ଓ ୫୬ କୋଟି ଟଙ୍କାର ଖାଉଟୀ ଦ୍ରବ୍ୟ ଯୋଗାଇଥିଲେ ।

ସମନ୍ୱିତ ଗ୍ରାମ୍ୟ ଉନ୍ନୟନ ଯୋଜନାରେ ସମାଜରୁ ଦାରିଦ୍ର୍ୟ ସୀମାରେଖା ତଳେ ଥିବା ଲୋକମାନଙ୍କର ଆର୍ଥିକ ବିକାଶ ପାଇଁ କ୍ଷୁଦ୍ର ବ୍ୟବସାୟ, ଦରଜୀ, ଇଟା ମିସ୍ତ୍ରୀ, ପାନ ଦୋକାନୀ, ପରିବା ଦୋକାନୀ, ଫଳ ବ୍ୟବସାୟୀ, ବଢ଼େଇ, କମାର, କୁମ୍ଭାର, ବଣିଆ, ଚମାର, ଧୋବା, ଭଣ୍ଡାରୀ ପ୍ରଭୃତି ସେବାକାରୀ ଓ ଗୋପାଳମାନଙ୍କୁ ଦୁଧିଆଳି ଗାଈ, ଛେଳି ଓ ମେଣ୍ଢା ପାଳନ ପାଇଁ ୬ଷ୍ଠ ପଞ୍ଚବାର୍ଷିକ ଯୋଜନାରେ ୪୬୩୧ କୋଟି ଟଙ୍କା ରିହାତି ଋଣରେ ସମ୍ବଳମାନ ଯୋଗାଇ ଦିଆଯାଇଛି । ସମବାୟ ସମିତିମାନେ ଦୁଗ୍ଧ ତଥା ଶିଳ୍ପ ସାମଗ୍ରୀମାନଙ୍କର ବିକ୍ରିବଟାର ଦାୟିତ୍ୱ ନେଇଛନ୍ତି । ଫଳରେ ଯୋଜନା କମିଶନଙ୍କ ଅଟକଳ ଅନୁଯାୟୀ ୧୯୭୭-୭୮ ମସିହାରେ ଦାରିଦ୍ର୍ୟ ସୀମାରେଖା ତଳେ ଥିବା ଲୋକ ସଂଖ୍ୟା ୫୧ ଭାଗରୁ କମି ୧୯୮୩-୮୪ ମସିହା ସୁଦ୍ଧା ଶତକଡ଼ା ୪୦ ଭାଗରେ ପହଞ୍ଚି ପାରିଥିଲା । ସେହିପରି ଭାବରେ ସହରାଞ୍ଚଳ ଗରିବ ଲୋକମାନଙ୍କର ଆର୍ଥିକ ବିକାଶ ପାଇଁ ୧୨୦୩ ନାଗରିକ ସମବାୟ ବ୍ୟାଙ୍କ (ଅର୍ବାନ୍ କୋ-ଅପରେଟିଭ ବ୍ୟାଙ୍କ) ବିଭିନ୍ନ ବ୍ୟବସାୟୀ ତଥା କ୍ଷୁଦ୍ର ଶିଳ୍ପ କାରଖାନା ପାଇଁ ୧୦୫୯ କୋଟି ଟଙ୍କା ଋଣ ଦେଇଥିଲେ । ୨୦୩୫୭ ଗୋଟି କର୍ମଚାରୀ ସମବାୟ ସମିତି ୫୦୮ କୋଟି ଟଙ୍କାର ଋଣ କର୍ମଚାରୀମାନଙ୍କୁ ଦେଇଥିଲେ । ଋଣ ସମବାୟ ଅନୁଷ୍ଠାନମାନଙ୍କରେ ୨୭୧୦୨୭ ଜଣ ଲୋକ ନିଯୁକ୍ତିର ସୁବିଧା ପାଇ ସେମାନଙ୍କ ଆର୍ଥିକ ସ୍ୱଚ୍ଛଳତା କରିପାରିଛନ୍ତି ।

ସେହିପରି ଭାବରେ ଫ୍ରାନ୍ସ, ଆମେରିକା, ଡେନ୍‌ମାର୍କ, ହଲାଣ୍ଡ, ସ୍ୱିଡେନ୍

ପ୍ରଭୃତି ଦେଶରେ କୃଷି ଓ ଶିଳ୍ପ ଉତ୍ପାଦନ, ବିଧାୟନ ବଣ୍ଟନ ତଥା ବିକ୍ରିବଟାର ସୁଗମ ପାଇଁ ବିଜୁଳି, ଟେଲିଫୋନ୍, ଶବ ସଂସ୍କାର, ଭୋଜନାଳୟ, କୁକୁଡ଼ା ଅଣ୍ଡା ଓ ମାଂସ ଇତ୍ୟାଦି ବିଭିନ୍ନ ସମବାୟ ସମିତିମାନ ଗଠିତ ହୋଇଅଛି । ସୋଭିଏତ୍ ଋଷିଆରେ କୋଠଚାଷର ପ୍ରବର୍ତ୍ତନ ପାଇଁ ଚାଷୀ ସମବାୟ ସମିତି ଗଠିତ ହୋଇଅଛି । ଭାରତର ମହାରାଷ୍ଟ୍ର ରାଜ୍ୟରେ ଆଖୁ ଚାଷର ପ୍ରସାର ତଥା ଚାଷୀଙ୍କ ଠାରୁ ଆଖୁ କିଣିବା ପାଇଁ ସମବାୟ ଚିନିକଳମାନ ସ୍ଥାପନ କରାଯାଇଛି । ୧୯୫୦ରୁ ୧୯୫୫ ବର୍ଷମାନଙ୍କରେ ମହାରାଷ୍ଟ୍ରର ଆଖୁଚାଷୀମାନେ ଗୁଡ଼ର ଉଚିତ୍ ଦର ଅଭାବରେ ଆଖୁ କିଆରୀରେ ନିଆଁ ଲଗାଇ ଦେଇଥିଲେ । ମାତ୍ର ବଜାରରେ ଚିନିର ଆବଶ୍ୟକତା ଦୃଷ୍ଟିରୁ ସମବାୟ ଚିନିକଳର ଆବଶ୍ୟକତା ପଡ଼ିଲା । ଆଖୁଚାଷୀମାନଙ୍କୁ ଉଚିତ୍ ଦର ଦେଇ ସମବାୟ ଚିନିକଳମାନେ ଆଖୁ କିଣି ଚିନି ଉତ୍ପାଦନ କରି ଲାଭବାନ ହୋଇପାରିଲେ । ୧୯୮୧ ମସିହା ଜୁନ୍ ମାସ ସୁଦ୍ଧା ମହାରାଷ୍ଟ୍ରରେ ୧୮୪ ଗୋଟି ଚିନିକଳ ସ୍ଥାପିତ ହୋଇ ୧୨୧୯୩୮୩ ଜଣ ଆଖୁ ଚାଷୀଙ୍କ ଠାରୁ ଆଖୁ କିଣିବା ଦ୍ୱାରା ସେମାନେ ଉପକୃତ ହୋଇଛନ୍ତି । ୨୩୩ ଗୋଟି ସମବାୟ ସୂତାକଳ, ୧୫୮ଟି ଧାନକଳ, ୩୯ଟି ତେଲକଳ, ୮୬ଟି ଫଳ ବିଧାୟନ କଳ ସ୍ଥାପିତ ହୋଇ ୧୪୯୩୨୬ ଜଣ ଲୋକ ଉପକୃତ ହୋଇପାରିଛନ୍ତି । ୫୩୬୬୦ ମିଳିତ ଚାଷ ସମବାୟ ସମିତିରେ ୨୦୨୯୬୩ ଜଣ ସଭ୍ୟ ଚାଷୀ ୩.୬ ଲକ୍ଷ ହେକ୍ଟର ଜମି ଓ ୩୫୩୭ ସମବାୟ କୋଠଚାଷ ସମବାୟ ସମିତିର ୧୩୯୦୬୭ ଜଣ ଚାଷୀ ୧.୯ ଲକ୍ଷ ହେକ୍ଟର ଜମି ଚାଷ କରି ଜମିରୁ ଅଧିକ ଫସଲ ଉତ୍ପାଦନ କରିପାରିଛନ୍ତି । ୩୩୫୫ଟି ଜଳସେଚିତ ସମବାୟ ସମିତି ଜରିଆରେ ୧.୩ ଲକ୍ଷ ହେକ୍ଟର ଜମି ଜଳସେଚିତ ହେବା ଦ୍ୱାରା ଚାଷୀମାନେ ଅଧିକ ଫସଲ ଉତ୍ପାଦନ କରିପାରିଛନ୍ତି । ୪ଟି ଶୀର୍ଷ ସମବାୟ ଦୁଗ୍ଧ ମହାସଂଘ, ୨୬୫ଟି କେନ୍ଦ୍ର ସମବାୟ ଦୁଗ୍ଧସଂଘ, ୩୨୦୯୯୦ଟି ପ୍ରାଥମିକ ଦୁଗ୍ଧ ଉତ୍ପାଦନକାରୀ ସମବାୟ ସମିତି ଗଠନ କରାଯାଇ ୨୫୯୬୨୮୭ ଜଣ ସଭ୍ୟଙ୍କ ଠାରୁ ୭୩୯.୮ କୋଟି ଟଙ୍କାର ଦୁଗ୍ଧ କ୍ରୟ କରାଯାଇପାରିଛି । ୫୯୫୮ ଗୋଟି ପ୍ରାଥମିକ ମତ୍ସ୍ୟ ସମବାୟ ସମିତି ଜରିଆରେ ୭୦୧୪୧୫ ଜଣ ମତ୍ସ୍ୟଜୀବି ସଭ୍ୟ ହୋଇ ଜାଲ ଓ ଡଙ୍ଗା ସରକାରଙ୍କ ଠାରୁ ରିହାତିରେ ପାଇ ୧୧.୮ କୋଟି ଟଙ୍କାର ମାଛ ବିକ୍ରି କରିପାରିଛନ୍ତି । ୨୪ଟି ଶୀର୍ଷ ବୁଣାକାର ସମବାୟ ସଂଘ, ୯୨ଟି କେନ୍ଦ୍ର ବୁଣାକାର ସମବାୟ ସମିତି ଓ ୧୪୮୨୩ଟି ପ୍ରାଥମିକ ବୁଣାକାର ସମବାୟ ସମିତିର ୧୪୯୯୯୧୮ ଜଣ ବୁଣାକାର ସଭ୍ୟ ହୋଇ ୨୨୬.୫ କୋଟି ଟଙ୍କାର ଉତ୍ପାଦିତ ଲୁଗା ବ୍ୟବସାୟ କରିପାରିଛନ୍ତି । ୩୦୨୦୪ ଗୋଟି ଶିଳ୍ପ ସମବାୟ ସମିତିରେ

୧୩୦୫୪୫୦ ଜଣ ଗ୍ରାମ୍ୟ କାରିଗରମାନେ ସଭ୍ୟ ହୋଇ ୭୨.୯ କୋଟି ଟଙ୍କାର ଉତ୍ପାଦିତ ସାମଗ୍ରୀ ବିକ୍ରି କରିପାରିଛନ୍ତି । ୧୦୬ଟି ସୂତାକଳ ସମବାୟ ସମିତିରେ ୧୫୯.୨ କୋଟି ଟଙ୍କାର ସୂତାବିକ୍ରି କରିପାରିଛନ୍ତି । ୧୬ଟି ରାଜ୍ୟ ସମବାୟ ଗୃହ ନିର୍ମାଣ ସମବାୟ ନିଗମରେ ୩୪୦୩୬ ପ୍ରାଥମିକ ଗୃହ ନିର୍ମାଣ ସମବାୟ ସମିତି ସଭ୍ୟ ହୋଇ ଏହାଦ୍ୱାରା ଲୋକମାନଙ୍କୁ ଜମି ଓ ଘର ଯୋଗାଇ ଦିଆଯାଇଛି ।

୧୯୮୩-୮୪ ମସିହା ସରକାରୀ ତଥ୍ୟ ଅନୁଯାୟୀ ୩୬୬୨ ଆଞ୍ଚଳିକ ବାଣିଜ୍ୟ ସମବାୟ ସମିତି, ୧୭୨ଟି ଜିଲ୍ଲା, ୨୯ଟି ରାଜ୍ୟ ଓ ୪ଟି ଜାତୀୟ ବାଣିଜ୍ୟ ସମବାୟ ସଂଘ, ୪୧୯୩ କୋଟି ଟଙ୍କାର ଧାନ, ବାଜରା, ଗହମ, ଚିନି, କପା, ଝୋଟ, ଡାଲି, ତୈଳବୀଜ ଓ ଫଳ ଇତ୍ୟାଦି ବ୍ୟବସାୟ କରିପାରିଛନ୍ତି ବୋଲି ୧୯୮୫-୮୬ ଆର୍ଥିକ ବର୍ଷରେ ପ୍ରକାଶ ପାଇଥିଲା । ୧୯୮୧ ମସିହା ସୁଦ୍ଧା ୪୮୧ଟି ରାଜ୍ୟ ପାଇକାରୀ ସମବାୟ ସଂଘ, ୧୮୧୧୭ଟି ପ୍ରାଥମିକ ଖୁଚୁରା ପାଇକାରୀ ସମବାୟ ସମିତି ଗଠିତ ହୋଇ ୫୧୫.୪ ଟଙ୍କାର ଖାଉଟୀ ପଦାର୍ଥର ବ୍ୟବସାୟ, ୨୯୦ ସମବାୟ ଗୋଦାମରେ ୧୦୮.୫ କୋଟି ଟଙ୍କାର ମାଲ ବିକ୍ରି, ଭାରତୀୟ କୃଷକ ସାର ସମବାୟ ସଂଘ (ଇଫ୍‌କୋ) ଓ କୃଷକଭାରତୀ ସମବାୟ ସାର କାରଖାନା ଏହି ୨ଟି ସମବାୟ ସାର କାରଖାନା ୨୦୨୩-୨୪ ମସିହାରେ ୩୮ ଲକ୍ଷ ଟନ୍ ସାର ବ୍ୟବସାୟରୁ ୩୯୩୩୦ କୋଟି ଟଙ୍କାର ବ୍ୟବସାୟ ବିଭିନ୍ନ ସମବାୟ ସମିତି ମାଧ୍ୟମରେ କରିଛନ୍ତି । ୩୬୧୯ଟି ବୃହଦାକାର ବହୁମୁଖୀ ସେବା ସମବାୟ ସମିତି ଓ ବନଜାତ ସମବାୟ ସମିତିମାନେ ଆଦିବାସୀମାନଙ୍କ ଠାରୁ ଜଙ୍ଗଲଜାତ ପଦାର୍ଥ କ୍ରୟ କରି ସେମାନଙ୍କୁ ଖାଉଟୀ ଜିନିଷ ଓ କୃଷି ଋଣ ଯୋଗାଇ ଦେଇଛନ୍ତି । ୧୦୫୮୪ଟି ଶ୍ରମିକ ନିର୍ମାଣ ସମବାୟ ସମିତିମାନ ଗଠନ ହେବାଦ୍ୱାରା ୪୯୧୫୪୭ ଜଣ ଶ୍ରମିକ ଏହାର ସଭ୍ୟ ହୋଇ ସମିତି ମାଧ୍ୟମରେ କାମ ପାଇ ରୋଜଗାର କରିପାରିଛନ୍ତି । ୧୮୮୭୦ ଗୋଟି ପରିବହନ ସମବାୟ ସମିତି ଗଠନ ହୋଇ ଏହାର ୭୨୭୭୨ ଜଣ ସଭ୍ୟ ଟ୍ରକ୍, ଟ୍ୟାକ୍ସି ଓ ବସ୍ ଚଳାଇ ନିଜ ନିଜର ଆର୍ଥିକ ବିକାଶର ଅଭିବୃଦ୍ଧି କରିପାରିଛନ୍ତି । ୨୨ଟି ବିଜୁଳି ସମବାୟ ସମିତି ଗଠନ କରାଯିବା ଦ୍ୱାରା ୩୩୬୩ ଗ୍ରାମକୁ ବିଜୁଳି ସେବା ଯୋଗାଇ ଦିଆଯାଇଛି ।

୧୯୮୧ ମସିହା ସୁଦ୍ଧା ୨.୮ କୋଟି ସଭ୍ୟଙ୍କୁ ନେଇ ୧୮୯୪୬ ଗୋଟି ଅଣକୃଷି ସମବାୟ ସମିତି ଗଠିତ ହୋଇ ୧୧୨୭୮୮୭ ଜଣ ବ୍ୟକ୍ତି ନିଯୁକ୍ତି ପାଇପାରିଛନ୍ତି । ସମସ୍ତ ସମବାୟ ସମିତିମାନଙ୍କର ତଥ୍ୟକୁ ଗଣନା କଲେ ମୋଟ ୧୪୯୮୯୧୪ ଜଣ ବ୍ୟକ୍ତି ସମବାୟରେ କର୍ମଚାରୀ ରୂପେ ନିଯୁକ୍ତି ପାଇପାରିଛନ୍ତି ।

୧୯୮୬ ମସିହା ସୁଦ୍ଧା ଏପର୍ଯ୍ୟନ୍ତ ଭାରତବର୍ଷରେ ସମାଜର ବିଭିନ୍ନ ସ୍ତରରେ ସମବାୟ ଆନ୍ଦୋଳନ ପ୍ରସାରିତ ହୋଇ ସର୍ବମୋଟ ୩୫୦୦୦୦ ସମବାୟ ସମିତିମାନଙ୍କରେ ୧୪.୫ କୋଟି ଲୋକ ସଭ୍ୟ ହୋଇ ବିଭିନ୍ନ ଋଣ ତଥା ସମ୍ବଳର ଉପଯୋଗରେ ସେମାନଙ୍କର ଆର୍ଥିକ ବିକାଶ କରିପାରିଛନ୍ତି । ସମବାୟ ସମିତିମାନେ ଲାଭାଂଶର ନିର୍ଦ୍ଦିଷ୍ଟ ଭାଗ ଜନସାଧାରଣଙ୍କ ଶିକ୍ଷା, ସ୍ୱାସ୍ଥ୍ୟ, ପାନୀୟଜଳ ଯୋଗାଣ, ଦୁର୍ବଳଶ୍ରେଣୀ ମାନଙ୍କ ପାଇଁ ଗୃହ ନିର୍ମାଣ ସହିତ ଅନ୍ୟାନ୍ୟ ଉନ୍ନତିମୂଳକ ସେବା ଯୋଗାଇପାରିଛନ୍ତି । ମହାରାଷ୍ଟ୍ରର କେତେକ ସମବାୟ ଚିନିକଳ ସ୍କୁଲ, କଲେଜ ଇଂଜିନିୟରିଂ କଲେଜ, ବିଜ୍ଞାନ ତଥା ବୈଷୟିକ ଓ ଧନ୍ଦାମୂଳକ ଶିକ୍ଷାନୁଷ୍ଠାନ ମାଧ୍ୟମରେ ଶିକ୍ଷାଲାଭ ପାଇଁ ଗରିବ ଛାତ୍ରଛାତ୍ରୀମାନଙ୍କୁ ମେଧାବୀ ବୃତ୍ତି ପ୍ରଦାନ କରୁଛନ୍ତି । ଡେନ୍‌ମାର୍କ, ସ୍ୱିଡେନ, ସ୍ୱିଜରଲାଣ୍ଡ ପ୍ରଭୃତି ଦେଶମାନଙ୍କର ସମବାୟ ଅନୁଷ୍ଠାନମାନେ ସେମାନଙ୍କ ଉନ୍ନତିମୂଳକ ପାଣ୍ଠିରୁ କେତେକାଂଶ ଭାରତ ସମେତ ଅନୁନ୍ନତ ତଥା ବିକାଶଶୀଳ ଦେଶରେ ପାନୀୟ ଜଳ ଯୋଗାଣ ଓ ବନୀକରଣ ଇତ୍ୟାଦିରେ ଅର୍ଥ ଖର୍ଚ୍ଚ କରୁଛନ୍ତି ।

ସାମବାୟ ଏକ ସାମୟିକ ଜନ ଆନ୍ଦୋଳନ ଏବଂ ଦୁର୍ବଳ ଶ୍ରେଣୀର ହିତରେ ଉଦ୍ଦିଷ୍ଟ । ଉକ୍ତ ଆନ୍ଦୋଳନରେ ଶୋଷଣକାରୀ ଓ ମୁନାଫାଖୋର ଲୋକମାନଙ୍କର ସ୍ଥାନ ନାହିଁ । ଦଳମତ ତଥା ଧନୀ, ଦରିଦ୍ର ନିର୍ବିଶେଷରେ ସମସ୍ତେ ସଭ୍ୟ ହୋଇ ସମିତିର ଲାଭକ୍ଷତିରେ ସମାନ ଭାବରେ ଅଂଶୀଦାର ହୋଇପାରିବେ । ପୁଞ୍ଜିପତିମାନଙ୍କ କବଳରୁ ମୁକ୍ତ ହେବାକୁ ହେଲେ ସମବାୟ ଏକମାତ୍ର ମାଧ୍ୟମ । ଭାରତବର୍ଷରେ ସମବାୟ ଆନ୍ଦୋଳନ ଜରିଆରେ ସମାଜବାଦ ପ୍ରତିଷ୍ଠା ହୋଇ ମିଶ୍ର ନୀତି ଅନୁସାରେ ପ୍ରଥମ ପଞ୍ଚବାର୍ଷିକ ଯୋଜନାରୁ ଅନୁସୃତ ହୋଇଆସୁଛି । କିନ୍ତୁ ଭାରତରେ କ୍ରମେ ସମବାୟ ସମିତିମାନେ ସରକାରୀ ନିୟନ୍ତ୍ରିତ ତଥା ରାଜନୈତିକ ଦଳଙ୍କ ଦ୍ୱାରା କବଳିତ ହେବାରୁ ସମାଜସେବୀମାନେ ସମବାୟରୁ ଦୂରେଇ ଯାଉଛନ୍ତି । ଫଳରେ ଉତ୍ତମ ପରିଚାଳନା ଅଭାବରୁ ବହୁ ସମବାୟ ସମିତି ରୁଗ୍‌ଣ ହୋଇଯାଉଛନ୍ତି । ଏଣୁ ସଭ୍ୟମାନଙ୍କ ଆର୍ଥିକ ବିକାଶ ତଥା ଜନସାଧାରଣଙ୍କ ମଙ୍ଗଳରେ ସମବାୟ ସମିତିମାନେ ଆଶାନୁରୂପ ସହାୟକ ହୋଇପାରୁ ନାହାନ୍ତି। ଅଥଚ ଦକ୍ଷିଣ କୋରିଆ ବାସୀମାନେ ୧୯୫୦ ମସିହାରେ ଆମପରି ଗରିବ ଥିଲେ ହେଁ ବଳିଷ୍ଠ ସମବାୟ ଆନ୍ଦୋଳନ ଜରିଆରେ ସେମାନଙ୍କ ଆର୍ଥିକ ବିକାଶ ଘଟାଇ ଧନୀ ଦେଶ ଜାପାନ ସହିତ ସମକକ୍ଷ ହେବାକୁ ବସିଲାଣି ଏବଂ ଗରିବ ବେକାରୀଙ୍କ ସଂଖ୍ୟା ବିଲୋପ ଘଟାଇ ପାରିଲାଣି । ଯେଉଁ ଇଉରୋପୀୟ ଦେଶମାନଙ୍କରେ ସମବାୟ ଏକ ବଡ଼ ଆନ୍ଦୋଳନ ରୂପେ ଜନ୍ମ ନେଇଥିଲା ତାହାରି ପରିଚାଳନାରେ ଏବେବି କୌଣସି ପରିବର୍ତ୍ତନ ଘଟି ନାହିଁ ଏବଂ

ସମିତି ସାଧାରଣ ସଭାର ନୀତିଗତ ନିଷ୍ପତ୍ତିରେ ସର୍ବୋଚ୍ଚ ସିଦ୍ଧାନ୍ତକାରୀ ହୋଇ ରହିଛନ୍ତି । ସେ ଦେଶମାନଙ୍କରେ ସରକାର ସମବାୟ ସମିତିମାନଙ୍କ କାର୍ଯ୍ୟାବଳୀରେ ହସ୍ତକ୍ଷେପ କରନ୍ତି ନାହିଁ । ବ୍ରିଟେନ୍‌ରେ କେବଳ ସମବାୟ ନିବନ୍ଧକ ସମିତିମାନଙ୍କୁ ରେଜିଷ୍ଟ୍ରିଭୁକ୍ତ କରାନ୍ତି । ସମିତି ରେଜିଷ୍ଟ୍ରେସନ କରିସାରିଲା ପରେ ସମବାୟ ନିବନ୍ଧକଙ୍କର ଆଉ କୌଣସି ଭୂମିକା ରୁହେ ନାହିଁ । ଏପରିକି ଡେନ୍‌ମାର୍କରେ ସମବାୟ ନିବନ୍ଧକ ପଦବୀ ନାହିଁ । ମାତ୍ର ସମବାୟ ସମିତିମାନେ ସ୍ୱେଚ୍ଛାକୃତ ଅନୁଷ୍ଠାନ ରୂପେ ପରିଚାଳିତ ହୁଅନ୍ତି । ବ୍ୟବସାୟ ଦୃଷ୍ଟିରୁ ଆବଶ୍ୟକ ପଡ଼ିଲେ ସାଧାରଣ ସଭାର ନିଷ୍ପତ୍ତି କ୍ରମେ ଅନ୍ୟ ଦୁର୍ବଳ ସମିତିମାନଙ୍କ ମିଶ୍ରଣ ସବଳ ସମବାୟ ସମିତିମାନଙ୍କ ସହିତ କରାଯାଏ । ଡେନ୍‌ମାର୍କରେ ଶତକଡ଼ା ୨୦ ଭାଗ ଶିଳ୍ପ ଉତ୍ପାଦନ ସମବାୟ ସମିତିମାନଙ୍କ ମାଧ୍ୟମରେ ସମ୍ଭବ ହୋଇପାରିଛି । ଶିଳ୍ପପତି ତଥା କମ୍ପାନୀମାନଙ୍କ ସହିତ ସମବାୟ ସମିତିମାନେ ବ୍ୟବସାୟ ପାଇଁ ପ୍ରତିଦ୍ୱନ୍ଦିତା କରୁଛନ୍ତି ।

ଭାରତବର୍ଷରେ ରାଜନୈତିକ ତଥା ସାମାଜିକ ନେତୃତ୍ୱ ଠିକଣା ଭାବରେ କାର୍ଯ୍ୟକଲେ ସମବାୟ ସମିତିମାନେ ଉତ୍ତମଭାବେ ପରିଚାଳିତ ହୋଇ ମାନବସମ୍ବଳର ବିକାଶରେ ଗୁରୁତ୍ୱପୂର୍ଣ୍ଣ ଭୂମିକା ଲିଭାଇପାରିବେ । ଭାରତର ବର୍ତ୍ତମାନ ସମବାୟ ମନ୍ତ୍ରୀ ଶ୍ରୀଯୁକ୍ତ ଅମିତ୍ ଶାହ ଜଣେ ଦକ୍ଷ ଓ ପୁରୁଣା ସମବାୟବିତ୍ ହିସାବରେ ଏସବୁ ସମସ୍ୟାର ସମାଧାନ କରିପାରିବେ ବୋଲି ଜନସାଧାରଣ ତାଙ୍କ ଠାରୁ ଆଶା କରନ୍ତି । କେନ୍ଦ୍ର ସରକାରଙ୍କର ସମବାୟ ବିଭାଗର କ୍ୟାବିନେଟ୍ ସଚିବ ଜଣେ ଦକ୍ଷ ସର୍ବଭାରତୀୟ ପ୍ରଶାସନିକ ସେବାର ଅଧିକାରୀ ହୋଇଥିବାରୁ ମାନ୍ୟବର ସମବାୟ ମନ୍ତ୍ରୀଙ୍କର ନିର୍ଦ୍ଦେଶକୁ ଅକ୍ଷରେ ଅକ୍ଷରେ ପାଳନ କରୁଛନ୍ତି । ଯାହା ଫଳରେ ସମବାୟର ବିକାଶ ଦ୍ରୁତଗତିରେ ଆଗେଇ ପାରିଛି ।

■

ନାରୀ ଜାତି ପାଇଁ ଭୋଟ୍ ଅଧିକାର

ପୁରାଣରୁ ଜଣାଯାଏ ମଦ୍ର ଦେଶର ନରପତି ଅଶ୍ୱପତି କନ୍ୟା ସନ୍ତାନଟିଏ ଲାଭ କରିବା ଉଦ୍ଦେଶ୍ୟରେ ସହସ୍ରାଧିକ ଯଜ୍ଞ କରିଥିଲେ । ସେହିଭଳି ମିଥିଳାର ରାଜା ଜନକ ଏକଦା ଆକାଶରେ ସୁନ୍ଦରୀ ଅପ୍ସରା ମେନକାଙ୍କୁ ଦେଖି ତାଙ୍କ ପରି କନ୍ୟାର ପିତା ହେବାକୁ ପ୍ରୟାସ କରିଥିଲେ ଓ ଦକ୍ଷିଣ ସିନ୍ଧୁ ତୀରରେ ବିଶିଷ୍ଟ ମୁନୀ ଋଷିମାନଙ୍କୁ ନିମନ୍ତ୍ରଣ କରି ତାଙ୍କ ଦ୍ୱାରା ଯଜ୍ଞ କରାଇଥିଲେ । ଉପରୋକ୍ତ ଦୁଇ ରାଜାଙ୍କର କନ୍ୟା ଥିଲେ ଯଥାକ୍ରମେ ସାବିତ୍ରୀ ଓ ସୀତା । ତତ୍କାଳୀନ ଭାରତୀୟ ମାନଙ୍କ ଭାବନା ଥିଲା ଅତି ପୁଣ୍ୟ । ଏପରିକି କନ୍ୟାକୁ ରତ୍ନ ସହିତ ସମାନ ଚକ୍ଷୁରେ ଦେଖି କହୁଥିଲେ କନ୍ୟାରତ୍ନ । ଏପରି ଭାବନାର ବଶବର୍ତ୍ତୀ ହୋଇ ସେ ସମୟର ରାଜା ଓ ପ୍ରଜାଗଣ କନ୍ୟା ପିତା ହେବାକୁ ସୌଭାଗ୍ୟ ବୋଲି ବିବେଚନା କରୁଥିଲେ ।

ରାତି ପାହିଲା ବେଳକୁ ଗାଁ ଦାଣ୍ଡ ନିକଟ ଗାଁର ଗୋପାଳ ଘରର ସ୍ତ୍ରୀ ଲୋକଟି ଯେତେବେଳେ ଡାକଦିଏ "ଦହି ନେବ ଦହି" ସେହି ଡାକରେ ଗାଁର ଆବାଳ ବୃଦ୍ଧବନିତାଙ୍କ ନିଦ ଭାଙ୍ଗିଯାଏ ଏବଂ ତାଟିଆଟିଏ ଧରି ଧାଇଁ ଯାଆନ୍ତି ଗୋପାଳୁଣୀ ନିକଟକୁ ଦହି ନେବା ପାଇଁ । ଦହି ବିକ୍ରି କରୁଥିବା ମାଉସୀଟି ସମସ୍ତଙ୍କ ନିକଟରେ ଥାଏ ଆଦରଣୀୟ । ଆଉ ତା'ର ଡାକ ଓ ଦହି ବ୍ୟବସାୟରେ ଥାଏ ସ୍ନେହଭରା ଆଦର । ମାତ୍ର ଆଜି କିଛି ଚାଟୁକାରୀଙ୍କ ଲାଭଖୋର ମନୋବୃତ୍ତିରେ ଭାରତକୁ ବ୍ୟବସାୟ କରିବାକୁ ଆସିଥିବା ଇଂରେଜ ମାନଙ୍କ କବଳରେ ଶାସନଭାର ପଡ଼ିଯିବାରୁ ଭାରତ ହେଲା ପରାଧୀନ । ନାରୀମାନଙ୍କ ସ୍ୱାଧୀନତା ଛଡ଼ାଇ ନିଆଗଲା । ବ୍ରିଟିଶ ଶାସନ କାଳରେ ଭାରତରେ ନାରୀ ଜାତିକୁ ସର୍ବନିମ୍ନ ଭୋଟ୍ ଅଧିକାରରୁ ବଞ୍ଚିତ କରାଯାଇଥିଲା ।

ସେହି ବ୍ରିଟିଶ ଶାସନ ସମୟରେ ମଧୁସୂଦନ ଦାସ ୧୯୨୧ ମସିହାରୁ ୧୯୨୩ ମସିହା ପର୍ଯ୍ୟନ୍ତ ବିହାର ଓ ଓଡ଼ିଶା ପ୍ରଦେଶର ସ୍ୱାୟତ୍ତ ଶାସନ, ପୂର୍ତ୍ତ ଓ ସ୍ୱାସ୍ଥ୍ୟ ବିଭାଗର

ମନ୍ତ୍ରୀ ଥିଲେ । ସେ ସମୟରେ ନାରୀଜାତି ପାଇଁ ମଧୁସୂଦନ ଦାସ ସେମାନଙ୍କର ଉଜ୍ଜ୍ୱଳ ଭବିଷ୍ୟତ କଥା ଚିନ୍ତା କରି ଉତ୍କଳ ଗୌରବ ମଧୁସୂଦନ ଦାସ ତା୨୩.୧୧.୧୯୨୧ ମସିହାରେ ସର୍ବପ୍ରଥମେ ବିହାର ଓ ଓଡ଼ିଶା ବିଧାନ କାଉନସିଲ୍‌ରେ ଏକ ତାତ୍ପର୍ଯ୍ୟପୂର୍ଣ୍ଣ ଗାରିମାମୟ ପ୍ରସ୍ତାବ 'ନାରୀଜାତି ପାଇଁ ଭୋଟ ଅଧିକାର' (Franchise for women) ଆଗତ କରିଥିଲେ । ଏହା ଏକ ଐତିହାସିକ ପ୍ରସ୍ତାବ ରୂପେ ସୁଖ୍ୟାତି ଲାଭ କରିଥିଲା ।

ନାରୀଜାତି ପାଇଁ ଭୋଟ୍ ଅଧିକାର ପ୍ରସ୍ତାବଟି ଆଗତ କରିଥିବାରୁ ଏହି ପ୍ରସ୍ତାବ ଆଗତ କରି ମଧୁସୂଦନ ଦାସ ବିହାର, ଓଡ଼ିଶା ବିଧାନ କାଉନ୍‌ସିଲ୍‌କୁ ସ୍ତବ୍ଧ କରିଦେଇଥିଲେ । ସେହି ପ୍ରସ୍ତାବ ଆଗତ ବେଳେ ମଧୁସୂଦନ ଦାସ ଅନର୍ଗଳଭାବେ ଇଂରାଜୀର ଭାଷଣ ଦେଇଥିଲେ । ସେହି ଭାଷଣଗୁଡ଼ିକ ମଧ୍ୟରୁ କିଛି ଅଂଶ ଥିଲା Franchise for women- Man has only the sterner virtues of humanity, a masculine sternness. Women is the embodiment of all that is divine, of all that is godly, of all that is loving, and these constitutes humanity. Go througout India and you will find the whole country is studded with temples as the firmament above is studded with stars, go throughout the country you will find out temples, mosques and other places of worship. What do they show ? Do they not show that India is par excellence religious ? The religious element predominents in the Indian nature. ପରବର୍ତ୍ତୀ କାଳରେ ୧୯୨୩ ମସିହାରେ ମଧୁସୂଦନଙ୍କ ଅଦମ୍ୟ ପ୍ରଚେଷ୍ଟାରେ ଭାରତୀୟ ନାରୀ ଆଇନଜୀବି ବୃତ୍ତି ଗ୍ରହଣର ଯୁଗାନ୍ତକାରୀ ଅଧିକାର ପାଇଥିଲେ ।

ପୁରୁଷମାନଙ୍କ ମଣିଷ ପଣିଆର କେବଳ ଦୃଢ଼ ଅଭିନୀତ ସ୍ୱଭାବ ରହିଥାଏ । ଆଉ ଥାଏ ପୁରୁଷ ପଣିଆର କଠୋରତା । ମାତ୍ର ନାରୀଜାତି ସମସ୍ତ ଆଧାତ୍ମ୍ୟ ଗୁଣର ଅଧିକାରୀ ଯାହା ଭାଗବତ ଆଧାରିତ, ଯାହା ପ୍ରେମପୂର୍ଣ୍ଣ ଆଉ ଉଦାର, ଯହିଁରେ ପ୍ରକୃତ ମଣିଷ ପଣିଆର ସ୍ୱରୂପ ପ୍ରକାଶିତ ହୁଏ । ସମଗ୍ର ଭାରତ ଭ୍ରମଣ କର । ଆକାଶଟି ତାରା ଖଚିତ ହେଲାଭଳି ସମସ୍ତ ରାଜ୍ୟ ମନ୍ଦିର ମାନଙ୍କରେ ପରିପୂର୍ଣ୍ଣ । ଧର୍ମପାଇଁ ଭାରତ କେତେ ତ୍ୟାଗ ନ କରିଛି ? ମାତାମାନେ ସେମାନଙ୍କର ସନ୍ତାନ ପାଇଁ ସ୍ୱାର୍ଥ ତ୍ୟାଗ ଆଉ ବଳୀଦାନର ଉର୍ଦ୍ଧ୍ୱରେ କ'ଣ ବା ଥାଇପାରେ ? ତୁମେ ଯେତେ ଯାହା କୁହ, ଯେଉଁ କଣ୍ଠ ସ୍ୱରରେ ନାରୀମାନଙ୍କର ଭୋଟ୍ ଅଧିକାର ପ୍ରତି ବିରୋଧ କରୁଛ ଏହାହିଁ ସତ୍ୟ ଯେ ତୁମର ଶରୀର ଯେଉଁ କଣ୍ଠସ୍ୱର ଓ ଜିହ୍ୱା ସାହାଯ୍ୟରେ ନାରୀଜାତି ବିରୁଦ୍ଧରେ ଏକ ଶବ୍ଦ ଉଚ୍ଚାରିତ କରୁଛ ଏ ସମସ୍ତ ନାରୀଜାତିର ଦାନ ହିଁ ତୁମର ଜନନୀଙ୍କର ପ୍ରଦତ୍ତ । ଏ ସମସ୍ତ ତୁମ୍ଭ ଜୀବନର ଇତିହାସ । ଯାହାର ପ୍ରାରମ୍ଭ ମାତୃଗର୍ଭରୁ

ହିଁ ହୋଇଛି । ସେ ମାତୃଗର୍ଭ ହେଉଛି ଜୀବନ୍ତ ଦେବାଳୟ । ଯେଉଁଠାରେ ଭଗବାନ ମଣିଷ ସହିତ ସମ୍ମିଳିତ ଆଉ ସଂଯୁକ୍ତ ହୁଅନ୍ତି । ମାତୃଗର୍ଭରୁ ଶିଶୁ ଜନ୍ମହେଲା ପରେ ପ୍ରଥମେ ମାତାହିଁ ଶିକ୍ଷାଦାତ୍ରୀ ରୂପେ ମନୁଷ୍ୟର ମାନବୀୟ ଗୁଣଗୁଡ଼ିକର ବିକଶିତ କରାନ୍ତି । ଶିଶୁ ଜନ୍ମହେଲା ପରେ ତାହାର ଅତୁଟ ବିଶ୍ୱାସ ମାତାଙ୍କ ଉପରେ ସ୍ଥାପିତ କରିଥାଏ । ମାତା ଶିଶୁଟିକୁ ବିଶ୍ୱାସ ପ୍ରତି ନିବଦ୍ଧ ରହିବାକୁ ଶିଖାନ୍ତି ।

ଫରାସୀ ଦାର୍ଶନିକ 'କମ୍‌ଟେ' କହନ୍ତି ଯେ, 'ମାନବିକତା, ମାତା, ପତ୍ନୀ ଓ କନ୍ୟାମାନଙ୍କ ଠାରେ ପ୍ରତିନିଧିତ୍ୱ କରିଥାଏ' । ପ୍ରାଚୀନ କାଳରେ ଏ ଦେଶ ବହୁତ ଉନ୍ନତି କରିଥିଲା ଓ ନାରୀମାନେ ଉଚ୍ଚ ସ୍ଥାନର ଅଧିକାରିଣୀ ଥିଲେ । ମାତ୍ର ବ୍ରିଟିଶ ଶାସନକାଳରେ ପୁରୁଷମାନେ ସ୍ତ୍ରୀ ଜାତି ପ୍ରତି ଘୃଣିତ ବ୍ୟବହାର ପ୍ରଦର୍ଶନ କରୁଛନ୍ତି । ନାରୀମାନେ ବିଚାରାଳୟରେ ବିଭିନ୍ନ ଦଣ୍ଡରେ ଦଣ୍ଡିତ ହେଉଛନ୍ତି ଏବଂ ପାଶ୍ଚାତ୍ୟ ଦେଶରେ ନାରୀର କ୍ଷମତାହୀନତା ଓ ଅଧିକାର ହୀନତା ବିଷୟ ଚିନ୍ତାକଲେ ମଧୁସୂଦନଙ୍କ କ୍ରୋଧ ପ୍ରଜ୍ୱଳିତ ହୁଏ ବୋଲି କହିଥିଲେ । ଆଜି ପାଶ୍ଚାତ୍ୟ ବିଧି ବ୍ୟବସ୍ଥାକୁ ଗ୍ରହଣ କରିବା ଦ୍ୱାରା ନାରୀଜାତିକୁ ଭୋଟ୍ ଅଧିକାରରୁ ବଞ୍ଚିତ କରି ଆମେ ଅପରାଧ କରି ଚାଲିଛୁ । ଆମ୍ଭେମାନେ କାଉନ୍‌ସିଲ୍ ଗଢ଼ି ୨୦୦ ଲୋକଙ୍କୁ ଯୋଡ଼ି ଯେଉଁ ଆଲୋଚନା କରୁଛେ ତାହା ଜାତି ପାଇଁ ନୁହେଁ । ଯେଉଁ ଭାରତୀୟ ସଭ୍ୟତାର ସୂର୍ଯ୍ୟର ପ୍ରଖର ଜ୍ୟୋତିରେ ପ୍ରଜ୍ୟୋଳିତ ଥିଲା ଆଜି ତାହା ନିର୍ବାସିତ ଓ ଅସ୍ତମିତ । ନାରୀ ଜାତିର ଅପରାଧ କ'ଣ ଯେ ସେ ଆଜି ସର୍ବନିମ୍ନ ଭୋଟ୍ ଅଧିକାରରୁ ବଞ୍ଚିତ । ଆମର ମହାନ୍ ପ୍ରାଚୀନ ଗ୍ରନ୍ଥ ରାମାୟଣ ଓ ମହାଭାରତରେ ସୀତା କିମ୍ବା ଦ୍ରୌପଦୀ ଚରିତ୍ର ନଥିଲେ ତା'ର କ'ଣ ବା ମୂଲ୍ୟ ଥାଆନ୍ତା ?

ମଧୁସୂଦନ କହିଥିଲେ ମୁଁ ବିଚାର କରେ ଯେ, ନାରୀଜାତିକୁ ଭୋଟ୍ ଅଧିକାରରୁ ବଞ୍ଚିତ କରିବା ଏକ କଳଙ୍କ ଓ ମହାନ୍ ଅପରାଧ । ମୋର ଧମନୀରେ ସତୀ ରକ୍ତ ପ୍ରବାହିତ । ତାହାହିଁ ମୋତେ ଉଜ୍ଜିବୀତ କରି ରଖିଛି ଓ ନାରୀଜାତିକୁ ଭୋଟ୍ ଅଧିକାର ପ୍ରଦାନ ଲାଗି ଅନୁପ୍ରେରିତ କରୁଛି । ଶେଷରେ ୧୯୨୩ ମସିହାରେ ମଧୁସୂଦନଙ୍କ ଅନର୍ଗଳ ଭାଷଣରେ ବିହାର ଓଡ଼ିଶା କାଉନ୍‌ସିଲର ଶେଷ ବିଚାରରେ ଭାରତୀୟ ନାରୀ ଆଇନଜୀବି ବୃତ୍ତି ଗ୍ରହଣ ଯୁଗାନ୍ତକାରୀ ଅଧିକାର ପାଇଁ ବ୍ରିଟିଶ ଇମ୍ପେରିଆଲ୍ କାଉନ୍‌ସିଲ୍‌ର ଅନୁମୋଦନ ପାଇଲା । ଏହା ଥିଲା ନାରୀ ଜାତିର ବ୍ରିଟିଶ ଶାସନରେ ଓଡ଼ିଆମାନଙ୍କ ଜିତାପଟ । ଏ ଜିତାପଟଟି ମଧୁସୂଦନଙ୍କ ନଥିଲ। ଏହା ଥିଲା ସମଗ୍ର ଓଡ଼ିଆ ଜାତିର ବୋଲି ମଧୁସୂଦନ କହିଥିଲେ । ▪

'ଓଡ଼ିଶା ଏକ୍ସପ୍ରେସ୍' - ତା୨୮.୦୫.୨୦୨୫ରେ ପ୍ରକାଶିତ

ମଧୁସୂଦନ ଥିଲେ ନିର୍ଭିକ ଓଡ଼ିଆ

ବରଗଛର ବହୁ ଶାଖା ପ୍ରଶାଖା ବ୍ୟାପିଲା ପରି ଭିତରେ ବାହାରେ ମାଆ ମାଟି ଠାରୁ ଆକାଶ ଯାଏ ସମସ୍ତଙ୍କ ତୁଣ୍ଡରେ ଗୋଟିଏ କଥା ଦୁବରୁ ମହାଦ୍ରୁମ, ମାଟିରୁ ଆକାଶ ଏ ପରିଚୟ ମଧୁସୂଦନଙ୍କ ପ୍ରତି ସ୍ୱଚ୍ଛ । ସେ ବହୁବିଧରେ ଜଣେ ବିଦ୍ଵାଣୀ, ଭାସ୍ୟକାର, କବି, ସାହିତ୍ୟିକ, ଶିକ୍ଷାୟନର ମହଜୁଦକାରୀ ପ୍ରସାରକ, ଯାଦୁକରୀ ଅନୁଭୂତିର ସ୍ୱୟଂଚାଳକ, ତ୍ୟାଗର ଆବାହକ, ଓଡ଼ିଶା ଅର୍ଥନୈତିକ ପ୍ରଗତିର ସଂସ୍କାରକ, କୁହାକୁହିର ମାନସପୀଠ ଏବଂ ଓଡ଼ିଶା ନବ ନିର୍ମାଣର ପ୍ରତ୍ୟେକ୍ଷ ତତ୍ତ୍ୱାବଧାରକ, ଜାତୀୟ ଜୀବନର ଜନକ, ଓଡ଼ିଶା ଭାଷା ସ୍ୱାଭିମାନ ସଂସ୍କୃତିର ପ୍ରଧାନ ରକ୍ଷକ, ଓଡ଼ିଶାର ପ୍ରଥମ ବିଶିଷ୍ଟ ଓଡ଼ିଆ ଆଇନଜୀବି, ନବ ଉତ୍କଳର ନିର୍ମାତା, ଭାଷା ଆନ୍ଦୋଳନର ପ୍ରବର୍ତ୍ତକ, ନିର୍ଭିକ, ସାହସୀ ଓ ଯୋଦ୍ଧା । ମଧୁସୂଦନ ଓଡ଼ିଆ ଜାତିର ନମସ୍ୟ । ଗୋପବନ୍ଧୁଙ୍କ ଭାଷାରେ "ମାନବ ଜୀବନ ନୁହଁଇ କେବଳ, ବର୍ଷ ମାସ ଦିନ ଦଣ୍ଡ । କର୍ମେ ଯିଏଁ ନର କର୍ମ ଏକା ତା'ର ଜୀବନର ମାନଦଣ୍ଡ" ।

ମଧୁସୂଦନ ୨୮.୦୪.୧୮୪୮ ମସିହାରେ କଟକ ଜିଲ୍ଲାର ସତ୍ୟଭାମାପୁର ଗ୍ରାମରେ ଚୌଧୁରୀ ରଘୁନାଥ ଦାସଙ୍କ ଔରସରୁ ଜନ୍ମଗ୍ରହଣ କରିଥିଲେ । ବାଲ୍ୟନାମ ଥିଲା ଗୋବିନ୍ଦ ବଲ୍ଲଭ । ପିଲାଦିନେ ମଧୁବାବୁ ସ୍ଥାନୀୟ ମହାସିଂହପୁର ମାଇନର ସ୍କୁଲରୁ ପାଠ୍ୟ ଶେଷ କରିଲା ପରେ କଟକରେ ପ୍ରବେଶିକା ପରୀକ୍ଷାରେ ଉତ୍ତୀର୍ଣ୍ଣ ହୋଇ କଲିକତାର ପ୍ରେସିଡେନ୍ସି କଲେଜରେ ନାମ ଲେଖାଇ ବି.ଏ. ପର୍ଯ୍ୟନ୍ତ ଶିକ୍ଷା ସମାପ୍ତ କଲାପରେ ପୁଣି ଶିକ୍ଷାଲାଭ କରିବାକୁ ଚାହିଁ ବାପାଙ୍କ ଠାରୁ ସ୍ୱୀକୃତି ମିଳିବାରୁ ଏମ୍.ଏ.ରେ ନାମ ଲେଖାଇ ଶିକ୍ଷା ସମାପ୍ତ କଲାପରେ ମଧ ଆଇନ୍ ବିଦ୍ୟାରେ ସ୍ନାତକ ପଢ଼ିବା ପାଇଁ ଆଗ୍ରହ ବଢ଼ିବାରୁ ବିଲାତ ଯାତ୍ରା କରିଥିଲେ । ବିଲାତରୁ ଆଇନ୍ ବିଦ୍ୟାରେ ଡିଗ୍ରୀ ହାସଲ କରିସାରିଲା ପରେ ଭାରତ ଫେରି କଲିକତାର ଚବିଶ ପ୍ରଗଣା ଓ ଅଲ୍ଲୀପୁର

ନ୍ୟାୟାଳୟରେ ଆଇନ୍ ପେଶା ଆରମ୍ଭ କରି ପରେ ବେଙ୍ଗଲ ହାଇକୋର୍ଟରେ ଓକିଲାତି କରିବା ସହିତ ଟ୍ରାନ୍ସଲେଟର ଭାବେ ନିଯୁକ୍ତି ପାଇଥିଲେ ।

ମଧୁସୂଦନଙ୍କ ପକ୍ଷରେ ଏହା ପ୍ରତ୍ୟେକ ମୁହୂର୍ତ୍ତରେ ପ୍ରଯୁଜ୍ୟ । ସେ ଥିଲେ ପ୍ରତ୍ୟେକ କର୍ମର ମୌଳିକ ଚିନ୍ତକ ଏବଂ ପ୍ରତ୍ୟେକ ସର୍ତ୍ତ ପାଳନର ଅଜାତ ଶତ୍ରୁ । ଓଡ଼ିଶାର ପ୍ରଗତି ପଥର ବିକାଶ ପାଇଁ ମଧୁସୂଦନ ଅସାଧ କର୍ମ ସାଧନ କରିଯାଇଛନ୍ତି । ଓଡ଼ିଆ ଭାଷାଭାଷୀ ଅଞ୍ଚଳକୁ ଏକତ୍ରିତ କରିବା ଏବଂ ସ୍ୱତନ୍ତ୍ର ଓଡ଼ିଶା ପ୍ରଦେଶ ଗଠନ କରିବାର ସେ ହେଉଛନ୍ତି ପ୍ରାଣ ପ୍ରତିଷ୍ଠାତା । ଉତ୍କଳମାତାର ପୂର୍ବ ଗୌରବ, ସୌରଭ ବିମଣ୍ଡିତ ଶୌର୍ଯ୍ୟକୁ ଉତ୍‌ଥାନ ସୋପାନକୁ ନେବାପାଇଁ ସତ୍ୟସନ୍ଧାନର ଚିନ୍ତାନାୟକ ବ୍ୟାକୁଳତା ପ୍ରକାଶ କରି ହତୋତ୍ସାହ ମନୋବୃତ୍ତିରେ ଶେଷକୁ ନିଜ କବିତାରେ ପରିସ୍ଫୁଟନ କରିଅଛନ୍ତି- "ମାଆ ମାଅ ବୋଲି କେତେ ମୁଁ ଖୋଜିଲି, ମାଆକୁ ପାଇଲି ନାହିଁ, ଭାଇ ଭାଇ ବୋଲି କେତେ ମୁଁ ଡାକିଲି ନଦେଲେ ଉତ୍ତର କେହି"। ତଥାପି ମଧୁସୂଦନ ଭଗ୍ନ ହୃଦୟରେ ଭାଙ୍ଗିପଡ଼ି ନାହାନ୍ତି । ଭୀମ ଗର୍ଜନରେ ଉଠିଛନ୍ତି ଗୌରବମୟ ଅତୀତ ଉପଲବ୍ଧି କରିବାକୁ ବାସ୍ତବ କ୍ଷେତ୍ରରେ । ସେ ଅସୀମ ସାହସର ମହତ୍ତ୍ୱ ପ୍ରତିପାଦନ କରିଅଛନ୍ତି । ନିଜେ ଅସୁବିଧାର ସମ୍ମୁଖୀନ ହୋଇ ସାର୍ବଜନୀନ ଉନ୍ନତି ପଥରେ କର୍ମକରି ସିଦ୍ଧି ହାସଲ କରିଯାଇଅଛନ୍ତି। ସତ୍ୟସାଇ ବାବାଙ୍କ ଭାଷାରେ - "Ambition to earn fame in the world, to gain some position or authority overman to lead a luxurious life can never ensure mental peace" ।

ଉଚ୍ଚତର ପଢ଼ାପଢ଼ି ସୁବିଧା ଦୃଷ୍ଟିରୁ ମଧୁବାବୁ ଜଣେ ଖ୍ରୀଷ୍ଟିୟାନ ଝିଅକୁ ବିବାହ କରିଥିଲେ । ସେ କହୁଥିଲେ ସମାଜରେ ପୁରୁଷ ଓ ନାରୀ ଦୁଇଟି ଜାତି । ତତ୍‌ଭିନ୍ନ ପରସ୍ପର ଭିତରେ କର୍ମ ଅନୁସାରେ ଜାତି ସୃଷ୍ଟି କରିଥିବା ସାଂପ୍ରଦାୟିକତାରେ ମାତିଗଲେ ଜାତି ଓ ଦେଶ ବିଭକ୍ତିକରଣ ସୃଷ୍ଟି ହୋଇଥାଏ ।

ଦୀର୍ଘଦିନ ଧରି କଲିକତାରେ ପାଠପଢ଼ା ଓ ବିଲାତରେ ଶିକ୍ଷା ଗ୍ରହଣ ସହିତ କଲିକତା ଫେରି ପେଶାରେ ରହିବା ଦ୍ୱାରା ଏହା ମଧ୍ୟରେ ୧୬ ବର୍ଷ ବିତିଯାଇଥିଲା । ଜଣେ ଖ୍ରୀଷ୍ଟିୟାନ ଝିଅକୁ ବିବାହ କରି ନିଜେ ଖ୍ରୀଷ୍ଟଧର୍ମ ଗ୍ରହଣ କରିଥିବାରୁ ନିଜ ପିତାଙ୍କ ସହିତ ଗ୍ରାମର ଲୋକମାନେ ତାଙ୍କ ପ୍ରତି ଭ୍ରୁକୁଞ୍ଚନ କରି ଘୃଣା କରୁଥିଲେ । ମଧୁବାବୁ ମର୍ମେ ମର୍ମେ ଉପଲବ୍‌ଧି କରିଥିଲେ ଯେ କୌଣସି ସାମୁହିକ କାର୍ଯ୍ୟ ସଫଳତାର ଶେଷ ସୋପାନରେ ପହଞ୍ଚିଥାଏ ସମ୍ମିଳିତ ଉଦ୍ୟମ ବା ସାମୁହିକ ପ୍ରଚେଷ୍ଟାରେ ।

ମଧୁବାବୁ ଦୀର୍ଘ ୧୬ ବର୍ଷ ପରେ ଓଡ଼ିଶାକୁ ପ୍ରତ୍ୟାବର୍ତ୍ତନ ଅବସରରେ କର୍ମବୀର

ଗୌରୀଶଙ୍କର ତାଙ୍କୁ ସମ୍ବର୍ଦ୍ଧନା ଜଣାଇବା ଉଦ୍ଦେଶ୍ୟରେ କଟକ ପ୍ରିଣ୍ଟିଂ କମ୍ପାନୀ କୋଠାରେ ଏକ ସାଧାରଣ ସଭାର ଆୟୋଜନ କରିଥିଲେ । ଗୁଣ ଚିହ୍ନେ ଗୁଣିଆ ନ୍ୟାୟରେ 'ଉତ୍କଳ ଦୀପିକା'ର ସୁଯୋଗ୍ୟ ସଂପାଦକ ଗୌରିଶଙ୍କର ରାୟ ଉତ୍ତମ ରୂପେ ମଧୁସୂଦନ ଓ ତାଙ୍କ କର୍ମ ପ୍ରବଣତାକୁ ଅନୁଧ୍ୟାନ କରିଥିଲେ । ତାଙ୍କର ଉଦ୍ଦେଶ୍ୟ ଥିଲା ମଧୁବାବୁ ଯେଉଁ ଦୁର୍ମୁଲ୍ୟ ଅଭିଜ୍ଞତା ନେଇ ବିଲାତରୁ ଫେରିଛନ୍ତି ସେସବୁ ଅନ୍ତତଃ ଜନସାଧାରଣ ଜାଣିବାର ସୁଯୋଗ ପାଆନ୍ତୁ । ସେହି ସଭାର ଲୋକସଂଖ୍ୟା ଓ ପରିବେଶ ଦେଖି ଅଭିଭୂତ ହୋଇପଡ଼ିଥିଲେ ମଧୁସୂଦନ । ଯେଉଁ ଲୋକମାନେ ସଭାରେ ଥିଲେ ସେମାନଙ୍କ ମଧ୍ୟରେ ଥିଲେ ଅଧିକାଂଶ ଛାତ୍ର ଓ ଅଧ୍ୟାପକ । ମଧୁବାବୁ ବିଦେଶ ପାଠପଢ଼ା ସହିତ ଇଉରୋପୀୟ ଦେଶ ଭ୍ରମଣରୁ ଅଗାଧ ଜ୍ଞାନ ଆହୋରଣ କରିଥିବାରୁ ପ୍ରତି ମୁହୂର୍ତ୍ତରେ ଦେଖୁଥିଲେ ଉନ୍ନତ ଓଡ଼ିଶାର ସ୍ୱପ୍ନ । ତେଣୁ ଏତେଲୋକ ତାଙ୍କୁ ଦେଖା କରିବାପାଇଁ ଉପସ୍ଥିତ ଦେଖି ସେ ଯେପରି ପ୍ରଗଲ୍‌ଭ ପାଲଟିଗଲେ । ତାଙ୍କର ବିଲାତି ଅନୁଭୂତିକୁ ବର୍ଣ୍ଣନା କରିବା ପାଇଁ ଅନୁରୋଧ କରାଗଲାରୁ ସେ ଯେପରି ଏହିପରି ଏକ ବିଶେଷ ମୁହୂର୍ତ୍ତର ଅପେକ୍ଷାରେ ଥିଲେ ବୋଲି ନିଜ ମନରେ ଉନ୍ମାଦନା ସୃଷ୍ଟି ହୋଇଥିଲା । ତତ୍‌କ୍ଷଣାତ୍ ଭାବବିହ୍ୱଳ କଣ୍ଠରେ ଆରମ୍ଭ କଲେ ଭାଇମାନେ ମୋତେ କେହି ଭୁଲ୍ ବୁଝିବ ନାହିଁ । ବାସ୍ତବରେ ବିଲାତରେ କିଛିଦିନ ରହଣି ହିଁ ମୋ ଆଖି ଖୋଲି ଦେଇଛି । ଆଜି ମୁଁ ଭଲଭାବରେ ବୁଝିପାରିଛି ପ୍ରତିଟି କ୍ଷେତ୍ରର ଉନ୍ନତି ଓ ସଫଳତା ପାଇଁ "ଏକତାହିଁ ସଫଳତାର ଚାବିକାଠି" । ପ୍ରତିଟି କାର୍ଯ୍ୟରେ ବହୁଜନଙ୍କର ଏକତ୍ରୀକରଣ ଆବଶ୍ୟକ । ବ୍ୟବସାୟ, ରାଜନୀତି, ସାମାଜିକ ବ୍ୟବସ୍ଥା କ୍ଷେତ୍ରରେ ସମ୍ମିଳିତ ଆଲୋଚନା ଓ ସିଦ୍ଧାନ୍ତ ହିଁ ସଫଳତାର ସୋପାନ ।

ମଧୁବାବୁ ଓଡ଼ିଶା ବାହାରେ ଥାଇ ବୁଝିଥିଲେ ଯେ, ଓଡ଼ିଶା ହାଇକୋର୍ଟରେ ବଙ୍ଗାଳି ଓକିଲମାନେ ସୁନାମ ବିସ୍ତାର କରି ପ୍ରଭାବ ବଳରେ ଓଡ଼ିଆ ଭାଷାକୁ ଲୋପ କରିବାକୁ ବସିଲେଣି ଏବଂ ଓଡ଼ିଶାର ଭୌଗୋଳିକ ଚିତ୍ରକୁ ଭାରତବର୍ଷର ମାନଚିତ୍ରରୁ ବିଚ୍ଛିନ୍ନ କରିବା ପାଇଁ ଏ ବଙ୍ଗାଳିମାନେ ଚାହିଁଛନ୍ତି । ସେ ଏହା ମର୍ମେ ମର୍ମେ ଅନୁଭବ କରି ଓଡ଼ିଶାର ପୁରୁଣା ସହର କଟକକୁ ନିଜର କର୍ମଭୂମି ରୂପେ ବାଛି ନେଇଥିଲେ ଏବଂ ଓଡ଼ିଶାର ପ୍ରାଣ ମର୍ଯ୍ୟାଦା ପୁନଃ ପ୍ରତିଷ୍ଠା କରିବା ପାଇଁ ବଜ୍ର ଶପଥ ନେଇଥିଲେ । ସେତେବେଳେ ଓଡ଼ିଶା ହାଇକୋର୍ଟରେ ହରିବଲ୍ଲଭ ଦାସ, ପ୍ରୀୟନାଥ ବାବୁ ଆଦି ବଙ୍ଗାଳି ଓକିଲମାନେ ନିଜ ନିଜର ପ୍ରଭାବ ବିସ୍ତାର କରି ବସିଥିଲେ । ତେଣୁ ସେ ଓଡ଼ିଶା ହାଇକୋର୍ଟରେ ପ୍ରଥମ ଓଡ଼ିଆ ଓକିଲଭାବେ ଯୋଗଦେଇ ନିଜର ଆଧିପତ୍ୟ ବିସ୍ତାର କରିବାକୁ ପ୍ରୟାସ ଆରମ୍ଭ କଲେ । ସେତେବେଳେ ବଙ୍ଗୀୟ ଓକିଲମାନଙ୍କ

ଅଭିସନ୍ଧିମୂଳକ ଓଡ଼ିଆ ଭାଷା, ଚାଲିଚଳଣି ସବୁକୁ କୁଠାରଘାତ କରିବାରେ ଲାଗିଥିଲେ । ସେ ଖ୍ରୀଷ୍ଟଧର୍ମ ଗ୍ରହଣ କରିଥିଲେ ମଧ୍ୟ ପ୍ରାଣ, ହୃଦୟ ଓ ବିବେକରେ ସେ ପ୍ରକୃତ ହିନ୍ଦୁ ଥିଲେ । ଓଡ଼ିଶାର ଯୁବଶକ୍ତିର ଅଭ୍ୟୁଦୟ ପାଇଁ ଶତଚେଷ୍ଟା କରି ପ୍ରଗତି କ୍ଷେତ୍ରରେ ପ୍ରଶଂସନୀୟ ହୋଇଥିଲେ । ଯେଉଁଥିପାଇଁ ଭାରତବର୍ଷର ମାନଚିତ୍ରରେ ଓଡ଼ିଶାର ଏକ ପୂର୍ଣ୍ଣାଙ୍ଗ କଳ୍ପନାର ସ୍ୱତନ୍ତ୍ର ଚିତ୍ର ଅଙ୍କନ କରିବାକୁ ପ୍ରୟାସୀ ହୋଇଥିଲା । ଓଡ଼ିଆ ଭାଷାର ଦୁର୍ବଳ ମୁହୂର୍ତ୍ତରେ ଏବଂ ଓଡ଼ିଆ ଭାଷାଭାଷୀ ଅଞ୍ଚଳକୁ ଏକତ୍ରିତ କରିବା ସପକ୍ଷରେ ମଧୁସୂଦନ ଅଣ୍ଟା ଭିଡ଼ିଥିଲେ ଓ ବହୁ ବାଧାବିଘ୍ନ ସତ୍ତ୍ୱେ ତାହାକୁ କାର୍ଯ୍ୟରେ ପରିଣତ କରାଇଥିଲେ । ଓଡ଼ିଆ ଜାତିର ଉଜ୍ଜ୍ୱଳ ଚିନ୍ତକ ଭାବରେ ଉତ୍କଳବାସୀଙ୍କୁ ସ୍ୱାଭିମାନରେ ଅଭିମନ୍ତ୍ରିତ କରିଥିଲେ । ଆପଣାର ସ୍ୱାର୍ଥସିଦ୍ଧି ପାଇଁ କିଛି କଲେ ନାହିଁ । ଜାତିପାଇଁ, ମାତୃଭାଷା ଓ ମାତୃଭୂମି ପାଇଁ ନିଜର ସର୍ବସ୍ୱ ତ୍ୟାଗ କଲେ । ଓଡ଼ିଶାକୁ ଏକ ସ୍ୱତନ୍ତ୍ର ଭାଷାଭିତ୍ତିକ ରାଜ୍ୟ ସହିତ ଅର୍ଥନୈତିକ ଅଭିବୃଦ୍ଧି ପାଇଁ ଚେଷ୍ଟାକରି ସଫଳ ହେଲେ । ଲଣ୍ଡନ କାଉନ୍‌ସିଲ୍‌ରେ ଓଡ଼ିଶା କଥା ଉଠାଇ ତା'ର ଜୀବନ୍ତ ନିଦର୍ଶନ ସ୍ୱରୂପ ପ୍ରକୃତ ଜାତୀୟବୀର ଭାବରେ ତାଙ୍କୁ ସମସ୍ତେ ସମ୍ମାନ ଦେବା ସହିତ ତାଙ୍କର ସବୁ କଥାରେ ଏକମତ ହୋଇଥିଲେ ।

ଏସବୁ ମଧ୍ୟରେ ମଧୁବାବୁଙ୍କ ପ୍ରାଣାତକ ଉଦ୍ୟମ ଫଳରେ ଜାତୀୟ ଶିଳ୍ପନୀତି ସହିତ ସମଗ୍ର ଭାରତବର୍ଷରେ ସମବାୟର ମୂଳଦୂଆ ପଡ଼ିଥିଲା । ଏହାର ଜ୍ୱଳନ୍ତ ନିଦର୍ଶନ ସ୍ୱରୂପ ହେଉଛି ଉତ୍କଳ ଟ୍ୟାନେରୀ (ଜୋତା କାରଖାନା), କଟକ କଞ୍ଜ୍ୟୁମର ଷ୍ଟୋର, ତାରକସି ଓ ଶିଳ୍ପ କାମ, ବଢ଼େଇ ଛୁଆର କାଠ ଆଦି ଭାସ୍କର୍ଯ୍ୟ କାମ ମନ୍ଦିର ମାନଙ୍କରେ ଓଡ଼ିଆ ପୁଅ ହାତରେ ସୂକ୍ଷ୍ମ କାରୁକାର୍ଯ୍ୟ, କଂସା ପିତଳ କାରଖାନା ଇତ୍ୟାଦି ଭାରତବର୍ଷକୁ ଏସବୁ ଓଡ଼ିଶାର ଦାନ । କାରଖାନାଗୁଡ଼ିକରେ ଜାତି, ଧର୍ମ, ବର୍ଣ୍ଣ ନିର୍ବିଶେଷରେ ଏକତ୍ର ହୋଇ କାର୍ଯ୍ୟକରି ପରସ୍ପର ମଧ୍ୟରେ ସ୍ନେହ ଶ୍ରଦ୍ଧା ବଢ଼ାଇବା ସହିତ ପରସ୍ପରର ସୁଖ ଦୁଃଖରେ ଶ୍ରମିକମାନେ ଭାଗିଦାର ହେଉଥିଲେ । ମଧୁବାବୁ ସୁଦୂର ଇଂଲଣ୍ଡରେ ଓଡ଼ିଶାର ତାରକସୀ କାମ ଓ ତା'ର ଯନ୍ତ୍ରପାତି ପ୍ରଦର୍ଶନ କରାଇଥିଲେ ଓ ସ୍ୱତନ୍ତ୍ରଭାବେ ଓଡ଼ିଶାର ପରିଚୟ ସୃଷ୍ଟି କରାଇଥିଲେ ବିଲାତରେ । ଓଡ଼ିଶାର କାରିଗରଙ୍କ ଦ୍ୱାରା ତାରକସି ଓ ସିଂଘ କାମ ସାଙ୍ଗକୁ ବୌଦ୍ଧ ଓ ସୋନପୁରର ପାଟଶାଢ଼ୀ, ସମ୍ବଲପୁର ପାଟଶାଢ଼ୀ, ବ୍ରହ୍ମପୁର ପାଟ, ମୋଚିମାନଙ୍କର ଜୋତା ତିଆରି, ତନ୍ତୁ ସମବାୟ ସମିତିର ସୂକ୍ଷ୍ମ କାରୁକାର୍ଯ୍ୟରେ ଶାଢ଼ୀ ତିଆରି ଓ ସ୍ୱର୍ଣ୍ଣକାରଙ୍କ ହସ୍ତଶିଳ୍ପକୁ ଭାରତ ଓ ଭାରତ ବାହାରେ ଓଡ଼ିଆ ଜାତିପାଇଁ ସ୍ୱାଭିମାନର ଟେକ ଆଜି ପର୍ଯ୍ୟନ୍ତ ବଜାୟ ରହିଛି । ସ୍ୱଦେଶୀ ସ୍ୱପ୍ନକୁ ସାକାର କରିବାରେ ମଧୁବାବୁ ହେଉଛନ୍ତି ମହାନ୍ ସୂତ୍ରଧର । ୧୯୦୩ ମସିହାରେ

ମଧୁବାବୁ ଥିଲେ ସ୍ୱତନ୍ତ୍ର ଉତ୍କଳ ସମ୍ମିଳନୀର ପ୍ରତିଷ୍ଠାତା ଓ ନିଃସ୍ୱାର୍ଥପର ଦେଶ ସେବାର ପ୍ରବକ୍ତା ଓ ପ୍ରତୀକ । କଳା, ସ୍ଥାପତ୍ୟ, ବିଜ୍ଞାନରେ ସେ ଆତ୍ମ ନିର୍ଭରଶୀଳ ଭାବେ ତୂଳୀ ଧରିବାରେ ପ୍ରଥମ ଓଡ଼ିଆ ଜାତୀୟ ବୀର । ଦୁର୍ବାର ପ୍ରତିଭାର ଅଭିଳାଷ ପାଇଁ ୧୮୮୨ ମସିହାରେ ମଧୁବାବୁ ଥିଲେ ଉତ୍କଳ ସଭାର ସଭାପତି । ୧୮୮୬ ମସିହା ମାର୍ଚ୍ଚ ୩ ତାରିଖରେ କଂଗ୍ରେସର ପ୍ରଥମ ସଭାର ସଭାପତି ଥିଲେ । ୧୯୧୧ ମସିହା ପର୍ଯ୍ୟନ୍ତ କଂଗ୍ରେସର ବିଭିନ୍ନ ସ୍ଥାନରେ ସଭା ସମିତି କରି ଓଡ଼ିଆ ଭାଷା ଏକ ସ୍ୱତନ୍ତ୍ର ଭାଷା ଏବଂ ଓଡ଼ିଶା ଏକ ପୂର୍ଣ୍ଣାଙ୍ଗ ଓଡ଼ିଶା । ଓଡ଼ିଶା ଗଠନର ରୂପରେଖ ଦେଇ ପ୍ରଚାର ଓ ପ୍ରସାର କରି ନିଜର ପ୍ରାଣସ୍ପର୍ଶୀ କବିତାରେ ପ୍ରକାଶ କରିଥିଲେ - 'ଏହି ସମ୍ମିଳନୀ ଜାତି ପ୍ରାଣ ସିନ୍ଧୁ, କୋଟି ପ୍ରାଣବିନ୍ଦୁ ଧରେ । ତୋର ପ୍ରାଣବିନ୍ଦୁ ମିଶାଇଲେ ଭାଇ ଡେଇଁପଡି ସିନ୍ଧୁ ନୀରେ'॥ ମଧୁବାବୁ ଭାରତୀୟ ବୁଦ୍ଧିଜୀବିମାନଙ୍କ ମଧ୍ୟରେ ଜଣେ ଅଗ୍ରଗଣ୍ୟ ବ୍ୟକ୍ତି ଭାବରେ ଗଣାଯାଉଥିଲେ । ସ୍ୱାର୍ଥମେଧ ଯଜ୍ଞରେ ସ୍ୱାର୍ଥକୁ ଆହୁତି ଦେଇ ପରସ୍ପର ମଧ୍ୟରେ ବିଶ୍ୱାସ, ସ୍ନେହ, ସଦିଚ୍ଛା ଓ ସାଂପ୍ରତିକ ଅମୃତକୁ ବାଣ୍ଟି ନୀତିନିଷ୍ଠ ଜୀବନକୁ ସ୍ୱାଗତ କରି ଆଇନଜୀବିମାନେ ଜୀବନ ବ୍ୟାପାର କାଳ ମଧ୍ୟରେ ଅନୁପ୍ରାଣୀତ ହେବାପାଇଁ ମଧୁବାବୁ ଆହ୍ୱାନ ଦେଇଥିଲେ । ମଧୁସୂଦନ ଦାସ ଜାଣିଥିଲେ ଓଡ଼ିଆ ଜାତି ଜଗନ୍ନାଥ ସଂସ୍କୃତିର ଅଂଶବିଶେଷ । ଯାହା ସହିତ ପ୍ରତ୍ୟେକ ଓଡ଼ିଆ ଅଙ୍ଗାଙ୍ଗୀ ଭାବେ ଜଡ଼ିତ । ଓଡ଼ିଆମାନଙ୍କ ଜନ୍ମ ଜାତକରେ ପୁରୀ ଗଜପତି ରାଜାଙ୍କର ଅଙ୍କ ଗଣନା ଜନ୍ମକାଳରୁ ଲେଖା ହୋଇ ରଖାଯାଇଥାଏ । ବ୍ରିଟିଶ୍ ଉପନିବେଶବାଦ ଶାସନକୁ ମଧୁସୂଦନ ୧୮୮୭ ମସିହା ଏପ୍ରିଲ୍ ମାସରେ କଲିକତା ହାଇକୋର୍ଟରେ ଓକିଲଭାବେ ଯୁକ୍ତି ଉପସ୍ଥାପନ କରି ଶେଷ ରାୟ ପୁରୀ ରାଜାଙ୍କ ସପକ୍ଷରେ ଆଣିଥିଲେ । ମଧୁବାବୁ ଶେଷ ନିଃଶ୍ୱାସ ତ୍ୟାଗ ପର୍ଯ୍ୟନ୍ତ ଶ୍ରୀମନ୍ଦିର ସୁପରିଚାଳନା ଗଜପତିଙ୍କ ଦ୍ୱାରା ନିର୍ବାହ ହେବା କଥାକୁ ଅକ୍ଷୁର୍ଣ୍ଣ ରଖିଥିଲେ । ମାତୃଭାଷାର ଅବକ୍ଷୟ ସମୟରେ ଉତ୍କଳ ସଭା ତରଫରୁ ପ୍ରତିବାଦ ପତ୍ର ବଡଲାଟଙ୍କୁ ଲେଖିକରି ଯେଉଁ ପତ୍ର ଦେଇଥିଲେ ସେଥିରେ ଉଲ୍ଲେଖ ଥିଲା "ମାତୃଭାଷାକୁ କଣ୍ଠରୋଧ କରିବା ଭଳି ବିଭତ୍ସତମ ପ୍ରକ୍ରିୟା ବିଶ୍ୱର ନିଷ୍ଠୁରତା ପ୍ରଶାସନରେ ମଧ୍ୟ ଦୃଷ୍ଟିଗୋଚର ହୁଏ ନାହିଁ ।"

ବାସ୍ତବିକ୍ ଜଗତବନ୍ଧ୍ୟ ମଧୁସୂଦନ ଥିଲେ ଜଣେ ମହାପୁରୁଷ । ଯେଉଁମାନେ ଓଡ଼ିଶା ପାଇଁ କିଛି ନକରି ବାହା ବାହା ନେଉଥିଲେ ସେମାନେ ଆଜି ନୀତିନିଷ୍ଠ ବାଣୀ ଭୁଲିଯିବାକୁ ବସିଲେଣି । ପୂଜ୍ୟ ପୂଜାର ଅଭାବ ସର୍ବତ୍ର ଦୃଷ୍ଟିଗୋଚର ହେଲାଣି ।

ସର୍ବପ୍ରଥମ ଓଡ଼ିଆ ବିଲାତ ଯାତ୍ରୀ ଉତ୍କଳ ଗୌରବ ମଧୁସୂଦନ ଦାସ ୧୮୯୭ ମସିହାରେ ତତ୍କାଳୀନ ଓଡ଼ିଶା ଡିଭିଜନର କମିଶନର ଟି.ଇ. ରେଭେନ୍ସାଙ୍କୁ ଇଂଲଣ୍ଡ

ଠାରେ ସୌଜନ୍ୟମୂଳକ ସାକ୍ଷାତ କରିଥିଲେ । ରେଭେନ୍ସା ସାହେବ କଟକରେ କମିଶନର ଥିଲାବେଳେ ମଧୁସୂଦନ ଦାସ କଲିକତାସ୍ଥିତ ଲଣ୍ଡନ ମିସେନାରୀ ସ୍କୁଲ୍‌ର ଛାତ୍ର ଥିଲେ । ତେଣୁ ମଧୁସୂଦନ ଓ ରେଭେନ୍ସା ସାହେବଙ୍କ ମଧ୍ୟରେ ପୂର୍ବ ପରିଚୟ ଥିଲା । 'ଉତ୍କଳ ଦୀପିକା' ପତ୍ରିକାର ତା୦୭.୦୮.୧୮୯୭ ସଂଖ୍ୟାରେ ପ୍ରେରିତ ଏକ ପତ୍ରରେ ରେଭେନ୍ସାଙ୍କ ସହ ସାକ୍ଷାତର ଅଭିଜ୍ଞତା ବର୍ଣ୍ଣନା କରି ମଧୁବାବୁ ଇଂଲଣ୍ଡରୁ ଲେଖିଥିଲେ 'After a few minutes Ravenshaw said excuse me asking the question, are you a genuine oriya, I said every drop of blood in me is of oriya origin. The Ravenshaw said I am very proud of your race and I would talk more freely to an oriya than to any other man. Ravenshaw spoke in oriya offering a cigar.' ଏହା ଥିଲା ମଧୁବାବୁଙ୍କର ଜଣେ ଓଡ଼ିଆ ହିସାବରେ ନିର୍ଭୀକତା ସହ ଓଡ଼ିଆ ଜାତିପାଇଁ ଦୁର୍ମୂଲ୍ୟର ଉପହାର ।

ଯଦି ଆମେ ପ୍ରତ୍ୟେକ ଓଡ଼ିଆ ନିଃସ୍ୱାର୍ଥପର ଭାବେ କୂଳବୃଦ୍ଧ ମଧୁସୂଦନଙ୍କ କର୍ତ୍ତବ୍ୟପଥର ନିଷାଣରେ ଅନୁପ୍ରାଣୀତ ହୋଇ ତାଙ୍କ ପଦାଙ୍କ ଅନୁକରଣ କରି ଓଡ଼ିଶାର ସମୂହ ଉନ୍ନତିରେ ଲାଗିପଡ଼ିବା ତେବେ ତାଙ୍କର ସ୍ୱପ୍ନ ସାକାର ହେବ ବୋଲି ବିନମ୍ର ଶ୍ରଦ୍ଧାଞ୍ଜଳି ମାଧ୍ୟମରେ ଅନୁଭବ କରିବା ତାହାହିଁ ହେବ ଯଥେଷ୍ଟ। ଭାରତ ସରକାର ତାଙ୍କୁ ମରୋଣତ୍ତର ଭାବେ ଭାରତରତ୍ନ ଉପାଧି ଦେବାର ଆବଶ୍ୟକତା ।

'ଓଡ଼ିଶା ଏକ୍ସପ୍ରେସ୍' - ତା୨୮.୦୪.୨୦୨୫ରେ ପ୍ରକାଶିତ

ମହିଳା ସମବାୟ ସମିତି

ଜାପାନର ଜନସଂଖ୍ୟା ୨୦୨୪ ମସିହା ଜାନୁଆରୀ ମାସ ସୁଦ୍ଧା ୧୨ କୋଟି ୩୦ ଲକ୍ଷ । ଦ୍ୱିତୀୟ ବିଶ୍ୱଯୁଦ୍ଧ ପରେ ଜାପାନରେ ନୂତନ ଆଇନ୍ ଗୃହୀତ ହେଲା । ଜାପାନର ମହିଳାମାନେ ପୁରୁଷମାନଙ୍କ ପରି ସମାନ ସୁବିଧାର ଅଧିକାରିଣୀ ହେଲେ । ସାଧୁତା, ନମ୍ରତା, ନିଷ୍ଠା ଓ କର୍ମକୁଶଳତା ଯୋଗୁ ଜାପାନୀମାନେ ଆଜି ଆଶ୍ଚର୍ଯ୍ୟଜନକଭାବେ ସମୃଦ୍ଧିଶାଳୀ ହୋଇ ଆମେରିକା ପ୍ରଭୃତି ଧନଶାଳୀ ଦେଶମାନଙ୍କୁ ଟପିଗଲାଣି । ଜାପାନର ଧର୍ମଘଟର ସଂଜ୍ଞା ଭିନ୍ନ ପ୍ରକାରର । ସେମାନେ କାମ ବନ୍ଦ ନକରି କେବଳ ହାତରେ କଳା ବ୍ୟାଚ ପିନ୍ଧି କର୍ତ୍ତୃପକ୍ଷଙ୍କ ଠାରେ ଦାବି ଉପସ୍ଥାପନ କରନ୍ତି । ଏଣୁ ବ୍ୟକ୍ତିଗତ କିମ୍ବା ସମବାୟ ଉଦ୍ୟମରେ ସମସ୍ତ ଅନୁଷ୍ଠାନ ସଫଳତା ଲାଭ କରିଛି । ଫଳରେ କୃଷି ତଥା ଶିଳ୍ପ ଉତ୍ପାଦନରେ ଆଶାତୀତ ଭାବେ ଜାପାନରେ ବୃଦ୍ଧି ଘଟିଛି । ସମବାୟ ବ୍ୟାଙ୍କ ମାନଙ୍କର ଋଣ ଅସୁଲ ହାର ଶତକଡ଼ା ୧୦୦ ଭାଗ । ସମସ୍ତ ସଭ୍ୟ ନିୟମିତ ଭାବରେ ଋଣ ନେଇ ଠିକ୍ ସମୟରେ ଋଣ ଶୁଝନ୍ତି । ଋଣ ଅସୁଲ କରିବାପାଇଁ ସମବାୟ ଆଇନ୍‌ର ମକଦ୍ଦମା ବିଧିର ଆବଶ୍ୟକତା ପଡ଼େନାହିଁ । ଅବଶ୍ୟ ଜାପାନରେ ଦ୍ରୁତ ଅର୍ଥନୈତିକ ପ୍ରଗତି ସହିତ ପରିବେଶ ଅତିମାତ୍ରାରେ ଦୂଷିତ ହେବାରେ ଲାଗିଛି । ତାହାର ପ୍ରଭାବରେ ଖାଦ୍ୟ ତଥା ପାନୀୟ ପଦାର୍ଥ ଦୂଷିତ ହେଉଥିବାରୁ ଖାଉଟୀ ସମବାୟ ସମିତିଗୁଡ଼ିକରେ ବିଶେଷ ଖାଦ୍ୟର ଚାହିଦା ବୃଦ୍ଧି ପାଇଛି । ଆବଶ୍ୟକତା ଠାରୁ କୌଣସି ଖାଦ୍ୟ ପଦାର୍ଥ ମଗାଯାଏ ନାହିଁ । ହୋଟେଲ୍ ଗୁଡ଼ିକରେ ଯଦି କୌଣସି ପ୍ରକାରେ ମଗାଯାଇଥିବା ଖାଦ୍ୟ ନ ଖାଇ ନଷ୍ଟ କରିବାକୁ ପଡ଼େ ତେବେ ଖାଦ୍ୟ ମଗାଇଥିବା ବ୍ୟକ୍ତି ବା ଅନୁଷ୍ଠାନ ଉପରେ ଆଶାତୀତ ଭାବରେ ଜୋରିମାନା ଆଦାୟ କରାଯାଏ । ତେଣୁ ଜାପାନରେ ଖାଦ୍ୟ ପଦାର୍ଥ ନଷ୍ଟ କରାଯାଏ ନାହିଁ ।

ସମସ୍ତେ କର୍ମରେ ନିଯୁକ୍ତି ଯୋଗୁ ବ୍ୟକ୍ତିଗତ ଆୟ ବୃଦ୍ଧି ପାଉଛି । ଜାପାନ ଅଧିବାସୀମାନଙ୍କର ବ୍ୟକ୍ତିଗତ ଆୟ ପୃଥିବୀରେ ସର୍ବାଧିକ । ସେଠାରେ ଚାକର ମିଳୁ ନଥିବାରୁ ପରିବାରର ଗୃହସ୍ଥ ଓ ଗୃହିଣୀମାନଙ୍କ ମଧ୍ୟରେ କର୍ମର ଦାୟିତ୍ୱ ବଣ୍ଟନ ଅପରିହାର୍ଯ୍ୟ । ଅତୀତରେ ବିବାହ ପରେ ଜାପାନୀ ମହିଳାମାନେ ଚାକିରି ଛାଡ଼ି କେବଳ ଗୃହକାମ ଓ ଶିଶୁ ପାଳନରେ ବିବିଦ୍ଧ ହେଉଥିଲେ । ବର୍ତ୍ତମାନ ମହିଳାମାନେ ସମସ୍ତେ ଶିକ୍ଷିତ ହେବାରେ ସେମାନଙ୍କର ସାମାଜିକ ଚେତନା ବୃଦ୍ଧି ପାଇଛି । ବିଶୁଦ୍ଧ ଖାଦ୍ୟ କିଣିବା ପାଇଁ ମହିଳାମାନେ ଖାଉଟୀ ସମବାୟ ସମିତିର ସଭ୍ୟ ହୋଇଛନ୍ତି ଏବଂ ଖାଉଟୀ ସମବାୟ ସମିତିର ପରିଚାଳନାରେ ସାମିଲ ହୋଇ ଖାଦ୍ୟ ପ୍ରଭୃତି କିଣାବିକା ଓ ତଦାରଖ କରୁଛନ୍ତି । ଜାପାନର ବିକାଶରେ ମହିଳା ଖାଉଟୀ ସମବାୟ ସମିତିଗୁଡ଼ିକ ଭାଗିଦାରୀ ଜାପାନରେ ୬ ପ୍ରକାର ଖାଉଟୀ ସମବାୟ ସମିତି ବର୍ତ୍ତମାନ କାର୍ଯ୍ୟ କରୁଛି । ସେଗୁଡ଼ିକ ନାଗରିକ ସମବାୟ ସମିତି, ଅନୁଷ୍ଠାନ ସମବାୟ ସମିତି, ପରିବର୍ତ୍ତିତ ଅନୁଷ୍ଠାନ ସମବାୟ ସମିତି, ଚିକିତ୍ସାଳୟ ସମବାୟ ସମିତି, ଶିକ୍ଷକ ସମବାୟ ସମିତି ଓ ବିଶ୍ୱବିଦ୍ୟାଳୟ ସମବାୟ ସମିତି ।

ମହିଳା ଖାଉଟୀ ସମବାୟ ସମିତିରେ ଅଧିକାଂଶ ମହିଳା ନାଗରିକ ସମବାୟ ସମିତିର ସଭ୍ୟ ହୋଇ କର୍ମଚାରୀ କିମ୍ବା ପରିଚାଳନାରେ ଭାଗିଦାର ହେବାପାଇଁ ଆଗ୍ରହ ପ୍ରକାଶ କରୁଛନ୍ତି । ଜାପାନର ସମସ୍ତ ଖାଉଟୀ ସମବାୟ ସମିତିର ସଭ୍ୟସଂଖ୍ୟା ୨୦୨୩ ମସିହା ସୁଦ୍ଧା ୩ କୋଟି ୭୦ ଲକ୍ଷ । ଯାହା ଅତୀତ ଠାରୁ ଆଶାତୀତ ଭାବେ ବୃଦ୍ଧି ପାଇଛି । ୧୯୮୭ ମସିହାରେ ସମସ୍ତ ସମିତିମାନଙ୍କର ସଂଖ୍ୟା ଥିଲା ୧ କୋଟି ୨୦ ଲକ୍ଷ । ଜାପାନରେ ୨୦୦ ଗୋଟି ମହିଳା ଖାଉଟୀ ସମବାୟ ସମିତି କାର୍ଯ୍ୟକରୁଛି । ବାର୍ଷିକ ହାରାହାରି ୧ ଲକ୍ଷ କୋଟି ଟଙ୍କାର ବ୍ୟବସାୟ କରୁଛନ୍ତି । ୫ ରୁ ୧୦ ଜଣ ପଡ଼ୋଶୀ ଗୃହସ୍ଥମାନେ ସେମାନଙ୍କ ମଧ୍ୟରେ ଉତ୍ତମ ବୁଝମଣାରେ ସମବାୟ ସମିତି ଗଠନ କରନ୍ତି । ଉକ୍ତ ମହିଳା ଖାଉଟୀ ସମବାୟ ସମିତି ଗୁଡ଼ିକୁ ଜାପାନୀ ଭାଷାରେ 'ହାନ' କୁହାଯାଉଛି । କେତେକ ହାନ ସମବାୟ ସମିତି ଜିଲ୍ଲା ଖାଉଟୀ ସଂଘ ଓ ଜିଲ୍ଲାର ପ୍ରତିନିଧିମାନେ ଆଞ୍ଚଳିକ ଖାଉଟୀ ସମବାୟ ସମିତି ସଂଘ ଗଠନ କରିଛନ୍ତି । ସମବାୟ ସମିତିର ଅଧିକାଂଶ କର୍ମଚାରୀ ପୁରୁଷ ହେଲେହେଁ ନିର୍ବାଚିତ ପରିଚାଳନା କମିଟି ସଭାପତି ମହିଳା ଅଟନ୍ତି । ସମବାୟ ସମିତିମାନେ ଖାଦ୍ୟ ପ୍ରସ୍ତୁତି, ଖାଦ୍ୟ ଯୋଗାଣ ତଥା କିଣାବିକା ଦାୟିତ୍ୱ ନେବା ସହିତ ପରିବାରର ବଜେଟ୍, ପାରିବାରିକ କଳହର ଆପାଷ ସମାଧାନ, ସମାଜର ସାଂସ୍କୃତିକ ବିକାଶ ତଥ ଅନ୍ୟାନ୍ୟ ଉନ୍ନୟନ କାର୍ଯ୍ୟରେ ସାହାଯ୍ୟ କରୁଛନ୍ତି । ମହିଳା ସଭ୍ୟମାନେ ସମିତିର ସାଧାରଣ

ସଭାରେ ସକ୍ରିୟ ହେବା ସଙ୍ଗେ ସଙ୍ଗେ ଆଲୋଚନା ଜରିଆରେ ସେମାନଙ୍କର ଅଭିଜ୍ଞତାକୁ ପାଥେୟ କରି ସମସ୍ତ କାର୍ଯ୍ୟ କରନ୍ତି ।

ଜାପାନର ସମସ୍ତ ମହିଳା ଶିକ୍ଷିତ ହେବାରେ ସେମାନଙ୍କ ସାମାଜିକ ସେବା ତଥା ଦାୟିତ୍ୱ ବୃଦ୍ଧି ପାଇବାରୁ ପୁରୁଷମାନେ ମାସ ଶେଷରେ ଦରମା ଆଣି ଗୃହିଣୀମାନଙ୍କ ହାତରେ ଟେକିଦିଅନ୍ତି । ମହିଳାମାନେ ଘରର ଜାବତୀୟ ଖର୍ଚ୍ଚ ତୁଲାନ୍ତି । ଗୃହିଣୀମାନେ ପରିବାରର ଆୟ ଭିତ୍ତିରେ ଗୃହର ଆସବାବ ପତ୍ର ଓ ଖାଦ୍ୟ ପଦାର୍ଥ ଇତ୍ୟାଦି କିଣନ୍ତି । ଅନ୍ୟାନ୍ୟ ଦେଶ ତୁଳନାରେ ଜାପାନରେ ସମବାୟ ଆନ୍ଦୋଳନ ସର୍ବାଧିକ ସଫଳତା ହାସଲ କରିଛି । ଜାପାନ ସମସ୍ତ ପୃଥିବୀ ପାଇଁ ସମବାୟର ମାର୍ଗଦର୍ଶକ ହୋଇପାରିଛି ।

ଜାପାନରେ ସମବାୟର ସ୍ରଷ୍ଟା ତଥା ଜନକ ହେଉଛନ୍ତି ତୋୟହିକୋ କାଗୁଆ । ତାଙ୍କର ସମବାୟ ପ୍ରତି ମାର୍ଗଦର୍ଶନ ଜାପାନରେ ସୀମିତ ନ ରହି ସମଗ୍ର ପୃଥିବୀ ପୃଷ୍ଠକୁ ବ୍ୟାପିବାରେ ଲାଗିଛି । ସେ ଜାପାନର କୋବେ ସହରର ହିଗୋ ଠାରେ ୧୦ ଜୁଲାଇ ୧୮୮୮ ମସିହାରେ ଜନ୍ମଗ୍ରହଣ କରିଥିଲେ ଏବଂ ଜାପାନର ଟୋକିଓ ଠାରେ ୧୯୬୦ ମସିହାରେ ମୃତ୍ୟୁବରଣ କରିଥିଲେ ।

ଭାରତବର୍ଷ ଜନସଂଖ୍ୟା ଦୃଷ୍ଟିରୁ ଜାପାନ ଠାରୁ ୧୨ ଗୁଣା ଅଧିକ ହୋଇଥିଲେ ମଧ୍ୟ ସମବାୟ ଆନ୍ଦୋଳନ କ୍ଷେତ୍ରରେ ବହୁତ ପଛରେ ରହିଯାଇଛି । ଜାପାନ ସମବାୟ ସମିତି ପରିଚାଳନା ପଦ୍ଧତିକୁ ପାଥେୟ କରି ଭାରତରେ ସମବାୟ ସମିତିଗୁଡ଼ିକ ପରିଚାଳନାରେ ଜାପାନର ମାର୍ଗଦର୍ଶନକୁ ଗ୍ରହଣ କଲେ ସମବାୟ ଆନ୍ଦୋଳନ ସଫଳ ହୋଇପାରିବ ।

'ଓଡ଼ିଶା ଏକ୍ସପ୍ରେସ୍' - ତା୦୬.୦୩.୨୦୨୫ରେ ପ୍ରକାଶିତ

ଓଡ଼ିଶାରେ ଚିନିକଳ ବନ୍ଦର ଅନ୍ତରାଳେ

ନିଷ୍ପାପର ସମବାୟ କ୍ଷେତ୍ରରେ କାର୍ଯ୍ୟ କରୁଥିବା ନେତାମାନଙ୍କର ଉତ୍ତମ ପରିଚାଳନା ପାଇଁ ମହାରାଷ୍ଟ୍ରରେ ସମବାୟ ଚିନି କାରଖାନାମାନ ସମଗ୍ର ଭାରତବର୍ଷରେ ଚିନି ଉତ୍ପାଦନରେ ଚହଳ ପକାଇଅଛନ୍ତି। ମହାରାଷ୍ଟ୍ରରେ ବିଭିନ୍ନ ଦଳର ସରକାର ବିଭିନ୍ନ ସମୟରେ ରାଜ୍ୟରେ ଶାସନ କରୁଥିଲେ ସୁଦ୍ଧା ଉକ୍ତ ସରକାରମାନେ ସମବାୟ ନେତାମାନଙ୍କର ସମବାୟ ଅନୁଷ୍ଠାନର ପରିଚାଳନାରୁ ଅପସାରଣରେ ସମ୍ପୃକ୍ତ ହୁଅନ୍ତି ନାହିଁ । ଚାଷୀମାନଙ୍କ ସ୍ୱାର୍ଥ ବିରୁଦ୍ଧରେ କୌଣସି କାର୍ଯ୍ୟ କରନ୍ତି ନାହିଁ । କିନ୍ତୁ ଓଡ଼ିଶାରେ ସମବାୟ ଅନୁଷ୍ଠାନଗୁଡ଼ିକ ଉପରେ ରାଜନୈତିକ ହସ୍ତକ୍ଷେପ, ସରକାରୀ ନିୟନ୍ତ୍ରଣ, ପରିଚାଳନା ଅବ୍ୟବସ୍ଥା ଓ କାରଖାନା ନିର୍ମାଣରେ ଅତ୍ୟଧିକ ବ୍ୟୟ ଅର୍ଥ ତୋଷାରପାତ ହେତୁ ଓଡ଼ିଶାରେ ସମବାୟ ଭିତ୍ତିକ ଚାରୋଟି ଚିନି କାରଖାନା ମଧ୍ୟରୁ କେବଳ ମାତ୍ର ଆସ୍କା ସମବାୟ ଚିନି କାରଖାନା କାର୍ଯ୍ୟ କରୁଅଛି । ଅନ୍ୟ ତିନୋଟି ସମବାୟ ଚିନି କାରଖାନା ବେସରକାରୀ ପରିଚାଳନାକୁ ହସ୍ତାନ୍ତର ହୋଇ କିଛିଦିନ ଚାଲିବା ପରେ ବନ୍ଦ ହୋଇଯିବାରୁ କାରଖାନାରେ କାର୍ଯ୍ୟ କରୁଥିବା ଶ୍ରମିକ ତଥା ଆଖୁ ଚାଷୀମାନଙ୍କର ଦୁର୍ଯୋଗ ବଢ଼ିଚାଲିଛି । କିନ୍ତୁ ଶାସନରେ ଥିବା ସରକାର ନୀରବଦ୍ରଷ୍ଟା ସାଜିଛନ୍ତି ।

ମୂଳଧନ ଅଭାବ ଓ ପରିଚାଳନା ଅବ୍ୟବସ୍ଥା ହେତୁ ବଡ଼ମ୍ବା ଚିନିକଳ ବନ୍ଦ ହୋଇଯାଇଥିବାରୁ ଶକ୍ତି ସୁଗାର କମ୍ପାନୀକୁ ତା୦୯.୦୧.୧୯୯୧ ମସିହାରେ ମାତ୍ର ୧୫ କୋଟି ଟଙ୍କାରେ ନିର୍ମିତ ବଡ଼ମ୍ବା ଚିନିକାରଖାନାର ପରିଚାଳନା ଭାର ୧୦ବର୍ଷ ପର୍ଯ୍ୟନ୍ତ ବହନ କରିବା ପାଇଁ ସରକାରୀ ବାବୁମାନଙ୍କ ନିଷ୍ପତ୍ତିରେ ହସ୍ତାନ୍ତର କରାଯାଇଥିଲା । ନୟାଗଡ଼ ଚିନି କାରଖାନା କିଛିଦିନ ଲାଭରେ ଚାଲିବା ଦ୍ୱାରା ଚାଷୀମାନଙ୍କ ମଧ୍ୟରେ ଆଖୁଚାଷ ପ୍ରତି ଆଗ୍ରହ ବଢ଼ିଯାଇଥିଲା । ଉକ୍ତ ଅଞ୍ଚଳର ଲୋକମାନଙ୍କୁ କାରଖାନାରେ ପରୋକ୍ଷ ଓ ପ୍ରତ୍ୟେକ୍ଷ ଭାବରେ ନିଯୁକ୍ତି ମିଳିବା ଦ୍ୱାରା

ସେ ଅଞ୍ଚଳରେ କେତେକ ମାତ୍ରାରେ ବେକାରୀ ଦୂରୀକରଣ ହୋଇପାରିଥିଲା । ମାତ୍ର ରାଜନୈତିକ ଇଚ୍ଛାଶକ୍ତିର ଅଭାବରେ ଓ କିଛି ମୁନାଫାଖୋର ସରକାରୀ ଅଧିକାରୀଙ୍କ କୁଟଚକ୍ରରେ ଲାଭରେ ଚାଲୁଥିବା ନୟାଗଡ଼ ସମବାୟ ଚିନି କାରଖାନାକୁ ପ୍ରଥମେ ପୋନି ସୁଗାର କମ୍ପାନୀ ଓ ପରେ ଜଣେ ବ୍ୟକ୍ତିଙ୍କୁ ବିକ୍ରି କରି ଦିଆଯିବାରୁ ତାହା ମଧ୍ୟ ବନ୍ଦ ହୋଇଯାଇଛି । ବରଗଡ଼ ଚିନି କାରଖାନାର ନିଜର ବହୁଳ ଜମି ସହିତ ଅନ୍ୟ ଆନୁସଙ୍ଗିକ ବ୍ୟବସ୍ଥା ଠିକ୍ ଠାକ୍ ଥିବାରୁ ଉକ୍ତ ଚିନି କଳ ସ୍ଥାପନ ହେବା ଦ୍ୱାରା ବରଗଡ଼, ସମ୍ବଲପୁର ଓ ନିକଟ ଜିଲ୍ଲାମାନଙ୍କର ଯୁବଶକ୍ତିମାନେ ନିଯୁକ୍ତି ପାଇଥିଲେ । ତାହା ମଧ୍ୟ ଉକ୍ତ ଚିନିକଳର ପରିଚାଳନା ପରିଷଦରେ ଥିବା ସରକାରୀ ବାବୁମାନେ କାରଖାନାର କ୍ଷତି ଦର୍ଶାଇ ବନ୍ଦ କରି ଦେଇଥିଲେ । ବଲାଙ୍ଗୀର ସୁଗାର ମିଲ୍‌କୁ ଜଣେ ରାଜନୈତିକ ବ୍ୟକ୍ତିଙ୍କୁ ପରିଚାଳନା ଦାୟିତ୍ୱ ଦିଆଯାଇଥିଲେ ମଧ୍ୟ ବିଭିନ୍ନ କାରଣବଶତଃ ପରିଚାଳନାରେ ଅନିୟମିତତା ପାଇଁ ସୁଗାର କାରଖାନା ଅତ୍ୟଧିକ କ୍ଷତି ଦର୍ଶାଇ ବନ୍ଦ କରିଦିଆଯାଇ ପରିଚାଳନା ପରିଷଦର ସଭାପତିଙ୍କୁ ଅର୍ଥ ତୋଷାରପାତ ଅଭିଯୋଗରେ ଜେଲ୍ ଯିବାକୁ ପଡ଼ିଥିଲା । ବର୍ତ୍ତମାନ କେବଳ ଆସ୍କା ସୁଗାର ମିଲ୍‌ଟି ବହୁ ଘାତ ପ୍ରତିଘାତ ମଧ୍ୟରେ କାର୍ଯ୍ୟକ୍ଷମ ।

ବଡ଼ମ୍ବା ସମବାୟ ଚିନି କାରଖାନା କଟକ ଜିଲ୍ଲାର ଆଠଗଡ଼ ଓ ବାଙ୍କୀ ଉପଖଣ୍ଡ ଅଞ୍ଚଳକୁ ନେଇ ଏହା ପରିବ୍ୟାପ୍ତ । ଉକ୍ତ କାରଖାନାରେ ଦୈନିକ ୧୨୫୦ ଟନ୍ ଆଖୁ ପେଡିବାର କ୍ଷମତା ଥିଲା ଏବଂ ଗୋଟିଏ ଆଖୁପେଡ଼ା ଋତୁରେ ୨ ଲକ୍ଷ ଟନ୍ ଆଖୁ ପେଡାହେଲେ କାରଖାନାର ଉପଯୁକ୍ତ ବିନିଯୋଗ ହୋଇପାରିବ ବୋଲି ବ୍ୟବସ୍ଥା କରାଯାଇଥିଲା । ବଡ଼ମ୍ବା ସମବାୟ ଚିନି କାରଖାନା ୧୯୮୨ ମସିହାରେ ପଞ୍ଜିକରଣ ପାଇଥିଲେ ହେଁ ଦୀର୍ଘ ୬ ବର୍ଷ ପରେ ୧୯୮୮ ମସିହାରେ କାରଖାନା ନିର୍ମାଣ ସରିଥିଲା ଏବଂ ୧୯୮୮-୮୯ ମସିହାରେ ପରୀକ୍ଷାମୂଳକ ଭାବରେ ଆଖୁ ପେଡ଼ାହୋଇ ପ୍ରଥମ ଚିନି ଉତ୍ପାଦନ ହୋଇଥିଲା । ୧୯୮୮-୮୯ ମସିହାରେ ଆଖୁ ଟନ୍ ପିଛା ସରକାରୀ ଦର ୨୧୦ ଟଙ୍କା ଧାର୍ଯ୍ୟ ହୋଇଥିଲେ ସୁଦ୍ଧା ଆଖୁଚାଷୀମାନେ ଟନ୍ ପିଛା ୩୦୦ ଟଙ୍କାରେ କାରଖାନାକୁ ୪୭୩ ଟନ୍ ଆଖୁ ବିକ୍ରି କରି ମୋଟ୍ ୧ଲକ୍ଷ ୪୧ ହଜାର ୯୦୦ ଟଙ୍କା ଚାଷୀଙ୍କୁ ପ୍ରାପ୍ୟ ବାବଦକୁ ଦିଆଯାଇଥିଲା । ସେହିପରି ୧୯୮୯-୯୦ ମସିହାରେ ଆଖୁ ଟନ୍ ପିଛା ସରକାରୀ ଦର ୨୨୦ ଟଙ୍କା ଥିଲାବେଳେ ଚାଷୀମାନଙ୍କ ଠାରୁ କାରଖାନା କର୍ତ୍ତୃପକ୍ଷଙ୍କ ଦ୍ୱାରା ଟନ୍ ପିଛା ୩୮୦ ଟଙ୍କାରେ ୧୯୭୪ ଟନ୍ ଆଖୁ କିଣାଯାଇ ଚାଷୀଙ୍କୁ ମୋଟ୍ ୭୫୦୧୨୦ ଟଙ୍କା ପ୍ରାପ୍ୟ ଦିଆଯାଇଥିଲା । ୧୯୯୧-୯୨ ମସିହାରେ ସରକାରୀ ଦର ଆଖୁ ଟନ୍ ପିଛା ୨୬୦ ଟଙ୍କା ଧାର୍ଯ୍ୟ

ହୋଇଥିଲା ବେଳେ ଚିନିକଳ ତରଫରୁ ଟନ୍ ପିଛା ୪୦୦ ଟଙ୍କା ଦରରେ ଚାଷୀମାନଙ୍କ ଠାରୁ ୩୩୫୦୦ ଟନ୍ ଆଖୁ କିଣାଯାଇ ୧୩୪୦୦୦୦ ଟଙ୍କା ଚାଷୀମାନଙ୍କୁ ପ୍ରାପ୍ୟ ଦିଆଯାଇଥିଲା । ୧୯୯୨-୯୩ ମସିହାରେ ଆଖୁ ଟନ୍ ପିଛା ୩୪୨ ଟଙ୍କା ଧାର୍ଯ୍ୟ ହୋଇଥିଲା ବେଳେ ଚାଷୀମାନଙ୍କ ଠାରୁ କାରଖାନା କର୍ତ୍ତୃପକ୍ଷଙ୍କ ଦ୍ୱାରା ୪୫୦ ଟଙ୍କା ଦରରେ ୫୭୮୮୦ ଟନ୍ ଆଖୁ କିଣାଯାଇ ପ୍ରାପ୍ୟ ବାବଦକୁ ୨୬୦୦୧୦୦ ଟଙ୍କା ଦିଆଯାଇଥିଲା । ୧୯୮୮-୮୯ ମସିହାରେ ଦୁଇ ଦିନରେ ୪୪୮ ଟନ୍ ଆଖୁ ପେଡା ହୋଇ ଶତକଡ଼ା ୩.୬୮ ଭାଗ ଚିନି ଉତ୍ପାଦନ ହାରରେ ମୋଟ୍ ୬୧ କ୍ୱିଣ୍ଟାଲ୍ ଚିନି ଓ ଶତକଡ଼ା ୭.୪୫ ଭାଗ ହିସାବରେ ୩୩୪ ଟନ୍ ମହୁଆ ଗୁଡ଼ ଉତ୍ପାଦନ କରାଯାଇଥିଲା । ୧୯୮୯-୯୦ ମସିହାରେ ୫୦ ଦିନରେ ୨୧୩୫ ଟନ୍ ଆଖୁ ପେଡା ହୋଇ ଶତକଡ଼ା ୩.୦୩ ହାର ହିସାବରେ ୧୮୪ କ୍ୱିଣ୍ଟାଲ୍ ଚିନି ଓ ଶତକଡ଼ା ୭.୩୭ ହିସାବରେ ୧୨୦ ଟନ୍ ମହୁଆ ଉତ୍ପାଦିତ ହୋଇଥିଲା ।

ବଡ଼ମ୍ବା ଚିନିକଳରେ ଆଧୁନିକ ଜ୍ଞାନ କୌଶଳର ଅଭାବ, କର୍ମଚାରୀଙ୍କ ଦ୍ୱାରା ଆଖୁ ଓଜନରେ ହେରଫେର ହେତୁ ମହୁଆ ଓ ଚିନି ଉତ୍ପାଦନ ହାର ହ୍ରାସ ପାଇଥିଲା । ଶ୍ରମିକ ଧର୍ମଘଟ, ମୂଳଧନ ଅଭାବ, ଚାଷୀମାନଙ୍କ ତରଫରୁ ଆଖୁଦର ଅଧିକ ଦାବି, ପରିଚାଳନା ଅବ୍ୟବସ୍ଥା ହେତୁ ସରକାରୀ ସ୍ତରରେ ତା୦୯.୦୧.୧୯୯୧ ମସିହାରେ ବଡ଼ମ୍ବା ସମବାୟ ଚିନିକଳର ପରିଚାଳନା ଦାୟିତ୍ୱ ଶକ୍ତି ସୁଗାର ମିଲ୍‌କୁ ହସ୍ତାନ୍ତର ହେବାରୁ ୧୯୯୦-୯୧ ମସିହାରୁ ଚିନିକଳର ଚିନି ଉତ୍ପାଦନ କ୍ରମେ ବନ୍ଦ ହୋଇଗଲା। ଶକ୍ତି ସୁଗାର ଚିନି କାରଖନା ବଡ଼ମ୍ବା ସୁଗାର ମିଲ୍‌ର ପରିଚାଳନା ଭାର ନେଲାପରେ କମ୍ପାନୀ ପରିଚାଳନାରେ ୧୯୯୧-୯୨ ମସିହାରେ ୮୭ ଦିନରେ ୩୦ ହଜାର ଟନ୍ ଆଖୁ ପେଡ଼ା ହୋଇ ଶତକଡ଼ା ୯.୩୧ ଭାଗ ଚିନି ଉତ୍ପାଦନ ହାରରେ ମୋଟ୍ ୩୦୦୦୦ କ୍ୱିଣ୍ଟାଲ୍ ଚିନି ଓ ଶତକଡ଼ା ୪.୦୪ ଭାଗ ଭିତ୍ତିରେ ୧୦୯୬ ଟନ୍ ମହୁଆ, ୧୯୯୨-୯୩ ମସିହାରେ ୭୪ ଦିନରେ ୫୮୦୦୦ ଟନ୍ ଆଖୁ ପେଡା ହୋଇ ଶତକଡ଼ା ୯.୮୬ ଭାଗ ହିସାବରେ ୫୭୦୦୦ କ୍ୱିଣ୍ଟାଲ୍ ଚିନି ଓ ଶତକଡ଼ା ୪.୪୦ ଭାଗ ହାରରେ ୨୫୪୭ ଟନ୍ ମହୁଆ ଉତ୍ପାଦିତ ହୋଇଥିଲା । ଏଠାରେ ପ୍ରକାଶ କରାଯାଇପାରେ କି, ମହୁଆ ଗୁଡ଼କୁ ଦେଶୀ ମଦ କାରଖାନାମାନେ କିଣି ନିଅନ୍ତି ଦେଶୀ ମଦ ତିଆରି କରିବା ପାଇଁ । ଶକ୍ତି ସୁଗାର କମ୍ପାନୀ ଓଡ଼ିଶା ରାଜ୍ୟ ସରକାରଙ୍କୁ ୧୯୯୧-୯୨ ମସିହାରେ ୩ ଲକ୍ଷ ଓ ୧୯୯୨-୯୩ ମସିହାରେ ୩ ଲକ୍ଷ ୪୬ ହଜାର ଟଙ୍କା ଅବକାରୀ ରାଜସ୍ୱ ବାବଦକୁ ଦେଇଥିଲା । ଅଥଚ ସମବାୟ ବିଭାଗ ଯେଉଁ ସମୟରେ ଚିନିକଳକୁ ପରିଚାଳନା କରୁଥିଲେ ଉକ୍ତ ସମୟ ମଧ୍ୟରେ

କାରଖାନା କର୍ତ୍ତୃପକ୍ଷ ମାତ୍ର ୬୩୭୫ ଟଙ୍କା ଅବକାରୀ ରାଜସ୍ୱ ରାଜ୍ୟ ସରକାରଙ୍କୁ ଦେଇଥିଲେ ।

ଶକ୍ତି ସୁଗାର ଚିନିକାରଖାନାକୁ ଅଧିକ କାର୍ଯ୍ୟକ୍ଷମ କରିବା ପାଇଁ ୧୯୯୦-୯୧ ମସିହାରେ ୩୫ଲକ୍ଷ ୨୯ ହଜାର ଟଙ୍କା ବ୍ୟୟରେ ବିଭିନ୍ନ ଯନ୍ତ୍ରପାତି କିଣିବା ସହିତ ମରାମତି ବାବଦକୁ ଉକ୍ତ ଅର୍ଥକୁ ଖର୍ଚ୍ଚ କରାଯାଇଥିଲା । ସମବାୟ ବିଭାଗ ପରିଚାଳନାରେ ୧୯୮୮-୮୯, ୧୯୮୯-୯୦ରେ କାରଖାନାର ସାମର୍ଥ୍ୟ ଶତକଡ଼ା ୦.୨୯ ଓ ୧.୪୨ ଉପଯୋଗ ଥିବା ସ୍ଥଳେ ୧୯୯୧-୯୨ ଓ ୧୯୯୨-୯୩ ମସିହାରେ କମ୍ପାନୀ ପରିଚାଳନାରେ ଯଥାକ୍ରମେ ୧୯.୮୯ ଓ ୨୮.୫୪ ଭାଗକୁ ବୃଦ୍ଧି ପାଇଥିଲେ ହେଁ କର୍ମଚାରୀମାନଙ୍କ ଅସହଯୋଗ, ଆଖୁର ଅଭାବ ଓ ଗୁଡ଼ ତିଆରିରେ ଅଭ୍ୟସ୍ତ ଚାଷୀମାନେ ଚିନିକଲକୁ ଆବଶ୍ୟକ ପରିମାଣର ଆଖୁ ନଦେବାରୁ କାରଖାନାର ପୂର୍ଣ୍ଣ ଉପଯୋଗ ହୋଇପାରିଲା ନାହିଁ । ଏଣୁ ଏହାର ନିରାକରଣ ପାଇଁ ଶକ୍ତି ସୁଗାର ଚିନ୍ତାକରି କେବଳ କାରଖାନାରେ ଆଖୁପେଡ଼ାରେ ବ୍ୟସ୍ତ ନରହି ଆଖୁ ଚାଷର ପ୍ରସାରଣ ତଥା ଏକର ପିଛା ଆଖୁ ଉତ୍ପାଦନ ବୃଦ୍ଧି ପାଇଁ ବିଭିନ୍ନ ପଦକ୍ଷେପମାନ ନେଲେ । ୧୯୯୦-୯୧ ବର୍ଷରେ ଏକର ପିଛା ହାରାହାରି ଆଖୁ ଉତ୍ପାଦନ ୧୮ ଟନ୍ ଥିବାରୁ କମ୍ପାନୀ ଏହାର ମାତ୍ରା ଏକର ପିଛା ୩୦ ଟନ୍‌କୁ ବୃଦ୍ଧି କରିବା ଲକ୍ଷରେ ଜମିକୁ ଜଳ ଯୋଗାଣ, ଚାଷୀଙ୍କୁ ଆବଶ୍ୟକ ଋଣ ବ୍ୟାଙ୍କମାନଙ୍କ ମାଧ୍ୟମରେ ଯୋଗାଇବା, ଉନ୍ନତ ବିହନ, ସାର, କୀଟନାଶକ ଔଷଧ ସହିତ ମାଗଣାରେ ମଇଳା ପିଡ଼ିଆ ଯୋଗାଇବାର ବ୍ୟବସ୍ଥା କରାଗଲା । ଏତଦ୍‌ବ୍ୟତୀତ ଚାଷୀଙ୍କୁ ଟ୍ରେଞ୍ଚ୍ ଖୋଳାରେ ଆଖୁ ବିହନ ଲଗାଇବା, ଆଖୁ ଛିଡ଼ାକରି ରଖିବା ତଥା ବିଭିନ୍ନ ବ୍ୟବହାରିକ ଜ୍ଞାନ କୌଶଳରେ ତାଲିମ ଦେବାକୁ ବ୍ୟବସ୍ଥା ଯୋଜନା ପ୍ରଣୟନ କଲେ । ଫଳରେ ଉକ୍ତ ଅଞ୍ଚଳରେ ୧୯୮୮ ମସିହାରେ ୧୧୦୦ ଏକରର ଆଖୁଚାଷ ହୋଇଥିଲା ବେଳେ ୧୯୯୨-୯୩ ବର୍ଷରେ ଆଖୁ ଚାଷ ୨୭୦୦ ଏକରକୁ ବୃଦ୍ଧି ପାଇଲା ।

ଆଖୁ ଜମିରେ ଜଳସେଚନ ପାଇଁ କୂପ ଖନନ, ନଳକୂପ ଦ୍ୱାରା ପାଣି ଯୋଗାଇବା, ଯାନ୍ତ୍ରିକ ଚାଷପାଇଁ କୃଷି ଯନ୍ତ୍ରପାତି ଯୋଗାଇବା, ଟ୍ରାକ୍ଟର ଓ ପାୱାର ଟିଲର୍ ସହ ବ୍ୟାଙ୍କ ଋଣ ପାଇଁ କମ୍ପାନୀ ଚାଷୀଙ୍କୁ କମ୍ପାନୀ ଜାମିନରେ ବିନା ସୁଧରେ ମୋଟ ଋଣର ଶତକଡ଼ା ୧୦ରୁ ୧୫ ଭାଗ ଅଂଶଧନ ଋଣ ଯୋଗାଇଦେଲେ । କମ୍ପାନୀ ତା୩୧.୦୩.୧୯୯୩ ମସିହା ସୁଦ୍ଧା ୮ଟି ଟ୍ରାକ୍ଟର ଓ ୧୦ଟି ଉନ୍ନତ ଶଗଡ଼ (ପରିବହନ ପାଇଁ) କିଣିବା ପାଇଁ ଚାଷୀମାନଙ୍କୁ ୩ ଲକ୍ଷ ୪୫ ହଜାର ଟଙ୍କା ଅଂଶଧନ ଋଣ ଯୋଗାଇଦେଲା । ଏତଦ୍‌ବ୍ୟତୀତ ବାଙ୍କୀ କେନ୍ଦ୍ର ସମବାୟ ବ୍ୟାଙ୍କରୁ କମ୍ପାନୀ

ଜାମିନଦାରରେ ଆଖୁଚାଷୀମାନଙ୍କୁ ଋଣ ଦେଇ ଆଖୁ ବିକ୍ରି ପ୍ରାପ୍ୟ ବ୍ୟାଙ୍କ ମାଧ୍ୟମରେ ଦେବାକୁ ବ୍ୟବସ୍ଥା କରିଥିବାରୁ ଆଖୁ ବିକ୍ରି ଲବ୍ଧ ଅର୍ଥରୁ ଋଣ ଟଙ୍କା ବ୍ୟାଙ୍କ କାଟି ରଖିଥିଲା । ନୂତନଭାବେ ଭଙ୍ଗାରିକା ଉଠା ଜଳସେଚନ ଯୋଜନାରେ ୫୦୦ ଏକର ଜମି, ନରସିଂହପୁର ବ୍ଲକ୍‌ରେ ଯୋରଡ଼ିଆ ଯୋଜନାରେ ୨୫୦ ଏକର ଜମିରେ ବିନିଯୋଗ ଋଣ ଟଙ୍କାରୁ କମ୍ପାନୀ ଅଧା ବହନ କରି ଏ ବାବଦକୁ ୨୫ ଲକ୍ଷ ଟଙ୍କା ବିନିଯୋଗ କରିଥିଲା । ଏକରପିଛା ୧୦୦୦ ଟଙ୍କା ବିନିଯୋଗରେ ୬୫୦ ଏକର ଆଖୁଚାଷ ଜମିରେ ପାଣି ଯୋଗାଇବା ପାଇଁ କମ୍ପାନୀ ଓଡ଼ିଶା ଉଠା ଜଳସେଚନ ନିଗମରୁ ୫ଟି ଅଚଳ ପମ୍ପର ପରିଚାଳନା ଦାୟିତ୍ୱ ନେଇ ଚାଷୀମାନଙ୍କୁ ଆଖୁଚାଷ ପାଇଁ ପାଣି ଯୋଗାଇଥିଲା । ଟ୍ରକ୍‌ରେ ଆଖୁ ପରିବହନ ପାଇଁ ଆବଶ୍ୟକୀୟ ଗ୍ରାମ୍ୟ କଚ୍ଚାରାସ୍ତା କମ୍ପାନୀ ମଧ୍ୟ ନିର୍ମାଣ କରିଥିଲା । ୩୦ କି.ମି.ରୁ ଅଧିକ ଦୂରରୁ ଆଖୁଚାଷୀ ଆଖୁ ଆଣି କାରଖାନାକୁ ଯୋଗାଇଲେ ଶକ୍ତି ସୁଗାର ଚାଷୀର ଅଧିକା ଖର୍ଚ୍ଚ ବହନ କରୁଥିଲା । ୧୯୯୨-୯୩ ବର୍ଷରେ ଶକ୍ତି ସୁଗାର କମ୍ପାନୀ ୭ ଲକ୍ଷ ୪୭ ହଜାର ଟଙ୍କା ଅଧିକ ପରିବହନ ଖର୍ଚ୍ଚ ବାବଦକୁ ବହନ କରିଥିଲା ।

ଏକର ପିଛା ୩୦ ଟନ୍ ଆଖୁ ଉତ୍ପାଦନ ଲକ୍ଷରେ କମ୍ପାନୀ ଚାଷୀଙ୍କୁ ୧୬୦୦ ଟଙ୍କା ରିହାତିରେ ଉନ୍ନତ ବିହନ ଯୋଗାଇଦେବା ସହିତ ୪୦ ଲକ୍ଷ ଟନ୍ ଆଖୁରୁ ଅଧିକ ଉତ୍ପାଦନ କରିଥିବା ୭ଟି ଅଞ୍ଚଳର ଜଣେ ଲେଖାଏଁ ସର୍ବାଧିକ ଆଖୁ ଉତ୍ପାଦନ କରିଥିବା ଚାଷୀଙ୍କୁ ୨୫୦୦୦ ଟଙ୍କା ଲେଖା ପୁରସ୍କାର ଘୋଷଣା କରି ଅର୍ଥ ଦେଇଥିଲା । ତାମିଲନାଡୁ ଓ କର୍ଣ୍ଣାଟକର ଉନ୍ନତ ଆଖୁ ଚାଷର ପ୍ରଣାଳୀ ଅନୁଧ୍ୟାନ କରିବା ପାଇଁ ଚାଷୀଙ୍କୁ ସେଠାକୁ ଟ୍ରେନିଂ ପାଇଁ ପଠାଇ ଶକ୍ତି ସୁଗାର କାରଖାନା ସମସ୍ତ ଖର୍ଚ୍ଚ ବହନ କରିଥିଲା। ଚାଷୀମାନେ ମଧ୍ୟ ଆଖୁ ଚାଷରେ ଉତ୍ସାହିତ ହେବାପାଇଁ କମ୍ପାନୀ ପ୍ରଚାର ମଧ୍ୟମରେ ଚାଷୀମାନଙ୍କୁ ବିଭିନ୍ନ ପ୍ରକାର ସାହାଯ୍ୟ ଓ ସହାନୁଭୂତି ଯୋଗାଇ ଦେଇଥିଲା ।

ଅନ୍ୟ ଏକ ଯୋଜନାରେ ଚାଷୀ ଏକର ପିଛା ଉନ୍ନତ ପ୍ରଣାଳୀରେ ଆଖୁଚାଷ କଲେ ୯୩୦୦ ଟଙ୍କା ବିନିଯୋଗରେ ଚାଷୀ କାରଖାନାକୁ ଆଖୁ ବିକ୍ରି କରି ୨୦୦୦୦ ଟଙ୍କା ମଧ୍ୟ ପ୍ରାପ୍ୟ ପାଇଥିଲେ । ଫଳରେ ଚାଷୀ ଏକର ପିଛା ସମସ୍ତ ଖର୍ଚ୍ଚ ବାଦ୍ ଦେଲେ ୧୦୭୦୦ ଟଙ୍କା ଲାଭ ପାଉଥିଲା ।

କମ୍ପାନୀ ସମବାୟ ପରିଚାଳନାରେ ନିଯୁକ୍ତ ଅଧିକାଂଶ ପୂର୍ବତନ କର୍ମଚାରୀମାନଙ୍କ ଥଇଥାନ ସହିତ ବର୍ଷସାରା ୨୬୫ ଜଣ ଲୋକଙ୍କୁ ସ୍ଥାୟୀଭାବେ ନିଯୁକ୍ତି ଦେଇଥିଲା । ଆଖୁପେଡା ସମୟରେ ଅଧିକ ୧୨୫ ଜଣ ସାମୟିକ କର୍ମଚାରୀ

ମଧ୍ୟ ନିଯୁକ୍ତି ଦେଇଥିଲା । ଏତଦ୍‌ବ୍ୟତୀ ୧୦୦୦୦ ଲୋକ ଆଖୁଚାଷ ସହିତ ଆଖୁ ପରିବହନରେ କାର୍ଯ୍ୟ କରି ଜୀବିକା ନିର୍ବାହ କରୁଥିଲେ ।

ଏ ସମସ୍ତ ପ୍ରକାର ସୁବିଧା କମ୍ପାନୀ ତରଫରୁ ଚାଷୀମାନଙ୍କୁ ଯୋଗାଉଥିଲେ ମଧ୍ୟ କୌଣସି ଅଭିସନ୍ଧିମୂଳକ କାର୍ଯ୍ୟକଳାପରୁ ଶକ୍ତି ସୁଗାର କମ୍ପାନୀ, ବଡ଼ମ୍ବା ସମବାୟ ଚିନିକଳ ପରିଚାଳନାରୁ ଦୂରେଇ ଯାଇଥିଲା । ସରକାର ସମବାୟ ସମିତି ପରିଚାଳନା କମିଟିର ଦକ୍ଷତାକୁ ଭିତ୍ତି ନକରି କାର୍ଯ୍ୟାନୁଷ୍ଠାନ ନ ନେବାରୁ ବଡ଼ମ୍ବା ଚିନିକାରଖାନା ପରି ଅନ୍ୟ ସମସ୍ତ ସମବାୟ ଭିତ୍ତିକ ଚିନି କାରଖାନା ସହିତ ବହୁ ସମବାୟ ଅନୁଷ୍ଠାନ ଅକାଳରେ ମୃତ୍ୟୁବରଣ କଲେ । ଯାହାଫଳରେ ସମାଜବାଦୀମାନଙ୍କ ସମାଲୋଚନା ସତ୍ତ୍ୱେ ଉଦ୍ୟୋଗୀକରଣ ଅର୍ଥନୀତିରେ ବେସରକାରୀ ଅର୍ଥ ଲଗାଣ ସଂସ୍ଥାର ପୁଞ୍ଜିଲଗାଣ ତଥା ବେସରକାରୀ ପରିଚାଳନାର ପଥ ସୁଗମ ହେଲା । ବର୍ତ୍ତମାନର ସମବାୟ ମନ୍ତ୍ରୀ ଶ୍ରୀଯୁକ୍ତ ପ୍ରଦୀପ କୁମାର ବଳସାମନ୍ତ ଜଣେ ସଫଳ କର୍ତ୍ତବ୍ୟନିଷ୍ଠ ଏବଂ ସମବାୟ ପ୍ରେମୀ ତଥା ଶିଳ୍ପଦ୍ୟୋଗୀ ହୋଇଥିବାରୁ ବଡ଼ମ୍ବା ସମବାୟ ଚିନିକଳକୁ ଉଦ୍ଧାର କରିବା ସଙ୍ଗେ ସଙ୍ଗେ ସମବାୟ ବିଭାଗ ନାମରେ ଥିବା କୋଟି କୋଟି ଟଙ୍କାର ଏକର ଏକର ଜମିକୁ ସରକାରୀ ତହବିଲ୍‌କୁ ଫେରାଇ ଆଣିବା ପାଇଁ ଏ ଦିଗରେ ପଦକ୍ଷେପ ନେବେ ବୋଲି ଆଶା କରାଯାଏ ।

"ସମବାୟ ଆନ୍ଦୋଳନ ସେହିକାଳ ପର୍ଯ୍ୟନ୍ତ ଈଶ୍ୱରଙ୍କ ଆଶୀର୍ବାଦ ବୋଲି ବିବେଚିତ ହେଉଥିବ, ଯେଉଁ ସମୟ ପର୍ଯ୍ୟନ୍ତ ଏହା ମୌଳିକ ନୀତି ଓ ଐକ୍ୟ ଆଦର୍ଶର ପୃଷ୍ଠଭୂମି ଉପରେ ପ୍ରତିଷ୍ଠିତ ହୋଇ ତୈମ୍ରକ୍ୟ କାମାନନ୍ଦ ଜର୍ଜରିତ ଧର୍ମଭୀରୁ ମାନଙ୍କୁ ନୟମ ନିଷ୍ଠ ମାର୍ଗ ପ୍ରଦର୍ଶନ କରିଆସୁଥିବ ।"

'ସମାଜ' - ତା୧୫.୦୧.୨୦୨୫ରେ ପ୍ରକାଶିତ

ଓଡ଼ିଶା ସମବାୟରେ ପଶ୍ଚାଦ ଗତି

ମଧୁସୂଦନ ବିଦେଶ ଭ୍ରମଣ କରି ଭାରତ ଫେରିଲା ପରେ ଇଉରୋପୀୟ ଦେଶମାନଙ୍କର ସମବାୟ ସମିତି ଗଠନ ଢାଞ୍ଚାରେ ୧୮୯୮ ମସିହାରେ ଓଡ଼ିଶାରେ ସମବାୟ ସମିତି ଗଠନର ମୂଳଦୁଆ ପଡ଼ିଥିଲା । ସମବାୟ ସମିତିମାନେ ସାଧାରଣ ଲୋକଙ୍କ ଠାରୁ ଜମା ସଂଗ୍ରହ କରି ଗାଁ ମହାଜନମାନଙ୍କ ଅତିରିକ୍ତ ଚକ୍ରବୃଦ୍ଧି ସୁଧ ହାର ବଦଳରେ କୃଷକମାନଙ୍କୁ ସୁଲଭ ସୁଧରେ ଋଣ ଦେଉଥିଲେ । ସମିତିର ସିରସ୍ତା ଖର୍ଚ୍ଚ ପାଇଁ ଜମା ସଂଗ୍ରହ ସୁଧହାର ଅପେକ୍ଷା ଶତକଡା ହାରାହାରି ଦୁଇ ଟଙ୍କା ଅଧିକ ସୁଧରେ ଚାଷୀମାନଙ୍କୁ ଋଣ ଦେଉଥିଲେ । ସମବାୟ ସମିତିମାନେ ଆର୍ଥିକ ଅନୁଷ୍ଠାନ ଭାବରେ ନିଜ ଆୟ ତୁଳନାରେ ବ୍ୟୟ କରି ପରିଚାଳିତ ହେଉଥିଲେ । ସମବାୟ ସମିତିମାନେ ସରକାରଙ୍କ ଉପରେ ନିର୍ଭର କରୁ ନଥିଲେ କିମ୍ବା ସରକାର ସମବାୟ ସମିତିର ପରିଚାଳନାରେ ହସ୍ତକ୍ଷେପ କରୁନଥିଲେ । ସମବାୟ ସମିତି ସଭ୍ୟମାନଙ୍କ ସାଧାରଣ ସଭାରେ ଗୃହୀତ ଉପବିଧି ଅନୁସାରେ ପରିଚାଳନା କମିଟି ଦୈନନ୍ଦିନ କାର୍ଯ୍ୟ ନିର୍ବାହ ପାଇଁ କର୍ମଚାରୀ ନିଯୁକ୍ତି କରୁଥିଲେ । ସମିତିମାନଙ୍କ ମଧ୍ୟରୁ ଜଣେ ସଭ୍ୟଙ୍କୁ ଅଡିଟରଭାବେ ନିଯୁକ୍ତି କରି ସମିତିର ହିସାବ ଟିକିନିଖି ଭାବରେ ସମୀକ୍ଷା କରାଯାଉଥିଲା । ସମବାୟ ସମିତି ସଭାପତିଙ୍କ ତତ୍ତ୍ୱାବଧାନରେ ସାଧାରଣ ସଭାରେ ପରିଚାଳନା କମିଟି ସଭ୍ୟମାନେ ନିର୍ବାଚିତ ହେଉଥିଲେ । ସରକାର କେବଳ ଜଣେ ପ୍ରଶାସନିକ ଅଧିକାରୀଙ୍କୁ ସମବାୟ ନିବନ୍ଧକ ରୂପେ ନିଯୁକ୍ତି ଦେଉଥିଲେ ସମବାୟ ସମିତି ପଞ୍ଜିକରଣ କରିବା ପାଇଁ । ସମବାୟ ସମିତିମାନେ ବାର୍ଷିକ ଲାଭାଂଶରୁ କର୍ମଚାରୀଙ୍କୁ ବୋନସ୍ ଦେଉଥିଲେ ଏବଂ ରିଜର୍ଭ, ମନ୍ଦରଣ ତଥା ଉନ୍ନୟନ ପାଣ୍ଠି ସୃଷ୍ଟି କରୁଥିଲେ । ଉନ୍ନୟନ ପାଣ୍ଠିରୁ ଶିକ୍ଷାନୁଷ୍ଠାନ, ଜଳାଶୟ ଖନନ, ପିଇବା ପାଣି, ପିଇବା ପାଣି ପାଇଁ କୂପ ଖନନ ଓ ସଭ୍ୟମାନଙ୍କ ଚିକିତ୍ସା ଇତ୍ୟାଦି ସମସ୍ତ ପ୍ରକାର ସାହାଯ୍ୟ ଯୋଗାଇ ଦିଆଯାଉଥିଲା ।

ପ୍ରାଥମିକ ଋଣ ସମବାୟ ସମିତିମାନେ କୃଷକମାନଙ୍କୁ ଅଧିକ ଋଣ ଦେବାପାଇଁ ଏବଂ ସେମାନଙ୍କ କାର୍ଯ୍ୟର ସମନ୍ୱୟ ପାଇଁ ଓଡ଼ିଶାରେ ୧୯୧୦ ମସିହାରେ କେତେକ କେନ୍ଦ୍ର ସମବାୟ ସମିତି ସଂଘ ବା କେନ୍ଦ୍ର ସମବାୟ ବ୍ୟାଙ୍କମାନ ପ୍ରତିଷ୍ଠା କରାଯାଇଥିଲା । ସେହି ସମୟରେ କଟକ ଇଉନାଇଟେଡ୍ କେନ୍ଦ୍ର ସମବାୟ ବ୍ୟାଙ୍କ, କେନ୍ଦ୍ରାପଡ଼ା କେନ୍ଦ୍ର ସମବାୟ ବ୍ୟାଙ୍କ, କୁଜଙ୍ଗ କେନ୍ଦ୍ର ସମବାୟ ବ୍ୟାଙ୍କ, ଯାଜପୁର କେନ୍ଦ୍ର ସମବାୟ ବ୍ୟାଙ୍କ, ଆଠଗଡ଼ କେନ୍ଦ୍ର ସମବାୟ ବ୍ୟାଙ୍କ, ନିମାପଡ଼ା କେନ୍ଦ୍ର ସମବାୟ ବ୍ୟାଙ୍କ ପ୍ରଭୃତି ବ୍ୟାଙ୍କ ମାନଙ୍କ ମଧ୍ୟରୁ କେତେକ କେନ୍ଦ୍ର ସମବାୟ ବ୍ୟାଙ୍କ ଦୁର୍ବଳ ଥିବାରୁ କେତେକ କେନ୍ଦ୍ର ସମବାୟ ବ୍ୟାଙ୍କମାନଙ୍କୁ ମିଶାଇ ଯଥା - କେନ୍ଦ୍ରାପଡ଼ା, କୁଜଙ୍ଗ ଓ ଯାଜପୁର, ଆଠଗଡ଼, କଟକ ଇଉନାଇଟେଡ୍ କେନ୍ଦ୍ର ସମବାୟ ବ୍ୟାଙ୍କକୁ ମିଶାଇ କଟକ କେନ୍ଦ୍ର ସମବାୟ ବ୍ୟାଙ୍କ ଗଠନ କରାଗଲା ଓ ନିମାପଡ଼ା କେନ୍ଦ୍ର ସମବାୟ ବ୍ୟାଙ୍କକୁ ପୁରୀ କେନ୍ଦ୍ର ସମବାୟ ବ୍ୟାଙ୍କ ସହିତ ମିଶାଇ ପୁରୀ-ନିମାପଡ଼ା କେନ୍ଦ୍ର ସମବାୟ ବ୍ୟାଙ୍କ ନାମରେ ନାମିତ କରାଗଲା । ଏହିପରି ଭାବରେ ଓଡ଼ିଶାରେ ଯେତେଗୁଡ଼ିଏ କେନ୍ଦ୍ର ସମବାୟ ବ୍ୟାଙ୍କ ଗଠନ କରାଯାଇଥିଲା ସେମାନଙ୍କ ମଧ୍ୟରୁ ରୁଗ୍ଣ କେନ୍ଦ୍ର ସମବାୟ ବ୍ୟାଙ୍କ ମାନଙ୍କୁ ମିଶାଇ ମୋଟ୍ ୧୭ଗୋଟି କେନ୍ଦ୍ର ସମବାୟ ବ୍ୟାଙ୍କ ଗଠନ କରାଯାଇଥିଲା ।

୧୯୩୫ ମସିହାରେ ଭାରତୀୟ ରିଜର୍ଭ ବ୍ୟାଙ୍କ ଗଠନ କରାଗଲା ଓ ସମସ୍ତ ସମବାୟ ବ୍ୟାଙ୍କ ଓ ବାଣିଜ୍ୟିକ ବ୍ୟାଙ୍କ ମାନଙ୍କର ସମନ୍ୱୟକାରୀ ତଥା ଆର୍ଥିକ ନୀତି ନିୟାମକ ଭାବରେ ଭାରତୀୟ ରିଜର୍ଭ ବ୍ୟାଙ୍କ କାର୍ଯ୍ୟକଲା । ୧୯୩୮ ମସିହାରେ କୃଷକମାନଙ୍କୁ ରିହାତି ସୁଧରେ କୃଷିଋଣ ଦେବାପାଇଁ ରିଜର୍ଭ ବ୍ୟାଙ୍କ ଅଫ୍ ଇଣ୍ଡିଆ ସମସ୍ତ ସମବାୟ ବ୍ୟାଙ୍କମାନଙ୍କୁ ପୁନଃ ଅର୍ଥ ଲଗାଣ କଲେ । ୧୯୩୮ ମସିହାରେ ଓଡ଼ିଶାରେ ପ୍ରଥମ ଭୂ-ବନ୍ଧକ ବ୍ୟାଙ୍କ ବ୍ରହ୍ମପୁର ଠାରେ ପ୍ରତିଷ୍ଠା କରାଗଲା । ଚାଷୀମାନଙ୍କୁ ମଧ୍ୟମକାଳୀନ ଓ ଦୀର୍ଘକାଳୀନ କୃଷିଋଣ ଜମି ବନ୍ଧକ ବଦଳରେ ଦେବାପାଇଁ ଭୂ-ବନ୍ଧକ ବ୍ୟାଙ୍କର ମୂଳଲକ୍ଷ ରହିଥିଲା । ୧୯୪୮ ମସିହାରେ ଓଡ଼ିଶାରେ ଭାରତୀୟ ରିଜର୍ଭ ବ୍ୟାଙ୍କ ନିର୍ଦ୍ଦେଶରେ ବିହାର-ଓଡ଼ିଶା ରାଜ୍ୟ ସମବାୟ ବ୍ୟାଙ୍କ ଠାରୁ ପୃଥକ୍ କରି ସ୍ୱତନ୍ତ୍ରଭାବେ ଓଡ଼ିଶା ରାଜ୍ୟ ସମବାୟ ବ୍ୟାଙ୍କ ଗଠନ କରାଯାଇ ଏହାର ମୁଖ୍ୟ କାର୍ଯ୍ୟାଳୟ କଟକ ସହରର ଦରଘା ବଜାରଠାରେ ରଖାଯାଇଥିଲା । ଅଧୁନା ମୁଖ୍ୟ କାର୍ଯ୍ୟାଳୟଟି ଓଡ଼ିଶା ରାଜ୍ୟ ସମବାୟ ବ୍ୟାଙ୍କର କଟକ ବ୍ରାଞ୍ଚ ଭାବରେ କାର୍ଯ୍ୟ କରୁଅଛି । ସମବାୟ ସମିତିମାନେ କେବଳ ଚାଷୀମାନଙ୍କୁ କୃଷିଋଣ ଦେଉଥିଲେ କିନ୍ତୁ ଦ୍ୱିତୀୟ ବିଶ୍ୱଯୁଦ୍ଧ ପରେ ରାଜ୍ୟରେ ଖାଉଟୀ ପଦାର୍ଥ ଯୋଗାଣ ପାଇଁ କେନ୍ଦ୍ର ସମବାୟ ବ୍ୟାଙ୍କମାନଙ୍କ ମାର୍ଫତରେ ଖାଉଟୀ ସମବାୟ ସମିତିମାନ ଗଠିତ ହୋଇଥିଲା । କୃଷକମାନଙ୍କୁ ବ୍ୟାପକ

କୃଷିଋଣ ଦେବା ଓ ସମାନଙ୍କ ଠାରୁ ଉଚିତ୍ ମୂଲ୍ୟରେ ଫସଲ କିଣିବା ପାଇଁ ୧୯୫୪ ମସିହାରେ ଭାରତୀୟ ରିଜର୍ଭ ବ୍ୟାଙ୍କର ଋଣ ତନଖି କମିଟିର ସୁପାରିଶମତେ ବାଣିଜ୍ୟ ଓ ଖାଉଟି ସମବାୟ ସମିତି ଗଠିତ ହେଲା । ସମବାୟ ସମିତିମାନେ ଅଧିକ ଋଣ କରିବାପାଇଁ ରାଜ୍ୟ ସରକାର ସମବାୟ ସମିତି ଓ ବ୍ୟାଙ୍କମାନଙ୍କୁ ଅଂଶଧନ ଯୋଗାଇଦେଲେ ଓ ସ୍ୱୟଂଚାଳିତ ସମବାୟ ସମିତିର ପରିଚାଳନା କମିଟିରେ ପରିଚାଳନା ପରିଷଦର ମୋଟ ସଭ୍ୟଙ୍କର ଏକ ତୃତୀୟାଂଶ ସରକାରୀ ସଭ୍ୟମାନଙ୍କୁ ମନୋନୀତ କରାଯାଉଥିଲା । ସମବାୟ ସମିତିର କାର୍ଯ୍ୟ ତଦାରଖ କରିବା ପାଇଁ ୧୯୬୨ ମସିହାରେ ଓଡ଼ିଶା ସରକାର ଓଡ଼ିଶା ସମବାୟ ସମିତି ଆଇନ୍ ପ୍ରଣୀତ କରାଇ ରାଜ୍ୟ ସମବାୟ ନିବନ୍ଧକଙ୍କୁ ଅଡିଟ୍, ପରିଚାଳନା କମିଟି ଅପସାରଣ, ସମିତି ପଞ୍ଜିକରଣ ପ୍ରଭୃତି କେତେକ କ୍ଷମତା ଦେଲେ । ଏଣୁ ସମବାୟ ସମିତି ଓ ସମବାୟ ବ୍ୟାଙ୍କମାନେ ସେମାନଙ୍କ ଉପବିଧି ସହିତ ଓଡ଼ିଶା ସମବାୟ ଆଇନକୁ ମାନି ପରିଚାଳିତ ହେଲେ । ୧୯୮୦ ମସିହାରୁ ସରକାର ପ୍ରତ୍ୟେକ୍ଷ ଭାବରେ ସମିତିମାନଙ୍କ କାର୍ଯ୍ୟରେ ହସ୍ତକ୍ଷେପ କରିବା ଆରମ୍ଭ କଲେ ଓ ରାଜ୍ୟ ସମବାୟ ନିବନ୍ଧକଙ୍କ ଆଇନଗତ ପଦକ୍ଷେପ ନେବାରେ ଚାପ ସୃଷ୍ଟିକଲେ ।

୧୯୬୯ ମସିହାରେ ଭାରତୀୟ ରିଜର୍ଭ ବ୍ୟାଙ୍କର ଋଣ ସମୀକ୍ଷା କମିଟି ସୁପାରିଶ କଲେ ଯେ, ସମବାୟ ବ୍ୟାଙ୍କମାନେ ଏକାକୀ କୃଷକମାନଙ୍କ ଋଣ ଚାହିଦା ପୂରଣ କରିପାରୁନଥିବାରୁ ଜାତୀୟକରଣ ଓ ଘରୋଇ ବ୍ୟାଙ୍କମାନେ ତାଙ୍କ ମୋଟ ସମ୍ପଦର ଅନ୍ତତଃ ପକ୍ଷେ ଶତକଡ଼ା ୧୦ ଭାଗ କୃଷିଋଣରେ ଖଟାଇବେ । ସେଥିପାଇଁ ଭାରତର ତତ୍‌କାଳୀନ ପ୍ରଧାନମନ୍ତ୍ରୀ ସ୍ୱର୍ଗୀୟା ଇନ୍ଦିରାଗାନ୍ଧୀ ୧୪ଗୋଟି ବୃହତ୍ତମ ବ୍ୟାଙ୍କକୁ ଜାତୀୟକରଣ କରିବା ପାଇଁ ସରକାରୀ ବ୍ୟାଙ୍କର ମାନ୍ୟତା ପ୍ରଦାନ କଲେ । ସମବାୟ ବ୍ୟାଙ୍କମାନଙ୍କୁ ଅଧିକ କାର୍ଯ୍ୟକ୍ଷମ କରିବା ପାଇଁ ୧୯୬୭ ମସିହାରେ ବାଙ୍ଗାଲୋର ଠାରେ ଭାରତର ସମସ୍ତ ରାଜ୍ୟର ମୁଖ୍ୟମନ୍ତ୍ରୀମାନଙ୍କ ସମ୍ମିଳନୀରେ ନିଆଯାଇଥିବା ନିଷ୍ପତ୍ତି କ୍ରମେ ଏବଂ ସୁପାରିଶ ମତେ ସମବାୟ ସମିତିର ପରିଚାଳନା କମିଟିର ଦୁର୍ନିତୀ ପରାୟଣ ସଭାପତି ଓ ସଭ୍ୟମାନଙ୍କୁ ଅପସାରଣ କରିବା ପାଇଁ ଚୂଡ଼ାନ୍ତ ପଦକ୍ଷେପ ନିଆଯିବାରୁ ୧୯୭୧ ମସିହାରେ ଓଡ଼ିଶା ସମବାୟ ଆଇନ ସଂଶୋଧନ କରାଯାଇ ପରିଚାଳନା କମିଟି ସଭ୍ୟମାନେ କ୍ରମାନ୍ୱୟରେ ଦୁଇଥର କିମ୍ବା ୯ ବର୍ଷରୁ ଉର୍ଦ୍ଧ୍ୱକାଳ ପରିଚାଳନା ପରିଷଦରେ ରହିପାରିବେ ନାହିଁ କିମ୍ବା ସମବାୟ ସମିତିର ନିର୍ବାଚନରେ ଆଉ ପ୍ରତିଦ୍ୱନ୍ଦିତା କରିପାରିବେ ନାହିଁ ବୋଲି କଟକଣା କରାଗଲା । ପୁନଶ୍ଚ ସମବାୟ ସମିତି ତଥା ବ୍ୟାଙ୍କ କର୍ମଚାରୀମାନଙ୍କ ନିଯୁକ୍ତି, ଚାକିରୀରୁ ଅପସାରଣ, ଦରମା ହାର

ନିୟନ୍ତ୍ରଣ କରିବାକୁ ରାଜ୍ୟ ସମବାୟ ନିବନ୍ଧକ ଓ ତାଙ୍କ ଦ୍ୱାରା ନିଯୁକ୍ତ ଓ ପ୍ରଦତ୍ତ କ୍ଷମତାଧାରୀମାନେ କ୍ଷମତାପ୍ରାପ୍ତ ହେଲେ ଓ ପରିଚାଳନା କମିଟିର ସଭ୍ୟ ନିର୍ବାଚନ ପାଇଁ ନିର୍ବାଚନ ଅଧିକାରୀ ରୂପେ ନିଯୁକ୍ତି ହେଲେ । ୧୯୮୧ ମସିହାରୁ ରାଜ୍ୟ ସରକାର ରାଜ୍ୟ ସମବାୟ ନିବନ୍ଧକ ଓ ତାଙ୍କର ସହଯୋଗୀମାନଙ୍କ ଉପରେ ଚାପ ସୃଷ୍ଟି କରି ପରିଚାଳନା କମିଟିକୁ ରାଜନୈତିକ ଥଇଥାନ ଭାବରେ ବ୍ୟବହାର କଲେ । ୧୯୮୩ ମସିହାରେ ବିନା ନୋଟିସ୍‌ରେ ସମିତିର ପରିଚାଳନା କମିଟିକୁ ବାତିଲ୍ କରିବା ପାଇଁ ଓଡ଼ିଶା ସମବାୟ ସମିତି ଆଇନ୍ ସଂଶୋଧନ କରାଗଲା । ଫଳରେ କେତେକ ସମବାୟ ସମିତି ଅଧିକାରୀମାନଙ୍କ ସ୍ୱଚ୍ଛାଚାରିତାରେ କେତେକ ସମିତି ଲିକ୍ୟୁଡେଟେଡ୍, କେତେକ ମୁମୂର୍ଷୁ ଓ କେତେକ ଅଚଳ ହୋଇଗଲେ ।

ସମବାୟ ସମିତିମାନଙ୍କର ଉତ୍ତମ ପରିଚାଳନା ତଥା କୃଷକମାନଙ୍କ ସେବା ପାଇଁ ବେସରକାରୀ ନେତୃତ୍ୱ (Non Official Leadership) ଓ ସମିତିର କର୍ମଚାରୀମାନଙ୍କ ଦକ୍ଷ ପରିଚାଳନା (Professional Management) ଅପରିହାର୍ଯ୍ୟ । କିନ୍ତୁ ସମବାୟ ଆଇନ ବାରମ୍ବାର ସଂଶୋଧନ କରି ସମବାୟ ବିଭାଗ କର୍ମଚାରୀମାନେ ସମବାୟ ସମିତିର ତଦାରଖ (Supervision) ବଦଳରେ ସର୍ବମୟ କର୍ତ୍ତା ହୋଇଗଲେ । କେନ୍ଦ୍ର ସମବାୟ ବ୍ୟାଙ୍କମାନଙ୍କରେ ମୁଖ୍ୟ କାର୍ଯ୍ୟନିର୍ବାହୀ ରୂପେ ନିଯୁକ୍ତି ଦେବାପାଇଁ ରାଜ୍ୟ ସମବାୟ ବ୍ୟାଙ୍କର କର୍ମଚାରୀମାନଙ୍କୁ ଡେପୁଟେସନ୍‌ରେ ପଠାଗଲା । ସମବାୟ ସମିତିର କାର୍ଯ୍ୟନିର୍ବାହୀମାନେ କିଛି ଅନିୟମିତ କାର୍ଯ୍ୟ ଓ ଦୁର୍ନିତୀ କଲେ ମଧ୍ୟ ସେମାନଙ୍କ ବିରୁଦ୍ଧରେ କିଛି ଦୃଷ୍ଟାନ୍ତମୂଳକ ପଦକ୍ଷେପ ନିଆ ନଯାଇ ପାରିବାରୁ ସେମାନେ ଦଣ୍ଡିତ ହୁଅନ୍ତି ନାହିଁ । ପରିଚାଳନା କମିଟି ମଧ୍ୟ ସେମାନଙ୍କ ବିରୁଦ୍ଧରେ ପଦକ୍ଷେପ ନେବାକୁ ଅସହାୟ ମନେକରନ୍ତି । ଯେହେତୁ ସେମାନେ ଶୀର୍ଷ ବ୍ୟାଙ୍କ ତଥା ଅର୍ଥ ଲଗାଣକାରୀ ରାଜ୍ୟ ସମବାୟ ବ୍ୟାଙ୍କର କର୍ମଚାରୀ ହୋଇଥିବାରୁ ।

ବୃହଦାକାର ବହୁବିଧ ଆଦିବାସୀ ସମବାୟ ସମିତି (Lamps)ରେ କେବଳ ସମବାୟ ବିଭାଗର କର୍ମଚାରୀମାନେ ପରିଚାଳନା ନିର୍ଦ୍ଦେଶକରୂପେ ନିଯୁକ୍ତି ହୋଇ କୋଟି କୋଟି ଟଙ୍କା କ୍ଷତି କରୁଥିଲେ ମଧ୍ୟ ସେମାନଙ୍କ ବିରୁଦ୍ଧରେ କାର୍ଯ୍ୟାନୁଷ୍ଠାନ ଗ୍ରହଣ କରାଯାଇନଥାଏ । ରାଜ୍ୟ ବାଣିଜ୍ୟ ସମବାୟ ସଂଘ, ଖାଉଟୀ ସମବାୟ ସଂଘ, ଆଦିବାସୀ ଉନ୍ନୟନ ସମବାୟ ନିଗମ, ରାଜ୍ୟ ତାଳଗୁଡ଼ ସମବାୟ ସଂଘ, ବୟନିକା, ଉତ୍କଳିକା, ରାଜ୍ୟ ସମବାୟ କତା ନିଗମ, ଓଡ଼ିଶା ରାଜ୍ୟ ଆଦିବାସୀ ଓ ହରିଜନ ସମବାୟ ଅର୍ଥ ନିଗମ, ଓମ୍‌ଫେଡ୍, ଓପଲଫେଡ୍, ଫିସ୍‌ଫେଡ୍, ଓଡ଼ିଶା ରାଜ୍ୟ ପଛୁଆ ବର୍ଗ ସମବାୟ ଅର୍ଥ ଉନ୍ନୟନ ନିଗମ ସମେତ କେତେକ ଶୀର୍ଷ ସମବାୟ ଅନୁଷ୍ଠାନରେ

ମୁଖ୍ୟ କାର୍ଯ୍ୟନିର୍ବାହୀଭାବେ ସରକାରୀ ଅଧିକାରୀମାନେ କାର୍ଯ୍ୟକରି ନିର୍ଭୟରେ ଉକ୍ତ ସମିତିଗୁଡ଼ିକର ବ୍ୟବସାୟରେ କ୍ଷତି ଦର୍ଶାଇ ସମିତିଗୁଡ଼ିକୁ ଦେବାଳିଆ କରିବା ପାଇଁ ପଛାଉ ନାହାନ୍ତି । ଉକ୍ତ ସମିତିମାନଙ୍କରେ ଅଡିଟ୍ ମଧ ଠିକ୍ ସମୟରେ କରାଯାଉନାହିଁ । ଏସବୁ ଅନୁଷ୍ଠାନମାନଙ୍କର କାର୍ଯ୍ୟ ଧର୍ମକୁ ଆଖିଠାର ସଦୃଶ । ଆନ୍ଧ୍ର ପ୍ରଦେଶ ଓ ରାଜସ୍ଥାନ ସରକାର ସମିତିର ପରିଚାଳନାରେ ଆଇନଗତ କଟକଣା କରିଛନ୍ତି । ଓଡ଼ିଶାରେ ଗତ ଚାରି ଦଶନ୍ଧିରେ ସମବାୟ ସମିତିମାନଙ୍କର ଯେଉଁ ବ୍ୟାପକ କ୍ଷତି ହେଲା ସେଥିପାଇଁ ପରିଚାଳନା ଅବ୍ୟବସ୍ଥା ସମ୍ପୂର୍ଣ୍ଣ ଦାୟୀ । ଓଡ଼ିଶାରେ ୧୯୭୪ ମସିହାରୁ ୧୯୮୧ ମସିହା ପର୍ଯ୍ୟନ୍ତ ପ୍ରାୟ ସମସ୍ତ ସମବାୟ ଅନୁଷ୍ଠାନ ସଫଳ କାର୍ଯ୍ୟ କରୁଥିଲେ ଓ ଅଡିଟ୍‌ରେ 'କ' ଶ୍ରେଣୀ ଭୁକ୍ତ ହୋଇଥିଲେ ସେମାନଙ୍କ ମଧ୍ୟରୁ ଅଧିକାଂଶ ସମବାୟ ସମିତି ।

୧୯୭୯ ମସିହା ଭାରତୀୟ ରିଜର୍ଭ ବ୍ୟାଙ୍କର ଓଡ଼ିଶା ସମବାୟ ସମିତି ଅନୁଶୀଳନ 'ହାଟେ' କମିଟି ଓଡ଼ିଶାର ସମବାୟ ବ୍ୟାଙ୍କମାନେ କୃଷକମାନଙ୍କୁ ସମସ୍ତ କୃଷିଋଣ ଦେବାପାଇଁ ସମର୍ଥ ବୋଲି ତାଙ୍କ ରିପୋର୍ଟରେ ଲିପିବଦ୍ଧରୁ ଜଣାଯାଏ । କିନ୍ତୁ ଗତ ଦଶନ୍ଧିରେ ଅତ୍ୟଧିକ ସରକାରୀ ହସ୍ତକ୍ଷେପରେ ସମବାୟ ଆନ୍ଦୋଳନରେ ଅନୁପ୍ରାଣୀତ ନଥିବା ଶାସକ ଗୋଷ୍ଠୀର ଅନଭିଜ୍ଞ ଲୋକମାନେ ପରିଚାଳନା କମିଟିର ସଭାପତି ହୋଇ ନିଜେ ଅର୍ଥ ତୋଷାରପାତରେ ସଂଶ୍ଳିଷ୍ଟ ହେବା ଦ୍ୱାରା ଦୋଷୀ ଓ ଦୁର୍ନିତୀଖୋର କର୍ମଚାରୀଙ୍କ ବିରୁଦ୍ଧରେ କିଛି ପଦକ୍ଷେପ ନିଅନ୍ତି ନାହିଁ । ଅଥଚ ଓଡ଼ିଶା ତୁଳନାରେ କ୍ଷୁଦ୍ର ରାଜ୍ୟ ହରିୟାଣା ୧୯୮୮-୮୯ ମସିହାରେ ୪୪୦ କୋଟି ଟଙ୍କା କୃଷିଋଣ ଦେଇଥିଲା ବେଳେ ସେହି ସମୟରେ ଓଡ଼ିଶାର ସମସ୍ତ ସମବାୟ ବ୍ୟାଙ୍କମାନେ ମୋଟ୍ ୬୪ କୋଟି ଟଙ୍କା କୃଷିଋଣ ବାବଦରେ କୃଷକମାନଙ୍କୁ ଦେଇଥିଲେ । ସେତେବେଳେ ହରିୟାଣାର ସମବାୟ ନେତୃତ୍ୱ ଦୁର୍ବଳ ଥିଲେ ସୁଦ୍ଧା ସମବାୟ କର୍ମଚାରୀମାନଙ୍କ ସଚ୍ଚୋଟତା ଓ କାର୍ଯ୍ୟଦକ୍ଷତା ଯୋଗୁଁ ସେଠାରେ ସମବାୟରେ ପ୍ରଗତି ସମ୍ଭବ ହୋଇପାରିଛି । ହରିୟାଣାରେ ଶାସକ ଗୋଷ୍ଠୀର ଚାପକୁ ଏଡାଇ ବାଣିଜ୍ୟ ସମବାୟ ସମିତି କୃଷକମାନଙ୍କ ସମସ୍ତ ଉତ୍ପାଦିତ ଫସଲ ଉଚିତ୍ ଦରରେ କିଣି ୧୯୮୮-୮୯ ମସିହାରେ ୩ କୋଟି ୩୩ ଲକ୍ଷ ଟଙ୍କା ଲାଭ କରିଥିଲା ବେଳେ ଓଡ଼ିଶା ସମବାୟ ବାଣିଜ୍ୟ ମହାସଂଘ ସେହିବର୍ଷ ୩୮ କୋଟି ଟଙ୍କା କ୍ଷତି କରିଥିଲା । ହରିୟାଣାରେ ସମବାୟ ବ୍ୟାଙ୍କମାନଙ୍କ କାର୍ଯ୍ୟ ଦକ୍ଷତାରୁ ଗତବର୍ଷ ଠାରୁ କୃଷକମାନଙ୍କୁ ମୁଣ୍ଡପିଛା ୩ଲକ୍ଷ ଟଙ୍କା କୃଷିଋଣ ବିନା ସୁଧରେ ପ୍ରଦାନ କରାଯାଉଛି । ଯାହାର ସୁଧ ହରିୟାଣା ସରକାର ବହନ କରୁଛନ୍ତି ।

ରାଜନୈତିକ ହସ୍ତକ୍ଷେପ, ଅର୍ଥ ତୋଷାରପାତ, ରଣଛାଡ଼ ହଟଚମଟ ଓ ସମବାୟ

ବିଭାଗ କର୍ମଚାରୀମାନଙ୍କର ଅତ୍ୟଧିକ କ୍ଷମତା ପ୍ରୟୋଗ ଓଡ଼ିଶାରେ ସମବାୟ ଆନ୍ଦୋଳନକୁ ପଛକୁ ଟାଣିନେଇଛି । ସରକାରୀ ନିୟନ୍ତ୍ରଣରୁ ମୁକ୍ତ କରାଯାଇ ସମବାୟ ସମିତି ନିର୍ବାଚନ ଆଇନ୍ ସଂଶୋଧନ କରାଯାଇ କାର୍ଯ୍ୟକାରୀ କରାଗଲେ ଓଡ଼ିଶାରେ ସମବାୟ ପୂର୍ବବତ୍ ଜନ ଆନ୍ଦୋଳନରେ ପରିଣତ ହୋଇ ପୁନଶ୍ଚ କୃଷକମାନଙ୍କର ସାଥୀ ହୋଇପାରିବ ଓ ମହାରାଷ୍ଟ୍ର ପରି କୃଷିଭିତ୍ତିକ ସମବାୟ ଶିଳ୍ପ କାରଖାନା ଓଡ଼ିଶାରେ ପ୍ରତିଷ୍ଠା କରାଗଲେ ବହୁଲୋକ ନିଯୁକ୍ତି ପାଇପାରନ୍ତେ । ସମବାୟ ବ୍ୟାଙ୍କମାନେ କୃଷିଭିତ୍ତିକ ଶିଳ୍ପଗୁଡ଼ିକୁ ଋଣ ଯୋଗାଇଦେବାର ଆବଶ୍ୟକତା ରହିଛି । ବର୍ତ୍ତମାନର ଓଡ଼ିଶା ସରକାର ଅତୀତ ଅଭିଜ୍ଞତାରୁ ଶିକ୍ଷାଲାଭ କରି ରାଜନୀତିର ଊର୍ଦ୍ଧ୍ୱକୁ ଯାଇ ଓଡ଼ିଶା ସମବାୟ ଆନ୍ଦୋଳନକୁ ପୁନର୍ଜୀବିତ କରିପାରିବେ ବୋଲି କେନ୍ଦ୍ର ସମବାୟ ମନ୍ତ୍ରୀ ଓ ରାଜ୍ୟ ସମବାୟ ମନ୍ତ୍ରୀଙ୍କ କାର୍ଯ୍ୟକଳାପରୁ ସୂଚନା ଦିଆଯାଉଛି । ବହୁ ପ୍ରତିକ୍ଷିତ ସମବାୟ ଆଇନର ସଂଶୋଧନ ଆବଶ୍ୟକ । ଏଣୁ ଓଡ଼ିଶା ସମବାୟର ଆଶୁ ସଫଳତା ପାଇଁ ସରକାର ଶୀଘ୍ର ଏସବୁ ବିଷୟରେ ପଦକ୍ଷେପ ନେଲେ ଜାତୀୟ ସମବାୟ ଉନ୍ନୟନ ନିଗମ, ନାବାର୍ଡ୍, ଶିଳ୍ପ ଉନ୍ନୟନ ନିଗମ, ଜାତୀୟ ଗୃହନିର୍ମାଣ ସମବାୟ ନିଗମ, ଜାତୀୟ ସମବାୟ ଗୃହ ନିର୍ମାଣ ବ୍ୟାଙ୍କ ଓ ଭାରତୀୟ ଜୀବନ ବୀମା ନିଗମ ପ୍ରଭୃତି ବିଭିନ୍ନ ଆର୍ଥିକ ଅନୁଷ୍ଠାନରୁ ବିପୁଳ ଋଣ ତଥା ଅନୁଦାନ ଯୋଜନା ଅର୍ଥ ଅଣାଯାଇପାରିଲେ ମହାରାଷ୍ଟ୍ର ପରି ଓଡ଼ିଶାରେ ଥିବା ସମସ୍ତ ସମବାୟ ସମିତିରେ ବିପୁଳ ଅଗ୍ରଗତି ହୋଇପାରିବ । ଓଡ଼ିଶାର ସମବାୟ କ୍ଷେତ୍ରରେ ଏକ ନୂତନ ସୁବର୍ଣ୍ଣ ଯୁଗ ଆରମ୍ଭ ହେବ ବୋଲି ଜନସାଧାରଣ ଆଶାବ୍ୟକ୍ତ କରନ୍ତି ଓ ଏ ଦିଗରେ ଓଡ଼ିଶାର ସମବାୟ ମନ୍ତ୍ରୀ ଖୁବ୍ ଶୀଘ୍ର ଏକ ନିର୍ଦ୍ଦେଶନାମା ଜାରି କରିବା ପାଇଁ ଓଡ଼ିଶା ସମବାୟ ବିଭାଗରେ କାର୍ଯ୍ୟ କରୁଥିବା ଶାସନ ସଚିବ ରାଜେଶ ପ୍ରଭାକର ପାଟିଲ୍‌ଙ୍କୁ ଉପଦେଶ ଦେବେ ବୋଲି ଆଶା କରାଯାଏ ।

'ଓଡ଼ିଶା ଏକ୍ସପ୍ରେସ୍' - ତା୦୫.୦୨.୨୦୨୫ରେ ପ୍ରକାଶିତ

ସିଙ୍ଗାପୁରରେ ସମବାୟ

ସିଙ୍ଗାପୁର ଦ୍ୱୀପ ପ୍ରଶାନ୍ତ ମହାସାଗର ଓ ଭାରତ ମହାସାଗର ସଂଯୋଗ ସ୍ଥଳରେ ଅବସ୍ଥିତ ଏସିଆ ମହାଦେଶର ଏକ କ୍ଷୁଦ୍ର ଦେଶ । ସିଙ୍ଗାପୁର ବ୍ରିଟିଶ ଶାସନାଧୀନ ଥିବା ସମୟରେ ମାଳୟ, ଚିନା ଓ ଇଉରେପୀୟମାନେ ମୁଖ୍ୟତଃ ସେଠାରେ ବସତି ସ୍ଥାପନ କରିଥିଲେ । ସିଙ୍ଗାପୁରରେ ୧୯୨୪ ମସିହାରେ ସମବାୟ ଆଇନ୍ ପ୍ରଣୟନ ହେବା ପରେ କେତେକ ସଞ୍ଚୟ ଋଣ ସମବାୟ ସମିତିମାନ ଗଠିତ ହୋଇଥିଲା । କିନ୍ତୁ ୧୯୬୯ ମସିହାରେ ସିଙ୍ଗାପୁର ଶ୍ରମିକ ସଂଘ ପ୍ରୋତ୍ସାହନରେ ଜାତୀୟ ବାଣିଜ୍ୟ ସଂଘର ସାହାଯ୍ୟରେ ଶ୍ରମଜୀବିମାନଙ୍କୁ ଋଣ ଓ ଖାଉଟୀ ପଦାର୍ଥ ଯୋଗାଇବା ପାଇଁ ସମବାୟ ସମିତି ଗଠନ କରିବା ପ୍ରସ୍ତାବ ଗୃହୀତ ହେଲା । ଫଳରେ ୧୯୭୦-୧୯୭୯ ମସିହା ମଧ୍ୟରେ ଜାତୀୟ ବାଣିଜ୍ୟ ସଂଘ କଂଗ୍ରେସ (National Trade Union Congress) ତା'ର ପ୍ରକୃତ ଶାଖା ସଂଘମାନେ ୧୩ଟି ସମବାୟ ସମିତି ଗଠନ କରିଥିଲେ । ସେମାନେ ସିଙ୍ଗାପୁର ଅଧିବାସୀ, ବିଶେଷକରି ଶ୍ରମଜିବୀମାନଙ୍କୁ ଋଣ ଖାଉଟୀ ପଦାର୍ଥ ସମେତ ଅନ୍ୟାନ୍ୟ ବ୍ୟବହାରିକ ଜିନିଷମାନ ଯୋଗାଇ ସେମାନଙ୍କ ଜୀବନ ଯାପନକୁ ବେଶ୍ ପ୍ରଭାବିତ କରିପାରିଥିଲେ । ଜାତୀୟ ବାଣିଜ୍ୟ ସଂଘର ଆନୁକୂଲ୍ୟରେ ସିଙ୍ଗାପୁରରେ ସବୁଠାରୁ ବଡ଼ ଦୋକାନ (Fair Price Shop) ଓ ତା'ର ୩୫ଟି ଶାଖା ଦୋକାନ (Super Market) ଗଠିତ ହୋଇ ବ୍ୟବସାୟୀମାନଙ୍କ ସହିତ ପ୍ରତିଦ୍ୱନ୍ଦିତା କରି ଲୋକମାନଙ୍କୁ ଶସ୍ତାରେ ନିତ୍ୟ ବ୍ୟବହାର୍ଯ୍ୟ ଜିନିଷ ବିକ୍ରି କରୁଥିଲେ । ବିଶେଷ କରି ଉକ୍ତ ସମବାୟ ଖାଉଟୀ ଭଣ୍ଡାରମାନ ଜନସାଧାରଣଙ୍କୁ ଶସ୍ତାରେ ଚାଉଳ ଯୋଗାଇବାରେ ଅଗ୍ରଗାମୀ ଭୂମିକା ନେଇଛନ୍ତି । ଗ୍ରାହକମାନେ ସମବାୟ ଭଣ୍ଡାରର ଦୋକାନଦାର ନିକଟରେ ଗଚ୍ଛିତ ଥିବା ଟୋକେଇ ନେଇ ଥାକରେ ସଜ୍ଜିତ ହୋଇଥିବା ଲୁଗା, ପୋଷାକ ଓ ଅନ୍ୟାନ୍ୟ ବ୍ୟବହାରିକ ଜିନିଷମାନ ନିଜେ ଆଣି ଦୋକାନୀକୁ ଜିନିଷ ମୂଲ୍ୟ ବାବଦକୁ

ପଇସା ଦେଇଥାନ୍ତି । ତଦାରଖ ପାଇଁ ଜଗୁଆଳିର ଆବଶ୍ୟକତା ନଥାଏ । ଲୋକମାନଙ୍କ ସାଧୁତା ଆଜି ସିଙ୍ଗାପୁରରେ ସମବାୟ ଆନ୍ଦୋଳନକୁ ଦ୍ରୁତ ଗତିରେ ଆଗେଇବାରେ ବାଟ ଦେଖାଇଛି । ଅଥଚ ଆମ ଦେଶରେ ଦୋକାନ ଜଗିବା ପାଇଁ ଜଗୁଆଳିର ଆବଶ୍ୟକତା ବାଧ ବାଧକତା ହେବା ସଙ୍ଗେ ସଙ୍ଗେ ପରିଚାଳନା ଅବ୍ୟବସ୍ଥା ହେତୁ ବହୁ ସମବାୟ ସଂସ୍ଥା ବିଲୟ ହେବାରେ ଲାଗିଛନ୍ତି ।

ଜାତୀୟ ବାଣିଜ୍ୟ ସଂଘ ସହାୟତାରେ ବୀମା ସମବାୟ ସମିତି ଗଠିତ ହୋଇ ଚାରିଲକ୍ଷ ପଚାଶ ହଜାର ଲୋକ ତଥା ଶ୍ରମଜୀବିମାନଙ୍କ ଜୀବନବୀମା କରି ପ୍ରାୟ ନଅଶହ କୋଟି ସିଙ୍ଗାପୁର ଡଲାର ବ୍ୟବସାୟ କରି ସିଙ୍ଗାପୁରରେ ଦ୍ୱିତୀୟ ସ୍ଥାନ ଅଧିକାର କରିଛି । ଉକ୍ତ ଅର୍ଥକୁ ଜାତୀୟ ବାଣିଜ୍ୟ ସଂଘ ଅନ୍ୟତ୍ର ଲଗାଣ କରିବା ଦ୍ୱାରା ଦେଶ ଲାଭବାନ ହୋଇଛି । ଜାତୀୟ ବାଣିଜ୍ୟ ସଂଘ ଭଡ଼ା ମଟରଗାଡ଼ି (ଟ୍ୟାକ୍ସି) ସମବାୟ ସମିତି ଗଠନ କରି ତା ମାଧ୍ୟମରେ ୧୨୦୦୦ ଟ୍ୟାକ୍ସି ଚଳାଇ ପୃଥିବୀର ଏହି ଅଞ୍ଚଳରେ ବୃହତ୍ତମ ଟ୍ୟାକ୍ସି ସମବାୟ ସମିତି ଗଠନ କରିପାରିଛି । ବିଦେଶୀ ପର୍ଯ୍ୟଟକ ତଥା ସ୍ଥାନୀୟ ଜନସାଧାରଣ ଏହି ସମବାୟ ସମିତିରୁ ଅଧିକ ସୁବିଧା ପାଇବା ହେତୁ ଟ୍ୟାକ୍ସି ସମବାୟ ସମିତିର ଟ୍ୟାକ୍ସିରେ ଯିବା ଆସିବା କରନ୍ତି । ସିଙ୍ଗାପୁର ଜାତୀୟ ବାଣିଜ୍ୟ ସଂଘ ଏକ ଦନ୍ତ ଚିକିତ୍ସାଳୟ ସମବାୟ ସମିତି ଗଠନ କରି ଲୋକମାନଙ୍କୁ ସେବା ଯୋଗାଉଅଛି । ସଞ୍ଚୟ ଋଣ ସମବାୟ ସମିତିମାନେ ଏକତ୍ର ହୋଇ ୧୯୮୪ ମସିହାରେ ପଥ ପ୍ରଦର୍ଶକ ଭାବରେ ଗୋଟିଏ ସୁରକ୍ଷା ସେବା ସମବାୟ ସମିତି (Premier Security Service Co-operative Society) ଗଠନ କରି ବିଭିନ୍ନ ସମବାୟ ସମିତିର ନିରାପତ୍ତା ବ୍ୟବସ୍ଥା କରିପାରିଛନ୍ତି । ୧୯୮୮ ମସିହାରେ ଗୋଟିଏ କମ୍ପ୍ୟୁଟର ସମବାୟ ସମିତି ଗଠନ କରାଯାଇ ଶିକ୍ଷାନବିଶ ମାନଙ୍କୁ କମ୍ପ୍ୟୁଟର ଶିକ୍ଷା ଓ ତାଲିମ୍ ଦେଉଛି । ୧୯୮୯ ମସିହାରେ ଏକ ପର୍ଯ୍ୟଟନ ସମବାୟ ସମିତି ଗଠିତ ହୋଇଛି । ଖାଉଟୀ ସମବାୟ ସମିତି ଦେଶ ବିଦେଶ ତଥା ଜାପାନ ପ୍ରଭୃତି ଦେଶର ଖାଉଟୀ ସମବାୟ ସମିତିମାନଙ୍କ ସହିତ କାରବାର କରୁଅଛି । ଆନ୍ତର୍ଜାତିକ ବୈଷୟିକ ସମବାୟ ସମିତି (Singapur International Co-operative Technical Assistance Programme) ସ୍ଥାପିତ ହୋଇ ଅନ୍ୟ ଦେଶ ସହିତ ବୈଦେଶିକ ପରାମର୍ଶ ବିନିମୟ କରୁଛି ।

ସିଙ୍ଗାପୁର ସରକାରୀ କର୍ମଚାରୀମାନେ ଗୋଟିଏ ଗୃହ ନିର୍ମାଣ ଏବଂ ଆଉ ଗୋଟିଏ ସଂଚୟ ଓ ଋଣ ସମବାୟ ସମିତି ଗଠନ କରି ସଭ୍ୟମାନଙ୍କୁ ସେବା ଯୋଗାଉଛନ୍ତି ଏବଂ ପ୍ରତ୍ୟେକ ବିଭାଗୀୟ କର୍ମଚାରୀମାନେ ମଧ୍ୟ ଗୋଟିଏ ଲେଖାଏଁ

ସମବାୟ ସମିତି ଗଠନ କରିଛନ୍ତି । ସମିତିମାନଙ୍କର ସଭ୍ୟମାନେ ଶତକଡ଼ା ୪ ଡଲାର ସୁଧ ହାରରେ ଜମା ରଖନ୍ତି ଓ ଶତକଡ଼ା ୬ ଡଲାର ସୁଧ ହାରରେ ଋଣ ଦିଅନ୍ତି । ସମିତିମାନେ ଜମି ଓ ଘର ମୋଟ ମୂଲ୍ୟର ତିନି ଚତୁର୍ଥାଂଶ ମୂଲ୍ୟ ଋଣ ଆକାରରେ ଦିଅନ୍ତି । କିନ୍ତୁ ଋଣ ପରିମାଣ କର୍ମଚାରୀଙ୍କର ୬ ମାସର ଦରମାକୁ ମିଶାଇଲେ ଯାହହୁଏ ତା'ଠାରୁ ଅଧିକ ହୁଏନାହିଁ । କେନ୍ଦ୍ର ଦରମା ଦେବା ଅଫିସ୍ (Central Pay Office) ଋଣ ଅସୁଲ୍ ପାଇଁ ସିରସ୍ତା ଖର୍ଚ୍ଚ (Service Charges) ବାବଦରେ ସଭ୍ୟଙ୍କ ଠାରୁ ଶତକଡ଼ା ୧/୨ ଡଲାର ଆଦାୟ କରେ ଏବଂ ସଭ୍ୟମାନଙ୍କର ଦରମାରୁ ଋଣକିସ୍ତି କାଟିନିଏ । ସମିତିମାନେ ସଭ୍ୟମାନଙ୍କ ବୀମା ଦେୟ ଓ ସମ୍ପତ୍ତି କର ଦେବା ପାଇଁ ସେମାନଙ୍କ ଠାରୁ ଜମା ରଖି ବ୍ୟକ୍ତିଗତଭାବେ ହିସାବ ରଖନ୍ତି । କିନ୍ତୁ ଉକ୍ତ କର୍ମଚାରୀ ସମବାୟ ସମିତିମାନେ ସଭ୍ୟମାନଙ୍କ ଗୋଷ୍ଠୀ ବୀମା ଦେୟ (Group Insurance Premium) ପୈଠ କରନ୍ତି । ସଭ୍ୟମାନେ କିମ୍ବା ତାଙ୍କ ପରିବାରର କେହି ବେମାରରେ ପଡ଼ିଲେ ସମିତି ଚିକିତ୍ସା ଖର୍ଚ୍ଚ ପାଇଁ ଦୈନିକ ଦୁଇ ଡଲାର ହାରରେ ଅର୍ଥ ସାହାଯ୍ୟ କରେ । ଯୋଗ୍ୟ ଛାତ୍ରଛାତ୍ରୀମାନଙ୍କୁ ସମିତି ବୃତ୍ତି ଦିଏ । ସେହିପରି ସମିତିମାନେ ସୁଦ୍ଧିକ୍ରିୟା ପାଣ୍ଠି ଖୋଲି ମୃତ ସଭ୍ୟ କିମ୍ବା ପରିବାରର ମୃତ ବ୍ୟକ୍ତିର ସୁଦ୍ଧିକ୍ରିୟା ଖର୍ଚ୍ଚ ପାଇଁ ୫୦ ରୁ ୧୦୦ ଡଲାର ପର୍ଯ୍ୟନ୍ତ ଅର୍ଥ ସାହାଯ୍ୟ କରେ । ସିଙ୍ଗାପୁର ଜାତୀୟ ସମବାୟ ସଂଘ ବୃଦ୍ଧମାନଙ୍କ ପାଇଁ ଘର (Home for aged) ତିଆରି କରି ସେମାନଙ୍କ ରହିବା ଓ ଖାଇବା ଖର୍ଚ୍ଚ ବହନ କରେ ।

୨୦୨୩ ମସିହା ସୁଦ୍ଧା ସିଙ୍ଗାପୁରରେ ୪୬୩ଟି ବିଭିନ୍ନ ସମବାୟ ସମିତି ଗଠିତ ହୋଇ ସେମାନଙ୍କ ମାଧ୍ୟମରେ ୧ କୋଟିରୁ ଉର୍ଦ୍ଧ୍ୱଲୋକ ଶ୍ରେଣୀଭୁକ୍ତ ହୋଇଛନ୍ତି । ଏହି ସମିତିଗୁଡ଼ିକ ସମବାୟ ସମିତି ଆଇନ ପରିସରଭୁକ୍ତ ହୋଇ ସିଙ୍ଗାପୁର ସଂସ୍କୃତି, କମ୍ୟୁନିଟି ଓ ଯୁବ ବ୍ୟାପାର ମନ୍ତ୍ରାଳୟର ଅଧୀନରେ କାର୍ଯ୍ୟ କରୁଛନ୍ତି । ପରିଚାଳନା ତଥା ବ୍ୟବସାୟିକ ଦକ୍ଷତା ଯୋଗୁଁ ସମବାୟ ସମିତିମାନେ ସିଙ୍ଗାପୁର ସମବାୟ ଆଇନ ୩୦ ସେପ୍ଟେମ୍ବର ୨୦୨୧ ଦ୍ୱାରା ପରିଚାଳିତ । ଏହି ସମିତିମାନଙ୍କର ଅଂଶଧନ ୨୦ କୋଟିରୁ ଉର୍ଦ୍ଧ୍ୱ ଯାହା ୨୦୨୧ ମସିହ ମାର୍ଚ୍ଚ ୩୧ ତାରିଖ ସୁଦ୍ଧା ଆକଳନ କରାଯାଇଛି ଓ ୫୦ କୋଟି ୬୦ ଲକ୍ଷ ଡଲାର ସମ୍ପତ୍ତି (Assets) ଅର୍ଜନ କରିପାରିଛନ୍ତି । ସିଙ୍ଗାପୁରରେ ସମବାୟ ନିବନ୍ଧକ ପଦ ଥିଲେ ସୁଦ୍ଧା ନିବନ୍ଧକ କେବଳ ସମିତି ପଞ୍ଜିକରଣ କରିବା ଛଡ଼ା ନିହାତି ଦରକାର ନପଡ଼ିଲେ ସମବାୟ ସମିତି କାର୍ଯ୍ୟାବଳୀରେ ହସ୍ତକ୍ଷେପ କରନ୍ତି ନାହିଁ । ତେଣୁ ସମବାୟର ବ୍ୟାପକ ପ୍ରସାର ହେତୁ ସିଙ୍ଗାପୁରରେ କର୍ମଚାରୀ, ଶ୍ରମଜୀବି ତଥା ଜନସାଧାରଣ ବିଶେଷ ଉପକୃତ

ହୋଇପାରିଛନ୍ତି । ଓଡ଼ିଶା ରାଜ୍ୟ ସରକାର ଏଥିରୁ ଶିକ୍ଷା କରିବା ଉଚିତ୍ ଯେ ବିଭିନ୍ନ ସମବାୟ ସମିତିର ଉପଯୁକ୍ତ ପରିଚାଳନା ବ୍ୟବସ୍ଥାରେ ସୁଧାର ଆଣିପାରିଲେ ଏବଂ ଦକ୍ଷ ଓ ସଚ୍ଚୋଟ କର୍ମଚାରୀଙ୍କୁ ଦୈନନ୍ଦିନ ପରିଚାଳନାରେ ସାମିଲ୍ କରି ପରିଚାଳନାଗତ ତ୍ରୁଟି, କ୍ଷତି ଓ ଦୈନନ୍ଦିନ କାର୍ଯ୍ୟରେ ଅସହଯୋଗ କରୁଥିବା କର୍ମଚାରୀଙ୍କ ବିରୁଦ୍ଧରେ ତତ୍କାଳୀନ ଦଣ୍ଡବିଧାନ କରାଗଲେ ଓଡ଼ିଶା ସମବାୟ କ୍ଷେତ୍ରରେ ଆଗକୁ ବଢ଼ିପାରିବ । ଓଡ଼ିଶାର ସମବାୟ ମନ୍ତ୍ରୀ ଶ୍ରୀଯୁକ୍ତ ପ୍ରଦୀପ କୁମାର ବଳସାମନ୍ତ ଜଣେ ସଚ୍ଚୋଟ, କର୍ମତତ୍ପର ଏବଂ ଦୂରଦୃଷ୍ଟି ସମ୍ପନ୍ନ ବ୍ୟକ୍ତି ହୋଇଥିବାରୁ ଏ ଦିଗରେ ବିହିତ ପଦକ୍ଷେପ ନେବେ ବୋଲି ଆଶା କରାଯାଏ ।

'ଓଡ଼ିଶା ଏକ୍ସପ୍ରେସ୍' - ତା୦୮.୦୧.୨୦୨୫ରେ ପ୍ରକାଶିତ

ଦାରିଦ୍ର୍ୟ ଦୂରୀକରଣ ଓ ଆତ୍ମନିଯୁକ୍ତି

ସମବାୟ ହେଉଛି ଅର୍ଥନୈତିକ ବିକାଶ ପ୍ରକ୍ରିୟାର ବିରାମହୀନ ସୁଦୀର୍ଘ ପଥ ର ଦୁଃସାହାସିକ ରୋମାଞ୍ଚକର ଯାତ୍ରା ଓ ଅୟମାରମ୍ଭ । ଭାରତର ପରାଧୀନ ବେଳାର ତିମିରାଚ୍ଛନ୍ନ ସାମାଜିକ ଓ ଆର୍ଥିକ ଘନଘଟାର ସରହଦୀ ମଧ୍ୟରେ ଅକଳନୀୟ ଜିଗିଷା, ପ୍ରତିଶ୍ରୁତିବଦ୍ଧତା ଓ ପ୍ରତ୍ୟାଶାକୁ ନେଇ ଏହି ଯାତ୍ରା ଥିଲା ଏକ ଶୁଭ ସଂକେତର ସାହାନାଇ । ଯାହାର ଦୁନ୍ଦୁଭି ସ୍ୱରରେ ଜାଗ୍ରତ ହୋଇ ଉଠିଥିଲା ଖଟିଖିଆ ଶ୍ରମିକ ଶ୍ରେଣୀର ଏକ ସମଷ୍ଟିଗତ ପ୍ରଚେଷ୍ଟାର ଉତ୍ତୁଙ୍ଗ ନିର୍ମାଣ । ଯାହାଥିଲା ତତ୍‌କାଳୀନ ସମାଜର ଅର୍ଥନୈତିକ ପୃଷ୍ଠଭୂମି ଉପରେ ଜୀବନଧାରଣ ପାଇଁ ସ୍ୱାବଲମ୍ବନଶୀଳତାର ନିଚ୍ଛକ ପ୍ରତିଧ୍ୱନୀ । ଆଉ ଏହାହିଁ ଥିଲା ମାନବବାଦର ଭିତ୍ତିଭୂମି ଉପରେ ପ୍ରତିଷ୍ଠିତ ନିଷ୍ପେସିତ ନିରୀହ ଜନତାମାନଙ୍କର ବଞ୍ଚିରହିବା ନିମନ୍ତେ ମୂଲ୍ୟବୋଧ ଭିତ୍ତିକ ଏକ ସମ୍ଭାବନାର ସ୍ୱର ।

ଆନ୍ତର୍ଜାତିକ ଖ୍ୟାତିସମ୍ପନ୍ନ ବାଖ୍ୟାକାର 'ଜାକେବ୍ ଜର୍ଜ ହିଲିଓକ'ଙ୍କ ଭାଷାରେ ସମବାୟ ହେଉଛି ଏକ ସ୍ୱେଚ୍ଛାକୃତ ସମ୍ମେଳନ, ଯହିଁରେ ସମସ୍ତଙ୍କ ସହଭାଗୀ, ଯୋଗଦାନ ଓ କର୍ତ୍ତୃତ୍ୱ ମଧ୍ୟରେ ଏକ ଐକ୍ୟବଦ୍ଧ ଉଦ୍ୟୋଗଟି ପରିପୂର୍ଣ୍ଣ ପଥରେ ଅଗ୍ରସର ହୋଇଥାଏ ।' ଭାରତର ବହୁ ପ୍ରାଚୀନ କାଳରୁ ସମବାୟର ପ୍ରବାହମାନ ଧାରା ସଂଘବଦ୍ଧ ଜୀବନ ଯାପନରେ ପ୍ରବାହ ସହିତ କେବଳ ସମନ୍ୱିତ ହୋଇନଥିଲା ସାମାଜିକ ଜୀବନ ବିନ୍ୟାସ ଓ ସମ୍ମିଳିତ ଉଦ୍ୟୋଗ ମଧ୍ୟରେ ଏହା ଅବିଚ୍ଛେଦ୍ୟ ଭାବେ ନିମଜ୍ଜିତ ରହିଆସିଥିଲା । ପ୍ରାଚୀନ ବୈଦିକ ଯୁଗର ଏକତ୍ର ଜୀବନଧାରଣର ମନ୍ତ୍ରତା ମଧ୍ୟରେ ସମବାୟର ପରିପ୍ରକାଶ ଘଟି ତାହାର ଏକ ସ୍ୱତନ୍ତ୍ର ପରିଚୟକୁ ସୃଷ୍ଟି କରିଥିଲା ଚେତନାର ଏକ ମାର୍ମିକ ପରିପ୍ରକାଶ ମଧ୍ୟରେ । ଓଡ଼ିଆ ପୁଅ ମଧୁବାବୁଙ୍କ ଇଂଲଣ୍ଡ ଭ୍ରମଣ ପଥରେ ୧୮୯୭ ମସିହାରେ କୃଷିଭିତ୍ତିକ ସମବାୟ ବ୍ୟାଙ୍କ ସ୍ଥାପନର ବାସ୍ତବ ପରିକଳ୍ପନା ଅବଶେଷରେ ୧୮୯୮ ମସିହାରେ ରୂପ ନେଇଥିଲା "କଟକ କୋ-

ଅପରେଟିଭ୍ ଷ୍ଟୋର' ଭାବରେ ଏବଂ ମଧୁବାବୁଙ୍କ ଦ୍ୱାରା ଅନୁପ୍ରେରିତ ହୋଇ ୧୯୦୩ ମସିହାରେ ବାଙ୍କୀ ତଥା ଓଡ଼ିଶାର ବିଭିନ୍ନ ଅଞ୍ଚଳରେ ସମବାୟ କୃଷି ସମିତିମାନ ସ୍ଥାପିତ ହୋଇଥିଲା । ଆଉ ଠିକ୍ ଏହାର ଅଳ୍ପ କେଇଟା ଦିନ ପରେ ସମଗ୍ର ଭାରତବର୍ଷକୁ ସମବାୟ ଆନ୍ଦୋଳନର ଉତ୍ତୋଳନ ପାଇଁ ତା୨୫.୦୩.୧୯୦୪ ମସିହାରେ ଋଣ ସମବାୟ ସମିତି ଆଇନ୍‌ର ପ୍ରଥମ ଭିତ୍ତିଭୂମି ସୃଷ୍ଟି ହୋଇଥିଲା ।

ଆଇନଗତ ଭାବରେ ୧୨୦ ବର୍ଷ ଅତିକ୍ରମ କରିସାରିଛି ଏହି ସମବାୟ ଆନ୍ଦୋଳନ । ୧୨୦ ବର୍ଷର ଇତିହାସ ଯେ କୌଣସି ଜାତିପାଇଁ ଅନେକ କିଛି ସ୍ମରଣୀୟତାର ଚିହ୍ନକୁ ବହନ କରିଥାଏ । ବିଂଶ ଶତାବ୍ଦୀର ଅୟମାରମ୍ଭରେ ଯେଉଁ ଆନ୍ଦୋଳନ ଜମିଦାର ଓ ସାହୁକାରମାନଙ୍କ ଶୋଷଣରୁ ଭାରତର ଗରିବ ଅବହେଳିତ ମାନଙ୍କୁ ସହାୟ ଯୋଗାଇ ପାରିଥିଲା ସେଦିନର ସେହି ଜନ୍ମିତ ଶିଶୁଟି ଆଜି ଅନେକ କିଛି ସ୍ମୃତିର ବର୍ଣ୍ଣଳ ଶୋଭାକୁ ନେଇ ସମଗ୍ର ବିଶ୍ୱରେ ସୃଷ୍ଟି କରିଛି ଏକ ନିରବ ଆକର୍ଷଣ । ଊନ୍ନବିଂଶ ଶତାବ୍ଦୀର ଶିଳ୍ପ ବିପ୍ଳବ ପରେ ପରେ ଆର୍ଥିକ ଅନଟନରେ ସାଉଁଟି ହେଉଥିବା ମଣିଷଟି ବଞ୍ଚିବା ପାଇଁ ଯେଉଁ ରାହା ଖୋଜୁଥିଲା ସେଥିରୁ ଜନ୍ମ ନେଇଥିଲା 'ରକଡେଲ'ର ସମବାୟ । ସମବାୟ ଆନ୍ଦୋଳନ ବହୁ ବିଫଳ ପ୍ରୟାସକୁ ପରାହିତ କରି ତା'ର ବିକଶିତ ନିନାଦିତ ଧାରାରେ କେବେବି ପୂର୍ଣ୍ଣଚ୍ଛେଦ ଟାଣିନି ।

ଆତ୍ମ ନିଯୁକ୍ତିର ମାଧ୍ୟମ ରୂପରେ ଏବଂ ବ୍ୟକ୍ତିର ଆର୍ଥିକ ସ୍ୱାଧୀନତାକୁ ଏକ ସଫଳ ପଥରେ ରୂପାୟନ କରିବାରେ ସମବାୟ ଆନ୍ଦୋଳନ ଅନେକ କ୍ଷେତ୍ରରେ ତା'ର ସଫଳତାର ଚିହ୍ନକୁ ବହନ କରିସାରିଛି । ପୃଥିବୀର ସର୍ବବୃହତ୍ତ ଅର୍ଥନୈତିକ ଆନ୍ଦୋଳନ ଭାରତର ସମବାୟ ଆନ୍ଦୋଳନ । ଭାରତର ମୋଟ ସମବାୟ ସମିତି ସଂଖ୍ୟା ତା୨୪.୧୧.୨୦୦୩ ମସିହା ସୁଦ୍ଧା ୭ ଲକ୍ଷ ୯୪ ହଜାର ୮୬୬, ଯାହାର ସଭ୍ୟ ସଂଖ୍ୟା ୨୯ କୋଟି ୭ ଲକ୍ଷ ୬୦ ହଜାର ୫୩୭ ଏବଂ ୪୦୦୫୪୨.୫ କୋଟି ଟଙ୍କା କାର୍ଯ୍ୟକାରୀ ମୂଳଧନକୁ ନେଇ ଭାରତର ସମବାୟ ଆନ୍ଦୋଳନ ଆଜି ଦଣ୍ଡାୟମାନ । ସମଗ୍ର ଭାରତ ବର୍ଷରେ ସମବାୟ ଋଣ ଅନୁଷ୍ଠାନମାନେ ମୋଟ ଋଣର ପ୍ରାୟ ୫୬.୨୫% କୃଷିଋଣ ଓ ୪୬ ପ୍ରତିଶତରୁ ଊର୍ଦ୍ଧ୍ୱ ରାସାୟନିକ ସାର ବିତରଣ କରୁଛନ୍ତି । ଚିନି ଉତ୍ପାଦନ କ୍ଷେତ୍ରରେ ସମବାୟର ଅବଦାନ ୫୪% ଓ ହସ୍ତତନ୍ତରେ ୭% ଅଟେ । ସମବାୟ ଦେଶର ଶତ ପ୍ରତିଶତ ଗ୍ରାମ ଏବଂ ୭୫% ପରିବାର ସହିତ ପରିବ୍ୟାପ୍ତ । ଭାରତର ଅର୍ଥନୈତିକ ଜୀବନ କ୍ଷେତ୍ରରେ ସମବାୟର ଏକ ପ୍ରମୁଖ ଭୂମିକା ରହିଛି । ଦେଶର ଗ୍ରାମାଞ୍ଚଳରେ ଗରିବ ଜନସାଧାରଣଙ୍କ ସାମାଜିକ, ଆର୍ଥିକ ବିକାଶ କ୍ଷେତ୍ରରେ ସମବାୟର ଅବଦାନ ଅତ୍ୟନ୍ତ ଗୁରୁତ୍ୱପୂର୍ଣ୍ଣ । ଅର୍ଥନୀତିର ପରିବର୍ତ୍ତନ

ପରିସ୍ଥିତିରେ ଗ୍ରାମାଞ୍ଚଳର ଅଣକୃଷିକ୍ଷେତ୍ର ଓ କ୍ଷୁଦ୍ର ବ୍ୟବସାୟ କ୍ଷେତ୍ରରେ ପ୍ରଗତି ଆଣିବା ଓ ତିଷ୍ଠି ରହିବା ପାଇଁ ସମବାୟ ବ୍ୟାଙ୍କର ସାହାଯ୍ୟ ଅବିସ୍ମରଣୀୟ ।

କୃଷି ହେଉଛି ଭାରତୀୟ ଅର୍ଥନୀତିର ପ୍ରକୃଷ୍ଟ କ୍ଷେତ୍ର । କୃଷି ଏବଂ ଏହାର ସଂଲଗ୍ନ କ୍ଷେତ୍ର ଜାତୀୟ ମୋଟ ଆୟର ଏକକ ସର୍ବବୃହତ୍ତ ଅବଦାନ । ଭାରତର ମୋଟ ଘରୋଇ ଆୟର ୧୮%ରୁ ଉର୍ଦ୍ଧ୍ୱ ହେଉଛି କୃଷିର ଅବଦାନ । ନିଯୁକ୍ତି କ୍ଷେତ୍ରରେ କୃଷି ହେଉଛି ସର୍ବବୃହତ୍ ଶିଳ୍ପ ଓ ଉତ୍ପାଦିତ ସାମଗ୍ରୀର ବୃହତ୍ ଘରୋଇ ବଜାର ହେଉଛି କୃଷିକ୍ଷେତ୍ର । ଏହି କୃଷିକ୍ଷେତ୍ର ଭାରତର ରପ୍ତାନୀରେ ୧୫% ସ୍ଥାନ ଗ୍ରହଣ କରିପାରିଛି । ସମବାୟ ସମଗ୍ର ଭାରତବର୍ଷକୁ ଖାଦ୍ୟ ପଦାର୍ଥ ଉତ୍ପାଦନରେ ସ୍ୱାବଲମ୍ବୀ କରିବା ସହିତ ସବୁଜ ବିପ୍ଳବ ଓ ଶ୍ୱେତ ବିପ୍ଳବର ସଫଳତା ଆଣିଦେଇଥିଲା । ବାସ୍ତବିକ୍ ଭାରତର ମହାମହିମ ରାଷ୍ଟ୍ରପତିଙ୍କ ଠାରୁ ଆରମ୍ଭ କରି ପ୍ରଧାନମନ୍ତ୍ରୀଙ୍କ ପର୍ଯ୍ୟନ୍ତ ସମସ୍ତେ ଆଜି ଏହି ସବୁଜ ବିପ୍ଳବକୁ ସାକାର କରିବା ପାଇଁ ଆହ୍ୱାନ ଦେଇଛନ୍ତି । ସମବାୟ ଆନ୍ଦୋଳନର ଅବଦାନ ହିଁ ଦେଶକୁ ସ୍ୱାବଲମ୍ବୀ କରିବାରେ ସୁନିଶ୍ଚିତ କରିପାରିଛି । ବର୍ତ୍ତମାନ ସମୟରେ ଦେଶର ଉତ୍ପାଦନ ହ୍ରାସ, ଜଳସ୍ତର ନିମ୍ନଗାମୀ ଓ ବର୍ଦ୍ଧିତ କୃଷି ଉତ୍ପାଦନ ଖର୍ଚ୍ଚ ଯୋଗୁଁ କୃଷକ ପାଇଁ ମୃତ୍ୟୁବରଣ ଭଳି ସମସ୍ୟା ଦେଖାଦେଇଛି । ଭବିଷ୍ୟତରେ ଏହି ପରିସ୍ଥିତିର ମୁକାବିଲା କରିବା ପାଇଁ ଦେଶକୁ ଆଉ ଏକ ସବୁଜ ବିପ୍ଳବର ପଥରେ ଅଗ୍ରସର ହେବାକୁ ପଡ଼ିବ । ଏଥିପାଇଁ ଆନ୍ତଃରାଜ୍ୟ ସମବାୟ କୋଠଚାଷ, ବଜାରରୁ ଉତ୍ପାଦନ ସାମଗ୍ରୀର ଏକତ୍ରୀକରଣ ଓ ସଂରକ୍ଷଣ ବର୍ତ୍ତମାନ ସମୟରେ ଏକମାତ୍ର ଆବଶ୍ୟକତା । ଗ୍ରାମୀଣ ଋଣ ସମବାୟ ପଦ୍ଧତିର ଶସକ୍ତିକରଣ କରିବା ସହିତ ସମବାୟକୁ ଅଣକୃଷି କ୍ଷେତ୍ରରେ ନିୟୋଜିତ କରାଇ ସବୁଜ ବିପ୍ଳବକୁ କୃତକାର୍ଯ୍ୟ କରିବାରେ ସହାୟକ ହେବାପାଇଁ ସମବାୟକୁ ଦୃଢ଼ କରିବା ଦରକାର । ମହିଳା ଓ ଯୁବ ଶକ୍ତିର ଶସକ୍ତିକରଣ କ୍ଷେତ୍ରରେ ସମବାୟ ଏକ ନିଚ୍ଛକ ରୂପରେଖକୁ ନିର୍ବାହ କରି ସାମାଜିକ ନ୍ୟାୟ ପ୍ରତିଷ୍ଠା ସହ ଦାରିଦ୍ର୍ୟ ଦୂରୀକରଣ ଓ ନିଯୁକ୍ତି ସୃଷ୍ଟିରେ ଏକ ଶୁଭ ସଂକେତକୁ ବହନ କରୁ । ସମବାୟ ପ୍ରତ୍ୟେକ୍ଷ ଭାବରେ ଓ ଆତ୍ମ ନିଯୁକ୍ତିର ସୃଷ୍ଟି କରିବାରେ ନିଜର କାର୍ଯ୍ୟଧାରାକୁ ସଫଳଭାବରେ ବଜାୟ ରଖି ପ୍ରାୟ ୨୫.୯ ମିଲିୟନ ବ୍ୟକ୍ତି ବିଶେଷଙ୍କୁ କର୍ମନିଯୁକ୍ତି ଯୋଗାଇ ଦେଇଛି ।

ଏହି ପରିସ୍ଥିତିରେ ଓଡ଼ିଶା ସରକାର ସମବାୟ ଆନ୍ଦୋଳନକୁ ତୃଣମୂଳ ସ୍ତରରେ କ୍ରିୟାଶୀଳ କରିବା ପାଇଁ ଏହାର ଗଣତାନ୍ତ୍ରିକ ଅଧିକାରକୁ ସୁଯୋଗ ଦେବା ଦରକାର । କାରଣ ସମବାୟ ହେଉଛି ଏକ ସ୍ୱୟଂଶାସିତ ସଂଘ ଯେଉଁଥିରେ ବ୍ୟକ୍ତିବିଶେଷ ସ୍ୱେଚ୍ଛାକୃତ ଭାବେ ଏକିତ୍ରିତ ହୋଇ ସେମାନଙ୍କ ଆର୍ଥିକ, ସାମାଜିକ ଓ ସାଂସ୍କୃତିକ

ଆବଶ୍ୟକତା ଓ ଯୁଗ୍ମ ଚାହିଦାର ଅଧିକାର ତଥା ଗଣତନ୍ତ୍ର ଭିତ୍ତିରେ ନିୟନ୍ତ୍ରଣ କରିଥାନ୍ତି । ମାତ୍ର ସମବାୟର ନୀତି, ମୂଲ୍ୟବୋଧ ଏବଂ ସଂଜ୍ଞାକୁ ରାଜ୍ୟ ସରକାର ସମ୍ମାନ ଦେଇ ସମବାୟ ଅନୁଷ୍ଠାନ ଗୁଡ଼ିକର କାର୍ଯ୍ୟଧାରା ନିର୍ବାହ କରିବା ପାଇଁ ସଭ୍ୟମାନଙ୍କ ହାତରେ ସ୍ୱାଧୀନଭାବେ ପରିଚାଳନା ଦାୟିତ୍ୱ ଦେଇ ସମବାୟର ପୁନରୁଦ୍ଧାର ପାଇଁ କାର୍ଯ୍ୟଭାର ନ୍ୟସ୍ତ କରିବା ଆଜି ସମୟର ଆହ୍ୱାନ । ଓଡ଼ିଶା ସରକାର ବୈଦ୍ୟନାଥନ୍ କମିଟିର ସୁପାରିଶକୁ ଗ୍ରହଣ କରି ସମବାୟ ଅନୁଷ୍ଠାନ ଗୁଡ଼ିକର ଗଣତାନ୍ତ୍ରିକ ଧାରାର କଣ୍ଠରୋଧ କରାଇ ଓଡ଼ିଶାର ସମବାୟ ଆନ୍ଦୋଳନକୁ କାହିଁକି ବର୍ଷ ବର୍ଷ ଧରି ବିକାଶର ଧାରାକୁ ପଛକୁ ଠେଲି ଦେଇଛନ୍ତି ତାହାର ଉତ୍ତର କେବଳ ସେହିମାନଙ୍କ ହାତରେ, ଯେଉଁମାନେ ଅନ୍ଧପୁତୁଳା ବାନ୍ଧି ଶାସନ ଡୋରିକୁ ନିଜ ହାତରେ ଟାଣି ରଖିଛନ୍ତି । ଜାତିର ସ୍ୱାର୍ଥ, ରାଜ୍ୟର ବିକାଶ, ଆତ୍ମନିଯୁକ୍ତି କ୍ଷେତ୍ରର ବଳିଷ୍ଠ ମାଧ୍ୟମ ଏବଂ ବେକାରୀ ଦୂରୀକରଣର ଯାଦୁକାରୀ ମନ୍ତ୍ର ସମବାୟକୁ ଆଉ ଉପେକ୍ଷିତ ନକରି ଦାରିଦ୍ର୍ୟ ଦୂରୀକରଣ ଓ ନିଯୁକ୍ତି ସୃଷ୍ଟିରେ ଏହାର ସଫଳ ପ୍ରୟାସକୁ ପ୍ରତିପାଦିତ କରିବା ପାଇଁ ସବୁ ସ୍ତରରେ ଉଦ୍ୟମ ହେବା ଏକାନ୍ତ ଆବଶ୍ୟକ । କାରଣ ଆମ୍ଭେମାନେ ମନେରଖିବା ଉଚିତ୍ ଯେ ରାଜନୀତିର ବହୁ ଉର୍ଦ୍ଧ୍ୱରେ ହେଉଛି ସମବାୟ । ଏବେବି ଓଡ଼ିଶା ସମବାୟ ଆଇନ୍ ୧୯୬୨ ଅନୁସାରେ ସମବାୟ ଅନୁଷ୍ଠାନ ଗୁଡ଼ିକ ଚାଷୀ, କୃଷକ ଓ ଖଟିଖିଆ ମଣିଷମାନଙ୍କର ଏକମାତ୍ର ଆଶା ଓ ଭରସାର ଅନୁଷ୍ଠାନ । ତେଣୁକରି ସମବାୟରେ ଦାରିଦ୍ର୍ୟ ଦୂରୀକରଣ ଓ ଆତ୍ମନିଯୁକ୍ତି ସଫଳ ପଥରେ ଆଗେଇ ପାରିଲେ ସମବାୟର ବଳିଷ୍ଠ ଅବଦାନ ଭାରତବର୍ଷର ଶାସନକୁ ତଥା ରାଜ୍ୟ ଶାସନକୁ ସୁଦୃଢ଼ କରିପାରିବ । ମାନ୍ୟବର କେନ୍ଦ୍ର ସମବାୟ ମନ୍ତ୍ରୀ ଓ ରାଜ୍ୟ ସମବାୟ ମନ୍ତ୍ରୀ ମିଳିତଭାବେ ଏ ଦିଗରେ ଯଥେଷ୍ଟ ଗୁରୁତ୍ୱ ଦେବେ ବୋଲି ଆଶା ।

'ସକାଳ' - ତା୨୨.୦୨.୨୦୨୫ରେ ପ୍ରକାଶିତ

■

ସମବାୟରେ ପରଦେଶୀ ନିଯୁକ୍ତି

ଦକ୍ଷିଣ ଆଫ୍ରିକାର ନିକଟ ଭାରତ ମହାସାଗରରେ ମରିସସ୍ ଦେଶ କେତେଗୁଡ଼ିଏ ଛୋଟ ଛୋଟ ଦ୍ୱୀପକୁ ନେଇ ଗଠିତ । ୭ ସେପ୍ଟେମ୍ବର ୨୦୨୪ ମସିହା ସୁଦ୍ଧା ମରିସସ୍‌ର ଜନସଂଖ୍ୟା ୧୬,୭୦,୬୩୦ ଥିଲା । ଉକ୍ତ ଦ୍ୱୀପପୁଞ୍ଜ ଫରାସୀମାନଙ୍କ ଦ୍ୱାରା ୧୭୧୫ ମସିହାରୁ ୧୮୧୦ ମସିହା ପର୍ଯ୍ୟନ୍ତ ଶାସିତ ହେଉଥିଲା । ୧୮୧୦ ମସିହାରୁ ବ୍ରିଟିଶ୍ ମାନଙ୍କ ଦ୍ୱାରା ଫରାସୀମାନଙ୍କୁ ବିଦାକରି ଶାସନ ଆରମ୍ଭ କରାଯାଇଥିଲା । ଇଂରେଜମାନେ ଜମିର ମାଲିକ ହୋଇ ଆଫ୍ରିକାର କଳା ଲୋକମାନଙ୍କୁ କ୍ରୀତଦାସ ଭାବେ ଖଟାଉଥିଲେ । ମରିସସ୍‌ର ମୁଖ୍ୟ ଫସଲ ଥିଲା ଆଖୁଚାଷ । ଆଫ୍ରିକୀୟ କଳା ଲୋକମାନଙ୍କୁ ଇଂରେଜମାନେ ଆଖୁଚାଷର ଶ୍ରମିକଭାବରେ ଖଟାଉଥିଲେ । ଯାହାର ଫଳ ସ୍ୱରୂପ ଶ୍ରମିକମାନେ କଠିନ ପରିଶ୍ରମ କରି ମଧ୍ୟ ନିର୍ଯ୍ୟାତିତ ହେଉଥିଲେ । ୧୮୩୪ ମସିହାରେ ବ୍ରିଟିଶ ସରକାର ଦାସ ପ୍ରଥାର ବିଲୋପ କରିବାରୁ ଦାସମାନେ ଆଉ ଆଖୁଚାଷ ଶ୍ରମିକଭାବରେ କାମ କରିବାକୁ ଅନିଚ୍ଛା ପ୍ରକାଶ କଲେ । ଯାହାଫଳରେ ଆଖୁଚାଷ ବାଧାପ୍ରାପ୍ତ ହେଲା ।

ବ୍ରିଟିଶ ସରକାର ବାଧ୍ୟ ହୋଇ ଭାରତବର୍ଷର ବିଭିନ୍ନ ଗରିବ ରାଜ୍ୟ ବିଶେଷକରି ବିହାର, ଉତ୍ତର ପ୍ରଦେଶ ଓ ତାମିଲନାଡୁ ପ୍ରଦେଶରୁ ଶ୍ରମିକମାନଙ୍କୁ ଚୁକ୍ତି ଭିତ୍ତିରେ ମରିସସ୍ ଆଣି ଆଖୁଚାଷରେ ଶ୍ରମିକଭାବେ ଖଟାଇଲେ । ୧୮୩୪ ମସିହାରୁ ୧୮୯୨ ମସିହା ପର୍ଯ୍ୟନ୍ତ ୪ ଲକ୍ଷ ୬୦ ହଜାର ଭାରତୀୟ ମରିସସ୍‌କୁ ଶ୍ରମିକଭାବେ ଆଖୁଚାଷରେ କାର୍ଯ୍ୟ କରିବାକୁ ଯାଇଥିଲେ । ଏହି ଶ୍ରମିକମାନେ ସେଠାରେ ରହି ଆଖୁଚାଷୀଙ୍କ ଅଧୀନରେ କଠିନ ପରିଶ୍ରମ କରୁଥିଲେ । ଫଳରେ ଆଖୁଚାଷୀମାନେ ଆଖୁଚାଷରେ ଖର୍ଚ୍ଚ ଅପେକ୍ଷା ଅଧିକ ଲାଭ ପାଉଥିଲେ । ଭାରତରୁ ଯାଇଥିବା ଶ୍ରମିକମାନେ ଆଫ୍ରିକୀୟ ଦାସମାନଙ୍କ ପରି ଜମିମାଲିକମାନଙ୍କ ଶୋଷଣରୁ ତ୍ରାହି

ପାଇଲେ ନାହିଁ । ଜମି ମାଲିକମାନେ ଭାରତୀୟ ଶ୍ରମିକମାନଙ୍କୁ କେତେକ ନିତାନ୍ତ ଆବଶ୍ୟକୀୟ ଖାଦ୍ୟ ପଦାର୍ଥ ଯୋଗାଇ ଆଖୁ କ୍ଷେତ୍ର ବାହାରକୁ ଛାଡୁ ନଥିଲେ ଓ ଶ୍ରମିକମାନେ ଆଖୁ କ୍ଷେତ ନିକଟରେ ଆଖୁ ପତ୍ରରେ ନିର୍ମିତ କୁଡ଼ିଆରେ ବାସ କରୁଥିଲେ । ଆଖୁଚାଷରେ ଶ୍ରମ ବ୍ୟତୀତ ଅନ୍ୟ କିଛି କାର୍ଯ୍ୟ (ଯାହା ଓଭର ଟାଇମ୍ ବୋଲି କୁହାଯାଏ) ଶ୍ରମିକମାନେ କରିବା ପାଇଁ ଚାହିଁବାରୁ ଅନ୍ୟାନ୍ୟ କାମ କରି ଆଉ କିଛି ଅଧିକ ମଜୁରୀ ରୋଜଗାର କଲେ । ୧୮୬୦ ମସିହା ପର୍ଯ୍ୟନ୍ତ ଜମି ମାଲିକମାନେ ପରଦେଶୀ ଭାରତୀୟ ଶ୍ରମିକମାନଙ୍କୁ ସ୍ଥାୟୀ ବାସିନ୍ଦା ହୋଇଯିବା ଆଶଙ୍କାରେ ଜମିର ସତ୍ତ୍ୱାଧିକାରୀ କରୁନଥିଲେ । କିନ୍ତୁ ୧୮୬୦ ମସିହାରେ ଜମି ମାଲିକମାନେ ଭାରତୀୟମାନଙ୍କୁ ଗରିବ କରିବା ଉଦ୍ଦେଶ୍ୟରେ ମାଲିକମାନଙ୍କ ଠାରୁ ପାଉଥିବା ମଜୁରି ବାବଦ ଅର୍ଥ ନେଇ ତା ବଦଳରେ ମରିସସ୍‌ର କିଛି ପାହାଡ଼ିଆ ଅନୁର୍ବର କ୍ଷୁଦ୍ର କ୍ଷେତ୍ରମାନ ବିକ୍ରି କରିବା ଆରମ୍ଭ କଲେ । ଉଦ୍ଦେଶ୍ୟ ଥିଲା ଭାରତୀୟ ଶ୍ରମିକମାନଙ୍କର ମଜୁରି ବାବଦ ଅର୍ଥ ଅନୁର୍ବର ଜମି କିଣାରେ ଖର୍ଚ୍ଚ ହୋଇଯାଇ ସେମାନେ ଆର୍ଥିକ ଅନଟନ ମଧ୍ୟରେ ଜୀବିକା ନିର୍ବାହ କରିବେ । ଫଳରେ ସେମାନେ ଯେଉଁ ଗରିବକୁ ସେହି ଗରିବ ହୋଇ ଆଖୁ କ୍ଷେତରେ ଶ୍ରମିକ ଭାବରେ ସବୁଦିନ ପାଇଁ ମରିସସ୍‌ରେ ଜୀବନ ବିତାଇଲେ । ମାତ୍ର ଭାରତୀୟ ଶ୍ରମିକମାନେ ମିଳିଥିବା ଅନୁର୍ବର ଓ ପାହାଡ଼ିଆ ଜମିରେ କିଛି ଫସଲ କରିବାକୁ ଚାହିଁ ଜମିମାଲିକ ମାନଙ୍କ ଠାରୁ ଶତକଡ଼ା ୨୦୦ ଟଙ୍କା ସୁଧରେ କରଜ ଆକାରରେ ଅର୍ଥ ଆଣି କିଣିଥିବା ଜମିରେ ଆଖୁଚାଷ ଆରମ୍ଭ କଲେ । ମାତ୍ର ଜମି ଅନୁର୍ବର ଥିବାରୁ ହାତ ଉଧାରି ଋଣ ଉପରେ ଚଢ଼ାଦରରେ ସୁଧ ସହିତ ଜମିରେ ଫସଲ ତଥା ଆଖୁଚାଷ ଲାଭଜନକ ନହେବାରୁ ସେମାନେ ବାଧ୍ୟ ହୋଇ ଜମିଗୁଡ଼ିକୁ ପଡ଼ିଆ ପକାଇଲେ ।

ଭାଗ୍ୟର ବିଡ଼ମ୍ବନା ହେତୁ ୧୮୯୨ ମସିହାରେ ପ୍ରଚଣ୍ଡ ଝଡ଼ ବାତ୍ୟାରେ ଜମି ମାଲିକମାନଙ୍କ ଆଖୁ ସମ୍ପୂର୍ଣ୍ଣ ଧ୍ୱସ୍ତ ବିଧ୍ୱସ୍ତ ହୋଇଯିବାରୁ ଜମି ମାଲିକମାନେ ବ୍ରିଟିଶ୍ ସରକାରଙ୍କ ଆର୍ଥିକ ସାହାଯ୍ୟ ଲୋଡ଼ିଲେ । ଫଳରେ ୧୯୦୯ ମସିହାରେ ବ୍ରିଟିଶ ସରକାର ଅଧିକ ଆଖୁ ଉତ୍ପାଦନ ପାଇଁ ଏକ ରାଜକୀୟ କମିଶନ ବସାଇଲେ । ଉକ୍ତ କମିଶନଙ୍କ ସୁପାରିଶ ଭିତ୍ତିରେ ଭାରତୀୟ କ୍ଷୁଦ୍ର ଆଖୁ ଚାଷୀମାନେ ସୁଲଭ ସୁଧରେ ଋଣ ପାଇବା ପାଇଁ ୧୯୧୨ ମସିହାରେ ବ୍ରିଟିଶ ସରକାର ଭାରତରୁ ଉଇଲ୍ ବରଫୋର (Burfore) ନାମକ ଜଣେ ଉଚ୍ଚ ପଦସ୍ଥ ବେସାମରିକ କର୍ମଚାରୀଙ୍କୁ ମରିସସ୍ ପଠାଇଲେ । ମରିସସ୍‌ର ପରଦେଶୀ ଭାରତୀୟମାନେ ସ୍ୱଚ୍ଛଳ ହୋଇଯିବା ଆଶଙ୍କାରେ ଜମି ମାଲିକମାନଙ୍କ ବିରୋଧ ସତ୍ତ୍ୱେ ଉକ୍ତ ଅଧିକାରୀ ଜଣକ ୧୯୧୩ ମସିହାରେ

'ରାଇଫେସନ୍ ନୀତି' ଅନୁସରଣ କରି ଗାଁ ସମବାୟ ଋଣ ସମିତିମାନ ଗଠନ କରିବାକୁ ପଦକ୍ଷେପ ନେଲେ ।

୧୯୧୩ ମସିହାରେ ମରିସସ୍‌ରେ ପ୍ରଥମ ସମବାୟ ଚିନିକଳ ଆରମ୍ଭ ହୋଇଥିଲା । ୧୯୧୩-୧୯୩୨ ମସିହା ପର୍ଯ୍ୟନ୍ତ ବିଭିନ୍ନ ଗୋଷ୍ଠୀଙ୍କୁ ନେଇ ୨୮ଟି ପ୍ରାଥମିକ ଋଣ ସମବାୟ ସମିତି ଯାହାର ସଭ୍ୟସଂଖ୍ୟା ୨୨୦୦କୁ ନେଇ ସମିତିଗୁଡ଼ିକ ନିବନ୍ଧିତ ହୋଇ କାର୍ଯ୍ୟ କରିବା ଆରମ୍ଭ କଲେ । କିନ୍ତୁ ପରଦେଶୀ ଭାରତୀୟ କ୍ଷୁଦ୍ରଚାଷୀମାନେ ସମିତିର ସଭ୍ୟ ହୋଇ ସୁଲଭ ସୁଧରେ ଋଣ ପାଇ ଆଖୁ ଉତ୍ପାଦନ କଲେ ସିନା କିନ୍ତୁ ଇଂରେଜ ଆଖୁକଳ ମାଲିକମାନେ ସେମାନଙ୍କ ଠାରୁ ମନଇଚ୍ଛା କମ୍ ଦରରେ ଆଖୁ କିଣିବାରୁ ଭାରତୀୟମାନେ ଆଖୁଚାଷରେ ଲାଭବାନ ହୋଇପାରିଲେ ନାହିଁ । ଯାହା ଫଳରେ ଋଣୀ ଆଖୁଚାଷୀମାନେ ଶତକଡା ୫୩ ଭାଗ ଖିଲାପି ହୋଇ ସମବାୟ ସମିତିରୁ ନେଇଥିବା ଋଣ ପରିଶୋଧ କରିପାରିଲେ ନାହିଁ । ତେଣୁ ୧୯୩୯ ମସିହାରେ ମରିସସ୍ ସରକାର ଆଖୁଦର ନିୟନ୍ତ୍ରଣ ଆଇନ୍ ଗୃହୀତ କରାଇ ସ୍ଥିରୀକୃତ ଲାଭଜନକ ଦରରେ ଚାଷୀମାନଙ୍କ ଠାରୁ ଆଖୁ କିଣିବା ପାଇଁ ଚିନିକଳ ମାଲିକମାନଙ୍କୁ ବାଧ୍ୟ କରାଇଲେ । ନୂତନ ଦରରେ ଆଖୁଚଷୀମାନଙ୍କ ଠାରୁ ଚିନିକଳ ମାଲିକମାନେ ଆଖୁ କିଣି ଠିକ୍ ସମୟରେ ପ୍ରାପ୍ୟ ଦେବାରୁ ଚାଷୀମାନେ ସମସ୍ତ ଋଣ ପୈଠ କରିବାରୁ ଋଣ ସମିତିମାନେ ସ୍ୱଚ୍ଛଳ ହୋଇପାରିଲେ ।

ମରିସସ୍ ବ୍ରିଟିଶ ଶାସନ କବଳରୁ ମୁକ୍ତ ହୋଇଥିଲା ୧୯୬୮ ମସିହା ମାର୍ଚ୍ଚ ୧୨ ତାରିଖରେ । ମରିସସ୍ ଦେଶ ବ୍ରିଟିଶ୍‌ମାନଙ୍କ ଶାସନରୁ ମୁକ୍ତି ପାଇ ଏକ ସ୍ୱାଧୀନ ଗଣତନ୍ତ୍ର ରାଷ୍ଟ୍ରରେ ପରିଣତ ହେଲା ୧୯୯୨ ମସିହାରେ । ଫଳରେ ଅଧିବାସୀ ମାନଙ୍କର ସମସ୍ତ ଅଧିକାର ସାବ୍ୟସ୍ତ ହୋଇପାରିଲା । ସରକାର ଲୋକମାନଙ୍କର ଆର୍ଥିକ ପ୍ରଗତି ପାଇଁ ସମବାୟକୁ ମାଧମ ରୂପେ ଗ୍ରହଣ କରିନେଲେ । ଫଳରେ କୃଷି, ମାଛ, ଫଳ, ପଶୁପାଳନ, ସଞ୍ଚୟ, ଋଣ ଓ ଖାଉଟୀ ପ୍ରଭୃତି ୬୫୦ଟି ସମବାୟ ସମିତି ମରିସସ୍‌ରେ ଗଠିତ ହୋଇଥିଲା । ମରିସସ୍ ସ୍ୱତନ୍ତ୍ର ସ୍ୱାଧୀନ ରାଷ୍ଟ୍ର ହେଲାବେଳକୁ ଉକ୍ତ ସମିତିମାନଙ୍କରୁ ୧ ଲକ୍ଷ ୫୦ ହଜାର ସଭ୍ୟ ବେଶ୍ ଆର୍ଥିକ ସ୍ୱଚ୍ଛଳତା ଲାଭ କରିପାରିଥିଲେ । ଉକ୍ତ ସମବାୟ ସମିତିମାନେ ବାର୍ଷିକ ହାରାହାରି ୧୦ କୋଟି ଆମେରିକୀୟ ଡଲାର ଅର୍ଥ ବା ସେତେବେଳେ ୨୫୦ କୋଟି ଟଙ୍କାର ବ୍ୟବସାୟ କରିପାରିଥିଲେ । ଗରିବମାନେ ସମବାୟ ଜରିଆରେ ମାଲିକମାନଙ୍କ ଶୋଷଣମୁକ୍ତ ହେବା ଫଳରେ ମରିସସ୍‌ବାସୀ ମାନଙ୍କର ବ୍ୟକ୍ତିଗତ ଆୟ ଭାରତୀୟମାନଙ୍କ ତୁଳନାରେ ବେଶ୍ ଅଧିକ ହୋଇପାରିଛି । ମରିସସ୍‌ରେ ବିଭିନ୍ନ ପ୍ରକାର କାର୍ଯ୍ୟ ପାଇଁ ଭାରତୀୟମାନଙ୍କ ସଂଖ୍ୟା ବୃଦ୍ଧି ପାଇବାରେ ଲାଗିଲା ।

୧୯୯୨ ମସିହାରେ ନୂତନ ସମବାୟ ଆଇନ୍ ଗୃହୀତ ହେବା ଫଳରେ କୃଷି ଓ ଅଣକୃଷି ସମବାୟ ସମିତିମାନ ଅଧିକ ସଂଖ୍ୟାରେ ଗଠିତ ହେବାପାଇଁ ପଦକ୍ଷେପ ନିଆଯାଇଛି । ମରିସସ୍‌ରେ ଆଖୁ ବ୍ୟତୀତ ଚା', ପନିପରିବା, ଫଳ, ଗୋପାଳନ, କୁକୁଡ଼ା ଓ ମାଛ ଇତ୍ୟାଦି କୃଷି ସମବାୟ ସମିତି, ହସ୍ତଶିଳ୍ପ, ପରିବହନ, ଗୃହ ନିର୍ମାଣ, ଖାଉଟୀ କଲ୍ୟାଣ ପ୍ରଭୃତି ଅଣକୃଷି ସମବାୟ ସମିତିମାନେ ଗଢିଉଠିଛି । ମରିସସ୍ ବିଶ୍ୱରେ ଏକ ଆକର୍ଷଣୀୟ ପର୍ଯ୍ୟଟନ କେନ୍ଦ୍ର ହୋଇଥିବାରୁ ସେଠାରେ ଅଧିକରୁ ଅଧିକ ପର୍ଯ୍ୟଟନ ସମବାୟ ସମିତିମାନ ଗଢ଼ି ଉଠିବାରେ ଲାଗିଛି । ମରିସସ୍ ଦେଶରେ ପ୍ରାଥମିକ ସଂଘୀୟ, ମିଳିତ ତଥା ଶୀର୍ଷ ସମବାୟ ସମିତିଭାବେ ୩ ସ୍ତରୀୟ ସମବାୟ ସମିତି କାର୍ଯ୍ୟ କରୁଅଛି । ୧୨ଟି ବିଭିନ୍ନ ଶ୍ରେଣୀର ସଂଘୀୟ ସମବାୟ ସମିତିରେ ବ୍ୟବସାୟ ଅନୁଯାୟୀ ୧୧୪୩ଟି ପ୍ରାଥମିକ ସମବାୟ ସମିତି ସଭ୍ୟ ହୋଇଛନ୍ତି । ଉକ୍ତ ସମବାୟ ସମିତି ଅଧିନରେ ୪୦ ଗୋଟି ବିଭିନ୍ନ ପ୍ରକଳ୍ପ କାର୍ଯ୍ୟ କରୁଅଛି, ଯାହାର ବାର୍ଷିକ ବ୍ୟବସାୟ ୫.୫ ବିଲିୟନ ଡଲାର । ଏସବୁ ସତ୍ତ୍ୱେ ଗୋଟିଏ ମାତ୍ର ମରିସସ୍ ଶୀର୍ଷ ତଥା ମିଳିତ ସମବାୟ ମୁଖପାତ୍ର ଭାବରେ କାମ କରୁଛି । ମରିସସ୍‌ର ଶତକଡ଼ା ୯୦ ଭାଗ ଲୋକ ଶିକ୍ଷିତ । ଆତ୍ମନିର୍ଭରଶୀଳ ନୀତି ତଥା ପରସ୍ପର ସାହାଯ୍ୟ ଭିତ୍ତିରେ ସମବାୟ ସମିତିମାନେ ପରିଚାଳିତ ହେବାପାଇଁ ପରିଚାଳନା କମିଟିକୁ ମରିସସ୍ ସରକାର ଅଗାଧ ସୁଯୋଗ ଦେଇଛି । ଅଧିକାଂଶ ଭାରତୀୟ ପରଦେଶୀ ଶ୍ରମିକଭାବେ ମରିସସ୍‌ରେ ବସବାସ କରୁଥିବାରୁ ମରିସସ୍ ଲୋକସଂଖ୍ୟାର ଶତକଡ଼ା ୫୨ ଭାଗ ଲୋକ ହିନ୍ଦୁ ଅଟନ୍ତି । ସେଠାରେ ବସବାସ କରୁଥିବା ଭାରତୀୟମାନେ ଗଣତାନ୍ତ୍ରିକ ପ୍ରକ୍ରିୟାରେ ନିର୍ବାଚନରେ ନିର୍ବାଚିତ ହୋଇ ସେମାନେ ରାଷ୍ଟ୍ରପତି, ପ୍ରଧନାମନ୍ତ୍ରୀ ପରି ଉଚ୍ଚ ପଦ ପଦବୀ ଗ୍ରହଣ କରି ଭାରତୀୟ ସଂସ୍କୃତି ବଜାୟ ରଖିପାରିଛନ୍ତି । ଭାରତୀୟମାନଙ୍କ ତୁଳନାରେ ପରଦେଶୀ ଭାରତୀୟ ସମେତ ସମସ୍ତ ମରିସସ୍‌ବାସୀ ବର୍ତ୍ତମାନ ଅଧିକ ସ୍ୱଚ୍ଛଳ । ମରିସସ୍‌ର ୨୦୨୩ ମସିହା ସୁଦ୍ଧା ୧୪୩ ଟି ସମବାୟ ସମିତି ଓ ୪୦ ଗୋଟି ପ୍ରୋଜେକ୍ଟ, ଚିନିକଳ ସମବାୟ ସମିତି ଅଧୀନରେ କାର୍ଯ୍ୟକରୁଛନ୍ତି । ଯାହାର ବାର୍ଷିକ ଅର୍ଥ କାରବାର ୫.୫ ବିଲିୟନ ଡଲାର । ଏସବୁ ଦେଖିଲେ ମରିସସ୍ ଦେଶର ସମବାୟ ଅନୁଷ୍ଠାନମାନଙ୍କରେ ଅଧିକ ସଂଖ୍ୟକ ଭାରତୀୟ ନିଯୁକ୍ତି ପାଇପାରିଛନ୍ତି ।

'ଧରିତ୍ରୀ' - ତା୧୦.୦୩.୨୦୨୫ରେ ପ୍ରକାଶିତ

ସମବାୟର ଭଗୀରଥ ଓଡ଼ିଶା

ଯେତେବେଳେ ଗରିବ ଲୋକମାନେ ମହାଜନର ଅତିରିକ୍ତ ଚକ୍ରବୃଦ୍ଧି ଶତକଡ଼ା ବାର୍ଷିକ ୬୦ ଟଙ୍କା ସୁଧରେ ତାଙ୍କ ଠାରୁ ଋଣ ନେଇ ଲାଭଖୋର ବ୍ୟବସାୟୀ ଓ ଶ୍ରମିକ ଶୋଷଣ ଶିଳ୍ପପତିଙ୍କ ଦ୍ୱାରା ହନ୍ତସନ୍ତ ହେଉଥିଲେ, ସେହି ସମୟରେ ଇଉରୋପର ସମାଜସେବୀମାନେ ସେମାନଙ୍କୁ ମୁକ୍ତି ଦେବାପାଇଁ ଊନ୍ନବିଂଶ ଶତାବ୍ଦୀର ମଧ୍ୟଭାଗରୁ ସମବାୟକୁ ଜନ୍ମ ଦେଇଥିଲେ। ଊନ୍ନବିଂଶ ଶତାବ୍ଦୀର ଶେଷ ଦଶନ୍ଧିରେ ସମବାୟର ପ୍ରଭାବ ଭାରତର ଅଗଣିତ ଅବହେଳିତ ଗରିବ ଲୋକମାନଙ୍କ ଉପରେ ପଡ଼ିଥିଲା । ଉତ୍କଳ ଗୌରବ ବାରିଷ୍ଟର ମଧୁସୂଦନ ଦାସ ୧୮୯୮ ମସିହାରେ ଇଉରୋପରୁ ଫେରି ଭାରତ ବର୍ଷରେ ସମବାୟର ଭାଗିରଥି ହୋଇ କଟକ ସହରରେ ଏକ ସମବାୟ ଭଣ୍ଡାର ଖୋଲି ଉଚିତ ଦରରେ ଖାଉଟି ପଦାର୍ଥ ବିକିବା ଆରମ୍ଭ କରିଥିଲେ। ମଧୁବାବୁଙ୍କ ପ୍ରେରଣାରେ ତାଙ୍କ ବଡ଼ଭାଇ ଗୋପାଳ ବଲ୍ଲଭ ଦାସଙ୍କ ଜାମାତା ବାଙ୍କୀର ତଦାନିନ୍ତନ ଡେପୁଟୀ କଲେକ୍ଟର ବାଳମୁକୁନ୍ଦ କାନୁନ୍‌ଗୋ, ସୁବର୍ଣ୍ଣପୁର ଗ୍ରାମର ନିମ୍ନ ମାଧ୍ୟମିକ ଓଡ଼ିଆ ବିଦ୍ୟାଳୟର ହେଡ ପଣ୍ଡିତ ବିଦ୍ୟାଧର ପଣ୍ଡାଙ୍କ ସହାୟତାରେ ବଙ୍ଗଳା ପ୍ରଦେଶର ରାଜସ୍ୱ କମିଶନରଙ୍କ ୧୦୦୦ ଟଙ୍କା ଅନୁଦାନରେ ୧୯୦୩ ମସିହାରେ ବାଙ୍କୀର ସୁବର୍ଣ୍ଣପୁର, ଚର୍ଚ୍ଚିକା ଓ ବରପୁଟ ଗ୍ରାମରେ ୩ ଗୋଟି ପ୍ରାଥମିକ କୃଷି ଋଣ ସମବାୟ ସମିତି ଗଠନ କରିଥିଲେ। ଏହି କୃଷି ଋଣ ସମବାୟ ସମିତିଗୁଡ଼ିକ ସେମାନଙ୍କର କୃଷକ ସଭ୍ୟମାନଙ୍କୁ ଶତକଡ଼ା ବାର୍ଷିକ ୧୨ଟଙ୍କା ୫୦ ପଇସା ସରଳ ସୁଧରେ ଋଣ ଦେଲେ ।

ମାତ୍ର ଏହା ପୂର୍ବରୁ ୧୮୫୪ ମସିହାରେ ବିଶ୍ୱରେ ପ୍ରଥମେ ଜର୍ମାନୀର ହିଡେନବର୍ଗ ସହରରେ କୃଷି ଋଣ ସମବାୟ ସମିତି ଗଠିତ ହୋଇଥିଲା। ୧୯୦୫ ମସିହାରେ ଗଠିତ ଆନ୍ତର୍ଜାତିକ ସମବାୟ ସଂଘ ମତରେ ଭାରତରେ ପ୍ରଥମେ ବାଙ୍କୀରେ

ଋଣ ସମବାୟ ସମିତି ଗଠିତ ହୋଇଥିଲା ବୋଲି ଆଲୋଚନା କରାଯାଇଥିଲା । ଡମପଡ଼ା ଓ ହାମିଲଟନ ଜମିଦାରୀ ପରି ଏପରି ଭାବରେ ବିଭିନ୍ନ ଅନୁଷ୍ଠାନର ଅନୁଦାନରେ ବାଳମୁକୁନ୍ଦ କାନୁନ୍‌ଗୋ ଓ ବିଦ୍ୟାଧର ପଣ୍ଡା ଦୁଇ ଯୁଗଳ ମୂର୍ତ୍ତିଙ୍କ ନେତୃତ୍ୱରେ ୧୯୧୦ ମସିହା ସୁଧା ବାଙ୍କୀରେ ୫୦ ଗୋଟି ଗାଁରେ କୃଷି ଋଣ ସମବାୟ ସମିତି ଗଠିତ ହୋଇଥିଲା । ବାଳମୁକୁନ୍ଦ ବାବୁ ଏତେ ବଡ଼ ଅଫିସର ହୋଇଥିଲେ ମଧ୍ୟ ଗମନାଗମନ ତଥା ଯାନବାହନ ଅସୁବିଧା ଥିଲେ ସୁଦ୍ଧା ସେ ବିଦ୍ୟାଧର ବାବୁଙ୍କୁ ଧରି ବର୍ଷାକାଳରେ ଧାନ କିଆରି ହିଡ଼ରେ ଯାଇ ଗାଁ କୁ ଗାଁ ପାଦରେ ଚାଲି ୫୦ ଗୋଟି କୃଷି ଋଣ ସମବାୟ ସମିତି ସଂଗଠିତ କରିଥିଲେ । ଅବଶ୍ୟ ଅତି ଜଙ୍ଗଲୀ ଅଗମ୍ୟ ଗାଁକୁ ହାତୀ ଉପରେ ବସିକରି ଯାଉଥିଲେ ।

ଏହି ୫୦ଟି କୃଷି ଋଣ ସମବାୟ ସମିତିମାନଙ୍କୁ ନେଇ ଭାରତର ପ୍ରଥମ କେନ୍ଦ୍ର ସମବାୟ ବ୍ୟାଙ୍କ ତା ୨୬.୩.୨୦୧୦ ରିଖରେ ବାଙ୍କୀରେ ପ୍ରତିଷ୍ଠିତ ହୋଇଥିଲା, ତା ପରବର୍ଷ ୧୯୧୧ ମସିହାରେ ଭାରତର ଦ୍ୱିତୀୟ କେନ୍ଦ୍ର ସମବାୟ ବ୍ୟାଙ୍କ ବମ୍ବେରେ ପ୍ରତିଷ୍ଠିତ ହୋଇଥିଲା । ଉକ୍ତ ବ୍ୟାଙ୍କ ଲୋକମାନଙ୍କ ଠାରୁ ଜମା ସଂଗ୍ରହ କରି ଗାଁ କୃଷି ଋଣ ସମବାୟ ସମିତିମାନଙ୍କ ଜରିଆରେ କୃଷି ଋଣ ଦେବାକୁ ଲାଗିଲେ । ବିଦ୍ୟାଧର ପଣ୍ଡା ୧୯୧୦ ମସିହାରେ ଶିକ୍ଷକତାରୁ ଅବସର ନେଇ ବାଙ୍କୀ କେନ୍ଦ୍ର ସମବାୟ ବ୍ୟାଙ୍କ (ଯାହାକି ସେତେବେଳେ ପ୍ରଥମେ "ବାଙ୍କୀ ଡମପଡ଼ା ସମବାୟ ସଂଘ"ର ପ୍ରଥମ ସଭାପତି ହୋଇଥିଲେ । ତାଙ୍କର ଏପରି ସମବାୟରେ ନିଷ୍ଠାପରତା କାର୍ଯ୍ୟ ପାଇଁ ବ୍ରିଟିଶ ସରକାର ୧୯୧୫ ମସିହାରେ ତାଙ୍କୁ ରାୟ ସାହେବ ଓ ୧୯୨୬ ମସିହାରେ ରାୟ ବାହାଦୂର ଉପାଧିରେ ଭୂଷିତ କରିଥିଲେ । ବାଙ୍କୀ ଅଞ୍ଚଳରେ ୧୯୨୬, ୧୯୨୯, ୧୯୩୩, ୧୯୩୫ ଓ ୧୯୩୭ ମସିହାରେ କ୍ରମାଗତ ମହାନଦୀ ବନ୍ୟାରେ ଧାନ ଫସଲ ହାନିରେ ବହୁ କୃଷକ ଋଣ ଶୁଝି ପାରିନଥିଲେ । ଓଡ଼ିଶାରେ ଏପରି କ୍ରମାଗତ ବନ୍ୟାରେ ଉପକୂଳର ବାଲେଶ୍ୱର, ଭଦ୍ରକ, ଯାଜପୁର, କେନ୍ଦ୍ରାପଡ଼ା, କୁଜଙ୍ଗ, କଟକ, ପୁରୀ ଓ ନିମାପଡ଼ା ଏହିପରି ୮ ଗୋଟି କେନ୍ଦ୍ର ସମବାୟ ବ୍ୟାଙ୍କଗୁଡ଼ିକ ଦୁର୍ବଳ ହୋଇଥିବାରୁ ୧୯୩୯ ମସିହାରେ ବ୍ରିଟିଶ ସରକାରଙ୍କ ଦ୍ୱାରା 'ମୁଦାଲିୟର କମିଟି'ର ସୁପାରିଶ ମତେ କେତେଗୁଡ଼ିଏ କେନ୍ଦ୍ର ସମବାୟ ବ୍ୟାଙ୍କମାନଙ୍କୁ ମିଶାଇ ଯଥା ବାଲେଶ୍ୱର-ଭଦ୍ରକ, କଟକ ଯୁକ୍ତ କେନ୍ଦ୍ର ସମବାୟ ବ୍ୟାଙ୍କ, ପୁରୀ ନିମାପଡ଼ା କେନ୍ଦ୍ର ସମବାୟ ବ୍ୟାଙ୍କ ଓ ବାଙ୍କୀ କେନ୍ଦ୍ର ସମବାୟ ବ୍ୟାଙ୍କ ଏହିପରି ୪ ଗୋଟି ବ୍ୟାଙ୍କ ଗଠନ କରାଯାଇଥିଲା । ୧୯୪୫ ମସିହାରେ ବାଙ୍କୀରେ ସମସ୍ତ ୧୬୮ଟି ଗ୍ରାମରେ ୧୪୪ ଗୋଟି କୃଷି ଋଣ ସମବାୟ ସମିତି କାର୍ଯ୍ୟକାରୀ ହୋଇଥିଲା । ୧୯୪୮

ମସିହାରେ ଭାରତୀୟ ରିଜର୍ଭ ବ୍ୟାଙ୍କର ଗ୍ରାମ୍ୟ ଋଣ ତନଖି ରିପୋର୍ଟ ଅନୁଯାୟୀ ଭାରତରେ ଶତକଡ଼ା ୩ ଭାଗ କୃଷକ ଋଣ ନେଇଥିଲେ। ୧୯୩୯ ରୁ ୧୯୪୧ ମସିହା ପର୍ଯ୍ୟନ୍ତ ଦ୍ୱିତୀୟ ବିଶ୍ୱଯୁଦ୍ଧ ସମୟରେ ଅତ୍ୟାବଶ୍ୟକ ପଦାର୍ଥର ଅଭାବ ତଥା ଦରବୃଦ୍ଧି ହେତୁ ବାଙ୍କୀ ବ୍ୟାଙ୍କ ଅଧିନରେ ଗୋଟିଏ ଖାଉଟି ସମବାୟ ସମିତି ଗଠନ ହୋଇଥିଲା । ବ୍ୟବସାୟୀମାନଙ୍କୁ ଋଣ ଦେବାପାଇଁ ବାଙ୍କୀ ବ୍ୟବସାୟୀ ସମବାୟ ସମିତି ସଂଗଠିତ ହୋଇଥିଲା। ବାଙ୍କୀ ଅଞ୍ଚଳ ଆଖୁଚାଷ ପାଇଁ ପ୍ରସିଦ୍ଧ ଥିବାରୁ ଉତ୍କୃଷ୍ଟ ଉତ୍ପାଦନ ତଥା ଗୁଡ଼ ଉଚିତ ଦରରେ ବିକ୍ରୀ ପାଇଁ ଗୁଡ଼ ଖଣ୍ଡସାରୀ ସମବାୟ କାରଖାନା ସ୍ଥାପିତ ହୋଇଥିଲା, ୨ଟି ଘଣି ସହଯୋଗ ସମିତି ସୋରିଷ ଓ ରାଶିରୁ ଖାଣ୍ଟିତେଲ ପ୍ରସ୍ତୁତ କରି ବିକ୍ରୟ କରୁଥିଲେ । ବନ୍ଦାଲ ଏଣ୍ଡିପୋକ ଚାଷ ସମବାୟ ସମିତି ଗଠନ କରାଯାଇ ଏଣ୍ଡି ଚାଷର ପ୍ରବର୍ତ୍ତନ କରାଯାଇଥିଲା। ରଗଡ଼ି, ଜଗନ୍ନାଥପୁର, କଳାପଥର, ବେଦେଶ୍ୱର, ତୁଳସିପୁର ତନ୍ତୁବାୟ ସହଯୋଗ ସମିତି ସ୍ଥାପିତ ହୋଇ ବୁଣାକାରମାନଙ୍କୁ ସୂତା ଯୋଗାଇ ଉତ୍ପାଦିତ ଲୁଗା ଆଜି ପର୍ଯ୍ୟନ୍ତ ବିକ୍ରି କରାଯାଉଅଛି । ରଗଡିର କୁମ୍ଭଶାଢ଼ୀ ବିଶ୍ୱରେ ଆଦୃତି ହୋଇଥିଲା । ଜମି ବନ୍ଧକ ରଖି କୃଷକମାନଙ୍କୁ ଦୀର୍ଘକାଳୀନ ଋଣ ଦେବାପାଇଁ ୧୯୫୬ ମସିହାରେ ବାଙ୍କୀ ଡମପଡ଼ା କାର୍ଡ ବ୍ୟାଙ୍କ ଗଠନ କରାଯାଇଥିଲା।

୧୯୫୪ ମସିହାରେ ବାଙ୍କୀ ଆଞ୍ଚଳିକ ବାଣିଜ୍ୟ ସମବାୟ ସମିତି ଗଠିତ ହୋଇଥିଲା । ଏହି ସମିତିରେ ଚାଷ ଦ୍ରବ୍ୟ, ଅତି ଆବଶ୍ୟକ ପଦାର୍ଥ, ଲୁଗାପଟା ଓ କଣ୍ଟ୍ରୋଲ ପଦାର୍ଥ ବିକ୍ରୟ କରାଯାଉଥିଲା । ୧୯୬୩ ମସିହାରେ ବିଜୁ ପଟ୍ଟନାୟକଙ୍କ ପଞ୍ଚାୟତ ଶିଳ୍ପ ନୀତିରେ ଚିନିକଳ, ମାଟି ଟାଇଲ୍ କାରଖାନା ସମବାୟ ସମିତି ଗଠିତ ହୋଇଥିଲା । ୧୯୬୦ ମସିହାରେ ବାଙ୍କୀଠାରେ ବାଞ୍ଛାନିଧି କରଙ୍କ ନେତୃତ୍ୱରେ ସ୍ୱର୍ଣ୍ଣ ଜୁବୁଲି ପାଳନ କରାଯାଇଥିଲା । ଉକ୍ତ ଉତ୍ସବରେ ତଦାନିନ୍ତନ ଓଡ଼ିଶା ଗଭର୍ଣ୍ଣର ମହାମାନ୍ୟ ସୁକଣ୍ଠ କର, ଓଡ଼ିଶାର ବିକାଶ ମନ୍ତ୍ରୀ ରାଧାନାଥ ରଥ ମୁଖ୍ୟ ପୁରୋଧା ଥିଲେ । ଗୃହ ନିର୍ମାଣ ସମବାୟ ସମିତି ଗଠନ କରାଯାଇଥିଲା । ଡାକ୍ତର ଯୋଗେଶ ରାଉତଙ୍କ ଉଦ୍ୟମରେ ଚାଉଳ ଉତ୍ପାଦନ ପାଇଁ ଧାନ କୁଟା ଢିଙ୍କି ସମବାୟ ସମିତି ଗଠନ କରାଯାଇଥିଲା । ୧୯୭୦ ମସିହାରେ ବାଙ୍କୀ ସମବାୟ ବ୍ୟାଙ୍କର ହୀରକ ଜୁବୁଲି ଉତ୍ସବ ସଭାପତି ବାଞ୍ଛାନିଧି କରଙ୍କ ପୌରହିତରେ ପାଳନ କରାଯାଇଥିଲା । ଉକ୍ତ ଉତ୍ସବରେ ବିହାରର ତଦାନିନ୍ତନ ଗଭର୍ଣ୍ଣର ବାଳମୁକୁନ୍ଦ କାନୁନ୍‌ଗୋଙ୍କ ସୁପୁତ୍ର ମହାମାନ୍ୟ ନିତ୍ୟାନନ୍ଦ କାନୁନ୍‌ଗୋ, ରାଜ୍ୟ ସମବାୟ ସଂଘର ସଭାପତି ରଘୁନାଥ ମହାପାତ୍ର ଓ ବାଙ୍କୀର ବିଧାୟକ ଡାକ୍ତର ଯୋଗେଶ ଚନ୍ଦ୍ର ରାଉତ ଅଂଶଗ୍ରହଣ କରିଥିଲେ । କୃଷି ଓ କୃଷକର ଉନ୍ନତି ପାଇଁ ଦୁଇଜଣ କୃଷି ବିଶେଷଜ୍ଞଙ୍କୁ ବାଙ୍କୀ ବ୍ୟାଙ୍କରେ ନିଯୁକ୍ତି

ଦିଆଯାଇଥିଲା । ମତ୍ସ୍ୟଜିବୀଙ୍କ ଉନ୍ନତି ପାଇଁ ୨ଟି ଧୀବର ସମବାୟ ସମିତି ଗଠନ କରାଯାଇଥିଲା । ଶ୍ରମିକ କଣ୍ଟ୍ରାକ୍ଟର ସମବାୟ ସମିତି ଗଠିତ ହୋଇ ଶ୍ରମିକମାନଙ୍କୁ ଋଣ ପ୍ରଦାନ କରାଯାଉଥିଲା । ମହିଳାମାନଙ୍କ ଆର୍ଥିକ ବିକାଶ ପାଇଁ ନାରୀ କଲ୍ୟାଣ ସମବାୟ ସମିତି ଗଠନ କରାଯାଇଥିଲା । ବିଶିଷ୍ଟ ସମବାୟବିତ୍ ଡାକ୍ତର ଯୋଗେଶ ଚନ୍ଦ୍ର ରାଉତଙ୍କୁ ଓଡ଼ିଶା ରାଜ୍ୟ ସରକାର ସମବାୟ ସମ୍ରାଟ ଓ କେନ୍ଦ୍ର ସରକାର ସମବାୟ ରତ୍ନ ଉପାଧିରେ ଭୂଷିତ କରିଥିଲେ । ଏ ସବୁର ଇତିହାସ ଦେଖିଲେ ସମସ୍ତ ପ୍ରକାର ସମବାୟ ସମିତି ଓଡ଼ିଶାରେ ଗଠନ କରାଯାଇଥିଲା ଓ ଓଡ଼ିଶାକୁ ସମବାୟର ଭାଗୀରଥ ରୂପେ ଆଖ୍ୟା ଦିଆଯାଇଅଛି । ଓଡ଼ିଶାର ତଦାନିନ୍ତନ ମୁଖ୍ୟମନ୍ତ୍ରୀ ନବୀନ ପଟ୍ଟନାୟକ ବିଜୁବାବୁଙ୍କ ସମବାୟ ପ୍ରତି ଥିବା ଦରଦିକୁ ଗୁରୁତ୍ୱ ଦେଇ ଓଡ଼ିଶାର ସମବାୟ ସମିତିଗୁଡ଼ିକର କାର୍ଯ୍ୟଧାରା ଯେପରି ସୁଦୂର ପ୍ରସାରୀ ହୋଇପାରିବ ସେଥିପାଇଁ ବିଭିନ୍ନ ସମୟରେ ସରକାରୀ ଅଧିକାରୀମାନଙ୍କୁ ସାମିଲ କରାଉଥିଲେ । ରୁଗ୍‌ଣ ସମବାୟ ସମିତିମାନଙ୍କୁ ପୁନରୁଦ୍ଧାର କରିବା ପାଇଁ ଯୋଜନାମାନ କରାଯାଇ ଗଣତାନ୍ତ୍ରିକ ପ୍ରକ୍ରିୟାରେ ନିର୍ବାଚନ ଠିକ୍ ସମୟରେ କରାଇ ପରିଚାଳନା ପରିଷଦର ସଭ୍ୟମାନଙ୍କୁ ଭାଗିଦାର କରାଇଛନ୍ତି । ଭବିଷ୍ୟତରେ ଉନ୍ନତିମୂଳକ କାର୍ଯ୍ୟରେ ସମବାୟକୁ ସହଭାଗିତା କରାଇବା ପାଇଁ ଯୋଜନାମାନ ପ୍ରସ୍ତୁତ କରାଯିବା ଉପରେ ବର୍ତ୍ତମାନର ସରକାର ଏହା ଉପରେ ଅଧିକ ଗୁରୁତ୍ୱ ଦେବା ସହିତ ମାନ୍ୟବର ସମବାୟ ମନ୍ତ୍ରୀ ପ୍ରଦୀପ କୁମାର ବଳସାମନ୍ତଙ୍କ ନିର୍ଦ୍ଦେଶରେ ଓଡ଼ିଶା ସମବାୟ ଭିତ୍ତିକ କାର୍ଯ୍ୟକ୍ରମ କିପରି ସୁଦୂରପ୍ରସାରୀ ହୋଇପାରିବ ସେ ଦିଗରେ ଗୁରୁତ୍ୱ ଦେବାକୁ ବିଭାଗୀୟ ଶାସନ ସଚିବ ରାଜେଶ ପ୍ରଭାକର ପାଟିଲଙ୍କ ସମ୍ପୂର୍ଣ୍ଣ ସହଯୋଗ ପାଉଛନ୍ତି । ସମବାୟ ଅନୁଷ୍ଠାନଗୁଡ଼ିକୁ ସମୟେ ସମୟେ ପରିଦର୍ଶନ କରୁଛନ୍ତି । ଏହା ଠିକ୍ ସେ କାର୍ଯ୍ୟକାରୀ ହୋଇପାରିଲେ ଓଡ଼ିଶାର ପୂର୍ବ ଗୌରବ ଫେରିଆସିବ ।

■

ଓଡ଼ିଆ ଅସ୍ମିତାର ପ୍ରବର୍ତ୍ତକ ମଧୁସୂଦନ

ମଧୁବାବୁ କିଏ ? ଏକଥାଟି ଯଦି ଜଣେ ଓଡ଼ିଆ ପିଲାକୁ ପଚରାଯିବ ତେବେ ଉତ୍ତର ମିଳିବ : 'କାଳିଆ ଘୋଡ଼ାରେ ଚଢ଼ିବି, ମଧୁବାବୁ ସଙ୍ଗେ ଲଢ଼ିବି' । ପ୍ରତି ଓଡ଼ିଆ ଅଳ୍ପ ବହୁତେ ଏକଥା ଜାଣିଛନ୍ତି ଯେ, ମଧୁବାବୁ ସ୍ୱତନ୍ତ୍ର ଓଡ଼ିଶା ଆନ୍ଦୋଳନର ଜଣେ ମୁଖ୍ୟ କର୍ଣ୍ଣଧାର ଥିଲେ । ଯାହାଙ୍କୁ ଆମେ ଉତ୍କଳ ଗୌରବ ମଧୁସୂଦନ ବୋଲି ସମ୍ବୋଧନ କରୁଛେ । ଏବେ ସରକାରୀ ସ୍ତରରେ ତାଙ୍କର ଜନ୍ମଜୟନ୍ତୀ ଓ ଶ୍ରାଦ୍ଧବାର୍ଷିକ ପାଳନ କରାଯାଉଛି । ମଧୁସୂଦନ କେବଳ ଓଡ଼ିଶାର ମହାନ୍ ବ୍ୟକ୍ତି ନଥିଲେ, ସମଗ୍ର ଭାରତବର୍ଷର ମହାନ୍ ବ୍ୟକ୍ତି ଓ ଅଗ୍ରଣୀ ଚିନ୍ତାନାୟକ ଥିଲେ । ଆଉ ମଧ ସେ ଭାରତର ନେତାମାନଙ୍କୁ ସ୍ୱାଧୀନତା ସମ୍ବନ୍ଧରେ ଅନୁପ୍ରାଣୀତ କରୁଥିଲେ । ଏହା କେବଳ ମହାତ୍ମା ଗାନ୍ଧୀଙ୍କ ହାତଲେଖା ଚିଠିରୁ ଜଣାପଡ଼େ । ଓଡ଼ିଶାର ଗବେଷକ ଓ ଐତିହାସିକମାନଙ୍କ କଲମ ଲେଖାରୁ ଯାହା ଜାଣିହୁଏ ତାହା ଅନ୍ଧ ଯେପରି ହାତୀର କାନ ବା ଗୋଡ଼ ଦେଖି ହାତୀକୁ ବିଭିନ୍ନ ରୂପରେ ବର୍ଣ୍ଣନା କରେ ତାହା ସେତିକି ଜ୍ଞାନରେ ସୀମିତ ଦିଗ୍‌ବଳୟ ମଧ୍ୟରେ ରହିଯାଏ ।

୧୯୩୪ ସାଲରେ ଗାନ୍ଧିଜୀଙ୍କ ଐତିହାସିକ ମାସ ବ୍ୟାପି ପଦଯାତ୍ରା ସମ୍ବନ୍ଧରେ ଯେଉଁ ଲେଖାଗୁଡ଼ିକ ପ୍ରକାଶ ପାଇଥିଲା ସେଥିରେ ମଧୁସୂଦନଙ୍କ ବିଷୟରେ ଲେଖାଥିଲା ଯେ, ମଧୁବାବୁଙ୍କ ମୃତ୍ୟୁପରେ ଗାନ୍ଧିଜୀ ମଧୁସୂଦନଙ୍କ ଜନ୍ମଭୂମି ସତ୍ୟଭାମାପୁର ଗ୍ରାମକୁ ପରିଦର୍ଶନ କରିବା ପାଇଁ ଚାହିଁବାରୁ ଅନ୍ୟମାନଙ୍କ ସହିତ ସେହି ଅପନ୍ତରା ରାଇଜକୁ ପାଦରେ ଚାଲିକରି ଯାଇ କିଛି ସମୟ ସେଠାରେ ବିଶ୍ରାମ ନେବା ସମୟରେ ପ୍ରେରଣା ନେବାକୁ ଇଚ୍ଛା କରିଥିଲେ । ମଧୁସୂଦନଙ୍କ ଜୀବିତ ଅବସ୍ଥାରେ ମହାତ୍ମାଗାନ୍ଧୀ ଉତ୍କଳ ଟ୍ୟାନେରୀ ବା ଚମଡ଼ା କାରଖାନା ପରିଦର୍ଶନ କରି ମଧୁସୂଦନଙ୍କୁ ଭୂୟସୀ ପ୍ରଶଂସା କରିଥିଲେ । ସେ ସମ୍ପର୍କ ଥିଲା ମଧୁସୂଦନ ଓ ଗାନ୍ଧିଜୀଙ୍କ ମଧ୍ୟରେ ବନ୍ଧୁତାର ସମ୍ପର୍କ

ସହିତ କିଛି ପରିମାଣରେ ଗୁରୁଶିଷ୍ୟର ସମ୍ପର୍କ । ଗାନ୍ଧିଜୀ ନିଜେ ସମ୍ବୋଧନ କରି ମଧୁସୂଦନଙ୍କୁ କହିଥିଲେ ଆପଣ ମୋର ସମବାୟ ଗୁରୁ । ସମବାୟ ମାଧ୍ୟମରେ ଭାଇଚାରା ପ୍ରତିଫଳିତ ହୋଇଛି ବୋଲି ଗାନ୍ଧିଜୀ ଅନୁଭବ କରିଥିଲେ । ପରସ୍ପର ମଧ୍ୟରେ ଭେଦଭାବ ଭୁଲି ସମସ୍ତେ ସମବାୟଭିତ୍ତିକ ଶିଳ୍ପ କାରଖାନାରେ ହସଖୁସିରେ କାମ କରୁଥିଲେ । ଏହାଥିଲା ଗାନ୍ଧିଜୀଙ୍କ ଇଂରେଜ ସରକାରଙ୍କ ପ୍ରତି ଭାରତଛାଡ଼ ଆନ୍ଦୋଳନର ଦିଗ୍‌ଦର୍ଶନ । ସେ ବୁଝିଥିଲେ ଏକତ୍ର ହୋଇ ଯେଉଁ କାର୍ଯ୍ୟ କରାଯାଏ ତାହା ସଫଳ ସୁନିଶ୍ଚିତ ।

ମଧୁବାବୁ ଉଦ୍ୟୋଗୀ ଶିଳ୍ପକରଣରେ ଆଜନ୍ମ ବିଶ୍ୱାସୀ । ଉତ୍କଳ ସମ୍ମିଳନୀର ପ୍ରତିଷ୍ଠା ପୂର୍ବରୁ ମଧ୍ୟ ଭାରତୀୟ ସମାଜର ଅର୍ଥନୈତିକ ଅଭ୍ୟୁଥାନ କୃଷି ସହିତ କୁଟୀର ଶିଳ୍ପ ଜରିଆରେ ଯେ ହେବ ଏଥିରେ ମଧୁବାବୁ ଘୋର ବିଶ୍ୱାସୀ ଥିଲେ । ଗାନ୍ଧିଜୀ ଦକ୍ଷିଣଆଫ୍ରିକାରୁ ଫେରି ଭାରତର ସ୍ୱାଧୀନତା ସଂଗ୍ରାମରେ ଝାମ୍ପ ଦେଲାପରେ ହିଁ ଦାରିଦ୍ର୍ୟ ବିରୁଦ୍ଧରେ ସଂଗ୍ରାମ କରିବାକୁ ଖଦୀ, ଚରଖା, ଓ କୁଟୀର ଶିଳ୍ପର ପରିକଳ୍ପନା କରିଥିଲେ । କିନ୍ତୁ ଏହାର ଦୁଇ ଦଶନ୍ଧି ପୂର୍ବରୁ ମଧୁବାବୁ ଚରଖା ଓ କୁଟୀର ଶିଳ୍ପର ପ୍ରଚାର ଓ ପ୍ରସାର ପାଇଁ ବିଭିନ୍ନ ଅନୁଷ୍ଠାନ ଆରମ୍ଭ କରିଥିଲେ । ମଲା ଗୋରୁର ଚମଡ଼ାରୁ ଜୋତା ତିଆରି କରବା ପାଇଁ ଉତ୍କଳ ଟ୍ୟାନେରୀ ଆରମ୍ଭ ହୁଏ ଏବଂ ଏଥିରେ ଅଛୁଆଁ ହରିଜନମାନେ ହିଁ ବେଶୀ ଉପକୃତ ହେଉଥିଲେ । ଏହାଥିଲା ଏହାର ଅନ୍ତର୍ନିହିତ ସନ୍ଦେଶ । ଏହି ସମାନ ଚିନ୍ତାଧାରା ମଧୁବାବୁଙ୍କୁ ଗାନ୍ଧିଜୀଙ୍କ ନିକଟତର କରିପାରିଥିଲା । ତେଣୁ ମଧୁବାବୁଙ୍କ ଅଭିଜ୍ଞତାକୁ ଗାନ୍ଧିଜୀ ତାଙ୍କ କାର୍ଯ୍ୟକ୍ରମରେ ପରୀକ୍ଷା କରିବାକୁ ଅନୁସରଣ କରୁଥିଲେ । ହଠାତ୍ ୧୯୨୫ ମସିହା ଅଗଷ୍ଟ ମାସରେ ମଧୁବାବୁ ଏକ 'ତାର' (ବାର୍ତ୍ତା) ପାଇଲେ । ତାହାଥିଲା ଗାନ୍ଧିଜୀଙ୍କ ଦ୍ୱାରା କଲିକତାରୁ ମଧୁସୂଦନଙ୍କ ନିକଟକୁ । ସେ ଚିଠିରେ ଗାନ୍ଧିଜୀ ଏକ ହୃଦୟସ୍ପର୍ଶୀ ଭାଷାରେ ଲେଖିଥିଲେ 'ପ୍ରିୟ ବନ୍ଧୁ, ଆପଣଙ୍କ ଠାରୁ ମୋର 'ତାର' (ବାର୍ତ୍ତା)ର ଉତ୍ତର ତୁରନ୍ତ ପାଇଲି । ମୁଁ ସର୍ବଦା ଆପଣଙ୍କ କଥା ଭାବୁଛି । କିନ୍ତୁ ଜାମ୍‌ସେଦ୍‌ପୁରରେ ନ ପହଞ୍ଚିବା ପର୍ଯ୍ୟନ୍ତ କଟକକୁ ବିଶେଷ ଭାବରେ ଯାଇ ଆପଣଙ୍କ ଶିଳ୍ପ ଦେଖିବି ବୋଲି ଏଥିପାଇଁ ମନ ସ୍ଥିର କରିନଥିଲି । ଜାମ୍‌ସେଦ୍‌ପୁରରେ ପହଞ୍ଚିବାକ୍ଷଣି ମୋର ବିବେକ ମୋତେ ଦଂଶନ କଲା ଏବଂ କହିଲା ଯେ, ମୁଁ ପୁରୀ ଏକ୍ସପ୍ରେସ୍‌ରେ କଟକ ଯିବି ଏବଂ ମଙ୍ଗଳବାର ଦିନ ଆପଣଙ୍କ ଚମଡ଼ା କାରଖାନା (ଉତ୍କଳ ଟ୍ୟାନେରୀ) ପରିଦର୍ଶନ କରିବି ଓ ସେଠାର ବଙ୍ଗାଳି ବନ୍ଧୁମାନଙ୍କ ଠାରୁ ଦେଶବନ୍ଧୁଙ୍କ ସ୍ମାରକୀ ପାଇଁ ଆମେ ଅର୍ଥ ସଂଗ୍ରହ କରିବା । ଅବଶ୍ୟ ଆପଣ ମୋତେ ଶିକ୍ଷାଦେବେ ଉତ୍କଳରେ ଚରଖାର ବାର୍ତ୍ତା କିପରି ପ୍ରଚାର କରାଯିବ । ଯଦିଓ

ଚରଖା ପ୍ରଚାର ପାଇଁ କଂଗ୍ରେସ ସେଠାରେ ପାଣିଭଳି ପଇସା ଖର୍ଚ୍ଚ କରୁଛି, କିନ୍ତୁ ଉତ୍କଳରେ ବିଶେଷ ଅଗ୍ରଗତି ହେଉନାହିଁ । ଅବଶ୍ୟ ଏଥିରେ ମୁଁ ଭାଙ୍ଗିପଡ଼ିନାହିଁ କି ହତାଶ ହୋଇନାହିଁ । । ଇତି ।

ଆପଣଙ୍କ ବନ୍ଧୁ, ଏମ୍.କେ. ଗାନ୍ଧୀ

ସେହି ଅନୁସାରେ ଗାନ୍ଧିଜୀ ୧୯୨୫ ମସିହା ଅଗଷ୍ଟମାସ ୧୯ ତାରିଖରେ କଟକରେ ପହଞ୍ଚି ମଧୁବାବୁଙ୍କ ଅତିଥି ହେଲେ ଏବଂ ଉତ୍କଳ ଟ୍ୟାନେରୀ ଦର୍ଶନ କରି ଅଭିଭୂତ ହେଲେ । ମଧୁବାବୁଙ୍କ ବଗିଚାରେ ଘଣ୍ଟା ଘଣ୍ଟା ଧରି ଉଭୟ ଆଲୋଚନା କରି ତାଙ୍କର ଅଭିଜ୍ଞତାକୁ ନିଜର ଶ୍ରେୟଭାବେ ଗ୍ରହଣ କଲେ ।

'ଶରୀର ଶ୍ରମର ମର୍ଯ୍ୟାଦା' ନାମକ ଏକ ବକ୍ତୃତାର କପି ନେଇ ଗାନ୍ଧିଜୀ ତା'ର ସାରାଂଶ ୧୯୨୬ ସେପ୍ଟେମ୍ବର 'ୟଙ୍ଗ ଇଣ୍ଡିଆ'ରେ ପ୍ରକାଶ କଲେ । ତା'ର ମୁଖବନ୍ଧରେ ମଧୁବାବୁଙ୍କ ବିଷୟରେ ନିମ୍ନଲିଖିତ ମନ୍ତବ୍ୟ ଦେଲେ । ତାହା ହେଲା ମଧୁସୂଦନ ଦାସ ହେଉଛନ୍ତି ଜଣେ ଖ୍ୟାତାନାମା ଓକିଲ । ସେ ହାତରେ କାମ କରିବା ପାଇଁ ଘୃଣା କରିବା ପରିବର୍ତ୍ତେ ଜୀବନର ଶେଷଭାଗରେ ହାତ ତିଆରି ଶିଳ୍ପକୁ ଏକ ସୌଖୀନ ବୃତ୍ତି ହିସାବରେ ଗ୍ରହଣ ନକରି ସଂପ୍ରଦାୟକୁ ଶରୀର ଶ୍ରମର ମର୍ଯ୍ୟାଦା ହିସାବରେ ଶିକ୍ଷା ଦେଲେ । ତାହା ହେଲା 'ମଧୁସୂଦନ ନିଜ ଉଦ୍ୟମରେ କଟକରେ ଏକ ଚମଡ଼ା କାରଖାନା (ଟ୍ୟାନେରୀ) ପ୍ରତିଷ୍ଠା କରିଛନ୍ତି ।' ମଧୁବାବୁଙ୍କ ଆଦେଶରେ ଅନୁପ୍ରାଣୀତ ହୋଇ ଗାନ୍ଧିଜୀ ୧୯୨୮ ମସିହାରେ ଗୁଜୁରାଟର ଶାବରମତୀ ଆଶ୍ରମରେ ଏକ ଚମଡ଼ା କାରଖାନା ଟ୍ୟାନେରୀ ପ୍ରତିଷ୍ଠା କରି ମାର୍ଚ୍ଚ ୧୬ ତାରିଖ ଦିନ ଏକ ଲମ୍ବା ଚିଠି ମାଧମରେ ମଧୁବାବୁଙ୍କ ନିକଟକୁ ଏକ ନିମନ୍ତ୍ରଣ ପତ୍ର ଲେଖି ଜଣାଇଥିଲେ ଯେ, ଭାରତବର୍ଷର ଗାଁ ଗହଳୀ ପାଇଁ ଏକ ଆଦର୍ଶ ଚମଡ଼ା କାରଖାନାର ମଡେଲ୍ ମୁଁ ପ୍ରସ୍ତୁତ କରିବାକୁ ଯାଉଛି । ମଲା ଗୋରୁ ଚମଡ଼ାକୁ ସ୍ୱାସ୍ଥ୍ୟ ଓ ଆର୍ଥିକ ଲାଭ ଉପାୟରେ ବ୍ୟବହାର କରିବାର ପନ୍ଥା ଭାରତବର୍ଷର ବହୁ ବିଶାରଦଙ୍କୁ ପଚାରି ଉତ୍ତର ପାଇନଥିଲି ବୋଲି ଗାନ୍ଧିଜୀ ନିଜେ ସ୍ୱୀକାର କରିଥିଲେ । ତା'ଛଡ଼ା ଗୋରୁ ହାଡ଼ରୁ ସାର ପ୍ରସ୍ତୁତ ହୁଏ ବୋଲି ଆପଣଙ୍କ ଠାରୁ ଜାଣିଲି । ଏ ସମ୍ବନ୍ଧରେ ଅଧିକ କିଛି ଖବର ଇଂରାଜୀରେ ଲେଖି ପଠାଇବେ । ଗାନ୍ଧିଜୀ ଓଡ଼ିଶାର ଗ୍ରାମ୍ୟଶିଳ୍ପ ପ୍ରଦର୍ଶନୀରେ ଏତେ ଉଦ୍‌ବୁଦ୍ଧ ହୋଇଯାଇଥିଲେ ଯେ, ସେ କହିଥିଲେ ଓଡ଼ିଶାର ଦାରିଦ୍ର୍ୟ, ଓଡ଼ିଶା ଲୋକଙ୍କ ଅଳସୁଆ ପ୍ରକୃତି ପାଇଁ । ଥରେ ଯଦି ସେ ତା'ର ହାତ ଓ ଅଙ୍ଗୁଳି ବ୍ୟବହାର କରି ଗ୍ରାମ୍ୟ ଶିଳ୍ପର ପୂର୍ବ ଗୌରବ ଫେରାଇ ଆଣେ, ତେବେ ଓଡ଼ିଶାର ଦାରିଦ୍ର୍ୟ ଇତିହାସର ବସ୍ତୁ ହୋଇ ପଛରେ ରହିବ ।

ମଧୁବାବୁ ବିହାର, ବଙ୍ଗଳା କାଉନ୍‌ସିଲ୍‌ର ସଭ୍ୟ ଓ ମନ୍ତ୍ରୀ ଥିଲାବେଳେ ଯାହାସବୁ କହିଛନ୍ତି ତାକୁ ଯଦି ସମୀକ୍ଷା କରାଯାଏ ତେବେ ଦେଖାଯିବ ଯେ ଗାନ୍ଧିଜୀଙ୍କ ବହୁ ପୂର୍ବରୁ ସେ ଯାହା କହିଛନ୍ତି ସେଥିରେ ତାଙ୍କ ଦୃଷ୍ଟିକୋଣରୁ ଭାରତ ତଥା ଓଡ଼ିଶାର ନିର୍ମାଣ ଓ ଆର୍ଥିକ ଅଭ୍ୟୁଦୟର ଚିତ୍ର ସ୍ପଷ୍ଟ ବାରିହୁଏ । ମଧୁବାବୁଙ୍କ ଚିନ୍ତା ଓ କାର୍ଯ୍ୟ ବହୁଭାବେ ଗାନ୍ଧିଜୀଙ୍କୁ ପ୍ରଭାବିତ କରିଥିଲା । ଗାନ୍ଧିଜୀ ବିଭିନ୍ନ ସମୟରେ ଲେଖିଥିବା ପତ୍ରପତ୍ରିକା ମାଧ୍ୟମରେ ମଧୁବାବୁଙ୍କ ନାମକୁ ବାରମ୍ବାର ଉଚ୍ଚାରଣ କରିଥିଲେ ବୋଲି ସ୍ପଷ୍ଟ ବାରିହୁଏ । ବ୍ରିଟିଶ୍ ପାର୍ଲିଆମେଣ୍ଟରେ ମଧୁବାବୁ ନ୍ୟାୟିକ ଲଢ଼େଇ କରି ପ୍ରଥମ ମହିଳା ଓକିଲଭାବେ ସୁଧାଂଶୁବାଳାଙ୍କୁ ଭାରତରେ ଆଇନ୍ ବ୍ୟବସାୟ କରିବା ପାଇଁ ସୁଯୋଗ ଦେଇଥିଲେ । ନାରୀ ଶିକ୍ଷାର ପ୍ରସାର, କଲିକତାରେ ନୈସ୍ୟ ବିଦ୍ୟାଳୟ ସ୍ଥାପନ, ଜମି ମାଲିକାନା ପାଇଁ ପ୍ରଜାସତ୍ତ୍ୱ ପ୍ରଣୟନ କରିବା ଅଧିକାର ସାବ୍ୟସ୍ତ, ଗ୍ରାମୀଣ ଶିଳ୍ପ ପ୍ରତିଷ୍ଠା ହିଁ ଶ୍ରେଷ୍ଠ କାର୍ଯ୍ୟଥିଲା ମଧୁବାବୁଙ୍କର । ମଧୁବାବୁଙ୍କ ସାମାଜିକ ସଂପୃକ୍ତି ଉପରେ ମତପୋଷଣ କରି ରାୟ ବାହାଦୁର ହରିବଲ୍ଲଭ ଘୋଷ ଲେଖିଥିଲେ ତନ୍ତୀମାନଙ୍କର ସମବାୟ ସମିତି ଗଢ଼ିବା ପାଇଁ, ମୋଚି ସାହିରେ ମୋଚିମାନଙ୍କ କମ୍ପାନୀ ଠିଆ କରାଇବା ପାଇଁ ଏବଂ ଶିଳ୍ପୋନ୍ନତ ସଭା ମାଧ୍ୟମରେ ଓଡ଼ିଶାର ବିକାଶ ପାଇଁ ଏ ସବୁଥିରେ ମଧୁବାବୁ ନିଜକୁ ସାମିଲ୍ କରୁଥିଲେ । ଶିଳ୍ପ କାରିଗରୀ ଓ ଶ୍ରମିକମାନଙ୍କର ଆର୍ଥିକ ବିକାଶ କଥା ପଡ଼ିଲେ ମଧୁବାବୁ ଅତ୍ୟନ୍ତ ଭାବପ୍ରବଣ ହୋଇଯାଉଥିଲେ । ତାଙ୍କ ମତରେ ଜର୍ମାନୀ ଜାତିର କାନ ଯେପରି ସୃଷ୍ଟି କରିଛି ଶ୍ରେଷ୍ଠ ସଙ୍ଗୀତ, ଫରାସୀ ଜାତିର ଜିଭ ଯେପରି ଶ୍ରେଷ୍ଠ ସୁପକାର, ଓଡ଼ିଆର ଆଙ୍ଗୁଠି ସେପରି ଓଡ଼ିଶାକୁ ପ୍ରସିଦ୍ଧ କରିଛି ଏହାର କାରିଗରମାନଙ୍କ ପାଇଁ । ଓଡ଼ିଆ ଶିଳ୍ପୀ ଗଢ଼ିଥିଲା କୋଣାର୍କ ମନ୍ଦିର । ମଧୁବାବୁ କହିଥିଲେ ଓଡ଼ିଆର ଜନିୟସ୍ ଅଛି । ଏହା ଏକ ଅନ୍ତର୍ନିହିତ ପ୍ରତିଭା । ତାଙ୍କ ମତରେ ଜନନୀ ଠାରୁ ଜନ୍ମଭୂମିର ଗୁରୁତ୍ୱ ବ୍ୟାପକ ଓ ସୁଦୂର ପ୍ରସାରୀ । ମାତ୍ର ଯେଉଁଦିନ ଠାରୁ ଆମ ସମାଜରେ ଶ୍ରମ ମର୍ଯ୍ୟାଦା ଚ୍ୟୁତ ହେଲା ସେହିଦିନ ଠାରୁ ଆରମ୍ଭ ହେଲା ଓଡ଼ିଆ ଜାତିର ଦାରିଦ୍ର୍ୟ ଓ ଅବହେଳା ।

ମଧୁବାବୁଙ୍କ ଦେହାନ୍ତ ପରେ ଗାନ୍ଧୀ, ଜବାହାରଲାଲ୍ ନେହେରୁ ଓ ଅରବିନ୍ଦଙ୍କ ପର୍ଯ୍ୟନ୍ତ ଯେଉଁ ଶହ ଶହ ଶୋକବାର୍ତ୍ତା ଆସିଥିଲା ସେଥିରୁ ଜଣାପଡ଼େ ଯେ ମଧୁବାବୁଙ୍କୁ ଓଡ଼ିଶାର ଶ୍ରେଷ୍ଠ ନେତା ହିସାବରେ କେବଳ ନୁହେଁ, ଭାରତର ଜଣେ ମହାନ୍ ନେତା ବୋଲି ସ୍ୱୀକାର କରି ସମସ୍ତେ ଶ୍ରଦ୍ଧାଞ୍ଜଳି ଦେଇଥିଲେ । ସମସ୍ତ କାର୍ଯ୍ୟଧାରାକୁ ଅନୁସରଣ କଲେ ବିଚାରକୁ ଆସେ ଯେ, ମଧୁବାବୁଙ୍କ କର୍ମସ୍ଥଳୀ କଟକ ଘରକୁ ଏକ ଐତିହ୍ୟ ସ୍ଥାନ ରୂପେ କେନ୍ଦ୍ର ଓ ରାଜ୍ୟ ଉଭୟ ସରକାର ଘୋଷଣା କରିବା ଆବଶ୍ୟକ ।

ମଧୁବାବୁଙ୍କୁ ମରଣୋତ୍ତର ଭାବେ ଭାରତରତ୍ନ ଦେବା କେନ୍ଦ୍ର ସରକାରଙ୍କ ପ୍ରାଥମିକତା ହେବା ଆବଶ୍ୟକ । ଭାରତ ବର୍ଷରେ ମଧୁବାବୁଙ୍କ ଦୃଢ଼ ଦାବି ଫଳରେ ତଦାନିନ୍ତନ ଇଂରେଜ ସରକାର ଓଡ଼ିଶାକୁ ଏକ ଭାଷାଭିତ୍ତିକ ରାଜ୍ୟ ରୂପେ ଘୋଷଣା କରିଥିଲେ । ଯାହା ଓଡ଼ିଆ ଅସ୍ମିତାର ପରିଚୟ ।

ସମବାୟ ଓ ଅନ୍ତର୍ଭୁକ୍ତି ବିକାଶ

ଊନବିଂଶ ଶତାବ୍ଦୀରେ ବ୍ରିଟେନ୍‌ରେ ଦେଖାଦେଇଥିବା ଉଦ୍ୟୋଗିକ ବିପ୍ଳବର ସମାଲୋଚନା ପ୍ରକାଶ ପାଇଥିଲା 'ଅନ୍.ଟୁ.ଦି.ଲାଷ୍ଟ' ପୁସ୍ତକରେ । ଗାନ୍ଧିଜୀ ଏହି ପୁସ୍ତକଟି ପଢ଼ିବାରୁ ତାଙ୍କ ମନରେ ଏହା ଗଭୀରଭାବେ ପ୍ରଭାବ ପକାଇଥିଲା । ଗାନ୍ଧିଜୀ ଉକ୍ତ ପୁସ୍ତକଟି ଅନୁବାଦ କରି ନାମ ଦେଇଥିଲେ 'ସର୍ବୋଦୟ' । ଯାହାର ମୁଖ୍ୟ ସାରାଂଶ ଥିଲା ସମସ୍ତଙ୍କ କଲ୍ୟାଣରେ ହିଁ ବ୍ୟକ୍ତିର ମଙ୍ଗଳ ହୁଏ । ଗାନ୍ଧୀ ଏହି ଅନ୍ତର୍ଭୁକ୍ତିକୁ (Inclusion) ଠିକ୍ ଭାବରେ ବୁଝିଥିଲେ ଏବଂ ତାହାହିଁ ତାଙ୍କର 'ସ୍ୱରାଜ୍ୟ'ର ପରିକଳ୍ପନା ଥିଲା ।

ଆମେ ବର୍ତ୍ତମାନ ମିଛ ବାହାନାର ସାହାରା ନେଇ 'ଅନ୍ତର୍ଭୁକ୍ତି ବିକାଶ'ର କଥା କହୁଛୁ । କିନ୍ତୁ ବହୁଲୋକ ଏହି ଅନ୍ତର୍ଭୁକ୍ତି ବିକାଶର ବହୁ ଦୂରରେ । କାରଣ ସମାଜରେ ଦିନକୁ ଦିନ ଅର୍ଥନୈତିକ ଅସମାନତା ବୃଦ୍ଧି ପାଇବାରେ ଲାଗିଛି । ୩୦ କୋଟିରୁ ଅଧିକ ଲୋକ ଦାରିଦ୍ର୍ୟର ସୀମାରେଖା ତଳେ ରହିଛନ୍ତି । ମାନବିକ ବିକାଶ ମାନଦଣ୍ଡରେ ଆମେ ଭାରତୀୟ ବହୁ ପଛରେ । ଏହା ଗୋଟିଏ ରାଷ୍ଟ୍ର ଜୀବନର ଗୁଣାତ୍ମକ ମାନକୁ ସୂଚିତ କରୁଛି । ଆର୍ଥିକ ଅନ୍ତର୍ଭୁକ୍ତି ପାଇଁ ଆମକୁ ଅନେକ ଦୂର ଆଗକୁ ଯିବାକୁ ହେବ । କାରଣ ଅନ୍ତର୍ଭୁକ୍ତି ହିଁ ଆମର ଭବିଷ୍ୟତ । ଲୋକମାନଙ୍କ ନିକଟକୁ କ୍ଷମତା ଯିବା ହିଁ ଆମର ଭବିଷ୍ୟତ । ଆମେ ପଞ୍ଚାୟତରାଜ ଶାସନକୁ ଗ୍ରହଣ କରିଛୁ । ଯଦି ଆମେ ଆମର ସମ୍ବିଧାନ ସଂଶୋଧନକୁ ୭୦% ଗରିବ ଓ ଚରମ ଅବହେଳାର ଶିକାର ହେଉଥିବା ଲୋକମାନଙ୍କ ସହିତ ସମପରିମାଣରେ ଭାଗ କରିପାରିଛୁ, ତେବେ ବିକାଶ ଓ ନ୍ୟାୟ ସେମାନଙ୍କୁ ମିଳିପାରିବ ଏବଂ ସେମାନେ ଅନ୍ତର୍ଭୁକ୍ତି ବିକାଶର ଅଂଶ ହୋଇପାରିବେ । ଅନ୍ତର୍ଭୁକ୍ତି ବିକାଶ କେବଳ ସମ୍ଭବ ସମବାୟ ଆନ୍ଦୋଳନ ମାଧ୍ୟମରେ । ସମବାୟକୁ ଶକ୍ତିଶାଳୀ

କରିପାରିଲେ ଏହା ଅର୍ଥନୈତିକ ଅନ୍ତର୍ଭୁକ୍ତିର ମାର୍ଗକୁ କେବଳ ଉନ୍ମୋଚିତ କରିବ ନାହିଁ ବରଂ ପ୍ରଶସ୍ତ କରିବ ।

ସମବାୟ ଆନ୍ଦୋଳନକୁ ଅର୍ଥନୈତିକ ଜଗତୀକରଣ ସମୟରେ କିପରି ଶକ୍ତିଶାଳୀ କରିପାରିବା ଏହା ଆମ ପାଇଁ ଏକ ଆହ୍ୱାନ । ଏ ଆହ୍ୱାନକୁ ମୁକାବିଲା କରିବା ପାଇଁ ଯେଉଁ ପ୍ରତିଯୋଗିତା ଲୋଡ଼ା ତାହା ସମବାୟ ଦ୍ୱାରା ସମ୍ଭବ କି ? ଯଦି ସମ୍ଭବ ତେବେ ତାହା କିପରି କରାଯାଇପାରିବ ? କେବଳ ସମ୍ବିଧାନ ସଂଶୋଧନ କରିଦେଲେ କିମ୍ବା ସମ୍ବିଧାନରେ ନୂତନ ବ୍ୟବସ୍ଥା ଯୋଡ଼ିଦେଲେ ଏହା ସଫଳ ହେବନାହିଁ । ତାହା ଯଦି ହୋଇପାରୁଥାନ୍ତା ତେବେ ବାରମ୍ବାର ସମ୍ବିଧାନର ସଂଶୋଧନ ହେଉ ନଥାନ୍ତା ।

୨୦୧୨ ମସିହାକୁ ମିଳିତ ଜାତିସଂଘ (United Nation) ତରଫରୁ ଭାରତରେ ଆନ୍ତର୍ଜାତୀୟ ସମବାୟ ବର୍ଷଭାବେ ପାଳନ କରାଯାଇଥିଲା। ପୁଣି ଚଳିତ ୨୦୨୫ ମସିହାକୁ ଆନ୍ତର୍ଜାତୀୟ ସମବାୟ ବର୍ଷଭାବେ ଭାରତରେ ପାଳନ କରାଯାଉଛି । ମାତ୍ର ୧୩ ବର୍ଷ ମଧ୍ୟରେ ସମବାୟରେ ବିକାଶ ପରିବର୍ତ୍ତେ ବିନାଶ ସୁଦୃଢ଼ ହୋଇଛି । ୨୦୧୨ ବର୍ଷକୁ ସଫଳ କରିବା ପାଇଁ ଅନେକ କାଗଜପତ୍ର ପ୍ରସ୍ତୁତ ହେଲା, ସେମୀନାର ହେଲା, ପ୍ରଚାର ଓ ପ୍ରସାର ହୋଇ କୋଟି କୋଟି ଟଙ୍କା ଖର୍ଚ୍ଚ ହେଲା, କିନ୍ତୁ ବାସ୍ତବତା କ'ଣ ତାହା ପ୍ରକାଶ ପାଇଲା ନାହିଁ । ପ୍ରଥମ ପ୍ରଶ୍ନ ହେଉଛି ମାନସିକ ସ୍ତରରେ ଏହା ପ୍ରବେଶ କଲା କି ? ଯଦି ପ୍ରବେଶ କଲାନାହିଁ, ତେବେ କାହିଁକି ପ୍ରବେଶ କଲାନାହିଁ ଓ ଯଦି ପ୍ରବେଶ କଲା ତେବେ ସମବାୟ ଆନ୍ଦୋଳନରେ ତାହା କିପରି ପରିବର୍ତ୍ତନ ଆଣିଲା ? ଗତ ୧୩ ବର୍ଷ ମଧ୍ୟରେ ଏହାର ତର୍ଜମା ସହିତ ପ୍ରତିକାର କରିବାର ଥିଲା, କିନ୍ତୁ ତାହା ହେଲା ନାହିଁ । ଆର୍ଥିକ ଅନ୍ତର୍ଭୁକ୍ତି କ୍ଷେତ୍ରରେ ସମବାୟର ଯଥେଷ୍ଟ ଭୂମିକା ରହିଥିଲେ ବି ତାହା ଫଳପ୍ରଦ ହୋଇପାରିଲା ନାହିଁ । କାରଣ କିଛି ଦୁର୍ନୀତିଗ୍ରସ୍ତ ପେସାଦାର ମାନଙ୍କ ଦ୍ୱାରା ଯେଉଁ ହାରରେ ସ୍ୱୟଂ ସହାୟକ ସମବାୟ ସଂସ୍ଥାମାନେ ଲୋକମାନଙ୍କୁ ଠକି ଅମାପ ଅର୍ଥର ଅଧିକାରୀ ହେଲେ, ତାହା ସମବାୟ ଆନ୍ଦୋଳନ ପ୍ରତି ଏକ ଶକ୍ତ ଧକ୍କା କହିଲେ ଅତ୍ୟୁକ୍ତି ହେବ ନାହିଁ । ଆନ୍ତର୍ଜାତିକ ସମବାୟ ବର୍ଷରେ ଓଡ଼ିଶାରେ ଏହି ଘଟଣା ଘଟିଲା, ଗରିବି ଲୋକମାନେ ଲୋଭର ବଶବର୍ତ୍ତୀ ହୋଇ ଜମା କରିଥିବା ଅର୍ଥ ହରାଇଲେ । ଯାହା ଫଳରେ ସରକାର ସମବାୟ ଆଇନ୍‌ରେ ପୁନଶ୍ଚ ସଂଶୋଧନ ଆଣିବା ପାଇଁ ବାଧ ହେଲେ ।

ଏ ସମ୍ପର୍କରେ କେନ୍ଦ୍ର ସରକାରଙ୍କ ଯୋଜନା କମିଶନ (କୃଷି ଡିଭିଜନ୍) ଗଠନ କରିଥିବା କମିଟିର ରିପୋର୍ଟକୁ ଅନୁଧାନ କରାଯାଇପାରେ। ଏହି ରିପୋର୍ଟ ଦ୍ୱାଦଶ

ପଞ୍ଚବାର୍ଷିକ ଯୋଜନାରେ ସମବାୟ ଋଣ ଓ ପରିଚାଳନା ସମ୍ପର୍କରେ ସେମାନଙ୍କ ସୁପାରିଶ ପ୍ରଦାନ କରିଥିଲେ । ସେଥିରେ କୁହାଯାଇଥିଲା ଯେ ସମବାୟ ସମ୍ପର୍କିତ ଋଣ ଦେବାର କୌଶଳ କୃଷିର ବିକାଶ କୌଶଳକୁ ଦୃଷ୍ଟିରେ ରଖି କରାଯିବା ଉଚିତ୍ ଏବଂ ସଂଖ୍ୟାତ୍ମକ ଋଣ ପ୍ରବାହର ଲକ୍ଷ୍ୟ ପୂରଣ ହେବା ଦରକାର ଥିଲା । ଯଦିଓ ଏହା ଅନ୍ତର୍ଭୁକ୍ତି ବିକାଶ ପାଇଁ ପର୍ଯ୍ୟାପ୍ତ ନଥିଲା । ଏଥିପାଇଁ ଏଥିରେ ପ୍ରାଥମିକ କୃଷିଋଣ ସମବାୟ ସମିତି ଠାରୁ ରାଜ୍ୟ ସମବାୟ ବ୍ୟାଙ୍କ ପର୍ଯ୍ୟନ୍ତ କେବଳ କୃଷିକ୍ଷେତ୍ରକୁ ଋଣ ନଦେଇ ଗ୍ରାମୀଣ ଜୀବନ ଜୀବିକା ପାଇଁ ଋଣ ଦେବା ଉପରେ ଗୁରୁତ୍ୱାରୋପ କରାଯିବାର ଥିଲା, ତାହା ମଧ୍ୟ ହୋଇପାରିଲା ନାହିଁ ।

ବାସ୍ତବ ପରିସ୍ଥିତିକୁ ଲକ୍ଷ୍ୟକଲେ ଦେଖାଯାଏ ଯେ, ପ୍ରାଥମିକ ସମବାୟ ସଂସ୍ଥାମାନଙ୍କରେ ସଭ୍ୟସଂଖ୍ୟା ତୁଳନାରେ ଋଣ ଅତ୍ୟନ୍ତ ନ୍ୟୁନ, ଯଦିଓ ଏ ଦିଗରେ ବୈଦ୍ୟନାଥନ୍ କମିଟି ବହୁ ଗୁରୁତ୍ୱପୂର୍ଣ୍ଣ ପରିବର୍ତ୍ତନ ଆଣିଥିଲେ । ଏହାର ଅର୍ଥ ଥିଲା ସବା ତଳସ୍ତରରେ ଥିବା ପ୍ରାଥମିକ ସମବାୟ ସଂସ୍ଥାମାନଙ୍କ ପ୍ରତି ଗ୍ରାମାଞ୍ଚଳର ଗରିବ ଓ କୋଣଠେସା ହେଉଥିବା ଲୋକମାନେ ଆକୃଷ୍ଟ ହେଉନାହାନ୍ତି, ଯାହାଫଳରେ ତାହାର ସଭ୍ୟସଂଖ୍ୟାରେ ଅଭିବୃଦ୍ଧି ଘଟୁନାହିଁ କି ସେମାନଙ୍କର ଅର୍ଥନୈତିକ ଅଭିବୃଦ୍ଧି ମଧ୍ୟ ହୋଇନାହିଁ । ଏଥିରୁ ସ୍ପଷ୍ଟ ଅନୁମେୟ ହୁଏ ଯେ, ସମବାୟ ଏକ ସଶକ୍ତ ଆନ୍ଦୋଳନ ଭାବେ ନିଜର ପରିଚୟ ସୃଷ୍ଟି କରିପାରିନାହିଁ । ବର୍ତ୍ତମାନ ଏହା ସରକାରଙ୍କ ଏକ ବିଭାଗରେ ପରିଣତ ହୋଇଯାଇଛି ଯେଉଁଠି ଫାଇଲ୍ କଥା କହୁଛି, ମଣିଷ କଥା କହୁନି । 'ଅନ୍ତର୍ଭୁକ୍ତି ବିକାଶ' ପାଇଁ ସମବାୟ ଏକ ଆନ୍ଦୋଳନ ହେବା ଅପରିହାର୍ଯ୍ୟ । ଆନ୍ଦୋଳନ ମଧ୍ୟକୁ ସବୁ ଶ୍ରେଣୀ ଓ ସବୁ ବର୍ଗର ଲୋକମାନେ ପ୍ରବେଶ କରିବାର ଆବଶ୍ୟକତା ଅଛି । ସେମାନେ ସେମାନଙ୍କ ଶକ୍ତିମତେ ଶାରିରୀକ, ମାନସିକ ଓ ଆର୍ଥିକ ସହଯୋଗ ଯୋଗାଇଦେଲେ ଆନ୍ଦୋଳନ ଶକ୍ତିଶାଳୀ ହେବ । ଆନ୍ଦୋଳନ ଉପରେ ଲୋକଙ୍କ ଭରସା ଅତୁଟ ବନ୍ଧନରେ ବାନ୍ଧି ହୋଇଯିବ ।

ବର୍ତ୍ତମାନ ଦେଶର ରାଜନୈତିକ, ସାମାଜିକ, ସାଂସ୍କୃତିକ ଓ ଅର୍ଥନୈତିକ ଅବସ୍ଥାକୁ ଦୃଷ୍ଟିରେ ରଖି ସମବାୟ ଆନ୍ଦୋଳନକୁ ପରିଚାଳନା କରିବା ଦରକାର । ଜଗତୀକରଣର ବଜାରୀକରଣ ରୂପ ଯେପରି ମାୟା ଜାଲ ବିଛାଇ ଦେଇଛି ସେଥିରୁ ମୁକ୍ତି ପାଇବାର ବାଟ ହେଉଛି ସମବାୟ । କିନ୍ତୁ ସମବାୟ ତା' ବାଟରେ ସଠିକ୍ ରୂପେ ନଯାଇ ପାରି ମଝିରେ ମଝିରେ ଝୁଣ୍ଟୁଛି, ଯାହାଫଳରେ ସମ୍ବିଧାନ ସଂଶୋଧନ, ବିଭିନ୍ନ କମିଟି ଗଠନ ଓ ରିପୋର୍ଟ ପ୍ରଦାନ, କମିଟିମାନଙ୍କର ସୁପାରିଶ ଇତ୍ୟାଦିରେ

ସମୟ ଓ ଶ୍ରମଶକ୍ତି ଅପଚୟ ହେଉଛି । ଆମେ ଯେତେ ଜୋର୍‌ରେ ରଡ଼ି ଛାଡ଼ୁଥିଲେ ମଧ୍ୟ ମିଳିତଭାବେ ସଂଘବଦ୍ଧ ପ୍ରଚେଷ୍ଟାର ଅଭାବ ଦେଖାଦେଇଛି ।

ବହୁକ୍ଷେତ୍ରରେ କେତେକ ନ୍ୟସ୍ତ ସ୍ୱାର୍ଥ ଓ କୁଜି ରାଜନୈତିକ ବ୍ୟକ୍ତି ସମବାୟର ଅର୍ଥ ନବୁଝି ବହୁ କ୍ଷେତ୍ରରେ ଆଡ୍ଡାସ୍ଥଳୀ ଜମାଇ ଏହାକୁ କରାୟତ କରିପାରିଛନ୍ତି । ଭରା ନଈରେ ନୌକାଟି ଯାତ୍ରା କରୁଥିଲା ବେଳେ ନାଉରୀର ଅସାବଧାନତା ପାଇଁ ନଦୀ ସୁଅର ଚକାଭଉଁରୀରେ ପଡ଼ିଗଲେ ନୌକା ଓ ନାଉରୀର ଅବସ୍ଥା ଯେପରି ହୁଏ ସମବାୟ ସେହିପରି ଅବସ୍ଥାରେ ପଡ଼ିଯାଇଛି । ଏଥିପାଇଁ ଲୋଡ଼ା ଦକ୍ଷ ନାବିକ । ସ୍ୱାର୍ଥକୁ ଆଖି ଆଗରେ ରଖି ଖଣ୍ଡ ବିଖଣ୍ଡିତ ନିୟମ କାନୁନ୍ ପ୍ରଣୟନ କରି ସମବାୟକୁ ପରିଚାଳନା କରାଯାଇପାରେନା ।

ଅନ୍ତର୍ଭୁକ୍ତି ବିକାଶ ପାଇଁ ଲୋଡ଼ା ଅନ୍ତର୍ଭୁକ୍ତି ଚିନ୍ତନ ଓ ଅନ୍ତର୍ଭୁକ୍ତି କାର୍ଯ୍ୟ ପ୍ରଣାଳୀ । ଏ ଦିଗରେ ଅଧିକ ଆଲୋଚନା, ପର୍ଯ୍ୟାଲୋଚନା, ପ୍ରତି ଗ୍ରାମ୍ୟ ସ୍ତରରେ ସଚେତନତା ସଭା ସହିତ ଲୋକମାନଙ୍କ ସୁବିଧା, ଅସୁବିଧା ବୁଝି ଏହା ମାଧ୍ୟମରେ ସମବାୟର ମାର୍ଗ ନିର୍ଦ୍ଧାରଣ ହେବା ଆବଶ୍ୟକ । ଏଥିରେ ସବା ତଳ ସ୍ତରର ଲୋକମାନଙ୍କୁ ସାମିଲ୍ କରି ସେମାନଙ୍କଠାରୁ ତଥ୍ୟ ସଂଗ୍ରହ କରି ସଠିକ୍ ସିଦ୍ଧାନ୍ତ ଗ୍ରହଣ କରିପାରିଲେ ସମବାୟ ସଫଳ ହେବ ଏବଂ ଅନ୍ତର୍ଭୁକ୍ତି ବିକାଶର ମାର୍ଗ ସୁଗମ ହେବ । କେନ୍ଦ୍ର ସରକାର ୨୦୧୫ ମସିହାରୁ ପ୍ରତିବର୍ଷ ଅଗଷ୍ଟ ୧୫ ତାରିଖରୁ ଅଗଷ୍ଟ ୩୧ ତାରିଖ ପର୍ଯ୍ୟନ୍ତ "ଆର୍ଥିକ ଅନ୍ତର୍ଭୁକ୍ତି ମିଶନ ପକ୍ଷ" ପାଳନ କରୁଛନ୍ତି । ଯାହା କେବଳ ବ୍ୟାଙ୍କ ମାନଙ୍କରେ ଜମାଖାତା ବା ଋଣ ଖାତା ଖୋଲିବାରେ ସିମୀତ ନରହି ଦେଶ ତଥା ରାଜ୍ୟର ପ୍ରତ୍ୟେକ ପରିବାର ଆର୍ଥିକ ଉନ୍ନତିରେ ଅନ୍ତର୍ଭୁକ୍ତି ମିଶନ ମାଧ୍ୟମରେ ଦେଶର ସମସ୍ତ ଲୋକମାନେ ଯେପରି ବ୍ୟାଙ୍କ ସେବା ସୁରୁଖୁରୁରେ ପାଇପାରିବେ ସେ ବ୍ୟବସ୍ଥା ଠିକ୍ ରୂପେ କଲେ ଏହାର ସୁଫଳ ଉପଲବ୍ଧି ହୋଇପାରିବ ।

ଏହା କେବଳ ସମ୍ଭବ ସମବାୟରେ ଦୀର୍ଘଦିନର ଅଭିଜ୍ଞତା ଥିବା କେନ୍ଦ୍ର ସମବାୟ ମନ୍ତ୍ରୀ ଶ୍ରୀ ଅମିତ୍ ଶାହଙ୍କର ଦୃଢ଼ ନେତୃତ୍ୱ, ମନୋବଳ ତଥା ଦୁର୍ନିତୀଖୋର କର୍ମଚାରୀମାନଙ୍କ ବିରୁଦ୍ଧରେ କଠୋର କାର୍ଯ୍ୟାନୁଷ୍ଠାନ ସହିତ ଦୀର୍ଘଦିନ ଧରି ବିଭିନ୍ନ ସମବାୟ ସମିତିର ପରିଚାଳନା ପରିଷଦରେ ସାମିଲ୍ ଥିବା ସଚ୍ଚୋଟ ବ୍ୟକ୍ତିବିଶେଷ ମାନଙ୍କୁ ବିଶ୍ୱାସକୁ ନେଇ ବିଭିନ୍ନ ସମବାୟ ଅନୁଷ୍ଠାନ ମାନଙ୍କର ପରିଚାଳନାରେ ସାମିଲ୍ କରିପାରିଲେ ସମବାୟର ବିକାଶ ଧାରା ଆପେ ଆପେ ଆଗେଇପାରିବ । ଆମ ଦେଶରେ ଚଳିତ ଆର୍ନ୍ତଜାତିକ ସମବାୟ ବର୍ଷ - ୨୦୨୫ ପାଳନ ଅବସରରେ ଏହା ସବୁ ରାଜ୍ୟପାଇଁ ମାର୍ଗଦର୍ଶକ ହେବା ଜରୁରୀ । ଯାହାକୁ ପାଥେୟ କରି ଓଡ଼ିଶା

ରାଜ୍ୟ ସମବାୟ ମନ୍ତ୍ରୀ ଶ୍ରୀ ପ୍ରଦୀପ ବଳସାମନ୍ତ ନିଷ୍ଠାର ସହିତ ସମବାୟ ବିଭାଗରେ ପ୍ରଶାସନିକ ସଂସ୍କାର ସହ ଦୃଢ଼ ବିକାଶୋନ୍ମୁଖୀ କାର୍ଯ୍ୟଖସଡ଼ାକୁ ଆଗେଇ ନେଇପାରିଲେ ଏହା ହେବ ରାଜ୍ୟର ଅର୍ଥନୈତିକ ଅଭିବୃଦ୍ଧି ପାଇଁ ବିକାଶର ମନ୍ତ୍ର ।

‘ଧରିତ୍ରୀ’ – ତା୧୬.୦୭.୨୦୨୫ରେ ପ୍ରକାଶିତ

ଆସିକା ସମବାୟ ଚିନିଶିଳ୍ପ ଲିଃ, ଆସିକା

ଆସିକା ସମବାୟ ଚିନିଶିଳ୍ପ ଲିଃ ଦୀର୍ଘ ଛଅ ଦଶନ୍ଧି ଧରି ଗଞ୍ଜାମ ଜିଲ୍ଲାର ବିଭିନ୍ନ ବ୍ଲକ୍ ରେ ଆଖୁଚାଷ କରିବା ନିମନ୍ତେ ଚାଷୀମାନଙ୍କୁ ରଣ ସୂତ୍ରରେ ଅଧିକ ଅମଳକ୍ଷମ ଓ ଅଧିକ ଶର୍କରାଯୁକ୍ତ ନୂତନ କିସମର ବିହନ, ରାସାୟନିକ ସାର, ଜୈବିକ ସାର, କାରଖାନାର ମଲିଖତ, କୀଟନାଶକ ଓ ତୃଣନାଶକ ଇତ୍ୟାଦି ଯୋଗାଇ ଆସୁଛି । ଚାଷୀ ଆଖୁ କାରଖାନାକୁ ଯୋଗାଣ ସମୟରେ ପରିବହନ ଭତା ବାବଦକୁ ରିହାତି ଯୋଗାଇ ଦିଆଯାଉଅଛି । ଚିନିଶିଳ୍ପର କ୍ଷେତ ଅଧିକାରୀ ଓ କର୍ମଚାରୀଙ୍କ ଦ୍ୱାରା ବୈଜ୍ଞାନିକ ପ୍ରଣାଳୀରେ ଆଖୁଚାଷ କରିବା ନିମନ୍ତେ ବୈଷୟିକ ଜ୍ଞାନକୌଶଳ ଯୋଗାଇ ଦିଆଯାଉଅଛି । ରାଜ୍ୟ ସରକାରଙ୍କ କୃଷିବିଭାଗ ଓ ଚିନିଶିଳ୍ପର ମିଳିତ ସହଯୋଗରେ "ଆଖୁ ଉନ୍ନୟନ ପ୍ରଯୁକ୍ତି ମିଶନ" ଜରିଆରେ ଆଖୁଚାଷୀମାନଙ୍କୁ ବିଭିନ୍ନ ପ୍ରକାର ପ୍ରୋତ୍ସାହନ ଓ ବୈଷୟିକ ତାଲିମ ପ୍ରଦାନ କରାଯାଉଛି । ଉକ୍ତ ପ୍ରୋତ୍ସାହନ ନୂତନ ଆଖୁଚାଷ, ମୂଳ ଆଖୁଚାଷ, ବିହନ ଉତ୍ପାଦନ ଓ ଉତ୍ପାଦକତା ବୃଦ୍ଧି ନିମନ୍ତେ ଏକର ପ୍ରତି ଯଥାକ୍ରମେ ୯୦୦୦ ଟଙ୍କା, ୫୦୦୦ ଟଙ୍କା, ୧୦୦୦୦ ଟଙ୍କା ଓ ୪୦୦୦ଟଙ୍କା ହିସାବରେ ଯୋଗାଇ ଦିଆଯାଉଅଛି । ଆଖୁଚାଷୀ ମାନଙ୍କୁ ବିଭିନ୍ନ ଜାତୀୟ କରଣ ବ୍ୟାଙ୍କ, ଆଶ୍କା କେନ୍ଦ୍ରୀୟ ସମବାୟ ବ୍ୟାଙ୍କ, ବ୍ରହ୍ମପୁର କେନ୍ଦ୍ରୀୟ ସମବାୟ ବ୍ୟାଙ୍କ ଓ ଉକ୍ଳ ଗ୍ରାମୀଣ ବ୍ୟାଙ୍କ ଜରିଆରେ ଫସଲ ରଣ ଯୋଗାଇ ଦିଆଯାଉଅଛି ।

ଏଣୁ ଚିନିଶିଳ୍ପର ସଂରକ୍ଷିତ ଯଥା ଗଞ୍ଜାମ ଜିଲ୍ଲା, ନୟାଗଡ ଜିଲ୍ଲାର ଓଡଗାଁ, ରଣପୁର, ନୟାଗଡ, ନୂଆଗାଁ ବ୍ଲକ୍ ଓ ଖୋର୍ଦ୍ଧା ଜିଲ୍ଲାର ବାଣପୁର ଓ ଚିଲିକା ବ୍ଲକ୍ର ଚାଷୀ ଭାଇ ମାନଙ୍କୁ ଅନୁରୋଧ ସେମାନେ ଅଧିକ ପରିମାଣର ଆଖୁଚାଷ କରି ନିଜର ଆର୍ଥିକ ଅଭିବୃଦ୍ଧି ସହିତ ଚିନିଶିଳ୍ପର ଉନ୍ନତି ତଥା ସମୃଦ୍ଧିରେ ସହାୟକ ହୁଅନ୍ତୁ ।

ଡ. ସୁଶାନ୍ତ କୁମାର ପଣ୍ଡା
ପରିଚାଳନା ନିର୍ଦ୍ଦେଶକ

ଶ୍ରୀ ଜିତେନ୍ଦ୍ର ପଣ୍ଡା
ସଭାପତି

www.ingramcontent.com/pod-product-compliance
Lightning Source LLC
Chambersburg PA
CBHW031137020426
42333CB00013B/421